数学名著译丛

微积分和数学分析引论

第二卷

[美] R.柯朗
[美] F.约翰 著

林建祥 刘婉如 朱德威 张恭庆 等 译
冷生明 叶其孝 丁同仁 校

Introduction to Calculus and Analysis

Vol. Ⅱ

科学出版社
北京

图字：01-98-2682 号

内 容 简 介

本书系统地阐述了微积分学的基本理论. 在叙述上, 作者尽量做到既严谨而又通俗易懂, 并指出概念之间的内在联系和直观背景. 原书分两卷: 第一卷为单变量情形; 第二卷为多变量情形.

第二卷包括八章. 第一章详论多元函数及其导数, 包括线性微分型及其积分, 补充了数学分析中最基本的概念的严密证明; 第二章在线性代数方面为现代数学分析的基础准备了充分的材料; 第三章叙述多元微分学的发展及应用, 包括隐函数存在定理的严密证明, 多元变换与映射的基本理论, 曲线、曲面的微分几何基础知识以及外微分型等基本概念; 第四章介绍多重积分; 第五章讲述面积分和体积分之间的关系; 第六章介绍微分方程; 第七章介绍变分学; 第八章介绍单复变函数. 书后附有部分习题解答.

读者对象为高等学校理工科师生数学工作者和工程技术人员.

Translation from the English language edition
Introduction to Calculus and Analysis. Volume 2
by Richard Courant and Fritz John
Copyright ©1989 Springer-Verlag New York Inc.
All Rights Reserved

图书在版编目(CIP)数据

微积分和数学分析引论. 第二卷/(美) R. 柯朗, (美) F. 约翰著;
林建祥等译. —北京: 科学出版社, 2001
书名原文: Introduction to Calculus and Analysis, Volume 2
ISBN 978-7-03-008540-5
Ⅰ. 微… Ⅱ. ①柯…②约…③林… Ⅲ. ①微积分②数学分析 Ⅳ. ① O17
中国版本图书馆 CIP 数据核字 (2000) 第 60214 号

责任编辑: 陈玉琢 李欣/责任校对: 彭珍珍
责任印刷: 赵 博/封面设计: 有道文化

科学出版社出版
北京东黄城根北街 16 号
邮政编码: 100717
http://www.sciencep.com

三河市春园印刷有限公司印刷
科学出版社发行 各地新华书店经销
*
2001 年 3 月第 一 版 开本: 720 × 1000 1/16
2025 年 1 月第十四次印刷 印张: 53 3/4
字数: 1083 000

定价: 149.00 元
(如有印装质量问题, 我社负责调换)

本卷译者

邵士敏、周建莹、张锦炎 (第一章)
刘婉如 (第二章)
林建祥、张顺燕、朱德威 (第三章)
林源渠 (第一 ～ 三章解答)
张恭庆、廖可人、邓东皋、吴兰成、叶其孝、林源渠、
刘四坦、张南岳 (第四 ～ 八章)

序　言

R. 柯朗的《微积分》(*Differential and Integral Calculus*), 卷一和卷二, 获得了巨大的成功, 引导了几代数学家进入高等数学的领域. 整套书阐发了这样一条富有教益的道理: 真正有意义的数学是由直观想象与演绎推理相结合而创造出来的. 在准备本修订版的过程中, 著者们力图保持原著所特有的这两种思维方式的合理结合. 虽然 R. 柯朗未能亲眼看到这第二卷的修订本的出版, 但是在柯朗博士于 1972 年 1 月去世之前, 所有主要的修改内容都已经由著者们商量出一致的意见并草拟了纲要.

从一开始, 著者们就清楚地理解到, 阐述多元函数的第二卷应当比第一卷作更大的修改. 特别是, 似乎最好用与一维空间中的积分法同样程度的严密性和普遍性来处理高维空间中的积分法的所有基本定理. 另外, 若干具有根本重要性的新概念和新论题, 它们在著者们看来, 是属于数学分析引论的.

本卷末尾较短的几章 (六、七、八)(分别讲微分方程、变分法、复变函数的) 仅作了较小的改动. 在本卷的主体部分 (第一至第五章) 中, 我们尽量保留了原来的体系, 各章的主题都在不同的水平上按大体上平行的两条线索进行阐述: 一条是较多地基于直观论证的非正式引述; 一条是为后续的严密证明打基础的、对于应用的讨论.

原来的第一章中所讲的线性代数的材料, 看来已不足以作为扩展了的微积分结构的基础. 因此, 这一章 (现在的第二章) 完全重写了, 现在讲述了所需要的 n 阶的行列式、矩阵、多线性型、格拉姆行列式、线性流形等的一切性质.

现在的第一章包括了线性微分型及其积分的所有基本性质. 这就为读者提供了阅读第三章 (3.6 节) 新添的高阶外微分型的预备知识. 现在的第三章中还新添了一个关于隐函数定理的利用逐次逼近法的证明、一个关于临界点的个数和二维向量场的指数的讨论.

在第四和第五章中, 对重积分的基本性质作了大量的增补. 这里面临着一个大家熟知的困难: 展布在一个流形 M 上的积分, 很容易通过把 M 适当划分成小片来定义, 却必须证明它不依赖于特殊的分划. 这由系统地使用若尔当可测集类的有限交性质和单位分划而解决了. 为了使应用拓扑学上的复杂性减少到最低限度, 我们只考虑了光滑地嵌入于欧氏空间中的流形. 另外, 对流形的 "定向" 的概念也作了详细的研讨, 这是要讨论外微分型的积分及其可加性所必需的. 在这个基础上

我们给出了 n 维空间中的散度定理和斯托克斯定理的证明. 在第四章关于傅里叶积分的一节 (4.13 节) 里, 还新添了关于帕塞瓦尔等式和傅里叶重积分的论述.

在这一卷的准备过程中, 最珍贵的是, 著者们能不断得到两位朋友慷慨的帮助, 一位是 Carnegie-Mellon 大学的 Albert A. Blank 教授, 一位是 Negev 大学的 Alan Solomon 教授. 在几乎每一页上都有着他们的批评、改正、建议的痕迹. 他们还为这一卷准备了练习题和问题.

我们感谢 K. O. Friedrichs 教授和 Donald Ludwig 教授建设性的宝贵建议, 还感谢 John Wiley and Sons 公司及其编辑部的不断鼓励和帮助.

F. 约翰

纽约, 1973 年 9 月

目　　录

第一章　多元函数及其导数

在第一卷中曾讨论过的极限、连续、导数和积分等概念, 同样也是二元或多元函数的基本概念. 然而, 有很多在一元函数理论中并不存在的新的现象, 必须在多维中加以讨论. 通常一个定理只要对于两个变量的函数可以证明它, 那么在证明中不需要作任何本质的改变, 就容易推广到多于两个变量的函数中去. 因此, 在以后的论述中我们常限于讨论两个变量的函数, 其中各种关系都比较容易用几何图形来显示, 而只当由此得到一些另外的见解时, 才对三个或更多个变量的函数加以讨论; 所得结果也同样可以作简单的几何学的解释.

1.1　平面和空间的点和点集

a. 点的序列: 收敛性

在一个笛卡儿平面坐标系中, 一对有顺序的数值 (x, y) 在几何上可以用一个点 P 来表示, 这个点的坐标为 x 和 y. 两点 $P=(x, y)$ 与 $P'=(x', y')$ 之间的距离可以由公式

$$\overline{PP'}=\sqrt{(x'-x)^2+(y'-y)^2}$$

求得. 这是欧几里得几何学的基本公式. 我们利用距离的概念可以定义一个点的邻域. 一个点 $C=(\alpha, \beta)$ 的 ε 邻域是由所有那些与 C 的距离小于 ε 的点 $P=(x, y)$ 构成的; 从几何学上说, 这是一个以 C 为中心、以 ε 为半径的圆盘[1], 它可用不等式

$$(x-\alpha)^2+(y-\beta)^2<\varepsilon$$

来描述.

我们考虑无穷的点序列

$$P_1=(x_1, y_1), P_2=(x_2, y_2), \cdots, P_n=(x_n, y_n), \cdots.$$

例如 $P_n=(n, n^2)$ 定义了一个序列, 其中所有的点都在抛物线 $y=x^2$ 上. 一序列

---

1) 平常所用的 '圆' 这个词, 是指一条曲线还是指由它所界的区域, 是含糊不清的. 我们根据实际流行的说法, 把 '圆' 只用于曲线, 而把 '圆形区域' 或 '圆盘' 用于两维区域. 同样, 在空间中我们把 '球面' (即球形曲面) 与它所界的三维立体 '球体' 区别开来.

中的点并不一定都不相同. 例如, 无穷序列 $P_n=(2,(-1)^n)$ 只有两个不同的元素.

如果能找到一个圆盘, 它包含所有的 P_n, 也就是说, 如果存在一个点 Q 与一个数 M, 使得对所有的 n 都有 $\overline{P_nQ}<M$, 那么我们说序列 $P_1,P_2,\cdots$ 是有界的. 例如序列 $P_n=(1/n,1/n^2)$ 是有界的, 而序列 (n,n^2) 是无界的.

与序列有关的最重要的概念是收敛的概念. 我们说, 一个点序列 $P_1,P_2,\cdots$ 收敛到一个点 Q, 或

$$\lim_{n\to\infty}P_n=Q,$$

是指距离 $\overline{P_nQ}$ 收敛到零. 这样, $\lim\limits_{n\to\infty}P_n=Q$ 就意味着对于每一个 $\varepsilon>0$, 都必然存在一个数 N, 使对于所有 $n>N, P_n$ 都在 Q 的 ε 邻域内[1].

举一个例子. 对于由 $P_n=(e^{-n/4}\cos n, e^{-n/4}\sin n)$ 定义的点序列, 我们有 $\lim\limits_{n\to\infty}P_n=(0,0)=Q$, 因为, 在这里

$$\overline{P_nQ}=e^{-n/4}\to 0 \quad 当\ n\to\infty.$$

我们指出, P_n 是沿着极坐标方程为 $r=e^{-\theta/4}$ 的对数螺线趋于原点 Q 的 (见图 1.1).

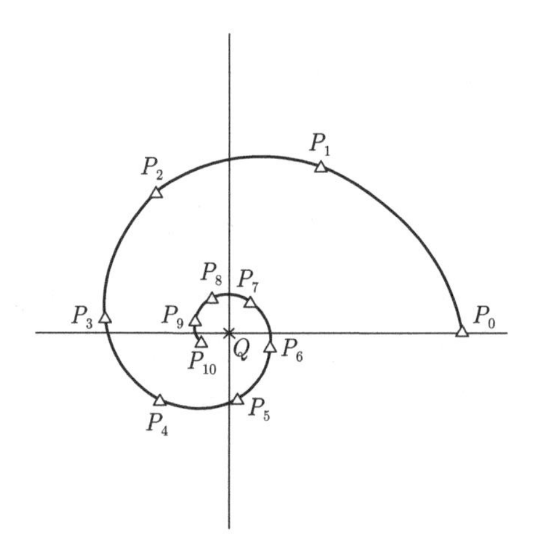

图 1.1 收敛序列 P_n

点序列 $P_n=(x_n,y_n)$ 收敛到点 $Q=(a,b)$ 意味着, 两个数序列 x_n 与 y_n 分别收敛, 且

$$\lim_{n\to\infty}x_n=a,\quad \lim_{n\to\infty}y_n=b.$$

---

1) 等价地说, 任何一个以 Q 为中心的圆盘, 除有限个 P_n 外, 它包含所有的 P_n. 我们也常用记法表示成: 当 $n\to\infty$ 时 $P_n\to Q$.

诚然, $\overline{P_nQ}$ 很小隐含着 $x_n - a$ 与 $y_n - b$ 都很小, 因为

$$|x_n - a| \leqslant \overline{P_nQ}, \quad |y_n - b| \leqslant \overline{P_nQ};$$

反之

$$\overline{P_nQ} = \sqrt{(x_n - a)^2 + (y_n - b)^2} \leqslant |x_n - a| + |y_n - b|,$$

从而当 $x_n \to a$ 与 $y_n \to b$ 时有 $\overline{P_nQ} \to 0$.

如同数序列的情形一样, 我们可以利用柯西的内在收敛判别法来证明一个点序列收敛, 而不需要知道它的极限值. 这个判别法, 在两维中断言: 一个点序列 $P_n = (x_n, y_n)$ 是收敛的必要充分条件是, 对每一个 $\varepsilon > 0$, 不等式 $\overline{P_nP_m} < \varepsilon$ 对大于适当的值 $N = N(\varepsilon)$ 的所有 n, m 都成立. 其证明可以对两个序列 x_n 与 y_n 中的每一个运用数序列的柯西收敛判别法来推得.

b. 平面上的点集

在讨论单变量 x 的函数时, 我们常允许 x 在一个 '区间' 内变化, 区间可以是闭的或开的, 可以是有界的或无界的. 而对于高维空间中的函数所可能取的区域而言, 必须考虑更多种类的集合, 并且必须引进描述这些种类集合的简单性质的一些述语. 在平面中我们通常考虑的可以是曲线也可以是二维区域. 平面曲线在第一卷第四章中已广泛地讨论过. 通常它们可以用 '非参数' 形式的一个函数 $y = f(x)$ 给出, 或者用 '参数' 形式的一对函数 $x = \phi(t), y = \psi(t)$ 给出, 或者用一个隐式方程 $F(x, y) = 0$ 给出 (在第三章中我们将更多地讲到隐式表示法).

除曲线之外, 我们还有组成一个区域的二维点集. 这个区域可以是整个 xy 平面, 或者是由一简单闭曲线围成的一部分平面 (在这种情况下, 形成一个单连通区域如图 1.2 所示), 或者是由几个这类曲线围成的一部分平面. 在后一种情况下, 我们称之为多连通区域, 边界曲线的数目就叫做连通数; 例如图 1.3 就表示一个三连通区域. 一个平面集合也可以是全然不连通的[1], 而是由几个分离部分组成的

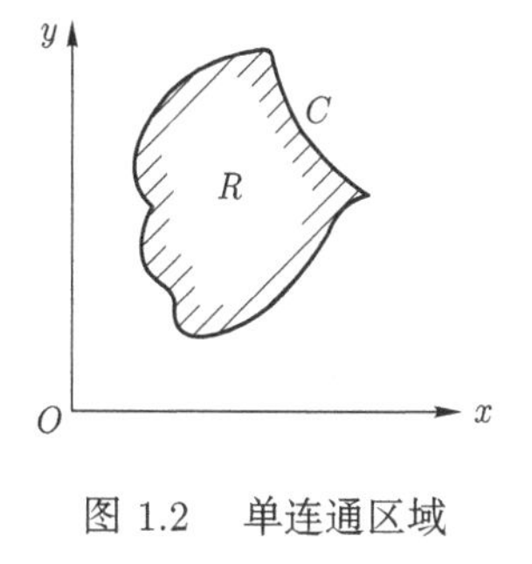

图 1.2 单连通区域

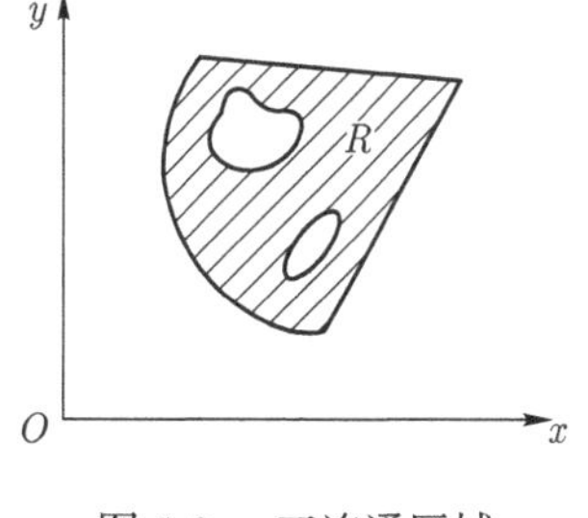

图 1.3 三连通区域

1) '连通' 的确切定义见第 88 页.

(图 1.4).

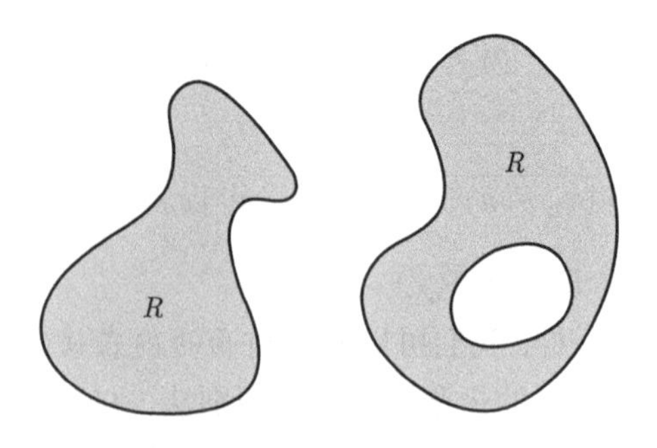

图 1.4　非连通区域

一般说来, 要考虑的区域的边界曲线都是逐段光滑的, 亦即每一个这样的曲线是由有限个弧组成的, 每一段弧上所有的点, 包括端点在内, 都有一个连续转动的切线. 因此, 这样的曲线至多也只有有限个角.

在绝大多数情况下, 我们用一个或多个不等式来描述一个区域, 而在边界的一些部分保持等号. 有两种最重要的区域形式是经常遇到的: 一个是矩形区域 (其各边平行于坐标轴), 一个是圆盘. 矩形区域 (图 1.5) 是由这样一些点 (x, y) 构成的, 它们的坐标满足不等式

$$a < x < b, \quad c < y < d;$$

每一个坐标限制在一个确定的区间上, 并且点 (x, y) 在一个矩形内部变化. 我们这里定义的矩形区域是开的, 就是说它不包含它的边界.

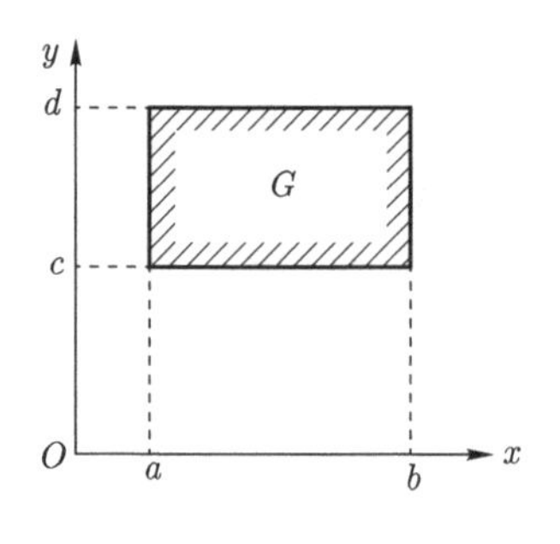

图 1.5　矩形区域

把定义该区域的一个或几个不等式改为等式, 并且允许 (但不是必需的) 其余的不等式中有等号, 这样就得到边界曲线. 例如

$$x = a, \quad c \leqslant y \leqslant d$$

定义了矩形的一条边. 把所有的边界点加到该集合中去, 就得到闭矩形, 它由下面

的不等式来描述:

$$a \leqslant x \leqslant b, \quad c \leqslant y \leqslant d.$$

如前面所见那样, 中心为 (α, β)、半径为 r 的圆盘 (图 1.6), 可由下面这不等式给出:

$$(x-\alpha)^2 + (y-\beta)^2 < r^2.$$

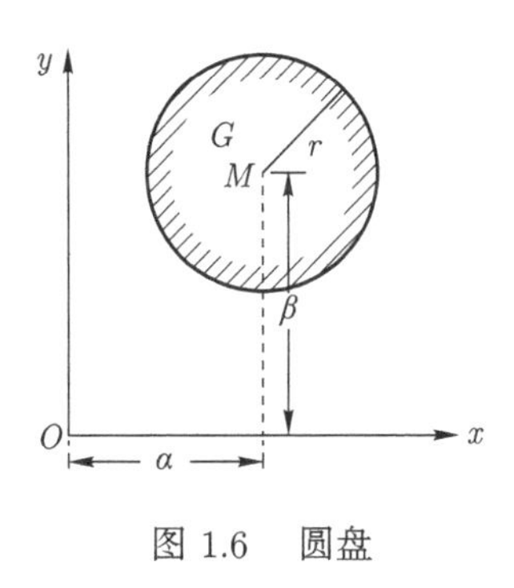

图 1.6 圆盘

把边界圆加到这个 '开' 圆盘上, 我们就得到 '闭' 圆盘, 它由下式表示

$$(x-\alpha)^2 + (y-\beta)^2 \leqslant r^2.$$

c. 集合的边界. 闭集与开集

区域的边界可以看作一类薄膜, 它把那些属于区域的点与不属于区域的点分开. 我们将会看到, 这样的边界的直观概念并不总是有意义的. 然而, 值得注意的是, 有一种方法可以十分一般地定义任何点集的边界, 使得它在这种定义方式中至少与我们的直观概念相一致. 我们说点 P 是点集合 S 的一个边界点, 意思是说, P 的每一个邻域内有属于 S 的点也有不属于 S 的点. 因此, 如果 P 并不是一个边界点, 那就必定存在 P 的一个邻域, 它只包含同一类的点; 也就是说, 或者我们可以找到 P 的一个邻域, 它包含的全部是 S 的点, 在这种情况下, 我们叫 P 为 S 的一个内点; 或者我们可以找到 P 的一个邻域, 它包含的全部不是 S 的点, 在这种情况下, 我们叫 P 为 S 的一个外点. 这样, 对于一个给定的点集 S, 平面上的每一个点, 不是 S 的边界点, 就是 S 的内点或外点, 而且只能属于这三类点中的一类. S 的全部边界点的集合构成 S 的边界, 我们用符号 ∂S 表示.

举一个例子, 令 S 为矩形区域

$$a < x < b, \quad c < y < d.$$

显然, 对于 S 中任一个点 P, 我们可以找到一个以 $P = (\alpha, \beta)$ 为中心的小圆盘,

它全部包含于 S 之中; 我们只需要取一个 P 的 ε 邻域, 其中 ε 为足够小的正值, 使

$$a<\alpha-\varepsilon<\alpha+\varepsilon<b, \quad c<\beta-\varepsilon<\beta+\varepsilon<d.$$

这表明在这里 S 的每一个点都是内点. S 的边界点 P 是那些刚好位于矩形的一个边上或一个角上的点. 在第一种情况下, P 的每一个足够小的邻域一半属于 S, 一半不属于 S; 在第二种情况下, 每一个邻域的四分之一属于 S 而四分之三不属于 S (图 1.7).

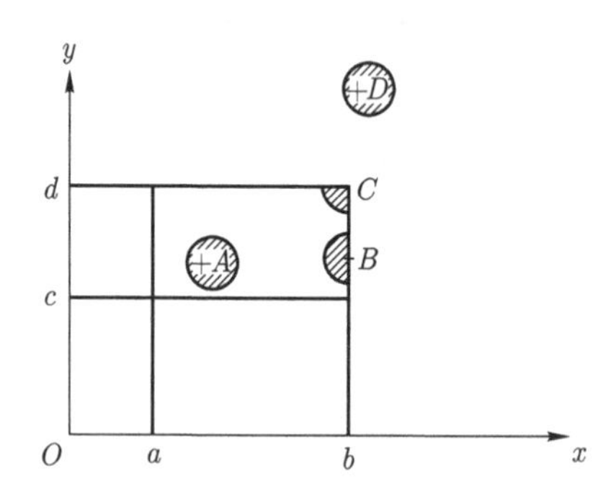

图 1.7 矩形区域的内点 A、外点 D 和边界点 B, C

根据定义, 集合 S 的每一个内点 P 必须是 S 的点, 这是因为存在 P 的一个邻域, 它的点全部都是 S 的点, 而 P 又属于这个邻域. 同样, S 的任何一个外点明确地不属于 S. 另一方面, 一个集合的边界上的点, 有时属于有时不属于这集合[1]. 开矩形

$$a<x<b, \quad c<y<d$$

并不包含其边界点, 而闭矩形

$$a \leqslant x \leqslant b, \quad c \leqslant y \leqslant d$$

则包含其边界点.

一般说来, 我们称一个点集 S 是开的, 如果 S 的边界点都不属于 S (亦即, 如果 S 由其全部内点组成). S 叫做闭的, 如果它包含它的边界. 对于任何一个集合 S, 我们总可以把一切原先并不属于 S 的那些边界点加到 S 上而得到一个闪集. 这样我们就得到一个新的集合, 称为 S 的闭包 $\overline{S}$. 读者可以容易地证明, S 的闭包是一个闭集. 外点是那些不属于 S 的闭包的点. 同样地, 我们可以定义 S 的内点组成的集合为 S 的内部 S^0, 这个集合可以从 S 中减去全部边界点而得到. S 的内部是开的.

1) 注意 '不属于 S' 和 "S 之外" 是有区别的. S 的一个边界点即使不属于 S 也绝不可能在 S 之外.

必须看到, 集合可以既不是开的也不是闭的. 我们可以容易地构造一个集合 S, 它只包含它的边界的一部分, 例如半开矩形

$$a \leqslant x < b, \quad c \leqslant y < d.$$

把我们对边界的观念应用到很一般的集合中去, 并将结果从直觉中解脱出来, 这也是一件非常重要的事. 最好的例子是由平面上全部 '有理点' 构成的集合 S, 即由那些坐标 x, y 都是有理数的点 $P = (x, y)$ 构成的集合, 把它说成是一条 '曲线' 或一个 '区域' 都无意义. 很清楚, 每一个平面上的圆盘都包含有理点和无理点. 因此, 这里没有边界曲线; 它的边界 ∂S 包含整个平面, 它既无内点也无外点.

即使在边界是一维的情况, 也并不是所有边界点都是把内点与外点分隔开. 例如, 不等式

$$(x-\alpha)^2 + (y-\beta)^2 < r^2, \quad y \neq \beta$$

描述了把一个直径除外的圆盘; 这里, 边界系由圆

$$(x-\alpha)^2 + (y-\beta)^2 = r^2$$

与直径

$$y = \beta, \quad |x-\alpha| < r$$

组成. 而直径上每一个 (非端点的) 点的任何足够小的邻域都不包含外点 (图 1.8).

图 1.8 除去了一个直径的圆盘

d. 闭包作为极限点的集合

当我们考虑那些全部属于集合 S 的点序列 $P_1, P_2, \cdots$ 的极限时, 一个集合的 '内部'、'边界' 和 '外部' 的概念是十分重要的[1]. 很显然, S 的外部的一点 Q 不能成为序列的极限点, 这是因为存在 Q 的一个邻域, 它没有 S 的点, 这就阻止了 P_K 任意接近 Q. 因此 S 内的点序列的极限必须是 S 的边界点或内点. 由于 S 的内部与全部边界点组成 S 的闭包, 由此推知, S 内的序列的极限属于 S 的闭包.

1) 这些点 P_K 不必彼此之间不相同.

反之, S 的闭包的每一个点 Q 实际上都是 S 的某一序列 $P_1, P_2, \cdots$ 的极限, 因为如果 Q 是闭包的一个点, 则 Q 或者属于 S 或者属于边界. 在第一种情形, 我们显然有 S 的一个点序列 $Q, Q, Q, \cdots$ 收敛到 Q. 在第二种情形, 对于任何 $\varepsilon > 0$, Q 的 ε 邻域都至少包含一个 S 的点. 对于每一个自然数 n, 我们可以在 S 中选择一个点 P_n, 它属于 Q 的 ε 邻域, 而

$$\varepsilon = \frac{1}{n}.$$

很清楚, P_n 收敛到 Q.

e. 空间的点与点集

一组有序的三个数 (x, y, z) 可用通常的方式由空间中的一个点 P 来表示. 这里数 x, y, z 为 P 的笛卡儿坐标, 是从 P 到三个互相垂直的平面的 (带有符号的) 距离. 两个点 $P(x, y, z)$ 与 $P'(x', y', z')$ 之间的距离 $\overline{PP'}$ 由下式给出:

$$\overline{PP'} = \sqrt{(x'-x)^2 + (y'-y)^2 + (z'-z)^2}.$$

点 $Q = (a, b, c)$ 的 ε 邻域是由那些适合 $\overline{PQ} < \varepsilon$ 的点 $P = (x, y, z)$ 构成的; 这些点构成由不等式

$$(x-a)^2 + (y-b)^2 + (z-c)^2 < \varepsilon^2$$

给出的球.

与平面上矩形区域相类似的是平行六面体[1], 由下列一组不等式所描述:

$$a < x < b, \quad c < y < d, \quad e < z < f.$$

所有为平面集合而发展的概念——边界、闭包等——都可用一种明显的方式推广到三维中去.

当我们处理有序的四个数 x, y, z, w 所成的数组时, 我们的直观就无法提供一个几何解释. 但是我们仍然可以方便地使用几何术语, 称呼 (x, y, z, w) 为一个 "四维空间中的点". 满足不等式

$$(x-a)^2 + (y-b)^2 + (z-c)^2 + (w-d)^2 < \varepsilon^2$$

的那些四维数组 (x, y, z, w) 就按定义构成点 (a, b, c, d) 的 ε 邻域. 一个矩形区域[2]用如下形式的一组不等式描述:

$$a < x < b, \quad c < y < d, \quad e < z < f, \quad g < w < h.$$

1) 平行的 epipedon (希腊语 "平面").

2) 在多维中这类矩形区域也常用 "单元" 和 "区间" 这种名词来描述.

当然, 这种四维中的"点"的概念并不神秘, 它仅仅是一个方便的术语, 并不意味着四维空间的物理实体. 诚然也并没有什么东西能阻止我们把 n 维数组 $(x_1, x_2, \cdots, x_n)$ 叫做 n 维空间中的一个"点", 这里 n 可以是任何一个自然数. 在许多应用中, 通过这种方式把 n 个量所描述的一个系统用高维空间的一个单个点来代表, 这种办法是既很有用也很有启发性的[1]. 人们常常模拟三维空间的几何解释, 作为探讨高于三维时的指导.

练　习　1.1

1. 平面上一个点 (x, y) 可以用一个形如 $Z = x + iy$ 的一个复数表示 (见第一卷第 85 页). 试讨论下列取不同值的 Z 序列的收敛性:

(a) Z^n;

(b) $Z^{1/n}$, 这里 $Z^{1/n}$ 定义为 Z 的 n 次元根, 即最小正辐角的根.

2. 证明, 对 $P_n = (x_n + \xi_n, y_n + \eta_n)$, 则有

$$\lim_{n\to\infty} P_n = (x + \xi, y + \eta),$$

这里, 假设了极限 $x = \lim\limits_{n\to\infty} x_n$, $\xi = \lim\limits_{n\to\infty} \xi_n$, $y = \lim\limits_{n\to\infty} y_n$, $\eta = \lim\limits_{n\to\infty} \eta_n$ 都存在.

3. 证明圆盘 $x^2 + y^2 < 1$ 的每一个点均为内点. 这对于 $x^2 + y^2 \leqslant 1$ 是否也对? 作出解释.

4. 证明适合条件 $y > x^2$ 的全部点 (x, y) 所成的集合 S 是开的.

5. 当把一个线段考虑成 xy 平面的一个子集时, 什么是这个线段的边界?

问　题　1.1

1. 设 P 为集合 S 的一个边界点, 但不属于 S. 试证明 S 中存在一互不相同的点的序列 $P_1, P_1, \cdots$, 以 P 为极限.

2. 试证一个集的闭包是闭的.

3. 设 P 为集合 S 中的任何一个点, 并设 Q 为这集合的任何一个外点. 试证线段 PQ 包含 S 的一个边界点.

4. 设 G 为满足条件 $|x| < 1, |y| < \dfrac{1}{2}$, 以及 $x = \dfrac{1}{2}, y < 0$ 的全部点 (x, y) 所成的集合. 问 G 是否只包含内点? 试证明之.

---

1) 例如一个容器中气体的分子所成的系统可以用一个具有很高维数的"相位空间"中的一个单个的点的位置来描述. 再说得广泛一些, 在分析的某些部分中习惯于将数 $x_1, x_2, \cdots$ 所构成的一个无穷序列用一个无穷维空间中的一个点来代表.

1.2 几个自变量的函数

a. 函数及其定义域

这样形式的方程

$$u = x + y, \quad u = x^2y^2 \quad 或 \quad u = \log(1 - x^2 - y^2)$$

对于每一对值 (x, y) 都确定一个函数值 u. 在前两个例子中, 对每一对值 (x, y) 都确定了 u 的一个值, 而在第三个例子中, 只有当一对值 (x, y) 满足不等式 $x^2+y^2 < 1$ 时方程才有意义.

一般说来, 对于每一对属于某一个特定集合 (即函数的定义域) 的 (x, y) 值, 依照某规律 f, 确定了因变量 u 的唯一的一个值, 我们就说 u 是自变量 x 和 y 的一个函数. 这样, 一个函数 $u = f(x, y)$ 便定义了一个映射, 把 xy 平面上的一个点集 (即 f 的定义域) 映射到 u 轴上的某一点集, 即 f 的值域. 类似地, 我们说 u 是 n 个变量 $x_1, x_2, \cdots, x_n$ 的一个函数, 是指对于某一特定集合中的每一组值 $(x_1, x_2, \cdots, x_n)$ 都确定了一个相应的唯一值 u.[1)]

例如, 一个直平行六面体的体积 $u = xyz$ 是三个边长 x, y, z 的一个函数; 磁倾角是纬度、经度和时间的一个函数; 和 $x_1 + x_2 + \cdots + x_n$ 是 n 个项 $x_1, x_2, \cdots, x_n$ 的一个函数.

必须指出: 一个函数 f 的定义域是描述它的一个不可缺少的部分. 在 $u = f(x, y)$ 由显示式给出的情形, 自然要取能使这表示式有意义的所有 (x, y) 作为 f 的定义域. 然而, 用同一表示式所给出的函数, 可以用"限制"的方法来定义一个较小的域, 公式 $u = x^2 + y^2$ 可以用来定义一个具有定义域

$$x^2 + y^2 \leqslant \frac{1}{2}$$

的函数.

像一元函数的情形一样, 一个函数关系 $u = f(x, y)$ 把自变量组 x, y 联系到 u 的一个唯一值. 因此, 一个函数值不能由多值的解析表示式如像 $\arctan \dfrac{y}{x}$ 所确定, 除非我们规定 "arc tangent" 只取主分枝, 即其值在 $-\dfrac{\pi}{2}$ 到 $\dfrac{\pi}{2}$ 之间 (参阅第一卷第 184 页), 并且我们还要除去直线 $x = 0$.[2)]

---

1) 我们常常宁愿把函数 f 看作是给一个点 P 指定一个值, 而不是给描写 P 的一对坐标 (x, y) 指定一个值. 这样我们就把 $f(x, y)$ 写作 $f(P)$. 这种记号, 当点 P 与值 $f(P)$ 之间的函数关系由几何来定义而不是参考一个特定的 xy 坐标系时, 特别适用.

2) 取主值, 我们可看到 $u = \arctan y/x$, 当 $x > 0$, 不是别的, 而是从正 x 轴算起, 点 (x, y) 的极角. 这个极角还可以用明显的方式几何地定义为一个单值函数 (取值于 $-\pi$ 到 π 之间), 如果我们除去原点以及位于负 x 轴上的点; 但如果我们把 arctangent 理解为主分枝, 那么在推广了的区域内这个极角就不再由 $\arctan y/x$ 给出来了.

b. 最简单的函数

如同单变量的情形一样, 多于一个变量的最简单的函数仍是有理整函数或多项式. 最一般的一次多项式或线性函数具有这样的形式:

$$u = ax + by + c,$$

其中 a, b 和 c 均为常数. 最一般的二次多项式具有这样的形式:

$$u = ax^2 + bxy + cy^2 + dx + ey + f,$$

它的定义域是整个 xy 平面. 任何次数的一般多项式是有限个项 $a_{mn}x^m y^n$ (叫做单项式) 的和, 其中 m 和 n 为非负整数, 而系数 a_{mn} 是任意的.

只要系数 a_{mn} 不为 0, 单项式 $a_{mn}x^m y^n$ 的次数是 x 和 y 的表示式中的和 $m+n$. 多项式的次数是 (在相同幂的 x 和 y 合并项以后) 系数不为 0 的任何一个单项式的最高次数. 一个多项式, 其所有各单项式具有相同的次数 N 时叫做一个齐次多项式或 N 次型. 如 $x^2 + 2xy$ 或 $3x^3 + (7/5)x^2 y + 2y^3$ 就是这种型.

通过有理函数开方, 我们可得到一些代数函数[1], 例如

$$u = \sqrt{\frac{x-y}{x+y}} + \sqrt[3]{\frac{(x+y)^2}{x^3+xy}}.$$

我们将要用到的大多数更复杂的多变量函数, 都可以用单变量的那些熟悉的函数来描述, 例如

$$u = \sin(x \arccos y) \quad \text{或} \quad u = \log_x y.$$

c. 函数的几何表示法

如同我们用曲线来表示一元函数一样, 我们可用曲面来几何地表示二元函数. 为了这个目的, 我们来考虑一个空间的 (x, y, u) 直角坐标系, 并且在 xy 平面上的函数定义域 R 内的每一个点 (x, y) 上方, 标出以 $u = f(x, y)$ 为第三坐标的点 P. 当点 (x, y) 遍及定义域 R 时, 点 P 描绘出一个空间曲面, 这个曲面我们就取作为函数的几何表示.

反过来说, 在解析几何中, 空间曲面可用二元函数表示, 因此在这种曲面与二元函数之间有一种互逆关系. 例如, 函数

$$u = \sqrt{1 - x^2 - y^2}$$

对应着位于 xy 平面之上的半球, 球半径为 1, 球心在原点. 函数 $u = x^2 + y^2$ 对应

1) "代数函数" 一词的一般定义见第 197 页.

着一个所谓旋转抛物面, 它是把一个抛物线 $u=x^2$ 绕 u 轴旋转而得到的 (图 1.9). 函数 $u=x^2-y^2$ 和 $u=xy$ 对应着双曲抛物面 (图 1.10). 线性函数 $u=ax+by+c$ 的图形是一个空间平面. 如果在函数 $u=f(x,y)$ 中一个自变量, 譬如 y, 并不出现, 因而 u 只依赖于 x, 即 $u=g(x)$, 那么这函数就在 x,y,u 空间中代表一个柱面, 它是由通过曲线 $u=g(x)$ 上的点且与 ux 平面垂直的直线所产生的.

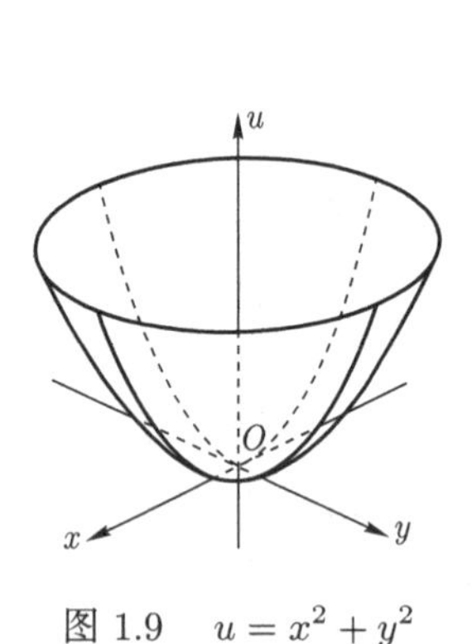

图 1.9 $u=x^2+y^2$

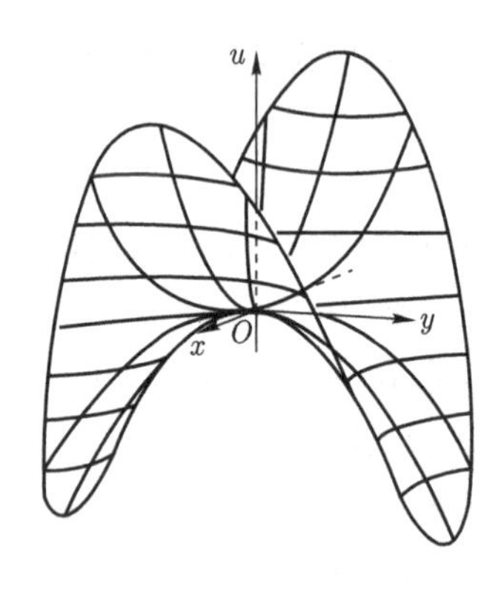

图 1.10 $u=x^2-y^2$

然而这种由直角坐标表示的方法有两个缺点. 首先, 当我们处理三个或更多个自变量的情形时, 就不能用几何直观法. 其次, 即使是两个自变量, 也常常把讨论局限于 xy 平面更为方便, 因为在平面上我们进行几何构图不存在困难. 从这一观点出发, 二元函数有些时候用一种等值线的几何表示法更好一些. 在 xy 平面上, 我们取所有那些使 $u=f(x,y)$ 为一常数值的那些点, 如 $u=k$. 这些点通常位于一条或几条曲线上, 这就叫做函数的给定常数值 k 的等值线或等高线. 我们也可以用平行于 xy 平面的平面 $u=k$ 来切割曲面 $u=f(x,y)$ 得到曲线, 并把相交曲线垂直投射到 xy 平面来获得这些曲线.

对应高度 k 的值为 $k_1,k_2,\cdots$ 的这一族等高线, 给我们提供了一种函数的表示法. 在实践中 k 被指定一系列算术级数值, 如 $k=\nu h$, 其中 $\nu=1,2,\cdots$, 于是等高线之间的距离给我们一个关于曲面 $u=f(x,y)$ 的陡度的度量, 每两条相邻线之间, 函数改变的值都相同. 等高线靠得很近的地方, 说明函数上升或下降很陡; 等高线分得很开的地方, 说明曲面是平坦的. 这便是制作等高线地图 (例如美国地质测量局的等高线地图) 的原理.

按照这个方法, 线性函数 $u=ax+by+c$ 就被表示成一族平行直线 $ax+by+c=k$. 函数 $u=x^2+y^2$ 就被表示成一族同心圆 (图 1.11), 函数 $u=x^2-y^2$, 其曲面为“马鞍形” (图 1.10), 就被表示成一族双曲线, 如图 1.12 所示.

用等高线来表示函数 $u=f(x,y)$ 的方法, 具有能推广到三个自变量的函数上去的优点. 这里代替等高线的有等值曲面 $f(x,y,z)=k$, 其中 k 为常数, 我们可以

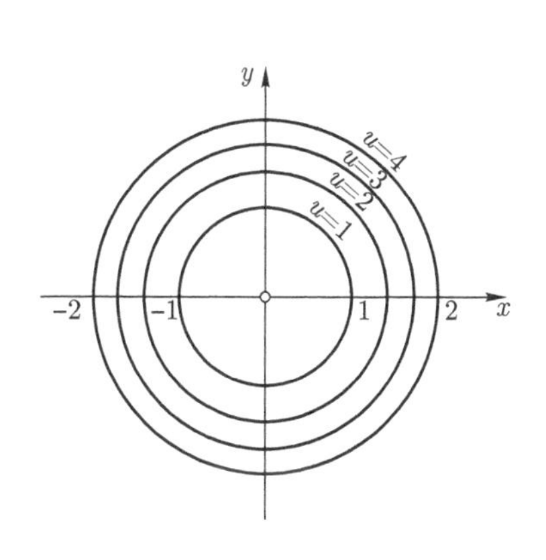

图 1.11　$u=x^2+y^2$ 的等高线

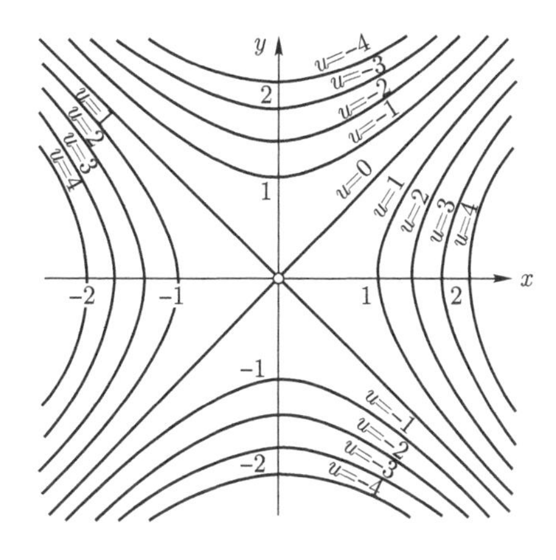

图 1.12　$u=x^2-y^2$ 的等高线

对它指定任何一系列适当的值. 例如, 函数 $u=x^2+y^2+z^2$ 的等值曲面是 (x,y,z) 坐标系中, 中心在原点的同心球.

练　习　1.2

1. 求下列函数在指定点处的值:

(a) $z=\left(\dfrac{\operatorname{arccot}(x+y)}{\operatorname{arccot}(x-y)}\right)^2$, 当 $x=\dfrac{1+\sqrt{3}}{2}, y=\dfrac{1-\sqrt{3}}{2}$;

(b) $w=e^{\cos z(x+y)}$, 当 $x=y=\dfrac{\pi}{2}, z=-1$;

(c) $z=y^{x\cos x^y}, x=e, y=\log\pi$;

(d) $z=\cosh(x+y), x=\log\pi, y=\log\dfrac{1}{2}$;

(e) $z=\dfrac{x+y}{x-y}, x=\dfrac{1}{2}, y=\dfrac{1}{3}$.

2. 像第一卷中一样, 除了我们明确声明外, 用公式法确定的函数的定义域是指那些使表示式有意义的全部点的集合. 指出下列函数的定义域和值域:

(a) $z=\sqrt{x+y}$;　　(b)$z=\sqrt{2x-y^2}$;

(c) $z=\dfrac{1}{\sqrt{x+y}}$;　　(d) $z=\sqrt{1-\dfrac{x^2}{a^2}-\dfrac{y^2}{b^2}}$;

(e) $z=\log(x+5y)$;　　(f) $z=\sqrt{x\sin y}$;

(g) $w=\sqrt{a^2-x^2-y^2-z^2}$;　　(h) $z=\dfrac{x^2-y^2}{x+y}$;

(i) $z=\sqrt{3-x^2-2y^2}$;　　(j) $z=\sqrt{-x^2-y^2}$;

(k) $z=\log(x^2-y^2)$;　　(l) $z=\arctan\dfrac{x^2}{x^2+y^2}$;

(m) $z = \arctan \dfrac{x}{x+y}$;　　(n) $z = \cos \arctan \dfrac{y}{x}$;

(o) $z = \arccos \log(x+y)$;　　(p) $z = \sqrt{y \cos x}$.

3. 两个变量的一般的 n 次多项式的系数的个数是多少? 三个变量的情形呢? k 个变量的情形呢?

4. 对于下列函数, 画出对应于 $z = -2, -1, 0, 1, 2, 3$ 的等高线的略图:

(a) $z = x^2 y$;　　(b) $z = x^2 + y^2 - 1$;

(c) $z = x^2 - y^2$;　　(d) $z = y^2$;

(e) $z = y \left(1 - \dfrac{1}{x^2+y^2}\right)$.

5. 画出函数 $z = \cos(2x+y)$ 对应于 $z = 0, \pm 1, \pm \dfrac{1}{2}$ 的等高线.

6. 画出下列曲面的略图:

(a) $z = 2xy$;　　(b) $z = x^2 + y^2$;

(c) $z = x - y$;　　(d) $z = x^2$;

(e) $z = \sin(x+y)$.

7. 求函数

$$z = \log \frac{1 + \sqrt{x^2+y^2}}{1 - \sqrt{x^2+y^2}}$$

的等值线.

8. 求使得函数 $u = 2(x^2+y^2)/z$ 等于常数的曲面.

1.3 连　续　性

a. 定义

像在一元函数的理论中一样, 当我们考虑多元函数时, 连续性的概念也是突出的. 说函数 $u = f(x,y)$ 在点 (ξ, η) 处连续, 粗略地说, 意味着在所有靠近 (ξ, η) 的点 (x,y) 处, $f(x,y)$ 的值与 $f(\xi,\eta)$ 相差很小. 我们把这个概念更精确地表述如下: *设 f 的定义域为 R, 且 $Q = (\xi, \eta)$ 是 R 中的一个点, 如果对每一个 $\varepsilon > 0$ 都存在一个 $\delta > 0$, 使得对 R 中所有的点 $P(x,y)$ 只要*[1)]

$$\overline{PQ} = \sqrt{(x-\xi)^2 + (y-\eta)^2} < \delta \tag{1}$$

1) 我们可以用小正方形代替限制 (x,y) 在以 (ξ,η) 为中心的小圆盘. 连续性定义中的条件 (1) 就可改为

$$|x-\xi| < \delta \quad 且 \quad |y-\eta| < \delta. \tag{1'}$$

就有

$$|f(P) - f(Q)| = |f(x,y) - f(\xi,\eta)| < \varepsilon \tag{2}$$

成立, 则 f 在点 Q 连续.

若一个函数在一个点集 D 中的每一个点处都连续, 我们就说它在 D 中连续.

下面的事实几乎是明显的: 即连续函数的和、差与积也都是连续的. 连续函数的商, 在那些分母不为零的点处定义一个连续函数 (证明见下一节第 18 页). 特别是, 所有多项式都连续, 所有有理函数在分母不为零的那些点处都连续. 还有, 连续函数的连续函数本身是连续的 (参阅第 18 页).

一个多元函数的不连续点的类型可能比一元函数的复杂得多. 举例来说, 不连续点可能出现在整个曲线弧上而不仅仅是在一些孤立点上. 这种情形发生在由下式定义的函数:

$$\begin{cases} u = y/x, & \text{当 } x \neq 0, \\ u = 0, & \text{当 } x = 0. \end{cases}$$

它沿着整个直线 $x = 0$ 不连续. 更有甚者, 一个函数 $f(x,y)$ 可能对每一个固定的 y 值, 关于 x 连续, 且对每一个固定的 x 值, 关于 y 连续, 但作为点 (x,y) 的一个二元函数仍然是不连续的. 举例来说

$$f(x,y) = \frac{2xy}{x^2+y^2} \quad \text{当 } (x,y) \neq (0,0),$$

$$f(0,0) = 0.$$

这个函数就任何固定的 $y \neq 0$ 而言, 显然关于 x 是连续的, 因为分母不会为 0. 对 $y = 0$, 我们可得 $f(x,0) = 0$, 它依然是一个关于 x 的连续函数. 同理, $f(x,y)$ 对任何固定的 x 是一个关于 y 的连续函数. 但是在直线 $y = x$ 上, 除了 $x = y = 0$ 这点以外所有的点, 我们都有 $f(x,y) = 1$, 并且在这条直线上有任意靠近原点的点, 因此 $f(x,y)$ 在点 $(0,0)$ 处不连续.

如同一元函数的情形一样, 我们说一个函数 $f(P) = f(x,y)$ 在 xy 平面的集合 R 内一致连续, 是指: 如果 f 在 R 的全部点上有定义, 并且对每一个 $\varepsilon > 0$, 存在一个正数 $\delta = \delta(\varepsilon)$, 使得对 R 内的任何两个点 P 与 Q, 其距离 $< \delta$ 时, 都有 $|f(P) - f(Q)| < \varepsilon$.[1] 量 $\delta = \delta(\varepsilon)$ 叫做 f 的一个连续模. 我们有如下的基本定理:

若一个函数 f 在有界闭集合 R 上有定义并且连续, 则在 R 内一致连续 (其证明可参阅本章附录).

特别重要的情形是, 我们可以找到一个与 ε 成比例的连续模 (见第一卷第 33

1) 一致连续的要点是 δ 依赖于 ε 而不依赖于 P 或 Q.

页). 如果函数 $f(P)$ 在 R 中有定义, 并且存在一个常量 L 使得

$$|f(P)-f(Q)| \leqslant L\overline{PQ} \tag{3}$$

对 R 内的一切点 P, Q 成立, 则称这函数为利普希茨连续函数. (L 叫做 '利普希茨常数", 关系式 (3) 叫做 '利普希茨条件".) 很清楚, 每一个利普希茨连续函数 f 是一致连续的, 并且有连续模 $\delta = \varepsilon/L$.[1)]

b. 多元函数的极限概念

函数的极限概念与其连续性概念密切相关. 我们假设, 函数 $f(x, y)$ 的定义域为 $R, Q=(\xi, \eta)$ 为 R 的闭包上的一个点. 如果对于每一个 $\varepsilon>0$, 我们可以找到 (ξ, η) 的一个邻域

$$PQ=\sqrt{(x-\xi)^2+(y-\eta)^2}<\delta, \tag{4}$$

使对于所有属于 R 且在这个邻域内的点 $P=(x, y)$,[2)] 都有

$$|f(P)-L|=|f(x, y)-L|<\varepsilon,$$

我们就说, 当 (x, y) 趋近于 (ξ, η) 时 f 有极限 L, 并写成[3)]

$$\lim_{(x, y) \rightarrow(\xi, \eta)} f(x, y)=L \quad \text{或} \quad \lim_{P \rightarrow Q} f(P)=L. \tag{5}$$

在点 (ξ, η) 属于 f 的定义域的情形, $(x, y)=(\xi, \eta)$ 是属于 R 的一个点, 对于一切 $\delta>0$ 都满足 (4). 这时 (5) 特别隐含着

$$|f(\xi, \eta)-L|<\varepsilon$$

对所有的 $\varepsilon>0$ 都成立, 因此 $L=f(\xi, \eta)$. 然而根据定义, 关系式

$$\lim_{(x, y) \rightarrow(\xi, \eta)} f(x, y)=f(\xi, \eta)$$

与 f 在点 (ξ, η) 连续的条件相同. 因此, 函数 f 在点 (ξ, η) 处连续等价于 f 在 (ξ, η) 有定义并且当 (x, y) 趋近于 (ξ, η) 时 $f(x, y)$ 有极限 $f(\xi, \eta)$.

若 f 在其定义域的边界点 (ξ, η) 上没有定义, 但当 $(x, y) \rightarrow(\xi, \eta)$ 时有一个

---

1) 当我们用霍尔德尔条件代替利普希茨条件 (3) 时, 可以得到更广泛的一类 '霍尔德尔连续" 函数 f. 霍尔德尔条件是指:

$$|f(P)-f(Q)| \leqslant L\overline{PQ}^{\alpha}, \quad P, Q \text{ 在 } R \text{ 内},$$

这里 L 和 α 是常数, 且 $0<\alpha \leqslant 1$ (参看第一卷第 33 页), 这些函数也是一致连续的, 并且我们可以取连续模为 $\delta=(\varepsilon/L)^{1/\alpha}$.

2) 对于区域 R 的外点 (ξ, η), 这个概念是没有意义的, 因为不存在那些使 f 有定义的并可任意接近 (ξ, η) 的点, 因而每一个 L 都可以认为是极限.

3) 或者另外记作 $\lim f(x, y)=L$, 当 $(x, y) \rightarrow(\xi, \eta)$, 或者记作 $\lim\limits_{\substack{x \rightarrow \xi \\ y \rightarrow \eta}} f(x, y)=L$.

极限 L, 我们就自然可以令 $f(\xi,\eta)=L$ 而将 f 的定义加以扩展; 函数 f 按这个方式扩展之后, 就在 (ξ,η) 处连续. 若 $f(x,y)$ 在其定义域 R 中连续, 我们可以用极限值来扩展 f 的定义, 不仅对 R 的一个边界点 (ξ,η), 而是同时对 R 的所有能使 f 有极限的边界点. 扩展以后的函数仍然是连续的, 读者可以作为一个练习来证明. 举一个例子来说, 函数

$$f(x,y)=e^{-x^2/y}$$

对 $y>0$ 的所有 (x,y) 有定义. 这个函数显然在其定义域 R(即上半平面) 的所有点连续. 考虑一个边界点 $(\xi,0)$. 很清楚, 当 $\xi\neq 0$ 时我们有

$$\lim_{(x,y)\to(\xi,0)} f(x,y)=\lim_{s\to\infty} e^{-s}=0,$$

这里 y 限于取正值. 如果我们这样来定义扩展后的函数 $f^*(x,y)$, 即对 $y>0$ 和所有的 x 令

$$f^*(x,y)=f(x,y)=e^{-x^2/y},$$

而对 $x\neq 0$ 令

$$f^*(x,0)=0,$$

那么函数 f^* 在其定义域 R^* 内连续, 这里 R^* 为封闭上半平面 $y\geqslant 0$, 除去点 $(0,0)$. 在原点处, f^* 没有极限, 因此不能采用这种方式来定义 $f^*(0,0)$, 使扩展后在原点连续. 事实上, 对抛物线 $y=kx^2$ 上的点 (x,y), 我们有

$$f(x,y)=e^{-1/k},$$

它沿着不同的抛物线接近原点时有不同的极限值, 所以当 $(x,y)\to(0,0)$ 时, $f(x,y)$ 不存在唯一的极限.

我们还可以把函数 $f(x,y)$ 的极限概念联系到序列的极限 (参阅第一卷第 66 页). 设 f 的定义域为 R, 且

$$\lim_{(x,y)\to(\xi,\eta)} f(x,y)=L.$$

设 $P_n=(x_n,y_n)(n=1,2,\cdots)$ 为 R 内任何一个点序列, 且 $\lim\limits_{n\to\infty} P_n=(\xi,\eta)$, 则数序列 $f(x_n,y_n)$ 有极限 L. 这是因为对所有 R 内足够靠近 (ξ,η) 的点 (x,y), $f(x,y)$ 与 L 的差可以任意小, 而只要 n 足够大, (x_n,y_n) 就足够靠近 (ξ,η). 反之, 如果对于 R 内的每一个以 (ξ,η) 为极限的点序列 (x_n,y_n), 我们都有

$$\lim_{n\to\infty} f(x_n,y_n)=L,$$

那么当 $(x,y)\to(\xi,\eta)$ 时, $\lim\limits_{(x,y)\to(\xi,\eta)} f(x,y)$ 存在且其值为 L. 读者可以容易地作出证明. 如果我们限制点 (ξ,η) 在 f 的定义域 R 内, 我们就得到以下论断: f 在它的定义域 R 中连续恰好意味着, 当 $\lim(x_n,y_n)=(\xi,\eta)$ 时

$$\lim_{n\to\infty} f(x_n,y_n)=f(\xi,\eta), \tag{6}$$

或者说

$$\lim_{n\to\infty} f(x_n,y_n)=f\left(\lim_{n\to\infty} x_n, \lim_{n\to\infty} y_n\right),$$

这里我们只考虑 R 中的这种收敛序列 (x_n,y_n), 并且它们的极限也在 R 中. 于是, 从本质上来说, 函数 f 连续就允许把 f 的记号和极限的记号互换次序.

很清楚, 当函数 f 的定义域不是一个二维区域而是一条曲线或任何其他点集的时候, 函数极限和连续的概念也适用. 例如, 函数

$$f(x+y)=(x+y)!$$

在包括所有直线 $x+y=$ 常数 $=n$ (n 为正整数) 的集合 R 内有定义; 很显然, f 在其定义域 R 中连续.

前面 (见第 15 页) 曾叙述过, 当 $f(x,y)$ 和 $g(x,y)$ 在一点 (ξ,η) 处连续时, 则 $f+g, f-g, f\cdot g$ 以及当 $g(\xi,\eta)\neq 0$ 时的 f/g 都在 (ξ,η) 处连续. 这些法则可以直接从收敛序列所表述的连续性推导出来. 对于任何属于 f 和 g 的定义域, 且收敛到 (ξ,η) 的点序列 (x_n,y_n), 根据公式 (6) 我们有

$$\lim_{n\to\infty} f(x_n,y_n)=f(\xi,\eta), \quad \lim_{n\to\infty} g(x_n,y_n)=g(\xi,\eta);$$

从而 $f(x_n,y_n)+g(x_n,y_n)$ 等等的收敛性可以从序列的运算法则推导出来 (第一卷第 57 页).

c. 无穷小函数的阶

若函数 $f(x,y)$ 在点 (ξ,η) 处连续, 则当 x 趋于 ξ 且 y 趋于 η 时, 差 $f(x,y)-f(\xi,\eta)$ 趋于 0. 引入新的变量 $h=x-\xi$ 和 $k=y-\eta$, 我们就可以把这表示如下: 当 h 和 k 趋向于 0 时, 变量 h 和 k 的函数 $\phi(h,k)=f(\xi+h,\eta+k)-f(\xi,\eta)$ 趋于 0.

我们将常常遇到这样的函数 $\phi(h,k)$, 当 h 和 k 趋于 0 时它趋于 0. 像在一元的情况一样, 为了各种目的, 经常把 $\phi(h,k)$ 当 $h\to 0$ 和 $k\to 0$ 时的趋于 0 的情况更精确地用 ‘无穷小量的阶” 或 $\phi(h,k)$ 的 ‘模量的阶” 来加以区别. 为此, 我们

以坐标为 $x=\xi+h$ 和 $y=\eta+k$ 的点到坐标为 $x=\xi$ 和 $y=\eta$ 的点的距离

$$\rho=\sqrt{h^2+k^2}=\sqrt{(x-\xi)^2+(y-\eta)^2}$$

作为比较的基础, 并采用下述定义:

当 $\rho\to 0$ 时函数 $\phi(h,k)$ 是无穷小, 只要存在一个独立于 h 和 k 的常数 C, 使得不等式

$$\left|\frac{\phi(h,k)}{\rho}\right|\leqslant C$$

对于足够小的值 ρ 都成立, 那么它与 $\rho=\sqrt{h^2+k^2}$ 至少有相同的阶; 也就是说, 有一个 $\delta>0$ 使对于所有适合 $0<\sqrt{h^2+k^2}<\delta$ 的 h 和 k 的值, 上述不等式都成立. 我们用记号写作: $\phi(h,k)=O(\rho)$. 进一步, 如果当 $\rho\to 0$ 时, 商式 $\phi(h,k)/\rho$ 趋于 0, 我们就说 $\phi(h,k)$ 是比 ρ 高阶的无穷小[1). 这将用记号表示成

$$\phi(h,k)=o(\rho)$$

当 $(h,k)\to 0$ (见第一卷第 218 页, 那里记号 "o" 和 "O" 是对一元函数作解释的).

让我们来研究几个例子. 因为

$$\frac{|h|}{\sqrt{h^2+k^2}}\leqslant 1 \quad 和 \quad \frac{|k|}{\sqrt{h^2+k^2}}\leqslant 1,$$

距离 ρ 在 x 轴和 y 轴方向上的分量 h 和 k 至少与距离本身具有相同的阶. 同样, 一个以 a,b 为常系数的线性齐次函数 $ah+bk$ 或函数 $\rho\sin 1/\rho$ 也至少与距离本身有相同的阶. 对于大于 1 的固定值 a, 距离的幂 ρ^a 是比 ρ 高阶的无穷小; 用记号表示成: $\rho^a=o(\rho)$ 当 $a>1$. 类似地, 变量 h 和 k 的二次齐次多项式 $ah^2+bhk+ck^2$ 当 $\rho\to 0$ 时是一个比 ρ 高阶的无穷小:

$$ah^2+bhk+ck^2=o(\rho).$$

更一般化, 可用下述定义. 设在原点处一个足够小的圆内, 对所有非零的 (h,k) 值函数 $\omega(h,k)$ 有定义并且不等于 0. 如果对于某个合适选择的常数 C, 在点 $(h,k)=(0,0)$ 的邻域内, 关系式

$$\left|\frac{\phi(h,k)}{\omega(h,k)}\right|\leqslant C$$

成立, 则 $\phi(h,k)$ 当 $\rho\to 0$ 时, 至少与 $\omega(h,k)$ 同阶. 我们把这表示成符号方程 $\phi(h,k)=O(\omega(h,k))$. 同样, 若尔当 $\rho\to 0$ 时 $\dfrac{\phi(h,k)}{\omega(h,k)}\to 0$, 则 $\phi(h,k)$ 是比 $\omega(h,k)$

1) 为了避免混淆, 我们明白地指出, 当 $\rho\to 0$ 时更高阶无穷小意味着在 $\rho=0$ 的邻域中有较小的值. 例如 ρ^2 是比 ρ 高阶的无穷小, 当 ρ 接近于 0 时, ρ^2 小于 ρ.

高阶的无穷小, 记作

$$\phi(h,k)=o(\omega(h,k)).$$

例如齐次多项式 $ah^2+bhk+ck^2$ 至少与 ρ^2 同阶, 因为

$$|ah^2+bhk+ck^2|\leqslant\left(|a|+\frac{1}{2}|b|+|c|\right)(h^2+k^2).$$

同样, $\rho=o(1/|\log\rho|)$, 因为 $\lim\limits_{\rho\to0}(\rho\log\rho)=0$ (第一卷第 218 页).

练　习　1.3

1. 函数 $z=(x-y)/(x+y)$ 沿 $y=-x$ 是不连续的. 描出该曲面当 $z=0,\pm1,\pm2$ 时的等值线. 当 $z=\pm m$ 而 m 很大时, 等值线是什么样的曲线?

2. 考察函数 $z=(x^2+y)-\sqrt{x^2+y^2}$ 的连续性, 这里当 $x=y=0$ 时 $z=0$. 描出 $z=k(k=-4,-2,0,2,4)$ 时的等值线. 当 $y=-2,-1,0,1,2$ 时, z 只是 x 的函数, 展示这函数的性态 (在同一张图纸上). 同样地, 对于 $x=0,\pm1,\pm2$, 展示 z 作为只是 y 的一个函数的图形. 最后, 描出当 θ 是常数时 z 作为只是 ρ 的一个函数的图形 (ρ,θ 是极坐标).

3. 用确定连续模 $\delta(\varepsilon)$ 的方法验证下列函数在原点处是连续的:

(a) $f(x,y)=x^3-3xy^2$;

(b) $g(x,y)=x^4-6x^2y^2+y^4$.

指出每一个函数在原点是几阶无穷小.

4. 证明下列函数是连续的:

(a) $\sin(x^2+y)$;　　(b) $\dfrac{\sin xy}{\sqrt{x^2+y^2}}$;

(c) $\dfrac{x^3+y^3}{x^2+y^2}$;　　(d) $x^2\log(x^2+y^2)$.

对于每一种情形, 在 $(0,0)$ 点我们定义函数值等于给定表达式的极限.

5. 对于下列连续函数, 求出连续模 $\delta=\delta(\varepsilon,x,y)$ 的值:

(a) $f(x,y)=\sqrt{1+x^2+2y^2}$;

(b) $f(x,y)=\sqrt{1+e^{xy}}$.

6. 函数 $z=1/(x^2-y^2)$ 在哪儿是不连续的?

7. 函数 $z=\tan\pi y/\cos\pi x$ 在哪儿是不连续的?

8. 求函数 $z=\sqrt{y\cos x}$ 的连续点 (x,y) 的集合.

9. 证明函数 $z=1/(1-x^2-y^2)$ 在圆盘 $x^2+y^2<1$ 内是连续的.

10. 求多项式

$$P = ax^2 + 2bxy + cy^2$$

在 $x = 0, y = 0$ 的邻域内与 ρ^2 同阶的条件 (即 P/ρ^2 与 ρ^2/P 是有界的).

11. 确定下列函数是否是连续的; 如果不连续, 它们在哪儿是不连续的:

(a) $\sin \dfrac{y}{x}$; (b) $\dfrac{x^3 + y^2}{x^2 + y^2}$;

(c) $\dfrac{x^3 + y^2}{x^3 + y^3}$; (d) $\dfrac{x^3 + y^2}{x^2 + y}$.

12. 证明当 (x, y) 沿任何一条直线趋于原点时, 函数

$$f(x, y) = \frac{x^4 y^4}{(x^2 + y^4)^3}, \quad g(x, y) = \frac{x^2}{x^2 + y^2 - x}$$

趋于 0; 但 f 和 g 在原点是不连续的.

13. 判定下列函数在 $x = y = 0$ 点是否有极限; 如果极限存在, 求出该极限.

(a) $\dfrac{x^2 - y^2}{x^2 + y^2}$; (b) $\dfrac{x^2 + 2xy + y^2}{x^2 + y^2}$;

(c) $\dfrac{x^2 + 3xy + y^2}{x^2 + 4xy + y^2}$; (d) $-\dfrac{|x - y|}{x^2 - 2xy + y^2}$;

(e) $\exp[-|x - y|/(x^2 - 2xy + y^2)]$;

(f) $|x|^y$; (g) $|x|^{|1/y|}$;

(h)* $\dfrac{|y|^{|x|}\sqrt{x^2 + y^2}}{\sqrt{x^2 + y^2} + |y/x|}$.

14. 对于习题 13 中的那些在 $x = y = 0$ 点处有极限的函数, 求出它们的连续模 $\delta(\varepsilon)$, 这些函数在原点的值定义为它们的极限值.

15. 证明函数 $f(x, y, z) = (x^2 + y^2 - z^2)/(x^2 + y^2 + z^2)$ 在点 $(0, 0, 0)$ 处是不连续的.

16. 若 $P(x, y)$ 和 $Q(x, y)$ 都是 $n(n > 0)$ 次多项式, 在原点其值为 0, 证明

$$R(x, y) = \frac{P(x, y)}{Q(x, y)}$$

在原点是不连续的.

17. 当 (x, y) 以任何方式趋于 $(0, 0)$ 时, 求下列表达式的极限:

(a) $\dfrac{\sin(x^2 + y^2)}{x^2 + y^2}$; (b) $\dfrac{\sin(x^4 + y^4)}{x^2 + y^2}$; (c) $\dfrac{e^{-1/(x^2+y^2)}}{x^4 + y^4}$.

18. 证明当 (x, y) 趋于 $(0, 0)$ 时, 函数 $z = 3(x - y)/(x + y)$ 可趋于任何一个极限. 给出 (x, y) 的变化情况使分别适合下列条件:

(a) $\lim\limits_{\substack{x \to 0 \\ y \to 0}} z = 2$; (b) $\lim\limits_{\substack{x \to 0 \\ y \to 0}} z = -1$; (c) $\lim\limits_{\substack{x \to 0 \\ y \to 0}} z$ 不存在.

19. 如果当 $(x,y) \to (0,0)$, 沿每一条经过原点的直线都有 $f(x,y) \to 0$, 是否当 $(x,y) \to (0,0)$ 沿任何一条路径都有 $f(x,y) \to 0$.

20. 在原点 $(0,0)$ 的邻域内考察 $z = y\log x$ 的性质.

21. 设 $z = f(x,y) = (x^2 - y)/2x$, 画出下列各式的图形:

(a) $z = f(x,x^2)$; (b) $z = f(x,0)$;

(c) $z = f(x,1)$; (d) $z = f(x,x)$.

当 $(x,y) \to (0,0)$ 时, $f(x,y)$ 的极限是否存在?

22. 给出下述情况的几何解释: $\phi(h,k)$ 与 $\rho = \sqrt{h^2 + k^2}$ 是同阶无穷小.

问 题 1.3

1. 让我们把连续函数 f 这样开拓到函数 f^*: 在 f 的定义域内定义 $f^* = f$, 在边界点上定义 $f^*(Q) = \lim\limits_{P \to Q} f(P)$, 只要这极限存在. 证明 f^* 是连续的.

2. 证明, 对于 $(x,y) \to (\xi,\eta)$, 极限 $\lim f(x,y)$ 存在且其值为 L, 当且仅当对于 f 的定义域中的每一个以 (ξ,η) 为极限的点序列 (x_n,y_n) 都有 $\lim\limits_{n \to \infty} f(x_n,y_n) = L$.

1.4 函数的偏导数

a. 定义. 几何表示

如果在多元函数中, 除了一个自变量之外, 我们指定所有其他自变量以确定的值, 而只允许那一个自变量, 譬如 x 变动, 这函数就成为一个一元函数. 我们来研究两个变量 x 和 y 的一个函数 $u = f(x,y)$, 并指定 y 以一个确定的固定值 $y = y_0 = c$ 得出的函数 $u = f(x,y_0)$ 为单独一个变量 x 的函数, 它可以几何地说成是用平面 $y = y_0$ 去切割曲面 $u = f(x,y)$ (参阅图 1.13 和图 1.14). 这样形成的平面上的交线可以用方程 $u = f(x,y_0)$ 表示. 如果我们对这个方程用普通方法在点 $x = x_0$ 上求导, 假设 f 在 (x_0,y_0) 的邻域有定义, 且导数存在[1], 我们就得到 $f(x,y)$ 在点 (x_0,y_0) 处关于 x 的偏导数

$$\lim_{h \to 0} \frac{f(x_0 + h, y_0) - f(x_0,y_0)}{h}.$$

几何上看, 这个偏导数表示 x 轴的一条平行线与曲线 $u = f(x,y_0)$ 的切线之间的夹角的正切. 所以它是曲面 $u = f(x,y)$ 在 x 轴方向的斜率.

1) 我们将不试图去定义区域的边界点上的导数 (除了偶尔看作内点逼近于边界点时偏导数的极限).

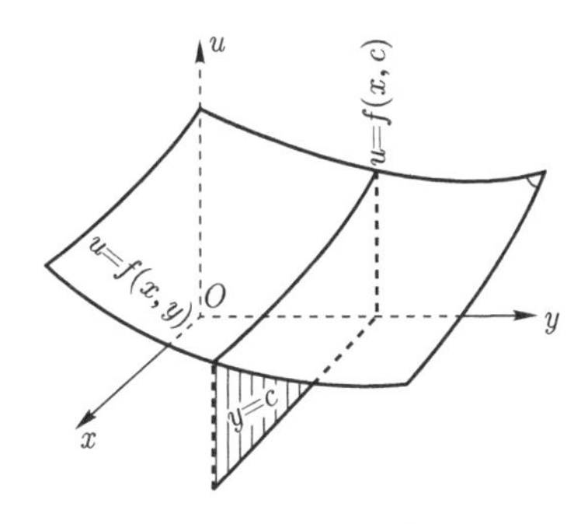

图 1.13 $u=f(x,y)$ 的横断面

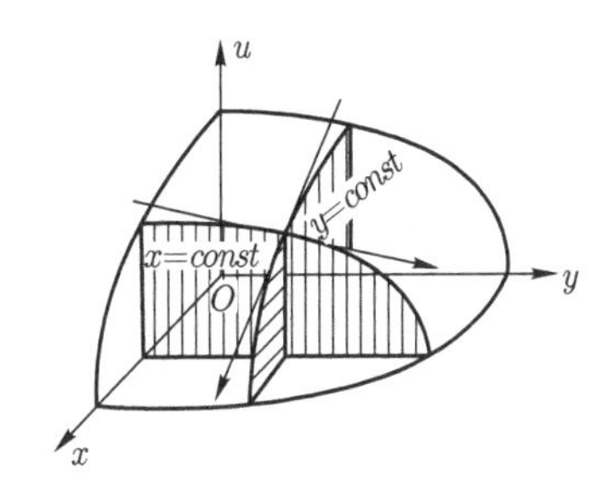

图 1.14 $u=f(x,y)$ 的横断面

为了表示这些偏导数, 常用几种不同的符号, 其中一种是

$$\lim_{h\to 0}\frac{f(x_0+h,y_0)-f(x_0,y_0)}{h}=f_x(x_0,y_0)=u_x(x_0,y_0).$$

如果我们希望强调偏导数是一种差商的极限, 我们可以把它表示成

$$\frac{\partial f}{\partial x} \quad 或 \quad \frac{\partial}{\partial x}f.$$

这里我们用一个特别的圆形字母 ∂ 以代替在一元函数微分法中常用的 d, 这是为了表示我们处理的是多元函数, 而关于其中一个求导.

为了某些目的, 可方便地应用柯西符号 D (已在第一卷第 136 页上提到过), 并记作

$$\frac{\partial f}{\partial x}=D_xf.$$

但我们很少用这个符号.

完全相同的方式, 我们用下面的关系式来定义 $f(x,y)$ 在点 (x_0,y_0) 处对 y 的偏导数:

$$\lim_{h\to 0}\frac{f(x_0,y_0+h)-f(x_0,y_0)}{h}=f_y(x_0,y_0)=D_yf(x_0,y_0).$$

这表示曲面 $u=f(x,y)$ 与垂直于 x 轴的平面 $x=x_0$ 的交线的斜率 (图 1.14).

现在让我们把迄今为止认为是固定的点 (x_0,y_0) 看作变量, 因而把下标 0 省略掉. 换句话说, 我们把求导运算看作是在 $f(x,y)$ 的定义域内任何一个点 (x,y) 处进行的. 于是两个导数

$$u_x(x,y)=f_x(x,y)=\frac{\partial f(x,y)}{\partial x},$$

$$u_y(x,y)=f_y(x,y)=\frac{\partial f(x,y)}{\partial y}$$

本身都是 (x,y) 的函数.

举例来说, 函数 $u=x^2+y^2$ 具有偏导数 $u_x=2x$ (对 x 求导时, 把 y^2 当作常数, 因而导数为 0) 和 $u_y=2y$. 函数 $u=x^3y$ 的偏导数是 $u_x=3x^2y$ 和 $u_y=x^3$.

类似地, 对于任何 n 个自变量的一个函数 $f(x_1,x_2,\cdots,x_n)$, 我们定义它关于 x_1 的偏导数为

$$\begin{aligned}\frac{\partial f(x_1,x_2,\cdots,x_n)}{\partial x_1}&=\lim_{h\to 0}\frac{f(x_1+h,x_2,\cdots,x_n)-f(x_1,x_2,\cdots,x_n)}{h}\\&=f_{x_1}(x_1,x_2,\cdots,x_n)=D_{x_1}f(x_1,x_2,\cdots,x_n),\end{aligned}$$

假设这极限存在.

当然我们还可以重复这样做, 把 "一阶" 偏导数 $f_x(x,y)$ 和 $f_y(x,y)$ 再对一个自变量求导, 得到 $f(x,y)$ 的高阶偏导数. 求导的顺序是用下标或分母中符号 ∂x 和 ∂y 从右到左的顺序来表示的[1]. 二阶偏导数用下列符号来表示

$$\begin{aligned}\frac{\partial}{\partial x}\left(\frac{\partial f}{\partial x}\right)&=\frac{\partial^2 f}{\partial x^2}=f_{xx}=(D_x)^2f,\\\frac{\partial}{\partial x}\left(\frac{\partial f}{\partial y}\right)&=\frac{\partial^2 f}{\partial x\partial y}=f_{xy}=D_xD_yf,\\\frac{\partial}{\partial y}\left(\frac{\partial f}{\partial x}\right)&=\frac{\partial^2 f}{\partial y\partial x}=f_{yx}=D_yD_xf,\\\frac{\partial}{\partial y}\left(\frac{\partial f}{\partial y}\right)&=\frac{\partial^2 f}{\partial y^2}=f_{yy}=(D_y)^2f.\end{aligned}$$

三阶偏导数用下列符号表示

$$\begin{aligned}\frac{\partial}{\partial x}\left(\frac{\partial^2 f}{\partial x^2}\right)&=\frac{\partial^3 f}{\partial x^3}=f_{xxx},\\\frac{\partial}{\partial y}\left(\frac{\partial^2 f}{\partial x^2}\right)&=\frac{\partial^3 f}{\partial y\partial x^2}=f_{yxx},\\\frac{\partial}{\partial x}\left(\frac{\partial^2 f}{\partial x\partial y}\right)&=\frac{\partial^3 f}{\partial x^2\partial y}=f_{xxy},\end{aligned}$$

等等, 一般地, n 阶偏导数用下列符号表示

$$\begin{aligned}\frac{\partial}{\partial x}\left(\frac{\partial^{n-1} f}{\partial x^{n-1}}\right)&=\frac{\partial^n f}{\partial x^n}=f_{x^n},\\\frac{\partial}{\partial y}\left(\frac{\partial^{n-1} f}{\partial x^{n-1}}\right)&=\frac{\partial^n f}{\partial y\partial x^{n-1}}=f_{yx^{n-1}},\end{aligned}$$

1) 这同算子的符号乘积的一般记号是一致的 (参阅第一卷第 41 页). 其实求导的顺序在大多数我们感兴趣的情况下是不重要的 (参阅第 31 页).

等等.

偏导数的不同符号各有其优点. 把函数 $f(x,y)$ 对其第一个自变量的偏导数写成 $\dfrac{\partial f(x,y)}{\partial x}$ 或 $D_x f(x,y)$, 强调了微分具有作用于函数的算子 D_x 或 $\dfrac{\partial}{\partial x}$ 的性质, 书写时作为因子乘到函数前面去. 高阶导数的记号保持了这种乘积的概念:

$$\frac{\partial}{\partial y}\left(\frac{\partial}{\partial x}f\right)=\frac{\partial^2}{\partial y\partial x}f=D_y\cdot D_x f.$$

算子记号的缺点在于, 当它要用来表示导数是对自变量的什么值而言的时候, 它是笨拙的. 例如, 若

$$f(x,y)=x^2+2xy+4y^2,$$

则其在点 $x=1, y=2$ 处对 x 的导数可写成

$$\left(\frac{\partial f(x,y)}{\partial x}\right)_{\substack{x=1\\y=2}}=f_x(1,2)=(2x+2y)_{\substack{x=1\\y=2}}=6.$$

我们不应当简单地写成

$$\frac{\partial f(1,2)}{\partial x},$$

因为 $f(1,2)$ 是常量 21, 因而它对 x 的导数为 0. 正如一元的情形一样, 一个函数具有导数是该函数的一个特殊性质, 并不是所有的连续函数都具备的[1]. 然而, 实际上重要的函数都具备这个性质, 例外只发生在孤立的点或曲线上.

练　习　1.4a

1. 求下列函数的偏导数 $\dfrac{\partial z}{\partial x}, \dfrac{\partial z}{\partial y}$:

(a) $z=ax^n+by^m$, a,b,m,n 是常数;

(b) $z=2xe^{y^2}+3y$;　　(c) $z=2\dfrac{x}{y}+3\dfrac{y}{x}$;

(d) $z=\arctan\dfrac{y}{x^2}$;　　(e) $z=x^2y^{3/2}$;

(f) $z=y^x$;　　(g) $z=x^{1/2}y^{3/4}$;

(h) $z=3^{x/y}$;　　(i) $z=\log\left(x+\dfrac{y}{x^2}\right)$;

(j) $z=\cos(x^2+y)$;　　(k) $z=\tan(xy^3+e^x)$;

(l) $z=\dfrac{\cos x}{\sin y}$;　　(m) $z=xe^y+ye^x$;

1) 这里我们不用 ‘可微’ 一词, 因为 ‘可微’ 一词隐含着比关于 x 和关于 y 偏导数存在更多的东西, 关于这一名词的解释请看第 34 页.

(n) $z = x\sqrt{x^2+y^2}$.

2. 求下列函数的一阶偏导数:

(a) $\sqrt[3]{x^2+y^2}$; (b) $\sin(x^2-y)$;

(c) e^{x-y}; (d) $\dfrac{1}{\sqrt{1+x+y^2+z^2}}$;

(e) $y\sin xz$; (f)$\log\sqrt{1+x^2+y^2}$.

3. 求下列函数所有的一、二阶偏导数:

(a) xy;

(b) $\log xy$;

(c) $\tan(\arctan x+\arctan y)$;

(d) x^y;

(e) $e^{(x^y)}$.

4. 令 $w=f(x,y,z)=(\cos x/\sin y)e^z$. 求 f_x,f_y,f_z, 当 $x=\pi$, $y=\pi/2, z=\log 3$.

5. 设 $f(x,y)=y\cosh x+x\sinh y$, 在 $x=0,y=0$ 点求 $f_{x^2}+f_{y^2}$.

6. 证明函数 $u=e^x\cos y, v=e^x\sin y$ 满足条件 $u_x=v_y$, $u_y=-v_x$.

7. 证明练习 6 的函数满足偏微分方程

$$f_{xx}+f_{yy}=0.$$

证明下列函数同样也满足上面这个方程:

(a) $\log\sqrt{x^2+y^2}$;

(b) $\arctan\dfrac{y}{x}$;

(c) $\dfrac{y}{x^2+y^2}$;

(d) $3x^2y-y^3$;

(e) $\sqrt{x+\sqrt{x^2+y^2}}$.

8. 令 $r=\sqrt{x^2+y^2+z^2}$, 求 $r_{xx}+r_{yy}+r_{zz}$.

9. 如果 $z=y^3+ayx^2$ 适合方程 $z_{xx}+z_{yy}=0$, 求常数 a.

10. 证明函数

$$f(x_1,x_2,\cdots,x_n)=\frac{1}{(x_1^2+x_2^2+\cdots+x_n^2)^{(n-2)/2}}$$

满足方程

$$f_{x_1x_1}+f_{x_2x_2}+\cdots+f_{x_nx_n}=0.$$

问 题 1.4a

1. 一个三元函数有几个 n 阶偏导数? k 个变数的函数呢?

2. 举出这样的例子, 使函数 $f(x,y)$ 的 f_x 存在但 f_y 不存在.

3. 求函数 $f(x,y)$, 使它是 (x^2+y^2) 的函数并且也是乘积 $\psi(x)\psi(y)$ 的形式; 也就是求解未知函数方程

$$f(x,y)=\phi(x^2+y^2)=\psi(x)\psi(y).$$

4. 证明形如

$$u(x,y,z)=\frac{f(t+r)}{r}+\frac{g(t-r)}{r}$$

(其中 $r^2=x^2+y^2+z^2$) 的任一函数都满足方程

$$u_{xx}+u_{yy}+u_{zz}=u_{tt}.$$

b. 例

实际上, 偏微分包含的内容读者在以前都已遇到过. 因为, 按照定义, 除了我们要对它求导的一个自变量外, 其他的自变量都保持常数. 因此我们可以把其他自变量看作常数, 而按照一元函数求导法则去求导. 下面我们列出若干简单函数的一些偏导数.

1. 函数

$$f(x,y)=xy,$$

一阶 (偏) 导数

$$f_x=y,\quad f_y=x;$$

二阶 (偏) 导数

$$f_{xx}=0,\quad f_{xy}=f_{yx}=1,\quad f_{yy}=0.$$

2. 函数

$$f(x,y)=\sqrt{x^2+y^2},$$

一阶 (偏) 导数

$$f_x=\frac{x}{\sqrt{x^2+y^2}},\quad f_y=\frac{y}{\sqrt{x^2+y^2}}.$$

可见从原点到点 (x,y) 的向量半径 $r=\sqrt{x^2+y^2}$ 关于 x,y 的偏导数是 $\cos\phi=x/r$ 和 $\sin\phi=y/r$, 这里 ϕ 是向量半径与 x 轴正方向的夹角.

二阶 (偏) 导数

$$f_{xx}=\frac{y^2}{\sqrt{(x^2+y^2)^3}}=\frac{\sin^2\phi}{r},$$

$$f_{xy}=f_{yx}=-\frac{xy}{\sqrt{(x^2+y^2)^3}}=-\frac{\sin\phi\cos\phi}{r},$$

$$f_{yy}=\frac{x^2}{\sqrt{(x^2+y^2)^3}}=\frac{\cos^2\phi}{r}.$$

3. 三维空间中向量半径的倒数

$$f(x,y,z)=\frac{1}{\sqrt{x^2+y^2+z^2}}=\frac{1}{r},$$

一阶 (偏) 导数

$$f_x=-\frac{x}{\sqrt{(x^2+y^2+z^2)^3}}=-\frac{x}{r^3},$$

$$f_y=-\frac{y}{\sqrt{(x^2+y^2+z^2)^3}}=-\frac{y}{r^3},$$

$$f_z=-\frac{z}{\sqrt{(x^2+y^2+z^2)^3}}=-\frac{z}{r^3};$$

二阶 (偏) 导数

$$f_{xx}=-\frac{1}{r^3}+\frac{3x^2}{r^5},\quad f_{yy}=-\frac{1}{r^3}+\frac{3y^2}{r^5},\quad f_{zz}=-\frac{1}{r^3}+\frac{3z^2}{r^5},$$

$$f_{xy}=f_{yx}=\frac{3xy}{r^5},\quad f_{yz}=f_{zy}=\frac{3yz}{r^5},\quad f_{zx}=f_{xz}=\frac{3zx}{r^5}.$$

由此可见, 函数

$$f=\frac{1}{\sqrt{x^2+y^2+z^2}}$$

除 $(0,0,0)$ 外, 对所有 (x,y,z) 都适合方程

$$f_{xx}+f_{yy}+f_{zz}=-\frac{3}{r^3}+\frac{3(x^2+y^2+z^2)}{r^5}=0;$$

我们说, 函数 $f(x,y,z)=1/r$ 满足偏微分方程 (‘拉普拉斯 (Laplace) 方程”)

$$f_{xx}+f_{yy}+f_{zz}=0.$$

4. 函数

$$f(x,y)=\frac{1}{\sqrt{y}}e^{-(x-a)^2/4y},$$

一阶 (偏) 导数

$$f_x=\frac{-(x-a)}{2y^{3/2}}e^{-(x-a)^2/4y},$$

$$f_y=\left[-\frac{1}{2y^{3/2}}+\frac{(x-a)^2}{4y^{5/2}}\right]e^{-(x-a)^2/4y};$$

二阶 (偏) 导数

$$f_{xx}=\left(\frac{-1}{2y^{3/2}}+\frac{(x-a)^2}{4y^{5/2}}\right)e^{-(x-a)^2/4y},$$

$$f_{xy}=f_{yx}=\left(\frac{3(x-a)}{4y^{5/2}}-\frac{(x-a)^3}{8y^{7/2}}\right)e^{-(x-a)^2/4y},$$

$$f_{yy}=\left(\frac{3}{4}\frac{1}{y^{5/2}}-\frac{1}{2}\frac{(x-a)^2}{y^{7/2}}+\frac{(x-a)^4}{16y^{9/2}}\right)e^{-(x-a)^2/4y}.$$

因此偏微分方程

$$f_{xx}-f_y=0$$

对于 x,y 恒成立.

c. 偏导数的连续性与存在性

对于一个一元函数来说, 导数在某一点存在, 就意味着函数在该点连续 (参阅第一卷第 143 页); 与此相反, 偏导数的存在并不隐含二元函数连续. 例如函数

$$u(x,y)=\frac{2xy}{(x^2+y^2)}$$

且 $u(0,0)=0$, 它处处都有偏导数, 但我们已在第 15 页看到, 它在原点是不连续的, 从几何上来看, 偏导数的存在只限制着函数在 x 轴方向和 y 轴方向上的性态, 而不在任何其他方向上. 然而, 如果具有有界偏导数, 则确实隐含着函数连续, 如以下定理所述:

若一个函数 $f(x,y)$ 在一个开集 R 内处处有偏导数 f_x 和 f_y, 并且各处的偏导数满足不等式

$$|f_x(x,y)|<M,\quad |f_y(x,y)|<M,$$

其中 M 与 x 和 y 无关, 则 $f(x,y)$ 在 R 内处处连续.[1)]

为了证明, 我们考虑区域 R 内坐标分别为 (x,y) 和 $(x+h,y+k)$ 的两个点. 我们进一步假定, 连接这两点到点 $(x+h,y)$ 的两线段完全在区域 R 内, 这在点 (x,y) 是 R 的内点并且点 $(x+h,y+k)$ 与 (x,y) 足够靠近时肯定是这样的. 于是我们有

$$\begin{aligned} &f(x+h,y+k)-f(x,y)\\ &=\{f(x+h,y+k)-f(x+h,y)\}+\{f(x+h,y)-f(x,y)\}. \end{aligned} \tag{7}$$

右端第一个括号中的两项只是 y 不同; 而第二个括号内的两项只是 x 不同. 因此, 我们可以用通常的微分中值定理 (第一卷第 148 页), 于第一个括号中看作只是 y 的函数, 于第二个括号中看作只是 x 的函数. 由此我们得出关系式

$$\begin{aligned} &f(x+h,y+k)-f(x,y)\\ &=kf_y(x+h,y+\theta_1k)+hf_x(x+\theta_2h,y), \end{aligned} \tag{8}$$

其中 θ_1,θ_2 为介于 0 到 1 之间的数. 换言之, 对 y 的导数取连接 $(x+h,y)$ 到 $(x+h,y+k)$ 的垂直连线上一个点的值, 而对 x 的导数取连接 (x,y) 到 $(x+h,y)$ 的水平连线上一个点的值. 根据假设, 导数的绝对值均小于 M, 于是得出

$$|f(x+h,y+k)-f(x,y)|\leqslant M(|h|+|k|). \tag{9}$$

对于足够小的 h 和 k 的值, 右边本身可以任意小, 这就证明了 $f(x,y)$ 是连续的[2)].

练　习　1.4c

1. 叙述并证明: 三元函数 $f(x,y,z)$ 的一阶偏导数存在并有界, 是 f 连续的一个充分条件.

2. 证明下列函数 $f(x,y)$ 连续:

(a) $f(x,y)=\begin{cases} e^{-1/(x^2+y^2)}, & \text{当 } x,y\neq 0,\\ 0, & \text{当 } x=0,y=0; \end{cases}$

(b) $f(x,y)=\begin{cases} (x^4+y^4)\log(x^2+y^2), & \text{当 } x,y\neq 0,\\ 0, & \text{当 } x=0,y=0. \end{cases}$

---

1) 由这个定理的证明可以看出, 该定理也适用于区域的边界点, 只要能用一根由平行于坐标轴的两个线段组成的折线连接该边界点与区域内的任何一个邻近点, 并且在该边界点上适当地定义 f.

2) 如果 f 的定义域是一个四边平行于坐标轴的矩形, 这个不等式就对定义域内任何两点 (x,y) 和 $(x+h,y+k)$ 都成立. 于是得出 f 还是利普希茨连续的 (见第 16 页).

d. 微分次序的改变

在第 27 – 29 页上所给出的全部求偏导数的例子中, 我们都有 $f_{yx} = f_{xy}$; 换句话说, 无论我们是首先对 x 求导, 然后对 y 求导, 或者是首先对 y 求导, 然后对 x 求导, 并无差别. 这在下述定理的条件下一般说来是对的.

若一个函数 $f(x, y)$ 的 "混合" 偏导数 f_{xy} 与 f_{yx} 在开集 R 内连续, 则等式

$$f_{yx} = f_{xy} \tag{10}$$

在整个 R 内成立, 即与对 x 求导和对 y 求导的次序无关.

证明可像上一小节一样, 在微分学中值定理的基础上得到. 我们来考虑四个点 $(x, y), (x+h, y), (x, y+k)$ 和 $(x+h, y+k)$, 其中 $h \neq 0$ 和 $k \neq 0$. 如果 (x, y) 是开集 R 内的一个点并且 h 和 k 足够小, 则所有这些点均属于 R. 我们现在作表示式

$$A = f(x+h, y+k) - f(x+h, y) - f(x, y+k) + f(x, y). \tag{11}$$

引进变量 x 的函数

$$\phi(x) = f(x, y+k) - f(x, y),$$

并把变量 y 视为一个 "参数". 于是 A 获得以下形式:

$$A = \phi(x+h) - \phi(x).$$

应用微分学中值定理即得

$$A = h\phi'(x + \theta h),$$

其中 θ 介于 0 到 1 之间, 但是根据 $\phi(x)$ 的定义, 我们有

$$\phi'(x) = f_x(x, y+k) - f_x(x, y).$$

又因我们已假设 "混合" 二阶偏导数 f_{yx} 是存在的, 所以我们可再次引用中值定理得到

$$A = hkf_{yx}(x + \theta h, y + \theta' k),$$

其中 θ 和 θ' 表示两个非特定的介于 0 到 1 之间的数.

用完全相同的方法, 我们可以引进函数

$$\psi(y) = f(x+h, y) - f(x, y)$$

并把 A 表示为

$$A = \psi(y+k) - \psi(y).$$

这样我们就得到等式

$$A = hkf_{xy}(x + \theta_1 h, y + \theta_1' k),$$

其中 $0 < \theta_1 < 1$ 和 $0 < \theta_1' < 1$. 我们令两个 A 的表示式相等, 就得到等式

$$f_{yx}(x + \theta h, y + \theta' k) = f_{xy}(x + \theta_1 h, y + \theta_1' k).$$

如果我们在这里令 h 和 k 同时趋向于 0, 并记住导数 $f_{xy}(x, y)$ 和 $f_{yx}(x, y)$ 均在点 (x, y) 处连续, 我们立即得到

$$f_{yx}(x, y) = f_{xy}(x, y),$$

这正是所要证明的[1].

关于微分次序的可换性定理 (即关于微分算子 D_x 和 D_y 的交换性) 还有更广泛的结论. 特别是我们看到, 多元函数的二阶导数和高阶导数的互不相同的个数比我们原先所想象的要少得多. 如果假设要计算的导数在我们考虑的区域内都是自变量的连续函数, 并且用函数 $f_x(x, y), f_y(x, y), f_{xy}(x, y)$ 等去替代函数 $f(x, y)$, 那么引用我们的定理就可得到等式

$$f_{xxy} = f_{xyx} = f_{yxx},$$

$$f_{xyy} = f_{yxy} = f_{yyx},$$

$$f_{xxyy} = f_{xyxy} = f_{xyyx} = f_{yxxy} = f_{yxyx} = f_{yyxx},$$

等等; 一般地说我们有下述结果:

---

1) 作为进一步精细的研究, 有必要知道关于微分次序可换性定理可以在较弱的假设下得到证明. 事实上, 除了假设一阶偏导数 f_x 和 f_y 存在外, 只要还有一个混合偏导数例如 f_{yx} 存在, 并且这个导数在所考虑的点处连续就足够了. 要证明这个结果, 我们回到方程 (11), 先除以 hk, 并令 k 单独趋向于 0, 则右边有极限, 因此左边也有极限, 并且

$$\lim_{k \to 0} \frac{A}{hk} = \frac{f_y(x + h, y) - f_y(x, y)}{h}.$$

更进一步, 我们曾经只用了 f_{yx} 存在这一个假设, 就证明了

$$\frac{A}{hk} = f_{yx}(x + \theta h, y + \theta' k).$$

由于假定了 f_{yx} 连续, 对任意 $\varepsilon > 0$ 与所有足够小的 h 和 k, 我们有

$$f_{yx}(x, y) - \varepsilon < f_{yx}(x + \theta h, y + \theta' k) < f_{yx}(x, y) + \varepsilon,$$

由此得出

$$f_{yx}(x, y) - \varepsilon \leqslant \frac{f_y(x + h, y) - f_y(x, y)}{h} \leqslant f_{yx}(x, y) + \varepsilon$$

或

$$\lim_{h \to 0} \frac{f_y(x + h, y) - f_y(x, y)}{h} = f_{yx}(x, y),$$

这就是

$$f_{xy}(x, y) = f_{yx}(x, y).$$

对二元函数进行重复求导时, 求导的次序可以任意改变, 只要所涉及的导数均为连续函数.[1)]

用我们关于连续性的假设, 二元函数有三个二阶偏导数,

$$f_{xx},\quad f_{xy},\quad f_{yy};$$

四个三阶偏导数,

$$f_{xxx},\quad f_{xxy},\quad f_{xyy},\quad f_{yyy};$$

而一般地说, 有 $(n+1)$ 个 n 阶偏导数,

$$f_{x^n}, f_{x^{n-1}y}, f_{x^{n-2}y^2}, \cdots, f_{xy^{n-1}}, f_{y^n}.$$

显然, 对于两个以上自变量的函数也有类似的陈述. 因为, 我们可以同样应用我们的证明到对 x 和 z, 或对 y 和 z 等的求导交换次序上, 因为每回相继两次求导时, 都只牵涉到两个自变量.

练　习　1.4d

1. 求出 $\dfrac{\partial^2 z}{\partial x\partial y}$ 和 $\dfrac{\partial^2 z}{\partial y\partial x}$ 并验证它们相等.

(a) $z=(ax+by)^2$;　　(b) $z=\sqrt{ax+by}$;

(c) $z=f(ax+by)$;　　(d) $z=ye^x$;

(e) $z=\log\dfrac{x+y}{x}$;　　(f) $z=e^{\cos(y^2+x)}$.

2. 求下列函数的所有三阶偏导数:

(a) $f(x,y)=x^y$;

(b) $f(x,y)=\cosh xy$;

(c) $f(x,y)=ax^2+bxy+cy^2$;

---

1) 很有兴趣的是用一个例子来表明, 不假设二阶导数 f_{xy} 和 f_{yx} 的连续性, 定理就不再成立, 且 f_{xy} 可以与 f_{yx} 不同. 这可以举下列函数为例:

$$f(x,y)=xy\frac{x^2-y^2}{x^2+y^2},\quad f(0,0)=0.$$

对此所有二阶偏导数均存在但并不连续, 我们可得

$$f_x(0,y)=\lim_{x\to 0}\frac{f(x,y)-f(0,y)}{x}=\lim_{x\to 0}y\frac{x^2-y^2}{x^2+y^2}=-y,$$

$$f_y(x,0)=\lim_{y\to 0}\frac{f(x,y)-f(x,0)}{y}=\lim_{y\to 0}x\frac{x^2-y^2}{x^2+y^2}=x,$$

结果

$$f_{yx}(0,0)=-1\quad 而\quad f_{xy}(0,0)=1.$$

这两个表示式不同. 根据上述定理, 只能是由于 f_{xy} 在原点不连续引起的.

(d) $f(x,y)=\dfrac{x}{y}+\dfrac{y}{x}$;

(e) $f(x,y)=2\cos x+3\sin(y-x)$.

3. 对于函数 $f(x,y)=\log(e^x+e^y)$ 证明 $f_x+f_y=1$ 以及 $f_{xx}f_{yy}-(f_{xy})^2=0$.

问 题 1.4d

1. (a) 证明形如 $u(x,y)=f(x)g(y)$ 的函数满足偏微分方程

$$uu_{xy}-u_xu_y=0;$$

(b) 证明这一断言的逆.

2. 定义 $f(x,y)$ 如下

$$f(x,y)=\begin{cases}x^2\arctan\dfrac{y}{x}-y^2\arctan\dfrac{x}{y}, & \text{当 } x,y\neq 0,\\ 0, & \text{当 } x=0,y=0,\end{cases}$$

求证 $f_{xy}(0,0)=-1, f_{yx}(0,0)=1$.

1.5 函数的全微分及其几何意义

a. 可微性的概念

对于一元函数 $y=f(x)$, 导数的存在是与在一个 x 值的邻域内用一个线性函数来近似表示函数 f 的可能性密切相关的; 在几何上, 这相当于把 f 的图形用其切线近似代替. 按照定义, 如果极限

$$\lim_{h\to 0}\frac{f(x+h)-f(x)}{h}=A$$

存在, 则函数 f 在点 x 处有导数; 极限值 A 用 $f'(x)$ 表示. 于是, f 在 x 点处的可微性就意味着, 对固定的 x, 自变量的增量 $h=\Delta x$ 所对应的增量 $\Delta f=f(x+h)-f(x)$ 可表成这样的形式

$$\Delta f=f(x+h)-f(x)=Ah+\varepsilon h, \tag{12}$$

其中 A 不依赖于 h 而且 $\lim\limits_{h\to 0}\varepsilon=0$. 令 $x+h=\xi$, 我们可以说, $f(\xi)$ 可用 ξ 的一个线性函数, 即 $\phi(\xi)=f(x)+A(\xi-x)$ 来近似表示, 其误差比 $(\xi-x)$ 的一阶更

高:

$$f(\xi)-\phi(\xi)=\varepsilon(\xi-x)=o(\xi-x),\quad 当\ \xi\to x.$$

当然, 以 ξ,η 为流动坐标的线性函数

$$\eta=\phi(\xi)=f(x)+f'(x)(\xi-x)$$

的图形正好是 f 在点 (x,y) 处的切线. 换一种说法, f 在 x 处的可微性意味着, 增量 Δf 看作 $h=\Delta x$ 的函数, 它能用线性函数

$$df=f'(x)h=f'(x)dx^{1)}$$

来近似代替, 误差比 h 的一阶更高.

以上这些看法可以非常自然地推广到两个或者更多个自变量的函数.

我们说函数 $u=f(x,y)$ 在点 (x,y) 是可微的, 如果在这个点的邻域内它能用一个线性函数近似表示, 也就是说, 如果它能表成这样的形式:

$$f(x+h,y+k)=Ah+Bk+C+\varepsilon\sqrt{h^2+k^2},\tag{13}$$

其中 A,B 和 C 是与变量 h 和 k 无关的, 并且 ε 随 h 和 k 趋于 0 而趋于 0. 换句话说, 在点 $(x+h,y+k)$ 处函数 $f(x+h,y+k)$ 与 h 和 k 的线性函数 $Ah+Bk+C$ 之间的差必须是 $o(\rho)$ 的数量级, 这里 $\rho=\sqrt{h^2+k^2}$ 表示点 $(x+h,y+k)$ 到点 (x,y) 的距离.

如果这样一种近似表示是可能的, 那么立即可推出, 函数 $f(x,y)$ 在点 (x,y) 处是连续的并有关于 x 与 y 的偏导数, 而且

$$A=f_x(x,y),\quad B=f_y(x,y),\quad C=f(x,y).$$

首先, 从 (13) 可看出, 当 $h=k=0$ 时 $f(x,y)=C$. 此外,

$$\lim_{\substack{h\to0\\k\to0}}f(x+h,y+k)=C=f(x,y).$$

所以 f 在点 (x,y) 处是连续的. 在 (13) 中令 $k=0$ 并除以 h, 即得关系式

$$\frac{f(x+h,y)-f(x,y)}{h}=A+\varepsilon.$$

由于当 h 趋于 0 时 ε 趋于 0, 因而等式左边有极限而且极限就是 A. 类似地, 我们得到等式 $f_y(x,y)=B$.

---

1) 对自变量 x 我们有 $dx=1\cdot h=h=\Delta x$.

反过来, 我们来证明下述基本事实:

一个函数 $u = f(x, y)$ 在刚才定义的意义下是可微的——亦即, 它可像 (13) 中那样用一个线性函数近似地表示, 误差为 $o(\rho)$——如果它在所考虑的点具有连续的一阶导数.

事实上, 我们把函数的增量

$$\Delta u = f(x+h, y+k) - f(x, y)$$

写成这样的形式

$$\Delta u = [f(x+h, y+k) - f(x, y+k)] + [f(x, y+k) - f(x, y)].$$

正如前面 (第 30 页) 一样, 对这两个括号应用微积分学中通常的微分中值定理, 即可把 Δu 表成

$$\Delta u = hf_x(x+\theta_1 h, y+k) + kf_y(x, y+\theta_2 k),$$

其中 $0 < \theta_1, \theta_2 < 1$. 因为假设了偏导数 f_x 和 f_y 在点 (x, y) 处连续, 我们可以写成

$$f_x(x+\theta_1 h, y+k) = f_x(x, y) + \varepsilon_1$$

和

$$f_y(x, y+\theta_2 k) = f_y(x, y) + \varepsilon_2,$$

其中数 ε_1 与 ε_2 当 h 与 k 趋于 0 时均趋向于 0. 这样我们得到

$$\begin{aligned}\Delta u &= hf_x(x, y) + kf_y(x, y) + \varepsilon_1 h + \varepsilon_2 k \\ &= hf_x(x, y) + kf_y(x, y) + o(\sqrt{h^2+k^2}),\end{aligned}$$

而这个等式表明了 f 的可微性[1].

有时我们把具有连续的一阶偏导数的函数称为连续可微的函数或说它是 C^1 类函数. 我们看到, C^1 类的函数都是可微的. 如果除一阶偏导数外所有二阶偏导数也都是连续的, 我们就说这个函数是二次连续可微的, 或说它属于 C^2 类, 等等. 连续函数也被称为是 C^0 类函数[2].

---

1) 如果我们仅假设导数 f_x 与 f_y 存在但不假设连续, 则函数未必可微 (参见第 29 页).

2) 上面 C^1, C^2 类等的定义, 仅适用于这样的函数 f, 其定义域是开集, 因为偏导数仅在区域的内点上有定义. 对于定义域 R 是非开集的函数 f 的类, 可以这样推广: 所考虑的 f 的导数在 R 的全部内点上存在并且和一个在整个 R 上都有定义并连续的函数重合.

练　习　1.5a

1. 证明下列每一个函数都在原点不可微:

(a) $f(x,y)=\sqrt{x}\cos y$;

(b) $f(x,y)=\sqrt{|xy|}$;

(c) $f(x,y)=\begin{cases}\dfrac{2xy}{\sqrt{x^2+y^2}}, & 当\ (x,y)\neq(0,0),\\ 0, & 当\ (x,y)=(0,0).\end{cases}$

2. 对于 x,y 分别在区间 $[x_0,x_1],[y_0,y_1]$ 内连续的函数 $g(x),h(y)$, 证明函数

$$f(x,y)=\left(\int_{x_0}^{x}g(s)ds\right)\times\left(\int_{y_0}^{y}h(t)dt\right)$$

当 $x_0\leqslant x\leqslant x_1,y_0\leqslant y\leqslant y_1$ 时, 在 (x,y) 处是可微的.

问　题　1.5a

1. 设在点 (a,b) 的一个邻域内,

$$f(x,y)=f(a,b)+hf_x(a,b)+kf_y(a,b)+o(\sqrt{h^2+k^2}),$$

其中 $h=x-a,k=y-b$. 假设 f_x,f_y 在点 (a,b) 处存在但在此点未必连续, 求证 f 在 (a,b) 处连续.

b. 方向导数

可微函数 f 的一个基本性质是, 它们不仅具有关于 x 和 y 的偏导数——或者也可以说, 沿 x 轴方向和 y 轴方向的导数——而且还有沿任何方向的导数, 并且这些导数都可以用 f_x 和 f_y 来表示, 所谓沿 α 方向的导数是指, 当动点沿着一条与 x 轴的正向夹角为 α 的射线逼近 (x,y) 时, 函数 f 在 (x,y) 处关于距离的变化率. 对于这条射线上的点 $(x+h,y+k),h$ 和 k 可表成

$$h=\rho\cos\alpha,\quad k=\rho\sin\alpha,$$

其中 $\rho=\sqrt{h^2+k^2}$ 是 $(x+h,y+k)$ 到 (x,y) 的距离. 沿着这条射线, f 成了 ρ 的函数

$$f(x+\rho\cos\alpha,y+\rho\sin\alpha).$$

f 在点 (x,y) 处沿 α 方向的导数定义为 $f(x+\rho\cos\alpha, y+\rho\sin\alpha)$ 在 $\rho=0$ 处的关于 ρ 的导数, 并且由 $D_{(\alpha)}f(x,y)$ 表示. 因此,

$$\begin{aligned}D_{(\alpha)}f(x,y) &= \left(\frac{d}{d\rho}f(x+\rho\cos\alpha, y+\rho\sin\alpha)\right)_{\rho=0}\\ &= \lim_{\rho\to 0}\frac{f(x+\rho\cos\alpha, y+\rho\sin\alpha)-f(x,y)}{\rho},\end{aligned}$$

如果这个极限存在的话. 特别地, 当 $\alpha=0$ 和 $\alpha=\dfrac{\pi}{2}$ 时, 就得到 f 的两个偏导数:

$$D_{(0)}f(x,y)=\lim_{\rho\to 0}\frac{f(x+\rho,y)-f(x,y)}{\rho}=f_x(x,y),$$

$$D_{(\frac{\pi}{2})}f(x,y)=\lim_{\rho\to 0}\frac{f(x,y+\rho)-f(x,y)}{\rho}=f_y(x,y).$$

如果 $f(x,y)$ 是可微的, 则我们有

$$\begin{aligned}f(x+h,y+k)-f(x,y) &= hf_x+kf_y+\varepsilon\rho\\ &= \rho(f_x\cos\alpha+f_y\sin\alpha+\varepsilon).\end{aligned}\tag{14}$$

令 ρ 趋于 0, 于是, 由于 ε 趋于 0, 我们就得到 f 沿 α 方向的导数的表达式

$$D_{(\alpha)}f(x,y)=f_x\cos\alpha+f_y\sin\alpha.\tag{14a}$$

这样, 方向导数 $D_{(\alpha)}f$ 便是 x 轴方向和 y 轴方向的导数 f_x 和 f_y 的线性组合, 系数为 $\cos\alpha$ 和 $\sin\alpha$. 特别地, 当导数 f_x 和 f_y 在所考虑的点存在而且连续时, 上述结果成立.

例如, 取 $f(x,y)$ 为由原点到点 (x,y) 的距离

$$r=\sqrt{x^2+y^2},$$

我们有偏导数

$$r_x=\frac{x}{\sqrt{x^2+y^2}}=\frac{x}{r}=\cos\theta$$

和

$$r_y=\frac{y}{\sqrt{x^2+y^2}}=\frac{y}{r}=\sin\theta,$$

其中 θ 是矢径与 x 轴构成的夹角. 因而, 在 α 方向上函数 r 具有导数

$$\begin{aligned}D_{(\alpha)}r &= r_x\cos\alpha+r_y\sin\alpha=\cos\theta\cos\alpha+\sin\theta\sin\alpha\\ &= \cos(\theta-\alpha);\end{aligned}$$

特别地, 沿矢径本身的方向 (即从原点直达 (x, y) 的方向), 这个导数具有数值 1, 而沿与矢径垂直的方向, 它具有数值 0.

对函数 x, 沿着矢径的方向, 有导数 $D_{\theta}(x) = \cos\theta$, 而对函数 y, 有导数 $D_{\theta}(y) = \sin\theta$; 沿着与矢径垂直的方向, 这两个函数的导数则分别为

$$D_{(\theta+\pi/2)}x = -\sin\theta \quad 和 \quad D_{(\theta+\pi/2)}y = \cos\theta.$$

函数 $f(x, y)$ 沿矢径方向的导数一般用 $\partial f(x, y)/\partial r$ 表示. 它实际上是将函数 $f(r\cos\theta, r\sin\theta)$ 看作 r 和 θ 的函数时, 关于 r 的偏导数. 这样, 我们有关系式

$$\frac{\partial f}{\partial r} = \cos\theta\frac{\partial f}{\partial x} + \sin\theta\frac{\partial f}{\partial y},$$

我们可把这个关系式简便地写成符号形式

$$\frac{\partial}{\partial r} = \cos\theta\frac{\partial}{\partial x} + \sin\theta\frac{\partial}{\partial y},$$

这如同微分算子 $\frac{\partial}{\partial r}, \frac{\partial}{\partial x}, \frac{\partial}{\partial y}$ 之间的恒等式.

值得注意的是, 如果坐标为 $(x+h, y+k)$ 的点 Q 不是沿着方向为 α 的直线逼近坐标为 (x, y) 的点 P 而是沿任一条曲线逼近 P, 而该曲线在 P 点的切线方向为 α, 这样我们也可以得到函数 $f(x, y)$ 在 α 方向上的导数. 因为如果直线 PQ 有方向 β, 我们可写 $h = \rho\cos\beta, k = \rho\sin\beta$, 并在上面证明过程中所用的公式 (14) 中把 α 换成 β. 但由于根据假设当 $\rho \to 0$ 时 β 趋向于 α, 我们最后仍得到关于 $D_{(\alpha)}f(x, y)$ 的同样的关系式.

用同样的方法, 一个有三个自变量的可微函数 $f(x, y, z)$ 也可在给定的方向求导数. 我们假设这个方向由它与坐标轴所构成的三个角度的余弦所规定. 若我们把这三个角度叫做 α, β, γ 并且考虑两个点 (x, y, z) 和 $(x+h, y+k, z+l)$, 其中

$$h = \rho\cos\alpha, \quad k = \rho\cos\beta, \quad l = \rho\cos\gamma,$$

于是像 (14a) 一样, 我们得到在角度 (α, β, γ) 所确定的方向上的导数表达式

$$f_x\cos\alpha + f_y\cos\beta + f_z\cos\gamma. \tag{14b}$$

练 习 1.5b

1. 函数 f 在倾角 α 确定的方向上的导数 $D_{(\alpha)}f(x, y)$ 的几何解释是什么?

2. 对下列函数, 求出 $D_{(\alpha)}f(x, y), \alpha = 0°, 30°, 60°, 90°$:

(a) $f(x, y) = ax + by, a, b$ 为常数, $x_0 = y_0 = 0$;

(b) $f(x,y)=ax^2+by^2, x_0=y_0=1$ (a,b 为常数);

(c) $f(x,y)=x^2-y^2, x_0=1, y_0=2$;

(d) $f(x,y)=\sin x+\cos y, x_0=y_0=0$;

(e) $f(x,y)=e^x\cos y, x_0=0, y_0=\pi$;

(f) $f(x,y)=\sqrt{2x^2+y^2}, x_0=1, y_0=1$;

(g) $f(x,y)=\cos(x+y), x_0=0, y_0=0$.

3. 按照所给规定求出下列每一个函数的方向导数:

(a) $z^2-x^2-y^2$ 在点 $(1,0,1)$, 沿方向 $(4,3,0)$;

(b) $xyz-xy-yz-zx+x+y+z$ 在点 $(2,2,1)$ 沿方向 $(2,2,0)$;

(c) $xz^2+y^2+z^3$ 在点 $(1,0,-1)$ 沿方向 $(2,1,0)$.

4. 给出这样一个函数的例子, 它在一个点处沿每一个方向都有导数, 可是在该点是不可微的.

5. 对于 $f(x,y)=\sqrt[3]{xy}$, 证明 f 在原点是连续的而且偏导数 $\dfrac{\partial z}{\partial x}$ 和 $\dfrac{\partial z}{\partial y}$ 存在, 但沿其他所有方向的方向导数都不存在.

6. 设 $f(x,y)=xy+\sqrt{2x^2+y^2}, r=\sqrt{x^2+y^2}, \dfrac{y}{x}=\tan\theta$. 对 $\theta=0°, 30°, 60°, 90°$, 与 $x,y=1$, 求出 $\dfrac{\partial^2 f}{\partial r^2}$.

c. 可微性的几何解释. 切平面

对于一个函数 $z=f(x,y)$, 所有这些概念都很容易从几何上来说明. 我们回顾关于 x 的偏导数是这样一条曲线的切线的斜率, 这条曲线是表示关系式 $z=f(x,y)$ 的曲面与一个垂直于 $x-y$ 平面且平行于 x 轴的平面相交而成的. 同样的道理, 沿 α 方向的导数给出了这个曲面与一个通过 (x,y,z)、垂直于 xy 平面且与 x 轴的夹角是 α 的平面相交而成的曲线的切线的斜率. 这样一来, 公式

$$D_{(\alpha)}f(x,y)=f_x\cos\alpha+f_y\sin\alpha$$

使我们能算出所有这样的曲线的切线的斜率, 也就是, 从两条这样的切线的斜率, 能算出曲面上一给定点处的所有切线的斜率[1].

1) 对该平面上的每一点 (ξ,η,ζ), 我们有 $\xi=x+\rho\cos\alpha, \eta=y+\rho\sin\alpha$, 因而对相截而得的曲线上的点, 我们有

$$\zeta=f(x+\rho\cos\alpha, y+\rho\sin\alpha).$$

以 ρ 与 ζ 为坐标, 这个曲线在 $\zeta=z, \rho=0$ 处的切线的斜率由下式给出

$$\left(\frac{d\zeta}{d\rho}\right)_{\rho=0}=D_{(\alpha)}f(x,y).$$

因而, 切线方程是

$$\zeta=z+\rho D_{(\alpha)}f(x,y)=f(x,y)+\rho\cos\alpha f_x(x,y)+\rho\sin\alpha f_y(x,y).$$

我们曾经把可微函数 $\zeta = f(\xi, \eta)$ 在点 (x, y) 的邻域内用线性函数

$$\phi(\xi, \eta) = f(x, y) + (\xi - x)f_x + (\eta - y)f_y$$

逼近, 其中 ξ 和 η 是流动坐标. 在几何上, 这个线性函数由一个平面表示, 与曲线的切线类似, 我们称这个平面为曲面的**切平面**. 当 $\xi - x = h$ 和 $\eta - y = k$ 趋于 0 时, 这个线性函数与函数 $f(\xi, \eta)$ 之间的差比 $\sqrt{h^2 + k^2}$ 更高阶地趋于零. 回顾平面曲线切线的定义, 这意味着, 这个切平面与任何一个与 xy 平面垂直的平面相交所得的直线正好是对应的相交曲线的切线. **于是我们看到, 曲面在点 (x, y, z) 处的所有切线全都落在同一个平面, 即切平面上.**

这个性质是函数在点 (x, y, z) 处的可微性的几何表示, 其中 $z = f(x, y)$. 在流动坐标系 (ξ, η, ζ) 中, 点 (x, y, z) 处的切平面方程是

$$\zeta - z = (\xi - x)f_x + (\eta - y)f_y.$$

正如在第 36 页中已指出的, 只要偏导数在给定点是连续的, 函数就在给定点处是可微的. 与一元函数的情况不同, 仅有偏导数 f_x 和 f_y 的存在性不足以保证函数的可微性. 如果在所考虑的点处导数不连续, 那么曲面在该点处的切平面可以不存在; 或者, 从分析上说, $f(x+h, y+k)$ 与 h 和 k 的线性函数 $f(x, y) + hf_x(x, y) + kf_y(x, y)$ 之间的差不是比 $\sqrt{h^2 + k^2}$ 更高阶地趋于 0. 这可以用一个简单的例子清楚地说明

$$u = f(x, y) = \frac{xy}{\sqrt{x^2 + y^2}}, \quad 当\ x^2 + y^2 \neq 0,$$

$$u = 0, \quad 当\ x = 0, y = 0.$$

如果我们引用极坐标, 这就变成

$$u = \frac{r}{2}\sin 2\theta.$$

u 关于 x 和 y 的一阶导数在原点的邻域内处处存在而且在原点本身取 0 值. 然而, 这些导数在原点是不连续的, 因为

$$u_x = y\left(\frac{1}{\sqrt{x^2 + y^2}} - \frac{x^2}{\sqrt{(x^2 + y^2)^3}}\right) = \frac{y^3}{\sqrt{(x^2 + y^2)^3}}.$$

如果我们沿着 x 轴逼近原点, u_x 趋于 0; 而如果我们沿着 y 轴逼近, u_x 就趋向于 1. 这个函数在原点是不可微的; 在该点处曲面 $z = f(x, y)$ 的切平面不存在. 因为等式 $f_x(0, 0) = f_y(0, 0) = 0$ 表明切平面应当与平面 $z = 0$ 重合. 但对于直线 $\theta = \dfrac{\pi}{4}$ 上的所有点, 我们有

$$\sin 2\theta = 1 \quad 和 \quad z = f(x, y) = \frac{r}{2};$$

这样, 从这个平面上的点到曲面上的点的距离 z, 并不比 r 更高阶地趋于 0, 而这却是切平面上的点必须具备的条件. 这个曲面是一个以原点为顶点的锥面, 它的母线并不全落在同一个平面上.

练　习　1.5c

1. 对下列每一个情况, 求出由 $z = f(x, y)$ 定义的曲面在点 $P = (x_0, y_0)$ 处的切平面方程:

(a) $f(x, y) = 3x^2 + 4y^2$, $P = (0, 1)$;

(b) $f(x, y) = 2\cos(x - y) + 3\sin x$, $P = \left(\pi, \dfrac{\pi}{2}\right)$;

(c) $f(x, y) = \cosh(x + y)$, $P = (0, \log 2)$;

(d) $f(x, y) = \sqrt{x^2 + y^2}$, $P = (1, 2)$;

(e) $f(x, y) = e^{x\cos y}$, $P = \left(1, \dfrac{\pi}{4}\right)$;

(f) $f(x, y) = \cos \pi e^{xy}$, $P = (\log 2, 1)$;

(g) $f(x, y) = \displaystyle\int_0^{x^2+y^2} e^{-t^2} dt$, $P = (1, 1)$;

(h) $f(x, y) = ax^3 + bx^2y + cxy^2 + dy^3$, $P = (1, 1)$, (a, b, c, d 为常数).

2. 证明曲面 $z = yf(x/y)$ 的全部切平面相交于一个公共点, 其中 f 是任何一个可微的一元函数.

3. 说明曲面 $S: z = f(x, y)$ 在点 $P_0(x_0, y_0)$ 处的切平面是通过 S 上三个点 $(x_i, y_i, z_i), i = 0, 1, 2$ 的平面的极限位置, 其中 $P_1 = (x_1, y_1)$ 和 $P_2 = (x_2, y_2)$ 沿着角度不等于 $0°$ 或 $180°$ 的不同的方向逼近于 P_0.

4. 证明二次曲面

$$ax^2 + by^2 + cz^2 = 1$$

在点 (x_0, y_0, z_0) 处的切平面是

$$ax_0x + by_0y + cz_0z = 1.$$

d. 函数的微分

像对一元函数一样, 对出现在公式 (14)

$$\begin{aligned}\Delta u &= f(x + h, y + k) - f(x, y)\\ &= hf_x(x, y) + kf_y(x, y) + \varepsilon\sqrt{h^2 + k^2}\end{aligned}$$

中的可微函数 $u=f(x,y)$ 的增量的线性部分, 有一个专门的名字与符号往往是方便的. 我们称这个线性部分为函数的*微分*, 并写成

$$\begin{aligned}du=df(x,y)&=\frac{\partial f}{\partial x}h+\frac{\partial f}{\partial y}k\\&=\frac{\partial f}{\partial x}\Delta x+\frac{\partial f}{\partial y}\Delta y.\end{aligned}\tag{15a}$$

这个微分, 有时称为*全微分*, 是四个自变量, 即, 所考虑的点的坐标 x 与 y 以及自变量的增量 h 与 k 的函数. 我们再次强调, 这里没有含糊的 '无穷小量" 的概念. 这仅仅意味着: du 是函数的增量

$$\Delta u=f(x+h,y+k)-f(x,y)$$

的近似表示式, 其误差是 $\sqrt{h^2+k^2}$ 的 ε 倍, ε 可任意小, 只要 h 和 k 是充分小的量. 对于自变量 x 和 y, 从 (15a) 我们得出

$$dx=\frac{\partial x}{\partial x}\Delta x+\frac{\partial x}{\partial y}\Delta y=\Delta x,$$

$$dy=\frac{\partial y}{\partial x}\Delta x+\frac{\partial y}{\partial y}\Delta y=\Delta y.$$

因此, 微分 $df(x,y)$ 更通常写成

$$df(x,y)=\frac{\partial f}{\partial x}dx+\frac{\partial f}{\partial y}dy=f_x(x,y)dx+f_y(x,y)dy.\tag{15b}$$

顺便说一下, 微分完全确定了 f 的一级偏导数. 例如. 当取 $dy=0$ 与 $dx=1$ 时, 我们从 df 就能得到偏导数 $\dfrac{\partial f}{\partial x}$.

我们强调指出, 除非函数在上面定义的意义下是可微的 (对这一点, 两个偏导数的连续性, 而不仅仅是存在, 就足够了), 函数 $f(x,y)$ 的全微分作为 Δf 的线性近似式是没有意义的.

如果函数 $f(x,y)$ 还有更高阶的连续偏导数, 我们就能建立微分 $df(x,y)$ 的微分; 亦即, 我们将它的关于 x 和 y 的偏导数分别乘以 $h=dx$ 和 $k=dy$, 然后将这些乘积加起来. 在这个微分法中, 我们将 h 和 k 当作常数, 这相应于微分

$$df=hf_x(x,y)+kf_y(x,y)$$

是四个自变量 x,y,h 和 k 的函数这一事实. 于是我们得到函数的*二阶微分*[1)]

1) 我们将在以后 (第 61 页) 看到, 这里从形式上引进的高阶微分, 正好与函数展开式中同阶的项对应.

$$d^2f = d(df) = \frac{\partial}{\partial x}\left(\frac{\partial f}{\partial x}h + \frac{\partial f}{\partial y}k\right)h + \frac{\partial}{\partial y}\left(\frac{\partial f}{\partial x}h + \frac{\partial f}{\partial y}k\right)k$$
$$= \frac{\partial^2 f}{\partial x^2}h^2 + 2\frac{\partial^2 f}{\partial x \partial y}hk + \frac{\partial^2 f}{\partial y^2}k^2$$
$$= \frac{\partial^2 f}{\partial x^2}dx^2 + 2\frac{\partial^2 f}{\partial x \partial y}dxdy + \frac{\partial^2 f}{\partial y^2}dy^2.$$[1)]

类似地, 我们可建立更高阶的微分

$$d^3f = d(d^2f) = \frac{\partial^3 f}{\partial x^3}dx^3 + 3\frac{\partial^3 f}{\partial x^2 \partial y}dx^2dy + 3\frac{\partial^3 f}{\partial x \partial y^2}dxdy^2 + \frac{\partial^3 f}{\partial y^3}dy^3,$$
$$d^4f = \frac{\partial^4 f}{\partial x^4}dx^4 + 4\frac{\partial^4 f}{\partial x^3 \partial y}dx^3dy + 6\frac{\partial^4 f}{\partial x^2 \partial y^2}dx^2dy^2 + 4\frac{\partial^4 f}{\partial x \partial y^3}dxdy^3 + \frac{\partial^4 f}{\partial y^4}dy^4,$$

并且, 用归纳法容易证明, 一般地有

$$d^nf = \frac{\partial^n f}{\partial x^n}dx^n + \binom{n}{1}\frac{\partial^n f}{\partial x^{n-1}\partial y}dx^{n-1}dy + \cdots$$
$$+ \binom{n}{k}\frac{\partial^n f}{\partial x^{n-k}\partial y^k}dx^{n-k}dy^k + \cdots + \frac{\partial^n f}{\partial y^n}dy^n.$$

最后这个公式可用符号表示为方程

$$d^nf = \left(\frac{\partial}{\partial x}dx + \frac{\partial}{\partial y}dy\right)^n f,$$

这里右端的表达式可理解为先根据二项式定理形式地展开, 然后以

$$\frac{\partial^n f}{\partial x^n}dx^n, \frac{\partial^n f}{\partial x^{n-1}\partial y}dx^{n-1}dy, \cdots, \frac{\partial^n f}{\partial y^n}dy^n$$

去代替

$$\left(\frac{\partial}{\partial x}dx\right)^n f, \left(\frac{\partial}{\partial x}dx\right)^{n-1}\left(\frac{\partial}{\partial y}dy\right)f, \cdots, \left(\frac{\partial}{\partial y}dy\right)^n f.$$

对微分的计算, 法则

$$d(fg) = fdg + gdf$$

仍然成立; 这可由乘积的微分法立即得出.

最后, 我们注意, 这一节的讨论可直接推广到多于两个自变量的函数.

---

1) 习惯上, 微分的幂 $(dx)^2, (dx)^3, (dy)^2, (dy)^3$ 简写成 dx^2, dx^3, dy^2, dy^3. 这样, 当然, 有些会引起误会, 因为它们可能会与 $d(x^2) = 2xdx, d(x^3) = 3x^2dx$, 等等发生混淆.

练　习　1.5d

1. 求出下列函数的全微分:

(a) $z = x^2y^2 + 3xy^3 - 2y^4$;　　(b) $z = \dfrac{xy}{x^2+2y^2}$;

(c) $z = \log(x^4 - y^3)$;　　(d) $z = \dfrac{x}{y} + \dfrac{y}{x}$;

(e) $z = \cos(x + \log y)$;　　(f) $z = \dfrac{x-y}{x+y}$;

(g) $z = \arctan(x+y)$;　　(h) $z = x^y$;

(i) $w = \cosh(x+y-z)$;　　(j) $w = x^2 - 2xz + y^3$.

2. 对 $x=1, y=2, dx=0.1, dy=0.3$ 计算 $f(x,y) = x - y + (x^2+y^2)^{1/3}$ 的全微分的值.

3. 对 $f(x,y) = e^{x^2+y^2}$ 求 $d^3f(x,y)$.

e. 在误差计算方面的应用

在实用中, 微分 $df = hf_x + kf_y$ 经常被用来作为函数 $f(x,y)$ 从 (x,y) 到 $(x+h, y+k)$ 的增量 $\Delta f = f(x+h, y+k) - f(x,y)$ 的近似表达式. 这个用途在所谓 '误差计算" 中特别充分地显示出来了 (参看第一卷第 425 页). 例如, 假设我们要求用排量法测求固体的密度时所可能引起的误差. 若 m 是物体在空气中的重量, $\overline{m}$ 是它浸没在水中时的重量, 则根据阿基米德原理, 重量的亏损 $(m-\overline{m})$ 是被排出的水的重量. 如果我们用 cgs (厘米–克–秒) 单位制, 被排出的水的重量在数值上就等于它的体积, 因而也等于固体的体积. 所以这个固体的密度 s 由公式 $s = m/(m-\overline{m})$ 给出, 其中 m 和 $\overline{m}$ 作为自变量. 由 m 的测量误差 dm 和 $\overline{m}$ 的测量误差 $d\overline{m}$ 所引起的密度 s 的测量误差可由全微分

$$ds = \frac{\partial s}{\partial m}dm + \frac{\partial s}{\partial \overline{m}}d\overline{m}$$

近似表示. 根据 (求导数的) 除法法则, 偏导数是

$$\frac{\partial s}{\partial m} = -\frac{\overline{m}}{(m-\overline{m})^2} \quad 和 \quad \frac{\partial s}{\partial \overline{m}} = \frac{m}{(m-\overline{m})^2};$$

所以这个微分是

$$ds = \frac{-\overline{m}dm + md\overline{m}}{(m-\overline{m})^2}.$$

这样, 如果 dm 和 $d\overline{m}$ 有相反的符号, s 的误差就最大, 譬如说, 如果我们以一个过小的数 $m+dm$ 来代替 m, 又以一个过大的数 $\overline{m}+d\overline{m}$ 来代替 $\overline{m}$. 例如, 若有一黄铜片, 在空气中的重量约为 100g, 可能的误差为 0.005g, 而在水中的重量约为

88g, 可能的误差为 0.008g, 则由我们的公式所给出的密度的误差大约是

$$\frac{88 \cdot 5 \cdot 10^{-3} + 100 \cdot 8 \cdot 10^{-3}}{12^2} \sim 9 \cdot 10^{-3},$$

即大约是 1%.

练　习　1.5e

1. 求出函数 $z = (x+y)/(x-y)$ 的近似变差, 当 x 从 $x=2$ 变到 $x=2.5$, 并且 y 从 $y=4$ 变到 $y=4.5$ 时.

2. 求 $\log[(1.02)^{1/4} + (0.96)^{1/6} - 1]$ 的近似值.

3. 已知直角三角形的底长 x 和高 y 分别包含误差 h, k. 面积的可能的误差是什么?

4. 若 dz 是量 z 的测量误差, 相对误差定义为 dz/z. 证明, 乘积 $z = xy$ 的相对误差是因子的相对误差之和.

5. 重力加速度 g 是以一个下落物体的降落时间 (以秒计算) 来测定的, 这个物体从静止开始降落并经过一个固定的距离 x. 若所测时间是 t, 我们有 $g = 2x/t^2$. 如果 x 约为 1 米和 t 约为 0.45 秒. 说明 g 的相对误差, 对于 t 的相对误差比起对于 x 的相对误差来说, 更敏感些.

1.6　函数的函数 (复合函数) 与新自变量的引入

a. 复合函数. 链式法则

自变量 x, y 的一个函数 u 常常由形式

$$u = f(\xi, \eta, \cdots)$$

表出, 其中 f 的自变量 $\xi, \eta, \cdots$ 本身又是 x 和 y 的函数

$$\xi = \varphi(x, y), \quad \eta = \psi(x, y), \cdots.$$

于是, 我们称

$$u = f(\xi, \eta, \cdots) = f(\varphi(x,y), \psi(x,y), \cdots) = F(x, y) \tag{16}$$

是 x 和 y 的一个复合函数 (参看第一卷第 44 页). 例如, 函数

$$u = F(x, y) = e^{xy} \sin(x+y) \tag{16a}$$

可以写成一个复合函数. 为此只需利用关系式

$$u = f(\xi, \eta) = e^{\xi} \sin \eta, \tag{16b}$$

其中 $\xi = xy$ 和 $\eta = x + y$. 类似地, 函数

$$u = F(x, y) = \log(x^4 + y^4) \cdot \arcsin \sqrt{1 - x^2 - y^2} \tag{16c}$$

能表成复合函数的形式:

$$u = f(\xi, \eta) = \eta \cdot \arcsin \xi, \tag{16d}$$

其中 $\xi = \sqrt{1 - x^2 - y^2}$ 和 $\eta = \log(x^4 + y^4)$.

为了使复合函数的概念有意义, 我们假设函数 $\xi = \varphi(x, y), \eta = \psi(x, y), \cdots$ 有公共的定义域 R, 并且把 R 中的任一点 (x, y) 映射成 $(\xi, \eta, \cdots)$, 而在 $(\xi, \eta, \cdots)$ 上函数 $u = f(\xi, \eta, \cdots)$ 有定义, 也就是说, R 中任一点 (x, y) 映射成 f 的定义域 S 中的点. 于是, 复合函数

$$u = f(\varphi(x, y), \psi(x, y), \cdots) = F(x, y)$$

定义在区域 R 中.

对区域 R 和 S 的详细研究通常是不必要的, 像在 (16b) 中, 其中自变量的点 (ξ, η) 能通过整个 $\xi\eta$ 平面因而函数 $u = e^{\xi} \sin \eta$ 定义在整个 $\xi\eta$ 平面上. 另一方面, (16d) 表明在复合函数的定义中研究区域 R 和 S 的必要性. 因为函数 $\xi = \sqrt{1 - x^2 - y^2}$ 和 $\eta = \log(x^4 + y^4)$ 只在由点 $0 < x^2 + y^2 \leqslant 1$ 组成的区域 R 内有定义, 亦即在以原点为圆心并将原点除外的闭单位圆内有定义. 在此区域内我们有 $|\xi| < 1$, $\eta \leqslant 0$. 对应的点全都落在函数 $\eta \arcsin \xi$ 的定义域内, 因此复合函数定义在 R 中.

连续函数的一个连续函数仍是连续的. 更确切地说, *如果函数 $u = f(\xi, \eta, \cdots)$ 在区域 S 内是连续的, 并且函数 $\xi = \varphi(x, y), \eta = \psi(x, y), \cdots$ 在区域 R 内是连续的, 那么复合函数 $u = F(x, y)$ 在 R 内是连续的.*

证明可从连续性的定义直接得到. 设 (x_0, y_0) 是 R 中的一个点, 并设 $\xi_0, \eta_0, \cdots$ 是对应的 $\xi, \eta, \cdots$ 的值. 现在, 对任何一个正数 ε, 差

$$f(\xi, \eta, \cdots) - f(\xi_0, \eta_0, \cdots)$$

的绝对值都必定小于 ε, 只要满足不等式

$$\sqrt{(\xi - \xi_0)^2 + (\eta - \eta_0)^2 + \cdots} < \delta,$$

这里 δ 是一个足够小的正数. 但由 $\varphi(x, y), \psi(x, y), \cdots$ 的连续性, 上述不等式是必

定能满足的, 只要

$$\sqrt{(x-x_0)^2+(y-y_0)^2}<r,$$

这里 r 是一个足够小的正的量. 这就建立了复合函数的连续性.

类似地, 可微函数的一个可微函数仍是可微的. 这个陈述在下述定理中将更严格地叙述, 定理同时给出了复合函数微分法的法则, 即所谓锁链法则:

如果 $\xi=\varphi(x,y),\eta=\psi(x,y),\cdots$ 是 (x,y) 在区域 R 内的可微函数, 又如果 $f(\xi,\eta,\cdots)$ 是 $(\xi,\eta,\cdots)$ 在区域 S 内的可微函数, 则复合函数

$$u=f(\varphi(x,y),\psi(x,y),\cdots)=F(x,y) \tag{17}$$

也是 (x,y) 的可微函数; 它的偏导数由公式

$$\begin{aligned} F_x&=f_\xi\varphi_x+f_\eta\psi_x+\cdots,\\ F_y&=f_\xi\varphi_y+f_\eta\psi_y+\cdots \end{aligned} \tag{18}$$

给出, 或者简写成

$$\begin{aligned} u_x&=u_\xi\xi_x+u_\eta\eta_x+\cdots,\\ u_y&=u_\xi\xi_y+u_\eta\eta_y+\cdots. \end{aligned} \tag{19}$$

这样, 为了求出关于 x 的偏导数, 我们必须首先求出复合函数关于每一个变量 $\xi,\eta,\cdots$ 的导数, 再把这些导数中的每一个乘以对应的变量关于 x 的导数, 并将所有的乘积相加. 这是在第一卷 (第 188 页) 中所讨论过的一元函数的锁链法则的推广.

如果用微分记号, 我们的叙述可写成一种特别简单而又有启发性的形式:

$$\begin{aligned} du&=u_\xi d\xi+u_\eta d\eta+\cdots\\ &=u_\xi(\xi_x dx+\xi_y dy)+u_\eta(\eta_x dx+\eta_y dy)+\cdots\\ &=(u_\xi\xi_x+u_\eta\eta_x+\cdots)dx+(u_\xi\xi_y+u_\eta\eta_y+\cdots)dy\\ &=u_x dx+u_y dy. \end{aligned} \tag{20}$$

这个等式表明, 我们得到复合函数 $u=f(\xi,\eta,\cdots)=F(x,y)$ 的增量的线性部分的步骤是, 先将 $\xi,\eta,\cdots$ 看作自变量而写出这个线性部分, 然后用函数 $\xi=\varphi(x,y),\eta=\psi(x,y),\cdots$ 的增量的线性部分去替换 $d\xi,d\eta,\cdots$. 这个事实显示了微分记号的方便与灵活性.

为了证明法则 (18), 只需利用各有关的函数是可微的假设. 根据这个假设得

到, 对应于自变量 x 和 y 的增量 Δx 和 Δy, 量 $\xi,\eta,\cdots$ 的改变量是

$$\Delta\xi=\xi_x\Delta x+\xi_y\Delta y+\varepsilon_1\sqrt{(\Delta x)^2+(\Delta y)^2}, \tag{20a}$$

$$\Delta\eta=\eta_x\Delta_x+\eta_y\Delta y+\varepsilon_2\sqrt{(\Delta x)^2+(\Delta y)^2},\cdots, \tag{20b}$$

其中数值 $\varepsilon_1,\varepsilon_2,\cdots$ 当 $\Delta x\to 0$ 和 $\Delta y\to 0$ 或 $\sqrt{(\Delta x)^2+(\Delta y)^2}\to 0$ 时趋于 0. 导数 $\xi_x,\xi_y,\eta_x,\eta_y$ 是对自变量 x,y 而取的. 此外, 如果量 $\xi,\eta,\cdots$ 改变了 $\Delta\xi,\Delta\eta,\cdots$, 函数 $u=f(\xi,\eta,\cdots)$ 就得到了改变量

$$\Delta u=f_\xi\Delta\xi+f_\eta\Delta\eta+\cdots+\delta\sqrt{(\Delta\xi)^2+(\Delta\eta)^2+\cdots}, \tag{21}$$

其中量 δ 当 $\Delta\xi\to 0$ 和 $\Delta\eta\to 0$ 时趋于 $0, f_\xi, f_\eta$ 对自变量 ξ,η 而取. 这里, 对 $\Delta\xi,\Delta\eta,\cdots$, 用公式 (20a, b) 所给出的对应于 x,y 的增量 $\Delta x,\Delta y$ 的数值, 我们就得到这样一个等式

$$\begin{aligned}\Delta u=&(f_\xi\xi_x+f_\eta\eta_x+\cdots)\Delta x+(f_\xi\xi_y+f_\eta\eta_y+\cdots)\Delta y\\&+\varepsilon\sqrt{(\Delta x)^2+(\Delta y)^2}.\end{aligned} \tag{22}$$

这里对于 $\Delta x=\rho\cos\alpha,\Delta y=\rho\sin\alpha,\rho=\sqrt{(\Delta x)^2+(\Delta y)^2}$, 量 ε 由下式给出:

$$\begin{aligned}\varepsilon=&\varepsilon_1 f_\xi+\varepsilon_2 f_\eta\\&+\delta\sqrt{(\xi_x\cos\alpha+\xi_y\sin\alpha+\varepsilon_1)^2+(\eta_x\cos\alpha+\eta_y\sin\alpha+\varepsilon_2)^2+\cdots}.\end{aligned}$$

当 $\rho\to 0$ 时量 $\Delta x,\Delta y,\varepsilon_1,\varepsilon_2$ 趋于 0, 从而 $\Delta\xi,\Delta\eta$ 和 δ 也趋于 0. 另一方面, $f_\xi,f_\eta,\cdots,\xi_x,\xi_y,\eta_x,\eta_y,\cdots$ 是固定不变的, 从而,

$$\lim_{\rho\to 0}\varepsilon=0.$$

由 (22) 推知, u 作为自变量 x,y 的函数, 在点 (x,y) 处是可微的, 而且 du 由等式 (20) 给出. 由 du 的这个表达式, 我们就知道偏导数 u_x,u_y 具有表达式 (19) 或 (18).

显然这个结果与自变量 $x,y,\cdots$ 的个数无关. 例如, 若量 $\xi,\eta,\cdots$ 仅依赖于一个自变量 x, 从而 u 就是单个变量 x 的一个复合函数, 上述定理仍然是成立的.

为了计算更高阶的偏导数, 我们只需将等式 (19) 的右边对 x 和 y 求导数, 而把 f_ξ,f_η 作为复合函数处理. 为简单起见, 我们仅限于考虑三个函数 ξ,η 和 ζ 的情形, 我们得到[1)]

1) 这里假设 f 是 ξ,η,ζ 的 C^2 类函数, 而 ξ,η,ζ 是 x,y 的 C^2 类函数. 这就保证了 x 和 y 的复合函数 u 也属于 C^2 类.

$$\begin{aligned} u_{xx} &= f_{\xi\xi}\xi_x^2 + f_{\eta\eta}\eta_x^2 + f_{\zeta\zeta}\zeta_x^2 + 2f_{\xi\eta}\xi_x\eta_x \\ &\quad + 2f_{\eta\zeta}\eta_x\zeta_x + 2f_{\xi\zeta}\xi_x\zeta_x + f_\xi\xi_{xx} + f_\eta\eta_{xx} + f_\zeta\zeta_{xx}, \end{aligned} \tag{23a}$$

$$\begin{aligned} u_{xy} &= f_{\xi\xi}\xi_x\xi_y + f_{\eta\eta}\eta_x\eta_y + f_{\zeta\zeta}\zeta_x\zeta_y + f_{\xi\eta}(\xi_x\eta_y + \xi_y\eta_x) \\ &\quad + f_{\eta\zeta}(\eta_x\zeta_y + \eta_y\zeta_x) + f_{\xi\zeta}(\xi_x\zeta_y + \xi_y\zeta_x) \\ &\quad + f_\xi\xi_{xy} + f_\eta\eta_{xy} + f_\zeta\zeta_{xy}, \end{aligned} \tag{23b}$$

$$\begin{aligned} u_{yy} &= f_{\xi\xi}\xi_y^2 + f_{\eta\eta}\eta_y^2 + f_{\zeta\zeta}\zeta_y^2 + 2f_{\xi\eta}\xi_y\eta_y \\ &\quad + 2f_{\eta\zeta}\eta_y\zeta_y + 2f_{\xi\zeta}\xi_y\zeta_y + f_\xi\xi_{yy} + f_\eta\eta_{yy} + f_\zeta\zeta_{yy}. \end{aligned} \tag{23c}$$

练 习 1.6a

1. 对下列函数, 求出关于 x 和 y 的所有一阶和二阶偏导数:

(a) $z = u\log v$, 其中 $u = x^2, v = \dfrac{1}{1+y}$;

(b) $z = e^{uv}$, 其中 $u = ax, v = \cos y$;

(c) $z = u\arctan v$, 其中 $u = \dfrac{xy}{x-y}, v = x^2y + y - x$;

(d) $z = g(x^2+y^2, e^{x-y})$;

(e) $z = \tan(x\arctan y)$.

2. 对下列函数计算一阶偏导数:

(a) $w = \dfrac{1}{\sqrt{(x^2+y^2+2xy\cos z)}}$;

(b) $w = \arcsin\dfrac{x}{z+y^2}$;

(c) $w = x^2 + y\log(1+x^2+y^2+z^2)$;

(d) $w = \arctan\sqrt{(x+yz)}$.

3. 计算下列函数的导数:

(a) $z = x^{(x^x)}$;

(b) $z = \left(\left(\dfrac{1}{x}\right)^{1/x}\right)^{1/x}$.

4. 证明, 如果 $f(x,y)$ 满足拉普拉斯方程

$$\frac{\partial^2 f}{\partial x^2} + \frac{\partial^2 f}{\partial y^2} = 0,$$

那么 $\varphi(x,y) = f\left(\dfrac{x}{x^2+y^2}, \dfrac{y}{x^2+y^2}\right)$ 也如此.

5. 证明函数

(a) $f(x,y)=\log\sqrt{x^2+y^2}$;

(b) $g(x,y,z)=\dfrac{1}{\sqrt{x^2+y^2+z^2}}$;

(c) $h(x,y,z,w)=\dfrac{1}{x^2+y^2+z^2+w^2}$

满足各自的拉普拉斯方程:

(a) $f_{xx}+f_{yy}=0$;

(b) $g_{xx}+g_{yy}+g_{zz}=0$;

(c) $h_{xx}+h_{yy}+h_{zz}+h_{ww}=0$.

问 题 1.6a

1. 证明, 如果 $f(x,y)$ 满足拉普拉斯方程

$$\frac{\partial^2 f}{\partial x^2}+\frac{\partial^2 f}{\partial y^2}=0,$$

又如果 $u(x,y)$ 和 $v(x,y)$ 满足柯西–黎曼方程

$$\frac{\partial u}{\partial x}=\frac{\partial v}{\partial y},\quad \frac{\partial u}{\partial y}=-\frac{\partial v}{\partial x},$$

那么函数 $\varphi(x,y)=f(u(x,y),v(x,y))$ 也是拉普拉斯方程的解.

2. 证明, 若 $z=f(x,y)$ 是一个锥面的方程, 则

$$f_{xx}f_{yy}-f_{xy}^2=0.$$

3. 设 $f(x,y,z)=g(r)$, 其中 $r=\sqrt{x^2+y^2+z^2}$.

(a) 计算 $f_{xx}+f_{yy}+f_{zz}$.

(b) 证明, 如果 $f_{xx}+f_{yy}+f_{zz}=0$, 则 $f(x,y,z)=\dfrac{a}{r}+b$, 其中 a 和 b 是常数.

4. 设 $f(x_1,x_2,\cdots,x_n)=g(r)$, 其中 $r=\sqrt{x_1^2+x_2^2+\cdots+x_n^2}$.

(a) 计算 $f_{x_1x_1}+f_{x_2x_2}+\cdots+f_{x_nx_n}$ (参看练习 1.4a 第 10 题).

(b) 解方程 $f_{x_1x_1}+f_{x_2x_2}+\cdots+f_{x_nx_n}=0$.

b. 例[1)]

1. 让我们考虑函数

$$u=\exp(x^2\sin^2 y+2xy\sin x\sin y+y^2).$$

1) 我们注意, 下列的微分法也能直接完成, 而不用关于多变量函数的链式法则.

我们令

$$u = e^{\xi+\eta+\zeta}, \quad \xi = x^2 \sin^2 y, \quad \eta = 2xy \sin x \sin y, \quad \zeta = y^2,$$

便得到

$$\xi_x = 2x \sin^2 y, \quad \eta_x = 2y \sin x \sin y + 2xy \cos x \sin y, \quad \zeta_x = 0;$$

$$\xi_y = 2x^2 \sin y \cos y, \quad \eta_y = 2x \sin x \sin y + 2xy \sin x \cos y, \quad \zeta_y = 2y;$$

$$u_\xi = u_\eta = u_\zeta = e^{\xi+\eta+\zeta}.$$

因此

$$u_x = 2\exp(x^2 \sin^2 y + 2xy \sin x \sin y + y^2)(x \sin^2 y + y \sin x \sin y + xy \cos x \sin y)$$

和

$$u_y = 2\exp(x^2 \sin^2 y + 2xy \sin x \sin y + y^2)(x^2 \sin y \cos y + x \sin x \sin y + xy \sin x \cos y + y).$$

2. 对函数

$$u = \sin(x^2 + y^2)$$

我们令 $\xi = x^2 + y^2$ 便得出

$$u_x = 2x \cos(x^2 + y^2), \quad u_y = 2y \cos(x^2 + y^2),$$

$$u_{xx} = -4x^2 \sin(x^2 + y^2) + 2\cos(x^2 + y^2),$$

$$u_{xy} = -4xy \sin(x^2 + y^2),$$

$$u_{yy} = -4y^2 \sin(x^2 + y^2) + 2\cos(x^2 + y^2).$$

3. 对函数

$$u = \arctan(x^2 + xy + y^2),$$

作替换 $\xi = x^2, \eta = xy, \zeta = y^2$, 便导出

$$u_x = \frac{2x + y}{1 + (x^2 + xy + y^2)^2},$$

$$u_y = \frac{x + 2y}{1 + (x^2 + xy + y^2)^2}.$$

c. 自变量的替换

锁链法则 (19) 应用到自变量替换的情形是特别重要的. 例如, 设 $u=f(\xi,\eta)$ 是两个自变量 ξ,η 的函数, 而 ξ,η 被看作 $\xi\eta$ 平面上的直角坐标. 我们可以在该平面上引进新的直角坐标 x,y (见第一卷第 315 页), 它们与 ξ,η 的关系由下式表示

$$\xi=\alpha_1x+\beta_1y,\quad \eta=\alpha_2x+\beta_2y, \tag{24a}$$

或

$$x=\alpha_1\xi+\alpha_2\eta,\quad y=\beta_1\xi+\beta_2\eta. \tag{24b}$$

这里

$$\alpha_1=\cos\gamma,\quad \alpha_2=-\sin\gamma,\quad \beta_1=\sin\gamma,\quad \beta_2=\cos\gamma,$$

其中 γ 表示 ξ 轴的正向与 x 轴的正向之间的夹角. 于是函数 $u=f(\xi,\eta)$ "变换"成新的函数

$$u=f(\xi,\eta)=f(\alpha_1x+\beta_1y,\alpha_2x+\beta_2y)=F(x,y),$$

这是由 $f(\xi,\eta)$ 通过如第 46 页所述的复合步骤而形成的. 我们说因变量 u 是"相对于代替 ξ,η 的新的自变量 x,y 而说的".

由第 48 页的微分法规则 (19) 立即得到

$$u_x=u_\xi\alpha_1+u_\eta\alpha_2,\quad u_y=u_\xi\beta_1+u_\eta\beta_2, \tag{25}$$

其中 u_x,u_y 表示函数 $u=F(x,y)$ 的偏导数, 而 u_ξ,u_η 是函数 $f(\xi,\eta)$ 的偏导数. 由此可见, 当坐标轴旋转时, 任何一个函数的偏导数按照与自变量的变换规则 (24b) 相同的规则而变换. 这对将要讨论的空间坐标轴的旋转 (变换) 也是成立的[1].

另一个重要的自变量的替换是由直角坐标 (x,y) 变到极坐标 (r,θ). 极坐标通过下述方程与直角坐标联系着

$$x=r\cos\theta,\quad y=r\sin\theta, \tag{26a}$$

$$r=\sqrt{x^2+y^2},\quad \theta=\arccos\frac{x}{\sqrt{x^2+y^2}}=\arcsin\frac{y}{\sqrt{x^2+y^2}}. \tag{26b}$$

将函数 $u=f(x,y)$ 用极坐标表示, 我们有

$$u=f(x,y)=f(r\cos\theta,r\sin\theta)=F(r,\theta),$$

1) 但是, 一般说来, 不适用于坐标变换的其他类型.

因而 u 就成为自变量 r 和 θ 的复合函数. 从而, 由锁链法则 (19) 我们得到

$$
\begin{aligned}
u_x &= u_r r_x + u_\theta \theta_x = u_r \frac{x}{r} - u_\theta \frac{y}{r^2} = u_r \cos\theta - u_\theta \frac{\sin\theta}{r}, \\
u_y &= u_r r_y + u_\theta \theta_y = u_r \frac{y}{r} + u_\theta \frac{x}{r^2} = u_r \sin\theta + u_\theta \frac{\cos\theta}{r}.
\end{aligned} \tag{27}
$$

由此得出有用的方程

$$
u_x^2 + u_y^2 = u_r^2 + \frac{1}{r^2} u_\theta^2. \tag{28}
$$

由规则 (23a, b, c), 得出更高阶的导数

$$
\begin{aligned}
u_{xx} =& u_{rr} \cos^2\theta + u_{\theta\theta} \frac{\sin^2\theta}{r^2} - 2u_{r\theta} \frac{\cos\theta \sin\theta}{r} \\
& + u_r \frac{\sin^2\theta}{r} + 2u_\theta \frac{\cos\theta\sin\theta}{r^2}, \\
u_{xy} =& u_{yx} = u_{rr} \cos\theta \sin\theta - u_{\theta\theta} \frac{\cos\theta\sin\theta}{r^2} + u_{r\theta} \frac{\cos^2\theta - \sin^2\theta}{r} \\
& + u_\theta \frac{\sin^2\theta - \cos^2\theta}{r^2} - u_r \frac{\sin\theta\cos\theta}{r}, \\
u_{yy} =& u_{rr} \sin^2\theta + u_{\theta\theta} \frac{\cos^2\theta}{r^2} + 2ur_\theta \frac{\cos\theta\sin\theta}{r} \\
& + u_r \frac{\cos^2\theta}{r} - 2u_\theta \frac{\cos\theta\sin\theta}{r^2}.
\end{aligned}
$$

由此可导出所谓拉普拉斯算式 Δu 的极坐标的表达式, 它出现在重要的 '拉普拉斯" 方程或 '位能" 方程 $\Delta u = 0$ (见第 28 页) 中:

$$
\begin{aligned}
\Delta u &= u_{xx} + u_{yy} = u_{rr} + u_{\theta\theta} \frac{1}{r^2} + u_r \frac{1}{r} \\
&= \frac{1}{r^2} \left\{ r \frac{\partial}{\partial r} \left(r \frac{\partial u}{\partial r} \right) + \frac{\partial^2 u}{\partial \theta^2} \right\}.
\end{aligned} \tag{29}
$$

反过来, 我们可应用锁链法则把 u_r 和 u_θ 用 u_x 和 u_y 表示出来. 我们用这个方法求得

$$
u_r = u_x x_r + u_y y_r = u_x \cos\theta + u_y \sin\theta, \tag{30a}
$$

$$
u_\theta = u_x x_\theta + u_y y_\theta = -u_x r \sin\theta + u_y r \cos\theta. \tag{30b}
$$

我们也可通过对 u_r 和 u_θ 求解关系式 (27) 而得出这些方程. 顺便指出, 方程 (30a) 是早已出现过的, 即 u 沿向径 r 方向的导数的表达式, 见第 39 页.

一般地说, 只要给出了定义复合函数的关系式

$$u = f(\xi, \eta, \cdots),$$

$$\xi = \varphi(x, y), \quad \eta = \psi(x, y), \cdots,$$

我们就可把这些关系看作 u 是对新的自变量 x, y 而不是对 $\xi, \eta, \cdots$ 来说的. 自变量 x, y 和 $\xi, \eta, \cdots$ 的对应的值组, 都赋予 u 以同一个数值, 而无论 u 是作为 $\xi, \eta, \cdots$ 的函数 $f(\xi, \eta, \cdots)$ 还是作为 x, y 的函数

$$F(x, y) = f(\varphi(x, y), \psi(x, y), \cdots).$$

在一个复合函数 $u = f(\xi, \eta, \cdots)$ 的微分法中, 我们必须清楚地区分因变量 u 和函数 $f(\xi, \eta, \cdots)$, 后者根据自变量 $\xi, \eta, \cdots$ 的值给出 u 的值. 在 u 与自变量之间的函数关系确定之前, 微分法的记号 $u_\xi, u_\eta, \cdots$ 是没有意义的. 所以, 当处理复合函数

$$u = f(\xi, \eta, \cdots) = F(x, y)$$

时, 实际上不应该写 u_ξ, u_η 或 u_x, u_y, 而应分别以 $f_\xi(\xi, \eta, \cdots)$, $f_\eta(\xi, \eta, \cdots)$ 或 $F_x(x, y)$, $F_y(x, y)$ 代替. 然而为了简洁起见, 在不致引起混淆的情况下, 简单的记号 u_ξ, u_η, u_x, u_y 仍是常用的. 于是锁链法则写成这样的形式

$$u_x = u_\xi \xi_x + u_\eta \eta_x, \quad u_y = u_\xi \xi_y + u_\eta \eta_y,$$

这使我们不必给出 u 与 ξ, η 或与 x, y 之间的函数关系的"名字" f 或 F.

下述例子说明这个事实, 量 u 关于一个给定的变量的导数依赖于 u 与全部自变量之间的函数关系的性质; 特别是它依赖于在微分过程中保持固定不变的那些自变量. 由"恒等变换" $\xi = x, \eta = y$, 函数 $u = 2\xi + \eta$ 变成 $u = 2x + y$, 我们有 $u_x = 2, u_y = 1$. 然而, 如果我们引进新的自变量 $\xi = x$ (与前面一样) 和 $\xi + \eta = v$, 就有 $u = x + v$, 因而 $u_x = 1, u_v = 1$. 这样, 由于另一个变量的不同的选择, 关于同一个自变量 x 的导数得出了不同的结果.

练　习　1.6c

1. 设 $u = f(x, y)$, 其中 $x = r\cos\theta$, $y = r\sin\theta$. 试用 u_r 和 u_θ 来表示 $\sqrt{u_x^2 + u_y^2}$.

2. 证明: 在坐标系的旋转变换下关系式 $f_{xx} + f_{yy}$ 是不变的.

3. 证明: 在线性变换 $x = \alpha\xi + \beta\eta$, $y = r\xi + \delta\eta$ 下, 导数 $f_{xx}(x, y)$, $f_{xy}(x, y)$,

$f_{yy}(x,y)$ 的变换规则分别与多项式

$$ax^2+2bxy+cy^2$$

的系数 a,b,c 的变换规则相同.

4. 给定 $z=r^2\cos\theta$, 这里 r 和 θ 是极坐标, 求在点 $\theta=\dfrac{\pi}{4}$, $r=2$ 处的 z_x 和 z_y, 并用 z_x 和 z_y 表示 z_r 和 z_θ.

5. 由于变换 $\xi=a+\alpha x+\beta y, \eta=b-\beta x+\alpha y$, 其中 a,b,α,β 是常数而且 $\alpha^2+\beta^2=1$, 函数 $u(x,y)$ 变成 ξ,η 的函数 $U(\xi,\eta)$. 证明

$$U_{\xi\xi}U_{\eta\eta}-U_{\xi\eta}^2=u_{xx}u_{yy}-u_{xy}^2.$$

6. 说明当用变量 $z=x/\sqrt{y}$ 代替 y 时, 关系式

$$T_y-T_{xx}$$

将如何变换.

7. (a) 证明, 对于任意两次连续可微函数 f,g, 函数

$$h(x,y)=f(x-y)+g(x+y)$$

满足条件

$$h_{xx}=h_{yy}.$$

(b) 类似地, 指出

$$H(x,y)=f(x-iy)+g(x+iy),$$

$i^2=-1$, 满足条件 $H_{xx}=-H_{yy}$.

问 题 1.6c

1. 将拉普拉斯算式 $u_{xx}+u_{yy}+u_{zz}$ 转化成用三维极坐标 r,θ,φ 表示的形式, 后者由下式定义:

$$x=r\sin\theta\cos\varphi,$$

$$y=r\sin\theta\sin\varphi,$$

$$z=r\cos\theta.$$

与问题 1.6a 第 3 题进行比较.

2. 寻求 a,b,c,d 的值, 使在变换 $\xi=ax+by, \eta=cx+dy$ 下 (其中 $ad-bc\neq 0$) 方程 $Af_{xx}+2Bf_{xy}+Cf_{yy}=0$ 变成

(a) $f_{\xi\xi} + f_{\eta\eta} = 0$;

(b) $f_{\xi\eta} = 0$ (A, B, C 是常数).

这是否永远可能?

1.7 多元函数的中值定理与泰勒定理

a. 关于用多项式作近似的预备知识

在第一卷 (第五章第 394 页) 中我们看到, 一个单变量的函数在一个给定点的邻域内能用一个 n 次多项式, 即泰勒多项式近似代替, 精确度比 n 阶更高, 只要函数具有直至 $(n+1)$ 阶的导数. 用微分所表出的函数的线性部分作近似, 只是实现这种较精确的近似式的第一步. 在多变量的情况, 例如, 两个自变量的函数的情况, 我们也可在一个给定点的附近试图以一个 n 次多项式作为近似表达式. 或者说, 我们希望用增量 h 和 k 的项组成的'泰勒展式" 来逼近 $f(x+h, y+k)$.

通过一个简单的变换, 这个问题可化为单变量的函数的情况. 代替刚才所考虑的 $f(x+h, y+k)$, 我们引进一个附加变量 t 并把关系式

$$F(t) = f(x+ht, y+kt) \tag{31}$$

看成是 t 的函数, 而把 x, y, h, k 暂时保持不变, 当 t 在 0 与 1 之间变化时, 以 $(x+ht, y+kt)$ 为坐标的点在连接 (x, y) 和 $(x+h, y+k)$ 的线段上变动. $F(t)$ 的以 t 的方幂组成的泰勒展式, 当 $t=1$ 时将给出 $f(x+h, y+k)$ 的一个我们所希望的类型的近似表达式.

我们从计算 $F(t)$ 的导数开始. 我们假设下面将要写出的关于函数 $f(x, y)$ 的导数, 都在一个完全包含 (x, y) 到 $(x+h, y+k)$ 这个线段的区域内是连续的, 从锁链法则 (18) 立即得出[1)]

$$F'(t) = hf_x + kf_y, \tag{32a}$$

$$F''(t) = h^2 f_{xx} + 2hk f_{xy} + k^2 f_{yy}, \tag{32b}$$

$$\cdots\cdots$$

1) 从锁链法则我们有

$$F'(t) = \frac{d}{dt} f(x+ht, y+kt) = hf_\xi(\xi, \eta) + kf_\eta(\xi, \eta),$$

其中 $\xi = x+ht, \eta = y+kt$. 这里, 我们将 $f_x(x+ht, y+kt)$ 作为 $f_\xi(x+ht, y+kt)$, 因为既然 x, y, h, k 被看作自变量, (仍由锁链法则) 就有

$$\frac{\partial}{\partial x} f(x+ht, y+kt) = f_\xi(x+ht, y+kt).$$

一般地说, 由数学归纳法我们得出 n 阶导数的表达式

$$F^{(n)}(t) = h^n f_{x^n} + \binom{n}{1} h^{n-1} k f_{x^{n-1}y} + \binom{n}{2} h^{n-2} k^2 f_{x^{n-2}y^2} + \cdots + k^n f_{y^n}, \tag{32c}$$

这里, 像在第 44 页一样, 能形象地写成

$$F^{(n)}(t) = \left(h\frac{\partial}{\partial x} + k\frac{\partial}{\partial y}\right)^n f$$

的形式. 对这个公式右边, 符号的幂应先根据二项式定理展开, 然后, 将 $\frac{\partial}{\partial x}, \frac{\partial}{\partial y}$ 的幂乘 f'' 换成相应的 n 阶导数 $\frac{\partial^n f}{\partial x^n}, \frac{\partial^n f}{\partial x^{n-1}\partial y}, \cdots$, 在所有这些导数中, 自变量 x 和 y 的位置应写入 $x + ht$ 和 $y + kt$.

练 习 1.7a

1. 对 $F(t) = f(x + ht, y + kt)$ 求 $F'(1)$:

(a) $f(x, y) = \sin(x + y)$;

(b) $f(x, y) = \frac{y}{x}$;

(c) $f(x, y) = x^2 + 2xy^2 - y^4$.

2. 求曲线 $z(t) = F(t) = f(x + ht, y + kt)$ 在 $t = 1$ 处的斜率, 其中 $x = 0, y = 1, h = \frac{1}{2}, k = \frac{1}{4}$, 并且

(a) $f(x, y) = x^2 + y^2$;

(b) $f(x, y) = \exp\left[x^2 + (y - 1)^2\right]$;

(c) $f(x, y) = \cos \pi(y - 1) \sin \pi x^2$.

b. 中值定理

在着手研究用多项式作更高阶的逼近以前, 我们推导一个中值定理, 它类似于对一元函数我们所早已知道的. 这个定理把差分 $f(x + h, y + k) - f(x, y)$ 与偏导数 f_x 和 f_y 联系了起来. 我们明确假设这些导数是连续的. 对函数 $F(t)$ 应用普通的中值定理, 我们得到

$$\frac{F(t) - F(0)}{t} = F'(\theta t),$$

其中 θ 是介于 0 与 1 之间的一个数; 利用 (31) 与 (32a) 即得

$$\frac{f(x+ht,y+kt)-f(x,y)}{t}=hf_x(x+\theta ht,y+\theta kt)+kf_y(x+\theta ht,y+\theta kt).$$

令 $t=1$, 我们就得到想要求得的二元函数的中值定理, 其形式为

$$\begin{aligned}f(x+h,y+k)-f(x,y)&=hf_x(x+\theta h,y+\theta k)+kf_y(x+\theta h,y+\theta k)\\&=hf_x(\xi,\eta)+kf_y(\xi,\eta).\end{aligned}\tag{33}$$

因此, 在两点 $(x+h,y+k)$ 和 (x,y) 处的函数值的差分等于在连接这两点的线段上的一个中间点 (ξ,η) 处的微分. 值得注意的是, 在 f_x 和 f_y 中都取同一个 θ 值.

正像对单变量函数 (第一卷第 152 页) 一样, 中值定理能用于求得关于一个函数 $f(x,y)$ 的连续模, 而且更确切地说, 能证明上述函数 f 是利普希茨连续的. 为了应用中值定理, 我们必须用直线段连接两个点, 使沿着这直线段 f 有定义. 为此假设 $f(x,y)$ 的定义域 R 是凸的, 亦即, 连接 R 中任意两点的直线段完全落入 R 中. 设 f 在 R 中是连续可微的, 并设 M 是 f 的导数的绝对值的一个上界:

$$|f_x(x,y)|<M,\quad |f_y(x,y)|<M$$

对 R 中的一切 (x,y) 成立. 于是, 就能应用公式 (33) 并得出不等式

$$\begin{aligned}|f(x+h,y+k)-f(x,y)|&\leqslant|h|\,|f_x(\xi,\eta)|+|k|\,|f_y(\xi,\eta)|\\&\leqslant|h|M+|k|M\leqslant 2M\sqrt{h^2+k^2}.\end{aligned}\tag{34}$$

因此 f 在距离为 $\rho=\sqrt{h^2+k^2}$ 的两点处的函数值的差不超过这个距离的一个固定的倍数 (即 $2M\rho$). 这正是 f 的利普希茨连续性的意思. 特别有

$$|f(x+h,y+k)-f(x,y)|<\varepsilon$$

对 $\sqrt{h^2+k^2}<\varepsilon/2M$. 这样, f 在 R 上是一致连续的, 并且 ‘连续模’ $\delta=\varepsilon/2M$.

下述事实 (其证明留给读者) 是中值定理的一个简单的结果. 如果一个函数 $f(x,y)$ 的偏导数 f_x 和 f_y 存在而且在一个凸集上的每一点处都等于 0, 那么这个函数是一个常数.

练 习 1.7b

1. 从几何上解释中值定理.

2. 对下列每一情况, 求满足

$$hf_x(x+\theta h, y+\theta k)+kf_y(x+\theta h, y+\theta k)=f(x+h, y+k)-f(x, y)$$

的 θ 值:

(a) $f(x,y)=xy+y^2, x=y=0, h=\dfrac{1}{2}, k=\dfrac{1}{4}$;

(b) $f(x,y)=\sin\pi(x+y), x=y=\dfrac{1}{4}, h=\dfrac{1}{8}, k=\dfrac{1}{4}$.

3. 对函数

$$f(x,y)=\sin\pi x+\cos\pi y$$

用中值定理, 来证明, 存在一个数 $\theta(0<\theta<1)$ 使

$$\frac{2}{\pi}=\cos\frac{\pi\theta}{2}+\sin\left[\frac{\pi}{2}(1-\theta)\right].$$

4. 对一个三元函数 $f(x,y,z)$ 推导中值定理.

5. 求一个数 $\theta(0\leqslant\theta\leqslant1)$ 使

$$f\left(1,\frac{1}{2},\frac{1}{3}\right)=f_x\left(\theta,\frac{\theta}{2},\frac{\theta}{3}\right)+\frac{1}{2}f_y\left(\theta,\frac{\theta}{2},\frac{\theta}{3}\right)+\frac{1}{3}f_z\left(\theta,\frac{\theta}{2},\frac{\theta}{3}\right),$$

其中

(a) $f(x,y,z)=xyz$;

(b) $f(x,y,z)=x^2+y^2+2xz$.

问　题　1.7b

1. 设 $f(x,y)$ 的定义域是一个多边形连通区域, 亦即, 假设这区域内的任意两点 P,Q 都能够用这区域内的一串线段 $\overline{P_0P_1},\overline{P_1P_2},\cdots,\overline{P_{n-1}P_n}$ 连接起来, 其中 $P_0=P, P_n=Q$. 证明, 若偏导数 f_x 和 f_y 在定义域内每一点处的值均为 0, 则 f 是常数.

c. 多个自变量的泰勒定理

我们对函数 $F(t)=f(x+ht, y+kt)$ 应用拉格朗日余项形式 (参看第一卷第 388 页) 的泰勒公式, 利用关系式 (32a, b, c) 求出 F 的导数, 而后令 $t=1$, 我们就得到二元函数的泰勒定理

$$\begin{aligned}f(x+h,y+k)=&f(x,y)+\{hf_x(x,y)+kf_y(x,y)\}\\&+\frac{1}{2!}\{h^2f_{xx}(x,y)+2hkf_{xy}(x,y)+k^2f_{yy}(x,y)\}\end{aligned}$$

$$+\cdots+\frac{1}{n!}\{h^n f_{x^n}(x,y)+\binom{n}{1}h^{n-1}kf_{x^{n-1}y}(x,y)$$

$$+\cdots+k^n f_{y^n}(x,y)\}+R_n, \tag{35}$$

其中 R_n 表示余项

$$R_n=\frac{1}{(n+1)!}\{h^{n+1}f_{x^{n+1}}(x+\theta h,y+\theta k)+\cdots$$

$$+k^{n+1}f_{y^{n+1}}(x+\theta h,y+\theta k)\}, \tag{36}$$

$0<\theta<1$. 这样, 增量 $f(x+h,y+k)-f(x,y)$ 就被写成了 $1,2,\cdots,(n+1)$ 次齐次多项式的和, 其中每个齐次式除去各自的因子

$$\frac{1}{1!},\frac{1}{2!},\cdots,\frac{1}{n!},\frac{1}{(n+1)!}$$

外, 分别是 $f(x,y)$ 在点 (x,y) 处的第 1 阶, 第 2 阶, $\cdots$, 第 n 阶微分

$$df=hf_x+kf_y=\left(h\frac{\partial}{\partial x}+k\frac{\partial}{\partial y}\right)f,$$

$$d^2f=\left(h\frac{\partial}{\partial x}+k\frac{\partial}{\partial y}\right)^2 f=h^2f_{xx}+2hkf_{xy}+k^2f_{yy},$$

$$d^nf=\left(h\frac{\partial}{\partial x}+k\frac{\partial}{\partial y}\right)^n f$$

$$=h^nf_{x^n}+\binom{n}{1}h^{n-1}kf_{x^{n-1}y}+\cdots+k^nf_{y^n},$$

以及 f 在连接 (x,y) 和 $(x+h,y+k)$ 的线段上一个中间点处的 $(n+1)$ 阶微分 $d^{n+1}f$. 从而, 泰勒定理可写成更简洁的形式:

$$f(x+h,y+k)=f(x,y)+df(x,y)+\frac{1}{2!}d^2f(x,y)+\cdots$$

$$+\frac{1}{n!}d^nf(x,y)+R_n, \tag{37}$$

其中

$$R_n=\frac{1}{(n+1)!}d^{n+1}f(x+\theta h,y+\theta k),\quad 0<\theta<1. \tag{38}$$

在一般情况, 余项 R_n 趋向于 0 比它的前项 d^nf 更高阶; 亦即, 当 $h\to 0$ 和 $k\to 0$ 时, 有 $R_n=o\{\sqrt{(h^2+k^2)^n}\}$.

从对一元函数的泰勒定理通过 $(n\to\infty)$ 得出无穷泰勒级数, 使我们导出了许

多函数的幂级数展开式. 对多变量函数, 这样的一种处理手法即使可能时, 一般说来也是很麻烦的. 对我们来说, 泰勒定理的重要性在于, 将函数的增量 $f(x+h, y+k)-f(x, y)$ 分解成不同阶数的微分 $df, d^2 f, \cdots$.

练 习 1.7c

1. 求一个二次多项式, 使它在原点的邻域内最接近于 $\sin x \sin y$.
2. 对 $f(x,y)=x^3+4y^2x$, 求 $f(2.1, 2.9)$ 的近似值.
3. 对 $f(x,y)=x/y+y/x$, 估计用 $f(1,1)$ 近似代替 $f(0.9, 0.9)$ 时的误差.
4. 把下列函数 $f(x+h, y+k)$ 展开成 h, k 的幂:
(a) $f(x,y)=x^3-2x^2y+y^2$;
(b) $f(x,y)=\cos(x+2y)$, 在 $x=0, y=\dfrac{\pi}{2}$;
(c) $f(x,y)=x^4y+2y^2x-\sqrt{3x^2}$.
5. 将 $f(x,y,z)=xyz^2$ 展开成 $x, (y-1), (z+1)$ 的幂.
6. 求下列函数的泰勒展式的前几项, 在原点 $(0,0)$ 的一个邻域内:
(a) $z=\arctan\dfrac{y}{x^2+1}$;
(b) $z=\cosh x \sinh y$;
(c) $z=\cos x \cosh(x+y)$;
(d) $z=e^x \cos y$;
(e) $z=\dfrac{\sin x}{\cos y}$;
(f) $z=\log(1-x)\log(1-y)$;
(g) $z=e^{x^2-y^2}$;
(h) $z=\cos(x+y)e^{-x^2}$;
(i) $z=\cos(x\cos y)$;
(j) $z=\sin(x^2+y^2)$.
7. 估计用

$$1-\frac{1}{2}(x^2-y^2)$$

代替 $\cos x/\cos y$ 时的误差, 对 $|x|, |y|<\dfrac{\pi}{6}$.

问 题 1.7c

1. 求下列函数的泰勒级数并指出它们的有效区域:

(a) $\dfrac{1}{1-x-y}$; (b) e^{x+y}.

2. 证明: 球面三角学中的余弦定律

$$\cos z = \cos x \cos y + \sin x \sin y \cos \theta$$

在原点的邻域内转化为欧几里得余弦定律

$$z^2 = x^2 + y^2 - 2xy\cos\theta.$$

3. 若 $f(x,y)$ 是一个连续函数且具有连续的一阶和二阶偏导数, 则

$$f_{xx}(0,0) = \lim_{h\to+0} \frac{f(2h, e^{-1/2h}) - 2f(h, e^{-1/h}) + f(0,0)}{h^2}.$$

4. 证明函数 $f(x,y) = \exp(-y^2 + 2xy)$ 能展成对 x 和 y 的一切值都收敛的级数

$$\sum_{n=0}^{\infty} \frac{H_n(x)}{n!} y^n,$$

其中多项式 $H_n(x)$, 即所谓哈密顿多项式, 满足

(a) $H_n(x)$ 是一个 n 次多项式;

(b) $H_n'(x) = 2nH_{n-1}(x)$;

(c) $H_{n+1} - 2xH_n + 2nH_{n-1} = 0$;

(d) $H_n'' - 2xH_n' + 2nH_n = 0$.

1.8 依赖于参量的函数的积分

多变量函数的重积分的概念将在第四章及第五章中才开始讨论. 目前我们仅考虑与这类函数有关的单重积分.

a. 例和定义

设 $f(x,y)$ 是 x 和 y 在矩形区域 $\alpha \leqslant x \leqslant \beta, a \leqslant y \leqslant b$ 上的连续函数, 我们可以把 x 看作是固定的而把 $f(x,y)$ 看成仅是 y 的函数并在区间 $a \leqslant y \leqslant b$ 上求积分. 这样我们得到表达式

$$\int_a^b f(x,y)dy,$$

它仍然依赖于量 x 的选取. 这样, 我们所考虑的就不只是一个积分而是一族积分 $\displaystyle\int_a^b f(x,y)dy$, 它由 x 取不同的值而得到. 量 x 在积分过程中保持不变, 而且可给

它指定区间中任何一个值, 我们称它为一个参 (变) 量. 因而所说的这个通常的积分就成为参量 x 的一个函数.

作为参量的函数的积分在分析及其应用中是常见的. 例如, 作变换 $xy = u$ 易得

$$\int_0^1 \frac{xdy}{\sqrt{1-x^2y^2}} = \arcsin x,$$

对 $-1 < x < 1$. 又如, 我们可将指数函数看作一个参量的普通幂函数来求积分并写成

$$\int_0^1 y^x dy = \frac{1}{1+x},$$

其中假定 $x > -1$.

我们从几何上来阐明函数 $f(x,y)$ 的定义域, 对参量 x 的固定值, 作 y 轴的平行线, 如图 1.15. 设 AB 是平行线与矩形相交的部分, 被积函数 $f(x,y)$ 沿 AB 取值, 因而它只是 y 的函数. 我们也可说沿线段 AB 积分函数 $f(x,y)$.

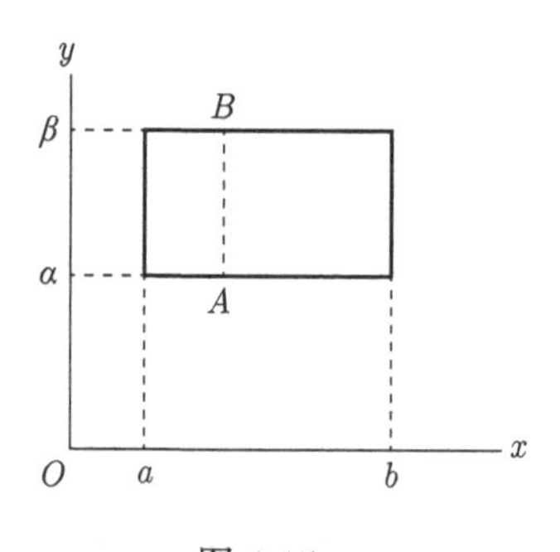

图 1.15

这种几何观点启示着一种推广. 若函数 $f(x,y)$ 的定义区域 R 取图 1.16 所示的形状, 即任何一条平行于 y 轴的直线与边界最多交于两点, 那么, 对 x 的每一个固定的值, 平行于 y 轴的直线与区域 R 相交的部分就是一个线段 AB (或一点 $A=B$), 因而我们仍可对函数 $f(x,y)$ 沿线段 AB 进行积分. 积分区间的始点和终点本身将随 x 而变化. 于是我们不得不考虑这种形式的积分:

$$\int_{\psi_1(x)}^{\psi_2(x)} f(x,y)dy = F(x), \tag{39}$$

在这种积分中 y 为积分变量, 而参量 x 在被积函数与积分限中都出现. 若我们用 x,y,z 空间的曲面 $z=f(x,y)$ 来表示函数 $f(x,y)$, 则对每一个正的函数 f, 我们可以考虑一个以 x,y 平面上的区域 R 为底, 以曲面 $z=f(x,y)$ 为顶, 以平行于 z 轴的直线为母线的柱面. x 的每一个固定值对应于一个平行于 y,z 平面的平面,

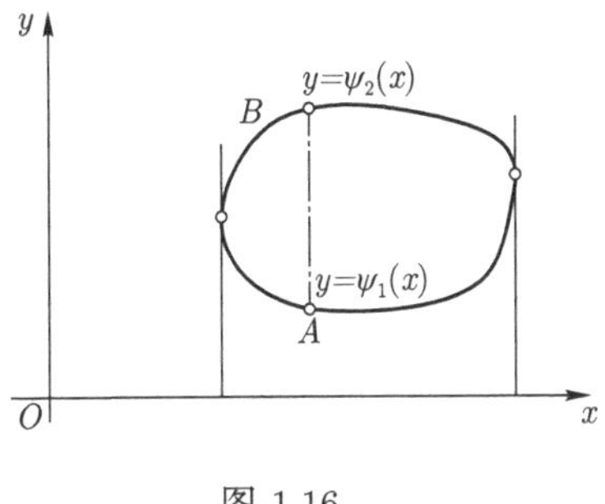

图 1.16

它与柱体相交成一个确定的平面区域. 这个平面区域的面积由积分 (39) 给出. 例如, 积分

$$\int_{-\sqrt{1-x^2}}^{\sqrt{1-x^2}} \sqrt{1-x^2-y^2}dy$$

表示半球

$$0 < z < \sqrt{1-x^2-y^2}$$

与平面 $x =$ 常数相交所得区域的面积.

b. 积分关于参量的连续性和可微性

如果 $f(x,y)$ 在闭矩形 $R: \alpha \leqslant x \leqslant \beta, a \leqslant y \leqslant b$ 上连续, 则积分

$$F(x) = \int_a^b f(x,y)dy$$

是参量 x 在区间 $\alpha \leqslant x \leqslant \beta$ 上的连续函数.

因为

$$\begin{aligned} |F(x+h)-F(x)| &= \left|\int_a^b (f(x+h,y)-f(x,y))dy\right| \\ &\leqslant \int_a^b |f(x+h,y)-f(x,y)|dy. \end{aligned}$$

由于 $f(x,y)$ 的一致连续性, 对充分小的 h 的值, 右边的被积函数作为 y 的函数可以一致地小到我们所希望的程度, 由此即得以上结论.

其次我们考虑微分 $F(x)$ 的可能性. 首先考虑积分限固定且函数 $f(x,y)$ 在闭矩形 R 中有连续偏导数 f_x 的情况[1]. 我们将证明, 先对 y 求积分然后对 x 求微分的运算, 可以用交换这两步骤次序的运算来代替.

定理 若函数 $f(x,y)$ 在闭矩形 $\alpha \leqslant x \leqslant \beta, a \leqslant y \leqslant b$ 中连续且有关于 x 的

1) 这意味着 f_x 在开矩形上存在而且能扩充为闭矩形上的连续函数 (见第 36 页).

连续导数, 则可以在积分号下关于参量微分这个积分, 即

$$\frac{d}{dx}F(x)=\frac{d}{dx}\int_a^b f(x,y)dy=\int_a^b f_x(x,y)dy. \tag{40}$$

而且, $F'(x)$ 是 x 的一个连续函数.

在证明定理之前, 我们指出, 这个定理给出了下述事实 (在第 30 页中已建立的) 的简单证明, 在求一个函数 $g(x,y)$ 的混合导数 g_{xy} 时, 只要 g_y 和 g_{xy} 都连续且 g_x 存在, 则微分的次序可以交换. 因为若令 $f(x,y)=g_y(x,y)$, 我们有

$$g(x,y)=g(x,a)+\int_a^y f(x,\eta)d\eta.$$

因 $f(x,y)$ 在矩形 $\alpha\leqslant x\leqslant\beta, a\leqslant y\leqslant b$ 中有关于 x 的连续微商, 立即有

$$g_x(x,y)=g_x(x,a)+\int_a^y f_x(x,\eta)d\eta,$$

因而根据微积分基本定理便有

$$g_{yx}(x,y)=f_x(x,y).$$

又因根据 f 的定义有 $f_x(x,y)=g_{xy}(x,y)$, 由此看出 $g_{yx}=g_{xy}$.

定理的证明. 若 x 与 $x+h$ 都属于区间 $\alpha\leqslant x\leqslant\beta$, 就能写成

$$\begin{aligned}F(x+h)-F(x)&=\int_a^b f(x+h,y)dy-\int_a^b f(x,y)dy\\&=\int_a^b[f(x+h,y)-f(x,y)]dy.\end{aligned}$$

由假设 $f(x,y)$ 关于 x 可微, 根据微积分学中的微分中值定理的通常形式便得到[1)]

$$f(x+h,y)-f(x,y)=hf_x(x+\theta h,y),\quad 0<\theta<1.$$

且由于假设了导函数 f_x 在闭矩形上连续因而一致连续, 差分

$$f_x(x+\theta h,y)-f_x(x,y)$$

的绝对值可小于任何正数 ε, 对一切满足 $|h|<\delta$ 的 h 都成立, 此处 $\delta=\delta(\varepsilon)$ 不依赖于 x 和 y. 于是

$$\left|\frac{F(x+h)-F(x)}{h}-\int_a^b f_x(x,y)dx\right|=\left|\int_a^b f_x(x+\theta h,y)dy-\int_a^b f_x(x,y)dy\right|$$

1) 此处 θ 依赖于 y 而且甚至可以不连续地随 y 变化. 这是无关紧要的, 因为由等式 $f_x(x+\theta h,y)=h^{-1}[f(x+h,y)-f(x,y)]$ 可立即看出 $f_x(x+\theta h,y)$ 是 x 和 y 的连续函数因而是可积的.

$$\leqslant \int_a^b \varepsilon dy = \varepsilon(b-a).$$

对 $|h| < \delta(\varepsilon)$ 成立, 只要 $h \neq 0$. 这意味着, 关系式

$$\lim_{h\to 0} \frac{F(x+h)-F(x)}{h} = \int_a^b f_x(x,y)dy = F'(x)$$

成立. 这证明了 $F'(x)$ 的存在和公式 (40). $F'(x)$ 的连续性可根据被积函数 $f_x(x,y)$ 的连续性立即推出 (见第 66 页).

当积分限中包含参量时, 用类似的方法可以建立积分的连续性以及积分关于参量的微分法则.

例如, 若我们要想微分

$$F(x) = \int_{\psi_1(x)}^{\psi_2(x)} f(x,y)dy,$$

我们先考虑关系式

$$F(x) = \int_u^v f(x,y)dy = \varphi(u,v,x),$$

其中 $u = \psi_1(x), v = \psi_2(x)$. 我们假设 $\psi_1(x)$ 和 $\psi_2(x)$ 在区间 $\alpha \leqslant x \leqslant \beta$ 上有连续的一阶导数且

$$a < \psi_1(x) < \psi_2(x) < b$$

对 $\alpha < x < \beta$ 成立. 又设 $f(x,y)$ 和 $f_x(x,y)$ 在集合 $\alpha \leqslant x \leqslant \beta, a \leqslant y \leqslant b$ 上是连续的. 这样, 对

$$\alpha \leqslant x \leqslant \beta, \quad a \leqslant u \leqslant b, \quad a \leqslant v \leqslant b$$

就定义了三个自变量 u, v, x 的一个函数 ϕ. 而且这函数有连续的偏导数, 因为由公式 (40), 有

$$\phi_x(u,v,x) = \frac{\partial}{\partial x}\int_u^v f(x,y)dy = \int_u^v f_x(x,y)dy,$$

而根据微积分基本定理 (第一卷第 158 页), 有

$$\begin{aligned}
\phi_v(u,v,x) &= \frac{\partial}{\partial v}\int_u^v f(x,y)dy = f(x,v), \\
\phi_u(u,v,x) &= \frac{\partial}{\partial u}\int_u^v f(x,y)dy = -\frac{\partial}{\partial u}\int_v^u f(x,y)dy \\
&= -f(x,u).
\end{aligned}$$

对复合函数 $F(x)=\phi(\psi_1(x),\psi_2(x),x)$ 应用第 54 页上的微分锁链法则 (18) 便得到

$$F'(x)=\varphi_u\psi_1'(x)+\varphi_v\psi_2'(x)+\varphi_x,$$

这证明了 $F(x)$ 的连续导数存在 $(\alpha<x<\beta)$, 并得到公式

$$\frac{d}{dx}\int_{\psi_1(x)}^{\psi_2(x)}f(x,y)dy=\int_{\psi_1(x)}^{\psi_2(x)}f_x(x,y)dy-\psi_1'(x)f(x,\psi_1(x))$$
$$+\psi_2'(x)f(x,\psi_2(x)). \tag{41}$$

作为例子, 对函数

$$F(x)=\int_0^x\sin(xy)dy,$$

我们得到

$$\frac{dF(x)}{dx}=\int_0^x y\cos(xy)dy+\sin(x^2).$$

对于

$$F(x)=\int_0^1\frac{xdy}{\sqrt{1-x^2y^2}}=\arcsin x,$$

当 $-1<x<+1$, 我们得到关系式

$$F'(x)=\int_0^1\frac{dy}{\sqrt{(1-x^2y^2)^3}}=\frac{1}{\sqrt{1-x^2}},$$

这结果读者可以直接验证.

再看一序列积分

$$F_n(x)=\int_0^x\frac{(x-y)^n}{n!}f(y)dy,\quad F_0(x)=\int_0^x f(y)dy, \tag{42}$$

其中 n 是任意正整数且 $f(y)$ 仅是 y 在所考虑的区间上的连续函数. 由于对上限 x 求导的结果为 0, 由规则 (41) 得递归公式

$$F_n'(x)=F_{n-1}(x)\quad(n=1,2,3,\cdots).$$

从 $F_0'(x)=f(x)$ 立即得出

$$F_n^{(n+1)}(x)=f(x) \tag{42a}$$

因而 $F_n(x)$ 是这样的函数: 它的 $(n+1)$ 阶导数等于 $f(x)$, 它本身及其前 n 阶导数在 $x=0$ 处取零值; 它是由 $F_{n-1}(x)$ 从 0 到 x 积分而得. 因此 $F_n(x)$ 是以 0 与

x 为积分限由 $f(x)$ 经 $(n+1)$ 次积分而得的函数:

$$\begin{aligned} &F_0(x)=\int_0^x f(y)dy, \quad F_1(x)=\int_0^x F_0(y)dy, \\ &F_2(x)=\int_0^x F_1(y)dy,\cdots,F_n(x)=\int_0^x F_{n-1}(y)dy. \end{aligned} \tag{42b}$$

这种重复积分能用函数 $\dfrac{(x-y)^n}{n!}f(y)$ 关于 y 的一个简单积分所代替.

关于参量求微分的上述这些法则, 当由积分号下求微分而得的函数不处处连续时, 往往也仍然有效. 对这些情况, 代替应用一般的准则, 对每一个特殊的情况, 直接验证上述微分是否可行反而更方便些.

作为例子, 我们考虑椭圆积分 (见第一卷第 267 页).

$$F(k)=\int_{-1}^{+1}\frac{dx}{\sqrt{(1-x^2)(1-k^2x^2)}};\quad k^2<1.$$

函数

$$f(k,x)=\frac{1}{\sqrt{(1-x^2)(1-k^2x^2)}}$$

在 $x=+1$ 和 $x=-1$ 处是不连续的, 但积分 (作为广义积分) 是有意义的. 作关于参数 k 的形式微分得

$$F'(k)=\int_{-1}^{+1}\frac{kx^2dx}{\sqrt{(1-x^2)(1-k^2x^2)^3}}.$$

为了考察这等式是否成立, 我们重复推导微分公式的论据. 这样就有

$$\begin{aligned} \frac{F(k+h)-F(k)}{h}&=\int_{-1}^{+1}f_k(k+\theta h,x)dx \\ &=\int_{-1}^{+1}\frac{(k+\theta h)x^2dx}{\sqrt{(1-x^2)[1-(k+\theta h)^2x^2]^3}}. \end{aligned}$$

这个表达式与上面通过形式微分所得的积分之间的差是

$$\Delta=\int_{-1}^{+1}\frac{x^2}{\sqrt{1-x^2}}\left(\frac{k+\theta h}{\sqrt{[1-(k+\theta h)^2x^2]^3}}-\frac{k}{\sqrt{(1-k^2x^2)^3}}\right)dx.$$

我们必须证明这个积分随 h 趋于 0. 为此目的, 我们在 k 周围划定一个不包含数值 ±1 的区间 $k_0\leqslant k\leqslant k_1$, 并且选取 h 足够小使 $k+\theta h$ 落在此区间内. 函数

$$\frac{k}{\sqrt{(1-k^2x^2)^3}}$$

在闭区域 $-1 \leqslant x \leqslant 1, k_0 \leqslant k \leqslant k_1$ 上是连续的, 因而一致连续. 从而差

$$\left|\frac{k+\theta h}{\sqrt{[1-(k+\theta h)^2x^2]^3}} - \frac{k}{\sqrt{(1-k^2x^2)^3}}\right|$$

小于一个不依赖于 x 和 k 并且随 h 趋于 0 的数 ε. 从而

$$|\Delta| \leqslant \int_{-1}^{+1} \frac{x^2dx}{\sqrt{1-x^2}} \cdot \varepsilon = M\varepsilon,$$

其中 M 是一个不依赖于 ε 的常数. 这就是说, 积分 Δ 随 h 趋于零而趋于零. 这就是我们所要证明的.

因而在这种情况下, 积分号下求微分仍然是可行的. 类似的考虑可应用于其他的情况.

具有无限的积分区间且依赖于参量的广义积分将在第四章中讨论.

练　习　1.8b

1. 设

$$F(k) = \int_a^b \alpha(x)\beta(x,k)dx,$$

其中 $\beta(x,k)$ 和 $\beta_k(x,k)$ 对 $a \leqslant x \leqslant b, k_0 < k < k_1$ 是连续的, 又 $\alpha(x)$ 对 $a < x < b$ 连续, 而且 $\int_a^b |\alpha(x)|$ 作为广义积分存在. 求证

$$F'(k) = \int_a^b \alpha(x)\beta_k(x,k)dx, \quad k_0 < k < k_1.$$

2. 设

$$F(k) = \int_0^1 (x-1)x^k \log^{-1} x dx, \quad -1 < k.$$

证明:

(a) $\lim\limits_{k\to\infty} kF(k) = 1$;

(b) $F(k) = \log \dfrac{2+k}{1+k}$.

c. 积分 (次序) 的互换. 函数的光滑化

第 66 页上关于积分号下求微分的定理导致一个重要的结果, 即可以交换积分的次序.

设 $f(x,y)$ 在由

$$a \leqslant x \leqslant b, \quad \alpha \leqslant y \leqslant \beta \tag{42c}$$

所确定的矩形 R 上连续. 则积分

$$I = \int_a^b d\xi \int_\alpha^\beta f(\xi,\eta)d\eta \quad 和 \quad J = \int_\alpha^\beta d\eta \int_a^b f(\xi,\eta)d\xi \tag{42d}$$

具有相同的值. 我们称这个值为 f 在矩形 (42c) 上的二重积分.

作为例子, 我们考虑矩形 $0 \leqslant x \leqslant 1, 0 \leqslant y \leqslant \dfrac{\pi}{2}$ 上的函数

$$f(x,y) = y\sin(xy).$$

这里

$$I = \int_0^1 d\xi \int_0^{\pi/2} \eta\sin(\xi\eta)d\eta = \int_0^1 \left(-\frac{\pi\cos(\pi\xi/2)}{2\xi} + \frac{\sin(\pi\xi/2)}{\xi^2}\right)d\xi = \frac{\pi}{2} - 1,$$

$$J = \int_0^{\pi/2} d\eta \int_0^1 \eta\sin(\xi\eta)d\xi = \int_0^{\pi/2}(1-\cos\eta)d\eta = \frac{\pi}{2} - 1.$$

为一般地证明等式 $I = J$, 我们引进两个变上限的积分

$$v(x,y) = \int_\alpha^y f(x,\eta)d\eta, \quad u(x,y) = \int_a^x v(\xi,y)d\xi.$$

应用公式 (40) 有

$$u_y(x,y) = \int_a^x v_y(\xi,y)d\xi = \int_a^x f(\xi,y)d\xi,$$

从而

$$u(x,y) = u(x,\alpha) + \int_\alpha^y u_y(x,\eta)d\eta = \int_\alpha^y d\eta \int_a^x f(\xi,\eta)d\xi.$$

以 $x = b, y = \beta$ 代入即得 $I = J$.

我们已建立了函数 $u(x,y)$ 与一个在矩形 R 上连续的函数 $f(x,y)$ 间的联系: $u(x,y)$ 有连续的一阶偏导数

$$u_x(x,y) = \int_\alpha^y f(x,\eta)d\eta, \quad u_y(x,y) = \int_a^x f(\xi,y)d\xi,$$

还有一个连续的混合二阶偏导数

$$u_{xy}(x,y) = f(x,y).$$

为了 '光滑化' f, 即为了构造一个一致逼近于 f 而有连续偏导数的函数, 我们将利用这样的函数 u.

在应用技巧上, 往往需要用一个相近的光滑函数来代替一个连续函数 f (它本身往往只是某个不完全已知的物理量的近似量). 由魏尔斯特拉斯逼近定理 (第一卷第 538 页) 我们知道, 在一个区间上连续的单变量的函数可以用具有一切阶导数的多项式一致逼近. 对在一个矩形上连续的二元函数 $f(x,y)$, 类似的定理仍然成立.

我们能借助 '平均' 函数 $f(x,y)$ 的方法构造一个具有适当光滑次数的简单逼近. 一个方便的办法是扩充 f 的定义, 从矩形区域 (42c) 到整个 x, y 平面, 使 f 处处连续[1]. 对任意 $h>0$, 我们在以 (x,y) 为中心以 $2h$ 为边长且四边平行于坐标轴的正方形上作 f 的均值:

$$\begin{aligned}F_h(x,y) &= \frac{1}{4h^2}\int_{x-h}^{x+h} d\xi \int_{y-h}^{y+h} f(\xi,\eta)d\eta \\ &= [u(x+h,y+h) - u(x+h,y-h) \\ &\quad - u(x-h,y+h) + u(x-h,y-h)]/4h^2.\end{aligned} \tag{42e}$$

显然 $F_h(x,y)$ 有连续的一阶偏导数和连续的混合二阶偏导数[2]. 为要说明对小的 $h, F_h(x,y)$ 逼近于 $f(x,y)$, 我们注意

$$F_h(x,y) - f(x,y) = \frac{1}{4h^2}\int_{x-h}^{x+h} d\xi \int_{y-h}^{y+h} [f(\xi,\eta) - f(x,y)]d\eta. \tag{42f}$$

由 f 在某个其内部包含 R 的矩形 R' 内是一致连续的, 我们知道, 对给定的 ε 和充分小的 h, 在每一个包含在 R' 内的边长为 $2h$ 的正方形内, f 的变化将小于 ε. 于是在 (42f) 中我们有 $|f(\xi,\eta) - f(x,y)| < \varepsilon$ 以及 $|F_h(x,y) - f(x,y)| < \varepsilon$. 因而 $\lim\limits_{h\to 0} F_h(x,y) = f(x,h)$ 对 R 中的点 (x,y) 一致成立. 这样, 我们就找到了一个任意接近于 $f(x,y)$ 的光滑函数 $F_h(x,y)$.

1.9 微分与线积分

a. 线性微分型

我们在 1.5d 中定义了函数 $u = f(x,y,z)$ 的全微分 du, 其表达式是

---

1) 这是能达到的, 可这样来延续 f: 当沿着垂直于矩形的四边的射线, f 取常数, 然后对平面上剩余的点, 再这样延续: 当沿着从矩形的四个角出发的射线, f 也取常数.

2) 为使 $F_h(x,y)$ 对矩形 R 中的一切点有定义, 我们可使 f 定义在稍微超出 R 的区域上.

$$du = \frac{\partial f(x,y,z)}{\partial x}dx + \frac{\partial f(x,y,z)}{\partial y}dy + \frac{\partial f(x,y,z)}{\partial z}dz. \tag{43}$$

多元函数微分的这个定义是得到了微商的锁链法则的启发的. 因为如果 x, y, z 是变量 t 的函数

$$x = \varphi(t), \quad y = \psi(t), \quad z = \chi(t), \tag{44}$$

那么复合函数 $u = f[\varphi(t), \psi(t), \chi(t)]$ 的微商的锁链法则 (19) 就是

$$\frac{du}{dt} = \frac{\partial f}{\partial x}\frac{dx}{dt} + \frac{\partial f}{\partial y}\frac{dy}{dt} + \frac{\partial f}{\partial z}\frac{dz}{dt}. \tag{45}$$

而单个变量 t 的函数 u 的微分则是定义为 $du = \dfrac{du}{dt}dt$ 的; 所以由 (45) 就有

$$\begin{aligned} du &= \left(\frac{\partial f}{\partial x}\frac{dx}{dt} + \frac{\partial f}{\partial y}\frac{dy}{dt} + \frac{\partial f}{\partial z}\frac{dz}{dt}\right)dt \\ &= \frac{\partial f}{\partial x}\frac{dx}{dt}dt + \frac{\partial f}{\partial y}\frac{dy}{dt}dt + \frac{\partial f}{\partial z}\frac{dz}{dt}dt, \end{aligned}$$

只要我们还记得 x, y, z (作为 t 的函数) 的微分是

$$dx = \frac{dx}{dt}dt, \quad dy = \frac{dy}{dt}dt, \quad dz = \frac{dz}{dt}dt,$$

那么上式就与 (43) 形式上完全一致了. 于是从 (43) 式所定义的微分 $du = df(x, y, z)$ 可以立刻得到 u '沿着任一曲线" (其参数方程为 (44)) 的微分 $du = \dfrac{du}{dt}dt$.

由 (43) 式所定义的微分 du 是六个变量 x, y, z, dx, dy, dz 的函数, 它对变量 dx, dy, dz 是线性、齐次的[1], 系数是 x, y, z 的函数. (当然, 就像在第 40 页中所解释的, 并非任何时候都要求微分 dx, dy, dz '很小"; 只有当我们要用 du 去作增量

$$\Delta u = f(x + dx, y + dy, z + dz) - f(x, y, z)$$

的一个近似值时才提出这个限制.)

在 x, y, z 空间中最一般的线性微分型的表达式是

$$L = A(x, y, z)dx + B(x, y, z)dy + C(x, y, z)dz. \tag{46}$$

这是六个变量 x, y, z, dx, dy, dz 的一个函数, 对 '微分" 变量 dx, dy, dz 是线性型, 系数依赖于 x, y, z. 函数的全微分 du 是特殊的线性微分型 L, 它的系数为

1) 三个变量 ξ, η, ζ 的线性函数的普遍形式是 $A\xi + B\eta + C\zeta + D$, 其中系数 A, B, C, D 不依赖于 ξ, η, ζ; 当 $D = 0$ 时, 称这线性函数为 '齐次的", 或者说它是一个 '线性型"(见第 11 页).

$$A=\frac{\partial f(x,y,z)}{\partial x},\quad B=\frac{\partial f(x,y,z)}{\partial y},\quad C=\frac{\partial f(x,y,z)}{\partial z},\tag{47}$$

其中 $f=f(x,y,z)$ 是一个适当的函数. 如果一个微分型 L 是某个函数的全微分, 我们就说它是一个恰当微分型或者说它是可积的. 并不是每一个微分型都是可积的; 若要 L 可积, 它的系数 A,B,C 必须满足某种 "可积条件":

若线性微分型 L 的系数 A,B,C 属于 C^1 类 (就是说有连续的一阶微商, 见第 36 页), 又如果 L 是恰当的, 则下列方程成立:

$$\frac{\partial B}{\partial z}-\frac{\partial C}{\partial y}=0,\quad \frac{\partial C}{\partial x}-\frac{\partial A}{\partial z}=0,\quad \frac{\partial A}{\partial y}-\frac{\partial B}{\partial x}=0.\tag{48}$$

方程 (48) 是二阶微商可交换性法则的简单推论. 因为如果 A,B,C 有连续的一阶微商又可以写成 (47) 的形式, 那么 f 就有连续的二阶微商. 根据第 29 页的定理混合微商与微分次序无关. 这样一来, 就有

$$\frac{\partial A}{\partial y}=\frac{\partial}{\partial y}\frac{\partial f}{\partial x}=\frac{\partial}{\partial x}\frac{\partial f}{\partial y}=\frac{\partial B}{\partial x},$$

类似地可得 (48) 中另外两个等式.

作为例子, 线性微分型

$$L=ydx+zdy+xdz$$

不是可积的, 因为

$$\frac{\partial B}{\partial z}-\frac{\partial C}{\partial y}=\frac{\partial z}{\partial z}-\frac{\partial x}{\partial y}=1\neq 0.$$

而线性微分型

$$L=yzdx+zxdy+xydz$$

满足可积条件 (48). 事实上它是函数 $u=xyz$ 的全微分 du. 至于在什么范围里条件 (48) 对于 L 是全微分也是充分的, 我们将在 1.10 节中讨论.

对三维以外其他维数可以得到类似的可积条件. 对于两个独立变量 x,y 而言, 一般的线性微分型是 $L=A(x,y)dx+B(x,y)dy$. 如果 L 是一个函数 $u=f(x,y)$ 的全微分 du, 那么系数 A,B 应该满足方程

$$\frac{\partial A}{\partial y}-\frac{\partial B}{\partial x}=0.$$

另一方面, 在四维的情形下, 对应于方程 (48) 我们得到六个可积条件, 它们是由四元函数 f 的所有可能的混合二阶微商构成的.

考虑微分型, 甚至不是恰当微分的微分型有什么意义呢? 其理由为: 沿着参量方程

$$x = \varphi(t), \quad y = \psi(t), \quad z = \chi(t)$$

给出的曲线 C, L 就成为一个一元函数的微分

$$L = \left(A\frac{dx}{dt} + B\frac{dy}{dt} + C\frac{dz}{dt}\right) dt.$$

这个函数就是由不定积分

$$\int L = \int \left(A\frac{dx}{dt} + B\frac{dy}{dt} + C\frac{dz}{dt}\right) dt$$

给出的.

b. 线性微分型的线积分

为了讨论线性微分型在曲线上的积分, 对有向弧和闭曲线的概念和性质有一个清楚的形象是很重要的. 望读者复习第一卷第 293 – 300 页, 那里一切有关的论述是对平面曲线而作的, 但可以同样地应用到任何维数的空间曲线上[1]. 不失一般性, 我们来讨论 x, y, z 三维空间中的曲线上的积分.

一个简单弧 Γ 是点 $P = (x, y, z)$ 的一个集合, 这些点可以用参量形式表示出来

$$x = \varphi(t), \quad y = \psi(t), \quad z = \chi(t); \quad a \leqslant t \leqslant b, \tag{49}$$

其中 φ, ψ, χ 是 t 在 $a \leqslant t \leqslant b$ 上的连续函数, 并且这区间内不同的 t 对应到不同的点 P. 参量式 (49) 构造了一个一对一的连续映像把 t 轴上的一个区间映到空间的集合 Γ 上[2]. 同一个简单弧 Γ 可以有许多不同的参量表示. 最一般的一个可以从特殊的表示式 (49) 得到, 这只需取任意一个把区间 $\alpha \leqslant \tau \leqslant \beta$ 映到区间 $a \leqslant t \leqslant b$ 上的单调连续函数 $\mu(\tau)$, 再令

$$x = \varphi[\mu(\tau)], \quad y = \psi[\mu(\tau)], \quad z = \chi[\mu(\tau)], \quad \alpha \leqslant \tau \leqslant \beta. \tag{50}$$

对于 Γ 的任何一个参量表示式 (49), 我们有两种方法排列 Γ 上的点的顺序, 它们对应于按照 t 的增加或减少的顺序. 选择了两个顺序之一, 就使简单弧 Γ 成为有向简单弧 Γ^*. 如果 Γ^* 的方向对应于 t 增加, 我们就说 Γ^* 的方向关于参量 t

1) 曲线的 "正和负侧" 的概念和 "顺时针逆时针方向" 的概念是二维特有的.

2) 由于假设了函数 φ, ψ, χ 的连续性, 所以从 t 到 P 的映像的连续性是显然的. 重要的是来验证逆映像 $P \to t$ 也是连续的. 这意思是: 给定了 Γ 上一个收敛到点 P 的点列 P_n, 则对应的参量值 t_n 就收敛到 P 的参量值. 为了证明这点, 我们注意到根据有界闭区间的列紧性 (第一卷第 78 页) 有一个 t_n 的子序列收敛到某个值 $t, a \leqslant t \leqslant b$. 由原映像的连续性, t 被映到 P_n 的极限 P 上. 因为假设了映像有 1-1 的特性, t 是被 P 唯一地确定的. 所以 t_n 的每一个收敛子序列都有相同的极限, 就是 P 所对应的参量值. 这就证明了整个序列 t_n 收敛到 t.

是正的; 如果 Γ^* 的方向对应于 t 减少, 就说 Γ^* 的方向是负的. 若有向简单弧与 Γ^* 有相反的方向, 就记为 $-\Gamma^*$. 如果我们知道了 Γ 上任何两个点 P_0, P_1 的顺序, 那么 Γ 的方向就完全确定了. 如果 Γ^* 关于参数 t 是正向的, 又如果 t_0 和 t_1 分别是点 P_0 和 P_1 的参量值, 那么 $t_0 < t_1$ 就意味着在 Γ^* 上 P_1 跟随 P_0 或 P_0 先于 P_1 (图 1.17).

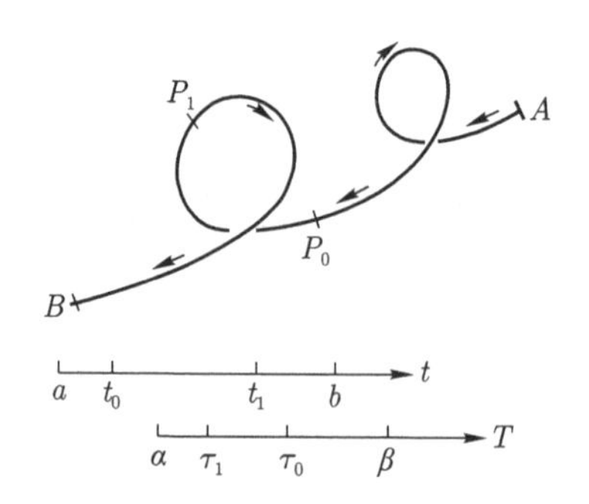

图 1.17　空间简单弧关于参量 τ 定向是负的, 关于参量 $t = \mu(\tau)$ 定向是正的, 这里 $\mu(\alpha) = b, \mu(\beta) = a$

有向简单弧 Γ^* 的端点按某个顺序对应于参量表示式 (49) 中的参量值 $t = a, b$. 我们把这两个端点区别成 '起点" 和 '终点", 使起点先于终点. 如果 Γ^* 有起点 A 和终点 B, 就记为

$$\Gamma^* = \widehat{AB}.$$

于是相反方向的弧就是

$$-\Gamma^* = \widehat{BA}.$$

如果 Γ^* 关于 t 是正向的, 则起点有参量值 a, 而终点有参量值 b.

在一个有向简单弧 $\Gamma^* = \widehat{AB}$ 上按定向一个接着一个地取一系列点 $P_1, \cdots, P_{n-1}$ 可以把它分成有向简单弧段 $\Gamma_1^*, \Gamma_2^*, \cdots, \Gamma_n^*$. 我们令 $P_0 = A, P_n = B$, 并且对 $i = 1, \cdots, n$, 定义弧段 Γ_i^*: 它是 Γ^* 上的点集合, 由点 P_{i-1}, P_i 和所有先于 P_i 而跟随 P_{i-1} 的点按 Γ^* 上同样的顺序组成. 我们用符号记作

$$\Gamma^* = \Gamma_1^* + \Gamma_2^* + \cdots + \Gamma_n^*. \tag{51}$$

如果 Γ^* 关于表达式 (49) 中的参量 t 是正向的, 又如果 t_i 是 P_i 所对应的参量值, 则有

$$a = t_0 < t_1 < t_2 < \cdots < t_n = b.$$

当我们限制 t 在区间 $t_{i-1} \leqslant t \leqslant t_i$ 上时, 就得到弧段 Γ_i^* (图 1.18).

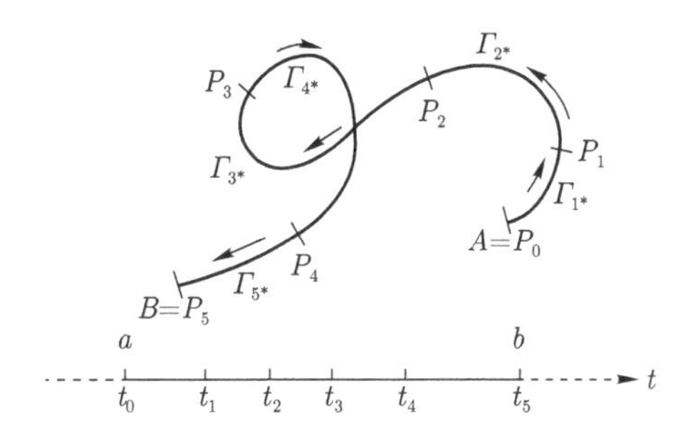

图 1.18 有向弧 $\Gamma^* = AB$ 表示为弧 $\Gamma^*_{i+1} = P_iP_{i+1}$ 的和使 $\Gamma^* = \Gamma_1^* + \Gamma_2^* + \Gamma_3^* + \Gamma_4^* + \Gamma_5^*$

现在我们可以来定义线性微分型

$$L = A(x,y,z)dx + B(x,y,z)dy + C(x,y,z)dz \tag{52}$$

在一个有向简单弧 Γ^* 上的积分 $\int L$ 了. 我们假设 L 的系数 A, B, C 在 Γ^* 的一个邻域内连续. 我们进一步假设弧 Γ^* 不仅连续并且是分段光滑的, 这就是说, 弧 Γ^* 可以用分段光滑的函数[1)]

$$x = \varphi(t), \quad y = \psi(t), \quad z = \chi(t); \quad a \leqslant t \leqslant b, \tag{53}$$

作为参量表示式.

令 $P_0, P_1, \cdots, P_n$ 是 Γ^* 上任意 $n+1$ 个点, 按 Γ^* 所规定的方向排列着, 这里 P_0 是 Γ^* 的起点, P_n 是 Γ^* 的终点.

作黎曼和

$$F_n = \sum_{\nu=0}^{n-1} (A_\nu \Delta x_\nu + B_\nu \Delta y_\nu + C_\nu \Delta z_\nu), \tag{54}$$

其中 A_ν, B_ν, C_ν 是 A, B, C 在弧 Γ^* 上某一个先于 $P_{\nu+1}$ 而跟随 P_ν 的点 Q_ν 上的值, 而 $\Delta x_\nu, \Delta y_\nu, \Delta z_\nu$ 代表

$$x(P_{\nu+1}) - x(P_\nu), \quad y(P_{\nu+1}) - y(P_\nu), \quad z(P_{\nu+1}) - z(P_\nu).$$

我们来证明: 当 $n \to \infty$ 时, 只要相继的两点 $P_\nu, P_{\nu+1}$ 间的最大距离趋于 0, 这一串 F_n 就收敛到一个极限 F. 这 F 的值不依赖于这些分点 P_ν 或这些中间点 Q_ν 的选取. 我们称 F 为 L 在有向弧 Γ^* 上的积分, 并且记作

$$F = \int_{\Gamma^*} L = \int_{\Gamma^*} Adx + Bdy + Cdz. \tag{55}$$

1) 这意思是 φ, ψ, χ 在 $a \leqslant t \leqslant b$ 上连续, 除去可能有有限个跳跃间断点外, 在这区间内有连续的一阶微商. 注意我们只要求对 Γ^* 存在某个分段光滑参量表示式, 而其他表示式无须光滑.

因为积分的定义中并没有提到参量表示式, 显然这个积分不依赖于参量的选取. 存在性的证明就蕴涵着这积分可表为通常的黎曼积分

$$\int_{\Gamma^*} L = \varepsilon \int_a^b \left(A\frac{dx}{dt} + B\frac{dy}{dt} + C\frac{dz}{dt} \right) dt. \tag{56}$$

这里被积分的是一个单变量 t 的函数, 它是把 A, B, C 中的变量 x, y, z 用表达式 (53) 代入而得到的; 又当 Γ^* 关于 t 的定向是正时, 取 $\varepsilon = +1$; 当定向是负的时, 取 $\varepsilon = -1$. 同样地, 我们也可以把 (56) 写成

$$\int_{\Gamma^*} L = \int_{t_i}^{t_f} \left(A\frac{dx}{dt} + B\frac{dy}{dt} + C\frac{dz}{dt} \right) dt, \tag{57}$$

其中 t_i 是有向弧 Γ^* 的起点的参量值, 而 t_f 是终点的参量值; 这就是说, 当 $\varepsilon = +1$ 时 $t_i = a, t_f = b$, 而当 $\varepsilon = -1$ 时 $t_i = b, t_f = a$.

为了证明黎曼和 F_n 收敛, 我们利用 Γ^* 的分段光滑的参量表示式 (53): 令 t_ν 是对应于点 P_ν 的参量值. 因为对于简单弧而言, 参量值和曲线上的点之间的对应是双方连续的 (见第 75 页注脚), 所以当 $n \to \infty$ 时相继两点之间的最大距离就趋于 0, 因而 $|t_{\nu+1} - t_\nu|$ 的最大值趋于 0. 函数 $\varphi'(t), \psi'(t), \chi'(t)$ 可能在有限个点上有跳跃间断. 我们可以假设所有这些间断点都出现在我们的分点 $t_0, t_1, \cdots, t_n$ 之中, 因为 A, B, C 有界, 并且当 $n \to \infty$ 时, $\Delta x_\nu, \Delta y_\nu, \Delta z_\nu$ 的最大者趋于 0, 所以从黎曼和 F_n 的有限个分点中增加或减少一些是不影响极限的.

现在因为 $\varphi(t), \psi(t), \chi(t)$ 在每个子区间内是可微的, 所以我们可以用微分学中值定理 (见第一卷第 148 页) 得到

$$\Delta x_\nu = \varphi(t_{\nu+1}) - \psi(t_\nu) = \varphi'(\tau_\nu)(t_{\nu+1} - t_\nu),$$
$$\Delta y_\nu = \psi'(\tau'_\nu)(t_{\nu+1} - t_\nu), \quad \Delta z_\nu = \chi'(\tau''_\nu)(t_{\nu+1} - t_\nu),$$

其中 $\tau_\nu, \tau'_\nu, \tau''_\nu$ 在 t_ν 和 $t_{\nu+1}$ 之间. Γ^* 上的点 Q_ν 对应的参量值 σ_ν 也在 t_ν 和 $t_{\nu+1}$ 之间. 于是黎曼和 (54) 具有这样的形式

$$F_n = \sum_{\nu=0}^{n-1} [A(\sigma_\nu)\varphi'(\tau_\nu) + B(\sigma_\nu)\psi'(\tau'_\nu) + C(\sigma_\nu)\chi'(\tau''_\nu)] \cdot [t_{\nu+1} - t_\nu],$$

这里点 $t_0, t_1, \cdots, t_n$ 是参量区间 $[a, b]$ 的一个分割. 如果 Γ^* 关于 t 是正向的, 则 t_ν 是一个增序列, $t_0 = a, t_n = b$, 并且

$$\Delta t_\nu = t_{\nu+1} - t_\nu > 0.$$

反之, t_ν 是减序列, $t_0=b, t_n=a$, 并且 $\Delta t_\nu<0$. 在我们的参量区间的记号中, a 总代表 a, b 之中较小者, 因而它可以对应于弧 Γ^* 的起点或终点.

定积分是黎曼和的极限, 如果我们应用定积分的基本存在定理 (见第一卷第 165 页以下), 我们就看到极限 $F=\lim\limits_{n\to\infty}F_n$ 存在并且由公式 (56) 给出[1]. 因为在定理中假设了用来作黎曼和的所有分点 t_ν 构成一个增序列, 所以出现了因子 $\varepsilon=\pm1$. 当 Γ^* 的方向对应于 t 减少时, 我们按反方向跑过 t_ν 的值, 从 t_n 开始到 t_0 终止, 并且改变 Δt_ν 的符号.

显然线积分的定义和公式 (56) 可以推广到 Γ^* 是一个有向简单闭曲线[2] 的情况. 在这时为了作 F_n 的表示式 (54) 中的黎曼和我们在 Γ^* 上按定向规定的次序一个接着一个选 n 个点 $P_1, P_2, \cdots, P_n$, 并且 $P_0=P_n$.

(x, y) 平面上的曲线积分的例子在第一卷中已经遇到过. 例如把一有向闭曲线 Γ^* 所围的有向面积表示成

$$A=\frac{1}{2}\int_a^b\left(x\frac{dy}{dt}-y\frac{dx}{dt}\right)dt$$

(见第一卷第 319 页); 它写成线积分是

$$A=\frac{1}{2}\int_{\Gamma^*}xdy-ydx.$$

另一个例子是力场做功 W, 力场的分量是 ρ, σ, 运动沿着曲线 $\Gamma^*=\widehat{P_0P_1}$ 从点 P_0 到点 P_1, 取弧长 s 作参量. 这里 (见第一卷第 365 页)

$$W=\int_{s_0}^{s_1}\left(\rho\frac{dx}{ds}+\sigma\frac{dy}{ds}\right)ds,$$

它可以写成

$$W=\int_{\Gamma^*}\rho dx+\sigma dy.$$

我们可以用同样的方法把分量为 ρ, σ, τ 的空间力场, 沿一个弧 Γ^* 按有向弧自己定向的方向移动所做的功定义为一个曲线积分:

$$W=\int_{\Gamma^*}\rho dx+\sigma dy+\tau dz.$$

---

1) 为了收敛性不需要中间值 $\tau_\nu, \tau'_\nu, \tau''_\nu, \sigma_\nu$ 相同 (见第一卷第 167 页的附注).

2) 这种曲线有一个连续参量表示式 (53), 除去 $t=a$ 和 $t=b$ 对应到同一个点外, 不同的 t 对应于不同的点. 此外, 在 Γ^* 上有一个指定的循环顺序, 它对应于 t 增加或减少 (见第一卷第 300 页). 我们总可以把 Γ^* 表示成有向简单弧 Γ_i^* 的和, 如像 (51) 式的形式, 对于 $i=2, \cdots, n$, Γ_{i-1}^* 的终点是 Γ_i^* 的起点, 而 Γ_n^* 的终点是 Γ_1^* 的起点.

练 习 1.9b

1. 求

$$\int zdx + xdy + ydz.$$

(a) 沿螺旋线

$$x = \cos t, \quad y = \sin t, \quad z = t$$

连接点 $(1,0,0)$ 和点 $(1,0,2\pi)$ 的一段弧;

(b) 沿抛物线

$$x = x_0(1-t^2), \quad y = y_0(1-t^2), \quad z = t$$

连接点 $(0,0,1)$ 和 $(0,0,-1)$ 的一段弧 (x_0, y_0 为常数).

c. 线积分对端点的相关性

我们回到由 (52) 给出的一般的微分型 L. 设 Γ 是一个简单弧 (尚未定向), 有分段光滑的参量表示式 (53).

对于 Γ 上任意两点 P_0, P_1, 取它们对应的参量 t 的值 t_0, t_1, 我们可以按公式 (57) 作积分

$$I = \int_{t_0}^{t_1} \left(A\frac{dx}{dt} + B\frac{dy}{dt} + C\frac{dz}{dt} \right) dt.$$

I 等于沿 Γ 以 P_0 为起点, P_1 为终点的一段有向弧 $\widehat{P_0P_1}$ 的积分 $\int L$. 因此 I 与参量表示式无关. 我们记作

$$I = \int_{P_0}^{P_1} L.$$

I 的值是由一对有序的点 P_0, P_1 和以它们为端点的简单弧所确定的.

对于固定的 P_0, 沿着弧 Γ 我们可以用下面的不定积分来定义一个函数 $f = f(P)$:

$$f(P) = \int_{P_0}^{P} L = \int_{t_0}^{t} \left(A\frac{dx}{dt} + B\frac{dy}{dt} + C\frac{dz}{dt} \right) dt. \tag{58}$$

把 f 作为自变量 t 的函数, 我们有

$$\frac{df}{dt} = A\frac{dx}{dt} + B\frac{dy}{dt} + C\frac{dz}{dt}, \tag{59}$$

把这个等式写成

$$df = \frac{df}{dt}dt = Adx + Bdy + Cdz = L,$$

于是就把线性微分型表示成一个函数 f 的微分了 (不一定是恰当微分); 但是我们要记住这个关系式只是沿着定义 f 用的一条特殊的曲线 Γ 才成立.

如果我们把线积分表示为对变量 t 的积分并且应用定积分和不定积分的基本关系 (见第一卷第 162 页), 就立即得到: 对 Γ 上的任意两点 P 和 P' 有

$$\int_{P}^{P'} L = f(P') - f(P). \tag{60}$$

特别地, 如果 Γ 确定了某个方向后成为 Γ^*, 它以 A 为起点 B 为终点, 则有

$$\int_{\Gamma^*} L = \int_{A}^{B} L = f(B) - f(A). \tag{61}$$

若 $P_0, \cdots, P_n$ 是 Γ^* 上的点, 它们的顺序按 Γ^* 的定向, $P_0 = A$, $P_n = B$, 那么我们有

$$\int_{\Gamma^*} L = f(B) - f(A) = \sum_{\nu=0}^{n-1}[f(P_{\nu+1}) - f(P_\nu)] = \sum_{\nu=0}^{n-1}\int_{P_\nu}^{P_{\nu+1}} L.$$

如果我们用 $\Gamma_{\nu+1}^*$ 表示以 P_ν 为起点 $P_{\nu+1}$ 为终点的一段弧, 就有

$$\int_{P_\nu}^{P_{\nu+1}} L = \int_{\Gamma_{\nu+1}^*} L.$$

这里 Γ_ν^* 的方向与 Γ^* 的一致, 从而

$$\Gamma^* = \Gamma_1^* + \Gamma_2^* + \cdots + \Gamma_n^*.$$

所以线积分是可加的:

$$\int_{\Gamma_1^* + \cdots + \Gamma_n^*} L = \int_{\Gamma_1^*} L + \cdots + \int_{\Gamma_n^*} L. \tag{62}$$

类似地, 如果我们交换 Γ^* 的端点, 便有

$$\int_{-\Gamma^*} L = -\int_{\Gamma^*} L. \tag{63}$$

把这些法则运用到有向闭曲线被表示成有向简单弧的和的时候, 特别有用. 试考虑几个可以有公共部分的有向简单闭曲线 $C_1^*, \cdots, C_n^*$ (见图 1.19).

设简单弧 Γ 是曲线 C_i^* 和 C_k^* 所共有的, 它由 C_i^* 和 C_k^* 所得到的方向相反, 并设曲线 $C_1^*, \cdots, C_n^*$ 上不被任何两曲线共有的部分加起来是一个有向闭曲线

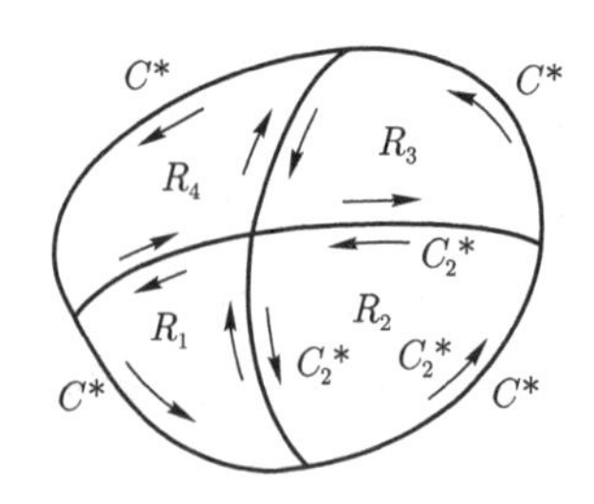

图 1.19 闭曲线上的线积分的可加性

C^*. 把曲线 C_i^* 上的线积分写成简单弧上的积分之和, 把所有这些简单弧上的积分都加起来, 那么每段公共弧上的两个积分恰好相消, 我们就得到公式

$$\int_{C^*} L = \int_{C_1^*} L + \cdots + \int_{C_n^*} L. \tag{64}$$

特别地, 当 C_i^* 是平面曲线, 是二维的互不重叠的区域 R_i 的边界, 所有 R_i 的和是区域 R, R 的边界曲线是 C^*, 所有 C_i^* 和 C^* 有相同的方向时, 就出现上面的情况. 更一般地, 区域 R 和它的边界 C^* 可以是在一张曲面上, 并且 R 被一些弧分割成一些子区域 R_i, R_i 的边界曲线是 C_i^*, 所以 C_i^* 的方向恰为所描述的式样时, 也有上面的结果.

下面的定理是这原理的另一应用. 设 C^* 和 C'^* 是两个有向闭曲线 (见图 1.20), 分别按定向的方向被两组点 $A_1, \cdots, A_n$ 和 $A_1', \cdots, A_n'$ 分割, 并设每一对对应点 A_i 和 A_i' 被一曲线连接. 如果用 C_i^* 记有向闭曲线 $A_iA_{i+1}A_{i+1}'A_i'$ (把 A_{n+1} 等同于 A_1, A_{n+1}' 等同于 A_1'), 则

$$\sum_{i=1}^{n} \int_{C_i^*} L = \int_{C^*} L - \int_{C'^*} L. \tag{65}$$

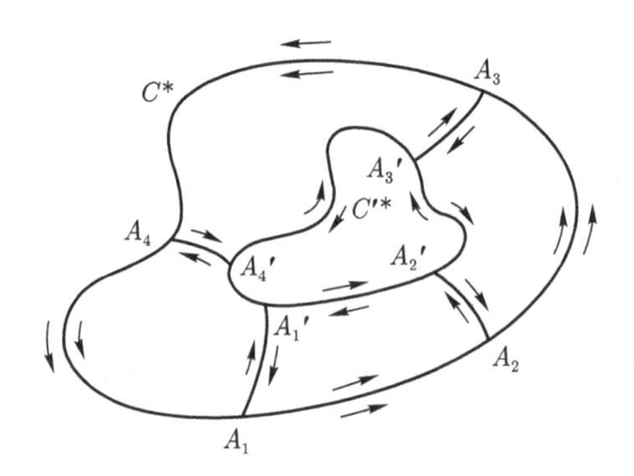

图 1.20

1.10 线性微分型的可积性的基本定理

a. 全微分的积分

线性微分型

$$L = Adx + Bdy + Cdz \tag{66}$$

中特别重要的一类是函数 $u = f(x, y, z)$ 的全微分, 其中 A, B, C 有如下的形式

$$\begin{aligned} A &= \frac{\partial f}{\partial x}, \\ B &= \frac{\partial f}{\partial y}, \\ C &= \frac{\partial f}{\partial z}, \end{aligned} \tag{67}$$

函数 f 有连续的一阶微商. 虽然在一般情况下, $\int_{\Gamma^*} L$ 的值不仅与端点有关并且与曲线的整个路径有关, 但在这里, 下面的定理是成立的:

当线性微分型 L 是一个函数 f 的全微分时, 它的积分等于 f 在两个端点上的值的差, 而与端点间的曲线 Γ^* 无关. 这就是说, 对一切曲线 Γ^*, 只要它完全位于 f 的定义域里并且有同一个起点 P_0 和同一个终点 P_1, 那么 $\int_{\Gamma^*} L$ 的值就相同.

为了证明, 令曲线 Γ^* 参照一个参量 t, t_0 对应于起点 P_0, t_1 对应于终点 P_1. 由第 78 页公式 (57) 有

$$\int_{\Gamma^*} L = \int_{t_0}^{t_1} \left(A\frac{dx}{dt} + B\frac{dy}{dt} + C\frac{dz}{dt} \right) dt.$$

根据微商的锁链法则 (见第 48 页公式 (18)) 我们有

$$\int_{\Gamma^*} L = \int_{t_0}^{t_1} \frac{df}{dt} dt = f\Big|_{t_0}^{t_1} = f(P_1) - f(P_0), \tag{68}$$

其中

$$f(P_i) = f(x(t_i), y(t_i), z(t_i)), \quad i = 0, 1.$$

我们注意, 积分与路径无关的要求可以由在简单闭曲线 Γ^* 上积分值为 0 的要求来代替, 这是因为如果我们用两个点 P_0 和 P_1 把曲线 Γ^* 分割成两个有向弧 Γ_1^* 和 Γ_2^*, Γ_1^* 以 P_0 为起点 P_1 为终点, Γ_2^* 以 P_1 为起点 P_0 为终点, 就有 (见第 77 页)

$$\Gamma^* = \Gamma_1^* + \Gamma_2^*.$$

于是

$$\int_{\Gamma^*} L = \int_{\Gamma_1^*} L + \int_{\Gamma_2^*} L = \int_{\Gamma_1^*} L - \int_{-\Gamma_2^*} L.$$

这里 $-\Gamma_2^*$ 与 Γ_1^* 有相同的起点 P_0 和相同的终点 P_1. 所以在闭曲线 Γ^* 上 $\int L$ 为零的确与 L 在两个有相同起点 P_0 和相同终点 P_1 的简单弧上积分相等是一样的.

b. 线积分只依赖于端点的必要条件

只是在非常特殊的条件下线积分才与路径无关, 也就是说, 沿闭路的线积分才为零. 例如, 若 xy 平面上一条闭曲线 C^* 作为边界所包围的区域有正的面积, 那么在 C^* 上线积分 $\int xdy - ydx$ 就不是零. 在前一节中我们证明了: $\int L$ 与连接端点的路径无关的一个充分条件是 L 为一个全微分. 现在线积分理论的主要任务便是来证明这个条件也是必要的, 然后把这个充要条件表示成一个便于应用的形式.

我们将对三维空间曲线上的积分来研究这个无关性问题. 但是结论和证明对任何维数都是完全类似的. 我们假设

$$L = Adx + Bdy + Cdz$$

是一个线性微分型, 系数 A, B, C 是 x, y, z 在空间的一个开集 R 内的连续函数. 则下面的定理成立:

线积分 $\int L$ 在 R 内的一条有向简单弧 Γ^* 上的值与 Γ^* 的特殊选择无关, 而只决定于 Γ^* 的起点和终点, 当且仅当 L 是 R 内的一个函数 $f(x, y, z)$ 的全微分.

在第 83 页上我们已经证明了这个条件是充分的; 也就是说, 对于一个恰当微分 $L = Adx + Bdy + Cdz$, 线积分 $\int L$ 与路径无关. 不难看出这个条件也是必要的. 设 $\int_{\Gamma^*} L$ 只依赖于 Γ^* 的端点. 我们要证明的是: 存在一个定义在 R 内的函数 $u(x, y, z)$ 使得 $du = L$. 不失一般性, 我们可以假设 R 内任意两个点可以用完全在 R 内的简单折线连接起来[1]. 我们在 R 内取一个固定点 P_0, 定义 R 上任一点 P 处函数 $u = u(x, y, z) = u(P)$ 为以 P_0 为起点、P 为终点的任一简单弧上的积分 $\int L$. 为了计算 u 的偏微商, 考虑 R 的任意一点 $(x, y, z) = P$ (图 1.21). 因为 R 是开的, 只要 $|h|$ 充分小, 所有点 $(x + h, y, z) = P'$ 就也属于 R. 令 γ^* 是连接 P 到 P' 的有向直线段, Γ^* 是从 P_0 到 P 的简单折线. 我们总可以稍微修改 Γ^* 使得以 P 为终点的折线的最后一段不与 x 轴平行. 那么 Γ^* 与 γ^* 除去 P 之外没有

1) 开集 R 总可以分解成一些连通的子集各具有这个性质 (见附录 95). 然后我们可在每一个这样的子集上用下面指出的构造方法定义 u.

公共点 (至少对 $|h|$ 充分小是这样), 而 $\Gamma^* + \gamma^*$ 表示一个以 P_0 为起点、P' 为终点的简单弧. 于是 (见第 81 页 (62)) 有

$$u(x+h,y,z)-u(x,y,z)=u(P')-u(P)=\int_{\Gamma^*+\gamma^*}L-\int_{\Gamma^*}L$$
$$=\int_{\gamma^*}L=\int_x^{x+h}A(t,y,z)dt.$$

用 h 除并令 $h\to 0$ 取极限, 我们的确得到

$$\frac{\partial u(x,y,z)}{\partial x}=A,$$

还可以类似地得到 $\dfrac{\partial u}{\partial y}=B$ 和 $\dfrac{\partial u}{\partial z}=C$. 这就证明了 $du=L$.

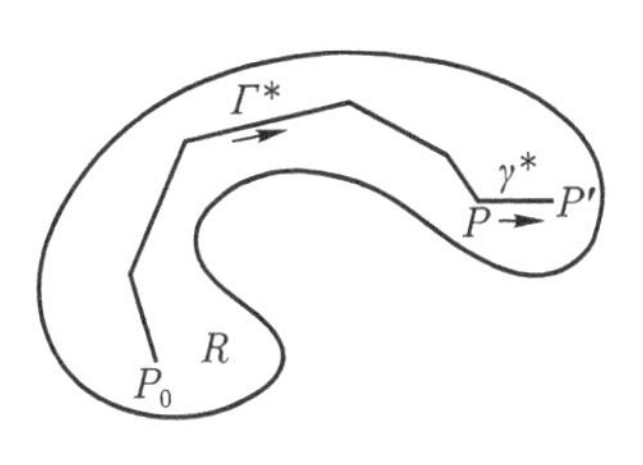

图 1.21

c. 可积条件的不足

除非我们有办法判别一个给定的微分型 L 是不是全微分, 否则我们刚才证明的线积分与路径无关的定理是没有多大价值的. 我们需要一个只涉及 $L=Adx+Bdy+Cdz$ 的系数 A,B,C, 并且便于检验的条件. 我们已经知道可积条件

$$\frac{\partial B}{\partial z}-\frac{\partial C}{\partial y}=0,\quad \frac{\partial C}{\partial x}-\frac{\partial A}{\partial z}=0,\quad \frac{\partial A}{\partial y}-\frac{\partial B}{\partial x}=0 \tag{69}$$

是存在一个函数 $u=f(x,y,z)$ 使 $L=du$ 的必要条件. 我们把满足条件 (69) 的微分型 L 称为闭的. 那么每一个恰当微分型都是闭的. 因为只有当 L 是一个全微分时线积分才能够与连接两点的路径无关, 所以我们看到, 如果要 $\int L$ 只依赖于积分路径的端点, 那么条件 (69) 是必要的. 现在的问题是: 这些条件是否也是充分的呢? 如果这些条件使我们可以构造一个函数 $u=f(x,y,z)$ 使得

$$A=\frac{\partial f}{\partial x},\quad B=\frac{\partial f}{\partial y},\quad C=\frac{\partial f}{\partial z}, \tag{70}$$

那么这些条件就是充分的. 意外的是, 对于保证 L 是某一个函数 u 的全微分, 从而保证 $\int L$ 与路径无关来说, 可积条件 (69) 几乎是足够的, 但又是不完全的. 仅仅有等式 (69) 是不够的, 但是如果我们对 L 所在的空间区域加上相当特殊的几何性质方面的假设, 那就够了.

一个简单的反例指出, 单有条件 (69) 不足以保证 $\int L$ 在任一闭曲线上为零. 试考虑微分型

$$L=\frac{xdy-ydx}{x^2+y^2}, \tag{71}$$

这相当于选择系数

$$A=\frac{-y}{x^2+y^2},\quad B=\frac{x}{x^2+y^2},\quad C=0,$$

除了直线 $x=y=0$ (即 z 轴) 上的点之外, 它们处处都有定义. 容易验算可积条件 (69) 是满足的, 因而 L 是闭的. 当我们沿着 (x,y) 平面上的单位圆 $C^*: x=\cos t, y=\sin t, z=0$, 按照关于 t 的正方向积分时, 就得到

$$\begin{aligned}\int_{C^*}L&=\int_0^{2\pi}\left(A\frac{dx}{dt}+B\frac{dy}{dt}\right)dt=\int_0^{2\pi}(\sin^2 t+\cos^2 t)dt\\&=2\pi\neq 0.\end{aligned}$$

其实, 容易计算沿着任一闭曲线 C 的 $\int L$. 引进点 $P(x,y,z)$ 的极角 θ:

$$\cos\theta=\frac{x}{\sqrt{x^2+y^2}},\quad \sin\theta=\frac{y}{\sqrt{x^2+y^2}}. \tag{72}$$

这个角 θ 是由 xz 平面和过点 P 与 z 轴的平面所构成的 (见图 1.22). 于是

$$d\theta=d\arctan\frac{y}{x}=L, \tag{73}$$

所以 L 被表成了 $u=\theta$ 这函数的全微分. 问题复杂在于由公式 (72) 所确定的 θ 的值可以差 2π 的倍数. 在一点 P_0 处从 θ 的某个可能的值 θ_0 出发, 我们可以定义 θ 在任一点 P 的值, 办法是用一连续曲线连接点 P_0 到 P, 并令

$$\theta(P)=\theta_0+\int_{P_0}^{P}d\theta=\theta_0+\int L$$

(见第一卷第 376 页). 但是这样定义的 $\theta(P)$ 是多值的, 依赖于曲线的选取: 因为

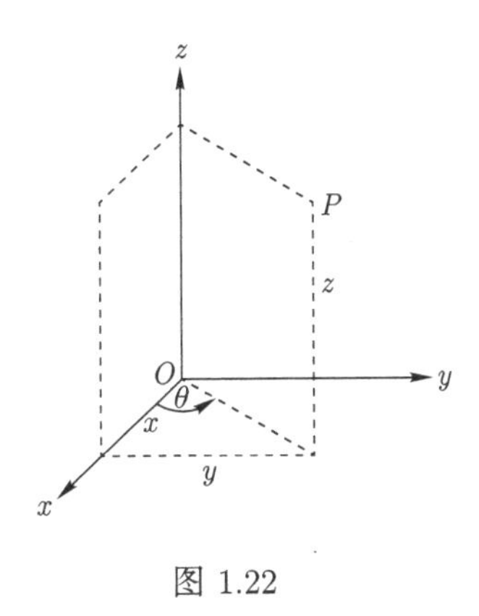

图 1.22

对于一个闭曲线 C^*,

$$\frac{1}{2\pi}\int_{C^*} d\theta$$

表示曲线 C^* 按反时针方向绕 z 轴的次数 (见图 1.23).

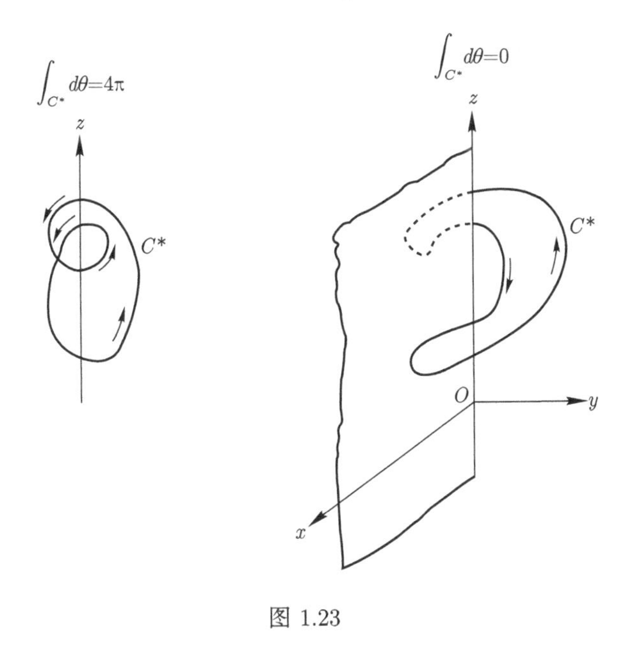

图 1.23

所以, 沿着以 P_0, P 为端点的两条不同的路径, 若要积分

$$\int_{P_0}^{P} d\theta \tag{74}$$

的值相等, 就只有当从 P_0 沿一条路径到 P 再沿另一条路径回到 P_0 时, 闭曲线绕 z 轴零次. 而我们是可以阻止任何路径围绕 z 轴的; 这只需要求点 $P(x, y, z)$ 有

$y \neq 0$, 或者当 $y=0$ 时 $x>0$; 或者这样来说, 沿着半平面

$$y=0, \quad x \leqslant 0$$

竖起一座墙, 不许通过. 没有除去的点形成一个区域 R, 在其中我们可以指定 θ 以唯一的值, 并有

$$-\pi<\theta<\pi.$$

这样就构造了一个连续可微函数 $\theta=\theta(x, y, z)$, 它的微分是 L. 在这个区域里, 沿连接 P_0 到 P 的任一路径, 积分 (74) 都有唯一的值 $\theta(P)-\theta(P_0)$, 与路径无关. 同样地, 沿这个区域里的任何一条闭路, 积分值都为 0.

d. 单连通集

为了一般地确切叙述基本定理, 我们需要单连通[1]开集的概念. 一个单连通集 R 是这样一个集合: R 内任意两点可以用一条完全位于 R 内的路径连接起来, 并且 R 内任意两条有相同端点的路径可以不移动端点而始终在 R 内互相变形.

我们给出上述概念的确切的定义如下. 连接两点 $P'=(x', y', z')$ 和 $P''=(x'', y'', z'')$ 的一条路径 C 在 R 内的意思是: 有三个连续函数 $\varphi(t), \psi(t), \chi(t)$ 定义在区间 $0 \leqslant t \leqslant 1$ 上, 使得对于该区间内一切 t, 点 $P(t)=(\varphi(t), \psi(t), \chi(t))$ 都位于 R 内, 并且 $t=0$ 时与 P' 重合, $t=1$ 时与 P'' 重合[2]. 集合 R 叫做连通的[3]如果 R 内任意两点 P' 和 P'' 都可以用 R 内的一条路径连接起来. 事实上容易看出, 只要集合 R 是开的, 它们也就可以用 R 内光滑的简单弧连接起来[4].

连通集的最简单的例子是凸集 R. 凸集 R 的特征性质是: 其中任意两点 P' 和 P'' 可以用 R 内的一个直线段连接. 这样我们可以给端点是 $P'=(x', y', z')$ 和 $P''=(x'', y'', z'')$ 的线性路径简单地选取三个线性函数

$$\varphi(t)=(1-t) x'+t x'',$$

$$\psi(t)=(1-t) y'+t y'',$$

$$\chi(t)=(1-t) z'+t z'',$$

其中 $0 \leqslant t \leqslant 1$. 这种凸集的例子有球体、立方体. 连通但并不凸的集合的例子有

---

1) 更确切地说是 ‘按路径单连通’.

2) 不需要不同的 t 对应到不同的 $P(t)$. 注意一条路径的描述不只包括空间中点 $P(t)$ 的集合 (路径的 ‘支集’), 也还包括相应的参量 t 的选取. 空间中每一个简单弧确定许多不同的路径, 它们对应于这个弧的不同的参量表示式. 我们总可以经过线性变换让参量值在区间 $0 \leqslant t \leqslant 1$ 上变化.

3) 更确切地说是 ‘按路径连通’.

4) 取参量区间的一个足够细的分割, 用直线段连接相应的点 $P(t)$, 就得到 R 内的一个连接 P' 到 P'' 的折线弧. 取消掉圈子, 就得到一个简单折线弧. 在靠近尖角的一小部分, 用适当的抛物线弧替换, 就得到 R 内的一条连接 P' 到 P'' 的光滑简单弧. 再参看第 96 页.

圆环体、球壳 (也就是两个同心球之间的空间) 和球或柱的外部. 空间内任何一个不连通的集合 R 都是由一些连通子集组成的, 这些子集称为 R 的分支. 不连通集的例子有: 不属于一个球壳的点所成的集合, 没有整数坐标的点所成的集合.

令 C_0 和 C_1 是 R 内任意两条路径, 分别由 $(\varphi_0(t), \psi_0(t), \chi_0(t))$ 和 $(\varphi_1(t), \psi_1(t), \chi_1(t))$ 给出, 它们有共同的端点 P', P'', 对应于 $t = 0, t = 1$. 如果我们可以用以 P', P'' 为共同端点的连续的一族路径 C_λ '把 C_0 变形为 C_1" 或 '连接 C_0 和 C_1", 那么这个连通集 R 就是单连通的. 这个意思是, 存在着两个变量 t, λ 在 $0 \leqslant t \leqslant 1, 0 \leqslant \lambda \leqslant 1$ 上的连续函数 $(\varphi(t,\lambda), \psi(t,\lambda), \chi(t,\lambda))$, 使得点 $P = (\varphi, \psi, \chi)$ 总在 R 内, 并且 $\lambda = 0$ 时 P 与 $(\varphi_0, \psi_0, \chi_0)$ 重合, $\lambda = 1$ 时与 $(\varphi_1, \psi_1, \chi_1)$ 重合, $t = 0$ 时与 P' 重合, $t = 1$ 时与 P'' 重合[1]. 对于每一固定的 λ, 函数 φ, ψ, χ 给出了 R 内连接点 P' 和 P'' 的一条路径 C_λ. 当 λ 从 0 变到 1 时, 路径 C_λ 从 C_0 连续地变到 C_1, 这样就说是有一个从 C_0 到 C_1 的 '连续变形" (见图 1.24).

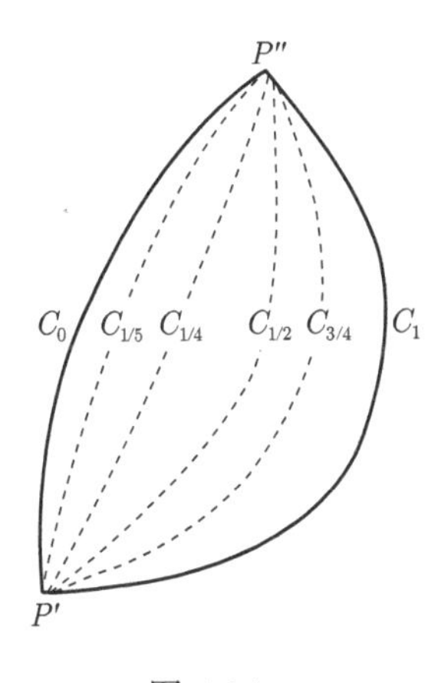

图 1.24

容易看出, 凸集 R 是单连通的. 这只要我们把以 P', P'' 为共同端点的两条路径 C_0, C_1 用路径 C_λ:

$$\varphi(t,\lambda) = (1-\lambda)\varphi_0(t) + \lambda\varphi_1(t),$$

$$\psi(t,\lambda) = (1-\lambda)\psi_0(t) + \lambda\psi_1(t),$$

$$\chi(t,\lambda) = (1-\lambda)\chi_0(t) + \lambda\chi_1(t)$$

连接起来. 这里的 C_λ 可以用几何方法得到: 把 C_0 和 C_1 上对应于同一个 t 的点用直线段连接起来, 并取线段上按比例 $\lambda/(1-\lambda)$ 的分点作为 C_λ 的相应点. 由于 R 的凸性, 用这种方法得到的这些点都在 R 内. 球壳是另一种不同类型的按路径

1) 路径 C_0 和 C_1 叫做关于 P', P'' 同伦.

单连通的集合. 另一方面, 从 (x,y,z) 空间撤去 z 轴所得的集合 R 是不单连通的. 在这里两条路径 (半圆)

$$x=\cos\pi t,\quad y=\sin\pi t,\quad z=0\quad(0\leqslant t\leqslant 1)$$

和

$$x=\cos\pi t,\quad y=-\sin\pi t,\quad z=0\quad(0\leqslant t\leqslant 1)$$

有相同的端点, 但是不能互相变形而不经过不属于 R 的 z 轴[1].

e. 基本定理

现在我们可以来叙述闭的和恰当的微分型之间的关系了.

如果微分型 $L=Adx+Bdy+Cdz$ 的系数在一个单连通集 R 内有连续的一阶偏微商并且满足可积条件

$$B_z-C_y=0,\quad C_x-A_z=0,\quad A_y-B_x=0, \tag{75a}$$

则 L 是定义在 R 内的一个函数 u 的全微分:

$$A=u_x,\quad B=u_y,\quad C=u_z. \tag{75b}$$

为了证明这个结论, 只要证明 L 沿着 R 内任何一条以 P' 为起点、P'' 为终点的简单折线的积分值都只依赖于 P' 和 P'' (见第 84 页). 我们把 C_0^* 和 C_1^* 这两段有向弧分别表示成参量形式:

$$x=\varphi_0(t),\quad y=\psi_0(t),\quad z=\chi_0(t)\quad(0\leqslant t\leqslant 1); \tag{76a}$$

$$x=\varphi_1(t),\quad y=\psi_1(t),\quad z=\chi_1(t)\quad(0\leqslant t\leqslant 1). \tag{76b}$$

$t=0$ 时得到 P', $t=1$ 时得到 P''. 应用 R 的单连通性, 我们可以在路径 (76a, b) 中 "嵌入" 连续的路径族[2]

$$x=\varphi(t,\lambda),\quad y=\psi(t,\lambda),\quad z=\chi(t,\lambda); \tag{76c}$$

当 $\lambda=0,1$ 时就成为 (76a, b), 而当 $t=0,1$ 时就成为 P',P''. 由第 78 页公式 (56) 我们有

$$\int_{C_1^*}L-\int_{C_0^*}L=\int_0^1[(Ax_t+By_t+Cz_t)|_{\lambda=1}-(Ax_t+By_t+Cz_t)|_{\lambda=0}]dt, \tag{76d}$$

其中 x,y,z 是 (76c) 所给出的 t,λ 的函数. 首先, 我们假设这些函数对 t,λ 有连续

1) 这可以从下面的基本定理和这样一个事实得到, 这事实就是存在着闭微分型 ((71) 就是一个), 它在这个圆周上的积分不是零.

2) 这族中对于 $\lambda\neq 0,1$ 的路径不需要是简单的.

的一阶偏导数, 并且在 $0 \leqslant t \leqslant 1, 0 \leqslant \lambda \leqslant t$ 上有连续的混合二阶偏导数. 于是由 (76d) 得到

$$\int_{C_1^*} L - \int_{C_0^*} L = \int_0^1 dt \int_0^1 (Ax_t + By_t + Cz_t)_\lambda d\lambda. \tag{76e}$$

现在用微商的锁链法则和可积条件 (75a) 得到等式

$$\begin{aligned}(Ax_t + By_t + Cz_t)_\lambda = & Ax_{\lambda t} + By_{\lambda t} + Cz_{\lambda t} + A_x x_\lambda x_t \\ & + A_y y_\lambda x_t + A_z z_\lambda x_t + B_x x_\lambda y_t + B_y y_\lambda y_t \\ & + B_z z_\lambda y_t + C_x x_\lambda z_t + C_y y_\lambda z_t + C_z z_\lambda z_t \\ = & (Ax_\lambda + By_\lambda + Cz_\lambda)_t.\end{aligned}$$

交换积分顺序 (见第 71 页), 我们有

$$\int_{C_1^*} L - \int_{C_0^*} L = \int_0^1 d\lambda \int_0^1 (Ax_\lambda + By_\lambda + Cz_\lambda)_t dt;$$

而因为端点不依赖于 λ, 所以 $x_\lambda, y_\lambda, z_\lambda$ 当 $t = 0, 1$ 时为零, 于是得到

$$\int_{C_1^*} L - \int_{C_0^*} L = 0.$$

我们看到关于 R 为单连通的假设在证明中所起的重要作用, 它使我们能够把线积分化为 R 中某个区域上的一个重积分.

容易取消掉要求函数 φ, ψ, χ 的各个微商存在的限制. 可以只假设弧 C_0^* 和 C_1^* 是光滑的, 这就是说, 函数 $\varphi(t,\lambda), \psi(t,\lambda), \chi(t,\lambda)$ 当 λ 取值 0 或 1 时对 t 有连续的微商, 而 λ 取其他的值时是连续的. 于是我们可以用对 t 和 λ 有连续的一阶偏微商并且有混合二阶偏微商的函数 $\overline{\varphi}, \overline{\psi}, \overline{\chi}$ 来一致地逼近以上各函数 (见第 72 页). 为了使所得到的更为光滑的函数表示 C_0^* 和 C_1^* 之间的一个变形, 它们当 $\lambda = 0, 1$ 时和 $t = 0, 1$ 时都应与 φ, ψ, χ 一致. 这个要求总是可以达到的, 只要稍微修改 $\overline{\varphi}, \overline{\psi}, \overline{\chi}$, 加上一些适当的项:

$$\begin{aligned}x = & \overline{\varphi}(t,\lambda) - (1-\lambda)[\overline{\varphi}(t,0) - \varphi_0(t)] - \lambda[\overline{\varphi}(t,1) - \varphi_1(t)] \\ & - (1-t)[\overline{\varphi}(0,\lambda) - \varphi_0(0)] - t[\overline{\varphi}(1,\lambda) - \varphi_0(1)] \\ & + (1-t)(1-\lambda)[\overline{\varphi}(0,0) - \varphi_0(0)] + (1-t)\lambda[\overline{\varphi}(0,1) - \varphi_0(0)] \\ & + t(1-\lambda)[\overline{\varphi}(1,0) - \varphi_0(1)] + t\lambda[\overline{\varphi}(1,1) - \varphi_0(1)];\end{aligned}$$

对 y 和 z 也有类似的式子. 这些函数当 $\lambda = 0, 1$ 时和 $t = 0, 1$ 时都取得应有的值,

还有连续的一阶偏微商和混合二阶偏微商, 并且可以逼近原来的函数 φ, ψ, χ 如此接近以至相应的点 (x, y, z) 也在开集 R 内.

最后, 这 L 的积分等式可以沿着只是逐段光滑的弧 C_0^*, C_1^* (例如折线) 来进行, 只要用有相同的端点的光滑的弧来逼近这些弧就行了. 在光滑的弧上积分值都相同, 从而在 C_0^* 和 C_1^* 上的积分值作为极限也是相同的.

附 录

几何直观和物理实际经常给创造性的数学思维提供有力的启发和指导. 然而由于 19 世纪初以来数学分析的发展, 停止借助于直观作为数学考虑的主要依据, 已经成为十分迫切的需要. 人们愈来愈致力于严密的证明, 以公理化加强了的确切性, 和叙述清楚的概念以及推理步骤为基础. 在这个发展过程中集合, 特别是点集的概念起了很重要的作用, 而现在它们已被吸收到分析的结构里来了. 这个附录将对这个发展中的某些东西作一个简单的介绍.

A.1 多维空间的聚点原理及其应用

我们可以用与一元函数的情况下完全同样的方法把多元函数理论建立在一个坚实的基础上. 只要对两个变量的情况来讨论就可以了, 因为对自变量多于两个的函数而言, 这些方法基本相同.

a. 聚点原理

我们讨论的基础是博尔扎诺和魏尔斯特拉斯聚点原理. 一对数 (x, y) 可以用 (x, y) 平面上以 x 和 y 为直角坐标的一个点来表示. 现在我们考虑这种点 $P(x, y)$ 的一个有界无穷集, 就是这样一个集合: 它包含无穷多个不同的点, 所有这些点都在平面上的一个有界的部分内, 所以 $|x| < C$ 并且 $|y| < C$, 其中 C 是一个常数. 聚点原理说的是: *每一个有界无穷点集 S 至少有一个聚点*. 这就是说, 存在一个点 $Q(\xi, \eta)$ 使得 Q 的每一个邻域内, 即每一个区域

$$(x-\xi)^2+(y-\eta)^2<\delta^2$$

(其中 δ 是任一个正数) 内, 都有 S 的无穷多个点. 由这聚点原理可以推知: 从无穷有界集中能够选出一序列不同的点 $P_1, P_2, P_3, \cdots$, 使它们收敛到一个极限 Q. 这些 P_i 可以用归纳法来构造, 这就是相继令 δ 为 $1, \dfrac{1}{2}, \dfrac{1}{3}, \cdots$; 在 S 内任取 P_1; 而如果 $P_1, \cdots, P_n$ 已经取定, 就在 S 内的无穷多个与 Q 的距离 $< \dfrac{1}{n+1}$ 的点中选

一个不同于 Q 也不同于 $P_1, \cdots, P_n$ 的点作为 P_{n+1}.

多维聚点原理可以用第一卷 (第 78 页) 里相应的证明中用过的方法来类似地证明, 只要用矩形区域代替那里用的区间. 如果我们利用一维的这个原理可以得到一个更容易的证明. 首先注意到, 根据假设, 集合 S 的每一个点 $P(x,y)$ 的横坐标 x 满足不等式 $|x| < C$, 其次分两种情况来考虑: 或者有一个 $x = x_0$, 它是无穷多个点 P 的横坐标 (这些点 P 一个在另一个的正上方), 或者每一个 x 只属于有限个点 P. 对于第一种情况, 我们固定 x_0 而考虑 y 的无穷多个值使 (x_0, y) 属于我们的集合 S. 根据一维的聚点原理, y 的这些值有一个聚点, 因此我们可以找到 y 的一序列值 $y_1, y_2, \cdots$ 使 $y_n \to \eta_0$, 由此得到集合 S 的一序列点 (x_0, y_n), 收敛到极限点 (x_0, η_0), 它也就是集合 S 的一个聚点. 对于第二种情况, 集合 S 的点的横坐标 x 一定有无穷多个不同的值, 我们可以取一序列横坐标 $x_1, x_2, \cdots$ 趋于一个极限 ξ. 对每一个 x_n, 取集合 S 的一个点 $P_n = (x_n, y_n)$. 这样 y_n 就构成一个无穷有界集, 因而可以取一个子序列 $y_{n_1}, y_{n_2}, \cdots$ 趋于一个极限 η. 相应的横坐标子序列 $x_{n_1}, x_{n_2}, \cdots$ 仍趋于极限 ξ; 于是点列 $P_{n_1}, P_{n_2}, \cdots$ 趋于极限点 (ξ, η). 这样, 就对于任何一种情况, 我们都可以找到集合 S 的一序列点趋于一个极限点, 从而这个定理就证明了.

b. 柯西收敛准则. 紧性

博尔扎诺–魏尔斯特拉斯定理的一个推论是: *每一个有界的无穷点序列 P_1, $P_2, \cdots$ 必有一个收敛的子序列.* 如果这个序列包含无穷多个不同的元素, 那么它们构成一个无穷多个不同点的集合, 按魏尔斯特拉斯原理, 我们可以选出一个序列收敛到一个点 Q. 如果这个序列不包含无穷多个不同的元素, 那么它至少有一个元素重复了无穷多次; 于是存在一个点 Q 它在序列中出现无穷多次, 这些等于 Q 的元素构成的子序列就收敛到 Q.

一个重要的推论是*柯西收敛准则*:

平面上的一个点序列 $P_1, P_2, \cdots$ (同样地, n 维欧氏空间的一个点序列) 收敛到一个极限当且仅当对每一个 $\varepsilon > 0$ 存在一个数 $N = N(\varepsilon)$ 使得当 n 和 m 大于 N 时 P_n 和 P_m 之间的距离小于 ε.

证明的步骤与第一卷 (79 页) 中对实数序列给出的相应的证明完全一样. 我们立刻看出, 一个序列要是满足柯西条件它就是有界的; 所以根据前面的定理, 它就包含一个收敛子序列, 以一点 Q 为极限, 于是立刻可以推导出这整个序列收敛到 Q.

我们说过, 平面上的一个点集 S 叫做*闭的*, 如果 S 的一切边界点属于 S. 闭集 S 中的每一个收敛的点列的极限 Q 也是 S 的点 (见第 7 页). 因为每个有界无穷序列包含一个收敛子序列, 所以我们得知: *平面上的一个有界闭集 S 中的每一个*

无穷序列都包含一个子序列收敛到 S 的一个点. 一般地, 我们称一个集合 S 为紧的[1], 如果 S 的元素构成的每一个序列都包含一个收敛的子序列, 其极限在 S 内. 所以, 平面 (或 n 维欧氏空间) 上的闭的有界点集都是紧的. 读者可以容易地验证逆命题: 平面上每一个紧的点集都是闭的并且是有界的. 今后我们将经常在提到闭的有界集时简单地称之为紧集 (compact set).

c. 海涅–博雷尔覆盖定理

博尔扎诺–魏尔斯特拉斯原理的一个突出的推论是海涅–博雷尔定理 (Heine-Borel theorem):

设 S 是一个紧集 (即闭的并且有界), Σ 是一类 (无穷多个) 开集, 它覆盖了 S, 就是说 S 的每一个点至少属于 Σ 中的一个开集. 那么我们可以在 Σ 中找到有限个开集, 它们已经覆盖了 S.

作为一个例子, 我们考虑无穷点集 S, 它是由 x 轴上的点 $P_n=\left(\dfrac{1}{n},0\right), n=1,2,\cdots$ 和原点 $P_0=(0,0)$ 组成的. 这是一个闭集. 对 $n=1,2,\cdots$, 令 S_n 为以 P_n 为中心、$1/3n^2$ 为半径的开圆:

$$\sqrt{\left(x-\frac{1}{n}\right)^2+y^2}<\frac{1}{3n^2},$$

再令 S_0 表示开圆

$$\sqrt{x^2+y^2}<\frac{1}{100}.$$

显然这无穷多个集合 $S_0,S_1,S_2,\cdots$ 覆盖了 S. 根据海涅–博雷尔定理, 我们可以在其中选出有限个就足以覆盖 S, 例如选取 $S_0,S_1,\cdots,S_{100}$. 在这里我们立刻看到 S 是闭的假设的重要性. 设集合 T 由点 $P_1,P_2,\cdots$ 组成, 没有 P_0, 那么它被 $S_1,S_2,\cdots$ 所覆盖, 但这时因为每一个 S_i 只包含 T 的一个点, 所以不可能选出有限个 S_i 来覆盖 T.

我们用反证法来证明海涅–博雷尔定理. 设这定理不成立. 集合 S 既然有界, 它就位于一个方块 Q 内. 我们把 Q 分成四个相等的方块. 这四个方块中至少有一个方块, 加上它的边界后, 所包含的那部分 S 不能被 Σ 中的有限个开集合所覆盖. 因为如果 S 的这四部分都能被有限个开集合覆盖, 那么 S 本身也就可以被有限个开集合覆盖了. 我们把 Q 的这一部分叫做 Q_1. 我们现在把 Q_1 也分成四个相等的部分. 经过同样的推理可取出 Q_1 的四个部分之一作为 Q_2, 这 Q_2 和它边界上的 S 的点不能被 Σ 中有限个开集所覆盖. 继续这样进行下去, 我们就得到一无穷序

1) 有时更精确地说 "序列列紧".

列方块 $Q_1, Q_2, Q_3, \cdots$, 每一个包含在它的前一个中, 它们的面积收缩为 0, 并且每一个 Q_n 的闭包中属于 S 的点不可能被 Σ 中有限个开集所覆盖. 显然, 对每一个 n, 我们可以在 Q_n 内或它的边界上找到一个属于 S 的点 P_n. 于是 $P_1, P_2, \cdots$ 是 S 中的一序列点. 因为 S 是有界的, 这个点列也是有界的, 因而必定有一个收敛的子序列收敛到某点 A. 又因为 S 是闭的, 这 A 也是 S 的一个点, 因而被包含在 Σ 中的某一个开集 Ω 之内. 从而有 A 的一整个邻域在该开集 Ω 内, 譬如说是由与 A 的距离小于 ε 的点所组成的邻域. 我们可以取 n 充分大, 使得 P_n 到 A 的距离小于 $\frac{\varepsilon}{2}$, 并且 Q_n 的直径也小于 $\frac{\varepsilon}{2}$. 这样, 这整个方块 Q_n 就包含在 A 的 ε 邻域内, 从而包含在 Ω 内了. 我们看到 Σ 中的这一个集合 Ω 就包含了整个方块 Q_n 和它的边界, 而这却与关于方块 Q_n 的假设矛盾. 证完.

d. 海涅 – 博雷尔定理在开集所包含的闭集上的应用

令 R 是平面上的一个开集[1], 根据定义, R 的每一个点 P 有一个邻域完全在 R 内. 对于靠近 R 的边界的点 P, 邻域非常小. 值得注意的是当 P 属于 R 的一个闭子集 S 时, 我们可以找到一个一致的大小 ε, 使 P 的 ε 邻域全包含在 R 内: *如果一个闭的有界集 S 包含在开集 R 内, 则存在一个正数 ε 使得 S 的每一个点 P 的 ε 邻域都包含在 R 内*. 换句话说, 不在 R 内的点到 S 的点的距离至少是 ε[2].

为了证明, 我们利用 R 是开的这一假设. 对于 R 的每一个点 P 存在一个以 P 为心的圆, 包含在 R 内. 这个圆的半径叫 r, 它依赖于 P, 即 $r = r(P)$. 现在我们对 S 内的任一点 P 取以 P 为心半径是 $\frac{1}{2}r(P)$ 的圆. 根据海涅 – 博雷尔定理可以找到有限个这种圆覆盖住这个紧集 S. 因此我们找到 S 内的有限个点 $P_1, P_2, \cdots, P_n$, 使 S 的每一个点 P 包含在某一个以 P_k 为中心、以 $\frac{1}{2}r(P_k)$ 为半径的圆内 $(k = 1, \cdots, n)$. 令 ε 是正数 $\frac{1}{2}r(P_1), \cdots, \frac{1}{2}r(P_n)$ 中的最小者. 那么, 对 S 的每一个点 P, 由于 P 在某一个以 P_k 为中心、以 $\frac{1}{2}r(P_k)$ 为半径的圆内, 所以 P 的 ε 邻域在 R 内. 这是因为以 P_k 为中心、以 $r(P_k)$ 为半径的同心圆 D 是在 R 内, 而由于

$$\overline{PP_k} < \frac{1}{2}r(P_k) \quad 和 \quad \varepsilon \leqslant \frac{1}{2}r(P_k),$$

圆 D 就包含了以 P 为中心、以 ε 为半径的圆. 这就证明了以 P 为中心、以 ε 为半径的圆在 R 内.

---

1) 这一段说到的每一件事都同样地适用于高维, 只要我们把 '圆' 改成 '球'.

2) S 有界是必要的. 例如, R 是开的半平面 $y > 0$. S 是闭集包含 (x, y) 平面上的这种点: $y \geqslant \frac{1}{x}, x > 0$; 那么 R 的边界就可以任意接近 S 的点.

作为例子, 考虑开集 R 内的曲线 S. 这样一条曲线是由这样的点 $P=(x,y)$ 所成的集合, 这些点可以表成这样的形式

$$x=\varphi(t), \quad y=\psi(t),$$

其中 φ, ψ 是两个连续函数, 参量 t 在闭区间 $0 \leqslant t \leqslant 1$ 上[1]. 这样一条曲线 S 是一个闭的点集. 事实上, 设 $P_1, P_2, \cdots$ 是 S 的一个点序列, 收敛到一点 P. 我们考虑相应的参量值 $t_1, t_2, \cdots$, 它们都在闭区间 $a \leqslant t \leqslant b$ 上. 因为闭的有界区间是紧的, 所以有 t_n 的一个子序列收敛到区间的一个值 t. 但因为 φ 和 ψ 是连续的, 所以相应的 P_n 收敛到 S 上的点 $Q=(x(t), y(t))$. 这样就有了序列 $P_1, P_2, \cdots$ 的一个子序列收敛到 S 的一点 Q. 然而整个序列是收敛到点 P 的, 所以 $P=Q$, 因而 P 在 S 上. 这说明 S 包含了所有 S 的点序列的极限, 因而 S 是闭的.

如果曲线在开集 R 内, 我们就可以找到一个正数 ε 使得所有以 S 的点为中心、以 ε 为半径的圆都在 R 内. 因为 φ 和 ψ 是连续的, 因而是一致连续的, 我们可以找到一个正数 δ, 使得当两个参量之差小于 δ 时, 它们对应的 S 上的点的距离小于 ε. 我们用点 $t_1, \cdots, t_{n-1}$ 分割参变量区间

$$a=t_0<t_1<t_2<\cdots<t_{n-1}<t_n=b,$$

其中每个子区间的长小于 δ. 令 $P_0, P_1, \cdots, P_n$ 是 S 上的相应的点. 那么 P_{i+1} 总是在 P_i 的 ε 圆域内. 从而连接 P_i 和 P_{i+1} 的直线段也完全在以 P_i 为中心、以 ε 为半径的圆内, 也就包含在 R 内. 如果我们用直线段依次连接 P_i, 就得到一条折线完全在 R 内, 并与连续曲线 S 有相同的端点 P_0 和 P_n. 我们可以把这结果叙述如下:

如果开集 R 的两个点可以用 R 内的一条曲线连接起来, 则它们也可以用 R 内的一条折线连接起来.

A.2 连续函数的基本性质

对于在一个闭的有界集 S 上有定义并且连续的函数 f, 我们可以叙述下面两个基本定理:

函数 f 在 S 上取到最大值和最小值.

函数 f 在 S 上一致连续.

这两个定理的证明和一元函数中相应的证明一样 (见第一卷第 82–83 页), 不需要重复了.

---

1) 这曲线不要求是简单的; 也就是, 不同的 t 可以对应相同的点 P. 这一对函数定义了一条 ‘路径’, S 是路径的支集.

第二个定理也可以作为海涅–博雷尔定理的一个直接推论而得到. 指定一个 $\varepsilon > 0$. 若 f 在 S 的每一点连续, 则对 S 的每一个点 P 存在一个以 P 为圆心、以某个 $\delta = \delta(P)$ 为半径的 δ 邻域, 使得 S 内的任意点 Q 只要它在这个邻域内就有 $|f(Q) - f(P)| < \varepsilon/2$. 现在对 S 内的每一点 P 取一个半径为 $\frac{1}{2}\delta(P)$ 的邻域 Ω_p. 显然这种 Ω_p 覆盖了 S. 我们可以从中选取有限个 (中心为 $P_1, \cdots, P_n$) 也覆盖了 S. 令 Δ 是数 $\frac{1}{2}\delta(P_1), \cdots, \frac{1}{2}\delta(P_n)$ 中的最小者. 如果 P 和 Q 是 S 的任意两个点, 其间距离小于 Δ, 则因点 P 到某个点 P_k 的距离小于 $1/2\delta(P_k)(k = 1, \cdots, n)$, 而 $\Delta \leqslant \frac{1}{2}\delta(P_k)$, 我们就看到, P 和 Q 都在点 P_k 的 $\delta(P_k)$ 邻域内. 所以

$$|f(P) - f(P_k)| < \frac{1}{2}\varepsilon, \quad |f(Q) - f(P_k)| < \frac{1}{2}\varepsilon,$$

从而

$$|f(P) - f(Q)| < \varepsilon.$$

因为 Δ 不依赖于 P 和 Q 的特定的位置, 这就证明了 f 的一致连续性.

A.3　点集论的基本概念

a. 集合与子集合

在关于点的集合的更为复杂的讨论中 (特别在积分理论中), 使用一些标准的集合运算记号是方便的. 我们有兴趣的集合经常是数的、点的、函数的集合, 或者是这些类型的集合的集合. 例如平面上的一个"圆"是这样的点 (x, y) 所成的集合, 他们对固定的 x_0, y_0, r 满足

$$(x - x_0)^2 + (y - y_0)^2 < r^2.$$

一个集合的集合 (集合族) 的例子是: 所有包含原点的圆, 也就是上面所说的那样的适合条件 $x_0^2 + y_0^2 < r^2$ 的一切圆.

我们不再把集合的基本概念化为更加基本的概念, 也不去分析涉及这个概念的逻辑困难. 对我们来说, 一个集合 S 被认为是确定的, 只要对于每一个对象 α 都确有下面两个情形之一成立: (1) α 属于 S; (2) α 不属于 S. 对情形 (1), 我们也说 α 是 S 的一个元素, 或说 α 包含在 S 内; 用符号表示成 $\alpha \in S$.[1)]

对情形 (2), 记作 $\alpha \notin S$.

1) 符号 $\in$ 切勿与希腊字母 ε 混淆.

例如, 如果 S 是由不等式 $x^2+y^2<r^2$ 给定的圆, 那么 $\alpha\in S$ 的意思是: α 是平面上的一个点, 它的坐标 x,y 具有性质 $x^2+y^2<r^2$. 一般地说, 一个集合 S 的元素可以被某些共同的性质所刻画 (例如, 用属于 S 这个性质). 我们把具有性质 $A,B,\cdots$ 的元素 α 所组成的集合 S 记作

$$S=\{\alpha:\alpha\text{ 有性质 }A,B\cdots\}.$$

例如, 以 (x_0,y_0) 为中心、以 r 为半径的圆 S 可以记作

$$S=\{(x,y):x,y=\text{实数};(x-x_0)^2+(y-y_0)^2<r^2\}.$$

集合

$$S=\{n:n=\text{整数};2<n<5\}$$

是由 $n=3$ 和 $n=4$ 两个元素组成的.

为了许多目的, 引进 '空' (或 '零') 集及其特殊记号 $\varnothing$ 是方便的. 空集合没有元素: 对一切 $\alpha,\alpha\notin\varnothing$. 例如, 一个中心在原点半径是 0 的开圆就是 $\varnothing$:

$$\{(x,y):x,y=\text{实数};x^2+y^2<0\}=\varnothing.$$

两个集合 S 和 T 是相等的, 只要它们有共同的元素, 而不管用在它们定义里的描写或性质有所不同. 也就是: $S=T$ 的意思是 $x\in S$ 当且仅当 $x\in T$.

我们说集合 S 是集合 T 的一个子集 ('S 包含在 T 内'), 如果 T 包含一切包含在 S 里的元素. 这就是说, $\alpha\in S$ 蕴涵 $\alpha\in T$. 我们用符号记作 $S\subset T$, 或较少地记作 $T\supset S$. 例如, 如果 S 是以原点为中心、以 1 为半径的圆, T 是以 $(1,1)$ 为中心、以 4 为半径的圆, 就有 $S\subset T$. 类似地, 对一切集合 S 都有 $\varnothing\subset S$ 和 $S\subset S$.

当然, 符号 $\subset$ 和 $\supset$ 可以选用, 它们就像算术里的符号 $<$ 和 $>$ (或者更精确地说是像 $\leqslant$ 和 $\geqslant$). 它们在下面的基本性质上和后面这两个符号一样

$$S\subset T\quad\text{和}\quad T\subset S\text{ 蕴涵 }S=T,$$

$$S\subset T\quad\text{和}\quad T\subset R\text{ 蕴涵 }S\subset R^{1)}.$$

在集合的 '包含于' 符号和数的顺序符号之间基本的不同是: 对于实数我们总有 $x\leqslant y$ 或 $y\leqslant x$, 而对于集合则可能有这样的情况: 命题 $S\subset T$ 或 $T\subset S$ 都不成立. 符号 $\subset$ 只是在集合之间定义了 '偏' 序; 可能两个集合中的任一个都不包含另一个.

1) 这是逻辑里的普通三段论法: 如果一切有性质 A 的对象都有性质 B, 又一切有性质 B 的对象都有性质 C, 那么一切有性质 A 的对象都有性质 C.

b. 集合的并与交

近几十年来大量的逻辑符号在数学里被广泛地采用, 所以现在习惯于把很多数学定理完全用符号来表示, 而不用平常的文字或语句[1]. 从最古的时候起, 使用适当的符号型记号就是很重要的; 事实上, 有这种例子, 正是由于缺乏适当的符号使得某些领域的进展放慢达几个世纪, 可以说代数在古代就是这样. 但另一方面, 过分集中使用符号的结果可能给一个试图把这种 '脱水' 形式的知识与他的日常经验联系起来的读者带来很大的困难. 不是逻辑或数学基础专著的一些书籍的作者们, 在使用逻辑缩写上, 是按照他们自己的爱好和所考虑的特定问题的需要而采取折中的方案的.

还有两个集合论的符号, 就是集合运算 '并' 和 '交' 的符号, 我们将在本书的后面看到它们几乎是必不可缺少的. 给定两个集合 S 和 T, 我们用 $S\cup T$ 表示这两个集合的 '并', 就是 '或' 在 S 内、'或' 在 T 内的元素组成的集合:

$$S\cup T=\{a:a\in S \text{ 或 } a\in T\}^{2)}.$$

类似地, S 和 T 的 '交' $S\cap T$ 定义为属于 S 和 T 两者的元素的集合:

$$S\cap T=\{a:a\in S \text{ 且 } a\in T\}.$$

例如, S 和 T 是实数轴上的区间

$$S=\{x:3<x<5\},\quad T=\{x:4\leqslant x<6\},$$

则

$$S\cup T=\{x:3<x<6\},$$

$$S\cap T=\{x:4\leqslant x<5\}.$$

运算 $\cup$ 和 $\cap$ 适用于任意两个集合 S 和 T, 只要我们引用空集的符号, 当 S 和 T 不相交时可以记作

$$S\cap T=\varnothing,$$

也就是没有公共元素. 注意, 对任意 S 都有

$$S\cup\varnothing=S,\quad S\cap\varnothing=\varnothing.$$

---

1) 经常用的符号的例子如下:

$\{x_1,x_2,\cdots,x_n\}$: 这集合的元素明确地是 $x_1,\cdots,x_n$. $S\times T$: 有序的数对 (a,b) 的集合, 其中 $a\in S, b\in T$ (集合 S,T 的 '笛卡儿乘积').

$\exists x$: '存在一个 x'.

$\forall x$: '对一切 x'.

2) 这里 '或' 字像拉丁文 vel 一样, 是不相排斥的. $S\cup T$ 的元素是至少属于集合 S,T 两者之一的, 也可以属于两者.

运算 $\cup$ 有很多性质和加法一样. 特别地, 当 S 和 T 是不相交的集合——就是这两个集合没有公共元素——并且都只有有限个元素时, $S\cup T$ 内的元素的个数恰好是 S 和 T 的元素的个数之和. 可是, 一般说来, 并的逆运算不唯一. 只有当 S 和 T 不相交并且 $S\subset R$ 时, 方程

$$S\cup T=R$$

才有唯一的解 T. 对于不相交的集合 S 和 T, 它们的并常记作 $S+T$, 当 $S\subset R$, 方程 $S+T=R$ 的解是 $R-S$ ("S 关于 R 的余"). 我们将要更为普遍地对任意集合 R,S 使用符号 $R-S$, 它表示 R 内的不属于 S 的元素所组成的集合. 于是 $S+(R-S)=R\cup S$.

n 个集合 $S_1,\cdots,S_n$ 的并定义为至少属于集合 $S_1,\cdots,S_n$ 之一的那些元素所组成的集合, 有几种记法

$$\begin{aligned}&\{a:a\in S_1\ \text{或}\ a\in S_2\ \text{或}\ \cdots\ \text{或}\ a\in S_n\}\\=&S_1\cup S_2\cup\cdots\cup S_n\\=&\bigcup_{k=1}^{n}S_k,\end{aligned}$$

类似于和号. 类似地, 集合 $S_1,\cdots,S_n$ 的交定义为所有这些集合的公共元素所组成的集合, 记作

$$\begin{aligned}&\{a:a\in S_1\ \text{且}\ a\in S_2\ \text{且}\ \cdots\ \text{且}\ a\in S_n\}\\=&S_1\cap S_2\cap\cdots\cap S_n\\=&\bigcap_{k=1}^{n}S_k.\end{aligned}$$

我们可以同样地作无穷多个集合 $S_1,S_2,\cdots,S_n,\cdots$ 的并和交, 分别记作

$$\bigcup_{k=1}^{\infty}S_k=\{a:a\in S_n\ \text{对某个}\ n\},$$

$$\bigcap_{k=1}^{\infty}S_k=\{a:a\in S_n\ \text{对一切}\ n\}.$$

举例, 如果 S_n 是实数 $x<n$ 的集合

$$S_n=\{x:x\ \text{实数},\ x<n\},$$

我们有

$$\bigcup_{k=1}^{\infty} S_k = \{x : x \text{ 实数}\},$$

$$\bigcap_{k=1}^{\infty} S_k = \{x : x \text{ 实数}, x < 1\}.$$

事实上, 并和交可以对集合 S 的任意广大的族 F 来做, 甚至 F 中不同的集合 S 不是, 或不能, 用下标 $n, n = 1, 2, 3, \cdots$ 来区别, 也一样进行. 我们记

$$\bigcup_{S \in F} S = \{a : a \in S \text{ 对某 } S, S \in F\},$$

$$\bigcap_{S \in F} S = \{a : a \in S \text{ 对一切 } S, S \in F\}.$$

例如 (x, y) 平面上包含点 $(1, 0)$ 但不包含点 $(-1, 0)$ 的一切圆的并集是适合条件 $y \neq 0$ 或 $y = 0$ 且 $x > -1$ 的全部点 (x, y) 所成的集合. 而这一族圆的交则只包含 $(1, 0)$ 这一个点.

c. 应用于平面上的点集

前面的某些结果和定义 (见第 5–7 页) 可以用上面所引进的表示方法重新改写得更为简洁. 给定平面上的一个点集 S, 我们得到全平面 π 的一个分解, 分为三个不相交的集合; S 的内点集合 S^0, S 的边界点集合 $\partial S, S$ 的外点集合 S_e, 于是

$$\pi = S^0 \cup \partial S \cup S_e,$$

或者更准确地写成

$$\pi = S^0 + \partial S + S_e.$$

因为这些集合是不相交的:

$$S^0 \cap \partial S = \partial S \cap S_e = S_e \cap S^0 = \varnothing,$$

这里

$$S^0 \subset S \subset S^0 + \partial S.$$

如下定义的集合 $\overline{S}$ 是 S 的闭包:

$$\overline{S} = S^0 + \partial S = S \cup \partial S. \tag{1}$$

对于开集 S 我们有 $S^0 = S$; 对于闭集有 $\overline{S} = S$.

读者可以作为练习验证下面的性质:

$\overline{\partial S} = \partial S$ (“一个集合的边界总是闭的”),

$\overline{\overline{S}} = \overline{S}$ (“一个集合的闭包总是闭的”),

$(S^0)^0 = S^0, (S_e)^0 = S_e$ (“集合 S^0 和 S_e 是开的”).

$$S^0 \cup T^0 \subset (S \cup T)^0, \quad \overline{S \cup T} \subset \overline{S} \cup \overline{T}. \tag{2a}$$

$$\partial(S \cup T) \subset \partial S \cup \partial T. \tag{2b}$$

开集的并是开的.

有限个闭集的并是闭的.

有限个开集的交是开的.

闭集的交是闭的.

这最后几个命题指出了在‘开”和‘闭”,‘并”和‘交”的概念之间的一种对称性(‘对偶性”). 如果我们引进集合 S 的余集 $C(S)$, 也就是平面 π 上不属于 S 的点所形成的集合[1)]

$$C(S) = \{P : P \in \pi, P \notin S\} = \pi - S,$$

那么上面的对称性就更加明显. 我们有

$$C(S^0) = \overline{S}_e, \quad \partial C(S) = \partial S, \quad C(S_e) = \overline{S}_0.$$

如果 S 是开的, 则 $C(S)$ 是闭的, 反过来也对. 几个集合的交的余集是它们的余集的并.

使用这种表示法, 海涅–博雷尔定理得到特别简单的形式. ‘集合族 F 覆盖一个集合 S” 的意思是, S 包含在 F 的集合的并之中. 于是这个定理可简单地叙述成:

如果 F 是平面上的开集族, 又如果 S 是一个有界闭集, 而有

$$S \subset \bigcup_{T \in F} T,$$

那么可以找到有限个集合 $T_1, T_2, \cdots, T_n \in F$ 使得

$$S \subset \bigcup_{k=1}^{n} T_k.$$

1) 对三维空间 Σ 的点集 S, S 的余集定义为 $\Sigma - S$, 它是 Σ 中不属于 S 的点所组成的集合.

A.4 齐次函数

出现在分析及其应用里的最简单的齐次函数是型或多变量的齐次多项式 (见第 11 页). 我们称形如 $ax+by$ 的函数为 x 和 y 的一阶齐次函数, 称形如 $ax^2+bxy+cy^2$ 的函数为二阶齐次函数, 而一般地称一个 x 和 y 的多项式 (或者再多几个变量) 为 h 阶的齐次函数, 如果在每一项里自变量的指数的和都等于 h, 就是说, 如果这些项 (去掉常系数) 具有这样的形式 $x^h, x^{h-1}y, x^{h-2}y^2, \cdots, y^h$. 齐次多项式具有以下性质: 方程

$$f(tx,ty)=t^hf(x,y)$$

对每一个 t 的值都成立. 更为一般地, 我们说一个函数 $f(x,y,\cdots)$ 是 h 阶齐次的, 如果它满足方程

$$f(tx,ty,\cdots)=t^hf(x,y,\cdots).$$

不是多项式的齐次函数的例子有

$$\tan\left(\frac{y}{x}\right) \quad (h=0),$$

$$x^2\sin\frac{x}{y}+y\sqrt{x^2+y^2}\log\frac{x+y}{y} \quad (h=2).$$

另外的例子是分别以 x,y,z 和 u,v,w 为分量的两个向量之间的夹角的余弦

$$\frac{xu+yv+zw}{\sqrt{x^2+y^2+z^2}\cdot\sqrt{u^2+v^2+w^2}} \quad (h=0).$$

以 x,y,z 为分量的向量长度

$$\sqrt{x^2+y^2+z^2}$$

是一个一阶正齐次函数的例子; 所谓正齐次函数是指定义齐次函数的那个方程式对它来说除非 t 是正的或 0, 否则方程不成立.

齐次函数和它的微商满足欧拉偏微分方程:

$$xf_x+yf_y+zf_z+\cdots=hf(x,y,z,\cdots).$$

为了证明这个结论, 我们在方程 $f(tx,ty,\cdots)=t^hf(x,y,\cdots)$ 的两端对 t 求微商, 这是允许的, 因为方程对 t 是恒等的. 对左端的函数应用微商的锁链法则得到

$$xf_x(tx,ty,\cdots)+yf_y(tx,ty,\cdots)+\cdots=ht^{h-1}f(x,y,\cdots).$$

令 $t=1$ 就得到结论.

反过来, 不难证明函数 $f(x,y,\cdots)$ 的齐次性是欧拉关系的推论, 所以欧拉关

系是函数有齐次性的必要充分条件. 一个函数是 h 阶齐次函数这个事实, 也可以表示为用 x^h 除函数值后只依赖于 $\frac{y}{x}, \frac{z}{x}, \cdots$. 所以只要证明由欧拉关系可以推出, 在引进新变量

$$\xi = x, \quad \eta = \frac{y}{x}, \quad \zeta = \frac{z}{x}, \cdots$$

之后函数

$$\frac{1}{x^h} f(x, y, z, \cdots) = \frac{1}{\xi^h} f(\xi, \eta\xi, \zeta\xi, \cdots) = g(\xi, \eta, \zeta, \cdots)$$

不再依赖于变量 ξ (即方程 $g_\xi = 0$ 是恒等式). 为了证明这一点, 我们用锁链法则写出

$$\begin{aligned} g_\xi &= (f_x + \eta f_y + \cdots)\frac{1}{\xi^h} - \frac{h}{\xi^{h+1}} f \\ &= (x f_x + y f_y + \cdots)\frac{1}{x^{h+1}} - \frac{h}{x^{h+1}} f. \end{aligned}$$

再根据欧拉关系, 右边为零, 我们的结论就证明了.

最后这个结论也可以用更为巧妙、但不直接的方法来证明. 我们来证: 由欧拉关系可以推导出函数

$$g(t) = t^h f(x, y, \cdots) - f(tx, ty, \cdots)$$

对一切 t 取零值. 显然有 $g(1) = 0$. 又

$$g'(t) = h t^{h-1} f(x, y, \cdots) - x f_x(tx, ty, \cdots) - y f_y(tx, ty, \cdots) \cdots .$$

对变量 $tx, ty, \cdots$ 应用欧拉关系, 我们有

$$x f_x(tx, ty, \cdots) + y f_y(tx, ty, \cdots) + \cdots = \frac{h}{t} f(tx, ty, \cdots),$$

所以 $g(t)$ 满足微分方程

$$g'(t) = g(t) \cdot \frac{h}{t}.$$

如果我们令 $g(t) = r(t) t^h$, 就得到

$$g'(t) = \frac{h}{t} g(t) + t^h r'(t),$$

所以 $r(t)$ 满足微分方程

$$t^h r'(t) = 0.$$

它有唯一解 $r =$ 常数 $= c$. 因为 $t = 1$ 有 $r(t) = 0$, 所以常数 c 是 0, 也就是, 对于一切 t 的值确有 $g(t) = 0$. 证完.

第二章　向量、矩阵与线性变换

在第一卷第四章中, 我们讨论了二维向量. 高维的几何概念使向量的应用更为重要. 向量适合简明地表示众多复杂的方程, 因而在一定程度上清楚地显示出那些不依赖于坐标系的特殊选择的特征.

2.1　向量的运算

a. 向量的定义

在 n 维空间中, 我们引进向量, 作为可以相加并且与数量相乘的实体. 明确地说, 一个向量 $\mathbf{A}$ 是一组有确定顺序的 n 个实数[1] $a_1, a_2, \cdots, a_n$:

$$\mathbf{A} = (a_1, a_2, \cdots, a_n).$$

(我们总是用黑体字表示向量.) 数量 $a_1, a_2, \cdots, a_n$ 称为向量 $\mathbf{A}$ 的**分量**. 两个向量 $\mathbf{A} = (a_1, a_2, \cdots, a_n)$ 与 $\mathbf{B} = (b_1, b_2, \cdots, b_n)$ 是相等的, 当且仅当它们有相同的分量.

任意两个向量 $\mathbf{A} = (a_1, a_2, \cdots, a_n)$ 与 $\mathbf{B} = (b_1, b_2, \cdots, b_n)$ 的和定义为

$$\mathbf{A} + \mathbf{B} = (a_1 + b_1, a_2 + b_2, \cdots, a_n + b_n); \tag{1a}$$

我们定义向量 $\mathbf{A}$ 与数量 (即实数) λ 的乘积为

$$\lambda\mathbf{A} = (\lambda a_1, \lambda a_2, \cdots, \lambda a_n)^{2)}. \tag{1b}$$

更一般地, 我们能够从任意有限个向量 $\mathbf{A} = (a_1, a_2, \cdots, a_n)$, $\mathbf{B} = (b_1, b_2, \cdots, b_n)$, $\cdots$, $\mathbf{D} = (d_1, d_2, \cdots, d_n)$ 与相等个数的数量 $\lambda, \mu, \cdots, \nu$ 作成线性组合

$$\lambda\mathbf{A} + \mu\mathbf{B} + \cdots + \nu\mathbf{D} = (\lambda a_1 + \mu b_1 + \cdots + \nu d_1, \lambda a_2 + \mu b_2 + \cdots + \nu d_2, \cdots, \lambda a_n + \mu b_n + \cdots + \nu d_n).$$

---

1) 对我们的目的来说, 只需考虑实数分量就够了, 虽然在别的教科书中也使用其他数域上的向量.

2) 向量不同于其他能用 n 个有序实数描写的对象 (例如 n 维欧几里得空间中的点或 $n+1$ 维球面上的点), 就在于这个事实, 即向量允许 '线性运算' $\mathbf{A} + \mathbf{B}$ 和 $\lambda\mathbf{A}$. 用点的坐标类似地定义点的加法将没有几何意义, 至少, 离开所用的特定的坐标系, 它将是无意义的, 后面, 向量将表示成点对 (见第 107 页).

特别地, 任何一个向量 $\mathbf{A}=(a_1,a_2,\cdots,a_n)$ 都能够表示成 n 个 "坐标向量"

$$\mathbf{E}_1=(1,0,\cdots,0),\quad \mathbf{E}_2=(0,1,0,\cdots,0),\cdots,\quad \mathbf{E}_n=(0,\cdots,0,1) \tag{2a}$$

的一个线性组合. 显然

$$\mathbf{A}=a_1\mathbf{E}_1+a_2\mathbf{E}_2+\cdots+a_n\mathbf{E}_n. \tag{2b}$$

我们用符号 $\mathbf{O}$ 表示 "零向量", 它的所有分量都是零: $\mathbf{O}=(0,0,\cdots,0)$. 我们把向量 $(-1)\mathbf{A}=(-a_1,-a_2,\cdots,-a_n)$ 记作 $-\mathbf{A}$.

从这些定义容易推出, 向量的和以及同数量的乘积满足全部通常的代数定律, 只要它们有意义即可[1]. 由有限个适当选定的函数线性组合而成的函数, 提供了便于用向量表示的对象的例子. 例如, 变量 x 的次数 $\leqslant n$ 的一般多项式

$$P(x)=a_0+a_1x+a_2x^2+\cdots+a_nx^n$$

就能够用 $n+1$ 维空间中的一个单独的向量 $\mathbf{A}=(a_0,a_1,\cdots,a_n)$ 来表示. 于是, 向量的加法与数乘法就对应于对多项式所施行的相同的运算. 类似地, 一般的 n 阶三角多项式

$$f(x)=\frac{1}{2}a_0+\sum_{k=1}^{n}(a_k\cos kx+b_k\sin kx)$$

(见第一卷第 505 页) 能够用 $2n+1$ 维空间中的向量 $(a_0,a_1,\cdots,a_n,b_1,\cdots,b_n)$ 来表示. 一般的三个变量的线性齐次函数

$$u=a_1x_1+a_2x_2+a_3x_3$$

可用三维空间中的向量 (a_1,a_2,a_3) 表示; 一般的三个变量的二次型

$$u=a_1x_1^2+a_2x_2^2+a_3x_3^2+2a_4x_2x_3+2a_5x_3x_1+2a_6x_1x_2$$

可用六维空间中的向量 $(a_1,a_2,\cdots,a_6)$ 表示.

b. 向量的几何表示

正如平面情形一样, 能够把 n 维空间中的向量几何地看作这空间的某个映射, 即平移或平行位移. 向量 $\mathbf{A}=(a_1,a_2,\cdots,a_n)$ 可以用来描写 n 维欧几里得空间 R^n 的平移, 该平移将任意点 $P=(x_1,x_2,\cdots,x_n)$ 映射到 $P'=(x_1',x_2',\cdots,x_n')$,

1) 这些定律如下:

(1) $\mathbf{A}+\mathbf{B}=\mathbf{B}+\mathbf{A}$, $\mathbf{A}+(\mathbf{B}+\mathbf{C})=(\mathbf{A}+\mathbf{B})+\mathbf{C}$;

(2) $\lambda(\mathbf{A}+\mathbf{B})=\lambda\mathbf{A}+\lambda\mathbf{B}$, $(\lambda+\mu)\mathbf{A}=\lambda\mathbf{A}+\mu\mathbf{A}$, $(\lambda\mu)\mathbf{A}=\lambda(\mu\mathbf{A})$;

(3) 存在唯一的一个元素 $\mathbf{O}$, 使得对于每一个向量 $\mathbf{A}$ 都有 $\mathbf{A}+\mathbf{O}=\mathbf{A}$;

(4) 对于给定的 $\mathbf{A}$, 存在唯一的一个元素 $-\mathbf{A}$, 使得 $\mathbf{A}+(-\mathbf{A})=\mathbf{O}$;

(5) 对于所有的 $\mathbf{A}$ 都有 $0\mathbf{A}=\mathbf{O}$, $1\mathbf{A}=\mathbf{A}$.

一般来说, 一个集合, 对其元素定义了加法以及数乘法, 并且遵守这些规律, 就叫做向量空间.

它们的坐标之间有如下关系[1])

$$x_1' = x_1 + a_1, \quad x_2' = x_2 + a_2, \quad \cdots, \quad x_n' = x_n + a_n. \tag{3a}$$

假如对于某一个点 $P = (x_1, x_2, \cdots, x_n)$, 我们给出了像点 $P' = (x_1', x_2', \cdots, x_n')$, 则这个平移或其对应的向量 $\mathbf{A}$ 就唯一地被确定了; 由 (3a) 显然有

$$\mathbf{A} = (x_1' - x_1, x_2' - x_2, \cdots, x_n' - x_n). \tag{3b}$$

我们将用 $\mathbf{A} = \overrightarrow{PP'}$ 表示这个平移, 并且说向量 $\mathbf{A}$ 是由这有序的点偶 P 和 P' 来表示. 在这种表示法中, 我们称 P 为*起点*, P' 为*终点*. 在绘图中, 常用从 P 到 P' 的一个箭头来表示向量 $\mathbf{A} = \overrightarrow{PP'}$. 同一个向量 $\mathbf{A}$, 可以被很多对点偶 P 和 P' 构成的有向线段 $\overrightarrow{PP'}$ 来表示. 起点 P 完全是任意的, 因为由 $\mathbf{A}$ 定义的变换可以作用在任何一个点上, 而随之确定了一个像点 P'[2]). 零向量 $\mathbf{O}$ 对应着"恒等映射", 其中每一点都变到它自身: $\mathbf{O} = \overrightarrow{PP}$.

和平面情形 (第一卷第 335 页) 一样, 两个向量 $\mathbf{A} = (a_1, a_2, \cdots, a_n)$, $\mathbf{B} = (b_1, b_2, \cdots, b_n)$ 的和产生它们对应映射的*符号乘积*. 如果 $\mathbf{A}$ 将点 $P = (x_1, x_2, \cdots, x_n)$ 变到点 $P' = (x_1', x_2', \cdots, x_n')$, $\mathbf{B}$ 将点 P' 变到 $P'' = (x_1'', x_2'', \cdots, x_n'')$, 则 $\mathbf{C} = \mathbf{A} + \mathbf{B}$ 就对应着将 P 变到 P'' 的平移变换, 因为

$$x_i'' = x_i' + b_i = (x_i + a_i) + b_i = x_i + (a_i + b_i)$$

对于 $i = 1, 2, \cdots, n$ 成立. 用向量的记号就有

$$\mathbf{A} + \mathbf{B} = \overrightarrow{PP'} + \overrightarrow{PP'''} = \overrightarrow{PP''}. \tag{4}$$

如果我们用 $\overrightarrow{PP'''}$ 表示 $\mathbf{B}$, 使 $\mathbf{B}$ 和 $\mathbf{A}$ 有同样的起点 P, 我们发现 $\mathbf{A} + \mathbf{B} = \overrightarrow{PP''}$ 由顶点为 P, P', P'', P''' (见图 2.1) 的平行四边形的对角线表示 (见图 2.1).

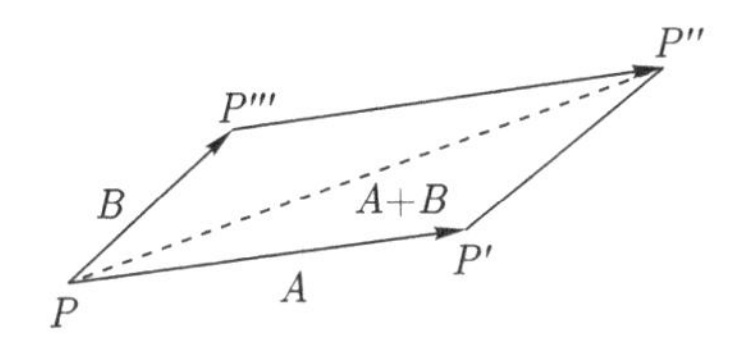

图 2.1 向量的加法

交换向量 $\mathbf{A} = \overrightarrow{PP'} = (x_1' - x_1, x_2' - x_2, \cdots, x_n' - x_n)$ 的起点与终点, 得到反向向量

$$\overrightarrow{P'P} = (x_1 - x_1', x_2 - x_2', \cdots, x_n - x_n') = (-1)\mathbf{A} = -\mathbf{A}.$$

1) 我们约定, 两个点 P 和 P' 都同在空间 R^n 中, 并且它们坐标是关于同一坐标系而取的.

2) 有时用记号 $P' - P$ 表示向量 $\overrightarrow{PP'}$. 按照公式 (3b), 这启示着把向量作为点的差这个看法.

对应于 $-\mathbf{A}$ 的映射 $P' \to P$ 是映射 $\mathbf{A}$ 的逆 (映射), 先执行 $\mathbf{A}$ 然后再执行 $-\mathbf{A}$, 其结果是恒等映射, 它和以下公式是一致的:

$$(-\mathbf{A}) + \mathbf{A} = (-1+1)\mathbf{A} = 0\mathbf{A} = \mathbf{O}.$$

相应于 (4) 式, 对于起点相同的两个向量 $\mathbf{A} = \overrightarrow{PP'}$ 与 $\mathbf{B} = \overrightarrow{PP''}$, 我们可以有常用的向量差的公式

$$\mathbf{B} - \mathbf{A} = \overrightarrow{PP''} - \overrightarrow{PP'} = \overrightarrow{PP''} + \overrightarrow{P'P} = \overrightarrow{P'P} + \overrightarrow{PP''} = \overrightarrow{P'P''}. \tag{4a}$$

这里向量 $\overrightarrow{PP''}$ 与 $\overrightarrow{PP'}$ 的差是由以 P, P', P'' 为顶点的三角形的第三边来表示的.

对于每一个点 $P = (x_1, x_2, \cdots, x_n)$, 我们能联系一个以原点为起点, 以 P 点为终点的向量, 这就是向量

$$\overrightarrow{OP} = (x_1, x_2, \cdots, x_n),$$

称为 P 点的位置向量. P 点的位置向量的分量正好是 P 点的坐标. 例如, 公式 (2a) 中的坐标向量 $\mathbf{E}_i = (0, \cdots, 0, 1, 0, \cdots, 0)$ 就是正 x_i 轴上和原点距离为 1 的点的位置向量. 任何一个向量 $\mathbf{A} = \overrightarrow{PP'}$, 总可以写成它的终点与起点的位置向量之差:

$$\overrightarrow{PP'} = \overrightarrow{OP'} - \overrightarrow{OP} \tag{5}$$

(见图 2.2).

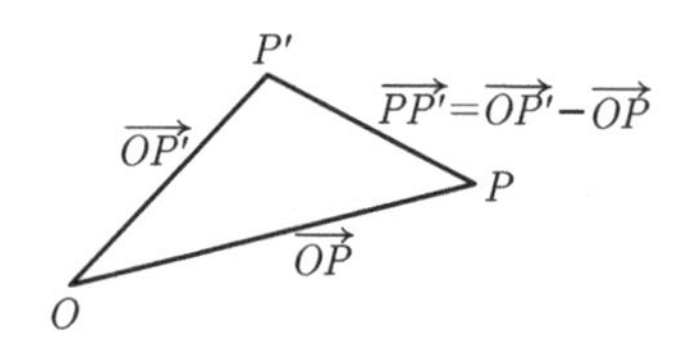

图 2.2　向量 $\overrightarrow{PP'}$ 作为位置向量的差

c. 向量的长度, 方向夹角

在 n 维欧氏空间 R^n 中, 两个点 $P = (x_1, x_2, \cdots, x_n)$ 和 $P' = (x_1', x_2', \cdots, x_n')$ 的距离由公式[1)]

$$r = \sqrt{(x_1' - x_1)^2 + (x_2' - x_2)^2 + \cdots + (x_n' - x_n)^2} \tag{6}$$

给出. 因为在距离 r 的表达式中, 仅仅出现 P, P' 的相应坐标之差, 我们看出: 同一向量 $\mathbf{A}$ 对应的所有的点偶 P, P' 之间的距离都是相同的. 我们称 r 为向量 $\mathbf{A}$ 的

1) 在二维或三维的情形中, 此公式可以应用勾股弦定理从几何上导出. 在高维的情形中, r 的表达式可以当作 n 维欧氏空间中, 相对于同一笛卡儿坐标系的两个点间的距离的定义.

长度, 并且记作 $r=|\mathbf{A}|$. 向量 $\mathbf{A}=(a_1,a_2,\cdots,a_n)$ 具有长度

$$|\mathbf{A}|=\sqrt{a_1^2+a_2^2+\cdots+a_n^2}. \tag{6a}$$

零向量 $\mathbf{O}=(0,0,\cdots,0)$ 的长度为 0, 任何其他向量的长度都是正数.

在欧几里得空间中, 角度能通过长度来表示. 这可由三角公式 (“余弦定律”) 得到, 这公式给出三角形的三个边 a,b,c 以及 a,b 之间的夹角 γ 之间的关系:

$$\cos\gamma=\frac{a^2+b^2-c^2}{2ab}. \tag{6b}$$

我们应用这个公式于一个以 P,P',P'' 为顶点的三角形 (图 2.3(a)). 这三角形的 a 边和 b 边是向量 $\mathbf{A}=\overrightarrow{PP'}$, $\mathbf{B}=\overrightarrow{PP''}$ 的长度, 另一边 c 是向量

$$\mathbf{C}=\overrightarrow{P'P''}=\overrightarrow{PP''}-\overrightarrow{PP'}=\mathbf{B}-\mathbf{A}$$

的长度.

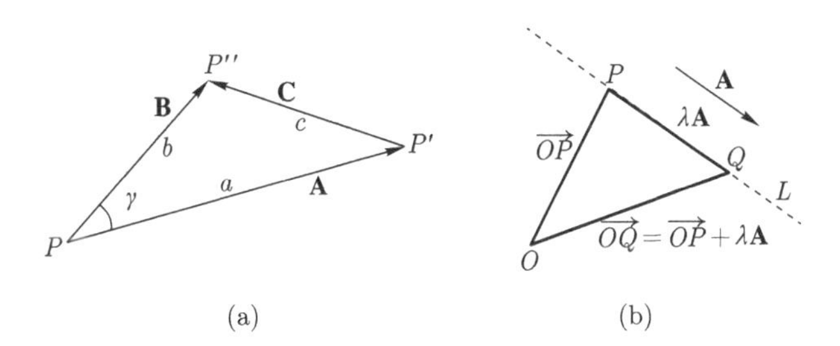

图 2.3 通过一个给定的点具有一个给定的方向的一条直线的向量表示

对于

$$\mathbf{A}=(a_1,a_2,\cdots,a_n),\quad \mathbf{B}=(b_1,b_2,\cdots,b_n),$$

我们有

$$\mathbf{C}=(c_1,c_2,\cdots,c_n)=(b_1-a_1,b_2-a_2,\cdots,b_n-a_n).$$

由 (6b)

$$\cos\gamma=\frac{|\mathbf{A}|^2+|\mathbf{B}|^2-|\mathbf{C}|^2}{2|\mathbf{A}||\mathbf{B}|},$$

其中

$$|\mathbf{A}|^2=\sum_{i=1}^n a_i^2,\quad |\mathbf{B}|^2=\sum_{i=1}^n b_i^2,\quad |\mathbf{C}|^2=\sum_{i=1}^n (b_i-a_i)^2.$$

因此, 对于 $\mathbf{A}\neq\mathbf{O},\mathbf{B}\neq\mathbf{O}$, 有

$$\cos\gamma = \frac{a_1b_1 + a_2b_2 + \cdots + a_nb_n}{\sqrt{a_1^2 + \cdots + a_n^2} \cdot \sqrt{b_1^2 + \cdots + b_n^2}}. \tag{7}$$

我们看到三角形 $PP'P''$ 的内角 γ 仅仅依赖于向量 $\mathbf{A} = \overrightarrow{PP'}$ 和 $\mathbf{B} = \overrightarrow{PP''}$. 因此, 我们称由公式 (7) 给出的量 $\cos\gamma$ 为向量 $\mathbf{A} = (a_1, a_2, \cdots, a_n)$ 与 $\mathbf{B} = (b_1, b_2, \cdots, b_n)$ 之间夹角[1]的余弦.

对于 $\cos\gamma$ 的公式 (7), 在任何两个非零向量 $\mathbf{A}, \mathbf{B}$ 之间, 实际上总是定义一个实角 γ. 因为它永远给出一个值适合 $|\cos\gamma| \leqslant 1$. 它是柯西–施瓦茨不等式

$$(a_1b_1 + a_2b_2 + \cdots + a_nb_n)^2 \leqslant (a_1^2 + a_2^2 + \cdots + a_n^2) \cdot (b_1^2 + b_2^2 + \cdots + b_n^2) \tag{8}$$

的一个直接推论.

为从公式 (7) 计算向量 $\mathbf{A}$ 和任意一个向量 $\mathbf{B}$ 之间的夹角, 我们只需知道这些量

$$\xi_i = \frac{a_i}{\sqrt{a_1^2 + a_2^2 + \cdots + a_n^2}} \quad (i = 1, 2, \cdots, n), \tag{9}$$

它们被称为向量 $\mathbf{A}$ 的*方向余弦*. 具有相同方向余弦的所有非零向量都与其他向量作成相同的角度, 因此就说它们*具有相同的方向*. 从公式 (7) 看出, $\mathbf{A}$ 的方向余弦可以解释成某个角度的余弦:

$$\xi_i = \cos\alpha_i, \tag{10}$$

其中 α_i 是 $\mathbf{A}$ 与第 i 个"坐标向量" $\mathbf{E}_i = (0, \cdots, 0, 1, 0, \cdots, 0)$ 之间的夹角. 向量 $\mathbf{A}$ 的 n 个方向余弦满足以下恒等式:[2]

$$\cos^2\alpha_1 + \cos^2\alpha_2 + \cdots + \cos^2\alpha_n = 1. \tag{11}$$

唯一没有方向余弦 (即没有方向) 的向量是零向量.

两个非零向量 $\mathbf{A}$ 与 $\mathbf{B}$ 具有相同的方向, 当且仅当它们有相同的方向余弦, 也就是

$$\frac{1}{|\mathbf{A}|}\mathbf{A} = \frac{1}{|\mathbf{B}|}\mathbf{B}$$

成立. 显然, 这就是当且仅当 $\mathbf{A}$ 与 $\mathbf{B}$ 满足关系 $\mathbf{A} = \lambda\mathbf{B}, \lambda$ 为一正数的情形. 这里 $\lambda = |\mathbf{A}|/|\mathbf{B}|$ 是向量的长度之比. 一个长度为 1 的向量叫做单位向量. 向量

$$(\xi_1, \xi_2, \cdots, \xi_n) = \frac{1}{|\mathbf{A}|}\mathbf{A}$$

1) 只当我们限制 γ 在区间 $0 \leqslant \gamma \leqslant \pi$ 中, 角 γ 才是唯一确定的. 用 $2n\pi \pm \gamma$ 代替 γ (n 是一个整数), 我们将得到所有余弦值相同的角度, 因而它们中的任何一个都可视为向量 $\mathbf{A}$ 与 $\mathbf{B}$ 之间的夹角.

2) 在二维空间中, 关系式 $\cos^2\alpha_1 + \cos^2\alpha_2 = 1$ 允许我们选择 α_2 的值为 $\dfrac{\pi}{2} - \alpha_1$. 在三维和高维的情形, 方向余弦之间的关系式 (11) 并不对应于角度 α_i 之间的任何简单的线性关系.

的分量为向量 $\mathbf{A}$ 的方向余弦, 它是 $\mathbf{A}$ 的方向上的单位向量.

和 $\mathbf{A}$ 相反的向量 $-\mathbf{A}=(-a_1,-a_2,\cdots,-a_n)$ 具有方向余弦 $-\xi_i$. 我们说它的方向与 $\mathbf{A}$ 的方向相反. 当两个非零向量 $\mathbf{A}$ 与 $\mathbf{B}$ 是同方向或反方向时, 我们说它们是平行的. 于是, 平行的一个必要条件是 $\mathbf{A}=\lambda\mathbf{B}$, 其中 λ 是任意一个不等于零的数. 平行于一个给定的方向的任何一个非零向量 $\mathbf{A}$ 的分量 $a_1,a_2,\cdots,a_n$, 叫做该方向的方向数.

如果我们把单位向量 $(\xi_1,\xi_2,\cdots,\xi_n)$ 的起点定在坐标原点 O, 那么终点 $P=(\xi_1,\xi_2,\cdots,\xi_n)$ 就在"单位球面"(即以原点为中心, 以 1 为半径的球面) $\xi_1^2+\xi_2^2+\cdots+\xi_n^2=1$ 上. 因为在任何一个给定的方向上恰好有一个单位向量, 可见, 在 n 维空间中, 各方向能由单位球面上的相应点来表示. 球面上相应于相反方向的点位于直径的两端.

一条直线可以直观地想象为一条"常向"曲线, 这提示一条 n 维空间的直线可以定义做具有如下性质的点的轨迹, 即凡是起点和终点在它上面的向量都是平行的. 这个定义立刻引导出直线的向量表示法. 对于直线 L 上任何不同的两点 P 和 Q, 向量 $\overrightarrow{PQ}$ 都平行于一个固定的向量 $\mathbf{A}$, 就是说

$$\overrightarrow{PQ}=\lambda\mathbf{A}\quad(\lambda\neq0).$$

如果我们将 P 点和向量 $\mathbf{A}$ 保持固定而让 Q 跑遍这条直线 L 上所有的点, 那么对于 Q 点的位置向量我们有下式 (见图 2.3b)

$$\overrightarrow{OQ}=\overrightarrow{OP}+\overrightarrow{PQ}=\overrightarrow{OP}+\lambda\mathbf{A}.\tag{12}$$

这里参量 λ 跑遍所有的实数; 数值 $\lambda=0$ 对应着点 $Q=P$. 如果 Q 点有坐标 $x_1,x_2,\cdots,x_n$; P 点有坐标 $y_1,y_2,\cdots,y_n$; 向量 $\mathbf{A}$ 有分量 $a_1,a_2,\cdots,a_n$, 则公式 (12) 对应着这直线的参量表达式

$$x_i=y_i+\lambda a_i\quad(i=1,2,\cdots,n),$$

其中参量 λ 跑遍所有的实数值. 点 P 把直线 L 分成两条半直线, 或称为"射线", 它们是由 λ 的符号来区分的. 对应于 $\lambda>0$, 向量 $\overrightarrow{PQ}$ 与 $\mathbf{A}$ 方向相同 (指向 $\mathbf{A}$ 的方向); 对应于 $\lambda<0$ 向量 $\overrightarrow{PQ}$ 与 $\mathbf{A}$ 的方向相反.

d. 向量的数量积

出现在关于两个向量 $\mathbf{A}=(a_1,a_2,\cdots,a_n)$ 与 $\mathbf{B}=(b_1,b_2,\cdots,b_n)$ 之间夹角 γ 的公式 (7) 中分子上的量, 叫做向量 $\mathbf{A}$ 与 $\mathbf{B}$ 的数量积, 用 $\mathbf{A}\cdot\mathbf{B}$ 表示

$$\mathbf{A}\cdot\mathbf{B}=a_1b_1+a_2b_2+\cdots+a_nb_n.\tag{13}$$

由几何概念的术语来表达, 它能写成

$$\mathbf{A}\cdot\mathbf{B}=|\mathbf{A}||\mathbf{B}|\cos\gamma. \tag{14}$$

两个向量的数量积是它们的长度与它们的方向之间的夹角的余弦的乘积. 如果 $\mathbf{A}=\overrightarrow{PP'},\mathbf{B}=\overrightarrow{PP''}$, 我们能够把 $p=|\mathbf{A}|\cos\gamma$ 几何地解释成线段 PP' 在直线 PP'' 上的 (带符号的) 投影 (见图 2.4). 我们称 p 为向量 $\mathbf{A}$ 在向量 $\mathbf{B}$ 方向上的分量. 由公式 (14) 我们有

$$\mathbf{A}\cdot\mathbf{B}=p|\mathbf{B}|. \tag{14a}$$

这样, 向量 $\mathbf{A}$ 与 $\mathbf{B}$ 的数量积等于向量 $\mathbf{B}$ 的长度与向量 $\mathbf{A}$ 在向量 $\mathbf{B}$ 方向上的分量的乘积[1]. 如果 $\mathbf{B}$ 是正 x_i 轴方向上的坐标向量 $\mathbf{E}=(0,\cdots,1,\cdots,0)$, 则 $\mathbf{A}$ 在 $\mathbf{B}$ 方向上的分量是 a_i, 即 $\mathbf{A}$ 的第 i 个分量.

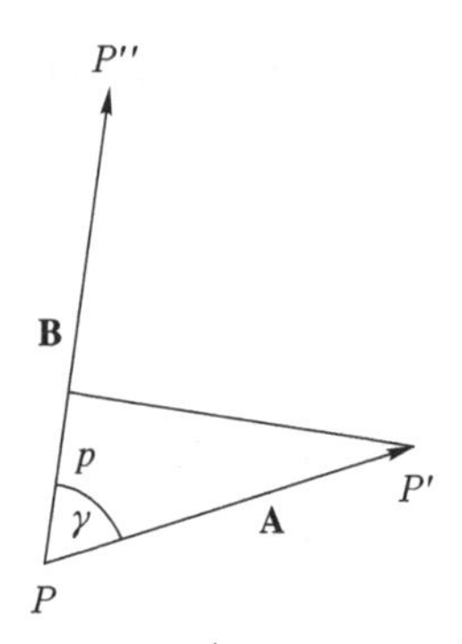

图 2.4 向量 $\mathbf{A}=\overrightarrow{PP'}$ 与 $\mathbf{B}=\overrightarrow{PP''}$ 的数量积

由定义 (13), 容易验证数量积满足通常的代数定律:

$$\mathbf{A}\cdot\mathbf{B}=\mathbf{B}\cdot\mathbf{A},\quad (\text{交换律}) \tag{15a}$$

$$\lambda(\mathbf{A}\cdot\mathbf{B})=(\lambda\mathbf{A})\cdot\mathbf{B}=\mathbf{A}\cdot(\lambda\mathbf{B}),\quad (\text{结合律})^{2)} \tag{15b}$$

$$\left.\begin{aligned}\mathbf{A}\cdot(\mathbf{B}+\mathbf{C})&=\mathbf{A}\cdot\mathbf{B}+\mathbf{A}\cdot\mathbf{C},\\(\mathbf{A}+\mathbf{B})\cdot\mathbf{C}&=\mathbf{A}\cdot\mathbf{C}+\mathbf{B}\cdot\mathbf{C}.\end{aligned}\right\}\quad(\text{分配律}) \tag{15c}$$

数量积的基本重要性来源于下述事实, 它通过向量 $\mathbf{A}$ 与 $\mathbf{B}$ 的分量的表达式, 具有简单的代数表达式 (13), 而与此同时, 它又具有由公式 (14) 所表明的那种纯粹的几何解释 (公式 (14) 不涉及向量在任何特定坐标系中的分量). 数量积不仅在描述角度时有用, 它也是推导面积和体积的分析表达式的基础.

1) 显然, 它也等于向量 $\mathbf{A}$ 的长度乘以向量 $\mathbf{B}$ 在 $\mathbf{A}$ 方向上的分量.

2) 因为两向量的数量积不是向量, 而是数, 因此没有包含数量积与第三向量的结合律.

从柯西–施瓦茨不等式 (8), 我们推出数量积满足不等式

$$|\mathbf{A}\cdot\mathbf{B}| \leqslant |\mathbf{A}||\mathbf{B}|, \tag{16}$$

它正好表明 $|\cos\gamma| \leqslant 1$. 我们将要看到 (第 156 页), (16) 式中的等号仅仅当 $\mathbf{A}$ 与 $\mathbf{B}$ 互相平行或者它们之中至少有一个是零向量的时候才成立.

我们注意公式 (13), 当 $\mathbf{B}=\mathbf{A}$ 时, 按公式 (6a) 有

$$\mathbf{A}\cdot\mathbf{A} = |\mathbf{A}|^2, \tag{17a}$$

这就是说, 一个向量与它自己的数量积是它的长度的平方. 这也可以从公式 (14) 得到, 因为向量与它自己的夹角为零, 即 $\gamma=0$. 对于非零向量的重要关系式

$$\mathbf{A}\cdot\mathbf{B} = 0 \tag{17b}$$

对应着 $\cos\gamma = 0$ 或 $\gamma = \frac{\pi}{2}$. 因此, 关系式 (17b) 刻画了向量 $\mathbf{A}$ 与 $\mathbf{B}$ 互相 "垂直" 或互相 "正交" 这个特征. 另一方面, $\mathbf{A}\cdot\mathbf{B} > 0$ 意味着 $\cos\gamma > 0$; 就是说, 我们能够确定一个值 γ 满足 $0 \leqslant \gamma < \frac{\pi}{2}$; 这两个向量的方向形成一个锐角. 类似地, $\mathbf{A}\cdot\mathbf{B} < 0$ 意味着这两个向量相互形成一个钝角, $\frac{\pi}{2} < \gamma \leqslant \pi$.

例如, 两个坐标向量 (见第 106 页)

$$\mathbf{E}_1 = (1,0,\cdots,0) \quad 与 \quad \mathbf{E}_2 = (0,1,0,\cdots,0)$$

是互相垂直的, 因为 $\mathbf{E}_1\cdot\mathbf{E}_2 = 1\cdot 0 + 0\cdot 1 + 0\cdot 0 + \cdots + 0\cdot 0 = 0$. 更一般地, 任何两个不同的坐标向量 $\mathbf{E}_i$ 与 $\mathbf{E}_k$ 都是垂直的:

$$\mathbf{E}_i\cdot\mathbf{E}_k = 0 \quad (i \neq k). \tag{17c}$$

对于 $k=i$, 我们显然有

$$\mathbf{E}_i\cdot\mathbf{E}_i = |\mathbf{E}_i|^2 = 1;$$

即坐标向量的长度是 1.

e. 超平面方程的向量形式

在 n 维空间 R^n 中, 满足形如

$$a_1x_1 + a_2x_2 + \cdots + a_nx_n = c \tag{18}$$

的线性方程 (其中 $a_1, a_2, \cdots, a_n$ 不全为零) 的点的轨迹叫做一个超平面. 字头 "超" 是需要的, 因为 n 维空间包含着各种维的 "平面" 或 "线性流形"; 而超平面可等同于包含在 n 维空间 R^n 中的 $n-1$ 维欧氏空间. 它们是通常三维空间中的二维平

面, 平面内的直线, 直线上的点.

引进向量 $\mathbf{A}=(a_1,a_2,\cdots,a_n)$ 与 P 点的位置向量 $\mathbf{X}=(x_1,x_2,\cdots,x_n)=\overrightarrow{OP}$, 我们能将方程 (18) 写成向量形式

$$\mathbf{A}\cdot\mathbf{X}=c \quad (\mathbf{A}\neq\mathbf{O}). \tag{18a}$$

设 $\mathbf{Y}=(y_1,y_2,\cdots,y_n)=\overrightarrow{OQ}$ 是超平面上一个特定点 Q 的位置向量, 使得 $\mathbf{A}\cdot\mathbf{Y}=c$. 从 (18a) 减去这个等式, 就发现超平面上的点 P 满足

$$0=\mathbf{A}\cdot\mathbf{X}-\mathbf{A}\cdot\mathbf{Y}=\mathbf{A}\cdot(\mathbf{X}-\mathbf{Y})=\mathbf{A}\cdot\overrightarrow{PQ}. \tag{19}$$

因此向量 $\mathbf{A}$ 垂直于超平面上任意两点的连线. 从超平面上任何一点 Q 出发, 沿着垂直于 $\mathbf{A}$ 的所有方向行进, 所得的点就组成这个超平面. 我们称 $\mathbf{A}$ 的方向为超平面的法方向 (见图 2.5).

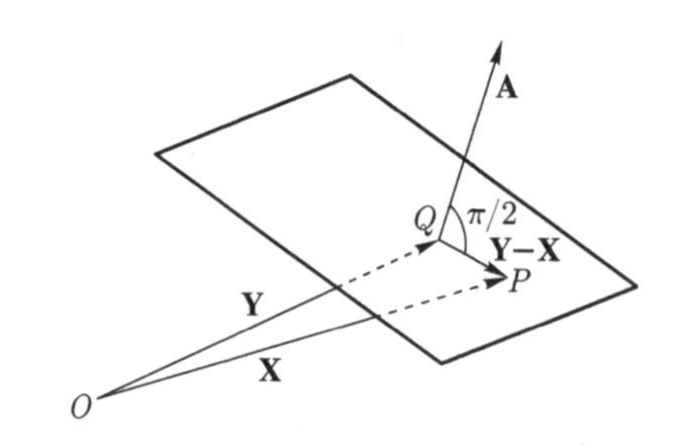

图 2.5 超平面的形成

具有方程 (18a) 的超平面, 把空间分成两个开的半空间, 由 $\mathbf{A}\cdot\mathbf{X}<c$ 和 $\mathbf{A}\cdot\mathbf{X}>c$ 给出. 向量 $\mathbf{A}$ 指向半空间 $\mathbf{A}\cdot\mathbf{X}>c$ 的一边. 这指的是, 超平面上以一点 Q 出发的在 $\mathbf{A}$ 方向上的射线由这样一类点组成, 它们的位置向量 $\mathbf{X}$ 满足 $\mathbf{A}\cdot\mathbf{X}>c$. 事实上, 这样的射线上的点 P 的位置向量 $\mathbf{X}$ 由

$$\mathbf{X}=\overrightarrow{OP}=\overrightarrow{OQ}+\lambda\mathbf{A}=\mathbf{Y}+\lambda\mathbf{A}$$

给出 (见 (12)), 其中 $\mathbf{Y}$ 是 Q 点的位置向量, λ 为一正数. 所以显然有

$$\mathbf{A}\cdot\mathbf{X}=\mathbf{A}\cdot\mathbf{Y}+\mathbf{A}\cdot\lambda\mathbf{A}=c+\lambda|\mathbf{A}|^2>c.$$

更一般地, 任何一个同 $\mathbf{A}$ 作成锐角的向量 $\mathbf{B}$ 都指向半空间 $\mathbf{A}\cdot\mathbf{X}>c$, 因为由 $\mathbf{A}\cdot\mathbf{B}>0$ 可推出

$$\mathbf{A}\cdot\mathbf{X}=\mathbf{A}\cdot(\mathbf{Y}+\lambda\mathbf{B})=\mathbf{A}\cdot\mathbf{Y}+\lambda\mathbf{A}\cdot\mathbf{B}>c.$$

如果常数 c 是正的, 因为 $\mathbf{A}\cdot\mathbf{O}=0<c$, 则半空间 $\mathbf{A}\cdot\mathbf{X}<c$ 将要包含原点, 这时 $\mathbf{A}$ 具有背离原点的方向.

描述一个给定的超平面的线性方程 (18a) 不是唯一的. 因为我们能够将方程乘上一个任意常数因子 $\lambda \neq 0$, 那相当于用平行于向量 $\mathbf{A}$ 的向量 $\lambda\mathbf{A}$ 代替 $\mathbf{A}$, 用 λc 代替 c. 如果 $c \neq 0$, 也就是说, 如果超平面不经过原点, 我们就能选取

$$\lambda = \frac{\operatorname{sgn} c}{|\mathbf{A}|}.$$

用 λ 乘 (18a), 我们得到超平面的*法式方程*

$$\mathbf{B} \cdot \mathbf{X} = p \tag{20}$$

这里 p 是一个正常数, $\mathbf{B}$ 是具有背离原点方向的单位法向量. 方程 (20) 中的常数 p 就是*原点到超平面的距离*, 也就是, 从原点到超平面上任意点的最短距离. 因为若 P 点是超平面上任意一点, 而 $\mathbf{X}$ 是 P 点的位置向量, 则从原点到 P 点的距离由

$$|\overrightarrow{OP}| = |\mathbf{X}| = |\mathbf{X}| \cdot |\mathbf{B}|$$

给出, 而由 (16) 和 (20) 便推出

$$|\overrightarrow{OP}| \geqslant \mathbf{B} \cdot \mathbf{X} = p.$$

等号对于超平面上特殊点 P 成立, 其位置向量为

$$\overrightarrow{OP} = \mathbf{X} = p\mathbf{B}.$$

这个点与原点的连线的方向便是超平面的法方向. 更一般地, 我们能够找到由超平面到空间中任何一个具有位置向量 $\mathbf{Y}$ 的点 Q 的距离 d. 读者可以自行验证

$$d = |\mathbf{B} \cdot \mathbf{Y} - p|. \tag{20a}$$

f. 向量的线性相关与线性方程组

数学分析中的很多问题都能化为 n 维空间中的若干向量间的线性关系的研究. 一个向量 $\mathbf{Y}$, 如果能够表示成向量 $\mathbf{A}_1, \mathbf{A}_2, \cdots, \mathbf{A}_m$ 的线性组合, 就是说, 如果存在着 m 个数 $x_1, x_2, \cdots, x_m$, 使得

$$\mathbf{Y} = x_1\mathbf{A}_1 + x_2\mathbf{A}_2 + \cdots + x_m\mathbf{A}_m \tag{21}$$

成立, 则称向量 $\mathbf{Y}$ *关于向量* $\mathbf{A}_1, \cdots, \mathbf{A}_m$ *是相关的*[1]. 这里 m 是任何一个自然数. 零向量永远是相关的, 因为选择所有的数量 x_i 为零时, 它能被表示成 (21) 的形式. 向量 $\mathbf{Y}$ 对于一个单个的向量 $\mathbf{A}_1 \neq \mathbf{O}$ 是相关的, 意味着向量 $\mathbf{Y} = \mathbf{O}$ 或者 $\mathbf{Y}$

1) 这里我们称 '相关的', 在文献中常常被称为 '线性相关的'. 因为在向量之间, 我们不考虑其他类型的相关, 我们去掉了 '线性' 这个词.

与 $\mathbf{A}_1$ 平行. 将 $\mathbf{A}_1, \mathbf{A}_2, \cdots, \mathbf{A}_n$ 选成 n 个坐标向量

$$\mathbf{E}_1 = (1, 0, \cdots, 0), \quad \mathbf{E}_2 = (0, 1, 0, \cdots, 0), \quad \cdots, \quad \mathbf{E}_n = (0, \cdots, 0, 1), \tag{22}$$

我们就看到关系式 (21) 对于任何一个向量 $\mathbf{Y} = (y_1, y_2, \cdots, y_n)$ 都成立; 只要我们选取 $x_1 = y_1, x_2 = y_2, \cdots, x_n = y_n$, 就有

$$\mathbf{Y} = y_1\mathbf{E}_1 + y_2\mathbf{E}_2 + \cdots + y_n\mathbf{E}_n. \tag{23}$$

因此, 空间中每一个向量关于坐标向量都是相关的. 另一方面, 容易看出 n 个坐标向量 $\mathbf{E}_i$ 中没有一个跟另外一些相关. 更一般地, 如果一个向量 $\mathbf{Y} \neq \mathbf{O}$, 但它垂直于向量 $\mathbf{A}_1, \mathbf{A}_2, \cdots, \mathbf{A}_m$ 中的每一个, 则向量 $\mathbf{Y}$ 关于 $\mathbf{A}_1, \mathbf{A}_2, \cdots, \mathbf{A}_m$ 不能是相关的. 因为, 关系式 (21) 与它自己的数量乘积产生

$$\begin{aligned}|\mathbf{Y}|^2 = \mathbf{Y} \cdot \mathbf{Y} &= \mathbf{Y} \cdot (x_1\mathbf{A}_1 + x_2\mathbf{A}_2 + \cdots + x_m\mathbf{A}_m) \\ &= x_1\mathbf{Y} \cdot \mathbf{A}_1 + x_2\mathbf{Y} \cdot \mathbf{A}_2 + \cdots + x_m\mathbf{Y} \cdot \mathbf{A}_m = 0,\end{aligned}$$

所以有 $\mathbf{Y} = \mathbf{O}$.

我们称向量组 $\mathbf{A}_1, \mathbf{A}_2, \cdots, \mathbf{A}_m$ 是相关的, 如果存在不全为零的数 $x_1, x_2, \cdots, x_m$, 使得

$$x_1\mathbf{A}_1 + x_2\mathbf{A}_2 + \cdots + x_m\mathbf{A}_m = \mathbf{O} \tag{24}$$

成立. 如果 $\mathbf{A}_1, \mathbf{A}_2, \cdots, \mathbf{A}_m$ 不是相关的——也即, (24) 只对 $x_1 = x_2 = \cdots = x_m = 0$ 成立——我们就称 $\mathbf{A}_1, \mathbf{A}_2, \cdots, \mathbf{A}_m$ 是无关的. 例如, 坐标向量 $\mathbf{E}_1, \mathbf{E}_2, \cdots, \mathbf{E}_n$ 是无关的, 因为

$$\mathbf{O} = x_1\mathbf{E}_1 + x_2\mathbf{E}_2 + \cdots + x_n\mathbf{E}_n = (x_1, x_2, \cdots, x_n),$$

显然隐含着 $x_1 = x_2 = \cdots = x_n = 0$.

"一个向量关于一组向量相关" 和 "一组向量相关" 这两个概念是紧密联系着的. 几个向量是相关的, 当且仅当它们中的一个关于其余的是相关的. 因为, 表明 $\mathbf{Y}$ 关于 $\mathbf{A}_1, \mathbf{A}_2, \cdots, \mathbf{A}_m$ 相关的关系式 (21) 显然能写成如下形式:

$$x_1\mathbf{A}_1 + x_2\mathbf{A}_2 + \cdots + x_m\mathbf{A}_m + (-1)\mathbf{Y} = \mathbf{O},$$

这表明 $m+1$ 个向量 $\mathbf{A}_1, \mathbf{A}_2, \cdots, \mathbf{A}_m, \mathbf{Y}$ 是相关的. 反之, 如果 $\mathbf{A}_1, \mathbf{A}_2, \cdots, \mathbf{A}_m$ 是相关的, 我们就有一个形如 (24) 的关系式, 其中系数 x_i 不全为零. 若 $x_k \neq 0$, 我们就能够对 $\mathbf{A}_k$ 解方程 (24), 而将 $\mathbf{A}_k$ 表示成其余向量的线性组合.

向量 $\mathbf{Y}$ 关于向量 $\mathbf{A}_1, \mathbf{A}_2, \cdots, \mathbf{A}_m$ 的相关性意味着, 一个特定的线性方程组有解 $x_1, x_2, \cdots, x_m$. 因为让 $\mathbf{Y} = (y_1, y_2, \cdots, y_n)$, 而让向量 $\mathbf{A}_k$ 写成分量如

$$\mathbf{A}_k = (a_{1k}, a_{2k}, \cdots, a_{nk}),$$

则用分量写出的向量方程 (21), 等价于关于未知量 $x_1, x_2, \cdots, x_m$ 的 n 个线性方程组成的方程组

$$\begin{aligned} a_{11}x_1 + a_{12}x_2 + \cdots + a_{1m}x_m &= y_1, \\ a_{21}x_1 + a_{22}x_2 + \cdots + a_{2m}x_m &= y_2, \\ &\cdots\cdots \\ a_{n1}x_1 + a_{n2}x_2 + \cdots + a_{nm}x_m &= y_n. \end{aligned} \tag{25}$$

显然, 若要 $\mathbf{Y}$ 关于 $\mathbf{A}_1, \mathbf{A}_2, \cdots, \mathbf{A}_m$ 是相关的, 必须且只需方程组 (25) 至少有一组解 $x_1, x_2, \cdots, x_m$. 类似地, 向量 $\mathbf{A}_1, \mathbf{A}_2, \cdots, \mathbf{A}_m$ 是相关的, 当且仅当齐次方程组

$$\begin{aligned} a_{11}x_1 + a_{12}x_2 + \cdots + a_{1m}x_m &= 0, \\ a_{21}x_1 + a_{22}x_2 + \cdots + a_{2m}x_m &= 0, \\ &\cdots\cdots \\ a_{n1}x_1 + a_{n2}x_2 + \cdots + a_{nm}x_m &= 0 \end{aligned} \tag{25a}$$

有一组 '非平凡' 解 $x_1, x_2, \cdots, x_m$, 即, 有一组解不同于平凡解[1)]

$$x_1 = x_2 = \cdots = x_m = 0.$$

在 n 维空间中, 我们已经找到了一组无关的 n 个向量, 就是坐标向量 $\mathbf{E}_1$, $\mathbf{E}_2, \cdots, \mathbf{E}_n$. 向量理论的基础是这个事实, 即 n 是无关向量的最大个数.

线性相关基本定理 *在 n 维空间中, 任意 $n+1$ 个向量都是相关的.*

在证明这个定理之前, 我们先考虑它的一些深刻的含义. 我们能立刻由它推出, 在 n 维空间中, 任何多于 n 个的一组向量都是相关的. 因为任何 m 个向量中的前 $n+1$ 个向量的相关式 (24), 能够被看作 m 个向量的相关式, 只要我们假定剩下的向量的系数都是零. 于是, 基本定理**隐含着**: *在齐次线性方程组 (25a) 中, 如果 $m > n$, 即未知数的个数超过方程式的个数时, 它永远有非平凡解.*

我们能够用不同的方式几何地表达最后这个陈述, 如果我们把方程组 (25a)

1) 形如 $P(x_1, x_2, \cdots, x_m) = 0$ 的方程, 其中 P 是齐次多项式 (见第 11 页), 叫齐次方程. 它们永远有平凡解 $x_1 = x_2 = \cdots = x_m = 0$. 另外, 任何一组解 $x_1, x_2, \cdots, x_m$, 当把所有的 x_i 乘上同一因子 λ 时, 它仍旧是一组解.

的每一个方程解释为 m 维空间的某两个向量的数量积为零. 于是一组非平凡解 $x_1, x_2, \cdots, x_m$ 就对应到一个向量 $\mathbf{X} = (x_1, x_2, \cdots, x_m) \neq \mathbf{O}$. 两个非零向量的数量积为零意味着这两个向量是互相垂直的. 方程组 (25a) 表明 $\mathbf{X}$ 垂直于这 n 个向量 $(a_{11}, a_{12}, \cdots, a_{1m}), (a_{21}, a_{22}, \cdots, a_{2m}), \cdots, (a_{n1}, a_{n2}, \cdots, a_{nm})$. 于是我们有: 给定一组非零向量, 它们的个数少于空间的维数, 则我们能够找到一个向量与它们中所有的向量都垂直 (由第 116 页知道, 该向量与它们是不相关的).

回到 n 维空间中的向量, 我们看到基本定理的一个进一步的推论: n 维空间中给定 n 个向量 $\mathbf{A}_1, \mathbf{A}_2, \cdots, \mathbf{A}_n$, 只要它们是无关的, 则该空间中任何一个向量 $\mathbf{Y}$ 都与它们是相关的. 因为 $n+1$ 个向量 $\mathbf{A}_1, \mathbf{A}_2, \cdots, \mathbf{A}_n, \mathbf{Y}$ 必定是相关的, 我们有形如

$$z_1\mathbf{A}_1 + z_2\mathbf{A}_2 + \cdots + z_n\mathbf{A}_n + z_{n+1}\mathbf{Y} = \mathbf{O}$$

的关系式, 其中 $z_1, z_2, \cdots, z_{n+1}$ 不全为零. 于是有 $z_{n+1} \neq 0$, 因为否则 $\mathbf{A}_1, \mathbf{A}_2, \cdots, \mathbf{A}_n$ 就会是相关的, 这与假设矛盾. 由此推出

$$\mathbf{Y} = x_1\mathbf{A}_1 + x_2\mathbf{A}_2 + \cdots + x_n\mathbf{A}_n, \tag{26}$$

式中

$$x_i = -\frac{z_i}{z_{n+1}} \quad (i = 1, 2, \cdots, n).$$

顺便指出, 把 $\mathbf{Y}$ 作为无关向量 $\mathbf{A}_1, \mathbf{A}_2, \cdots, \mathbf{A}_n$ 的线性组合的表达式 (26) 中的系数是唯一的, 因为, 假如存在着第二种表达式

$$\mathbf{Y} = y_1\mathbf{A}_1 + y_2\mathbf{A}_2 + \cdots + y_n\mathbf{A}_n,$$

通过相减就会得到

$$(x_1 - y_1)\mathbf{A}_1 + (x_2 - y_2)\mathbf{A}_2 + \cdots + (x_n - y_n)\mathbf{A}_n = \mathbf{O}.$$

由此我们从向量 $\mathbf{A}_1, \cdots, \mathbf{A}_n$ 的无关性推出所有的系数都为零, 因而推出 $x_1 = y_1, x_2 = y_2, \cdots, x_n = y_n$.

另一方面, 如果 $\mathbf{A}_1, \mathbf{A}_2, \cdots, \mathbf{A}_n$ 是相关的, 我们必定能找到一个向量 $\mathbf{Y}$, 它与 $\mathbf{A}_1, \mathbf{A}_2, \cdots, \mathbf{A}_n$ 是不相关的, 因为在这种情形下, 向量 $\mathbf{A}_1, \mathbf{A}_2, \cdots, \mathbf{A}_n$ 中有一个对于其余的是相关的, 比如, $\mathbf{A}_n$ 相关于 $\mathbf{A}_1, \mathbf{A}_2, \cdots, \mathbf{A}_{n-1}$; 则相关于向量 $\mathbf{A}_1, \mathbf{A}_2, \cdots, \mathbf{A}_n$ 的一个向量 $\mathbf{Y}$ 关于 $\mathbf{A}_1, \mathbf{A}_2, \cdots, \mathbf{A}_{n-1}$ 也是相关的. 但是, n 维空间中存在向量 $\mathbf{Y}$ 不相关于给定的 $n-1$ 个向量 (见第 118 页).

因为向量 $\mathbf{A}_1, \mathbf{A}_2, \cdots, \mathbf{A}_n$ 的无关性等价于对应的齐次线性方程组 (25a) 只有零解, 于是我们可从基本定理推导出线性方程组可解性的基础定理:

线性方程组

$$
\begin{aligned}
a_{11}x_1+a_{12}x_2+\cdots+a_{1n}x_n&=y_1,\\
a_{21}x_1+a_{22}x_2+\cdots+a_{2n}x_n&=y_2,\\
&\cdots\cdots\\
a_{n1}x_1+a_{n2}x_2+\cdots+a_{nn}x_n&=y_n,
\end{aligned}
\tag{27}
$$

对于任意给定的 n 个数 $y_1,y_2,\cdots,y_n$ 都有一组唯一的解 $x_1,x_2,\cdots,x_n$ 只需要齐次方程组

$$
\begin{aligned}
a_{11}x_1+a_{12}x_2+\cdots+a_{1n}x_n&=0,\\
a_{21}x_1+a_{22}x_2+\cdots+a_{2n}x_n&=0,\\
&\cdots\cdots\\
a_{n1}x_1+a_{n2}x_2+\cdots+a_{nn}x_n&=0,
\end{aligned}
\tag{27a}
$$

仅仅有零解 $x_1=x_2=\cdots=x_n=0$. 如果方程组 (27a) 有一组非零解, 我们就能找到一组值 $y_1,y_2,\cdots,y_n$, 对于它们方程组 (27) 无解.

这是一个纯粹的存在性定理, 它并未指出, 如果解存在的话, 怎样真正得到解 $x_1,x_2,\cdots,x_n$. 这可借助于下面 2.3 节中讨论的行列式来得到.

我们来证明基本定理, 对维数 n 用归纳法. 定理说的是, n 维空间中任何 $n+1$ 个向量 $\mathbf{A}_1,\mathbf{A}_2,\cdots,\mathbf{A}_n,\mathbf{Y}$ 是相关的. 对于 $n=1$, 向量变成数量, 要证明的断语变成: 对于任何两个数 y 和 A, 我们能找到不全为零的数 x_0,x_1, 使得

$$x_0y+x_1A=0.$$

这是容易办到的. 如果 $y=A=0$, 我们取 $x_0=x_1=1$; 在其他情形, 我们取 $x_0=A,x_1=-y$.

假定我们已经证明了 $n-1$ 维空间中任何 n 个向量是相关的. 令 $\mathbf{A}_1,\mathbf{A}_2,\cdots,\mathbf{A}_n,\mathbf{Y}$ 是 n 维空间的向量. 我们要证明 $\mathbf{A}_1,\mathbf{A}_2,\cdots,\mathbf{A}_n$, $\mathbf{Y}$ 是相关的. 如果 $\mathbf{A}_1,\mathbf{A}_2,\cdots,\mathbf{A}_n$ 自身已经是相关的, 则结论肯定成立. 因此, 我们限于考虑 $\mathbf{A}_1,\mathbf{A}_2,\cdots,\mathbf{A}_n$ 是不相关的情形. 我们将要证明 $\mathbf{Y}$ 关于 $\mathbf{A}_1,\mathbf{A}_2,\cdots,\mathbf{A}_n$ 是相关的. 这只需证明 (22) 中每一个坐标向量 $\mathbf{E}_1,\mathbf{E}_2,\cdots,\mathbf{E}_n$ 关于 $\mathbf{A}_1,\mathbf{A}_2,\cdots,\mathbf{A}_n$ 是相关的. 因为, 由 (23) 式, 任何向量 $\mathbf{Y}$ 是 $\mathbf{E}_i$ 的一个线性组合, 因而, 如果 $\mathbf{E}_i$ 能用 $\mathbf{A}_k$ 线性表示, 则 $\mathbf{Y}$ 也可以用 $\mathbf{A}_k$ 线性表示. 我们将只证明 $\mathbf{E}_n$ 关于 $\mathbf{A}_1,\mathbf{A}_2,\cdots,\mathbf{A}_n$ 是相关的, 因为对于其他的 $\mathbf{E}_i$ 的证明是类似的. 我们只要证明线性方程组

$$\begin{cases} a_{i1}x_1 + a_{i2}x_2 + \cdots + a_{in}x_n = 0 \quad (i = 1, 2, \cdots, n-1), \\ a_{n1}x_1 + a_{n2}x_2 + \cdots + a_{nn}x_n = 1 \end{cases} \tag{28}$$

有一组解 $x_1, x_2, \cdots, x_n$. 这里前 $n-1$ 个方程是齐次方程, 作为 $n-1$ 维空间中的 n 个向量是相关的这个归纳法假设的推论, 它有一组非零解 $x_1, x_2, \cdots, x_n$. 对于这组解, 令

$$a_{n1}x_1 + a_{n2}x_2 + \cdots + a_{nn}x_n = c,$$

这里 $c \neq 0$, 因为否则 $\mathbf{A}_1, \mathbf{A}_2, \cdots, \mathbf{A}_n$ 就会是相关的. 用 c 除 $x_1, x_2, \cdots, x_n$, 我们就得到方程组 (28) 的解. 这就完成了基本定理的证明.

练　习　2.1

1. 给出通过点 $P = (-2, 0, 4)$ 并且沿着向量 $\mathbf{A} = (2, 1, 3)$ 的方向的直线的坐标表达式.

2. (a) 什么是通过点 $P = (3, -2, 2)$ 和 $Q = (6, -5, 4)$ 的直线方程?

(b) 给出通过任意两个不同的点 P 和 Q 的直线方程.

3. 如果 $\mathbf{A}$ 和 $\mathbf{B}$ 是起点为 O, 终点分别为 P, Q 的两个向量, 则以 O 为起点, 以分 PQ 为比值 $\lambda : (1-\lambda)$ 的点为终点的向量被线性组合

$$(\mathbf{1} - \lambda)\mathbf{A} + \lambda\mathbf{B}$$

给出.

4. 在练习第 3 题中, 当 λ 取何值时, 其位置向量所对应的点位于从 P 到 Q 的射线上?

5. 四面体 $PQRS$ 顶点的质心可以定义为分 MS 为 $1:3$ 的点, 此处 M 是 PQR 顶点的质心. 证明这个定义与顶点的次序无关, 并且与质心的通常的定义是一致的.

6. 四面体的两个没有公共顶点的边叫做对边. 例如练习第 5 题中的四面体的边 PQ 和 RS 是对边. 证明四面体对边中点的连线通过顶点的质心.

7. 设 $A_1, A_2, \cdots, A_n$ 是空间的任意 n 个质点, 分别具有质量 $m_1, m_2, \cdots, m_n$; G 是它们的质心. 用 $\mathbf{A}_1, \mathbf{A}_2, \cdots, \mathbf{A}_n$ 表示起点为 G 终点为 $A_1, A_2, \cdots, A_n$ 的向量. 证明

$$m_1\mathbf{A}_1 + m_2\mathbf{A}_2 + \cdots + m_n\mathbf{A}_n = \mathbf{O}.$$

8. 实数形成一个一维向量空间, 其中 ‘向量’ 的加法是通常的加法, ‘向量’ 与数量的乘法是通常的乘法. 证明正实数也形成一个向量空间, 其中向量的加法是通

常的乘法, 而数量的乘法则适当地给予定义.

9. 证明复数作成二维向量空间, 其中加法是通常的加法, 而数量则是实数.

10. 设 P 和 Q 是球面上对立于直径两端的点, R 为球面上其他任意一点. 证明 PR 与 QR 成直角.

11. (a) 求经过 $P=(-3,2,1)$ 垂直于向量 $\mathbf{A}=(1,2,-2)$ 的平面的法式方程.

(b) 从这个平面到点 $Q=(1,-1,-1)$ 的距离是什么?

(c) 问 O 与 Q 在平面的同侧还是异侧?

12. (a) 设超平面方程由 (18) 给出. 确定从一点 P 到超平面的垂足的坐标.

(b) 在习题 11 中, 给出 O 和 Q 到平面垂足的坐标.

13. 设 $\mathbf{A}$ 和 $\mathbf{B}$ 是不平行的向量. 证明向量

$$\mathbf{C}=\mathbf{A}-\frac{\mathbf{A}\cdot\mathbf{B}}{|\mathbf{B}|^2}\mathbf{B}$$

与 $\mathbf{B}$ 垂直. 向量 $\mathbf{C}$ 称为 $\mathbf{A}$ 的垂直于 $\mathbf{B}$ 的分量.

14. 找到平面

$$\mathbf{A}x+\mathbf{B}y+\mathbf{C}z+\mathbf{D}=\mathbf{O}$$

与直线

$$x=x_0+\alpha t,\quad y=y_0+\beta t,\quad z=z_0+\gamma t$$

之间的夹角.

2.2 矩阵与线性变换

a. 基的变换, 线性空间

在 n 维空间 R^n 中, 每一个向量 $\mathbf{Y}$ 能够写成 (22) 中定义的坐标向量 $\mathbf{E}_1$, $\mathbf{E}_2,\cdots,\mathbf{E}_n$ 的线性组合, 即

$$\mathbf{Y}=y_1\mathbf{E}_1+y_2\mathbf{E}_2+\cdots+y_n\mathbf{E}_n,\tag{29}$$

其中 y_i 是向量 $\mathbf{Y}$ 的分量. 我们能把坐标向量与分量的概念推广到 S_n 中任意 m 个无关的向量 $\mathbf{A}_1,\mathbf{A}_2,\cdots,\mathbf{A}_m$. 如果 $\mathbf{Y}$ 是一个与 $\mathbf{A}_i$ 相关的向量, 我们有

$$\mathbf{Y}=x_1\mathbf{A}_1+x_2\mathbf{A}_2+\cdots+x_m\mathbf{A}_m,\tag{30}$$

其中系数 x_i 由 $\mathbf{Y}$ 唯一确定. 我们称 $x_1,x_2,\cdots,x_m$ 为 $\mathbf{Y}$ 关于基 $\mathbf{A}_1,\mathbf{A}_2,\cdots,\mathbf{A}_m$ 的分量. 对于这组基, 基向量 $\mathbf{A}_1$ 有分量 $1,0,\cdots,0$; 基向量 $\mathbf{A}_2$ 有分量 $0,1,0,\cdots,0$;

等等. 对于任意数量 λ, 向量

$$\lambda\mathbf{Y} = \lambda x_1\mathbf{A}_1 + \lambda x_2\mathbf{A}_2 + \cdots + \lambda x_m\mathbf{A}_m$$

也是与 $\mathbf{A}_i$ 相关的, 并且有分量 $\lambda x_1, \lambda x_2, \cdots, \lambda x_m$. 类似地, 如果

$$\mathbf{Y}' = x_1'\mathbf{A}_1 + x_2'\mathbf{A}_2 + \cdots + x_m'\mathbf{A}_m$$

是相关于 $\mathbf{A}_i$ 的第二个向量, 则两向量的和

$$\mathbf{Y} + \mathbf{Y}' = (x_1 + x_1')\mathbf{A}_1 + (x_2 + x_2')\mathbf{A}_2 + \cdots + (x_m + x_m')\mathbf{A}_m$$

关于我们的基有分量 $x_1 + x_1', x_2 + x_2', \cdots, x_m + x_m'$.

对于 $m < n$ 并不是 n 维空间中所有的向量都相关于 $\mathbf{A}_1, \mathbf{A}_2, \cdots, \mathbf{A}_m$. 相关于 m 个无关向量的全部向量被称为形成一个m 维向量空间. 我们能具体作成这样一个空间, 即选取任意一点 P_0 (具有位置向量 $\mathbf{B} = \overrightarrow{OP_0}$), 而以 P_0 为起点作所有的向量 $\mathbf{A}_1, \mathbf{A}_2, \cdots, \mathbf{A}_m$. 令

$$\mathbf{A}_i = \overrightarrow{P_0P_i} \quad (i = 1, 2, \cdots, m), \tag{31a}$$

并且设 $\mathbf{Y} = \overrightarrow{P_0P}$ 是由 (30) 给定的向量. 于是, 点 P 具有位置向量

$$\overrightarrow{OP} = \overrightarrow{OP_0} + \overrightarrow{P_0P} = \mathbf{B} + x_1\mathbf{A}_1 + x_2\mathbf{A}_2 + \cdots + x_m\mathbf{A}_m. \tag{31b}$$

我们称满足关系式 (31b) 的全部点 P 形成经过 P_0 由 $\mathbf{A}_1, \mathbf{A}_2, \cdots, \mathbf{A}_m$ 张成的 m 维线性流形 S_m. S_m 中的每一个点 P 唯一地决定一组值 $x_1, x_2, \cdots, x_m$, 称为点 P 的仿射坐标. 在 S_m 的这个仿射坐标系中, "原点", 即有 $x_1 = x_2 = \cdots = x_m = 0$ 的点, 是点 P_0; 仿射坐标 $x_1 = 1, x_2 = \cdots = x_m = 0$ 的点是点 P_1, 即向量 $\mathbf{A}_1 = \overrightarrow{P_0P_1}$ 的终点, 等等. 并且对于 S_m 中具有位置向量

$$\overrightarrow{OP} = \mathbf{B} + x_1\mathbf{A}_1 + x_2\mathbf{A}_2 + \cdots + x_m\mathbf{A}_m,$$

$$\overrightarrow{OP'} = \mathbf{B} + x_1'\mathbf{A}_1 + x_2'\mathbf{A}_2 + \cdots + x_m'\mathbf{A}_m$$

的两个点 P 和 P', 向量

$$\begin{aligned}\overrightarrow{PP'} &= \overrightarrow{OP'} - \overrightarrow{OP} \\ &= (x_1' - x_1)\mathbf{A}_1 + (x_2' - x_2)\mathbf{A}_2 + \cdots + (x_m' - x_m)\mathbf{A}_m\end{aligned}$$

关于基 $\mathbf{A}_1, \mathbf{A}_2, \cdots, \mathbf{A}_m$ 的分量是点 P 和 P' 的仿射坐标之差.

按照我们的定义, 经过点 P_0 的一维线性流形 S_1 是具有位置向量

$$\overrightarrow{OP} = \mathbf{B} + x_1\mathbf{A}_1$$

的点 P 的轨迹, 其中 $\mathbf{B}$ 和 $\mathbf{A}_1$ 是固定的向量 ($\mathbf{A}_1 \neq \mathbf{O}$), 并且 x_1 跑遍所有的实数. 显然, S_1 其实就是经过点 P_0 平行于向量 $\mathbf{A}_1$ 方向的直线 (见第 112 页). 一个二维线性流形或者二维平面 S_2 是由具有位置向量

$$\overrightarrow{OP} = \mathbf{B} + x_1\mathbf{A}_1 + x_2\mathbf{A}_2$$

的全部点 P 构成的, 其中 $\mathbf{B}, \mathbf{A}_1, \mathbf{A}_2$ 是固定的向量 ($\mathbf{A}_1$ 与 $\mathbf{A}_2$ 是无关的), 并且 x_1 和 x_2 跑遍所有的实数. 这 n 维线性空间 S_n 与整个的空间 R^n 是恒等的, 因为任何向量 $\mathbf{Y}$ 是相关于 n 个线性无关的向量 $\mathbf{A}_1, \mathbf{A}_2, \cdots, \mathbf{A}_n$ 的 (见第 118 页), 因而任何一点 P 的位置向量都能表示成如下形式:

$$\overrightarrow{OP} = \mathbf{B} + x_1\mathbf{A}_1 + x_2\mathbf{A}_2 + \cdots + x_n\mathbf{A}_n.$$

其次, $n-1$ 维的线性流形能够看作等同于第 118 页定义的超平面. 因为对于 n 维空间中给定的任何 $n-1$ 个向量 $\mathbf{A}_1, \mathbf{A}_2, \cdots, \mathbf{A}_{n-1}$, 我们能够找到一个向量 $\mathbf{A}$, 垂直于它们中的每一个 (见第 118 页). 于是, 对于

$$\overrightarrow{OP} = \mathbf{B} + x_1\mathbf{A}_1 + x_2\mathbf{A}_2 + \cdots + x_{n-1}\mathbf{A}_{n-1},$$

我们有关系

$$\begin{aligned}\mathbf{A} \cdot \overrightarrow{OP} &= \mathbf{B} \cdot \mathbf{A} + x_1\mathbf{A}_1 \cdot \mathbf{A} + x_2\mathbf{A}_2 \cdot \mathbf{A} + \cdots + x_{n-1}\mathbf{A}_{n-1} \cdot \mathbf{A} \\ &= \mathbf{B} \cdot \mathbf{A} = \text{常数},\end{aligned}$$

上式正好是关于点 P 的坐标的一个线性方程.

一般地, 要确定一个向量 $\mathbf{Y}$ 关于基 $\mathbf{A}_1, \mathbf{A}_2, \cdots, \mathbf{A}_m$ 的分量 x_i, 即要求形如 (25) 的线性方程组的解. 在一种重要的特殊情形中, 即当基向量作成一个标准正交系时, x_i 能被直接求出来. 对于向量 $\mathbf{A}_1, \mathbf{A}_2, \cdots, \mathbf{A}_m$, 如果它们中每一个长度为 1 并且任意两个是互相垂直的, 也就是说, 如果

$$\mathbf{A}_i \cdot \mathbf{A}_k = \begin{cases} 1, & \text{对于 } i = k, \\ 0, & \text{对于 } i \neq k, \end{cases} \tag{32}$$

我们就称向量 $\mathbf{A}_1, \mathbf{A}_2, \cdots, \mathbf{A}_m$ 是标准正交的 (orthonormal). 如果一个向量 $\mathbf{Y}$ 具有以下形式

$$\mathbf{Y} = x_1\mathbf{A}_1 + x_2\mathbf{A}_2 + \cdots + x_m\mathbf{A}_m,$$

我们利用垂直关系 (32) 就得到

$$\mathbf{Y} \cdot \mathbf{A}_i = x_1\mathbf{A}_1 \cdot \mathbf{A}_i + x_2\mathbf{A}_2 \cdot \mathbf{A}_i + \cdots + x_m\mathbf{A}_m \cdot \mathbf{A}_i = x_i \quad (i = 1, 2, \cdots, m). \tag{33}$$

特别, 从 $\mathbf{Y}=\mathbf{O}$ 隐含着 $x_i=0\ (i=1,2,\cdots,m)$; 所以标准正交向量总是无关的. 公式 (33) 表明, 向量 $\mathbf{Y}$ 关于正交基 $\mathbf{A}_1,\mathbf{A}_2,\cdots,\mathbf{A}_m$ 的分量等于向量 $\mathbf{Y}$ 在 $\mathbf{A}_i$ 方向上的分量 $\mathbf{Y}\cdot\mathbf{A}_i$. 由 (22) 式定义的坐标向量 $\mathbf{E}_1,\mathbf{E}_2,\cdots,\mathbf{E}_n$ 正好作成一个标准正交基, 并且向量 $\mathbf{Y}=(y_1,y_2,\cdots,y_n)$ 关于这个基的分量是

$$\mathbf{Y}\cdot\mathbf{E}_i=y_i.$$

一个标准正交基也可以用如下事实来刻画, 即对于向量的长度和两向量的数量积, 它与原始基 $\mathbf{E}_1,\mathbf{E}_2,\cdots,\mathbf{E}_n$ 给出相同的公式. 对于任意两个如下形式的向量

$$\begin{aligned}\mathbf{Y}&=x_1\mathbf{A}_1+x_2\mathbf{A}_2+\cdots+x_m\mathbf{A}_m,\\ \mathbf{Y}'&=x_1'\mathbf{A}_1+x_2'\mathbf{A}_2+\cdots+x_m'\mathbf{A}_m,\end{aligned}\tag{34a}$$

我们有

$$\begin{aligned}\mathbf{Y}\cdot\mathbf{Y}'=&(x_1\mathbf{A}_1+x_2\mathbf{A}_2+\cdots+x_m\mathbf{A}_m)\\ &\cdot(x_1'\mathbf{A}_1+x_2'\mathbf{A}_2+\cdots+x_m'\mathbf{A}_m)\\ =&x_1\mathbf{A}_1\cdot(x_1'\mathbf{A}_1+x_2'\mathbf{A}_2+\cdots+x_m'\mathbf{A}_m)+\cdots\\ &+x_m\mathbf{A}_m\cdot(x_1'\mathbf{A}_1+x_2'\mathbf{A}_2+\cdots+x_m'\mathbf{A}_m)\\ =&x_1x_1'+x_2x_2'+\cdots+x_mx_m'.\text{[1)]}\end{aligned}\tag{34b}$$

特别当 $\mathbf{Y}=\mathbf{Y}'$ 时, 我们得到关于向量 $\mathbf{Y}$ 的长度公式

$$|\mathbf{Y}|=\sqrt{\mathbf{Y}\cdot\mathbf{Y}}=\sqrt{x_1^2+x_2^2+\cdots+x_m^2}.\tag{34c}$$

如果通过点 P_0 的 m 维线性流形是由 m 个标准正交向量 $\mathbf{A}_1,\mathbf{A}_2,\cdots,\mathbf{A}_m$ 张成的, 则对应的仿射坐标系称为空间 S_m 的一个笛卡儿坐标系. 坐标向量 $\mathbf{A}_1$, $\mathbf{A}_2,\cdots,\mathbf{A}_m$ 互相垂直且长度为 1. 具有笛卡儿坐标 $(x_1,x_2,\cdots,x_m)$ 和 $(x_1',x_2',\cdots,x_m')$ 的两个点之间的距离 d 由公式

$$d=\sqrt{(x_1'-x_1)^2+(x_2'-x_2)^2+\cdots+(x_m'-x_m)^2}$$

给出. 更一般地, 任何以距离概念为基础的几何关系 (如角度、面积、体积) 在任何一个笛卡儿坐标系中都有相同的分析表达式.

---

1) 没有正交关系, 我们只能推出 $\mathbf{Y}\cdot\mathbf{Y}'$ 由一个更复杂的公式给出

$$\mathbf{Y}\cdot\mathbf{Y}'=\sum_{ik}c_{ik}x_ix_k,\quad 其中\quad c_{ik}=\mathbf{A}_i\cdot\mathbf{A}_k.$$

b. 矩阵

在 n 维空间中, 向量 $\mathbf{A}_1, \mathbf{A}_2, \cdots, \mathbf{A}_m, \mathbf{Y}$ 之间的这一关系

$$\mathbf{Y} = x_1\mathbf{A}_1 + x_2\mathbf{A}_2 + \cdots + x_m\mathbf{A}_m \tag{35a}$$

能够写成一个线性方程组 (见第 148 页 (25) 式)

$$\begin{aligned} a_{11}x_1 + a_{12}x_2 + \cdots + a_{1m}x_m &= y_1, \\ a_{21}x_1 + a_{22}x_2 + \cdots + a_{2m}x_m &= y_2, \\ &\cdots\cdots \\ a_{n1}x_1 + a_{n2}x_2 + \cdots + a_{nm}x_m &= y_n. \end{aligned} \tag{35b}$$

它联系着向量 $\mathbf{Y}$ 在原始坐标系的分量 $y_1, y_2, \cdots, y_n$ 与向量 $\mathbf{Y}$ 关于基向量 $\mathbf{A}_i = (a_{1i}, a_{2i}, \cdots, a_{ni}), i = 1, 2, \cdots, m$ 的分量 $x_1, x_2, \cdots, x_m$. 数量 x_i 和 y_i 之间的线性关系 (35b) 完全被这 $n \times m$ 个系数 a_{ji} 所描述. 将这些系数排成一个矩形阵列

$$\mathbf{a} = \begin{pmatrix} a_{11} & a_{12} & \cdots & a_{1m} \\ a_{21} & a_{22} & \cdots & a_{2m} \\ \vdots & \vdots & & \vdots \\ a_{n1} & a_{n2} & \cdots & a_{nm} \end{pmatrix}, \tag{36}$$

叫做矩阵 (我们将总是用黑体字母表示矩阵).

(36) 中的矩阵 $\mathbf{a}$ 有 mn 个‘元素”

$$a_{ji} \quad (j = 1, 2, \cdots, n; i = 1, 2, \cdots, m).$$

这些元素被排成 m ‘列” (column)

$$\begin{pmatrix} a_{11} \\ a_{21} \\ \vdots \\ a_{n1} \end{pmatrix}, \begin{pmatrix} a_{12} \\ a_{22} \\ \vdots \\ a_{n2} \end{pmatrix}, \cdots, \begin{pmatrix} a_{1m} \\ a_{2m} \\ \vdots \\ a_{nm} \end{pmatrix}$$

或者 n ‘行” (row)

$$\begin{gathered} (a_{11} \quad a_{12} \quad \cdots \quad a_{1m}), \\ (a_{21} \quad a_{22} \quad \cdots \quad a_{2m}), \\ \cdots\cdots \\ (a_{n1} \quad a_{n2} \quad \cdots \quad a_{nm}). \end{gathered}$$

两个矩阵被认为是相等的, 仅当它们的行数相同, 列数相同, 并且对应元素相等.

矩阵 $\mathbf{a}$ 的列可分别地视为等同于向量 $\mathbf{A}_1, \mathbf{A}_2, \cdots, \mathbf{A}_m$ 的分量的有序组. 我们将常常把由向量 $\mathbf{A}_1, \mathbf{A}_2, \cdots, \mathbf{A}_m$ 的分量构成各列的矩阵 $\mathbf{a}$ 写成这样

$$\mathbf{a} = (\mathbf{A}_1, \mathbf{A}_2, \cdots, \mathbf{A}_m). \tag{37}$$

方程组 (35b) 把 n 个数量 $y_1, y_2, \cdots, y_n$ 表示成 m 个数量 $x_1, x_2, \cdots, x_m$ 的线性函数, 现在我们能够缩写成简单的符号方程

$$\mathbf{aX} = \mathbf{Y}, \tag{38}$$

其中 $\mathbf{X}$ 表示向量 $(x_1, x_2, \cdots, x_n)$, $\mathbf{Y}$ 表示向量 $(y_1, y_2, \cdots, y_n)$. 如果矩阵 $\mathbf{a}$ 的列向量 $\mathbf{A}_1, \mathbf{A}_2, \cdots, \mathbf{A}_m$ 是无关的, 我们能把 (38) 解释为刻画一个基的变换或者是向量坐标系的变换.

这个方程把向量关于子空间 S_m 的基 $\mathbf{A}_1, \mathbf{A}_2, \cdots, \mathbf{A}_m$ 的分量 $x_1, x_2, \cdots, x_m$ 联系到该向量关于整个空间 S_n 的基 $\mathbf{E}_1, \mathbf{E}_2, \cdots, \mathbf{E}_n$ 的分量 $y_1, y_2, \cdots, y_n$. 这可以叫做 (38) 的 '静止" 的解释, 其中几何对象——向量——保持固定, 而仅仅是参考系转换了.

有另外一个 '活动" 的解释, 其中向量看成是变动的, 而坐标系看成是不动的. 于是方程 (38) 描写一个映射, 将 m 维空间中的向量 $(x_1, x_2, \cdots, x_m)$ 映射到 n 维空间中的向量 $(y_1, y_2, \cdots, y_n)$. 方程 (38), 或详细地写出等价方程组 (35b), 所给出的映射叫做 '线性的" 或 '仿射的".[1)]

例如方程组

$$y_1 = \frac{2}{3}x_1 - \frac{1}{3}x_2, \quad y_2 = -\frac{1}{3}x_1 + \frac{2}{3}x_2, \quad y_3 = -\frac{1}{3}x_1 - \frac{1}{3}x_2 \tag{38a}$$

对应于矩阵

1) 在向量的一个仿射映射中, 像向量 $\mathbf{Y}$ 的分量 y_i 是原向量 $\mathbf{X}$ 的分量 x_i 的齐次线性函数, 如公式 (35b) 所示. 如果我们将 $\mathbf{X}, \mathbf{Y}$ 等同于点的位置向量, 则 (35b) 定义了一个映射, 将 m 维空间 R^m 的点 $(x_1, x_2, \cdots, x_m)$ 映为 n 维空间中的点 $(y_1, y_2, \cdots, y_n)$. 用这种方法得到的点的映射是特殊的仿射映射, 它将 R^m 的原点映到 R^n 的原点. 一般的点的仿射映射由非齐次线性方程组

$$y_j = \sum_{i=1}^{m} a_{ji}x_i + b_j \quad (j = 1, 2, \cdots, n) \tag{$*$}$$

给出 (它能从一个把原点映到原点的特殊映射, 再作一个分量为 b_j 的平移得到). 应用映射 $(*)$ 于两个点 $P' = (x_1', x_2', \cdots, x_m')$, $P'' = (x_1'', x_2'', \cdots, x_m'')$, 分别有像点 $Q' = (y_1', y_2', \cdots, y_n')$, $Q'' = (y_1'', y_2'', \cdots, y_n'')$, 我们看到相应的映射将向量 $\overrightarrow{P'P''} = (x_1'' - x_1', x_2'' - x_2', \cdots, x_m'' - x_m')$ 映到向量

$$\overrightarrow{Q'Q''} = (y_1'' - y_1', y_2'' - y_2', \cdots, y_n'' - y_n'),$$

它是由齐次方程组 (35b) 给出的.

$$\mathbf{a}=\begin{pmatrix}\frac{2}{3} & -\frac{1}{3}\\ -\frac{1}{3} & \frac{2}{3}\\ -\frac{1}{3} & -\frac{1}{3}\end{pmatrix},$$

能够被解释为将平面向量 $\mathbf{X}=(x_1,x_2)$ 映到三维空间中的向量 $\mathbf{Y}=(y_1,y_2,y_3)$ 的一个映射. 此处, 像向量都满足关系

$$y_1+y_2+y_3=0, \tag{38b}$$

因而它们是垂直于向量 $\mathbf{N}=(1,1,1)$ 的. 把向量 $\mathbf{X},\mathbf{Y}$ 等同于点的位置向量, 我们就由 (38a) 有一个将 (x_1,x_2) 平面映射到 (y_1,y_2,y_3) 空间中具有方程 (38b) 的平面 π. 在几何上, 点 (y_1,y_2,y_3) 是由点 $(x_1,x_2,0)$ 垂直地投影到平面 π 而得出的[1]. 换个说法, 方程 (38a) 能够静止地解释为平面 π 的一个参量表达式, 其中 x_1,x_2 充当参量的角色.

不同的矩阵引起不同的线性映射, 因为坐标向量

$$\mathbf{E}_1=(1,0,\cdots,0),\quad \mathbf{E}_2=(0,1,0,\cdots,0),\cdots$$

由 (35b) 映到

$$\mathbf{A}_1=(a_{11},a_{21},\cdots,a_{n1}),\quad \mathbf{A}_2=(a_{12},a_{22},\cdots,a_{n2}),\cdots.$$

由此, 矩阵 $\mathbf{a}$ 的列向量 $\mathbf{A}_1,\mathbf{A}_2,\cdots,\mathbf{A}_n$ 正好是坐标向量 $\mathbf{E}_1,\mathbf{E}_2,\cdots,\mathbf{E}_n$ 的像. 因此矩阵 $\mathbf{a}$ 被映射唯一地确定了.

特别重要的是, 把 n 维空间映射到它自身之中的线性映射 $\mathbf{Y}=\mathbf{aX}$; 这种映射把一个向量 $\mathbf{X}=(x_1,x_2,\cdots,x_n)$ 映到一个向量 $\mathbf{Y}=(y_1,y_2,\cdots,y_n)$, $\mathbf{Y}$ 和 $\mathbf{X}$ 具有相同个数的分量. 这种映射所对应的矩阵行数和列数相同, 所以叫做方阵[2]. 用分量写出来, n 行 n 列的方阵 $\mathbf{a}$ 所对应的映射 $\mathbf{Y}=\mathbf{aX}$ 就具有第 119 页 (27) 式的形式. 关于 n 个未知数 n 个线性方程的方程组的解的基础定理 (第 119 页) 现在就能以另一种方式叙述如下.

对于一个方阵 $\mathbf{a}$, 有两个互相排斥的可能情形:

(1) 对于每一个向量 $\mathbf{X}\neq\mathbf{O}$ 有 $\mathbf{aX}\neq\mathbf{O}$;

(2) 对于某些向量 $\mathbf{X}\neq\mathbf{O}$ 有 $\mathbf{aX}=\mathbf{O}$.

在情形 (1), 对于每一个向量 $\mathbf{Y}$ 存在唯一的一个向量 $\mathbf{X}$ 使得 $\mathbf{Y}=\mathbf{aX}$; 在情形

1) 连接 $(x_1,x_2,0)$ 和 (y_1,y_2,y_3) 的直线平行于平面 π 的法线 N.

2) 一般的行数和列数是任意数的矩阵叫矩形矩阵.

(2), 存在向量 $\mathbf{Y}$, 对于它没有向量 $\mathbf{X}$ 使得 $\mathbf{Y}=\mathbf{aX}$ 成立.[1]

在情形 (2), 我们称矩阵 $\mathbf{a}$ 为奇异的; 在情形 (1), 称 $\mathbf{a}$ 为非奇异的. 因为方程 $\mathbf{aX}=\mathbf{O}$ 存在着非平凡解 $\mathbf{X}$ 等价于矩阵 $\mathbf{a}$ 的列向量是相关的, 我们看到, 一个方阵 $\mathbf{a}$ 是奇异的, 当且仅当它的列向量是相关的.

c. 矩阵的运算

习惯上, 像 (36) 中那样, 用带着两个下标的字母, 例如 a_{ji}, 来表示矩阵 $\mathbf{a}$ 的元素. 下标表示元素在矩阵中的位置或地点, 第一个下标给出行数, 第二个下标给出列数. 对于一个具有元素 a_{ji} 的 n 行 m 列的矩阵, 下标 j 跑遍 $1,2,\cdots,n$ 而下标 i 跑遍 $1,2,\cdots,m$. 矩阵 (36) 常常简记作如下形式

$$\mathbf{a}=(a_{ji}),$$

它仅仅显示了矩阵 $\mathbf{a}$ 的元素, 而没有表示出行数和列数, 它们需由前后文关系才能看出[2]. 例如在

$$\mathbf{a}=(a_{ji})=\begin{pmatrix} 1! & 2! & 3! & \cdots & m! \\ 2! & 3! & 4! & \cdots & (m+1)! \\ 3! & 4! & 5! & \cdots & (m+2)! \\ \vdots & \vdots & \vdots & & \vdots \\ n! & (n+1)! & (n+2)! & \cdots & (m+n-1)! \end{pmatrix}$$

中, 我们有 $a_{ji}=(i+j-1)!$.

矩阵的加法以及数量对矩阵的乘法是按照对于向量的同一方式来定义的. 如果 $\mathbf{a}=(a_{ji})$ 与 $\mathbf{b}=(b_{ji})$ 是 '大小' 相同的矩阵, 就是说, 具有相同的行数和列数, 我们就把 $\mathbf{a}+\mathbf{b}$ 定义成由对应元素相加而得到的矩阵

$$\mathbf{a}+\mathbf{b}=(a_{ji}+b_{ji}).$$

类似地, 对于一个数量 λ 我们把 $\lambda\mathbf{a}$ 定义成用因子 λ 去乘 $\mathbf{a}$ 的每个元素所得到的矩阵

$$\lambda\mathbf{a}=(\lambda a_{ji}).$$

对于由矩阵决定的向量 $\mathbf{X}$ 的映射, 可以立即验明有如下的规则:

---

1) 在情形 (1), 方程 $\mathbf{Y}=\mathbf{aX}$ 表示 n 维空间到它自身上的一个 1-1 映射. 在情形 (2), 映射既不是 1-1 映射, 也不是空间自身上的.

2) a_{ji} 中的字母 a 表示独立变数 j 和 i 的一个实值函数. 这个函数的定义域由 (j,i) 平面上坐标为 $1\leqslant j\leqslant n$ 和 $1\leqslant i\leqslant m$ 的整数的点组成. 通常我们将两个独立变量 x,y 的函数写作 $f(x,y)$, 于是这里假如用 $a(j,i)$ 代替习惯上的 a_{ji} 就会更为一致.

$$(\mathbf{a}+\mathbf{b})\mathbf{X}=\mathbf{aX}+\mathbf{bX}, \quad (\lambda\mathbf{a})\mathbf{X}=\lambda(\mathbf{aX}). \tag{39}$$

更有意义的事实是, "大小" 合适的矩阵可以彼此相乘. 两个矩阵 $\mathbf{a}$ 与 $\mathbf{b}$ 的乘积的一个自然的定义, 是由考虑相应的映射 (第一卷第 56 页) 的符号乘积或组合而得到的. 如果 $\mathbf{a}=(a_{ji})$ 是一个具有 m 列和 n 行的矩阵, 且 $\mathbf{X}=(x_1,\cdots,x_m)$, 是一个具有 m 个分量的向量, 则 $\mathbf{a}$ 所确定的映射 $\mathbf{Y}=\mathbf{aX}$ 将向量 $\mathbf{X}$ 映到具有 n 个分量的向量 $\mathbf{Y}=(y_1,\cdots,y_n)$, 其中

$$y_j=\sum_{i=1}^{m}a_{ji}x_i \quad (j=1,2,\cdots,n).$$

如果现在又有矩阵 $\mathbf{b}=(b_{kj})$, 是一个具有 n 列 p 行的矩阵, 则映射 $\mathbf{Z}=\mathbf{bY}$ 将 $\mathbf{Y}$ 映到具有 p 个分量的向量 $\mathbf{Z}=(z_1,\cdots,z_p)$, 其中

$$z_k=\sum_{j=1}^{n}b_{kj}y_j=\sum_{j=1}^{n}\sum_{i=1}^{m}b_{kj}a_{ji}x_i=\sum_{i=1}^{m}c_{ki}x_i,$$

这里

$$c_{ki}=\sum_{j=1}^{n}b_{kj}a_{ji} \quad (k=1,2,\cdots,p, i=1,2,\cdots,m). \tag{40}$$

于是, $\mathbf{Z}=\mathbf{cX}$, 其中 $\mathbf{c}=\mathbf{ba}=(c_{ij})$ 是 p 行 m 列的矩阵, 它的元素 c_{ki} 由 (40) 式给出. 因此, 我们定义矩阵 $\mathbf{b}$ 和 $\mathbf{a}$ 的乘积 $\mathbf{c}=\mathbf{ba}$ 为一个矩阵, 它的元素 c_{ki} 由 (40) 式给出.

我们注意到, 仅仅当矩阵 $\mathbf{b}$ 的列数和矩阵 $\mathbf{a}$ 的行数相同时, 乘积 $\mathbf{ba}$ 才有定义. 这相当于以下的一个明显的事实, 即两个映射的符号乘积, 仅仅在第一个因子的定义域包含了第二个因子的取值范围时, 才能够形成. 因此, 很可能乘积 $\mathbf{ba}$ 有定义, 而把因子次序对调后的乘积 $\mathbf{ab}$ 却没有定义. 而且, 即使两个乘积 $\mathbf{ba}$ 与 $\mathbf{ab}$ 都有定义时, 乘法交换律 $\mathbf{ab}=\mathbf{ba}$ 对于矩阵一般地并不成立. 例如

$$\mathbf{a}=\begin{pmatrix}0&1\\-1&0\end{pmatrix}, \quad \mathbf{b}=\begin{pmatrix}1&0\\0&-1\end{pmatrix},$$

我们有

$$\mathbf{ab}=\begin{pmatrix}0&-1\\-1&0\end{pmatrix}, \quad \mathbf{ba}=\begin{pmatrix}0&1\\1&0\end{pmatrix}.$$

然而, 人们从 (40) 式很容易验证矩阵的乘法遵守结合律和分配律:

$$\mathbf{a}(\mathbf{bc}) = (\mathbf{ab})\mathbf{c}, \tag{41a}$$

$$\mathbf{a}(\mathbf{b}+\mathbf{c}) = \mathbf{ab}+\mathbf{ac}, \quad (\mathbf{a}+\mathbf{b})\mathbf{c} = \mathbf{ac}+\mathbf{bc} \tag{41b}$$

(对于 '大小' 适当的矩阵而言). 我们可以说, 对于矩阵, 所有的代数运算是被允许的, 只要涉及的乘积有定义并且我们没有交换因子的次序.

由矩阵 $\mathbf{a}$ 所决定的向量的映射, 我们已经记作 $\mathbf{Y} = \mathbf{aX}$, 能够看作矩阵乘法的特例, 只要将向量 $\mathbf{X}, \mathbf{Y}$ 写作 '列向量', 就是说将它们写作只有一列而分别有 m 行和 n 行的矩阵

$$\mathbf{X} = \begin{pmatrix} x_1 \\ x_2 \\ \vdots \\ x_m \end{pmatrix}, \quad \mathbf{Y} = \begin{pmatrix} y_1 \\ y_2 \\ \vdots \\ y_n \end{pmatrix}.$$

d. 方阵. 逆阵. 正交阵

在应用上特别重要的是具有行数和列数相等的矩阵, 称为*方阵* (行数和列数不相等的矩阵叫*矩形矩阵*). 一个方阵的行数或列数叫做它的阶. 任何两个有相同阶数 n 的方阵能够相加或相乘. 特别, 对于一个方阵, 我们可以作成它的幂

$$\mathbf{a}^2 = \mathbf{aa}, \quad \mathbf{a}^3 = \mathbf{aaa}, \cdots.$$

特别, n 阶零方阵 $\mathbf{O}$ 是所有元素都是 0 的方阵, 或者说它所有的列向量都是零向量

$$\mathbf{O} = (0, 0, \cdots, 0). \tag{42a}$$

它具有以下明显的性质

$$\mathbf{a}+\mathbf{O} = \mathbf{O}+\mathbf{a} = \mathbf{a}, \quad \mathbf{aO} = \mathbf{Oa} = \mathbf{O} \tag{42b}$$

对于所有的 n 阶方阵 $\mathbf{a}$,

$$\mathbf{OX} = \mathbf{O} \tag{42c}$$

对于所有的具有 n 个分量的向量 $\mathbf{X}$.

其次, *单位方阵*是用 $\mathbf{e}$ 表示的, 是对应着向量 $\mathbf{X}$ 的恒等映射的方阵

$$\mathbf{eX} = \mathbf{X}, \tag{43a}$$

对于所有的向量 $\mathbf{X}$ 成立. 因为对于每一个坐标向量 $\mathbf{E}_k$ 都有

$$\mathbf{eE}_k = \mathbf{E}_k,$$

我们发现单位方阵的列就是坐标向量:

$$\mathbf{e} = (\mathbf{E}_1, \mathbf{E}_2, \cdots, \mathbf{E}_n) = \begin{pmatrix} 1 & 0 & 0 & \cdots & 0 \\ 0 & 1 & 0 & \cdots & 0 \\ \vdots & \vdots & \vdots & & \vdots \\ 0 & 0 & 0 & \cdots & 1 \end{pmatrix}. \tag{43b}$$

容易验证 $\mathbf{e}$ 在方阵的乘法中扮演着“单位”的角色:

$$\mathbf{ae} = \mathbf{ea} = \mathbf{a},$$

对于所有的 n 阶方阵 $\mathbf{a}$ 成立.

如果有 n 阶方阵 $\mathbf{b}$ 和 n 阶方阵 $\mathbf{a}$ 有下式

$$\mathbf{ab} = \mathbf{e}$$

成立, 就称 $\mathbf{b}$ *逆于* $\mathbf{a}$. 如果 $\mathbf{b}$ 是逆于 $\mathbf{a}$ 的, 则 $\mathbf{a}$ 对应着由 $\mathbf{b}$ 提供的向量映射的逆, 就是说, 如果 $\mathbf{b}$ 把一个向量 $\mathbf{Y}$ 映射到向量 $\mathbf{X}$ 上 (即如果 $\mathbf{X} = \mathbf{bY}$), 则 $\mathbf{a}$ 把向量 $\mathbf{X}$ 映回到 $\mathbf{Y}$, 因为

$$\mathbf{aX} = \mathbf{abY} = \mathbf{eY} = \mathbf{Y}.$$

更具体地说, 如果我们知道方阵 $\mathbf{a}$ 的一个逆方阵 $\mathbf{b}$, 则对于任何给定的 $(y_1, y_2, \cdots, y_n) = \mathbf{Y}$, 我们能写出线性方程组

$$\begin{aligned} a_{11}x_1 + a_{12}x_2 + \cdots + a_{1n}x_n &= y_1, \\ a_{21}x_1 + a_{22}x_2 + \cdots + a_{2n}x_n &= y_2, \\ &\cdots\cdots \\ a_{n1}x_1 + a_{n2}x_2 + \cdots + a_{nn}x_n &= y_n \end{aligned} \tag{44}$$

的一组解 $\mathbf{X} = (x_1, x_2, \cdots, x_n)$. 因为有 $\mathbf{abY} = \mathbf{eY} = \mathbf{Y}$. 我们确实得到了原方程的一组解, 由 $\mathbf{X} = \mathbf{bY}$ 给出, 即由

$$\begin{aligned} x_1 &= b_{11}y_1 + b_{12}y_2 + \cdots + b_{1n}y_n, \\ x_2 &= b_{21}y_1 + b_{22}y_2 + \cdots + b_{2n}y_n, \\ &\cdots\cdots \\ x_n &= b_{n1}y_1 + b_{n2}y_2 + \cdots + b_{nn}y_n \end{aligned}$$

给出.

每一个异于零的实数 a 都有一个倒数 b 满足 $ab = 1$. 然而却存在异于零方阵

的方阵没有逆方阵. 如果 $\mathbf{a}$ 有逆为 $\mathbf{b}$, 则方程 $\mathbf{aX}=\mathbf{Y}$ 对于每一个向量 $\mathbf{Y}$ 都有解 $\mathbf{X}=\mathbf{bY}$, 因为

$$\mathbf{abY}=\mathbf{eY}=\mathbf{Y}.$$

因此 (见第 130 页) 方阵 $\mathbf{a}$ 必定是非奇异的; 就是说 $\mathbf{a}$ 的列向量是无关的. *奇异方阵没有逆方阵*. 对于 $\mathbf{a}$ 的逆方阵 $\mathbf{b}$, 条件

$$\mathbf{ab}=\mathbf{e}$$

能写成如下形式

$$\sum_{r=1}^{n} a_{jr}b_{rk}=\mathbf{e}_{jk}, \tag{45}$$

其中 a_{jr}, b_{rk}, e_{jk} 分别表示方阵 $\mathbf{a}, \mathbf{b}, \mathbf{e}$ 的一般元素. 对于固定的 k, 我们在 (45) 中有一组关于向量 $\mathbf{B}_k=(b_{1k}, b_{2k}, \cdots, b_{nk})$ 的 n 个线性方程的方程组, $\mathbf{B}_k$ 为方阵 $\mathbf{b}$ 的第 k 列. 如果方阵 $\mathbf{a}$ 是非奇异的, 则对于每一个 k, 方程组 (45) 都有唯一的解 $\mathbf{B}_k$. 因此, *非奇异方阵有且仅有一个逆方阵* $\mathbf{b}$.

设 $\mathbf{a}$ 是任一非奇异的方阵, $\mathbf{b}$ 是它的逆, 即 $\mathbf{ab}=\mathbf{e}$. 考虑任意一个向量 $\mathbf{X}$, 且令 $\mathbf{Y}=\mathbf{aX}$. 因为 $\mathbf{Z}=\mathbf{X}$ 和 $\mathbf{Z}=\mathbf{bY}$ 都是方程组 $\mathbf{Y}=\mathbf{aZ}$ 的解, 又因该解是唯一的, 我们必定有

$$\mathbf{bY}=\mathbf{X}, \tag{46}$$

对于每一个向量 $\mathbf{X}$ 成立. 因此 (见第 131 页) $\mathbf{a}$ 也是 $\mathbf{b}$ 的逆:

$$\mathbf{ba}=\mathbf{e}.$$

非奇异方阵 $\mathbf{a}$ 的逆方阵常用 $\mathbf{a}^{-1}$ 表示. 我们有

$$\mathbf{aa}^{-1}=\mathbf{a}^{-1}\mathbf{a}=\mathbf{e},$$

其中 $\mathbf{e}$ 为单位方阵. 对于 b_{rk} 解方程组 (45), 可以推算出逆来. 因为单位方阵 $\mathbf{e}$ 的元素 e_{jk}, 当 $j\neq k$ 时取值 0; 当 $j=k$ 时取值 1, 方程组 (45) 表明方阵 $\mathbf{a}$ 的第 j 行与方阵 $\mathbf{a}^{-1}$ 的第 k 列的数量积当 $j\neq k$ 时为 0; 当 $j=k$ 时为 1. 更进一步, 由于

$$\mathbf{a}^{-1}\mathbf{a}=\mathbf{e},$$

我们看到方阵 $\mathbf{a}^{-1}$ 的第 j 行与方阵 $\mathbf{a}$ 的第 k 列的数量积也是当 $j\neq k$ 时为 0; 当 $j=k$ 时为 1.

用逆方阵作乘法, 使得我们能够用一个非奇异的方阵来除一个方阵之间的等

式. 例如, 方阵等式

$$\mathbf{ab} = \mathbf{c},$$

其中 $\mathbf{a}$ 为一个非奇异的方阵, 用 $\mathbf{a}^{-1}$ 从左边乘这等式便能解出 $\mathbf{b}$:

$$\mathbf{a}^{-1}\mathbf{c} = \mathbf{a}^{-1}(\mathbf{ab}) = (\mathbf{a}^{-1}\mathbf{a})\mathbf{b} = \mathbf{eb} = \mathbf{b}.$$

类似地, 等式

$$\mathbf{ba} = \mathbf{c}$$

导致

$$\mathbf{ca}^{-1} = \mathbf{b}.$$

从欧几里得几何的观点看, 最重要的方阵是正交 (orthogonal) 方阵, 它对应着从一个笛卡儿坐标系到另一个笛卡儿坐标系的一种过渡, 或是保持长度的一种线性变换. 我们称 $\mathbf{a}$ 为一正交方阵, 如果一个方阵 $\mathbf{a}$ 的列向量 $\mathbf{A}_1, \mathbf{A}_2, \cdots, \mathbf{A}_n$ 组成一个正交系

$$\mathbf{A}_i \cdot \mathbf{A}_k = \begin{cases} 0, & \text{对于 } i \neq k, \\ 1, & \text{对于 } i = k, \end{cases} \tag{47}$$

(参看第 124 页). 因为组成正交系的向量是无关的, 由此可知正交方阵永远是非奇异的. 对相应于方阵 $\mathbf{a}$ 的向量关系式 $\mathbf{aX} = \mathbf{Y}$ 作 "静止" 的解释, 它便描述了向量关于坐标向量 $\mathbf{E}_1, \mathbf{E}_2, \cdots, \mathbf{E}_n$ 的分量 $y_1, y_2, \cdots, y_n$ 如何联系到向量关于基向量 $\mathbf{A}_1, \mathbf{A}_2, \cdots, \mathbf{A}_n$ 的分量. 对于一个正交方阵 $\mathbf{a}$, 一组基 $\mathbf{A}_1, \mathbf{A}_2, \cdots, \mathbf{A}_n$ 是由 n 个长度为 1 的正交向量组成的, 它们组成一个笛卡儿坐标系, 其中距离由常用的表达式 (见第 124 页) 给出. 若作 "活动" 的解释, $\mathbf{Y} = \mathbf{aX}$ 便表示一个线性映射, 将坐标向量 $\mathbf{E}_i$ 映成向量 $\mathbf{A}_i$. 这个映射将向量

$$\mathbf{X} = (x_1, x_2, \cdots, x_n) = x_1\mathbf{E}_1 + x_2\mathbf{E}_2 + \cdots + x_n\mathbf{E}_n$$

映成

$$\begin{aligned} \mathbf{Y} = \mathbf{aX} &= \mathbf{a}(x_1\mathbf{E}_1 + x_2\mathbf{E}_2 + \cdots + x_n\mathbf{E}_n) \\ &= x_1\mathbf{aE}_1 + x_2\mathbf{aE}_2 + \cdots + x_n\mathbf{aE}_n \\ &= x_1\mathbf{A}_1 + x_2\mathbf{A}_2 + \cdots + x_n\mathbf{A}_n. \end{aligned}$$

这种映射保持任何一个向量的长度, 因为由 (47) 式有

$$
\begin{aligned}
|\mathbf{Y}|^2 &= \mathbf{Y}\cdot\mathbf{Y} \\
&= (x_1\mathbf{A}_1 + x_2\mathbf{A}_2 + \cdots + x_n\mathbf{A}_n)\cdot(x_1\mathbf{A}_1 + x_2\mathbf{A}_2 + \cdots + x_n\mathbf{A}_n) \\
&= x_1^2 + x_2^2 + \cdots + x_n^2 = |\mathbf{X}|^2.
\end{aligned}
$$

更广泛些说, 这种映射保持任何两个向量的数量积不变, 因此也保持了方向间的夹角, 这是容易证明的. 这种保持长度的映射统称为*正交变换*或*刚体运动*. 在二维的情形, 它们容易与第一卷 (第 315 页) 讨论过的坐标轴的变换等同起来. 长度为 1 的二维向量 $\mathbf{A}_1$ 能写成 $\mathbf{A}_1 = (\cos\gamma, \sin\gamma)$, 其中 γ 是某一适当的角. 垂直于向量 $\mathbf{A}_1$ 且长度为 1 的向量 $\mathbf{A}_2$ 只有

$$
\mathbf{A}_2 = \left(\cos\left(\gamma + \frac{\pi}{2}\right), \sin\left(\gamma + \frac{\pi}{2}\right)\right) = -(\sin\gamma, \cos\gamma)
$$

和

$$
\mathbf{A}_2 = \left(\cos\left(\gamma - \frac{\pi}{2}\right), \sin\left(\gamma - \frac{\pi}{2}\right)\right) = (\sin\gamma, -\cos\gamma).
$$

因此, 一般的二阶正交方阵是以下两种形式之一:

$$
\mathbf{a} = \begin{pmatrix} \cos\gamma & -\sin\gamma \\ \sin\gamma & \cos\gamma \end{pmatrix} \quad \text{或} \quad \mathbf{a} = \begin{pmatrix} \cos\gamma & \sin\gamma \\ \sin\gamma & -\cos\gamma \end{pmatrix}. \tag{48}
$$

正交关系 (47) 使人们能立刻写出一个正交方阵 $\mathbf{a}$ 的逆方阵 $\mathbf{a}^{-1}$. 我们取方阵 $\mathbf{a}$ 的列向量 $\mathbf{A}_k$ 作为方阵 $\mathbf{a}^{-1}$ 的行向量; 这样 $\mathbf{a}^{-1}$ 的第 k 行和 $\mathbf{a}$ 的第 j 列的数量积当 $j \neq k$ 时为 0, 当 $j = k$ 时为 1, 满足了 $\mathbf{a}^{-1}\mathbf{a} = \mathbf{e}$ 的要求. 一般地, 对于任意一个矩阵 $\mathbf{a} = (a_{jk})$, 交换它的行和列, 得到矩阵 $\mathbf{a}$ 的转置矩阵 $\mathbf{a}^{\mathrm{T}} = (b_{jk})$. 更明确些有 $b_{jk} = a_{kj}$[1]. 对于一个正交方阵, 我们简单地有

$$
\mathbf{a}^{-1} = \mathbf{a}^{\mathrm{T}}. \tag{49}
$$

例如

$$
\begin{pmatrix} \cos\gamma & -\sin\gamma \\ \sin\gamma & \cos\gamma \end{pmatrix}^{-1} = \begin{pmatrix} \cos\gamma & \sin\gamma \\ -\sin\gamma & \cos\gamma \end{pmatrix}.
$$

由于 (46), 我们能将关系式 (49) 写成

$$
\mathbf{a}^{\mathrm{T}}\mathbf{a} = \mathbf{e}, \quad \mathbf{a}\mathbf{a}^{\mathrm{T}} = \mathbf{e}.
$$

这第二个关系表明, 在一个正交方阵中, 第 j 行和第 k 行的数量积当 $j \neq k$ 时为 0, 当 $j = k$ 时为 1. 因此*一个正交方阵的行向量也作成一个正交系*.

1) 将 $\mathbf{a}$ 写成一个矩形阵列, 定义 $\mathbf{a}$ 的 "主对角线" 是从左上角向右下角斜率为 -1 的直线, 它包含元素 $a_{11}, a_{22}, a_{33}, \cdots$. 将矩阵 $\mathbf{a}$ 以主对角线为准来 "反射", 便得到矩阵 $\mathbf{a}$ 的转置矩阵.

练　习　2.2

1. 对下列每个情形写出经过点 P 由向量 $\mathbf{A}_k$ 张成的空间.

(a) $P=(-1,2,1)$; $\mathbf{A}_1=(4,0,3)$.

(b) $P=(2,1,-4)$; $\mathbf{A}_1=(3,-2,1)$, $\mathbf{A}_2=(1,0,-1)$.

(c) $P=(2,1,-4,2)$; $\mathbf{A}_1=(3,-2,1,2)$, $\mathbf{A}_2=(1,0,-1,2)$.

2. 证明 $\mathbf{E}_1=(2/3,2/3,-1/3)$, $\mathbf{E}_2=(1/\sqrt{2},-1/\sqrt{2},0)$, $\mathbf{E}_3=(\sqrt{2}/6,\sqrt{2}/6,2\sqrt{2}/3)$ 作成一个正交基, 并写出下列给定的向量在这组基下的表达式:

(a) $\mathbf{A}_1=(\sqrt{2},\sqrt{2},\sqrt{2})$;

(b) $\mathbf{A}_2=(3,-3,3)$;

(c) $\mathbf{A}_3=(1,0,0)$.

3. 给定了线性无关的向量 $\mathbf{A}_1,\mathbf{A}_2,\cdots,\mathbf{A}_m$, 作出互相垂直的单位向量 $\mathbf{E}_1,\mathbf{E}_2,\cdots,\mathbf{E}_m$ 具有如下性质, 即 $\mathbf{E}_k$ 是 $\mathbf{A}_1,\mathbf{A}_2,\cdots,\mathbf{A}_k$ 的线性组合 (对于 $k=1,2,\cdots,m$).

4. 从练习第 3 题的结果, 证明线性无关的基本定理.

5. 求直线到点 $P=(x_0,y_0,z_0)$ 的距离, 直线由下式给出

$$x=at+b,\quad y=ct+d,\quad z=et+f$$

(提示: 找 P 点到直线的垂足).

6. 以下方程组是否有一组非零解?

$$x+2y+3z=0,$$

$$2x+3y+z=0,$$

$$3x+y+2z=0.$$

7. 写出向量 (a_1,a_2,a_3) 关于基 $\mathbf{A}_1=(1,2,3)$, $\mathbf{A}_2=(2,3,1)$, $\mathbf{A}_3=(3,1,2)$ 的表达式.

8. 确定从关于基 $\mathbf{E}_1,\mathbf{E}_2,\mathbf{E}_3$ 的笛卡儿坐标系到关于练习第 7 题中的基 $\mathbf{A}_1,\mathbf{A}_2,\mathbf{A}_3$ 的仿射坐标系的变换的矩阵.

9. 如果方阵 $\mathbf{a}$ 是奇异的, 证明存在一个向量 $\mathbf{Y}$, 对于它 $\mathbf{Y}=\mathbf{aX}$ 无解.

10. 对于矩阵

$$\mathbf{a}=\begin{pmatrix}1&2&0\\0&0&1\\2&1&0\end{pmatrix},\quad \mathbf{b}=\begin{pmatrix}-2&1&0\\0&1&-2\\1&0&1\end{pmatrix}$$

求乘积 **ab** 和 **ba**.

11. 找出 2 阶方阵

$$\begin{pmatrix} a & b \\ c & d \end{pmatrix}$$

存在逆方阵的条件. 当逆方阵存在时把它写出来.

12. 证明只有一个单位方阵.

13. 设方阵 $\mathbf{a}, \mathbf{b}$ 都是非奇异的, 求出 **ab** 的逆方阵.

14. 有时人们把一个 n 阶奇异方阵定义为将 n 维空间映射成一个低维空间的矩阵. 证明这个定义与前面给出的定义是等价的.

15. 说明 (48) 中矩阵的几何意义.

16. 证明方阵 **a** 是正交的当且仅当 $\mathbf{a}^{\mathrm{T}} = \mathbf{a}^{-1}$.

17. 证明乘积 **ab** 的转置矩阵是转置矩阵交换次序后的乘积 $\mathbf{b}^{\mathrm{T}}\mathbf{a}^{\mathrm{T}}$.

18. 证明正交方阵的乘积是正交的.

19. 证明正交方阵对应的映射保持数量积; 就是说, 如果 **a** 是正交的, 则 $(\mathbf{aX})\cdot(\mathbf{aY}) = \mathbf{X}\cdot\mathbf{Y}$.

20. 证明任何保持长度的线性映射的方阵是正交的.

21. 证明一个仿射变换将质点组的质量中心变到像点组的质量中心.

2.3　行　列　式

a. 二阶与三阶行列式

数学分析包括多维空间中非线性映射的研究. 然而作这样的研究之前必须先有一个关于线性映射 $\mathbf{Y} = \mathbf{aX}$ 的研究, 其中 **X** 和 **Y** 是向量而 **a** 是矩阵. 尤其具有根本重要性的是分析一个线性映射的逆的构造, 这实际上就是分析 n 个线性方程

$$\begin{aligned} a_{11}x_1 + a_{12}x_2 + \cdots + a_{1n}x_n &= y_1, \\ a_{21}x_1 + a_{22}x_2 + \cdots + a_{2n}x_n &= y_2, \\ \cdots\cdots& \\ a_{n1}x_1 + a_{n2}x_2 + \cdots + a_{nn}x_n &= y_n \end{aligned} \tag{50}$$

对于 n 个未知量 $x_1, x_2, \cdots, x_n$ 的解的构造.

解 n 个未知量的 n 个线性方程的过程引出某种有很多项的代数表达式, 叫行列式. 行列式的显式定义和性质在开始时显得有些神秘. 到了我们把行列式的定义

建立在 n 维空间中 n 个向量的多重线性交替型这样一个单独的性质上时, 这些神秘性将逐渐消失. 从这个概念性的途径出发, 行列式的所有重要性质都能容易地导出来. 我们将在本书后面几章看到, 在推广到高维的微积分中行列式是极端重要的.

对于开始很少几个 n 值, 写出方程组 (50) 的显式解是有教益的. 对于 $n=1$, 我们有这单个的方程

$$a_{11}x_1 = y_1,$$

其解为

$$x_1 = y_1/a_{11}. \tag{50a}$$

对于 $n=2$, 我们有方程组

$$\begin{cases} a_{11}x_1 + a_{12}x_2 = y_1, \\ a_{21}x_1 + a_{22}x_2 = y_2. \end{cases}$$

用 a_{22} 乘第一个方程, 用 a_{12} 乘第二个方程, 然后作减法消去 x_2, 就得到关于 x_1 的单个方程; 类似地, 可用 a_{21} 乘第一个方程, 用 a_{11} 乘第二个方程, 然后作减法消去 x_1. 这样就得到关于 x_1, x_2 的表达式

$$x_1 = \frac{a_{22}y_1 - a_{12}y_2}{a_{11}a_{22} - a_{12}a_{21}}, \quad x_2 = \frac{a_{11}y_2 - a_{21}y_1}{a_{11}a_{22} - a_{12}a_{21}}. \tag{50b}$$

对于 $n=3$, 我们有方程组

$$\begin{cases} a_{11}x_1 + a_{12}x_2 + a_{13}x_3 = y_1, \\ a_{21}x_1 + a_{22}x_2 + a_{23}x_3 = y_2, \\ a_{31}x_1 + a_{32}x_2 + a_{33}x_3 = y_3. \end{cases} \tag{50c}$$

我们能够把这个方程组化为关于 x_1, x_2 的两个方程, 譬如这样来消去 x_3: 用 a_{13}/a_{23} 乘第二个方程, 并从第一个方程减去它, 再用 a_{13}/a_{33} 乘第三个方程, 也从第一个方程减去它. 这样得到的只含 x_1, x_2 的两个方程可用上面的方法解出来. 通过一些代数运算之后, 我们得到

$$\begin{aligned} x_1 = &(a_{22}a_{33}y_1 + a_{12}a_{23}y_2 + a_{13}a_{32}y_2 - a_{13}a_{22}y_3 - a_{23}a_{32}y_1 - a_{12}a_{33}y_2) \\ &/(a_{11}a_{22}a_{33} + a_{12}a_{23}a_{31} + a_{13}a_{21}a_{32} - a_{13}a_{22}a_{31} - a_{11}a_{23}a_{32} - a_{12}a_{21}a_{33}), \end{aligned} \tag{50d}$$

对于 x_2 和 x_3 也有类似的公式. 对于 $n=4$, 计算变得很庞大, 显然只有系统性的研究方法才能够产生整齐有序的结果.

我们注意到, 在每个情形, 解 x_i 都取商的形式, 其中分母仅仅是系数 a_{ji} 的函数, 就是说是矩阵 $\mathbf{a}=(a_{ji})$ 的函数. 对于 $n=1$, 这个函数就仅仅是系数 a_{11} 本身. 对于 $n=2$, 由矩阵

$$\mathbf{a}=\begin{pmatrix} a_{11} & a_{12} \\ a_{21} & a_{22} \end{pmatrix}$$

的元素所形成的分母

$$a_{11}a_{22}-a_{12}a_{21}$$

叫做矩阵 $\mathbf{a}$ 的行列式, 记作

$$a_{11}a_{22}-a_{12}a_{21}=\det(\mathbf{a})=\begin{vmatrix} a_{11} & a_{12} \\ a_{21} & a_{22} \end{vmatrix}. \tag{51a}$$

显然 (50b) 的分子也能写成行列式, 给出表达式

$$x_1=\frac{\begin{vmatrix} y_1 & a_{12} \\ y_2 & a_{22} \end{vmatrix}}{\begin{vmatrix} a_{11} & a_{12} \\ a_{21} & a_{22} \end{vmatrix}};\quad x_2=\frac{\begin{vmatrix} a_{11} & y_1 \\ a_{21} & y_2 \end{vmatrix}}{\begin{vmatrix} a_{11} & a_{12} \\ a_{21} & a_{22} \end{vmatrix}}. \tag{51b}$$

当然, 这些公式, 只有当分母中的行列式不等于零时才有意义.

公式 (50d) 启发我们引进三阶矩阵

$$\mathbf{a}=\begin{pmatrix} a_{11} & a_{12} & a_{13} \\ a_{21} & a_{22} & a_{23} \\ a_{31} & a_{32} & a_{33} \end{pmatrix}$$

的行列式, 即表达式

$$a_{11}a_{22}a_{33}+a_{12}a_{23}a_{31}+a_{13}a_{21}a_{32}-a_{13}a_{22}a_{31}-a_{11}a_{23}a_{32}-a_{12}a_{21}a_{33}$$

$$=\det(\mathbf{a})=\begin{vmatrix} a_{11} & a_{12} & a_{13} \\ a_{21} & a_{22} & a_{23} \\ a_{31} & a_{32} & a_{33} \end{vmatrix}. \tag{52a}$$

这样一个三阶行列式的形成规律能够用容易记忆的 '对角线规则' 来表示 (图 2.5a). 我们在第三列后面重复前两列; 做出每一条对角线上三元组的乘积, 对于联系着向右下斜的线的乘积乘以 $+1$, 向左下斜的乘以 -1; 然后相加 (这个规则仅仅对于三阶行列式成立!).

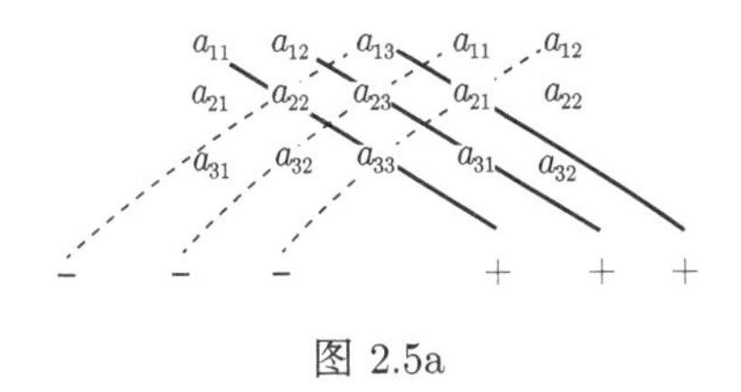

图 2.5a

利用三阶行列式, 我们能把方程组 (50c) 的解写成以下简明的形式:

$$x_1=\frac{\begin{vmatrix}y_1 & a_{12} & a_{13}\\ y_2 & a_{22} & a_{23}\\ y_3 & a_{32} & a_{33}\end{vmatrix}}{\begin{vmatrix}a_{11} & a_{12} & a_{13}\\ a_{21} & a_{22} & a_{23}\\ a_{31} & a_{32} & a_{33}\end{vmatrix}},\quad x_2=\frac{\begin{vmatrix}a_{11} & y_1 & a_{13}\\ a_{21} & y_2 & a_{23}\\ a_{31} & y_3 & a_{33}\end{vmatrix}}{\begin{vmatrix}a_{11} & a_{12} & a_{13}\\ a_{21} & a_{22} & a_{23}\\ a_{31} & a_{32} & a_{33}\end{vmatrix}},\quad x_3=\frac{\begin{vmatrix}a_{11} & a_{12} & y_1\\ a_{21} & a_{22} & y_2\\ a_{31} & a_{32} & y_3\end{vmatrix}}{\begin{vmatrix}a_{11} & a_{12} & a_{13}\\ a_{21} & a_{22} & a_{23}\\ a_{31} & a_{32} & a_{33}\end{vmatrix}}.$$

在 (50a) 的基础上, 我们类似地定义一阶矩阵

$$\mathbf{a}=(a_{11})$$

的行列式为

$$a_{11}=\det(\mathbf{a}).$$

于是我们看到, 对于 $n=1,2,3$ 的每个情形, 方程组 (50) 的解 $(x_1,\cdots,x_n)$ 可以描述如下 ('克拉默法则'): 每个未知数 x_i 是两个行列式的商. 分母是矩阵 $\mathbf{a}=(a_{jk})$ 的行列式; 分子也是一个矩阵的行列式, 这矩阵是将矩阵 $\mathbf{a}$ 的第 i 列换成方程组右边的量 $y_1,y_2,\cdots,y_n$ 所得到的矩阵.

b. 向量的线性型与多线性型

为了定义高阶行列式, 以及表述它们的主要性质, 必须要使用某些一般的代数概念.

我们可以把 n 个自变量 $a_1,a_2,\cdots,a_n$ 的一个函数 $f(a_1,a_2,\cdots,a_n)$ 看作向量 $\mathbf{A}=(a_1,a_2,\cdots,a_n)$ 的函数, 并记作 $f(\mathbf{A})$. 我们称 f 是向量 $\mathbf{A}$ 的一个线性型, 如果对于任何两个向量 $\mathbf{A}$ 和 $\mathbf{B}$ 都有

$$f(\mathbf{A}+\mathbf{B})=f(\mathbf{A})+f(\mathbf{B}),\tag{53a}$$

并且对于任何向量 $\mathbf{A}$ 和数量 λ 都有

$$f(\lambda\mathbf{A})=\lambda f(\mathbf{A}).\tag{53b}$$

这两个规则 (53a, b) 能够合并为

$$f(\lambda \mathbf{A}+\mu \mathbf{B})=\lambda f(\mathbf{A})+\mu f(\mathbf{B}), \tag{54a}$$

对于任何向量 $\mathbf{A}, \mathbf{B}$ 和数量 λ, μ 都成立. 写得详细些, 规则 (54a) 就成为

$$\begin{aligned} & f(\lambda a_1+\mu b_1, \lambda a_2+\mu b_2, \cdots, \lambda a_n+\mu b_n) \\ = & \lambda f(a_1, a_2, \cdots, a_n)+\mu f(b_1, b_2, \cdots, b_n). \end{aligned} \tag{54b}$$

例如函数

$$f(\mathbf{A})=3 a_2-27 a_3$$

是一个线性型, 而

$$f(\mathbf{A})=|\mathbf{A}|=\sqrt{a_1^2+\cdots+a_n^2}$$

不是线性型.

关系式 (54a) 直接隐含着线性型的更一般的规则

$$\begin{aligned} & f(\lambda \mathbf{A}_1+\lambda_2 \mathbf{A}_2+\cdots+\lambda_m \mathbf{A}_m) \\ = & \lambda_1 f(\mathbf{A}_1)+\lambda_2 f(\mathbf{A}_2)+\cdots+\lambda_m f(\mathbf{A}_m) \end{aligned} \tag{54c}$$

对于任何 m 个向量 $\mathbf{A}_1, \mathbf{A}_2, \cdots, \mathbf{A}_m$ 和数量 $\lambda_1, \lambda_2, \cdots, \lambda_m$ 都成立. 这个规则对于向量 $\mathbf{A}$ 的最一般的线性型给出一个显式表达式. 利用坐标向量 $\mathbf{E}_1, \mathbf{E}_2, \cdots, \mathbf{E}_n$, 我们由 (2b) 便有

$$\mathbf{A}=(a_1, a_2, \cdots, a_n)=a_1 \mathbf{E}_1+a_2 \mathbf{E}_2+\cdots+a_n \mathbf{E}_n,$$

对于任何向量 $\mathbf{A}$ 成立. 因此, 根据 (54c), f 有如下形式

$$\begin{aligned} f(\mathbf{A}) & =a_1 f(\mathbf{E}_1)+a_2 f(\mathbf{E}_2)+\cdots+a_n f(\mathbf{E}_n) \\ & =c_1 a_1+c_2 a_2+\cdots+c_n a_n, \end{aligned} \tag{55a}$$

其中 c_i 为常数

$$c_i=f(\mathbf{E}_i). \tag{55b}$$

将系数 c_i 结合成向量 $\mathbf{C}=(c_1, c_2, \cdots, c_n)$, 我们有

$$f(\mathbf{A})=\mathbf{C} \cdot \mathbf{A}. \tag{55c}$$

向量 $\mathbf{A}$ 的最一般的线性型是向量 $\mathbf{A}$ 与一适当的常向量 $\mathbf{C}$ 的数量积.

两个向量 $\mathbf{A}=(a_1, a_2, \cdots, a_n)$ 和 $\mathbf{B}=(b_1, b_2, \cdots, b_n)$ 的一个函数 $f(\mathbf{A}, \mathbf{B})$

称为向量 $\mathbf{A},\mathbf{B}$ 的一个双线性型, 如果当 $\mathbf{B}$ 固定时它是 $\mathbf{A}$ 的线性型, 而当 $\mathbf{A}$ 固定时它是 $\mathbf{B}$ 的线性型. 这就是说, 对于任何向量 $\mathbf{A},\mathbf{B},\mathbf{C}$ 和数量 λ,μ 都有

$$f(\lambda\mathbf{A}+\mu\mathbf{B},\mathbf{C})=\lambda f(\mathbf{A},\mathbf{C})+\mu f(\mathbf{B},\mathbf{C}), \tag{56a}$$

$$f(\mathbf{A},\lambda\mathbf{B}+\mu\mathbf{C})=\lambda f(\mathbf{A},\mathbf{B})+\mu f(\mathbf{A},\mathbf{C}). \tag{56b}$$

双线性型的最简单的例子是数量积

$$f(\mathbf{A},\mathbf{B})=\mathbf{A}\cdot\mathbf{B}.$$

在这个例子里, 规则 (56a, b) 正好化成对于数量积的结合律和分配律, 见本章 (15b, c).

从 (56a, b) 我们得到更一般的关系式

$$\begin{aligned}f(\alpha\mathbf{A}+\beta\mathbf{B},\gamma\mathbf{C}+\delta\mathbf{D})&=\alpha f(\mathbf{A},\gamma\mathbf{C}+\delta\mathbf{D})+\beta f(\mathbf{B},\gamma\mathbf{C}+\delta\mathbf{D})\\&=\alpha\gamma f(\mathbf{A},\mathbf{C})+\alpha\delta f(\mathbf{A},\mathbf{D})+\beta\gamma f(\mathbf{B},\mathbf{C})+\beta\delta f(\mathbf{B},\mathbf{D}).\end{aligned} \tag{56c}$$

因此我们能对双线性型进行运算, 就像运算通常的表达式的乘积一样. 再利用向量 $\mathbf{A},\mathbf{B}$ 的分解式

$$\mathbf{A}=(a_1,a_2,\cdots,a_n)=a_1\mathbf{E}_1+a_2\mathbf{E}_2+\cdots+a_n\mathbf{E}_n,$$

$$\mathbf{B}=(b_1,b_2,\cdots,b_n)=b_1\mathbf{E}_1+b_2\mathbf{E}_2+\cdots+b_n\mathbf{E}_n,$$

我们就得到公式

$$\begin{aligned}f(\mathbf{A},\mathbf{B})&=f(a_1\mathbf{E}_1+a_2\mathbf{E}_2+\cdots+a_n\mathbf{E}_n,b_1\mathbf{E}_1+b_2\mathbf{E}_2+\cdots+b_n\mathbf{E}_n)\\&=\sum_{j,k=1}^{n}a_jb_kf(\mathbf{E}_j,\mathbf{E}_k).\end{aligned}$$

因此, 向量 $\mathbf{A},\mathbf{B}$ 的最一般的双线性型具有这个形式:

$$f(\mathbf{A},\mathbf{B})=\sum_{j,k=1}^{n}c_{jk}a_jb_k, \tag{57a}$$

带有常数系统

$$c_{jk}=f(\mathbf{E}_j,\mathbf{E}_k). \tag{57b}$$

在 $\mathbf{B}=\mathbf{A}$ 的情形, 双线性型 f 转化为二次型

$$f(\mathbf{A}, \mathbf{A}) = \sum_{j,k=1}^{n} c_{jk} a_j a_k. \tag{57c}$$

用类似的方式, 人们定义三个向量 $\mathbf{A}, \mathbf{B}, \mathbf{C}$ 的三线性型 $f(\mathbf{A}, \mathbf{B}, \mathbf{C})$, 作为一个函数, 它分别对于每个向量都是线性型. 完全与前面一样, 最一般的三线性型具有这个形式:

$$f(\mathbf{A}, \mathbf{B}, \mathbf{C}) = \sum_{j,k,r=1}^{n} c_{jkr} a_j b_k c_r, \tag{58a}$$

其中

$$c_{jkr} = f(\mathbf{E}_j, \mathbf{E}_k, \mathbf{E}_r). \tag{58b}$$

更一般地, 任意 m 个向量的多线性型都能够用一种明显的方式来定义. 由于我们不再对不同的向量使用不同的字母, 这不过是引进一种新足标的记号问题. 我们用 $\mathbf{A}_1, \mathbf{A}_2, \cdots, \mathbf{A}_m$ 表示向量, 并通过

$$\mathbf{A}_1 = (a_{11}, a_{21}, \cdots, a_{n1}), \quad \mathbf{A}_2 = (a_{12}, a_{22}, \cdots, a_{n2}), \cdots,$$

$$\mathbf{A}_m = (a_{1m}, a_{2m}, \cdots, a_{nm})$$

引进它们的分量 a_{jk}. 函数 f 是关于向量 $\mathbf{A}_1, \mathbf{A}_2, \cdots, \mathbf{A}_m$ 的一个多线性型 $f(\mathbf{A}_1, \mathbf{A}_2, \cdots, \mathbf{A}_m)$, 如果它对于每一个向量而言当其他向量固定时都是线性型. 我们也可以把 f 看作具有列向量 $\mathbf{A}_1, \mathbf{A}_2, \cdots, \mathbf{A}_m$ 的矩阵

$$\mathbf{a} = (\mathbf{A}_1, \mathbf{A}_2, \cdots, \mathbf{A}_m) = (a_{jk})$$

的函数. 类似于 (58a), 向量 $\mathbf{A}_1, \mathbf{A}_2, \cdots, \mathbf{A}_m$ 的最一般的多线性型具有形式

$$f(\mathbf{A}_1, \mathbf{A}_2, \cdots, \mathbf{A}_m) = \sum_{j_1, j_2, \cdots, j_m = 1}^{n} c_{j_1 j_2 \cdots j_m} a_{j_1 1} a_{j_2 2} \cdots a_{j_m m}, \tag{59a}$$

其中[1)]

$$c_{j_1 j_2 \cdots j_m} = f(\mathbf{E}_{j_1}, \mathbf{E}_{j_2}, \cdots, \mathbf{E}_{j_m}). \tag{59b}$$

c. 多线性交替型. 行列式的定义

公式 (51a) 和 (52a) 所定义的二阶和三阶行列式是特殊的多线性型. 第 138 页 (51a) 的二阶行列式是二维向量

1) 在这个公式中, 应用下标的下标是很麻烦的. 这里 $j_1, j_2, \cdots, j_m$ 表示从数的集合 $1, 2, \cdots, n$ 选出的任意 m 个数的组合. 这样的组合也能当作一个函数 $j(k)$, 它的定义域是数的集合 $k = 1, 2, \cdots, m$, 它的取值范围是数的集合 $j = 1, 2, \cdots, n$. 这些组合或函数中的任何一个给出公式 (59a) 中的一项.

$$\mathbf{A}_1 = (a_{11}, a_{21}), \quad \mathbf{A}_2 = (a_{12}, a_{22}) \tag{60a}$$

的双线性型; (52a) 的三阶行列式是三维向量

$$\mathbf{A}_1 = (a_{11}, a_{21}, a_{31}), \quad \mathbf{A}_2 = (a_{12}, a_{22}, a_{32}), \quad \mathbf{A}_3 = (a_{13}, a_{23}, a_{33}) \tag{60b}$$

的三线性型 (行列式分别对于每一个向量的线性性质, 可以通过检查下面的事实得到, 即在行列式的展开式的每一个乘积中, 关于给定的第二个下标正好包含一个因子). 把行列式与其他多线性型区别开来的附加特性是它们的 '交替' 特性.

几个变元 (它们可以是向量也可以是数量) 的一个函数, 如果当我们交换任何两个变量时它仅仅改变符号, 就说这个函数是交替的. 数量变元的交替函数的例子是

$$\phi(x, y) = y - x, \tag{61a}$$

$$\phi(x, y, z) = (z - y)(z - x)(y - x). \tag{61b}$$

两个 n 维向量 $\mathbf{A}_1, \mathbf{A}_2$ 的一个函数 f 是交替的, 如果对于任意两个向量 $\mathbf{A}_1, \mathbf{A}_2$ 都有

$$f(\mathbf{A}_1, \mathbf{A}_2) = -f(\mathbf{A}_2, \mathbf{A}_1).$$

这特别隐含着, 对于 $\mathbf{A}_1 = \mathbf{A}_2 = \mathbf{A}$ 有

$$f(\mathbf{A}, \mathbf{A}) = 0.$$

设 $n = 2$ 并且 f 是 (60a) 所给定的关于向量 $\mathbf{A}_1, \mathbf{A}_2$ 的一个交替函数, 它也是一个双线性型. 于是

$$f(\mathbf{E}_1, \mathbf{E}_1) = f(\mathbf{E}_2, \mathbf{E}_2) = 0, \quad f(\mathbf{E}_2, \mathbf{E}_1) = -f(\mathbf{E}_1, \mathbf{E}_2).$$

由 (57a, b) 得到

$$\begin{aligned} f(\mathbf{A}_1, \mathbf{A}_2) &= f(a_{11}\mathbf{E}_1 + a_{21}\mathbf{E}_2, a_{12}\mathbf{E}_1 + a_{22}\mathbf{E}_2) = c(a_{11}a_{22} - a_{12}a_{21}) \\ &= c\begin{vmatrix} a_{11} & a_{12} \\ a_{21} & a_{22} \end{vmatrix} = c\det(\mathbf{A}_1, \mathbf{A}_2), \end{aligned} \tag{62a}$$

其中常数 c 的值为

$$c = f(\mathbf{E}_1, \mathbf{E}_2). \tag{62b}$$

所以, 在二维空间中, 两个向量 $\mathbf{A}_1, \mathbf{A}_2$ 的每一个双线性交替型同具有列向量 $\mathbf{A}_1$, $\mathbf{A}_2$ 的方阵的行列式仅仅相差一个常数因子 c.

更一般地, 两个 n 维向量 $\mathbf{A}_1, \mathbf{A}_2$ 的任何一个双线性交替型都能写成

$$f(\mathbf{A}_1, \mathbf{A}_2) = \sum_{j,k=1}^{n} c_{jk} a_{j1} a_{k2},$$

其中

$$c_{jk} = -c_{kj}, \quad c_{jj} = 0.$$

将下标仅仅相差一个对换的项组合起来, 就能将函数 f 表示成二阶行列式的线性组合:

$$\begin{aligned} f(\mathbf{A}_1, \mathbf{A}_2) &= \sum_{\substack{j,k=1\\ j<k}}^{n} c_{jk}(a_{j1}a_{k2} - a_{k1}a_{j2}) \\ &= \sum_{\substack{j,k=1\\ j<k}}^{n} c_{jk} \begin{vmatrix} a_{j1} & a_{k1} \\ a_{j2} & a_{k2} \end{vmatrix}. \end{aligned} \tag{62c}$$

对于三个向量的交替函数 f, 我们有关系式

$$\begin{aligned} f(\mathbf{A}, \mathbf{B}, \mathbf{C}) &= -f(\mathbf{B}, \mathbf{A}, \mathbf{C}) = -f(\mathbf{A}, \mathbf{C}, \mathbf{B}) \\ &= -f(\mathbf{C}, \mathbf{B}, \mathbf{A}). \end{aligned} \tag{63a}$$

由此又有

$$f(\mathbf{A}, \mathbf{B}, \mathbf{C}) = f(\mathbf{B}, \mathbf{C}, \mathbf{A}) = f(\mathbf{C}, \mathbf{A}, \mathbf{B}). \tag{63b}$$

特别是, 当 f 的变元有两个相等时, 它等于 0. 设 $\mathbf{A}_1, \mathbf{A}_2, \mathbf{A}_3$ 是 (60b) 所给定的三维向量. 由 (58a, b), 向量 $\mathbf{A}, \mathbf{B}, \mathbf{C}$ 的一般三线性交替型是

$$f(\mathbf{A}_1, \mathbf{A}_2, \mathbf{A}_3) = \sum_{j,k,r=1}^{3} c_{jkr} a_{j1} a_{k2} a_{r3}.$$

这里, 应用 (63a, b) 便有

$$c_{jkr} = f(\mathbf{E}_j, \mathbf{E}_k, \mathbf{E}_r) = \varepsilon_{jkr} f(\mathbf{E}_1, \mathbf{E}_2, \mathbf{E}_3),$$

并且, 如果 j, k, r 中有两个相等, 便有 $\varepsilon_{jkr} = 0$, 此外便有

$$\varepsilon_{123} = \varepsilon_{231} = \varepsilon_{312} = 1, \quad \varepsilon_{213} = \varepsilon_{132} = \varepsilon_{321} = -1. \tag{64a}$$

应用 (61b) 中的函数 ϕ 的这个性质, 即当它的任何两个变元交换位置时函数值变

号, 我们就得到关于 ε_{jkr} 的简明表达式

$$\varepsilon_{jkr} = \operatorname{sgn}\phi(j,k,r) = \operatorname{sgn}(r-k)(r-j)(k-j). \tag{64b}$$

与第 139 页公式 (52a) 的三阶行列式的算式相比较便得到

$$f(\mathbf{A}_1,\mathbf{A}_2,\mathbf{A}_3) = c\begin{vmatrix} a_{11} & a_{12} & a_{13} \\ a_{21} & a_{22} & a_{23} \\ a_{31} & a_{32} & a_{33} \end{vmatrix}, \tag{64c}$$

其中 $c = f(\mathbf{E}_1,\mathbf{E}_2,\mathbf{E}_3)$ 是一个常数. 于是我们得到与二维情形同样的结果: 三维向量 $\mathbf{A}_1,\mathbf{A}_2,\mathbf{A}_3$ 的最一般的三线性交替型同具有列向量 $\mathbf{A}_1,\mathbf{A}_2,\mathbf{A}_3$ 的方阵的行列式仅仅相差一个常数因子 c. 于是很显然, 以 $\mathbf{A}_1,\mathbf{A}_2,\mathbf{A}_3$ 作为列向量的方阵的三阶行列式就是那唯一确定的 '关于' 向量 $\mathbf{A}_1,\mathbf{A}_2,\mathbf{A}_3$ 的三线性交替型, 它当 $\mathbf{A}_1,\mathbf{A}_2,\mathbf{A}_3$ 分别为坐标向量 $\mathbf{E}_1,\mathbf{E}_2,\mathbf{E}_3$ 时取值为 1[1].

现在已很清楚, 我们应该怎样来定义高阶行列式了. 设 $\mathbf{a}$ 是具有列向量 $\mathbf{A}_1$, $\mathbf{A}_2,\cdots,\mathbf{A}_n$ 的方阵

$$\mathbf{a} = \begin{pmatrix} a_{11} & a_{12} & \cdots & a_{1n} \\ a_{21} & a_{22} & \cdots & a_{2n} \\ \vdots & \vdots & & \vdots \\ a_{n1} & a_{n2} & \cdots & a_{nn} \end{pmatrix}. \tag{65a}$$

设 f 是 $\mathbf{A}_1,\mathbf{A}_2,\cdots,\mathbf{A}_n$ 的一个多线性交替型. 于是 f 由 (59a) 给出, 其中系数 $c_{j_1j_2\cdots j_n}$ 有如下形式

$$c_{j_1j_2\cdots j_n} = f(\mathbf{E}_{j_1},\mathbf{E}_{j_2},\cdots,\mathbf{E}_{j_n}), \tag{65b}$$

并且当交换 $j_1,j_2,\cdots,j_n$ 中任意两个数时, 它改变符号. 现在用 $\phi(x_1,x_2,\cdots,x_n)$ 表示乘积

$$\begin{aligned}\phi(x_1,x_2,\cdots,x_n) &= (x_n-x_{n-1})(x_n-x_{n-2})\cdots(x_n-x_2)(x_n-x_1)\\ &\quad\cdot(x_{n-1}-x_{n-2})\cdots(x_{n-1}-x_2)(x_{n-1}-x_1)\\ &\quad\cdots\cdots\\ &\quad\cdot(x_3-x_2)(x_3-x_1)(x_2-x_1)\\ &= \prod_{\substack{j,k=1\\ j<k}}^{n}(x_k-x_j). \end{aligned} \tag{65c}$$

1) 最后一个条件表示单位方阵的行列式的值为 1.

容易看出 ϕ 是数量 $x_1, x_2, \cdots, x_n$ 的一个交替函数, 仅仅当这些数中两个相等时它才为零. 于是

$$\varepsilon_{j_1 j_2 \cdots j_n} = \operatorname{sgn} \phi(j_1, j_2, \cdots, j_n) \tag{65d}$$

是 $j_1, j_2, \cdots, j_n$ 的一个交替函数, 它仅仅取值 $+1, 0, -1$. 对于取值在 $1, 2, \cdots, n$ 的 $j_1, j_2, \cdots, j_n$, 除非数字 $j_1, j_2, \cdots, j_n$ 两两不同, 就是说, 除非它们构成数字 $1, 2, \cdots, n$ 的一个排列, 我们就有 $\varepsilon_{j_1 j_2 \cdots j_n} = 0$. 如果 $\varepsilon_{j_1 j_2 \cdots j_n} = +1$, 人们就称 $j_1, j_2, \cdots, j_n$ 是 $1, 2, \cdots, n$ 的一个偶排列; 如果 $\varepsilon_{j_1 j_2 \cdots j_n} = -1$ 就称作是一个奇排列. 一个偶排列能够通过偶数次两个元素的对换重排成 $1, 2, \cdots, n$ 的顺序; 一个奇排列则是通过奇数次的这种对换.

由 (65b), 显然有

$$c_{j_1 j_2 \cdots j_n} = \varepsilon_{j_1 j_2 \cdots j_n} f(\mathbf{E}_1, \mathbf{E}_2, \cdots, \mathbf{E}_n). \tag{65e}$$

我们定义 (65a) 中方阵 $\mathbf{a}$ 的行列式为

$$\begin{aligned} \det(\mathbf{a}) &= \begin{vmatrix} a_{11} & a_{12} & \cdots & a_{1n} \\ a_{21} & a_{22} & \cdots & a_{2n} \\ \vdots & \vdots & & \vdots \\ a_{n1} & a_{n2} & \cdots & a_{nn} \end{vmatrix} \\ &= \sum_{j_1 \cdots j_n = 1}^{n} \varepsilon_{j_1 j_2 \cdots j_n} a_{j_1 1} a_{j_2 2} \cdots a_{j_n n}. \end{aligned} \tag{66a}$$

于是有结果: n 个 n 维向量 $\mathbf{A}_1, \mathbf{A}_2, \cdots, \mathbf{A}_n$ 的最一般的多线性交替型 f 同具有列向量 $\mathbf{A}_1, \mathbf{A}_2, \cdots, \mathbf{A}_n$ 的方阵的行列式仅仅相差一个常数因子 $c = f(\mathbf{E}_1, \mathbf{E}_2, \cdots, \mathbf{E}_n)$.

d. 行列式的主要性质

公式 (66a) 给出了 n 阶行列式表成它的 n^2 个元素 a_{jk} 的显式展开式. 只计算 $\varepsilon_{j_1 j_2 \cdots j_n}$ 不为零的项, 行列式便是由 $n!$ 个项构成的关于 a_{jk} 的一个 n 次型. 每一项 (先不管系数 $\varepsilon_{j_1 j_2 \cdots j_n} = \pm 1$) 是 n 个元素的乘积, 它们分别属于不同的行和列. 原则上, 对于元素的任何给定值, 都能够由展开式计算行列式的值; 但在实际上, 为了数值计算, 公式要用到的项太多了 (五阶行列式有 120 项, 10 阶行列式有 3628800 项), 因而人们设计了各种计算行列式的更有效的方法.

行列式的基本性质已经包含在我们的定义中了, 这就是把它作为 n 维空间中 n 个向量 $\mathbf{A}_1, \mathbf{A}_2, \cdots, \mathbf{A}_n$ 的多线性交替型. 如果 $\mathbf{a}$ 表示以这些向量为列向量的方

阵, 我们就把这个行列式记为

$$\det(\mathbf{a}) = \det(\mathbf{A}_1, \mathbf{A}_2, \cdots, \mathbf{A}_n).$$

于是, 立即推知, 如果交换方阵 $\mathbf{a}$ 的任意两列, $\mathbf{a}$ 的行列式就改变符号; 特别是, 当方阵 $\mathbf{a}$ 有两列全同时, 它的行列式等于零. 利用行列式分别对于每一个列向量的线性性质, 我们发现, 用一个因子 λ 乘方阵 $\mathbf{a}$ 的一个列, 效果相当于用 λ 乘方阵 $\mathbf{a}$ 的行列式[1]. 例如

$$\det(\lambda \mathbf{A}_1, \mathbf{A}_2, \cdots, \mathbf{A}_n) = \lambda \det(\mathbf{A}_1, \mathbf{A}_2, \cdots, \mathbf{A}_n). \tag{67a}$$

特别地, 取 $\lambda = 0$, 我们得到

$$\det(\mathbf{0}, \mathbf{A}_2, \cdots, \mathbf{A}_n) = 0. \tag{67b}$$

当然, 这同样适用于其他的列, 因而我们得到, 如果方阵 $\mathbf{a}$ 有一列为零向量, 它的行列式就等于零. 从行列式的多线性性质, 我们更一般地推得

$$\begin{aligned} &\det(\mathbf{A}_1 + \lambda \mathbf{A}_2, \mathbf{A}_2, \cdots, \mathbf{A}_n) \\ =& \det(\mathbf{A}_1, \mathbf{A}_2, \cdots, \mathbf{A}_n) + \lambda \det(\mathbf{A}_2, \mathbf{A}_2, \cdots, \mathbf{A}_n) \\ =& \det(\mathbf{A}_1, \mathbf{A}_2, \cdots, \mathbf{A}_n), \end{aligned} \tag{67c}$$

这是因为方阵 $(\mathbf{A}_2, \mathbf{A}_2, \cdots, \mathbf{A}_n)$ 有两个全同的列. 一般地, 当我们将方阵 $\mathbf{a}$ 的某一列的一个倍数加到另外一列上时, 行列式的值不变[2].

具有根本的重要性的是行列式的乘法规则:

两个 n 阶方阵 $\mathbf{a}$ 与 $\mathbf{b}$ 的乘积的行列式等于它们的行列式的乘积:

$$\det(\mathbf{ab}) = \det(\mathbf{a}) \cdot \det(\mathbf{b}). \tag{68a}$$

用元素写出, 这条规则具有如下形式:

$$\begin{vmatrix} a_{11} & a_{12} & \cdots & a_{1n} \\ a_{21} & a_{22} & \cdots & a_{2n} \\ \vdots & \vdots & & \vdots \\ a_{n1} & a_{n2} & \cdots & a_{nn} \end{vmatrix} \times \begin{vmatrix} b_{11} & b_{12} & \cdots & b_{1n} \\ b_{21} & b_{22} & \cdots & b_{2n} \\ \vdots & \vdots & & \vdots \\ b_{n1} & b_{n2} & \cdots & b_{nn} \end{vmatrix} = \begin{vmatrix} c_{11} & c_{12} & \cdots & c_{1n} \\ c_{21} & c_{22} & \cdots & c_{2n} \\ \vdots & \vdots & & \vdots \\ c_{n1} & c_{n2} & \cdots & c_{nn} \end{vmatrix}, \tag{68b}$$

其中

$$c_{jk} = a_{j1} b_{1k} + a_{j2} b_{2k} + \cdots + a_{jn} a_{nk} = \sum_{r=1}^{n} a_{jr} b_{rk}. \tag{68c}$$

---

1) 用因子 λ 乘 n 阶方阵 $\mathbf{A}$ 的所有的元素, 等价于用 λ 乘它的 n 个列中的每一列, 因此产生的结果是用 λ^n 乘 $\mathbf{a}$ 的行列式. 即 $\det(\lambda \mathbf{a}) = \lambda^n \det(\mathbf{a})$.

2) 显然, 用因子 λ 乘 $\mathbf{a}$ 的某一列并加在该列上, 相当于把行列式的值乘上 $(1 + \lambda)$ 倍.

这个规则是行列式定义的一个简单推论. 设 $\mathbf{c} = \mathbf{ab}$ 是乘积方阵. 我们让方阵 $\mathbf{a}$ 保持固定而考虑 $\mathbf{c}$ 的行列式对 $\mathbf{b}$ 的依赖性. 由 (68c) 方阵 $\mathbf{c}$ 的第 k 个列向量

$$\mathbf{C}_k = (c_{1k}, c_{2k}, \cdots, c_{nk})$$

有元素 c_{jk}, 它是方阵 $\mathbf{b}$ 的第 k 个列向量 $\mathbf{B}_k$ 的线性型. 由此推知, 当方阵 $\mathbf{b}$ 的其他列保持固定时, $\det(\mathbf{c})$ 是向量 $\mathbf{B}_k$ 的一个线性型. 另外, 交换 $\mathbf{b}$ 的两列正好对应着交换 $\mathbf{c}$ 的相应列. 因此, $\det(\mathbf{c})$ 是方阵 $\mathbf{b}$ 的列向量的一个多线性交替型. 因之 (见第 145 页)

$$\det(\mathbf{c}) = \gamma \det(\mathbf{b}),$$

其中 γ 是 $\det(\mathbf{c})$ 的一个特殊值, 相当于特殊情形

$$\mathbf{B}_1 = \mathbf{E}_1, \mathbf{B}_2 = \mathbf{E}_2, \cdots, \mathbf{B}_n = \mathbf{E}_n,$$

即 $\mathbf{b}$ 是单位方阵 $\mathbf{e}$ 的情形. 现在, 取 $\mathbf{b} = \mathbf{e}$, 则显然有

$$\mathbf{c} = \mathbf{ab} = \mathbf{ae} = \mathbf{a},$$

因此 $\gamma = \det(\mathbf{a})$. 这就证明了 (68a).

在第 134 页, 我们把通过交换矩阵 $\mathbf{a}$ 的行和列得到的矩阵定义作 $\mathbf{a}$ 的转置矩阵 $\mathbf{a}^{\mathrm{T}}$. 我们有一个出乎意外的事实, 即一个方阵与它的转置方阵具有相等的行列式

$$\det(\mathbf{a}^{\mathrm{T}}) = \det(\mathbf{a}) \tag{68d}$$

或

$$\begin{vmatrix} a_{11} & a_{21} & \cdots & a_{n1} \\ a_{12} & a_{22} & \cdots & a_{n2} \\ \vdots & \vdots & & \vdots \\ a_{1n} & a_{2n} & \cdots & a_{nn} \end{vmatrix} = \begin{vmatrix} a_{11} & a_{12} & \cdots & a_{1n} \\ a_{21} & a_{22} & \cdots & a_{2n} \\ \vdots & \vdots & & \vdots \\ a_{n1} & a_{n2} & \cdots & a_{nn} \end{vmatrix}. \tag{68e}$$

对于 $n = 2, 3$, 从第 138, 139 页展开式 (51a), (52a), 很容易验证这个恒等式. 对于一般的 n, 我们仅仅提示一下证明, 它能够建立在 $\det(\mathbf{a})$ 的展开式 (66a) 的基础上. 对于和式中具有非零系数的每一项, 我们能按照第一个下标重排因子, 使得

$$a_{j_1 1} a_{j_2 2} \cdots a_{j_n n} = a_{1k_1} a_{2k_2} \cdots a_{nk_n},$$

其中 $k_1, k_2, \cdots, k_n$ 仍形成数字 $1, 2, \cdots, n$ 的一个置换[1]. 容易证明

$$\varepsilon_{j_1 j_2 \cdots j_n} = \varepsilon_{k_1 k_2 \cdots k_n}$$

(这个证明留给读者作为练习). 因此

$$\det(\mathbf{a}) = \sum_{k_1 \cdots k_n = 1}^{n} \varepsilon_{k_1 k_2 \cdots k_n} a_{1k_1} a_{2k_2} \cdots a_{nk_n} = \det(\mathbf{a}^{\mathrm{T}}).$$

公式 (68d) 的一个直接推论是, 每个行列式能够看作它的行向量的一个多线性交替函数. 特别, 当交换行列式的任意两行时, 行列式变号.

乘法规则 (68a) 说的是, 两个方阵 $\mathbf{a}, \mathbf{b}$ 的行列式的乘积等于方阵 $\mathbf{ab}$ 的行列式, 而方阵 $\mathbf{ab}$ 的元素就是 $\mathbf{a}$ 的行向量与 $\mathbf{b}$ 的列向量的数量积. 现在, 我们利用这一事实, 即每个方阵 $\mathbf{a}$ 的行列式等于它的行列互换后所得到的转置方阵 $\mathbf{a}^{\mathrm{T}}$ 的行列式. 由此推出

$$\det(\mathbf{a}) \cdot \det(\mathbf{b}) = \det(\mathbf{a}^{\mathrm{T}}) \cdot \det(\mathbf{b}) = \det(\mathbf{a}^{\mathrm{T}}\mathbf{b}).$$

因此, 方阵$\mathbf{a}, \mathbf{b}$ 的行列式的乘积也等于方阵 $\mathbf{a}^{\mathrm{T}}\mathbf{b}$ 的行列式, 而 $\mathbf{a}^{\mathrm{T}}\mathbf{b}$ 的元素就是 $\mathbf{a}$ 的列向量与 $\mathbf{b}$ 的列向量的数量积. 如果

$$\mathbf{a} = (\mathbf{A}_1, \mathbf{A}_2, \cdots, \mathbf{A}_n) \quad 与 \quad \mathbf{b} = (\mathbf{B}_1, \mathbf{B}_2, \cdots, \mathbf{B}_n),$$

我们就得到恒等式

$$\det(\mathbf{A}_1, \mathbf{A}_2, \cdots, \mathbf{A}_n) \cdot \det(\mathbf{B}_1, \mathbf{B}_2, \cdots, \mathbf{B}_n) = \begin{vmatrix} \mathbf{A}_1 \cdot \mathbf{B}_1 & \mathbf{A}_1 \cdot \mathbf{B}_2 & \cdots & \mathbf{A}_1 \cdot \mathbf{B}_n \\ \mathbf{A}_2 \cdot \mathbf{B}_1 & \mathbf{A}_2 \cdot \mathbf{B}_2 & \cdots & \mathbf{A}_2 \cdot \mathbf{B}_n \\ \vdots & \vdots & & \vdots \\ \mathbf{A}_n \cdot \mathbf{B}_1 & \mathbf{A}_n \cdot \mathbf{B}_2 & \cdots & \mathbf{A}_n \cdot \mathbf{B}_n \end{vmatrix}. \tag{68f}$$

将这个规则直接应用于一个正交方阵 $\mathbf{a}$, 由于 [看第 134 页公式 (49)] 有 $\mathbf{a}^{-1} = \mathbf{a}^{\mathrm{T}}$ 或 $\mathbf{a}\mathbf{a}^{\mathrm{T}} = \mathbf{e}$, 便立即得到

$$\begin{aligned} \det(\mathbf{a}^{\mathrm{T}}\mathbf{a}) &= \det(\mathbf{a}^{\mathrm{T}}) \det(\mathbf{a}) = [\det(\mathbf{a})]^2 \\ &= \det(\mathbf{e}) = 1. \end{aligned}$$

因此, 正交方阵的行列式只取 $+1$ 或 -1 两个值. 这个结果的几何解释将在第 173 页给出.

---

1) 将 $j_1, j_2, \cdots, j_n$ 当作把集合 $1, 2, \cdots, n$ 映射到它自身上的一个函数, 就得到 $k_1, k_2, \cdots, k_n$ 正好是它的反函数, 就是说, 方程 $j_r = s$ 等价于 $k_s = r$.

e. 行列式对线性方程组的应用

行列式提供了一个方便的工具, 用以判定 n 维空间中 n 个向量 $\mathbf{A}_1, \mathbf{A}_2, \cdots, \mathbf{A}_n$ 何时是相关的, 这也等价于判定以 $\mathbf{A}_1, \mathbf{A}_2, \cdots, \mathbf{A}_n$ 为列向量的方阵何时是奇异的.

一个方阵是奇异的必要充分条件是它的行列式等于零.

先设 $\mathbf{a}$ 为一个奇异方阵. 于是列向量 $\mathbf{A}_1, \mathbf{A}_2, \cdots, \mathbf{A}_n$ 是相关的. 因此, 有一个列向量, 譬如说 $\mathbf{A}_1$, 相关于其他向量:

$$\mathbf{A}_1 = \lambda_2\mathbf{A}_2 + \lambda_3\mathbf{A}_3 + \cdots + \lambda_n\mathbf{A}_n.$$

由行列式的多线性性, 便有

$$\begin{aligned}\det(\mathbf{a}) &= \det(\lambda_2\mathbf{A}_2 + \lambda_3\mathbf{A}_3 + \cdots + \lambda_n\mathbf{A}_n, \mathbf{A}_2, \mathbf{A}_3, \cdots, \mathbf{A}_n) \\ &= \lambda_2 \det(\mathbf{A}_2, \mathbf{A}_2, \cdots, \mathbf{A}_n) + \lambda_3 \det(\mathbf{A}_3, \mathbf{A}_2, \mathbf{A}_3, \cdots, \mathbf{A}_n) \\ &\quad + \cdots + \lambda_n \det(\mathbf{A}_n, \mathbf{A}_2, \cdots, \mathbf{A}_n) = 0,\end{aligned}$$

因为这些方阵的每一个都有一个重复列[1].

反之, 如果 $\mathbf{a}$ 是非奇异的, 则存在 (看第 132 页) $\mathbf{a}$ 的一个逆矩阵 $\mathbf{b} = \mathbf{a}^{-1}$ 使

$$\mathbf{ab} = \mathbf{e},$$

其中 $\mathbf{e}$ 为单位方阵. 由行列式的乘法规则得到

$$\det(\mathbf{a}) \cdot \det(\mathbf{b}) = \det(\mathbf{e}) = 1,$$

因此 $\det(\mathbf{a}) \neq 0$. 这就证明了方阵 $\mathbf{a}$ 是奇异的充分必要条件为 $\det(\mathbf{a}) = 0$.

现在我们考虑对应于方阵 $\mathbf{a}$ 的线性方程组

$$\begin{cases} a_{11}x_1 + a_{12}x_2 + \cdots + a_{1n}x_n = y_1, \\ a_{21}x_1 + a_{22}x_2 + \cdots + a_{2n}x_n = y_2, \\ \qquad\cdots\cdots \\ a_{n1}x_1 + a_{n2}x_2 + \cdots + a_{nn}x_n = y_n. \end{cases} \tag{69a}$$

按照第 118 页的讨论, 我们必须区分两种情形:

$$(1)\ \det(\mathbf{a}) \neq 0; \quad (2)\ \det(\mathbf{a}) = 0.$$

在情形 (1) 中, 方程组 (69a) 对于每一组 $y_1, y_2, \cdots, y_n$ 有唯一的一组解. 在情形

1) 更一般地, 这个论证表明, 当 $m > n$ 时, n 维空间中 m 个向量的多线性交替型恒等于零, 因为这时这 m 个向量必定是相关的.

(2) 中, 不总是存在一组解, 而且即使有解也绝不是唯一的. 现在借助于行列式, 我们不仅有一种明显的检验法来区分这两种情形, 并且还将在情形 (1) 中求得计算解的方法. 引进向量

$$\mathbf{Y} = (y_1, y_2, \cdots, y_n),$$

我们能把方程组 (69a) 写成这个形式

$$x_1\mathbf{A}_1 + x_2\mathbf{A}_2 + \cdots + x_n\mathbf{A}_n = \mathbf{Y}, \tag{69b}$$

其中 $\mathbf{A}_k$ 为方阵 $\mathbf{a}$ 的列向量. 于是有

$$\begin{aligned}
&\det(\mathbf{Y}, \mathbf{A}_2, \mathbf{A}_3, \cdots, \mathbf{A}_n)\\
=& \det(x_1\mathbf{A}_1 + x_2\mathbf{A}_2 + \cdots + x_n\mathbf{A}_n, \mathbf{A}_2, \mathbf{A}_3, \cdots, \mathbf{A}_n)\\
=& x_1 \det(\mathbf{A}_1, \mathbf{A}_2, \mathbf{A}_3, \cdots, \mathbf{A}_n) + x_2 \det(\mathbf{A}_2, \mathbf{A}_2, \mathbf{A}_3, \cdots, \mathbf{A}_n)\\
&+ x_3 \det(\mathbf{A}_3, \mathbf{A}_2, \mathbf{A}_3, \cdots, \mathbf{A}_n) + \cdots + x_n \det(\mathbf{A}_n, \mathbf{A}_2, \mathbf{A}_3, \cdots, \mathbf{A}_n)\\
=& x_1 \det(\mathbf{A}_1, \mathbf{A}_2, \mathbf{A}_3, \cdots, \mathbf{A}_n),
\end{aligned}$$

并且类似地有

$$\det(\mathbf{A}_1, \mathbf{Y}, \mathbf{A}_3, \cdots, \mathbf{A}_n) = x_2 \det(\mathbf{A}_1, \mathbf{A}_2, \cdots, \mathbf{A}_n),$$

等等. 如果方阵 $\mathbf{a}$ 是非奇异的, 我们就能用它的行列式去除, 并且得到解的行列式表示

$$x_1 = \frac{\det(\mathbf{Y}, \mathbf{A}_2, \cdots, \mathbf{A}_n)}{\det(\mathbf{A}_1, \mathbf{A}_2, \cdots, \mathbf{A}_n)}, \quad x_2 = \frac{\det(\mathbf{A}_1, \mathbf{Y}, \cdots, \mathbf{A}_n)}{\det(\mathbf{A}_1, \mathbf{A}_2, \cdots, \mathbf{A}_n)}, \quad \cdots,$$

$$x_n = \frac{\det(\mathbf{A}_1, \mathbf{A}_2, \cdots, \mathbf{Y})}{\det(\mathbf{A}_1, \mathbf{A}_2, \cdots, \mathbf{A}_n)}.$$

这就是关于解 n 个未知数、n 个线性方程的方程组的克拉默法则.

练　习　2.3

1. 计算下面的行列式

(a) $\begin{vmatrix} 3 & 4 & 5 \\ 4 & 5 & 6 \\ 5 & 6 & 7 \end{vmatrix}$;　　　(b) $\begin{vmatrix} 1 & 1 & 1 \\ 1 & 2 & 4 \\ 1 & 3 & 9 \end{vmatrix}$;

(c) $\begin{vmatrix} 1 & 1 & 1 \\ 2 & 3 & 4 \\ 3 & -1 & 7 \end{vmatrix}$;　　　(d) $\begin{vmatrix} 1 & x & x^3 \\ 1 & y & y^3 \\ 1 & z & z^3 \end{vmatrix}$.

2. 求出 a, b, c 之间必定存在的关系, 使得方程组

$$\begin{cases} 3x + 4y + 5z = a, \\ 4x + 5y + 6z = b, \\ 5x + 6y + 7z = c \end{cases}$$

可以有一组解.

3. (a) 验证单位方阵的行列式为 1.

(b) 证明, 如果 $\mathbf{a}$ 是非奇异的方阵, 则有

$$\det(\mathbf{a}^{-1}) = 1/\det(\mathbf{a}).$$

4. 求下列 ε 之值

(a) ε_{321};　(b) ε_{2143};　(c) ε_{4231};　(d) ε_{54321}.

5. 考虑这样两个手续: (1) 交换两行或两列; (2) 把某行 (或列) 的一个倍数加到另一行 (或列). 证明仅仅重复运用这两个手续便能把行列式

$$\begin{vmatrix} a & b & c \\ d & e & f \\ g & h & k \end{vmatrix}$$

化成这个形式:

$$\begin{vmatrix} \alpha & 0 & 0 \\ 0 & \beta & 0 \\ 0 & 0 & \gamma \end{vmatrix}.$$

6. 如果方阵 $\mathbf{a}$ 的元素 $a_{ij} = 0$, 只要 $i \neq j$, 则称 $\mathbf{a}$ 为一个对角方阵. 证明 $n \times n$ 对角方阵 (a_{ij}) 的行列式等于乘积 $a_{11}a_{22}\cdots a_{nn}$.

7. 方阵 (a_{ij}) 称为一个上三角方阵, 如果 $j < i$ 时有 $a_{ij} = 0$. 证明

$$\det(a_{ij}) = a_{11}a_{22}\cdots a_{nn}.$$

8. 计算

(a) $\begin{vmatrix} 1 & x & x^2 \\ 1 & y & y^2 \\ 1 & z & z^2 \end{vmatrix}$;

(b) $\begin{vmatrix} 1! & 2! & 3! \\ 2! & 3! & 4! \\ 3! & 4! & 5! \end{vmatrix}$;

(c) $\begin{vmatrix} 1! & 2! & 3! & 4! \\ 2! & 3! & 4! & 5! \\ 3! & 4! & 5! & 6! \\ 4! & 5! & 6! & 7! \end{vmatrix}$.

9. 解方程组

$$\begin{cases} 2x - 3y + 4z = 4, \\ 4x - 9y + 16z = 10, \\ 8x - 27y + 64z = 34. \end{cases}$$

10. 通过行列式

$$\begin{vmatrix} a & b \\ -b & a \end{vmatrix} \quad 与 \quad \begin{vmatrix} c & d \\ -d & c \end{vmatrix}$$

相乘, 证明恒等式

$$(a^2 + b^2)(c^2 + d^2) = (ac + bd)^2 + (bc - ad)^2.$$

11. 设 $A = x^2 + y^2 + z^2, B = xy + yz + zx$, 证明

$$D = \begin{vmatrix} B & A & B \\ B & B & A \\ A & B & B \end{vmatrix} = (x^3 + y^3 + z^3 - 3xyz)^2.$$

12. 证明

$$\Delta = \begin{vmatrix} t_1 + x & a + x & a + x & a + x \\ b + x & t_2 + x & a + x & a + x \\ b + x & b + x & t_3 + x & a + x \\ b + x & b + x & b + x & t_4 + x \end{vmatrix}$$

具有形式 $A + Bx$, 其中 A, B 与 x 无关. 试给 x 以特定的值来证明

$$A = \frac{af(b) - bf(a)}{a - b}, \quad B = \frac{f(b) - f(a)}{b - a},$$

其中

$$f(t) = (t_1 - t)(t_2 - t)(t_3 - t)(t_4 - t).$$

13. 证明向量 $\mathbf{A}, \mathbf{B}$ 的任何一个双线性型 f 都可以写成

$$\mathbf{A} \cdot (\mathbf{cB}) = (\mathbf{c}^{\mathrm{T}}\mathbf{A}) \cdot \mathbf{B}.$$

14. 证明, 一个非奇异的仿射变换将每个二次曲面

$$ax^2 + by^2 + cz^2 + dxy + exz + fyz + gx + hy + iz + j = 0$$

映到另一个二次曲面.

15. 如果这三个行列式

$$\begin{vmatrix} a_1 & a_2 \\ b_1 & b_2 \end{vmatrix}, \quad \begin{vmatrix} a_1 & a_2 \\ c_1 & c_2 \end{vmatrix}, \quad \begin{vmatrix} b_1 & b_2 \\ c_1 & c_2 \end{vmatrix}$$

不全为零, 则方程组

$$a_1x + a_2y = d,$$

$$b_1x + b_2y = e,$$

$$c_1x + c_2y = f$$

存在一组解的必要充分条件是

$$D = \begin{vmatrix} a_1 & a_2 & d \\ b_1 & b_2 & e \\ c_1 & c_2 & f \end{vmatrix} = 0.$$

16. 叙述两条直线

$$x = a_1t + b_1, \quad y = a_2t + b_2, \quad z = a_3t + b_3$$

与

$$x = c_1t + d_1, \quad y = c_2t + d_2, \quad z = c_3t + d_3$$

相交或平行的条件.

17. 不管展开式 (66a) 中每一项的因子是按照它们的第一个或第二个下标排序, 即

$$a_{j_1 1}a_{j_2 2} \cdots a_{j_n n} = a_{1k_1}a_{2k_2} \cdots a_{nk_n},$$

总有

$$\varepsilon_{j_1 j_2 \cdots j_n} = \varepsilon_{k_1 k_2 \cdots k_n}.$$

由此证明 (68d).

18. 证明仿射变换

$$x' = ax + by + cz,$$

$$y' = dx + ey + fz,$$

$$z' = gx + hy + kz$$

保持至少一个方向不改变.

2.4 行列式的几何解释

a. 向量积与三维空间中平行六面体的体积

在第一卷第 335 页我们把两个平面向量 $\mathbf{A} = (a_1, a_2)$ 与 $\mathbf{B} = (b_1, b_2)$ 的交叉积定义为数量

$$\mathbf{A} \times \mathbf{B} = a_1 b_2 - a_2 b_1. \tag{70a}$$

这个数量的绝对值 $|\mathbf{A} \times \mathbf{B}|$ 是以 P_0, P_1, P_2 为顶点的三角形的面积的两倍, 其中 $\mathbf{A} = \overrightarrow{P_0P_1}$, $\mathbf{B} = \overrightarrow{P_0P_2}$. 我们称 $|\mathbf{A} \times \mathbf{B}|$ 为由向量 $\mathbf{A}$ 与 $\mathbf{B}$ 所张成的平行四边形的面积. 这个平行四边形有相继顶点 P_0, P_1, Q, P_2. $\mathbf{A} \times \mathbf{B}$ 的符号决定了平行四边形的定向[1]. 引用行列式的记号, 交叉积有这样的形式:

$$\mathbf{A} \times \mathbf{B} = \begin{vmatrix} a_1 & b_1 \\ a_2 & b_2 \end{vmatrix} = \det(\mathbf{A}, \mathbf{B}). \tag{70b}$$

因此, $|\det(\mathbf{A}, \mathbf{B})|$ 能几何地解释为由向量 $\mathbf{A}, \mathbf{B}$ 所张成的平行四边形的面积. 我们将建立关于高阶行列式的类似的解释.

对于三维空间的三个向量 $\mathbf{A} = (a_1, a_2, a_3)$, $\mathbf{B} = (b_1, b_2, b_3)$, $\mathbf{C} = (c_1, c_2, c_3)$, 可自然地作三阶行列式

$$\det(\mathbf{A}, \mathbf{B}, \mathbf{C}) = \begin{vmatrix} a_1 & b_1 & c_1 \\ a_2 & b_2 & c_2 \\ a_3 & b_3 & c_3 \end{vmatrix}.$$

写成向量 $\mathbf{C}$ 的线性型, 从 (52a) 我们有

$$\begin{aligned} \det(\mathbf{A}, \mathbf{B}, \mathbf{C}) &= (a_2 b_3 - a_3 b_2) c_1 + (a_3 b_1 - a_1 b_3) c_2 + (a_1 b_2 - a_2 b_1) c_3 \\ &= \mathbf{Z} \cdot \mathbf{C}, \end{aligned} \tag{71a}$$

1) 如果顶点顺次序的定向 (反时针或顺时针) 与 "坐标正方形" 的相继顶点 $(0,0)$, $(1,0)$, $(1,1)$, $(0,1)$ 的定向是一样的, 就有 $\mathbf{A} \times \mathbf{B} > 0$.

其中 $\mathbf{Z}=(z_1,z_2,z_3)$ 是具有下列分量的向量:

$$\begin{aligned}z_1&=a_2b_3-a_3b_2=\begin{vmatrix}a_2&b_2\\a_3&b_3\end{vmatrix},\\z_2&=a_3b_1-a_1b_3=\begin{vmatrix}a_3&b_3\\a_1&b_1\end{vmatrix},\\z_3&=a_1b_2-a_2b_1=\begin{vmatrix}a_1&b_1\\a_2&b_2\end{vmatrix}.\end{aligned}\tag{71b}$$

我们称向量 $\mathbf{Z}$ 是向量 $\mathbf{A},\mathbf{B}$ 的 '向量积' 或 '交叉积', 并写作

$$\mathbf{Z}=\mathbf{A}\times\mathbf{B}$$[1].

于是由定义有

$$\det(\mathbf{A},\mathbf{B},\mathbf{C})=(\mathbf{A}\times\mathbf{B})\cdot\mathbf{C}.\tag{71c}$$

由于有这个公式, 有时把数量 $\det(\mathbf{A},\mathbf{B},\mathbf{C})$ 叫做 $\mathbf{A},\mathbf{B},\mathbf{C}$ 的三重向量积.

向量 $\mathbf{Z}=\mathbf{A}\times\mathbf{B}$ 的分量 z_i 本身就是二阶行列式, 因而是向量 $\mathbf{A},\mathbf{B}$ 的双线性交替型. 由此立即推出关于向量乘法的规则

$$(\lambda\mathbf{A}\times\mathbf{B})=\mathbf{A}\times(\lambda\mathbf{B})=\lambda(\mathbf{A}\times\mathbf{B}),\tag{72a}$$

$$(\mathbf{A}'+\mathbf{A}'')\times\mathbf{B}=\mathbf{A}'\times\mathbf{B}+\mathbf{A}''\times\mathbf{B},\tag{72b}$$

$$\mathbf{A}\times(\mathbf{B}'+\mathbf{B}'')=\mathbf{A}\times\mathbf{B}'+\mathbf{A}\times\mathbf{B}'',\quad \mathbf{A}\times\mathbf{B}=-\mathbf{B}\times\mathbf{A}.\tag{72c}$$

关系式 (72c) 可称为乘法的 '负交换律'. 它有重要的推论:

$$\mathbf{A}\times\mathbf{A}=0,\quad \text{对于所有的 }\mathbf{A}.\tag{72d}$$

更一般地, 向量积 $\mathbf{A}\times\mathbf{B}$ 等于零当且仅当 $\mathbf{A}$ 与 $\mathbf{B}$ 是相关的. 因为由 (71c), 关系式 $\mathbf{A}\times\mathbf{B}=0$ 等价于

$$\det(\mathbf{A},\mathbf{B},\mathbf{C})=0,\quad \text{对于所有的 }\mathbf{C},$$

或者说 (看第 150 页), 对于所有的 $\mathbf{C}$ 而言, $\mathbf{A},\mathbf{B},\mathbf{C}$ 都是相关的. 然而, 我们总能找到一个向量 $\mathbf{C}$, 它对于 $\mathbf{A},\mathbf{B}$ 是无关的 (看第 118 页); 所以 $\mathbf{A},\mathbf{B},\mathbf{C}$ 的相关性隐含着 $\mathbf{A}$ 与 $\mathbf{B}$ 是相关的.

---

1) 两个三维向量的交叉积仍是一个向量, 这与二维向量的交叉积不同, 也与任何维数向量的数量积不同 (都是数量).

向量积 $\mathbf{A}\times\mathbf{B}$ 是垂直于 $\mathbf{A}$ 与 $\mathbf{B}$ 的, 因为由 (71c) 有

$$\begin{aligned}(\mathbf{A}\times\mathbf{B})\cdot\mathbf{A}&=\det(\mathbf{A},\mathbf{B},\mathbf{A})=0,\\(\mathbf{A}\times\mathbf{B})\cdot\mathbf{B}&=\det(\mathbf{A},\mathbf{B},\mathbf{B})=0.\end{aligned}\tag{72e}$$

因此, 对于无关的向量 $\mathbf{A}=\overrightarrow{P_0P_1}$ 与 $\mathbf{B}=\overrightarrow{P_0P_2}$, 它们所张成的平面 $P_0P_1P_2$ 有两个垂直方向, $\mathbf{A}\times\mathbf{B}$ 是其中之一. 向量 $\mathbf{A}\times\mathbf{B}$ 的长度同样有一个简单的几何解释. 由 (71b), 我们有

$$\begin{aligned}|\mathbf{A}\times\mathbf{B}|^2&=(a_2b_3-a_3b_2)^2+(a_3b_1-a_1b_3)^2+(a_1b_2-a_2b_1)^2\\&=(a_1^2+a_2^2+a_3^2)(b_1^2+b_2^2+b_3^2)-(a_1b_1+a_2b_2+a_3b_3)^2\\&=|\mathbf{A}|^2|\mathbf{B}|^2-(\mathbf{A}\cdot\mathbf{B})^2.^{1)}\end{aligned}\tag{72f}$$

利用

$$\mathbf{A}\cdot\mathbf{B}=|\mathbf{A}||\mathbf{B}|\cos\gamma$$

这个事实, 其中 γ 是 $\mathbf{A}$ 与 $\mathbf{B}$ 的方向之间的夹角 (看第 112 页公式 (14)), 我们由 (72f) 得到

$$|\mathbf{A}\times\mathbf{B}|=\sqrt{|\mathbf{A}|^2|\mathbf{B}|^2-|\mathbf{A}|^2|\mathbf{B}|^2\cos^2\gamma}=|\mathbf{A}||\mathbf{B}|\sin\gamma.$$

对于 $\mathbf{A}=\overrightarrow{P_0P_1}$, $\mathbf{B}=\overrightarrow{P_0P_2}$, 我们有从直线 P_0P_1 到点 P_2 的距离 (图 2.6) $|\mathbf{B}|\sin\gamma$ (γ 取 0 和 π 之间的一个值). 因此 (与二维情形正好一样), 量 $|\mathbf{A}\times\mathbf{B}|$ 给出由 $\mathbf{A}$ 与 $\mathbf{B}$ 所 ‘张成” 具有顶点 P_0,P_1,Q,P_2 的平行四边形的面积, 或说是以 P_0,P_1,P_2 为顶点的三角形面积的两倍.

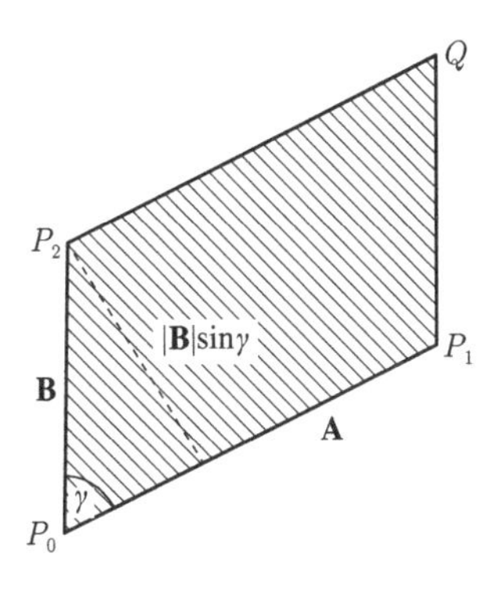

图 2.6 两个向量 $\mathbf{A},\mathbf{B}$ 所张的平行四边形的面积 $|\mathbf{A}\times\mathbf{B}|$

1) 从这个恒等式可附带地直接证明柯西–施瓦茨不等式 $|\mathbf{A}\cdot\mathbf{B}|\leqslant|\mathbf{A}||\mathbf{B}|$ (看第 113 页). 它还提供另外一项知识, 就是当且仅当 $\mathbf{A},\mathbf{B}$ 相关时等号成立.

向量积 $\mathbf{A}\times\mathbf{B}=(z_1,z_2,z_3)$ 的每个分量也能够从几何上解释. 例如, 表达式

$$z_3=a_1b_2-a_2b_1$$

恰好是二维向量 (a_1,a_2) 与 (b_1,b_2) 的交叉积 [看 (70a)]. 如果 P_0 有坐标 ξ_1,ξ_2,ξ_3, 则在 (x_1,x_2) 平面上具有顶点 (ξ_1,ξ_2), (ξ_1+a_1,ξ_2+a_2), $(\xi_1+a_1+b_1,\xi_2+a_2+b_2)$, (ξ_1+b_1,ξ_2+b_2) 的平行四边形的面积就是 $|z_3|$. 这个平行四边形恰好是向量 $\mathbf{A},\mathbf{B}$ 在空间中所张成的以 P_0,P_1,Q,P_2 为顶点的平行四边形在 (x_1,x_2) 平面上的投影 (看图 2.7). 如果 $\mathbf{A}\times\mathbf{B}$ 有方向余弦 $\cos\beta_1,\cos\beta_2,\cos\beta_3$, 我们有 (看第 110 页 (9))

$$|z_3|=|\mathbf{A}\times\mathbf{B}||\cos\beta_3|.$$

因此, $\cos\beta_3$ 给出了 $\mathbf{A},\mathbf{B}$ 所张成的平行四边形在 (x_1,x_2) 平面投影的面积相对于它自身的面积之比. 这里 β_3 是 x_3 轴与经过 P_0,P_1,P_2 的平面的法线之间的夹角. 当然, 这个角度与包含 $\mathbf{A},\mathbf{B}$ 所张成的平行四边形的平面与 (x_1,x_2) 平面之间的夹角是相同的[1].

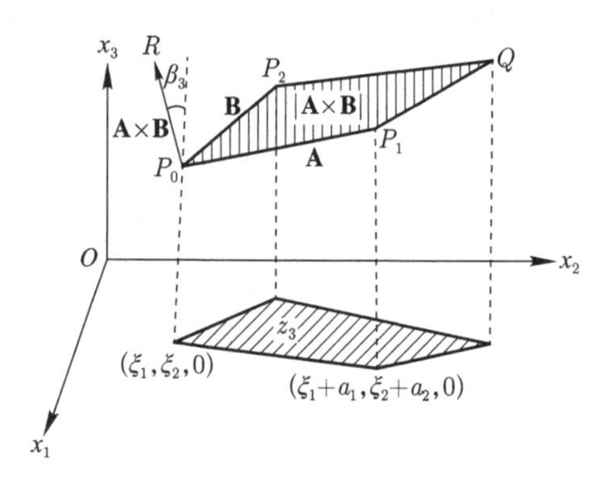

图 2.7 向量积 $\mathbf{A}\times\mathbf{B}=(z_1,z_2,z_3)$ 的分量解释为投影面积

如果 $\mathbf{A}=\overrightarrow{P_0P_1}$ 与 $\mathbf{B}=\overrightarrow{P_0P_2}$ 是无关的向量, 我们有

$$\mathbf{A}\times\mathbf{B}=\overrightarrow{P_0R},$$

其中点 R 位于经过 P_0 而垂直于平面 $P_0P_1P_2$ 的直线上, 并且与 P_0 的距离是三角形 $P_0P_1P_2$ 面积的两倍. 这几乎唯一地确定了 R. 具有这样性质的点只有两个, 位于该平面的两边. 这两个点中究竟哪一个是向量 $\mathbf{A}\times\mathbf{B}=\overrightarrow{P_0R}$ 的末点 R, 能用下面的 '连续性' 论点来确定. 因为向量积 $\mathbf{A}\times\mathbf{B}$ 的分量是向量 $\mathbf{A},\mathbf{B}$ 的双线性函数,

1) 一般地, 一个平面图形在第二个平面上的投影的面积等于原来图形的面积与这两个平面之间夹角的余弦之积, 当我们讨论积分变换时, 就会明白这一点.

所以向量积 $\mathbf{A}\times\mathbf{B}$ 连续地依赖于 $\mathbf{A},\mathbf{B}$. 于是, 只要

$$\mathbf{A}\times\mathbf{B}\neq 0,$$

就是说只要 $\mathbf{A}$ 与 $\mathbf{B}$ 保持不变成 $\mathbf{O}$ 或平行, 则 $\mathbf{A}\times\mathbf{B}$ 的方向也就连续地依赖于 $\mathbf{A},\mathbf{B}$. 我们总能按照如下方式连续地变动这两个向量 $\mathbf{A}$ 与 $\mathbf{B}$, 使它们决不为 $\mathbf{O}$ 或平行, 直到最后 $\mathbf{A}$ 与坐标向量 $\mathbf{E}_1=(1,0,0)$ 重合, $\mathbf{B}$ 与坐标向量 $\mathbf{E}_2=(0,1,0)$ 重合. 这等于把三角形 $P_0P_1P_2$ 连续地非退化地变形, 使得 P_0 变到原点, 而 P_1 与 P_2 分别变到正 x_1 轴与正 x_2 轴上原点距离为 1 的点. 在这个过程中, 经过 P_0 而垂直于平面 $P_0P_1P_2$ 的直线上的点 R 并不穿过该平面. 现在, 由 (71b) 有

$$\mathbf{E}_1\times\mathbf{E}_2=(0,0,1)=\mathbf{E}_3.$$

在常用的 '右手' 坐标系中, $\mathbf{E}_3$ 是垂直于 $\mathbf{E}_1$ 和 $\mathbf{E}_2$ 并且按照如下方式来确定的, 即从 $(0,0,1)$ 看去, $\mathbf{E}_1$ 关于 x_3 轴逆时针旋转 90° 就到达 $\mathbf{E}_2$. 于是, 一般地, 如果我们的坐标系是右手系,

$$\mathbf{A}\times\mathbf{B}=\overrightarrow{P_0R}$$

的方向就是这样确定的, 即从 R 看时, 向量 $\mathbf{A}=\overrightarrow{P_0P_1}$ 关于直线 $\overrightarrow{P_0R}$ 逆时针旋转一个位于 0 与 π 之间的角度 γ 就到达 $\mathbf{B}=\overrightarrow{P_0P_2}$ (图 2.9). 类似地, 在左手坐标系中, 从 $(0,0,1)$ 看去 $\mathbf{E}_1$ 是顺时针旋转 90° 到达 $\mathbf{E}_2$, 同样从 $\mathbf{A}\times\mathbf{B}=\overrightarrow{P_0R}$ 的末点 R 看去, 从 $\mathbf{A}$ 到 $\mathbf{B}$ 也是这样旋转.

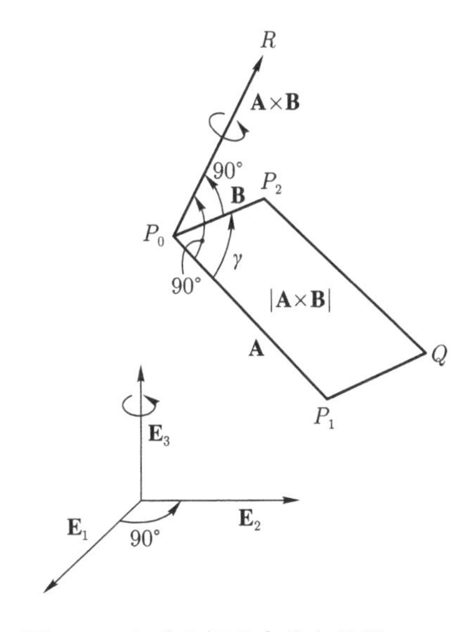

图 2.8 右手坐标系中的向量积 $\mathbf{A}\times\mathbf{B}$

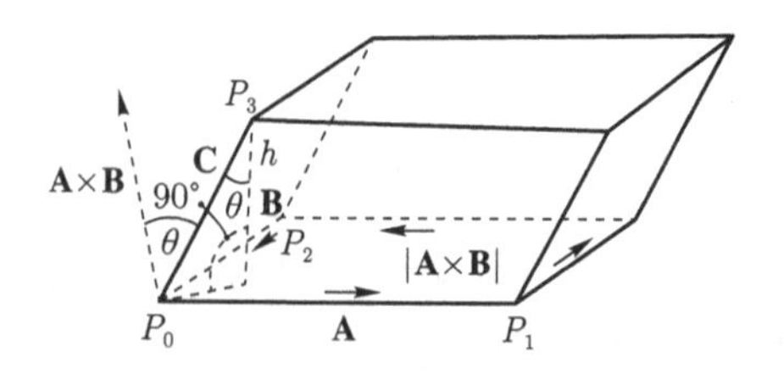

图 2.9　平行六面体的体积 $V = |\mathbf{A}\times\mathbf{B}|h$

一般地, 三个无关向量 $\mathbf{A},\mathbf{B},\mathbf{C}$ 的有序组定义一个确定的指向或定向. 如果

$$\mathbf{A}=\overrightarrow{P_0P_1},\quad \mathbf{B}=\overrightarrow{P_0P_2},\quad \mathbf{C}=\overrightarrow{P_0P_3},$$

我们总能在平面 $P_0P_1P_2$ 内将 $\mathbf{A}$ 的方向转动一个 0 到 π 之间的角度而达到 $\mathbf{B}$ 的方向. 从向量 $\mathbf{C}$ 指向的平面 $P_0P_1P_2$ 的一侧来看, 旋转所具有的定向就定义作三重组 $\mathbf{A},\mathbf{B},\mathbf{C}$ 的定向 (顺时针或逆时针)[1]. 三重组 $\mathbf{B},\mathbf{A},\mathbf{C}$ 有相反的定向. 三重组 $\mathbf{A},\mathbf{B},\mathbf{A}\times\mathbf{B}$ 与坐标向量 $\mathbf{E}_1,\mathbf{E}_2,\mathbf{E}_3$ 的方向永远是相同的.

如果三重组 $\mathbf{A},\mathbf{B},\mathbf{C}$ 与坐标向量的三重组 $\mathbf{E}_1,\mathbf{E}_2,\mathbf{E}_3$ 有同样的定向, 我们就称三重组 $\mathbf{A},\mathbf{B},\mathbf{C}$ 相对于 (x_1,x_2,x_3) 坐标系有正向; 如果有相反的方向, 就称之为负向. 三重组 $\mathbf{A},\mathbf{B},\mathbf{C}$ 有正向的必要充分条件是

$$\det(\mathbf{A},\mathbf{B},\mathbf{C})>0. \tag{73}$$

因为关系式 (73) 意味着

$$(\mathbf{A}\times\mathbf{B})\cdot\mathbf{C}>0,$$

也就是说, 向量 $\mathbf{A}\times\mathbf{B}$ 的方向与向量 $\mathbf{C}$ 的方向作成一个锐角. 若令

$$\mathbf{A}=\overrightarrow{P_0P_1},\quad \mathbf{B}=\overrightarrow{P_0P_2},\quad \mathbf{C}=\overrightarrow{P_0P_3},$$

则 $\mathbf{A}\times\mathbf{B}$ 垂直于平面 $P_0P_1P_2$, 而这隐含着向量 $\mathbf{A}\times\mathbf{B}$ 与向量 $\mathbf{C}$ 指向平面的同一侧. 因此, $\mathbf{A},\mathbf{B},\mathbf{C}$ 与 $\mathbf{A},\mathbf{B},\mathbf{A}\times\mathbf{B}$ 有相同的定向, 这就是 $\mathbf{E}_1,\mathbf{E}_2,\mathbf{E}_3$ 的定向.

三个无关的向量 $\mathbf{A},\mathbf{B},\mathbf{C}$, 当给定同一个起点 P_0 时, 它们 '张成" 一个确定的平行六面体, 它以 $\mathbf{A},\mathbf{B},\mathbf{C}$ 的末点为相邻于 P_0 的顶点. 按照三重组 $\mathbf{A},\mathbf{B},\mathbf{C}$ 的定向, 我们称平行六面体对于 (x_1,x_2,x_3) 坐标系而言有正向或负向. 交换向量 $\mathbf{A},\mathbf{B},\mathbf{C}$ 中的任意两个就改变了它们所张成的平行六面体的定向[2].

---

1) 这同一类型定向的方式也确定着左手螺旋与右手螺旋之间的区别. 一个螺旋运动是由沿着一个轴的平移与关于这个轴的旋转所组成的. 这两种类型螺旋的区别取决于, 当从轴的平移进行的方向看去时, 该旋转所具有的定向 (顺时针或逆时针).

2) 平行六面体的定向可具体化为赋予平行六面体的每个面一种定向 (即规定每个面的边界多边形的一个指向), 使得两个相邻的面的公共棱按照两个面上的定向而具有相反的指向. 如果对于单独一个面的一个棱确定了指向, 则各面的定向都被唯一地确定了. 对于 $\mathbf{A},\mathbf{B},\mathbf{C}$ 所张成的平行六面体的定向来说, P_0P_1 作为 $\overrightarrow{P_0P_2}$ 与 $\overrightarrow{P_0P_1}$ 所张的面的一个棱其指向是从 P_0 到 P_1 (看图 2.9).

设 θ 是向量 $\mathbf{C}$ 与 $\mathbf{A}\times\mathbf{B}$ 的方向所构成的角度. 由 (71c) 有

$$\det(\mathbf{A},\mathbf{B},\mathbf{C}) = |\mathbf{A}\times\mathbf{B}||\mathbf{C}|\cos\theta. \tag{74a}$$

由于 $\mathbf{A}\times\mathbf{B}$ 垂直于平面 $P_0P_1P_2$, 直线 P_0P_3 与平面 $P_0P_1P_2$ 之间的夹角是 $\frac{\pi}{2}-\theta$. 因此, 点 P_3 到平面 $P_0P_1P_2$ 的距离是

$$h = |\mathbf{C}||\cos\theta| = |\mathbf{C}|\left|\sin\left(\frac{\pi}{2}-\theta\right)\right|. \tag{74b}$$

这是平行六面体 P_3-$P_0P_1P_2$ 的高度. 因为平行六面体的体积 V 等于它的一个面的面积 $|\mathbf{A}\times\mathbf{B}|$ 乘上对应的高 h, 我们从 (74a, b) 得到

$$V = |\mathbf{A}\times\mathbf{B}|h = |\det(\mathbf{A},\mathbf{B},\mathbf{C})|. \tag{74c}$$

用话来说, 三个向量 $\mathbf{A},\mathbf{B},\mathbf{C}$ 所张成的平行六面体的体积等于以 $\mathbf{A},\mathbf{B},\mathbf{C}$ 为列向量之方阵的行列式的绝对值. 因此, $\det(\mathbf{A},\mathbf{B},\mathbf{C})$ 的值同时确定了由 $\mathbf{A},\mathbf{B},\mathbf{C}$ 所张成的平行六面体的体积及其定向. 我们用如下公式来表达这个事实

$$\det(\mathbf{A},\mathbf{B},\mathbf{C}) = \varepsilon V, \tag{74d}$$

其中 V 是由 $\mathbf{A},\mathbf{B},\mathbf{C}$ 所张成的平行六面体的体积, 并且当这个平行六面体相对于 (x_1,x_2,x_3) 坐标系有正的定向时 $\varepsilon=+1$, 而有负的定向时 $\varepsilon=-1$.

b. 行列式关于一列的展开式. 高维向量积

仅仅在三维空间中, 我们能定义两个向量 $\mathbf{A},\mathbf{B}$ 的一个乘积 $\mathbf{A}\times\mathbf{B}$ 仍为一个向量[1]. 在 n 维空间中最密切的模拟也许是 $n-1$ 个向量的 "向量积". 试在 n 维空间中取 n 个向量

$$\mathbf{A}_1 = (a_{11},\cdots,a_{n1}),\cdots,\mathbf{A}_n = (a_{1n},\cdots,a_{nn}).$$

我们能够作出以这些向量为列向量的方阵的行列式, 它是最后一个向量 $\mathbf{A}_n$ 的线性型, 因而能写成一个数量积

$$\begin{aligned}\det(\mathbf{A}_1,\cdots,\mathbf{A}_n) &= z_1a_{1n}+z_2a_{2n}+\cdots+z_na_{nn}\\ &= \mathbf{Z}\cdot\mathbf{A}_n,\end{aligned} \tag{75}$$

其中向量 $\mathbf{Z}=(z_1,z_2,\cdots,z_n)$ 仅仅依赖于前 $n-1$ 个向量 $\mathbf{A}_1,\mathbf{A}_2,\cdots,\mathbf{A}_{n-1}$. 显然, $\mathbf{Z}$ 关于 $\mathbf{A}_1,\mathbf{A}_2,\cdots,\mathbf{A}_{n-1}$ 中的每一个都分别是线性的并且是交替的. 我们可

1) 在高维空间中我们不能以几何方式在向量 $\mathbf{A},\mathbf{B}$ 所张的平面之外定义一个第三个向量 $\mathbf{C}$ 来与 $\mathbf{A},\mathbf{B}$ 联系, 就是说, 不能通过一个作图法由 $\mathbf{A},\mathbf{B}$ 唯一地确定一个向量 $\mathbf{C}$, 使其在刚体运动下不变.

以称 $\mathbf{Z}$ 为 $\mathbf{A}_1, \mathbf{A}_2, \cdots, \mathbf{A}_{n-1}$ 的向量积并记作

$$\mathbf{Z} = \mathbf{A}_1 \times \mathbf{A}_2 \times \cdots \times \mathbf{A}_{n-1}. \tag{76}$$

由 (75) 清楚地看出

$$\mathbf{Z} \cdot \mathbf{A}_1 = \mathbf{Z} \cdot \mathbf{A}_2 = \cdots = \mathbf{Z} \cdot \mathbf{A}_{n-1} = 0;$$

可见与三维的情形一样, $n-1$ 个向量的向量积与这 $n-1$ 个向量的每一个都是正交的. 我们不久将看到, 该向量积的长度也可以几何地解释为向量 $\mathbf{A}_1, \mathbf{A}_2, \cdots, \mathbf{A}_{n-1}$ 所张成的定向的 $n-1$ 维平行多面体的体积.

与三维的情形一样, $\mathbf{Z}$ 的分量能写成类似于公式 (71b) 的行列式. 让我们先对 $\mathbf{Z}$ 的分量 z_n 导出这样一个行列式的表达式. 由 (75) 有

$$z_n = \mathbf{Z} \cdot \mathbf{E}_n = \det(\mathbf{A}_1, \cdots, \mathbf{A}_{n-1}, \mathbf{E}_n),$$

其中

$$\mathbf{E}_n = (0, \cdots, 0, 1)$$

是第 n 个坐标向量. 在第 146 页关于行列式的一般展开公式 (66a) 中取 $\mathbf{A}_n = \mathbf{E}_n$, 这等于将每一项的最后一个因子 $a_{j_n n}$ 换成 1. 当 $j_n = n$ 时; 换成 0, 当 $j_n \neq n$ 时. 对于 $j_n = n$, 系数 $\varepsilon_{j_1 j_2 \cdots j_n}$ 总等于 0, 除非 $j_1, j_2, \cdots, j_{n-1}$ 是 $1, 2, \cdots, n-1$ 的一个排列. 而在这种情形, 系数 (65c, d) 就变成

$$\begin{aligned}
\varepsilon_{j_1 \cdots j_{n-1} j_n} &= \varepsilon_{j_1 \cdots j_{n-1} n} = \operatorname{sgn} \phi(j_1, \cdots, j_{n-1}, n) \\
&= \operatorname{sgn}(n - j_{n-1}) \cdots (n - j_1) \phi(j_1, \cdots, j_{n-1}) \\
&= \operatorname{sgn} \phi(j_1, j_2, \cdots, j_{n-1}) = \varepsilon_{j_1 \cdots j_{n-1}}.
\end{aligned}$$

于是由 (66a) 得到

$$\begin{aligned}
z_n &= \sum_{j_1 \cdots j_{n-1}=1}^{n-1} \varepsilon_{j_1 j_2 \cdots j_{n-1}} a_{j_1 1} a_{j_2 2} \cdots a_{j_{n-1} n-1} \\
&= \begin{vmatrix}
a_{11} & a_{12} & \cdots & a_{1n-1} \\
a_{21} & a_{22} & \cdots & a_{2n-1} \\
\vdots & \vdots & & \vdots \\
a_{(n-1)1} & a_{(n-1)2} & \cdots & a_{(n-1)(n-1)}
\end{vmatrix}
\end{aligned} \tag{77a}$$

可见, z_n 等于从方阵 $(\mathbf{A}_1, \mathbf{A}_2, \cdots, \mathbf{A}_n)$ 中去掉最后一行最后一列所得到的行列式. 一般地, 人们把从一个方阵 $\mathbf{a}$ 去掉它的一些行和列, 而保持剩下元素的相对位

置, 所得到的方阵的行列式定义作矩阵 **a** 的一个子式. 一个方阵 **a** 的一个元素 a_{jk} 的余子式便是从 **a** 中去掉包含 a_{jk} 的行和列所得到的行列式. 这样, z_n 就等于 a_{nn} 的余子式.

向量 **Z** 的其他分量都有类似的表示式. 例如, 由 (75) 我们有

$$z_{n-1} = \det(\mathbf{A}_1, \cdots, \mathbf{A}_{n-1}, \mathbf{E}_{n-1}).$$

为要计算这个行列式, 我们交换它的最后两行使得行列式变号 (看第 149 页). 这样, 最后一列的 $\mathbf{E}_{n-1}$ 就变成了 $\mathbf{E}_n$, 因而由我们前面的结果就发现, $-z_{n-1}$ 等于从新矩阵中去掉最后一行最后一列所得到的行列式, 或者等价地说, 它等于原来方阵中 $a_{n-1,n}$ 的余子式. 类似地, 对于每一个 $i\ (=1,2,\cdots,n)$ 而言, $\pm z_i$ 等于元素 a_{i_n} 的余子式, 其中正号对应着 $n-i$ 为偶数, 负号对应着 $n-i$ 为奇数.

这样, 公式 (75) 就成为一个 n 阶行列式按其最后一列元素及其对应的 $(n-1)$ 阶余子式相乘相加组成的展开式. 例如对于 $n=4$, 我们有

$$\begin{vmatrix} a_{11} & a_{12} & a_{13} & a_{14} \\ a_{21} & a_{22} & a_{23} & a_{24} \\ a_{31} & a_{32} & a_{33} & a_{34} \\ a_{41} & a_{42} & a_{43} & a_{44} \end{vmatrix} = -a_{14}\begin{vmatrix} a_{21} & a_{22} & a_{23} \\ a_{31} & a_{32} & a_{33} \\ a_{41} & a_{42} & a_{43} \end{vmatrix} + a_{24}\begin{vmatrix} a_{11} & a_{12} & a_{13} \\ a_{31} & a_{32} & a_{33} \\ a_{41} & a_{42} & a_{43} \end{vmatrix}$$

$$-a_{34}\begin{vmatrix} a_{11} & a_{12} & a_{13} \\ a_{21} & a_{22} & a_{23} \\ a_{41} & a_{42} & a_{43} \end{vmatrix} + a_{44}\begin{vmatrix} a_{11} & a_{12} & a_{13} \\ a_{21} & a_{22} & a_{23} \\ a_{31} & a_{32} & a_{33} \end{vmatrix}. \tag{77b}$$

适当作列与列之间的交换, 我们能够得到一个行列式按其任意一个给定列的元素的余子式的展开式. 正如我们在下节将要看到的, 这种类型的展开式在很多牵涉空间维数的归纳法的证明中都起了作用.

c. 高维空间中的平行四边形的面积与平行多面体的体积

空间曲面能看成是由无限小的平行四边形构成的. 譬如曲面面积公式和曲面积分公式就要求有空间平行四边形面积的表达式的知识. 类似地, 体积公式或流形上的体积积分公式必须建立在高维平行多面体体积的表达式上. 这种表达式能容易地借助于行列式以最大的一般性推导出来.

同向量有联系的基本量是两个向量

$$\mathbf{A} = (a_1, a_2, \cdots, a_n) \quad 和 \quad \mathbf{B} = (b_1, b_2, \cdots, b_n)$$

的数量积, 这在笛卡儿坐标系中由下式给出

$$\mathbf{A} \cdot \mathbf{B} = a_1 b_1 + a_2 b_2 + \cdots + a_n b_n.$$

虽然 $\mathbf{A}$ 与 $\mathbf{B}$ 的各个分量 a_j 与 b_k 都依赖于所用的笛卡儿坐标系, 但数量积却具有一种独立的几何意义

$$\mathbf{A} \cdot \mathbf{B} = |\mathbf{A}||\mathbf{B}| \cos \gamma,$$

其中 $|\mathbf{A}|, |\mathbf{B}|$ 分别是向量 $\mathbf{A}, \mathbf{B}$ 的长度, 而 γ 是它们之间的夹角. 由此推出任何能表成数量积的量具有一种*不变的*几何意义, 因而与所使用的特殊的笛卡儿坐标系无关.

能用数量积表示的最简单的量是两点 P_0, P_1 之间的距离, 它是向量 $\mathbf{A} = \overrightarrow{P_0 P_1}$ 的长度. 该距离的平方就是

$$|\mathbf{A}|^2 = \mathbf{A} \cdot \mathbf{A}. \tag{78a}$$

对于 n 维空间中的两个向量 $\mathbf{A}$ 与 $\mathbf{B}$, 如果给定它们以一个公共的起点 P_0, 我们就能把它们联系到*它们所张成的平行四边形的面积*. 设 $\mathbf{A} = \overrightarrow{P_0 P_1}$, $\mathbf{B} = \overrightarrow{P_0 P_2}$. 则它们张成一个平行四边形 $P_0 P_1 Q P_2$, 以 P_1 和 P_2 作为顶点 P_0 的相邻顶点. 由初等几何知, 这平行四边形的面积 α 等于邻边长度的乘积乘以它们夹角的正弦

$$\begin{aligned} \alpha &= |\mathbf{A}||\mathbf{B}| \sin \gamma = \sqrt{|\mathbf{A}|^2 \cdot |\mathbf{B}|^2 - |\mathbf{A}|^2 |\mathbf{B}|^2 \cos^2 \gamma} \\ &= \sqrt{|\mathbf{A}|^2 |\mathbf{B}|^2 - (\mathbf{A} \cdot \mathbf{B})^2}, \end{aligned}$$

如同对于 $n = 3$ 的特殊情形我们在第 155 页求得的一样. 对于面积 α 的这个公式, 我们能用行列式的形式把 α 的平方写得更漂亮些

$$\alpha^2 = (\mathbf{A} \cdot \mathbf{A})(\mathbf{B} \cdot \mathbf{B}) - (\mathbf{A} \cdot \mathbf{B})(\mathbf{B} \cdot \mathbf{A}) = \begin{vmatrix} \mathbf{A} \cdot \mathbf{A} & \mathbf{A} \cdot \mathbf{B} \\ \mathbf{B} \cdot \mathbf{A} & \mathbf{B} \cdot \mathbf{B} \end{vmatrix}, \tag{78b}$$

上式右边出现的行列式叫做向量 $\mathbf{A}, \mathbf{B}$ 的*格拉姆行列式*并且用 $\Gamma(\mathbf{A}, \mathbf{B})$ 表示. 从推导清楚地有

$$\Gamma(\mathbf{A}, \mathbf{B}) \geqslant 0$$

对于所有的向量 $\mathbf{A}, \mathbf{B}$ 成立, 并且仅当 $\mathbf{A}, \mathbf{B}$ 相关时等号成立[1].

对于 n 维空间中*三个向量* $\mathbf{A}, \mathbf{B}, \mathbf{C}$ *张成的平行六面体的体积*的平方, 我们能推导出类似的表达式. 我们将向量表成如下形式

$$\mathbf{A} = \overrightarrow{P_0 P_1}, \quad \mathbf{B} = \overrightarrow{P_0 P_2}, \quad \mathbf{C} = \overrightarrow{P_0 P_3},$$

并且考虑以 P_1, P_2, P_3 为 P_0 相邻顶点的平行六面体. 它的体积 V 能够定义为它

1) 那就是说, 如果有一个为零向量 ($\mathbf{A}$ 或 $\mathbf{B} = \mathbf{O}$) 或如果它们是平行的 ($\sin \gamma = 0$).

的一个面的面积 α 与对应高线长 h 的乘积. 选择 α 是向量 $\mathbf{A}, \mathbf{B}$ 所张成的平行四边形的面积, h 表示点 P_3 到经过 P_0, P_1, P_2 的平面的距离. 这样就有

$$V^2 = h^2\alpha^2 = h^2\Gamma(A, B) = h^2 \begin{vmatrix} \mathbf{A}\cdot\mathbf{A} & \mathbf{A}\cdot\mathbf{B} \\ \mathbf{B}\cdot\mathbf{A} & \mathbf{B}\cdot\mathbf{B} \end{vmatrix}.$$

我们说 h 表示 P_3 到平面 $P_0P_1P_2$ 的'垂直"距离, 也就是, 垂直于平面并且有终点 P 在平面上的向量 $\mathbf{D} = \overrightarrow{PP_3}$ 的长度. 对于平面 $P_0P_1P_2$ 上一点 P, 向量 $\overrightarrow{P_0P}$ 必定相关于 $\mathbf{A} = \overrightarrow{P_0P_1}$ 和 $\mathbf{B} = \overrightarrow{P_0P_2}$ (看第 118 页),

$$\overrightarrow{P_0P} = \lambda\mathbf{A} + \mu\mathbf{B}.$$

因此, 向量 $\mathbf{D}$ 有如下形式

$$\mathbf{D} = \overrightarrow{PP_3} = \overrightarrow{P_0P_3} - \overrightarrow{P_0P} = \mathbf{C} - \lambda\mathbf{A} - \mu\mathbf{B},$$

其中 λ 和 μ 为适当的常数. 如果向量 $\mathbf{D}$ 垂直于向量 $\mathbf{A}$ 和 $\mathbf{B}$ 所张成的平面, 则必有

$$\mathbf{A}\cdot\mathbf{D} = 0, \quad \mathbf{B}\cdot\mathbf{D} = 0. \tag{79a}$$

这就引出确定 λ 与 μ 的线性方程组

$$\mathbf{A}\cdot\mathbf{C} = \lambda\mathbf{A}\cdot\mathbf{A} + \mu\mathbf{A}\cdot\mathbf{B}, \mathbf{B}\cdot\mathbf{C} = \lambda\mathbf{B}\cdot\mathbf{A} + \mu\mathbf{B}\cdot\mathbf{B}. \tag{79b}$$

这个方程组的行列式正好是格拉姆行列式 $\Gamma(\mathbf{A}, \mathbf{B})$. 假定 $\mathbf{A}$ 与 $\mathbf{B}$ 是无关的向量, 我们就有 $\Gamma(\mathbf{A}, \mathbf{B}) \neq 0$. 于是方程组 (79b) 存在唯一一组确定的解 λ, μ. 因此, 存在唯一的向量 $\mathbf{D} = \overrightarrow{PP_3}$ 垂直于平面 $P_0P_1P_2$ 且起点在该平面上. 这个向量的长度等于距离 h, 所以由 (79a) 有

$$\begin{aligned} h^2 = |\mathbf{D}|^2 = \mathbf{D}\cdot\mathbf{D} &= (\mathbf{C} - \lambda\mathbf{A} - \mu\mathbf{B})\cdot\mathbf{D} \\ &= \mathbf{C}\cdot\mathbf{D} - \lambda\mathbf{A}\cdot\mathbf{D} - \mu\mathbf{B}\cdot\mathbf{D} \\ &= \mathbf{C}\cdot\mathbf{D} = \mathbf{C}\cdot\mathbf{C} - \lambda\mathbf{C}\cdot\mathbf{A} - \mu\mathbf{C}\cdot\mathbf{B}. \end{aligned}$$

由此得出

$$V^2 = (\mathbf{C}\cdot\mathbf{C} - \lambda\mathbf{A}\cdot\mathbf{C} - \mu\mathbf{B}\cdot\mathbf{C})\Gamma(\mathbf{A}, \mathbf{B}). \tag{79c}$$

这个关于 $\mathbf{A}, \mathbf{B}, \mathbf{C}$ 张成的平行六面体体积平方的表达式能更漂亮地写成由向量 $\mathbf{A}, \mathbf{B}, \mathbf{C}$ 作成的格拉姆行列式:

$$V^2 = \begin{vmatrix} \mathbf{A}\cdot\mathbf{A} & \mathbf{A}\cdot\mathbf{B} & \mathbf{A}\cdot\mathbf{C} \\ \mathbf{B}\cdot\mathbf{A} & \mathbf{B}\cdot\mathbf{B} & \mathbf{B}\cdot\mathbf{C} \\ \mathbf{C}\cdot\mathbf{A} & \mathbf{C}\cdot\mathbf{B} & \mathbf{C}\cdot\mathbf{C} \end{vmatrix} = \Gamma(\mathbf{A},\mathbf{B},\mathbf{C}). \tag{79d}$$

为要证明关于 V^2 的表达式 (79d) 恒等于 (79c), 我们利用这个事实, 即如果在行列式 $\Gamma(\mathbf{A},\mathbf{B},\mathbf{C})$ 中把最后一列减去第一列的 λ 倍和第二列的 μ 倍, 则行列式的值不变:

$$\Gamma(\mathbf{A},\mathbf{B},\mathbf{C}) = \begin{vmatrix} \mathbf{A}\cdot\mathbf{A} & \mathbf{A}\cdot\mathbf{B} & \mathbf{A}\cdot\mathbf{C}-\lambda\mathbf{A}\cdot\mathbf{A}-\mu\mathbf{A}\cdot\mathbf{B} \\ \mathbf{B}\cdot\mathbf{A} & \mathbf{B}\cdot\mathbf{B} & \mathbf{B}\cdot\mathbf{C}-\lambda\mathbf{B}\cdot\mathbf{A}-\mu\mathbf{B}\cdot\mathbf{B} \\ \mathbf{C}\cdot\mathbf{A} & \mathbf{C}\cdot\mathbf{B} & \mathbf{C}\cdot\mathbf{C}-\lambda\mathbf{C}\cdot\mathbf{A}-\mu\mathbf{C}\cdot\mathbf{B} \end{vmatrix}.$$

由 (79b) 推出

$$\Gamma(\mathbf{A},\mathbf{B},\mathbf{C}) = \begin{vmatrix} \mathbf{A}\cdot\mathbf{A} & \mathbf{A}\cdot\mathbf{B} & 0 \\ \mathbf{B}\cdot\mathbf{A} & \mathbf{B}\cdot\mathbf{B} & 0 \\ \mathbf{C}\cdot\mathbf{A} & \mathbf{C}\cdot\mathbf{B} & \mathbf{C}\cdot\mathbf{C}-\lambda\mathbf{C}\cdot\mathbf{A}-\mu\mathbf{C}\cdot\mathbf{B} \end{vmatrix}.$$

按最后一列展开这个行列式, 立刻引回到 (79c).

公式 (79d) 表明, 向量 $\mathbf{A},\mathbf{B},\mathbf{C}$ 张成的平行六面体的体积 V 不依赖于计算中所选用的面和对应的高度, 因为我们交换 $\mathbf{A},\mathbf{B},\mathbf{C}$ 时 $\Gamma(\mathbf{A},\mathbf{B},\mathbf{C})$ 的值不变. 例如, $\Gamma(\mathbf{B},\mathbf{A},\mathbf{C})$ 能通过交换 $\Gamma(\mathbf{A},\mathbf{B},\mathbf{C})$ 的前两行和前两列得到.

公式 (79c) 能够写成

$$\Gamma(\mathbf{A},\mathbf{B},\mathbf{C}) = |\mathbf{D}|^2\Gamma(\mathbf{A},\mathbf{B}).$$

由此得到

$$\Gamma(\mathbf{A},\mathbf{B},\mathbf{C}) \geqslant 0$$

对于任何向量 $\mathbf{A},\mathbf{B},\mathbf{C}$ 成立. 这里等号仅仅在 $\Gamma(\mathbf{A},\mathbf{B})=0$ 或 $\mathbf{D}=\mathbf{O}$ 时成立. 但关系 $AJ=\Gamma(\mathbf{A},\mathbf{B})=0$ 隐含着 $\mathbf{A}$ 与 $\mathbf{B}$ 是相关的; 而如果 $\mathbf{D}=\mathbf{O}$, 则将有 $\mathbf{C}=\lambda\mathbf{A}+\mu\mathbf{B}$, 因而 $\mathbf{C}$ 将与 $\mathbf{A},\mathbf{B}$ 相关. 因此当且仅当向量 $\mathbf{A},\mathbf{B},\mathbf{C}$ 相关时, 格拉姆行列式等于零.

对于 $n=3$, 由三维空间中三个向量 $\mathbf{A},\mathbf{B},\mathbf{C}$ 所张成的平行六面体的体积 V 的公式 (74c) 立即推出公式 (79d). 这是第 149 页恒等式 (68f) 的推论, 根据它有

$$\det(\mathbf{A},\mathbf{B},\mathbf{C})\det(\mathbf{A},\mathbf{B},\mathbf{C}) = \Gamma(\mathbf{A},\mathbf{B},\mathbf{C}).$$

把 V^2 表示成格拉姆行列式, 有益于表明 V 与所使用的特殊的笛卡儿坐标系无关, 因而 V 具有一种几何意义.

我们还能讨论 n 维 $(n \geqslant 4)$ 空间中四个向量

$$\mathbf{A} = \overrightarrow{P_0P_1}, \quad \mathbf{B} = \overrightarrow{P_0P_2}, \quad \mathbf{C} = \overrightarrow{P_0P_3}, \quad \mathbf{D} = \overrightarrow{P_0P_4}$$

所张成的平行多面体的 ‘体积’ V. 定义 V 为向量 $\mathbf{A}, \mathbf{B}, \mathbf{C}$ 所张的三维平行六面体的体积与由点 P_4 到经过 P_0, P_1, P_2, P_3 的三维 ‘平面’ 的距离相乘的乘积, 经过与前面完全相同的步骤, 我们就得到关于 V^2 的一个作为格拉姆行列式的表达式

$$\begin{aligned} V^2 &= \begin{vmatrix} \mathbf{A}\cdot\mathbf{A} & \mathbf{A}\cdot\mathbf{B} & \mathbf{A}\cdot\mathbf{C} & \mathbf{A}\cdot\mathbf{D} \\ \mathbf{B}\cdot\mathbf{A} & \mathbf{B}\cdot\mathbf{B} & \mathbf{B}\cdot\mathbf{C} & \mathbf{B}\cdot\mathbf{D} \\ \mathbf{C}\cdot\mathbf{A} & \mathbf{C}\cdot\mathbf{B} & \mathbf{C}\cdot\mathbf{C} & \mathbf{C}\cdot\mathbf{D} \\ \mathbf{D}\cdot\mathbf{A} & \mathbf{D}\cdot\mathbf{B} & \mathbf{D}\cdot\mathbf{C} & \mathbf{D}\cdot\mathbf{D} \end{vmatrix} \\ &= \varGamma(\mathbf{A}, \mathbf{B}, \mathbf{C}, \mathbf{D}). \end{aligned} \tag{80a}$$

如果这里 $n = 4$, 这个格拉姆行列式就变成以 $\mathbf{A}, \mathbf{B}, \mathbf{C}, \mathbf{D}$ 为列向量的行列式的平方, 从而我们得到

$$V = |\det(\mathbf{A}, \mathbf{B}, \mathbf{C}, \mathbf{D})|. \tag{80b}$$

更一般地, 当指定一个公共的起点时, n 维空间中 m 个向量 $\mathbf{A}_1, \mathbf{A}_2, \cdots, \mathbf{A}_m$ 张成一个 m 维的平行多面体, 这个平行多面体的体积 V 的平方可用格拉姆行列式写成

$$\begin{aligned} V^2 &= \begin{vmatrix} \mathbf{A}_1\cdot\mathbf{A}_1 & \mathbf{A}_1\cdot\mathbf{A}_2 & \cdots & \mathbf{A}_1\cdot\mathbf{A}_m \\ \mathbf{A}_2\cdot\mathbf{A}_1 & \mathbf{A}_2\cdot\mathbf{A}_2 & \cdots & \mathbf{A}_2\cdot\mathbf{A}_m \\ \vdots & \vdots & & \vdots \\ \mathbf{A}_m\cdot\mathbf{A}_1 & \mathbf{A}_m\cdot\mathbf{A}_2 & \cdots & \mathbf{A}_m\cdot\mathbf{A}_m \end{vmatrix} \\ &= I(\mathbf{A}_1, \mathbf{A}_2, \cdots, \mathbf{A}_m). \end{aligned} \tag{81a}$$

对于 $m = n$ 我们得到关于 n 维空间中 n 个向量张成的平行多面体的体积 V 的公式

$$V = |\det(\mathbf{A}_1, \cdots, \mathbf{A}_n)|. \tag{81b}$$

可对 m 用归纳法证明

$$\varGamma(\mathbf{A}_1, \mathbf{A}_2, \cdots, \mathbf{A}_m) \geqslant 0,$$

当且仅当 $\mathbf{A}_1, \mathbf{A}_2, \cdots, \mathbf{A}_m$ 是相关时, 上式等号成立[1].

---

1) 在向量 $\mathbf{A}_1, \mathbf{A}_2, \cdots, \mathbf{A}_m$ 相关的情形, 它们以一点 P_0 为公共起点时所张成的平行多面体这时 ‘退化’ 为一个 $m-1$ 维或者是低于 m 维的线性流形, 因而这时 m 维体积等于零.

d. n 维空间中平行多面体的定向

以后, 在第五章, 当我们需要一个相容的方法来确定多重积分的符号时, 我们必须使用带符号的体积和 n 维空间中平行多面体的定向.

对于 n 维空间中 n 个向量所张的体积, 我们有 (81b) 所给出的表达式

$$V = |\det(\mathbf{A}_1, \mathbf{A}_2, \cdots, \mathbf{A}_n)|.$$

我们称 $\det(\mathbf{A}_1, \mathbf{A}_2, \cdots, \mathbf{A}_n)$ 为在 $(x_1, \cdots, x_n)$ 坐标系中由 $\mathbf{A}_1, \mathbf{A}_2, \cdots, \mathbf{A}_n$ 张成的平行多面体的体积. 如果 $\det(\mathbf{A}_1, \mathbf{A}_2, \cdots, \mathbf{A}_n)$ 是正的, 就称这个平行多面体或向量组 $\mathbf{A}_1, \mathbf{A}_2, \cdots, \mathbf{A}_n$ 关于坐标系有正的定向; 如果行列式是负的, 就说是有负的定向. 这样便有

$$\det(\mathbf{A}_1, \mathbf{A}_2, \cdots, \mathbf{A}_n) = \varepsilon V, \tag{81c}$$

其中 V 是由向量 $\mathbf{A}_1, \mathbf{A}_2, \cdots, \mathbf{A}_n$ 张成的平行多面体的体积, 而 $\varepsilon = +1$ 或 -1 则取决于平行多面体关于坐标系具有正的定向或负的定向.

尽管 $\det(\mathbf{A}_1, \cdots, \mathbf{A}_n)$ 的平方具有与笛卡儿坐标系无关的几何意义, 但对于行列式的符号则并非如此. 例如, 交换 x_1 轴与 x_2 轴的结果是交换行列式的前两行, 因此 $\det(\mathbf{A}_1, \mathbf{A}_2, \cdots, \mathbf{A}_n)$ 改变符号. 然而一种独立的几何意义所具有的则是: n 维空间中两个平行多面体总是或者具有相同的定向, 或者具有相反的定向.

考虑 n 维空间中两个有序向量组 $\mathbf{A}_1, \mathbf{A}_2, \cdots, \mathbf{A}_n$ 和 $\mathbf{B}_1, \mathbf{B}_2, \cdots, \mathbf{B}_n$, 假定每一组都是由无关的向量组成的. 显然, 当且仅当条件

$$\det(\mathbf{A}_1, \cdots, \mathbf{A}_n) \cdot \det(\mathbf{B}_1, \cdots, \mathbf{B}_n) > 0 \tag{82a}$$

满足时, 这两个组向量才有相同的定向——就是说, 关于坐标系 $(x_1, x_2, \cdots, x_n)$ 二者都有正的定向或者都有负的定向. 利用等式 (68f), 我们能把条件 (82a) 写成如下形式

$$[\mathbf{A}_1, \cdots, \mathbf{A}_n; \mathbf{B}_1, \cdots, \mathbf{B}_n] > 0, \tag{82b}$$

其中左边的符号表示 $2n$ 个向量的函数, 定义为

$$[\mathbf{A}_1, \cdots, \mathbf{A}_n; \mathbf{B}_1, \cdots, \mathbf{B}_n] = \begin{vmatrix} \mathbf{A}_1 \cdot \mathbf{B}_1 & \mathbf{A}_1 \cdot \mathbf{B}_2 & \cdots & \mathbf{A}_1 \cdot \mathbf{B}_n \\ \mathbf{A}_2 \cdot \mathbf{B}_1 & \mathbf{A}_2 \cdot \mathbf{B}_2 & \cdots & \mathbf{A}_2 \cdot \mathbf{B}_n \\ \vdots & \vdots & & \vdots \\ \mathbf{A}_n \cdot \mathbf{B}_1 & \mathbf{A}_n \cdot \mathbf{B}_2 & \cdots & \mathbf{A}_n \cdot \mathbf{B}_n \end{vmatrix}. \tag{82c}$$

注意当 $\mathbf{B}_1 = \mathbf{A}_1, \mathbf{B}_2 = \mathbf{A}_2, \cdots, \mathbf{B}_n = \mathbf{A}_n$ 时, 符号 $[\mathbf{A}_1, \cdots, \mathbf{A}_n; \mathbf{B}_1, \cdots, \mathbf{B}_n]$ 简化为格拉姆行列式 $\Gamma(\mathbf{A}_1, \cdots, \mathbf{A}_n)$. 公式 (82b, c) 明显地表明: 具有相同的定向是

一种与所使用的特定的笛卡儿坐标系无关的几何性质. 我们可用符号

$$\Omega(\mathbf{A}_1, \cdots, \mathbf{A}_n) = \Omega(\mathbf{B}_1, \cdots, \mathbf{B}_n) \tag{82d}$$

表示这个性质, 并且用

$$\Omega(\mathbf{A}_1, \cdots, \mathbf{A}_n) = -\Omega(\mathbf{B}_1, \cdots, \mathbf{B}_n) \tag{82e}$$

表示有相反的定向[1]. 这样就可以更一般地说, 对于 n 维空间中, 两组无关的向量有

$$\Omega(\mathbf{B}_1, \cdots, \mathbf{B}_n) = \mathrm{sgn}[\mathbf{A}_1, \cdots, \mathbf{A}_n; \mathbf{B}_1, \cdots, \mathbf{B}_n]\Omega(\mathbf{A}_1, \cdots, \mathbf{A}_n). \tag{82f}$$

向量组 $\mathbf{A}_1, \mathbf{A}_2, \cdots, \mathbf{A}_n$ 关于 $(x_1, \cdots, x_n)$ 坐标系是正的定向或负的定向要按照

$$\Omega(\mathbf{A}_1, \cdots, \mathbf{A}_n) = \Omega(\mathbf{E}_1, \cdots, \mathbf{E}_n) \tag{83a}$$

或

$$\Omega(\mathbf{A}_1, \cdots, \mathbf{A}_n) = -\Omega(\mathbf{E}_1, \cdots, \mathbf{E}_n) \tag{83b}$$

二者来确定, 其中 $\mathbf{E}_1, \cdots, \mathbf{E}_n$ 是坐标向量. 有时, 我们将要用

$$\Omega(x_1, \cdots, x_n)$$

表示坐标系的定向 $\Omega(\mathbf{E}_1, \mathbf{E}_2, \cdots, \mathbf{E}_n)$. 对于 n 维空间中两组 n 个向量的集合 $\mathbf{A}_1, \cdots, \mathbf{A}_n$ 和 $\mathbf{A}'_1, \cdots, \mathbf{A}'_n$, 由 (82c), (81b), 我们有

$$[\mathbf{A}_1, \cdots, \mathbf{A}_n; \mathbf{A}'_1, \cdots, \mathbf{A}'_n] = \varepsilon\varepsilon' VV', \tag{84a}$$

其中 V 和 V' 分别表示这两组向量所张成的平行多面体的体积; 因子 $\varepsilon, \varepsilon'$ 依赖于它们以及坐标向量的定向:

$$\varepsilon = \mathrm{sgn}[\mathbf{A}_1, \cdots, \mathbf{A}_n; \mathbf{E}_1, \cdots, \mathbf{E}_n], \tag{84b}$$

$$\varepsilon' = \mathrm{sgn}[\mathbf{A}'_1, \cdots, \mathbf{A}'_n; \mathbf{E}_1, \cdots, \mathbf{E}_n]. \tag{84c}$$

乘积

$$\varepsilon\varepsilon' = \mathrm{sgn}[\mathbf{A}_1, \cdots, \mathbf{A}_n; \mathbf{A}'_1, \cdots, \mathbf{A}'_n]$$

却与坐标系的选择无关, 并且当平行多面体有同样的定向时其值为 $+1$; 有相反的

---

1) Ω 是个 n 重向量的一个定向排列, 并不是一个 '数'. 公式 (82d, e) 表示定向的相等或不相等, 公式 (82f) 仅仅把值 ± 1 与两个定向的比结合起来. 当然, 完全可能用数值来描写 n 重向量两个不同的可能的定向, 比如, 对一个定向给出值 $\Omega = +1$, 而对另一个定向给出值 $\Omega = -1$. 但是, 这隐含着一个 '标准定向' 的任意选择. 例如我们称由坐标向量组给出的为 $+1$ —— 而关系 (82d, e, f) 却有着与 Ω 的任意指定值无关的意义. 类似的情况在数学中经常遇到. 例如, 在欧几里得几何中, 即使没有对距离赋以数值 (如在欧几里得《几何原本》中) 时, 距离的相等甚至比距离的比都有意义. 确实, 我们能用实数描写距离, 使得距离之比正是对应的实数之比. 这就要求任意选定一个 '标准距离' (例如, 一米), 以它为准可导出所有其他的距离, 而这就在某种意义下引进了一种 '非几何的' 元素.

定向时其值为 -1.

利用数量积的定义, 对于 n 维空间中任意 $2m$ 个向量 $\mathbf{A}_1, \cdots, \mathbf{A}'_m$, 我们能作出表达式

$$[\mathbf{A}_1, \cdots, \mathbf{A}_m; \mathbf{A}'_1, \cdots, \mathbf{A}'_m] = \begin{vmatrix} \mathbf{A}_1 \cdot \mathbf{A}'_1 & \mathbf{A}_1 \cdot \mathbf{A}'_2 & \cdots & \mathbf{A}_1 \cdot \mathbf{A}'_m \\ \mathbf{A}_2 \cdot \mathbf{A}'_1 & \mathbf{A}_2 \cdot \mathbf{A}'_2 & \cdots & \mathbf{A}_2 \cdot \mathbf{A}'_m \\ \vdots & \vdots & & \vdots \\ \mathbf{A}_m \cdot \mathbf{A}'_1 & \mathbf{A}_m \cdot \mathbf{A}'_2 & \cdots & \mathbf{A}_m \cdot \mathbf{A}'_m \end{vmatrix}. \tag{85a}$$

由定义很清楚, 这个表达式是 $2m$ 个向量的多线性型. 例如, 向量 $\mathbf{A}'_1$ 只出现在第一列, 并且该列元素是 $\mathbf{A}'_1$ 的线性型. 因为整个行列式是第一列元素的线性型, 可见它是 $\mathbf{A}'_1$ 的线性型. 由 (85a), 这个表达式对于固定的 $\mathbf{A}_1, \cdots, \mathbf{A}_m$, 它显然也是 $\mathbf{A}'_1, \cdots, \mathbf{A}'_m$ 的交替函数; 并且对于固定的 $\mathbf{A}'_1, \cdots, \mathbf{A}'_m$, 它是 $\mathbf{A}_1, \cdots, \mathbf{A}_m$ 的交替函数. 于是有 (看第 168 页的脚注)

$$[\mathbf{A}_1, \cdots, \mathbf{A}_m; \mathbf{A}'_1, \cdots, \mathbf{A}'_m] = 0. \tag{85b}$$

当这 m 个向量 $\mathbf{A}_1, \cdots, \mathbf{A}_m$ 或这 m 个向量 $\mathbf{A}'_1, \cdots, \mathbf{A}'_m$ 是相关的时候. 特别是, 当 $m > n$ 时 (85b) 永远成立.

于是, 我们假定 $m \leqslant n$, 并且假定这两组向量 $\mathbf{A}_1, \cdots, \mathbf{A}_m$ 和 $\mathbf{A}'_1, \cdots, \mathbf{A}'_m$ 都是无关的. 我们能够假定所有这些向量都给定了相同的起点, 譬如说就是 n 维空间的原点. 于是 $\mathbf{A}_1, \cdots, \mathbf{A}_m$ 张成一个经过原点的 m 维线性流形 π, 并且 $\mathbf{A}'_1, \cdots, \mathbf{A}'_m$ 张成另外一个这样的流形 π'. 在 π 中引进一组标准正交向量系 $\mathbf{E}_1, \cdots, \mathbf{E}_m$ 作为坐标向量, 并且在 π' 中引进另一组标准正交向量系 $\mathbf{E}'_1, \cdots, \mathbf{E}'_m$.[1)] 对于固定的 $\mathbf{A}_1, \cdots, \mathbf{A}_m$, 函数 (85b) 是 $\mathbf{A}'_1, \cdots, \mathbf{A}'_m$ 的一个多线性交替型, 因而 (看 127 页) 有

$$[\mathbf{A}_1, \cdots, \mathbf{A}_m; \mathbf{A}'_1, \cdots, \mathbf{A}'_m] = [\mathbf{A}_1, \cdots, \mathbf{A}_m; \mathbf{E}'_1, \cdots, \mathbf{E}'_m] \det(\mathbf{A}'_1, \cdots, \mathbf{A}'_m),$$

其中 $\det(\mathbf{A}'_1, \cdots, \mathbf{A}'_m)$ 是向量 $\mathbf{A}'_1, \cdots, \mathbf{A}'_m$ 关于坐标向量 $\mathbf{E}'_1, \cdots, \mathbf{E}'_m$ 的分量所构成的方阵的行列式. 系数 $[\mathbf{A}_1, \cdots, \mathbf{A}_m; \mathbf{E}'_1, \cdots, \mathbf{E}'_m]$ 本身显然是 $\mathbf{A}_1, \cdots, \mathbf{A}_m$ 的一个多线性交替型, 因而等于

$$[\mathbf{E}_1, \cdots, \mathbf{E}_m; \mathbf{E}'_1, \cdots, \mathbf{E}'_m] \det(\mathbf{A}_1, \cdots, \mathbf{A}_m),$$

其中最后一个行列式是从向量 $\mathbf{A}_1, \cdots, \mathbf{A}_m$ 关于坐标向量 $\mathbf{E}_1, \cdots, \mathbf{E}_m$ 的分量的方阵的行列式构成的.

1) π 和 π' 这两组坐标向量, 不一定以任何方式互相联系, 也不与包含 π 和 π' 的整个 n 维空间的坐标系有什么关系.

利用公式 (81c), 我们得到恒等式

$$[\mathbf{A}_1, \cdots, \mathbf{A}_m; \mathbf{A}'_1, \cdots, \mathbf{A}'_m] = \mu\varepsilon\varepsilon' V V', \tag{85c}$$

其中 V 和 V' 分别是由向量 $\mathbf{A}_1, \cdots, \mathbf{A}_m$ 和 $\mathbf{A}'_1, \cdots, \mathbf{A}'_m$ 张成的平行多面体的体积; 因子 $\varepsilon, \varepsilon'$ 则把这两个平行多面体的定向联系到 π 和 π' 的坐标系的定向, 就是

$$\varepsilon = \operatorname{sgn}[\mathbf{A}_1, \cdots, \mathbf{A}_m; \mathbf{E}_1, \cdots, \mathbf{E}_m],$$

$$\varepsilon' = \operatorname{sgn}[\mathbf{A}'_1, \cdots, \mathbf{A}'_m; \mathbf{E}'_1, \cdots, \mathbf{E}'_m].$$

最后, 系数

$$\mu = [\mathbf{E}_1, \cdots, \mathbf{E}_m; \mathbf{E}'_1, \cdots, \mathbf{E}'_m]$$

仅仅依赖于空间 π 和 π' 以及在这些空间中所选取的坐标系. 如 $\pi = \pi'$, 我们能选取

$$\mathbf{E}'_1 = \mathbf{E}_1, \cdots, \mathbf{E}'_m = \mathbf{E}_m,$$

这时 $\mu = 1$, 与 (84a) 一样.

对于 $\mu \neq 0$, 我们能用 (85c) 来联系 n 维空间中两个不同的 m 维线性流形 π 和 π' 的定向[1]. 我们总是能假定 $\mu > 0$, 因为如果需要, 就可把一个坐标向量换成与它相反的向量. 于是由 (85c) 有

$$\operatorname{sgn}[\mathbf{A}_1, \cdots, \mathbf{A}_m; \mathbf{A}'_1, \cdots, \mathbf{A}'_m] = \varepsilon\varepsilon'.$$

因此, 对于 π 中任意向量 $\mathbf{A}_1, \cdots, \mathbf{A}_m$ 和 π' 中任意向量 $\mathbf{A}'_1, \cdots, \mathbf{A}'_m$ 而言, 条件

$$[\mathbf{A}_1, \cdots, \mathbf{A}_m; \mathbf{A}'_1, \cdots, \mathbf{A}'_m] > 0$$

意味着这两组向量关于 π 与 π' 这两个空间中的坐标系都有正的定向或都有负的定向.

e. 平面与超平面的定向

在一个 m 维线性流形 π 中, 一个笛卡儿坐标系的选择决定着一个确定的方向

$$\Omega(\mathbf{E}_1, \cdots, \mathbf{E}_m),$$

其中 $\mathbf{E}_1, \cdots, \mathbf{E}_m$ 为坐标向量. 这种选择规定了 π 中哪些向量组 $\mathbf{A}_1, \cdots, \mathbf{A}_m$ 是被称为是有正定向的, 即与 $\mathbf{E}_1, \cdots, \mathbf{E}_m$ 有相同定向的那些向量组. 我们用 π^* 表示线性空间 π 与其中选定的一个定向的组合, 并且称 π^* 是一个定向线性流形. 我

1) 容易验证, $\mu = 0$ 仅仅当 π 与 π' 是互相垂直时成立, 这也就是说, π' 包含一个向量垂直于 π 中所有的向量. 更一般地, 系数 μ 能被解释为这两个流形之间的夹角的余弦 (看第 175 页问题 13).

们把选定的定向记作 $\Omega(\pi^*)$, 并且把 π 中 m 个无关的向量 $\mathbf{A}_1, \cdots, \mathbf{A}_m$ 称作是正向的, 如果

$$\Omega(\mathbf{A}_1, \cdots, \mathbf{A}_m) = \Omega(\pi^*).$$

相对于 x^* 中一个笛卡儿坐标系, 如果坐标向量与 π^* 有同样的定向, 我们就称 π^* 是正向的.

一个定向的二维平面 π^*, 可以被看作一个区别了正旋转方向的平面. 如果一对向量 $\mathbf{A}, \mathbf{B}$ 关于 π^* 有"正"的定向, 则 π^* 的正的旋转方向便是将 $\mathbf{A}$ 的方向旋转一个小于 180° 的角达到 $\mathbf{B}$ 的方向的那个定向[1].

如果有向二维平面 π^* 位于有向三维平面 σ^* 之中, 我们就能区分出 π^* 的正侧与负侧. 设 P_0 是 π^* 的任意一点, 我们在 π^* 内取两个无关的向量 $\mathbf{B} = \overrightarrow{P_0P_1}$, $\mathbf{C} = \overrightarrow{P_0P_2}$ 使得

$$\Omega(\mathbf{B}, \mathbf{C}) = \Omega(\pi^*). \tag{86a}$$

与向量 $\mathbf{B}, \mathbf{C}$ 无关的第三向量 $\mathbf{A} = \overrightarrow{P_0P_3}$ 称为指向 π^* 的正侧, 如果有

$$\Omega(\mathbf{A}, \mathbf{B}, \mathbf{C}) = \Omega(\sigma^*). \tag{86b}$$

如果 σ^* 相对于一个笛卡儿坐标系有正的定向, 则在这个坐标系中我们能用

$$\det(\mathbf{A}, \mathbf{B}, \mathbf{C}) > 0 \tag{86c}$$

代替 (86b). 如果 σ^* 相对于常用的右手坐标系有正的定向, 则从有向平面 π^* 正的一侧看去, π^* 的正的旋转方向表现为逆时针方向.

同样的术语适用于 n 维有向空间 σ^* 中的有向超平面 π^*. 给定了 π^* 中 $n-1$ 个向量 $\mathbf{A}_2, \cdots, \mathbf{A}_n$, 使得

$$\Omega(\mathbf{A}_2, \cdots, \mathbf{A}_n) = \Omega(\pi^*), \tag{87}$$

我们就称一个向量 $\mathbf{A}_1$ 是指向 π^* 的正侧, 如果

$$\Omega(\mathbf{A}_1, \mathbf{A}_2, \cdots, \mathbf{A}_n) = \Omega(\sigma^*).$$

f. 线性变换下平行多面体体积的改变

一个 n 行 n 列的方阵 $\mathbf{a} = (a_{ji})$ 确定了把 n 维空间的向量 $\mathbf{X}$ 变到该空间内的向量 $\mathbf{Y}$ 的一个线性变换或线性映射 $\mathbf{Y} = \mathbf{aX}$. 这里, 我们假定 $\mathbf{X}$ 与 $\mathbf{Y}$ 参考于相同的坐标向量 $\mathbf{E}_1, \cdots, \mathbf{E}_n$. 对于 $\mathbf{X} = (x_1, \cdots, x_n)$, $\mathbf{Y} = (y_1, \cdots, y_n)$, 该变换可

---

1) 注意 π^* 的定向只能由 π 中指出一个特定的正向向量对 $\mathbf{B}, \mathbf{C}$, 或者由 π 中一个区别了旋转方向的旋转物 (如钟) 来描画. 没有抽象的方法来确定一个给定的旋转是顺时针还是逆时针, 就像没有抽象的方法说出哪是左侧哪是右侧一样. 这些问题只能参考到某些标准对象来确定.

用分量写成如下形式

$$y_j = \sum_{r=1}^{n} a_{jr} x_r \quad (j = 1, \cdots, n).$$

一组 n 个向量 $\mathbf{B}_1 = (b_{11}, \cdots, b_{n1}), \cdots, \mathbf{B}_n = (b_{1n}, \cdots, b_{nn})$ 变换到另一组 n 个向量 $\mathbf{C}_1 = (c_{11}, \cdots, c_{n1}), \cdots, \mathbf{C}_n = (c_{1n}, \cdots, c_{nn})$, 其中

$$c_{jk} = \sum_{r=1}^{n} a_{jr} b_{rk} \quad (j = 1, 2, \cdots, n).$$

根据矩阵乘法的行列式规则, 我们有

$$\det(\mathbf{C}_1, \cdots, \mathbf{C}_n) = \det(\mathbf{a}) \cdot \det(\mathbf{B}_1, \cdots, \mathbf{B}_n). \tag{88a}$$

这个公式包含了这样两个公式:

$$|\det(\mathbf{C}_1, \cdots, \mathbf{C}_n)| = |\det(\mathbf{a})| |\det(\mathbf{B}_1, \cdots, \mathbf{B}_n)|, \tag{88b}$$

$$\operatorname{sgn} \det(\mathbf{C}_1, \cdots, \mathbf{C}_n) = [\operatorname{sgn} \det(\mathbf{a})][\operatorname{sgn} \det(\mathbf{B}_1, \cdots, \mathbf{B}_n)]. \tag{88c}$$

这两个规则可以直接用几何语言陈述如下:

对应于一个方阵 $\mathbf{a}$ 的, 把 n 维空间变换到它自身中的线性变换, 将每个由 n 个向量张成的平行多面体的体积乘上了相同的常数因子 $|\det(\mathbf{a})|$. 如果 $\det(\mathbf{a}) > 0$, 它就保持了所有平行多面体的定向; 如果 $\det(\mathbf{a}) < 0$, 它就改变了所有平行多面体的定向.[1)]

对于刚体运动, 方阵 $\mathbf{a}$ 是正交的, 因而 (看第 150 页) 它的行列式等于 $+1$ 或 -1. 因此, 刚体运动保持平行多面体的体积; 对于 $\det(\mathbf{a}) = +1$ 还保持了定向; 其他都改变了定向.

练 习 2.4

1. 利用向量积术语讨论练习 2.2 的第 5 题.

2. 在一个等速旋转中, 设旋转轴经过原点, 它的方向角是 α, β, γ, 旋转的角速度是 w, 求点 P 的速度.

3. 证明经过三点 $(x_1, y_1, z_1), (x_2, y_2, z_2), (x_3, y_3, z_3)$ 的平面具有方程

1) 强调这个定理的假设是重要的. 仅仅是 n 维平行多面体的体积被乘上了这一共同的因子, 低维的多面体被乘上的因子随着它们的位置而变化. 还有, 如果要关于定向的叙述成立, 我们就不得不假定像与原像是参考于同一个坐标系的.

$$\begin{vmatrix} x_1 - x & y_1 - y & z_1 - z \\ x_2 - x & y_2 - y & z_2 - z \\ x_3 - x & y_3 - y & z_3 - z \end{vmatrix} = 0.$$

4. 求空间中两直线 l 到 l' 之间的最短距离, l 由方程组 $x = at + b, y = ct + d, z = et + f$ 给出, l' 由方程组 $x = a't + b', y = c't + d', z = e't + f'$ 给出.

5. 试证以 $P_1(x_1, y_1), P_2(x_2, y_2), \cdots, P_n(x_n, y_n)$ 为相继顶点的凸多边形的面积是下列和数的绝对值的一半:

$$\begin{vmatrix} x_1 & x_2 \\ y_1 & y_2 \end{vmatrix} + \begin{vmatrix} x_2 & x_3 \\ y_2 & y_3 \end{vmatrix} + \cdots + \begin{vmatrix} x_{n-1} & x_n \\ y_{n-1} & y_n \end{vmatrix} + \begin{vmatrix} x_n & x_1 \\ y_n & y_1 \end{vmatrix}.$$

6. 证明以 $(x_1, y_1), (x_2, y_2)$ 和 (x_3, y_3) 为顶点的三角形的 (有向) 面积是

$$\frac{1}{2}\begin{vmatrix} x_1 & y_1 & 1 \\ x_2 & y_2 & 1 \\ x_3 & y_3 & 1 \end{vmatrix}.$$

7. 试证明: 如果上题中三角形的顶点的坐标都是有理数, 则这个三角形不能是等边的.

8. (a) 证明不等式

$$D = \begin{vmatrix} a & b & c \\ a' & b' & c' \\ a'' & b'' & c'' \end{vmatrix}$$
$$\leqslant \sqrt{(a^2 + b^2 + c^2)(a'^2 + b'^2 + c'^2)(a''^2 + b''^2 + c''^2)};$$

(b) 何时等号成立.

9. 证明向量恒等式

(a) $\mathbf{A} \times (\mathbf{B} \times \mathbf{C}) = (\mathbf{A} \cdot \mathbf{C})\mathbf{B} - (\mathbf{A} \cdot \mathbf{B})\mathbf{C}$,

(b) $(\mathbf{X} \times \mathbf{Y}) \cdot (\mathbf{X}' \times \mathbf{Y}') = (\mathbf{X} \cdot \mathbf{X}')(\mathbf{Y} \cdot \mathbf{Y}') - (\mathbf{X} \cdot \mathbf{Y}')(\mathbf{Y} \cdot \mathbf{X}')$,

(c) $[\mathbf{X} \times (\mathbf{Y} \times \mathbf{Z})] \cdot \{[\mathbf{Y} \times (\mathbf{Z} \times \mathbf{X})] \times [\mathbf{Z} \times (\mathbf{X} \times \mathbf{Y})]\} = 0$.

10. 给出绕轴 $x : y : z = 1 : 0 : -1$ 旋转一个角度 ϕ 的变换公式, 使得从 $(-1, 0, 1)$ 看去平面 $x = z$ 的旋转是正的.

11. 如果 $\mathbf{A}, \mathbf{B}, \mathbf{C}$ 是无关的, 利用从练习 (9a) 得到的关于 $\mathbf{X} = (\mathbf{A} \times \mathbf{B}) \times (\mathbf{C} \times \mathbf{D})$ 的两种表达式, 将 $\mathbf{D}$ 表成 $\mathbf{A}, \mathbf{B}, \mathbf{C}$ 的线性组合.

12. 设 Ox, Oy, Oz 和 Ox', Oy', Oz' 是两个右手坐标系. 假设 Oz 与 Oz' 不相重合; 设角 zOz' 是 θ $(0 < \theta < \pi)$. 试引射线 Ox_1 使它与 Oz, Oz' 都成直角并且

使 Ox_1, Oz, Oz' 系与 Ox, Oy, Oz 系有相同的定向. 这个 Ox_1 就是平面 Oxy 与平面 $Ox'y'$ 的交线. 设角 xOx_1 是 ϕ, 角 x_1Ox' 是 ψ, 并设它们在各自所属的平面 Oxy 与 $O'x'y'$ 中有通常的正的定向. 求坐标变换的矩阵.

13. 设 π 和 π' 是同一个 n 维空间中的两个 m 维线性子空间, 分别具有标准正交基 $\mathbf{E}_1, \mathbf{E}_2, \cdots, \mathbf{E}_m$ 和 $\mathbf{E}'_1, \mathbf{E}'_2, \cdots, \mathbf{E}'_m$. 试证 $\mu = [\mathbf{E}_1, \mathbf{E}_2, \cdots, \mathbf{E}_n; \mathbf{E}'_1, \mathbf{E}'_2, \cdots, \mathbf{E}'_m] = 0$, 当且仅当 π 与 π' 是正交的, 即其中一个空间含有一个向量垂直于另一空间的所有向量.

2.5 分析中的向量概念

a. 向量场

当我们研究依赖一个或多个连续变动的参变量的向量流形时, 数学分析就开始起作用了.

例如, 如果我们考虑占据着空间的一部分并且处于运动状态的一个物体, 则在一个给定的时刻, 物体的每个质点都将有一个确定的由一个向量 $\mathbf{U} = (u_1, u_2, u_3)$ 表示的速度. 我们说这些向量在所讨论的区域中形成一个*向量场*. 于是, 这个场向量的三个分量就作为该质点在给定的时刻的位置的三个坐标的三个函数

$$u_1(x_1, x_2, x_3), \quad u_2(x_1, x_2, x_3), \quad u_3(x_1, x_2, x_3)$$

出现. 我们常常用一个以 (x_1, x_2, x_3) 为起点向量代表 $\mathbf{U}$.

作用在空间中不同点的力同样形成一个向量场. 作为一个*力场*的例子, 我们考虑一个重质点按照牛顿的引力定律对一个单位质量的万有引力. 按照这个定律, 场向量 $\mathbf{F} = (f_1, f_2, f_3)$ 在每一点 (x_1, x_2, x_3) 处都指向吸引的质点, 并且它的大小反比于从质点到它的距离的平方.

场向量, 如 $\mathbf{U}$ 或 $\mathbf{F}$, 有独立于坐标系的物理意义. 在一个给定的笛卡儿 (x_1, x_2, x_3) 坐标系中, 向量 $\mathbf{U}$ 有依赖于坐标系的分量 u_1, u_2, u_3. 在另一个笛卡儿坐标系中, 原来具有坐标 x_1, x_2, x_3 的点有了坐标 y_1, y_2, y_3, 其中 y_j 与 x_k 由形如

$$\begin{cases} y_1 = a_{11}x_1 + a_{12}x_2 + a_{13}x_3 + b_1, \\ y_2 = a_{21}x_1 + a_{22}x_2 + a_{23}x_3 + b_2, \\ y_3 = a_{31}x_1 + a_{32}x_2 + a_{33}x_3 + b_3 \end{cases} \tag{89a}$$

或

$$y_j = \sum_{k=1}^{3} a_{jk}x_k + b_j \quad (j = 1, 2, 3) \tag{89b}$$

的方程组联系着. 于是向量 $\mathbf{U}$ 在新坐标系中的分量 v_1, v_2, v_3 便由齐次关系

$$v_j = \sum_{k=1}^{3} a_{jk} u_k \quad (j = 1, 2, 3) \tag{89c}$$

给出.

方阵 $\mathbf{a} = (a_{jk})$ 是正交的, 所以 (见第 134 页) 它的逆等于它的转置. 因此, 方程组 (89b, c) 关于 x_k 与 u_k 的解取如下形式

$$x_k = \sum_{j=1}^{3} a_{jk}(y_j - b_j) \quad (k = 1, 2, 3), \tag{89d}$$

$$u_k = \sum_{j=1}^{3} a_{jk} v_j \quad (k = 1, 2, 3). \tag{89e}$$

变量 x_1, x_2, x_3 的任何三个函数 u_1, u_2, u_3 都确定一个向量场 $\mathbf{U}$. 在 (x_1, x_2, x_3) 坐标系中具有分量 u_1, u_2, u_3. 如果这个场要有一种独立于坐标系的几何意义, 则 $\mathbf{U}$ 在笛卡儿 (y_1, y_2, y_3) 坐标系中的分量 v_i 就必定是由 (89c) 给出, 只要 y_i 与 x_i 是由 (89a) 联系着.

b. 数量场的梯度

一个数量场是空间中点 P 的一个函数 $s = s(P)$. 在任何一个笛卡儿坐标系中, 若点 P 由它的坐标 x_1, x_2, x_3 描写, 则数量场 s 就变成一个函数 $s = f(x_1, x_2, x_3)$. 我们可以把这三个偏导数

$$u_1 = \frac{\partial s}{\partial x_1} = f_{x_1}(x_1, x_2, x_3),$$
$$u_2 = \frac{\partial s}{\partial x_2} = f_{x_2}(x_1, x_2, x_3),$$
$$u_3 = \frac{\partial s}{\partial x_3} = f_{x_3}(x_1, x_2, x_3)$$

看作一个向量 $\mathbf{U} = (u_1, u_2, u_3)$ 在 (x_1, x_2, x_3) 坐标系中的分量.

在任何一个与原来的坐标系有关系 (89a) 或 (89d) 的新的笛卡儿 (y_1, y_2, y_3) 坐标系中, 数量场 s 就由函数

$$\begin{aligned} s &= g(y_1, y_2, y_3) \\ &= f\left(\sum_{k=1}^{3} a_{k1}(y_k - b_k), \sum_{k=1}^{3} a_{k2}(y_k - b_k), \sum_{k=1}^{3} a_{k3}(y_k - b_k)\right) \end{aligned}$$

表示. 根据微分法的链式法则 (第 46 页), 我们有

$$v_j = \frac{\partial s}{\partial y_j} = g_{y_j}(y_1, y_2, y_3) = \sum_{k=1}^{3} \frac{\partial s}{\partial x_k} \cdot \frac{\partial x_k}{\partial y_j} = \sum_{k=1}^{3} u_k a_{jk}.$$

利用关系 (89c), 我们看到向量 $\mathbf{U}$ 在 (y_1, y_2, y_3) 坐标系中具有分量

$$v_j = \frac{\partial s}{\partial y_j}.$$

这样, 数量 s 的偏导数就在任何一个笛卡儿坐标系中形成一个不依赖于坐标系的选择的一个向量 $\mathbf{U}$ 的分量. 我们称 $\mathbf{U}$ 为数量场 s 的梯度并且记作

$$\mathbf{U} = \operatorname{grad} s.$$

由第 39 页的公式 (14b), s 在具有方向余弦 $\cos\alpha_1, \cos\alpha_2, \cos\alpha_3$ 的方向上的方向导数在 (x_1, x_2, x_3) 坐标系中由下式给出

$$D_{(a)}s = \frac{\partial s}{\partial x_1}\cos\alpha_1 + \frac{\partial s}{\partial x_2}\cos\alpha_2 + \frac{\partial s}{\partial x_3}\cos\alpha_3. \tag{90a}$$

在带有方向角 $\alpha_1, \alpha_2, \alpha_3$ 的方向上引进单位向量 $\mathbf{R} = (\cos\alpha_1, \cos\alpha_2, \cos\alpha_3)$, 我们就能把 s 在该方向上的导数用向量记号写成

$$D_{(a)}s = \mathbf{R} \cdot \operatorname{grad} s. \tag{90b}$$

由柯西–施瓦茨不等式 (见第 113 页), 对于 $|\mathbf{R}| = 1$, 我们得到

$$|D_{(a)}s| \leqslant |\mathbf{R}||\operatorname{grad} s| = |\operatorname{grad} s|.$$

因此, s 在任何一个方向上的导数都绝不超过 s 的梯度的长度. 取 $\mathbf{R}$ 为 $\operatorname{grad} s$ 方向上的单位向量, 我们就求得这个方向导数的值

$$D_{(a)}s = \frac{1}{|\operatorname{grad} s|}(\operatorname{grad} s) \cdot (\operatorname{grad} s) = |\operatorname{grad} s|.$$

因此, s 的梯度向量的长度就等于 s 在一切方向上的最大变化率. 梯度的方向是数量场增加最快的一个方向, 而在它的反方向上 s 减少得最快.

我们将在第三章中回到梯度的几何解释. 然而, 我们立刻能给出梯度方向的一个直观概念. 我们首先限于考虑两维向量, 我们要考虑的是一个数量场 $s = f(x_1, x_2)$ 的梯度. 我们将假定 s 是由它在 (x_1, x_2) 平面内的等高线 (或等值线)

$$s = f(x_1, x_2) = \text{常数} = c$$

表出的. 则 s 在一点 P 处沿经过 P 点的等高线方向上的方向导数显然是 0, 因为

如果 Q 点是该等高线上另外一点, 则

$$s(Q)-s(P)=0$$

成立; 用 Q 与 P 之间的距离 ρ 去除, 再让 ρ 趋向于 0 求极限 (见第 38 页) 就得到 s 在 P 点沿等高线切线方向上的方向导数是 0. 因此, 如果 $\mathbf{R}$ 是等高线的切线方向上的单位向量, 就由 (90b) 有

$$\mathbf{R}\cdot\operatorname{grad}s=0;$$

所以 s 在每一点的梯度向量垂直于经过该点处的等高线. 在三维情形, 对于梯度有完全类似的陈述成立. 如果我们把数量场 s 用它的等高面

$$s=f(x_1,x_2,x_3)=\text{常数}=c$$

表示, 则梯度在等高面的每一个切线方向上的分量为零, 因而它垂直于等高面.

在应用中, 我们经常遇到代表一个数量函数的梯度的向量场. 集中在一点 $Q=(\xi_1,\xi_2,\xi_3)$ 的一个质量为 M 的质点产生的引力场可作为一个例子. 设 P 点处质量为 m 的质点受质量为 M 的引力为 $\mathbf{F}=(f_1,f_2,f_3)$. 用 $\mathbf{R}$ 表示向量

$$\mathbf{R}=\overrightarrow{QP}=(x_1-\xi_1,x_2-\xi_2,x_3-\xi_3).$$

由牛顿万有引力定律, $\mathbf{F}$ 的方向是 $-\mathbf{R}$, $\mathbf{F}$ 的大小是 $C/|\mathbf{R}|^2$, 其中 $C=\gamma mM$ (其中 γ 表示万有引力常数). 因此

$$\mathbf{F}=-\frac{C}{|\mathbf{R}|^3}\mathbf{R}$$

或

$$f_j=C\frac{\xi_j-x_j}{\sqrt{(\xi_1-x_1)^2+(\xi_2-x_2)^2+(\xi_3-x_3)^2}}\quad(j=1,2,3).$$

由微分法可立即得到

$$f_j=\frac{\partial}{\partial x_j}\frac{C}{\sqrt{(\xi_1-x_1)^2+(\xi_2-x_2)^2+(\xi_3-x_3)^2}}\quad(j=1,2,3).$$

因此

$$\mathbf{F}=\operatorname{grad}\frac{C}{\gamma},\tag{91}$$

其中

$$\gamma=\sqrt{(\xi_1-x_1)^2+(\xi_2-x_2)^2+(\xi_3-x_3)^2}=|\mathbf{R}|,$$

它是点 P 与 Q 之间的距离.

如果一个力场是一个数量函数的梯度, 这个数量函数常常被称作这个场的势函数. 在功与能的研究中, 我们将要从更一般的观点考虑这个概念.

c. 向量场的散度和旋度

通过微分法, 我们已经对每一个数量场指定了一个向量场, 即梯度. 类似地, 通过微分法, 我们能对每一个向量场 $\mathbf{U}$ 指定一个确定的数量场, 称为向量场 $\mathbf{U}$ 的散度. 对于一个特定的笛卡儿 (x_1, x_2, x_3) 坐标系, 在其中 $\mathbf{U} = (u_1, u_2, u_3)$, 我们定义向量 $\mathbf{U}$ 的散度为这样一个函数

$$\operatorname{div}\mathbf{U} = \frac{\partial u}{\partial x_1} + \frac{\partial u}{\partial x_2} + \frac{\partial u}{\partial x_3}, \tag{92}$$

也就是三个分量分别关于三个坐标的偏导数之和. 我们能证明, 用这种方式定义的数量场 $\operatorname{div}\mathbf{U}$ 不依赖于特殊的笛卡儿坐标系的选择[1]. 设一点 (x_1, x_2, x_3) 在另一笛卡儿坐标系中的坐标是 y_1, y_2, y_3, 两种坐标由方程组 (89b) 联系着; 从而 $\mathbf{U}$ 在新坐标系中的分量由关系式 (89c) 给出. 由微分法的链式法则, 我们有

$$\begin{aligned}\operatorname{div}\mathbf{U} &= \sum_{k=1}^{3}\frac{\partial u_k}{\partial x_k} = \sum_{k,j=1}^{3}\frac{\partial u_k}{\partial y_j}\frac{\partial y_j}{\partial x_k}\\ &= \sum_{j,k=1}^{3} a_{jk}\frac{\partial u_k}{\partial y_j} = \sum_{j=1}^{3}\frac{\partial}{\partial y_j}\sum_{k=1}^{3} a_{jk}u_k\\ &= \sum_{j=1}^{3}\frac{\partial v_j}{\partial y_j},\end{aligned}$$

这表明在任何其他的坐标系中, 我们得到相同的数量 $\operatorname{div}\mathbf{U}$.

这里我们满足于散度的形式定义, 它的物理意义将在以后讨论 (5.9 节).

对于一个向量场 $\mathbf{U}$ 的所谓*旋度*, 我们将采用同样的步骤. 旋度本身是一个向量

$$\mathbf{B} = \operatorname{curl}\mathbf{U}.$$

如果有一个 (x_1, x_2, x_3) 坐标系, 向量 $\mathbf{U}$ 具有分量 u_1, u_2, u_3, 我们就通过下式定义 $\operatorname{curl}\mathbf{U}$ 的三个分量 b_1, b_2, b_3:

1) 由向量 $\mathbf{U}$ 的分量的一阶微商所构成的其他表达式则不一定是这种情形, 例如

$$\frac{\partial u_1}{\partial x_1} + \frac{\partial u_2}{\partial x_2} - \frac{\partial u_3}{\partial x_3} \quad 或 \quad \frac{\partial u_1}{\partial x_2}\cdot\frac{\partial u_2}{\partial x_3}\cdot\frac{\partial u_3}{\partial x_1}.$$

$$b_1 = \frac{\partial u_3}{\partial x_2} - \frac{\partial u_2}{\partial x_3}, \quad b_2 = \frac{\partial u_1}{\partial x_3} - \frac{\partial u_3}{\partial x_1}, \quad b_3 = \frac{\partial u_2}{\partial x_1} - \frac{\partial u_1}{\partial x_2}. \tag{93}$$

同其他情形一样, 我们能够验证关于向量 $\mathbf{U}$ 的旋度的定义实际上给出一个不依赖于特殊坐标系的选择的向量, 只要所考虑的这些笛卡儿坐标系有相同的定向. 但是这里我们省去了这些计算, 因为在第五章中我们将给出旋度的物理解释, 它会清楚地显示出旋度的向量特征.

如果我们使用一个带有分量

$$\frac{\partial}{\partial x_1}, \frac{\partial}{\partial x_2}, \frac{\partial}{\partial x_3}$$

的符号向量, 那么梯度、散度、旋度这三个概念就能互相联系起来. 这个向量微分算子常常用倒三角形的符号 ∇ 表示, 读作 "del". 数量场 s 的梯度是符号向量 ∇ 与数量 s 的乘积; 就是说, 它是这个向量[1)]

$$\operatorname{grad} s = \nabla s = \left(\frac{\partial}{\partial x_1} s, \frac{\partial}{\partial x_2} s, \frac{\partial}{\partial x_3} s \right). \tag{94a}$$

向量场 $\mathbf{U} = (u_1, u_2, u_3)$ 的散度是数量积

$$\operatorname{div} \mathbf{U} = \nabla \cdot \mathbf{U} = \frac{\partial}{\partial x_1} u_1 + \frac{\partial}{\partial x_2} u_2 + \frac{\partial}{\partial x_3} u_3. \tag{94b}$$

最后, 向量场 $\mathbf{U}$ 的旋度是向量积

$$\begin{aligned} \operatorname{curl} \mathbf{U} &= \nabla \times \mathbf{U} \\ &= \left(\frac{\partial}{\partial x_2} u_3 - \frac{\partial}{\partial x_3} u_2, \frac{\partial}{\partial x_3} u_1 - \frac{\partial}{\partial x_1} u_3, \frac{\partial}{\partial x_1} u_2 - \frac{\partial}{\partial x_2} u_1 \right) \end{aligned} \tag{94c}$$

[见第 156 页 (71b)]. 由微分法的链式法则, 可以推出这个事实, 即向量 ∇ 与用来定义它的分量的笛卡儿坐标系无关; 在坐标变换 (89d) 之下, 由链式法则我们有

$$\frac{\partial}{\partial y_j} = \sum_{k=1}^{3} \frac{\partial x_k}{\partial y_j} \frac{\partial}{\partial x_k} = \sum_{k=1}^{3} a_{jk} \frac{\partial}{\partial x_k},$$

这表明 ∇ 的分量按照向量的规则 (89c) 来变换. 由此明显看出 $\nabla s, \nabla \cdot \mathbf{U}, \nabla \times \mathbf{U}$ 也不依赖于坐标系[2)].

1) 在乘积 ∇s 中我们不得不把向量写在数量的前面, 这与我们通常的习惯相反, 这是因为符号向量 ∇ 的分量不能与通常的数量交换.

2) 在旋度的情形, 这个陈述必须说明一下. 一般说来, 如同在第 155 页说过的, 两个向量的向量积的大小和方向有一定的几何意义, 但有一个例外的事情, 就是当我们改变所用笛卡儿坐标系的定向时, 向量积就要变到相反的位置. 这意味着, 只要我们不改变坐标系的定向 (也就是只要我们仅仅使用行列式为 $+1$ 的正交变换), 对于一个向量 $\mathbf{U}$, $\operatorname{curl} \mathbf{U} = \nabla \times \mathbf{U}$ 总是一个固定的向量; 改变坐标系定向的结果是 $\operatorname{curl} \mathbf{U}$ 变到它的相反位置.

最后, 我们叙述一些经常出现的关系. 梯度的散度等于零, 写成符号便是

$$\operatorname{curl}\operatorname{grad} s = \nabla \times (\nabla s) = 0. \tag{95a}$$

旋度的散度等于零, 写成符号便是

$$\operatorname{div}\operatorname{curl}\mathbf{U} = \nabla \cdot (\nabla \times \mathbf{U}) = 0. \tag{95b}$$

我们容易看出, 从梯度、散度、旋度的定义, 应用微分法的可交换性便可推出这些关系. 如果对于符号向量 ∇ 应用向量的通常的规则, 也可以形式地推出关系 (95a, b), 因为我们有

$$\nabla \times (\nabla s) = (\nabla \times \nabla)s = 0,$$

$$\nabla \cdot (\nabla \times \mathbf{U}) = \det(\nabla, \nabla, \mathbf{U}) = 0.$$

另外一个十分重要的向量微分算子的组合是梯度的散度

$$\begin{aligned}\operatorname{div}\operatorname{grad} s &= \nabla \cdot (\nabla s)\\ &= \frac{\partial^2 s}{\partial x_1^2} + \frac{\partial^2 s}{\partial x_2^2} + \frac{\partial^2 s}{\partial x_3^2} = \Delta s.\end{aligned} \tag{95c}$$

这里

$$\Delta = \nabla \cdot \nabla = \frac{\partial^2}{\partial x_1^2} + \frac{\partial^2}{\partial x_2^2} + \frac{\partial^2}{\partial x_3^2} \tag{95d}$$

是熟知的 "拉普拉斯算子" (Laplace operator). 偏微分方程

$$\Delta s = \frac{\partial^2 s}{\partial x_1^2} + \frac{\partial^2 s}{\partial x_2^2} + \frac{\partial^2 s}{\partial x_3^2} = 0 \tag{95e}$$

被数学物理中很多重要的数量场 s 所满足, 被称作 "拉普拉斯方程" 或 "位势 (potential) 方程".

当独立变量的个数不是三个时, "向量分析" 这个术语也常常使用. 由 n 个独立变量 $x_1, x_2, \cdots, x_n$ 的 n 个函数 $u_1, u_2, \cdots, u_n$ 所形成的一个函数组确定一个 n 维空间中的一个向量场. 这里关于一个数量场的梯度的概念和拉普拉斯算子的概念仍保持着它们的意义. 类似于向量场旋度的概念变得更复杂了. 在 n 维空间中, 类似于 (95a, b) 的关系, 最满意的研究途径是通过外微分型的演算, 这将在下一章中讨论.

d. 向量族. 在空间曲线论和质点运动中的应用

除向量场外, 我们还考虑单个参量的向量流形, 称作向量族, 其中向量 $\mathbf{U} = (u_1, u_2, u_3)$ 不是对应着一个空间区域的每个一点, 而是对应着单个参量 t 的每一

个值. 我们写作 $\mathbf{U}=\mathbf{U}(t)$. 向量 $\mathbf{U}$ 的微商可自然地定义作

$$\frac{d\mathbf{U}}{dt}=\lim_{h\to 0}\frac{1}{h}[\mathbf{U}(t+h)-\mathbf{U}(t)], \tag{96a}$$

它的分量显然是

$$\frac{du_1}{dt},\frac{du_2}{dt},\frac{du_3}{dt}. \tag{96b}$$

容易证明, 这种向量微分法满足类似于通常的微商规则

$$\begin{aligned}\frac{d}{dt}(\mathbf{U}+\mathbf{V})&=\frac{d}{dt}\mathbf{U}+\frac{d}{dt}\mathbf{V};\\ \frac{d}{dt}(\lambda\mathbf{U})&=\frac{d\lambda}{dt}\mathbf{U}+\lambda\frac{d}{dt}\mathbf{U},\end{aligned} \tag{97a}$$

$$\frac{d}{dt}(\mathbf{U}\cdot\mathbf{V})=\mathbf{U}\cdot\frac{d\mathbf{V}}{dt}+\frac{d\mathbf{U}}{dt}\cdot\mathbf{V}, \tag{97b}$$

$$\frac{d}{dt}(\mathbf{U}\times\mathbf{V})=\mathbf{U}\times\frac{d\mathbf{V}}{dt}+\frac{d\mathbf{U}}{dt}\times\mathbf{V}. \tag{97c}$$

我们能把这些概念应用到由参量表示式

$$x_1=\phi_1(t),\quad x_2=\phi_2(t),\quad x_3=\phi_3(t)$$

所给出的空间中一条曲线上的点 P 的位置向量 $\mathbf{X}=\mathbf{X}(t)=\overrightarrow{OP}$ 所组成的向量族. 于是

$$\mathbf{X}=(x_1,x_2,x_3)=(\phi_1(t),\phi_2(t),\phi_3(t)).$$

向量 $\dfrac{d\mathbf{X}}{dt}$ 的方向是曲线在对应于 t 的点的切线的方向. 因为向量 $\Delta\mathbf{X}=\mathbf{X}(t+\Delta t)-\mathbf{X}(t)$ 的方向是连接参量值 t 和 $t+\Delta t$ 所对应的点的线段的方向. 这在 $\Delta t>0$ 时, 对于向量 $\dfrac{\Delta\mathbf{X}}{\Delta t}$ 同样成立. 当 $\Delta t\to 0$, 这个弦的方向就趋于切线的方向. 如果我们引进一个新参量, 即从一个确定的起点测得的曲线的弧长 s, 并用 s 代替 t, 我们就能证明

$$\left|\frac{d\mathbf{X}}{ds}\right|^2=\frac{d\mathbf{X}}{ds}\cdot\frac{d\mathbf{X}}{ds}=1. \tag{98}$$

证明的思路是同关于平面曲线的相应的证明 (第一卷第 310 页) 完全一样的. 因此, $\dfrac{d\mathbf{X}}{ds}$ 是一个单位向量. 将方程 (98) 两边对 s 微分, 应用 (97b), 就得到

$$\frac{d\mathbf{X}}{ds}\cdot\frac{d^2\mathbf{X}}{ds^2}+\frac{d^2\mathbf{X}}{ds^2}\cdot\frac{d\mathbf{X}}{ds}=2\frac{d\mathbf{X}}{ds}\cdot\frac{d^2\mathbf{X}}{ds^2}=0. \tag{99}$$

这个方程表明向量

$$\frac{d^2\mathbf{X}}{ds^2}=\left(\frac{d^2x_1}{ds^2},\frac{d^2x_2}{ds^2},\frac{d^2x_3}{ds^2}\right)$$

垂直于切线. 我们称这个向量为曲率向量或主法向量, 并且称它的长度

$$\kappa=\frac{1}{\rho}=\left|\frac{d^2\mathbf{X}}{ds^2}\right| \tag{100}$$

为曲线在该对应点处的曲率. 和过去一样, 称它的倒数 $\rho=\dfrac{1}{\kappa}$ 为曲率半径. 从曲线上的这个点沿主法向量的方向测量一个距离为 ρ 的点, 称为曲率中心.

我们将证明曲率的这个定义与第一卷 (第 310 页) 中给出的平面曲线的曲率是一致的. 对于每一个 s, $\mathbf{Y}=\dfrac{d\mathbf{X}}{ds}$ 是长度为 1 并且方向为切线方向的向量. 如果我们设想 $\mathbf{Y}(s+\Delta s)$ 和 $\mathbf{Y}(s)$ 是以原点为公共起点的向量, 则差 $\Delta\mathbf{Y}=\mathbf{Y}(s+\Delta s)-\mathbf{Y}(s)$ 是连接它们末点的向量. 曲线上对应于参数 s 和 $s+\Delta s$ 的点的切线之间的夹角 β 等于向量 $\mathbf{Y}(s)$ 与 $\mathbf{Y}(s+\Delta s)$ 之间的夹角. 于是

$$|\Delta\mathbf{Y}|=|\mathbf{Y}(s+\Delta s)-\mathbf{Y}(s)|=2\sin\frac{\beta}{2},$$

因为

$$|\mathbf{Y}(s)|=|\mathbf{Y}(s+\Delta s)|=1.$$

利用

$$\frac{2\sin\beta/2}{\beta}\to 1,\quad \text{当 } \beta\to 0,$$

就得到

$$\left|\frac{d^2\mathbf{X}}{ds^2}\right|=\left|\frac{d\mathbf{Y}}{ds}\right|=\lim_{\Delta s\to 0}\left|\frac{\Delta Y}{\Delta s}\right|=\lim_{\Delta s\to 0}\frac{\beta}{\Delta s}.$$

因此, κ 是曲线上两点切线之间的夹角与这两点之间弧长的比值, 当这两点互相趋近时的极限. 而这个极限确定了平面曲线的曲率[1].

曲率向量在力学中起着重要的作用. 我们假定一个质点沿一条曲线运动, 在时刻 t 有位置向量 $\mathbf{X}(t)$. 则运动速度的大小和方向二者都由向量 $\dfrac{d\mathbf{X}}{dt}$ 给出. 类似地, 加速度由向量 $\dfrac{d^2\mathbf{X}}{dt^2}$ 给出. 由链式法则, 我们有

$$\frac{d\mathbf{X}}{dt}=\frac{ds}{dt}\frac{d\mathbf{X}}{ds}$$

1) 在空间曲线的情形, 我们不能像平面曲线那样, 把 β 看成与倾角 α 的增量 $\Delta\alpha$ 恒等. 理由是 $\mathbf{Y}(s)$ 与 $\mathbf{Y}(s+\Delta s)$ 之间的夹角一般不等于向量 $\mathbf{Y}(s)$ 与 $\mathbf{Y}(s+\Delta t)^s$ 同某一固定的第三方向之间的夹角的差. 空间中方向之间的夹角, 不像平面上的一样, 它不是可加的.

和

$$\frac{d^2\mathbf{X}}{dt^2} = \frac{d^2 s}{dt^2}\frac{d\mathbf{X}}{ds} + \left(\frac{ds}{dt}\right)^2 \frac{d^2\mathbf{X}}{ds^2}. \tag{101}$$

按我们已经知道的向量 $\mathbf{X}$ 关于 s 的一阶和二阶导数, 方程 (101) 表示了如下事实: 运动的*加速度向量*是两个向量的和. 它们中的一个是沿曲线的切线方向, 它的长度等于 $\frac{d^2s}{dt^2}$, 即点在它的轨道方向上的加速度 (速度变化率或*切线加速度*). 另一个的方向是垂直于轨道的方向且指向曲率中心, 它的长度等于速度的平方与曲率的乘积 (这就是*法线加速度*). 对于一个单位质量的质点, 加速度向量就等于作用于质点上的力. 如果没有力作用在曲线的方向上 (如在这种情形, 一个质点受到约束而沿着一条曲线运动, 仅仅受到垂直于曲线的反作用力), 切线加速度就等于零, 并且整个加速度垂直于曲线, 大小为速度的平方乘以曲率.

练　习　2.5

1. 验证一点 Q 相对于一点 P 的位置向量 $\overrightarrow{PQ}$ 在坐标变换下也是个向量.

2. 推导下列恒等式:

(a) $\operatorname{grad}(\alpha\beta) = \alpha \operatorname{grad}\beta + \beta \operatorname{grad}(\alpha)$;

(b) $\operatorname{div}(\alpha\mathbf{U}) = \mathbf{U}\cdot\operatorname{grad}\alpha + \alpha\operatorname{div}\mathbf{U}$;

(c) $\operatorname{curl}(\alpha\mathbf{U}) = \operatorname{grad}\alpha\times\mathbf{U} + \alpha\operatorname{curl}\mathbf{U}$;

(d) $\operatorname{div}(\mathbf{U}\times\mathbf{V}) = \mathbf{V}\cdot\operatorname{curl}\mathbf{U} - \mathbf{U}\cdot\operatorname{curl}\mathbf{V}$.

3. 设 $\mathbf{U}\cdot\nabla$ 是算子

$$\mathbf{U}_x\frac{\partial}{\partial x} + \mathbf{U}_y\frac{\partial}{\partial y} + \mathbf{U}_z\frac{\partial}{\partial z}$$

的符号, 验证

(a) $\operatorname{grad}(\mathbf{U}\cdot\mathbf{V}) = \mathbf{U}\cdot\nabla\mathbf{V} + \mathbf{V}\cdot\nabla\mathbf{U} + \mathbf{U}\times\operatorname{curl}\mathbf{V} + \mathbf{V}\times\operatorname{curl}\mathbf{U}$;

(b) $\operatorname{curl}(\mathbf{U}\times\mathbf{V}) = \mathbf{U}\operatorname{div}\mathbf{V} - \mathbf{V}\operatorname{div}\mathbf{U} + \mathbf{V}\cdot\nabla\mathbf{U} - \mathbf{U}\cdot\nabla\mathbf{V}$.

4. 对于拉普拉斯算子 Δ 建立

$$\Delta\mathbf{U} = \operatorname{grad}\operatorname{div}\mathbf{U} - \operatorname{curl}\operatorname{curl}\mathbf{U}.$$

5. 试求曲线 $x = f(t), y = g(t), z = h(t)$ 在点 $t = t_0$ 的所谓 '密切平面" 的方程, 即经过曲线的三个点的平面, 当这些点趋向于参数 t_0 所对应的点时的极限.

6. 证明曲率向量和切线向量二者都位于密切平面内.

7. 设 C 是具有连续转动的切线的一条光滑曲线. 设 d 为曲线上两点间的最短距离, 又设 l 为这两点间的弧长. 证明, 当 d 很小时有 $d - l = o(d)$.

8. 设 t 为任意参量, 证明曲线 $\mathbf{X}=\mathbf{X}(t)$ 的曲率是

$$k=\frac{\{|\mathbf{X}'|^2|\mathbf{X}''|^2-(\mathbf{X}'\cdot\mathbf{X}'')^2\}^{\frac{1}{2}}}{|\mathbf{X}'|^3}.$$

9. 如果 $\mathbf{X}=\mathbf{X}(t)$ 是一条曲线的任何一个参数表示式, 则以 $\mathbf{X}$ 为起点的向量 $d^2\mathbf{X}/dt^2$ 在 $\mathbf{X}$ 点的密切平面内.

10. 如果 C 是一条连续可微的闭曲线, A 为不在 C 上的一点, 则在 C 上有一点 B, 使得从 A 到 B 的距离比较 A 到 C 上其他点的距离都要短. 证明 AB 垂直于曲线.

11. 在柱面 $x^2+y^2=a^2$ 上, 画一条曲线, 使得这曲线上任何一点 P 处的切线与 z 轴之间的夹角等于 y 轴与柱面在 P 点处的切平面之间的夹角. 证明曲线上任何一点 P 的坐标能够用一个参量 θ 通过以下方程组来表示

$$x=a\cos\theta,\quad y=a\sin\theta,\quad z=C\pm\log\sin\theta,$$

再证明这条曲线的曲率是 $\dfrac{1}{a}\sin\theta(1+\sin^2\theta)^{\frac{1}{2}}$.

12. 求曲线 $x=\cos\theta, y=\sin\theta, z=f(\theta)$ 在点 θ 的密切平面的方程 (参看第 5 题). 证明, 如果 $f(\theta)=(\cosh A\theta)/A$, 则每一个密切平面都与中心为原点、半径为 $\sqrt{(1+1/A^2)}$ 的球面相切.

13. (a) 证明经过曲线

$$x=\frac{1}{3}at^3,\quad y=\frac{1}{2}bt^2,\quad z=ct$$

上的三点 t_1,t_2,t_3 的平面具有方程

$$\frac{3x}{a}-2(t_1+t_2+t_3)\frac{y}{b}+(t_2t_3+t_3t_1+t_1t_2)\frac{z}{c}-t_1t_2t_3=0.$$

(b) 证明在 t_1,t_2,t_3 处的密切平面的交点在这个平面上.

14. 设 $\mathbf{X}=\mathbf{X}(s)$ 是任意一条空间曲线, 使得向量 $\mathbf{X}(s)$ 三次连续可微 (s 为弧长). 求在点 s 处与曲线最紧密切触的球的中心.

15. 如果 $\mathbf{X}=\mathbf{X}(s)$ 是单位球面上一条曲线, 其中 s 为弧长, 则

$$|\dddot{\mathbf{X}}|^2-|\ddot{\mathbf{X}}|^4=|\dddot{\mathbf{X}}|^2-(\dot{\mathbf{X}}\cdot\dddot{\mathbf{X}})^2=(\ddot{\mathbf{X}}\cdot[\dot{\mathbf{X}}\times\dddot{\mathbf{X}}])^2.$$

16. 一条曲线上两个邻近点的密切平面之间的夹角与该两点间弧长之比的极限 (即单位法向量相对于弧长的导数) 称作这曲线的挠率. 设 $\xi_1(s),\xi_2(s)$ 表示沿着曲线 $\mathbf{X}(s)$ 切线方向和曲率向量方向的单位向量; 我们用 $\xi_3(s)$ 表示垂直于 ξ_1 和

ξ_2 的单位向量 (所谓副法向量), 它由 $[\xi_1 \times \xi_2]$ 给出. 证明弗勒内公式

$$\dot{\xi}_1 = \frac{\xi_2}{\rho},$$
$$\dot{\xi}_2 = -\frac{\xi_1}{\rho} + \frac{\xi_3}{\tau},$$
$$\dot{\xi}_3 = -\frac{\xi_2}{\tau},$$

其中 $1/\rho = k$ 是 $x(s)$ 的曲率, $1/\tau$ 是 $\mathbf{X}(s)$ 的挠率.

17. 使用练习 16 中的向量 ξ_1, ξ_2, ξ_3 作为坐标向量, 求 (a) 向量 $\ddot{\mathbf{X}}$ 的表达式, (b) 从点 $\mathbf{X}$ 到与 $\mathbf{X}$ 最紧密切触的球的中心的向量的表达式.

18. 证明挠率为零的曲线是平面曲线.

19. 考虑空间一个定点 A 和一个动点 P, 它的运动由时间的一个函数给出. 用 $\dot{P}$ 表示点 P 的速度向量, 且用 $\mathbf{a}$ 表示 P 到 A 方向的单位向量, 证明

$$\frac{d}{dt}|\overrightarrow{PA}| = -\mathbf{a} \cdot \dot{\mathbf{P}}.$$

20. (a) 设 A, B, C 是三个固定的不共线的点, 设 P 为一个动点. 设 $\mathbf{a}, \mathbf{b}, \mathbf{c}$ 分别为 PA, PB, PC 方向的单位向量; 把速度向量 $\dot{\mathbf{P}}$ 表示成这些向量的线性组合:

$$\dot{\mathbf{P}} = \mathbf{a}u + \mathbf{b}v + \mathbf{c}w.$$

证明

$$\dot{\mathbf{a}} = \frac{1}{|A-P|}\{[(\mathbf{a}\cdot\mathbf{b})v + (\mathbf{a}\cdot\mathbf{c})w]\mathbf{a} - v\mathbf{b} - w\mathbf{c}\}.$$

(b) 证明点 P 的加速度向量 $\ddot{\mathbf{P}}$ 是

$$\ddot{\mathbf{P}} = \alpha\mathbf{a} + \beta\mathbf{b} + \gamma\mathbf{c},$$

其中

$$\alpha = \dot{u} + uv\left(\frac{\mathbf{a}\cdot\mathbf{b}}{|A-P|} - \frac{1}{|B-P|}\right) + uw\left(\frac{\mathbf{a}\cdot\mathbf{c}}{|A-P|} - \frac{1}{|C-P|}\right),$$

以及 β 和 γ 具有类似的表达式.

21. 设 $z = u(x, y)$ 表示由任意一条曲线的切线形成的曲面. 证明: (a) 这曲线的每一个密切平面都是该曲面的切平面; (b) 函数 $u(x, y)$ 满足方程

$$u_{xx}u_{yy} - u_{xy}^2 = 0.$$

第三章　微分学的发展和应用

3.1 隐　函　数

a. 一般说明

在解析几何中一条曲线的方程常常不是用 $y=f(x)$ 这个形式而是用 $F(x,y)=0$ 这个形式给出的; 譬如一条直线就由方程 $ax+by+c=0$ 表示, 而一个椭圆就由方程 $x^2/a^2+y^2/b^2=1$ 表示. 要得到曲线的形如 $y=f(x)$ 的方程, 我们就必须从方程 $F(x,y)=0$ 把 y 解出来. 在第一卷中我们曾考虑过这样一个特殊的问题, 就是找 $y=f(x)$ 的反函数, 这个问题实际上就是从方程 $F(x,y)=y-f(x)=0$ 解出 x 的问题.

这些例子揭示了从方程 $F(x,y)=0$ 解出 x 或 y 的方法的重要性. 甚至对包含多于两个变量的函数的方程我们也将找到这种方法.

在最简单的情形, 例如前述直线与椭圆的方程, 方程的解可以马上表为初等函数的形式. 而在另外的情形, 解可以被近似, 并且要怎样近似就可以怎样近似. 不过, 对于很多目的来说, 宁可不去求方程的解出的形式, 或是它们的近似, 而是要由直接研究函数 $F(x,y)$ 来得到关于方程的解的一些结论. 这里, 没有假定 $F(x,y)$ 中的变量 x,y 哪一个比另一个处于优先地位.

并不是每一个方程 $F(x,y)=0$ 都是某个函数 $y=f(x)$ 或 $x=\phi(y)$ 的隐式表示. 很容易给出方程 $F(x,y)=0$ 的例子, 它不允许任何一元函数作为它的解. 例如: 方程 $x^2+y^2=0$ 只被单独的一对值 $x=0,y=0$ 所满足, 而方程 $x^2+y^2+1=0$ 则根本不被任何实数值所满足. 这就是为什么有必要更严密地考察一个方程 $F(x,y)=0$ 能够定义一个函数 $y=f(x)$ 的条件以及这个函数能具有的性质的原因.

练　习　3.1a

1. 设对于若干对值 (a,b) 有 $f(a,b)=0$. 如 a 为已知, 请给出一个寻找 b 的构造性的迭代方法. 问 f 要具有什么条件, 这个方法才可行?

b. 几何解释

为了使情况直观, 我们把函数 $F(x,y)$ 用三维空间的曲面 $z=F(x,y)$ 来表示. 方程 $F(x,y)=0$ 的解完全等同于两个方程 $z=F(x,y)$ 与 $z=0$ 的联立解. 从几何上看, 我们的问题就是要确定曲面 $z=F(x,y)$ 是否与 xy 坐标平面相交于某条曲线 $y=f(x)$ 或 $x=\phi(y)$. 至于该交线能够延伸多远, 我们这里并不管它.

第一个可能性是曲面与平面没有公共点. 例如抛物面 $z=F(x,y)=x^2+y^2+1$ 完全位于 xy 平面之上, 因而这里没有任何交线. 很清楚, 我们仅需考虑最少有一个点 (x_0,y_0) 使 $F(x_0,y_0)=0$ 的情形. 这个点 (x_0,y_0) 构成了我们解的 "初始点".

知道了一个初始解, 接着就有两个可能: 在点 (x_0,y_0) 处的切平面, 或者是水平的, 或不是水平的. 如果切平面是水平的, 则我们马上可以用例子表明, 不可能从 (x_0,y_0) 扩展成一个解 $y=f(x)$ 或 $x=\phi(y)$. 例如, 抛物面 $z=x^2+y^2$ 有初始解 $x=0,y=0$, 但是它不再包含 xy 平面上的其他点. 与此相对比, 曲面 $z=xy$ 有初始解 $x=0,y=0$, 且与 xy 平面沿着直线 $x=0$ 与直线 $y=0$ 相交, 但是却不存在原点的任何邻域, 使得我们能够对整个交线用一个函数 $y=f(x)$ 或一个函数 $x=\phi(y)$ 表示出来 (参看图 3.1 与图 3.2). 另一方面, 甚至当初始解的切平面是水平时, $F(x,y)=0$ 也很可能有一个解, 如像 $F(x,y)=(y-x)^4=0$ 的情况. 所以在水平切平面这个特殊情况, 没有可能作出一个一般确定的结论.

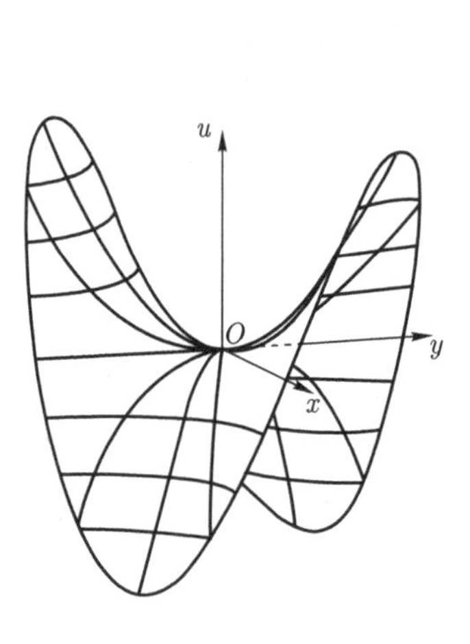

图 3.1　曲面 $u=xy$

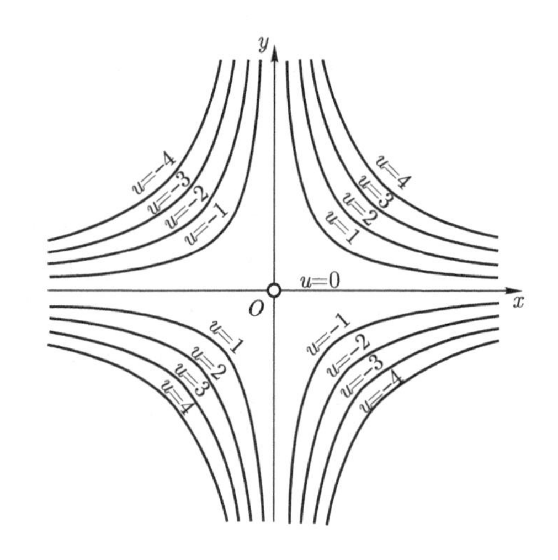

图 3.2　$u=xy$ 的等高线

剩下的可能性便是初始点处的切平面不是水平的. 这时, 直观地想到曲面 $z=F(x,y)$ 可以在原始解的邻域内由切平面来近似, 我们就可以期望曲面尽可能弯得贴切一些, 使得不可避免地要在 (x_0,y_0) 附近交 xy 平面于一个单独的完全确定的交线, 并且期望这一曲线邻近初始解的一部分可以由等式 $y=f(x)$ 或 $x=\phi(y)$

来表示. 从解析式来看, 切平面不是水平的意味着 $F_x(x_0,y_0)$ 和 $F_y(x_0,y_0)$ 总有一个不是 0 (见第 42 页). 这些就是下一节讨论的基础.

练　习　3.1b

1. 研究曲面 $z=f(x,y)$, 确定在指定点 (x_0,y_0) 的一个邻域内能否把方程 $f(x,y)=0$ 中的 y 解出成为 x 的一个函数:

(a) $f(x,y)=x^2-y^2, x_0=y_0=0$;

(b) $f(x,y)=[\log(x+y)]^{\frac{1}{2}}, x_0=1.5, y_0=-0.5$;

(c) $f(x,y)=\sin[\pi(x+y)]-1, x_0=y_0=1/4$;

(d) $f(x,y)=x^2+y^2-y, x_0=y_0=0$.

c. 隐函数定理

我们现在叙述隐函数存在的充分条件, 并且同时给出微分它们的一个法则.

设 $F(x,y)$ 在点 (x_0,y_0) 的一个邻域内有连续的偏微商 F_x 和 F_y, 其中

$$F(x_0,y_0)=0, \quad F_y(x_0,y_0)\neq 0. \tag{1}$$

则以点 (x_0,y_0) 为中心, 存在某个矩形

$$x_0-a\leqslant x\leqslant x_0+a, \quad y_0-\beta\leqslant y\leqslant y_0+\beta \tag{2}$$

使得对 $x_0-a\leqslant x\leqslant x_0+a$ 给出的区间 I 上的每一个 x, 方程

$$F(x,y)=0$$

恰好有一个解 $y=f(x)$ 位于区间 $y_0-\beta\leqslant y\leqslant y_0+\beta$ 上. 这个函数 f 满足初条件 $y_0=f(x_0)$, 并且对 I 内的每一个 x 都有

$$F(x,f(x))=0, \tag{3}$$

$$y_0-\beta\leqslant f(x)\leqslant y_0+\beta, \tag{3a}$$

$$F_y(x,f(x))\neq 0. \tag{3b}$$

此外, f 是连续的, 并在 I 上有由方程

$$y'=f'(x)=-\frac{F_x}{F_y} \tag{4}$$

给出的连续微商.

这是一个在初始解 (x_0,y_0) 的邻域内来解方程 $F(x,y)=0$ 的严格的局部性存

在定理. 这个定理并没有指出如何去找 '初始解", 或是如何确定方程 $F(x,y)=0$ 是否有满足它的任何一个解 (x,y). 这些是整体性的问题, 已经超出了定理范围. 解 $y=f(x)$ 的唯一性与正则性也只能是局部地保证成立, 即当 y 限制在区间 $y-\beta<y<y_0+\beta$ 之内的时候. 这种限制的必要性可从方程

$$F(x,y)=x^2+y^2-1=0$$

这样简单的例子明显地看出. 对每一个满足 $-1<x<1$ 的 x, 该方程有两支不同的解

$$y=\pm\sqrt{1-x^2}.$$

对每一个 x 任意选定一个符号, 就得到一个单值解 $y=f(x)$. 很清楚, 由这种方法我们能够得到每一个 x 都不连续的解; 譬如对有理的 x 取正号, 而对无理的 x 取负号. 当我们限定 y 取不变的符号时才得到连续解. 这个符号可以这样选定, 即对给定的 x_0, $-1<x_0<1$, 在满足 $x_0^2+y_0^2=1$ 的两个可能的值 y_0 中选定一个. 一个满足 $y_0=f(x_0)$ 的唯一的连续解就可以对所有 $x,-1<x<1$, 取既满足 $x^2+y^2=1$ 又与 y_0 同号的 y 而得到. 从几何上说, f 的图像是包含点 (x_0,y_0) 的那个上半圆或下半圆. 函数 f 有连续的微商

$$y'=-\frac{F_x}{F_y}=-\frac{x}{y}=-\frac{x}{f(x)},\quad -1<x<1.$$

对于 $x=\pm1$ 定义 y 为 0, 这样解 $y=f(x)$ 就在闭区间 $-1\leqslant x\leqslant 1$ 上连续. 不过在区间的端点, 由于 $F_y=0$ 微商 y' 变成无穷大.

下一节我们将对这个一般性的定理给以证明. 这里我们看到, 只要满足 (3) 的函数 $f(x)$ 的存在性与可微性一旦成立, 我们就可以应用链式法则 (见第 48 页 (18)) 微分 $F(x,y)$ 来得到 $f'(x)$ 的显式表示. 由此推出

$$F_x+F_y\cdot f'(x)=0,$$

因而只要 $F_y\neq0$, 就导出公式 (4). 等价地, 如果方程 $F(x,y)=0$ 确定 y 作为 x 的一个函数, 我们就有

$$dF=F_xdx+F_ydy=0,$$

因此

$$dy=\frac{dy}{dx}dx=-\frac{F_x}{F_y}dx.$$

一个隐函数 $y=f(x)$ 可以被微分到任意给定阶, 假定函数 $F(x,y)$ 具有同样阶的连续偏微商. 举例来说, 如果 $F(x,y)$ 在矩形 (2) 中具有连续的一阶与二阶的

微商, 方程 (4) 的右边便是 x 的一个复合函数

$$-\frac{F_x(x,f(x))}{F_y(x,f(x))}.$$

因为, 由于 (3b) 分母不为 0, 又由于已知 $f(x)$ 具有一阶的连续微商, 我们就由 (4) 断定 y' 有连续微商; 再应用链式法则就得到

$$y''=-\frac{F_yF_{xx}+F_yF_{xy}f'-F_xF_{yx}-F_xF_{yy}f'}{F_y^2}.$$

对 f' 用表达式 (4) 代入后, 我们得到

$$y''=-\frac{F_y^2F_{xx}-2F_{xy}F_xF_y+F_x^2F_{yy}}{F_y^3}. \tag{5}$$

当我们应用隐函数的一般定理肯定了某区间内函数 f 的存在性后, 法则 (4) 和 (5) 便可用来求出隐函数 $y=f(x)$ 的微商, 即使不可能把 y 明显表为初等函数 (有理函数、三角函数等). 另外, 即使我们可把方程 $F(x,y)=0$ 按 y 显式解出, 由法则 (4) 和 (5) 来找出 y 的微商也常常比较方便, 而不用去求 $y=f(x)$ 的任何显式表示.

例

1. 双纽线 (第一卷第 84 页) 方程

$$F(x,y)=(x^2+y^2)^2-2a^2(x^2-y^2)=0$$

要对 y 解出来是不容易的. 对于 $x=0,y=0$, 我们求得

$$F=0,\quad F_x=0,\quad F_y=0.$$

我们的定理在此无效, 正如我们由这一事实就可料到, 即通过原点有双纽线的两个不同分支. 不过, 对曲线上所有 $y\neq 0$ 的点我们的法则都可以应用, 因而函数 $y=f(x)$ 的微商由下式给出

$$y'=-\frac{F_x}{F_y}=-\frac{4x(x^2+y^2)-4a^2x}{4y(x^2+y^2)+4a^2y}.$$

我们可以从方程本身得到关于曲线的许多重要知识, 而用不着 y 的显式表示. 例如, 极大与极小可以出现在 $y'=0$ 处, 即当 $x=0$, 或是 $x^2+y^2=a^2$ 时. 由双纽线的方程知道, 当 $x=0$ 时 $y=0$; 但是在原点却没有极值点 (参看第一卷第 84 页图 S1.3). 所以, 这两个方程给出了四个点

$$\left(\pm\frac{a}{2}\sqrt{3},\pm\frac{a}{2}\right)$$

作为极大和极小.

2. 笛卡儿叶形线

具有方程

$$F(x,y)=x^3+y^3-3axy=0$$

(参看图 3.3), 其显式解很难看. 在原点处曲线与自己相交, 由于在该点 $F=F_x=F_y=0$, 我们的法则又一次失效. 对于所有使 $y^2\neq ax$ 的点, 我们有

$$y'=-\frac{F_x}{F_y}=-\frac{x^2-ay}{y^2-ax}.$$

因此, 当 $x^2=ay$ 时, 或者按照曲线的方程, 即当

$$x=a\sqrt[3]{2},\quad y=a\sqrt[3]{4}$$

时, 微商有零点.

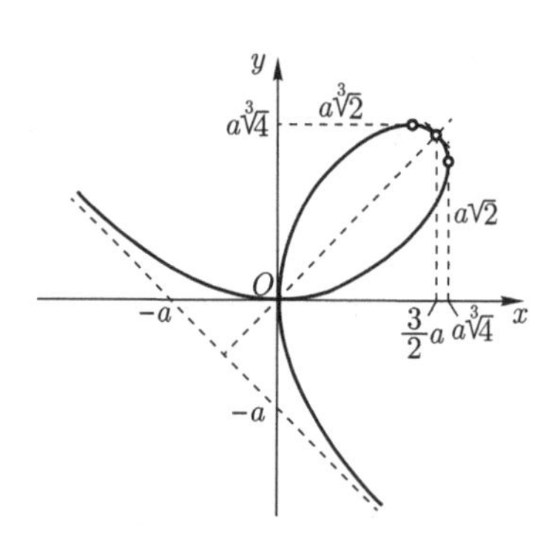

图 3.3　笛卡儿叶形线

练　习　3.1c

1. 证明下列各方程在指定点附近有对 y 的唯一解:

(a) $x^2+xy+y^2=7(2,1)$;

(b) $x\cos xy=0\left(1,\frac{\pi}{2}\right)$;

(c) $xy+\log xy=1(1,1)$;

(d) $x^5+y^5+xy=3(1,1)$.

2. 求出习题 1 中的各个解的一阶微商, 并在指定点处给出它们的值.

3. 求出习题 1 中各个解的二阶微商, 并在指定点处给出它们的值.

4. 习题 1 中的隐式定义的函数中, 哪一个在指定点是凸的?

5. 找出满足方程 $x^2+xy+y^2=27$ 的函数 y 的极大值与极小值.

6. 设 $f_y(x,y)$ 在点 (x_0,y_0) 的一个邻域内是连续的. 试证方程

$$y=y_0+\int_{x_0}^{x}f(\xi,y)d\xi$$

在围绕 $x=x_0$ 的某区间内把 y 确定为 x 的函数.

d. 隐函数定理的证明

隐函数的存在性系由中值定理直接推出 (见第一卷第 35 页).

假设 $F(x,y)$ 在点 (x_0,y_0) 的一个邻域内有定义并有连续的一阶微商, 并令

$$F(x_0,y_0)=0,\quad F_y(x_0,y_0)\neq 0.$$

不失一般性, 我们假设 $m=F_y(x_0,y_0)>0$. 否则, 我们只要用 $-F$ 来代替 F 就行了, 这并不改变由方程 $F(x,y)=0$ 所描绘的点集. 因为 $F_y(x,y)$ 是连续的, 我们可以找到一个以 (x_0,y_0) 为中心的矩形 R, 小到整个 R 可以完全落在 F 的定义域之内, 而在整个 R 内 $F_y(x,y)>m/2$. 设 R 是矩形

$$x_0-a\leqslant x\leqslant x_0+a,\quad y_0-\beta\leqslant y\leqslant y_0+\beta$$

(见图 3.4). 由于 $F_x(x,y)$ 也是连续的, 我们推断 F_x 在 R 是有界的. 这样, 对于所有 R 中的 (x,y) 存在正常数 m,M 使得

$$F_y(x,y)>m/2,\quad |F_x(x,y)|\leqslant M. \tag{6}$$

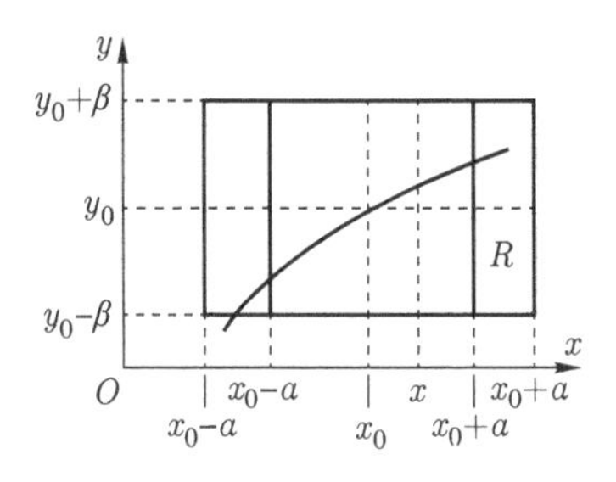

图 3.4

对于由 x_0-a 到 x_0+a 之间的任一固定的 x, 表达式 $F(x,y)$ 在区间 $y_0-\beta\leqslant y\leqslant y_0+\beta$ 上是 y 的连续而单调递增的函数. 如果

$$F(x,y_0+\beta)>0,\quad F(x,y_0-\beta)<0, \tag{7}$$

则我们可以断定在由 $y_0-\beta$ 到 $y_0+\beta$ 之间存在一个唯一的值 y 满足 $F(x,y)=0$.

于是对于给定 x, 方程 $F(x,y)=0$ 有一唯一解 $y=f(x)$ 满足

$$y_0-\beta<y<y_0+\beta.$$

为了证明 (7), 我们看到, 按中间值定理

$$F(x,y_0)=F(x,y_0)-F(x_0,y_0)=F_x(\xi,y_0)(x-x_0),$$

这里 ξ 是 x_0 与 x 之间一个中间值. 因此, 如 α 表示 0 与 a 之间的一个数, 则我们就有

$$|F(x,y_0)|\leqslant|F_x(\xi,y_0)|\ |x-x_0|\leqslant M\alpha,\quad |x-x_0|<\alpha.$$

相似地, 从 $F_y>m/2$ 推得

$$\begin{aligned}F(x,y_0+\beta)&=[F(x,y_0+\beta)-F(x,y_0)]+F(x,y_0)\\&>\frac{1}{2}m\beta-M\alpha,\\F(x,y_0-\beta)&=-[F(x,y_0)-F(x_0,y_0-\beta)]+F(x,y_0)\\&<-\frac{1}{2}m\beta+M\alpha.\end{aligned}$$

于是, 只要我们取 α 相当小使得 $\alpha\leqslant a$ 与 $\alpha<m\beta/2M$, 那么对区间 $x_0-\alpha\leqslant x\leqslant x_0+\alpha$ 上的任何 x 不等式 (7) 都成立.

对于 $|x-x_0|\leqslant\alpha$ 的任何 x, 方程 $F(x,y)=0$ 的解 $y=f(x)$ 在条件 $|y-y_0|\leqslant\beta$ 与 $F_y(x,y)>m/2>0$ 之下, 其存在性与唯一性便证明了. 而对 $x=x_0$, 方程 $F(x,y)=0$ 有相当于我们的初始点的解 $y=y_0$. 因为 y_0 必然落在 $y_0-\beta$ 到 $y_0+\beta$ 之间, 因而我们有 $f(x_0)=y_0$. 而 $f(x)$ 的连续性与可微性现在可由多元函数的中值定理应用于 $F(x,y)$ 推出来 [见第 59 页 (33)]. 设 x 与 $x+h$ 系在 $x_0-\alpha$ 到 $x_0+\alpha$ 之间的两个值. 又设 $y=f(x)$ 与 $y+k=f(x+h)$ 是 f 的相应的值, 这里 $y=f(x)$ 与 $y+k=f(x+h)$ 都位于 $y_0-\beta$ 到 $y_0+\beta$ 之间. 于是 $F(x,y)=0,F(x+h,y+k)=0$. 由此推出

$$\begin{aligned}0&=F(x+h,y+k)-F(x,y)\\&=F_x(x+\theta h,y+\theta k)h+F_y(x+\theta h,y+\theta k)k,\end{aligned}$$

这里 θ 是 0 到 1 之间某一适当的中间值.[1)]

---

1) 注意中值定理在这里可以应用, 因为连接矩形 $|x-x_0|\leqslant\alpha,|y-y_0|\leqslant\beta$ 内任意两点的线段整个落在矩形之内.

应用 $F_y \neq 0$ 这一条件, 我们可以用 F_y 来除并求得

$$\frac{k}{h} = -\frac{F_x(x+\theta h, y+\theta k)}{F_y(x+\theta h, y+\theta k)}. \tag{8}$$

由于矩形中的所有点都有 $|F_x| \leqslant M, |F_y| > m/2$, 故可知上式右边有界 $2M/m$. 因此

$$|k| \leqslant \frac{2M}{m}|h|.$$

因此, 当 $h \to 0$ 时 $k = f(x+h) - f(x) \to 0$, 而这就表示 $y = f(x)$ 是连续函数. 由 (8) 推出, 对固定的 x 并对 $y = f(x)$ 有

$$\begin{aligned}\lim_{h\to 0}\frac{f(x+h)-f(x)}{h} &= -\lim_{h\to 0}\frac{F_x(x+\theta h, y+\theta k)}{F_y(x+\theta h, y+\theta k)}\\ &= -\frac{F_x(x,y)}{F_y(x,y)}.\end{aligned}$$

这就建立了 f 的可微性, 并且同时又给出微商公式 (4).

这个证明关键是 $F_y(x_0, y_0) \neq 0$ 这个假设, 由此我们才能够推得 F_y 在 (x_0, y_0) 的一个足够小的邻域内不变号, 并且 $F(x,y)$ 对固定的 x 是 y 的单调函数.

这个证明仅告诉我们函数 $y = f(x)$ 是存在的. 它是一个纯粹 '存在性定理" 的典型例子, 其中计算解的实际可能性是不考虑的. 当然我们可以引用第一卷中讲到的任何数值方法 (见第一卷 409 页以下) 来逼近方程 $F(x,y) = 0$ 在固定的 x 处的解.

练 习 3.1d

1. 给出一个函数 $f(x,y)$ 的例子, 使得

(a) 在 $x = x_0, y = y_0$ 的附近, $f(x,y) = 0$ 可以对 y 解出成为 x 的一个函数,

(b) $f_y(x_0, y_0) = 0$.

2. 给出一个方程 $F(x,y) = 0$ 的例子, 使在一点 (x_0, y_0) 的附近可以解出 y 为 x 的一个函数 $y = f(x)$, 而 f 在 x_0 不是可微的.

3. 设 $\phi(x)$ 对 x 的所有实值都有定义. 试证明方程

$$F(x,y) = y^3 - y^2 + (1+x^2)y - \phi(x) = 0$$

对 x 的每一 x 的值都定义一个单值的 y.

e. 多于两个自变量的隐函数定理

隐函数定理可以扩充到多个自变量的函数如下:

设 $F(x,y,\cdots,z,u)$ 是自变量 $x,y,\cdots,z,u$ 的连续函数, 并有连续的偏微商 $F_x,F_y,\cdots,F_z,F_u$. 设 $(x_0,y_0,\cdots,z_0,u_0)$ 为 F 的定义域的内点, 在这儿,

$$F(x_0,y_0,\cdots,z_0,u_0)=0, \quad 及 \quad F_u(x_0,y_0,\cdots,z_0,u_0)\neq 0.$$

理由是, 我们可以对 u_0 划出一个区间 $u_0-\beta\leqslant u\leqslant u+\beta$ 和一个包含在其内部的点 $(x_0,y_0,\cdots,z_0)$ 的矩形区域 R, 使得对 R 内每一个点 $(x,y,\cdots,z)$, 方程 $F(x,y,\cdots,z,u)=0$ 被位于区间 $u_0-\beta\leqslant u<u_0+\beta$ 内的 u 的一个单一值所满足.[1] 对 u 的这个值, 我们用 $u=f(x,y,\cdots,z)$ 表示, 方程

$$F(x,y,\cdots,z,f(x,y,\cdots,z))=0$$

就成为在 R 内的恒等式; 此外

$$\begin{aligned}&u_0=f(x_0,y_0,\cdots,z_0),\\&u_0-\beta<f(x,y,\cdots,z)<u_0+\beta;\\&F_u(x,y,\cdots,z,f(x,y,\cdots,z))\neq 0.\end{aligned}$$

函数 f 是自变量 $x,y,\cdots,z$ 的连续函数, 并且具有连续的偏微商由下列方程给出

$$F_x+F_uf_x=0,F_y+F_u\cdot f_y=0,\cdots,F_z+F_uf_z=0 \tag{9a}$$

证明完全与上节对于方程 $F(x,u)=0$ 的解所给出的证明遵循同一思路而没有新的困难.

有启发性的是, 把微分公式 (9a) 结合成一个单一的方程

$$F_xdx+F_ydy+\cdots+F_zdz+F_udu=0. \tag{9b}$$

用话来说, 如果自变量 $x,y,\cdots,z,u$ 不是彼此独立而由条件 $F(x,y,\cdots,z,u)=0$ 所约束, 那么这些自变量的改变量的线性部分同样不是独立的, 而由线性方程

$$dF=F_xdx+F_ydy+\cdots+F_zdz+F_udu=0$$

连接在一起.

如果我们在 (9b) 内把 du 用表达式 $u_xdx+u_ydy+\cdots+u_zdz$ 代替, 再让每个自变量的微分 $dx,dy,\cdots,dz$ 的系数等于 0, 我们就得到微分公式 (9a).

---

1) 值 β 与矩形域 R 并非唯一确定的. 如果我们取 β 为任何一个充分小的正数并且取 R (依赖于 β) 也充分小, 定理的论断仍然是正确的.

顺便说一下, 隐函数的概念使我们能够给出代数函数的一般定义. 我们称 $u = f(x, y, \cdots, z)$ 是自变量 $x, y, \cdots, z$ 的代数函数, 如果 u 可以由方程 $F(x, y, \cdots, z, u) = 0$ 来隐式表示, 其中 F 是变量 $x, y, \cdots, z, u$ 的一个多项式; 简单地说, 就是 u 满足一个代数方程. 一个不满足任何代数方程的函数称为超越的.

作为一个例子, 我们把微分公式运用于球面的方程

$$F(x, y, u) = x^2 + y^2 + u^2 - 1 = 0.$$

求偏微商, 我们得到

$$u_x = -\frac{x}{u}, \quad u_y = -\frac{y}{u};$$

再进一步微分得到

$$\begin{aligned} u_{xx} &= -\frac{1}{u} + \frac{x}{u^2}u_x = -\frac{x^2 + u^2}{u^3}, \\ u_{xy} &= \frac{x}{u^2}u_y = -\frac{xy}{u^3}, \\ u_{yy} &= -\frac{1}{u} + \frac{y}{u^2}u_y = -\frac{y^2 + u^2}{u^3}. \end{aligned}$$

练 习 3.1e

1. 求证方程 $x + y + z = \sin xyz$ 可以在原点 $(0, 0, 0)$ 附近对 z 解出. 求出解的偏微商.

2. 对下列每一方程, 在所指出点附近考察是否都能唯一地对 z 解出而成为其余变量的函数:

(a) $\sin x + \cos y + \tan z = 0 \left(x = 0, y = \dfrac{\pi}{2}, z = \pi\right)$;

(b) $x^2 + 2y^2 + 3z^2 - \omega = 0$ $(x = 1, y = 2, z = -1, \omega = 8)$;

(c) $1 + x + y = \cosh(x + z) + \sinh(y + z)$ $(x = y = z = 0)$.

3. 求证 $x + y + z + xyz^3 = 0$ 在原点 $(0, 0, 0)$ 附近隐式地定义 z 为 x, y 的一个函数. 把 z 展开成为 x, y 的幂, 直到四阶为止.

3.2 用隐函数形式表出的曲线与曲面

a. 用隐函数形式表出的平面曲线

用形式为 $y = f(x)$ 的方程来描绘平面曲线时, 坐标间有主从区别, 并不对称. 曲线的切线与法线分别由方程

$$(\eta - y) - (\xi - x)f'(x) = 0 \tag{10a}$$

与

$$(\eta - y)f'(x) + (\xi - x) = 0 \tag{10b}$$

给出 (见第一卷第 300 页). 这里 ξ, η 是法线或切线上一任意点的 '流动坐标', 而 x, y 是曲线上的点的坐标. 曲线的曲率为

$$\kappa = \frac{f''}{(1 + f'^2)^{3/2}} \tag{10c}$$

(见第一卷第 28 页). 而对拐点则要求条件

$$f''(x) = 0 \tag{10d}$$

成立. 我们现在将导出关于用 $F(x, y) = 0$ 形式的方程隐式地表示的曲线的一系列相应的对称公式. 我们假定在所考虑的点处, F_x, F_y 不都是 0, 即

$$F_x^2 + F_y^2 \neq 0. \tag{11}$$

譬如假定 $F_y \neq 0$, 我们就可以在 (10a, b) 中对 $f'(x)$ 用 (4) (第 179 页) 的值来代替, 从而马上得到切线方程的另一个形式

$$(\xi - x)F_x + (\eta - y)F_y = 0 \tag{12a}$$

与法线方程的相应形式

$$(\xi - x)F_y - (\eta - y)F_x = 0. \tag{12b}$$

对 $F_y = 0$, 而 $F_x \neq 0$, 我们则通过隐式方程 $F(x, y) = 0$ 的另一种形式 $x = g(y)$ 得到相同的方程.

曲线在点 (x, y) 处的法线方向余弦, 即 (ξ, η) 平面上垂直于以 (12a) 为其方程的直线的方向余弦由

$$\cos\alpha = \frac{F_x}{\sqrt{F_x^2 + F_y^2}}, \quad \sin\alpha = \frac{F_y}{\sqrt{F_x^2 + F_y^2}} \tag{12c}$$

给出 (见第 115 页 (20)). 类似地, 曲线的切线的方向余弦——即直线 (12b) 的法线——是

$$\cos\beta = \frac{-F_y}{\sqrt{F_x^2 + F_y^2}}, \quad \sin\beta = \frac{F_x}{\sqrt{F_x^2 + F_y^2}}. \tag{12d}$$

曲线在一给定点的法线实际上有两个方向, 一个是由 (12c) 给出的方向余弦方向, 另一个与之相反. 由 (12c) 给出的法线与以 F_x, F_y 作为分量的向量, 即 F 的

梯度 (见第 176 页) 都是同向的. 由于梯度向量的方向就是 F 增加最快的那个方向, 所以在曲线 $F(x,y)=0$ 的一点处的梯度总是指向区域 $F>0$ 的内部的. 对于公式 (12c) 所确定的法线方向也有同样的结论.

第 191 页公式 (5) 给出了由隐函数形式 $F(x,y)=0$ 给出的函数 $y=f(x)$ 的二阶微商 $y''=f''(x)$ 的表示式. 对于隐式 $F(x,y)=0$ 给出的曲线, 拐点出现的必要条件 $f''=0$ 可以写成

$$F_y^2F_{xx}-2F_xF_yF_{xy}+F_x^2F_{yy}=0. \tag{13}$$

在这一公式中, 两个变量 x,y 没有哪个是为主的. 现在它完全是对称的, 所以不再需要 $F_y\neq 0$ 的假定. 当然, 这个对称特征反映了拐点这个概念有完全与任何坐标系无关的几何意义.

若在曲线的曲率公式 (10c) 中用 $f''(x)$ 的公式 (5) 代入, 那么我们又得到一个 x 与 y 对称的表达式[1)]

$$\kappa=\frac{F_y^2F_{xx}-2F_xF_yF_{xy}+F_x^2F_{yy}}{\left(\sqrt{F_x^2+F_y^2}\right)^3}. \tag{14a}$$

引进曲率半径

$$\rho=\frac{1}{\kappa}, \tag{14b}$$

我们就得到曲率中心——即与 (x,y) 距离为 ρ 的内法线上的点 (见第一卷第 313 页) (ξ,η) 的坐标:

$$\xi=x-\frac{\rho F_x}{\sqrt{F_x^2+F_y^2}},\quad \eta=y-\frac{\rho F_y}{\sqrt{F_x^2+F_y^2}}. \tag{14c}$$

如果代替曲线 $F(x,y)=0$, 我们考虑曲线 $F(x,y)=c$, 其中 c 为常数, 则所有上面的讨论都一样成立. 我们只需用 $F(x,y)-c$ 代替函数 $F(x,y)$, 而这两者有着相同的导函数. 所以对这些曲线来说, 切线、法线以及还有一些其他对象的方程在形式上同上面完全一样.

我们让 c 取遍一个区间内的所有值, 便得到由 $F(x,y)-c=0$ 表示的曲线族, 它构成函数 $F(x,y)$ 的等高线族 (见第 12 页). 更一般地说来, 我们由形式为

$$F(x,y,c)=0$$

的方程得到一个单参量的曲线族. 当 c 取一给定值时, 就得到一条等高线 Γ_c 的隐

---

1) 曲率的符号见第一卷第 311 页. 由 (14a) 定义的曲率是正的, 如果沿曲线的 '外侧' F 在增加, 也就是说, 在接触点附近曲线的切线是位于 $F\geqslant 0$ 区域的.

式表示. 对于位于 Γ_c 上的——即满足方程

$$F(x, y, c) = 0$$

的一点(x, y),以上推导出的公式都完全适用.特别要提到的是,梯度向量$(F_x(x, y, c), F_x(x, y, c))$ 在点 (x, y) 处与 Γ_c 垂直.

作为一个例子, 我们来考虑椭圆

$$F(x, y) = \frac{x^2}{a^2} + \frac{y^2}{b^2} = 1. \tag{15a}$$

由 (12a), 在点 (x, y) 的切线方程是

$$(\xi - x)\frac{x}{a^2} + (\eta - y)\frac{y}{b^2} = 0.$$

因此, 结合 (15a), 这可简化为

$$\frac{\xi x}{a^2} + \frac{\eta y}{b^2} = 1.$$

由 (14a) 得到曲率

$$\kappa = \frac{a^4 b^4}{(a^4 y^2 + b^4 x^2)^{3/2}}. \tag{15b}$$

如果 $a > b$, 这在顶点 $y = 0, x = \pm a$ 处有最大值 a/b^2, 而在另一对顶点 $x = 0, y = \pm b$ 处则出现最小值 b/a^2.

如果两条曲线 $F(x, y) = 0$ 与 $G(x, y) = 0$ 在点 (x, y) 相交, 曲线的交角是用交点处的两条切线 (或法线) 的交角 ω 来定义的. 如果回忆到法线方向可由梯度给出, 并对这两个向量的夹角引用第 110 页公式 (7), 我们就得到公式

$$\cos\omega = \frac{F_x G_x + F_y G_y}{\sqrt{F_x^2 + F_y^2}\sqrt{G_x^2 + G_y^2}}. \tag{16}$$

这里 $\cos\omega$ 可按 F, G 增加的方向取定两条曲线的法线的交角 ω 来唯一地确定.

在 (16) 中令 $\omega = \frac{\pi}{2}$, 即在 (x, y) 点处曲线以直角相交, 就得到正交性的条件:

$$F_x \cdot G_x + F_y \cdot G_y = 0. \tag{16a}$$

如果曲线密接, 即在交点处有一公共的切线与法线, 那么梯度向量 (F_x, F_y) 与 (G_x, G_y) 必相平行, 这就导致平行条件

$$F_x G_y - F_y G_x = 0. \tag{16b}$$

作为一个例子, 我们考虑所有以原点作为焦点的抛物线族 ('共焦点" 抛物线)

$$F(x,y,c)=y^2-2c\left(x+\frac{c}{2}\right)=0 \tag{17a}$$

(见第 210 页图 3.9). 如果 $c_1>0$ 与 $c_2<0$ 则两支抛物线

$$F(x,y,c_1)=y^2-2c_1\left(x+\frac{c_1}{2}\right)=0$$

与

$$F(x,y,c_2)=y^2-2c_2\left(x+\frac{c_2}{2}\right)=0$$

正交于两个点. 因为在两个交点处有

$$x=-\frac{1}{2}(c_1+c_2),\quad y^2=-c_1c_2,$$

所以

$$F_x(x,y,c_1)F_x(x,y,c_2)+F_y(x,y,c_1)\cdot F_y(x,y,c_2)=4(c_1c_2+y^2)=0.$$

由 (14a), 抛物线 (17a) 的曲率是

$$\kappa=\frac{c^2}{(c^2+y^2)^{3/2}}.$$

在顶点

$$(x,y)=\left(-\frac{c}{2},0\right)$$

处就简化为

$$\kappa=\frac{1}{|c|}.$$

在顶点处曲率中心或密切圆的中心, 由 (14c) 而有坐标

$$\xi=-\frac{c}{2}+|c|\operatorname{sgn}c=\frac{c}{2},\quad \eta=0.$$

因此焦点 $(0,0)$ 就是顶点与曲率中心的中点.

练 习 3.2a

1. 求下列隐式给出的曲线的切线与法线方程:

(a) $x^2+2y^2-xy=0$;

(b) $e^x\sin y+e^y\cos x=1$;

(c) $\cosh(x+1) - \sin y = 0$;

(d) $x^2 + y^2 = y + \sin x$;

(e) $x^3 + y^4 = \cosh y$;

(f) $x^y + y^x = 1$.

2. 计算曲线

$$\sin x + \sin y = 1$$

在原点处的曲率.

3. 求极坐标方程 $f(r, \theta) = \theta$ 所给出的曲线的曲率.

4. 证明曲线

$$(x + y - a)^3 + 27axy = 0$$

与直线 $x + y = a$ 的交点是曲线的拐点.

5. 确定常数 a 与 b 使得圆锥曲线

$$4x^2 + 4xy + y^2 - 10x - 10y + 11 = 0,$$

$$(y + bx - 1 - b)^2 - a(by - x + 1 - b) = 0$$

在点 $(1, 1)$ 处互相正交并且在该点有相同的曲率.

6. 设 K' 和 K'' 是两个圆, 有两个交点 A 与 B, 如果另一圆 K 与 K' 和 K'' 均正交, 那么它也必与每一个经过交点 A 与 B 的圆相正交.

b. 曲线的奇点

在前一节的许多公式中, 都在分母中出现表达式 $F_x^2 + F_y^2$. 于是, 我们可以推测在 $F_x^2 + F_y^2 = 0$ 的那些点处可能会出现某种奇异现象. 在曲线 $F(x, y) = 0$ 的这样一个点处 $F_x = 0$ 与 $F_y = 0$, 因而作为切线的斜率的表达式 $y' = -\dfrac{F_x}{F_y}$ 失掉了意义.

如果在一个点 P 的邻域内, 一个变量 x 或是 y 可以表成另一个变量的连续可微函数, 则称该点 P 为曲线的一个*正规点*. 在这种情况下, 曲线在点 P 有切线并在点 P 的附近与切线相差很小. 曲线上正规点之外的点都称为*奇点*.

从隐函数定理我们知道, 若 $F(x, y)$ 有连续的一阶偏微商, 则在曲线上每一个适合条件 $F_x^2 + F_y^2 \neq 0$ 的点都是正规点; 因为在 P 点处若 $F_y \neq 0$, 我们可以由方程 $F(x, y) = 0$ 解出一个连续可微的解 $y = f(x)$, 而若 $F_x \neq 0$ 则可以按 x 解出方程.

有各种类型的奇点. 其中重要的有所谓重点, 即有两个或更多的曲线分支通过

的点. 例如双纽线 (第一卷第 84 页)

$$(x^2+y^2)^2-2a^2(x^2-y^2)=0$$

即以原点为一个重点. 很清楚, 在重点的邻域内不能把曲线的方程唯一地表成 $y=f(x)$ 或 $x=g(y)$ 的形式.

作为非重点的奇点的一个例子, 可举出半立方曲线

$$F(x,y)=y^3-x^2=0$$

(见图 3.5). 这在原点处有 $F_x=F_y=0$. 解出 y, 则可以把曲线方程表成

$$y=f(x)=\sqrt[3]{x^2},$$

其中 f 是连续的, 但在原点不可微. 该曲线在原点有一个尖点.

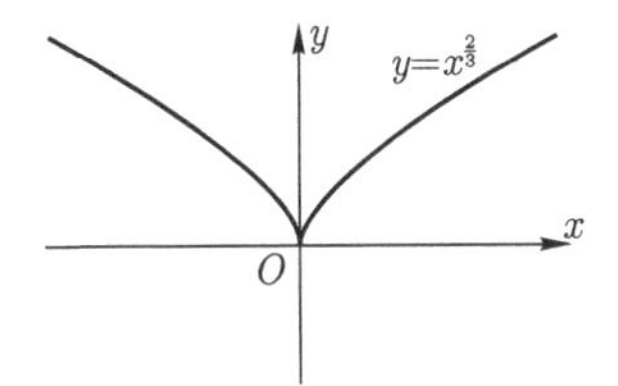

图 3.5 曲线 $y^3-x^2=0$

有时 F_x 和 F_y 在一点处皆为 0, 曲线在该点仍可能是正规的. 这可以

$$F(x,y)=y^3-x^4=0$$

为例, 这在原点处有 $F_x=F_y=0$. 对 y 求解即得

$$y=f(x)=\sqrt[3]{x^4},$$

其中 $f(x)$ 对所有 x 都是连续可微的; 因此原点确实是一个正规点. 由于 F 是 x 的偶函数, 曲线对于 y 轴对称, 曲线是凹的, 并与 x 轴在原点相密接, 就好像抛物线 $y=x^2$ 那样. 但是原点也是曲线的某种特殊点, 因为 f'' 在这里变成无穷大, 即曲线在此取无穷大曲率.

由代表直线 $y=x$ 的这个方程

$$F(x,y)=(y-x)^2=0$$

这一简单例子可以看到, 曲线 $F(x,y)=0$ 就是在 $F_x^2+F_y^2=0$ 的点处也无任何奇异的性态.

我们将在附录 A.3 中更系统地研究曲线的奇点.

练 习 3.2b

1. 对下列曲线在原点处讨论其奇异性:

(a) $F(x,y)=ax^3+by^3-cxy=0$;

(b) $F(x,y)=(y^2-2x^2)^2-x^5=0$;

(c) $F(x,y)=(1+e^{1/x})y-x=0$;

(d) $F(x,y)=y^2(2a-x)-x^3=0$;

(e) $F(x,y)=(y-2x)^2-x^5=0$.

2. 曲线 $x^3+y^3-3axy=0$ 在原点有一双重点, 问其切线是什么?

3. 画出曲线 $(y-x^2)^2-x^5=0$ 的图形并证明它在原点处有一尖点. 与曲线 $y^3-x^2=0$ 的尖点比较, 这个尖点有何特殊之处?

4. 试证明曲线族

$$(x\cos\alpha-y\sin\alpha-b)^3=c(x\sin\alpha+y\cos\alpha)^2$$

(其中 α 是参数, b,c 是常数) 的每一条都有一个尖点, 并且全部尖点都位于同一圆周上.

5. 设 (x,y) 是曲线 $F(x,y)=0$ 的一个双重点. 假定在 (x,y) 处并非所有二级微商全为 0, 试计算出 (x,y) 处的两条切线的交角 ϕ. 求出

(a) 双纽线;

(b) 笛卡儿叶形线 (见第 192 页)

的双重点处的两切线的交角.

6. 试求出曲线

$$y(ax+by)=cx^3+ex^2y+fxy^2+gy^3$$

在原点处两个分支的每一个的曲率.

c. 曲面的隐函数表示法

直到现在, 我们常用函数 $z=f(x,y)$ 形式来表示 x,y,z 空间的曲面. 对于空间中某一给定的曲面的这种显式表示中所给予 z 的这种特殊地位, 人们常感到不方便. 比较自然也比较一般的是用 $F(x,y,z)=0$ 或 $F(x,y,z)=c$ 这种隐式来表示空间中的曲面. 例如以原点为中心的球面, 用对称形式方程

$$x^2+y^2+z^2-r^2=0$$

来表示比用方程

$$z=\pm\sqrt{r^2-x^2-y^2}$$

更好. 曲面的显式表示也可看作一种特殊的隐式表示, 即

$$F(x,y,z)=z-f(x,y)=0.$$

为要导出曲面 $F(x,y,z)=0$ 在点 P 处的切平面方程, 我们作一个假定, 即在该点处

$$F_x^2+F_y^2+F_z^2\neq 0, \tag{18}$$

也就是至少有一个偏微商不是 0[1]. 比如说, $F_z\neq 0$, 我们就可以找到曲面在 P 点附近的显式方程 $z=f(x,y)$. 在 P 点处的切平面的方程便是

$$\zeta-z=(\xi-x)f_x+(\eta-y)f_y, \tag{19a}$$

以 (ξ,η,ζ) 为流动坐标 (见第 41 页).

按第 196 页公式 (9a), 用 $f_x=-F_x/F_z, f_y=-F_y/F_z$ 来代替 f 的偏微商, 我们得到切平面方程, 形为

$$(\xi-x)F_x+(\eta-y)F_y+(\zeta-z)F_z=0. \tag{19b}$$

切平面 (19b) 的法线与梯度向量 (F_x,F_y,F_z) 有相同的方向 (见第 176 页). 因此, 法线的方向余弦的表达式为

$$\cos\alpha=\frac{F_x}{\sqrt{F_x^2+F_y^2+F_z^2}},$$
$$\cos\beta=\frac{F_y}{\sqrt{F_x^2+F_y^2+F_z^2}},$$
$$\cos\gamma=\frac{F_z}{\sqrt{F_x^2+F_y^2+F_z^2}}.$$

更确切地说, 我们在这里取定了指向 F 增加的那个方向作为平面的法线方向 (见第 177 页).

如果两曲面 $F(x,y,z)=0$ 与 $G(x,y,z)=0$ 在一点相交, 曲面的交角 ω 是由切平面的交角或是法线的交角来定义的. 即

$$\cos\omega=\frac{F_xG_x+F_yG_y+F_zG_z}{\sqrt{F_x^2+F_y^2+F_z^2}\cdot\sqrt{G_x^2+G_y^2+G_z^2}}. \tag{20a}$$

取其特例 $\left(\omega=\dfrac{\pi}{2}\right)$, 便得到正交条件

$$F_xG_x+F_yG_y+F_zG_z=0. \tag{20b}$$

1) 同曲线一样, 梯度 F 的消失为 0 常相应于曲面的奇异性质, 但我们不准备讨论这种奇点的性质.

代替一个由 $F(x,y,z)=0$ 方程给出的曲面, 我们可考虑由

$$F(x,y,z)=c$$

(此处 c 是一常数) 给出的更为广泛的曲面族. 常数 c 的不同值给出函数 F 的不同的等值面 (见 178 页). 在任何一点 (x,y,z) 处梯度向量 (F_x,F_y,F_z) 都是垂直于经过那点的等值面的. 同样地, 方程 (19b) 给出等值面的切平面.

作为一个例子, 我们考虑球面

$$x^2+y^2+z^2=r^2.$$

由 (19b), 在点 (x,y,z) 处的切平面方程是

$$(\xi-x)2x+(\eta-y)2y+(\zeta-z)2z=0,$$

也就是

$$\xi x+\eta y+\zeta z=r^2.$$

法线的方向余弦是与 (x,y,z) 成比例的, 也就是说, 法线与由原点到点 (x,y,z) 的矢径是重合的.

对于以坐标轴为主轴的更一般的椭球面

$$\frac{x^2}{a^2}+\frac{y^2}{b^2}+\frac{z^2}{c^2}=1,$$

切平面的方程是

$$\frac{\xi x}{a^2}+\frac{\eta y}{b^2}+\frac{\zeta z}{c^2}=1.$$

练 习 3.2c

1. 找出下列曲面在指定点的切平面:

(a) 曲面

$$x^3+2xy^2-7z^3+3y+1=0$$

在点 $(1,1,1)$ 处;

(b) 曲面

$$(x^2+y^2)^2+x^2-y^2+7xy+3x+z^4-z=14$$

在点 $(1,1,1)$ 处;

(c) 曲面

$$\sin^2 x + \cos(y+z) = \frac{3}{4}$$

在点 $\left(\frac{\pi}{6}, \frac{\pi}{3}, 0\right)$ 处;

(d) 曲面

$$1 + x\cos \pi z + y \sin \pi z - z^2 = 0$$

在点 $(0,0,1)$ 处;

(e) 曲面

$$\cos x + \cos y + 2\sin z = 0$$

在点 $\left(0,0,-\frac{\pi}{2}\right)$ 处;

(f) 曲面

$$x^2 + y^2 = z^2 + \sin z$$

在点 $(0,0,0)$ 处.

2. 证明曲面族

$$\frac{xy}{z} = u, \quad \sqrt{x^2+z^2} + \sqrt{y^2+z^2} = v,$$
$$\sqrt{x^2+z^2} - \sqrt{y^2+z^2} = w$$

过同一点的三个曲面是互相正交的.

3. 设点 A 与 B 都是以同一速度做匀速运动, A 自原点沿 z 轴运动, B 从点 $(a,0,0)$ 沿平行于 y 轴的方向运动. 求由连线 AB 所生成的曲面.

4. 试证明曲面 $x^2+y^2-z^2=1$ 在任何一点的切平面都与曲面交于两条直线.

5. 如果 $F(x,y,z)=1$ 是曲面方程, F 为 n 次齐次函数, 那么点 (x,y,z) 的切平面由以下方程给出

$$\xi F_x + \eta F_y + \zeta F_z = h.$$

6. 设 z 被方程

$$x^3 + y^3 + z^3 - 3xyz = 0$$

定义为 x, y 的函数, 试把 z_x, z_y 表为 x, y, z 的函数.

7. 求下列各对曲面在指定点的交角:

(a) $2x^4+3y^3-4z^2=-4, 1+x^2+y^2=z^2$, 在点 $(0,0,1)$ 处;

(b) $x^y+y^2=2, \cosh(x+y-2)+\sinh(x+z-1)$, 在点 $(1,1,0)$ 处;

(c) $x^2+y^2=e^z, x^2+z^2=e^y$, 在点 $(1,0,0)$ 处;

(d) $1+\sinh(x/\sqrt{z})=\cosh(y/\sqrt{z}), x^2+y^2=z^2-1$, 在 $(0,0,1)$ 点;

(e) $\cos\pi(x^2+y)+\sin(\pi(x^2+z))=1, x^3+y^3=z^3$, 在点 $(0,0,0)$ 处.

3.3 函数组、变换与映射

a. 一般说明

由隐函数已得到的结果使得我们能够考虑函数组, 即同时一起讨论几个函数. 这一节我们仅仅考虑特别重要的一种情形, 即函数的个数与自变量的个数恰好相等. 我们从研究两个自变量的这种函数组的意义开始. 假定两个函数

$$\xi=\phi(x,y) \quad 与 \quad \eta=\psi(x,y) \tag{21a}$$

都是在 xy 平面上的一个集合 R (函数的定义域) 上连续可微, 我们可以按两种途径来解释这个函数组. 第一种 (活动的) 的解释是作为*映射或变换*; 第二种解释是看作坐标的变换, 将在第 211 页进行讨论. 对于 xy 平面上以 (x,y) 为坐标的任意一点 P 在 $\xi\eta$ 平面上总是对应于一个以 (ξ,η) 为坐标的像点 Π.

一个简单的例子是所谓*仿射*映射或变换

$$\xi=ax+by, \quad \eta=cx+dy,$$

这里 a,b,c,d 都是常数 (见第 126 页).

通常把 (x,y) 与 (ξ,η) 解释为同一个平面上的点. 这时我们称之为 *xy 平面到自身的映射或变换*.

与映射相联系的一个基本问题是映射的逆问题, 即按方程组 $\xi=\phi(x,y)$ 与 $\eta=\psi(x,y)$ 如何把 x,y 表示为 ξ,η 的函数以及如何决定这些反函数的性质.

如果当 (x,y) 跑遍映射的定义域 R 时, 其像点跑遍 $\xi\eta$ 平面的一个集合 B, 我们就称 B 为 R 的*像集*或映射的*值域*. 如果 R 上的两个不同点总对应于 B 上*两个不同的点*, 则 B 上的每一个点 (ξ,η) 仅有 R 上一个唯一的点 (x,y) 把它作为像点. 点 (x,y) 叫做点 (ξ,η) 的*逆像*, 与像点相对立. 这就是说, 我们可以把映射唯一地反转过来, 由在 B 上定义的函数组

$$x=g(\xi,\eta), \quad y=h(\xi,\eta) \tag{21b}$$

来确定 x,y 作为 ξ,η 的函数. 这时我们说映射 (21a) 有*唯一的逆*或说它是一个 1-1 映射. 我们称变换 (21b) 为原来的*逆映射*或是*逆变换*.

如果在这个映射中, 点 $P(x,y)$ 描绘一条 R 内的曲线, 则像点 (ξ,η) 通常将相应地描绘出一条集合 B 内的曲线, 称为前一曲线的*像曲线*. 例如, 平行于 y 轴的

直线 $x=c$ 在 $\xi\eta$ 平面上相应于下列以 y 作参量的这个参量方程组

$$\xi=\phi(c,y),\quad \eta=\psi(c,y) \tag{22a}$$

所表示的曲线. 再则直线 $y=k$ 对应于曲线

$$\xi=\phi(x,k),\quad \eta=\psi(x,k) \tag{22b}$$

如果对于 c 和 k 我们取定两串等距离的值 $c_1,c_2,c_3,\cdots$ 与 $k_1,k_2,k_3,\cdots$, 则由直线 $x=$ 常数与 $y=$ 常数组组成的矩形 "坐标网" (如同通常坐标纸上的直线网) 就对应于 $\xi\eta$ 平面上相应的曲线所组成的曲线坐标网 (图 3.6 和图 3.7). 这两族曲线都可写成隐函数形式. 如果我们用方程 (21b) 表示逆变换; 那么曲线方程就分别是

$$g(\xi,\eta)=c \quad 与 \quad h(\xi,\eta)=k. \tag{22c}$$

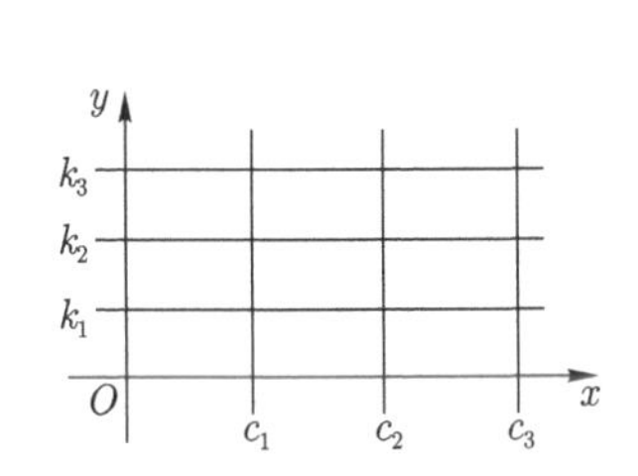

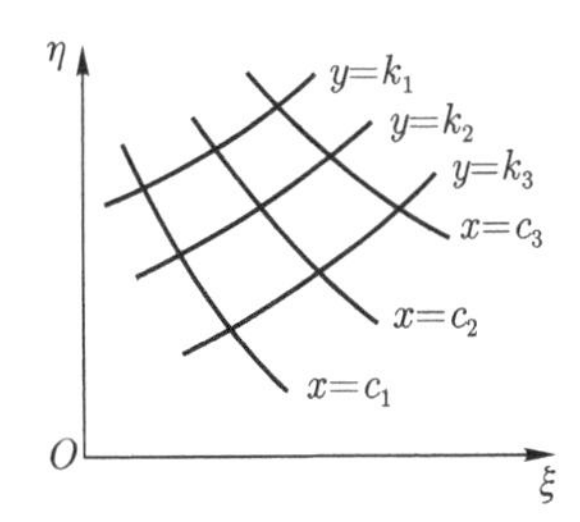

图 3.6 和图 3.7 在 xy 平面与 $\xi\eta$ 平面上 $x=$ 常数与 $y=$ 常数的曲线网

在很多情况下, 曲线网给映射 (21a) 提供一个很有用的几何图像, 比把该方程组解释为在 (x,y,ξ,η) 四维空间中的一个二维曲面要清晰得多.

同样地 $\xi\eta$ 平面上的两族直线 $\xi=r$ 与 $\eta=k$ 相应于 xy 平面上的两族曲线

$$\phi(x,y)=r \quad 与 \quad \psi(x,y)=k.$$

作为一个例子, 我们考虑反演 (又称逆半径映射或关于单位圆的反射). 这个变换由下列方程组给出

$$\xi=\frac{x}{x^2+y^2},\quad \eta=\frac{y}{x^2+y^2}. \tag{23a}$$

这里每一点 $P=(x,y)$ 都对应到一点 $\Pi=(\xi,\eta)$, 位于同一射线 OP 上, 并满足方程

$$\xi^2+\eta^2=\frac{1}{x^2+y^2} \quad 或 \quad OP=\frac{1}{O\Pi}; \tag{23b}$$

从而位移向量 $\overrightarrow{OP}$ 的长度是位移向量 $\overrightarrow{O\Pi}$ 的长度的倒数. 单位圆 $x^2+y^2=1$ 内

部的点被映到单位圆外部的点, 反之也一样. 从 (23b) 我们求得其逆变换为

$$x=\frac{\xi}{\xi^2+\eta^2},\quad y=\frac{\eta}{\xi^2+\eta^2},$$

这也是一个反演. 因而反演变换下每一点的像点的逆与其像点是重合的.

作为映射 (23a) 的定义域 R, 我们可取除去原点外的全部平面, 而值域 B 则取除去原点外的整个 $\xi\eta$ 平面. 在 $\xi\eta$ 平面上的直线 $\xi=\gamma$ 与 $\eta=\kappa$ 分别对应于 xy 平面上的圆

$$x^2+y^2-\frac{1}{\gamma}x=0 \quad 与 \quad x^2+y^2-\frac{y}{\kappa}=0.$$

同样, xy 平面上的直线坐标网对应于两个圆周族, 分别在原点切于 ξ 轴和 η 轴.

作为另一个例子, 我们考虑映射

$$\xi=x^2-y^2,\quad \eta=2xy.$$

直线 $\xi=$ 常数映射到 xy 平面为等轴双曲线 $x^2-y^2=$ 常数, 其渐近线为直线 $x=y$ 与 $x=-y$. 直线 $\eta=$ 常数也对应到一族等轴双曲线, 以坐标轴为其渐近线. 每一族双曲线都与另一族双曲线交于直角 (图 3.8). 在 xy 平面上与坐标轴平行的直线对应到 $\xi\eta$ 平面上的两族抛物线: 抛物线族 $\eta^2=4c^2(c^2-\xi)$ 对应到直线 $x=c$, 而抛物线族 $\eta^2=4\kappa^2(\kappa^2+\xi)$ 对应到直线 $y=\kappa$. 所有这些抛物线都以原点为焦点, 而以 ξ 轴为其轴; 它们形成一族共焦点与共轴的抛物线 (图 3.9).

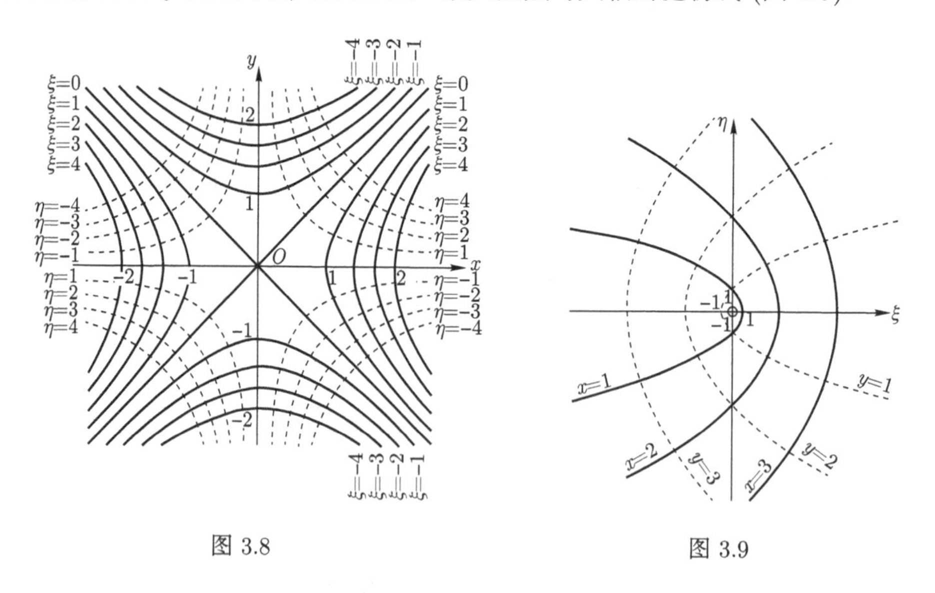

图 3.8　　　　图 3.9

一一变换有一个重要的解释并应用于譬如流体这样的连续介质的运动与变形的描述. 如果我们考虑这样的介质在给定时间分布在区域 R 上, 然后由一个运动

使它变形, 那原来分布在 R 上的介质将覆盖一个与 R 不同的区域 B. 在运动的开始介质的每一质点可以由 R 内的坐标 (x, y) 来区别, 而在运动的结束用 B 内的坐标 (ξ, η) 来区别. 把 (x, y) 变到 (ξ, η) 的变换的 1 对 1 的特性不过是不同的质点还变为不同的质点这个显然的物理事实的数学表示而已.

练 习 3.3a

1. 找出下列变换下直线 $x =$ 常数, $y =$ 常数的像曲线:

(a) $\xi = e^x \cos y, \quad \eta = e^x \sin y$;

(b) $\xi = (x - y)/2, \quad \eta = \sqrt{xy}$;

(c) $\xi = \sqrt{x/y}, \quad \eta = \cos(x + y)$;

(d) $\xi = x + y^2, \quad \eta = y + x^2 - 1$;

(e) $\xi = x^y, \quad \eta = y^x$;

(f) $\xi = \sinh x, \quad \eta = \cosh y$;

(g) $\xi = \sin(x + y), \quad \eta = \cos(x - y)$;

(h) $\xi = e^{\cos x}, \quad \eta = e^{\sin y}$.

2. 找出在变换 $\xi = e^x, \eta = e^y$ 下由曲线 $\sinh^2 x + \cosh^2 y = 1$ 所包围的区域的像域.

3. 找出在变换 $\xi = \sqrt{x + y}, \eta = \sqrt{y - x}$ 下矩形域 $1 \leqslant x \leqslant 3$, $4 \leqslant y \leqslant 16$ 的像域.

4. 变换 $\xi = x - xy, \eta = 2xy$ 是否是一一的?

b. 曲线坐标

与函数组 $\xi = \phi(x, y), \eta = \psi(x, y)$ 的第一种解释 (看作映射) 紧密相联系的第二种解释是看成平面上的坐标变换. 如果函数 ϕ, ψ 不是线性的, 则变换不再是仿射的, 而是一般的曲线坐标变换.

我们再度明确假定, 当 (x, y) 跑遍 xy 平面上的区域 R 时, 相应点 (ξ, η) 跑遍 $\xi\eta$ 平面上的区域 B, 并且对 B 的每一点, 都能在 R 中唯一地确定一个相应点 (x, y); 换句话说, 变换是一一的. 它的反变换我们仍写成 $x = g(\xi, \eta), y = h(\xi, \eta)$.

现在我们说区域 R 中一点 P 的坐标, 我们的意思是指任何一个数对, 它对于给定的一个坐标架能够唯一地确定点 P 在 R 中的位置. 直角坐标形成最简单的坐标系, 它扩展到整个平面. 另一个熟知的坐标系是 xy 平面上的极坐标系, 它由下列方程给出

$$\xi = \gamma = \sqrt{x^2 + y^2}, \quad \eta = \theta = \arctan \frac{y}{x} \quad (0 \leqslant \theta < 2\pi).$$

当我们如上给定了一个函数组 $\xi=\phi(x,y),\eta=\psi(x,y)$ 时, 一般我们能够对每个点 $P(x,y)$ 指出相应值 (ξ,η) 作为它的新坐标, 而对区域 B 上每一对值 (ξ,η) 唯一地确定数对 (x,y), 因而唯一地确定了点 P 在 R 上的位置. "坐标线" $\xi=$ 常数和 $\eta=$ 常数在 xy 平面上就代表两族曲线, 分别由 $\phi(x,y)=$ 常数与 $\psi(x,y)=$ 常数两方程隐式地表示. 这些坐标曲线盖满区域 R 而成为一组坐标网 (通常为曲线) 的. 由于这个缘故, 坐标 (ξ,η) 也称为 R 上的曲线坐标.

我们将再一次指出, 方程组的这两种解释是如何紧密地相联系着的. 由 xy 平面上平行于坐标轴的直线映射到 $\xi\eta$ 平面上来的相应曲线, 可以直接看作 $\xi\eta$ 平面上的曲线坐标系 $x=g(\xi,\eta),y=h(\xi,\eta)$ 下的坐标曲线; 反之, xy 平面上的曲线坐标系 $\xi=\phi(x,y),\eta=\psi(x,y)$ 的坐标曲线, 就是 $\xi\eta$ 平面上的与坐标轴平行的直线网在这映射中的像曲线. 即使在把 (ξ,η) 看作 xy 平面上的曲线坐标的解释中, 如果我们要使情况理解得清楚的话, 我们也必须考虑一个 $\xi\eta$ 平面与其上一个区域 B, 使得坐标为 (ξ,η) 的点可以在其中变化. 区别主要在于观察的角度[1]. 如果我们主要兴趣在于 xy 平面上的区域 R, 我们就把 (ξ,η) 看作用来确定区域 R 上的点的位置的一个新办法, 而 $\xi\eta$ 平面上区域 B 就仅是次要的了; 而如果我们对 xy 平面与 $\xi\eta$ 平面的两个区域 R 与 B 都同样有兴趣, 那么我们最好是把方程组看作刻画两个区域之间的一个对应, 也就是一个区域到另一个区域的一个映射. 不过, 往往最好是把两种解释——映射与坐标变换都同时记在心上.

作为一个例子, 我们引进极坐标 (r,θ), 并把 r 与 θ 看作 $r\theta$ 平面上的直角坐标, 而圆周族 $r=$ 常数与直线族 $\theta=$ 常数则映射到 $r\theta$ 平面上的与坐标轴平行的直线. 如果 xy 平面上区域 R 是圆 $x^2+y^2\leqslant 1$, 那么 $r\theta$ 平面上的点 (r,θ) 将跑遍整个矩形 $0\leqslant r\leqslant 1, 0\leqslant\theta\leqslant 2\pi$, 在这里 $\theta=0$ 和 $\theta=2\pi$ 这两条边上的点都对应到区域 R 的同一个点, 而整个边 $r=0$. 则是原点 $(x,y)=(0,0)$ 的像.

曲线坐标系的另一例子是*抛物线坐标系*. 我们从考虑 xy 平面上的共焦点的抛物线 (见第 210 页与图 3.9)

$$y^2=2c\left(x+\frac{c}{2}\right)$$

来得到它. 这族抛物线都以原点为焦点, 以 x 轴为轴. 通过平面上除原点外的每一点有抛物线族中的两条抛物线, 一条相应于正参数值 $c=\xi$, 而另一相应于负参数值 $c=\eta$. 我们用相应于点的这两个值 x,y 来解出方程

$$y^2=2c\left(x+\frac{c}{2}\right),$$

1) 然而有一个真正的区别在于, 这些方程永远定义了一个映射, 不算有多少个点 (x,y) 对应到一个点 (ξ,η); 而这些方程却仅当对应是一一对应的时候, 才定义一个坐标变换.

得到 c 的两个值:

$$\xi=-x+\sqrt{x^2+y^2},\quad \eta=-x-\sqrt{x^2+y^2}.$$

这两个值 ξ,η 可以看作是 xy 平面上的曲线坐标, 而共焦点抛物线就是它的坐标曲线. 这些都已在图 3.9 中表示出来, 只要我们想象着把符号 (x,y) 与 (ξ,η) 互相调换一下就成了.

在应用抛物线坐标 (ξ,η) 时, 我们必须记住一对值 (ξ,η) 对应着两个点 (x,y) 与 $(x,-y)$, 即相应的抛物线上的两个交点. 因此, 为要得到数对 (x,y) 到数对 (ξ,η) 间的一一对应, 我们就必须限制 (x,y) 于半个平面, 譬如 $y\geqslant 0$, 这样, 就在这个半平面上每个区域 R 都与 $\xi\eta$ 平面上的一个区域 B 一一对应, 而这个区域 B 上的每一个点的直角坐标 (ξ,η) 就与区域 R 内的相应点的抛物线坐标完全相同了.

练 习 3.3b

1. 证明, 对于 $x\neq 1$, $0<y<\pi/2$, 方程组

$$\xi=(\sin y)/(x-1),\quad \eta=x\tan y$$

定义了一个曲线坐标系.

2. 求圆周 $x^2+y^2=1$ 在曲线坐标系

$$\xi=x^3+1,\quad \eta=xy$$

下的方程.

3. 在 (x,y) 平面上的哪些点不能用

$$\xi=xy,\quad \eta=x^2+y^2$$

作为曲线坐标?

c. 推广到多于两个变量的情形

对于三个或更多自变量, 情况完全同上面类似. 例如一组定义在 (x,y,z) 空间的一个区域 R 内的三个连续可微的函数

$$\xi=\phi(x,y,z),\quad \eta=\psi(x,y,z),\quad \zeta=\chi(x,y,z)$$

可以看作区域 R 到 (ξ,η,ζ) 空间的一个区域 B 的一个映射. 如果这个由 R 到 B 的映射是 1 对 1 的, 因而对于 B 的每一个像点 (ξ,η,ζ) 而言 R 内的相应点 (即原

点或逆像) 的坐标 (x, y, z) 都可以由函数组

$$x = g(\xi, \eta, \zeta), \quad y = h(\xi, \eta, \zeta), \quad z = l(\xi, \eta, \zeta)$$

唯一地计算出来, 那么 (ξ, η, ζ) 就可以看作区域 R 内的点 P 的一种广义坐标. 曲面 $\xi =$ 常数, $\eta =$ 常数, $\zeta =$ 常数, 或者改用另一种写法,

$$\phi(x, y, z) = \text{常数}, \quad \psi(x, y, z) = \text{常数}, \quad \chi(x, y, z) = \text{常数},$$

于是形成由覆盖区域 R 的三族曲面组成的曲面组, 可以称之为*曲线坐标面*.

完全同两个变量的情形一样, 我们可以把三维空间中的*一一变换*理解为连续分布在空间的某整个区域上的介质的变形.

一个非常重要的坐标系是*球坐标*, 有时也称为*空间的极坐标*. 这种坐标系用这样三个数来描绘空间中的一点 P 的位置:

(1) 它与原点的距离

$$r = \sqrt{x^2 + y^2 + z^2};$$

(2) 地理经度 ϕ, 即 xz 平面与由 P 点和 z 轴所确定的平面之间的夹角;

(3) 极倾角或叫余纬 θ, 即向径 OP 与正 z 轴之间的夹角. 从图 3.10 可以看到, 三个球坐标 r, ϕ, θ 与直角坐标是由这样的变换方程联系着的

$$x = r \cos\phi \sin\theta,$$

$$y = r \sin\phi \sin\theta,$$

$$z = r \cos\theta;$$

由此可以推得其逆变换关系式为

$$r = \sqrt{x^2 + y^2 + z^2},$$

$$\phi = \arccos\frac{x}{\sqrt{x^2 + y^2}} = \arcsin\frac{y}{\sqrt{x^2 + y^2}},$$

$$\theta = \arccos\theta\frac{z}{\sqrt{x^2 + y^2 + z^2}} = \arcsin\frac{\sqrt{x^2 + y^2}}{\sqrt{x^2 + y^2 + z^2}}.$$

在平面的极坐标中原点是 1-1 变换失效的唯一的例外点, 因为唯有原点的幅角是不定的. 同样地在空间的球坐标下, 整个 z 轴上的点由于经度不定而都是例外; 至于原点本身, 则极倾角 θ 也是不定的.

三线极坐标的坐标面如下: (1) 对 r 的固定值, 是关于原点的同心球; (2) 对 ϕ 的固定值, 是过 z 轴的半平面族; (3) 对 θ 的固定值, 是以 z 轴为轴而以原点为顶点的一族圆锥面 (图 3.11).

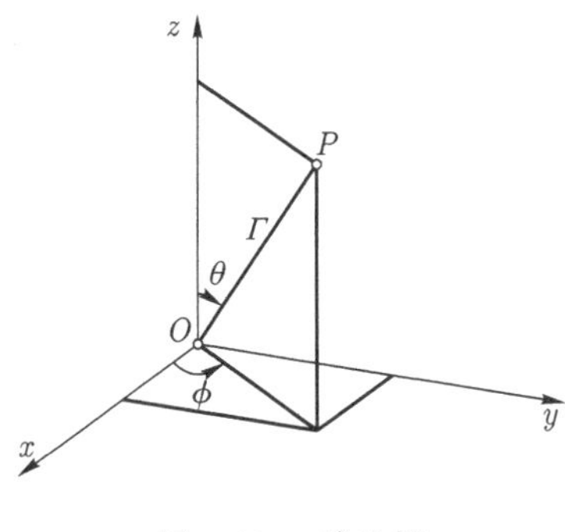

图 3.10 球坐标

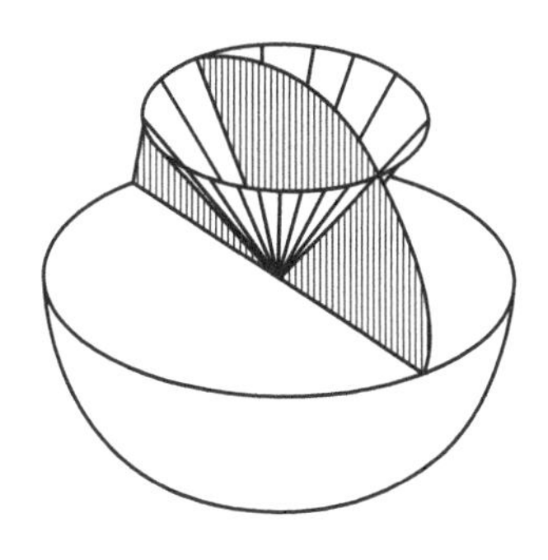
图 3.11 球坐标的坐标面

另一种常用的坐标系是柱坐标. 这是由直角坐标系在 xy 平面上改用极坐标系而保留 z 作为第三个坐标得到的. 从而由直角坐标到柱坐标的变换公式是

$$\begin{aligned} x &= \rho\cos\phi, \\ y &= \rho\sin\phi, \\ z &= z; \end{aligned}$$

而其逆变换公式则是

$$\begin{aligned} \rho &= \sqrt{x^2+y^2}, \\ \phi &= \arccos\frac{x}{\sqrt{x^2+y^2}} = \arcsin\frac{y}{\sqrt{x^2+y^2}}, \\ z &= z. \end{aligned}$$

坐标面 $\rho =$ 常数是一族正圆柱, 它们与 xy 平面相交于以原点为心的同心圆, 而坐标面 $\phi =$ 常数则是过 z 轴的半平面族; 而坐标面 $z =$ 常数则是与 xy 平面平行的平面族.

练 习 3.3c

1. 求曲线坐标变换

$$\xi = \frac{x}{x^2+y^2+z^2}, \quad \eta = \frac{y}{x^2+y^2+z^2}, \quad \zeta = \frac{z}{x^2+y^2+z^2}$$

的逆变换.

2. 求坐标变换

$$w = r\cos\phi,$$

$$x = r\sin\phi\cos\psi,$$

$$y = r\sin\phi\sin\psi\cos\theta,$$

$$z = r\sin\phi\sin\psi\sin\theta$$

的逆变换. 并问: $r=$ 常数, $\phi=$ 常数, $\psi=$ 常数, $\theta=$ 常数, 各代表什么样的集合?

d. 反函数的微商公式

许多很重要的情形中, 像以上的例子一样, 可以把函数组解成显式, 从而可知反函数是否连续与是否有连续微商. 但是, 如果事先我们知道反函数的存在性与可微性, 我们就可以用下述方式来计算反函数的微商, 而无需把方程实际按显式解出: 我们把反函数 $x=g(\xi,\eta) y=h(\xi,\eta)$ 代入方程 $\xi=\phi(x,y), \eta=\psi(x,y)$, 在右边就得到 ξ,η 的复合函数 $\phi(g(\xi,\eta),h(\xi,\eta))$ 与 $\psi(g(\xi,\eta),h(\xi,\eta))$, 而它们一定分别等于 ξ,η. 我们现在可以对下列每一个方程关于 ξ,η 分别求微商

$$\xi=\phi(g(\xi,\eta),h(\xi,\eta)),\quad \eta=\psi(g(\xi,\eta),h(\xi,\eta)), \tag{24a}$$

即把 ξ,η 看成自变量[1], 并用链式法则对复合函数求微商. 这样就得到方程组

$$\begin{aligned} 1&=\phi_x g_\xi+\phi_y h_\xi, \quad 0=\phi_x g_\eta+\phi_y h_\eta,\\ 0&=\psi_x g_\xi+\psi_y h_\xi, \quad 1=\psi_x g_\eta+\psi_y h_\eta. \end{aligned} \tag{24b}$$

解这些方程便得到反函数 $x=g(\xi,\eta), y=h(\xi,\eta)$ 关于 ξ,η 的偏微商, 它们表示成为原来函数 $\phi(x,y),\psi(x,y)$ 关于 x,y 的偏微商形式便是

$$g_\xi=\frac{\psi_y}{D},\quad g_\eta=\frac{-\phi_y}{D},\quad h_\xi=\frac{-\psi_x}{D},\quad h_\eta=\frac{\phi_x}{D}, \tag{24c}$$

或写成

$$x_\xi=\frac{\eta_y}{D},\quad x_\eta=\frac{-\xi_y}{D},\quad y_\xi=\frac{-\eta_x}{D},\quad y_\eta=\frac{\xi_x}{D}. \tag{24d}$$

这里 D 是下式的缩写

$$D=\xi_x\eta_y-\xi_y\eta_x=\begin{vmatrix} \dfrac{\partial\xi}{\partial x} & \dfrac{\partial\xi}{\partial y}\\ \dfrac{\partial\eta}{\partial x} & \dfrac{\partial\eta}{\partial y} \end{vmatrix}. \tag{24e}$$

表达式 D (我们假定它在所考虑的点不等于 0) 叫做函数 $\xi=\phi(x,y), \eta=\psi(x,y)$, 关于变量 x,y 的雅可比 (Jacobi) 行列式或函数行列式. 它在我们考虑变换时总是

1) 这些方程对所考虑的 ξ,η 的一切值都成立, 即它们是恒等地成立的, 不同于只对这些变量中的某些值才成立的方程组. 这种恒等方程或恒等式, 当对出现在方程中的任何变量进行微商时, 由定义可知仍然给出恒等式.

扮演着很重要的角色, 这一点在后面的讨论中将变得越来越明显.

以上 (以及偶尔还在别处) 我们使用了较简短的符号 $\xi(x,y)$ 代替那较为细致的符号 $\xi=\phi(x,y)$, 后者区分了量 ξ 及其函数表达式 $\phi(x,y)$. 以后, 如无混淆的情况, 我们将常用类似的简化记号.

对于把平面的极坐标表示成直角坐标的表示式

$$\xi=r=\sqrt{x^2+y^2} \quad 与 \quad \eta=\theta=\arctan\frac{y}{x}, \tag{25}$$

偏微商为

$$r_x=\frac{x}{\sqrt{x^2+y^2}}=\frac{x}{r}, \quad r_y=\frac{y}{\sqrt{x^2+y^2}}=\frac{y}{r},$$

$$\theta_x=\frac{-y}{x^2+y^2}=-\frac{y}{r^2}, \quad \theta_y=\frac{x}{x^2+y^2}=\frac{x}{r^2}.$$

因此, 雅可比行列式取值为

$$D=\frac{x}{r}\cdot\frac{x}{r^2}-\frac{y}{r}\left(-\frac{y}{r^2}\right)=\frac{1}{r},$$

而反函数的偏微商 (把直角坐标表示成极坐标) 则根据 (24d) 应是

$$x_r=\frac{x}{r}, \quad x_\theta=-y, \quad y_r=\frac{y}{r}, \quad y_\theta=x.$$

这当然可以更容易地从反函数公式 $x=r\cos\theta, y=r\sin\theta$ 直接求微商得出来.

由于雅可比行列式经常用到, 所以常给以一特殊符号[1)]

$$D=\frac{d(\xi,\eta)}{d(x,y)}.$$

这种缩写是否合适, 我们马上就会明白. 由反函数的微商公式 (24d) 我们可以得到函数 $x=x(\xi,\eta)$ 与 $y=y(\xi,\eta)$ 关于 ξ,η 的雅可比行列式, 它由下列式子给出

$$\begin{aligned}\frac{d(x,y)}{d(\xi,\eta)}&=x_\xi y_\eta-x_\eta y_\xi=\frac{\xi_x\eta_y-\xi_y\eta_x}{D^2}\\&=\frac{1}{D}=\left(\frac{d(\xi,\eta)}{d(x,y)}\right)^{-1}.\end{aligned} \tag{26}$$

这就是说, *反函数组的雅可比行列式是原函数组的雅可比行列式的倒数*[2)].

我们也可以把反函数组的二阶微商用原函数组的一阶、二阶微商表示出来.

---

1) 常常把雅可比行列式用偏微商符号写出

$$D=\frac{\partial(\xi,\eta)}{\partial(x,y)}.$$

2) 这与一元函数的反函数微商法则很相似 (见第一卷第 179 页).

我们只需对 ξ 与 η 用链式法则微分线性方程 (24b) (当然, 我们要假定所给函数具有二阶连续微商). 于是, 我们得到线性方程, 从而很容易计算出所需要的微商.

例如, 要计算二阶微商

$$\frac{\partial^2 x}{\partial \xi^2} = g_{\xi\xi} \quad 与 \quad \frac{\partial^2 y}{\partial \xi^2} = h_{\xi\xi},$$

我们再一次用链式法则对 ξ, η 微分这两个方程

$$1 = \xi_x x_\xi + \xi_y y_\xi,$$

$$0 = \eta_x x_\xi + \eta_y y_\xi,$$

便得到

$$0 = \xi_{xx} x_\xi^2 + 2\xi_{xy} x_\xi y_\xi + \xi_{yy} y_\xi^2 + \xi_x x_{\xi\xi} + \xi_y y_{\xi\xi}, \tag{27a}$$

$$0 = \eta_{xx} x_\xi^2 + 2\eta_{xy} x_\xi y_\xi + \eta_{yy} y_\xi^2 + \eta_x x_{\xi\xi} + \xi_y y_{\xi\xi}. \tag{27b}$$

如果我们把 $x_{\xi\xi}, y_{\xi\xi}$ 看成未知数来解这个线性方程组 (该方程组行列式还是 D, 因此按假定也不是 0) 并用已知值 x_ξ, y_ξ 来代替, 经过简短计算得到

$$x_{\xi\xi} = -\frac{1}{D^3} \begin{vmatrix} \xi_{xx}\eta_y^2 - 2\xi_{xy}\eta_x\eta_y + \xi_{yy}\eta_x^2 & \xi_y \\ \eta_{xx}\eta_y^2 - 2\xi_{xy}\eta_x\eta_y + \eta_{yy}\eta_x^2 & \eta_y \end{vmatrix}, \tag{27c}$$

$$y_{\xi\xi} = -\frac{1}{D^3} \begin{vmatrix} \xi_{xx}\eta_y^2 - 2\xi_{xy}\eta_x\eta_y + \xi_{yy}\eta_x^2 & \xi_x \\ \eta_{xx}\eta_y^2 - 2\xi_{xy}\eta_x\eta_y + \eta_{yy}\eta_x^2 & \eta_x \end{vmatrix}. \tag{27d}$$

三阶以及更高阶都可由同样方法即反复微分该线性方程组得到, 而每一步我们都得到线性方程组并有非 0 的行列式 D.

练 习 3.3d

1. 求下列变换的雅可比行列式:

(a) $\xi = ax + by, \eta = cx + dy$;

(b) $r = \sqrt{x^2 + y^2}, \theta = \arctan y/x$;

(c) $\xi = x^2, \eta = y^2$;

(d) $\xi = \dfrac{1}{2}\log(x^2 + y^2), \eta = \arctan y/x$;

(e) $\xi = xy^2, \eta = x^2 y$;

(f) $\xi = x^3 - y, r_i = y^3 + x$.

2. 对习题 1 中所给的每一个变换, 找出这样的点 (x,y), 它们没有任何邻域在其中存在逆变换.

3. 对下列的每一情况, 求出变换 $\xi=f(x,y),\eta=g(x,y)$ 的雅可比行列式, 以及 x,y 关于 ξ,η 的直到二阶的全部偏导数:

(a) $\xi=e^x\cos y,\eta=e^x\sin y$;

(b) $\xi=x^2-y^2,\eta=2xy$;

(c) $\xi=\tan(x+y),\eta=\cos(x-y),-\dfrac{\pi}{2}<x+y<\dfrac{\pi}{2}$;

(d) $\xi=\sinh x+\cosh y,\eta=-\cosh x+\sinh y$;

(e) $\xi=x^3+y^3,\eta=xy^2$.

4. 称一个变换为 "保角的" (见第 248 页), 如果在该变换下任何两条相应曲线的交角保持不变.

(a) 证明反演变换

$$\xi=\frac{x}{x^2+y^2},\quad \eta=\frac{y}{x^2+y^2}$$

是保角的;

(b) 证明任一圆的反演像是另一圆或直线;

(c) 求出反演变换的雅可比行列式.

5. 设 K_1,K_2,K_3 是经过原点的三个圆, 并有相异的交点 P_1,P_2,P_3. 证明由圆弧所组成的曲线三角形 $P_1P_2P_3$ 的三角之和等于 π.

6. 平面的一个变换

$$u=\varphi(x,y),\quad v=\psi(x,y)$$

是保角的, 如果函数 φ 与 ψ 满足恒等式

$$\varphi_x=\psi_y,\quad \varphi_y=-\psi_x.$$

7. 证明, 若一曲面 $z=u(x,y)$ 的所有法线都与 z 轴相交, 则该曲面是一个旋转面.

8. 方程

$$\frac{x^2}{a-t}+\frac{y^2}{b-t}=1\quad (a>b)$$

决定 t 的依赖于 x,y 的两个值:

$$t_1=\lambda(x,y),\quad t_2=\mu(x,y).$$

(a) 证明曲线 $t_1=$ 常数与 $t_2=$ 常数是具有相同焦点的椭圆与双曲线 (共焦

点的圆锥曲线).

(b) 证明曲线 $t_1=$ 常数, $t_2=$ 常数是互相正交的.

(c) t_1 与 t_2 可用作曲线坐标 (称为焦点坐标). 试用这些坐标来表示 x 和 y.

(d) 试用 x 与 y 来表示雅可比行列式 $\partial(t_1,t_2)/\partial(x,y)$.

(e) 试求出在焦点坐标系下由参量方程

$$t_1=f_1(\lambda),\quad t_2=f_2(\lambda)\quad 与\quad t_1=g_1(\mu),\quad t_2=g_2(\mu)$$

表示的两族曲线相互正交的条件.

9. (a) 证明 t 的方程

$$\frac{x^2}{a-t}+\frac{y^2}{b-t}+\frac{z^2}{c-t}=1\quad (a>b>c)$$

有三个不同的实根 t_1,t_2,t_3, 分别属于区间

$$-\infty<t<c,\quad c<t<b,\quad b<t<a,$$

这里假定了点 (x,y,z) 不在坐标面上.

(b) 证明通过一任意点的三个曲面 $t_1=$ 常数, $t_2=$ 常数, $t_3=$ 常数是相互正交的.

(c) 把 x,y,z 用焦点坐标 t_1,t_2,t_3 表示出来.

10. 证明, 由方程

$$\xi=\frac{1}{2}\left(x+\frac{x}{x^2+y^2}\right),\quad \eta=\frac{1}{2}\left(y-\frac{y}{x^2+y^2}\right)$$

给出的 xy 平面上的变换:

(a) 是保角的;

(b) 把 (x,y) 平面上过原点的直线与以原点为圆心的圆变换成由方程

$$\frac{\xi^2}{t+\frac{1}{2}}+\frac{\eta^2}{t-\frac{1}{2}}=1$$

给出的共焦点的圆锥曲线 $t=$ 常数.

11. 对于 $\xi=f(x,y),\eta=g(x,y)$ 与

$$D=\partial(\xi,\eta)/\partial(x,y)\neq 0,$$

证明下列恒等式:

(a) $\dfrac{\partial D}{\partial y}=\dfrac{\partial(\xi_y,\eta)}{\partial(x,y)}+\dfrac{\partial(\xi,\eta_y)}{\partial(x,y)}$;

(b) $D^{-3}[\xi_x(\eta_{yy}D-\eta_yD_y)-\xi_y(\eta_{xy}D-\eta_yD_x)]=D^{-3}[\eta_x(\xi_{yy}D-\xi_yD_y)-\eta_y(\xi_{xy}D-\xi_yD_x)]$.

e. 映射的符号乘积

我们从关于变换的复合作一些注记开始. 设变换

$$\xi=\phi(x,y),\quad \eta=\psi(x,y) \tag{28a}$$

给出由区域 R 的点 (x,y) 到 $\xi\eta$ 平面上的区域 B 的点 (ξ,η) 的一个一一映射; 又设方程

$$u=\mathbf{\Phi}(\xi,\eta),\quad v=\mathbf{\Psi}(\xi,\eta) \tag{28b}$$

给出由区域 B 到 uv 平面上的区域 R' 的一个一一映射. 于是产生一个由 R 到 R' 的一一映射. 这个映射很自然地称为结果映射或变换, 并且说是由该两个给定的映射复合得到的, 成为它们的符号乘积. 这个结果变换按定义是由方程组

$$u=\Phi(\phi(x,y),\psi(x,y)),\quad v=\overline{\Psi}(\phi(x,y),\psi(x,y))$$

给出的, 从而可以立即推知这个映射也是一一的.

由复合函数的微商法则, 我们得到

$$\frac{\partial u}{\partial x}=\Phi_\xi\phi_x+\Phi_\eta\psi_x,\quad \frac{\partial u}{\partial y}=\Phi_\xi\phi_y+\Phi_\eta\psi_y, \tag{29a}$$

$$\frac{\partial v}{\partial x}=\overline{\Psi}_\xi\phi_x+\overline{\Psi}\psi_{\eta x},\quad \frac{\partial v}{\partial y}=\overline{\Psi}_\xi\phi_y+\overline{\Psi}_\eta\psi_y. \tag{29b}$$

用矩阵的符号 (第 129 页) 表示就是

$$\begin{pmatrix}\dfrac{\partial u}{\partial x} & \dfrac{\partial u}{\partial y}\\ \dfrac{\partial v}{\partial x} & \dfrac{\partial v}{\partial y}\end{pmatrix}=\begin{pmatrix}\Phi_\xi & \Phi_\eta\\ \overline{\Psi}_\xi & \overline{\Psi}_\eta\end{pmatrix}\begin{pmatrix}\phi_x & \phi_y\\ \psi_x & \psi_y\end{pmatrix}. \tag{30}$$

把这个同行列式乘积法则 (见第 147 页) 相比较, 我们就发现[1] u,v 关于 x,y 的雅可比行列式是

$$\frac{\partial u}{\partial x}\frac{\partial v}{\partial y}-\frac{\partial u}{\partial y}\frac{\partial v}{\partial x}=(\Phi_\xi\overline{\Psi}_\eta-\Phi_\eta\overline{\Psi}_\xi)(\phi_x\psi_y-\phi_y\psi_x). \tag{31a}$$

用话来说, 两个变换的符号乘积的雅可比行列式正好等于各个变换的雅可比行列式的乘积

$$\frac{d(u,v)}{d(x,y)}=\frac{d(u,v)}{d(\xi,\eta)}\cdot\frac{d(\xi,\eta)}{d(x,y)}. \tag{31b}$$

1) 当然, 由直接乘积也可得到这个结果.

这个方程正好显示出我们用以表示雅可比行列式的符号是恰当的. 当变换被复合时, 其雅可比行列式的关系就同一元函数被复合时微商之间的关系一样. 当分别变换的雅可比行列式都不为 0 时, 结果变换的雅可比是不会为 0 的.

特别地, 如果第二个变换

$$u = \phi(\xi, \eta), \quad v = \psi(\xi, \eta)$$

是第一个的逆

$$\xi = \phi(x, y), \quad \eta = \psi(x, y),$$

而两个变换又都是可微的, 则结果变换将只不过是恒等变换, 即 $u = x, v = y$, 这最后一个雅可比行列式显然是 1. 从而我们又得到关系 (26).

由此推知两个雅可比行列式中的任何一个都不等于 0, 并且

$$\frac{d(\xi, \eta)}{d(x, y)} \cdot \frac{d(x, y)}{d(\xi, \eta)} = 1.$$

对于一对连续可微的函数组 $\phi(x, y)$ 与 $\psi(x, y)$, 若有非 0 的雅可比行列式, 我们就能够找到相应的映射在一点 $P_0 = (x_0, y_0)$ 处的方向的公式. 一条经过点 P_0 的曲线可以由参数方程 $x = f(t), y = g(t)$ 来描绘, 其中 $f(t_0) = x_0, g(t_0) = y_0$. 曲线在 P_0 的斜率是

$$m = \frac{g'(t_0)}{f'(t_0)};$$

而像曲线

$$\xi = \varphi(f(t), g(t)), \quad \eta = \psi(f(t), g(t))$$

在相应于 P_0 的那一点的斜率是

$$\mu = \frac{d\eta/dt}{d\xi/dt} = \frac{\psi_x f' + \psi_y g'}{\phi_x f' + \phi_y g'} = \frac{c + dm}{a + bm}, \tag{32}$$

其中 a, b, c, d 是常数:

$$\begin{aligned} a &= \phi_x(x_0, y_0), \quad b = \phi_y(x_0, y_0), \\ c &= \psi_x(x_0, y_0), \quad d = \psi_y(x_0, y_0). \end{aligned}$$

原来曲线在 P_0 的斜率 m 与像曲线的斜率 μ 之间的关系 (32) 就与在 P_0 的邻域内近似于映射的仿射映射

$$\xi = \phi(x_0 y_0) + a(x - x_0) + b(y - y_0),$$

$$\eta = \psi(x_0 y_0) + c(x - x_0) + d(y - y_0)$$

的关系相同. 因为

$$\frac{d\mu}{dm}=\frac{ad-bc}{(a+bm)^2},$$

所以我们看到, 当 $ad-bc>0$ 时 μ 是 m 的一个递增函数, 当

$$ad-bc<0$$

时 μ 是 m 的一个递减函数[1].

斜率的增加相应于倾斜角的增加, 也就是相应方向的逆时针转动. 因此, $d\mu/dm>0$ 时隐含着逆时针的旋转方向保持不变; 而 $d\mu/dm<0$ 时, 则反过来. 现在, $ad-bc$ 却正好就是雅可比行列式

$$\frac{d(\xi,\eta)}{d(x,y)}=\begin{vmatrix}\phi_x & \phi_y\\ \psi_x & \psi_y\end{vmatrix}$$

在点 P_0 处计算出的值, 于是推知, 映射 $\xi=\phi(x,y),\eta=\psi(x,y)$ 在 (x_0,y_0) 附近是保持还是改变旋转定向, 要看雅可比行列式在该点的值是正的还是负的.

练 习 3.3e

1. 对于下列每一对变换用两种方法求 $\partial(u,v)/\partial(x,y)$, 先消去 ξ,η 来计算, 然后用公式 (31b) 来计算:

(a) $\begin{cases}u=\dfrac{1}{2}\log(\xi^2+\eta^2),\\ v=\arctan\eta/\xi;\end{cases}$ $\begin{cases}\xi=e^x\cos y,\\ \eta=e^x\sin y.\end{cases}$

(b) $\begin{cases}u=\xi^2-\eta^2,\\ v=2\xi\eta;\end{cases}$ $\begin{cases}\xi=x\cos y,\\ \eta=x\sin y.\end{cases}$

(c) $\begin{cases}u=e^\xi\cos\eta,\\ v=e^\xi\sin\eta;\end{cases}$ $\begin{cases}\xi=x/(x^2+y^2),\\ \eta=-y/(x^2+y^2).\end{cases}$

2. 在下列的复合变换中哪些能够把 x,y 定义成 u,v 在所指定点 (u_0,v_0) 的邻域内的连续可微函数?

(a) $\xi=e^x\cos y,\eta=e^x\sin y; u=\xi^2-\eta^2, v=2\xi\eta, u_0=1, v_0=0;$

(b) $\xi=\cosh x+\sinh y,\eta=\sinh x+\cosh y; u=e^{\xi+\eta}, v=e^{\xi-\eta}, u_0=v_0=1;$

(c) $\xi=x^3-y^3,\eta=x^2+2xy^2; u=\xi^5+\eta, v=\eta^5-\xi; u_0=1, v_0=0.$

1) 更确切地说, 这只是在局部上成立, 要除去 m 或 μ 变成无穷这样的方面.

3. 考虑变换

$$\begin{cases} u = \phi(\xi, \eta), \\ v = \psi(\xi, \eta), \end{cases} \quad \begin{cases} \xi = f(x), \\ \eta = g(y). \end{cases}$$

证明

$$\frac{\partial(u, v)}{\partial(x, y)} = f'(x) \cdot g'(y) \frac{\partial(u, v)}{\partial(\xi, \eta)}.$$

4. 设 $z = f(x, y)$ 与 $\xi = \phi(x, y), \eta = \psi(x, y)$, 并假定 $\dfrac{\partial(\xi, \eta)}{\partial(x, y)} \neq 0$, 试验证

$$\frac{\partial z}{\partial \xi} = \frac{\partial(z, \eta)}{\partial(x, y)} \Big/ \frac{\partial(\xi, \eta)}{\partial(x, y)},$$

$$\frac{\partial z}{\partial \eta} = \frac{\partial(\xi, z)}{\partial(x, y)} \Big/ \frac{\partial(\xi, \eta)}{\partial(x, y)}.$$

f. 关于变换及隐函数组的逆的一般定理. 分解成元素映射

变换求逆的可能性依赖于下述的一般定理:

设 $\phi(x, y)$ 和 $\psi(x, y)$ 在点 (x_0, y_0) 的邻域内是连续可微的函数, 其雅可比行列式 $D = \phi_x \psi_y - \phi_y \psi_x$ 在点 (x_0, y_0) 处不为零. 命 $u_0 = \phi(x_0, y_0), v_0 = \psi(x_0, y_0)$. 则存在点 (x_0, y_0) 的一个邻域 N 和点 (u_0, v_0) 的一个邻域 N', 使得映射

$$u = \phi(x, y), \quad v = \psi(x, y) \tag{33a}$$

有一个唯一的逆映射

$$x = g(u, v), \quad y = h(u, v) \tag{33b}$$

将 N' 映入 N. 对 N' 内的 (u, v), 函数 g 和 h 满足恒等式

$$u = \phi(g(u, v), h(u, v)), \quad v = \psi(g(u, v), h(u, v)), \tag{33c}$$

并满足方程

$$x_0 = g(u_0, v_0), \quad y_0 = h(u_0, v_0). \tag{33d}$$

反函数 g, h 在 (u_0, v_0) 附近对 (u, v) 有连续的微商, 它们由下式给出

$$\frac{\partial x}{\partial u} = \frac{1}{D} \frac{\partial v}{\partial y}, \quad \frac{\partial x}{\partial v} = -\frac{1}{D} \frac{\partial u}{\partial y}, \tag{33e}$$

$$\frac{\partial y}{\partial u} = -\frac{1}{D} \frac{\partial v}{\partial x}, \quad \frac{\partial y}{\partial v} = \frac{1}{D} \frac{\partial u}{\partial x}. \tag{33f}$$

证明可从第 196 页上的隐函数定理推出, 该定理允许人们从一个方程中解出一个变量来. 本质上, 我们求方程组 (33a) 的逆的办法是, 从第一个方程中解出变量 x, y 中的一个, 并将所得的表达式代入第二个方程, 得出一个只含第二个变量的方程.

因为依假设, 雅可比行列式 D 在点 (x_0, y_0) 处不为零, 所以在该点至少有 $\phi(x, y)$ 的一个一阶导数异于零, 譬如说是 $\phi_x(x_0, y_0) \neq 0$. 这时我们就能关于 x 解方程

$$u = \phi(x, y). \tag{34a}$$

说得更确切些, 我们能找到正的常数 h_1, h_2, h_3, 使得对

$$|u - u_0| < h_1, \quad |y - y_0| < h_2, \tag{34b}$$

方程 (34a) 有唯一解 $x = X(u, y)$ 满足 $|x - x_0| < h_3$. 函数 $X(u, y)$ 有定义区域 (34b) 并满足方程

$$\phi(X(u, y), y) = u, \quad X(u_0, y_0) = x_0 \tag{34c}$$

和不等式

$$|X(u, y) - x_0| < h_3. \tag{34d}$$

此外, $X(u, y)$ 有连续的微商, 由于 (34c) 而满足

$$\phi_x(X(u, y), y) X_u(u, y) = 1, \tag{34e}$$

$$\phi_x(X(u, y), y) X_y(u, y) + \phi_y(X(u, y), y) = 0. \tag{34f}$$

这里我们假定 h_2, h_3 很小, 使矩形

$$|x - x_0| < h_3, \quad |y - y_0| < h_2 \tag{34g}$$

落在 $\phi(x, y); \psi(x, y)$ 的定义区域中. 以表达式 $X(u, y)$ 代函数 $\psi(x, y)$ 中的 x, 我们得到复合函数

$$\psi(X(u, y), y) = \chi(u, y), \tag{34h}$$

它有定义域 (34b). 这里, 由 (34c, f),

$$\chi(u_0, y_0) = \psi(x_0, y_0) = v_0, \tag{34i}$$

$$\chi_y(u_0, y_0) = \psi_x x_y + \psi_y = -\psi_x \frac{\phi_y}{\phi_x} + \psi_y = \frac{D}{\phi_x} \neq 0; \tag{34j}$$

由 (34e) 知, $\phi_x \neq 0$. 于是我们能找到正的常数 h_4, h_5, h_6, 使得对于

$$|u-u_0|<h_4, \quad |v-v_0|<h_5, \tag{34k}$$

方程

$$\chi(u,y)=v \tag{34l}$$

有唯一解 $y=h(u,v)$, 它满足 $|y-y_0|<h_6$. 这里我们可以假定 $h_4 \leqslant h_1, h_6 \leqslant h_2$ (见第 196 页脚注).

最后, 我们令

$$X(u,h(u,v))=g(u,v). \tag{34m}$$

两个函数 $g(u,v), h(u,v)$ 都有定义域 (34k). 由 (34c, h) 它们满足方程

$$\begin{aligned}\phi(g(u,v),h(u,v))&=\phi(X(u,h(u,v)),h(u,v))=u,\\ \psi(g(u,v),h(u,v))&=\psi(X(u,h(u,v)),h(u,v))\\ &=\chi(u,h(u,v))=v\end{aligned}$$

和不等式

$$|g(u,v)-x_0|<h_3, \quad |h(u,v)-y_0|<h_6.$$

g 和 h 的微商公式曾更早地在第 195 页上导出过.

为了证明反函数的唯一性, 假定 x, y, u, v 是满足方程 (33a) 和不等式

$$|x-x_0|<h_3, \quad |y-y_0|<h_6, \quad |u-u_0|<h_4, \quad |v-v_0|<h_5$$

的任何一组值. 因 (34a, b) 成立, 我们断定

$$x=X(u,y). \tag{34n}$$

从 (34h) 我们得到方程

$$v=\psi(x,y)=\psi(X(u,y),y)=\chi(u,y),$$

这个方程有唯一解 $y=h(u,v)$. 于是由 (34n) 推出关系式 $x=g(u,v)$. 关于 g 和 h 的关系式 (33d), 从解的唯一性和假定 $u_0=\phi(x_0,y_0)$, $v_0=\psi(x_0,y_0)$ 便可推出.

到此为止, 我们一直假定 $\phi_x(x_0,y_0)\neq 0$. 如果 $\phi_x(x_0,y_0)=0$, 而 $\phi_y(x_0,y_0)\neq 0$, 求映射 (33a) 的逆映射的步骤是类似的. 在这种情况下, 我们从 (33a) 的第一个方程解出 y, 把所得函数 $y=Y(u,x)$ 代入第二个方程, 便得到一个只含 x 的方程.

平面映射 (33a) 的求逆问题曾经 (如上) 被归结成了暂时只有一个变量作变

换的那种映射的求逆问题. 一般地说, 如果变换 (33a) 容许一个坐标不变化, 即如果或者函数 $\phi(x,y)$ 恒等于 x, 或者函数 $\psi(x,y)$ 恒等于 y, 则我们称它为一个素变换. 形如 $u=\phi(x,y)$, $v=y$ 的素变换的效果是沿 x 轴的方向移动每一个点, 而保持其纵坐标不变. 在变换之后这个点具有新的横坐标, 它既依赖于 x, 也依赖于 y. 如果这素变换的雅可比式 ϕ 是正的, 则对固定的 y,u 随 x 单调递增地变化.

我们将证明, 在一个点的邻域内, 任何一个具有非零的雅可比式的变换 (33a) 都能分解成素变换之积. 这个事实容易从我们对逆映射的构造中推出. 如果 $\phi_x(x_0, y_0)\neq 0$, 我们就把映射 (33a) 表为素映射

$$\xi=\phi(x,y),\quad \eta=y \tag{34o}$$

和

$$u=\xi,\quad v=x(\xi,\eta) \tag{34p}$$

的符号乘积. 这里, 第一映射在 xy 平面上的区域 R 是一个矩形, 它很小, 以至于

$$|x-x_0|<h_3,\quad |y-y_0|<h_2,\quad |\phi(x,y)-u_0|<h_1;$$

而第二映射的区域是

$$|\xi-u_0|<h_1,\quad |\eta-y_0|<h_2.$$

于是, 在映射 (34p) 之下, R 的每个点 (x,y) 的像 (ξ,η) 总是落在映射 (34q) 的区域中, 并且

$$x=X(\xi,y).$$

因此, 又有

$$x=X(\phi(x,y),y). \tag{34q}$$

这时, 根据 (34h, r), 对于由 (34p, q) 复合而成的映射, 我们有

$$u=\phi(x,y),$$
$$v=\chi(\phi(x,y),y)=\psi(X(\phi(x,y),y),y)=\psi(x,y).$$

当 $\phi_x(x_0,y_0)=0$ 而 $\phi_y(x_0,y_0)\neq 0$ 时, 我们只要改换 x 和 y 在变换中的地位, 就得到映射 (33a) 的一个类似的分解.

我们不能期望在整个开区域 R 内都是以同一种方式将一个变换分解为素变换. 但是, 由于在 R 的每一个点的邻近可以用某种方式把变换进行分解, 所以 R 的每个有界闭子集可被分为有限个闭子集[1], 使变换在每个闭子集上总有某一种

1) 这从第 94 页上的覆盖定理推出.

方式的分解是可能的.

逆变换定理仅是一个更一般的定理的一种特殊情况, 该一般定理可视为隐函数定理对于函数组的一种推广. 隐函数定理 (第 189 页) 适合于对一个方程解出其中一个变量. 一般定理如下:

如果 $\phi(x,y,u,v,\cdots,w)$ 和 $\psi(x,y,u,v,\cdots,w)$ 是 $x,y,u,v,\cdots,w$ 的连续可微函数, 并且存在某一点 $(x_0,y_0,u_0,v_0,\cdots,w_0)$ 满足方程组

$$\phi(x,y,u,v,\cdots,w)=0 \quad \text{和} \quad \psi(x,y,u,v,\cdots,w)=0,$$

又如果在该点 ϕ 和 ψ 关于 x 和 y 的雅可比式不为零 (即, $D=\phi_x\psi_y-\phi_y\psi_x\neq 0$) 则在该点的邻域内, 方程 $\phi=0$ 和 $\psi=0$ 能且仅能以一种方式解出 x 和 y, 并且 x 和 y 是 $u,v,\cdots,w$ 的连续可微函数.

这个定理的证明类似于上面的逆变换定理的证明. 从假设 $D\neq 0$, 我们能够推断, 在所考虑的那个点有某个偏微商不为零, 譬如说 $\phi_x\neq 0$. 根据第 196 页上的主要定理, 如果我们把 $x,y,u,v,\cdots,w$ 分别限制在 $x_0,y_0,u_0,v_0,\cdots,w_0$ 附近的足够小的区间内, 则方程 $\phi(x,y,u,v,\cdots,w)=0$ 恰能以一种方式将 x 解为其他变量的函数, 而且这个解 $x=X(y,u,v,\cdots,w)$ 是自变量的连续可微函数, 并具有偏微商 $X_y=-\phi_y/\phi_x$. 如果我们把函数 $x=X(y,u,v,\cdots,w)$ 代入 $\psi(x,y,u,v,\cdots,w)$, 我们就得到一个函数 $\psi(x,y,u,v,\cdots,w)=\chi(y,u,v,\cdots,w)$, 并且

$$\chi_y=-\psi_x\frac{\phi_y}{\phi_x}+\psi_y=\frac{D}{\phi_x}.$$

依假设 $D\neq 0$, 因此, 我们知道偏微商 χ_y 是不为零的. 于是, 如果我们把 $y,u,v,\cdots,w$ 限制在 $y_0,u_0,v_0,\cdots,w_0$ 附近的区间中, 并使这些区间落在上面预先限定的区间中, 则我们仅能以一种方式将方程 $\chi=0$ 解为 $u,v,\cdots,w$ 的函数 y, 并且这个解是连续可微的. 把 y 的这个表达式代入方程 $\chi=X(y,u,v,\cdots,w)$ 中, 我们就找到了函数 x, 它作为 $u,v,\cdots,w$ 的函数. 这个解是唯一的并且是连续可微的, 其中 $x,y,u,v,\cdots,w$ 被分别限制在 $x_0,y_0,u_0,v_0,\cdots,w_0$ 附近的足够小的区间内.

练 习 3.3f

1. 在指定点附近, 下列方程组的哪一个能将 x,y 解为其他变量的连续可微函数?

(a) $\begin{cases} e^x\sin u-e^y\cos v+w=0, \\ x\cosh w-u\sinh y-v^2=\cosh 1, \end{cases}$ $x=1,y=0,u=0,v=0,w=1;$

(b) $\begin{cases} u\cos x - v\sin y + w^2 = 1, \\ \cos(x+y) + v = 1, \end{cases}$ $x=0, y=\dfrac{\pi}{2}, u=1, v=1, w=1;$

(c) $\begin{cases} x^2 + y^2 + u^2 - v = 0, \\ x^2 - y^2 + 2u - 1 = 0, \end{cases}$ $x=y=u=v=1;$

(d) $\begin{cases} \cos x + t\sin y = 0, \\ \sin x - \cos ty = 0, \end{cases}$ $x=\pi, y=\dfrac{\pi}{2}, t=1.$

g. 用逐次逼近法迭代构造逆映射

在前面的证明中, 求逆映射的问题被归结为一维情况, 而最后又归结为一个基本事实: 由一个变量的连续单调函数所提供的映射是可逆的. 这种讨论有两点缺陷: 我们不得不区分导致结果十分不同的不同情况 (譬如说, 对 $\phi_x \neq 0$ 和 $\phi_x = 0$), 而其不同结果并不相应于原来的变换在特性上的任何根本变化; 而且, 证明是存在性的而非构造性的, 对求逆映射它并没有提供一个实际的数值计算方法. 这两个缺陷在迭代法或逐次逼近法中都不出现. 逐次逼近法出自第一卷, 它是为了求解含一个未知量的方程而给出的数值方法的一种范式. 其基本思想是对近似解作逐次修正, 在这里, 修正解是由在一点邻域内对函数关系作最佳逼近的线性方程所确定的.

我们仍考虑方程

$$u = \varphi(x, y), \quad v = \psi(x, y), \tag{35a}$$

其中 φ 和 ψ 是 xy 平面上的开集 R 内的连续可微函数. 设 (x_0, y_0) 是 R 内的一点, 在这一点雅可比行列式

$$\begin{vmatrix} \varphi_x & \varphi_y \\ \psi_x & \psi_y \end{vmatrix} \tag{35b}$$

的值不为零. 设在映射 (35a) 之下, (u_0, v_0) 是 (x_0, y_0) 的像点. 我们要证明的是对足够接近 (u_0, v_0) 的 (u, v), 存在着接近于 (x_0, y_0) 的唯一确定的值 (x, y), 满足 $u = \varphi(x, y)$ 和 $v = \psi(x, y)$.

为了求得解, 我们将运用和第一卷中对一个变量函数的讨论一样的迭代法, 而使用一种适合于二维情况的记号. 引进向量 $\mathbf{U} = (u, v)$, $\mathbf{X} = (x, y)$, 我们能将映射 (35a) 简单地写成形式

$$\mathbf{U} = \mathbf{F}(\mathbf{X}), \tag{35c}$$

这里 $\mathbf{F}$ 是一个非线性变换, 它把以 x, y 为分量的向量映射为以 $\phi(x, y), \psi(x, y)$ 为分量的向量. 微分 dx, dy 和 du, dv 满足线性关系 (见第 48 页)

$$du = d\varphi = \varphi_x dx + \varphi_y dy, \tag{35d}$$

$$dv = d\psi = \psi_x dx + \psi_y dy. \tag{35e}$$

如果把微分法合成向量写成 $d\mathbf{X} = (dx, dy)$, $d\mathbf{U} = (du, dv)$, 我们就能将关系式 (35d, e) 写成[1)]

$$d\mathbf{U} = \mathbf{F}' d\mathbf{X}, \tag{35f}$$

其中 $\mathbf{F}'$ 是由映射函数的一阶微商形成的二阶矩阵

$$\mathbf{F}' = \begin{pmatrix} \varphi_x & \varphi_y \\ \psi_x & \psi_y \end{pmatrix}. \tag{35g}$$

显然, 矩阵 $\mathbf{F}'$ 起着向量映射函数 $\mathbf{F}$ 的微商作用. $\mathbf{F}'$ 的行列式恰是映射的雅可比行列式 (35b)[2)]. 一般地, 我们为了强调矩阵 $\mathbf{F}'$ 对向量 $\mathbf{X} = (x, y)$ 的依赖关系而写作 $\mathbf{F}' = \mathbf{F}'(\mathbf{X})$. 对线性变换而言, 矩阵 $\mathbf{F}'$ 是常数.

矩阵 $\mathbf{F}'$ 的元素的 '大小' 限制了映射 $\mathbf{F}$ 能把距离放大多少. 取两点 (x, y) 和 $(x+h, y+k)$, 使连接它们的直线段整个位于映射的区域之内. 根据多元函数的中值定理 (第 58 页),

$$\begin{aligned} \varphi(x+h, y+k) - \varphi(x, y) &= \varphi_x' h + \varphi_y k, \\ \psi(x+h, y+k) - \psi(x, y) &= \psi_x h + \psi_y k, \end{aligned} \tag{36}$$

其中一阶微商在连接 (x, y) 和 $(x+h, y+k)$ 的线段上的适当点处取值[3)]. 设 M 是诸量

$$|\varphi_x|, |\varphi_y|, |\psi_x|, |\psi_y|$$

在连接 (x, y) 和 $(x+h, y+k)$ 的线段上的全部点所取值的一个上界. 那么, 显然, 像点间的距离可估计如下

$$\begin{aligned} &\sqrt{(\varphi(x+h, y+k) - \varphi(x, y))^2 + (\psi(x+h, y+k) - \psi(x, y))^2} \\ &\leqslant \sqrt{(M|h| + M|k|)^2 + (M|h| + M|k|)^2} \\ &= \sqrt{2} M(|h| + |k|) \leqslant 2M\sqrt{h^2 + k^2}. \end{aligned} \tag{36a}$$

1) 最好将 (35f) 解释为三个矩阵 $d\mathbf{U}, \mathbf{F}', d\mathbf{X}$ 之间的一种关系, 其中 $d\mathbf{X}, d\mathbf{U}$ 等同于二行一列的矩阵:

$$d\mathbf{X} = \begin{pmatrix} dx \\ dy \end{pmatrix}, \quad d\mathbf{U} = \begin{pmatrix} du \\ dv \end{pmatrix};$$

见第 125 页.

2) 矩阵 $\mathbf{F}'$ 常称作雅可比矩阵或映射的弗勒内微商.

3) 一般说来, 第一个方程的中间点和第二个方程的中间点是不同的.

因此, 像点间的距离至多是原来两点间距离的 $2M$ 倍. 引进向量 $\mathbf{Y}=(x+h,y+k)$, 我们就能将 (36a) 写成关于映射 $\mathbf{F}$ 的利普希茨条件的形式

$$|\mathbf{F}(\mathbf{Y})-\mathbf{F}(\mathbf{X})|\leqslant 2M|\mathbf{Y}-\mathbf{X}|, \tag{36b}$$

其中 M 是矩阵 $\mathbf{F}'$ 的诸元素的绝对值的一个上界[1]. 用矩阵记号, (36) 变为

$$\mathbf{F}(\mathbf{Y})-\mathbf{F}(\mathbf{X})=\mathbf{H}(\mathbf{X},\mathbf{Y})(\mathbf{Y}-\mathbf{X}), \tag{36c}$$

这里矩阵 $\mathbf{H}$ 满足

$$\lim_{\mathbf{Y}\to\mathbf{X}}\mathbf{H}(\mathbf{X},\mathbf{Y})=\mathbf{F}'(\mathbf{X}). \tag{36d}$$

今在 $\mathbf{F}$ 的区域 R 内的点 $X_0=(x_0,y_0)$ 的邻域

$$|\mathbf{X}-\mathbf{X}_0|<\delta \tag{37a}$$

内来考虑映射 $\mathbf{U}=\mathbf{F}(\mathbf{X})$. 设 $\mathbf{U}_0=\mathbf{F}(\mathbf{X}_0)=(u_0,v_0)$. 对固定的 $\mathbf{U}$, 我们把要解 $\mathbf{X}$ 的方程 $\mathbf{U}=\mathbf{F}(\mathbf{X})$ 写成如下形式

$$\mathbf{X}=\mathbf{G}(\mathbf{X}), \tag{37b}$$

其中

$$\mathbf{G}(\mathbf{X})=\mathbf{X}+\mathbf{a}(\mathbf{U}-\mathbf{F}(\mathbf{X})); \tag{37c}$$

这里 $\mathbf{a}$ 是一个适当选取的非奇异的常数矩阵, 它有逆 $\mathbf{a}^{-1}$. 这时方程 (37b) 等价于 $\mathbf{a}(\mathbf{U}-\mathbf{F}(\mathbf{X}))=0$, 用 $\mathbf{a}^{-1}$ 乘它得到

$$\mathbf{a}^{-1}\mathbf{a}(\mathbf{U}-\mathbf{F}(\mathbf{X}))=\mathbf{e}(\mathbf{U}-\mathbf{F}(\mathbf{X}))=\mathbf{U}-\mathbf{F}(\mathbf{X})=\mathbf{0},$$

其中 $\mathbf{e}$ 是单位矩阵. 于是, (37b) 的任何一个解 $\mathbf{X}$——就是映射 $\mathbf{G}$ 的任何一个不动点——提供 $\mathbf{U}=\mathbf{F}(\mathbf{X})$ 的一个解.

我们将证明, (37b) 的一个解 $\mathbf{X}$ 可由 $\mathbf{X}_n$ 的极限给出, $\mathbf{X}_n$ 由递推公式

$$\mathbf{X}_{n+1}=\mathbf{G}(\mathbf{X}_n)\quad (n=0,1,2,\cdots) \tag{37d}$$

确定; 条件是要表示向量映射 $\mathbf{G}$ 的微商的矩阵 $\mathbf{G}'(\mathbf{X})$ 足够小. 更精确些说, 对 $\mathbf{X}_0$ 的邻域 (37a) 内的所有 $\mathbf{X}$, 我们要求, 矩阵 $\mathbf{G}'$ 的元素的最大绝对值比 $1/4$ 小, 并且

$$|\mathbf{G}(\mathbf{X}_0)-\mathbf{X}_0|<\frac{1}{2}\delta.$$

首先, 我们用归纳法证明, 在所述的假定之下, 递推公式 (37d) 只引出满足

1) 在映射 $\mathbf{F}$ 是 n 维的情况, (36b) 中的因子 2 要用 n 来代替.

(37a) 的向量. 这就肯定了 $\mathbf{X}_n$ 位于 $\mathbf{G}$ 的区域之内, 从而序列能无限地持续下去. 当 $M = 1/4$ 时, 由 (36b) 我们发现,

$$|\mathbf{G}(\mathbf{Y}) - \mathbf{G}(\mathbf{X})| \leqslant \frac{1}{2}|\mathbf{Y} - \mathbf{X}|$$

对

$$|\mathbf{X} - \mathbf{X_0}| < \delta, \quad |\mathbf{Y} - \mathbf{X_0}| < \delta. \tag{37e}$$

现在, 不等式 (37a) 对 $\mathbf{X} = \mathbf{X_0}$ 是显然满足的. 如果它对 $\mathbf{X} = \mathbf{X}_n$ 成立, 则对由 (37d) 所确定的向量 $\mathbf{X}_{n+1}$, 我们得到

$$\begin{aligned}
|\mathbf{X}_{n+1} - \mathbf{X}_0| &\leqslant |\mathbf{X}_{n+1} - \mathbf{X}_1| + |\mathbf{X}_1 - \mathbf{X}_0| \\
&= |\mathbf{G}(\mathbf{X}_n) - \mathbf{G}(\mathbf{X}_0)| + |\mathbf{G}(\mathbf{X}_0) - \mathbf{X}_0| \\
&\leqslant \frac{1}{2}|\mathbf{X}_n - \mathbf{X}_0| + \frac{1}{2}\delta < \delta.
\end{aligned}$$

这就证明了, 对于所有的 n 都有 $|\mathbf{X}_n - \mathbf{X}_0| < \delta$.

为了看出 $\mathbf{X}_n$ 收敛, 根据 (37e) 我们注意到

$$\begin{aligned}
|\mathbf{X}_{n+1} - \mathbf{X}_n| &= |\mathbf{G}(\mathbf{X}_n) - \mathbf{G}(\mathbf{X}_{n-1})| \\
&\leqslant \frac{1}{2}|\mathbf{X}_n - \mathbf{X}_{n-1}|.
\end{aligned}$$

同理

$$\begin{aligned}
|\mathbf{X}_n - \mathbf{X}_{n-1}| &\leqslant \frac{1}{2}|\mathbf{X}_{n-1} - \mathbf{X}_{n-2}|, \\
|\mathbf{X}_{n-1} - \mathbf{X}_{n-2}| &\leqslant \frac{1}{2}|\mathbf{X}_{n-2} - \mathbf{X}_{n-3}|,
\end{aligned}$$

如此下去, 这些不等式一起引出估计

$$|\mathbf{X}_{n+1} - \mathbf{X}_n| \leqslant \frac{1}{2^n}|\mathbf{X}_1 - \mathbf{X}_0| \leqslant \frac{\delta}{2^{n+1}}. \tag{37f}$$

把 $\mathbf{X}$ 写作无穷级数之和

$$\mathbf{X} = \mathbf{X}_0 + (\mathbf{X}_1 - \mathbf{X}_0) + (\mathbf{X}_2 - \mathbf{X}_1) + \cdots + (\mathbf{X}_{n+1} - \mathbf{X}_n) + \cdots,$$

其收敛性是根据 (37f) 把它与收敛的几何级数相比较 (第一卷第 458 页) 而建立的; 由此也就推出了 $\mathbf{X} = \lim \mathbf{X}_n$ 的存在性. 当 $n \to \infty$ 时, 用 $\mathbf{G}(\mathbf{X})$ 的连续性, 从 (37d) 立刻就可推出 $\mathbf{X}$ 是 (37b) 的一个解.

根据定义 (37c), 函数 G 不仅连续地依赖于 $\mathbf{X}$, 而且也连续地依赖于向量 $\mathbf{U}$.

因此, 由递推公式 (37d) 逐次得出的 $\mathbf{X}_n$ 也连续地依赖于 $\mathbf{U}$[1]. 由于用作比较的几何级数在建立

$$\mathbf{X} = \lim_{n\to\infty} \mathbf{X}_n$$

时不依赖于 $\mathbf{U}$, 这就推出 $\mathbf{X}$ 是 $\mathbf{U}$ 的连续函数的一致极限, 因此 $\mathbf{X}$ 本身就是 $\mathbf{U}$ 的一个连续函数. 并且显然, 由于对所有的 n,

$$|\mathbf{X}_n - \mathbf{X}| < \delta,$$

所以 $|\mathbf{X} - \mathbf{X}_0| \leqslant \delta$. 要是存在满足条件 $\mathbf{Y} = \mathbf{G}(\mathbf{Y})$ 和 $|\mathbf{Y} - \mathbf{X}_0| \leqslant \delta$ 的第二个解 $\mathbf{Y}$, 由 (37e) 我们就会发现

$$|\mathbf{Y} - \mathbf{X}| = |\mathbf{G}(\mathbf{Y}) - \mathbf{G}(\mathbf{X})| \leqslant \frac{1}{2}|\mathbf{Y} - \mathbf{X}|,$$

因此 $|\mathbf{Y} - \mathbf{X}| = 0$, 从而 $\mathbf{Y} = \mathbf{X}$.

这样, 对 $|\mathbf{X} - \mathbf{X}_0| \leqslant \delta$, 我们确立了方程 $\mathbf{U} = \mathbf{F}(\mathbf{X})$ 的解 $\mathbf{X}$ 的存在性、唯一性和连续性, 条件是, 由 (37c) 所确定的向量 $\mathbf{G}$ 有微商 $\mathbf{G}'$, 而对 $|\mathbf{X} - \mathbf{X}_0| \leqslant \delta, \mathbf{G}'$ 的元素的绝对值小于 $1/4$, 而且还有条件

$$|\mathbf{G}(\mathbf{X}_0) - \mathbf{X}_0| < \frac{1}{2}\delta.$$

易见, 适当选取矩阵 $\mathbf{a}$, 对所有充分接近 $\mathbf{U}_0$ 的 $\mathbf{U}$, 这些要求是能够满足的. 根据 (37c),

$$\mathbf{G}'(\mathbf{X}) = \mathbf{e} - \mathbf{a}\mathbf{F}'(\mathbf{X}),$$

这里 $\mathbf{e}$ 是单位矩阵. 如果我们将 $\mathbf{a}$ 选为矩阵 $\mathbf{F}'(\mathbf{X}_0)$ 的逆矩阵,

$$\mathbf{a} = (\mathbf{F}'(\mathbf{X}_0))^{-1},$$

则对 $\mathbf{X} = \mathbf{X}_0$ 有

$$\mathbf{G}'(\mathbf{X}_0) = \mathbf{e} - \mathbf{a}\mathbf{F}'(\mathbf{X}_0) = \mathbf{0}$$

(从矩阵 $\mathbf{F}'(\mathbf{X}_0)$ 有非零行列式, 也就是映射 $\mathbf{F}$ 的雅可比式在点 $\mathbf{X}_0$ 不为零这一基本假定便能推导出这个逆矩阵的存在性). 从假定映射 $\mathbf{F}$ 的一阶微商的连续性导出 $\mathbf{G}'(\mathbf{X})$ 连续地依赖于 $\mathbf{X}$; 因此, 对足够小的 $|\mathbf{X} - \mathbf{X}_0|$, 譬如说

$$|\mathbf{X} - \mathbf{X}_0| \leqslant \delta,$$

1) 这里我们用了连续函数的连续函数仍是连续函数这一事实.

便能保证 $\mathbf{G}'(X)$ 的元素是任意小, 例如比 1/4 小; 此外, 根据 (37c),

$$|\mathbf{G}(\mathbf{X}_0)-\mathbf{X}_0| = |\mathbf{a}(\mathbf{U}-\mathbf{F}(\mathbf{X}_0))| = |\mathbf{a}(\mathbf{U}-\mathbf{U}_0)| < \frac{1}{2}\delta,$$

只要 $\mathbf{U}$ 位于 $\mathbf{U}_0$ 的足够小的邻域内即可.

这就完成了具有非零雅可比行列式的连续可微映射的连续逆映射的局部存在性的证明. 从 (36c, d) 容易推出逆映射的一阶微商的存在性和连续性. 设 $\mathbf{U} = \mathbf{F}(\mathbf{X})$, 这里我们假定雅可比矩阵 $\mathbf{F}'(\mathbf{X})$ 是非奇异的. 则每一个足够接近 $\mathbf{U}$ 的 $\mathbf{V}$ 具有形式 $\mathbf{V} = \mathbf{F}(\mathbf{Y})$, 其中 $\mathbf{Y}$ 当 $\mathbf{V}$ 趋近于 $\mathbf{U}$ 时趋近于 $\mathbf{X}$. 因此, 对足够接近于 $\mathbf{U}$ 的 $\mathbf{V}$ 矩阵 $\mathbf{H}(\mathbf{X},\mathbf{Y})$ 也是非奇异的. 这时我们发现

$$\begin{aligned}\mathbf{Y}-\mathbf{X} &= (\mathbf{H}(\mathbf{X},\mathbf{Y}))^{-1}(\mathbf{V}-\mathbf{U})\\ &= (\mathbf{F}'(\mathbf{X}))^{-1}(\mathbf{V}-\mathbf{U}) + \mathbf{E}(\mathbf{X},\mathbf{Y})(\mathbf{V}-\mathbf{U}),\end{aligned}$$

其中

$$\lim_{\mathbf{V}\to\mathbf{U}} \mathbf{E}(\mathbf{X},\mathbf{Y}) = \lim_{\mathbf{Y}\to\mathbf{X}} \mathbf{E}(\mathbf{X},\mathbf{Y}) = 0.$$

但是, 这个关系式恰好表示了满足 $\mathbf{U} = \mathbf{F}(\mathbf{X})$ 的向量 $\mathbf{X}$ 是向量 $\mathbf{U}$ 的可微函数, 并且, $\mathbf{X}$ 关于 $\mathbf{U}$ 的雅可比矩阵是矩阵 $\mathbf{F}'(\mathbf{X})$ 的逆. 显然, 用迭代法或逐次逼近法构造逆映射的方法同样能运用到任意维数的映射上去.

练　习　3.3g

1. 对于

$$u = \frac{1}{2}(x^2-y^2), \quad v = xy$$

的逆映射在 $\mathbf{X} = (1,1)$ 或 $\mathbf{U} = (0,1)$ 的邻域内运用 (37d) 求出迭代近似解 (x_2, y_2).

2. 将前一练习的结果与 $u = 1, v = 1$ 的邻域内 x 和 y 的泰勒展式的二阶项相比较.

h. 函数的相依性

如果在点 (x_0, y_0) 雅可比式 D 为零, 则在该点的邻域内, 关于方程 (33a) 的可解性问题不再有一个一般的论断了. 即使逆函数组确实存在, 它们也不可微了, 因为这时乘积

$$\frac{d(u,v)}{d(x,y)} \cdot \frac{d(x,y)}{d(u,v)}$$

将等于零, 而根据第 208 页, 它必须等于 1. 例如, 方程组

$$u = x^3, \quad v = y$$

虽然雅可比式在原点为零, 仍唯一可解, 其解为

$$x = \sqrt[3]{u}, \quad y = v;$$

但函数 $\sqrt[3]{u}$ 在原点不可微.

另一方面, 方程组

$$u = x^2 - y^2, \quad v = 2xy$$

在原点的邻域内不是唯一可解, 因为 xy 平面上的两点 (x, y) 和 $(-x, -y)$ 都对应于 uv 平面上的同一个点.

如果雅可比式不仅在单独一个点 (x, y) 为零, 而且在点 (x, y) 的某一整个邻域内恒为零, 则变换称为退化的. 在这种情况下, 函数

$$u = \varphi(x, y) \quad 和 \quad v = \psi(x, y)$$

呈现一种相依性, 即它们中有一个是另外一个的函数[1]. 我们首先考虑方程 $\varphi_x = 0$ 和 $\varphi_y = 0$ 处处成立的平凡情况, 这时函数 $\varphi(x, y)$ 是一个常数. 由此我们就看到, 当点 (x, y) 在整个区域上变化时, 它的像点 (u, v) 总保持在直线 $u =$ 常数上. 这就是说, 区域只是被映射到一条直线上而不是一个区域上. 所以这时不可能在两个二维区域之间存在一个到另一个上的一一映射.

微商 φ_x 和 φ_y 至少有一个不为零而雅可比式 D 仍为零的一般情况也类似. 假定在所考虑的区域的点 (x_0, y_0) 处我们有 $\varphi_x \neq 0$. 于是从第一个方程中可解出 x, 形如 $x = X(u, y)$, 并像第 210 页那样写成 $v = \psi(X(u, y), y) = \chi(u, y)$, 因为在那里我们只用了 $\varphi_x \neq 0$ 的假定. 但是根据 (34j) 和方程 $D = 0$, 在区域中 $\varphi_x \neq 0$ 的地方必有 χ_y 等于零; 这就是说, 量 $\chi = v$ 根本不依赖于 y, 而 v 仅是 u 的函数. 于是我们得到结论: 如果变换的雅可比式恒为零, 则在此变换下, xy 平面的一个区域不再映射为 uv 平面上的一个区域, 而是映射为 uv 平面上的一条曲线, 因为在值 u 的某个区间内每个 u 值仅有一个值 v 与之对应. 因此, 如果雅可比式恒为零, 则两函数不独立; 这就是说存在一个关系式

$$F(\varphi, \psi) = \psi - \chi(\varphi) = 0,$$

使得在区域中的一切值 (x, y) 都满足它. 反之, 如果在 uv 平面上存在一条曲线, xy 平面上的区域映射于其上, 则对于这个区域上的一切点雅可比式 $D = \varphi_x\psi_y -$

1) 雅可比式为零也等价于由映射函数的一阶微商所构成的向量 (φ_x, φ_y) 和 (ψ_x, ψ_y) 相依.

$\varphi_y\psi_x$ 必恒为零, 因为, 显然这映射在一点的一整个邻域内是不可逆的.

在开始各别讨论的特殊情况显然包含在一般的论断之中. 那时问题中的曲线恰是直线 $u=$ 常数, 它平行于 v 轴.

例如

$$\xi = x+y, \quad \eta = (x+y)^2$$

是一个退化的变换. 这个变换把 xy 平面上的一切点都映射为 $\xi\eta$ 平面上的抛物线 $\eta=\xi^2$ 的点. 变换求逆的问题是谈不到的, 因为直线 $x+y=$ 常数上的所有点都被映射成了一个点 (ξ,η). 容易验证, 雅可比式的值是 0. 与一般定理一致, 函数 ξ 和 η 之间的关系由方程

$$F(\xi,\eta) = \xi^2 - \eta = 0$$

给出.

练　习　3.3h

1. 给出一对连续可微函数 $\xi=f(x,y), \eta=g(x,y)$ 的例子, 使它们在一个区域内是独立的, 而在另一个区域内是不独立的.

2. 证明: 如果 $\xi=ax+by+c$ 和 $\eta=\alpha x+\beta y+\gamma$ 是相依的, 则直线 $\xi=0$ 和 $\eta=0$ 是平行的.

i. 结束语

将上述理论推广到三个或三个以上自变量的情况不再出现特殊的困难. 主要的差别在于, 我们用三阶或多阶行列式代替二阶行列式 D. 当变换含有三个自变量时

$$\xi=\varphi(x,y,z), \quad \eta=\psi(x,y,z), \quad \zeta=\chi(x,y,z),$$
$$x=g(\xi,\eta,\zeta), \quad y=h(\xi,\eta,\zeta), \quad z=l(\xi,\eta,\zeta).$$

雅可比式由下式给出

$$D=\frac{d(\xi,\eta,\zeta)}{d(x,y,z)}=\begin{vmatrix} \varphi_x & \psi_x & \chi_x \\ \varphi_y & \psi_y & \chi_y \\ \varphi_z & \psi_z & \chi_z \end{vmatrix}. \tag{38}$$

同样, 对于 n 个自变量的变换

$$\xi_i=\varphi_i(x_1,x_2,\cdots,x_n),$$
$$x_i=g_i(\xi_1,\xi_2,\cdots,\xi_n) \quad (i=1,2,\cdots,n)$$

而言, 雅可比行列式为

$$\frac{d(\xi_1,\xi_2,\cdots,\xi_n)}{d(x_1,x_2,\cdots,x_n)}=\begin{vmatrix}\dfrac{\partial\varphi_1}{\partial x_1} & \dfrac{\partial\varphi_2}{\partial x_1} & \cdots & \dfrac{\partial\varphi_n}{\partial x_1}\\ \dfrac{\partial\varphi_1}{\partial x_2} & \dfrac{\partial\varphi_2}{\partial x_2} & \cdots & \dfrac{\partial\varphi_n}{\partial x_2}\\ \vdots & \vdots & & \vdots\\ \dfrac{\partial\varphi_1}{\partial x_n} & \dfrac{\partial\varphi_2}{\partial x_n} & \cdots & \dfrac{\partial\varphi_n}{\partial x_n}\end{vmatrix}.$$

当自变量多于两个时, 复合变换的雅可比行列式等于各个雅可比行列式的乘积, 这一命题仍然对. 用符号写就是

$$\frac{d(\xi_1,\xi_2,\cdots,\xi_n)}{d(\eta_1,\eta_2,\cdots,\eta_n)}\cdot\frac{d(\eta_1,\eta_2,\cdots,\eta_n)}{d(x_1,x_2,\cdots,x_n)}=\frac{d(\xi_1,\xi_2,\cdots,\xi_n)}{d(x_1,x_2,\cdots,x_n)}.$$

特别地, 逆变换的雅可比式是原变换雅可比式的倒数.

变换的分解与合成的定理、逆变换的定理、变换相依性的定理, 对于自变量是三个或更多的情况仍然成立. 其证明类似于 $n=2$ 的情况, 为了避免不必要的重复我们就略去了. 用迭代法构造逆映射也同样成立.

在前一节我们看到了, 一个一般变换在许多方面类似于仿射变换, 而雅可比式起着在仿射变换中行列式所起的作用. 下面的说明使这点更加清楚. 由于函数 $\xi=\varphi(x,y)$ 和 $\eta=\psi(x,y)$ 在 (x_0,y_0) 的邻域内是可微的, 我们可将它们表示为如下形式

$$\xi-\xi_0=(x-x_0)\varphi_x(x_0,y_0)+(y-y_0)\varphi_y(x_0,y_0)+\varepsilon\sqrt{(x-x_0)^2+(y-y_0)^2},$$

$$\eta-\eta_0=(x-x_0)\psi_x(x_0,y_0)+(y-y_0)\psi_y(x_0,y_0)+\delta\sqrt{(x-x_0)^2+(y-y_0)^2},$$

其中 ε 和 δ 随着

$$\sqrt{(x-x_0)^2+(y-y_0)^2}$$

趋向于零而趋向于零. 这表明, 当 $|x-x_0|$ 和 $|y-y_0|$ 的值足够小时, 变换能被近似地表成仿射变换:

$$\xi=\xi_0+(x-x_0)\varphi_x(x_0,y_0)+(y-y_0)\varphi_y(x_0,y_0),$$

$$\eta=\eta_0+(x-x_0)\psi_x(x_0,y_0)+(y-y_0)\psi_y(x_0,y_0),$$

它的行列式就是原变换的雅可比式.

练 习 3.3i

1. 对下列函数组计算 $\partial(\xi,\eta,\rho)/\partial(x,y,z)$:

(a) $\xi=e^x\cos y\cos z$, $\eta=e^x\cos y\sin z$, $\rho=e^x\sin y$;

(b) $\xi=\cos(x+y)+\cos(y+z)$, $\eta=\cos(x+y)+\sin(y+z)$, $\rho=\sin(x+y)+\cos(y+z)$;

(c) $\xi=\cosh x+\log y$, $\eta=\tanh y-\sinh z$, $\rho=x-y^z$;

(d) $\xi=x\cos y\sin z$, $\eta=x\sin y\sin z$, $\rho=x\cos z$;

(e) $\xi=x\cos y$, $\eta=x\sin y$, $\rho=z$.

2. 定义函数组 $\xi=f(x,y,z),\eta=g(x,y,z),\rho=h(x,y,z)$ 在一区域内的相依性. 将 h 段的结果推广到这种情况.

3. 在习题 1 中所给的三个函数所成的组中, 哪一组是相依的? 给出三个函数间的联系方程.

4. 证明下列三个函数是相依的, 并找出它们之间的相依关系:

$$\xi=x+y+z,$$
$$\eta=x^2+y^2+z^2,$$
$$\zeta=xy+yz+zx.$$

5. 三维反演由公式

$$\xi=\frac{x}{x^2+y^2+z^2},$$
$$\eta=\frac{y}{x^2+y^2+z^2},$$
$$\zeta=\frac{z}{x^2+y^2+z^2}$$

定义.

(a) 证明任何两曲面间夹角是不变的.

(b) 证明球面被变换为球面或平面.

(c) 求变换的雅可比式.

3.4 应 用

a. 曲面理论的要素

曲面像曲线一样, 参变量表示法常常是比其他表示法更合用. 对曲面我们需要两个参变量, 而不是一个. 我们用 u 和 v 来表示它们. 曲面的参变量表示可表成如

下形式:

$$x = \varphi(u,v), \quad y = \psi(u,v), \quad z = \chi(u,v), \tag{39a}$$

其中 φ, ψ 和 χ 都是参量 u, v 的已知函数, 而点 (u,v) 在 uv 平面上的已给区域 R 上变化. 从而以 x, y, z 为三维直角坐标的相应点就在 xyz 空间的一个集合上变化. 在典型情况下, 该集合是一张曲面, 能表为显式 $z = f(x,y)$. 因为对上列三个方程, 可将其中两个根据相应的直角坐标解出 u, v, 然后把所得到的 u 和 v 的表达式代入第三个方程, 我们就得到了曲面的非对称表示 $z = f(x,y)$[1]. 因此, 为了保证方程确实表示一张曲面, 我们只要假定三个雅可比行列式

$$\begin{vmatrix} \psi_u & \psi_v \\ \chi_u & \chi_v \end{vmatrix}, \quad \begin{vmatrix} \chi_u & \chi_v \\ \varphi_u & \varphi_v \end{vmatrix}, \quad \begin{vmatrix} \varphi_u & \varphi_v \\ \psi_u & \psi_v \end{vmatrix} \tag{39b}$$

不同时为零; 用一个公式表示, 我们要求

$$(\varphi_u \psi_v - \varphi_v \psi_u)^2 + (\psi_u \chi_v - \psi_v \chi_u)^2 + (\chi_u \varphi_v - \chi_v \varphi_u)^2 > 0. \tag{39c}$$

这时, 空间中, 在由 (39a) 所表示的每一点的邻域内, 一定能将三个坐标中的一个用另外两个来表示.

把参变量表示的三个方程 (39a) 用一个向量方程

$$\mathbf{X} = \Phi(u,v) \tag{40a}$$

来代替是方便的, 这里 $\mathbf{X} = (x,y,z)$ 是曲面上点的位置向量, $\mathbf{\Phi}$ 表示向量

$$\Phi(u,v) = (\varphi(u,v), \psi(u,v), \chi(u,v)).$$

曲面上, 在具有参量 u, v 的每个点上, 我们能构成位置向量的偏微商

$$\mathbf{X}_u = (\varphi_u, \psi_u, \chi_u) \quad 和 \quad \mathbf{X}_v = (\varphi_v, \psi_v, \chi_v). \tag{40b}$$

于是向量 $\mathbf{X}$ 的全微分 (见第 43 页公式 (15b)) 是

$$d\mathbf{X} = (dx, dy, dz) = \mathbf{X}_u du + \mathbf{X}_v dv. \tag{40c}$$

三个行列式 (39b) 恰是向量 $\mathbf{X}_u$ 和 $\mathbf{X}_v$ 的向量积 $\mathbf{X}_u \times \mathbf{X}_v$ 的分量 (见第 156 页). (39c) 左边的表达式表示了向量 $\mathbf{X}_u \times \mathbf{X}_v$ 的长度的平方, 所以条件 (39c) 等价于

$$\mathbf{X}_u \times \mathbf{X}_v \neq 0. \tag{40d}$$

例如, 半径为 r 的球面 $x^2 + y^2 + z^2 = r^2$, 其参变量表示由方程

1) 设 $x = u, y = v$, 我们就看出, 这实际上是参变量形式的特殊情况.

$$x = r\cos u\sin v, \quad y = r\sin u\sin v, \quad z = r\cos v \quad (0 \leqslant u < 2\pi, 0 \leqslant v \leqslant \pi) \tag{40e}$$

给出, 其中 $v=\theta$ 是球面上点的 '余纬', 而 $u=\varphi$ 是球面上点的 '经度' (见 214 页).

这个例子已展示了参变量表示的一种便利. 三个坐标由 u, v 的三个显函数给出, 这三个函数都是单值的. 若 v 从 $\frac{\pi}{2}$ 变到 π, 我们得到下半球面, 即

$$z = -\sqrt{r^2 - x^2 - y^2},$$

而当 v 从 0 变到 $\frac{\pi}{2}$ 时得到上半球面. 这样, 对参变量表示来说, 为了得到整个球面, 就不需要像表示法

$$z = \pm\sqrt{r^2 - x^2 - y^2}$$

那样去考虑这个函数的两个单值分支了.

通过测地投影, 我们可得到球面的另一种参变量表示 (见第一卷第 287 页). 为了从北极 $(0,0,r)$ 到赤道平面 $z=0$ 作曲面

$$x^2 + y^2 + z^2 - r^2 = 0$$

的测地投影, 我们把曲面上每一点和北极 N 用直线连接起来, 并把这条直线与赤道平面的交点称作曲面上相应点的测地投影像 (图 3.12). 这样, 除去极点 N 外我们就得到了曲面上的点和平面上的点的一种一一对应. 运用初等几何容易发现, 这个对应由公式

$$\begin{aligned} x &= \frac{2r^2u}{u^2+v^2+r^2}, \\ y &= \frac{2r^2v}{u^2+v^2+r^2}, \\ z &= \frac{(u^2+v^2-r^2)r}{u^2+v^2+r^2} \end{aligned} \tag{40f}$$

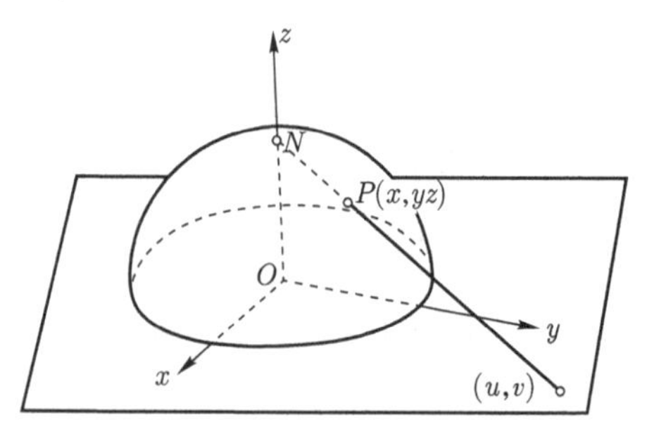

图 3.12　球面的测地投影

表达, 其中 (u,v) 是平面上像点的直角坐标. 这些方程可看作球面的参变量表示, 参变量 u, v 是 uv 平面上的直角坐标.

作为进一步的例子, 我们给出曲面

$$\frac{x^2}{a^2}+\frac{y^2}{b^2}-\frac{z^2}{c^2}=1 \quad \text{和} \quad \frac{x^2}{a^2}+\frac{y^2}{b^2}-\frac{z^2}{c^2}=-1$$

的参变量表示, 它们分别叫做单叶双曲面和双叶双曲面 (见图 3.13 和图 3.14). 单叶双曲面用

$$\begin{aligned} x &= a\cos u\cosh v, \\ y &= a\sin u\cosh v, \quad (0\leqslant u<2\pi, -\infty<v<+\infty) \\ z &= c\sinh v \end{aligned} \tag{40g}$$

表示; 而双叶双曲面用

$$\begin{aligned} x &= a\cos u\sinh v, \\ y &= b\sin u\sinh v, \quad (0\leqslant u<2\pi, 0<v<+\infty) \\ z &= \pm c\cosh v \end{aligned} \tag{40h}$$

表示.

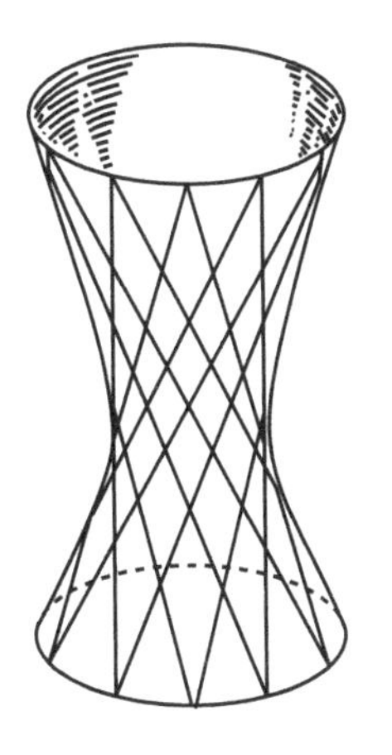

图 3.13 单叶双曲面

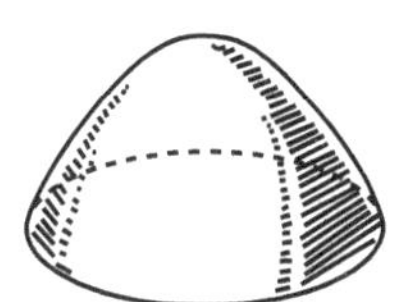

图 3.14 双叶双曲面

一般说来, 我们可以把曲面的参量表示看作 (u,v) 平面上的区域 R 到相应曲面上的映射, 使 (u,v) 平面上区域 R 的每一点对应于曲面上的一点. 对典型情况反过来也是对的[1)].

1) 当然, 不可一概而论. 例如, 在球面的球坐标 (见第 240 页) 表示 (40e) 中, 球的南北极相应于由 $v=0$ 和 $v=\pi$ 给出的整个线段.

同样, uv 平面上的曲线 $u=u(t), v=v(t)$ 借助方程

$$x=\varphi(u(t),v(t))=x(t),\cdots$$

对应于曲面上的曲线. 例如, 在球面的球坐标表示 (40e) 中, 方程 $u=$ 常数表示经线, 而 $v=$ 常数表示纬线. 如果在我们的参变量表示中, 对 u 用一个确定的固定值去代, 而让 v 作为参变量, 我们就得到一条位于曲面上的 '空间曲线" 或 '挠曲线"; 对 v 用一个固定值去代, 而让 u 变也有相应的结论. 所以, 在一般情况下我们可以考虑曲面上由方程 $u=$ 常数和 $v=$ 常数所给的那些曲线, 这些曲线是曲面上的参量曲线或坐标曲线. 参量曲线网相应于 uv 平面上关于坐标轴的平行线网 (图 3.15).

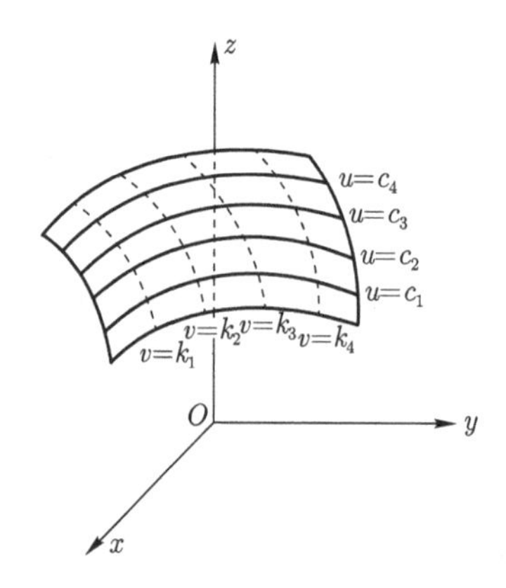

图 3.15　参量曲线 $u=$ 常数, $v=$ 常数

与 (u,v) 平面上的曲线 $u=u(t), v=v(t)$ 相对应的曲面上的曲线, 其切线的方向与向量

$$\begin{aligned}\mathbf{X}_t&=(x_t,y_t,z_t)\\&=\left(x_u\frac{du}{dt}+x_v\frac{dv}{dt},y_u\frac{du}{dt}+y_v\frac{dv}{dt},z_u\frac{du}{dt}+z_v\frac{dv}{dt}\right)\\&=\mathbf{X}_u\frac{du}{dt}+\mathbf{X}_v\frac{dv}{dt}\end{aligned}\tag{41}$$

的方向相同 (见第 182 页). 在曲面的一个指定点, 曲面上通过该点的一切曲线的切向量 $\mathbf{X}_t$ 依赖于两个向量 $\mathbf{X}_u, \mathbf{X}_v$, 它们分别切于通过该点的参量曲线 $u=$ 常数和 $v=$ 常数. 这就意味着, 所有切线都放在通过该点而由向量 $\mathbf{X}_u$ 和 $\mathbf{X}_v$ 张成的平面上, 即曲面在该点的*切平面*上. 曲面的*法线*垂直于所有的切方向, 特别地, 垂直于向量 $\mathbf{X}_u$ 和 $\mathbf{X}_v$. 所以 (见第 157 页) 曲面的法线平行于向量积

$$\mathbf{X}_u\times\mathbf{X}_v=(y_uz_v-y_vz_u,z_ux_v-z_vx_u,x_uy_v-x_vy_u).\tag{42}$$

探究已给曲面性质的一个最重要的工具是研究曲面上的曲线. 这里我们将只给出这种曲线的弧长 s 的表达式. 在第 182 页 (见第一卷第 302 页) 曾提到

$$\left(\frac{ds}{dt}\right)^2=\left(\frac{dx}{dt}\right)^2+\left(\frac{dy}{dt}\right)^2+\left(\frac{dz}{dt}\right)^2=\mathbf{X}_t\cdot\mathbf{X}_t,$$

所以由方程 (41), 我们得到

$$\begin{aligned}\left(\frac{ds}{dt}\right)^2&=\left(\mathbf{X}_u\frac{du}{dt}+\mathbf{X}_v\frac{dv}{dt}\right)\cdot\left(\mathbf{X}_u\frac{du}{dt}+\mathbf{X}_v\frac{dv}{dt}\right)\\&=\left(x_u\frac{du}{dt}+x_v\frac{dv}{dt}\right)^2+\left(y_u\frac{du}{dt}+y_v\frac{dv}{dt}\right)^2+\left(z_u\frac{du}{dt}+z_v\frac{dv}{dt}\right)^2\\&=E\left(\frac{du}{dt}\right)^2+2F\frac{du}{dt}\frac{dv}{dt}+G\left(\frac{dv}{dt}\right)^2.\end{aligned}\tag{43}$$

这里系数 E,F,G 称为曲面的高斯基本量:

$$E=\left(\frac{\partial x}{\partial u}\right)^2+\left(\frac{\partial y}{\partial u}\right)^2+\left(\frac{\partial z}{\partial u}\right)^2=\mathbf{X}_u\cdot\mathbf{X}_u,\tag{44a}$$

$$F=\frac{\partial x}{\partial u}\frac{\partial x}{\partial v}+\frac{\partial y}{\partial u}\frac{\partial y}{\partial v}+\frac{\partial z}{\partial u}\frac{\partial z}{\partial v}=\mathbf{X}_u\cdot\mathbf{X}_v,\tag{44b}$$

$$G=\left(\frac{\partial x}{\partial v}\right)^2+\left(\frac{\partial y}{\partial v}\right)^2+\left(\frac{\partial z}{\partial v}\right)^2=\mathbf{X}_v\cdot\mathbf{X}_v.\tag{44c}$$

这些系数仅依赖于曲面本身及其参量表示, 而不依赖于曲面上曲线的特殊选择. 表达式 (43) 是弧长 S 关于参量 t 的微商, 在符号上它通常可以写成与沿曲线所用的参量无关, 用二次微分形式 (“基本形式”)

$$ds^2=Edu^2+2Fdudv+Gdv^2\tag{45}$$

给出, ds 称为线元素.

向量积 $\mathbf{X}_u\times\mathbf{X}_v$ 的长度可用 E,F,G 表示, 因为 (见第 157 页)

$$|\mathbf{X}_u\times\mathbf{X}_v|^2=|\mathbf{X}_u|^2|\mathbf{X}_v|^2-(\mathbf{X}_u\cdot\mathbf{X}_v)^2=EG-F^2.\tag{45a}$$

这样一来, 前面用参量表示的原始假定 (39c) 或 (40d) 现在可用关于基本量的条件

$$EG-F^2>0\tag{46}$$

来表示了.

由于单位向量

$$\frac{1}{|\mathbf{X}_u\times\mathbf{X}_v|}\mathbf{X}_u\times\mathbf{X}_v=\frac{1}{\sqrt{EG-F^2}}\mathbf{X}_u\times\mathbf{X}_v$$

的分量是曲面的两个法方向之一的方向余弦, 所以, 由 (42) 可推出, 用参量表示的曲面的法方向有方向余弦

$$\begin{aligned}\cos\alpha &= \frac{y_u z_v - y_v z_u}{\sqrt{EG-F^2}},\\ \cos\beta &= \frac{z_u x_v - z_v x_u}{\sqrt{EG-F^2}},\\ \cos\gamma &= \frac{x_u y_v - x_v y_u}{\sqrt{EG-F^2}}.\end{aligned}\tag{47}$$

曲面上曲线 $u=u(t), v=v(t)$ 的切线与向量

$$\mathbf{X}_t = \mathbf{X}_u\frac{du}{dt} + \mathbf{X}_v\frac{dv}{dt}$$

同方向. 现在我们考虑曲面上以 τ 为参变量数的第二条曲线 $u=u(\tau), v=v(\tau)$. 它的切线与向量

$$\mathbf{X}_\tau = \mathbf{X}_u\frac{du}{d\tau} + \mathbf{X}_v\frac{dv}{d\tau}$$

同方向. 若这两条曲线通过曲面上同一点, 则其交角 ω 的余弦与向量 $\mathbf{X}_t$ 与 $\mathbf{X}_\tau$ 之间夹角的余弦一样. 因此 (见第 112 页)

$$\cos\omega = \frac{\mathbf{X}_t\cdot\mathbf{X}_\tau}{|\mathbf{X}_t||\mathbf{X}_\tau|}.$$

在这里

$$\begin{aligned}\mathbf{X}_t\cdot\mathbf{X}_\tau &= \left(\mathbf{X}_u\frac{du}{dt} + \mathbf{X}_v\frac{dv}{dt}\right)\cdot\left(\mathbf{X}_u\frac{du}{d\tau} + \mathbf{X}_v\frac{dv}{dt}\right)\\ &= E\frac{du}{dt}\frac{du}{d\tau} + F\left(\frac{du}{dt}\frac{dv}{d\tau} + \frac{du}{d\tau}\frac{dv}{dt}\right) + G\frac{dv}{dt}\frac{dv}{d\tau}.\end{aligned}$$

所以曲面上两曲线间夹角的余弦由下式给出

$$\begin{aligned}\cos\omega = &\left[E\frac{du}{dt}\frac{du}{d\tau} + F\left(\frac{du}{dt}\frac{dv}{d\tau} + \frac{du}{d\tau}\frac{dv}{dt}\right) + G\frac{dv}{dt}\frac{dv}{d\tau}\right]\\ &\Big/\left[\sqrt{E\left(\frac{du}{dt}\right)^2 + 2F\frac{du}{dt}\frac{dv}{dt} + G\left(\frac{dv}{dt}\right)^2}\right.\\ &\left.\times\sqrt{E\left(\frac{du}{d\tau}\right)^2 + 2F\frac{du}{d\tau}\frac{dv}{d\tau} + G\left(\frac{dv}{d\tau}\right)^2}\right].\end{aligned}\tag{48}$$

一个平面区域到另一个平面区域上的映射可以看作参量表示的一种特殊情况, 因为如果假定 (39a) 中的第三个函数 $\chi(u,v)$ 对所考虑的 (u,v) 恒为零, 则所述方程就只表示了 uv 平面上的区域到 xy 平面上的区域的映射. 如果我们愿意用坐标变换的术语来说的话就是, 方程组确定了 uv 区域内的一个曲线坐标系, 而反函数 (要是它们存在的话) 则确定了 xy 平面内的一个 uv 曲线坐标. 利用这种坐标 (u,v) 来表示, xy 平面上的线元素可简单地写为 [见 (44a, b, c)]

$$ds^2 = Edu^2 + 2Fdudv + Gdv^2,$$

其中

$$E = \left(\frac{\partial x}{\partial u}\right)^2 + \left(\frac{\partial y}{\partial u}\right)^2, \tag{49a}$$

$$F = \frac{\partial x}{\partial u}\frac{\partial x}{\partial v} + \frac{\partial y}{\partial u}\frac{\partial y}{\partial v}, \tag{49b}$$

$$G = \left(\frac{\partial x}{\partial v}\right)^2 + \left(\frac{\partial y}{\partial v}\right)^2. \tag{49c}$$

我们取环面作为曲面的参量表示一个更深入的例子. 环面是这样得到的: 取一个圆, 让它绕着一条与它在同一个平面上而又与它不相交的直线旋转 (见图 3.16). 我们取旋转轴作为 z 轴, y 轴通过该圆的中心, 中心的 y 坐标为 a. 如果圆的半径是 $r < |a|$, 我们就得到该圆在 yz 平面上的参量表示

$$x = 0, \quad y - a = r\cos\theta, \quad z = r\sin\theta \quad (0 \leqslant \theta < 2\pi).$$

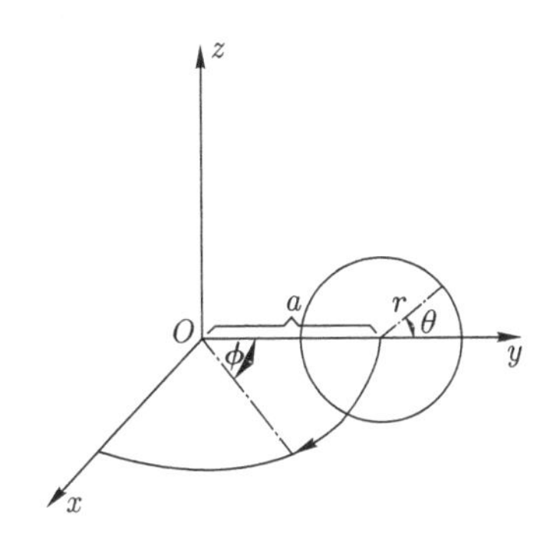

图 3.16　旋转圆产生环面

现在让圆绕 z 轴旋轴, 我们发现对圆上每一个点而言 $x^2 + y^2$ 保持常值, 也就是 $x^2 + y^2 = (a + r\cos\theta)^2$. 如果 φ 是关于 z 轴的转角, 则

$$x = (a + r\cos\theta)\sin\varphi,$$
$$y = (a + r\cos\theta)\cos\varphi, \quad (0 \leqslant \varphi < 2\pi, 0 \leqslant \theta < 2\pi).$$
$$z = r\sin\theta$$

这就是环面的以 θ 和 φ 为参量的参量表示. 在这种表示中, 环面成了 $\theta\varphi$ 平面上的边长为 2π 的正方形的像, 其中位于同一直线 $\theta =$ 常数上或 $\varphi =$ 常数上的每对边界点仅对应于曲面上的一个点, 而正方形的四个顶点只对应于同一个点.

对于环面的线元素, 依 (44a, b, c), 我们有

$$ds^2 = r^2 d\theta^2 + (a + r\cos\theta)^2 d\varphi^2.$$

练　习　3.4a

1. 计算下列曲面上的线元素:

(a) 球面

$$x = \cos u \sin v, \quad y = \sin u \sin v, \quad z = \cos v;$$

(b) 双曲面

$$x = \cos u \cosh v, \quad y = \sin u \cosh v, \quad z = \sinh v;$$

(c) 由

$$r = \sqrt{x^2 + y^2} = f(z)$$

所给出的旋转曲面 (用柱坐标 z 和 $\theta = \arctan(y/x)$ 作为曲面上的坐标);

(d) 由

$$\frac{x^2}{a-t} + \frac{y^2}{b-t} + \frac{z^2}{c-t} = 1$$

所给出的共焦二次曲面族中相当于 $t_3 =$ 常数的二次曲面, 取 t_1, t_2 作为二次曲面的坐标 (见第 220 页习题 9).

2. 对悬链曲面

$$x = a\cosh\left(\frac{t}{a}\right)\cos\left(\frac{\theta}{a}\right), \quad y = a\cosh\left(\frac{t}{a}\right)\sin\left(\frac{\theta}{a}\right),$$

$z = t$, 求其高斯基本量; 证明 $E - G = F = 0$.

3. 对曲面 $x = u\cos v, y = u\sin v, z = \alpha u + \beta$ ($\alpha, \beta =$ 常数) 证明: 曲线 $u =$ 常数, $v =$ 常数的像是正交的.

4. 对于方程 $z = f(x, y)$ 所给出的曲面, 确定其线元素的基本型是什么?

5. 如果在以 u, v 为参量的曲面上, 通过方程 $u = u(s, t), v = v(s, t)$ 引进新的曲线坐标系 (s, t), 试证明

$$E'G' - F'^2 = (EG - F^2)\left\{\frac{d(u, v)}{d(r, s)}\right\}^2,$$

其中 E', F', G' 是关于 s, t 所取的基本量, 而 E, F, G 是关于 u, v 所取的基本量.

6. 设 t 是曲面 S 在点 P 的切线, 考虑一切包含 t 的平面与曲面的交线. 证明所有这些不同交线的曲率中心都落在同一个圆上.

7. 若 t 是曲面 S 在点 P 的一条切线, 则我们把在 P 点通过 t 的法平面 (即通过 t 和法线的平面) 与曲面的交线的曲率称为 *S 在方向 t 的曲率* κ. 对于在 P 点的每一切线, 我们做一个以 P 为始点, 以 t 为方向的向量, 其长度为 $1/\sqrt{\kappa}$. 证明所有这些向量的终点都落在同一个二次曲线上.

8. 设一曲线是作为两个曲面

$$x^2 + y^2 + z^2 = 1,$$

$$ax^2 + by^2 + cz^2 = 0$$

的交线给出的, 试求:

(a) 切线方程;

(b) 在曲线上任一点处密切平面的方程.

9. 若球面上点的坐标 (x, y, z) 由方程 (见第 214 页)

$$x = a\sin\theta\cos\varphi, \quad y = a\sin\theta\sin\varphi, \quad z = a\cos\theta$$

给出, 试证明, 通过任何一点 (θ, φ) 的两族曲线 $\theta + \varphi = \alpha, \theta - \varphi = \beta$ 之间的交角为 $\arccos\{(1 - \sin^2\theta)/(1 + \sin^2\theta)\}$ (见第 244 页).

证明: 任一条曲线的曲率半径等于

$$\frac{a(1 + \sin^2\theta)^{\frac{3}{2}}}{(5 + 3\sin^2\theta)^{\frac{1}{2}}}.$$

b. 一般保角变换

如果平面上的一个变换

$$x = \varphi(u, v), \quad y = \psi(u, v) \tag{50}$$

把任何两条相交的曲线变为两条相交的曲线, 并保持其夹角不变, 则这个变换称为一个保角变换.

定理 一个连续可微的变换 (50) 是保角的一个必要充分条件是它满足柯西–黎曼方程

$$\varphi_u - \psi_v = 0, \quad \varphi_v + \psi_u = 0 \tag{51a}$$

或

$$\varphi_u + \psi_v = 0, \quad \varphi_v - \psi_u = 0. \tag{51b}$$

在第一种情况, 保持角度方向; 在第二种情况, 角度反向[1].

证明如下: 假定变换是保角的, 则在 uv 平面上两族正交的曲线 $u=$常数$=u_0$, $v=v_0+t$ 与 $u=u_0+\tau$, $v=$ 常数 $=v_0$ 一定变为 xy 平面上两族正交的曲线. 由关于两曲线交角的公式 (48) (见第 245 页) 直接推出

$$0 = F = \varphi_u\varphi_v + \psi_u\psi_v. \tag{51c}$$

同样, 对应于 $u=u_0+t, v=v_0+t$ 和 $u=u_0+\tau, v=v_0-\tau$ 的曲线也一定是正交的. 这就给出

$$0 = E - G = \varphi_u^2 + \psi_u^2 - \varphi_v^2 - \psi_v^2. \tag{51d}$$

方程 (51c) 可写为

$$\varphi_u = \lambda\psi_v, \quad \varphi_v = -\lambda\psi_u,$$

其中 λ 是一个适当的常数. 将此式代入 (51d), 我们立刻得到 $\lambda^2 = 1$, 所以上述的柯西–黎曼方程组 (51a, b) 中总有一个成立.

从下面的观察可确信, 柯西–黎曼方程组是保角性的一个充分条件. 除非四个量 $\varphi_u, \varphi_v, \psi_u, \psi_v$ 全是零.

由方程 (51a) 或 (51b) 可推出关系式

$$E = G \geqslant 0, \quad F = 0.$$

E, F, G 是由 (49a, b, c) 所定义的基本量. 于是, 根据 (48), 在 xy 平面上两曲线间的夹角 ω 由下式给出

$$\cos\omega = \frac{\dfrac{du}{dt}\dfrac{du}{d\tau} + \dfrac{dv}{dt}\dfrac{dv}{d\tau}}{\sqrt{\left(\dfrac{du}{dt}\right)^2 + \left(\dfrac{dv}{dt}\right)^2}\sqrt{\left(\dfrac{du}{d\tau}\right)^2 + \left(\dfrac{dv}{d\tau}\right)^2}}.$$

1) 最后的断言直接由第 223 页上关于雅可比式 $D = \varphi_u\psi_v - \varphi_v\psi_u$ 的符号推出. 在 (51a) 的情况下, 我们有 $D = \varphi_u^2 + \varphi_v^2 \geqslant 0$, 在 (51b) 的情况下 $D = -\varphi_u^2 - \varphi_v^2 \leqslant 0$.

这个方程的右边恰是 uv 平面上相应曲线间夹角的余弦. 所以, 映射保持曲线间夹角的大小, 但可能改变其定向. 只有使 $E = F = G = 0$ 的点例外, 也就是使两个映射函数的所有一阶微商都为零[1)]的点例外.

练 习 3.4b

1. 研究映射 $x = u^2 - v^2, y = 2uv$ 的性状. 在 $u = 2, v = 3$ 它是否保角的? 在 $u = v = 0$ 呢? 为什么?

2. 映射 $x = \frac{1}{2}\log(u^2 + v^2), y = \arctan\frac{v}{u}$ 在什么地方是保角的?

3. 证明, 如果映射 $(u, v) \to (x, y)$ 和 $(u, v) \to (\xi, \eta)$ 都是保角的, 则映射 $(u, v) \to (x\xi - y\eta, x\eta + y\xi)$ 也是保角的.

4.(a) 证明单位球面到平面的测地投影是保角的.

(b) 证明球面上的圆变为平面上的圆或直线.

(c) 证明, 在测地投影中, 球面关于赤道平面的反射对应于 uv 平面上的反演.

(d) 以 u, v 为参变量找出球面上线元素的表达式.

5. 高斯基本系数 (44a, b, c) 满足什么条件时, 从 uv 平面到曲面 $\mathbf{X} = \mathbf{X}(u, v)$ 的映射才是保角的?

6. 寻找一个从球面 $x = \cos\theta\sin\varphi, y = \sin\theta\sin\varphi, z = \cos\varphi$ 到 uv 平面的保角变换, 使得 $\theta = u, \varphi = f(v)$, 其中 $f(v)$ 满足 $f(0) = \frac{1}{2}$.

3.5 曲线族、曲面族, 以及它们的包络

a. 一般说明

在许多场合中, 我们已经不把曲线或曲面作为一个单独的个体来考虑, 而是作为一族曲线或一族曲面中的一个成员来考虑, 如像 $f(x, y) = c$, 这里对每一个 c 都存在着族中一条曲线与它对应.

例如, 在 xy 平面上与 y 轴平行的直线, 即 $x = c$ 形成一个曲线族. 关于原点的同心圆族 $x^2 + y^2 = c^2$ 也一样; 对于 c 的每一个值都对应着族中一个圆, 即半径为 c 的那个圆. 类似地, 等轴双曲线 $xy = c$ 形成一个曲线族, 其略图如图 3.2. 特殊值 $c = 0$ 对应于由两条坐标轴构成的退化双曲线. 给定曲线的一切法线所成的集合是曲线族的另一个例子. 若曲线以 t 为参变量而由方程 $\xi = \varphi(t), \eta = \psi(t)$ 给

1) 在这种地方映射实际上不再是保角的了.

出, 则我们可得到形如 (见第一卷第 302 页)

$$(x-\varphi(t))\varphi'(t)+(y-\psi(t))\psi'(t)=0$$

的法线族方程, 这里 t 代替 c 而表示曲线族的参变量.

曲线族的一般概念可用解析方法表述如下. 设

$$f(x,y,c)$$

是一个含有两个自变量 x 和 y 及一个参变量 c 的连续可微函数, 其中参变量 c 在给定区间内变化 (这样, 参变量实际上是第三个自变量, 仅仅因为它起着不同的作用, 才把字母写得有区别). 如果对参变量 c 的每一个值, 方程

$$f(x,y,c)=0 \tag{52a}$$

表示一条曲线, 则 c 在它的区间上变化时所得曲线的全体叫做依赖于参变量 c 的曲线族.

族中每一条曲线也可表为参变量形式:

$$x=\varphi(t,c),\quad y=\psi(t,c), \tag{52b}$$

其中 c 是区分族中不同曲线的参变量, 而 t 是沿曲线的参变量.

例如, 方程组

$$x=c\cos t,\quad y=c\sin t$$

表示上面提到的同心圆族; 又如方程组

$$x=ct,\quad y=\frac{1}{t},$$

表示上面提到的正交双曲线族, 但除去由两条坐标轴构成的退化双曲线.

偶尔我们也被引导到去考虑依赖于几个参变量的曲线族. 例如, 在平面上一切圆 $(x-a)^2+(y-b)^2=c^2$ 的全体是依赖于三个参变量 a,b,c 的曲线族. 如果在叙述中不出现相反情况的话, 我们总把曲线族理解为依赖于一个参变量的 "单参变量" 的曲线族. 其他情况我们将有区分地说两参变量、三参变量、多参变量的曲线族.

关于空间中的曲面族, 类似的论述当然也成立. 如果给了一个连续可微函数 $f(x,y,z,c)$, 并且如果对某个确定区间上的参变量 c 的每一个值, 方程

$$f(x,y,z,c)=0$$

表示空间中的一张以 (x,y,z) 为直角坐标的曲面, 则令 c 在它的区间内变化时所

得曲面的全体称为一个曲面族, 或更确切些说, 是一个以 c 为参变量的单参变量曲面族. 例如, 中心在原点的球面 $x^2+y^2+z^2=c^2$ 就形成这样一个曲面族. 和曲线族的情况一样, 我们也考虑依赖于几个参变量的曲面族.

例如, 由方程

$$ax+by+\sqrt{1-a^2-b^2}z+1=0$$

所确定的诸平面形成依赖于参变量 a 和 b 的两参变量曲面族, 参变量 a 和 b 在区域 $a^2+b^2\leqslant 1$ 内变化. 这个曲面族是由与原点距离为 1 的所有平面构成的[1)].

练　习　3.5a

1. 从几何上刻画下列的曲线族:

(a) $\dfrac{x^2}{a^2}+\dfrac{y^2}{b^2}=c^2, a, b$ 为已知常数, c 是参变量;

(b) $x^2+(y-c)^2=c^2, c$ 是参变量;

(c) $x=\cos(c+t), y=\sin(c+t), 0\leqslant t\leqslant 2\pi, c$ 是参变量.

2. 描述单参变量曲面族

$$(x-c)^2+(y-1-c)^2+(z+\sqrt{2}-2c)^2=1.$$

b. 单参量曲线的包络

如果某一直线族由一平面曲线 E 的诸切线构成 (例如, 一条曲线 C 的法线族就是 C 的包络 E 的切线族, 见第一卷), 这时我们就说曲线 E 是这一直线族的包络. 同样, 我们将说半径为 1, 中心在 x 轴上的圆族——即具有方程 $(x-c)^2+y^2-1=0$ 的圆族——以直线对 $y=1$ 和 $y=-1$ 为其包络, 该直线与族中每一个圆相切 (图 3.17). 在这两例中, 找出族中以 c 和 $c+h$ 为参数的两条曲线的交点, 而后让 h 趋近于 0, 我们就能得到包络和族中以 c 为参数的那条曲线的交点. 我们简短地用下述语言来表示: *包络是相邻曲线交点的轨迹*.

对任何一个曲线族, *如果曲线 E 在其每一点与族中某一曲线相切, 则称它为曲线族的包络*. 现在产生了寻找已给曲线族 $f(x,y,c)=0$ 的包络 E 的问题. 我们先作些表面上说得通的说明, 在说明中, 我们假定包络确实存在, 并像上面的情形那样, 它能作为相邻曲线的交点的轨迹而得到.[2)] 于是我们就通过下述途径来得到曲线 $f(x,y,c)=0$ 和曲线 E 的接触点: 除了这条曲线外, 我们还考虑一条相邻曲线 $f(x,y,c+h)=0$, 找出这两条曲线的交点, 然后让 h 趋近于 0. 这时交点一定

1) 有时一个单参变量的曲面族被归入 ∞^1 曲面, 一个双参变量曲面族被归入 ∞^2 曲面, 等等.

2) 因为有例子表明后面这一假定限制太强了, 我们即将用一个更完全的讨论来代替这个似真性的讨论.

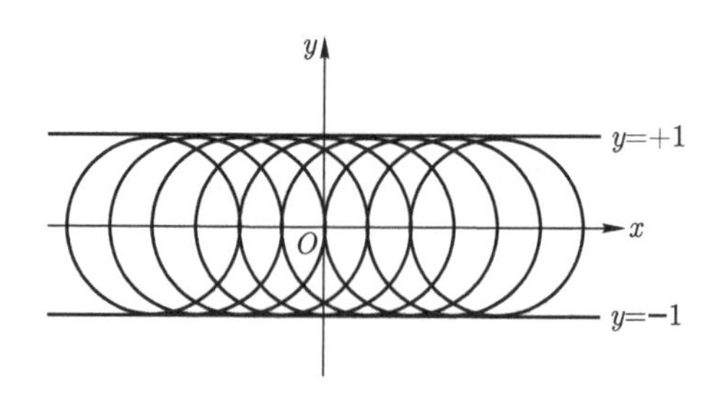

图 3.17　具有包络的圆族

趋近于所要找的点. 在交点处除了方程

$$\frac{f(x,y,c+h)-f(x,y,c)}{h}=0$$

成立外, 还有方程 $f(x,y,c+h)=0$ 与方程 $f(x,y,c)=0$ 也成立. 在第一个方程中, 让 $h\to 0$ 取极限. 由于我们假定了偏微商 f_c 的存在性, 这就给出了关于曲线 $f(x,y,c)=0$ 与包络的接触点的两个方程

$$f(x,y,c)=0,\quad f_c(x,y,c)=0. \tag{53}$$

如果我们根据这些方程把 x 和 y 确定为 c 的函数, 我们就得到一条以 c 为参变量的曲线的参量表达式, 而这条曲线就是包络. 消去参变量 c, 曲线也能表成 $g(x,y)=0$ 的形式. 这个方程叫做曲线族的判别式, 由方程 $g(x,y)=0$ 给定的曲线叫做判别曲线.

于是我们得到下述法则: *为了得到曲线族 $f(x,y,c)=0$ 的包络, 我们考虑联立方程组 $f(x,y,c)=0$ 和 $f_c(x,y,c)=0$, 并试图通过方程组将 x 和 y 表为 c 的函数, 或在这两方程间消去参变量 c.*

现在我们依据包络作为接触点的曲线的定义来作更一般的讨论, 而代替上面的直观考虑. 同时, 我们要弄清楚在什么条件下我们的法则在实际上给出包络, 并且有什么其他可能会出现.

首先, 我们假定 E 是包络, 它能利用参变量 c 通过两个连续可微函数

$$x=x(c),\quad y=y(c)$$

表示出来, 在这里

$$\left(\frac{dx}{dc}\right)^2+\left(\frac{dy}{dc}\right)^2\neq 0;$$

我们还假定 E 在具有参变量 c 的点与曲线族 $f(x,y,c)=0$ 中有同参变量值 c 的曲线相切. 于是接触点满足方程 $f(x,y,c)=0$. 因此, 如果我们在这个方程中用

$x(c)$ 和 $y(c)$ 代替 x 和 y. 则对区间中的一切 c 值方程仍能成立. 关于 c 求微商, 我们立刻得到

$$f_x\frac{dx}{dc}+f_y\frac{dy}{dc}+f_c=0.$$

现在相切的条件是

$$f_x\frac{dx}{dc}+f_y\frac{dy}{dc}=0,$$

因为量 $\dfrac{dx}{dc}$ 和 $\dfrac{dy}{dc}$ 与 E 的切线的方向余弦成比例, 且量 f_x 和 f_y 与族中曲线 $f(x,y,c)=0$ 的法线的方向余弦成比例, 而这些方向又一定彼此交成直角. 这就推出包络满足方程 $f_c=0$. 于是我们看到了, 方程 (53) 构成了包络的一个*必要条件*.

为了找出这个条件什么时候还是*充分*的, 我们假定由两个连续可微函数 $x=x(c)$ 和 $y=y(c)$ 所表示的曲线 E 满足两个方程 $f(x,y,c)=0$ 和 $f_c(x,y,c)=0$. 在 $f(x,y,c)=0$ 中我们再用 $x(c)$ 和 $y(c)$ 代 x 和 y; 这时, 这个方程变成了 c 的恒等式. 如果我们关于 c 取微商, 并记着 $f_c=0$, 我们立刻得到关系式

$$f_x\frac{dx}{dc}+f_y\frac{dy}{dc}=0,$$

这个关系式对所有的 c 成立. 如果两个表达式

$$f_x^2+f_y^2 \quad 和 \quad \left(\frac{dx}{dc}\right)^2+\left(\frac{dy}{dc}\right)^2$$

都在 E 的一点异于 0, 因而在这点曲线 E 和族中曲线都有确定的切线, 则这个方程说明包络与族中曲线彼此相切. 加上这些补充假定, 我们的法则就不仅是包络的一个必要条件, 而且也是包络的一个充分条件. 但是, 如果 f_x 和 f_y 都为 0, 则族中的曲线可能有一个奇点 (见第 202 页), 而关于曲线的相切我们引不出任何结论.

于是, 在我们找到了判别曲线之后, 还必须进一步研究每一种情况, 以便确定它是否确实是一个包络或者在什么范围内它不是.

最后, 我们叙述以 t 为参变量的、用参变方程

$$x=\varphi(t,c),\quad y=\psi(t,c)$$

形式给定的曲线族的判别曲线的条件. 这条件是

$$\varphi_t\psi_c-\varphi_c\psi_t=0.$$

消去 t, 从曲线族的参变量表示过渡到原始表示, 我们就能够立即得出这一条件.

练 习 3.5b

1. 光滑平面曲线的法线族总有包络吗?

2. 直线族

$$y = cx + \psi(c)$$

满足微分方程

$$y = xy' + \psi(y')$$

(克莱罗方程). 求该直线族的包络的非参量方程, 并验证它也一定满足此微分方程.

c. 例

1. $(x-c)^2 + y^2 = 1$. 正如我们在第 251 页上看到的, 这个方程表示中心在 x 轴上半径为 1 的圆族 (图 3.17). 从几何上我们立刻看出, 包络一定是由两条直线 $y = 1$ 和 $y = -1$ 构成的. 我们可依据我们的法则来验证, 因为方程 $(x-c)^2+y^2 = 1$ 和 $-2(x-c) = 0$ 立刻给我们以形如 $y^2 = 1$ 的包络.

2. 半径为 1 通过原点的圆族, 其中心一定位于以 1 为半径以原点为中心的圆上, 并由方程

$$(x - \cos c)^2 + (y - \sin c)^2 = 1$$

或

$$x^2 + y^2 - 2x\cos c - 2y\sin c = 0$$

给出. 关于 c 取微商即得 $x\sin c - y\cos c = 0$. 这两个方程为 $x = 0$ 和 $y = 0$ 所满足. 但是, 如果 $x^2 + y^2 \neq 0$, 从我们的方程容易推出 $\sin c = \dfrac{y}{2}, \cos c = \dfrac{x}{2}$, 从而消去 c 我们就得到 $x^2 + y^2 = 4$. 于是, 正像我们从几何直观上所能预期的那样, 我们的法则给出了半径为 2 以原点为心的圆作为包络, 但是它也给出了我们一个孤立点 $x = 0, y = 0$.

3. 抛物线族 $(x-c)^2 - 2y = 0$ (见图 3.18) 也有一个包络, 这用几何直观和用我们的法则都能找出, 就是 x 轴.

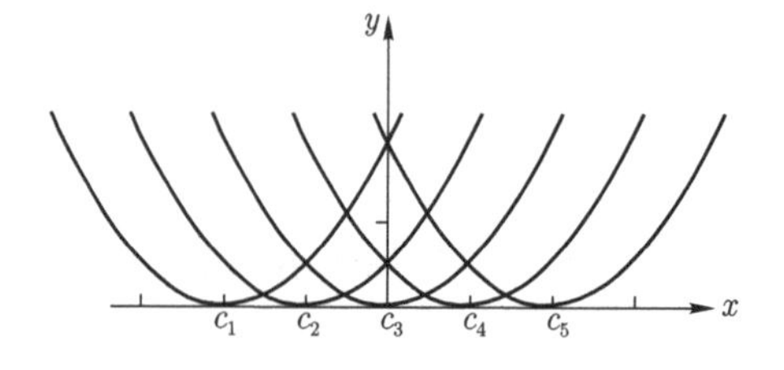

图 3.18 具有包络的抛物线族

4. 我们考虑圆族 $(x-2c)^2+y^2-c^2=0$ (见图 3.19). 关于 c 求微商得到 $2x-3c=0$, 代入原方程我们找到包络的方程为

$$y^2=\frac{x^2}{3};$$

这是说, 包络由两条直线

$$y=\frac{1}{\sqrt{3}}x \quad 和 \quad y=-\frac{1}{\sqrt{3}}x$$

构成. 原点是个例外值, 它不是切点.

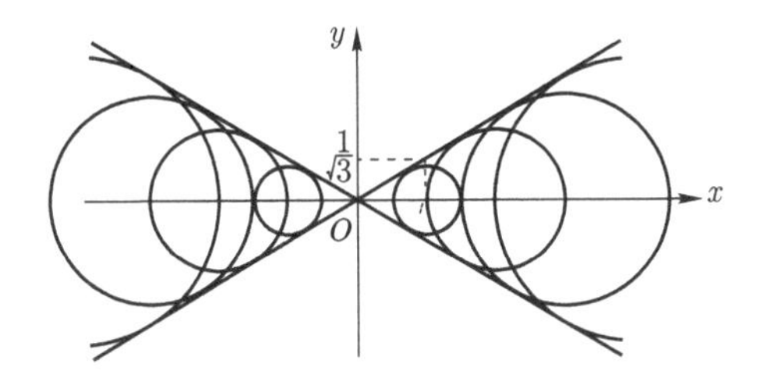

图 3.19 圆族 $(x-2c)^2+y^2-c^2=0$

5. 我们下面考虑由 x 轴和 y 轴切出单位长度的直线族. 如果 $\alpha=c$ 是图 3.20 中标出的角, 则直线族由方程

$$\frac{x}{\cos\alpha}+\frac{y}{\sin\alpha}=1$$

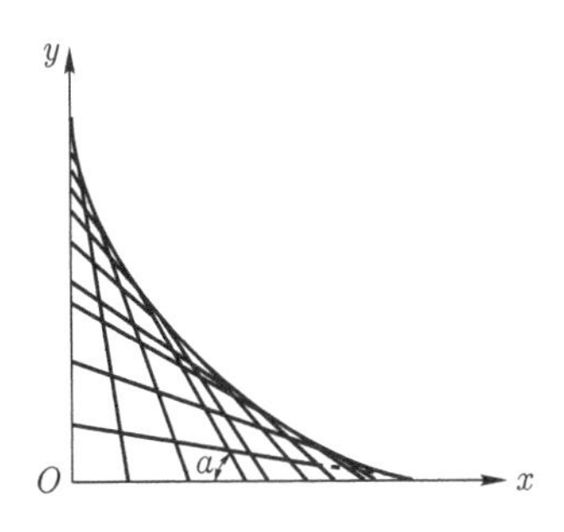

图 3.20 星形线的一段弧作为直线族的包络

给出. 包络的条件是

$$\frac{\sin\alpha}{\cos^2\alpha}x-\frac{\cos\alpha}{\sin^2\alpha}y=0,$$

它与直线族的方程一起给出参变量形式的包络

$$x=\cos^3\alpha, \quad y=\sin^3\alpha.$$

消去参变量, 我们得到方程

$$x^{2/3}+y^{2/3}=1.$$

这条曲线叫做星形线 (见第一卷第四章习题 1, 第 377 页). 它由交于四个尖点的四条对称的分枝构成 (图 3.21 和图 3.22).

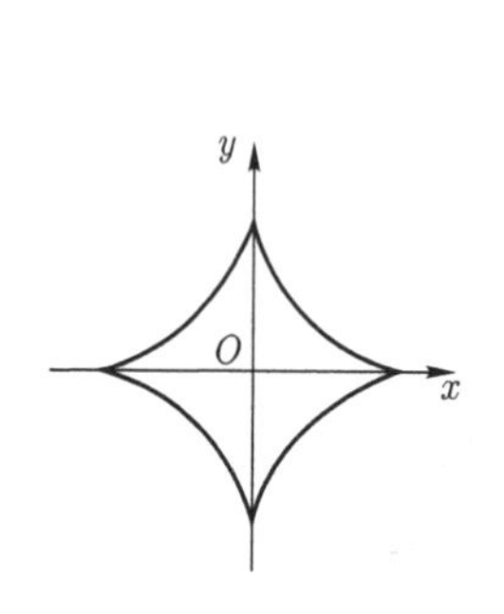

图 3.21　星形线

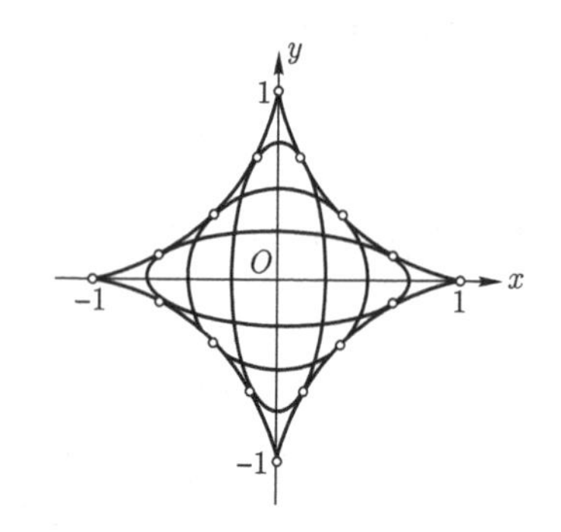

图 3.22　星形线作为椭圆族的包络

6. 星形线 $x^{2/3}+y^{2/3}=1$ 也作为椭圆族

$$\frac{x^2}{c^2}+\frac{y^2}{(1-c)^2}=1$$

的包络而出现, 它们的半轴 c 与 $(1-c)$ 的和为常量 1 (图 3.22).

7. 曲线族 $(x-c)^2-y^3=0$ 表明, 在某些情况下我们找包络的办法可能失败. 在这里该法则给出的是 x 轴, 但是图 3.23 表明它不是包络, 它是曲线族的尖点的轨迹.

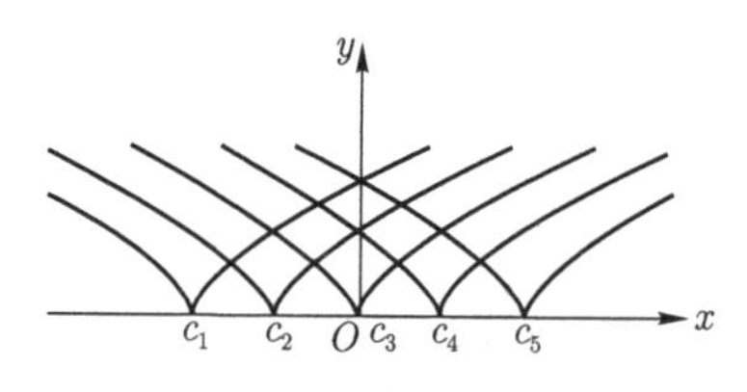

图 3.23　曲线族 $(x-c)^2-y^3=0$

8. 曲线族

$$(x-c)^3-y^2=0$$

的判别曲线是 x 轴 (见图 3.24). 这又是尖点的轨迹, 但是它与每条曲线相切, 因而在这种意义下必须看作包络.

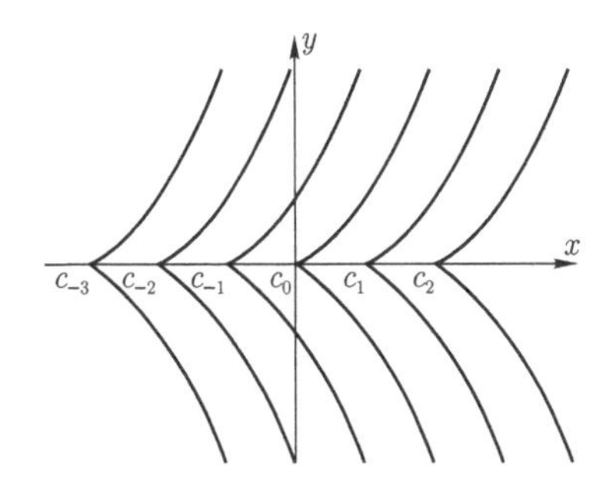

图 3.24 曲线族 $(x-c)^3-y^2=0$

9. 环索曲线族

$$[x^2+(y-c)^2](x-2)+x=0$$

(见图 3.25) 具有以包络加重点轨迹所构成的判别曲线. 族中曲线彼此是全等的, 沿 y 轴方向平行移动可由一条曲线产生出另一条曲线. 由微分法我们得到

$$f_c=-2(y-c)(x-2)=0,$$

因而我们必有 $x=2$ 或者 $y=c$. 然而直线 $x=2$ 可置而不论, 因为没有 y 的有限值对应于 $x=2$. 因此我们有 $y=c$. 所以判别曲线是

$$x^2(x-2)+x=0.$$

这个曲线由直线 $x=0$ 和 $x=1$ 构成. 正像我们在图 3.25 中看到的, 只有 $x=0$ 是包络; 直线 $x=1$ 通过曲线族的全部中点.

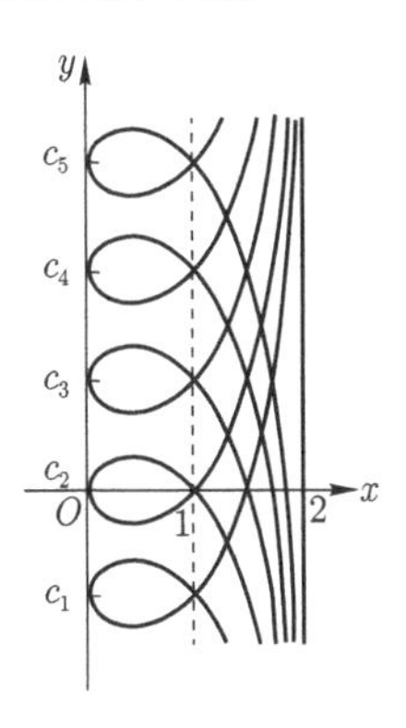

图 3.25 环索线族

10. 包络不必是相邻曲线交点的轨迹; 这由恒平行的三次抛物线族 $y-(x-c)^3=0$ 可以看出. 族中任何两条曲线皆不相交. 依上述法则给出方程 $f_c=3(x-c)^2=0$, 因此 x 轴 $y=0$ 是判别曲线. 因族中所有曲线都与之相切, 所以 x 轴也是包络

(图 3.26).

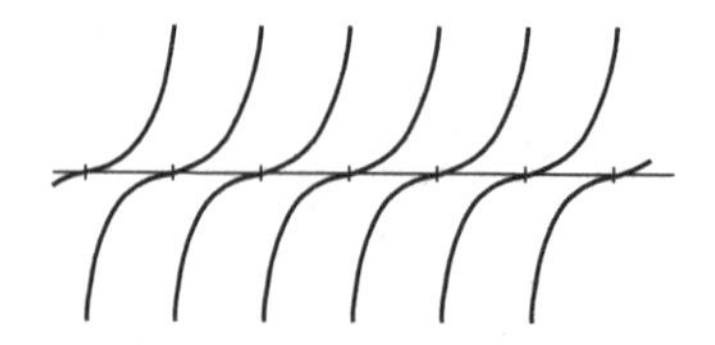

图 3.26　三次抛物线族

11. 包络的概念使我们能对曲线 C 的渐屈线给出一个新的定义 (见第一卷第 313 及 368 页以下). 设 C 由

$$x=\varphi(t),\quad y=\psi(t)$$

给出. 我们定义 C 的渐屈线 E 作为 C 的法线的包络. 因为 C 的法线由

$$\{x-\varphi(t)\}\varphi'(t)+\{y-\psi(t)\}\psi'(t)=0$$

给出, 包络可由关于 t 微分这个方程而求得

$$0=\{x-\varphi(t)\}\varphi''(t)+\{y-\psi(t)\}\psi''(t)-\varphi'^2(t)-\psi'^2(t).$$

由这一方程和前一方程, 我们得到包络的参量表示

$$x=\varphi(t)-\psi'(t)\frac{\varphi'^2+\psi'^2}{\psi''\varphi'-\varphi''\psi'}=\varphi-\frac{\psi'\rho}{\sqrt{\varphi'^2+\psi'^2}},$$

$$y=\psi(t)+\varphi'(t)\frac{\varphi'^2+\psi'^2}{\psi''\varphi'-\varphi''\psi'}=\psi+\frac{\varphi'\rho}{\sqrt{\varphi'^2+\psi'^2}},$$

其中

$$\rho=\frac{(\varphi'^2+\psi'^2)^{3/2}}{\psi''\varphi'-\varphi''\psi'}$$

表示曲率半径 (见第一卷第 310 页). 这些方程完全与第一卷 (第 311 页) 给出的渐屈线方程相同.

12. 设曲线 C 由 $x=\varphi(t), y=\psi(t)$ 给出. 我们来构造中心在 C 上且通过原点 O 的那些圆的包络 E. 因为诸圆由

$$x^2+y^2-2x\varphi(t)-2y\psi(t)=0$$

给出, 所以 E 的方程是

$$x\varphi'(t)+y\psi'(t)=0.$$

因此, 如果 P 是点 $(\varphi(t), \psi(t))$ 而 $Q(x, y)$ 是 E 的相应点, 则 OQ 垂直于 C 在 P 点的切线. 因为由定义 $PQ = PO$, 所以 PO 和 PQ 与 C 在点 P 的切线构成等角.

如果我们把 O 想象为一个发光点而 C 想象为一条反射曲线, 则 QP 是相应于 OP 的反射线. 反射线的包络叫做 C 关于 O 的焦散曲线. *焦散曲线是 E 的渐屈线*: 因为中心在 P 的圆与 E 在 Q 相切, 所以反射线 PQ 是 E 的法线, 而 E 的法线的包络就是它的渐屈线, 这正如我们在上例中已经看到的.

例如, 设 C 是一个通过 O 的圆, 则 E 是一个动圆 C' 上的点 O 的轨迹, 动圆 C' 与圆 C 全等, 且当 O' 与 O 重合时开始在圆 C 上滚动, 因为在滚动过程中, O 与 O' 始终关于这两圆的公共切线对称. 于是, E 将是一个特殊的外摆线, 事实上是一条心脏线 (见第一卷第 291 页). 因为外摆线的渐屈线是一条相似的外摆线 (见第一卷第 372 页), 所以在这种情况下, C 关于 O 的焦散曲线是一条心脏线.

练　习　3.5c

1. 一个抛射体以初始倾角 α 和固定初速度 v 从原点射出, 沿着由方程

$$x = (v\cos\alpha)t,$$

$$y = (v\sin\alpha)t - \frac{1}{2}gt^2$$

所给出的抛物线轨道运行, 其中 g 是代表重力加速度的常数.

(a) 求以 α 为参量的轨道族的包络;

(b) 证明在该包络的上方没有点被击中;

(c) 证明在该包络的下方的每一点能以两种方式被击中, 也就是要证明每一个这样的点都位于两条抛射线上.

2. 求下列曲线族的包络:

(a) $y = cx + \dfrac{1}{c}$;

(b) $y^2 = c(x - c)$;

(c) $cx^2 + \dfrac{y^2}{c} = 1$;

(d) $(x - c)^2 + y^2 = a^2c^2/(1 + a^2), a =$ 常数.

3. 设 C 是平面上的一条任意曲线, 并考虑半径为 p 中心在 C 上的圆. 证明, 这些圆的包络由两条平行于 C 而与 C 的距离为 p 的曲线组成.

4. 空间中的直线族可由依赖于参量 t 的两平面的交线给出

$$a(t)x + b(t)y + c(t)z = 1,$$

$$d(t)x + e(t)y + f(t)z = 1.$$

证明: 如果这些直线是某曲线的切线 (即具有包络), 则

$$\begin{vmatrix} a-d & b-e & c-f \\ a' & b' & c' \\ d' & e' & f' \end{vmatrix} = 0.$$

5. 若平面曲线 C 是由 $x = f(t), y = g(t)$ 所给出, 则它的配极曲线 C' 定义为直线族

$$\xi f(t) + \eta g(t) = 1$$

的包络, 其中 (ξ, η) 是流动坐标.

(a) 证明, C 也是 C' 的配极曲线;

(b) 寻求圆 $(x-a)^2 + (y-b)^2 = 1$ 的配极曲线;

(c) 寻求椭圆 $\dfrac{x^2}{a^2} + \dfrac{y^2}{b^2} = 1$ 的配极曲线.

6. 一个半径为 a 的圆带着一条与它相对固定的切线在一条固定的直线上滚动. 取动切线与固定直线重合时的位置为极轴, 证明, 切线的包络由

$$x = a(\theta + \cos\theta \sin\theta - \sin\theta),$$

$$y = a(\cos^2\theta - \sin\theta)$$

给出, 其中 θ 是动切线与极轴的夹角.

7. 在平面上, 求通过固定点 O 的诸圆的包络, 这些圆的圆心描过一条以 O 为中心的二次曲线.

8. (a) 如果 Γ 是一条平面曲线, 而 O 是平面上一点, 则 O 在 Γ 的变动切线上的正交投影的轨迹 Γ' 叫做 Γ 关于 O 点的垂足曲线. 证明, 如果点 M 描过曲线 Γ, 则垂足曲线 Γ' 是以向径 OM 为直径的变圆的包络.

(b) 如果 Γ 是一个圆, 而 O 是圆周上的一个点, 则包络是什么样的?

9. 设 MM' 是平行于椭圆短轴的椭圆的变弦, 求以 MM' 为直径的变圆的包络.

d. 曲面族的包络

上面关于曲线族包络的论述无需多大更动就可适用于曲面族. 给定一个确定在参量 c 的某区间上的单参量曲面族 $f(x, y, z, c) = 0$, 我们称一张曲面 E 是该曲面族的包络, 如果它和族中每一曲面沿一条整个曲线相切, 并且, 进一步, 如果那

些在 E 上的接触曲线形成一个完全覆盖 E 的单参量曲线族.

中心在 z 轴上, 以 1 为半径的全部球面所形成的曲面族就是一例. 从直观上我们看出, 包络是以 1 为半径, 以 z 轴为其轴的圆柱面 $x^2+y^2-1=0$; 很简单, 接触曲线族就是以 1 为半径, 中心在 z 轴上, 且平行于 xy 平面的圆族.

正像第 252 页上一样, 如果我们假定包络确实存在, 我们就能用下述的启发性的方法找出来: 我们首先考虑相应于两个不同的参量 c 和 $c+h$ 的曲面 $f(x,y,z,c)=0$ 和 $f(x,y,z,c+h)=0$. 这两个方程确定了两个曲面的交线 (我们明确地假定这样一条交线存在). 作为上面两个方程的推论, 这条曲线也满足这第三个方程

$$\frac{f(x,y,z,c+h)-f(x,y,z,c)}{h}=0.$$

如果我们让 h 趋向于 0, 交线将趋近于一个极限位置, 并且极限曲线由这两个方程

$$f(x,y,z,c)=0,\quad f_c(x,y,z,c)=0 \tag{54}$$

所确定. 在非严密的直观意义上, 这条曲线常被看作族中相邻曲面的交线. 它是参量 c 的函数, 所以对所有不同的 c 值, 交线在空间中形成一个单参量曲线族. 如果从上面的两个方程中消去量 c, 我们就得到一个方程, 称之为*判别方程*. 正像在第 255 页一样, 我们能够证明, 包络一定满足这个判别方程.

正像在平面曲线的情况一样, 我们可以容易使我们自己相信, 只要 $f_x^2+f_y^2+f_z^2\neq 0$, 和判别曲面相切的平面也同时和族中相应的曲面相切. 因此, 判别曲面还给出了曲面族的包络和族中曲面的奇点的轨迹.

作为第一个例, 我们考虑上面提到的球面族

$$x^2+y^2+(z-c)^2-1=0.$$

为了求包络, 我们有附加方程

$$-2(z-c)=0.$$

对固定的 c 值, 这两个方程显然表示在高 $z=c$ 处平行于 xy 平面的以 1 为半径的圆. 如果在这两个方程之间消去参量 c, 我们就得到形如 $x^2+y^2-1=0$ 的包络的方程, 这是以 1 为半径, 以 z 轴为轴的直圆柱面的方程.

对于曲面族来说, 求双参量曲面族 $f(x,y,z,c_1,c_2)=0$ 的包络也是可能的 (但是, 对于曲线族而言, 包络的概念仅对单参量曲线族有意义). 例如, 我们考虑所有以 1 为半径, 中心在 xy 平面上的球面, 其方程为

$$(x-c_1)^2+(y-c_2)^2+z^2-1=0.$$

直观立刻告诉我们, 两个平面 $z=1$ 和 $z=-1$ 在每一点和族中某一曲面相切. 在一般情况下, 我们说 E 是双参量曲面族的包络, 如果在 E 的每一点 P 曲面 E 与族中某一曲面以这样一种方式相切, 即当 P 在 E 上变化时, 相应于和 E 在 P 点相切的曲面的参量 c_1, c_2 的值在 c_1c_2 平面上某一区域内变化, 而且, 不同的点 (c_1, c_2) 相应于 E 上不同的点 P. 这时, 族中一曲面和包络在一点相切, 而不是像前面那样沿一条整个曲线相切.

在类似于平面曲线情况中所做的假定之下, 我们来求族中曲面与包络的接触点, 如其存在, 必满足方程

$$f(x,y,z,c_1,c_2)=0,$$

$$f_{c_1}(x,y,z,c_1,c_2)=0,$$

$$f_{c_2}(x,y,z,c_1,c_2)=0.$$

指定参量的相应值, 从这三个方程我们就确定出族中给定曲面的接触点. 反过来, 如果我们消去参量 c_1, c_2, 我们就得到包络必须满足的方程.

例如, 以 1 为半径, 中心在 xy 平面上的球面族, 由具有两个参数 c_1 和 c_2 的方程

$$f(x,y,z,c_1,c_2)=(x-c_1)^2+(y-c_2)^2+z^2-1=0$$

给出. 构成包络的法则给出两个方程

$$f_{c_1}=-2(x-c_1)=0 \quad 和 \quad f_{c_2}=-2(y-c_2)=0.$$

于是, 关于判别方程我们有 $z^2-1=0$, 而事实上, 正像我们从直观上已经看到的, 平面 $z=1$ 和 $z=-1$ 就是包络.

练　习　3.5d

1. 在 O 点有公共中心, 轴平行于坐标轴的有定常体积 (即半轴的乘积是常数) 的椭球面族的包络是什么?

2. 平面族 $ax+by+cz=1$ 的包络是什么, 其中 $a^2+b^2+c^2=1$?

3.(a) 求满足

$$OP+OQ+OR=常数=1$$

的双参量平面族的包络, 这里 P, Q, R 表示平面与坐标的交点, 而 O 是原点.

(b) 求满足

$$OP^2+OQ^2+OR^2=1$$

的平面族的包络.

4. 设平面族由

$$x\cos t + y\sin t + z = t$$

给定, 其中 t 是参量.

(a) 在柱坐标 (r,θ,z) 中, 求平面族包络的方程.

(b) 证明包络由某曲线的切线构成.

5. 设 $z=u(x,y)$ 是管面的方程, 管面即中心在 xy 平面上的某条曲线 $y=f(x)$ 上而半径为 1 的球面族的包络. 证明 $u^2(u_x^2+u_y^2+1)=1$.

6. 求切于三个球面

$$S_1:\left(x-\frac{3}{2}\right)^2+y^2+z^2=\frac{9}{4},$$

$$S_2:x^2+\left(y-\frac{3}{2}\right)^2+z^2=\frac{9}{4},$$

$$S_3:x^2+y^2+\left(z-\frac{3}{2}\right)^2=\frac{9}{4}$$

的球面族的包络.

7. 设 Γ 是一条平面曲线, Γ' 是一条在第 244 页习题 8 所述的垂足曲线.

(a) 设 M 描过曲线 Γ, 以向径 OM 作为直径的变球面的包络是什么?

(b) 如果 Γ 是一个圆, O 是圆周上的一个点, 变球面的包络是什么?

8. 证明, 曲面 $xyz=$ 常数是那种平面族的包络, 它们和坐标面构成的四面体的体积是常数 (即截距的乘积是常数).

9. 设一平面在运动中总是保持切于抛物线 $z=0, y^2=4x$ 和 $y=0, z^2=4x$. 证明, 它的包络由两个抛物柱面所构成.

3.6 交错微分型

a. 交错微分型的定义

在第一章 (第 64 页) 里, 我们考虑过三个自变量的一般线性微分型

$$L=A(x,y,z)dx+B(x,y,z)dy+C(x,y,z)dz. \tag{55a}$$

沿任何有参量表示式 $x=\phi(t), y=\psi(t), z=\chi(t)$ 的曲线 Γ, 微分型 L 决定了下式的值

$$\frac{L}{dt} = A\frac{dx}{dt} + B\frac{dy}{dt} + C\frac{dz}{dt} = A\dot{\phi} + B\dot{\psi} + C\dot{\chi}, \tag{55b}$$

它依赖于 Γ 的特定的参量表示. 如果 Γ 采用一个不同的参量 τ, 我们就得到

$$\begin{aligned}\frac{L}{d\tau} &= A\frac{dx}{d\tau} + B\frac{dy}{d\tau} + C\frac{dz}{d\tau}\\ &= \left(A\frac{dx}{dt} + B\frac{dy}{dt} + C\frac{dz}{dt}\right)\frac{dt}{d\tau}\\ &= \frac{L}{dt}\frac{dt}{d\tau}.\end{aligned} \tag{55c}$$

然而, 积分

$$\int_\Gamma L = \int \frac{L}{dt}dt = \int \left(A\frac{dx}{dt} + B\frac{dy}{dt} + C\frac{dz}{dt}\right)dt$$

只依赖于曲线 Γ (以及它的方向), 而不依赖于参量表示.

类似地, 我们可以考虑微分型 ω, 它是 dx, dy 与 dz 的二次型, 即 ω 是符号 $dxdx, dxdy, dxdz, dydx, dydy, dydz, dzdx, dzdy, dzdz$ 的一个线性组合, 其系数都是 x, y, z 的函数. 在空间的任何一个具有参量表示 $x = \phi(s,t), y = \psi(s,t), z = \chi(s,t)$ 的曲面 S 上, 微分型 ω 都定义了 $\omega/dsdt$ 的值, 只要我们约定把商式

$$\frac{dxdx}{dsdt}, \quad \frac{dxdy}{dsdt}, \quad \frac{dxdz}{dsdt}, \quad \cdots$$

分别理解为雅可比行列式[1)]

$$\frac{d(x,x)}{d(s,t)}, \quad \frac{d(x,y)}{d(s,t)}, \quad \frac{d(x,z)}{d(s,t)}, \quad \cdots.$$

对于在曲面的每一点上具有同样的值 $\omega/dsdt$ 的两个微分型 ω, 我们是不加区别的. 由于行列式的交错特性, 即

$$\frac{d(x,x)}{d(s,t)} = 0, \quad \frac{d(x,y)}{d(s,t)} = -\frac{d(y,x)}{d(s,t)}, \quad \cdots,$$

我们看到, 在 ω 的各项中含有 $dxdx, dydy, dzdz$ 的项没有贡献, 而 $dydx, dzdy, dxdz$ 可以各自换成 $-dxdy, -dydz, -dzdx$, 因此, dx, dy, dz 的最普遍的二次微分型可以写成

$$\omega = a(x,y,z)dydz + b(x,y,z)dzdx + c(x,y,z)dxdy. \tag{56a}$$

1) 这个约定构成了交错微分型的特征. 在其他章节里, 非交错的二次微分型也同样见到, 如像空间或曲面上的线素的平方

$$ds^2 = dx^2 + dy^2 + dz^2 = Edu^2 + 2Fdudv + Gdv^2$$

所给出的微分型就是其中之一 (见第 243 页).

微分型 ω 连续到一个曲面 S 的用参量 s, t 表示的点所给出的值是

$$\frac{\omega}{dsdt} = a(x, y, z)\frac{d(y, z)}{d(s, t)} + b(x, y, z) \times \frac{d(z, x)}{d(s, t)} + c(x, y, z)\frac{d(x, y)}{d(s, t)}. \tag{56b}$$

给 S 以不同的参量 s', t', 由雅可比行列式的乘法定律 (见第 221 页), 我们得到

$$\frac{\omega}{ds'dt'} = a\frac{d(y, z)}{d(s', t')} + b\frac{d(z, x)}{d(s', t')} + c\frac{d(x, y)}{d(s', t')} = \frac{\omega}{dsdt}\frac{d(s, t)}{d(s', t')}. \tag{56c}$$

稍后, 我们还将定义二重积分

$$\iint_S \omega$$

并且将看到它不依赖于曲面 S 的特定的参量表示.

类似地, 我们可以考虑 dx, dy, dz 的三次微分型 ω. 这样一个微分型对应于任何参量表示

$$x = \phi(r, s, t), \quad y = \psi(r, s, t), \quad z = \chi(r, s, t)$$

确定了 $\omega/drdsdt$ 的值, 这里我们又把商式

$$\frac{dxdxdx}{drdsdt}, \quad \frac{dxdydz}{drdsdt}, \quad \cdots$$

理解为雅可比行列式

$$\frac{d(x, x, x)}{d(r, s, t)}, \quad \frac{d(x, y, z)}{d(r, s, t)}, \quad \cdots.$$

由于雅可比行列式的两个变量恒等时等于零, 把两个变量互换时变号. 因此, 三个自变量 x, y, z 的三次微分型全都是

$$\omega = a(x, y, z)dxdydz \tag{56d}$$

这样的类型. 当 x, y, z 是 r, s, t 的函数时, 我们得到微分型的值

$$\frac{\omega}{drdsdt} = a(x, y, z)\frac{d(x, y, z)}{d(r, s, t)}. \tag{56e}$$

继续运用同样的方式进行下去, 我们能够定义 dx, dy, dz 的 4 次,5 次, $\cdots$ “交错” 微分型. 但是所有这些微分型都恒等于零, 这是因为我们所能组成的任何 4

阶,5 阶, $\cdots$ 雅可比行列式总有两个因变量是恒等的, 因而总是等于零[1].

练　习　3.6a

1. 试求下列各式的 $\omega/dudv$:

(a) $\omega = xdydz + ydzdx + zdxdy$,

$x = \cos u \sin v, y = \sin u \sin v, z = \cos v$;

(b) $\omega = (y-z)dydz + (z-x)dzdx + (x-y)dxdy$,

$x = au + bv, y = bu + cv, z = cu + av$;

(c) $\omega = dydz + dzdx + dxdy$,

$x = u^2 + v^2, y = 2uv, z = u^2 - v^2$.

b. 微分型的和与积

两个同次的微分型 (即两个线性的、两个二次的或两个三次的) 只要按对应的系数相加, 就可以加起来, 例如, 对于

$$\omega_1 = a_1 dydz + b_1 dxdz + c_1 dxdy,$$

$$\omega_2 = a_2 dydz + b_2 dxdz + c_2 dxdy,$$

我们定义

$$\omega_1 + \omega_2 = (a_1 + a_2)dydz + (b_1 + b_2)dxdz + (c_1 + c_2)dxdy. \tag{57a}$$

我们可以定义任何两个同次的或不同次的微分型 ω_1 与 ω_2 的积 $\omega_1\omega_2$, 只要对于 ω_1 与 ω_2 代入它们的 dx, dy, dz 的表示式, 并引用乘法分配律, 但应注意, 在每一项中要保持微分原来的顺序[2]. 例如, 两个线性型

$$\omega_1 = A_1 dx + B_1 dy + C_1 dz$$

与

$$\omega_2 = A_2 dx + B_2 dy + C_2 dz$$

---

1) 高次型在高维空间中却有重要意义, 在 4 维 (x, y, z, u) 空间中, 最一般的 1, 2, 3, 4 次交错微分型可以写成

$$Adx + Bdy + Cdz + Ddu, \tag{56f}$$

$$Adxdy + Bdydz + Cdzdu + Ddudx + Edxdz + Fdydu, \tag{56g}$$

$$Adydzdu + Bdzdudx + Cdudxdy + Ddxdydz, \tag{56h}$$

$$Adxdydzdu, \tag{56i}$$

其中系数 $A, B, \cdots$ 都是 x, y, z, u 的函数. 这里, 高于四次的微分型都等于零.

2) 用这个方式组成的积有时候用符号 $\omega_1 \wedge \omega_2$ 表示.

的积是二次型

$$\begin{aligned}\omega_1\omega_2 =& (A_1dx + B_1dy + C_1dz)(A_2dx + B_2dy + C_2dz)\\ =& A_1A_2dxdx + A_1B_2dxdy + A_1C_2dxdz + B_1A_2dydx\\ &+ B_1B_2dydy + B_1C_2dydz + C_1A_2dzdx + C_1B_2dzdy + C_1C_2dzdz\\ =& (B_1C_2 - C_1B_2)dydz + (C_1A_2 - A_1C_2)dzdx + (A_1B_2 - B_1A_2)dxdy.\end{aligned} \tag{57b}$$

如果我们用"系数向量" $\mathbf{R}_1 = (A_1, B_1, C_1)$ 与 $\mathbf{R}_2 = (A_2, B_2, C_2)$ 来描述微分型 ω_1 与 ω_2, 那么积 $\omega_1\omega_2$ 的系数恰好就是向量积 $\mathbf{R}_1 \times \mathbf{R}_2$ 的分量 (见第 156 页). 很清楚, 微分型的积是不可交换的. 例如这里有 $\omega_1\omega_2 = -\omega_2\omega_1$.

一次型

$$\omega_1 = Adx + Bdy + Cdz$$

乘以二次型

$$\omega_2 = adydz + bdzdx + cdxdy,$$

我们就同样地得到

$$\begin{aligned}\omega_1\omega_2 =& (Adx + Bdy + Cdz)(adydz + bdzdx + cdxdy)\\ =& Aadxdydz + Abdxdzdx + Acdzdxdy\\ &+ Badydydz + Bbdydzdx + Bcdydxdy\\ &+ Cadzdydz + Cbdzdzdx + Ccdzdxdy\\ =& (Aa + Bb + Cc)dxdydz.\end{aligned} \tag{57c}$$

我们看到, 在这种情形 $\omega_1\omega_2$ 的系数是系数向量 (A, B, C) 与 (a, b, c) 的数量积. 这里碰巧有 $\omega_1\omega_2 = \omega_2\omega_1$.

作一个一次型与一个三次型, 或两个二次型, 或一个二次型与一个三次型的积, 都得到高于三次的微分型, 因而都等于零. 为了完整起见, 把零次微分型定义为数量 $\alpha(x, y, z)$ 是方便的. 零次微分型 α 与任意次 $(k = 0, 1, 2, 3)$ 的微分型 ω 的积就是用 d 乘 ω 的每一个系数.

容易由定义看出, 微分型的乘法是适合结合律的. 例如对于以下三个线性型

$$L_i = A_idx + B_idy + C_idz \quad (i = 1, 2, 3)$$

将要求在习题 5 中去证明

$$L_1(L_2L_3) = \begin{vmatrix} A_1 & B_1 & C_1 \\ A_2 & B_2 & C_2 \\ A_3 & B_3 & C_3 \end{vmatrix} dxdydz, \tag{57d}$$

而对于 $(L_1L_2)L_3$, 我们得到相同的算值.

当然, 在自变量的个数多于三个的时候, 就可以形成更多样的微分型的积.

练　习　3.6b

1. 试计算下列的积:

(a) $(xdx + ydy)(xdx - ydy)$;

(b) $[(x^2 + y^2)dx + 2xydy][2xydx + (x^2 - y^2)dy]$;

(c) $(adx + bdy)(adydz + bdzdx + cdxdy)$;

(d) $(dx + dy + dz)(dydz - dxdy)$.

2. 试证: 对于 x, y, z 的任何一个一次型 ω 有 $\omega^2 = 0$.

3. 试证: 对于三个变量的一次型 ω_1, ω_2, 有

$$(\omega_1 + \omega_2)(\omega_1 - \omega_2) = 2\omega_2\omega_1.$$

4. 试证: 对于三个变量的一次型, 有

$$(\omega_1 + \omega_2 + \omega_3 + \omega_4)(\omega_1 - \omega_2 + \omega_3 - \omega_4) = 2(\omega_2 + \omega_4)(\omega_1 + \omega_3).$$

5. 试证 (57d).

c. 微分型的外微商

对于零次微分型, 也就是对于数量 $\alpha(x, y, z)$, 根据定义, 我们有

$$d\alpha = \alpha_x dx + \alpha_y dy + \alpha_z dz. \tag{58a}$$

这个微分型的系数恰好是第 176 页中所说的向量 $\operatorname{grad}\alpha$ 的分量. 更一般地, 我们对于任何微分型 ω 都定义相应的外微商 $d\omega$. 为此, 我们把 ω 作为一个和式写出, 其中的每一项是以数量因子为前导的微分 dx, dy, dz 的一个乘积, 并且把每个数量因子换成它的通常意义下的微分, 这样来组成外微商. 例如, 对于一次型

$$L = Adx + Bdy + Cdz,$$

我们求出对于 dL 的二次微分型

$$\begin{aligned} dL &= dAdx + dBdy + dCdz = (A_x dx + A_y dy + A_z dz)dx \\ &\quad + (B_x dx + B_y dy + B_z dz)dy + (C_x dx + C_y dy + C_z dz)dz \\ &= (C_y - B_z)dydz + (A_z - C_x)dzdx + (B_x - A_y)dxdy. \end{aligned} \tag{58b}$$

如果我们把向量 $\mathbf{R} = (A, B, C)$ 与 L 联系起来, 我们就有这样一个值得注意的事实: dL 的系数恰好是 $\mathbf{R}$ 的旋度的分量 (见第 179 页).

二次型

$$\omega = adydz + bdzdx + cdxdy$$

的外微商 $d\omega$ 是三次型

$$\begin{aligned} d\omega &= dadydz + dbdzdx + dcdxdy \\ &= (a_x dx + a_y dy + a_z dz)dydz + (b_x dx + b_y dy + b_z dz)dzdx \\ &\quad + (c_x dx + c_y dy + c_z dz)dxdy = (a_x + b_y + c_z)dxdydz. \end{aligned} \tag{58c}$$

因此, 如果 ω 的系数组成向量 $\mathbf{R} = (a, b, c)$, 那么 $d\omega$ 的系数就是数量 $\operatorname{div}\mathbf{R}$ (见第 179 页).

三次微分型的微商是四次的, 因而等于零.

一个重要的一般法则 ("庞加莱引理") 是, 任何微分型的二次外微商等于零

$$dd\omega = 0. \tag{58d}$$

在三维空间中, 这只需对于 ω 是零次或一次的情形作出证明. 现在, 如果 ω 是一个数量 $\alpha(x, y, z)$, 根据 (58a, b) 我们有

$$d^2\omega = d(\alpha_x dx + \alpha_y dy + \alpha_z dz) = 0.$$

这实际上只是第 181 页上所叙述的法则的一种不同的表述方式, 那里的说法是, 对于任何一个数量 α 都有 $\operatorname{curl}(\operatorname{grad}\alpha) = 0$. 类似地, 根据 (58b, c), 对于一次微分型

$$\omega = Adx + Bdy + Cdz$$

的情形, 我们得到

$$d^2\omega = d[(C_y - B_z)dydz + (A_z - C_x)dzdx + (B_x - A_y)dxdy] = 0.$$

这也不是什么新的事实, 只是对于任何向量 $\mathbf{R}$, 法则 $\operatorname{div}(\operatorname{curl}\mathbf{R}) = 0$ 有效 (见第 181 页).

求以已知型 ω 为其外微商的型 τ, 这个反问题是基本的, 我们希望用一个适当的微分型 τ 把一个已知微分型 ω 表示成

$$\omega = d\tau. \tag{58e}$$

当这样一个表示法是可能的时候, 我们称 ω 是一个恰当微分或全微分. 对微分 τ 应用法则 (59), 我们看到, ω 是一个恰当微分的一个必要条件是 $d\omega = 0$.[1] 其实这个条件也是充分的, 就是说对于 $d\omega = 0$, 倘若我们限制在 ω 的定义域[2] 内一点 (x_0, y_0, z_0) 的一个长方体邻域内, 方程 (58e) 就有一个解 τ.

我们分别对 ω 的每一个次数来证明这个陈述. 如果 ω 是一次的, 设

$$\omega = Adx + Bdy + Cdz,$$

那么, 根据 (58b), 条件 $d\omega = 0$ 等价于关系

$$C_y - B_z = 0, \quad A_z - C_x = 0, \quad B_x - A_y = 0. \tag{58f}$$

但是这恰好是可积条件, 它使我们能够把 ω 表示成某个函数 f 的全微分, 只要我们把点 (x, y, z) 限制在包含 (x_0, y_0, z_0) 点的一个长方体内, 或者 (更一般地) 一个单连通的集合内 (见第 89 页).

对于二次的 ω,

$$\omega = adydz + bdzdx + cdxdy,$$

则由 (58c) 可见, 条件 $d\omega = 0$ 等价于

$$a_x + b_y + c_z = 0. \tag{58g}$$

假设这个条件在长方体

$$|x - x_0| < r_1, \quad |y - y_0| < r_2, \quad |z - z_0| < r_3$$

内满足, 我们要证明的是 $\omega = d\tau$, 其中 τ 有这样的形式

$$\tau = Adx + Bdy + Cdz.$$

这意味着要求出函数 A, B, C 使得

$$a = C_y - B_z, \quad b = A_z - C_x, \quad c = B_x - A_y.$$

我们试图选取 $C \equiv 0$ 来满足这些方程. 那么为了满足前两个方程, A 与 B 就必须

1) 满足 $d\omega = 0$ 的型 ω 称为闭的.

2) 我们总是假定这里所考虑的微分型具有使我们论证成立所需要的次数的连续的微商的系数.

具有这样的形式

$$A(x,y,z)=\alpha(x,y)+\int_{z_0}^{z}b(x,y,\zeta)d\zeta,$$
$$B(x,y,z)=\beta(x,y)-\int_{z_0}^{z}a(x,y,\zeta)d\zeta.$$

用条件 (58g), 就得到

$$\frac{\partial}{\partial z}(B_x-A_y)=\frac{\partial}{\partial x}B_z-\frac{\partial}{\partial y}A=-a_x-b_y=c_z.$$

因此 B_x-A_y-c 不依赖于 z. 如果当 $z=z_0$ 时第三个方程 $c=B_x-A_y$ 成立, 那么它就对所讨论的全部 z 都成立. 因此我们只要这样来确定函数 $\alpha(x,y)$ 与 $\beta(x,y)$, 使得

$$\beta_x(x,y)-\alpha_y(x,y)=c(x,y,z_0).$$

例如, 取

$$\alpha(x,y)=0,\quad \beta(x,y)=\int_{x_0}^{x}c(\xi,y,z_0)d\xi$$

就成了.

最后, 对于三次算子

$$\omega=\alpha(x,y,z)dxdydz,$$

条件 $d\omega=0$ 总是满足的. 我们要把 ω 表示成 $\omega=d\tau$, 其中 τ 是一个二次微分型:

$$\tau=adydz+bdzdx+cdxdy.$$

根据 (58c), 这等于要求出函数 a,b,c, 使得

$$a_x+b_y+c_z=\alpha.$$

很明显, 这里有一个解是

$$a(x,y,z)=b(x,y,z)=0,$$
$$c(x,y,z)=\int_{z_0}^{z}\alpha(x,y,\zeta)d\zeta.$$

这就证明了我们的定理.

练 习 3.6c

1. 试算出下列各式的 $d\omega$:

(a) $\omega = \arctan\dfrac{y}{x}$;

(b) $\omega = ydx - xdy$;

(c) $\omega = f(x,y)dxdy$;

(d) $\omega = x^2\cos y\sin zdydz - x\sin y\sin zdzdx + x\cos zdxdy$;

(e) $\omega = (z^2-y^2)xdydz + (x^2-z^2)ydzdx + (y^2-x^2)zdxdy$.

2. 试证: 对于三个变量的一次型有

$$d(\omega_1\omega_2) = \omega_1 d\omega_2 + (d\omega_1)\omega_2.$$

3. 试证: 三个变量的恰当一次型的积是恰当的.

d. 任意坐标系中的外微分型

直到现在, 我们总是把微分型看作空间笛卡儿坐标 x, y, z 的微分 dx, dy, dz 的交错积的线性组合. 在定义两个微分型的积与一个微分型的微商时, 我们所使用的主要就是 dx, dy, dz 的型的这种表示法, 但是在应用中, 交错微分型的用处依赖于这样一个事实: 当三维欧氏空间使用的是任何一个曲线坐标 (u, v, w) 的时候, 这些型是可以定义的, 而且可以用相同的方式进行运算. 更一般地, 这在任何一种非欧三维空间或使用参量 u, v, w 的流形[1)]上 (例如四维欧氏空间中的三维 "曲面" 上) 也成立, 重要的是, 型的运算法能够通过一种与空间的坐标系无关的 "不变方法" 来定义, 而且得到的公式在每个坐标系中看起来都相同.

在这部分论述中, 人们把三维空间或流形 Σ 上的点 P 看作独立于任何坐标系而存在的几何对象. 一个数量 f 是点 P 的一个实值函数 (也就是 Σ 到实数轴的一个映像). 有很多用曲线坐标描述 P 点的方法, 也就是用三元数组 (u, v, w), 例如, 用欧氏空间中的直角坐标或球坐标. 我们总是假定, 任何两种这样的坐标系, 如 u, v, w 与 u', v', w' 都是用变换方程式

$$u' = \phi(u,v,w), \quad v' = \psi(u,v,w), \quad w' = \chi(u,v,w)$$

联系起来的, 其中 ϕ, ψ, χ 是连续函数, 具有我们运算中所需要用到的各次连续微商, 并且雅可比行列式[2)]

$$\frac{d(u',v',w')}{d(u,v,w)} \neq 0.$$

---

1) 一般我们用 "流形" 这个术语表示 n 维欧氏空间中用参量形式给出的任何 m 维集合 $(m \leqslant n)$.

2) 变换所涉及的单值函数 ϕ, ψ, χ 的特定表示只需在局部上成立, 也就是在某个点的一个充分小的邻域内成立.

在这个条件下, u,v,w 可以用 u',v',w' 的类似的公式来表示. 在给定的 (u,v,w) 坐标系中, 一个数量 $f=f(P)$ 就是 P 点坐标 u,v,w 的一个函数 $f(u,v,w)$. 在不同的坐标系中, 表示同一数量的函数一般说来是很不同的.

设 C 是流形 Σ 上用参量形式 $P=P(t)$ 表示的一条曲线; 对某个区间内的每一个实数 t, 参量方程联系到流形 Σ 上的一个点 P. 任何一个定义在 Σ 上的数量 $f(P)$, 通过复合式 $f(P(t))$ 在曲线 C 上产生 t 的一个函数. 如果这个函数是可微的, 微商 $\dfrac{df}{dt}$ 就有意义, 这个微商是对于曲线 C 及其参量表示而定义的, 不依赖于流形 Σ 所用的曲线坐标. 在一个给定的坐标系中, P 点的坐标 u,v,w 本身都是函数 $u=u(t),v=v(t),w=w(t)$; 而 $f(P(t))$ 是由复合函数 $f(u(t),v(t),w(t))$ 给出的. 假定 $f(u,v,w)$ 与 $u(t),v(t),w(t)$ 有连续的微商, 我们由微分法的链式规则求得 $\dfrac{df}{dt}$ 在特定的 u,v,w 坐标系中所取的形式为

$$\frac{df}{dt}=\frac{\partial f}{\partial u}\frac{du}{dt}+\frac{\partial f}{\partial v}\frac{dv}{dt}+\frac{\partial f}{\partial w}\frac{dw}{dt}. \tag{59}$$

在 Σ 内的一个零次微分型是一个数量 f. 一般的一次微分型 ω 定义为这样一个形式上的表达式

$$\omega=\sum_{i=1}^{N}a_i df_i,$$

其中 $a_1,a_2,\cdots,a_N;f_1,f_2,\cdots,f_N$ 是已知的数量. 沿任何一条用参量 t 表示的曲线 C, 我们把 ω 与 t 的函数联系起来, 这个函数记作 $\dfrac{\omega}{dt}$, 它用下式来定义

$$\frac{\omega}{dt}=\sum_{i=1}^{N}a_i\frac{df_i}{dt}.$$

两个型

$$\omega=\sum_{i=1}^{N}a_i df_i \quad 与 \quad \omega'=\sum_{i=1}^{m}b_i dg_i$$

如果对于任何曲线 C 与沿 C 的参量 t 都有

$$\frac{\omega}{dt}=\frac{\omega'}{dt},$$

那么就认为是相等的.

在一个特定的 u, v, w 坐标系中 ω/dt 成为

$$\frac{\omega}{dt} = \sum_{i=1}^{N} a_i \left(\frac{\partial f_i}{\partial u}\frac{du}{dt} + \frac{\partial f_i}{\partial v}\frac{dv}{dt} + \frac{\partial f_i}{\partial w}\frac{dw}{dt} \right)$$

$$= A\frac{du}{dt} + B\frac{dv}{dt} + C\frac{dw}{dt},$$

其中

$$A = \sum_{i=1}^{N} a_i \frac{\partial f_i}{\partial u}, \quad B = \sum_{i=1}^{N} a_i \frac{\partial f_i}{\partial v}, \quad C = \sum_{i=1}^{N} a_i \frac{\partial f_i}{\partial w}$$

是定义在 Σ 上的数量. 根据我们的一次微分型相等的定义, 可以把 ω 写成

$$\omega = Adu + Bdv + Cdw.$$

这里用特定的坐标系 u, v, w 表示的 ω 的系数 A, B, C 是唯一确定的; 因为如果我们把 "坐标线" $u = t, v =$ 常数, $w =$ 常数, 取作曲线 C, 我们就得到

$$\frac{\omega}{dt} = \frac{\omega}{du} = A$$

并且同理有

$$\frac{\omega}{dv} = B, \quad \frac{\omega}{dw} = C.$$

因此, 在任何特定的坐标系 u, v, w 中, 我们可以把 ω 写成

$$\omega = \frac{\omega}{du}du + \frac{\omega}{dv}dv + \frac{\omega}{dw}dw, \tag{60}$$

其中 $\dfrac{\omega}{du}$ 实际上是代表沿 v, w 为常数的一条曲线上的偏微商. 这个公式可以认为是链式法则 (59) 从数量函数 f 的微分 df 到一般的一次微分型 ω 的一个推广.

我们可以用完全同样的方法把二次交错微分型 ω 定义为这样一个形式上的表达式

$$\omega = \sum_{i=1}^{N} a_i df_i dg_i, \tag{61a}$$

其中 $a_1, \cdots, a_N; f_1, \cdots, f_N; g_1, \cdots, g_N$ 是定义在 Σ 上的数量. 在 Σ 内任何一个用参量 s, t 表示的曲面 S 上, 我们把 ω 联系到 $\dfrac{\omega}{dsdt}$ 的这个值

$$\frac{\omega}{dsdt} = \sum_{i=1}^{N} a_i \frac{d(f_i, g_i)}{d(s,t)} = \sum_{i=1}^{N} a_i \begin{vmatrix} \dfrac{\partial f_i}{\partial s} & \dfrac{\partial f_i}{\partial t} \\ \dfrac{\partial g_i}{\partial s} & \dfrac{\partial g_i}{\partial t} \end{vmatrix}. \tag{61b}$$

两个型 ω 与 ω', 尽管它们是用不同的数量函数来表示的, 但是只要它们在每一张曲面上对于每一种参数表示有相同的值

$$\frac{\omega}{dsdt} = \frac{\omega'}{dsdt},$$

就认为是恒等的. 现在在任何一个特定的坐标系 (u, v, w) 中, 对于两个数量 f 与 g, 我们有

$$\begin{aligned}\begin{vmatrix} f_s & f_t \\ g_s & g_t \end{vmatrix} &= \begin{vmatrix} f_u u_s + f_v v_s + f_w w_s & f_u u_t + f_v v_t + f_w w_t \\ g_u u_s + g_v v_s + g_w w_s & g_u u_t + g_v v_t + g_w w_t \end{vmatrix} \\ &= (f_v g_w - f_w g_v)(v_s w_t - v_t w_s) + (f_w g_u - f_u g_w)(w_s u_t - w_t u_s) \\ &\quad + (f_u g_v - f_v g_u)(u_s v_t - u_t v_s),\end{aligned}$$

所以

$$\frac{\omega}{dsdt} = a\frac{d(v, w)}{d(s, t)} + b\frac{d(w, u)}{d(s, t)} + c\frac{d(u, v)}{d(s, t)}, \tag{61c}$$

其中

$$\begin{aligned} a &= \sum_{i=1}^{N} a_i \frac{d(f_i, g_i)}{d(v, w)}, \\ b &= \sum_{i=1}^{N} a_i \frac{d(f_i, g_i)}{d(w, u)}, \\ c &= \sum_{i=1}^{N} a_i \frac{d(f_i, g_i)}{d(u, v)}. \end{aligned} \tag{61d}$$

于是, 我们在 (u, v, w) 系中可以把 ω 写成

$$\omega = advdw + bdwdu + cdudv. \tag{61e}$$

在 ω 的这个表示式中的系数 a, b, c 仍然是唯一确定的; 它们由下式给出

$$a = \frac{\omega}{dvdw}, \quad b = \frac{\omega}{dwdu}, \quad c = \frac{\omega}{dudv},$$

其中 $a = \dfrac{\omega}{dvdw}$ 的值是对于坐标面 $v = s, w = t, u =$ 常数而计算的, b 与 c 类似地计算. 在 (u, v, w) 系中, ω 的符号表示式 (61c) 变成

$$\omega = \frac{\omega}{dvdw}dvdw + \frac{\omega}{dwdu}dwdu + \frac{\omega}{dudv}dudv, \tag{61f}$$

这与一次微分型的公式 (60) 相类似.[1]

在一张用参量 s,t 表示的曲面上, 我们把两个一次型

$$L=\sum_i a_i df_i, \quad M=\sum_k b_k dg_k \tag{62a}$$

的积 LM 定义为二次型 ω, 对于它有

$$\begin{aligned}\frac{\omega}{dsdt}&=\frac{L}{ds}\frac{M}{dt}-\frac{L}{dt}\frac{M}{ds}\\&=\sum_i a_i\frac{\partial f_i}{\partial s}\sum_k b_k\frac{\partial g_k}{\partial t}-\sum_i a_i\frac{\partial f_i}{\partial t}\sum_k b_k\frac{\partial g_k}{\partial s}\\&=\sum_{i,k} a_i b_k\frac{d(f_i,g_k)}{d(s,t)}^{2)}.\end{aligned} \tag{62b}$$

由此, 如果 L 与 M 由 (62a) 给出, LM 就可以等同于二次型

$$\omega=\sum_{i,k} a_i b_k df_i dg_k. \tag{62c}$$

然而由 (62b) 给出的

$$\frac{\omega}{dsdt}=\frac{LM}{dsdt}$$

的定义是与通过数量 a_i, f_i, b_k, g_k 表示的 L 与 M 的特定的表示法无关的, 因此公式 (62c) 对于因子 L 与 M 的所有的表示法都一定表示同一个型 $\omega=LM$.

由一次型产生二次型的另一个方法是微分法, 已知一次型

$$L=\sum_i a_i df_i, \tag{63a}$$

我们可以不用任何特定的坐标系, 而用下述规定来定义 dL:

$$\frac{dL}{dsdt}=\frac{\partial}{\partial s}\frac{L}{dt}-\frac{\partial}{\partial t}\frac{L}{ds}$$

---

1) 公式 (61a, b) 对于使用参量 $u_1, u_2, \cdots, u_n$ 的 n 维空间中的二次型仍然有效, 而代替 (61c, d, e, f), 我们有

$$\omega=\sum_{\substack{j,k=1\\j<k}}^{n} A_{jk} du_j du_k, \tag{61g}$$

其中

$$A_{jk}=\sum_i a_i\frac{d(f_i,g_i)}{d(u_j,u_k)}=\frac{\omega}{du_j du_k} \tag{61h}$$

是容易证实的.

2) 这里像往常一样 $M/ds, M/dt$ 分别表示对于 s,t 的 "偏" 微商 ("常" 与 "偏" 微分法之间的一贯的区别可以不十分注意).

$$
\begin{aligned}
&= \frac{\partial}{\partial s}\sum_i a_i \frac{\partial f_i}{\partial t} - \frac{\partial}{\partial t}\sum_i a_i \frac{\partial f_i}{\partial s} \\
&= \sum_i \left(\frac{\partial a_i}{\partial s}\frac{\partial f_i}{\partial t} - \frac{\partial a_i}{\partial t}\frac{\partial f_i}{\partial s} \right) \\
&= \sum_i \frac{d(a_i, f_i)}{d(s, t)}.
\end{aligned} \tag{63b}
$$

这等价于公式

$$
dL = \sum_i da_i df_i, \tag{63c}
$$

而且表明二次型 dL 与用数量 a_i, f_i 的 L 的特定表示法 (63a) 无关. 这是在型 L 表示成 $L = Adx + Bdy + Cdz$ 的特殊情况下, L 的微商公式 (58b) 的自然推广.

在一种特殊情况下, 即当一次型 L 是一个全微分 (也就是 $L = df$, 其中 f 是一个数量) 的时候, 我们从 (63c) 当然得到 $dL = 0$. 因此, 对于零次算子 f, 下述法则有效

$$
ddf = 0.
$$

当 L 在特定的空间坐标系 (u, v, w) 中表示成标准形式

$$
L = Adu + Bdv + Cdw
$$

时, 我们从 (61f) 和 (63b) 求得

$$
\begin{aligned}
dL &= dAdu + dBdv + dCdw \\
&= \frac{dL}{dvdw}dvdw + \frac{dL}{dwdu}dwdu + \frac{dL}{dudv}dudv \\
&= \left(\frac{\partial}{\partial v}\frac{L}{dw} - \frac{\partial}{\partial w}\frac{L}{dv} \right) dvdw \\
&\quad + \left(\frac{\partial}{\partial w}\frac{L}{du} - \frac{\partial}{\partial u}\frac{L}{dw} \right) dwdv + \left(\frac{\partial}{\partial u}\frac{L}{dv} - \frac{\partial}{\partial v}\frac{L}{du} \right) dudv \\
&= (C_v - B_w)\, dvdw + (A_w - C_u)\, dwdu + (B_u - A_v)\, dudv,
\end{aligned}
$$

与公式 (58b) 相符合.

如果 $dL = 0$, 由上所述我们得到

$$
C_v - B_w = A_w - C_u = B_u - A_v = 0.
$$

这说明, 在局部上存在一个数量 f, 使得 $A = f_u, B = f_v, C = f_w$ 或 $L = df$.

最后, 一个三次交错微分型用形式上的表达式

$$\omega = \sum_{i=1}^{N} a_i df_i dg_i dh_i \tag{64a}$$

定义, 其中 a_i, f_i, g_i, h_i 是数量. 在任何一个空间坐标系 (r, s, t) 中, 它决定下式的值

$$\frac{\omega}{drdsdt} = \sum_{i=1}^{N} a_i \frac{d(f_i, g_i, h_i)}{d(r, s, t)}. \tag{64b}$$

通过特定的 (u, v, w) 坐标系, 我们可以写成

$$\frac{\omega}{drdsdt} = \sum_{i=1}^{N} a_i \frac{d(f_i, g_i, h_i)}{d(u, v, w)} \frac{d(u, v, w)}{d(r, s, t)}. \tag{64c}$$

这等价于恒等式

$$\omega = adudvdw, \tag{64d}$$

其中

$$a = \sum_{i=1}^{N} a_i \frac{d(f_i, g_i, h_i)}{d(u, v, w)}.\ ^{1)} \tag{64e}$$

我们可以定义一次型

$$L = \sum_i a_i df_i$$

与二次型

$$\omega = \sum_k b_k dg_k dh_k$$

的积 $L\omega$ 为

$$\begin{aligned}\frac{L\omega}{drdsdt} &= \frac{L}{dr}\frac{\omega}{dsdt} + \frac{L}{ds}\frac{\omega}{dtdr} + \frac{L}{dt}\frac{\omega}{drds} \\ &= \sum_{i,k} a_i b_k \left(\frac{\partial f_i}{\partial r}\frac{d(g_k, h_k)}{d(s, t)} + \frac{\partial f_i}{\partial s}\frac{d(g_k, h_k)}{d(t, r)} + \frac{\partial f_i}{\partial t}\frac{d(g_k, h_k)}{d(r, s)} \right)\end{aligned}$$

---

1) 在使用参量 $u_1, \cdots, u_n$ 的 n 维空间中, 代替 (64c, d, e) 我们有公式

$$\omega = \sum_{\substack{j,k,m=1 \\ j<k<m}}^{m} A_{jkm} du_j du_k du_m,$$

其中

$$A_{j,k,m} = \sum_i a_i \frac{d(f_i, g_i, h_i)}{d(u_j, u_k, u_m)} = \frac{\omega}{du_j du_k du_m}.$$

$$= \sum_{i,k} a_i b_k \frac{d(f_i, g_k, h_k)}{d(r, s, t)}.$$

这等价于公式

$$L\omega = \sum_{i,k} a_i b_k df_i dg_k dh_k, \tag{65a}$$

正像可以从 L 与 ω 的表达式的形式上的乘法所能预期的一样, 当 L 与 ω 在一个给定的 (u, v, w) 坐标系中取标准形式

$$L = Adu + Bdv + Cdw,$$

$$\omega = advdw + bdwdu + Cdudv$$

时, 其积就变成

$$L\omega = (Aa + Bb + Cc)dudvdw, \tag{65b}$$

这与 (57c) 相符合.

二次微分型

$$\omega = \sum_i a_i dg_i dh_i$$

的微商, 可以不依赖于特定的坐标系而用下述法则来定义:

$$\begin{aligned}\frac{d\omega}{drdsdt} &= \frac{\partial}{\partial r}\frac{\omega}{dsdt} + \frac{\partial}{\partial s}\frac{\omega}{dtdr} + \frac{\partial}{\partial t}\frac{\omega}{drds} \\ &= \frac{\partial}{\partial r}\sum_i a_i \frac{d(g_i, h_i)}{d(s, t)} + \frac{\partial}{\partial s}\sum_i a_i \frac{d(g_i, h_i)}{d(t, r)} \\ &\quad + \frac{\partial}{\partial t}\sum_i a_i \frac{d(g_i, h_i)}{d(r, s)}.\end{aligned}$$

这样, 容易验证

$$\frac{d\omega}{drdsdt} = \sum_i \frac{d(a_i, g_i, h_i)}{d(r, s, t)}. \tag{66a}$$

所以, 我们的 $d\omega$ 的定义隐含着

$$d\omega = \sum_i da_i dg_i dh_i. \tag{66b}$$

对取标准形式的 ω

$$\omega = advdw + bdwdu + cdudv \tag{66c}$$

我们得到

$$d\omega = (a_u + b_v + c_w)dudvdw. \tag{66d}$$

这个关于 $d\omega$ 的特殊的表示式可以再一次用来 (像第 270 页) 证明: 具有 $d\omega = 0$ 的二次微分型 ω 是可以局部地表示成 $\omega = dL$ 的, 其中 L 是一个适当的一次微分型.

练 习 3.6d

1. 在球坐标系 $x = \rho \sin\phi\cos\theta, y = \rho\sin\phi\sin\theta, z = \rho\cos\phi$ 中, 取三个单位向量 $\mathbf{u}, \mathbf{v}, \mathbf{w}$, 它们的方向分别是 r, ϕ, θ 诸线的方向. 试证:

$$d\mathbf{X} = (dx, dy, dz) = \mathbf{u}d\rho + \mathbf{v}\rho d\phi + \mathbf{w}\rho\sin\phi d\theta.$$

从而在球坐标系中求出 $\nabla f(\rho, \phi, \theta)$ 的表达式, 其中 ∇f 通过

$$\nabla f \cdot d\mathbf{X} = df$$

来定义.

3.7 最大与最小

a. 必要条件

对于多元函数, 像对于单元函数一样, 微分法的一个非常重要的应用是最大与最小的理论.

我们从考虑两个自变量 x, y 的函数 $u = f(x, y)$ 开始. 函数的定义域是 xy 平面内的某个集合 R. 我们可以在 xyz 空间内用方程 $z = f(x, y)$ 所确定的曲面 S 来表示函数 f. 我们说 $f(x, y)$ 在它的定义域 R 内的 (x_0, y_0) 点有一个最大[1], 如果对于 R 内所有的点 (x, y) 都有 $f(x_0, y_0) \geqslant f(x, y)$. 这样的一个最大值对应于曲面 S 上的一个最高点. 我们说严格最大值, 如果对于 R 内一切不同于 (x_0, y_0) 的点 (x, y) 都有 $f(x_0, y_0) > f(x, y)$, 从而函数的最大值只在一个点 (x_0, y_0) 达到. 类似地, 如果对于 R 内所有的点 (x, y) 都有 $f(x_1, y_1) \leqslant f(x, y)$, 就说 $f(x, y)$ 在 (x_1, y_1) 点有一个最小, 如果对于 R 内所有的点 $(x, y) \neq (x_1, y_1)$ 都有 $f(x_1, y_1) < f(x, y)$, 就说 $f(x, y)$ 有一个严格最小. 第 96 页的基本定理保证我们有以下结论: 如果 R 是有界闭集合, 并且 f 在 R 上连续, 那么 R 内存在着这样的点, f 在其上达到最大, 并且也有这样的点, f 在其上达到最小.

---

1) 也叫做绝对最大以区别后面定义的相对最大 (极大). 这里所用术语与单元函数中一样.

作为一个例子, 在闭圆盘 $x^2+y^2\leqslant 1$ 上考虑函数 $u=x^2+y^2$. 这个曲面 S 是旋转抛物面 $z=x^2+y^2$ 在平面 $z=1$ 以下的部分. 这里, 函数 f 在边界圆 $x^2+y^2=1$ 的每一点上都取最大值, 而在原点, f 有一个严格最小.

微积分直接运用于求相对极大或极小而非绝对极值, 定义域 R 内的一点 (x_0, y_0) 称为相对极大点, 如果对 (x_0,y_0) 点的一个充分小的邻域内的所有 R 的点 (x,y) 都有 $f(x_0,y_0)\geqslant f(x,y)$. 在一个相对极大点上的值 $f(x_0,y_0)$ 不一定是 f 在整个 R 上的最大值, 但是如果我们限于考虑充分接近 (x_0,y_0) 的点, 它就是 f 的一个最大值. 相对极小可以类似地定义. 每一个绝对极大 (小) 也是一个相对极大 (小), 但是反过来却不成立.

例如, 函数 $u=(x^2+y^2)^3-3(x^2+y^2)$, 以开圆盘

$$x^2+y^2<4$$

为定义域, 就没有最大值, 是在原点确有一个相对极大值. 圆

$$x^2+y^2=1$$

上的点都是最小点. 这里, 曲面 S 是由曲线 $z=x^6-3x^2$ 绕 z 轴旋转而产生的.

对于更多个自变量的函数 $u=f(x,y,z,\cdots)$ 的最小与相对极小的定义完全与上述类似.

我们将首先给出在函数 $f(x,y)$ 的定义域 R 的内点 (x_0,y_0) 上取极大或极小的必要条件, 我们用术语 '极值' 来概括极大与极小. 现在设 (x_0,y_0) 是函数 $f(x,y)$ 的定义域 R 的一个内点, 而且 f 在该点有偏微商 $f_x(x_0,y_0), f_y(x_0,y_0)$. 若要 $f(x,y)$ 在 (x_0,y_0) 点取得一个极值, 就必须有

$$f_x(x_0,y_0)=0,\quad f_y(x_0,y_0)=0. \tag{67a}$$

条件 (67a) 可以直接由熟知的一元函数的条件推出. 设

$$\phi(x)=f(x,y_0).$$

于是, $\phi(x)$ 对于充分接近 x_0 点的全部 x 都有定义, 而且在 x_0 有微商 $\phi'(x_0)=f_x(x_0,y_0)$. 如果对于 R 内充分接近 (x_0,y_0) 点的所有 (x,y) 点都有 $f(x_0,y_0)\geqslant f(x,y)$, 那么, 特别地, 对于充分接近 x_0 的全部 x 都有 $\phi(x_0)\geqslant\phi(x)$. 由此推出 $\phi'(x_0)=0$; 也就是 $f_x(x_0,y_0)=0$. 第二个必要条件

$$f_y(x_0,y_0)=0$$

可以类似地证明.

从几何上来看, $f(x,y)$ 在 (x_0,y_0) 点的两个偏微商等于零的意思就是曲面 $z=$

$f(x,y)$ 在 $(x_0,y_0,f(x_0,y_0))$ 点的切平面平行于 xy 平面. 我们称 (x_0,y_0) 点为函数 $f(x,y)$ 的一个稳定点或临界点, 如果两个一次偏微商 $f_x(x_0,y_0), f_y(x_0,y_0)$ 都存在而且都等于零. 因此, 可微函数 f 在定义域内部的每一个极值点都是 f 的一个临界点.

同样的结果适用于任意多个自变量的函数 $f(x,y,z,\cdots)$. 这里 $(x_0,y_0,z_0,\cdots)$ 称为 f 的稳定点或临界点, 如果全部一次偏微商 $f_x,f_y,f_z,\cdots$ 在该点都存在而且满足

$$\begin{aligned} &f_x(x_0,y_0,z_0,\cdots)=0,\\ &f_y(x_0,y_0,z_0,\cdots)=0,\\ &f_z(x_0,y_0,z_0,\cdots)=0,\quad \cdots. \end{aligned} \tag{67b}$$

条件的个数与自变量 $x,y,z,\cdots$ 的个数相等. 我们可以把这些条件合并成为一个条件: 对于 $(x,y,z,\cdots)=(x_0,y_0,z_0,\cdots)$ 与一切 $dx,dy,dz,\cdots$ 都有

$$df=f_xdx+f_ydy+f_zdz+\cdots=0.$$

因为方程 (67b) 的个数与未知数 $x_0,y_0,z_0,\cdots$ 的个数相同, 通常可以求得一定个数临界点, 虽然这并非总是这样. 另外, 一个临界点从任何意义上来看都不必是一个极值点.

作为例子, 考虑函数 $u=xy$. (67a) 的两个方程立刻给出点 $(x,y)=(0,0)$ 为唯一的临界点. 但是在 $(0,0)$ 点的每个邻域内, 函数既可以取得正值又可以取得负值, 这决定于 (x,y) 点所在的象限. 因此, 这个函数在该点没有极值. 表示函数 $u=xy$ 的曲面在几何上是一张双曲抛物面, 这个曲面既无最高点也无最低点, 但是有一个鞍点在原点 (见图 3.1).

我们看到, 一个可微函数的最大点与最小点或者落在函数定义域的边界上, 或者可以在函数的临界点中间找到. 判别一个临界点是最大或最小需要特别的讨论. 在第 302 页上我们将见到保证一个临界点至少是一个极值点的充分条件.

函数 f 的最大值 M 是 f 在它的定义域 R 上取得的全部值中的最大者. f 的最大点是使 $f(x,y)=M$ 的那些点.[1] 类似地, f 的临界值或稳定值是临界点或稳定点上取得的那些值.

b. 例

1. 函数

$$u=\sqrt{1-x^2-y^2}\quad (x^2+y^2<1)$$

---

1) 有时候 "最大" 一词笼统地指最大值或最大点.

有偏微商

$$u_x = -\frac{x}{\sqrt{1-x^2-y^2}},$$
$$u_y = -\frac{y}{\sqrt{1-x^2-y^2}},$$

而且这些偏微商在原点都等于零. 这里我们得到了最大值, 因为对于原点附近的所有其他点 (x,y), 平方根下的量 $1-x^2-y^2$ 都小于它在原点的值.

2. 我们想作一个三角形, 使得它的三个角的正弦的乘积为最大; 也就是, 我们想求函数

$$f(x,y) = \sin x \sin y \sin(x+y)$$

在区域 $0 \leqslant x \leqslant \pi, 0 \leqslant y \leqslant \pi, 0 \leqslant x+y \leqslant \pi$ 上的最大值. 因为 f 在这个区域的内部是正的, 所以它的最大值是正的. 在区域的边界上, 由于规定区域的不等式中至少有一个等号成立, 所以 $f(x,y)=0$, 因此最大值必定在区域内取得.

如果我们令偏微商等于零, 就得到两个方程

$$\cos x \sin y \sin(x+y) + \sin x \sin y \cos(x+y) = 0,$$

$$\sin x \cos y \sin(x+y) + \sin x \sin y \cos(x+y) = 0.$$

因为 $0 < x < \pi, 0 < y < \pi, 0 < x+y < \pi$, 这些方程给出 $\tan x = \tan y$, 或 $x = y$. 如果我们把这个值代入第一个方程, 我们就得到关系式 $\sin 3x = 0$. 所以 $(x,y) = \left(\frac{\pi}{3}, \frac{\pi}{3}\right)$ 是唯一的稳定点, 因此所求的三角形是等边的.

3. 设 P_1, P_2, P_3 是一个锐角三角形的顶点, 坐标分别为 (x_1,y_1), (x_2,y_2), (x_3,y_3). 如果我们想求第四个点 P, 其坐标为 (x,y), 使得它与 P_1, P_2, P_3 的距离之和为最小. 这个距离之和是 x 与 y 的连续函数, 而且在包含这个三角形的一个大圆内的某一点 P 达到最小值. 这个 P 点不可能落在三角形的一个顶点上, 因为否则其他两个顶点中的任何一个顶点到它的对边的垂线的垂足将有更小的距离之和. 还有, 如果这个圆的圆周离三角形充分远, 那么 P 点也不可能落在圆周上. 设距离 r_i 为

$$r_i = \sqrt{(x-x_i)^2 + (y-y_i)^2},$$

我们想使函数

$$f(x,y) = r_1 + r_2 + r_3$$

取得最小, 这个函数除 P_1, P_2, 与 P_3 点之外处处是可微的, 我们知道这个函数对 x 与对 y 的偏微商在 P 点都必须等于零. 因此, 对 f 进行微分, 我们就得到对于

P 点的条件:

$$\frac{x-x_1}{r_1}+\frac{x-x_2}{r_2}+\frac{x-x_3}{r_3}=0,$$
$$\frac{y-y_1}{r_1}+\frac{y-y_2}{r_2}+\frac{y-y_3}{r_3}=0.$$

根据这些条件, 下面这三个平面向量

$$\left(\frac{x-x_1}{r_1},\frac{y-y_1}{r_1}\right),\quad \left(\frac{x-x_2}{r_2},\frac{y-y_2}{r_2}\right),\quad \left(\frac{x-x_3}{r_3},\frac{y-y_3}{r_3}\right)$$

的和为 0. 这些向量也都是单位向量. 给定这些向量一个公共的起点 P, 它们的终点就形成一个等边三角形; 也就是, 每一个向量的方向到另一个向量的方向相差 $2\pi/3$ (图 3.27). 由于这三个向量与从 P 到 P_1, P_2, P_3 的三个向量具有一致的方向, 这意味着三角形的每一条边都必须在 P 点对着相同的 $2\pi/3$ 角.

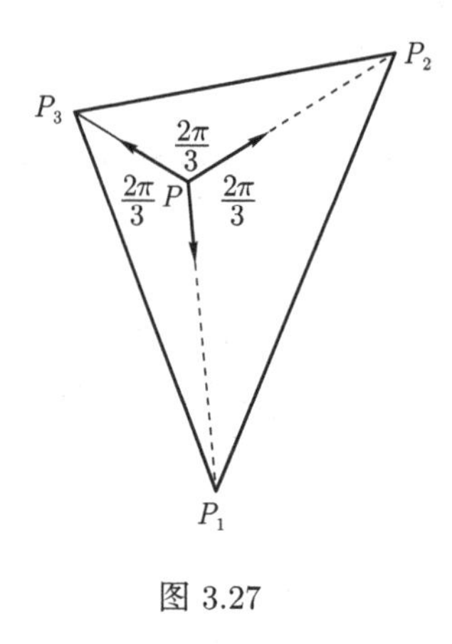

图 3.27

练 习 3.7b

1. 试求下列函数的稳定点, 并指明其类型:

(a) $f(x,y)=y^2(\sin x-x/2)$;

(b) $f(x,y)=\cos(x+y)+\sin(x-y)$;

(c) $f(x,y)=y^x$;

(d) $f(x,y)=x/y$;

(e) $f(x,y)=ye^{-x^2}$.

2. 试求函数

$$(ax^2+by^2)e^{-x^2-y^2}$$

的最大与最小.

3. 试求 $2x^3+(x-y)^2-6y$ 的稳定点.

4. 设长方体的 12 条棱的长度总和为 a; 它的 6 个面的面积总和为 $a^2/25$. 试求: 当长方体的体积与其最短的棱所构成的立方体体积之差为最大时各棱的长度.

5. 试求函数

$$f(x,y,z)=x^2(y-1)^2\left(z+\frac{1}{2}\right)^2$$

的稳定点, 并指明其类型.

6. 按美国现行的邮政条令, 一个边长为 x,y,z $(x\leqslant y\leqslant z)$ 的长方形包裹, 只有当 $2(x+y)+z\leqslant 100$ 时才能邮寄. 试在这个条件下求可邮寄的包裹的最大体积. 提示: 令 $z=100-2(x+y)$.

7. 试求点 X, 使其与 n 个已知点的距离的平方之和为最小.

c. 带有附加条件的最大与最小

多元函数求最大与最小的问题常常具有各种不同的形式. 例如, 我们可以在给定的曲面 $\phi(x,y,z)=0$ 上求最靠近原点的点. 那么我们就要使函数

$$f(x,y,z)=\sqrt{x^2+y^2+z^2}$$

取得最小. 然而这里量 x,y,z 不再是三个独立的变量, 而是被曲面方程 $\phi(x,y,z)=0$ 这个附加条件所约束. 这种带有附加条件的最大与最小, 事实上并不是根本性的新问题. 例如在我们的例子中, 我们只需把其中一个变量, 譬如说 z, 解成其余两个变量的函数, 问题就归结为求两个自变量 x,y 的函数的稳定值了.

然而, 把稳定值的条件表成对称形式, 而不偏向于任何一个变量, 那就更加方便, 同时也更加完善.

一个简单的典型情形就是求函数 $f(x,y)$ 的稳定值, 其中两个变量 x,y 并不互相独立, 而是被附加条件

$$\phi(x,y)=0$$

所约束. 为了给以几何直观, 我们首先假定附加条件是 xy 平面上一条没有奇点的曲线 (见图 3.28), 另外还假定曲线族 $f(x,y)=c=$ 常数覆盖着平面的一部分, 如图 3.28. 在曲线族与曲线 $\phi(x,y)=0$ 相交的那些曲线中, 我们需要找到一条曲线, 其对应的常数 c 是最大或最小. 当我们描曲线 $\phi(x,y)=0$ 的时候, 我们要穿过曲线族 $f(x,y)=c$; 这时, 一般说来, c 的变化是单调的; 一旦当我们描到 c 改变其单调性的点上, 我们可以预期这是一个极值. 从图 3.28, 我们看到这发生在曲线族的一条曲线与曲线 $\phi=0$ 相切处. 切点的坐标 $(x,y)=(\xi,\eta)$ 就对应着所要求的

$f(x,y)$ 的极值. 如果两条曲线 $f=$ 常数与 $\phi=0$ 相切, 它们就有相同的切线. 因此, 在点 $(x,y)=(\xi,\eta)$ 处有比例式

$$f_x:f_y=\phi_x:\phi_y$$

成立; 或者, 如果我们引进比例常数 λ, 就有联立方程

$$\begin{cases} f_x+\lambda\phi_x=0,\\ f_y+\lambda\phi_y=0.\end{cases}$$

这两个方程以及方程

$$\phi(x,y)=0,$$

可以用来决定切点的坐标 (ξ,η) 与比例常数 λ.

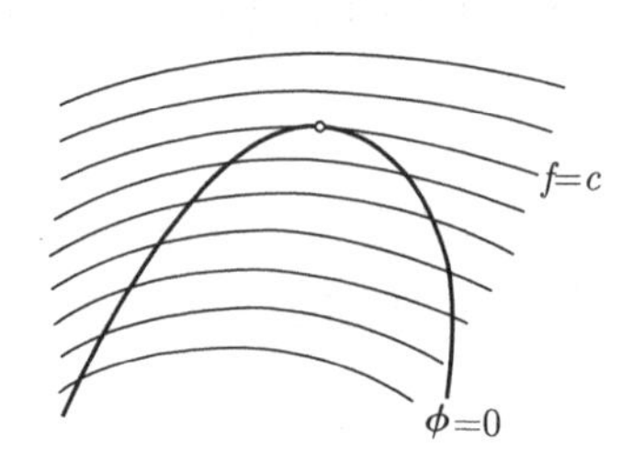

图 3.28　具有附加条件 $\phi=0$ 的 f 的极值

上述论证法有可能行不通的时候, 例如, 当曲线 $\phi(x,y)=0$ 在点 (ξ,η) 有一个奇点, 譬如说像图 3.29 中那样的尖点时, 它在该点与曲线 $f(x,y)=c$ 相遇, 而 c 为最大或最小的可能值. 不过, 在这种情形, 我们同时有

$$\phi_x(\xi,\eta)=0,\quad \phi_y(\xi,\eta)=0.$$

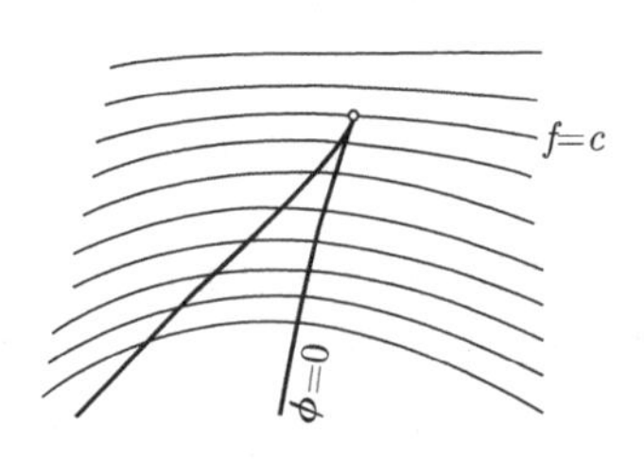

图 3.29　极值取在 $\phi=0$ 的奇点上

我们从直观上得到了下述法则 (其证明将在下一小节中给出):

若要函数 $f(x,y)$ 在附加条件 $\phi(x,y)=0$ 下在点 $(x,y)=(\xi,\eta)$ 处取得极值, 那么在 $\phi_x(x,y)$ 与 $\phi_y(x,y)$ 不同时为零的前提下, 必须有一个比例常数 λ 存在,

使得方程

$$f_x(\xi,\eta)+\lambda\phi_x(\xi,\eta)=0 \quad 与 \quad f_y(\xi,\eta)+\lambda\phi_y(\xi,\eta)=0 \tag{67c}$$

以及方程

$$\phi(\xi,\eta)=0 \tag{67d}$$

同时得到满足.

这个准则称为拉格朗日不定乘数法, 而因子 λ 称为拉格朗日乘数.

我们注意到这个法则给出的求量 ξ,η 与 λ 的方程的个数等于未知数的个数. 于是, 我们就把求极值点 (ξ,η) 这个问题变成了带有一个附加未知量 λ 但是具有完全对称性的一般极值问题.

拉格朗日法则通常表述如下:

为了求函数 $f(x,y)$ 在带有附加条件 $\phi(x,y)=0$ 下的极值, 我们把函数 $f(x,y)$ 加上 $\phi(x,y)$ 与一个与 (x,y) 无关的未知因子 λ 的乘积, 并且写下这些求函数 $F=f+\lambda\phi$ 极值的必要条件.

$$f_x+\lambda\phi_x=0, \quad f_y+\lambda\phi_y=0.$$

结合附加条件 $\phi(x,y)=0$, 就可以用来确定极值点的坐标与比例常数.

作为一个例子, 我们来求函数

$$u=xy$$

在以原点为中心的单位圆周上, 即具有附加条件

$$x^2+y^2-1=0$$

的极值. 按照我们的法则, 把 $xy+\lambda(x^2+y^2-1)$ 对 x、对 y 求微商, 我们求得在稳定点处, 这两个方程

$$y+2\lambda x=0,$$

$$x+2\lambda y=0$$

要满足. 此外我们还有的附加条件

$$x^2+y^2-1=0.$$

解出方程, 我们得到四个点:

$$\xi=\frac{\sqrt{2}}{2}, \quad \eta=\frac{\sqrt{2}}{2};$$

$$\xi = -\frac{\sqrt{2}}{2}, \quad \eta = -\frac{\sqrt{2}}{2};$$
$$\xi = \frac{\sqrt{2}}{2}, \quad \eta = -\frac{\sqrt{2}}{2};$$
$$\xi = -\frac{\sqrt{2}}{2}, \quad \eta = \frac{\sqrt{2}}{2}.$$

前两个点给出函数 $u = xy$ 的最大值 $u = \frac{1}{2}$, 而后两个点给出最小值 $u = -\frac{1}{2}$. 至于前两个点确实给出函数 u 的最大值后两个点确实给出函数的最小值——这个结论的根据则在于这个事实: 因为圆周是闭集, 而且有界, 所以函数在圆周上必定达到最大值与最小值.

练 习 3.7c

1. 试把 3.7b 节的习题 6 当作在附加条件

$$2(x+y)+z=100$$

下求体积的最大值的问题来求解.

2. 试求函数 $z = x^2y^2$ 在条件 $x+y=1$ 下的最小值.

3. 试求函数 $z = \cos\pi(x+y)$ 在条件 $x^2+y^2=1$ 下的最大值.

4. 试在平面上求一点 X, 使其与 n 个已知点的距离的平方和为最小, 附加条件为 X 点在一给定的直线上 (与第 3.7b 节的习题 7 作比较).

5. 如果 $C = f(a,b)$ 是函数 $f(x,y)$ 在条件 $\phi(x,y) = C'$ 下的一个真正最大或最小值, 求证, 一般说来 $C' = \phi(a,b)$ 是函数 $\phi(x,y)$ 在条件 $f(x,y) = C$ 下的一个真正最大或最小值.

d. 最简单情形下不定乘数法的证明

正如我们能预料的, 我们作出不定乘数法的分析证明是把它归结为“自由”极值的已知情形而达到的. 我们假设在一个极值点处两个偏微商 $\phi_x(\xi,\eta)$ 与 $\phi_y(\xi,\eta)$ 不全为零; 为确定起见, 我们假设 $\phi_y(\xi,\eta) \neq 0$. 于是, 根据隐函数定理 (第 189 页), 在这个点附近方程 $\phi(x,y)=0$ 唯一地把 y 确定为 x 的一个连续可微的函数 $y = g(x)$. 如果我们把这个表达式代入 $f(x,y)$, 函数

$$f(x, g(x))$$

就必定在 $x=\xi$ 点有一个自由极值. 因此, 方程

$$f'(x)=f_x+f_y g'(x)=0$$

必定在 $x=\xi$ 点成立. 此外, 隐式确定的函数 $y=g(x)$ 又恒等地满足关系式

$$\phi_x+\phi_y g'(x)=0.$$

如果我们用 $\lambda=-f_y/\phi_y$ 乘这个方程, 并把它加到

$$f_x+f_y g'(x)=0$$

上去, 我们就得到

$$f_x+\lambda\phi_x=0;$$

而根据 λ 的定义, 方程

$$f_y+\lambda\phi_y=0$$

成立. 这就证明了不定乘数法.

这个证明揭示了在 (ξ,η) 点导数 ϕ_x 与 ϕ_y 不全为零的假定的重要性; 下述例子就说明, 如果这两个偏微商都为零, 该法则就不成立.

我们要使函数

$$f(x,y)=x^2+y^2$$

在附加条件

$$\phi(x,y)=(x-1)^3-y^2=0$$

下达到最小. 在图 3.30 中, 原点到曲线 $(x-1)^3-y^2=0$ 的最短距离显然就是连接原点与曲线的尖点 S 的线段 (我们容易证明, 在以原点为中心的单位圆上再没有曲线的别的点), 点 S 的坐标, 即 $x=1$ 与 $y=0$, 满足方程 $\phi(x,y)=0$ 与 $f_y+\lambda\phi_y=0$, 不论 λ 为何值都一样, 但是这里却有

$$f_x+\lambda\phi_x=2x+3\lambda(x-1)^2=2\neq 0.$$

我们可以用略微不同的说法来陈述不定乘数法, 这种说法特别便于推广. 我们曾经看到, 函数 $F(x,y)$ 在某一点的微分为零是函数在该点取得自由极值的一个必要条件. 对于当前的问题, 我们可以类似地作以下的陈述:

若要函数 $f(x,y)$ 在点 (ξ,η) 具有适合附加条件

$$\phi(x,y)=0$$

的极值, 那么在该点处微分 df 必须为零, 其中微分 dx 与 dy 看作不是独立的, 而

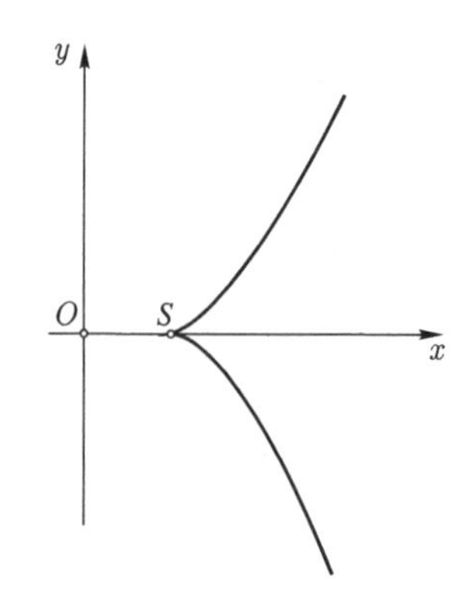

图 3.30　曲线 $(x-1)^3-y^2=0$

是适合由 $\phi=0$ 推得的方程

$$d\phi=\phi_x dx+\phi_y dy=0. \tag{67e}$$

假设在点 (ξ,η) 处微分 dx 与 dy 只要满足方程 $\phi=0$ 的时候就满足方程

$$df=f_x(\xi,\eta)dx+f_y(\xi,\eta)dy=0. \tag{67f}$$

把方程 (67e) 乘以一个数 λ 并加到 (67f) 上, 就得到

$$(f_x+\lambda\phi_x)dx+(f_y+\lambda\phi_y)dy=0.$$

如果我们取 λ 使得

$$f_y+\lambda\phi_y=0 \tag{67g}$$

(这在 $\phi_y\neq 0$ 的假定下是可以做到的), 就立即推出

$$(f_x+\lambda\phi_x)dx=0,$$

而由于 (67e) 中的微分 dx 可以任意选取, 例如取它为 1, 我们就有

$$f_x+\lambda\phi_x=0. \tag{67h}$$

反之, 关系式 (67g, h) 对于任何 λ 成立当然就意味着 $df=0$ 以及 $d\phi=0$.

练　习　3.7d

1. 对于拉格朗日乘数 λ 与约束条件 $\phi=0$, 描述曲面

$$z=f(x,y)+\lambda\phi(x,y)$$

的状态.

e. 不定乘数法的推广

我们可以把不定乘数法推广到多个变量而且也可以推广到多个附加条件. 我们将考虑一个特殊情形, 但这种情形包含了所有本质的要点. 我们来求函数

$$u = f(x, y, z, t) \tag{68a}$$

的极值, 其中四个变量 x, y, z, t 满足两个附加条件

$$\phi(x, y, z, t) = 0, \quad \psi(x, y, z, t) = 0. \tag{68b}$$

我们假设在点 (ξ, η, ζ, τ) 处函数 f 取得一个值, 这个值与所有满足附加条件的邻近点上的值相比是一个极值. 我们要求在点 $P = (\xi, \eta, \zeta, \tau)$ 的附近, 有两个变量, 譬如说是 z 与 t, 可以通过方程 (68b) 表成另外两个变量 x, y 的函数. 为要保证能够得到这样的解 $z = g(x, y)$ 与 $t = h(x, y)$, 我们假设在点 P 处雅可比行列式

$$\frac{d(\phi, \psi)}{d(z, t)} = \phi_z \psi_t - \phi_t \psi_z \tag{68c}$$

不等于零 (见 228 页). 我们现在把函数

$$z = g(x, y) \quad 与 \quad t = h(x, y)$$

代入函数 $u = f(x, y, z, t)$, 得到一个依赖于两个自变量 x 与 y 的函数, 并且这个函数在点 $(x, y) = (\xi, \eta)$ 处必须取得一个自由极值; 也就是它的两个偏微商在该点处必须都等于零. 因此这两个方程

$$f_x + f_z \frac{\partial z}{\partial x} + f_t \frac{\partial t}{\partial x} = 0, \tag{69a}$$

$$f_y + f_z \frac{\partial z}{\partial y} + f_t \frac{\partial t}{\partial y} = 0 \tag{69b}$$

必须同时成立. 为了从附加条件中算出在这里出现的四个偏微商 $\frac{\partial z}{\partial x}, \frac{\partial z}{\partial y}, \frac{\partial t}{\partial x}, \frac{\partial t}{\partial y}$, 我们可以试图写出这样两对方程

$$\phi_x + \phi_z \frac{\partial z}{\partial x} + \phi_t \frac{\partial t}{\partial x} = 0, \tag{69c}$$

$$\psi_x + \psi_z \frac{\partial z}{\partial x} + \psi_t \frac{\partial t}{\partial x} = 0 \tag{69d}$$

与

$$\phi_y + \phi_z \frac{\partial z}{\partial y} + \phi_t \frac{\partial t}{\partial y} = 0, \tag{69e}$$

$$\psi_y + \psi_z \frac{\partial z}{\partial y} + \psi_t \frac{\partial t}{\partial y} = 0, \tag{69f}$$

并且由这些方程把 $\frac{\partial z}{\partial x}, \frac{\partial z}{\partial y}, \frac{\partial t}{\partial x}, \frac{\partial t}{\partial y}$ 作为未知数解出来$\left(\right.$因为雅可比行列式 $\frac{d(\phi, \psi)}{d(z, t)} \neq 0$, 所以是可能的$\left.\right)$. 这样问题就解决了.

但是我们不这样做, 我们宁愿为了保持公式的对称性而进行如下的推导. 我们用这样的方法来决定两个数 λ 与 μ, 即在取得极值的点上两个方程

$$f_z + \lambda \phi_z + \mu \psi_z = 0, \tag{70a}$$

$$f_t + \lambda \phi_t + \mu \psi_t = 0 \tag{70b}$$

都满足$\left(\right.$这样来确定乘数 λ 与 μ 确实是可能的, 因为已经假设了雅可比行列式 $\frac{d(\phi, \psi)}{d(z, t)} \neq 0$$\left.\right)$. 如果我们分别用 λ 与 μ 乘方程 (69c, d), 并且把它们加到方程 (69a) 上, 我们就有

$$f_x + \lambda \phi_x + \mu \psi_x + (f_z + \lambda \phi_z + \mu \psi_z) \frac{\partial z}{\partial x} + (f_t + \lambda \phi_t + \mu \phi_t) \frac{\partial t}{\partial x} = 0.$$

因此, 根据确定 λ 与 μ 的 (70a, b), 我们有

$$f_x + \lambda \phi_x + \mu \psi_x = 0.$$

类似地, 如果我们分别用 λ 与 μ 乘方程 (69e, f), 并且把它们加到方程 (69b) 上, 我们就又得到一个方程

$$f_y + \lambda \phi_y + \mu \psi_y = 0.$$

这样我们就得出下面的结果: *如果点 (ξ, η, ζ, τ) 是函数 $f(x, y, z, t)$ 在附加条件*

$$\phi(x, y, z, t) = 0, \tag{71a}$$

$$\psi(x, y, z, t) = 0 \tag{71b}$$

下的一个极值点, 而且在该点 $\frac{d(\phi, \psi)}{d(z, t)}$ 不为零, 那么就存在两个数 λ 与 μ, 使得在点 (ξ, η, ζ, τ) 处方程

$$f_x + \lambda \phi_x + \mu \psi_x = 0, \tag{72a}$$

$$f_y + \lambda \phi_y + \mu \psi_y = 0, \tag{72b}$$

$$f_z + \lambda\phi_z + \mu\psi_z = 0, \tag{72c}$$

$$f_t + \lambda\phi_t + \mu\psi_t = 0, \tag{72d}$$

以及附加条件 (71a, b) 都满足.

最后这组条件是完全对称的, 特别偏重 x 与 y 两个变量的任何痕迹都不见了; 而且, 如果我们假设雅可比行列式

$$\frac{\partial(\phi,\psi)}{\partial(x,y)}, \frac{\partial(\phi,\psi)}{\partial(x,z)}, \cdots, \frac{\partial(\phi,\psi)}{\partial(z,t)}$$

中至少有一个不为零来代替假设 $\dfrac{\partial(\phi,\psi)}{\partial(z,t)} \neq 0$, 从而在所讨论的点的邻域内, 量 x, y, z, t 中有两个 (不必是 z 与 t) 可以被其他两个所表示, 那么我们可以同样得到 (72a, b, c, d). 对于我们的这些方程的这个对称性, 我们当然是付了代价的; 在未知数 ξ, η, ζ, τ 之外现在又增加了 λ 与 μ. 这样, 代替四个未知数, 我们现在有六个, 由上面的六个方程来确定.

用完全相同的方法, 我们可以陈述并证明对于任何个数变量与任何个数附加条件的不定乘数法. 这个普遍法则如下:

如果在一个函数

$$f(x_1, x_2, \cdots, x_n)$$

中, 这 n 个变量 $x_1, x_2, \cdots, x_n$ 不是独立的, 而是被 m 个条件 $(m < n)$

$$\phi_1(x_1, x_2, \cdots, x_n) = 0,$$
$$\phi_2(x_1, x_2, \cdots, x_n) = 0,$$
$$\cdots\cdots$$
$$\phi_m(x_1, x_2 \cdots, x_n) = 0$$

所约束, 我们就引进 m 个乘数 $\lambda_1, \lambda_2, \cdots, \lambda_m$, 并且令函数

$$F = f + \lambda_1\phi_1 + \lambda_2\phi_2 + \cdots + \lambda_m\phi_m$$

对于 $x_1, x_2, \cdots, x_n$ 的偏微商 (其中 $\lambda_1, \lambda_2, \cdots, \lambda_m$ 都是常数) 都为零. 这样得到的方程[1)]

$$\frac{\partial F}{\partial x_1} = 0, \frac{\partial F}{\partial x_2} = 0, \cdots, \frac{\partial F}{\partial x_n} = 0,$$

连同 m 个附加条件

$$\phi_1 = 0, \phi_2 = 0, \cdots, \phi_m = 0$$

1) 这些方程与对于辅助函数 F 的自由极值的方程完全相同.

是对于 $m+n$ 个未知数 $x_1, x_2, \cdots, x_n; \lambda_1, \lambda_2, \cdots, \lambda_m$ 的一个 $m+n$ 个方程的方程组. 这些方程都必须在 f 的任何极值点上得到满足, 除非在该点处这 m 个函数 $\phi_1, \phi_2, \cdots, \phi_m$ 对于变量

$$x_1, x_2, \cdots, x_n$$

中任何 m 个变量的雅可比行列式统统都等于零.

我们注意到, 这个法则给了我们一个确定极值点的完美形式的方法; 然而它仅仅确立了一个必要条件. 还需要讨论的是, 我们用不定乘数法求出的点是否确实对应于函数的最大或最小. 对于这个问题, 我们将不去进行讨论; 因为它将使我们离题太远. 像在自由极值的情形一样, 我们运用不定乘数法时, 我们通常已经预先知道在 f 的定义域内部有一个极值点存在. 如果这个方法确定出唯一的点并且例外情形 (所有雅可比行列式为零) 在所讨论区域内的任何地方都不发生, 那么我们就可以确信我们确实已经找到了极值点.

练 习 3.7e

1. 试对函数 $u = f(x, y, z)$ 在条件 $\phi(x, y, z) = 0$ 下的最小值问题给以几何解释.

2. 试给出下述形式的问题的一个例子: $f(x, y, z)$ 适合条件 $\phi(x, y) = 0, \psi(y, z) = 0$ 的极值. 对此给以几何解释.

f. 例

1. 作为第一个例子, 我们试图求函数 $f = x^2y^2z^2$ 在附加条件 $x^2+y^2+z^2 = c^2$ 下的最大值. 在球面 $x^2 + y^2 + z^2 = c^2$ 上, 因为它是一个有界的闭集, 所以函数必定达到一个最大值. 按照法则, 我们作出表达式

$$F = x^2y^2z^2 + \lambda(x^2 + y^2 + z^2 - c^2),$$

并通过微分法得到

$$2xy^2z^2 + 2\lambda x = 0,$$

$$2x^2yz^2 + 2\lambda y = 0,$$

$$2x^2y^2z + 2\lambda z = 0.$$

带有 $x = 0, y = 0$ 或 $z = 0$ 的解可以除外, 因为在这些点处函数 f 取得它的最小值 0. 方程的其他解是 $x^2 = y^2 = z^2, \lambda = -x^4$. 利用附加条件, 我们得到所要求的

坐标

$$x = \pm\frac{c}{\sqrt{3}}, \quad y = \pm\frac{c}{\sqrt{3}}, \quad z = \pm\frac{c}{\sqrt{3}}.$$

在所有这些点处, 函数达到相同的值 $c^6/27$, 这就是最大值. 因此, 任何三个数都满足关系式

$$\sqrt[3]{x^2y^2z^2} \leqslant \frac{c^2}{3} = \frac{x^2+y^2+z^2}{3},$$

这个关系表明, 三个非负数 x^2, y^2, z^2 的几何平均值决不会大于它们的算术平均值.

可以类似地对任意个数的正数作出证明: 几何平均值绝不会超过算术平均值[1)].

2. 作为第二个例子, 我们将寻求已知周长为 $2s$ 的三角形 (它的边为 x, y, z) 的最大面积. 按熟知的海伦公式, 面积的平方由公式

$$f(x,y,z) = s(s-x)(s-y)(s-z)$$

给出. 因此, 我们来求这个函数在附加条件

$$\phi = x+y+z-2s = 0$$

下的最大值, 其中 x, y, z 被不等式

$$x \geqslant 0, \quad y \geqslant 0, \quad z \geqslant 0, \quad x+y \geqslant z, \quad x+z \geqslant y, \quad y+z \geqslant x$$

所限制. 在这个闭区域的边界上 (即在这些不等式中有一个变成等式时), 我们总有 $f = 0$. 所以 f 的最大值出现在区域内部并且是一个极大值. 我们构成函数

$$F(x,y,z) = s(s-x)(s-y)(s-z) + \lambda(x+y+z-2s),$$

并通过微商得到三个条件

$$\begin{aligned} -s(s-y)(s-z) + \lambda &= 0, \\ -s(s-x)(s-z) + \lambda &= 0, \\ -s(s-x)(s-y) + \lambda &= 0. \end{aligned}$$

令这三个式子相等, 化简就得到 $x = y = z = 2s/3$; 就是说, 所求解是一个等边三角形.

3. 其次我们来证明不等式

$$uv \leqslant \frac{1}{\alpha}u^\alpha + \frac{1}{\beta}v^\beta, \tag{73a}$$

---

1) 其他的证法见第一卷第 90 页问题 13 或第 278 页问题 11.

其中 $u \geqslant 0, v \geqslant 0, \alpha \geqslant 0, \beta \geqslant 0$, 并且

$$\frac{1}{\alpha}+\frac{1}{\beta}=1.$$

这个不等式当 u 或 v 为零时无疑是有效的. 因此我们可只限于考虑 u 与 v 都不为零的值, 即 $uv \neq 0$. 如果对于一对数 u, v 不等式成立, 那么对于所有的数 $ut^{\frac{1}{\alpha}}, vt^{\frac{1}{\beta}}$ (其中 t 是一个任意正数) 不等式也是成立的. 因此我们只需要考虑 u, v 的适合 $uv=1$ 的那些值. 因此我们要证明, 对于所有正数 u, v, 使得 $uv=1$ 的, 都有不等式

$$\frac{1}{\alpha} u^{\alpha}+\frac{1}{\beta} u^{\beta} \geqslant 1$$

成立.

为此, 我们求解函数

$$\frac{1}{\alpha} u^{\alpha}+\frac{1}{\beta} u^{\beta}$$

适合附加条件 $uv=1$ 的最小值问题. 显然这个最小值是存在的, 而且在这样一点 (u, v) 上出现, 其中 $u \neq 0, v \neq 0$. 所以存在这样一个乘数 λ

$$u^{\alpha-1}-\lambda v=0 \quad \text{与} \quad v^{\beta-1}-\lambda u=0.$$

分别用 u 与 v 乘这些方程, 立刻得到 $u^{\alpha}=\lambda, v^{\beta}=\lambda$. 注意到 $uv=1$, 即可见上面的结果隐含着 $u=v=1$. 所以

$$\frac{1}{\alpha} u^{\alpha}+\frac{1}{\beta} v^{\beta}$$

的最小值就是 $\frac{1}{\alpha}+\frac{1}{\beta}=1$. 这就是说, 不等式

$$\frac{1}{\alpha} u^{\alpha}+\frac{1}{\beta} v^{\beta} \geqslant 1$$

当 $uv=1$ 时已被证明.

如果在不等式 (73a) 中, 我们把 u 与 v 分别换成

$$u=u_{i} \Big/ \left(\sum_{i=1}^{n} u_{i}^{\alpha}\right)^{1/\alpha} \quad \text{与} \quad v=v_{i} \Big/ \left(\sum_{i=1}^{n} v_{i}^{\beta}\right)^{1/\beta},$$

其中 $u_{1}, u_{2}, \cdots, u_{n}, v_{1}, v_{2}, \cdots, v_{n}$ 是任意的非负数, 而且至少有一个 u 与至少有一个 v 不是零, 然后对 $i=1,2, \cdots, n$ 求和, 我们就得到赫尔德不等式

$$\sum_{i=1}^{n} u_i v_i \leqslant \left(\sum_{i=1}^{n} u_i^{\alpha}\right)^{1/\alpha} \left(\sum_{i=1}^{n} v_i^{\beta}\right)^{1/\beta}. \tag{73b}$$

这个不等式对于任意 $2n$ 个数 u_i, v_i 都是成立的, 只要

$$u_i \geqslant 0, \quad v_i \geqslant 0 \quad (i = 1, 2, \cdots, n)$$

并且 u 不全为零、v 也不全为零, 与指数

$$\alpha > 0, \quad \beta > 0, \quad \frac{1}{\alpha} + \frac{1}{\beta} = 1.$$

柯西–施瓦茨不等式是赫尔德不等式当 $\alpha = \beta = 2$ 时的特殊情形.

4. 最后我们在闭曲面

$$\phi(x, y, z) = 0$$

上寻找这样的点, 使得它与固定点 (ξ, η, ζ) 的距离为最小. 如果距离最小, 那么它的平方也最小. 因此我们考虑函数

$$F(x, y, z) = (x - \xi)^2 + (y - \eta)^2 + (z - \zeta)^2 + \lambda\phi(x, y, z).$$

微分后给出条件

$$2(x - \xi) + \lambda\phi_x = 0,$$

$$2(y - \eta) + \lambda\phi_y = 0,$$

$$2(z - \zeta) + \lambda\phi_z = 0,$$

或者表成另一形式,

$$\frac{x - \xi}{\phi_x} = \frac{y - \eta}{\phi_y} = \frac{z - \zeta}{\phi_z}.$$

这些方程说明: 固定点 (ξ, η, ζ) 是在取得极距的点 (x, y, z) 处的曲面法线上. 所以, 为了沿一最短路径从一点走向一个 (可微的) 曲面, 我们必须沿着曲面的法线方向走. 当然进一步的讨论是要求判定我们求得的是最大还是最小或什么都不是. 作为例子, 可考虑球面内的一个点. 取得极距的点是在通过该点的直径的两端, 到其中一端的距离为最小, 而到另一端的距离为最大.

练 习 3.7f

1. 试求平面 $Ax + By + Cz = D$ 与点 (a, b, c) 之间的最短距离.

2. 试求椭圆 $\frac{x^2}{4}+y^2=1$ 上一点到直线 $x+y-4=0$ 的最长与最短距离.

3. 试证表达式

$$\frac{ax^2+2bxy+cy^2}{ex^2+2fxy+gy^2} \quad (eg-f^2>0)$$

的最大值等于对 λ 的方程

$$(ac-b^2)-\lambda(ag-2bf+ec)+\lambda^2(eg-f^2)=0$$

中的较大的根.

4. 计算下列表达式的最大值

(a) $\frac{x^2+6xy+3y^2}{x^2-xy+y^2}$; (b) $\frac{x^4+2x^3y}{x^4+y^4}$.

5. 试求 a,b 的值, 使得包含圆 $(x-1)^2+y^2=1$ 在其内部的椭圆 $\frac{x^2}{a^2}+\frac{y^2}{b^2}=1$ 有最小的面积.

6. 球面 $x^2+y^2+z^2=1$ 上的哪一点与点 $(1,2,3)$ 的距离为最大?

7. 试在椭球面 $\frac{x^2}{a^2}+\frac{y^2}{b^2}+\frac{z^2}{c^2}=1$ 上求一点 (x,y,z) 使得

(a) $A+B+C$; (b)$\sqrt{A^2+B^2+C^2}$

是一个最小值, 其中 A,B,C 表示在 (x,y,z) 点 (其中 $x>0,y>0,z>0$) 的切平面与坐标轴构成的截距.

8. 试求包含在椭球面 $x^2/a^2+y^2/b^2+z^2/c^2=1$ 内体积最大的长方体.

9. 试求包含在椭圆 $\frac{x^2}{a^2}+\frac{y^2}{b^2}=1$ 内周长最大的矩形.

10. 试在椭圆 $5x^2-6xy+5y^2=4$ 上求一点, 使得原点到该点的切线的距离为最大.

11. 试证椭球

$$ax^2+by^2+cz^2+2dxy+2exz+2fyz=1$$

长轴的长度 l 是方程

$$\begin{vmatrix} a-\frac{1}{l^2} & d & e \\ d & b-\frac{1}{l^2} & f \\ e & f & c-\frac{1}{l^2} \end{vmatrix}=0$$

的最大实根.

12. (a) 试求 $x^ay^bz^c$ 适合条件 $x^k+y^k+z^k=1$ 的最大值, 其中 a,b,c,k 是正

的常数, x, y, z 非负.

(b) 由 (a) 的结果, 对于任何六个正数, 试证不等式

$$\left(\frac{u}{a}\right)^a\left(\frac{v}{b}\right)^b\left(\frac{w}{c}\right)^c \leqslant \left(\frac{u+v+w}{a+b+c}\right)^{a+b+c}.$$

13. 设 $P_1P_2P_3P_4$ 是一个凸四边形, 试求一点 O, 使得它到 P_1, P_2, P_3, P_4 的距离之和为最小.

14. 试求具有最大面积的四边形, 已知它的四条边的长度为 a, b, c, d.

附 录

A.1 极值的充分条件

在上一章最大与最小的理论中, 我们满足于寻求出现一个极值的必要条件. 在许多实际情形中, 这样求得的稳定点的类型是可以通过问题所具有的特定性质来决定的, 这就使得我们能够判定它是一个最大或是一个最小. 然而有一个关于出现极值的普遍的*充分*条件仍然是重要的. 这样的判别准则, 将在这里对于两个自变量的典型情形展开讨论.

我们考虑一点 (x_0, y_0), 它是函数的一个稳定点, 也就是这样一个点, 函数的两个一次偏微商在该处为零. 若要在这一点出现极值, 必须且只需表达式

$$f(x_0+h, y_0+k) - f(x_0, y_0)$$

对于所有绝对值充分小的 h 与 k 具有相同的符号. 如果我们用泰勒定理把这个表达式展开到三次余项, 并且利用方程 $f_x(x_0, y_0) = 0$ 与 $f_y(x_0, y_0) = 0$, 我们就得到

$$f(x_0+h, y_0+k) - f(x_0, y_0) = \frac{1}{2}(h^2 f_{xx} + 2hk f_{xy} + k^2 f_{yy}) + \varepsilon\rho^2,$$

其中 $\rho^2 = h^2 + k^2$, 而 ε 当 ρ 趋于零时趋于零.

这个式子说明, 在点 (x_0, y_0) 的一个充分小的邻域内, 函数差值 $f(x_0+h, y_0+k) - f(x_0, y_0)$ 的大小主要是由表达式

$$Q(h, k) = ah^2 + 2bhk + ck^2$$

决定的, 其中为了简便, 我们令

$$a = f_{xx}(x_0, y_0), \quad b = f_{xy}(x_0, y_0), \quad c = f_{yy}(x_0, y_0).$$

为了研究极值问题, 我们必须考察这个 h 与 k 的二次齐次式或二次型 Q. 我们假定系数 a, b, c 不全为零. 在它们全为零的例外情形, 我们必须把泰勒级数展开到更高次项, 我们将不讨论这个情形.

二次型 Q 有三种不同的可能情形:

(1) 二次型是定型. 这就是当 h 与 k 取所有的值, Q 的值都有相同的符号, 而且只在 $h=0$ 与 $k=0$ 时其值为零. 我们按它的符号是正的或负的而分别称它为*正定*或*负定*. 例如, 表达式 h^2+k^2 (即当 $a=c=1, b=0$ 时我们所得到的二次型) 是正定的; 但表达式 $-h^2+2hk-2k^2=-(h-k)^2-k^2$ 是负定的.

(2) 二次型是*不定型*. 就是它可以取不同符号的值; 例如 $Q=2hk$, 对于 $h=1, k=1$ 它取值为 2; 而对于 $h=-1, k=1$ 它取值为 -2.

(3) 第三种可能是二次型 Q 对于不同于 $h=0, k=0$ 的某些 h, k 的值取值为零, 但是在其他地方取具有同一符号的值, 例如型 $(h+k)^2$, 它对于所有满足 $h=-k$ 的 h, k 的值集合都为零. 这样的二次型称为*半定型*.

若要二次型 $Q=ah^2+2bhk+ck^2$ 是定型, 必须且只需它的判别式 $ac-b^2$ 满足条件

$$ac-b^2>0;$$

如果 $a>0$ (因此也有 $c>0$), 它就是正定的; 否则它是负定的.

要使二次型 Q 是不定型, 必要且充分的条件是

$$ac-b^2<0,$$

而半定型情形的特征则由方程[1)]

$$ac-b^2=0$$

来刻画.

现在我们要证明下面的陈述. 如果二次型 $Q(h, k)$ 是正定的. 则对于 $h=0, k=0$ 所达到的稳定值是一个*极小值* (一个严格的极小). 如果二次型是负定

---

1) 这些条件容易推得如下: 在 $a=c=0$ 的情形, 必有 $b\neq 0$, 所以二次型是不定的, 所以判别准则对这种情形是成立的; 另外, 当 $a\neq 0$ 时, 我们可以把二次型写成

$$ah^2+2bhk+ck^2=a\left[\left(h+\frac{b}{a}k\right)^2+\frac{ca-b^2}{a^2}k^2\right].$$

如果 $ca-b^2>0$, 这个二次型显然是定型, 并且与 a 具有同样的符号. 如果 $ca-b^2=0$, 这个型就是半定型, 它对于满足方程

$$\frac{h}{k}=-\frac{b}{a}$$

的所有 h, k 值取值为零; 但是对于一切其他的 h, k 值, 它取值具有同一符号. 如果 $ca-b^2<0$, 它就是一个不定型, 当 $k=0$ 与当 $h+\left(\frac{b}{a}\right)k=0$ 时取不同符号的值.

的, 稳定值就是一个极大值. 如果二次型是不定的, 我们就既没得到极大, 也没得到极小, 这个点是一个鞍点. 因此二次型 Q 的 '定' 的特性是一个关于极值的充分条件, 而 Q 的 '不定' 的特性排除了极值的可能性. 我们将不考虑半定的情况, 因为这种情况需要麻烦的讨论.

为了证明第一个陈述, 我们注意, 如果 Q 是一个正定型, 就有一个与 h,k 无关的正数 m, 使得[1)]

$$Q \geqslant 2m(h^2+k^2) = 2m\rho^2,$$

因此

$$f(x_0+h,y_0+k)-f(x_0,y_0) = \frac{1}{2}Q(h,k)+\varepsilon\rho^2 \geqslant (m+\varepsilon)\rho^2.$$

如果我们现在取 ρ 如此之小, 使得数 ε 的绝对值小于 $(1/2)m$, 我们显然就有

$$f(x_0+h,y_0+k)-f(x_0,y_0) \geqslant \frac{m}{2}\rho^2 > 0.$$

这样, 对于点 (x_0,y_0) 的这个邻域, 函数的值 (当然除去 (x_0,y_0) 点本身) 就处处大于 $f(x_0,y_0)$. 同样地, 当二次型是负定时, 这个点就是极大点.

最后, 如果二次型是不定型, 那么就有一对值 (h_1,k_1) 使 Q 是负的; 而又有另外一对值 (h_2,k_2) 使 Q 是正的. 我们因此可以找到一个正数 m 使得

$$Q(h_1,k_1) < -2m\rho_1^2,$$

$$Q(h_2,k_2) > 2m\rho_2^2.$$

如果我们令 $h = th_1, k = tk_1, \rho^2 = h^2+k^2$ $(t \neq 0)$——也就是我们考虑连接 (x_0,y_0) 与 (x_0+h_1,y_0+k_1) 的线段上的一个点 (x_0+h,y_0+k)——那么 $Q(h,k) = t^2Q(h_1,k_1)$, $\rho^2 = t^2\rho_1^2$, 因此我们就有

$$Q(h,k) < -2m\rho^2.$$

这样, 只要选取一个充分小的 t (以及对应的 ρ). 我们就可以使表达式 $f(x_0+h,y_0+k)-f(x_0,y_0)$ 是负的. 我们只需选取 t 如此之小, 使得对于 $h=th_1, k=tk_1$, 量 ε 的绝对值小于 $\frac{1}{2}m$. 对于 h,k 的这样一组值, 我们有

$$f(x_0+h,y_0+k)-f(x_0,y_0) < -m\rho^2/2,$$

1) 为了说明这一点, 我们把商式 $Q(h,k)/(h^2+k^2)$ 看作两个量

$$u = h/\sqrt{h^2+k^2} \quad 与 \quad v = k/\sqrt{h^2+k^2}$$

的函数. 于是 $u^2+v^2=1$, 并且商式是 u 与 v 的连续函数, 因此必定在圆 $u^2+v^2=1$ 上有一个最小值 $2m$. 这个值 m 显然满足我们的条件; 因为在圆上 u 与 v 不会同时等于零, 所以 m 决不等于零.

因而函数值 $f(x_0+h, y_0+k)$ 小于稳定值 $f(x_0, y_0)$. 同样地, 对于 $h=th_2, k=tk_2$ 这一组值运用相应的步骤, 我们推知, 在 (x_0, y_0) 点的一个任意小的邻域内都存在着这样的点, 使函数的值大于 $f(x_0, y_0)$. 我们既没得到极大也没得到极小, 因而我们把它称为鞍点.

如果在稳定点上 $a=b=c=0$, 从而二次型恒等于零, 因而在半定情形, 上面的讨论不适用. 若要对于这些情形获得充分条件, 那就要陷入麻烦的讨论.

这样, 我们就有了下述关于判定极大与极小的法则:

若在一个点 (x_0, y_0) 处, 偏微商

$$f_x(x_0, y_0)=0, \quad f_y(x_0, y_0)=0$$

并且不等式

$$f_{xx}f_{yy}-f_{xy}^2>0$$

成立, 则函数 f 有一个极值. 如果 $f_{xx}<0$ (因此也有 $f_{yy}<0$), 这就是一个极大; 如果 $f_{xx}>0$, 这就是一个极小. 另一方面, 如果

$$f_{xx}f_{yy}-f_{xy}^2<0,$$

这个稳定值就既不是极大也不是极小, 情形

$$f_{xx}f_{yy}-f_{xy}^2=0$$

留而未决.

这些条件有一个简单的几何解释. 必要条件 $f_x=f_y=0$ 说明曲面 $z=f(x,y)$ 的切平面是水平的. 如果我们确实有一个极值, 那么在所讨论的这个点的邻域内切平面不会与曲面交叉. 在鞍点的情形中, 与上面相反, 切平面与曲面交叉成一条曲线, 该曲线在这点有若干个分支. 这种事情在 A.3 节奇点的讨论之后将会更加清楚.

作为一个例子, 我们求函数

$$f(x,y)=x^2+xy+y^2+ax+by$$

的极值. 如果我们令一次微商等于零, 就得到方程

$$2x+y+a=0, \quad x+2y+b=0,$$

它的解是 $x=\frac{1}{3}(b-2a), y=\frac{1}{3}(a-2b)$. 表达式

$$f_{xx}f_{yy}-f_{xy}^2=3$$

是正的, 因为 $f_{xx}=2$. 所以函数在所讨论的点处有一个最小值.

函数

$$f(x,y)=(y-x^2)^2+x^5$$

有一个稳定点是原点. 这里表达式 $f_{xx}f_{yy}-f_{xy}^2=0$, 因而我们的判别法无效. 但是我们容易看出, 这个函数在这里没有极值, 因为在原点的邻域内, 这个函数值既有正的, 也有负的.

另一方面, 函数

$$f(x,y)=(x-y)^4+(y-1)^4$$

有一个最小在点 $(x,y)=(1,1)$ 处, 虽然在这里 $f_{xx}f_{yy}-f_{xy}^2=0$. 因为

$$f(1+h,1+k)-f(1,1)=(h-k)^4+k^4,$$

而这个量当 $\rho\neq 0$ 时是正的.

练　习　A.1

1. 试求下列函数的极值并定出其特性:

(a) $f(x,y)=x^2-3xy+y^2$;

(b) $f(x,y)=\cos(x+y)+\sin(x-y)+x^2$;

(c) $f(x,y)=x\cosh y-y^2$.

2. 设 $\phi(a)=k\neq 0, \phi'(a)\neq 0$, 而且 x,y,z 满足关系式 $\phi(x)\phi(y)\phi(z)=k^3$, 求证函数 $f(x)+f(y)+f(z)$ 当 $x=y=z=a$ 时有一个最小值, 只要有条件

$$f'(a)\left(\frac{\phi''(a)}{\phi'(a)}-\frac{\phi'(a)}{\phi(a)}\right)>f''(a).$$

3. 设 $P_1P_2P_3$ 是一个平面三角形, 并且三个角都小于 120°. 根据第 278 页的判别准则或后面习题 6 求证, 如果在 $P_1P_2P_3$ 内部的一点 P 上, 有 $\angle P_2PP_3=\angle P_3PP_1=\angle P_1PP_2=120°$, 那么和数 $PP_1+PP_2+PP_3$ 是一个真正的最小值 (参看第 283 页例 3).

4. 如果在习题 3 中三角形的 $\angle P_2P_1P_3$ 大于或等于 120°, 试问和数 $PP_1+PP_2+PP_3$ 将在何处取得最小值?

5. (a) 试证: 如果所有的字母都表示正的量, 那么和式

$$lx+my+nz$$

在条件

$$x^p+y^p+z^p=c^p$$

下的稳定值是 $c(l^q+m^q+n^q)^{1/q}$, 其中 $q=\dfrac{p}{p-1}$.

(b) 试说明最大值与最小值必定对应于 $p \geqslant 1$.

6. 试把 A.1 节中的研究结果推广到 n 个变量的函数, 证明以下结果: 设函数 $f(x_1,x_2,\cdots,x_m)$ 在其一个稳定点 $x_1=x_1^0, x_2=x_2^0,\cdots,x_n=x_n^0$ (即在该点上有 $f_{x_1}=f_{x_2}=\cdots=f_{x_n}=0$) 的邻域内三次连续可微. 考虑 f 在点 x^0 的二阶全微分

$$d^2f^0=\sum_{i,k=1}^{n} f^0_{x_ix_k}dx_idx_k,$$

这是变量 $dx_1,dx_2,\cdots,dx_n$ 的一个二次型. 如果这个二次型是非退化的, 也就是如果

$$D=\begin{vmatrix} f^0_{x_1x_1} & \cdots & f^0_{x_1x_n} \\ \vdots & & \vdots \\ f^0_{x_nx_1} & \cdots & f^0_{x_nx_n}\end{vmatrix}\neq 0,$$

那么 d^2f^0 可以是 (1) 正定型、(2) 负定型或 (3) 不定型. 试证: 这些可能情形分别对应于 f 在 x^0 点的下述性质: (1) f 有一个最小值; (2) f 有一个最大值; (3) f 既不取最小也不取最大.

7. 考察 $f=f(x_1,x_2,\cdots,x_n)$ 的稳定点, 其中变量满足关系式

$$\phi_1(x_1,x_2,\cdots,x_n)=0,\cdots,\phi_m(x_1,x_2,\cdots,x_n)=0 \quad (m<n), \tag{1}$$

我们可以假定已经求得变量与乘数 λ_μ 的数值使得

$$F=f+\lambda_1\phi_1+\cdots+\lambda_m\phi_m$$

满足方程

$$\frac{\partial F}{\partial x_1}=0,\cdots,\frac{\partial F}{\partial x_n}=0, \tag{2}$$

并且 $\phi_1,\cdots,\phi_m$ 对变量 $x_1,\cdots,x_m$ 的雅可比行列式不为零. 为了应用习题 6 的判别准则, 我们可以如下进行: 把 $x_{m+1},\cdots,x_n$ 当作自变量, 对 (1) 进行微分, 我们可以得到作为 $x_{m+1},\cdots,x_n$ 的函数的 $x_1,\cdots,x_m$ 的一阶与二阶微分, 并把这些值代入

$$d^2f=\sum_{i,k=1}^{n} f_{x_ix_k}dx_idx_k+f_{x_1}d^2x_1+\cdots+f_{x_m}d^2x_m. \tag{3}$$

试证下述第二法 (则这个法则不计算二次微分 $d^2x_1,\cdots,d^2x_m$): 把 $x_1,\cdots,x_n$

当作独立变量, 考虑

$$d^2F = \sum F_{x_ix_k}dx_idx_k = d^2f + \lambda_1 d^2\phi_1 + \cdots + \lambda_m d^2\phi_m;$$

从方程

$$d\phi_\mu = \phi_{\mu x_1}dx_1 + \cdots + \phi_{\mu x_n}dx_n = 0 \quad (\mu = 1, 2, \cdots, m)$$

算出 $dx_1, \cdots, dx_m$, 并把它们代入 d^2F, 这就得到变量 $dx_{m+1}, \cdots, dx_n$ 的一个二次型 δ^2F. 如果这个二次型是非退化的, 那么 f 有一个最小值, 或一个最大值, 或没有最大最小值, 必然分别对应于 δ^2F 是正定型, 或负定型, 或不定型.

8. 在求函数 $f = x_1x_2\cdots x_n$ 在条件 $\phi = x_1 + \cdots + x_n - a = 0\ (a > 0)$ 下的最大值问题中, 不定乘数法给出 f 在点

$$x_1 = x_2 = \cdots = x_n = \frac{a}{n}$$

的一个稳定值. 试用习题 7 中的法则代替关于绝对最大值的考虑来说明 f 在这个点处有一个最大值.

9. 试用习题 7 中的判别准则证明: 在周长为常数的所有三角形中等边三角形面积最大 (见第 294 页).

A.2 临界点的个数与向量场的指数

一个定义在有界闭集 R 上的连续函数 $f(x, y)$, 根据我们的基本定理, 无疑在 R 内有一个最大点和一个最小点. 如果一个最大或最小点 (x_0, y_0) 是 R 的一个内点, 并且 f 在 (x_0, y_0) 是可微的, 那么 (x_0, y_0) 是 f 的一个临界点. 在某些情形中, 这个结果使我们推知至少存在 f 的一个临界点. 例如, 如果集合 R 由一个开的有界集 S 以及它的边界 B 所组成, 并且如果 f 在 B 上是常数, 又在 S 内可微, 那么 f 至少有一个临界点在 S 内. 这正好是罗尔定理 (见第一卷第 150 页) 在多元函数中的一个扩充, 而且用同样的方法证明: 函数 f 有最大与最小点, 如果这些点都在边界 B 上, 因为 f 在边界上是常数, 所以 f 的最大值与最小值相同, 从而 f 在 S 内是常数, 也就是每一个 S 内的点都是临界点. 因此, 至少有一个 f 的临界点在 S 内.

在一元函数的情形, 有较多的关于某种类型的临界点的个数的特殊论断. 在一个区间内, 如果一个函数的极大与极小交替出现, 则全部极大的个数与全部极小的个数就至多相差 1. 这对于定义在平面集合 S 内的二元函数是不对的. 但是无论如何存在着一个 (直观上不明显) R 内全部极值点与鞍点同 f 在 R 的边界上的值之间的关系. 为了确切陈述这个关系, 我们需要考虑 f 的梯度场, 并且引进关于一

条闭曲线对于一个向量场的指数的概念.

假定 f 在 xy 平面的集合 R 内是连续的并且有连续的一次微商, 那么 f 在 R 的每一点处决定了两个量

$$u = f_x(x, y), \quad v = f_y(x, y). \tag{4}$$

这些量可以看作一个确定的向量——f 的梯度的分量. R 内各点处的梯度形成一个向量场. R 内的临界点就是梯度等于零的那些点. 在所有其他点处, 梯度向量都有一个唯一确定的方向, 例如用它的方向余弦

$$\xi = \frac{u}{\sqrt{u^2+v^2}} \quad 与 \quad \eta = \frac{v}{\sqrt{u^2+v^2}}$$

所确定的方向. 显然, ξ 与 η 在每一个非临界点处是 (x, y) 的连续函数. 我们可以令

$$\xi = \cos\theta, \quad \eta = \sin\theta,$$

不过其中的角 θ——向量 (u, v) 的倾角——除去 2π 的一个整倍数以外才是确定的. 一般地说, 对于 θ 要选择一个确定的值使其随 (x, y) 连续变化这是不可能的. 另一方面, 微分

$$\begin{aligned} d\theta &= d\arctan\frac{v}{u} = \frac{udv - vdu}{u^2+v^2} \\ &= \frac{(uv_x - vu_x)dx + (uv_y - vu_y)dy}{u^2+v^2} \end{aligned} \tag{5}$$

对于 R 的每一个非临界点都是明确地确定了的.

现在设 C 是 R 内一条定向的闭曲线, 而且不经过 f 的任何一个临界点. 我们定义数

$$I_c = \frac{1}{2\pi}\int_C d\theta = \frac{1}{2\pi}\int_C \frac{udv - vdu}{u^2+v^2} \tag{6}$$

为曲线 C 对于向量场的庞加莱指数. 如果 C 由参数形式

$$x = \phi(t), \quad y = \psi(t) \quad (a \leqslant t \leqslant b)$$

给出, 其中 ϕ 与 ψ 在定义区间的两端有同样的值, 而且曲线 C 的指向是对应于 t 增加的方向, 那么 C 的指数由积分

$$I_c = \frac{1}{2\pi}\int_a^b \left(\frac{u}{u^2+v^2}\frac{dv}{dt} - \frac{v}{u^2+v^2}\frac{du}{dt}\right)dt$$

给出. 因为当沿着曲线 C 走几圈后回到同一点 (x, y) 时, 对应于 $t = a$ 与 $t = b$ 的

θ 值只差一个 2π 的整倍数，所以 I_C 总是一个整数. 这个整数算出当我们沿曲线 C 指定方向行进时，向量 (u,v) 反时针方向旋转的圈数[1). 当然，如果 C 改变定向，那么 I_C 也就变号. 作为一个例证，考虑函数

$$f(x,y) = x^2 + y^2.$$

这里梯度

$$(u,v) = (2x, 2y)$$

在每一点 (x,y) 处的方向就是从原点到该点的向径的方向. 假定我们用的是右手坐标系. 对于一条不经过原点的闭曲线 C，指数

$$I_c = \frac{1}{2\pi}\int_C \frac{xdy - ydx}{x^2+y^2}$$

就给出从原点出发的向径沿曲线 C 反时针旋转的圈数. 这实际上就是第一卷 (第 380 页) 中所证明的曲线 C 绕原点的次数的公式.

一般说来，在 u 与 v 不同时为零的那些点处，方程 (5) 的微分 $d\theta$ 满足可积条件

$$\left(\frac{uv_x - vu_x}{u^2+v^2}\right)_y = \left(\frac{uv_y - vu_y}{u^2+v^2}\right)_x,$$

这个条件可以直接验证，而且它所反映的不过是这样一个关系

$$\left[\left(\arctan\frac{v}{u}\right)_x\right]_y = \left[\left(\arctan\frac{v}{u}\right)_y\right]_x,$$

这个关系不论函数 $\arctan(v/u)$ 的多值性也总是成立的. 这样就可由关于线积分的基本定理 (见第 90 页与第 84 页) 推知：如果 C 是 R 的一个不包含 f 的临界点的单连通子集的边界，那么 $I_C = 0$.

更一般地说，考虑具有数条闭的边界曲线 $C_1, C_2, \cdots, C_n$ 的多连通集合 R. 设 (x,y) 坐标系为通常的右手系. 假定每一条曲线 C_i 的方向确定如下：当我们在 C_i 上按其指向行进时，R 在我们的左边. 假设我们可以用适当的补助弧线连接各个 C_i (见图 3.31) 把 R 分割成为一些单连通集合 R_k. 设 f 在 R 内没有临界点，那么

$$\int d\theta = 0.$$

这里积分路线是任何一个 R_k 的边界沿反时针方向. 把对所有 R_k 的边界的积分组成和数，我们看到补助弧线上的积分消掉了，因而我们得到

1) 为了定义 '指数'，向量场不必一定是梯度场.

$$0 = \sum_i \int_{C_i} d\theta,$$

而这意味着

$$\sum_{i=1}^{n} I_{C_i} = 0, \tag{7}$$

其中 C_i 是闭曲线组成一个没有 f 临界点的集合 R 的边界, 且定向使 R 在其左边.

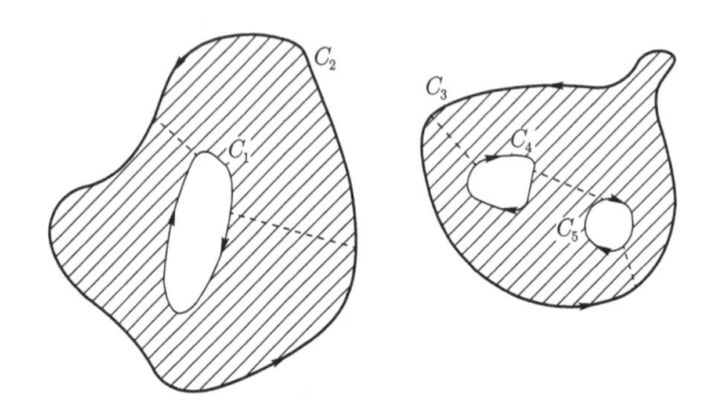

图 3.31　具有正的定向边界曲线 C_i 的多连通区域被分成单连通集合

作为一个结论我们得到这一定理: *如果 R 的边界曲线 (定向如上所说) 的指数和不等于零, 那么 R 内至少有一个临界点.*

关于 R 内临界点的个数的更为确切的结果是可以得到的, 如果我们假定 f 在 R 内有连续的二阶微商, f 只有有限个数的临界点 $(x_1, y_1), \cdots, (x_N, y_N)$, 并且在每个临界点处判别式

$$D = f_{xx} f_{yy} - f_{xy}^2$$

不等于零. 这时所有的临界点不是极大或极小 (对应于 $D > 0$) 就是鞍点 (对应于 $D < 0$)(见第 301 页). 仍假定 R 是被定向的简单闭曲线 $C_1, C_2, \cdots, C_n$ 所围成的, 这些曲线不通过 f 的任何临界点. 我们可以挖掉每个临界点 (x_k, y_k) 用曲线 γ_k 围成的一个小邻域. 这样剩下的由曲线 $C_1, \cdots, C_n, \gamma_1, \cdots, \gamma_N$ 所围成的一个集合就没有 f 的临界点. 给每一条 γ_k 以反时针的方向, 按 (7) 我们就有

$$\sum_{i=1}^{n} I_{C_i} - \sum_{k=1}^{N} I_{\gamma_k} = 0. \tag{8}$$

现在每一条曲线 γ_k 所围成的集合内只有一个临界点, 所以 γ_k 的指数只依赖于该临界点的类型, 这就是我们将要证明的.

设 γ_k 是中心在临界点 (x_k, y_k) 而半径为 r 的一个小圆

$$x = x_k + r\cos t, \quad y = y_k + r\sin t.$$

根据泰勒定理, 在 γ_k 上我们有

$$\begin{aligned} u = f_x(x,y) &= (x-x_k)f_{xx}(x_k,y_k) + (y-y_k)f_{xy}(x_k,y_k) + \cdots \\ &= r(a\cos t + b\sin t) + O(r^2), \end{aligned} \tag{9a}$$

$$\begin{aligned} v = f_y(x,y) &= (x-x_k)f_{yx}(x_k,y_k) + (y-y_k)f_{yy}(x_k,y_k) + \cdots \\ &= r(b\cos t + c\sin t) + O(r^2), \end{aligned} \tag{9b}$$

其中我们令

$$a = f_{xx}(x_k,y_k), \quad b = f_{xy}(x_k,y_k), \quad c = f_{yy}(x_k,y_k).$$

为了求出 t 由 0 变到 2π 时向量 (u,v) 作逆时针方向旋转的次数, 我们注意到平面上以 (u,v) 为坐标的点 (即这个点的位置向量的分量是 u,v) 近似地描出具有参数表示

$$u = r(a\cos t + b\sin t), \quad v = r(b\cos t + c\sin t) \tag{10}$$

的椭圆 E. 这个椭圆以原点为中心并且有非参数方程

$$(cu-bv)^2 + (av-bu)^2 = r^2(ac-b^2)^2.$$

很明显, 当 t 从 0 增加到 2π 时, 点 (u,v) 恰好把 (10) 式中的椭圆 E 描一圈, 因此 γ_k 的指数不是 $+1$ 就是 -1, 这分别对应当 t 增加时 E 是反时针或顺时针方向. 现在很清楚, 线性映射

$$u = r(au+bv), \quad v = r(bu+cv)$$

把在 uv 平面的圆 (其中 t 增加的方向对应于圆的反时针方向)

$$u = \cos t, \quad v = \sin t$$

映射成 E. 由于曲线的方向保持或是反转对应于映射的雅可比行列式 $r^2(ac-b^2)$ 的符号, 我们看到[1)]

---

1) 这个结果也可以用分析方法得到, 只需注意, 按公式 (9a, b) 有

$$\begin{aligned} \lim_{r\to 0} I_{rk} &= \lim_{r\to 0} \frac{1}{2\pi}\int_{r_k} \frac{udv - vdu}{u^2+v^2} \\ &= \frac{1}{2\pi}\int_0^{2\pi} \frac{(ac-b^2)dt}{(a\cos t + b\sin t)^2 + (b\cos t + c\sin t)^2}. \end{aligned}$$

这个积分可以算出 (见第一卷第 256 页), 其值为 $2\pi\,\mathrm{sgn}(ac-b^2)$.

$$
\begin{aligned}
I_{r_k} &= \operatorname{sgn}(ac-b^2) = \operatorname{sgn}[f_{xx}(x_k,y_k)f_{yy}(x_k,y_k) - f_{xy}^2(x_k,y_k)] \\
&= \operatorname{sgn} D(x_k,y_k)
\end{aligned}
$$

由 (8) 式就得到

$$
\sum_{i=1}^{n} I_{C_i} = \sum_{k=1}^{N} \operatorname{sgn} D(x_k,y_k).
$$

正如我们看到的, 当临界点 (x_k,y_k) 是极大点或极小点时 $\operatorname{sgn} D(x_k,y_k)=+1$; 而当它是鞍点时 $\operatorname{sgn} D(x_k,y_k)=-1$. 设 M_0,M_1,M_2 分别表示 R 内极小点、鞍点与极大点的个数, 我们的结果就成了庞加莱恒等式[1)]

$$
\sum_{i=1}^{n} I_{C_i} = M_0 - M_1 + M_2. \tag{11}
$$

总之, f 在 R 内的极大点与极小点的总数超过鞍点总数的差额等于 R 的边界曲线对于 f 的梯度场的指数的和数, 其中每条边界曲线的定向使得 R 在其左侧.

当 f 在 R 的每一条边界曲线 C_i 上为常数时, 这个结果特别简单. 这时 f 的梯度向量垂直于 C_i (见 200 页) 并且具有 C_i 的外法线或内法线的方向. 如果 C_i 上没有 f 的临界点并且 C_i 是一条光滑的简单闭曲线, 那么梯度的方向就连续变化并且在 C_i 的任何一点处都不可能从外法向跳到内法向或从内法向跳到外法向. 于是很明显, 梯度向量沿着 C_i 完整地转一圈, 与梯度向量具有固定夹角的 C_i 的切线向量也沿同样方向转一圈. 因此当 C_i 具有反时针方向时, $I_{C_i}=+1$; 当 C_i 具有顺时针方向时, $I_{C_i}=-1$. 容易看出, 根据我们关于 R 的边界曲线的定向的约定, 一条边界曲线 C_i, 当它是组成 R 的一个不连通部分的外边界时, 它具有反时针方向; 当它围成 R 内的一个 '洞' (hole) 时, 它具有顺时针方向 (见图 3.31). 由此推知, 对于在边界曲线上为常数的 f, 有恒等式

$$
M_0 - M_1 + M_2 = N_0 - N_1, \tag{12}
$$

其中 N_0 是 R 的连通部分的块数, N_1 是 R 内全部洞的个数 (R 的 '连通数').

作为例子, 取 R 是圆盘的情形. 这里 $N_0=1, N_1=0$, 因此对于在边界上为常数的 f 便有

$$
M_0 - M_1 + M_2 = 1.
$$

我们在这里求得 R 的内部临界点的总数是

$$
M_0 + M_1 + M_2 = 1 + 2M_1,
$$

1) 多于两个自变量的函数的相应的公式就是莫尔斯公式.

这是一个奇数. 此外, 如果 f 的极值点的个数 M_0+M_2 超过 1, 那么在 R 内至少有一个鞍点.

对于一个圆环, 我们有

$$N_0=1, \quad N_1=1,$$

因此, 对于在每一条边界曲线上为常数的 f 便有

$$M_0-M_1+M_2=0.$$

试看 f 在两条边界曲线上有同一常数值的情形. 这时 f 或者处处是常数或者在 R 的内部达到它的最大或最小. 如果我们假定 f 只有一个使得 $f_{xx}f_{yy}-f_{xy}^2\neq 0$ 的临界点, f 为常数的情况就被排除了. 由此得到 $M_0+M_1>0$, 于是 $M_1>0$. 因此, 一个在圆环上的函数, 如果它在边界上处处等于零, 那么它在圆环内部至少有一个使 $f_{xx}f_{yy}-f_{xy}^2\leqslant 0$ 的临界点.

练　习　A.2

1. 试举一个原点是奇点的连续函数 f 的例子, 使其奇点的指数为:

(a) -1;

(b) -2;

(c) $-n$, 其中 n 是一个自然数.

2. 试举一个原点是奇点的函数 f 的例子, 不要求它是连续的, 但使其奇点的指数为:

(a) 2;

(b) n, 其中 n 是一个自然数.

3. 设 R 是 xy 平面内由一条具有连续转动切线的闭的凸曲线围成的凸区域; 又设

$$\xi=f(x,y), \quad \eta=g(x,y)$$

是一个 R 到其自身的连续可微映射. 试证: R 内至少有一个 ‘不动点”, 即 R 内存在一点 (x,y) 使得

$$x=f(x,y), \quad y=g(x,y).$$

n 维空间中类似的不动点定理是属于布劳威尔 (Brouwer) 的. 提示: 考虑分量为 $u=f(x,y)-x, v=g(x,y)-y$ 的向量场.

A.3　平面曲线的奇点

在第 202 页上我们看到, 通常一条曲线 $f(x,y)=0$ 在一点 $(x,y)=(x_0,y_0)$ 是一个奇点, 当在这点有这样三个方程

$$f(x_0,y_0)=0,\quad f_x(x_0,y_0)=0,\quad f_y(x_0,y_0)=0$$

成立. 为了系统地研究这些奇点, 我们假定函数 $f(x,y)$ 在 (x_0,y_0) 的邻域内有直到二阶的连续微商, 并且二次微商在该点不全为零. 按泰勒级数展开到二阶项, 我们得到曲线的方程形如

$$\begin{aligned}2f(x,y)=&(x-x_0)^2f_{xx}(x_0,y_0)+2(x-x_0)(y-y_0)f_{xy}(x_0,y_0)\\&+(y-y_0)^2f_{yy}(x_0,y_0)+\varepsilon\rho^2=0,\end{aligned}$$

其中 $\rho^2=(x-x_0)^2+(y-y_0)^2$, 且当 ρ 趋于零时 ε 趋于零.

应用参量 t, 我们可以把通过点 (x_0,y_0) 的一般直线方程写成这样的形式:

$$x-x_0=at,\quad y-y_0=bt,$$

其中 a 与 b 是两个任意常数, 我们可以假定是按 $a^2+b^2=1$ 选取的. 为了确定这条直线与曲线 $f(x,y)=0$ 的交点, 我们把这两个表达式代入上面对 $f(x,y)$ 的展开式中. 这样, 对于交点, 我们就得到方程

$$a^2t^2f_{xx}+2abt^2f_{xy}+b^2t^2f_{yy}+\varepsilon t^2=0.$$

第一个解是 $t=0$, 即点 (x_0,y_0) 本身, 这是显然的. 值得注意的是, 方程的左边可以被 t^2 除尽, 因此 $t=0$ 是方程的一个二重根. 根据这个理由, 奇点有时候也称为曲线的*二重点*. 如果我们约去因子 t^2, 便得到方程

$$a^2f_{xx}+2abf_{xy}+b^2f_{yy}+\varepsilon=0.$$

我们现在讨论前面说的那条曲线是否可能与这曲线有别的交点, 该点当这直线趋于某个特定位置时趋于 (x_0,y_0). 一条割线的这样一个极限位置, 我们当然叫做一条切线. 要讨论这个问题, 我们注意到, 当一个点趋于 (x_0,y_0) 时, 量 t 趋于零, 因之 ε 也趋于零. 如果上述方程仍然满足, 那么表达式 $a^2f_{xx}+2abf_{xy}+b^2f_{yy}$ 必定也趋于零, 即对于直线的极限位置, 我们必定有

$$a^2f_{xx}+2abf_{xy}+b^2f_{yy}=0.$$

这个方程给了我们一个二次条件来确定比值 a/b, 而比值 a/b 确定切线的斜率.

如果方程的判别式是负的, 就是说, 如果

$$f_{xx}f_{yy} - f_{xy}^2 < 0,$$

我们就得到两条不同的切线. 这时曲线有一个二重点或结点, 如双纽线 $(x^2+y^2)^2-(x^2-y^2)=0$ 在原点或环索线

$$(x^2+y^2)(x-2a)+a^2x=0$$

在 $(x_0, y_0)=(a,0)$ 这点所显示的一样.

如果判别式为零, 即如果

$$f_{xx}f_{yy} - f_{xy}^2 = 0,$$

我们就得到两条重合的切线; 这时可能是曲线的两个分支彼此相切或曲线有一个尖点[1].

最后, 如果

$$f_{xx}f_{yy} - f_{xy}^2 > 0,$$

就根本没有 (实的) 切线. 这种情形出现在, 例如一条代数曲线称为孤立点的情形, 在这样的点上, 曲线的方程是满足的, 但是在其邻域内再没有曲线的其他的点.

曲线 $(x^2-a^2)^2+(y^2-b^2)^2=a^4+b^4$ 就是一个例子. 数值 $x=0, y=0$ 满足方程, 但对于区域

$$|x| < \sqrt{2}a, \quad |y| < \sqrt{2}b$$

内所有别的值, 左边是小于右边的.

我们略去了所有二阶微商都等于零的情形, 这种情形过于复杂, 所以我们就不讨论了. 通过这样的点可能有曲线的若干个分支, 或者可能是其他类型的奇点.

最后, 我们简要地提一下这些问题跟最大最小理论之间的联系. 因为一阶微商等于零, 所以曲面 $z=f(x,y)$ 在稳定点 (x_0,y_0) 的切平面方程就是

$$z - f(x_0, y_0) = 0.$$

于是方程

$$f(x,y) - f(x_0,y_0) = 0$$

给出切平面与曲面的交线在 xy 平面上的投影曲线, 因而我们看到点 (x_0,y_0) 是这条曲线的一个奇点. 如果这是一个孤立点, 那么在其某一邻域内切平面与曲面没有别的公共点, 并且函数 $f(x,y)$ 在 (x_0,y_0) 这点有一个极大或极小 (参看第 202 页).

---

1) 在这种情形, 曲线不一定有一个奇点; 例如 $f(x,y)=(x-y)^2$ 在原点处.

然而, 如果该奇点是一个多重点, 切平面就与曲面相交成具有两个分支的曲线, 因而 (x_0, y_0) 就是一个鞍点. 这些讨论恰好把我们引导到我们早已在 A.1 节中就求得了的充分条件.

练 习 A.3

1. 试求下列各曲线的奇点, 并讨论其性质:

(a) $(x^2+y^2)^2-2c^2(x^2-y^2)=0(c\neq 0)$;

(b) $x^2+y^2-2x^3-2y^3+2x^2y^2=0$;

(c) $x^4+y^4-2(x-y)^2=0$;

(d) $x^5-x^4+2x^2y-y^2=0$.

A.4 曲面的奇点

用类似的方法我们可以讨论曲面 $f(x,y,z)=0$ 的奇点, 也就是适合条件

$$f=0,\quad f_x=f_y=f_z=0$$

的点. 不失一般性, 我们可以把这个点取为原点. 如果我们把该点的值记为

$$f_{xx}=\alpha,\quad f_{yy}=\beta,\quad f_{zz}=\gamma,\quad f_{xy}=\lambda,\quad f_{yz}=\mu,\quad f_{xz}=\nu,$$

我们就得到方程

$$\alpha x^2+\beta y^2+\gamma z^2+2\lambda xy+2\mu yz+2\nu xz=0,$$

这里点 (x,y,z) 是在曲面在 O 点处的切平面上.

这个方程表示一个在奇点与曲面相切的二次锥面 (它代替了曲面在正常点上的切平面) 上. 如果我们假定量 $\alpha,\beta,\cdots,\nu$ 不全为零, 并且假定上述方程有不同于 $x=y=z=0$ 的实数解.

练 习 A.4

1. 应用 A.1 节中习题 6 的结果, 考察曲面在奇点的一个邻域内的性态.

A.5 流体运动的欧拉表示法与拉格朗日表示法之间的联系

设 (a,b,c) 是流体 (液体或气体) 内的一个质点在时刻 $t=0$ 时的坐标. 于是该质点的运动可以用三个函数

$$x = x(a,b,c,t),$$

$$y = y(a,b,c,t),$$

$$z = z(a,b,c,t),$$

或者一个位置向量 $\mathbf{X} = \mathbf{X}(a,b,c,t)$ 来表示. 速度与加速度由对 t 的微商所给出: 速度向量是 $\dot{\mathbf{X}}$, 其分量为 $\dot{x},\dot{y},\dot{z}$; 加速度向量是 $\ddot{\mathbf{X}}$, 其分量为 $\ddot{x},\ddot{y},\ddot{z}$. 所有这些量都是作为初始位置 (a,b,c) 及参量 t 的函数出现的. 对于 t 的每一个值, 我们有一个变换, 它把属于流体内不同的点的坐标 (a,b,c) 变换成时刻 t 的坐标 (x,y,z). 这就是所谓运动的*拉格朗日表示法*. 由欧拉引进的另一表示法是基于把三个函数

$$u(x,y,z,t), \quad v(x,y,z,t), \quad w(x,y,z,t)$$

理解为 (x,y,z) 点在时刻 t 的速度 $\dot{\mathbf{X}}$ 的三个分量 $\dot{x},\dot{y},\dot{z}$.

为了从第一种表示法过渡到第二种表示法, 我们必须用第一种表示法, 把 a,b,c 解成 x,y,z 和 t 的函数, 并把这些表达式代入表达式 $\dot{x}(a,b,c,t)$, $\dot{y}(a,b,c,t)$, $\dot{z}(a,b,c,t)$:

$$u(x,y,z,t) = \dot{x}(a(x,y,z,t),b(x,y,z,t),c(x,y,z,t),t),\cdots.$$

我们然后从

$$\dot{x}(a,b,c,t) = u(x(a,b,c,t),y(a,b,c,t),z(a,b,c,t),t),\cdots$$

关于固定的 a,b,c 而对于 t 求微商, 得到加速度的分量

$$\ddot{x} = u_x\dot{x} + u_y\dot{y} + u_z\dot{z} + u_t,\cdots$$

或

$$\ddot{x} = u_x u + u_y v + u_z w + u_t,$$

$$\ddot{y} = v_x u + v_y v + v_z w + v_t,$$

$$\ddot{z} = w_x u + w_y v + w_z w + w_t.$$

在流体力学中, 下述连接欧拉表示法与拉格朗日表示法的方程是基本的

$$\operatorname{div}\dot{\mathbf{X}} = u_x + v_y + w_z = \frac{\dot{D}}{D},$$

其中

$$D(x,y,z,t) = \frac{d(x,y,z)}{d(a,b,c)}$$

是刻画变换的特性的雅可比行列式.

读者可以用隐函数微分法 (见第 216 页) 的各种法则以及二维空间的相应的定理来完成这件事的证明.

练　习　A.5

1. 关系式 $u_t = v_t = w_t = 0$ 的物理意义是什么?

2. 对关系式

$$\ddot{x} = u_x u + u_y v + u_z w + u_t,$$

$$\ddot{y} = v_x u + v_y v + v_z w + v_t,$$

$$\ddot{z} = w_x u + w_y v + w_z w + w_t$$

作出物理解释, 并用向量记号表示这些关系.

A.6　闭曲线的切线表示法与周长不等式

带有参量 α 的一个直线族可以由

$$x\cos\alpha + y\sin\alpha - p(\alpha) = 0 \tag{13}$$

给出, 其中 $p(\alpha)$ 是一个函数, 它二次连续可微并且以 2π 为周期 (这里 p 表示原点到直线族中具有法方向 α 的那条直线的距离). 这些直线的包络 C 是一条闭曲线, 它满足 (13) 以及另一方程

$$-x\sin\alpha + y\cos\alpha - p'(\alpha) = 0.$$

因此

$$\begin{aligned} x &= p\cos\alpha - p'\sin\alpha, \\ y &= p\sin\alpha + p'\cos\alpha \end{aligned} \tag{14}$$

是 C 的参量表示式 (α 为参量). 公式 (13) 给出了 C 的切线表示式, 称为 C 的切线方程[1], 而 $p(\alpha)$ 称为 C 的支撑函数.

因为

$$x' = -(p+p'')\sin\alpha, \quad y' = (p+p'')\cos\alpha,$$

所以我们立刻得到下面关于 C 的长度 L 与面积 A 的表示式

$$L = \int_0^{2\pi} \sqrt{x'^2+y'^2}d\alpha = \int_0^{2\pi}(p+p'')d\alpha = \int_0^{2\pi} pd\alpha,$$
$$A = \frac{1}{2}\int_0^{2\pi}(xy'-yx')d\alpha = \frac{1}{2}\int_0^{2\pi}(p+p'')pd\alpha = \frac{1}{2}\int_0^{2\pi}(p^2-p'^2)d\alpha,$$

因为 $p'(\alpha)$ 也是 2π 为周期的函数[2].

由此我们可导出该等周不等式

$$L^2 \geqslant 4\pi A,$$

其中等号只对于圆周成立. 这也可以这样陈述: 在给定长度的全部闭曲线中, 圆周包围着最大的面积.

为了证明, 我们利用 $p(\alpha)$ 的傅里叶展开式

$$p(\alpha) = \frac{a_0}{2} + \sum_{\nu=1}^{\infty}(a_\nu\cos\nu\alpha + b_\nu\sin\nu\alpha),$$

从而

$$p'(\alpha) = \sum_{\nu=1}^{\infty}\nu(b_\nu\cos\nu\alpha - a_\nu\sin\nu\alpha),$$

所以我们有

$$L = \pi a_0,$$
$$A = \frac{\pi}{2}\left(\frac{a_0^2}{2} - \sum_{\nu=2}^{\infty}(\nu^2-1)(a_\nu^2+b_\nu^2)\right).$$

因此

$$A \leqslant \frac{\pi a_0^2}{4} = \frac{L^2}{4\pi},$$

特别是, $A = \dfrac{L^2}{4\pi}$ 仅当 $a_\nu = b_\nu = 0 (\nu \geqslant 2)$ 成立; 就是说仅当

1) 表示法 (14) 适用于任何一条闭的凸曲线 C, 只要 C 的曲率是有限的、正的、沿着 C 连续变化的.

2) 因为 $p(\alpha)+c$ 是与 C 平行且相距为 c 的曲线的支撑函数, 因此一条平行曲线的长度与面积的公式是容易从这些式子得出的 (参考第一卷第 379 页习题 7, 它的解见 A. Blank 的书 *Problems in Calculus and Analysis*).

$$p(\alpha) = \frac{a_0}{2} + a_1 \cos\alpha + b_1 \sin\alpha.$$

而这个方程定义一个圆, 可从 (14) 立即得到证明.

练　习　A.6

1. 就下列各族直线求出包络, 及其长度以及所包围着的面积:

(a) $(x+2)\cos\alpha + y\sin\alpha + 2 = 0$;

(b) $x\cos\alpha + y\sin\alpha + \frac{1}{2}\sin 2\alpha = 0$.

2. 比较面积公式与长度公式. 可能存在任意长的曲线而围有任意小的面积吗?

3. 每一条闭曲线都能表示成 (13) 那样的直线族的包络吗?

第四章　多 重 积 分

多元函数微分和导数的运算可以直接化为一元函数的类似微分和导数的运算, 这时积分及其与微分的关系就比较复杂了, 因为可以用许多种方法来推广多元函数的积分概念. 例如对于三元函数 $f(x,y,z)$, 我们不但要考虑在空间区域上的重积分, 也要考虑曲面积分、曲线积分. 不过多元函数积分的一切问题还是和一元函数的积分的原始概念有联系的.

为简单起见, 我们主要在平面上进行讨论 (即两个自变量). 因而, 只需改变一下术语 (用 '体积' 代替 '面积', 用 '立方体' 代替 '正方形' 等等), 所有的论断对于高维情形同样适用.

4.1　平面上的面积

a. 面积的若尔当测度的定义

在第一卷里, 我们把 x, y 平面上的一个区域的面积用一元函数的积分来表示. 其基本思想 (它把我们首先引向积分概念) 是用由有限个矩形组成的较简单的区域来逼近所求的区域. 为了便于使面积直接转向三维或高维体积作更为系统的发展, 就要求给出一个直接的定义, 这个定义并不束缚在一元函数的积分概念上, 而应更密切地与一个区域的面积的直观概念相适应, 那就是把区域的面积看成包含在这区域内的单位正方形的个数. 同时, 这个新的更加自然的定义是比较一般的, 它避免了所有关于边界正则性的非本质的讨论, 但当我们试图把面积化为一重积分的时候, 这种讨论却是不可避免的. 和通常一样, 我们把严格的存在性证明留到本章附录里去. 那些证明无非是把读者从正文里表达的思想和目的性的非正式讨论中多少已经明白了的东西系统地表达出来罢了.

定义面积时, 我们接受直观, 认为一个集合 S 的面积 $A(S)$ 应当是和 S 有关的一个非负数, 具有下列性质:

1. 若 S 是一个边长为 k 的正方形, 则 $A = k^2$.

2. 可加性: *整体的面积是它的各部分的面积之和*. 更确切些, 若 S 由互不重叠的集合 $S_1, \cdots, S_N$ 组成, 分别有面积 $A(S_1), \cdots, A(S_N)$, 则 S 的面积是

$$A(S) = A(S_1) + \cdots + A(S_N).$$

基于这些简单要求, 我们将能对实践中遇到的大多数的二维集合 S 指定一个值 $A(S)$, 虽然不能对平面上一切可以想象的集合都这样做.

对于一个有界集 S, 为了得到一个唯一确定的值 $A(S)$, 我们用一种非常特定的方法把平面划分为正方形; 后面将证明, 每一种把平面划分为正方形 (或矩形) 的其他办法都将导致相同的面积. 并合的正方形提供覆盖平面的最便利的方式, 使之不留空隙也不重叠. 我们使用附着于我们的坐标系的由直线 $x=0,\pm1,\cdots$ 和 $y=0,\pm1,\cdots$ 给出的网格. 这些直线把全平面划分为边长为 1 的闭正方形. 我们用 $A_0^+(S)$ 表示与 S 有公共点的正方形的个数, 并用 $A_0^-(S)$ 表示完全包含在 S 内的那些正方形的个数. 然后, 再把每个正方形分为四个边长为 $\frac{1}{2}$、面积为 $\frac{1}{4}$ 的正方形, 记 $A_1^+(S)$ 为那些有 S 中点的子正方形的个数的四分之一, 而记 $A_1^-(S)$ 为那些完全包含在 S 内的子正方形的个数的四分之一. 因为每个完全包含在 S 内的单位正方形导致四个完全包含在 S 内的子正方形, 所以有 $A_0^-(S)\leqslant A_1^-(S)$, 同样也有 $A_0^+(S)\geqslant A_1^+(S)$. 以下我们进一步再把每个边长为 $\frac{1}{2}$ 的正方形分为四个边长为 $\frac{1}{4}$ 的正方形. 那些与 S 有公共点的正方形的十六分之一和那些包含在 S 内的正方形的十六分之一分别用 $A_2^+(S)$ 与 $A_2^-(S)$ 表示. 按此方式进行下去, 把值 $A_n^+(S)$ 与 $A_n^-(S)$ 和平面划分为边长为 2^{-n} 的正方形的分划联系起来 (参看图 4.1).

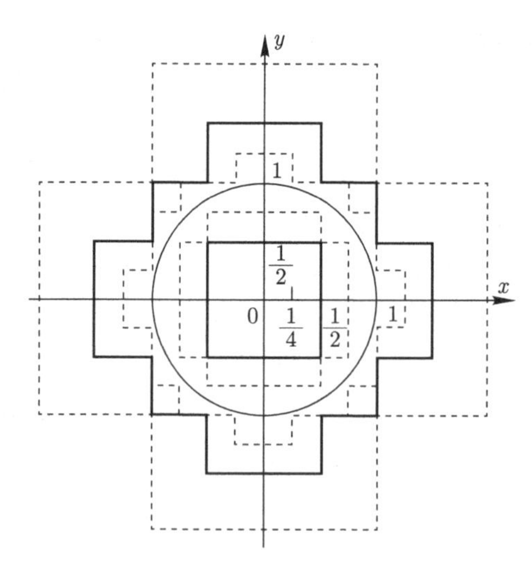

图 4.1　当 $n=0,1,2$ 时单位圆盘 $x^2+y^2\leqslant 1$ 面积的内、外逼近,
这里 $A_0^-=0, A_1^-=1, A_2^-=2, A_2^+=4\frac{1}{4}, A_1^+=6, A_0^+=12$

显然, 值 $A_n^+(S)$ 构成一个单调减少的有界序列, 它收敛到一个值 $A^+(S)$, 同时 $A_n^-(S)$ 单调增加并收敛到一值 $A^-(S)$. 值 $A^-(S)$ 代表**内面积** (inner area), 它

是用包含在 S 内的并合正方形从下方逼近 S 的面积时所能达到的最接近的值; 外面积 (outer area) $A^+(S)$ 代表用并合正方形覆盖 S 所能得到的最大下界. 如果这两个值相等, 我们就说 S 是若尔当可测的, 并把这个公共值 $A^-(S) = A^+(S)$ 称为 S 的容量 (content), 或 S 的若尔当测度. 我们将用较为简单的说法, 把 S 的容量说成面积 $A(S)$, 而用 "S 有面积" 代替比较笨拙的话 "S 是若尔当可测的", 以表示 $A^-(S) = A^+(S)$ 这一事实 (对于实践中出现的几乎所有的集合, 这都是对的).

设 $A_n^+(S) - A_n^-(S)$ 代表在第 n 次子分划中那些与 S 有公共点的而又不完全位于 S 内的正方形的总面积. 所有这些正方形都包含 S 的边界点, 所以

$$A_n^+(S) - A_n^-(S) \leqslant A_n^+(\partial S),$$

其中 ∂S 是 S 的边界. 如果 S 的边界面积为 0, 我们求得

$$\begin{aligned} A^+(S) - A^-(S) &= \lim_{n\to\infty} \left[A_n^+(S) - A_n^-(S)\right] \\ &= \lim_{n\to\infty} A_n^+(\partial S) = 0, \end{aligned}$$

即, S 是有面积的. 因此, 如果 S 的边界 ∂S 面积为 0, S 就是有面积的 (这个条件也是必要的; 参看第 451 页).

为了验证一个给定的集合 S 有面积, 或是 ∂S 的面积为 0, 我们就应当去证明: 当 n 充分大时, 在第 n 次子分划中与 ∂S 有公共点的正方形的总面积任意小. 实际上, 为了作这个分析并不一定要用边长为 2^{-n} 的正方形. 如果对任意的 $\varepsilon > 0$, 我们能够找到有限个集合 $S_1, \cdots, S_N$, 它们覆盖了 S 的边界 ∂S, 其总面积 $< \varepsilon$, 那么集合 S 就一定有面积. 于是, 对任意 n, 显然有

$$A_n^+(\partial S) \leqslant A_n^+(S_1) + \cdots + A_n^+(S_N),$$

因为任意一个与 ∂S 有公共点的正方形至少与 $S_1, \cdots, S_N$ 中的一个有公共点. 当 $n \to \infty$ 时, 右端趋于 S_i 的面积之和, 而它是小于 ε 的, 因此 $A^+(\partial S) \leqslant \varepsilon$; 又因为 ε 是一个任意正数, 所以 $A^+(\partial S) = 0$.

为了确立在分析中遇到的大多数普通的区域是否有面积, 这个判别法够用了. 特别是只要知道 S 的边界是由有穷个弧组成的就够了, 其中每个弧有一个连续的非参数表示 $y = f(x)$ 或 $x = g(y)$, 而 f 或 g 分别是在一个有穷闭区间上的连续函数. 用有界闭区间上的连续函数的一致连续性能直接使我们证明这些弧可以用有穷个, 其总面积为任意小的矩形来覆盖[1].

1) 作为练习, 请读者证明其边平行于坐标轴的矩形是有面积的 (按这里的定义), 并且其面积等于两个相邻边的乘积.

b. 一个没有面积的集合

在单位正方形内的 '有理' 点集, 即其坐标 x, y 都是 0 与 1 之间的有理数的点集, 是在我们意义下的一个没有面积的或是若尔当不可测的集合的例子. 从有理数和无理数的稠密性质, 显然可见, 对一切 n,

$$A_n^+ = 1, \quad A_n^- = 0,$$

所以 S 的外面积为 1 而内面积为 0. 这与 S 的边界 ∂S 由整个闭单位正方形组成, 其面积为 1 这一事实是一致的. 如果我们以任意方式用有穷个闭集 $S_1, \cdots, S_N$, 其面积为 $A(S_1), \cdots, A(S_N)$, 覆盖 S, 那么

$$A(S_1) + \cdots + A(S_N) \geqslant 1,$$

因为 S_i 还必须覆盖 S 的边界 ∂S (参看练习题 6). 然而, 似非而是地, 竟然可以用其总面积任意小的无穷个闭集 S_i 覆盖住 S. 我们只需用到有理数对 (x, y) 构成一个可列集这个事实 (见第一卷)[1]. 因此 S 的点能够排成一个无穷序列 (x_1, y_1), $(x_2, y_2), (x_3, y_3), \cdots$. 设 ε 是一个任意正数. 对每个整数 $m > 0$, 用 S_m 表示面积为 $\varepsilon 2^{-m}$、中心在 (x_m, y_m) 的正方形. 则 S_m 覆盖了整个集合 S, 而它们的总面积是

$$\frac{\varepsilon}{2} + \frac{\varepsilon}{4} + \frac{\varepsilon}{8} + \frac{\varepsilon}{16} + \cdots = \varepsilon.$$

于是, 用无穷多个不相等的正方形作覆盖能够导致本质上低于上界 $A^+(S)$ 的 S 的 '面积'. 这个 '面积' 更接近于反映出有理点在实数点中的 '稀疏性'. 在由勒贝格创始的度量集合的精细理论中, 出发点之一就是把一个集合的外面积定义为覆盖它的任意有穷个或无穷个正方形面积之和的最大下界. 对于我们的这个集合 S, 其勒贝格外面积为 0, S 的内面积也是 0. 碰巧, 对于一个有界闭集 S 来说, 两种外面积的定义是一致的, 因为由海涅–博雷尔定理 (参看第 94 页), S 的任意无穷覆盖已经包含了一个有穷覆盖.

c. 面积的运算法则

在我们感兴趣的大多数情况下, 我们能够通过检验 S 是由有穷个有连续的非参数表示的弧围成的集合, 来证明它的面积的存在性. 由此, 可能会诱使人们不去考虑那些边界更为复杂的区域. 然而, 其结果是, 这种限制不但失去一般性, 而且

---

1) 例如, 我们能够按照两个分母中较大的一个作为尺度把它们分组排起来; 每组只有有穷个元素:

$$\left(\frac{1}{2}, \frac{1}{2}\right), \left(\frac{1}{3}, \frac{1}{3}\right), \left(\frac{1}{3}, \frac{1}{2}\right), \left(\frac{1}{2}, \frac{2}{3}\right), \left(\frac{1}{2}, \frac{2}{3}\right),$$
$$\left(\frac{2}{3}, \frac{1}{3}\right), \left(\frac{2}{3}, \frac{1}{2}\right), \left(\frac{2}{3}, \frac{2}{3}\right), \left(\frac{1}{4}, \frac{1}{4}\right), \left(\frac{1}{4}, \frac{1}{3}\right), \cdots.$$

实际上反而把事情复杂化了, 因为必须查明这种区域作集合的并与交运算以后是否还有简单的边界. 我们把面积看成是容量的一般性定义的好处就在于它是建立在数正方形个数的原始概念的基础上的, 对于边界, 除了要求它可以被有穷个总面积任意小的正方形所覆盖而外, 没有假设任何东西.

一个若尔当可测集的边界在细节上可以是非常复杂的, 甚至可以是由无穷多个闭曲线组成的. 只要能够证明由边界产生的总贡献是可以忽略的, 那么这种复杂性并不影响到积分理论.

为了研究面积, 把一个集合分成几个子集以及把几个集合合并成为一个较大的集合, 这些运算是基本的. 重要之点在于运用这些运算时我们必须保留在有面积的集合类里面. 我们有这样的基本定理: *两个若尔当可测集 S 和 T 的并 $S \cup T$ 与交 $S \cap T$ 都还是若尔当可测的*[1]. 这是直接由下述事实推出的: $S \cup T$ 和 $S \cap T$ 的边界是由 S 或 T 的边界点组成的, 因此有面积 0 (见第 453 页).

对于两个互不重叠的集合 S, T, 即其中一个集合没有内点属于另一个集合或属于它的边界, 有*面积的可加性法则*

$$A(S \cup T) = A(S) + A(T).$$

更一般些, 对于有穷个若尔当可测集 $S_1, S_2, \cdots, S_N$, 两两互不重叠, 有关系式

$$A\left(\bigcup_{i=1}^{N} S_i\right) = \sum_{i=1}^{N} A\left(S_i\right). \tag{1}$$

根据不等式

$$A_n^+\left(\bigcup_{i=1}^{N} S_i\right) \leqslant \sum_{i=1}^{N} A_n^+\left(S_i\right),$$

$$A_n^-\left(\bigcup_{i=1}^{N} S_i\right) \geqslant \sum_{i=1}^{N} A_n^-\left(S_i\right),$$

(1) 的证明是平凡的. 而其中的第一个不等式是从下面这个事实简单地得到的: 任何一个与 $\bigcup_{i=1}^{N} S_i$ 有公共点的正方形必与其中至少一个 S_i 有公共点. 而第二个不等式则由这样的事实得到: 任何正方形如果包含在一个集合 S_i 内, 就不能包含在任何其他的 S_k 内 (因为这两个是互不重叠的), 但却包含在这些集之并集内. 令 $n \to \infty$, 得到

$$A^+\left(\bigcup_{i=1}^{N} S_i\right) \leqslant \sum_{i=1}^{N} A^+\left(S_i\right),$$

1) 提醒读者: 集合之并由属于这集合中的至少一个集合的点组成, 而集合之交由属于一切集合的点组成.

$$A^{-}\left(\bigcup_{i=1}^{N} S_i\right) \geqslant \sum_{i=1}^{N} A^{-}(S_i).$$

由 S_i 有面积的假设, 即

$$A^{+}(S_i) = A^{-}(S_i) = A(S_i),$$

又因为并集的内面积不能超过其外面积, 就推出等式 (1).

现在容易验证, 这里定义的 '面积' 在特殊情形下可以用第一卷里考虑的积分表示出来. 例如, 设 S 是由区间 $a \leqslant x \leqslant b$ 上一个连续正函数 $y = f(x)$ 的图形 '下方' 的点组成的, 即满足

$$a \leqslant x \leqslant b, \quad 0 \leqslant y \leqslant f(x)$$

的点 (x, y) 的集合. 考虑任何把区间 $[a, b]$ 分划为 N 个长度为 Δx_i 的子区间, 令 m_i 及 M_i 为 $f(x)$ 在第 i 个子区间上的最小值和最大值. 以 Δx_i 为底、m_i 为高的矩形显然是互不重叠的, 并且其并集包含在 S 内, 所以

$$\sum_{i=1}^{N} m_i \Delta x_i \leqslant A(S).$$

类似地, 有

$$A(S) \leqslant \sum_{i=1}^{N} M_i \Delta x_i.$$

对于连续的 f, 下和与上和都趋于 f 的积分, 于是我们得出关于 S 的面积的经典表达式

$$A(S) = \int_a^b f(x) dx. \tag{2}$$

练 习 4.1

1. 若 S 和 T 都有面积, 并且 S 包含在 T 内, 求证: $A(S) \leqslant A(T)$.

2. 在练习 1 的假设下, 证明 $T - S$ 有面积, 其中 $T - S$ 是 T 中那些不含于 S 内的点的集合.

3. 若 S 与 T 是有界的, 求证

(a) $A^{+}(S \cup T) + A^{+}(S \cap T) \leqslant A^{+}(S) + A^{+}(T)$;

(b) $A^{-}(S \cup T) + A^{-}(S \cap T) \geqslant A^{-}(S) + A^{-}(T)$.

4. 设 S 与 T 是任何互不相交其并集有面积的集合, 求证

$$A^{+}(S)+A^{-}(T)=A(S\cup T).$$

5. (a) 若一集合 S 在一个坐标系下有面积, 求证它在任何一个通过转动和平移得到的坐标系下还有面积;

(b) 证明 S 在所有这些坐标系下的面积相同.

6. 设 S 被有穷个闭集族 $S_1,\cdots,S_N$ 所覆盖, 求证这一族集合还覆盖了 S 的边界 ∂S.

7. 设 p 与 q 是自然数. 由 $\left(\dfrac{1}{p},\dfrac{1}{q}\right)$ 构成的点集 S 有面积吗?

4.2 二重积分

a. 作为体积的二重积分

上一节关于面积所说的每一件事在三维或高维情形都可以直接搬到体积上去. 在定义 x,y,z 空间中的一个有界集 S 的体积时, 只需把空间分划成边长为 2^{-n} 的立方体. 如果集合 S 的边界可以被有穷个这种立方体所覆盖, 而其总体积又可以任意小, 那么集合 S 就有一个体积. 对于一切有界集, 其边界是由有穷个曲面组成的, 每个这种曲面又在平面闭集上有一个连续的非参数表示 $z=f(x,y)$, 或 $y=g(x,z)$ 或 $x=h(x,y)$, 这种有界集就是有体积的集合.

为把体积分析地表达出来的这种企图直接引出多重积分的概念, 它有着大量的应用.

设 R 是 x,y 平面上的一个若尔当可测的闭有界集, 它是正值函数 $z=f(x,y)$ 的定义域. 我们希望求出在曲面 $z=f(x,y)$ ‘下方’ 的体积, 即满足

$$(x,y)\in R,\quad 0\leqslant z\leqslant f(x,y)$$

的点 (x,y,z) 的集合 S 的体积 $V(S)$. 为此, 把 R 分划为互不重叠的闭若尔当可测集 $R_1,\cdots,R_N$. 设 m_i 和 M_i 是 f 在 R_i 上的最小值和最大值. 容易看出以 R_i 为底, 以 m_i 为高的柱体有体积 $m_iA(R_i)$, 其中 $A(R_i)$ 是 R_i 的面积 (图 4.2)[1]. 这些柱体互不重叠. 类似地, 以 R_i 为底, 以 M_i 为高的柱体有体积 $M_iA(R_i)$, 也互不重叠. 由此得出

$$\sum_{i=1}^{N} m_iA(R_i)\leqslant V(S)\leqslant \sum_{i=1}^{N} M_iA(R_i),\tag{3a}$$

1) 当把空间分成边长为 2^{-n} 的立方体时, 那些与这柱体有公共点的立方体可以排成柱状 ‘列’, 其截面是与 R_i 有公共点的正方形, 其高度与 m_i 之差小于 2^{-n}.

在这不等式中出现的和式, 我们分别称之为下和或上和.

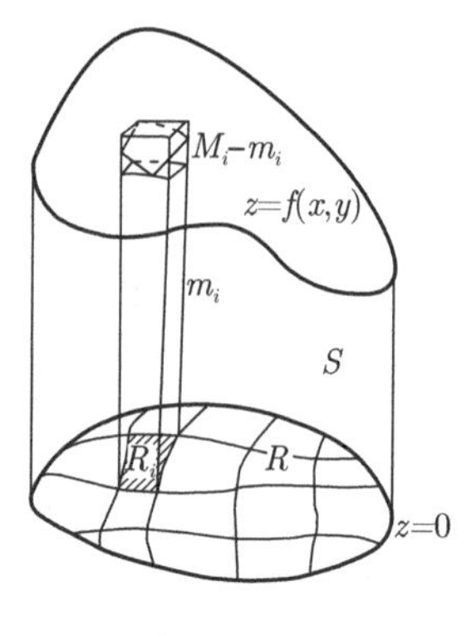

图 4.2

现在我们把分划越分越细, 以致在分划中出现的任何 R_i 的最大直径趋于 0[1]. 连续函数 $f(x,y)$ 在紧集 R 上是一致连续的, 所以最大差 M_i-m_i 随这分划中集合 R_i 的最大直径趋于零而趋于零. 因为

$$\begin{aligned}&\sum_{i=1}^{N}M_iA\left(R_i\right)-\sum_{i=1}^{N}m_iA\left(R_i\right)\\=&\sum_{i=1}^{N}\left(M_i-m_i\right)A\left(R_i\right)\\\leqslant&\left[\operatorname*{Max}_{i}\left(M_i-m_i\right)\right]\sum_{k=1}^{N}A\left(R_k\right)\\=&\left[\operatorname*{Max}_{i}\left(M_i-m_i\right)\right]A(R),\end{aligned}$$

所以上和与下和的差也趋于零. 由 (3a) 得出, 当无限加细我们的分划时, 上和与下和都收敛到极限 $V(S)$. 显然, 如果在和式中用 m_i 与 M_i 之间的任意数, 例如这函数在集合 R_i 上一点 (x_i,y_i) 的值 $f\left(x_i,y_i\right)$, 来代替 m_i 或 M_i, 那么还是得到同样的极限值. 我们将把这极限 $V(S)$ 称为 f 在集合 R 上的二重积分, 并记作

$$V(S)=\iint\limits_{R}f(x,y)dR. \tag{3b}$$

b. 积分的一般分析概念

从几何学角度提供的把二重积分看成体积的概念现在必须从分析上加以研究, 抛弃其直观并加以精确化. 考虑一个闭的有界若尔当可测集 R, 它的面积

1) 一个闭集的 "直径" 是这集合中任意两点的最大距离.

为 $A(R)=\Delta R$, 考虑一个在 R 上 (包括边界) 处处连续的函数 $f(x,y)$ 和前面一样, 把 R 分成 N 个互不重叠的若尔当可测子集 $R_1,R_2,\cdots,R_N$, 各有面积 $\Delta R_1,\cdots,\Delta R_N$. 在 R_i 上, 任选一点 (ξ_i,η_i), 其函数值为 $f_i=f(\xi_i,\eta_i)$, 并作和式

$$V_N=\sum_{i=1}^{N} f_i\Delta R_i=\sum_{i=1}^{N} f_i A(R_i),$$

基本存在定理就是:

如果数 N 无限增大, 同时子区域的最大直径趋于零, 则 V_N 趋于一极限 V, 这个极限与区域 R 的分划的特殊性质无关, 也与在 R_i 中点 (ξ_i,η_i) 的选取无关. 我们把这极限 V 称为函数 $f(x,y)$ 在区域 R 上的 (二重) 积分, 并记作

$$\iint_R f(x,y)dR$$ [1].

推论. 如果和式只在那些整个位于 R 内部的子区域上取, 即那些与 R 的边界没有公共点的子区域上取, 那么将得到同一个极限[2].

对于连续函数的积分存在性定理必须纯分析地证明. 但是这个证明和一元函数相应的证明非常相似, 它将在本章附录中给出 (第 457 页).

现在我们通过某种特殊的分划来阐明积分的概念. 最简单的情形是 R 为矩形 $a\leqslant x\leqslant b, c\leqslant y\leqslant d$, 而子区域 R_i 也是矩形 (由把 x 区间 n 等分, 把 y 区间 m 等分构成), 其边长为

$$h=\frac{b-a}{n} \quad \text{及} \quad k=\frac{d-c}{m}.$$

分划的点记作 $x_0=a,x_1,x_2,\cdots,x_n=b$ 以及 $y_0=c,y_1,y_2,\cdots,y_m=d$. 它们分别对应于 y 轴和 x 轴的平行线. 于是 $N=nm$. 子区域是面积为 $A(R_i)=\Delta R_i=hk=\Delta x\Delta y$ 的所有矩形, 其中 $h=\Delta x, k=\Delta y$. 在对应的矩形 R_i 中任意

---

1) 我们可以进一步改进这个定理使之适用于多种目的. 在分划为 N 个子区域的分划中, 并不一定要取其值为函数 $f(x,y)$ 在对应的子区域中一定点 (ξ_i,η_i) 的值; 只要取其值能与 $f(\xi_i,\eta_i)$ 之差随分划加细而一致地趋于零就够了. 换句话说, 代替函数值 $f(\xi_i,\eta_i)$, 我们可以考虑量

$$f_i=f(\xi_i,\eta_i)+\varepsilon_{i,N},$$

其中 $|\varepsilon_{i,N}|\leqslant\varepsilon_N$, $\lim\limits_{N\to\infty}\varepsilon_N=0$. 这个定理几乎是不足道的, 因为数 $\varepsilon_{i,N}$ 一致地趋于零. 两个和式

$$\sum_{i=1}^{N} f_i\Delta R_i \quad \text{与} \quad \sum_{i=1}^{N}(f_i+\varepsilon_{i,N})\Delta R_i$$

之差的绝对值小于 $\varepsilon_N\sum\Delta R_i$, 如果让数 N 充分大, 可以使之任意小. 例如, 若 $f(x,y)=P(x,y)Q(x,y)$ 可以取 $f_i=P_iQ_i$, 其中 P_i 与 Q_i 是 P 与 Q 在 R_i 上的极大值. 一般来说这两个极大值不一定在同一点上达到.

2) 根据下列事实, 不仅 R 的边界 ∂R, 而且一切与 ∂R 充分靠近的点的集合, 都能被总面积任意小的正方形所覆盖. 由此得到推论.

取一点 (ξ_i, η_i), 对分划中的一切矩形作和

$$\sum_i f(\xi_i, \eta_i) \Delta x \Delta y.$$

如果同时让 n 与 m 无限增长, 这个和趋于函数 f 在矩形 R 上的积分.

这些矩形还可以用两个下标 μ 与 ν 来刻画. μ 和 ν 分别对应着所论矩形的左下角的坐标 $x = a + \nu h, y = c + \mu k$, 其中 ν 取从 0 到 $(n-1)$ 的整数值, 而 μ 取从 0 到 $(m-1)$ 的整数值. 通过用下标 μ 和 ν 来标明这些矩形, 我们便可以适当地把这个和式写成双重和[1)]

$$\sum_{\nu=0}^{n-1} \sum_{\mu=0}^{m-1} f(\xi_\nu, \eta_\mu) \Delta x \Delta y. \tag{3c}$$

即使 R 不是一个矩形, 把这区域分划为矩形子区域 R_i 也常常是方便的. 为此, 在这平面上添加由直线

$$x = \nu h \quad (\nu = 0, \pm 1, \pm 2, \cdots),$$

$$y = \mu k \quad (\mu = 0, \pm 1, \pm 2, \cdots)$$

构成的矩形网, 其中 h 与 k 是任意选定的数. 现在我们来考虑所有那些整个含于 R 中的分划后的矩形. 这些矩形记作 R_i. 当然, 它们不一定完全填满这个区域; 相反, 除了这些矩形之外, R 还包含一些与边界毗邻的区域 R_i, 它们一部分是由网线围成的, 另一部分是由 R 的部分边界围成的. 根据第 327 页上的推论, 函数 f 在区域 R 上的积分可以通过只对内部矩形上的求和, 然后取极限得到.

另一种经常用到的分划类型是用极坐标网作分划 (图 4.3). 把整个 2π 角分为 n 份; $\Delta\theta = 2\pi/n = h$, 再选取第二个量 $k = \Delta r$.

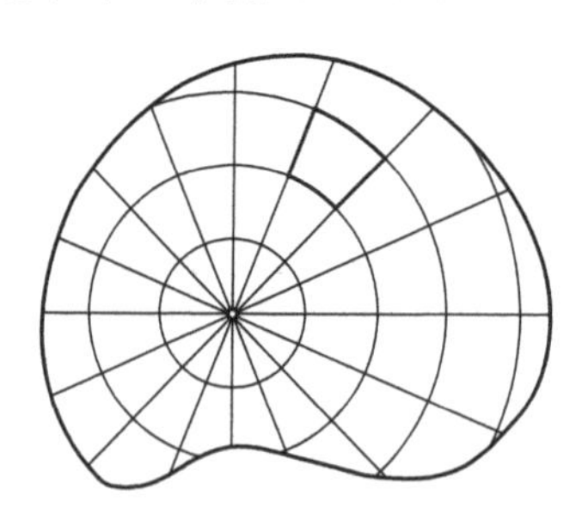

图 4.3　用极坐标网作分划

通过原点作直线 $\theta = \nu h$ $(\nu = 0, 1, 2, \cdots, (n-1))$ 并作同心圆 $r_\mu = \mu k$ $(\mu = 1, 2, \cdots)$. 整个在 R 内部的那些小区域, 记作 R_i, 而其面积记作 ΔR_i. 于是我们

1) 如以这种方式写这个和, 则我们必须假定, 所选择的点 (ξ_i, η_i) 位于垂直或水平的那些直线上.

能把函数 $f(x,y)$ 在区域 R 上的积分看成是和

$$\sum f\left(\xi_i,\eta_i\right)\Delta R_i$$

的极限, 其中 (ξ_i,η_i) 是 R_i 内任选的一点. 和式取遍在 R 内的一切子区域 R_i, 而向极限的过渡在于让 h 与 k 同时趋于零.

根据初等几何学, 面积 ΔR_i 由等式

$$\Delta R_i=\frac{1}{2}\left(r_{\mu+1}^2-r_\mu^2\right)h=\frac{1}{2}(2\mu+1)k^2h$$

给出, 这里假定 R_i 位于由半径为 μk 及 $(\mu+1)k$ 的圆围成的环内.

c. 例

最简单的例子是函数 $f(x,y)=1$. 在此, 和的极限显然与分划的方式无关, 并且总是等于区域 R 的面积. 从而, 函数 $f(x,y)=1$ 在这区域上的积分也就等于这区域的面积. 不出所料, 因为这个积分正是以区域 R 为底、高度为 1 的柱体的体积.

再举一个例子, 考虑函数 $f(x,y)=x$ 在正方形 $0\leqslant x\leqslant 1, 0\leqslant y\leqslant 1$ 上的积分. 把积分看成是体积的直观解释表明, 我们的积分值必是 $\dfrac{1}{2}$. 我们可以用积分的分析定义来验证这点. 把这正方形分划成边长为 $h=\dfrac{1}{n}$ 的正方形, 并对每个小正方形取点 (ξ_i,η_i) 为其左下角. 于是在其左边坐标为 νh 的纵列中的每个正方形对总和的贡献是 νh^3. 这个表达式出现 n 次. 因此, 整列正方形的贡献是 $n\nu h^3=\nu h^2$. 现在, 从 $\nu=0$ 到 $\nu=n-1$ 作和, 得到

$$\sum_{\nu=0}^{n-1}\nu h^2=\frac{n(n-1)}{2}h^2=\frac{1}{2}-\frac{h}{2}.$$

正如所料, 当 $h\to 0$ 时, 这个式子的极限是 $\dfrac{1}{2}$.

用类似的办法, 只要积分区域是各边平行于坐标轴的矩形, 例如说 $a\leqslant x\leqslant b, c\leqslant y\leqslant d$, 我们就能够求出乘积函数 xy 的积分; 或者, 更一般些, 我们能求出作为 x 的一个函数与 y 的一个函数相乘得到的形如 $f(x,y)=\varphi(x)\psi(y)$ 的任意函数 $f(x,y)$ 的积分, 采用 (3c) 中的同一矩形分划. 在每个子矩形中取函数值为其左下角点处的函数值. 于是积分为和式

$$hk\sum_{\nu=0}^{n-1}\sum_{\mu=0}^{m-1}\phi(\nu h)\psi(\mu k)$$

的极限. 它可以写成两个和式的乘积

$$\sum_{\nu=0}^{n-1} h\phi(\nu h) \sum_{\mu=0}^{m-1} k\psi(\mu k).$$

从普通积分的定义看出, 当 $h \to 0$ 及 $k \to 0$ 时, 这些因子分别趋于对应的函数从 a 到 b 以及从 c 到 d 的积分. 于是得到一般的法则: 若 $f(x, y)$ 可以表成两个函数 $\phi(x)$ 及 $\psi(y)$ 的乘积, 则它在矩形 $a \leqslant x \leqslant b, c \leqslant y \leqslant d$ 上的积分就可以分解成两个积分的乘积:

$$\iint\limits_R f(x, y) dx dy = \int_a^b \phi(x) dx \cdot \int_c^d \psi(y) dy.$$

这个法则与求和法则 (参看 (4b), 第 332 页) 结合起来就给出在其边平行于坐标轴的矩形上任意多项式的积分.

最后一个例子, 我们来考虑一种用极坐标作分划较之矩形分划更为便利的情形. 设 R 是由 $x^2 + y^2 \leqslant 1$ 给出的、中心在原点的单位圆, 又设

$$f(x, y) = \sqrt{1 - x^2 - y^2}.$$

f 在 R 上的积分无非是一个半径为 1 的半球的体积.

像前面那样构作极坐标网. 在以 $r_\mu = \mu k$ 与 $r_{\mu+1} = (\mu + 1)k$ 为半径的圆以及直线 $\theta = \nu h$ 与 $\theta = (\nu + 1)h$ 之间的子区域作出的贡献是

$$\frac{1}{2}\sqrt{1 - \left(\frac{r_{\mu+1} + r_\mu}{2}\right)^2} \left(r_{\mu+1}^2 - r_\mu^2\right) h = \sqrt{1 - \rho_\mu^2}\rho_\mu kh,$$

其中 $h = 2\pi/n$, 我们把在以 $\rho_\mu = (r_{\mu+1} + r_\mu)/2$ 为半径的一个中间圆上的函数值取作在子区域 R_i 上的函数值. 在同一个环内的所有子区域给出同样的贡献, 又因为有 $n = 2\pi/h$ 个这样的区域, 所以整个环的贡献是

$$2\pi\sqrt{1 - \rho_\mu^2}\rho_\mu k.$$

于是和

$$\sum_{\mu=0}^{m-1} 2\pi\sqrt{1 - \rho_\mu^2}\rho_\mu k$$

的极限就是积分.

我们已经知道, 这个和对于单重积分

$$2\pi \int_0^1 r\sqrt{1 - r^2} dr = -\left.\frac{2\pi}{3}\sqrt{(1 - r^2)^3}\right|_0^1 = \frac{2\pi}{3}.$$

所以得到

$$\iint\limits_{R} \sqrt{1-x^2-y^2} dR = \frac{2\pi}{3},$$

这与球体积的已知公式是一致的.

d. 记号、推广和基本法则

区域 R 的矩形分划使人联想从莱布尼茨时代起就使用了的二重积分符号. 从矩形上的和式的记号

$$\sum_{\nu=0}^{n-1} \sum_{\mu=0}^{m-1} f\left(\xi_\nu, \eta_\mu\right) \Delta x \Delta y$$

出发, 我们指出, 从和式到积分的极限过渡中, 用二重积分号代替双重和号, 并用符号 $dxdy$ 代替量的乘积 $\Delta x\Delta y$. 因此, 二重积分经常写成

$$\iint\limits_{R} f(x,y)dxdy$$

的形式, 而不用

$$\iint\limits_{R} f(x,y)dR$$

的形式, 这里符号 dR 表示面积 ΔR. 在这个阶段, 符号 $dxdy$ 仅仅指的是当 $n \to \infty$ 及 $m \to \infty$ 时上述 nm 项和的极限过程.

显然, 和一元函数的普通积分一样, 在二重积分中, 积分变量的记号是不重要的. 我们认为

$$\iint\limits_{R} f(u,v)dudv \quad 和 \quad \iint\limits_{R} f(\xi,\eta)d\xi d\eta$$

是同样的东西.

在引进积分概念时, 我们知道一个正函数 $f(x,y)$ 的积分代表曲面 $z=f(x,y)$ 下方的体积. 然而, 在积分的分析定义中, 函数 $f(x,y)$ 完全没有必要必须处处是正的; 它可以是负的, 或者在曲面与区域相交的情形, 它改变符号. 于是, 在一般情况下, 积分表示带确定符号的体积, 对于在 x,y 平面上方的曲面或者曲面的一部分来说它的符号是正的. 如果整个曲面由好几个这样的部分组成, 那么其积分就表示对应的体积连同它们特定的符号的总和. 特别地, 尽管积分号下的函数可以处处不为零, 但它的二重积分却仍可能为零.

和单重积分一样，对于二重积分也有下列基本法则；它们的证明是第一卷中那些法则的简单的重复. 若 c 是一个常数，则

$$\iint_R cf(x,y)dR = c\iint_R f(x,y)dR. \tag{4a}$$

此外，两个函数的和的积分等于它们的两个积分的和 (积分运算的线性性质)：

$$\iint_R [f(x,y)+\phi(x,y)]dR = \iint_R f(x,y)dR + \iint_R \phi(x,y)dR. \tag{4b}$$

最后，若区域 R 由两个子区域 R' 与 R'' 组成，这两个子区域至多有边界部分是公共的，则

$$\iint_R f(x,y)dR = \iint_{R'} f(x,y)dR + \iint_{R''} f(x,y)dR; \tag{4c}$$

即当区域合在一起时，对应的积分相加 (积分的可加性).

e. 积分估计与中值定理

和普通积分一样，二重积分有几个非常有用的估计. 因为证明实际上和第一卷里的一样，所以我们只把这些事实列出来.

若在 R 中 $f(x,y)\geqslant 0$，则

$$\iint_R f(x,y)dR \geqslant 0; \tag{5a}$$

类似地，若 $f(x,y)\leqslant 0$，则

$$\iint_R f(x,y)dR \leqslant 0, \tag{5b}$$

由此导出下列结论：若在 R 中处处有不等式

$$f(x,y)\geqslant \phi(x,y), \tag{5c}$$

则

$$\iint_R f(x,y)dR \geqslant \iint_R \phi(x,y)dR. \tag{5d}$$

直接应用这个定理给出关系式

$$\iint_R f(x,y)dR \leqslant \iint_R |f(x,y)|dR, \tag{5e}$$

以及

$$\iint_R f(x,y)dR \geqslant -\iint_R |f(x,y)|dR. \tag{5f}$$

还可以把这两个不等式合成一个简单公式

$$\left|\iint_R f(x,y)dR\right| \leqslant \iint_R |f(x,y)|dR. \tag{5g}$$

如果函数 $f(x,y)$ 在 R 中的最大下界是 m, 最小上界是 M, 那么

$$m\Delta R \leqslant \iint_R f(x,y)dR \leqslant M\Delta R, \tag{6}$$

其中 ΔR 是区域 R 的面积. 于是积分可以表成

$$\iint_R f(x,y)dR = \mu\Delta R \tag{7a}$$

的形式, 其中 μ 介于 m 与 M 之间. 一般说来, μ 的准确值不能更精确地确定[1].

我们再次把这种形式的估计式叫做积分中值定理.

这里还可以推广如下: 若 $p(x,y)$ 是 R 上的任意正连续函数, 则

$$\iint_R p(x,y)f(x,y)dR = \mu \iint_R p(x,y)dR, \tag{7b}$$

其中 μ 表示介于 f 的最大值与最小值之间的一个数, 它不能再进一步确定了.

和以前一样, 这些积分估计表明积分随函数连续地变化. 确切地说, 设两个函数 $f(x,y)$ 及 $\phi(x,y)$ 在整个区域 R 上满足不等式

$$|f(x,y)-\phi(x,y)| < \varepsilon,$$

其中 ε 是一个固定的正数. 若 ΔR 是 R 的面积, 则积分 $\iint_R f(x,y)dR$ 与 $\iint_R \phi(x,y)dR$ 之差小于 $\varepsilon\Delta R$, 即小于一个随 ε 趋于零的数.

用同样的办法, 可证明一个函数的积分随区域连续地变化. 假设两个区域 R' 与 R'' 彼此相差的部分的总面积小于 ε, 又设 $f(x,y)$ 是在这两个区域上的一个连续函数, 使得 $|f(x,y)| < M$, 其中 M 是一固定的数, 则积分 $\iint_{R'} f(x,y)dR$ 与

---

1) 和一元连续函数的积分一样, 如果 R 是连通的, 而 $f(x,y)$ 是连续的, 那么 μ 一定是函数 $f(x,y)$ 在集合 R 上某一点的函数值.

$\iint\limits_{R''} f(x,y)dR$ 之差小于 $M\varepsilon$, 即小于一个随 ε 趋于零的数. 这件事可从第 121 页上的公式 (4c) 立即推出.

所以为了计算区域 R 上的积分, 我们可以用 R 的一个子区域上的积分来代替. 计算到想要多精确就多精确的程度, 只要这子区域与 R 相差的总面积充分小, 例如对区域 R, 我们可以构造多角形, 使之与 R 相差的总面积要多小就多小. 特别是可以假定这种多角形的边交替地成为与 x 轴和 y 轴平行的直线, 即它是由边平行于坐标轴的矩形一块一块拼起来的.

4.3　三维及高维区域上的积分

对于 x, y 平面区域上的积分所得到的每一个命题可以毫无困难也无需引入新概念地推广到三维或更高维区域上去, 例如, 研究三维区域 R 上的积分, 我们只需把 R 分划为一些填满 R 的闭的互不重叠的若尔当可测子区域 $R_1, R_2, \cdots, R_N$ (例如用有穷个有连续非参数表示的曲面来分划). 若 $f(x,y,z)$ 是在闭区域 R 上的连续函数, 又若 $f(\xi_i, \eta_i, \zeta_i)$ 表示区域 R_i 上任意一点, 再次作和

$$\sum_{i=1}^{N} f(\xi_i, \eta_i, \zeta_i) \Delta R_i,$$

其中 ΔR_i 表示区域 R_i 的体积. 这个和是对一切区域 R_i 取的, 或者只对 R 的那些与边界不连接的区域求和, 如果这样做更方便的话. 现在, 如果让子区域的个数无限增长, 使它们的最大直径趋于零, 我们又求得一个极限, 它与分划的特定方式无关, 也与中间点的选取无关. 这个极限我们称之为 $f(x,y,z)$ 在区域 R 上的积分, 并记作

$$\iiint\limits_{R} f(x,y,z)dR. \tag{7c}$$

特别地, 如果把区域分划成边长为 $\Delta x, \Delta y, \Delta z$ 的长方体区域, 内部区域 R_i 的体积都是 $\Delta x\Delta y\Delta z$. 和第 331 页一样, 我们用记号

$$\iiint\limits_{R} f(x,y,z)dxdydz$$

表明极限的过渡方式. 除了记号上必要的变化外, 对二重积分提到过的所有事实在三重积分中仍然保持成立.

对于高于三维的区域, 一旦我们适当地定义了这种区域的体积概念, 重积分

就可以完完全全同样地定义了. 如果我们限制于长方形子区域:

$$a_i \leqslant x_i \leqslant a_i + h_i \quad (i = 1, 2, \cdots, n)$$

并定义其体积为乘积 $h_1 h_2 \cdots h_n$, 积分定义就没什么新东西了. 用

$$\iint \cdots \int_R f(x_1, x_2, \cdots, x_n)\, dx_1 dx_2 \cdots dx_n$$

表示 n 维区域 R 上的积分. 对于更一般的区域和更一般的分划, 我们就要靠在附录里给出的体积的抽象定义了.

今后, 我们至多限于讨论在三维空间中的积分.

4.4 空间微分、质量与密度

对一元函数来说, 被积函数是 (不定) 积分的导数. 这件事表达了微分与积分计算之间的基本联系. 对于多元函数的重积分来说, 也有同样的联系, 不过在这儿从本质上说没有那么基本了.

考虑区域 B 上的二元或三元连续函数的重积分 (区域积分)

$$\iint\limits_B f(x, y) dB \quad 或 \quad \iiint\limits_B f(x, y, z) dB.$$

B 包含一固定点 P, 其坐标分别是 (x_0, y_0) 或 (x_0, y_0, z_0), 设 B 的容量是 ΔB. 用 ΔB 除此积分, 由公式 (7a) 推出其商是被积函数的一个中间值, 即介于被积函数在这区域上的最大值与最小值之间的一个数. 若令包含 P 点的区域 B 的直径趋于零, 则其容量 ΔB 也趋于零, 函数 f 的这个中间值必趋于在 P 点的函数值. 于是过渡到极限后分别有关系式:

$$\lim_{\Delta B \to 0} \frac{1}{\Delta B} \iint\limits_B f(x, y) dB = f(x_0, y_0),$$

以及

$$\lim_{\Delta B \to 0} \frac{1}{\Delta B} \iiint\limits_B f(x, y, z) dB = f(x_0, y_0, z_0). \tag{8}$$

这个与一元函数积分的微分过程类似的极限过程, 我们称之为积分的空间微分. 于是可见, 一个重积分的空间微分给出被积函数.

我们可以用密度与总质量的物理概念来解释多元函数情形下被积函数与积分的关系. 我们把一个物体的质量看成分布在三维空间的一个区域 R 上, 使得每个

充分小的子区域含有任意小的质量. 为了定义在一点 P 的特定质量或密度, 首先考虑 P 点的一个邻域 B, 设其容量为 ΔB, 并用这容量去除在这邻域内的质量. 我们称其商为在子区域的平均密度. 今若令 B 的直径趋于零, 则从区域 B 内的平均密度取极限得到一个极限值, 我们称其为在 P 点的密度, 只要这个极限值总是存在的而且与区域序列的选取无关. 若记此密度为 $\mu(x,y,z)$ 并设其连续, 我们立即可见上述过程与在整个区域 R 上的积分

$$\iiint\limits_R \mu(x,y,z)dV$$

的微分取同样的值. 这个积分是在整个区域上取的, 所以它代表在区域 R 上密度为 μ 的物体的总质量[1)].

从物理学观点看, 这样表述一个物体的质量当然是理想化的. 然而这种理想化却是合理的, 即它在足够精确的范围内逼近真实情况, 而这是物理学的假定之一.

而且这些思想, 即使在 μ 不是处处为正的情形, 在数学上还是有其重要性的. 负密度和负质量也有物理解释, 例如研究电荷的分布就是这样.

4.5 化重积分为累次单积分

每个重积分可以化到单积分去, 这件事对重积分的计算有基本的重要性. 它使我们能够用以前发展的求不定积分的所有方法来计算重积分.

a. 在矩形上的积分

首先取 x,y 平面上的区域 R 为矩形 $a \leqslant x \leqslant b, \alpha \leqslant \gamma \leqslant \beta$, 并考虑 R 上的一个连续函数 $f(x,y)$. 于是有定理:

为求区域 R 上 $f(x,y)$ 的二重积分, 首先把 y 看成是常数, 对 x 在 a 与 b 限内求 $f(x,y)$ 的积分,

$$\phi(y) = \int_a^b f(x,y)dx$$

是参数 y 的函数, 再对它在 α 与 β 限内求积分, 即得二重积分. 用符号写成

1) 我们仅仅证明了由重积分给定的分布与一开始给定的质量分布有相同的空间微分. 剩下来要证明它蕴涵了这两个分布实际上是恒同的; 换句话说,"空间微分给出密度 μ" 这句话只能被一种质量分布所满足. 其证明虽不难, 但现在还是略去. 我们必须假定质量是可加的, 即由两块互不重叠的区域 R' 与 R'' 组成的区域 R, 其质量为 R' 与 R'' 上的质量之和.

$$\iint\limits_R f(x,y)dR = \int_\alpha^\beta \phi(y)dy, \quad \phi(y) = \int_a^b f(x,y)dx,$$

或者更简练地写成

$$\iint\limits_R f(x,y)dR = \int_\alpha^\beta dy \int_a^b f(x,y)dx. \tag{9a}$$

为了证明这个命题, 我们回到重积分的定义 (3c). 取

$$h = \frac{b-a}{m} \quad 及 \quad k = \frac{\beta-\alpha}{n},$$

有

$$\iint\limits_R f(x,y)dR = \lim_{\substack{m\to\infty \\ n\to\infty}} \sum_{\nu=1}^{n}\sum_{\mu=1}^{m} f(a+\mu h, \alpha+\nu k)hk.$$

在此极限是这样理解的: 对于事先规定的任意小的正数 ε, 仅当数 m 与 n 都大于一个仅依赖于 ε 的界限 N 时, 右边的和式与积分值之差小于 ε. 引入表达式[1)]

$$\varPhi_\nu = \sum_{\mu=1}^{m} f(a+\mu h, \alpha+\nu k)h,$$

便可将这和写成

$$\sum_{\nu=1}^{n} \varPhi_\nu k$$

的形式. 今若选取任意固定的 ε, 并取 n 为大于 N 的一个固定数. 我们知道, 不论数 m 怎样, 只要它大于 N, 总有

$$\left| \iint\limits_R f(x,y)dR - k\sum_{\nu=1}^{n}\varPhi_\nu \right| < \varepsilon.$$

若保持 n 固定, 并让 m 趋于无穷, 上述表达式永不超过 ε. 然而, 按照普通积分的定义, 在这极限过程中, 表达式 $\varPhi_\nu$ 趋于积分

$$\int_a^b f(x, \alpha+\nu k)dx = \phi(\alpha+\nu k),$$

所以便得到

1) 下列证明的根本思想只不过是把 m 与 n 同时增长的二重极限过程分解为先让 n 固定, $m\to\infty$, 再让 $n\to\infty$ 的逐次单重极限过程.

$$\left|\iint_R f(x,y)dR - k\sum_{\nu=1}^{n}\phi(\alpha+\nu k)\right| \leqslant \varepsilon.$$

不论 ε 怎样, 这个不等式对大于仅依赖于 ε 的固定数 N 的一切 n 都成立. 今若令 n 趋于 ∞ (即令 k 趋于零), 则由 '积分" 的定义以及

$$\int_a^b f(x,y)dx = \phi(y)$$

的连续性 (第 65 页), 得到

$$\lim_{n\to\infty} k\sum_{\nu=1}^{n}\phi(\alpha+\nu k) = \int_\alpha^\beta \phi(y)dy,$$

这时

$$\left|\iint_R f(x,y)dR - \int_\alpha^\beta \phi(y)dy\right| \leqslant \varepsilon.$$

因为 ε 可以选得要怎么小就怎么小, 而左边是一个固定的数, 所以仅当左边为零时这不等式才能成立, 即

$$\iint_R f(x,y)dR = \int_\alpha^\beta dy\int_a^b f(x,y)dx.$$

这就给出了所要的变换.

这个结论使我们能把二重积分化成两个累次的单重积分.

因为 x 和 y 所起的作用是可以互换的, 无需另证, 即得

$$\iint_R f(x,y)dR = \int_a^b dx\int_\alpha^\beta f(x,y)dy. \tag{9b}$$

b. 积分交换次序. 积分号下求微分

两个公式 (9a), (9b) 给出关系式

$$\int_\alpha^\beta dy\int_a^b f(x,y)dx = \int_a^b dx\int_\alpha^\beta f(x,y)dy. \tag{9c}$$

(在第 71 页上已经用别的方法证明过了) 或者, 换句话说:

在有固定积分限的连续函数的累次积分中, 积分次序可以颠倒.

积分交换次序定理有许多应用. 特别是, 经常把它用来显式地计算那些不能求得其不定积分的单重定积分.

作为一个例子 (更多的例子参看附录), 考虑积分

$$I=\int_{0}^{\infty}\frac{e^{-ax}-e^{-bx}}{x}dx,$$

当 $a>0,b>0$ 时, 它是收敛的. 我们把 I 写成累次积分的形式

$$I=\int_{0}^{\infty}dx\int_{a}^{b}e^{-xy}dy.$$

这是一个广义累次积分, 我们不能马上应用积分交换次序定理. 然而若写成

$$I=\lim_{T\to\infty}\int_{0}^{T}dx\int_{a}^{b}e^{-xy}dy,$$

用积分交换次序定理, 得到

$$I=\lim_{T\to\infty}\int_{a}^{b}\frac{1-e^{-Ty}}{y}dy=\log\frac{b}{a}-\lim_{T\to\infty}\int_{a}^{b}\frac{e^{-Ty}}{y}dy. \tag{10}$$

依照关系式

$$\int_{a}^{b}\frac{e^{-Ty}}{y}dy=\int_{Ta}^{Tb}\frac{e^{-y}}{y}dy,$$

当 T 增大时, 第二个积分趋于零. 因此

$$I=\int_{0}^{\infty}\frac{e^{-ax}-e^{-bx}}{x}dx=\log\frac{b}{a}. \tag{11a}$$

用类似的办法我们能证明下列一般性的定理:

若 $f(t)$ 在 $t\geqslant 0$ 是逐段光滑的, 又若积分

$$\int_{1}^{\infty}\frac{f(t)}{t}dt$$

存在, 则对正数 a 与 b,

$$I=\int_{0}^{\infty}\frac{f(ax)-f(bx)}{x}dx=f(0)\log\frac{b}{a}. \tag{11b}$$

在此, 我们还是能把单重积分表成累次积分

$$I=\int_{0}^{\infty}dx\int_{b}^{a}f'(xy)dy$$

再改变积分的次序.

c. 在更一般的区域上化二重积分为单重积分

我们把已经得到的结果作简单的扩充, 能够得到在比矩形更为一般的区域上的类似结论. 从考虑凸区域 R 开始, 即区域 R 的边界曲线被任意一根直线相割至多有两个交点, 除非这两点间的整个线段是这边界的一部分 (图 4.4). 假设区域介于支撑线 $x = x_0, x = x_1$ 与 $y = y_0, y = y_1$ 之间 (即这种直线, 它含有 R 的边界点, 但却不分离 R 中任意两点). 因为 R 中任意一点的 x 坐标在区间 $x_0 \leqslant x \leqslant x_1$ 上, 而 y 坐标在 $y_0 \leqslant y \leqslant y_1$ 上, 我们考虑积分

$$\int_{\phi_1(y)}^{\phi_2(y)} f(x,y)dx,$$

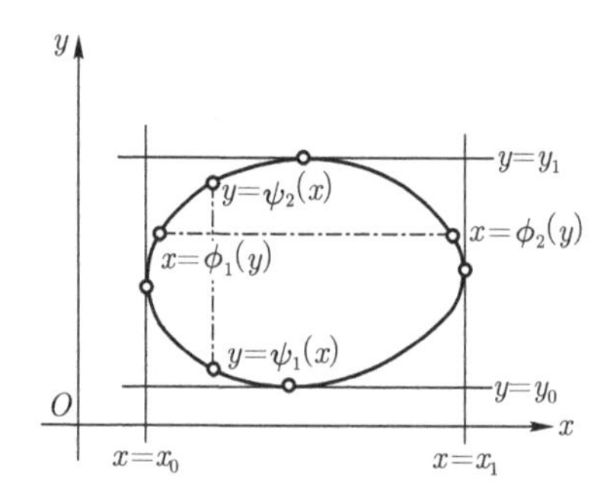

图 4.4　一般凸的积分区域

以及

$$\int_{\psi_1(x)}^{\psi_2(x)} f(x,y)dy,$$

它们分别沿与这区域相交的 $y =$ 常数与 $x =$ 常数的线段求积, 其中 $\phi_2(y)$ 与 $\phi_1(y)$ 是直线 $y =$ 常数与区域的边界的交点的横坐标, 而 $\psi_2(x)$ 与 $\psi_1(x)$ 是直线 $x =$ 常数与区域的边界的交点的纵坐标. 于是积分

$$\int_{\phi_1(y)}^{\phi_2(y)} f(x,y)dx$$

是参数 y 的函数, 其中参数 y 既在积分号内出现又在上、下限里出现; 积分

$$\int_{\psi_1(x)}^{\psi_2(x)} f(x,y)dy$$

作为 x 的函数也有类似的结论. 于是等式

$$\iint_R f(x,y)dR = \int_{y_0}^{y_1} dy \int_{\phi_1(y)}^{\phi_2(y)} f(x,y)dx$$
$$= \int_{x_0}^{x_1} dx \int_{\psi_1(x)}^{\psi_2(x)} f(x,y)dy \tag{12}$$

给出累次积分的分解.

为证明这件事, 我们先在弧 $y=\psi_2(x)$ 上选择一串点, 相邻点之间的距离小于一正数 δ. 然后用在 R 内的由水平线段和铅垂线段组成的路径把相邻点连接起来. 类似地, 在下边界 $y=\psi_1(x)$ 上也这样做, 同时使其横坐标与上边界的一样. 于是得到 R 内的一个由有穷个矩形构成的区域 $\overline{R}$, $\overline{R}$ 的上、下边界分别由逐段常数函数 $y=\overline{\psi}_2(x)$ 及 $y=\overline{\psi}_1(x)$ 表达 (参看图 4.5). 由关于矩形的已知定理, 有

$$\iint_{\overline{R}} f(x,y)dR = \int_{x_0}^{x_1} dx \int_{\overline{\psi}_1(x)}^{\overline{\psi}_2(x)} f(x,y)dy.$$

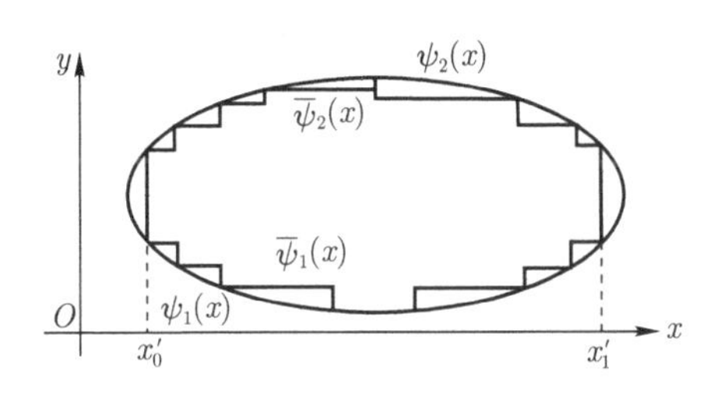

图 4.5

因为 $\psi_1(x)$ 与 $\psi_2(x)$ 是一致连续的, 所以当 $\delta \to 0$ 时, 函数 $\overline{\psi}_1(x)$ 与 $\overline{\psi}_2(x)$ 分别一致地趋于 $\psi_1(x)$ 与 $\psi_2(x)$. 从而

$$\lim_{\delta\to 0}\int_{\overline{\psi}_1(x)}^{\overline{\psi}_2(x)} f(x,y)dy = \int_{\psi_1(x)}^{\psi_2(x)} f(x,y)dy$$

对 x 是一致的. 由此推得

$$\lim_{\delta\to 0}\int_{x_0'}^{x_1'} dx \int_{\overline{\psi}_1(x)}^{\overline{\psi}_2(x)} f(x,y)dy = \int_{x_0}^{x_1} dx \int_{\psi_1(x)}^{\psi_2(x)} f(x,y)dy.$$

另一方面, 当 $\delta \to 0$ 时, 区域 $\overline{R}$ 趋于 R. 因此

$$\lim_{\delta\to 0}\iint_{\overline{R}} f(x,y)dR = \iint_R f(x,y)dR.$$

把这三个等式合起来, 就有

$$\iint\limits_R f(x,y)dR = \int_{x_0}^{x_1} dx \int_{\psi_1(x)}^{\psi_2(x)} f(x,y)dy.$$

用类似的加法可以建立另一个命题.

如果我们去掉凸性假设, 考虑形如图 4.6 的区域, 也能得到类似的结论. 只需假定区域的边界曲线与每个平行于 x 轴的直线以及平行于 y 轴的直线交于有限个点或区间. 这时用 $\int f(x,y)dy$ 表示固定 x, 函数 $f(x,y)$ 在这闭区域与直线 $x=$ 常数的公共部分组成的所有区间上的积分. 对于非凸区域, 这种区间可能不止一个. 在一点 $x=\xi$ (如图 4.6) 个数可以突然改变, 以致 $\int f(x,y)dy$ 有一个跳跃不连续点. 然而在证明中无须作实质性的改变, 二重积分分解还是对的:

$$\iint\limits_R f(x,y)dR = \int dx \int f(x,y)dy,$$

其中关于 x 的积分是在区域 R 所位于的整个区间 $x_0 \leqslant x \leqslant x_1$ 上取的. 当然还有另一种分解

$$\iint\limits_R f(x,y)dR = \int dy \int f(x,y)dx.$$

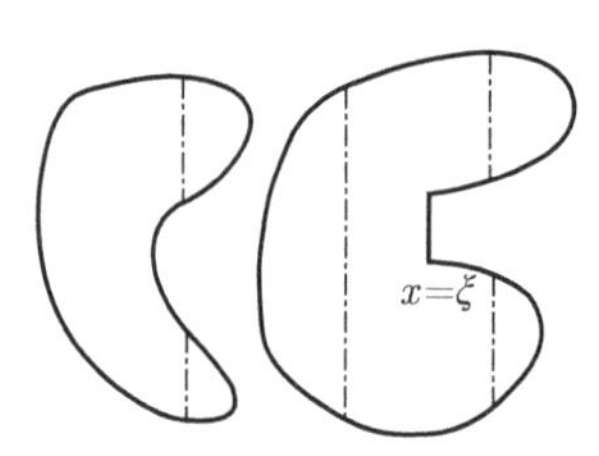

图 4.6 非凸的积分区域

在由 $x^2+y^2 \leqslant 1$ 定义的圆的例子中, 有

$$\iint\limits_R f(x,y)dR = \int_{-1}^{+1} dx \int_{-\sqrt{1-x^2}}^{+\sqrt{1-x^2}} f(x,y)dy.$$

如果区域是圆周 $x^2+y^2=1$ 与 $x^2+y^2=4$ 之间的圆环 (图 4.7), 则

$$\iint\limits_R f(x,y)dxdy = \int_{-2}^{-1} dx \int_{-\sqrt{4-x^2}}^{+\sqrt{4-x^2}} f(x,y)dy$$

$$
\begin{aligned}
&+\int_{1}^{2} dx \int_{-\sqrt{4-x^2}}^{+\sqrt{4-x^2}} f(x,y)dy \\
&+\int_{-1}^{+1} dx \int_{-\sqrt{4-x^2}}^{+\sqrt{1-x^2}} f(x,y)dy \\
&+\int_{-1}^{+1} dx \int_{-\sqrt{1-x^2}}^{+\sqrt{4-x^2}} f(x,y)dy.
\end{aligned}
$$

作为最后一个例子, 把区域 R 取作由直线 $x=y, y=0$ 以及 $x=\alpha(\alpha>0)$ 围成的三角形 (图 4.8). 或者先对 x 积分或者先对 y 积分, 得到

$$
\begin{aligned}
\iint_R f(x,y)dR &= \int_0^\alpha dx \int_0^x f(x,y)dy \\
&= \int_0^\alpha dy \int_y^\alpha f(x,y)dx. \qquad (13a)
\end{aligned}
$$

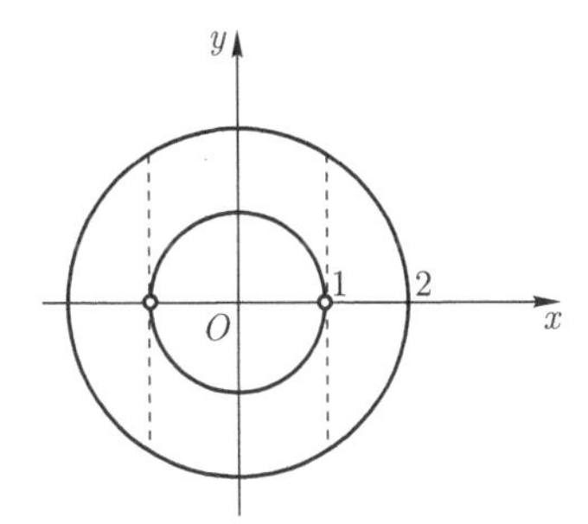

图 4.7 作为积分区域的圆环

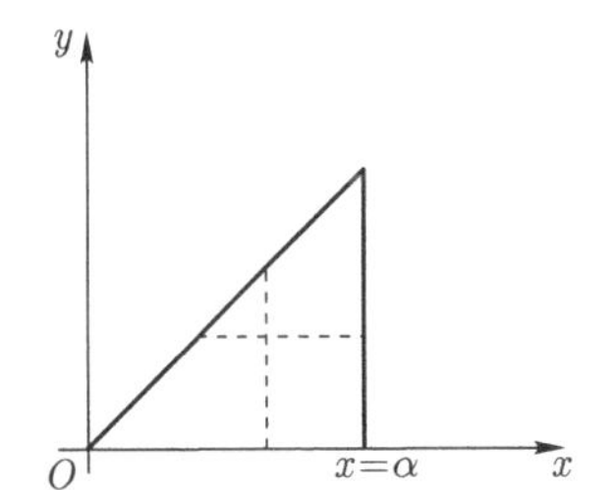

图 4.8 作为积分区域的三角形

特别地, 若 $f(x,y)$ 仅依赖于 y, 我们的公式给出

$$
\int_0^\alpha dx \int_0^x f(y)dy = \int_0^\alpha f(y)(\alpha-y)dy. \qquad (13b)
$$

由此可见, 如果对函数 $f(y)$ 的不定积分 $\int_0^x f(y)dy$ 再积一次分, 其结果可以表成一个单重积分 (参看第一卷第一分册).

d. 在多维区域中的推广

高于二维区域中的对应的定理与二维区域的定理是如此相似, 我们只要把它们不加证明地写出来就够了. 如果先考虑长方体区域 $x_0 \leqslant x \leqslant x_1, y_0 \leqslant y \leqslant y_1, z_0 \leqslant z \leqslant z_1$, 以及在这区域上的一个连续函数 $f(x,y,z)$, 我们可以按好几种方式把三重积分

$$V = \iiint\limits_R f(x,y,z)dR$$

化成单重积分或二重积分, 例如

$$\iiint\limits_R f(x,y,z)dR = \int_{z_0}^{z_1} dz \iint\limits_B f(x,y,z)dxdy, \tag{14a}$$

其中

$$\iint\limits_B f(x,y,z)dxdy$$

是由 $x_0 \leqslant x \leqslant x_1, y_0 \leqslant y \leqslant y_1$ 决定的矩形 B 上函数的二重积分, 在这积分中, z 作为一个参数保持不变, 从而这个二重积分是参数 z 的一个函数. 其余的坐标 x 和 y 也都可以用同样的办法单挑出来.

此外, 三重积分 V 也可以通过逐次作三个单重积分的累次积分表示出来. 为此先考虑表达式

$$\int_{z_0}^{z_1} f(x,y,z)dz,$$

其中 x 和 y 是固定的, 再考虑

$$\int_{y_0}^{y_1} dy \int_{z_0}^{z_1} f(x,y,z)dz,$$

其中 x 是固定的; 最后得到

$$V = \int_{x_0}^{x_1} dx \int_{y_0}^{y_1} dy \int_{z_0}^{z_1} f(x,y,z)dz. \tag{14b}$$

在这个累次积分中, 我们同样也可以先对 x 积分, 再对 y, 最后对 z; 而且还可以任意改变成其他的积分次序, 因为累次积分总是等于这个三重积分. 所以有下列定理:

在闭长方体上的一个连续函数的累次积分与其积分次序无关.

几乎可以不需要作任何特别的提醒, 在三维空间非矩形区域上也可以作这种分解[1)]. 我们只想对球形区域 $x^2+y^2+z^2 \leqslant 1$ 写下这种分解:

$$\iiint\limits_R f(x,y,z)dxdydz = \int_{-1}^{+1} dx \int_{-\sqrt{1-x^2}}^{+\sqrt{1-x^2}} dy \int_{-\sqrt{1-x^2-y^2}}^{+\sqrt{1-x^2-y^2}} f(x,y,z)dz. \tag{15}$$

1) 一般性的证明见附录第 462 页.

4.6 重积分的变换

a. 平面上的积分的变换

变化和简化单积分的主要方法之一是引进一个新的积分变量. 对多重积分来说, 新变量的引进也是非常重要的. 尽管重积分可以化成单积分, 然而要明确地计算出重积分一般来说比一元函数的问题要困难得多, 而且可能有的用初等函数表达的积分是很少见的. 我们经常用在积分号下引进新变量代替旧变量的加法计算这种积分. 然而撇开明确计算二重积分的目的, 变换理论对于完全掌握积分概念却是十分重要的.

在 328 页上已经指出, 到极坐标的变换是一种重要的特殊变换. 现在我们马上进行一般的变换. 先考虑 x, y 平面区域 R 上的二重积分情形

$$\iint_R f(x,y)dR = \iint f(x,y)dxdy.$$

设等式

$$x = \phi(u,v), \quad y = \psi(u,v)$$

给出区域 R 到 u, v 平面闭区域 R' 上的一个 1-1 映射. 设函数 ϕ 与 ψ 在区域 R 上有连续的一阶偏导数而且其雅可比行列式

$$D = \begin{vmatrix} \phi_u & \phi_v \\ \psi_u & \psi_v \end{vmatrix} = \phi_u\psi_v - \psi_u\phi_v$$

在 R 上总不为零. 更确切地说, 假设函数组 $x = \phi(u,v), y = \psi(u,v)$ 具有唯一的逆 $u = g(x,y), v = h(x,y)$ (第 228 页). 此外, 两族曲线 $u =$ 常数与 $v =$ 常数构成区域 R 上的一个曲线网格.

直观启发式的考察, 容易使人想起应当怎样把积分 $\iint\limits_R f(x,y)dR$ 表成关于 u 和 v 的积分. 自然地会想到为了计算 $\iint\limits_R f(x,y)dR$ 可以不用对区域 R 作矩形分划而是用由 $u =$ 常数或 $v =$ 常数构成的曲线网作分划. 所以考虑值 $u = \nu h$ 及 $v = \mu k$, 其中 $h = \Delta u$, 而 $k = \Delta v$ 是给定的数, ν 与 μ 取一切整数值使得 $u = \nu h$ 和 $v = \mu k$ 与 R' 相交 (从而它们的像是 R 上的曲线). 这些曲线确定了许多网格, 我们把那些位于 R 内部的网格取作子区域 R_i (图 4.9 与图 4.10). 现在我们必须求出这样一个网格的面积.

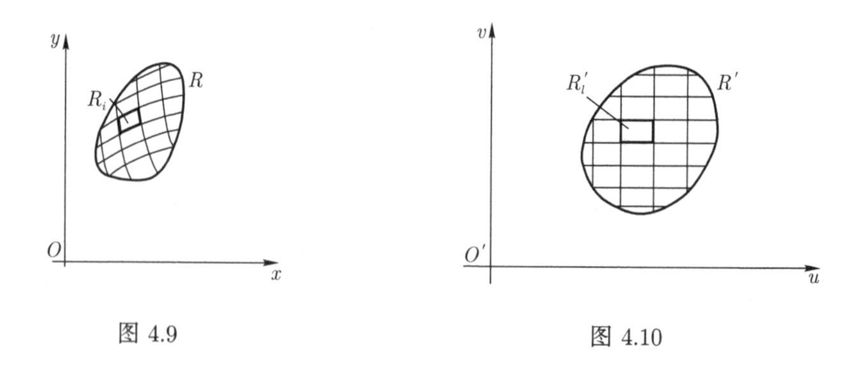

图 4.9　　　　图 4.10

如果这种网格不是由曲线围成的, 而是由 (u_ν, v_μ), $(u_\nu + h, v_\mu)$, $(u_\nu, v_\mu + k)$ 与 $(u_\nu + h, v_\mu + k)$ 对应的顶点构成的平行四边形, 则由解析几何中的公式 (参看第二章), 这个网格的面积应是行列式

$$\begin{vmatrix} \phi(u_\nu + h, v_\mu) - \phi(u_\nu, v_\mu) & \phi(u_\nu, v_\mu + k) - \phi(u_\nu, v_\mu) \\ \psi(u_\nu + h, v_\mu) - \psi(u_\nu, v_\mu) & \psi(u_\nu, v_\mu + k) - \psi(u_\nu, v_\mu) \end{vmatrix}$$

的绝对值, 它近似地等于

$$\begin{vmatrix} \phi_u(u_\nu, v_\mu) & \phi_v(u_\nu, v_\mu) \\ \psi_u(u_\nu, v_\mu) & \psi_v(u_\nu, v_\mu) \end{vmatrix} hk = hkD.$$

把它乘上函数 f 在对应的网格上的函数值, 对一切整个位于 R 内的区域 R_i 相加, 然后让 $h \to 0$ 及 $k \to 0$, 过渡到极限, 得到

$$\iint\limits_R f(\phi(u, v), \psi(u, v))|D| du dv.$$

这是变换到新变量后的积分表达式.

然而, 上述讨论是不完全的, 因为还没有证明可以用平行四边形代替曲边网格或者可以用表达式 $|\phi_u\psi_v - \psi_u\phi_v|\, hk$ 代替这样一个四边形的面积; 也就是说, 还没有证明当 $h \to 0$ 和 $k \to 0$ 时, 按这种方式引进的误差其极限为零. 我们不准备用误差估计的方法来把证明证完 (这将在附录中做), 而准备用一种稍微不同的办法证明这个变换公式, 这种办法随后可以直接推广到高维区域去.

为此, 我们利用第三章的结论, 并把变量 x, y 到新变量 u, v 的变换分两步做. 通过等式

$$x = x, \quad y = \Phi(v, x)$$

用新变量 x, v 代替变量 x, y. 在此假设表达式 Φ_v 在区域 R 上处处不为零, 例如说 Φ_v 处处大于零, 而整个区域 R 可以按 1-1 的方式映到 x, v 平面的区域 B 上去. 然后用第二个变换

$$x=\Psi(u, v), \quad v=v$$

把区域 B 按 1-1 的方式映到 u, v 平面的区域 R' 上去, 在这里我们进一步假定表达式 Ψ_u 在整个区域 B 上是正的. 现在我们按两步实行积分变换. 从把区域 B 分划成边长为 $\Delta x=h$ 和 $\Delta v=k$ 的, 由直线 $x=$ 常数 $=x_\nu$ 和 $v=$ 常数 $=v_\mu$ 围成的, 在 x, v 平面内的矩形子区域出发, B 的分划对应于区域 R 分划为子区域 R_i, 每个子区域由两条平行线 $x=x_\nu$ 和 $x=x_\nu+h$ 以及两条弧 $y=\Phi\left(v_\mu, x\right)$ 和 $y=\Phi\left(v_\mu+k, x\right)$ 围成 (图 4.11 和图 4.12). 由单积分的初等解释, 这子区域的面积是

$$\Delta R_i=\int_{x_\nu}^{x_\nu+h}\left[\Phi\left(v_\mu+k, x\right)-\Phi\left(v_\mu, x\right)\right] d x .$$

由积分中值定理, 可以写成

$$\Delta R_i=h\left[\Phi\left(v_\mu+k, \bar{x}_\nu\right)-\Phi\left(v_\mu, \bar{x}_\nu\right)\right],$$

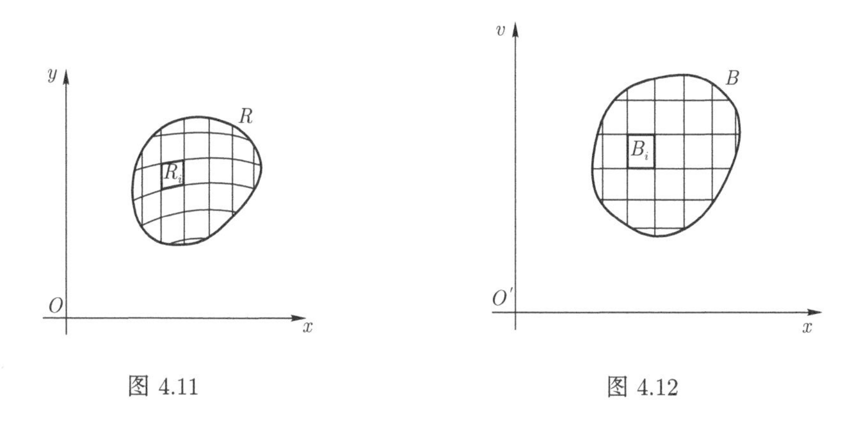

图 4.11　　图 4.12

其中 $\bar{x}_\nu$ 是介于 x_ν 与 $x_\nu+h$ 之间的一个数. 由微分中值定理, 最后变成

$$\Delta R_i=h k \Phi_v\left(\bar{v}_\mu, \bar{x}_\nu\right),$$

其中 $\bar{v}_\mu$ 表示介于 v_μ 与 $v_\mu+k$ 之间的一个数, 所以 $\left(\bar{v}_\mu, \bar{x}_\nu\right)$ 是所论 B 的子区域中一点的坐标. 于是 R 上的积分是当 $h \rightarrow 0, k \rightarrow 0$ 时, 和

$$\sum f_i \Delta R_i=\sum h k f\left(\bar{x}_\nu, \Phi\left(\bar{v}_\mu, \bar{x}_\nu\right)\right) \Phi_v\left(\bar{v}_\mu, \bar{x}_\nu\right)$$

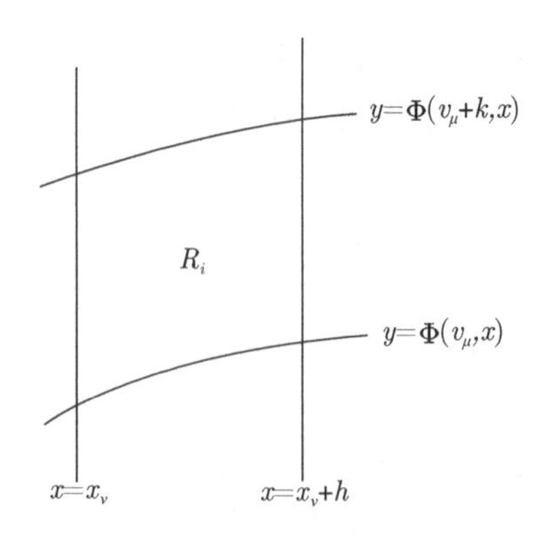

图 4.13

的极限. 我们立即可见右边的表达式趋于区域 B 上的积分

$$\iint_R f(x,y)\Phi_v dxdv \quad (y=\Phi(v,x)).$$

所以

$$\iint_R f(x,y)dxdy=\iint_B f(x,y)\Phi_v dxdv.$$

对于右边的积分, 我们用刚才对 $\iint_R f(x,y)dxdy$ 使用的同样论证方法并用等式 $x=\Psi(u,v),v=v$ 把区域 B 变换到区域 R'.

于是 B 上的积分变为 R' 上形为 $f(x,y)\Phi_v\Psi_u$ 的被积函数的积分, 即

$$\iint_{R'} f(x,y)\Phi_v\Psi_u dudv.$$

在此, 量 x 和 y 是通过上面两个变换用自变量 u 和 v 表示出来的. 所以我们证明了变换公式

$$\iint_R f(x,y)dxdy=\iint_{R'} f(x,y)\Phi_v\Psi_u dudv. \tag{16a}$$

引入直接变换 $x=\phi(u,v),y=\psi(u,v)$, 这个公式可以立即写成前面所说的形式, 因为

$$\frac{d(x,y)}{d(x,v)}=\Phi_v, \quad 而 \quad \frac{d(x,v)}{d(u,v)}=\Psi_u.$$

所以由第三章 (第 208 页), 可得

$$D = \frac{d(x,y)}{d(u,v)} = \Phi_v \Psi_u.$$

所以, 每当变换 $x = \phi(u,v), y = \psi(u,v)$ 能够逐次分解为形如 $x = x, y = \Phi(v,x)$ 以及 $v = v, x = \Psi(u,v)$ 的两个本原变换时[1], 我们已经建立了变换公式.

然而, 在第三章 (第 221 页) 里, 我们已经知道, 当 $D \neq 0$ 时, 就能把闭区域 R 分为有限个区域, 在每个区域上这种分解是可行的, 如果必须的话, 可以改变一下 u 和 v 的位置, 而这并不影响到积分值. 于是得到下列一般性的结论:

如果变换 $x = \phi(u,v), y = \psi(u,v)$ 表示由 x, y 平面上的闭若尔当可测区域 R 到 u, v 平面上的一个区域 R' 上的一个连续的 1-1 的映射; 又若函数 ϕ 与 ψ 有连续的一阶导数, 而它们的雅可比行列式

$$\frac{d(x,y)}{d(u,v)} = \phi_u\psi_v - \psi_u\phi_v$$

处处不为零, 则

$$\iint\limits_R f(x,y)dxdy = \iint\limits_R f(\phi(u,v),\psi(u,v))\left|\frac{d(x,y)}{d(u,v)}\right|dudv. \tag{16b}$$

为完整起见, 我们再加上一条, 如果行列式 $d(x,y)/d(u,v)$ 在这区域的有限个孤立点上为零但却不改变符号的话, 那么这个变换公式还是对的, 因为如果这样, 我们只需把这些点用环绕它们的半径为 ρ 的小圆从 R 中挖掉. 对于剩下来的区域原来的证明是有效的, 然后让 ρ 趋于零, 由于所有涉及的函数都是连续的, 所以变换公式在区域 R 上仍然成立. 这个事实使得我们能够对以原点为内点的区域引入极坐标, 其雅可比行列式等于 r, 在原点为零.

在第五章我们还将回过来考虑积分的变换, 其中雅可比行列式的符号将起流形定向的作用. 在附录里还将给出变换公式的另一种证法.

b. 高于二维的区域

当然, 在三维或高维空间中我们能用同样的办法得到下列一般性的结果:

若 $x, y, z, \cdots$ 空间中的一个闭若尔当可测区域 R 由一个 1-1 的变换映到 $u, v, w, \cdots$ 空间的一个区域 R' 上, 其雅可比行列式

$$\frac{d(x,y,z,\cdots)}{d(u,v,w,\cdots)}$$

处处不为零, 则有变换公式

---

1) 上面我们假定了导数 Φ_v 与 Φ_u 是正的, 但容易看出这不是太强的限制. 如果它不满足的话, 只需在公式 (16a) 中用 $\Phi_v\Psi_u$ 的绝对值代替 $\Phi_v\Psi_u$ 就可以了.

$$\begin{aligned}&\iint\cdots\int_R f(x,y,z,\cdots)dxdydz\cdots\\=&\iint\cdots\int_{R'} f(x,y,z,\cdots)\cdot\left|\frac{d(x,y,z,\cdots)}{d(u,v,w,\cdots)}\right|dudvdw\cdots.\end{aligned}\tag{17}$$

作为一个特殊的应用, 我们能够得到极坐标和球坐标的变换公式. 对于平面上的极坐标, 用 r 与 θ 代替 u 与 v, 立即得到 $\dfrac{\partial(x,y)}{\partial(r,\theta)}=r$. 空间中的球坐标, 由方程

$$x=r\cos\phi\sin\theta,\quad y=r\sin\phi\sin\theta,\quad z=r\cos\theta$$

定义, 其中 ϕ 从 0 变到 $2\pi,\theta$ 从 0 变到 π, 而 r 从 0 变到 $+\infty$, 我们让 r,θ,ϕ 等同于 u,v,w. 于是得到雅可比行列式

$$\begin{aligned}\frac{d(x,y,z)}{d(r,\theta,\phi)}&=\begin{vmatrix}\cos\phi\sin\theta & r\cos\phi\cos\theta & -r\sin\phi\sin\theta\\ \sin\phi\sin\theta & r\sin\phi\cos\theta & r\cos\phi\sin\theta\\ \cos\theta & -r\sin\theta & 0\end{vmatrix}\\&=r^2\sin\theta\end{aligned}$$

(通过对第三列的子式展开容易得到 $r^2\sin\theta$). 所以空间中三重积分的球坐标变换公式是

$$\iiint\limits_R f(x,y,z)dxdydz=\iiint\limits_{R'} f(x,y,z)r^2\sin\theta drd\theta d\phi.\tag{18}$$

和平面的对应情形一样, 我们也能不用一般理论而得到变换公式. 我们只需从由球面 $r=$ 常数, 锥面 $\theta=$ 常数以及平面 $\phi=$ 常数给定的空间的一个子分划出发. 这个初等方法的细节留给读者去作.

对于球坐标, 当 $r=0$ 或 $\theta=0,\pi$ 时, 因为对应的雅可比行列式为零, 所以我们的假定是不满足的. 然而和在平面情形一样, 我们容易相信, 无论如何变换公式还是对的.

练 习 4.6

1. 计算下列积分:

(a) $\displaystyle\int_0^a\int_0^b xy\left(x^2-y^2\right)dydx$;

(b) $\displaystyle\int_0^\pi\int_0^\pi \cos(x+y)dydx$;

(c) $\int_0^e \int_0^2 \frac{1}{xy} dydx$;

(d) $\int_0^a \int_0^b xe^{xy} dydx$;

(e) $\int_0^1 \int_0^{\sqrt{1-x^2}} y^2 dydx$;

(f) $\int_0^2 \int_0^{2-x} ydydx$.

2. 在圆 $x^2+y^2 \leqslant 1$ 上求 $\iint x^2y^2 dxdy$.

3. 在圆 $x^2+y^2 \leqslant 1$ 上求 $\iint \frac{x^3+y^3-3xy\left(x^2+y^2\right)}{\left(x^2+y^2\right)^{3/2}} dxdy$.

4. 求介于 x, y 平面与抛物面 $z=2-x^2-y^2$ 之间的体积.

5. 计算积分

$$\iint \frac{dxdy}{\left(1+x^2+y^2\right)^2},$$

取在

(a) 双纽线 $\left(x^2+y^2\right)^2-\left(x^2-y^2\right)=0$ 的一叶上;

(b) 以 $(0,0),(2,0),(1,\sqrt{3})$ 为顶点的三角形上.

6. 在整个椭球体 $x^2/a^2+y^2/b^2+z^2/c^2 \leqslant 1$ 内计算积分

$$\iiint |xyz| dxdydz.$$

7. 求两个圆柱体 $x^2+z^2<1$ 及 $y^2+z^2<1$ 公共部分的体积.

8. 用积分求体积, 它是半径为 r 的球被一个到中心垂距为 $h(<r)$ 的平面所截得的两部分中较小的一部分.

9. 在球 $x^2+y^2+z^2 \leqslant r^2$ 上求积分 $\iiint \left(x^2+y^2+z^2\right) xyz dxdydz$.

10. 在由不等式 $x^2+y^2 \leqslant z^2, x^2+y^2+z^2 \leqslant 1$ 确定的区域上求 $\iiint z dxdydz$.

11. 在区域 $x+y+z \leqslant 1, x \geqslant 0, y \geqslant 0, z \geqslant 0$, 上求 $\iiint (x+y+z) x^2y^2z^2 dxdydz$.

12. 在球 $x^2+y^2+z^2 \leqslant 1$ 上求 $\iiint \frac{dxdydz}{x^2+y^2+(z-2)^2}$.

13. 在球 $x^2+y^2+z^2 \leqslant 1$ 上求 $\iiint \frac{dxdydz}{x^2+y^2+\left(z-\frac{1}{2}\right)^2}$.

14. 在正方形 $|x| \leqslant 1, |y| \leqslant 1$ 上求 $\iint \frac{dxdy}{\sqrt{x^2+y^2}}$.

15. 试证, 若 $f(x,y)$ 是 x,y 平面区域 D 上的一个连续函数, 又若对每个含于此区域内的区域 R, $\iint\limits_R f(x,y)dxdy=0$, 则 $f(x,y)$ 恒为 0.

16. 用变换 $x^2+y^2=u^2+a^2, y=vx$ 证明

$$\iint\limits_R e^{-\left(x^2+y^2\right)}dxdy=ae^{-a^2}\int_0^{\infty}\frac{e^{-u^2}}{a^2+u^2}du,$$

其中 R 表示半平面 $x\geqslant a>0$.

17. 证明

$$\left|\iint\left(u_x^2+u_y^2\right)dxdy\right|$$

是反演不变的.

18. 在球 $\xi^2+\eta^2+\zeta^2\leqslant 1$ 上计算积分

$$I=\iiint\cos(x\xi+y\eta+z\zeta)d\xi d\eta d\zeta.$$

19. 交换下列积分次序

$$I=\int_2^4 dx\int_{4/x}^{(20-4x)/(8-x)}(y-4)dy$$

并计算此积分.

4.7 广义多重积分

在一元函数情形, 我们已发现有必要推广积分概念于积分区间上的不连续函数. 特别是我们考虑了跳跃不连续函数的积分和有无穷值函数的积分; 我们还考虑了无穷区间上的积分. 现在对于多元函数来讨论积分概念对应的推广.

像第 327 页上定义的 '积分' 概念 (我们称之为黎曼积分) 并不是非要被积函数 $f(x,y)$ 连续不可的. 只要 f 在积分区域 R 上是有界的, 我们总可以作出对应于 R 的分割为若尔当可测集 R_i 的上和与下和. 我们称 f 是可积的 (更确切地说, 黎曼可积), 如果当 R 的分割无限加细时, 这些上和与下和趋于同一极限. 本质上这就是我们将在本章附录中所阐述的步骤[1]. 严格说来, 即使函数有不连续点, 任何可积函数的积分还是常义积分.

然而, 在这一节, 我们认为仅当被积函数为连续函数时, 积分才是存在的, 由

1) 在积分的定义中, 我们只用正方形分割. 但可以证明这个限制是非本质的.

此, 试图用极限过程来扩充积分的概念, 然后对较广的函数类证明积分的存在性. 然而, 按这种方式定义的广义积分与从 R 的分割的上和与下和直接得到的常义黎曼积分是不是完全一样呢[1]? 我们把这个问题留下来不作回答.

a. 有界集上函数的广义积分

在大多数情形, 我们要想求积的函数在某个区域 R 上是连续的, 除了在一些孤立点上, 或是沿着某些曲线, 函数或者没有定义或者无界, 或者是否连续值得怀疑而外. 所有这些情形使我们感兴趣的是: 函数有反常行为的点集, 其面积为 0 (在此 '面积' 一词专指若尔当意义下的测度或容量 [2]). 于是我们从 R 中挖去一块包含这些例外点的小面积集合 s, 在剩下部分求积 f, 并让 s 的面积趋于 0 时取 $R-s$ 上 f 的积分的极限. 如果这个极限存在, 就定义成 f 在 R 上的 '广义' 积分. 因为我们不要这极限依赖于集合 R 的特殊逼近方式, 所以我们将限制在最简单的情形: 不仅 f 而且 $|f|$ 也有 '广义' 积分 (与无穷级数中的 '条件收敛' 相对照, 它对应于 '绝对收敛').

设积分区域 R 是有界的并有面积. 假设可以找到一列单调的闭子区域序列 R_n (即 $R_n \subset R_{n+1} \subset R$), 在每个 R_n 上 $f(x,y)$ 有定义并且连续, 又设集合 R_n 的面积 $A(R_n)$ 趋于面积 $A(R)$ 并且积分

$$\iint_{R_n} |f(x,y)| dxdy \tag{19a}$$

有与 n 无关的界, 则

$$I = \lim_{n\to\infty} \iint_{R_n} f(x,y) dxdy \tag{19b}$$

存在, 这个极限将被证明与逼近序列 R_n 的特殊选择无关, 并将被用来定义广义积分

$$I = \iint_{R} f(x,y) dxdy. \tag{19c}$$

在证明这个定理之前, 我们用一些典型例子来阐明这些思想.

函数

$$f(x,y) = \log\sqrt{x^2+y^2}$$

在 x,y 平面的原点变为无穷, 所以, 为了计算 f 在含有原点的区域 R 上, 例如在

---

1) 实际情况总是: f 有界且除去可能在一个 0 容量点集外连续, R 有界且若尔当可测.

2) 对于某些函数, 其不连续点集构成一正若尔当测度集, 就需要像勒贝格积分那样更精细的概念.

圆 $x^2+y^2\leqslant 1$ 上的积分, 我们必须挖掉包含原点的面积趋于 0 的一个区域 s. 然后必须考察在剩下的区域 $R-s$ 上的积分的收敛性. 取 s 为半径是 $\dfrac{1}{n}$ 的圆盘 s_n. 设 R_n 为从 R 中挖去 s_n 后的区域. R 必然含于以原点为中心、ρ 为半径的圆内, 变换成极坐标, 有

$$\begin{aligned}\iint_{R_n}|f|dxdy=\iint_{R_n}|f|rdrd\theta&\leqslant\int_{\frac{1}{n}}^{\rho}dr\int_0^{2\pi}d\theta r|\ln r|\\&=2\pi\int_{\frac{1}{n}}^{\rho}r|\ln r|dr.\end{aligned}$$

于是这个变换给出一个新的被积函数 $r|\ln r|$, 它不但有界而且甚至连续, 只要在 $r=0$ 点定义为 0. 因此对一切 n, 一致地有

$$\iint_{R_n}|f|dxdy\leqslant 2\pi\int_0^{\rho}r|\ln r|dr.$$

广义积分

$$\iint_{R}\log\sqrt{x^2+y^2}dxdy=\lim_{n\to\infty}\iint_{R_n}\log\sqrt{x^2+y^2}dxdy$$

的存在性就得到了. 例如, 若 R 是单位圆盘, 求得

$$\begin{aligned}\iint_{x^2+y^2<1}\log\sqrt{x^2+y^2}dxdy&=\int_0^1dr\int_0^{2\pi}d\theta r\log r\\&=2\pi\int_0^1 r\log rdr\\&=2\pi\left(\frac{1}{2}r^2\ln r-\frac{1}{4}r^2\right)\Big|_0^1\\&=-\frac{\pi}{2}.\end{aligned}\tag{20a}$$

作为另一个例子, 在同一区域上考虑积分

$$\iint_{R}\frac{dxdy}{\sqrt{(x^2+y^2)^{\alpha}}},\tag{20b}$$

由此直接得到

$$\iint_{R_n}|f|dxdy\leqslant\int_{1/n}^{\rho}dr\int_0^{2\pi}d\theta|f|rdrd\theta=2\pi\int_{1/n}^{\rho}r^{1-\alpha}dr,$$

从第一卷我们知道积分 $\int_0^\rho r^{1-\alpha}d\alpha$ 收敛当且仅当 $\alpha < 2$. 所以得到结论: 二重积分 (20b) 当且仅当 $\alpha < 2$ 时收敛. 这个注记容易推广为在许多特殊情况中可应用的广义积分的收敛性的一个充分判别法 (但绝不是必要的).

若函数 $f(x,y)$ 在区域 R 上除了在一点外处处连续, 把这点取作原点, 又若有一固定的界 M 和一个正数 $\alpha < 2$ 使得

$$|f(x,y)| < \frac{M}{\sqrt{(x^2+y^2)^\alpha}} \tag{21a}$$

对于属于 R 中的 $(x,y) \neq (0,0)$ 处处成立, 则积分

$$\iint\limits_R f(x,y)dxdy \tag{21b}$$

收敛.

用类似的办法讨论三重积分

$$\iiint\limits_R \frac{dxdydz}{\sqrt{(x^2+y^2+z^2)^\alpha}}.$$

若 R 含有原点, 引入球坐标便得到

$$\iiint\limits_R r^{2-\alpha}\sin\theta drd\phi d\theta.$$

和前面类似讨论证明当 $\alpha < 3$ 时该积分收敛. 更一般地, 我们还知道, 当 $f(x,y,z)$ 在 R 内除了原点外连续, 且有一界 M 及一常数 $\alpha < 3$ 使得

$$|f(x,y,z)| \leqslant \frac{M}{\sqrt{(x^2+y^2+z^2)^\alpha}}, \tag{22a}$$

则积分

$$\iiint\limits_R f(x,y,z)dxdydz \tag{22b}$$

收敛, 从而对于一个处处连续的函数 $g(x,y,z)$ 当 $\alpha < 3$ 时, 广义积分

$$\iiint\limits_R \frac{g(x,y,z)}{\sqrt{(x^2+y^2+z^2)^\alpha}}dxdydz \tag{22c}$$

存在. 对于被积函数不仅在单个点上而且沿着整条曲线成为无穷时, 广义积分还可能存在. 在最简单的情形, 例如说被积函数在直线的一个部分, 例如在 y 轴的一个线段上成为无穷, 在这情形, 如果当 $x \neq 0$ 时, 在 R 内处处有关系式

$$|f(x,y)| < \frac{M}{|x|^{\alpha}}, \tag{23}$$

其中 M 是一个固定的界而 $\alpha < 1$, 则 R 上的 f 的广义积分存在. 为了证明它, 我们只需从 R 中挖去 y 轴附近的一条带子, 并让带宽趋于 0.

像

$$\iint\limits_R \frac{dxdy}{x^3}$$

的积分违反了我们关于指数 α 的限制, 有时只在一种 '特殊" 意义下才有可能定义. 在此, 积分值依赖于对 R 逼近的确切方式. 例如, 这里的积分可以定义成从 R 中挖掉对 y 轴对称的带形区域上的积分的极限. 用别的逼近方式可能导出不同的或者甚至是发散的积分值.

b. 广义积分一般收敛定理的证明

考虑面积为 $A(R)$ 的集合 R, 以及一串面积为 $A(R_n)$ 的闭子集 R_n, 当 $n\to\infty$ 时, $A(R_n)$ 趋于 $A(R)$. 这里 R_n 将在 R 内单调地膨胀:

$$R_1 \subset R_2 \subset R_3 \subset \cdots \subset R. \tag{24a}$$

假定函数 $f(x,y)$ 在每个 R_n 上是连续的. 此外存在一个常数 μ, 使得对一切 n 有

$$\iint\limits_{R_n} |f(x,y)|dxdy \leqslant \mu. \tag{24b}$$

由于 (24a), 积分

$$\iint\limits_{R_n} |f|dxdy$$

显然构成一个单调递增的有界序列, 于是当 $n\to\infty$ 时有一个极限. 由柯西收敛判别法, 对每个 $\varepsilon > 0$, 可以找到一个 $N = N(\varepsilon)$, 使得当 $m > n > N(\varepsilon)$ 时,

$$\iint\limits_{R_m} |f|dxdy - \iint\limits_{R_n} |f|dxdy = \iint\limits_{R_m - R_n} |f|dxdy < \varepsilon, \tag{24c}$$

令

$$I_n = \iint\limits_{R_n} f(x,y)dxdy.$$

显然 I_n 也满足柯西判别法, 因为由 (5g), 对于 $m > n > N(\varepsilon)$ 有

$$\left|\iint\limits_{R_m} f dxdy - \iint\limits_{R_n} f dxdy\right| = \left|\iint\limits_{R_m-R_n} f dxdy\right|$$
$$\leqslant \iint\limits_{R_m-R_n} |f| dxdy < \varepsilon,$$

所以推出

$$I = \lim_{n\to\infty} \iint\limits_{R_n} f(x,y) dxdy$$

存在.

剩下要证明值 I 不依赖于所用的特殊的逼近序列 R_n. 设 S 是 R 的任意闭若尔当可测子集, f 在 S 上是连续的. 设 M 是 $|f|$ 在 S 上的一个上界. 则由积分中值定理 (见第 332 页)[1],

$$\left|\iint\limits_{S} f dxdy - \iint\limits_{S\cap R_n} f dxdy\right|$$
$$= \left|\iint\limits_{S-R_n} f dxdy\right|$$
$$\leqslant \iint\limits_{S-R_n} |f| dxdy \leqslant MA(S-R_n)$$
$$\leqslant MA(R-R_n) = M[A(R) - A(R_n)].$$

由假设 $\lim\limits_{n\to\infty} A(R_n) = A(R)$ 推出

$$\iint\limits_{S} f dxdy = \lim_{n\to\infty} \iint\limits_{S\cap R_n} f dxdy. \tag{24d}$$

用 $|f|$ 代替 f 代入这关系式中, 并利用 (24b), 得到

$$\iint\limits_{S} |f| dxdy = \lim_{n\to\infty} \iint\limits_{S\cap R_n} |f| dxdy$$
$$\leqslant \lim_{n\to\infty} \iint\limits_{R_n} |f| dxdy \leqslant \mu. \tag{24e}$$

1) 读者请注意: $S\cap R_n$ 是 S 与 R_n 公共的点组成的点集, 而 $S-R_n$ 是那些属于 S 但不属于 R_n 的点集 (见第 101 页): $S-R_n = S - S\cap R_n$. 仍用 $A(S-R_n)$ 记集合 $S-R_n$ 的面积.

于是, 估计 (24b) 被推广到 R 的更一般的子集 S 上.

我们还可以推广 (24c). 利用 (24d) 当 $n > N(\varepsilon)$ 时, 有

$$\begin{aligned}
&\left|\iint\limits_{S} f dxdy - \iint\limits_{S\cap R_n} f dxdy\right| \\
=& \lim_{m\to\infty}\left|\iint\limits_{S\cap R_m} f dxdy - \iint\limits_{S\cap R_n} f dxdy\right| \\
=& \lim_{m\to\infty}\left|\iint\limits_{S\cap(R_m-R_n)} f dxdy\right| \leqslant \lim_{m\to\infty}\iint\limits_{R_m-R_n} |f| dxdy \\
=& \lim_{m\to\infty}\left(\iint\limits_{R_m} |f| dxdy - \iint\limits_{R_m} |f| dxdy\right) < \varepsilon,
\end{aligned} \tag{24f}$$

这里的 N 不依赖于特定集合 S.

今设 $S_1, S_2, \cdots$ 是 R 的一串闭子集, f 在它们上面是连续的, 并且有

$$S_1 \subset S_2 \subset S_3 \subset \cdots \subset R, \tag{24g}$$

以及

$$\lim_{m\to\infty} A\left(S_m\right) = A(R). \tag{24h}$$

因为由 (24e)

$$\iint\limits_{S_m} |f| dxdy \leqslant \mu,$$

我们知道

$$J = \lim_{m\to\infty}\iint\limits_{S_m} f dxdy$$

存在. 于是对充分大的 m,

$$\left|J - \iint\limits_{S_m} f dxdy\right| < \varepsilon,$$

由 (24f) 推得当 m, n 都充分大时,

$$\left| J - \iint\limits_{S_m \cap R_n} f dx dy \right| < 2\varepsilon.$$

交换 S_m 与 R_n 的作用, 对一切充分大的 m, n 还有

$$\left| I - \iint\limits_{S_m \cap R_n} f dx dy \right| < 2\varepsilon.$$

因此, 对任意正数 $\varepsilon, |J - I| < 4\varepsilon$, 于是 $I = J$. 这就是所要证明的.

c. 无界区域上的积分

当被积函数 f 连续, 但积分区域扩充到无穷时出现另一种类型的广义积分. 我们还是不想分析最一般的情况, 只是提出一个对在实践中遇到的大多数情形有用的收敛判别法. 只要研究两个自变量的情形就够了.

考虑一个无界集 R, 函数 f 在它上面是连续的. 用一个子集合的单调序列

$$R_1 \subset R_2 \subset R_3 \subset \cdots \subset R$$

来充斥R, 其中每一个集合是闭的、有界的、若尔当可测集. 不用以前的条件 $\lim\limits_{n \to \infty} A(R_n) = A(R)$, 因为 R 是无界的, 它可能没有意义, 我们要求 R 的每个闭的有界子集至少含于一个集合 R_m 之中 (例如, 若 R 是全平面, 可以选择 R_n 为中心在原点、半径为 n 的圆盘). 若极限

$$\lim_{n \to \infty} \iint\limits_{R_n} f(x, y) dx dy$$

存在并且不依赖于子集序列 R_n 的特殊选取, 我们就把它称为 f 在 R 上的积分并记作

$$\iint\limits_{R} f dx dy.$$

于是有下列关于积分存在性的充分条件:

如果对于一个特殊的序列 R_n (像上面所说的那样), $|f|$ 在 R_n 上的积分对 n 一致有界, 例如对一切 n,

$$\iint\limits_{R_n} |f| dx dy \leqslant \mu,$$

那么无界集 R 上的 f 的广义积分存在.

这个收敛判别法的证明所用的论证方法与有界集上广义积分的证法是一样的, 应当留给读者作为练习.

用积分

$$\iint_R e^{-x^2-y^2}dxdy$$

来说明这个定理, 其中积分区域 R 是整个 x,y 平面. 选择子区域序列 R_n 为中心在原点、半径为 n 的圆盘, 它显然满足我们的所有要求. 现在, 变换为极坐标:

$$\begin{aligned}\iint_{R_n} e^{-x^2-y^2}dxdy &= \iint_{x^2+y^2\leqslant n^2} e^{-x^2-y^2}dxdy \\ &= \int_0^n dr\int_0^{2\pi} d\theta r e^{-r^2} = 2\pi\int_0^n re^{-r^2}dr \\ &= -\pi e^{-r^2}\Big|_0^n = \pi\left(1-e^{-n^2}\right).\end{aligned}$$

这证明了 R_n 上的积分的有界性, 因此在 R 上的积分存在. 当 $n\to\infty$, 求得广义积分值

$$\iint_R e^{-x^2-y^2}dxdy = \lim_{n\to\infty}\pi\left(1-e^{-n^2}\right) = \pi.$$

另一方面, 当用正方形序列 S_m,

$$-m\leqslant x\leqslant +m,\quad -m\leqslant y\leqslant +m$$

代替 R_n 时, 我们必然得到同一极限. 在此我们可以利用被积函数是 x 的函数与 y 的函数的乘积的事实 (见第 329 页), 求得

$$\begin{aligned}\iint_{S_m} e^{-x^2-y^2}dxdy &= \iint_{S_m} e^{-x^2}\cdot e^{-y^2}dxdy \\ &= \left(\int_{-m}^m e^{-x^2}dx\right)\left(\int_{-m}^m e^{-y^2}dy\right) \\ &= \left(\int_{-m}^m e^{-x^2}dx\right)^2.\end{aligned}$$

由此推出

$$\lim_{m\to\infty}\iint_{S_m} e^{-x^2-y^2}dxdy = \left(\int_{-\infty}^{\infty} e^{-x^2}dx\right)^2.$$

因为 R_n 与 S_m 应当给出 R 上的同一个积分值, 我们求得

$$\int_{-\infty}^{\infty} e^{-x^2} dx = \sqrt{\pi}. \tag{25a}$$

于是, 我们利用广义二重积分理论算出了在分析中极为重要的一个广义单积分. 因为 e^{-x^2} 的不定积分不能表成初等函数, 所以直接去求它是困难的.

我们可以利用这个结果去计算 Γ 函数 (见第一卷)

$$\Gamma(n) = \int_0^{\infty} e^{-t} t^{n-1} dt \tag{25b}$$

在 $n = \dfrac{1}{2}$ 时的值, 作代换 $t = x^2$ 得到

$$\begin{aligned}\Gamma\left(\frac{1}{2}\right) &= \int_0^{\infty} \frac{e^{-t}}{\sqrt{t}} dt = 2\int_0^{\infty} e^{-x^2} dx \\ &= \int_{-\infty}^{\infty} e^{-x^2} dx = \sqrt{\pi}.\end{aligned} \tag{25c}$$

用与 $\sqrt{x^2+y^2}$ 的幂次比较的办法, 我们能提出无界区域上广义积分的有用的收敛判别法. 这些判别法与第 355 页上函数在原点附近无界的判别法类似. 如果在 R 上, f 处处满足不等式

$$|f(x,y)| \leqslant \frac{M}{\sqrt{(x^2+y^2)^{\alpha}}}, \tag{26}$$

其中 M 和 α 是固定常数, 且 $\alpha > 2$ [1], 那么在无界区域 R 上的连续函数 $f(x,y)$ 的广义积分存在.

练 习 4.7

1. (a) 用变换到极坐标, 证明积分

$$K = \int_0^{a\sin\beta} \left\{ \int_{y\cot\beta}^{\sqrt{a^2-y^2}} \log\left(x^2+y^2\right) dx \right\} dy \quad \left(0 < \beta < \frac{\pi}{2}\right)$$

的值是 $a^2\beta\left(\log a - \dfrac{1}{2}\right)$.

---

1) 如果 (26) 对某个 $\alpha < 2$ 成立, f 就在原点附近可积, 在这个意义下我们说在无穷远的行为与在原点的行为是"互补"的, 因此没有值 α 可使广义积分

$$\iint \frac{dxdy}{\sqrt{(x^2+y^2)^{\alpha}}}$$

在整个平面上存在.

(b) 交换上述积分中的积分次序.

2. 求以下的积分:

(a) $\iint \frac{1}{(x^2+y^2+1)^2}dxdy$ 在 x, y 平面上,

(b) $\iiint \frac{1}{(x^2+y^2+z^2+1)^2}dxdydz$ 在 x, y, z 空间上.

3. 证明

$$I=\int_0^1\left\{\int_0^1 \frac{y-x}{(x+y)^3}dx\right\}dy$$

中的积分次序不能交换.

4.8 在几何中的应用

a. 体积的初等计算

体积概念构成了我们的 '积分" 定义的出发点. 在这里, 我们应用多重积分来计算一些立体的体积.

例如, 为了计算旋转椭球

$$\frac{x^2+y^2}{a^2}+\frac{z^2}{b^2}=1$$

的体积, 我们将方程表为

$$z=\pm\frac{b}{a}\sqrt{a^2-x^2-y^2}.$$

因此, 位于 x, y 平面之上部的半个椭球的体积由二重积分给出 [见 (3b)]

$$\frac{V}{2}=\frac{b}{a}\iint\sqrt{a^2-x^2-y^2}dxdy,$$

积分区域是圆 $x^2+y^2\leqslant a^2$. 如果我们作极坐标变换, 二重积分变为

$$\iint r\sqrt{a^2-r^2}drd\theta,$$

进一步分解为单重积分

$$\frac{V}{2}=\frac{b}{a}\int_0^{2\pi}d\theta\int_0^a r\sqrt{a^2-r^2}dr=2\pi\frac{b}{a}\int_0^a r\sqrt{a^2-r^2}dr,$$

它给出我们要求的体积的值

$$V=\frac{4}{3}\pi a^2b.$$

为计算一般椭球

$$\frac{x^2}{a^2}+\frac{y^2}{b^2}+\frac{z^2}{c^2}=1 \tag{27a}$$

的体积, 我们作变换

$$x=a\rho\cos\theta,\quad y=b\rho\sin\theta,\quad \frac{d(x,y)}{d(\rho,\theta)}=ab\rho,$$

得到半个椭球的体积

$$\frac{V}{2}=c\iint\limits_{R}\sqrt{1-\frac{x^2}{a^2}-\frac{y^2}{b^2}}dxdy=abc\iint\limits_{R}\rho\sqrt{1-\rho^2}d\rho d\theta,$$

其中区域 R' 是矩形 $0\leqslant\rho\leqslant 1, 0\leqslant\theta\leqslant 2\pi$. 于是

$$\frac{V}{2}=abc\int_0^{2\pi}d\theta\int_0^1\rho\sqrt{1-\rho^2}d\rho=\frac{2}{3}\pi abc,$$

即

$$V=\frac{4}{3}\pi abc. \tag{27b}$$

最后, 我们来计算由三个坐标平面和平面 $ax+by+cz-1=0$ 围成的棱锥体的体积, 其中 a,b 和 c 假定是正的. 我们得到体积

$$V=\frac{1}{c}\iint\limits_{R}(1-ax-by)dxdy,$$

其中积分区域是 x,y 平面上的三角形区域 $0\leqslant x\leqslant 1/a, 0\leqslant y\leqslant(1-ax)/b$. 因此

$$V=\frac{1}{c}\int_0^{1/a}dx\int_0^{(1-ax)/b}(1-ax-by)dy.$$

对 y 积分给出

$$(1-ax)y-\frac{b}{2}y^2\Big|_0^{(1-ax)/b}=\frac{(1-ax)^2}{2b},$$

如果我们借助于替换 $1-ax=t$ 再一次积分, 得到

$$\begin{aligned}V&=\frac{1}{2bc}\int_0^{1/a}(1-ax)^2dx\\&=-\frac{1}{6abc}(1-ax)^3\Big|_0^{1/a}=\frac{1}{6abc}.\end{aligned}$$

显然, 这一结果和初等几何中棱锥体体积是底面积乘高的三分之一的公式是一

致的.

为了计算更为复杂的立体的体积, 我们可以将立体分块, 这些块的体积可直接表为二重积分. 但是, 在后面 (特别是在下一章中), 我们将得到并不需要这种分划的封闭曲面围成的体积的表达式.

b. 体积计算的一般性附注. 旋转体在球坐标系中的体积

正如我们能将平面区域 R 的面积表为二重积分

$$\iint_R dR = \iint_R dxdy$$

那样, 我们也可以将三维空间区域 R 的体积表为在区域 R 上的积分

$$V = \iiint_R dxdydz.$$

事实上, 这种观点恰好和我们的积分定义相吻合 (参看附录第 449 页), 而且这种观点表示这样的几何事实: 我们可以把空间划分成相等的立方体, 求出整个包含在 R 中的那些立方体体积的总和, 然后让立方体的直径趋于零, 从而得到区域的体积. V 的积分分解为 $\int dz \iint dxdy$ [见第 344 页 (14a)], 这表示一个我们在初等几何中熟知的*卡瓦列里原理*. 从初等几何中知道, 按照这个原理, 如果立体在垂直于某一确定的直线 (比如说 z 轴) 的每一个横截面面积为已知, 则此立体的体积也就确定了. 上面给出的三维区域体积的一般表达式使我们能够立即得到计算体积的许多公式. 为此, 在积分中引入新的自变量代替 x, y, z 常常是有益的.

最重要的例子是由球坐标和柱坐标给出的. 例如, 让我们来计算由曲线 $x = \varphi(z)$ 绕 z 轴旋转而得到的旋转体体积. 我们假定曲线不与 z 轴相交而且旋转体的上方和下方被平面 $z =$ 常数所界住. 因此这个立体由不等式 $a \leqslant z \leqslant b$ 和 $0 \leqslant \sqrt{x^2+y^2} \leqslant \varphi(z)$ 确定. 它的体积由上面的积分给出, 借助于柱坐标

$$z, \quad \rho = \sqrt{x^2+y^2}, \quad \theta = \arccos\frac{x}{\rho} = \arcsin\frac{y}{\rho},$$

体积公式变为

$$V = \iiint_R dxdydz = \int_a^b dz \int_0^{2\pi} d\theta \int_0^{\varphi(z)} \rho d\rho.$$

如果我们积出单重积分, 立即得到

$$V = \pi \int_a^b \varphi(z)^2 dz. \tag{28a}$$

我们还可以给出这一公式的更为直观的推导. 我们用垂直于 z 轴的平面将旋转体切为小薄片

$$z_\nu \leqslant z \leqslant z_{\nu+1},$$

此薄片中的点到 z 轴的距离 $\phi(z)$ 的最小值和最大值分别记为 m_ν 和 M_ν. 则薄片的体积介于高为

$$\Delta z = z_{\nu+1} - z_\nu$$

而半径分别为 m_ν 和 M_ν 的两个圆柱体的体积之间, 从而有

$$\sum m_\nu^2 \pi \Delta z \leqslant V \leqslant \sum M_\nu^2 \pi \Delta z.$$

因此, 由常义积分的定义,

$$V = \pi \int_a^b \varphi(z)^2 dz.$$

如果区域 R 包含球坐标系 (r, θ, ϕ) 的原点 O, 而且如果 R 的表面方程由

$$r = f(\theta, \phi)$$

给定, 其中函数 $f(\theta, \phi)$ 是单值函数, 在计算体积时用球坐标代替 (x, y, z) 常常是方便的. 如果在变换公式中我们代入雅可比行列式的值

$$\frac{d(x, y, z)}{d(r, \theta, \phi)} = r^2 \sin\theta,$$

立即得到体积的表示式

$$V = \iiint\limits_R r^2 \sin\theta dr d\theta d\phi = \int_0^{2\pi} d\phi \int_0^\pi \sin\theta d\theta \int_0^{f(\theta,\phi)} r^2 dr.$$

对 r 积分给出

$$V = \frac{1}{3} \int_0^{2\pi} d\phi \int_0^\pi f^3(\theta, \phi) \sin\theta d\theta. \tag{28b}$$

在球的特殊情况下, $f(\theta, \phi) = R$ 是常数, 立即给出体积 $(4/3)\pi R^3$.

c. 曲面的面积

我们曾用常义积分表示过曲线的长度 (第一卷, 第 306 页). 现在, 我们希望借助于二重积分找到曲面面积的类似的表达式. 我们曾定义曲线的长度为内接多边形的周长当每一边长趋于零时的极限值. 这启发我们类似地定义曲面的面积如下: 在曲面上我们内接一个用平面三角形作成的多面体, 定出多面体的面积, 让多

面体的最长的边的长度趋于零, 使三角形的内接网格更细密, 以此试图求出多面体面积的极限值. 这一极限值就应该称为曲面的面积. 但是, 这种面积定义没有确定的意义, 因为一般说来上述过程并不给出确定的极限值. 这种现象可说明如下: 内接于光滑曲线的多边形总有如下的 (由微积分学的中值定理所表示的) 性质: 当分划足够细时, 多边形每一边的方向与曲线的方向可以任意接近. 曲面的情形则大不相同. 内接于曲面的多面体的边对邻近点切平面的倾斜可以任意的陡, 即使多面体的面有任意小的直径亦如此. 因此, 这种多面体的面积决不能看成曲面面积的近似值. 在附录中我们将详细讨论这种情形的一个例子.

然而, 在光滑曲线长度的定义中, 我们可以同样好地用外切多边形, 即它的每一边与曲线相切的多边形去替代内接多边形. 如果首先作如下的修正: 曲线 $y=f(x)$ 有连续的导数 $f'(x)$, 横坐标介于 a 与 b 之间, 将介于 a 与 b 之间的区间用点 $x_0, x_1, \cdots, x_n$ 划分为 n 个相等或不等的部分, 在第 ν 个子区间上任选一点 ξ_ν, 作曲线在这一点的切线, 量度这条切线位于长条 $x_\nu \leqslant x \leqslant x_{\nu+1}$ (图 4.14) 中一段的长度 l_ν. 让 n 无限增加同时令最长的子区间长度趋于零, 和数

$$\sum_{\nu=0}^{n-1} l_\nu$$

就趋于曲线的长度, 即趋于积分

$$\int_a^b \sqrt{1+f'(x)^2}dx.$$

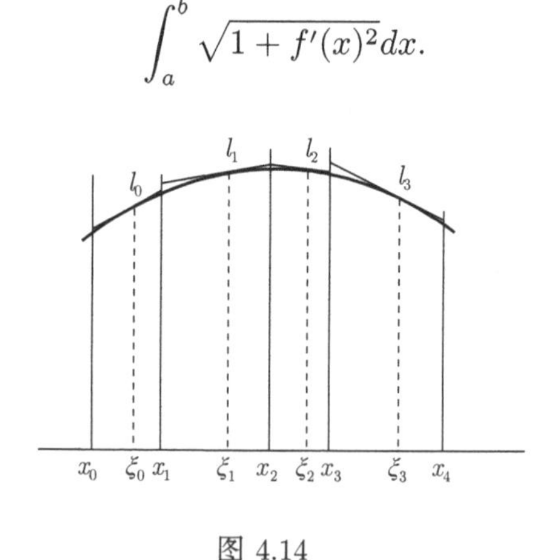

图 4.14

这一结果是从

$$L_\nu = (x_{\nu+1}-x_\nu)\sqrt{1+f'(\xi_\nu)^2}$$

这一事实推出的. 这种将曲线的外切多边形周长的极限作为曲线的长度的定义很容易推广到曲面情形.

现在, 我们类似地来定义曲面的面积. 我们先考虑在 x, y 平面的区域 R 上有连续导数的函数 $z=f(x,y)$ 所表示的曲面. 我们将区域 R 划分为 n 个具有面积 $\Delta R_1, \cdots, \Delta R_n$ 的子区域 $R_1, \cdots, R_n$, 在这些子区域上选取点 $(\xi_1, \eta_1), \cdots, (\xi_n, \eta_n)$. 在以坐标为 $\xi_\nu, \eta_\nu, \zeta_\nu = f(\xi_\nu, \eta_\nu)$ 的曲面的点上作切平面并求出切平面位于区域 R_ν 之上的那一部分的面积 (图 4.15). 如果 α_ν 是切平面

$$z-\zeta_\nu = f_x(\xi_\nu, \eta_\nu)(x-\xi_\nu) + f'_y(\xi_\nu, \eta_\nu)(y-\eta_\nu)$$

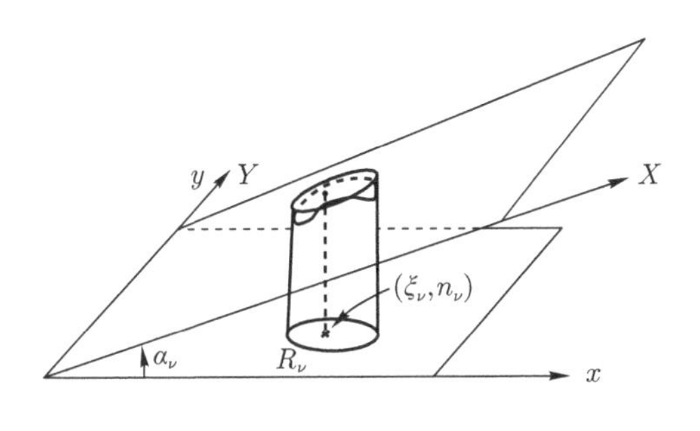

图 4.15

与 x, y 平面的夹角, 又如果 $\Delta\tau_\nu$ 是切平面位于 R_ν 上那部分的面积, 则区域 R_ν, 是 τ_ν 在 x, y 平面的投影[1]. 因而

$$\Delta R_\nu = \Delta\tau_\nu \cos\alpha_\nu.$$

此外 (参看第三章第 205 页)

$$\cos\alpha_\nu = \frac{1}{\sqrt{1+f_x^2(\xi_\nu, \eta_\nu)+f_y^2(\xi_\nu, \eta_\nu)}},$$

因而

$$\Delta\tau_\nu = \sqrt{1+f_x^2(\xi_\nu, \eta_\nu)+f_y^2(\xi_\nu, \eta_\nu)} \cdot \Delta R_\nu.$$

我们求所有这些面积的和

$$\sum_{\nu=1}^{n} \Delta\tau_\nu$$

1) 平面集合的面积当把它投影到另一平面时, 要乘上这两个平面的夹角 α 的余弦, 这一事实是一般积分替换公式的推论. 我们可以在两个平面上引入直角坐标系 x, y 和 X, Y, 使得 y 轴和 Y 轴重合. 点 (X, Y) 到 x, y 平面的投影点的坐标是 $x = X\cos\alpha, y = Y$. 从而投影面积是

$$\iint dxdy = \iint \frac{d(x,y)}{d(X,Y)} dXdY = \iint dXdY \cos\alpha.$$

令 n 无限增加, 同时令分划的最大直径趋于零. 按照我们的 '积分" 这一定义, 这个和数有极限

$$A = \iint_R \sqrt{1 + f_x^2 + f_y^2} dR. \tag{29a}$$

这一积分不依赖于区域 R 的分划方式, 现在我们可用它来定义给定曲面的面积. 如果曲面恰好是平面, 这一定义与前面的定义一致, 例如, 如果 $z = f(x, y) = 0$, 我们有

$$A = \iint_R dR.$$

把符号

$$d\sigma = \sqrt{1 + f_x^2 + f_y^2} dR = \sqrt{1 + f_x^2 + f_y^2} dx dy$$

叫做曲面 $z = f(x, y)$ 的面积元素有时是方便的. 面积积分用此符号记为

$$\iint_R d\sigma$$

的形式.

如果我们设想用方程 $\phi(x, y, z) = 0$ 替代 $z = f(x, y)$ 来给定曲面, 将得出面积的另一表达式. 如果我们假定 $\phi_z \neq 0$, 在曲面上等式

$$\frac{\partial z}{\partial x} = -\frac{\phi_x}{\phi_z}, \quad \frac{\partial z}{\partial y} = -\frac{\phi_y}{\phi_z}$$

立即给出面积的表达式

$$\iint_R \sqrt{\phi_x^2 + \phi_y^2 + \phi_z^2} \left| \frac{1}{\phi_z} \right| dx dy, \tag{29b}$$

其中区域 R 还是曲面在 x, y 平面上的投影.

让我们运用面积公式求球面的面积. 方程

$$z = \sqrt{R^2 - x^2 - y^2}$$

表示半径为 R 的半球. 我们有

$$\frac{\partial z}{\partial x} = -\frac{x}{\sqrt{R^2 - x^2 - y^2}}, \quad \frac{\partial z}{\partial y} = -\frac{y}{\sqrt{R^2 - x^2 - y^2}}.$$

因此整个球面的面积由积分

$$A = 2R \iint \frac{dxdy}{\sqrt{R^2 - x^2 - y^2}}$$

给出, 其中积分区域是 x, y 平面上以原点为中心、半径为 R 的圆. 引入极坐标并将这个积分化为单积分, 我们得到

$$A = 2R \int_0^{2\pi} d\theta \int_0^R \frac{rdr}{\sqrt{R^2 - r^2}} = 4\pi R \int_0^R \frac{rdr}{\sqrt{R^2 - r^2}}.$$

利用替换 $R^2 - r^2 = u$, 容易算出右边的常义积分; 我们有

$$A = -4\pi R\sqrt{R^2 - r^2}\Big|_0^R = 4\pi R^2,$$

这和阿基米德的结果是一致的.

到现在为止, 在'面积'的定义中, 我们已经挑出来的是坐标 z. 但是, 如果曲面是由形如 $x = x(y, z)$ 或 $y = y(x, z)$ 的方程给出的, 类似地可用积分

$$\iint \sqrt{1 + x_y^2 + x_z^2}dydz \quad \text{或} \quad \iint \sqrt{1 + y_x^2 + y_z^2}dxdz$$

表示面积, 如果曲面由隐式给出, 那么有

$$\iint \sqrt{\phi_x^2 + \phi_y^2 + \phi_z^2}\left|\frac{1}{\phi_y}\right| dzdx \tag{29c}$$

或

$$\iint \sqrt{\phi_x^2 + \phi_y^2 + \phi_z^2}\left|\frac{1}{\phi_x}\right| dydz. \tag{29d}$$

可以直接验证所有这些表达式都确实准确地定义相同的面积. 为此, 我们应用变换

$$x = x(y, z),$$

$$y = y$$

到积分

$$\iint \frac{\sqrt{\phi_x^2 + \phi_y^2 + \phi_z^2}}{|\phi_z|} dxdy$$

中去, 其中 $x = x(y, z)$ 是从方程 $\phi(x, y, z) = 0$ 解出 x 求得的, 雅可比行列式为

$$\frac{d(x, y)}{d(y, z)} = \frac{\phi_z}{\phi_x},$$

因此,

$$\iint\limits_{R} \frac{\sqrt{\phi_x^2+\phi_y^2+\phi_z^2}}{|\phi_z|}dxdy = \iint\limits_{R'} \frac{\sqrt{\phi_x^2+\phi_y^2+\phi_z^2}}{|\phi_x|}dydz,$$

右边的积分区域是曲面在 y,z 平面上的投影 R'.

如果我们想去掉曲面相对于坐标系的位置的任何特殊假定, 必须将曲面表为参数形式

$$x=\phi(u,v), \quad y=\psi(u,v), \quad z=\chi(u,v),$$

而将曲面的面积表为参数域 R 上的积分. 那么 u,v 平面的一个确定的区域 R 与曲面相对应. 为了在 (29a) 中引入参数 u,v, 我们先考虑曲面在一点附近的那一部分, 在该点处雅可比行列式

$$\frac{d(x,y)}{d(u,v)}=D$$

不等于零. 在这一部分我们可以解出 u 和 v 作为 x 和 y 的函数, 从而得到 (见第 228 页) 它们的偏导数

$$u_x=\frac{\psi_v}{D}, \quad v_x=-\frac{\psi_u}{D}$$
$$u_y=-\frac{\phi_v}{D}, \quad v_y=\frac{\phi_u}{D}.$$

通过方程

$$\frac{\partial z}{\partial x}=\frac{\partial z}{\partial u}u_x+\frac{\partial z}{\partial v}v_x \text{ 和}$$
$$\frac{\partial z}{\partial y}=\frac{\partial z}{\partial u}u_y+\frac{\partial z}{\partial v}v_y,$$

我们得到表达式

$$\sqrt{1}+\left(\frac{\partial z}{\partial x}\right)^2+\left(\frac{\partial z}{\partial y}\right)^2$$
$$=\frac{1}{D}\sqrt{(\phi_u\psi_v-\psi_u\phi_v)^2+(\psi_u\chi_v-\chi_u\psi_v)^2+(\chi_u\phi_v-\phi_u\chi_v)^2}.$$

现在如果我们引入新的自变量 u 和 v, 应用重积分的换元法则 (16b), 第 349 页, 我们求得对应于参数区域 R' 的曲面的那一部分的面积 A':

$$A'=\iint\limits_{R'}\sqrt{(\phi_u\psi_v-\psi_u\phi_v)^2+(\psi_u\chi_v-\chi_u\psi_v)^2+(\chi_u\phi_v-\phi_u\chi_v)^2}dudv,$$

在这个表达式中坐标 x, y 和 z 之间不再出现差别. 因为不管从哪一个特殊的非参数表示出发都得出面积的同样的积分表达式, 由此推出这些积分表达式都是相等的而且都表示面积.

至此我们仅考虑了曲面上一个特殊的雅可比行列式不等零的一部分. 但是, 三个雅可比行列式中不管哪一个不等于零, 我们都得到相同的结果. 那么, 如果我们假定曲面上每一点至少有一个雅可比行列式不等于零, 我们就能够将整个曲面划分为如上述的一些部分, 于是发现同一个积分仍然给出整个曲面的面积 A:

$$A = \iint_R \sqrt{(\phi_u\psi_v - \psi_u\phi_v)^2 + (\psi_u\chi_v - \chi_u\psi_v)^2 + (\chi_u\phi_v - \phi_u\chi_v)^2}dudv. \tag{30a}$$

如果我们利用线元素的系数 (参看第三章第 243 页)

$$ds^2 = Edu^2 + 2Fdudv + Gdv^2,$$

即利用表达式

$$E = \phi_u^2 + \psi_u^2 + \chi_u^2, \quad F = \phi_u\phi_v + \psi_u\psi_v + \chi_u\chi_v,$$
$$G = \phi_v^2 + \psi_v^2 + \chi_v^2,$$

用参数表示的曲面面积的表达式可引导到另一个值得注意的形式. 经简单计算可证明 (见第 243 页)

$$EG - F^2 = (\phi_u\psi_v - \psi_u\phi_v)^2 + (\psi_u\chi_v - \chi_u\psi_v)^2 + (\chi_u\phi_v - \phi_u\chi_v)^2. \tag{30b}$$

因此, 我们得到面积的表达式

$$A = \iint \sqrt{EG - F^2}dudv \tag{30c}$$

和面积元素的表达式

$$d\sigma = \sqrt{EG - F^2}dudv. \tag{30d}$$

作为例子, 我们再次考虑半径为 R 的球的面积. 我们现在用参数方程

$$x = R\cos u\sin v, \quad y = R\sin u\sin v, \quad z = R\cos v$$

来表示球面, 其中 u 和 v 在区域 $0 \leqslant u \leqslant 2\pi, 0 \leqslant v \leqslant \pi$ 上变化, 经简单计算可证明

$$d\sigma = R^2 \sin v dudv, \tag{30e}$$

它再一次给出球面积的表达式

$$R^2\int_0^{2\pi}du\int_0^{\pi}\sin v dv=4\pi R^2.$$

更一般地, 我们可以把公式 (30d) 应用于由曲线 $z=\phi(x)$ 绕 z 轴旋转而成的旋转曲面. 如果我们把 x,y 平面的极坐标看成是曲面的参数 (u,v), 得到

$$x=u\cos v,\quad y=u\sin v,$$
$$z=\phi\left(\sqrt{x^2+y^2}\right)=\phi(u),$$

则

$$E=1+\phi'^2(u),\quad F=0,\quad G=u^2,$$

从而面积的表达式为

$$\int_0^{2\pi}dv\int_{u_0}^{u_1}u\sqrt{1+\phi'^2(u)}du=2\pi\int_{u_1}^{u_2}u\sqrt{1+\phi'^2(u)}du. \tag{31a}$$

如果我们引入子午线 $z=\phi(u)$ 的弧长 s 代替 u 作为参数, 我们得到旋转曲面面积的表达式

$$2\pi\int_{s_0}^{s_1}uds, \tag{31b}$$

其中 u 是旋转曲线上对应于 s 的一点到轴的距离 (古鲁金定律; 参看第一卷第 326 页).

我们利用这一定律来计算由圆 $(x-a)^2+z^2=r^2$ 绕 z 轴旋转而得到的圆环面的表面积 (参看第三章第 245 页). 如果我们引入圆的弧长 s 作为参数, 有 $u=a+r\cos(s/r)$, 因而面积为

$$2\pi\int_0^{2\pi r}uds=2\pi\int_0^{2\pi r}\left(a+r\cos\frac{s}{r}\right)ds=2\pi a\cdot 2\pi r.$$

因此, 圆环面的面积等于母圆的周长与圆心描出的路径长度的乘积.

练 习 4.8

1. 计算由

$$\frac{\left[\sqrt{x^2+y^2}-1\right]^2}{a^2}+\frac{z^2}{b^2}\leqslant 1\quad (a<1)$$

所确定的立体的体积.

2. 求抛物面 $(x^2/a^2)+(y^2/b^2)=z$ 被平面 $z=h$ 截出的立体的体积.

3. 求椭球面 $(x^2/a^2)+(y^2/b^2)+(z^2/c^2)=1$ 被平面 $lx+my+nz=p$ 截出的立体的体积.

4. (a) 如果 $\theta=f(\phi)$ 是描绘在曲面 $r^2=a^2\cos 2\theta(r,\theta,\phi$ 是空间球坐标) 上的任一封闭曲线, 证明此曲线围成的曲面面积等于此曲线在球面 $r=a$ 的投影围成的面积, 坐标原点是投影的顶点.

(b) 将面积表为单积分.

(c) 求整个曲面的面积.

5. 求三角形 ABC 绕边 AB 旋转所生成的立体的 (a) 体积和 (b) 表面积.

6. 求抛物面 $z=x^2+y^2$ 介于柱面 $x^2+y^2=a$ 和 $x^2+y^2=b$ 之间的曲面的面积, 其中

$$a=\frac{1}{4}\left[(2m-1)^2-1\right],\quad b=\frac{1}{4}\left[(2n-1)^2+1\right],$$

m 和 n 是自然数且 $n>m$.

7. 求柱面 $x^2+z^2=a^2$ 被柱面 $x^2+y^2=b^2$ 截出的曲面面积.

8. 证明正劈锥面

$$x=r\cos\theta,\quad y=r\sin\theta,\quad z=f(\theta)$$

包含在过 z 轴的两个平面和母线平行于 z 轴而截痕为 $r=f'(\theta)$ 的柱面之间的面积跟它在 $z=0$ 的正交投影的面积之比为

$$[\sqrt{2}+\log(1+\sqrt{2})]:1.$$

4.9 在物理中的应用

在 4.4 节 (第 335 页) 中我们已经看到质量概念是怎样跟重积分相联系的. 在这里, 我们将研究其他一些力学概念. 我们从详细研究矩和惯性矩开始.

a. 矩和质心

质量为 m 的质点关于 x,y 平面的矩定义为质量 m 与 z 坐标的乘积 mz, 类似地, 关于 y,z 平面的矩是 mx 而关于 z,x 平面的矩为 my. 几个质点的矩是可加结合的; 即质量为 $m_1,m_2,\cdots,m_n$ 而坐标为 $(x_1,y_1,z_1),(x_2,y_2,z_2),\cdots,(x_n,y_n,z_n)$

的质点组的三个矩由下面表示式给出

$$T_x = \sum_{\nu=1}^{n} m_\nu x_\nu, \quad T_y = \sum_{\nu=1}^{n} m_\nu y_\nu, \quad T_z = \sum_{\nu=1}^{n} m_\nu z_\nu. \tag{32a}$$

如果我们处理的质量以连续的密度 $\mu = \mu(x, y, z)$ 分布于空间区域或曲面或曲线, 则像卷一那样, 用极限过程定义分布质量的矩, 因此用积分表示矩. 例如, 在空间中给定一分布. 我们把区域分划为 n 个子区域, 想象每一个子区域的全部质量集中在它的任一点上, 然后形成由这 n 个质点组成的质点组的矩. 我们立刻看到当 $n \to \infty$ 同时子区域的最大直径趋于零时, 和数趋于极限

$$T_x = \iiint_R \mu x dxdydz, \quad T_y = \iiint_R \mu y dxdydz,$$

$$T_z = \iiint_R \mu z dxdydz, \tag{32b}$$

我们把它们称为体分布的矩.

类似地, 如果质量以 $\mu(u, v)$ 分布在由方程 $x = \phi(u, v), y = \psi(u, v), z = \chi(u, v)$ 确定的曲面 S 上, 我们定义面分布的矩为表达式

$$T_x = \iint_S \mu x d\sigma = \iint_R \mu x \sqrt{EG - F^2} dudv,$$

$$T_y = \iint_S \mu y d\sigma = \iint_R \mu y \sqrt{EG - F^2} dudv,$$

$$T_z = \iint_S \mu z d\sigma = \iint_R \mu z \sqrt{EG - F^2} dudv. \tag{32c}$$

最后, 质量密度为 $\mu(s)$ 的空间曲线 $x(s), y(s), z(s)$ 定义为表达式

$$T_x = \int_{s_0}^{s} \mu x ds, \quad T_y = \int_{s_0}^{s_1} \mu y ds, \quad T_z = \int_{s_0}^{s_1} \mu z ds, \tag{32d}$$

其中 s 表弧长.

总质量为 M 分布于区域 R 的物质的质心定义为一个点, 它的坐标为

$$\xi = \frac{T_x}{M}, \quad \eta = \frac{T_y}{M}, \quad \zeta = \frac{T_z}{M}. \tag{32e}$$

所以对空间分布来说, 质心坐标的表达式为

$$\xi = \frac{1}{M} \iiint_R \mu x dxdydz, \cdots,$$

其中

$$M = \iiint_R \mu dxdydz,$$

如果质量分布是均匀的, $\mu(x, y, z) =$ 常数, 区域的质心称为形心[1].

正如我们的第一个例子那样, 考虑质量密度为 1 的均匀半球域 H :

$$x^2 + y^2 + z^2 \leqslant 1, \quad z \geqslant 0.$$

两个矩

$$T_x = \iiint_H xdxdydz, \quad T_y = \iiint_H ydxdydz$$

为零, 因为对 x 或对 y 各自的积分值为零. 对于第三个

$$T_z = \iiint_H zdxdydz,$$

我们引入柱坐标 (r, z, θ), 借助于方程

$$z = z, \quad x = r\cos\theta, \quad y = r\sin\theta,$$

得到

$$\begin{aligned} T_z &= \int_0^1 zdz \int_0^{\sqrt{1-z^2}} rdr \int_0^{2\pi} d\theta = 2\pi \int_0^1 \frac{1-z^2}{2} zdz \\ &= \pi \left(\frac{z^2}{2} - \frac{z^4}{4} \right) \Bigg|_0^1 = \frac{\pi}{4}. \end{aligned} \tag{32f}$$

因为总质量是 $2\pi/3$, 质心的坐标是 $x = 0, y = 0, z = 3/8$.

其次, 我们计算质量密度为 1、半径为 1 的均匀的半球面的质心. 对参数表示式

$$x = \cos u \sin v, \quad y = \sin u \sin v, \quad z = \cos v.$$

从第 371 页的公式 (30e) 计算曲面元素求得

$$d\sigma = \sqrt{EG - F^2} dudv = \sin v dudv. \tag{32g}$$

相应地, 对于三个矩我们得到

$$T_x = \int_0^{\frac{\pi}{2}} \sin^2 v dv \int_0^{2\pi} \cos u du = 0,$$

1) 显然, 形心不依赖于质量密度这一正常数值的选取. 因此, 它可以想象为只与区域 R 的形状有关而与质量分布无关的几何概念.

$$T_y = \int_0^{\frac{\pi}{2}} \sin^2 v dv \int_0^{2\pi} \sin u du = 0,$$

$$T_z = \int_0^{\frac{\pi}{2}} \sin v \cos v dv \int_0^{2\pi} du = 2\pi \frac{\sin^2 v}{2}\bigg|_0^{\frac{\pi}{2}} = \pi.$$

因为总质量显然是 2π, 我们知道, 质心位于坐标为 $x=0, y=0, z=\frac{1}{2}$ 的点上.

b. 惯性矩

惯性矩的概念推广到质量连续分布的物质同样是明显的. 一个质点关于 x 轴的惯性矩是它的质量和点到 x 轴的距离的平方 $\rho^2 = y^2 + z^2$ 的乘积. 用同样的方法我们定义质量密度为 $\mu(x,y,z)$ 分布于区域 R 的关于 x 轴的惯性矩为表达式

$$\iiint_R \mu\left(y^2+z^2\right) dxdydz. \tag{33a}$$

关于其他轴的惯性矩有类似的表达式. 有时, 关于一个点的惯性矩, 比方说关于原点的, 定义为表达式

$$\iiint_R \mu\left(x^2+y^2+z^2\right) dxdydz, \tag{33b}$$

关于一个平面的惯性矩, 比方说关于 y, z 平面的, 定义为

$$\iiint_R \mu x^2 dxdydz. \tag{33c}$$

类似地, 面分布的关于 x 轴的惯性矩由

$$\iint_S \mu\left(y^2+z^2\right) d\sigma \tag{33d}$$

给出, 其中 $\mu(u,v)$ 是两参数 u 和 v 的连续函数.

密度为 $\mu(x,y,z)$ 质量分布于区域 R 的物体关于通过点 (ξ,η,ζ) 而平行于 x 轴的轴的惯性矩由表达式

$$\iiint_R \mu\left[(y-\eta)^2+(z-\zeta)^2\right] dxdydz \tag{33e}$$

给出.

特别地, 如果令 (ξ,η,ζ) 为质心而且回忆质心的坐标的关系式 (32e), 我们立即得到等式

$$
\begin{aligned}
&\iiint\limits_{R} \mu\left(y^{2}+z^{2}\right) dxdydz \\
&= \iiint\limits_{R} \mu\left[(y-\eta)^{2}+(z-\zeta)^{2}\right] dxdydz+\left(\eta^{2}+\zeta^{2}\right) \iiint\limits_{R} \mu dxdydz,
\end{aligned} \tag{33f}
$$

因为物体的任意一个旋转轴可以选为 x 轴, 这一等式的意义可以表述如下:

刚体关于任意一个旋转轴的惯性矩等于刚体关于过质心且平行于旋转轴的轴的惯性矩加上总质量与质心到旋转轴距离平方的乘积 (惠更斯定理).

多维区域的惯性矩的物理意义跟卷一第 326 页所讲的完全相同:

绕一轴匀速转动的物体的动能等于角速度平方与惯性矩的乘积的一半.

我们计算一些简单情形的惯性矩.

对于中心在原点、单位半径和单位密度的球 V, 根据对称性可知, 它关于任一过原点的轴的惯性矩是

$$
\begin{aligned}
I &= \iiint\limits_{V}\left(x^{2}+y^{2}\right) dxdydz=\iiint\limits_{V}\left(x^{2}+z^{2}\right) dxdydz \\
&= \iiint\limits_{V}\left(y^{2}+z^{2}\right) dxdydz.
\end{aligned}
$$

如果把三个积分相加, 我们得到

$$
3I=\iiint\limits_{V} 2\left(x^{2}+y^{2}+z^{2}\right) dxdydz.
$$

在球坐标系中,

$$
\begin{aligned}
I &= \frac{2}{3} \int_{0}^{1} r^{4} dr \int_{0}^{\pi} \sin v dv \int_{0}^{2\pi} du \\
&= \frac{2}{3} \cdot \frac{1}{5} \cdot 2 \cdot 2\pi=\frac{8\pi}{15}.
\end{aligned}
$$

对于棱 a, b, c 分别平行于 x 轴、y 轴、z 轴, 其密度为单位而质心在原点的梁, 我们求出它关于 x, y 平面的惯性矩为

$$
\int_{-a/2}^{a/2} dx \int_{-b/2}^{b/2} dy \int_{-c/2}^{c/2} z^{2} dz=ab \cdot \frac{c^{3}}{12}.
$$

c. 复合摆

惯性矩概念在复合摆的数学处理中找到了应用. 所谓复合摆是一个刚体, 它在重力作用下绕一固定的水平轴振动.

我们考虑一平面, 它通过刚体的质心 G 而且垂直于旋转轴; 设此平面交轴于点 O (图 4.16). 刚体的运动由作为时间的函数的角度 $\phi=\phi(t)$ 给出, 其中 ϕ 是 t 时刻 OG 与过 O 点的铅直线之间的夹角. 为了决定函数 ϕ 和摆的振动周期, 我们假定某些物理事实是知道了的 (见第 569 页). 我们将运用能量守恒定律, 此定律指出, 当刚体运动时它的动能和势能的和保持不变. 在这里, 刚体势能 V 是乘积 Mgh, 其中 M 是总质量, g 是重力加速度, h 是质心高出任一水平线 (例如, 通过在运动中质心达到的最低位置的水平线) 的高度. 如果我们记质心到轴的距离 OG 为 s, 则 $V=Mgs(1-\cos\phi)$. 由第 390 页, 动能为 $T=\frac{1}{2}I\dot{\phi}^2$, 其中 I 是刚体关于旋转轴的惯性矩, 而且已经将 $\frac{d\phi}{dt}$ 写为 $\dot{\phi}$. 因此, 能量守恒定律给出方程

$$\frac{1}{2}I\dot{\phi}^2-Mgs\cos\phi=\text{常数}. \tag{34}$$

如果我们引进常数 $l=I/Ms$, 这一方程跟先前对单摆所找到的方程[1] (卷一, 第 356 页, 358 页) 是完全相同的. 因此, l 叫做等效单摆的长度.

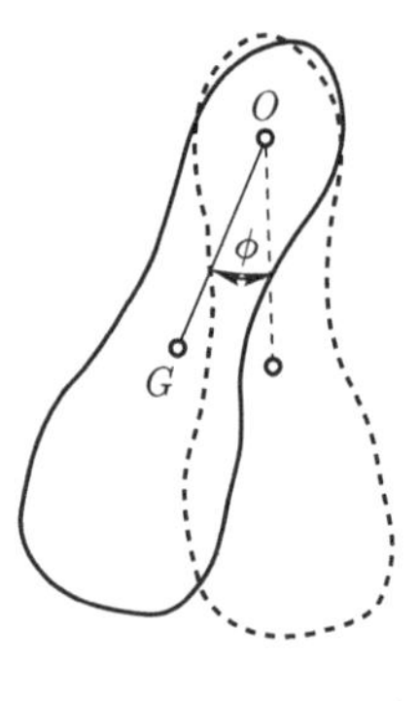

图 4.16

现在, 我们可以直接利用对于单摆得到的公式 (卷一第 357 页), 振动周期由公式

$$T=2\sqrt{\frac{l}{2g}}\int_{-\phi_0}^{\phi_0}\frac{d\phi}{\sqrt{\cos\phi-\cos\phi_0}}$$

1) 这里使用的记号, 在单摆中质点的运动被表为 $x=l\sin\phi, y=l\cos\phi$, 它的速率用 $l\dot{\phi}$ 表示, 这里的 ϕ 应满足微分方程

$$\frac{1}{2}(l\dot{\phi})^2-gl\cos\phi=\text{常数}.$$

给出, 其中 ϕ_0 对应于质心的最大位移; 对于小角度近似地有

$$T = 2\pi\sqrt{\frac{l}{g}} = 2\pi\sqrt{\frac{I}{Mgs}}.$$

当然, 单摆的公式作为一种特殊情形包含在此公式中, 因为当将整个质量都集中在质心时, 有 $I = Ms^2$, 从而 $l = s$.

为了作进一步的研究, 我们回想一下关于旋转轴的惯性矩 I 与关于过质心而平行于旋转轴的一轴的惯性矩 I_0 是通过关系式 (见 (33f))

$$I = I_0 + Ms^2$$

相联系的, 因此

$$l = s + \frac{I_0}{Ms},$$

如果我们引进常数 $a = I_0/M$, 则

$$l = s + \frac{a}{s}.$$

我们立即看出在复合摆中 l 总大于 s, 因此复合摆的周期总是大于将质量 M 集中于质心而得到的单摆的周期. 此外, 对于所有距质心为 s 的平行轴来说周期是相同的, 这是因为等效单摆的长度只依赖于 s 和 $a = I_0/M$ 这两个量. 只要既不改变旋转轴的方向又不改变质心到轴的距离, 它必保持相同的值.

公式

$$T = 2\pi\sqrt{\frac{s + a/s}{g}}$$

表明, 当 s 趋于零或无穷时周期 T 无限增加, 因此对某个值 s_0, T 必定有最小值. 由微商我们得到

$$s_0 = \sqrt{a} = \sqrt{\frac{I_0}{M}}.$$

一个摆当它的轴距质心 $s_0 = \sqrt{I_0/M}$ 时对轴的微小位移的反应相对地是比较迟钝的, 这是因为在此情况下 dT/ds 为零, 所以 s 的一阶改变仅仅引起 T 的二阶改变. 这一事实已被哥廷根的舒拉教授利用来制造非常准确的钟.

d. 吸引质量的势

在第二章 (第 178 页) 我们已经知道牛顿的引力定律给出了一质量为 m、坐标为 (ξ, η, ζ) 的固定质点 Q 作用于另一个质量为单位坐标为 (x, y, z) 的质点的引

力，撇开引力常数不说外，这个引力为

$$m\,\mathrm{grad}\,\frac{1}{r},$$

其中

$$r=\sqrt{(x-\xi)^2+(y-\eta)^2+(z-\zeta)^2}$$

是质点 Q 与 P 的距离. 力的方向是两质点连线的方向，力的大小与距离的平方成反比. 在这里，函数 $f(x,y,z)$ 的梯度是分量为

$$\frac{\partial f}{\partial x},\quad \frac{\partial f}{\partial y},\quad \frac{\partial f}{\partial z}$$

的向量. 因此，在我们的情形力的分量为

$$\frac{m(\xi-x)}{r^3},\quad \frac{m(\eta-y)}{r^3},\quad \frac{m(\zeta-z)}{r^3}$$

如果现在我们考虑的是质量分别为 $m_1,m_2,\cdots,m_n$ 的若干质点 Q_1, $Q_2,\cdots,Q_n$ 作用于 P 点的力，我们可以将合力表为

$$\frac{m_1}{r_1}+\frac{m_2}{r_2}+\cdots+\frac{m_n}{r_n}$$

的梯度，其中 r_ν 表示点 P 到点 Q 的距离. 如果一力能表示为一个函数的梯度，通常称此函数为*力的势*[1]；相应地，我们定义质点组 $Q_1,Q_2,\cdots,Q_n$ 在点 P 的重力势为表示式

$$\sum_{\nu=1}^{n}\frac{m_\nu}{\sqrt{(x-\xi_\nu)^2+(y-\eta_\nu)^2+(z-\zeta_\nu)^2}}.$$

现在，我们假定以密度 μ 分布于空间的一部分 R 或曲面 S 或曲线 C 的引力质量来代替集中于有限个点上的引力质量，那么，这个分布质量在这个质量系统之外而坐标为 (x,y,z) 的点的势定义为

$$\iiint\limits_R \frac{\mu(\xi,\eta,\zeta)}{r}d\xi d\eta d\zeta \tag{35a}$$

或

$$\iint\limits_S \frac{\mu}{r}d\sigma \tag{35b}$$

1) 经常把这个函数取负号——它具有势能的意义——称为力的势.

或

$$\int_{s_0}^{s_1} \frac{\mu}{r} ds. \tag{35c}$$

在第一种情形, 积分遍取直角坐标为 (ξ,η,ζ) 的整个区域 R; 在第二种情形, 遍取以 $d\sigma$ 为面元为整个曲面 s; 而在第三种情形为沿以 s 为弧长的曲线. 在上述三个公式中, r 都表示积分区域内一点 (ξ,η,ζ) 到点 P 的距离, 而 μ 表示在点 (ξ,η,ζ) 处的质量密度. 在每一种情形吸引力可通过势对 x,y,z 求一阶导数而得到. 宁可去求势而不求力, 其优点是只要算一个积分而不用去算三个积分, 而力的三个分量可作为势的导数而得到.

例如, 均匀密度为 1 的半径为单位而中心在原点的球 K 在坐标为 (x,y,z) 的点 P 处的势为积分

$$\begin{aligned}&\iiint\limits_K \frac{d\xi d\eta d\zeta}{\sqrt{(x-\xi)^2+(y-\eta)^2+(z-\zeta)^2}}\\ =&\int_{-1}^{1} d\xi \int_{-\sqrt{1-\xi^2}}^{+\sqrt{1-\xi^2}} d\eta \int_{-\sqrt{1-\xi^2-\eta^2}}^{+\sqrt{1-\xi^2-\eta^2}} \frac{1}{r} d\zeta.\end{aligned}$$

在所有的表达式 (35a, b, c) 中点 P 的坐标 (x,y,z) 不作为积分变量而作为参数出现, 而势是这些参数的函数.

为从势得到力的分量, 我们必须将积分对参数求微商. 对参数求微商的法则可以直接推广到重积分, 而且由第 65 页, 只要点 P 不属于积分区域, 这就是说, 只要我们确信在积分的闭区域内没有一个点使距离 r 的值为零, 微商就可以在积分号下进行. 因此, 作为例子, 我们求得在空间中密度为单位的分布于区域 R 的质量分布作用于单位质量上的重力分量的表达式由

$$\begin{aligned}F_1 &= -\iiint\limits_R \frac{x-\xi}{r^3} d\xi d\eta d\zeta,\\ F_2 &= -\iiint\limits_R \frac{y-\eta}{r^3} d\xi d\eta d\zeta,\\ F_3 &= -\iiint\limits_R \frac{z-\zeta}{r^3} d\xi d\eta d\zeta\end{aligned} \tag{36}$$

给出.

最后, 我们指出当点 P 位于积分区域内部时势的表达式以及它的微商仍然有意义, 然而积分是广义积分, 而且它们的收敛性容易从 4.7 节的准则推出.

作为一种说明, 我们计算由于半径为 a, 密度为单位的球面而引起的在球内的

点及球外的点处的势. 如果我们取球心为原点而且令 x 轴通过 P 点 (在球内或球外), 点 P 有坐标 $(x,0,0)$ 而势为

$$U=\iint\frac{d\sigma}{\sqrt{(x-\xi)^2+\eta^2+\zeta^2}}.$$

如果我们通过方程

$$\xi=a\cos\theta,\quad \eta=a\sin\theta\cos\phi,\quad \zeta=a\sin\theta\sin\phi$$

在球面上引入球坐标, 则 [见 (30e), 第 371 页]

$$\begin{aligned}U&=\int_0^{\pi}\frac{a^2\sin\theta}{\sqrt{(x-a\cos\theta)^2+a^2\sin^2\theta}}d\theta\int_0^{2\pi}d\phi\\&=2\pi\int_0^{\pi}\frac{a^2\sin\theta}{\sqrt{x^2+a^2-2ax\cos\theta}}d\theta,\end{aligned}$$

我们令 $x^2+a^2-2ax\cos\theta=r^2$, 所以 $ax\sin\theta d\theta=rdr$ 而且 (只要 $x\neq 0$) 积分变为

$$U=\frac{2\pi a}{x}\int_{|x-a|}^{|x+a|}\frac{rdr}{r}=\frac{2\pi a}{x}(|x+a|-|x-a|).$$

对于 $|x|>a$, 我们有

$$U=\frac{4\pi a^2}{|x|},$$

而对于 $|x|<a$,

$$U=4\pi a.$$

因此, 在外部点的势都是相同的, 就好像把所有的质量 $4\pi a$ 集中在球心时那样. 另一方面, 在整个内部势是一常数. 在球面上势是连续的, U 的表达式仍有意义 (作为广义积分) 而且值为 $4\pi a$. 但是, 在 x 轴方向力的分量 F_x 在球面上有一个大小为 -4π 的跳跃, 因为当 $|x|>a$ 时, 我们有

$$F_x=-\frac{4\pi a^2}{x^2}\operatorname{sgn}x,$$

而当 $|x|<a$ 时 $F_x=0$.

密度为单位的球体的势可以由球面的位势对 a 进行积分而求出, 这给出外部一点的势的值

$$\frac{4\pi a^3}{3|x|}.$$

这仍然和总质量 $(4/3)\pi a^3$ 集中于中心的结果相同. 对 x 求微商我们求得正 x 轴上一点的

$$F_x = -\frac{4\pi a^3}{x^2}.$$

这是牛顿的结果, 即常密度的球体作用于外部一点的引力和把球的质量集中于球心所得的结果相同.

练 习 4.9

1. (a) 求正圆锥体的形心的位置.

(b) 锥的表面的形心的位置在哪里?

2. 求抛物面 $z^2 + y^2 = px$ 被平面 $x = x_0$ 截出的一部分的形心的位置, 其中 $x_0 < 0$.

3. 求由三个坐标平面和平面 $x/a + y/b + z/c = 1$ 围成的四面形的形心.

4. (a) 求半球壳 $a^2 \leqslant x^2 + y^2 + z^2 \leqslant b^2, z \geqslant 0$ 的形心;

(b) 证明半球片 $x^2 + y^2 + z^2 = a^2, z \geqslant 0$, 的形心是 (a) 的形心当 b 趋于 a 时的极限位置.

5. 求质量为 m 的均匀的长方体 $0 \leqslant x \leqslant a, 0 \leqslant y \leqslant b, 0 \leqslant z \leqslant c$ 关于 z 轴的惯性矩.

6. 计算由两个圆柱

$$x^2 + y^2 = R \quad 和 \quad x^2 + y^2 = R'$$

以及两个平面 $z = h$ 和 $z = -h$ 围成的均匀立体的惯性矩.

(a) 关于 z 轴的;

(b) 关于 x 轴的.

7. 求球的质量和球关于一直径的惯性矩, 球的密度随到球心的距离的增加而线性地减少, 从中心的 μ_0 变到球面上的 μ_1.

8. 求椭球 $x^2/a^2 + y^2/b^2 + z^2/c^2 = 1$ 的惯性矩.

(a) 关于 x 轴;

(b) 关于过原点而由

$$x = y : z = \alpha : \beta : \gamma \quad (\alpha^2 + \beta^2 + r^2 = 1)$$

给出的任一轴.

9. 设 A, B, C 是密度为正的任一固体关于 x 轴, y 轴和 z 轴的惯性矩, 则“三角不等式”

$$A+B>C, \quad A+C>B, \quad B+C>A$$

满足.

10. 令 O 是任意一点而 S 是任一物体. 在所有从 O 出发的半射线上取与 O 点相距为 $1/\sqrt{I}$ 的点, 其中 I 表示 S 关于和半射线相重合的直线为轴的惯性矩. 证明这些点构成一椭球 (称为惯量椭球).

11. 求椭球 $x^2/a^2+y^2/b^2+z^2/c^2 \leqslant 1$ 在点 (ξ,η,ζ) 的惯量椭球.

12. 求球面 $x^2+y^2+z^2=1$ 的质心的坐标, 其密度由

$$\mu=\frac{1}{\sqrt{(x-1)^2+y^2+z^2}}$$

给出.

13. 求椭球

$$x^2/a^2+y^2/b^2+z^2/c^2 \leqslant 1 \quad (x \geqslant 0, y \geqslant 0, z \geqslant 0)$$

的八分之一的质心的 x 坐标.

14. 一质点组 S 包含两个部分 S_1 和 S_2, I_1, I_2, I 分别是 S_1, S_2 和 S 关于通过各自的质心的三个平行轴的惯性矩. 证明

$$I=I_1+I_2+\frac{m_1 m_2}{m_1+m_2} d^2,$$

其中 m_1 和 m_2 是 S_1 和 S_2 的质量而 d 是通过它们的质心的轴之间的距离.

15. 求平面的包络, 对这些平面来说, 椭球

$$x^2/a^2+y^2/b^2+z^2/c^2 \leqslant 1$$

关于它们的惯性矩相同为 h.

16. 计算均匀旋转椭球

$$\frac{x^2+y^2}{a^2}+\frac{z^2}{b^2} \leqslant 1 \quad (b>a)$$

在它的中心处的势.

17. 计算旋转体

$$r=\sqrt{x^2+y^2} \leqslant f(z) \quad (a \leqslant z \leqslant b)$$

在原点处的势.

18. 证明固体 S 在足够远的距离处的势近似于将相同的总质量集中于它的重心的质点的势, 而误差小于某一常数除以距离的平方.

19. 假定地球是一半径为 R 的球, 在离中心的距离为 r 处的密度为

$$\rho = A - Br^2,$$

且在球面上的密度等于水的密度的 $2\frac{1}{2}$ 倍而平均密度是水的 $5\frac{1}{2}$ 倍, 证明在一内点处的引力等于

$$\frac{1}{11} g \frac{r}{R} \left(20 - 9\frac{r^2}{R^2}\right),$$

其中 g 是在球面的重力的值.

20. 半径为 a、密度均匀为 ρ 的半球, 它的中心置于原点, 使它整个地位于 x, y 平面的正侧. 证明在点 $(0,0,z)$ 处的势是

$$\frac{2\pi\rho}{3z}\left[\left(a^2+z^2\right)^{3/2} - a^3 + \frac{3}{2}a^2 z\right] - \frac{4}{3}\pi\rho z^2, \quad 若\ 0<z<a$$

$$和\ \frac{2\pi\rho}{z}\left[\left(a^2+z^2\right)^{3/2} - a^3 - \frac{3}{2}a^2 z\right] - \frac{2}{3}\pi\rho z^2, \quad 若\ z>a.$$

21. 令 $(x_1, y_1), (x_2, y_2), (x_3, y_3)$ 是面积为 A 的三角形的顶点 (下标的顺序给定为正向). 证明三角形关于 x 轴的惯性矩为

$$\frac{A}{6}\left(y_1^2 + y_2^2 + y_3^2 + y_1 y_2 + y_2 y_3 + y_3 y_1\right).$$

22. 证明密度为 ρ、半轴为 a, a, c 的均匀椭球体在任一极点处的引力等于

$$2\pi\rho \int_0^{2c} r(1-\cos\theta) dr,$$

其中

$$r = 2a^2 c \cos\theta / \left(a^2\cos^2\theta + c^2\sin^2\theta\right).$$

23. 从实验知道, 充电导体薄球片 (电荷均匀地分布于这样的球面上) 对球内点电荷的作用力为零. 假定点电荷之间排斥或吸引的力仅仅依赖于它们之间的距离, 证明这一实验蕴涵着库仑定律, 即点电荷相互吸引或排斥的力反比于它们之间距离的平方. 这一结果是均匀薄球片在它内部重力为零这一定理的逆定理.

4.10 在曲线坐标中的重积分

a. 重积分的分解

如果 x, y 平面上的区域 R 被曲线族 $\phi(x,y) =$ 常数所盖满, 使得区域 R 的每一点落在曲线族中唯一的一条曲线上, 我们可以取量 $\phi(x,y)=\xi$ 作为一个新的自

变量; 这就是说, 我们可以取由 $\phi(x,y) =$ 常数 $= \xi$ 所表示的曲线 C_ξ 作为坐标网格的两个曲线族中的一族.

对于第二个自变量我们可以选量 $\eta = y$, 只要我们对区域加上如下的限制, 即在区域内每一对曲线 $\phi(x,y) =$ 常数和 $y =$ 常数交于一点.

如果我们引入这些新自变量, 二重积分 $\iint\limits_R f(x,y)dxdy$ 变为 [见 (16b), 第 349 页]

$$\iint f(x,y)dxdy = \iint \frac{f(x,y)}{|\phi_x|}d\xi d\eta.$$

保持 ξ 为常数而将右边积分中的被积函数对 η 积分, 对 η 的积分可表为如下形式:

$$\int \frac{f(x,y)}{\sqrt{\phi_x^2+\phi_y^2}} \cdot \frac{\sqrt{\phi_x^2+\phi_y^2}}{|\phi_x|}d\eta,$$

因此在 C_ξ 上,

$$\frac{ds}{d\eta} = \sqrt{1+\left(\frac{dx}{dy}\right)^2} = \frac{\sqrt{\phi_x^2+\phi_y^2}}{|\phi_x|},$$

可以把这一积分看作是沿曲线 $\phi(x,y) = \xi$ 的积分, 弧长 s 成为积分变量. 于是, 我们得到二重积分的分解

$$\iint f(x,y)dxdy = \int d\xi \int_{C_\xi} \frac{f(x,y)}{\sqrt{\phi_x^2+\phi_y^2}}ds. \tag{37a}$$

如果我们假定对应于曲线 C_ξ, 存在一族正交曲线 (所谓的正交轨线), 这些曲线与每一条分离的曲线 $\phi =$ 常数交于直角并沿着 $\operatorname{grad}\phi$ 的方向, 这种分解的直观意义是很容易看出来的. 如果 σ 是由函数 $x(\sigma)$ 和 $y(\sigma)$ 表示的一条正交曲线的弧长, 则

$$\frac{dx}{d\sigma} = \frac{\phi_x}{\sqrt{\phi_x^2+\phi_y^2}}, \quad \frac{dy}{d\sigma} = \frac{\phi_y}{\sqrt{\phi_x^2+\phi_y^2}}.$$

因为

$$\frac{d\xi}{d\sigma} = \phi_x\frac{dx}{d\sigma} + \phi_y\frac{dy}{d\sigma},$$

我们得到

$$\frac{d\xi}{d\sigma} = \sqrt{\phi_x^2+\phi_y^2} = \sqrt{(\operatorname{grad}\phi)^2}. \tag{37b}$$

我们现在来考虑一网格, 它由两条曲线 $\phi(x,y) = \xi, \phi(x,y) = \xi + \Delta\xi$ 以及从曲线

$\phi(x,y)=\xi$ 截出长度为 Δs 的两条正交曲线所围成 (图 4.17), 这一网格的面积近似地由乘积 $\Delta s\Delta\sigma$ 给出, 也近似地等于

$$\frac{\Delta s\Delta\xi}{\sqrt{\phi_x^2+\phi_y^2}}.$$

这引出恒等式 (37a) 的一个新的解释;

计算二重积分时可以不将区域剖分为边平行于坐标轴的"无穷小矩形", 我们可以剖分为由曲线 $\phi(x,y)=$ 常数和它们的正交轨线所确定的无穷小曲边矩形.

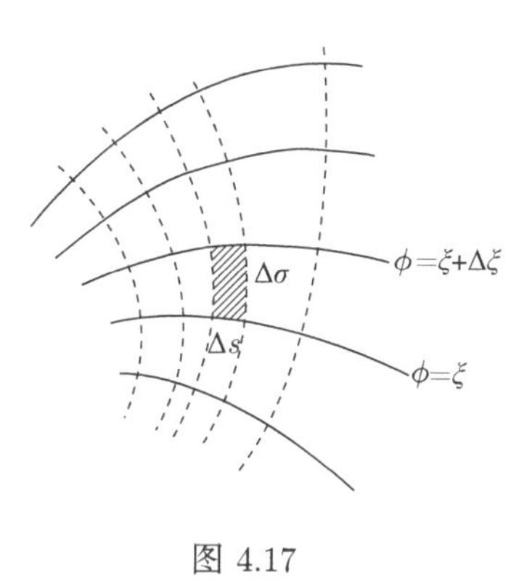

图 4.17

在三维空间中可以实行一种类似的分解. 如果区域 R 被方程 $\phi(x,y,z)=$ 常数 $=\xi$ 给出的曲面族 S_ξ 所盖住, 使得 R 的每一点有且仅有一曲面通过它, 那么我们可以取量 $\xi=\phi(x,y,z)$ 作为一个积分变量. 用这样的方法可以从三重积分

$$\begin{aligned}&\iiint\limits_R f(x,y,z)dxdydz\\ &=\int d\xi\iint\frac{f(x,y,z)}{\sqrt{\phi_x^2+\phi_y^2+\phi_z^2}}\cdot\frac{\sqrt{\phi_x^2+\phi_y^2+\phi_z^2}}{|\phi_x|}dydz\end{aligned}$$

分解出一个在曲面 $\phi=\xi$ 上面积元素为

$$dS=\frac{\sqrt{\phi_x^2+\phi_y^2+\phi_z^2}}{|\phi_x|}dydz$$

的积分

$$\iint\limits_{S_\xi}\frac{f(x,y,z)}{\sqrt{\phi_x^2+\phi_y^2+\phi_z^2}}dS$$

[见 (29d), 第 369 页], 接着对 ξ 积分:

$$\iiint f(x,y,z)dxdydz = \int d\xi \iint_{S_\xi} \frac{f(x,y,z)}{\sqrt{\phi_x^2+\phi_y^2+\phi_z^2}}dS. \tag{37c}$$

如果我们引入一个双参数的曲线族, 它们在每一点上与曲面 ξ = 常数正交, 并且除 S_ξ 外, 还利用由那些曲线组成的坐标面, 那么这个公式还可以有一个几何解释.

b. 应用到移动曲线扫过的面积和移动曲面扫过的体积. 古鲁金公式. 配极求积仪

如果我们把参数 ξ 等同于时间 t, 公式 (37a, b) 中出现的量

$$\frac{d\sigma}{d\xi} = \frac{1}{\sqrt{\phi_x^2+\phi_y^2}}$$

可作运动学上的解释. 方程 $\phi(x,y)$ = 常数 $= t$ 表示移动曲线 C_t 在时刻 t 的位置. 沿着与 C_t 正交的曲线量度的距离 $\Delta\sigma$ 可以看作是曲线 C_t 与曲线 $C_{t+\Delta t}$ 之间的法向距离, 于是

$$C = \frac{d\sigma}{dt} = \frac{1}{\sqrt{\phi_x^2+\phi_y^2}} \tag{38a}$$

是移动曲线 C_t 在时刻 t 的法向速度. 在 C_t 的不同点上速度是不同的. 类似地, 方程为 $\phi(x,y,z)$ = 常数 $= t$ 的在空间中移动的曲面 S_t 的法向速度是

$$c = \frac{1}{\sqrt{\phi_x^2+\phi_y^2+\phi_z^2}}. \tag{38b}$$

在物理上, 这样的移动曲面作为波前出现 (例如在介质中传播的电磁波).

如果 S_t 是由单个的移动质点组成的, 移动曲面 S_t (类似地在平面上的移动曲线 C_t) 的法向速度 c 有特别简单的意义. 如果这些质点中的一个质点的位置由三个函数 $x=x(t), y=y(t), z=z(t)$ 表示, 又如果质点在任何时间里都停留在曲面上, 方程

$$\phi(x(t),y(t),z(t)) = t$$

在任何时刻 t 都一定成立. 对 t 微商我们求得方程

$$1 = \phi_x\frac{dx}{dt} + \phi_y\frac{dy}{dt} + \phi_z\frac{dz}{dt}.$$

如果方程除以 ϕ 的梯度的长度, 我们得到关系式

$$c = \pm\left(\xi\frac{dx}{dt} + \eta\frac{dy}{dt} + \zeta\frac{dz}{dt}\right), \tag{38c}$$

其中 c 是由 (38b) 定义的法向速度, ξ,η,ζ 是 S_t 的一个法方向的方向余弦, 而正负号取决于法线指向 t 的增加或减少的方向而定. 如果引入单位法向量

$$\mathbf{n}=(\xi,\eta,\zeta)$$

和质点的速度向量

$$\mathbf{v}=\left(\frac{dx}{dt},\frac{dy}{dt},\frac{dz}{dt}\right),$$

我们可以将 c 表为数量积

$$c=\pm\mathbf{v}\cdot\mathbf{n}. \tag{38d}$$

总之, 和曲面一起移动的质点的速度的垂直于曲面 S_t 的分量等于 $\pm c$, 其中 c 是 S_t 的法向速度. 当 $\mathbf{n}$ 是 S_t 的 "向前" 法向量——面向紧接着的下一时刻要扫过的点的曲面的那一侧的法向量——时, 正号成立.

当 $f=1$ 时, 公式 (37c) 给出一个由法向速度为 c 的移动曲面所扫过的区域的体积表达式

$$V=\iiint dxdydz=\int dt\iint_{S_t} cdS. \tag{39a}$$

类似地, 我们求得由平面上移动曲线 C_t 所扫过的区域的面积 A 的表示式

$$A=\int dt\int_{C_t} cds. \tag{39b}$$

我们把这些结果应用到在平面上移动的直线段 C_t 所扫过的面积的情形 (图 4.18). 线段可用形如

$$\xi(t)x+\eta(t)y=p(t) \tag{40a}$$

的方程来表示, 其中 (ξ,η) 是单位法向量而 P 是 C_t 到原点的 (定号) 距离. C_t 的中心 (与它的形心是相同的) 位于点 [见 (32e), 第 374 页]

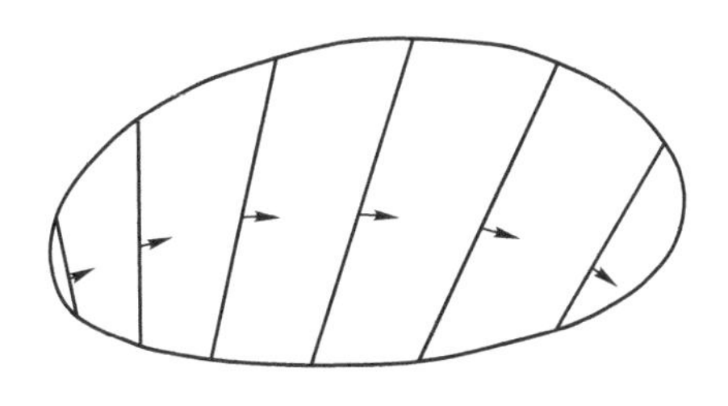

图 4.18

$$X(t)=\frac{\int_{C_t}xds}{\int_{C_t}ds},\quad Y(t)=\frac{\int_{C_t}yds}{\int_{C_t}ds}. \tag{40b}$$

(40a) 对 s 在线段 C_t 上积分给出关系式

$$\xi(t)X(t)+\eta(t)Y(t)=p(t), \tag{40c}$$

这只是说明 C_t 的中心位于 C_t. 如果把 C_t 设想为由单个移动质点所组成, 这些质点的速度的法向分量由 (40a), (38c) 求得, 为

$$\mathbf{n}\cdot\mathbf{v}=\xi\frac{dx}{dt}+\eta\frac{dy}{dt}=\frac{dp}{dt}-\frac{d\xi}{dt}x-\frac{d\eta}{dt}y.$$

于是, 由 (40b), (40c), 有

$$\begin{aligned}\pm\int_{C_t}cds=\int_{C_t}\mathbf{n}\cdot\mathbf{v}ds&=\left(\frac{dp}{dt}-\frac{d\xi}{dt}X-\frac{d\eta}{dt}Y\right)\int_{C_t}ds\\&=\left(\xi\frac{dX}{dt}+\eta\frac{dY}{dt}\right)\int_{C_t}ds=\mathbf{w}\cdot\mathbf{n}L,\end{aligned}$$

其中[1)]

$$\mathbf{w}=\left(\frac{dX}{dt},\frac{dY}{dt}\right)$$

是线段 C_t 的中心 (X,Y) 的速度向量, 而

$$L=L(t)=\int_{C_t}ds$$

是 C_t 的长度. 从 (39b) 推出移动线段 C_t 所扫过的面积是

$$A=\int\pm L\mathbf{w}\cdot\mathbf{n}dt. \tag{41a}$$

用同样的方法, 求得面积为 $A(t)$ 而单位法向量为 $\mathbf{n}$ 的移动的平面区域 S_t 所扫过的体积为

$$V=\int\pm A\mathbf{w}\cdot\mathbf{n}dt, \tag{41b}$$

其中 $\mathbf{w}$ 是 S_t 的形心 (X,Y,Z) 的速度. 在这些公式中, 当 $\mathbf{n}$ 是 S_t 的 ‘向前法向量” 即指向运动方向的那个法向量时取正号.

特别有趣的是 S_t 的形心沿着一条每一时刻都垂直于平面 S_t 的曲线移动时

1) 如果我们从函数 t 的隐方程 (40a) 求函数 $t=\phi(x,y)$ 对 x 与 y 的一阶导数, 对 c 利用表达式 (38a) 可以导出相同的公式.

公式 (41b) 的情形. 这时, 形心速度的法向量分量和形心沿其路径移动的速率相重合:

$$\pm \mathbf{w} \cdot \mathbf{n} = \frac{d\sigma}{dt},$$

其中 σ 是沿形心路径的弧长. 从而推出

$$V = \int A \frac{d\sigma}{dt} dt = \int A d\sigma. \tag{42a}$$

此外, 如果所有平面区域 S_t 具有相同的面积 A, 我们求得

$$V = A \int d\sigma, \tag{42b}$$

即 S_t 扫过的体积等于它们的面积 A 乘它们的形心所描绘的路径的长度. 一个特殊情形显然是平面区域 R 绕此平面上一轴旋转所扫过的旋转体体积的古鲁金公式. 体积等于 R 的面积乘转动时 R 的形心所描绘的路径的长度 (见卷一第 326 页).

回到公式 (41a), 我们知道积分

$$\int L\mathbf{w} \cdot \mathbf{n} dt \tag{43a}$$

表示线段 C_t 所扫过的定号面积, 符号取决于法向量 $\mathbf{n}$ 指向运动方向或相反方向. 对于与移动平面面积所扫过的体积相对应的积分

$$\int A\mathbf{w} \cdot \mathbf{n} dt \tag{43b}$$

同样的结论成立.

这些观察结果允许我们把我们的结果推广到如下情形: 线段或平面面积并不总是在一个方向上移动或者多次覆盖平面 (或空间) 的一部分. 那么上面所给的积分将表示所描绘的区域的那些部分的面积 (或体积) 的代数和, 每一部分取适当符号.

作为例子, 令一个有固定长度的线段的端点总是固定在平面上的两条曲线 Γ 和 Γ' 上移动, 如图 4.19, 从箭头指示的法线正向, 我们可以确定积分中出现的每一个面积的符号. 我们发现积分给出由 Γ 和 Γ' 围成的面积之差. 如果 Γ' 包围的面积为零, 例如当它退化为多次扫描过的单一的线段时, 这个积分给出 Γ 围成的面积.

这一原理被用来制造著名的配极求积仪 (昂斯拉的求积仪). 这是一种测量平面面积的机械仪器. 它包含一根刚性的杆, 在杆的中心是一个能在绘图纸上滚动的测量轮. 轮的平面垂直于杆. 当使用仪器测量描绘在纸上由曲线 Γ 围成的面积

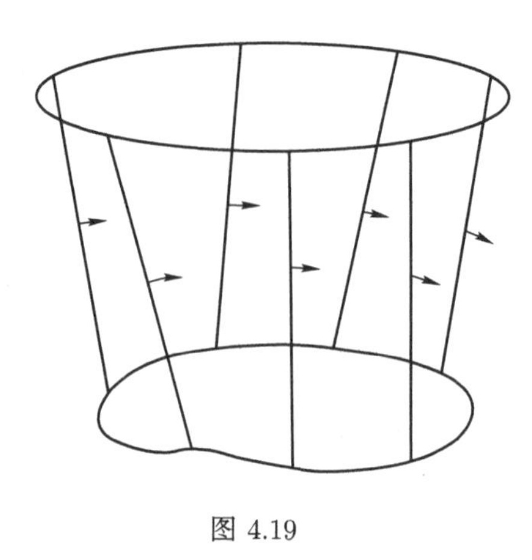

图 4.19

时, 杆的一个端点环绕曲线移动, 同时杆的另一端点铰接在一刚性的臂上, 臂的另一端绕一固定点 O 转动, O 是在曲线 Γ 外的极点, 因此, 杆被铰接的一端重复地描绘一个圆的弧段, 即包围零面积的闭曲线. 由此推出在这里的表示式 (43a) 给出了 Γ 所包围的面积. 但是, 被积函数 $L\mathbf{w}\cdot\mathbf{n}$ 与测量轮转动的角速度成正比, 只要杆运动时轮的周边在纸上移动, 此时轮的位置仅仅受垂直于杆的运动的影响, 因此轮子转过的总角度正比于曲线 Γ 所围成的面积.

在通常制造的仪器中轮子不一定准确地在杆的中心上, 但这只改变结果中的比例因子, 而这个因子可以由仪器的校准刻度中直接确定.

4.11 任意维数的体积和曲面面积

a. 高于三维的曲面面积和曲面积分

在 n 维空间中由 n 个坐标 $x_1,\cdots,x_n$ 所描述的 $(n-1)$ 维曲面 (超曲面或流形) 是由一个隐式方程

$$\phi(x_1,x_2,\cdots,x_n)=\text{常数} \tag{44a}$$

定义的, 在曲面的每一点上至少有一个 ϕ 的一阶导数不为零. 我们假定这个曲面的一部分 S 对应于 $x_1,x_2,\cdots,x_{n-1}$ 空间的某一区域 B, 在其上 $\dfrac{\partial\phi}{\partial x_n}\neq 0$, 因而从方程 (44a) 可解出 x_n 为其他坐标的函数.

我们现在把曲面这一部分的 $(n-1)$ 维测度定义为积分

$$A=\iint\limits_{B}\cdots\int\frac{\sqrt{\phi_{x_1}^2+\phi_{x_2}^2+\cdots+\phi_{x_n}^2}}{|\phi_{x_n}|}dx_1dx_2\cdots dx_{n-1}. \tag{44b}$$

这一定义是三维空间中曲面面积公式 (29b) (第 368 页) 的一种形式推广, 并且可以以类似的直观论证为其基础. 当没有混淆的危险时, 我们同样地把 n 维空间中的超曲面情形时的 A 简单地称为 '面积". 曲面、曲面面积和曲面积分的更为系统的讨论将在下一章给出. 目前, 我们只是注意到由 (44b) 定义的量 A 不依赖于 x_n 的选取, 而 x_n 是由方程 (44a) 解出的. 这可用第 368 页三维空间情形所用过的方法类似地作出证明.

更为一般地, 我们定义函数 $f(x_1, \cdots, x_n)$ 在这个 $(n-1)$ 维曲面上的积分为

$$\begin{aligned} &\iint\limits_{S} \cdots \int f(x_1, \cdots, x_n)\, d\sigma \\ &= \iint\limits_{B} \cdots \int f(x_1, \cdots, x_n) \frac{\sqrt{\phi_{x_1}^2 + \cdots + \phi_{x_n}^2}}{|\phi_{x_n}|} dx_1 dx_2 \cdots dx_{n-1}. \end{aligned} \tag{44c}$$

同前面一样, 在这里我们假定借助于方程 (44a), x_n 已被 $x_1, \cdots, x_{n-1}$ 表示. 我们再次发现表示式 (44c) 的值与变量 x_n 的选取无关.

如同二维或三维情形那样, 在 n 维区域 R 上的多重积分

$$\iint\limits_{R} \cdots \int f(x_1, \cdots, x_n)\, dx_1 \cdots dx_n \tag{45a}$$

可以分解为曲面积分 [见公式 (37a, c)]. 我们假定区域被超曲面族 S_ξ

$$\phi(x_1, \cdots, x_n) = \text{常数} = \xi \tag{45b}$$

以如下方式覆盖: 使得对 R 的每一点有且仅有一张曲面通过它. 如果我们用新的变量

$$x_1, \cdots, x_{n-1}, \quad \xi = \phi \quad (x_1, \cdots, x_n)$$

来代替 $x_1, \cdots, x_{n-1}, x_n$, 由积分的换元法则 (第 350 页), 重积分 (45a) 变为

$$\int d\xi \int \cdots \int \frac{f(x_1, \cdots, x_n)}{|\phi_{x_n}|} dx_1 \cdots dx_{n-1}.$$

应用公式 (44c), 我们得到公式

$$\begin{aligned} &\iint\limits_{R} \cdots \int f(x_1, \cdots, x_n)\, dx_1 \cdots dx_n \\ &= \int d\xi \int_{S_\xi} \cdots \int \frac{f(x_1, \cdots, x_n)}{\sqrt{\phi_{x_1}^2 + \cdots + \phi_{x_n}^2}} d\sigma, \end{aligned} \tag{45c}$$

其中

$$d\sigma = \frac{\sqrt{\phi_{x_1}^2 + \cdots + \phi_{x_n}^2}}{|\phi_{x_n}|} dx_1 \cdots dx_{n-1} \tag{45d}$$

是曲面 S_ξ 的面积元素.

b. n 维空间中的球体面积和体积

作为将体积化为曲面积分的公式 (45c) 的一个应用, 我们将计算 n 维空间中半径为 R 的球的面积和体积, 这就是计算方程为

$$x_1^2 + \cdots + x_n^2 = R^2 \tag{46a}$$

的超曲面的面积和球

$$x_1^2 + \cdots + x_n^2 \leqslant R^2 \tag{46b}$$

的体积.

首先, 我们导出一个一般的公式, 它将具有球对称的函数的空间积分化为单重积分. 我们说变量 $x_1, \cdots, x_n$ 的函数 f 具有球对称性, 如果

$$f = f(r),$$

其中

$$r = \sqrt{x_1^2 + \cdots + x_n^2}. \tag{46c}$$

就是说, 在中心位于原点的球面上, f 的值是常数. 中心位于原点、半径为 r 的球面的方程由

$$\phi(x_1, \cdots, x_n) = \sqrt{x_1^2 + \cdots + x_n^2} = \text{常数} = r \tag{46d}$$

给定. 这里,

$$\phi_{x_i} = \frac{1}{r} x_i; \quad \sqrt{\phi_{x_1}^2 + \cdots + \phi_{x_n}^2} = 1. \tag{46e}$$

那么, 我们从 (45c) 得到函数 $f(r)$ 在球 (46b) 上的体积分, 即

$$\begin{aligned} \iint \cdots \int f(r) dx_1 \cdots dx_n &= \int_0^R f(r) dr \int_{S_r} \cdots \int d\sigma \\ &= \int_0^R f(r) \Omega_n(r) dr, \end{aligned} \tag{46f}$$

其中 $\Omega_n(r)$ 是球面 S_r 的面积. 这里, 由 (44b), (46e), 半球面

$$\phi = \sqrt{x_1^2 + \cdots + x_n^2} = r \quad (x_n \geqslant 0)$$

的面积是

$$\frac{1}{2}\Omega_n(r) = r\int_{B_r}\cdots\int \frac{dx_1\cdots dx_{n-1}}{x_n}, \tag{47a}$$

其中积分是展布在由

$$x_1^2 + \cdots + x_{n-1}^2 \leqslant r^2$$

给出的 $(n-1)$ 维球 B_r 上, 而

$$x_n = \sqrt{r^2 - x_1^2 \cdots x_{n-1}^2}.$$

用新变量

$$\xi_i = \frac{1}{r}x_i \quad (i = 1, \cdots, n-1)$$

代替 B_r 中的 $x_1, \cdots, x_{n-1}$, 而且令

$$\xi_n = \frac{1}{r}x_n = \sqrt{1 - \xi_1^2 - \cdots - \xi_{n-1}^2},$$

从 (47a) 我们得到

$$\Omega_n(r) = 2r^{n-1}\int\cdots\int \frac{d\xi_1\cdots d\xi_{n-1}}{\xi_n}, \tag{47b}$$

其中积分是在 $n-1$ 维的单位球

$$\xi_1^2 + \cdots + \xi_{n-1}^2 \leqslant 1$$

上进行的. 公式 (47b) 可写为

$$\Omega_n(r) = \omega_n r^{n-1}, \tag{47c}$$

其中

$$\omega_n = 2\iint\cdots\int \frac{d\xi_1\cdots d\xi_n}{\xi_n} = \Omega_n(1)$$

是 n 维单位球 S_1 的面积. 这表示直观上似乎有理的事实, 即 n 维球的面积与它们的半径的 $(n-1)$ 次幂成正比. 球对称函数在球 (46b) 上的空间积分的公式 (46f) 现在取如下形式

$$\iint\cdots\int f(r)dx_1\cdots dx_n = \omega_n\int_0^R f(r)r^{n-1}dr. \tag{48a}$$

从这一公式我们能方便地计算 ω_n. 我们选取函数 $f(r)$ 使当 $R\to\infty$ 时上式右边的积分绝对收敛而且能明显地计算出来. 因此作为 $x_1, \cdots, x_n$ 的函数 $f(r)$ 在

全空间的反常积分也是收敛的. 我们选 f 为函数[1)]

$$f(r)=\exp\left(-r^2\right)=\exp\left(-x_1^2-\cdots-x_n^2\right).$$

f 在全空间的积分是 f 在立方体 C_a 积分的极限, 其中 C_a 为中心在原点、边平行于坐标轴而边长为 $2a$ 的立方体. 此时,

$$\begin{aligned}
&\iint\limits_{C_a}\cdots\int f(r)dx_1\cdots dx_n\\
&=\int_{-a}^{a}dx_1\int_{-a}^{a}dx_2\cdots\int_{-a}^{a}dx_n\exp\left(-x_1^2\right)\times\exp\left(-x_2^2\right)\cdots\exp\left(-x_n^2\right)\\
&=\left(\int_{-a}^{a}e^{-x^2}dx\right)^n.
\end{aligned}$$

于是, 当 $a\to\infty$ 时, 我们从 (48a) 得到恒等式

$$\left(\int_{-\infty}^{+\infty}e^{-x^2}dx\right)^n=\omega_n\int_0^{\infty}e^{-r^2}r^{n-1}dr. \tag{48b}$$

对 $n=2$ 的特殊情形, 用与第 361 页类似的论证, 这一公式早已被导出过并得到结果 [见 (25a)]

$$\Gamma\left(\frac{1}{2}\right)=\int_{-\infty}^{+\infty}e^{-x^2}dx=\sqrt{\pi}. \tag{48c}$$

另一方面, 替换 $r^2=s$ 表明

$$\int_0^{\infty}e^{-r^2}r^{n-1}dr=\frac{1}{2}\int_0^{\infty}e^{-s}s^{(n-2)/2}ds=\frac{1}{2}\Gamma\left(\frac{n}{2}\right). \tag{48d}$$

在这里, $\Gamma(\mu)$ 表示 [2)]由

$$\Gamma(\mu)=\int_0^{\infty}e^{-s}s^{\mu-1}ds\quad(\mu>0)$$

定义的伽马函数. 因此, (48b) 导致 n 维单位球的表面积的值

$$\omega_n=\frac{2\sqrt{\pi^n}}{\Gamma\left(\dfrac{n}{2}\right)}. \tag{48e}$$

对整数 n 来说, $\Gamma\left(\dfrac{n}{2}\right)$ 的值是容易从递推公式

$$\Gamma(\mu)=(\mu-1)\Gamma(\mu-1) \tag{48f}$$

1) 在指数 z 为较复杂的表示式时, 可将指数函数 e^z 方便地写为 $\exp(z)$.

2) 可见本卷第 432 页.

确定的, 此递推公式是直接从伽马函数的定义分部积分得到的 (见第一卷第一分册 268 页). 所以, 对偶数 n,

$$\Gamma\left(\frac{n}{2}\right)=\frac{n-2}{2}\cdot\frac{n-4}{2}\cdots\frac{2}{2}\Gamma(1)=\left(\frac{n}{2}-1\right)!. \tag{48g}$$

对奇数 n, 利用 (48c)

$$\begin{aligned}\Gamma\left(\frac{n}{2}\right)&=\frac{n-2}{2}\cdot\frac{n-4}{2}\cdots\frac{1}{2}\Gamma\left(\frac{1}{2}\right)\\&=\frac{(n-2)(n-4)\cdots3\cdot1}{2^{(n-1)/2}}\sqrt{\pi}.\end{aligned} \tag{48h}$$

用这种方法我们从 (48e) 逐次地得到值

$$\omega_2=2\pi,\quad \omega_3=4\pi,\quad \omega_4=2\pi^2,\quad \omega_5=\frac{8}{3}\pi^2,\quad \cdots.$$

为了求出半径为 R 的 n 维球的体积 $V_n(R)$, 在公式 (48a) 中, 我们令 $f=1$ 从而求得

$$V_n(R)=\iint\cdots\int dx_1\cdots dx_n=\omega_n\int_0^R r^{n-1}dr=v_nR^n, \tag{49a}$$

其中

$$v_n=\frac{1}{n}\omega_n=\frac{\sqrt{\pi^n}}{\Gamma\left(\dfrac{n+2}{2}\right)} \tag{49b}$$

是 n 维单位球的体积. 因此

$$\begin{aligned}&v_1=2,\quad v_2=\pi,\quad v_3=\frac{4}{3}\pi\\&v_4=\frac{1}{2}\pi^2,\quad v_5=\frac{8}{15}\pi^2,\quad \cdots.\end{aligned} \tag{49c}$$

c. 推广. 参数表示

在 n 维空间我们可以考虑任意 $r\leqslant n$ 的 r 维集合而且试图去定义它的面积. 为此目的, 参数表示是方便的. 让 r 维集合由方程

$$x_1=\phi_1(u_1,\cdots,u_r),$$

$$\cdots\cdots$$

$$x_n=\phi_n(u_1,\cdots,u_r)$$

给出, 其中函数 ϕ_ν 在变量 $(u_1,\cdots,u_r)$ 的区域 B 中具有连续的导数. 当变量 $u_1,\cdots,u_r$ 在整个区域中变化时, 点 $(x_1,\cdots,x_n)$ 描绘出一个 r 维曲面.

从矩阵 (见第 125 页)

$$\begin{pmatrix} \dfrac{\partial x_1}{\partial u_1} & \dfrac{\partial x_2}{\partial u_1} & \cdots & \dfrac{\partial x_n}{\partial u_1} \\ \dfrac{\partial x_1}{\partial u_2} & \dfrac{\partial x_2}{\partial u_2} & \cdots & \dfrac{\partial x_n}{\partial u_2} \\ \vdots & \vdots & & \vdots \\ \dfrac{\partial x_1}{\partial u_r} & \dfrac{\partial x_2}{\partial u_r} & \cdots & \dfrac{\partial x_n}{\partial u_r} \end{pmatrix}$$

中, 我们作所有可能的 r 行行列式 D_i, 其中 $i=1,2,\cdots,k=\begin{pmatrix} n \\ r \end{pmatrix}$, 例如, 这些行列式的第一个是

$$D_1=\begin{vmatrix} \dfrac{\partial x_1}{\partial u_1} & \dfrac{\partial x_2}{\partial u_1} & \cdots & \dfrac{\partial x_r}{\partial u_1} \\ \dfrac{\partial x_1}{\partial u_2} & \dfrac{\partial x_2}{\partial u_2} & \cdots & \dfrac{\partial x_r}{\partial u_2} \\ \vdots & \vdots & & \vdots \\ \dfrac{\partial x_1}{\partial u_r} & \dfrac{\partial x_2}{\partial u_r} & \cdots & \dfrac{\partial x_r}{\partial u_r} \end{vmatrix}.$$

那么 r 维曲面的面积由积分

$$\int\cdots\int\sqrt{D_1^2+D_2^2+\cdots+D_k^2}du_1\cdots du_r,\quad k=\begin{pmatrix} n \\ r \end{pmatrix} \tag{50a}$$

给出.

借助于多重积分的换元定理 (第 350 页) 和行列式的简单计算 (这里从略), 我们可以证明由这一表达式定义的面积, 当 $u_1,\cdots,u_r$ 用另外的参数替换时, 它的值是不变的. 我们还看到当 $r=1$ 时这公式转化为弧长公式, 而对三维空间中 $r=2$ 时变为第 371 页的面积公式.

当 $r=n-1$ 时我们来证明公式 (50a), 其中 n 是任意的; 也就是我们来证明下面的定理:

如果 n 维空间中的一个 $(n-1)$ 维超曲面的一部分可用参数方程

$$x_i=\psi_i(u_1,\cdots,u_{n-1})\quad (i=1,\cdots,n)$$

表出, 那么, 它的面积由

$$A=\int\cdots\int\sqrt{D_1^2+\cdots+D_n^2}du_1\cdots du_{n-1} \tag{50b}$$

给出, 其中 D_i 是由

$$\begin{aligned}D_i&=\frac{d(x_1,\cdots,x_{i-1},x_{i+1},\cdots,x_n)}{d(u_1,\cdots,u_{n-1})}\\&=1\Big/\frac{d(u_1,\cdots,u_{n-1})}{d(x_1,\cdots,x_{i-1},x_{i+1},\cdots,x_n)}\end{aligned}$$

给出的 $(n-1)$ 行的雅可比行列式. 在这里, 我们总是假定上面式中包含的所有导数存在而且连续.

不失一般性, 我们可以假定 $\phi_{x_n}\neq 0$. 于是, 由 (44b), A 由

$$A=\int\cdots\int\frac{|\operatorname{grad}\phi|}{|\phi_{x_n}|}dx_1\cdots dx_{n-1}$$

给出. 我们只需证明

$$\frac{1}{|\phi_{x_n}|}|\operatorname{grad}\phi|dx_1\cdots dx_{n-1}=\sqrt{\sum_i D_i^2}du_1\cdots du_{n-1}$$

或

$$|\operatorname{grad}\phi|^2=\phi_{x_n}^2\left(\sum_i D_i^2\right)\frac{d(u_1,\cdots,u_{n-1})}{d(x_1,\cdots,x_{n-1})}=\frac{\phi_{x_n}^2}{D_n^2}\sum_i D_i^2.$$

现在, 从雅可比行列式的性质, 有

$$\begin{aligned}\frac{D_i}{D_n}&=\frac{d(x_1,\cdots,x_{i-1},x_{i+1},\cdots,x_n)/d(u_1,\cdots,u_{n-1})}{d(x_1,\cdots,x_{n-1})/d(u_1,\cdots,u_{n-1})}\\&=\frac{d(x_1,\cdots,x_{i-1},x_{i+1},\cdots,x_n)}{d(x_1,\cdots,x_{n-1})}.\end{aligned}$$

最后一个雅可比行列式对应于引入 $(x_1,\cdots,x_{i-1},x_{i+1},\cdots,x_n)$ 去代替 $(x_1,\cdots,x_{n-1})$ 作为自变量. 但是, 当我们从方程

$$\phi_{x_n}\frac{\partial x_n}{\partial x_i}+\phi_{x_i}=0\quad(i=1,\cdots,n-1)$$

得到偏导数 $\dfrac{\partial x_n}{\partial x_i}$ 时, 我们就有 $D_i/D_n=\pm\phi_{x_i}/\phi_{x_n}$, 因此

$$\frac{D_i^2}{D_n^2}=\frac{\phi_{x_i}^2}{\phi_{x_n}^2},$$

这就证明了 A 的公式 (50b).

这里可以提一下, 表示式 $\sum_i D_i^2$ 可表为 $n-1$ 行的行列式

$$W=\sum_{i=1}^{n} D_i^2=\Gamma\left(\mathbf{X}_{u_1},\cdots,\mathbf{X}_{u_{n-1}}\right)$$
$$=\begin{vmatrix}\mathbf{X}_{u_1}\cdot\mathbf{X}_{u_1} & \mathbf{X}_{u_1}\cdot\mathbf{X}_{u_2} & \cdots & \mathbf{X}_{u_1}\cdot\mathbf{X}_{u_{n-1}}\\ \vdots & \vdots & & \vdots\\ \mathbf{X}_{u_{n-1}}\cdot\mathbf{X}_{u_1} & \mathbf{X}_{u_{n-1}}\cdot\mathbf{X}_{u_2} & \cdots & \mathbf{X}_{u_{n-1}}\cdot\mathbf{X}_{u_{n-1}}\end{vmatrix} \tag{50c}$$

('格拉姆" 行列式; 见第 166 页), 因此

$$A=\int\cdots\int\sqrt{W}\,du_1\cdots du_{n-1}. \tag{50d}$$

在这里, 行列式的元素是向量

$$\mathbf{X}_{u_i}=\left(\frac{\partial x_1}{\partial u_i},\cdots,\frac{\partial x_n}{\partial u_i}\right)\quad 和\quad \mathbf{X}_{u_k}=\left(\frac{\partial x_1}{\partial u_k},\cdots,\frac{\partial x_n}{\partial u_k}\right)$$

的内积, 即表示式

$$\mathbf{X}_{u_i}\cdot\mathbf{X}_{u_k}=\sum_{j=1}^{n}\frac{\partial x_j}{\partial u_i}\frac{\partial x_j}{\partial u_k}. \tag{50e}$$

练 习 4.11

1. 计算 n 维椭球

$$\frac{x_1^2}{a_1^2}+\cdots+\frac{x_n^2}{a_n^2}\leqslant 1$$

的体积.

2. 将只依赖于 x_1 的函数在 n 维空间中单位球面 $x_1^2+\cdots+x_n^2=1$ 上的积分 I 表为单积分.

3. 一个 n 单纯形是 n 维空间中 $n+1$ 个一般位置的半空间的交集; 所谓一般位置即任意 n 个半空间的边界超平面恰好交于一点, 即单纯形的顶点. 例如, 平面上的三角形和三维空间的四面体. 求由超平面 $x_k\geqslant 0, k=1,\cdots,n$ 和

$$\frac{x_1}{a_1}+\frac{x_2}{a_2}+\cdots+\frac{x_n}{a_n}\leqslant 1$$

围成的 n 单纯形的体积.

4.12 作为参数的函数的广义单积分

a. 一致收敛性. 对参数的连续依赖性

广义积分常常作为参数的函数而出现. 例如, 一般幂的积分

$$\int_0^1 y^x dy = \frac{1}{x+1} \tag{51a}$$

对于在区间 $-1 < x < 0$ 中的 x 来说是一个广义积分.

我们已经知道 (第 65 页), 只要被积函数连续, 在有限区间上的积分看作参数的函数时是连续的. 但是, 在无穷区间的情形, 情况就不是这么简单. 例如, 让我们考虑积分

$$F(x) = \int_0^\infty \frac{\sin xy}{y} dy, \tag{51b}$$

按照 $x > 0$ 或 $x < 0$, 通过替换 $xy = z$, 这一积分变为

$$\int_0^\infty \frac{\sin z}{z} dz \quad 或 \quad \int_0^{-\infty} \frac{\sin z}{z} dz = -\int_0^\infty \frac{\sin z}{z} dz.$$

正如我们在卷一已经知道的, 积分

$$\int_0^\infty \frac{\sin z}{z} dz$$

收敛, 而且事实上它的值为 $\pi/2$ (卷一, 第 270 页). 因此, 尽管函数 $(\sin xy)/y$ 作为 x 与 y 的函数是处处连续的, 而且对 x 的任意值积分是收敛的, 但函数 $F(x)$ 不连续.

$$\int_0^\infty \frac{\sin xy}{y} dy = \begin{cases} \dfrac{\pi}{2}, & 当\ x > 0, \\ 0, & 当\ x = 0, \\ -\dfrac{\pi}{2}, & 当\ x < 0. \end{cases} \tag{51c}$$

本来, 这一事实一点也不奇怪, 因为这与无穷级数非一致收敛的情形是类似的 (卷一, 第 465 页), 而且我们必须记住积分的过程是求和的推广. 仅当连续函数的无穷级数是一致收敛时我们才能肯定它表示一个连续函数. 在这里, 在广义积分依赖于一个参数的情形, 我们也必须引进一致收敛概念.

我们说积分

$$F(x) = \int_0^\infty f(x, y) dy \tag{52a}$$

在区间 $a \leqslant x \leqslant b$ (对 x) 一致收敛, 倘若对所考虑的区间的 x 的所有的值, 积分的 "余项" 可以同时变得任意小的话, 更确切地说, 倘若对给定的正数 ε, 存在一个不依赖于 x 的正数 $A = A(\varepsilon)$, 使得当 $B \geqslant A$ 时

$$\left|\int_B^\infty f(x,y)dy\right| < \varepsilon. \tag{52b}$$

作为一个有用的判别法, 我们提一下, 积分

$$\int_0^\infty f(x,y)dy$$

一致 (且绝对) 收敛, 如果对足够大的 y, 比方说 $y > y_0$, 关系式

$$|f(x,y)| < \frac{M}{y^\alpha} \tag{52c}$$

成立, 其中 M 是正常数而 $\alpha > 1$. 因为在此情形下

$$\begin{aligned}\left|\int_B^\infty f(x,y)dy\right| &< M\int_B^\infty \frac{dy}{y^\alpha}\\ &= M\frac{1}{(\alpha-1)B^{\alpha-1}} \leqslant M\frac{1}{(\alpha-1)A^{\alpha-1}}.\end{aligned}$$

选取足够大的且与 x 无关的 A, 就可使 $M\dfrac{1}{(\alpha-1)A^{\alpha-1}}$ 任意小. 这和卷一给出的无穷级数一致收敛的判别法是非常相似的.

我们容易看出, 连续函数的一致收敛积分本身是一连续函数, 因为如果我们选 A 使得对所考虑的区间中的 x 的任意值有

$$\left|\int_A^\infty f(x,y)\right| < \varepsilon,$$

因而, 从 (52a)

$$|F(x+h) - F(x)| < \left|\int_0^A \{f(x+h,y) - f(x,y)\}dy\right| + 2\varepsilon.$$

由于在有界集上函数 $f(x,y)$ 的一致连续性, 我们可以选 h 如此小, 使右边的有穷积分小于 ε, 这就证明了积分的连续性.

当积分的区域是有限但被积函数有值为无穷的间断点时, 类似的结果是成立的. 例如, 假定函数 $f(x,y)$ 当 $y \to \alpha$ 时趋于无穷. 那么我们说收敛的积分

$$F(x) = \int_\alpha^\beta f(x,y)dy \tag{53a}$$

在 $a \leqslant x \leqslant b$ 上是一致收敛的, 如果对于任意的 ε, 我们能找到不依赖于 x 的数 k,

使得只要 $h \leqslant k$, 就有

$$\left|\int_{\alpha}^{\alpha+h} f(x,y)dy\right| < \varepsilon. \tag{53b}$$

在点 $y=\alpha$ 的邻域中, 条件

$$|f(x,y)| < \frac{M}{(y-\alpha)^{\nu}} \quad (\nu < 1) \tag{53c}$$

是一致收敛的充分条件. 如前所述, 当被积函数连续时一致收敛意味着积分是连续函数.

如果在区间 $a \leqslant x \leqslant b$ 中收敛是一致的, 则广义积分 $F(x)$ 是连续的. 我们能够在有限区间对 $F(x)$ 积分, 于是, 对 y 积分是在无限区间时, 构成了相应的广义的累次积分

$$\int_a^b dx \int_0^{\infty} f(x,y)dy,$$

而对无穷性间断的情形则为

$$\int_a^b dx \int_{\alpha}^{\beta} f(x,y)dy.$$

代替有限区间 $a \leqslant x \leqslant b$, 我们当然还可以考虑对 x 在无限区间上积分. 但是, 累次积分不一定收敛. 例如, 积分

$$F(x) = \int_0^{\infty} \frac{dy}{x^2+y^2} = \frac{\pi}{2x}$$

当 $x \geqslant 1$ 时一致收敛, 但

$$\int_1^{\infty} F(x)dx$$

不存在.

b. 广义积分对参数的微分法和积分法

一般说来, 广义积分对参数在积分号下求微商或积分是不对的. 换句话说, 对参数的极限运算和求积分, 一般地说是不能交换次序的 (参看第 410 页的例子).

为了确定广义累次积分中积分次序是否可交换, 我们经常可以应用下面的判别法 (或沿着它的证明途径另作特别的研究).

如果广义积分

$$F(x) = \int_0^{\infty} f(x,y)dy \tag{54a}$$

在区间 $\alpha \leqslant x \leqslant \beta$ 一致收敛, 则

$$\int_{\alpha}^{\beta} dx \int_{0}^{\infty} f(x,y)dy = \int_{0}^{\infty} dy \int_{\alpha}^{\beta} f(x,y)dx. \tag{54b}$$

为证明此判别法, 我们令

$$\int_{0}^{\infty} f(x,y)dy = \int_{0}^{A} f(x,y)dy + R_A(x).$$

根据假定, $|R_A(x)| < \varepsilon(A)$, 其中 $\varepsilon(A)$ 仅仅依赖于 A 而不依赖于 x, 且当 $A \to \infty$ 时趋于零. 由第 70 页交换积分次序的定理给出

$$\begin{aligned}\int_{\alpha}^{\beta} dx \int_{0}^{\infty} f(x,y)dy &= \int_{\alpha}^{\beta} dx \int_{0}^{A} f(x,y)dy + \int_{\alpha}^{\beta} R_A(x)dx \\ &= \int_{0}^{A} dy \int_{\alpha}^{\beta} f(x,y)dx + \int_{\alpha}^{\beta} R_A(x)dx,\end{aligned}$$

由此根据积分计算中的中值定理有

$$\left| \int_{\alpha}^{\beta} dx \int_{0}^{\infty} f(x,y)dy - \int_{0}^{A} dy \int_{\alpha}^{\beta} f(x,y)dx \right| \leqslant \varepsilon(A)|\beta - \alpha|.$$

如果我们令 A 趋于无穷, 我们得到公式 (54b).

如果对参数积分的区间也是无穷的, 即使收敛可以是一致的, 交换积分次序也并不总是可能的. 但是, 如果相应的广义二重积分存在 (参看第四章第 355 页), 这样做是可以的. 因此, 如果二重积分 $\iint |f(x,y)|dxdy$ 在整个第一象限存在, 则

$$\int_{0}^{\infty} dx \int_{0}^{\infty} f(x,y)dy = \int_{0}^{\infty} dy \int_{0}^{\infty} f(x,y)dx. \tag{54c}$$

公式 (54c) 成立是因为广义二重积分不依赖于逼近积分区域的方式, 在一种情形中, 我们用平行于 x 轴的无穷的带形上的积分去逼近原积分, 而在另一种情形, 则是用平行于 y 轴的带形.

如果积分区间是有限的, 但被积函数在积分区域中沿有限条直线 $y =$ 常数或有限条更一般的曲线上发生间断, 类似的结果也是成立的. 相应的定理如下:

如果函数 $f(x,y)$ 仅仅沿有限条直线 $y = a_1, y = a_2, \cdots, y = a_r$ 间断, 而且积分

$$\int_{a}^{b} f(x,y)dy$$

对区间 $\alpha \leqslant x \leqslant \beta$ 中的 x 一致收敛, 则在此区间上它表示一个 x 的连续函数,

而且

$$\int_{\alpha}^{\beta} dx \int_{a}^{b} f(x,y)dy = \int_{a}^{b} dy \int_{\alpha}^{\beta} f(x,y)dx. \tag{54d}$$

这就是说, 在这些假定之下, 积分的次序可以交换. 这个定理的证明与上面给出的公式 (54b) 的证明类似.

对参数的微商的法则同样容易推广. 下面的定理成立:

如果函数 $f(x,y)$ 在区间 $\alpha \leqslant x \leqslant \beta$ 上对 x 分段地有连续的导数, 而且两个积分

$$F(x) = \int_{0}^{\infty} f(x,y)dy \quad 和 \quad \int_{0}^{\infty} f_x(x,y)dy \tag{55a}$$

一致收敛, 则有

$$F'(x) = \int_{0}^{\infty} f_x(x,y)dy. \tag{55b}$$

这就是说, 在这些假定下, 积分和对参数微商的次序可以交换, 因为如果我们令

$$G(x) = \int_{0}^{\infty} f_x(x,y)dy,$$

则 (54b) 给出

$$\begin{aligned} \int_{\alpha}^{\xi} G(x)dx &= \int_{\alpha}^{\xi} dx \int_{0}^{\infty} f_x(x,y)dy \\ &= \int_{0}^{\infty} dy \int_{\alpha}^{\xi} f_x(x,y)dx, \end{aligned}$$

右边被积函数的值为

$$\int_{\alpha}^{\xi} f_x(x,y)dx = f(\xi,y) - f(\alpha,y),$$

因此

$$\int_{\alpha}^{\xi} G(x)dx = F(\xi) - F(\alpha).$$

所以, 我们微商然后用 x 代 ξ, 得到

$$\frac{dF(x)}{dx} = G(x) = \int_{0}^{\infty} f_x(x,y)dy.$$

这就是要证的结论.

当积分限之一依赖于参数 x 时 (见第一章第 68 页), 我们可以类似地推广微

商的法则, 因为我们可以写

$$\int_{\phi(x)}^{\infty} f(x,y)dy = \int_{\phi(x)}^{\alpha} f(x,y)dy + \int_{\alpha}^{\infty} f(x,y)dy,$$

其中 α 是积分区间内的任一固定值. 然后我们可以把以前已经证明过的法则用到右边两项中的每一项.

如前所述, 我们的微商法则对积分区间是有限的广义积分也成立.

c. 例

1. 我们考虑积分

$$\int_0^{\infty} e^{-xy}dy = \frac{1}{x} \quad (x > 0).$$

如果 $x \geqslant 1$, 这个积分一致收敛, 因为对任意正数 A,

$$\int_A^{\infty} e^{-xy}dy \leqslant \int_A^{\infty} e^{-y}dy = e^{-A},$$

其中最后一项的界不再依赖于 x, 而且只要 A 选得足够大的值, 它可以变得任意小. 函数关于 x 的偏导数的积分同样也是一致收敛的. 累次求微商, 我们得到

$$\int_0^{\infty} ye^{-xy}dy = \frac{1}{x^2}, \quad \int_0^{\infty} y^2e^{-xy}dy = \frac{2}{x^3}, \cdots,$$

$$\int_0^{\infty} y^n e^{-xy}dy = \frac{n!}{x^{n+1}}.$$

特别地, 当 $x = 1$ 时, 我们有

$$\Gamma(n+1) = \int_0^{\infty} y^n e^{-y}dy = n!$$

在卷一我们已经用不同的方法建立这一公式.

2. 让我们进一步考虑积分

$$\int_0^{\infty} \frac{dy}{x^2+y^2} = \frac{\pi}{2}\frac{1}{x}.$$

我们也容易使自己信服, 如果 $x \leqslant \alpha$, 其中 α 是任意正数, 积分号下求微商所需的全部假定都满足. 所以通过累次求微商我们得到一系列公式

$$\int_0^{\infty} \frac{dy}{(x^2+y^2)^2} = \frac{\pi}{2} \cdot \frac{1}{2} \cdot \frac{1}{x^3},$$

$$\int_0^{\infty} \frac{dy}{(x^2+y^2)^3} = \frac{\pi}{2} \cdot \frac{1\cdot 3}{2\cdot 4} \cdot \frac{1}{x^5}, \cdots,$$

$$\int_0^{\infty}\frac{dy}{(x^2+y^2)^n}=\frac{\pi}{2}\cdot\frac{1\cdot 3\cdots(2n-3)}{2\cdot 4\cdot\cdots\cdots(2n-2)}\frac{1}{x^{2n-1}}.$$

从这些公式我们可以得到关于 π 的沃利斯乘积的另一种推导 (参看卷一第一分册 243 页). 为此, 我们令 $x=\sqrt{n}$, 得到

$$\int_0^{\infty}\frac{dy}{(1+y^2/n)^n}=\frac{\pi}{2}\cdot\frac{1\cdot 3\cdots(2n-3)}{2\cdot 4\cdots(2n-2)}\sqrt{n}.$$

当 n 增加时, 左边收敛到积分

$$\int_0^{\infty}e^{-y^2}dy=\frac{1}{2}\sqrt{\pi}.$$

为证明这点, 我们估计差

$$\int_0^{\infty}e^{-y^2}dy-\int_0^{\infty}\frac{dy}{(1+y^2/n)^n}.$$

这个差满足不等式

$$\begin{aligned}&\left|\int_0^{\infty}e^{-y^2}dy-\int_0^{\infty}\frac{dy}{\left(1+\dfrac{y^2}{n}\right)^n}\right|\\ &\leqslant\int_0^{T}\left|e^{-y^2}-\frac{1}{\left(1+\dfrac{y^2}{n}\right)^n}\right|dy+\int_T^{\infty}e^{-y^2}dy+\int_T^{\infty}\frac{dy}{\left(1+\dfrac{y^2}{n}\right)}\\ &\leqslant\int_0^{T}\left|e^{-y^2}-\frac{1}{\left(1+\dfrac{y^2}{n}\right)^n}\right|dy+\int_T^{\infty}e^{-y^2}dy+\frac{1}{T}.\end{aligned}$$

这是因为 $\left(1+\dfrac{y^2}{n}\right)^n>y^2$. 但如果 T 选得如此之大, 使得

$$\int_T^{\infty}e^{-y^2}dy+\frac{1}{T}<\frac{\varepsilon}{2},$$

然后选 n 如此之大, 使得

$$\int_0^{T}\left|e^{-y^2}-\frac{1}{\left(1+\dfrac{y^2}{n}\right)^n}\right|dy<\frac{\varepsilon}{2},$$

由于极限

$$\lim_{n\to\infty}\left(1+\frac{y^2}{n}\right)^{-n}=e^{-y^2}$$

的一致收敛性, 这是可以做到的, 因此立即推出

$$\left|\int_0^\infty e^{-y^2}-\frac{1}{\left(1+\frac{y^2}{n}\right)^n}dy\right|<\varepsilon.$$

与第 361 页 (25a) 关于 e^{-y^2} 积分的值一起, 这就建立了如下的关系式

$$\lim_{n\to\infty}\frac{1\cdot 3\cdots(2n-3)}{2\cdot 4\cdots(2n-2)}\sqrt{n}=\frac{1}{\sqrt{\pi}},\tag{56}$$

这是与卷一 (第一分册第 245 页) 的公式 (80) 等价的.

3. 为了计算积分

$$\int_0^\infty \frac{\sin y}{y}dy,$$

我们讨论函数

$$F(x)=\int_0^\infty e^{-xy}\frac{\sin y}{y}dy.$$

如果 $x\geqslant 0$, 这一积分一致收敛, 同时, 如果 $x\geqslant\delta>0$, 积分

$$\int_0^\infty e^{-xy}\sin y dy,$$

一致收敛, 其中 δ 是一任意的正数. 因此, 当 $x\geqslant 0$ 时 $F(x)$ 是连续的; 而当 $x\geqslant\delta$ 时, 我们有

$$F'(x)=-\int_0^\infty e^{-xy}\sin y dy.$$

两次分部积分, 我们容易算出这个积分 (见卷一第 233 页):

$$F'(x)=-\frac{1}{1+x^2}.$$

我们积分此式得到

$$F(x)=-\arctan x+C,$$

其中 C 是常数[1]. 由于关系式

$$\left|\int_0^\infty e^{-xy}\frac{\sin y}{y}dy\right| \leqslant \int_0^\infty e^{-xy}dy = \left.\frac{e^{-xy}}{x}\right|_\infty^0 = \frac{1}{x}$$

当 $x \geqslant \delta$ 时成立, 我们知道 $\lim\limits_{x\to\infty} F(x) = 0$. 因为 $\lim\limits_{x\to\infty} \arctan x = \pi/2, C$ 必须是 $\pi/2$, 从而我们得到

$$F(x) = \frac{\pi}{2} - \arctan x.$$

因当 $x \geqslant 0$ 时 $F(x)$ 是连续的, 有

$$\lim_{x\to 0} F(x) = F(0) = \int_0^\infty \frac{\sin y}{y}dy,$$

这给出了需要的公式

$$\int_0^\infty \frac{\sin y}{y}dy = \frac{\pi}{2} \tag{57}$$

(参看卷一第 519 页).

我们来证明

$$\int_0^\infty e^{-xy}\frac{\sin y}{y}dy$$

当 $x \geqslant 0$ 时一致收敛, 如果 A 是一任意数而 $k\pi$ 是大于 A 的 π 的最小的倍数. 我们可以将积分的 '余项' 表为如下形式

$$\begin{aligned}&\int_A^\infty e^{-xy}\frac{\sin y}{y}dy\\ &= \int_A^{k\pi} e^{-xy}\frac{\sin y}{y}dy + \sum_{\nu=k}^\infty \int_{\nu\pi}^{(\nu+1)\pi} e^{-xy}\frac{\sin y}{y}dy,\end{aligned}$$

右边的级数的项有交错的符号而且它们的绝对值单调地趋于零. 所以, 由莱布尼茨判别法 (卷一第 452 页) 级数收敛而且级数的绝对值小于它的第一项. 因此我们有不等式

$$\begin{aligned}\left|\int_A^\infty e^{-xy}\frac{\sin y}{y}dy\right| &< \int_A^{(k+1)\pi} e^{-xy}\frac{|\sin y|}{y}dy\\ &< \int_A^{(k+1)\pi}\frac{1}{A}dy < \frac{2\pi}{A},\end{aligned}$$

上式右边不依赖于 x 而且可以使它任意小, 这就证实了收敛的一致性.

1) 这里 $\arctan x$ 表示这函数的主值分支, 如卷一 (第 182 页) 定义的那样.

当 $x \geqslant \delta > 0$ 时,

$$\int_0^\infty e^{-xy} \sin y dy$$

的一致收敛性可以从关系式

$$\int_A^\infty \left| e^{-xy} \sin y \right| dy \leqslant \int_A^\infty e^{-xy} dy = \frac{e^{-Ax}}{x} \leqslant \frac{e^{-A\delta}}{\delta}$$

立即推出.

4. 我们已了解到积分的一致收敛是积分次序可交换性的一个充分条件. 如下面的例子表明的, 仅仅是收敛是不够的.

如果我们令 $f(x,y) = (2-xy)xye^{-xy}$, 那么, 因为

$$f(x,y) = \frac{\partial}{\partial y}\left(xy^2 e^{-xy}\right),$$

对区间 $0 \leqslant x \leqslant 1$ 中的每一个 x, 积分

$$\int_0^\infty f(x,y) dy$$

存在; 事实上, 对每个上述的 x 值, 它的值为零. 因此,

$$\int_0^1 dx \int_0^\infty f(x,y) dy = 0.$$

另一方面, 因为对每一 $y \geqslant 0$,

$$f(x,y) = \frac{\partial}{\partial x}\left(x^2 y e^{-xy}\right),$$

我们有

$$\int_0^1 f(x,y) dx = ye^{-y},$$

因而

$$\int_0^\infty dy \int_0^1 f(x,y) dx = \int_0^\infty ye^{-y} dy = \int_0^\infty e^{-y} dy = 1.$$

故

$$\int_0^1 dx \int_0^\infty f(x,y) dy \neq \int_0^\infty dy \int_0^1 f(x,y) dx.$$

d. 菲涅耳积分值的计算

菲涅耳积分

$$F_1 = \int_{-\infty}^{+\infty} \sin\left(\tau^2\right) d\tau, \quad F_2 = \int_{-\infty}^{+\infty} \cos\left(\tau^2\right) d\tau \tag{58a}$$

在光学上是重要的. 为了计算它们, 我们应用替换 $\tau^2 = t$, 得到

$$F_1 = \int_0^{\infty} \frac{\sin t}{\sqrt{t}} dt, \quad F_2 = \int_0^{\infty} \frac{\cos t}{\sqrt{t}} dt.$$

这里, 我们令

$$\frac{1}{\sqrt{t}} = \frac{2}{\sqrt{\pi}} \int_0^{\infty} e^{-x^2 t} dx,$$

(这由替换 $x = \tau/\sqrt{t}$ 推出) 而且交换积分次序, 按我们的法则这是允许的 (我们首先把对 t 的积分限制在有限区间 $0 < a < t < b$ 上, 然后再令 $a \to 0, b \to \infty$).

$$F_1 = \frac{2}{\sqrt{\pi}} \int_0^{\infty} dx \int_0^{\infty} e^{-x^2 t} \sin t dt,$$
$$F_2 = \frac{2}{\sqrt{\pi}} \int_0^{\infty} dx \int_0^{\infty} e^{-x^2 t} \cos t dt.$$

利用分部积分法计算里面的积分, 我们将 F_1 和 F_2 化为初等有理函数的积分

$$F_1 = \frac{2}{\sqrt{\pi}} \int_0^{\infty} \frac{1}{1+x^4} dx, \quad F_2 = \frac{2}{\sqrt{\pi}} \int_0^{\infty} \frac{x^2}{1+x^4} dx.$$

这些积分可由卷一给出的公式进行计算; 第二个积分借助于替换 $x' = \dfrac{1}{x}$ 可化成第一个积分; 二者有值 $\dfrac{\pi}{2\sqrt{2}}$, 因而

$$F_1 = F_2 = \sqrt{\frac{\pi}{2}}. \tag{58b}$$

练 习 4.12

1. 计算

$$\int_0^{\infty} x^n e^{-x^2} dx.$$

2. 计算

$$F(y) = \int_0^1 x^{y-1}(y \log x + 1) dx.$$

3. 设 $f(x,y)$ 二阶连续可微, 又设 $u(x,y,z)$ 定义如下:

$$u(x,y,z)=\int_0^{2\pi} f(x+z\cos\phi, y+z\sin\phi)d\phi.$$

证明

$$z\left(u_{xx}+u_{yy}-u_{zz}\right)-u_z=0.$$

4. 如果 $f(x)$ 二阶连续可微而且

$$u(x,t)=\frac{1}{t^{p-2}}\int_{-t}^{+t} f(x+y)\left(t^2-y^2\right)^{(p-3)/2}dy \quad (p>1),$$

证明

$$u_{xx}=\frac{p-1}{t}u_t+u_{tt}.$$

5. 为使

$$\int_{-\infty}^{\infty}\int_{-\infty}^{\infty}\exp\left[-\left(ax^2+2bxy+cy^2\right)\right]dxdy=1,$$

a,b,c 必须取什么样的值?

6. 计算

(a) $\displaystyle\int_{-\infty}^{+\infty}\int_{-\infty}^{+\infty}\exp\left[-\left(ax^2+2bxy+cy^2\right)\right]\left(Ax^2+2Bxy+Cy^2\right)dxdy$,

(b) $\displaystyle\int_{-\infty}^{+\infty}\int_{-\infty}^{+\infty}\exp\left[-\left(ax^2+2bxy+cy^2\right)\right]\left(ax^2+2bxy+cy^2\right)dxdy$,

其中 $a>0, ac-b^2>0$.

7. 贝塞尔函数 $J_0(x)$ 可定义为

$$J_0(x)=\frac{1}{\pi}\int_{-1}^{+1}\frac{\cos xt}{\sqrt{1-t^2}}dt,$$

证明

$$J_0''+\frac{1}{x}J_0'+J_0=0.$$

8. 非负整数指标 n 的贝塞尔函数 $J_n(x)$ 可定义为

$$J_n(x)=\frac{x^2}{1\cdot3\cdot5\cdots(2n-1)\pi}\int_{-1}^{+1}(\cos xt)\left(1-t^2\right)^{n-1/2}dt.$$

证明

(a) $J_n''+\dfrac{1}{x}J_n'+\left(1-\dfrac{n^2}{x^2}\right)J_n=0(n\geqslant 0)$;

(b) $J_{n+1}=J_{n-1}-2J_n'(n\geqslant 1)$ 且

$$J_1=-J_0'.$$

9. 计算下列积分:

(a) $K(a)=\int_0^\infty e^{-ax^2}\cos x dx$;

(b) $\int_0^\infty \frac{e^{-bx}-e^{-ax}}{x}\cos x dx$;

(c) $I(a)=\int_0^\infty \exp\left(-x^2-a^2/x^2\right)dx$;

(d) $\int_0^\infty \frac{\sin(ax)J_0(bx)}{x}dx$,

其中 J_0 表示在练习题 7 中定义的贝塞尔函数.

10. 证明: 当 n 大时

$$\int_0^{n\pi}\frac{\sin^2 ax}{x}dx$$

与 $\log n$ 同阶而有

$$\int_0^\infty \frac{\sin^2 ax-\sin^2 bx}{x}dx=\frac{1}{2}\log\frac{a}{b}.$$

11. 将 '积分 $\int_0^\infty f(x,y)dy$ 不一致收敛" 的说法用不含有 '不一致收敛" 词句的等价说法去代替.

4.13 傅里叶积分

a. 引言

在 4.12 节中叙述的理论, 可以用傅里叶积分定理 (见第一卷第 545 页) 来解释, 它在分析和数学物理中是一个基本的定理. 我们回想一下, 傅里叶级数是把一个逐段光滑而在其他方面却是任意的周期函数, 用三角级数表示出来. 傅里叶积分给出了非周期函数 $f(x)$ 一个相应的三角表示, 这个函数定义在无穷区间 $-\infty<x<+\infty$ 内, 而且为了保证收敛, 它在无穷远处的性质还要有适当的限制.

关于函数 $f(x)$, 我们作以下的假定:

1. $f(x)$ 在任意有限区间内有定义、连续, 并有连续的一阶导数 $f'(x)$, 至多在有限个点例外.

2. $f'(x)$ 在每一个例外点的附近有界. 在例外点, $f(x)$ 取它的左右极限的算

术平均作为函数值:

$$f(x)=\frac{1}{2}[f(x+0)+f(x-0)]^{1)} \tag{59a}$$

3. 积分

$$\int_{-\infty}^{+\infty}|f(x)|dx=C \tag{59b}$$

收敛.

这时傅里叶积分定理可叙述为

$$f(x)=\frac{1}{\pi}\int_0^{\infty}d\tau\int_{-\infty}^{+\infty}f(t)\cos\tau(t-x)dt. \tag{60}$$

应用恒等式

$$\cos\tau(t-x)=\frac{1}{2}\left(e^{i\tau t-i\tau x}+e^{-i\tau t+i\tau x}\right),$$

并令

$$g(\tau)=\frac{1}{\sqrt{2\pi}}\int_{-\infty}^{+\infty}f(t)e^{-i\tau t}dt, \tag{61a}$$

我们可以把公式 (60) 写成

$$\begin{aligned}f(x)&=\frac{1}{\sqrt{2\pi}}\int_0^{\infty}\left[e^{i\tau x}g(\tau)+e^{-i\tau x}g(-\tau)\right]d\tau\\&=\lim_{A\to\infty}\frac{1}{\sqrt{2\pi}}\int_0^{A}\left[e^{i\tau x}g(\tau)+e^{-i\tau x}g(-\tau)\right]d\tau\\&=\lim_{A\to\infty}\frac{1}{\sqrt{2\pi}}\int_{-A}^{A}g(\tau)e^{ix\tau}d\tau.\end{aligned}$$

这样, 傅里叶定理变成

$$f(x)=\frac{1}{\sqrt{2\pi}}\int_{-\infty}^{+\infty}g(\tau)e^{ix\tau}d\tau. \tag{61b}$$

写成复数形式的 (61a), 把另一个函数 $g(\tau)$, f 的傅里叶变换, 同函数 $f(x)$ 联系起来了. 由公式 (61b) 给出的傅里叶定理, 以一种相当对称的形式用 g 表示了 f; 事实上, 它正好说明, $f(-x)$ 是 $g(\tau)$ 的傅里叶变换. 除了指数中差一个符号以及下述事实以外, f 和 g 的关系是互易的, 这个事实就是根据从 (60) 出发所作的推导,

---

0) 对每个例外的 x, 我们并不要求 $f'(x)$ 有定义. 然而, f' 在例外点 x 附近的有界性, 蕴涵了左右极限 $f(x-0)$ 和 $f(x+0)$ 存在.

(61b) 中的广义积分是在

$$\int_{-\infty}^{+\infty} = \lim_{A\to\infty}\int_{-A}^{A}$$

这种特定的意义下取的. 然而在 g 的公式 (61a) 中, 根据假定 (59b), 积分是绝对收敛的, 从而上下限可以独立地分别趋向 $+\infty$ 和 $-\infty$. 两个公式 (61a, b) 是互易的等式, 每个等式都是把一个函数用另一个表示出来.

一般说来, 实值函数 $f(x)$ 的傅里叶变换 $g(\tau)$ 取复值. 对于实的 f, 从 (61a) 我们得到复的共轭等式

$$\overline{g(\tau)} = \frac{1}{\sqrt{2\pi}}\int_{-\infty}^{+\infty} f(t)e^{i\tau t}dt = g(-\tau). \tag{62}$$

然而, 当 $f(x)$ 是 x 的偶函数时, 傅里叶变换也是偶的, 而且对实的 f 它也是实的. 事实上, 把积分 (61a) 中关于 t 与 $-t$ 的贡献联合起来, 我们得到

$$g(\tau) = \frac{2}{\sqrt{2\pi}}\int_0^{\infty} f(t)\cos(\tau t)dt, \tag{63a}$$

它蕴涵了 $g(\tau) = g(-\tau)$. 公式 (61b) 因而可以写成

$$\begin{aligned} f(x) &= \frac{2}{\sqrt{2\pi}}\int_0^{\infty} g(\tau)\cos(\tau x)d\tau \\ &= \frac{2}{\pi}\int_0^{\infty}\cos(\tau x)d\tau\int_0^{\infty} f(t)\cos(\tau t)dt. \end{aligned} \tag{63b}$$

类似地, 对于奇函数 $f(x)$,

$$g(\tau) = \frac{-2i}{\sqrt{2\pi}}\int_0^{\infty} f(t)\sin(\tau t)dt. \tag{64a}$$

在 (64a) 中, g 是一个对于实的 f 取纯虚数值的奇函数. 反演公式变成

$$\begin{aligned} f(x) &= \frac{2i}{\sqrt{2\pi}}\int_0^{\infty} g(\tau)\sin(\tau x)d\tau \\ &= \frac{2}{\pi}\int_0^{\infty}\sin(\tau x)d\tau\int_0^{\infty} f(t)\sin(\tau t)dt. \end{aligned} \tag{64b}$$

我们先用些例子来解释傅里叶积分定理, 然后再给出它的证明.

b. 例

1. 设 $f(x)$ 是如下定义的阶梯函数, 当 $x^2 < 1$ 时 $f(x) = 1$, 当 $x^2 > 1$ 时 $f(x) = 0$. 由公式 (63a), f 的傅里叶变换是函数

$$g(\tau)=\frac{2}{\sqrt{2\pi}}\int_0^1\cos(\tau t)dt=\frac{2}{\sqrt{2\pi}}\frac{\sin\tau}{\tau}.$$

因此, 用 (63b),

$$f(x)=\frac{2}{\pi}\int_0^\infty\frac{\cos(\tau x)\sin\tau}{\tau}d\tau=\begin{cases}1, & \text{当 } |x|<1,\\ \frac{1}{2}, & \text{当 } x=\pm1,\\ 0, & \text{当 } |x|>1.\end{cases}\tag{65a}$$

这个积分在数学文献中被称为狄利克雷间断因子. 它表明, 含参变量 x 的积分可以是参变量 x 的间断函数, 即使被积函数对 x 是连续的. 当然, 这种现象之所以会出现只是由于积分是广义的.

2. 设 $f(x)=e^{-kx}$ 当 $x>0$, 其中 k 是一正实数. 对所有的 x 定义 f 为偶函数, 我们求 f 的傅里叶变换:

$$g(\tau)=\frac{2}{\sqrt{2\pi}}\int_0^\infty\cos(\tau t)e^{-kt}dt=\sqrt{\frac{2}{\pi}}\frac{k}{k^2+\tau^2}$$

[为了计算这个积分, 见第一卷第一分册 241 页的公式 (64)]. 由 (63b) 就导出等式

$$f(x)=\frac{2}{\pi}\int_0^\infty\frac{k\cos(\tau x)}{k^2+\tau^2}d\tau=e^{-k|x|}.\tag{65b}$$

另一方面, 对负的 x, 当把 e^{-kx} 延拓为 x 的奇函数时, 我们得到傅里叶变换

$$g(\tau)=\frac{-2i}{\sqrt{2\pi}}\int_0^\infty\sin(\tau t)e^{-kt}dt=-i\sqrt{\frac{2}{\pi}}\frac{\tau}{k^2+\tau^2},$$

以及公式

$$f(x)=\frac{2}{\pi}\int_0^\infty\frac{\tau\sin(\tau x)}{k^2+\tau^2}d\tau=\begin{cases}e^{-kx}, & \text{当 } x>0,\\ 0, & \text{当 } x=0,\\ -e^{kx}, & \text{当 } x<0.\end{cases}\tag{65c}$$

3. 函数 $f(x)=e^{-\frac{x^2}{2}}$ 给我们的反演公式一个有趣的说明. 傅里叶变换是

$$g(\tau)=\frac{2}{\sqrt{2\pi}}\int_0^\infty e^{-\frac{x^2}{2}}\cos(x\tau)dx.$$

这个 g 不大好算, 因为其不定积分没有可供利用的显式. 奇妙的是 g 可以通过解一个微分方程求得. 微分 g 的表达式并分部积分, 我们得到

$$g'(\tau)=-\frac{2}{\sqrt{2\pi}}\int_0^\infty\left(xe^{-\frac{x^2}{2}}\right)\sin(x\tau)dx$$

$$= \frac{2}{\sqrt{2\pi}} \left[e^{-\frac{x^2}{2}} \sin(x\tau) \Big|_0^\infty - \tau \int_0^\infty e^{-\frac{x^2}{2}} \cos(x\tau) dx \right]$$
$$= -\tau g(\tau).$$

由此推出

$$\frac{d}{d\tau} \left[g(\tau) e^{\tau^2/2} \right] = [g\tau + g'] \, e^{\tau^2/2} = 0$$

或

$$g(\tau) e^{\tau^2/2} = \text{常数} = c.$$

因此 g 的形式是

$$g(\tau) = ce^{-\tau^2/2}.$$

可见, 函数 $f = e^{-\frac{x^2}{2}}$ 的傅里叶变换具有形式

$$g(\tau) = ce^{-\tau^2/2},$$

其中带有一个确定的常数 c. 由于 [见第 361 页的 (25a)]

$$c = g(0) = \sqrt{\frac{2}{\pi}} \int_0^\infty e^{-x^2/2} dx = \frac{2}{\sqrt{\pi}} \int_0^\infty e^{-y^2} dy = 1,$$

我们发现, $f = e^{-x^2/2}$ 的傅里叶变换是同一个函数

$$g(\tau) = \frac{2}{\sqrt{2\pi}} \int_0^\infty e^{-\frac{x^2}{2}} \cos(x\tau) dx = e^{-\tau^2/2}. \tag{66}$$

c. 傅里叶积分定理的证明

证明 (类似于第一卷中关于傅里叶级数的相应的证明) 基于一个简单的引理 ("黎曼–勒贝格引理"):

如果 $\varphi(t)$ 在开区间 $a < t < b$ 有界且连续, 那么我们有

$$\lim_{A \to \infty} \int_a^b \varphi(t) \sin At dt = 0. \tag{67}$$

为了证明引理, 我们假设 $|\varphi(t)| < M$ 当 $a < t < b$. 设 ε 是一个给定的正数. 选取 α 和 β 使得

$$a < \alpha < a + \frac{\varepsilon}{M}, \quad b - \frac{\varepsilon}{M} < \beta < b, \quad \alpha < \beta.$$

那么

$$\left|\int_a^b \varphi(t)\sin Atdt\right| \leqslant \left|\int_\alpha^\beta \varphi(t)\sin Atdt\right| + 2\varepsilon.$$

在闭区间 $\alpha \leqslant t \leqslant \beta$, 函数 $\varphi(t)$ 是一致连续的, 因而我们可以找到 δ, 使得

$$|\varphi(t') - \varphi(t)| < \frac{\varepsilon}{b-a}, \quad \text{当 } |t'-t| < \delta.$$

现在, 在积分中用 $t + \dfrac{\pi}{A}$ 代替 t, 我们有

$$\begin{aligned}
\int_\alpha^\beta \varphi(t)\sin Atdt = & -\int_{\alpha-\frac{\pi}{A}}^{\beta-\frac{\pi}{A}} \varphi\left(t+\frac{\pi}{A}\right)\sin Atdt \\
= & -\int_\alpha^\beta \varphi(t)\sin Atdt \\
& -\int_\alpha^{\beta-\frac{\pi}{A}} \left[\varphi\left(t+\frac{\pi}{A}\right) - \varphi(t)\right]\sin Atdt \\
& +\int_{\beta-\frac{\pi}{A}}^\beta \varphi(t)\sin Atdt \\
& -\int_{\alpha-\frac{\pi}{A}}^\alpha \varphi\left(t+\frac{\pi}{A}\right)\sin Atdt.
\end{aligned}$$

这样, 如果 A 很大使得 $\dfrac{\pi}{A} < \delta$ 且 $2M\pi/A < \varepsilon$, 我们就发现

$$\left|2\int_\alpha^\beta \varphi(t)\sin Atdt\right| \leqslant \frac{\beta-\alpha-\pi/A}{b-a}\varepsilon + \frac{2M\pi}{A} < 2\varepsilon,$$

从而也就有

$$\left|\int_a^b \varphi(t)\sin Atdt\right| \leqslant 3\varepsilon.$$

由于 ε 是任意的, 我们就推出了关系式 (67).

显然, 公式 (67) 对更一般的情形成立, 也就是说, 当通过去掉有限多个例外点, 区间 $a < t < b$ 可以分成一些开区间, 在每一个开区间内 $\varphi(t)$ 连续且有界.

现在设 $f(t)$ 是一个函数, 它对所有的 t 都有定义且满足在第 413 页中叙述的假设 1—3. 为了证明我们的写成形式 (60) 的主要定理, 首先用一个有限的积分区间去代替无限的积分区间, 使得我们可以交换积分次序. 对于正的 A, B (和固定的 x), 我们引进表示式

$$I_A = \frac{1}{\pi}\int_0^A d\tau \int_{-\infty}^{+\infty} f(t)\cos\tau(t-x)dt. \tag{68a}$$

由假设 3，

$$\int_{-\infty}^{+\infty} |f(t)|dt$$

收敛. 因此, 对给定的 $\varepsilon > 0$, 对一切充分大的 B, 我们有

$$\left|\int_{|t|>B} f(t)\cos\tau(t-x)dt\right| \leqslant \int_{|t|>B} |f(t)|dt < \varepsilon.$$

由此推出

$$\lim_{B\to\infty}\int_{-B}^{B} f(t)\cos\tau(t-x)dt = \int_{-\infty}^{+\infty} f(t)\cos\tau(t-x)dt \tag{68b}$$

对 τ 一致收敛.

我们将要证明的公式 (60), 可叙述为

$$f(x) = \lim_{A\to\infty} I_A. \tag{69}$$

因为积分 (68b) 一致收敛[1), 在定义 I_A 的积分 (68a) 中, 我们便可以交换积分次序 [见 (54b), 第 404 页]. 这样

$$\begin{aligned} I_A &= \frac{1}{\pi}\int_{-\infty}^{+\infty} dt \int_0^A f(t)\cos\tau(t-x)d\tau \\ &= \frac{1}{\pi}\int_{-\infty}^{+\infty} f(t)\frac{\sin A(t-x)}{t-x}dt \\ &= \frac{1}{\pi}\int_{-\infty}^{+\infty} f(t+x)\frac{\sin At}{t}dt. \end{aligned}$$

应用恒等式

$$\int_0^\infty \frac{\sin At}{t}dt = \frac{\pi}{2}, \quad \text{当} A > 0$$

[见 (57), 第 409 页], 我们可以把这个结果写成

$$I_A = \frac{1}{\pi}\int_0^\infty [f(x+t) + f(x-t)]\frac{\sin At}{t}dt$$

1) 我们把 413 页的定理分别用到

$$\int_0^\infty f(t)\cos\tau(t-x)dt \quad \text{和} \quad \int_{-\infty}^0 f(t)\cos\tau(t-x)dt$$

中去, 无需改变 (54b) 的证明就可知道, 函数 f 在任意有限区间中允许有有限个跳跃间断点.

$$= \frac{f(x+0)+f(x-0)}{2} + \frac{1}{\pi}\int_0^{\infty} \varphi(t)\sin Atdt$$

$$= \frac{f(x+0)+f(x-0)}{2} + \frac{1}{\pi}\int_0^{c} \varphi(t)\sin Atdt$$

$$+ \frac{1}{\pi}\int_c^{\infty} \varphi(t)\sin Atdt,$$

其中 C 是一任意正常数, 而

$$\varphi(t) = \frac{f(x+t)-f(x+0)}{t} + \frac{f(x-t)-f(x-0)}{t}.$$

函数 $\varphi(t)$ 满足黎曼–勒贝格定理 (67) 的所有假设: 除了可能有有限个点外, 它显然是连续的, 因为 f 就是这样, 在间断点 $t \neq 0$ 处, 函数 $\varphi(t)$ 保持有界, 因为 f 只有跳跃间断. $\varphi(t)$ 在 $t=0$ 附近有界, 可以从 f 可微和 f' 有界推出, 因为用微分学的中值定理

$$\varphi(t) = f'(x+\theta t) - f'(x-\eta t),$$

其中 θ 与 η 都是介于 0 和 1 之间的某个值[1]. 应用 (67), 对于任何 $C>0$ 我们得到

$$\lim_{A\to\infty} \frac{1}{\pi}\int_0^{C} \varphi(t)\sin Atdt = 0.$$

此外

$$\frac{1}{\pi}\int_C^{\infty} \varphi(t)\sin Atdt$$

$$= \frac{1}{\pi}\int_C^{\infty} \frac{f(x+t)+f(x-t)}{t}\sin Atdt - \frac{f(x+0)+f(x-0)}{\pi}\int_{AC}^{\infty}\frac{\sin t}{t}dt.$$

在这里, 对任意的 $C>0$, 当 $A\to\infty$ 时第二个积分趋向于 0, 而只要选取 C 充分大, 我们就可以使第一个积分对一切 $A>0$ 一致小, 这就推得

$$\lim_{A\to\infty} I_A = \frac{f(x+0)+f(x-0)}{2}.$$

这和 (69) 等价, 因为我们假设了

$$f(x) = \frac{f(x+0)+f(x-0)}{2}.$$

1) 注意, 为了应用中值定理, 我们只要求函数在区间内部有微商存在并在闭区间连续 (看第一卷第一分册 149 页). 对很小的正数 t 由 $f(x+t)$ 定义而在 $t=0$ 由 $f(x+0)$ 定义的函数, 以及对很小的正数 t 由 $f(x-t)$ 定义而在 $t=0$ 由 $f(x-0)$ 定义的函数, 都满足这些假设.

d. 傅里叶积分定理的收敛速度

反演公式 (61a, b) 是在对函数 $f(x)$ 作了第 413 页所叙述的假设 1—3 下建立的, 条件

$$\int_{-\infty}^{+\infty} |f(x)|dx = C < \infty$$

的一个推论是, 由 (61a) 给出的傅里叶变换 $g(\tau)$ 绝对一致收敛. 事实上, 如果我们取

$$g_B(\tau) = \frac{1}{\sqrt{2\pi}} \int_{-B}^{B} f(t)e^{-i\tau t}dt, \tag{70a}$$

那么

$$\begin{aligned} |g(\tau) - g_B(\tau)| &= \left| \frac{1}{\sqrt{2\pi}} \int_{|t|>B} f(t)e^{-i\tau t}dt \right| \\ &\leqslant \frac{1}{\sqrt{2\pi}} \int_{|t|>B} |f(t)|dt. \end{aligned}$$

因此, 给定 $\varepsilon > 0$, 可以找到 B 足够大, 使得对所有的 τ, 有

$$|g(\tau) - g_B(\tau)| < \varepsilon.$$

这就推出 g, 作为连续函数 g_B 的一致收敛的极限, 本身是连续的.

一般地说, 我们不能肯定, 反演公式 (61b) 中的积分一致收敛. 逼近函数

$$f_A(x) = \frac{1}{\sqrt{2\pi}} \int_{-A}^{A} g(\tau)e^{ix\tau}d\tau$$

当然是连续的, 并且对每一点 x 收敛到 $f(x)$. 然而, 如果 f 有间断, 则收敛不可能是一致的, 正如在 416 页例 1 中所看到的那样. 为了使 $f_A(x)$ 趋向于 $f(x)$ 是一致收敛的, 还是只要求广义积分

$$\int_{-\infty}^{+\infty} |g(\tau)|d\tau$$

存在就够了. 例 1 显然是不满足这个条件, 在那里 $g(\tau) = \dfrac{2\sin\tau}{\sqrt{2\pi}\tau}$.

对许多应用来说, 只对绝对一致收敛的积分用起来才方便. 要证明只是条件收敛的积分能交换极限运算的次序通常要难得多. 很容易对 f 加上一些限制来保证 $|g|$ 在整个数轴上可积, 从而保证 $f_A(x)$ 的一致收敛性. 只要 $f(x)$ 有连续的一

阶与二阶导数 $f'(x)$ 和 $f''(x)$, 并且三个积分

$$\int_{-\infty}^{+\infty}|f(x)|dx, \quad \int_{-\infty}^{+\infty}|f'(x)|\,dx, \quad \int_{-\infty}^{+\infty}|f''(x)|\,dx$$

都收敛就够了.

首先,

$$\int_{-\infty}^{+\infty}|f'(x)|\,dx$$

收敛保证了

$$\begin{aligned}\lim_{x\to\infty}f(x) &= \lim_{x\to\infty}\left[f(0)+\int_0^x f'(t)dt\right]\\ &= f(0)+\int_0^\infty f'(t)dt\end{aligned}$$

存在, 显然

$$\lim_{x\to\infty}f(x)$$

的值只能是 0, 因为否则

$$\int_{-\infty}^{+\infty}|f(x)|dx$$

就不可能收敛, 因此, $\lim\limits_{x\to\infty}f(x)=0$. 根据同样的论证 $\lim\limits_{x\to-\infty}f(x)=0$. 类似地,

$$\int_{-\infty}^{+\infty}|f''(x)|\,dx$$

的收敛蕴涵了

$$\lim_{x\to\pm\infty}f'(x)=0$$

也成立. 对公式 (70a) 分部积分两次, 便有

$$\begin{aligned}g_B(\tau) &= \frac{1}{i\sqrt{2\pi}\tau}\left[-f(B)e^{-iB\tau}+f(-B)e^{iB\tau}+\int_{-B}^{B}f'(t)e^{-i\tau t}dt\right]\\ &= \frac{e^{-iB\tau}\left[f'(B)+i\tau f(B)\right]-e^{iB\tau}\left[f'(-B)+i\tau f(-B)\right]}{\sqrt{2\pi}\tau^2}\\ &\quad -\frac{1}{\sqrt{2\pi}\tau^2}\int_{-B}^{B}f''(t)e^{-i\tau t}dt. \qquad (71a)\end{aligned}$$

因此, 当 $B \to \infty$,

$$g(\tau) = \frac{1}{i\tau\sqrt{2\pi}} \int_{-\infty}^{+\infty} f'(t) e^{-i\tau t} dt$$
$$= -\frac{1}{\sqrt{2\pi}\tau^2} \int_{-\infty}^{+\infty} f''(t) e^{-i\tau t} dt, \tag{71b}$$

从而

$$|g(\tau)| \leqslant \frac{1}{\sqrt{2\pi}\tau^2} \int_{-\infty}^{+\infty} |f''(t)|\, dt = O\left(\frac{1}{\tau^2}\right) \tag{71c}$$

对 $g(\tau)$ 的这个估计显然蕴涵了

$$\int_{-\infty}^{+\infty} |g(\tau)| d\tau$$

收敛, 因此

$$f(x) = \lim_{A \to \infty} f_A(x) = \lim_{A \to \infty} \frac{1}{\sqrt{2\pi}} \int_{-A}^{A} g(\tau) e^{ix\tau} d\tau$$

对所有的 x 是一致成立的. 事实上, 在对 f 所作的假设下, 积分的上、下限如何趋向 $\pm\infty$ 是无关紧要的; 一般说

$$f(x) = \lim_{\substack{A \to \infty \\ B \to -\infty}} \frac{1}{\sqrt{2\pi}} \int_{B}^{A} g(\tau) e^{i\tau x} d\tau.$$

等式 (71b) 可以解释为, 函数 $f'(t)$ 有傅里叶变换 $i\tau g(\tau)$, 而 $f''(t)$ 有傅里叶变换 $-\tau^2 g(\tau)$, 其中 g 是 f 的傅里叶变换. 因此, 在适当的正则性假设下, f 的微商对应于 f 的傅里叶变换乘以因子 $i\tau$. 这个事实对于傅里叶变换的许多应用来说是决定性的.

e. 傅里叶变换的帕塞瓦尔等式

对于傅里叶级数, 我们证明了 (第一卷第二分册第 544 页) 帕塞瓦尔等式, 它把一个周期函数的平方积分和傅里叶系数的平方和联系起来. 对傅里叶变换来说, 存在一个非常类似的等式, 它在形式上甚至更为对称, 这是因为函数 f 和它的傅里叶变换 g 之间的互易性. 由于傅里叶变换 g 一般是复值的, 即使对实值的 f 也这样, 所以必须用绝对值的平方而不用函数的平方, 因此帕塞瓦尔等式叙述为, 函数 f 与它的傅里叶变换 g 的绝对值的平方在整个数轴上的积分是相同的:

$$\int_{-\infty}^{+\infty} |f(x)|^2 dx = \int_{-\infty}^{+\infty} |g(\tau)|^2 d\tau. \tag{72}$$

我们并不取使这个等式成立的最一般的假设, 而仅仅把 f 限制在上一节末尾所加的条件下来证明它, 即 f, f', f'' 三个函数都连续, 并且在整个 x 轴上绝对可积[1].

和前面一样, 我们用等式 (70a) 和 (70b) 来定义 g 与 f 的逼近 $g_B(x)$ 与 $f_A(x)$. 然后, 我们构造表示式

$$\begin{aligned}J_{A,B} &= \int_{-B}^{B} |f(x) - f_A(x)|^2 \, dx \\ &= \int_{-B}^{B} [f(x) - f_A(x)] \left[\overline{f(x)} - \overline{f_A(x)}\right] dx \\ &= \int_{-B}^{B} \left[f(x)\overline{f(x)} - f(x)\overline{f_A(x)}\right. \\ &\quad \left. - f_A(x)\overline{f(x)} + f_A(x)\overline{f_A(x)}\right] dx,\end{aligned}$$

其中表示式上的横线表示共轭复数值. 现在, 交换积分次序, 我们发现

$$\begin{aligned}\int_{-B}^{B} f(x)\overline{f_A(x)} dx &= \frac{1}{\sqrt{2\pi}} \int_{-B}^{B} f(x) dx \int_{-A}^{A} \overline{g(\tau)} e^{-ix\tau} d\tau \\ &= \frac{1}{\sqrt{2\pi}} \int_{-A}^{A} \overline{g(\tau)} d\tau \int_{-B}^{B} f(x) e^{-ix\tau} dx \\ &= \int_{-A}^{A} \overline{g(\tau)} g_B(\tau) d\tau,\end{aligned}$$

取共轭复数, 我们有

$$\int_{-B}^{B} f_A(x)\overline{f(x)} dx = \int_{-A}^{A} g(\tau)\overline{g_B(\tau)} d\tau.$$

因此

$$J_{A,B} = \int_{-B}^{B} \left(|f(x)|^2 + |f_A(x)|^2\right) dx - \int_{-A}^{A} \left[\overline{g(\tau)} g_B(\tau) + g(\tau)\overline{g_B(\tau)}\right] d\tau, \quad (73)$$

由于我们关于 $f(x)$ 的假设保证了

$$\lim_{A\to\infty} f_A(x) = f(x)$$

对 x 是一致的 (见第 423 页), 我们还有

$$\lim_{A\to\infty} |f(x) - f_A(x)|^2 = 0$$

对 x 是一致的. 从而

1) 通过用这里所规定的函数类来适当地逼近 f, 等式可以推广到对于更一般的 f 也成立.

$$\lim_{A\to\infty} J_{A,B} = \lim_{A\to\infty} \int_{-B}^{B} |f(x) - f_A(x)|^2\, dx = 0.$$

因此, 当 $A \to \infty$ 时, 等式 (73) 化为

$$0 = 2\int_{-B}^{B} |f(x)|^2 dx - \int_{-\infty}^{\infty} \left[\overline{g(\tau)} g_B(\tau) + g(\tau)\overline{g_B(\tau)}\right] d\tau. \tag{74}$$

由于

$$\lim_{B\to\infty} g_B(\tau) = g(\tau)$$

对 τ 是一致的, 又且由 $g_B(\tau)$ 一致有界, 而且

$$g(\tau) = 0\left(\frac{1}{\tau^2}\right),$$

在等式 (74) 中令 B 趋向 ∞ 取极限, 我们就可以得到帕塞瓦尔等式 (72).

f. 多元函数的傅里叶变换

在一维的情形, 傅里叶积分等式是把函数表成依赖于一个参变量 ξ 的指数函数 $e^{ix\xi}$ 的线性组合. 对参变量的每一个值 ξ, 我们对函数 $e^{ix\xi}$ 乘上适当的 "权因子" $\dfrac{g(\xi)}{\sqrt{2\pi}}$, 并对 ξ 积分. 合适的因子 $g(\xi)$ 是 f 的傅里叶变换.

为把一个多元函数分解为指数函数, 存在类似的公式. 两个自变量 x, y 的函数 $f(x, y)$ 可以表为依赖于两个参变量 ξ, η 的形如 $e^{i(x\xi+y\eta)}$ 的组合. 类似地, 三元函数 $f(x, y, z)$ 可由依赖于三个参变量 ξ, η, ζ 的指数函数 $e^{i(x\xi+y\eta+z\zeta)}$ 表示出来. 把一般的函数分解为指数函数, 这样的分解构成数学分析最强有力的工具之一. 对于给定的一组参变量 ξ, η, ζ, 函数 $e^{i(x\xi+y\eta+z\zeta)}$ 仅仅依赖于组合 $s = x\xi + y\eta + z\zeta$, 它在 x, y, z 空间中每一个带有方向数 ξ, η, ζ 的平面上取常数. 如果我们引入新的直角坐标系, 把这些平面中的一个取作坐标平面, 那么 $e^{i(x\xi+y\eta+z\zeta)}$ 变成单个坐标变量的函数. 这样, 傅里叶公式就给出一个把函数 $f(x, y, z)$ 分解成只依赖于一个坐标的函数的组合 (然而, 在那里, 相应的坐标轴的方向依赖于参变量 ξ, η, ζ).

这种指数表示和在物理中遇到的平面波密切相关. 用依赖时间的指数因子 $e^{-i\omega t}$ 乘指数函数 $e^{i(x\xi+y\eta+z\zeta)}$, 我们得到表达式

$$u(x, y, z, t) = e^{i(x\xi+y\eta+z\zeta)-i\omega t} = e^{i(x\xi+y\eta+z\zeta-\omega t)}. \tag{75a}$$

在这里, 当时间 t 和位置 (x, y, z) 取相同的 "位相值"

$$s = x\xi + y\eta + z\zeta - \omega t$$

时, u 取固定值 e^{is}. 对固定的 s, 上式在每一时刻 t, 都表示 x, y, z 空间中一个方

向数为 ξ,η,ζ 的平面 ('波前'), 当 t 变化时, 这平面做平行于自己的运动. 由于 (见第 114 页) 量

$$p=\frac{s+\omega t}{\sqrt{\xi^2+\eta^2+\zeta^2}}$$

表示在时间 t 从原点到平面的距离, 所以平面以速度

$$c=\frac{dp}{dt}=\frac{\omega}{\sqrt{\xi^2+\eta^2+\zeta^2}} \tag{75b}$$

运动, 这就是波前的传播速度, 相当于波的 '频率' ω.

我们对二元函数 $f(x,y)$ 来叙述和证明傅里叶积分定理, 其中对 f 加上保证定理成立 (虽这非必要的) 而对应用来说是方便的条件.

设 $f(x,y)$ 对所有的 x,y 有定义, 且有连续的一阶、二阶、三阶导数. f 和它的阶数 $\leqslant 3$ 的导数的绝对值在全平面绝对可积, 即对任意的非负整数 $i,k: i+k\leqslant 3$, 展布在整个 x,y 平面的广义积分

$$\iint\left|\frac{\partial^{i+k}f(x,y)}{\partial x^i\partial y^k}\right|dxdy \tag{76}$$

收敛. f 的傅里叶变换用公式

$$g(\xi,\eta)=\frac{1}{2\pi}\iint e^{-i(x\xi+y\eta)}f(x,y)dxdy \tag{77a}$$

定义. 那么, 函数 f 就通过反演公式

$$f(x,y)=\frac{1}{2\pi}\iint e^{i(x\xi+y\eta)}g(\xi,\eta)d\xi d\eta \tag{77b}$$

用它的傅里叶变换表示出来, 其中所有的积分都展布在全平面而且绝对收敛.

对 n 元函数 $f(x_1,\cdots,x_n)$ 有类似的结果成立. 我们只要假设 f 及其阶数 $\leqslant n+1$ 的导数存在且在全空间绝对可积, 则傅里叶变换由

$$g=(2\pi)^{-\frac{n}{2}}\int\cdots\int e^{-i(x_1\xi_1+\cdots+x_n\xi_n)}f(x_1,\cdots,x_n)\,dx_1\cdots dx_n$$

定义, 这时 $f(x_1,\cdots,x_n)$ 的反演公式就变成

$$f=(2\pi)^{-\frac{n}{2}}\int\cdots\int e^{i(x_1\xi_1+\cdots+x_n\xi_n)}g(\xi_1,\cdots,\xi_n)\,d\xi_1\cdots d\xi_n.$$

n 维情形的证明和我们将要给出的二维情形的证明是完全一样的.

我们首先对属于 C^3 类且有紧支集的函数 $f(x,y)$, 也就是说 f 有阶数 $\leqslant 3$ 的连续导数且在某有界集外为 0, 来证明傅里叶积分定理. 这时 f 的傅里叶公式可

直接从一元函数的公式推出, 如我们就要做的那样.

傅里叶变换

$$g(\xi,\eta)=\frac{1}{2\pi}\iint e^{-i(x\xi+y\eta)}f(x,y)dxdy$$

是一个正常积分, 因为 f 在一个有界区域外为 0. 引入单独对 y 的 "中间" 傅里叶变换

$$\gamma(x,\eta)=\frac{1}{\sqrt{2\pi}}\int e^{-iy\eta}f(x,y)dy, \tag{77c}$$

我们就可以把 g 写成

$$g(\xi,\eta)=\frac{1}{\sqrt{2\pi}}\int e^{-ix\xi}\gamma(x,\eta)dx.$$

显然, 对每一个 η 值, $\gamma(x,\eta)$ 是 C^3 类的且具有有界支集的单变量函数. 它的傅里叶变换是 $g(\xi,\eta)$. 应用第 413 页的定理, 从而有

$$\gamma(x,\eta)=\frac{1}{\sqrt{2\pi}}\int e^{ix\xi}g(\xi,\eta)d\xi. \tag{78}$$

另一方面, 对固定的 $x,\gamma(x,\eta)$ 是只作为 y 的函数 $f(x,y)$ 的傅里叶变换. 因此反演公式

$$f(x,y)=\frac{1}{\sqrt{2\pi}}\int e^{iy\eta}\gamma(x,\eta)d\eta$$

成立. 这里对 γ 用它 (78) 的表达式代入, 就推出

$$f(x,y)=\frac{1}{2\pi}\int d\eta\int e^{i(x\xi+y\eta)}g(\xi,\eta)d\xi.$$

在这个公式中, 累次积分 (先对 ξ 然后对 η) 可以用一个在 ξ,η 全平面的重积分来代替. 这就导致公式 (77b). 这一步是有根据的, 因为单重积分

$$\int_{-\infty}^{+\infty}|g(\xi,\eta)|d\zeta \tag{79a}$$

对所有的 η 一致收敛, 而重积分

$$\iint|g(\xi,\eta)|d\xi d\eta \tag{79b}$$

也收敛 (见第 404 页). 如果我们对 g 证明估计式

$$|g(\xi,\eta)|\leqslant\frac{M}{(1+\xi^2+\eta^2)^{3/2}} \tag{79c}$$

对适当的常数 M 成立, 则这两个关于收敛的结论便可以得到. 重积分 (79b) 的收敛性是 (79c) 的一个推论. 从 (79c) 可以推出单重积分 (79a) 的一致收敛性, 因为对 $A>1$,

$$\begin{aligned}\int_{|\xi|>A}|g(\xi,\eta)|d\xi &\leqslant M\int_{|\xi|>A}\frac{d\xi}{\left(1+\xi^2+\eta^2\right)^{3/2}}\\ &\leqslant M\int_{|\xi|>A}\frac{2|\xi|}{\left(1+\xi^2\right)^2}d\xi=\frac{M}{1+A^2},\end{aligned}$$

当 $A\to\infty$ 时右边与 x 无关并趋向于 0.

从 (77a) 用累次分部积分可证明不等式 (79c). 由于 f 有紧支集, 我们发现

$$\iint e^{-i(x\xi+y\eta)}\frac{\partial^3 f(x,y)}{\partial x^3}dxdy=2\pi(i\xi)^3 g(\xi,\eta),$$

$$\iint e^{-i(x\xi+y\eta)}\frac{\partial^3 f(x,y)}{\partial y^3}dxdy=2\pi(i\eta)^3 g(\xi,\eta),$$

从而有

$$\begin{aligned}&2\pi\left(1+|\xi|^3+|\eta|^3\right)|g(\xi,\eta)|\\ =&\,2\pi|g(\xi,\eta)|+\left|2\pi(i\xi)^3 g(\xi,\eta)\right|+\left|2\pi(i\eta)^3 g(\xi,\eta)\right|\\ \leqslant&\iint\left(|f(x,y)|+\left|\frac{\partial^3 f(x,y)}{\partial x^3}\right|+\left|\frac{\partial^3 f(x,y)}{\partial y^3}\right|\right)dxdy.\end{aligned}$$

对任意的 ξ,η, 用 ζ 表示 $1,|\xi|,|\eta|$ 三个量中的最大数, 那么

$$\begin{aligned}\left(1+\xi^2+\eta^2\right)^{3/2}&\leqslant\left(\zeta^2+\zeta^2+\zeta^2\right)^{3/2}\\ &\leqslant 3\sqrt{3}\zeta^3\leqslant 3\sqrt{3}\left(1+|\xi|^3+|\eta|^3\right).\end{aligned}$$

这就推出了不等式 (79c), 其中常量

$$M=\frac{3\sqrt{3}}{2\pi}\iint\left(|f(x,y)|+\left|\frac{\partial^3 f(x,y)}{\partial x^3}\right|+\left|\frac{\partial^3 f(x,y)}{\partial y^3}\right|\right)dxdy,\tag{79d}$$

从而对 C^3 类且有紧支集的函数 $f(x,y)$ 完成了傅里叶定理的证明.

对于 C^3 类的使积分 (76) 收敛的最一般的函数 f, 定理的证明可以通过用具有紧支集的函数 $f_n(x,y)$ 去逼近 f 而得到. 为此对 $f(x,y)$ 乘上适当的'截断'' 函数 $\phi_n(x,y)$, 使得乘积 $f_n=f\phi_n$ 具有紧支集, 且在圆域 $x^2+y^2\leqslant n^2$ 上等于 f. 这里只要求具有如下性质的辅助函数 $\phi_n(x,y)$:

1. $\phi_n(x,y)$ 具有紧支集且属于 C^3;

2. $\phi_n(x,y)=1$ 当 $x^2+y^2\leqslant n^2$;

3. $\phi_n(x,y)$ 和它的所有阶数 $\leqslant 3$ 的导数的绝对值不超过一个与 x, y, n 无关的固定数 N. 合适的函数 ϕ_n 可以用各种方法容易地构造出来[1].

用 $g_n(\xi,\eta)$ 表示 $f_n=\phi_n f$ 的傅里叶变换

$$g_n(\xi,\eta)=\frac{1}{2\pi}\iint e^{-i(x\xi+y\eta)}\phi_n(x,y)f(x,y)dxdy, \tag{80a}$$

那么

$$\begin{aligned}|g(\xi,\eta)-g_n(\xi,\eta)|&=\left|\frac{1}{2\pi}\iint e^{-i(x\xi+y\eta)}\left(1-\phi_n\right)fdxdy\right|\\&\leqslant\frac{1}{2\pi}\iint\limits_{x^2+y^2>n^2}\left|\left(1-\phi_n\right)f\right|dxdy\\&\leqslant(N+1)\iint\limits_{x^2+y^2<n^2}|f|dxdy.\end{aligned}$$

由 $|f|$ 在全平面的积分收敛这个假定推知

$$\lim_{n\to\infty}g_n(\xi,\eta)=g(\xi,\eta) \tag{80b}$$

对所有的 (ξ,η) 一致成立. 为了验证 $g(\xi,\eta)$ 也满足形如 (79c) 的不等式, 用莱布尼茨法则我们看到

$$\begin{aligned}&\left|\frac{\partial^3 f_n}{\partial x^3}\right|=\left|\frac{\partial^3}{\partial x^3}\phi_n f\right|\\&\leqslant N\left(\left|\frac{\partial^3 f}{\partial x^3}\right|+3\left|\frac{\partial^2 f}{\partial x^2}\right|+3\left|\frac{\partial f}{\partial x}\right|+|f|\right).\end{aligned}$$

关于 f_n 对 y 的三阶导数, 有类似的估计式成立. 设 I 是 f 和它的阶数 $\leqslant 3$ 的导数的绝对值在全平面上的积分中的最大值. 那么

$$\begin{aligned}&\iint\left(|f_n|+\left|\frac{\partial^3}{\partial x^3}f_n\right|+\left|\frac{\partial^3}{\partial y^3}f_n\right|\right)dxdy\\&\leqslant(1+8+8)NI=17NI.\end{aligned}$$

---

1) 例如, 定义 $h(S)$：

$$h(S)=\begin{cases}1, & S\leqslant 0,\\ \left(1-S^4\right)^4, & 0<S<1,\\ 0, & 1\leqslant S,\end{cases}$$

则

$$\phi_n(x,y)=h(x-n)h(-n-x)h(y-n)h(-y-n)$$

具有所要求的一切性质.

把不等式 (79c, d) 用到函数 f_n, 我们发现对任意的 n 和所有的 ξ, η, 不等式

$$|g_n(\xi,\eta)| \leqslant \frac{M}{(1+\xi^2+\eta^2)^{3/2}} \tag{80c}$$

成立, 其中

$$M = \frac{51\sqrt{3}}{2\pi} NI.$$

从 (80b) 推出

$$|g(\xi,\eta)| \leqslant \frac{M}{(1+\xi^2+\eta^2)^{3/2}}$$

对所有的 (ξ,η) 和相同的常数 M 成立.

由于 f_n 有紧支集, 早就知道反演公式

$$f_n(x,y) = \frac{1}{2\pi}\iint e^{i(x\xi+y\eta)} g_n(\xi,\eta) d\xi d\eta \tag{80d}$$

是成立的. 对于给定的 (x,y), 一旦 n 充分大: $n^2 > x^2+y^2$, 我们就有 $f_n(x,y) = f(x,y)$. 当 $n\to\infty$, 应用 (80b) 和 (80c), 从 (80d) 我们就得到 f 本身的反演公式 (77b).

二重傅里叶积分的帕塞瓦尔等式的形式是

$$\iint |f(x,y)|^2 dxdy = \iint |g(\xi,\eta)|^2 d\xi d\eta, \tag{81}$$

其中积分展布在全平面. 证明可以把第 423 页第 e 小节对于单变量函数的帕塞瓦尔等式所用的论证, 完全一样地移过来, 只要对 f 加上与导出傅里叶积分公式所加的相同的假定. 对第 423 页所用到的表达式作适当的修改, 我们考虑积分

$$J_{A,B} = \iint\limits_{x^2+y^2<B^2} |f(x,y) - f_A(x,y)|^2 dxdy,$$

其中

$$f_A(x,y) = \frac{1}{2\pi}\iint\limits_{\xi^2+\eta^2<A^2} e^{i(x\xi+y\eta)} g(\xi,\eta) d\xi d\eta,$$

$$g_B(\xi,\eta) = \frac{1}{2\pi}\iint\limits_{x^2+y^2<B^2} e^{-i(x\xi+y\eta)} f(x,y) dxdy.$$

这里, 代替 (73) 我们得到等式

$$J_{A,B} = \iint\limits_{x^2+y^2<B^2} \left(|f(x,y)|^2 + |f_A(x,y)|^2\right) dxdy - \iint\limits_{\xi^2+\eta^2<A^2} \left[\overline{g(\xi,\eta)}g_B(\xi,\eta) + g(\xi,\eta)\overline{g_B(\xi,\eta)}\right] d\xi d\eta.$$

令 $A \to \infty$ 和 $B \to \infty$, 和以前一样推出等式 (81).

练　习　4.13

1. 求下列函数的傅里叶变换

(a) $f(x) = \begin{cases} c, & 当\ 0 < x < a, \\ 0, & 当\ x < 0\ 或\ x > a; \end{cases}$

(b) $f(x) = \begin{cases} e^{-ax}, & 当\ x > 0 (a > 0), \\ 0, & 当\ x < 0; \end{cases}$

(c) $J_n(x)/x^n$ (J_n 由练习 4.12 的练习题 8 定义).

4.14　欧拉积分 (伽马函数)[1)]

用包含一个参变量的广义积分所定义的函数的最重要的例子之一, 就是伽马函数 $\Gamma(x)$, 它是我们将要相当详细地加以讨论的.

a. 定义和函数方程

在第一卷里, 对每个 $x > 0$, 我们用广义积分

$$\Gamma(x) = \int_0^\infty e^{-t} t^{x-1} dt \tag{82a}$$

来定义 $\Gamma(x)$.

我们可以把积分分成两个: 一个是展布在 t 轴从 $t = 1$ 到 $t = \infty$ 这个无界区间上的连续函数积分; 另一个是展布在从 $t = 0$ 到 $t = 1$ 的有界区间上的积分, 其中至少对 0, 1 之间的 x 而言, 被积函数是奇异 (无界的) 的. 第 402 至 403 页所推演的判别法立即表明, 积分 (82a) 对任意 $x > 0$ 收敛, 且在 x 正半轴的任何不含 $x = 0$ 的闭区间上一致收敛. 因此函数 $\Gamma(x)$ 在 $x > 0$ 连续.

对公式 (82a) 进行形式微商所得到的积分, 在任意区间 $0 < a \leqslant x \leqslant b$ 也是

1) E. Artin: The Gamma Function (有 Micheal Butler 的英译本), Holt, Rinehart and Winston: New York, 1964, 给出了与这问题有关的讨论.

一致收敛的, 因此 (看第 405 页), $\Gamma(x)$ 有由

$$\Gamma'(x) = \int_0^\infty e^{-t}t^{x-1}\log t dt, \tag{82b}$$

$$\Gamma''(x) = \int_0^\infty e^{-t}t^{x-1}\log^2 t dt \tag{82c}$$

给出的连续一阶与二阶导数.

通过简单的变量替换, $\Gamma(x)$ 的积分 (82a) 可以变换成其他常用的形式. 这里, 我们仅仅指出变换 $t = u^2$, 它把伽马函数变成

$$\Gamma(x) = 2\int_0^\infty e^{-u^2}u^{2x-1}du.$$

因此, 对于 $\alpha = 2x-1$ 有

$$\int_0^\infty e^{-u^2}u^\alpha du = \frac{1}{2}\Gamma\left(\frac{1+\alpha}{2}\right) \tag{82d}$$

[参看公式 (48d), 第 396 页].

正如在第一卷 (第一分册 268 页) 所做的, 对分式 (82a) 进行分部积分得到关系式

$$\Gamma(x+1) = x\Gamma(x) \tag{83a}$$

对任意 $x > 0$ 成立. 这个等式称为*伽马函数的函数方程*.

显然, $\Gamma(x)$ 并不由这个函数方程的解所具有的性质唯一确定, 因为只要用任意一个周期为 1 的函数乘 $\Gamma(x)$, 就得到了另外的解, 表示式

$$u(x) = \Gamma(x)p(x), \tag{83b}$$

其中

$$p(x+1) = p(x) \tag{83c}$$

表示方程 (83a) 最一般的解, 因为如果 $u(x)$ 是任意解, 则此式

$$p(x) = \frac{u(x)}{\Gamma(x)}$$

[因为 $\Gamma(x) \neq 0$, 总可以这样做] 满足方程 (83c).

代替 $\Gamma(x)$, 考虑函数 $u(x) = \log\Gamma(x)$ 常常更方便; 对于所有正的 x, 这是有定义的, 因为当 $x > 0$ 时, $\Gamma(x) > 0$. 这函数满足函数方程 (一个 '差分方程")

$$u(x+1) - u(x) = \log x. \tag{83d}$$

把 $\log\Gamma(x)$ 加上任意一个周期为 1 的函数, 我们就得到 (83d) 另外的解. 为了唯一地刻画函数 $\log\Gamma(x)$, 我们必须用其他条件补充函数方程 (83d), 这种形式的一个十分简单的条件由下面的波尔–摩尔路波定理给出:

差分方程

$$u(x+1)-u(x)=\log x \tag{84a}$$

在 $x>0$ 的每个凸解恒等于函数 $\log\Gamma(x)$, 至多可能差一个常数

b. 凸函数. 波尔–摩尔路波定理的证明

一个有二阶连续导数的函数, 如果 $f''\geqslant 0$, 则称它为凸的 (见第一卷第 312 页). 一个甚至可以用到非二次可微函数上去的更一般的定义是:

定义在一个区间 (可以伸展到无穷) 上的函数 $f(x)$, 称为凸的, 如果对定义域中任意的 x_1,x_2 和任意满足 $\alpha+\beta=1$ 的正数 α,β, 不等式

$$f\left(\alpha x_1+\beta x_2\right)\leqslant\alpha f\left(x_1\right)+\beta f\left(x_2\right) \tag{84b}$$

成立. (84b) 在几何上是指, 曲线 $y=f(x)$ 上横坐标为 x_1,x_2 的任意两点, 连接它们的割线永远不能在曲线的下面 (参看图 4.20).

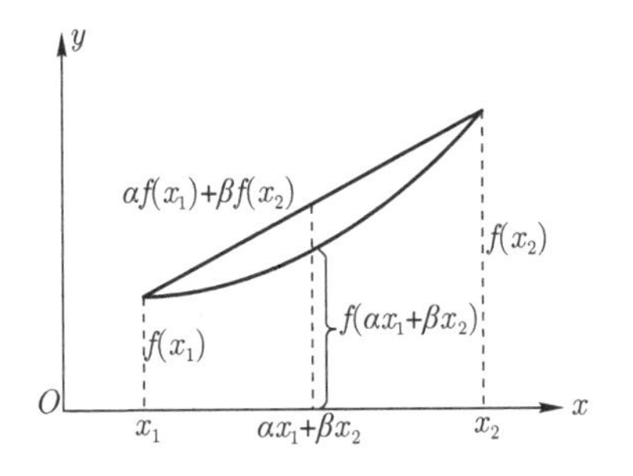

图 4.20 凸函数

对于二次连续可微的函数 f, 应用微分学的中值定理, 以及 α,β 是和为 1 的正数这一事实, 我们发现

$$\begin{aligned}&\alpha f\left(x_1\right)+\beta f\left(x_2\right)-f\left(\alpha x_1+\beta x_2\right)\\=&\beta\left[f\left(x_2\right)-f\left(\alpha x_1+\beta x_2\right)\right]-\alpha\left[f\left(\alpha x_1+\beta x_2\right)-f\left(x_1\right)\right]\\=&\alpha\beta\left(x_2-x_1\right)f'\left(\xi_2\right)-\alpha\beta\left(x_2-x_1\right)f'\left(\xi_1\right)\\=&\alpha\beta\left(x_2-x_1\right)\left(\xi_2-\xi_1\right)f''(\eta),\end{aligned} \tag{84c}$$

其中 ξ_1, ξ_2, η 是满足

$$x_1 < \xi_1 < \alpha x_1 + \beta x_2 < \xi_2 < x_2, \quad \xi_1 < \eta < \xi_2 \tag{84d}$$

的适当的中间值. 如果对 f 的定义域上所有的 η, 有 $f''(\eta) \geqslant 0$, 则从 (84c) 直接推出 (84b) 成立. 反过来, 利用 (84d), 从 (84b)、(84c) 就知道 $f''(\eta) \geqslant 0$. 对于固定的 α, β, 令 $x_2 \to x_1$, 由 f'' 的连续性知, 对定义域中任意 x_1 有 $f''(x_1) \geqslant 0$. 因此, 一个二次连续可微函数 f 在 (84b) 意义下是凸的, 当且仅当 $f'' \geqslant 0$.

凸函数不必二次可微, 甚至不必一次可微. $f(x) = |x|$ 提供了一个例子. 然而, 一个凸函数在它定义域内的点必须是连续的. 这一点可以从下面的事实推出来: 对于凸函数, 不等式

$$\frac{f(x_2) - f(x_1)}{x_2 - x_1} \leqslant \frac{f(x_4) - f(x_3)}{x_4 - x_3} \tag{84e}$$

对定义域中任意适合

$$x_1 < x_2 < x_3 < x_4$$

的 x_i 成立. 为了证明 (84e), 我们把 x_2 写成

$$x_2 = \alpha x_1 + \beta x_3,$$

其中

$$\alpha = \frac{x_3 - x_2}{x_3 - x_1}, \quad \beta = \frac{x_2 - x_1}{x_3 - x_1}.$$

这样

$$\begin{aligned} &\frac{f(x_3) - f(x_2)}{x_3 - x_2} - \frac{f(x_2) - f(x_1)}{x_2 - x_1} \\ = &\frac{\alpha f(x_1) + \beta f(x_3) - f(\alpha x_1 + \beta x_3)}{\alpha\beta(x_3 - x_1)} \geqslant 0, \end{aligned}$$

同时, 类似地

$$\frac{f(x_4) - f(x_3)}{x_4 - x_3} - \frac{f(x_3) - f(x_2)}{x_3 - x_2} \geqslant 0,$$

这就蕴涵了 (84e). 总之, (84e) 说明, 凸函数 f 在不相交的区间上的差商是单调的. 由此推出

$$\frac{f(x_2) - f(x_1)}{x_2 - x_1} \leqslant \frac{f(\xi_2) - f(\xi_1)}{\xi_2 - \xi_1} \leqslant \frac{f(x_4) - f(x_3)}{x_4 - x_3}$$

对任意在 x_2, x_3 之间的 ξ_1, ξ_2 成立. 因此, f 在区间 $x_2 < x < x_3$ 满足利普希茨条

件, 从而在这个区间是连续的. 对于定义域内部的任意 x, 我们总可以找到合适的 x_1, x_2, x_3, x_4, 以证明 f 在 x 连续.

为了证明函数 $\log\Gamma(x)$ 是凸的, 只要证明

$$\frac{d^2\log\Gamma}{dx^2} = \frac{\Gamma''\Gamma - \Gamma'^2}{\Gamma^2} \geqslant 0 \tag{84f}$$

就够了. 关系式 (84f) 可以从积分形式的柯西–施瓦茨不等式[1]推出, 这是因为, 用 (82a, b, c), 有

$$\begin{aligned}\Gamma'^2 &= \left(\int_0^\infty e^{-t}t^{x-1}\log t dt\right)^2 \\ &= \left(\int_0^\infty \left(e^{-\frac{t}{2}}\sqrt{t^{x-1}}\right)\left(e^{-\frac{t}{2}}\sqrt{t^{x-1}}\log t\right)dt\right)^2 \\ &\leqslant \int_0^\infty e^{-t}t^{x-1}dt \cdot \int_0^\infty e^{-t}t^{x-1}\log^2 t dt = \Gamma\Gamma''.\end{aligned}$$

现在令 $u(x)$ 是函数方程 (84a) 在 $x>0$ 的任意一个凸解. 我们对 $0<h<x$ 构造表示式

$$v_h(x) = u(x+h) - 2u(x) + u(x-h).$$

应用凸函数 u 满足的关系式 (84e), 对 $0<h<k<x$, 我们有

$$\begin{aligned}v_k(x) - v_h(x) &= [u(x+k) - u(x+h)] - [u(x-h) - u(x-k)] \\ &= (k-h)\left[\frac{u(x+k)-u(x+h)}{k-h} - \frac{u(x-h)-u(x-k)}{-h+k}\right] \\ &\geqslant 0.\end{aligned}$$

因此, 对于固定的 $x, v_h(x)$ 是 h 的连续非减函数. 现在, 由 u 的函数方程得出

$$\begin{aligned}v_1(x) &= u(x+1) - 2u(x) + u(x-1) \\ &= [u(x+1) - u(x)] - [u(x) - u(x-1)]\end{aligned}$$

---

1) 从和的形式的柯西–施瓦茨不等式, 我们知道对任意连续函数 $f(x), g(x)$, 以及对它们定义域的任意分划, 这个分划用 x_i 把区间分为长为 Δx_i 的小区间, 有

$$\left(\sum_i f(x_i)\,g(x_i)\,\Delta x_i\right)^2 \leqslant \left(\sum_i f^2(x_i)\,\Delta x_i\right)\left(\sum_i g^2(x_i)\,\Delta x_i\right),$$

把分划变细取极限, 我们就得到积分形式的柯西–施瓦茨不等式

$$\left(\int_a^b f(x)g(x)dx\right)^2 \leqslant \left(\int_a^b f^2(x)dx\right)\left(\int_a^b g^2(x)dx\right).$$

通过对积分区域取极限, 这个不等式可直接从连续函数的正常黎曼积分推广到广义积分.

$$= \log x - \log(x-1).$$

因此, 对 $0 < h < 1 < x$,

$$\begin{aligned} 0 = v_0(x) &\leqslant v_h(x) \\ &= u(x+h) - 2u(x) + u(x-h) \\ &\leqslant v_1(x) = \log \frac{x}{x-1}. \end{aligned} \tag{84g}$$

由于

$$\lim_{x\to\infty} \log \frac{x}{x-1} = \log 1 = 0,$$

从 (84g) 我们发现, 对 (84a) 的每个凸解, 有

$$\lim_{x\to\infty} [u(x+h) - 2u(x) + u(x-h)] = 0 \quad (0 < h < 1).$$

因此, 如果 $p(x)$ 是 (84a) 两个凸解之差, 也就有

$$\lim_{x\to\infty} [p(x+h) - 2p(x) + p(x-h)] = 0.$$

由于 $p(x)$ 是周期为 1 的周期函数, 故函数

$$p(x+h) - 2p(x) + p(x-h)$$

也一样, 并且当 $x \to \infty$ 时它以 0 为极限. 显然这样的函数必须恒等于 0. 因此

$$p(x+h) - 2p(x) + p(x-h) = 0 \quad (0 < h < 1). \tag{84h}$$

设 $M = p(\xi)$ 是区间 $1 \leqslant x \leqslant 2$ 上的连续函数 $p(x)$ 的最大值, 那么对所有 $x > 0, p(x) \leqslant M$, 并且由 (84h),

$$2M = 2p(\xi) = p(\xi+h) + p(\xi-h) \leqslant 2M \quad (0 \leqslant h < 1).$$

因此

$$p(\xi-h) = p(\xi+h) = M \quad (0 \leqslant h < 1).$$

又由于 p 有周期 1,

$$p(x) = M = \text{常数} \quad (\text{对所有 } x > 0).$$

这就表明了, (84a) 的任意两个特解至多差一个常数, 从而完成了波尔–摩尔路波定理的证明.

c. 伽马函数的无穷乘积

波尔–摩尔路波定理可以用来导出由高斯和魏尔斯特拉斯发现的伽马函数的无穷乘积表达式.

对于任意给定的函数 $g(x)$, 我们容易验证, 差分方程

$$w(x+1)-w(x)=g(x)$$

的一个特解由无穷级数

$$\begin{aligned}w(x)&=-\sum_{j=0}^{\infty}g(x+j)\\&=-g(x)-g(x+1)-g(x+2)-\cdots\end{aligned}$$

给出, 假如这个级数是收敛的话. 我们不能把这个结果直接用到取 $g(x)=\log x$ 的方程 (84a), 因为所得到的级数是发散的. 然而对 (84a) 微分两次所得到的 $w=u''$ 的差分方程却可以用这个方法来解. 方程

$$w(x+1)-w(x)=-\frac{1}{x^2}\quad(x>0)\tag{85a}$$

的一个特解由

$$w(x)=\frac{1}{x^2}+\sum_{j=1}^{\infty}\frac{1}{(x+j)^2}\tag{85b}$$

给出. 在这里, 无穷级数在任何有限区间 $a\leqslant x\leqslant b$ (见第一卷第二分册 472 页) 一致收敛, 因为

$$\frac{1}{(x+j)^2}\leqslant\frac{1}{j^2}(x\geqslant 0),$$

因此, w 在 $x>0$ 处连续. 而且级数还可以逐项积分 (见第一卷第二分册 473 页), 从而得出级数

$$\begin{aligned}v(x)&=-\frac{1}{x}+\sum_{j=1}^{\infty}\int_0^x\frac{d\xi}{(\xi+j)^2}\\&=-\frac{1}{x}-\sum_{j=1}^{\infty}\left(\frac{1}{x+j}-\frac{1}{j}\right),\end{aligned}\tag{85c}$$

其中在这个等式中出现的级数在任何区间 $0\leqslant x\leqslant b$ 也一致收敛. 因此, $v(x)+\dfrac{1}{x}$ 对 $x\geqslant 0$ 是 x 的连续函数, 且 $x=0$ 时函数值为 0. 由前面的构造知

$$v'(x) = w(x) \quad (x > 0). \tag{85d}$$

因为根据 (85a, d) 有

$$\frac{d}{dx}[v(x+1) - v(x)] = -\frac{1}{x^2} \quad (x > 0),$$

所以推出

$$v(x+1) - v(x) = \frac{1}{x} + c(x > 0), \tag{85e}$$

其中 c 是常数. 为了确定 c 的值, 我们看到, 由 (85e)

$$\begin{aligned}
-c &= \lim_{x\to 0}\left[v(x) + \frac{1}{x}\right] - \lim_{x\to 0} v(x+1) = -v(1) \\
&= 1 + \sum_{j=1}^{\infty}\left(\frac{1}{1+j} - \frac{1}{j}\right) \\
&= 1 + \left(\frac{1}{2} - 1\right) + \left(\frac{1}{3} - \frac{1}{2}\right) + \left(\frac{1}{4} - \frac{1}{3}\right) + \cdots = 0.
\end{aligned}$$

积分 (85c), 得到函数

$$\begin{aligned}
U(x) &= -\log x - \sum_{j=1}^{\infty}\int_0^x \left(\frac{1}{\xi + j} - \frac{1}{j}\right) d\xi \\
&= -\log x - \sum_{j=1}^{\infty}\left[\log(x+j) - \log j - \frac{x}{j}\right],
\end{aligned} \tag{85f}$$

其中无穷级数在任何区间 $0 \leqslant x \leqslant b$ 也一致收敛. 和前面一样, 我们断言 $U(x)$ 对 $x > 0$ 是 x 的连续函数, 满足

$$\begin{aligned}
&U'(x) = v(x), \quad \lim_{x\to 0}(U(x) + \log x) = 0, \\
&U(x+1) - U(x) - \log x = \text{常数} = C.
\end{aligned} \tag{85g}$$

这里

$$\begin{aligned}
C &= \lim_{x\to 0} U(x+1) - \lim_{x\to 0}[U(x) + \log x] = U(1) \\
&= -\sum_{j=1}^{\infty}\left[\log(1+j) - \log j - \frac{1}{j}\right] \\
&= -\lim_{n\to\infty}\sum_{j=1}^{n-1}\left[\log(1+j) - \log j - \frac{1}{j}\right]
\end{aligned}$$

$$= \lim_{n\to\infty}\left(1+\frac{1}{2}+\cdots+\frac{1}{n-1}-\log n\right).$$

由此可见 C 等于第一卷第二分册所引进的欧拉常数

$$C = \lim_{n\to\infty}\left(1+\frac{1}{2}+\frac{1}{3}+\cdots+\frac{1}{n}-\log n\right). \tag{85h}$$

根据 (85g), 函数

$$u(x) = U(x) - Cx$$

满足差分方程

$$u(x+1) - u(x) = \log x.$$

此外, 根据 (85b)

$$u''(x) = w(x) > 0 \quad (x > 0),$$

因此 $u(x)$ 是凸的. 还有, 由于

$$u(1) = U(1) - C = 0 = \log\Gamma(1),$$

由波尔–摩尔路波定理知 $u(x)$ 和 $\log\Gamma(x)$ 恒等:

$$\log\Gamma(x) = -Cx - \log x - \sum_{j=1}^{\infty}\left(\log\frac{x+j}{j} - \frac{x}{j}\right). \tag{86a}$$

我们的推导还表明

$$\frac{\Gamma'(x)}{\Gamma(x)} = -C + v(x) = -C - \frac{1}{x} - \sum_{j=1}^{\infty}\left(\frac{1}{x+j} - \frac{1}{j}\right), \tag{86b}$$

$$\frac{d^2\log\Gamma(x)}{dx^2} = w(x) = \frac{1}{x^2} + \sum_{j=1}^{\infty}\frac{1}{(x+j)^2}. \tag{86c}$$

在方程 (86a) 两边取指数, 得到 $\dfrac{1}{\Gamma(x)}$ 的魏尔斯特拉斯无穷乘积:

$$\frac{1}{\Gamma(x)} = xe^{Cx}\prod_{j=1}^{\infty}\left(1+\frac{x}{j}\right)e^{-\frac{x}{j}}. \tag{86d}$$

我们可以把 (86d) 写成稍为不同的形式, 其中不含欧拉常数 C. 由 (86a), (85h),

$$\log\Gamma(x) = -\log x + \lim_{n\to\infty}\sum_{j=1}^{\infty}\left(\frac{x}{j} - \log\frac{x+j}{j}\right) - Cx$$

$$= -\log x + \lim_{n\to\infty}\left[x\left(\sum_{j=1}^{n}\frac{1}{j} - C - \log n\right) + x\log n - \sum_{j=1}^{n}\log\frac{x+j}{j}\right]$$

$$= -\log x + \lim_{n\to\infty}\left[x\log n + \sum_{j=1}^{n-1}\log j - \sum_{j=1}^{n-1}\log(x+j)\right].$$

因而, 我们得到公式

$$\Gamma(x) = \lim_{n\to\infty}\frac{1\cdot 2\cdot 3\cdots(n-1)}{x(x+1)(x+2)(x+3)\cdots(x+n-1)}n^x \quad (x>0), \tag{86e}$$

这就是伽马函数的高斯无穷乘积.

不仅对正的 x 值, 而且对所有 $x \neq 0, -1, -2, \cdots$, 右边的极限存在. 对于一个给定的 x, 选择正整数 m 充分大, 使得 $x+m>0$. 这样, 在极限号下用 $n+m$ 代替 n, 我们就得到

$$\begin{aligned}
&\lim_{n\to\infty}\frac{1\cdot 2\cdots(n-1)}{x(x+1)(x+2)\cdots(x+n-1)}n^x\\
=&\lim_{n\to\infty}\frac{1\cdot 2\cdots(n+m-1)}{x(x+1)(x+2)\cdots(x+n+m-1)}(n+m)^x\\
=&\lim_{n\to\infty}\left[\frac{n(n+1)\cdots(n+m-1)(n+m)^x}{x(x+1)\cdots(x+m-1)n^{x+m}}\right]\\
&\times\left[\frac{1\cdot 2\cdots(n-1)n^{x+m}}{(x+m)(x+m-1)\cdots(x+m+n-1)}\right]\\
=&\frac{\Gamma(x+m)}{x(x+1)\cdots(x+m-1)}.
\end{aligned}$$

因此, 我们能够用公式 (86e) 对所有异于 0 与负整数的 x 定义 $\Gamma(x)$. 当 x 趋向这些例外值之一时, $\Gamma(x)$ 变成无穷. 推广了的函数 $\Gamma(x)$ 显然仍然满足函数方程

$$\Gamma(x+1) = x\Gamma(x). \tag{86f}$$

d. 延拓定理

伽马函数在负数 x 所取的值, 还能够通过所谓的延拓定理, 很容易从它在正数 x 所取的值得到. 我们构造乘积 $\Gamma(x)\Gamma(-x)$, 也就是

$$\lim_{n\to\infty}\frac{1\cdot 2\cdots(n-1)}{x(x+1)\cdots(x+n-1)}n^x \cdot \lim_{n\to\infty}\frac{1\cdot 2\cdots(n-1)}{-x(1-x)(2-x)\cdots(n-1-x)}n^{-x},$$

把两个极限过程结合为一个, 得到

$$\Gamma(x)\Gamma(-x) = -\frac{1}{x^2}\lim_{n\to\infty}\frac{1}{\left\{1-\left(\frac{x}{1}\right)^2\right\}\left\{1-\left(\frac{x}{2}\right)^2\right\}\cdots\left\{1-\left(\frac{x}{n-1}\right)^2\right\}},$$

只要 x 不是整数. 但是, 应用第一卷 (第二分册 532 页) 中的正弦的无穷乘积

$$\frac{\sin\pi x}{\pi x} = \prod_{v=1}^{\infty}\left(1-\left(\frac{x}{v}\right)^2\right),$$

我们得到

$$\Gamma(x)\Gamma(-x) = -\frac{\pi}{x\sin\pi x}.$$

因此

$$\Gamma(-x) = -\frac{\pi}{x\sin\pi x}\frac{1}{\Gamma(x)}.$$

通过计算乘积 $\Gamma(x)\Gamma(-x)$, 我们可以把这个关系式写成稍为不同的形式. 由于 (86f), 有

$$\Gamma(1-x) = -x\Gamma(-x),$$

我们得到*延拓定理*

$$\Gamma(x)\Gamma(1-x) = \frac{\pi}{\sin\pi x}. \tag{87a}$$

因此, 如果取 $x=\frac{1}{2}$, 便有 $\Gamma\left(\frac{1}{2}\right)=\sqrt{\pi}$. 由于

$$\Gamma\left(\frac{1}{2}\right) = 2\int_0^{\infty} e^{-u^2}du,$$

我们在这里得到积分

$$\int_0^{\infty} e^{-u^2}du.$$

取值 $\frac{1}{2}\sqrt{\pi}$ (见第 360 页) 这一事实的一个新证明. 此外, 我们能够计算自变量 $x=n+\frac{1}{2}$ 的伽马函数 (其中 n 是任何正整数):

$$\begin{aligned}\Gamma\left(n+\frac{1}{2}\right) &= \left(n-\frac{1}{2}\right)\left(n-\frac{3}{2}\right)\cdots\frac{3}{2}\cdot\frac{1}{2}\Gamma\left(\frac{1}{2}\right)\\ &= \frac{(2n-1)(2n-3)\cdots3\cdot1}{2^n}\sqrt{\pi}.\end{aligned} \tag{87b}$$

e. 贝塔函数

另一个用含参变量的广义积分来定义的重要函数是欧拉的贝塔函数. 贝塔函数用

$$\mathrm{B}(x,y)=\int_0^1 t^{x-1}(1-t)^{y-1}dt \tag{88a}$$

定义. 当 x 或 y 小于 1, 积分是广义的. 然而用第 402 页的判别法, 它对 x 与 y 是一致收敛的, 只要我们限制在区间 $x\geqslant\varepsilon, y\geqslant\eta$, 其中 ε,η 是任意的正数. 因此它对所有正的 x,y 表示一个连续函数.

利用变换 $t=\tau+\dfrac{1}{2}$, 我们得到 $\mathrm{B}(x,y)$ 稍为不同的表示式

$$\mathrm{B}(x,y)=\int_{-\frac{1}{2}}^{\frac{1}{2}}\left(\frac{1}{2}+\tau\right)^{x-1}\left(\frac{1}{2}-\tau\right)^{y-1}d\tau. \tag{88b}$$

如果现在令 $\tau=t/2s$, 其中 $s>0$, 我们便得到

$$(2s)^{x+y-1}\mathrm{B}(x,y)=\int_{-s}^{s}(s+t)^{x-1}(s-t)^{y-1}dt. \tag{88c}$$

最后, 如果在公式 (88a) 中令 $t=\sin^2\phi$, 我们就得到

$$\mathrm{B}(x,y)=2\int_0^{\frac{\pi}{2}}\sin^{2x-1}\phi\cos^{2y-1}\phi d\phi. \tag{88d}$$

现在我们来证明, 利用几个乍看起来有点奇怪的变换怎么能够用伽马函数把贝塔函数表示出来.

如果不等式 (88c) 的两边乘以 e^{-2s}, 并且对 s 从 0 到 A 积分, 我们就有

$$\begin{aligned}&\mathrm{B}(x,y)\int_0^A e^{-2s}(2s)^{x+y-1}ds\\=&\int_0^A e^{-2s}ds\int_{-s}^{s}(s+t)^{x-1}(s-t)^{y-1}dt.\end{aligned}$$

右边的二重积分可以看作函数

$$e^{-2s}(s+t)^{x-1}(s-t)^{y-1}$$

在 s,t 平面上由直线 $s\pm t=0$ 与 $s=A$ 围成的等腰三角形上的积分. 如果我们应用变换

$$\begin{cases}\sigma=s+t,\\ \tau=s-t,\end{cases}$$

这个积分就变成

$$\frac{1}{2}\iint\limits_R e^{-\sigma-\tau}\sigma^{x-1}\tau^{y-1}d\sigma d\tau,$$

积分区域 R 现在是 σ,τ 平面上由直线 $\sigma=0,\tau=0$ 和 $\sigma+\tau=2A$ 围成的三角形.

如果让 A 无限增加, 由 (82a), 左边趋向函数

$$\frac{1}{2}\mathrm{B}(x,y)\Gamma(x+y).$$

因此, 右边也必须收敛, 而且它的极限是 σ,τ 平面上整个第一象限的二重积分, 而这个象限是通过等腰三角形来逼近的. 由于在这区域内被积函数是正的, 而且对于一列单调的区域积分收敛 (用第 4 章第 359 页), 所以这个极限不依赖于逼近这个象限的方式. 特别, 我们可以用边长为 A 的正方形, 从而写成

$$\begin{aligned}\mathrm{B}(x,y)\Gamma(x+y)&=\lim_{A\to\infty}\int_0^A\int_0^A e^{-\sigma-\tau}\sigma^{x-1}\tau^{y-1}d\sigma d\tau\\&=\int_0^\infty e^{-\sigma}\sigma^{x-1}d\sigma\int_0^\infty e^{-\tau}\tau^{y-1}d\tau.\end{aligned}$$

这样我们便得到重要的关系式[1)]

$$\mathrm{B}(x,y)=\frac{\Gamma(x)\Gamma(y)}{\Gamma(x+y)}.\tag{89a}$$

从这个关系式我们看到, 贝塔函数同二项式系数

$$\binom{n+m}{n}=\frac{(n+m)!}{n!m!}$$

的关系, 粗略地说, 就像伽马函数同数 $n!$ 的关系一样. 事实上, 对于整数 n,m,

1) 这个关系式也可以从波尔–摩尔路波定理得到. 我们首先证明 $\mathrm{B}(x,y)$ 满足函数方程

$$\mathrm{B}(x+1,y)=\frac{x}{x+y}\mathrm{B}(x,y),$$

因此函数

$$u(x,y)=\Gamma(x+y)\mathrm{B}(x,y)$$

作为 x 的函数满足伽马函数的函数方程

$$u(x+1)=xu(x).$$

$\log\mathrm{B}(x,y)$, 从而 $\log u(x)$ 的凸性可以从柯西–施瓦茨不等式用第 435 页上证明 $\log\Gamma(x)$ 同样的方法推出. 这样, 我们就有

$$\Gamma(x+y)\mathrm{B}(x,y)=\Gamma(x)\alpha(y).$$

最后, 如果令 $x=1$, 就有 $\alpha(y)=\Gamma(1+y)\mathrm{B}(1,y)=\Gamma(y)$.

$$\binom{n+m}{m} = \frac{1}{(n+m+1)\mathrm{B}(n+1, m+1)}. \tag{89b}$$

最后, 我们指出, 根据 (98a), 定积分

$$\int_0^{\frac{\pi}{2}} \sin^\alpha t dt \quad 与 \quad \int_0^{\frac{\pi}{2}} \cos^\alpha t dt$$

等于函数

$$\frac{1}{2}\mathrm{B}\left(\frac{\alpha+1}{2}, \frac{1}{2}\right) = \frac{1}{2}\mathrm{B}\left(\frac{1}{2}, \frac{\alpha+1}{2}\right),$$

可以简单地用伽马函数表出:

$$\int_0^{\frac{\pi}{2}} \sin^\alpha t dt = \int_0^{\frac{\pi}{2}} \cos^\alpha t dt = \frac{\sqrt{\pi}}{\alpha} \frac{\Gamma\left(1+\dfrac{\alpha}{2}\right)}{\Gamma\left(\dfrac{\alpha}{2}\right)}. \tag{89c}$$

f. 分数次微商和积分, 阿贝尔积分方程

应用我们关于伽马函数的知识, 现在来实现推广微商和积分概念的简单过程. 我们早已看到 (第 68 页), 公式

$$F(x) = \int_0^x \frac{(x-t)^{n-1}}{(n-1)!} f(t)dt = \frac{1}{\Gamma(n)} \int_0^x (x-t)^{n-1} f(t)dt \tag{90a}$$

给出了函数 f 在从 0 到 x 之间的 n 次累次积分. 如果用符号 D 表示微分算子, 又如果用 D^{-1} 表示算子

$$\int_0^x \cdots dx,$$

它是微分的逆运算, 那么我们就可以写出

$$F(x) = D^{-n} f(x). \tag{90b}$$

这个公式的数学意义是: 函数 $F(x)$ 和它的前 $n-1$ 阶微商在 $x=0$ 处取值为 0, 而 $F(x)$ 的 n 阶微商为 $f(x)$. 而现在很自然的是要构造出算子 $D^{-\lambda}$ 的定义, 这里正数 λ 甚至不必是整数. 函数 $f(x)$ 在 0 与 x 之间的 λ 次积分是由表示式

$$D^{-\lambda} f(x) = \frac{1}{\Gamma(\lambda)} \int_0^x (x-t)^{\lambda-1} f(t)dt \tag{90c}$$

定义的.

这个定义现在可以用来把$\left(\text{用算子 } D^n \text{ 或 } \frac{d^n}{dx^n} \text{ 作为符号来表示的}\right)$ n 阶微商推广到 μ 阶微商, 这里 μ 是一个任意的非负数. 令 m 为大于 μ 的最小整数, 使得 $\mu = m - \rho$, 其中 $0 < \rho \leqslant 1$. 这样, 我们的定义就是

$$D^\mu f(x) = D^m D^{-\rho} f(x) = \frac{d^m}{dx^m} \frac{1}{\Gamma(\rho)} \int_0^x (x-t)^{\rho-1} f(t) dt. \tag{91a}$$

颠倒两个微商的次序将给出 (另一个) 定义

$$D^\mu f(x) = D^{-\rho} D^m f(x) = \frac{1}{\Gamma(\rho)} \int_0^x (x-t)^{\rho-1} f^{(m)}(t) dt.$$

运用伽马函数的公式可以证明

$$D^\alpha D^\beta f(x) = D^\beta D^\alpha f(x),$$

其中 α 和 β 是任意实数, 这一点留给读者去做 (见练习题 12). 读者将看出, 这些关系式和微分的推广过程是有意义的, 只要函数 $f(x)$ 按普通的意义对所有的 x 有充分高阶的微商, 而且当 $x \leqslant 0$ 时其值为 0. 一般来说, 如果 $f(x)$ 有直到 m 阶 (包括 m 阶在内) 的连续微商, 则 $D^\mu f(x)$ 存在.

和这些概念相联系的, 我们指出有重要应用的阿贝尔积分方程. 由于

$$\Gamma\left(\frac{1}{2}\right) = \sqrt{\pi},$$

所以函数 $f(x)$ 的 $\frac{1}{2}$ 阶积分由公式

$$D^{-\frac{1}{2}} f(x) = \frac{1}{\sqrt{\pi}} \int_0^x \frac{f(t)}{\sqrt{x-t}} dt = \psi(x) \tag{92}$$

给出.

如果右边的函数 $\psi(x)$ 给定, 要解的是未知函数 $f(x)$ 时, 公式 (92) 称为阿贝尔积分方程. 如果函数 $\psi(x)$ 连续可微, 并且在 $x = 0$ 时为零, 则方程的解由公式

$$f(x) = D^{\frac{1}{2}} \psi(x) \tag{93}$$

或

$$f(x) = \frac{1}{\sqrt{\pi}} \frac{d}{dx} \int_0^x \frac{\psi(t)}{\sqrt{x-t}} dt \tag{94}$$

给出.

练 习 4.14

1. 对非负整数 n, 验证

$$\Gamma\left(n+\frac{1}{2}\right)=\frac{(2n)!\sqrt{\pi}}{n!4^n}.$$

2. 求 $\Gamma\left(\frac{1}{2}-n\right)$, 其中 n 是正整数.

3. 证明

$$\mathrm{B}(x,x)=2^{1-2x}\mathrm{B}\left(x,\frac{1}{2}\right).$$

4. 证明

$$I=\int_0^1\frac{dt}{\sqrt{1-t^x}}=\frac{\sqrt{\pi}}{x}\frac{\Gamma\left(\frac{1}{x}\right)}{\Gamma\left(\frac{1}{x}+\frac{1}{2}\right)}.$$

5. 建立下面的关系式:

(a) $\displaystyle\int_0^1\frac{x^{2n+1}}{\sqrt{1-x^2}}dx=\frac{(n!)^2 2^{2n}}{(2n+1)!}$;

(b) $\displaystyle\int_0^1\frac{x^{2n}}{\sqrt{1-x^2}}dx=\frac{(2n)!\pi}{2^{2n+1}(n!)^2}$.

6. 证明由平面 $x=0,y=0,z=0$ 与曲面

$$\frac{x^m}{a^m}+\frac{y^m}{b^m}=\frac{z}{c}\quad(m>0)$$

所围成的正卦限的体积为

$$abh\left(\frac{h}{c}\right)^{\frac{2}{m}}\frac{\Gamma\left(1+\frac{1}{m}\right)^2}{\Gamma\left(2+\frac{2}{m}\right)}.$$

7. 证明

$$\iiint f\left(\frac{x^2}{a^2}+\frac{y^2}{b^2}+\frac{z^2}{c^2}\right)x^{p-1}y^{q-1}z^{r-1}dxdydz$$

等于

$$\frac{a^pb^qc^r}{8}\frac{\Gamma\left(\frac{p}{2}\right)\Gamma\left(\frac{q}{2}\right)\Gamma\left(\frac{r}{2}\right)}{\Gamma\left(\frac{p+q+r}{2}\right)}\int_0^1 f(\xi)\xi^{(p+q+r-2)/2}d\xi,$$

其中三重积分区域是椭球 $\dfrac{x^2}{a^2}+\dfrac{y^2}{b^2}+\dfrac{z^2}{c^2}\leqslant 1$ 截正卦限的那部分.

提示: 引入新变量 ξ,η,ζ 如下

$$\frac{x^2}{a^2}+\frac{y^2}{b^2}+\frac{z^2}{c^2}=\xi \quad 或 \quad x=a\sqrt{\xi(1-\eta)}$$

$$\frac{x^2}{b^2}+\frac{z^2}{c^2}=\eta \quad 或 \quad y=b\sqrt{\xi\eta(1-\zeta)}$$

$$\frac{y^2}{c^2}=\zeta \quad 或 \quad z=c\sqrt{\xi\eta\zeta},$$

并分别对 η 和 ζ 积分.

8. 求立体

$$\left(\frac{x}{a}\right)^{\frac{1}{n}}+\left(\frac{y}{b}\right)^{\frac{1}{n}}+\left(\frac{z}{c}\right)^{\frac{1}{n}}\leqslant 1,\quad x\geqslant 0,\quad y\geqslant 0,\quad z\geqslant 0$$

的质心的 x 坐标.

9. 求星形线 $x^{2/3}+y^{2/3}=R^{2/3}$ 所包围的面积对 x 轴的惯性矩.

10. 证明 $n+1$ 重积分

$$\int\cdots\int f\left(x_0+\cdots+x_n\right)x_0^{a_0-1}\cdots x_n^{a_n-1}dx_0\cdots dx_n$$

等于

$$\frac{\Gamma\left(a_0\right)\cdots\Gamma\left(a_n\right)}{\Gamma\left(a_0+\cdots+a_n\right)}\int_0^1 f(t)t^{a_0+\cdots+a_n-1}dt,$$

其中多重积分的区域是正卦限 $x_k\geqslant 0(k=0,1,\cdots,n)$ 内由超平面 $x_0+\cdots+x_n=1$ 所围成的部分.

11. 证明

$$2^{2x}\frac{\Gamma(x)\Gamma\left(x+\dfrac{1}{2}\right)}{\Gamma(2x)}=2\sqrt{\pi}.$$

12. (a) 证明对于任意正实数 α 和 β 有

$$D^\alpha D^\beta f(x)=D^\beta D^\alpha f(x),$$

其中微商由 (91a) 定义, 而 f 有通常意义下的直到 $(p+q)$ 阶的微商且在 $x=0$ 等于零, 这里 p 和 q 分别是大于 α 和 β 的最小整数.

(b) 在上述条件下, 是否 $D^\alpha D^\beta f(x)=D^{\alpha+\beta}f(x)$ 总成立?

(c) 把上述结果推广到 α 或 β 可以是负数的情形.

附录 积分过程的详细分析[1)]

A.1 面 积

集合 S 的面积, 可以沿着直觉所启示的路线, 就像前面解释的那样, 严格地定义. 本质上人们用平行于坐标轴的直线把平面划分为许多正方形. 人们把全体包含在 S 内的正方形的面积加起来, 这就得到 S 的面积的一个下界. 把所有和 S 有公共点的正方形面积加起来, 我们就得到 S 的面积的一个上界. 如果当平面的分划无限变细下去时这些上界和下界趋向一个公共值, 我们把这公共值看成 S 的面积. 区域面积的这种意义, 体现了用矩形组成的区域从内部及外部来逼近该区域的同一思想, 这种思想曾把我们引导到函数 $f(x)$ 的黎曼积分的概念.

这里定义的面积概念, 称为 S 的*若尔当测度* (这个名称沿用了近代严格分析的开创者之一的名字) 或 S 的*容量*. 这并非引入面积的唯一方法 (一种适用于更一般集合的非常重要的定义产生了所谓的 S 的*勒贝格测度*). 本附录中我们将只研究若尔当测度, 它具有更为直观的优点, 而且对于本书范围内的分析学的那些部分来说, 它是足够了.

为了简单起见, 我们将主要讲平面的情形. 然而, 我们的论述将适用于高维的情形, 只要把术语改一下, 例如用*体积*代替*面积*, *立方体*代替*正方形*等等.

a. 平面的分划和相应的内、外面积

为了确定 x, y 平面内的集合 S 的面积, 我们用平行于坐标轴的等距平行线, 逐次地把平面划分为边长为 $1, \frac{1}{2}, \frac{1}{4}, \frac{1}{8}, \cdots$ 的正方形[2)]. 第 n 次划分 (其中 n 是正整数) 是通过直线

$$x = \frac{i}{2^n}, \quad y = \frac{k}{2^n} \tag{1}$$

作出的, 其中 i 和 k 取遍所有的整数. 这样, 平面被分成了许多闭正方形 R_{ik}^n.

$$R_{ik}^n \colon \frac{i}{2^n} \leqslant x \leqslant \frac{i+1}{2^n}, \quad \frac{k}{2^n} \leqslant y \leqslant \frac{k+1}{2^n}. \tag{2}$$

现在, 设 S 是平面的任一有界点集[3)]. 我们对于将要确定的 S 的面积 A, 从下及从

---

1) 在读这个附录以前, 读者应好好复习一下第一卷中导致黎曼积分的论证 (见第 165 至 168 页).

2) 在这里, 用把平面分成正方形这种十分特殊的分划来引进面积, 是有好处的, 以后, 将证明更一般的分划也导致同样的面积.

3) 严格地说, 面积只对于有界集才有定义, 虽然对于某些无界集, 可以用 '正常' 面积的极限定义它的 '广义' 面积.

上构造它的逼近, 这就是所有整个包含在 S 内的正方形 R_{ik}^n 的面积的和, 以及所有同 S 有公共点的正方形 R_{ik}^n 的面积的和. 其中边长为 2^{-n} 的正方形 R_{ik}^n 的面积为 2^{-2n}. 利用第 99 页解释过的集合之间的关系的符号表示, 我们便有[1)]

$$A_n^- = \sum_{\substack{i,k \\ R_{ik}^n \subset S}} 2^{-2n} A_n^+ = \sum_{\substack{i,k \\ R_{ik}^n \cap S \neq \phi}} 2^{-2n} \tag{3}$$

(看图 4.1).

从定义显然有

$$0 \leqslant A_n^- \leqslant A_n^+. \tag{4}$$

当我们从第 n 次分划转到第 $n+1$ 次分划时, 每个正方形 R_{ik}^n 被分成四个正方形 R_{rs}^{n+1}. 如果 R_{ik}^n 包含在 S 内, 它的部分 R_{rs}^{n+1} 也如此. 另一方面, 如果 R_{ik}^n 中的一个部分 R_{rs}^{n+1} 包含了 S 的一个点, 那么整个正方形也包含该点. 由此推出[2)], 逐次的和满足不等式

$$A_n^- \leqslant A_{n+1}^- \leqslant A_{n+1}^+ \leqslant A_n^+. \tag{5}$$

从 (5) 式看到, 和 A_n^- 是一上界为 A_1^+ 的非减序列, 因此, 它们收敛到一个极限

$$A^- = \lim_{n \to \infty} A_n^-.$$

类似地, 和 A_n^+ 是一下界为 A_1^- 的非增序列, 因而收敛

$$A^+ = \lim_{n \to \infty} A_n^+.$$

根据 (5), 对所有的 n 都有

$$0 \leqslant A_n^- \leqslant A^- \leqslant A^+ \leqslant A_n^+. \tag{6}$$

我们称 A^- 为 S 的内面积, A^+ 为外面积[3)]. 每一个有界集都有一个内面积和一个外面积. 我们用 $A^-(S)$ 和 $A^+(S)$ 来表示它们.

内面积 $A^-(S)$ 取值为 0, 当且仅当 S 没有内点, 因为一个没有内点的集合不含任何正方形 R_{ik}^n, 所以对所有的 $n, A_n^- = 0$, 从而 $A^- = 0$. 而一个有内点的集合, 对充分大的 n, 一定包含某个 R_{ik}^n, 因此对充分大的 n 有 $A_n^- > 0$, 从而 $A^- > 0$.

1) 如果没有整个包含在 S 内的正方形 R_{ik}^n, 我们令 $A_n^- = 0$.

2) 这里我们用到, 构成 R_{ik}^n 的四个正方形 R_{rs}^{n+1} 的面积和等于 R_{ik}^n 的面积. 这一点可以从算术恒等式 $4 \cdot 2^{-2(n+1)} = 2^{-2n}$ 推出来.

3) 术语内若尔当测度或内容量, 以及相应的外若尔当测度和外容量也是常用的.

b. 若尔当可测集及其面积

我们称一个有界集 S 是若尔当可测的, 如果 S 的内面积 A^- 和 S 的外面积 A^+ 相等[1]. 我们用 A 来表示公共值, 并称它为 S 的面积或若尔当测度

$$A^-(S) = A^+(S) = A(S).$$

注意, 对于我们定义中用到的正方形 R_{ik}^n, 原来的'面积'概念和新的'面积'概念, 即若尔当测度, 是一致的. 每个正方形 R_{ik}^n 在上述一般定义的意义下有若尔当测度 2^{-2n}, 因为对 $S = R_{ik}^n$ 以及 $m > n$,

$$\begin{aligned} A_m^-(S) &= \left(2^{m-n}\right)^2 2^{-2m} = 2^{-2n}, \\ A_m^+(S) &= \left[\left(2^{m-n}\right)^2 + 4\left(2^{m-n}\right) + 4\right] 2^{-2m} \\ &= 2^{-2n} + 2^{2-m-n} + 2^{2-2m}. \end{aligned}$$

更一般地, 任何其边平行于坐标轴的矩形 S,

$$S\colon a \leqslant x \leqslant b, c \leqslant y \leqslant d,$$

就像初等几何所要求的那样, 具有面积 $(b-a)(d-c)$; 因为, 给定一个正整数 n, 我们可以找到整数 $\alpha, \beta, \gamma, \delta$, 使得

$$\alpha 2^{-n} < a \leqslant (\alpha+1)2^{-n}, \beta 2^{-n} \leqslant b < (\beta+1)2^{-n},$$

$$\gamma 2^{-n} < c \leqslant (\gamma+1)2^{-n}, \delta 2^{-n} \leqslant d < (\delta+1)2^{-n}.$$

因此

$$\begin{aligned} A_n^-(S) &= (\beta-\alpha-1)(\delta-\gamma-1)2^{-2n} \\ &\geqslant \left(b-a-2^{1-n}\right)\left(d-c-2^{1-n}\right), \\ A_n^+(S) &= (\beta-\alpha+1)(\delta-\gamma+1)2^{-2n} \\ &\leqslant \left(b-a+2^{1-n}\right)\left(d-c+2^{1-n}\right), \end{aligned}$$

从而当 $n \to \infty$,

$$\lim_{n\to\infty} A_n^-(S) = \lim_{n\to\infty} A_n^+(S) = (b-a)(d-c).$$

我们的下一个任务是找出集 S 可测性的判别法. 我们将十分一般地证明: 有界集 S 有面积的充分必要条件是它边界 ∂S 的面积为 0 .

---

1) 代替短语 "集合 S 是若尔当可测的", 我们将简单说成 " S 有面积", 术语测度有与维数无关的优点, 在一维的时候它可以很好地用来表示长度, 二维的时候表示面积, 高维的时候表示体积.

在证明中, 考虑把平面划分为正方形 R_{ik}^n, 并且像 (3) 中那样构造相应的和 $A_n^-(S)$ 与 $A_n^+(S)$. 显然, $A_n^+ - A_n^-$ 表示那样一些正方形面积的和, 这些正方形既含有 S 的点也含有不属于 S 的点. 设 σ_n 是这些正方形的集合. σ_n 的每一个正方形含有 S 的一个边界点, 因为在连接 R_{ik}^n 中属于 S 的点 P 和不属于 S 的点 Q 的线段上, 一定含有 S 的边界点, 因此, σ_n 中的每一个正方形都和 ∂S 有公共点, 从而

$$A_n^+(S) - A_n^-(S) \leqslant A_n^+(\partial S).$$

如果 ∂S 面积为 0 (或者换句话说, 外面积为 0), 那么当 $n \to \infty$ 时, 右边趋向于 0, 因而我们发现, $A^+(S) - A^-(S) = 0$ 或说 S 有面积.

反过来, 设 S 有面积, 这时

$$\lim_{n\to\infty} \left[A_n^+(S) - A_n^-(S)\right] = 0. \tag{7}$$

平面上的一点 P, 如果对于固定的 n, P 只属于包含在 S 内的正方形 R_{ik}^n, 则 P 一定是 S 的内点[1]. 类似地, 如果一个点仅属于不含 S 的点的正方形, 则它一定是 S 的外点. 设 P 是 S 的边界点. 如果 P 不位于 σ_n 的任何正方形内, 它必定既属于包含在 S 内的一个正方形, 又属于不含 S 的点的另一个正方形. 但这是不可能的, 因为两个这样的正方形没有公共点. 因此 ∂S 中的每一点包含在 σ_n 的一个正方形 R_{ik}^n 中, 这些正方形的总面积是 $A_n^+(S) - A_n^-(S)$. 任何同 ∂S 有公共点的正方形, 或者是 σ_n 中的正方形, 或者是这样一种正方形的八个邻近正方形中的一个. 因此, 同 ∂S 有公共点的正方形 R_{ik}^n 的总面积, 不超过 σ_n 的正方形总面积的九倍:

$$A_n^+(\partial S) \leqslant 9\left[A_n^+(S) - A_n^-(S)\right].$$

可见, (7) 蕴涵了 $A^+(\partial S) = 0$, 从而 ∂S 面积为 0.

一个在我们的意义下没有面积的集合的例子, 是单位正方形的有理点集合, 即全体 (x, y) 点的集合, 其中 x, y 是 0,1 之间的有理数. 在这里, 边界 ∂S 是全体满足 $0 \leqslant x \leqslant 1, 0 \leqslant y \leqslant 1$ 的 (x, y) 构成的集合, 因而面积为 1. 由我们的定理知 S 不是若尔当可测的.

c. 面积的基本性质

设 S 和 T 是两个有界集, 且 S 包含在 T 内. 包含 S 的点的正方形必然包含 T 的点, 因此

$$A_n^+(S) \leqslant A_n^+(T).$$

1) 记住, 我们的正方形 R_{ik}^n 是闭的, 因此, P 有可能属于四个正方形.

令 $n \to \infty$, 我们一般地得到

$$A^+(S) \leqslant A^+(T), \quad \text{当 } S \subset T. \tag{8}$$

在 $A^+(T) = 0$ 的特殊情形, 我们推出也有 $A^+(S) = 0$. 因此

面积为 0 的集合的任何子集的面积为 0.

对任意两个有界集 S, T, 覆盖 S 和 T 的正方形全体也覆盖它们的并集 $S \cup T$. 因此

$$A_n^+(S \cup T) \leqslant A_n^+(S) + A_n^+(T).$$

当 $n \to \infty$, 我们得到

$$A^+(S \cup T) \leqslant A^+(S) + A^+(T). \tag{9}$$

更一般地, 对任意有限个集合 $S_1, S_2, \cdots, S_N$, 我们有外面积的有限半可加性, 用公式表示就是

$$A^+\left(\bigcup_{i=1}^{N} S_i\right) \leqslant \sum_{i=1}^{N} A^+(S_i). \tag{10}$$

如果在 (10) 中所有 S_i 的面积为 0, 则并集也一样:

任何有限个面积为 0 的集合的并集, 面积为 0. 特别地, 任何由有限个点构成的集合面积为 0.

按定义, 面积为 0 的集合, 可以用有限个总面积 A_n^+ 为任意小的正方形所覆盖. 更一般地, 一个集合 S 面积为 0, 如果对任意 $\varepsilon > 0$, 可以找到有限个集合 $S_1, S_2, \cdots, S_N$, 它们盖住 S, 且外面积的和小于 ε, 因为这时, 根据 (8) 和 (9), S 的外面积小于 ε, 而根据 ε 是任意正数, 就有 $A^+(S) = 0$.

例如, 平面上一条用方程

$$y = f(x) \quad (a \leqslant x \leqslant b)$$

非参数地给出的连续弧 C, 面积为 0. 为了证明这点, 我们只需用到这样的事实, 即定义在有界闭区间上的连续函数是一致连续的. 因为, 给定 $\varepsilon > 0$, 可找到 n 充分大, 使得对定义域上的任意两点, 只要距离 $< 2^{-n}$, f 的差就小于 ε. 我们可以找到整数 α, β 使得

$$\alpha 2^{-n} \leqslant a < (\alpha + 1)2^{-n}, \quad \beta 2^{-n} < b \leqslant (\beta + 1)2^{-n}.$$

函数 $f(x)$ 的图形中, 对应于 x 的值满足 $i2^{-n} < x < (i+1)2^{-n}$ 的那一部分, 包含在一个其边平行于坐标轴, 边长分别为 2^{-n} 与 2ε 的长方形内. 因此, C 包含在其

边平行于坐标轴, 总面积为

$$(\beta+1-\alpha)2^{-n}(2\varepsilon) \leqslant \left(b-a+2^{1-n}\right)2\varepsilon$$

的矩形的并集内. 当 $n\to\infty$, 就有

$$A^{+}(C) \leqslant 2(b-a)\varepsilon,$$

由 ε 是任意正数, 便知弧 C 的面积为 0.

大多数有实际兴趣的区域, 是由有限条形如 $y=f(x)$ 或 $x=g(y)$ 的连续弧所围成的区域. 由于有限个面积为 0 的集合的并集本身面积为 0, 所以这样的区域的边界面积为 0, 从而是若尔当可测的:

设集合 S 的边界包含在有限个弧的并集之内, 这些弧的每一条由方程 $y=f(x)$ 或 $x=g(y)$ 给出, 其中函数 f 或 g 分别在某有限闭区间上定义且连续, 那么 S 有面积[1].

现在我们来考虑 S 与 T 的并集及交集, 其中 S 与 T 是任意两个若尔当可测集. S 的或 T 的内点是 $S\cup T$ 的内点; S 的同时也是 T 的外点是 $S\cup T$ 的外点. 因此 $S\cup T$ 的边界点一定是 S 或 T 的边界点. 类似地, $S\cap T$ 的边界点必须是 S 或 T 的边界点. 因此 $S\cup T$ 与 $S\cap T$ 的边界在 ∂S 与 ∂T 的并集之内, 从而面积为 0, 这是因为边界 ∂S 和 ∂T 的面积为 0. 这就证明了下面的基本事实:

两个若尔当可测集的并集和交集也是若尔当可测的.

应用 (9), 我们有

如果集 S 和 T 有面积, 则它们的并集也有面积, 且

$$A(S\cup T) \leqslant A(S)+A(T). \tag{11}$$

此外, 如果 S 和 T 不相重叠 (即两集合中任何一个的内点是另一个的外点), 那么我们还知道

$$A(S\cup T) = A(S)+A(T). \tag{12}$$

因为这时正方形 R_{ik}^{n} 不能同时包含在 S 和 T 内. 由此第 n 次划分

$$A_n^{-}(S\cup T) \geqslant A_n^{-}(S)+A_n^{-}(T).$$

当 $n\to\infty$ 时便得

$$A^{-}(S\cup T) \geqslant A^{-}(S)+A^{-}(T).$$

---

1) 更一般地, 用同样的办法推得, n 维集合 S 是若尔当可测的, 如果它的边界包含在有限块曲面的并集之内, 而每一块曲面由形如

$$x_j = f\left(x_1,\cdots,x_{j-1},x_{j+1},\cdots,x_n\right)$$

的方程给出, 其中 f 在 $x_1,\cdots,x_{j-1},x_{j+1},\cdots,x_n$ 空间的一个有界闭集上连续.

由于 S,T 和 $S\cup T$ 是若尔当可测的, 这就推出

$$A(S\cup T)\geqslant A(S)+A(T),$$

这样从 (11) 便推出 (12).

这个结果可以直接推广到任意有限多个若尔当可测集, 从而构成面积的有限可加性:

如果有限多个集合 $S_1,\cdots,S_N$ 中的每一个有面积, 且没有两个集合是重叠的, 那么 $S_1,\cdots,S_N$ 的并集也有面积, 且

$$A(S)=A\left(S_1\right)+A\left(S_2\right)+\cdots+A\left(S_N\right). \tag{13}$$

这个加法定理可以用一个减法定理来补充. 给定两个集合 S,T, 满足 $S\subset T$, 我们用 $T-S$ 表示 T 中不属于 S 的点所构成的集合. 我们将证明, 若 S 与 T 有面积, 且 $S\subset T$, 则 $T-S$ 有面积, 且

$$A(T-S)=A(T)-A(S). \tag{14}$$

容易地再一次看出, $T-S$ 的边界包含在 S 和 T 的边界的并集里, 所以 $T-S$ 有面积. 另外 S 与 $T-S$ 没有公共点, 因此不重叠, 而它们的并集是 T, 于是根据可加性法则 (12),

$$A(T)=A(S)+A(T-S),$$

它等价于 (14).

关于面积的加法与减法规则的一个更对称的组合, 就是对任意两个若尔当可测集 S 与 T 成立的恒等式

$$A(S\cap T)+A(S\cup T)=A(S)+A(T). \tag{15}$$

事实上, 在四个集合 $S,T,S\cap T,S\cup T$ 之中, 有恒等式

$$S\cup T-T=S-S\cap T.$$

由于四个集合都有面积, 我们可以应用 (14), 从而推出 (15).

上述的这些定理允许我们把面积概念从它的定义中由于用到了特殊的正方形 R_{ik}^n 而形成的任何限制中解放出来. 我们将会看到, 面积可以通过很多种对平面的更一般的分划来定义, 包括像把平面分为其边平行于坐标轴的矩形的那种分划.

首先, 我们注意到, 对一个若尔当可测集 S 来说, 所有与 S 的边界 ∂S 充分接近的点可以包含在一个面积任意小的集合中, 这是因为, 由于 ∂S 的面积为 0, 对给定的 $\varepsilon>0$, 我们可以找到 $n=n(\varepsilon)$, 使得和 ∂S 有公共点的正方形 R_{ik}^n 的集合 σ_n 的总面积 $<\varepsilon/q$. 设 P 是平面上的一个点, 它与 ∂S 某点的距离 $<2^{-n}$. 那么

P 或者属于 σ_n 中正方形的一个, 或者属于这种正方形邻近八个正方形中的一个. 那么, 由 σ_n 的所有正方形以及与它们邻近的正方形所构成的并集是一个面积 $< \varepsilon$ 的集合, 它包含了所有和 ∂S 距离 $< 2^{-n}$ 的点.

现在取一个分划 Σ, 它把全平面分为其边平行于坐标轴的闭矩形. 这些矩形并不需要全等, 但我们要求, 分划必须使得所有矩形 ρ 的直径[1] 小于 $2^{-n(\varepsilon)}$. 我们对分划中所有包含在 S 中的矩形 ρ 的面积作和 $A_{\Sigma}^{-}(S)$, 以及对所有同 S 有公共点的 ρ 作和 $A_{\Sigma}^{+}(S)$. 显然

$$A_{\Sigma}^{-}(S) \leqslant A(S) \leqslant A_{\Sigma}^{+}(S).$$

此外, $A_{\Sigma}^{+}(S) - A_{\Sigma}^{-}(S)$ 表示所有既含 S 的点又含非 S 的点的矩形 ρ 的面积之和. 这些矩形必定含有 S 的边界点. 由于它们的直径小于 2^{-n}, 这种矩形 ρ 的每一个点与 ∂S 的某点的距离小于 2^{-n}. 因此这些矩形的总面积小于 ε, 于是

$$A_{\Sigma}^{+}(S) - A_{\Sigma}^{-}(S) < \varepsilon,$$

从而

$$A(S) - A_{\Sigma}^{-}(S) < \varepsilon, \quad A_{\Sigma}^{+}(S) - A(S) < \varepsilon.$$

取把平面分成长方形的一个分划序列 Σ_n, 使得 Σ_n 的矩形的最大直径趋向于 0. 我们发现, 相应的和 $A_n^{+}(S)$ 与 $A_n^{-}(S)$ 趋向于我们的集合的面积 $A(S)$.

上面用到的论证可以同样好地用到把全平面分成一些集合 ρ 的更一般的分划 Σ_n 上去. 我们只需要求, 单个的集合 ρ 是若尔当可测的、闭的和连通的, 并且分划中集合 ρ 的最大直径, 当 $n \to \infty$ 时趋向于 0.

A.2 多元函数的积分

a. 函数 $f(x, y)$ 的积分的定义

我们首先定义函数在整个 x, y 平面上的积分. 在这一节里我们都假设函数 $f(x, y)$ 对所有的 (x, y) 有定义, 但在某一有界集外等于 0, 也就是说, 对离原点充分远的 (x, y), 有 $f(x, y) = 0$ (这样的函数称为具有紧支集的). 此外, 还假定 f 是有界的.

在定义这种函数的积分时, 我们采用讨论面积时把平面分成闭正方形 R_{ik}^{n} 的同一类分划. 设 M_{ik}^{n} 与 m_{ik}^{n} 是 f 在正方形 R_{ik}^{n} 的上、下确界[2]. 与 f 以及平面的

1) 集合的直径一般地可以定义为集合中任意两点的距离的上确界 (或者, 在有界闭集的情形, 就是最大值). 对矩形 ρ 来说, 就是对角线的长度.

2) 见第一卷第一分册 82 页的定义.

第 n 次分划相联系, 我们作上和

$$F_n^+ = \sum_{i,k} M_{ik}^n 2^{-2n}$$

与下和[1)]

$$F_n^- = \sum_{i,k} m_{ik}^n 2^{-2n}.$$

这些和中只有有限多项是不等于 0 的, 因为对距离远的点 $f = 0$. 由 $m_{ik}^n \leqslant M_{ik}^n$, 我们有

$$F_n^- \leqslant F_n^+. \tag{16}$$

在从第 n 次到第 $n+1$ 次分划中, 每一个正方形 R_{ik}^n 都被分成四个面积为 2^{-2n-2} 的正方形 R_{js}^{n+1}. 显然

$$m_{ik}^n \leqslant m_{js}^{n+1} \leqslant M_{js}^{n+1} \leqslant M_{ik}^n.$$

由此得到

$$F_n^- \leqslant F_{n+1}^- \leqslant F_{n+1}^+ \leqslant F_n^+. \tag{17}$$

因为有界单调序列是收敛的 (见第一卷第 79 页), 上和与下和有极限

$$F^- = \lim_{n\to\infty} F_n^-, \quad F^+ = \lim_{n\to\infty} F_n^+, \tag{18}$$

其中当然有

$$F^- \leqslant F^+. \tag{19}$$

我们称 F^+ 为函数 $f(x,y)$ 的上积分, F^- 为下积分.

定义. 函数 $f(x,y)$ 称为可积的[2)], 如果它的上积分 F^+ 与它的下积分 F^- 有相同的值, 这个值就称为 f 的积分, 并表示为

$$\iint f dxdy.$$

由于

$$F^+ - F^- = \lim_{n\to\infty} \left(F_n^+ - F_n^-\right),$$

---

1) 因子 2^{-2n} 表示由第 n 次分划所产生的正方形 R_{ik}^n 的面积. 在三维的情形, 我们把空间分为边长为 2^{-n} 的立方体, 这时因子变为 2^{-3n}. 类似地, 在 k 维的情形因子变为 2^{-kn}.

2) 说准确些, 叫 '黎曼可积". 这里给出的定义只在下面这一点上与通常的定义不同, 这就是只限于考虑分成正方形 R_{ik}^n 的分划, 但它们是等价的.

我们直接得到下面的可积性条件: f 可积的充分必要条件是

$$\lim_{n\to\infty}\left(F_n^+ - F_n^-\right) = \lim_{n\to\infty}\sum_{i,k}\left(M_{ik}^n - m_{ik}^n\right)2^{-2n} = 0. \tag{20}$$

与第 n 次分划相联系, 我们可以作黎曼和

$$F_n = \sum_{i,k} f\left(\xi_{ik}^n, \eta_{ik}^n\right)2^{-2n},$$

其中 $(\xi_{ik}^n, \eta_{ik}^n)$ 是正方形 R_{ik}^n 内任意一点. 显然

$$F_n^- \leqslant F_n \leqslant F_n^+. \tag{21}$$

从 (18) 我们得到结论:

如果 f 可积, 那么称黎曼和收敛到 $\iint f dxdy$, 不管 R_{ik}^n 中的中间值 $(\xi_{ik}^n, \eta_{ik}^n)$ 如何选取.

b. 连续函数的可积性与在集合上的积分

对积分概念的应用来说, 下面的定理是基本的:

在某一有界集 S 外为 0 的连续函数 f 是可积的.

为了证明, 我们可以假设 S 是正方形

$$|x| \leqslant N, \quad |y| \leqslant N,$$

其中 N 是正整数. 这样对第 n 次分划, 当 R_{ik}^n 不包含在 S 中时, $M_{ik}^n = m_{ik}^n = 0$. 有界闭集 S 上的连续函数 f 是一致连续的. 因此, 给定 $\varepsilon > 0$, 存在 $\delta > 0$, 使得对于 S 中距离小于 δ 的任意两点, 相应的 f 值的差小于 ε. 这时

$$M_{ik}^n - m_{ik}^n \leqslant \varepsilon,$$

只要 n 充分大, 使得

$$\sqrt{2}\,2^{-n} < \delta,$$

于是

$$F_n^+ - F_n^- \leqslant \sum \varepsilon 2^{-2n},$$

其中求和遍历所有使 R_{ik}^n 包含在 S 内的 i, k. 由于这些正方形的面积和等于 S 的面积 $4N^2$, 由此得到

$$F_n^+ - F_n^- \leqslant 4N^2\varepsilon$$

对充分大的 n 成立, 从而 f 满足可积性条件 (20).

连续函数并非仅有的可积函数. 我们并不试图去决定最一般的可积函数. 然而, 我们确实要考虑一类重要的间断而可积的函数, 这就是有界若尔当可测集的特征函数. 对于平面上的任意集合, 我们对应一个由

$$\phi_S(x,y)=\begin{cases}1, & \text{当 } (x,y)\in S,\\ 0, & \text{当 } (x,y)\notin S\end{cases}$$

定义的特征函数. ϕ_S 的间断点正好是 S 的全部边界点.

现在我们取有界集 S, 并研究函数 ϕ_S 的可积性. S 的有界性蕴涵 ϕ_S 在某个有界集的外面为 0. 显然, 对这个函数, 对所有那些同 S 有公共点的正方形 R_{ik}^n 来说, $M_{ik}^n=1$, 而对其他的正方形 $M_{ik}^n=0$. 这样上和正好就是全体同 S 有公共点的正方形面积之和. 因此, 函数的上积分 $F^+=\lim\limits_{n\to\infty}F_n^+$ 等于外面积 $A^+(S)$. 类似地, F_n^- 等于包含在 S 内的正方形的总面积 $A_n^-(S)$, 所以下积分 F^- 就是内面积 $A^-(S)$. 因此, ϕ_s 的可积性等价于 $A^+(S)=A^-(S)$, 也就是说, 等价于 S 的若尔当可测性. 当 ϕ_S 是可积的, 它的积分值自然就是面积 $A(S)$.

因此我们已经证明了.

如果集合 S 的特征函数是可积的, 那么 S 是有面积的, ϕ_S 的积分就是 S 的面积:

$$\iint\phi_S dxdy=A(S).$$

从连续函数与若尔当可测集的特征函数出发, 我们可以用下面的法则构造其他的可积函数:

两个可积函数的乘积是可积的.

设 f 与 g 是可积的, 对我们来说这就蕴涵了它们是有界的, 并且在某有界集的外面等于 0. 令 $M_{ik}^n, M_{ik}'^n, M_{ik}''^n$ 表示三个函数 fg, f, g 在正方形 R_{ik}^n 的上确界, $m_{ik}^n, m_{ik}'^n, m_{ik}''^n$ 表示下确界. 对任意两点 (ξ',η'), (ξ'',η''), 我们有

$$\begin{aligned}&f(\xi',\eta')\,g(\xi',\eta')-f(\xi'',\eta'')\,g(\xi'',\eta'')\\ &=f(\xi',\eta')\left[g(\xi',\eta')-g(\xi'',\eta'')\right]+g(\xi'',\eta'')\left[f(\xi',\eta')-f(\xi'',\eta'')\right].\end{aligned}$$

用 N 表示 $|f|$ 与 $|g|$ 的上界, 便有

$$M_{ik}^n-m_{ik}^n\leqslant N\left(M_{ik}''^n-m_{ik}''^n\right)+N\left(M_{ik}'^n-m_{ik}'^n\right).$$

从这里直接推出, 若 f 与 g 满足可积性条件 (20), 则 fg 也满足.

给定函数 $f(x,y)$ 与 x,y 平面上的一个集合 S, 如果函数 $f\phi_S$ 在前面所说的

意义下是可积的, 我们就说 f 在集合 S 上是可积的; 并且就用

$$\iint_S f dxdy = \iint f\phi_S dxdy \tag{22}$$

定义 f 在 S 上的积分.

从我们的乘积定理有

可积函数 f 是在任意若尔当可测集 S 上可积的. 特别地, 每个有紧支集的连续函数在若尔当可测集上是可积的.

如果 f 是在集合 S 上可积的, 那么积分

$$\iint_S f dxdy$$

的值不依赖于 f 在不属于 S 的点上的值, 因为函数 $f\phi_S$ 是由 f 在 S 的点上的值确定的. 甚至无需 f 处处有定义. 只要 S 属于函数 f 的定义域, 我们可以定义 $f\phi_S$ 在 S 的点上等于 f, 而在其余的地方等于 0.

对任何可积函数, 我们总可以把

$$\iint f dxdy$$

理解为

$$\iint_S f dxdy,$$

其中 S 是某一个充分大的正方形, 在它外面 f 等于 0.

c. 重积分的基本法则

我们早已看到, 两个可积函数 f 与 g 的乘积仍然是可积的. $f+g$ 是可积的则更显然; 这一点, 从可积条件 (20), 并注意到对任意集合有

$$\begin{aligned}&\sup(f+g)-\inf(f+g)\\ \leqslant\ &(\sup f-\inf f)+(\sup g-\inf g),\end{aligned}$$

便可推出, 从积分可表为黎曼和的极限便可证明

$$\iint (f+g)dxdy = \iint f dxdy + \iint g dxdy. \tag{23}$$

类似于单变量函数的积分学中值定理的一个估计, 对积分学的所有工作来说是基本的. 设 S 是若尔当可测集, f 是可积函数. 令 M 与 m 是函数 f 在 S 的

上、下界. 我们可以用黎曼和

$$F_n = \sum_{i,k} f\left(\xi_{ik}^n, \eta_{ik}^n\right) \phi_S\left(\xi_{ik}^n, \eta_{ik}^n\right) 2^{-2n}$$

来逼近 $f\phi_S$ 的积分, 其中我们注意选取 S 中的点作 $(\xi_{ik}^n, \eta_{ik}^n)$, 如果正方形 R_{ik}^n 包含这样的点的话. 这样一来

$$F_n = \sum f\left(\xi_{ik}^n, \eta_{ik}^n\right) 2^{-2n},$$

其中求和遍历所有使正方形 R_{ik}^n 同 S 有共同点的 i, k. 由 $m \leqslant f \leqslant M$, 我们知道

$$mA_n^+(S) \leqslant F_n \leqslant MA_n^+(S).$$

当 $n \to \infty$ 时就有

$$mA^+(S) \leqslant F \leqslant MA^+(S).$$

由于按假设 S 有面积, 我们就推出不等式

$$mA(S) \leqslant \iint_S f dx dy \leqslant MA(S) \tag{24}$$

成立.

设 S' 与 S'' 是若尔当可测集, 它们不相重叠 (即一个的内点是另一个的外点); 设 S 是它们的并集, s 是它们的交集. 这些集合的特征函数满足关系式

$$\phi_S + \phi_s = \phi_{S'} + \phi_{S''}.$$

因此, 对任意可积函数 f, 应用 (23), 我们发现

$$\iint f\phi_S dx dy + \iint f\phi_s dx dy = \iint f\phi_{S'} dx dy + \iint f\phi_{S''} dx dy;$$

也就是

$$\iint_S f dx dy + \iint_s f dx dy = \iint_{S'} f dx dy + \iint_{S''} f dx dy.$$

在这里, 根据假设, s 只包含 S' 与 S'' 的边界点, 因而 $A(s) = 0$, 由 (24) 也就有

$$\iint_s f dx dy = 0.$$

这就证明了积分的可加性法则:

如果集合 S' 和 S'' 有面积并且不相重叠, 而 f 是可积的, 那么关系式

$$\iint\limits_{S'\cup S''} f dx dy = \iint\limits_{S'} f dx dy + \iint\limits_{S''} f dx dy \tag{25}$$

成立.

更一般地, 如果 S 是若尔当可测集 $S_1, \cdots, S_N$ 的并集, 没有两个是重叠的, 而 f 是可积的, 那么我们有

$$\iint\limits_{S} f dx dy = \sum_{i=1}^{N} \iint\limits_{S_i} f dx dy. \tag{26}$$

这个性质使我们有可能用比到现在为止曾经考虑过的更为一般的分划的黎曼和来逼近集合 S 上的积分. 为了简单起见, 假定 S 是闭的若尔当可测集, f 是 S 上的连续函数. S 的一个 "一般的分划" $\sum$ 就是指把 S 表示为互不重叠的若尔当可测集 $S_1, \cdots S_N$ 的并集. 在每个 S_i 中, 我们取任意一点 (ξ_i, η_i) 并构造广义的黎曼和

$$F_{\Sigma} = \sum_{i=1}^{N} f(\xi_i, \eta_i) A(S_i). \tag{27}$$

我们来证明, 当分划无限加密时, F 趋向于 f 在集合 S 上的积分. 连续函数 f 在有界闭集 S 上是一致连续的, 给定 $\varepsilon > 0$, 我们总能找到 $\delta > 0$, 使得对于 S 上距离小于 δ 的任意两点, f 的变化小于 ε. 假定分划 Σ 细密到这种程度, 使得所有 S_i 的直径 $< \delta$, 也就是说, 同一个 S_i 中的任意两点距离小于 δ. 这样

$$f(\xi_i, \eta_i) - \varepsilon \leqslant f(\xi, \eta) \leqslant f(\xi_i, \eta_i) + \varepsilon$$

对 S_i 的所有 (ξ, η) 成立, 从 (24) 就推出

$$[f(\xi_i, \eta_i) - \varepsilon] A(S_i) \leqslant \iint\limits_{S_i} f(\xi, \eta) d\xi d\eta \leqslant [f(\xi_i, \eta_i) + \varepsilon] A(S_i).$$

因此, 由 (26), (27), (13),

$$F_{\Sigma} - \varepsilon A(S) \leqslant \iint\limits_{S} f dx dy \leqslant F_{\Sigma} + \varepsilon A(S).$$

这就推出了, 广义黎曼和与函数 f 在 S 上的积分值之差任意小, 对所有充分细密的分划 Σ 都成立.

d. 化重积分为累次单积分

三重积分值的计算, 通常可以化为计算单积分和二重积分 (类似地, 二重积分可以化为单积分, 而一般地, n 维空间的积分可以化为 $n-1$ 维空间的积分), 只要应用下面的定理:

设 $f(x,y,z)$ 是定义在 x,y,z 空间上的可积函数. 假定对于任意固定的 x,y 值, $f(x,y,z)$ 作为 z 的单变量函数是可积的[1]. 令

$$\int f(x,y,z)dz = h(x,y). \tag{28}$$

则 $h(x,y)$ 作为 x,y 的函数是可积的, 并且

$$\iiint f(x,y,z)dxdydz = \iint h(x,y)dxdy. \tag{29}$$

为了证明这点, 我们考虑把 x,y,z 空间分成立方体 C_{ijk}^n 的第 n 次分划, 其中

$$C_{ijk}^n : \frac{i}{2^n} \leqslant x \leqslant \frac{i+1}{2^n}, \frac{j}{2^n} \leqslant y \leqslant \frac{j+1}{2^n},$$
$$\frac{k}{2^n} \leqslant z \leqslant \frac{k+1}{2^n}.$$

我们构造 f 的三重积分的上和:

$$F_n^+ = \sum_{i,j,k} M_{ijk}^n 2^{-3n},$$

其中 M_{ijk}^n 是 $f(x,y,z)$ 在 C_{ijk}^n 的上确界. 类似地, 构造下和 F_n^-. 现在在正方形 R_{ij}^n,

$$R_{ij}^n : \frac{i}{2^n} \leqslant x \leqslant \frac{i+1}{2^n}, \frac{j}{2^n} \leqslant y \leqslant \frac{j+1}{2^n}$$

中取任意固定点 (x,y), 则 M_{ijk}^n 是 $f(x,y,z)$ 作为 z 的函数在区间

$$I_k^n : \frac{k}{2^n} \leqslant z \leqslant \frac{k+1}{2^n}$$

的上界. 由 (24) 和 (26) 推出, 对 $x,y \in R_{ij}^n$[2]

$$\begin{aligned} h(x,y) &= \int f(x,y,z)dz \\ &= \sum_k \int_{I_k^n} f(x,y,z)dz \leqslant \sum_k M_{ijk}^n 2^{-n}. \end{aligned}$$

1) 当然, 这里的单积分是取与重积分相同的意义; 是借助把直线分成区间 $i2^{-n} \leqslant z \leqslant (i+1)2^{-n}$ 的特殊分划, 取上、下和等等来定义它们的.

2) 在我们的假定中自然包含了 f 在某一有界区域外等于 0, 因此这里只包含了有限多个区间 I_k^n.

用 H_n^+ 与 H_n^- 表示在第 n 次分划中 $h(x,y)$ 积分的上和与下和. 由此推出

$$H_n^+ \leqslant \sum_{ij}\left(\sum_k M_{ijk}^n 2^{-n}\right)2^{-2n} = F_n^+.$$

类似地

$$H_n^- \geqslant F_n^-.$$

由于

$$\lim_{n\to\infty} F_n^+ = \lim_{n\to\infty} F_n^- = \iiint f(x,y,z)dxdydz,$$

便得到 $h(x,y)$ 是可积的, 且 (29) 成立.

在适当的假设下, 我们可以进一步把二重积分

$$\iint h(x,y)dxdy$$

化为累次单积分

$$\int g(x)dx,$$

其中对每一个固定的 x, 函数 $g(x)$ 由

$$g(x) = \int h(x,y)dy$$

定义. 为了应用这种化法, 只要知道对每个固定的 $x, h(x,y)$ 是 y 的可积函数. 然而, 从公式 (29) 的二维的类似公式便可推出这一点, 只要加上假设: 对每个固定的 $x, f(x,y,z)$ 是 y,z 平面的可积函数, 从而

$$\iiint f(x,y,z)dxdy = \int h(x,y)dy = g(x).$$

因此, 我们可以用累次单积分来计算原来的三重积分

$$\iiint f(x,y,z)dxdydz = \int\left[\int\left[\int f(x,y,z)dz\right]dy\right]dx. \tag{30}$$

把柱体上的体积分化为二重积分的公式, 提供了从初等微积分起就熟悉了的一个简单应用.

假定 x,y 平面上的闭集 S 有面积, $\alpha(x,y), \beta(x,y)$ 是定义在 S 上满足 $\alpha(x,y) \leqslant \beta(x,y)$ 的连续函数, 设 C 表示柱形区域

$$C\colon (x,y)\in S, \alpha(x,y) \leqslant z \leqslant \beta(x,y).$$

C 的边界由两部分组成: 曲面 $z=\alpha(x,y)$ 与 $z=\beta(x,y)$ (根据第 419 页其体积为 0), 以及 C 中的那些点, 对于它们 (x,y) 在 S 的边界 S_b 上, 由于 S_b 面积为 0, 知后者的体积也是 0. 这就表明, C 是若尔当可测的. 现在设 $f(x,y,z)$ 是定义在 C 上的连续函数, 这时 $f(x,y,z)\phi_C(x,y,z)$ 可积, 而且

$$\iiint\limits_C f dxdydz = \iiint f(x,y,z)\phi_C(x,y,z)dxdydz$$

存在. 现在对任意固定的 $(x,y)\in S$, 表示式 $f(x,y,z)\phi_C(x,y,z)$ 在区间

$$\alpha(x,y)\leqslant z\leqslant \beta(x,y)$$

(它可以收缩为一点) 之外为 0, 在区间内是连续的, 因此 $f(x,y,z)\phi_C\ (x,y,z)$ 可积, 且有积分

$$\begin{aligned} h(x,y) &= \int f(x,y,z)\phi_C(x,y,z)dz \\ &= \int_{\alpha(x,y)}^{\beta(x,y)} f(x,y,z)dz. \end{aligned}$$

在这里我们已经用了区间定积分的通常的记号. 对 $(x,y)\notin S$, 我们有 $f(x,y,z)\phi_C(x,y,z)=0$ 对所有 z 成立. 因此, 对任意 (x,y),

$$h(x,y)=\phi_S(x,y)\int_{\alpha(x,y)}^{\beta(x,y)} f(x,y,z)dz.$$

于是, 在这里, 等式 (29) 给出

$$\iiint\limits_C f(x,y,z)dxdydz = \iint\limits_S \left[\int_{\alpha(x,y)}^{\beta(x,y)} f(x,y,z)dz\right] dxdy. \tag{31}$$

A.3 面积与积分的变换

a. 集合的映射

我们的目的是, 要得到当积分变量改变时重积分的变换规则. 平面上的自变量 x,y 的这种改变是形如

$$\xi=f(x,y),\quad \eta=g(x,y) \tag{32}$$

的映射 T, 其中 f 与 g 定义在映射的定义域——集合 Ω 上 (类似的映射定义了高维的变量改变). Ω 中的每一点 (x,y) 有唯一的像 (ξ,η). 这些像构成了映射 T

的值域 $\omega = T(\Omega)$ (见第 171 页). 更一般地, 对 Ω 的任意子集 S, 我们用 $T(S)$ 表示全体 S 的点的像所构成的集合.

对于这里所考虑的映射 T, 我们作如下的假设:

1. T 的定义域 Ω 是 x, y 平面的一个开的有界集.

2. 映射函数 f, g 在 Ω 是连续的且有连续的一阶导数: f_x, f_y, g_x, g_y.

3. 映射的雅可比行列式 Δ 在 Ω 不为 0:

$$\Delta = \frac{d(\xi, \eta)}{d(x, y)} = \begin{vmatrix} f_x & f_y \\ g_x & g_y \end{vmatrix} = f_x g_y - f_y g_x \neq 0. \tag{33}$$

4. 映射是 1-1 的; 也就是说, ω 的每一点都是 Ω 中唯一一点的像.

公式 (33) 有一个重要推论 (见第 224 页), 就是对 Ω 的点 (x_0, y_0) 的每一个 ε 邻域 N_ε, 存在像点 (ξ_0, η_0) 的一个包含在 $T(N_\varepsilon)$ 内的 δ 邻域. 这就推出, Ω 的任何子集 S, S 的内点变到 $T(S)$ 的内点. 因此开集 S 变成开集 $T(S)$[1]. 特别地, 我们的映射的值域是开的.

条件 4 说明, 存在一个逆映射 T^{-1}, 对 ω 内任意的 (ξ, η), 有 Ω 内唯一的 (x, y), 使得在 T 作用下变到 (ξ, η). 逆映射由函数

$$x = \alpha(\xi, \eta), \quad y = \beta(\xi, \eta)$$

给出, 它们定义在开集 ω 内, 连续且有连续的一阶导数

$$\alpha_\xi = g_y/\Delta, \quad \alpha_\eta = -f_y/\Delta, \quad \beta_\xi = -g_x/\Delta, \quad \beta_\eta = f_x/\Delta$$

(见第 225 页). 逆映射的雅可比行列式是

$$\frac{d(x, y)}{d(\xi, \eta)} = \begin{vmatrix} \alpha_\xi & \alpha_\eta \\ \beta_\xi & \beta_\eta \end{vmatrix} = \alpha_\xi \beta_\eta - \alpha_\eta \beta_\xi = \frac{1}{\Delta},$$

当然也不为 0.

因此, 简言之, 逆变换具有我们对 T 所假定的一切性质.

为了得到集合 S 的像的面积, 我们首先考虑 Ω 内的闭正方形 R_{ik}^n, 并估计 $T(R_{ik}^n)$ 的面积. 我们假设, 在 $R_{ik}^n, |f_x|, |f_y|, |g_x|, |g_y|$ 有上界 $\mu, |\Delta|$ 有上界 M. 我们还假设, 量 f_x, f_y, g_x, g_y 在 R_{ik}^n 的任何变化, 合起来有上界 ε. 对 R_{ik}^n 的左下角坐标, 引入缩写号 $x_i = i2^{-n}, y_k = k2^{-n}$, 在 R_{ik}^n 我们可以用线性函数

$$\begin{aligned} f_{ik}^n(x, y) &= f(x_i, y_k) + f_x(x_i, y_k)(x - x_i) + f_y(x_i, y_k)(y - y_k), \\ g_{ik}^n(x, y) &= g(x_i, y_k) + g_x(x_i, y_k)(x - x_i) + g_y(x_i, y_k)(y - y_k) \end{aligned}$$

1) 我们说 T 是一个开映射.

来逼近 f 与 g. 用微分学的中值定理 (见第 58 页), 对 R_{ik}^n 的每一点 (x,y), 我们有

$$f(x,y)=f\left(x_i,y_k\right)+f_x\left(x',y'\right)\left(x-x_i\right)+f_y\left(x',y'\right)\left(y-y_k\right),$$
$$g(x,y)=g\left(x_i,y_k\right)+g_x\left(x'',y''\right)\left(x-x_i\right)+g_y\left(x'',y''\right)\left(y-y_k\right),$$

其中 (x',y') 与 (x'',y'') 是 (x,y) 与 (x_i,y_k) 连线上适当的中间点. 由此, 对 R_{ik}^n 内任意的 (x,y),

$$\begin{aligned}&\left|f(x,y)-f_{ik}^n(x,y)\right|\\=&\left|\left[f_x\left(x',y'\right)-f_x\left(x_i,y_k\right)\right]\left(x-x_i\right)\right.\\&\left.+\left[f_y\left(x',y'\right)-f_y\left(x_i,y_k\right)\right]\left(y-y_k\right)\right|\leqslant 2\varepsilon 2^{-n},\end{aligned}$$

而类似地

$$\left|g(x,y)-g_{ik}^n(x,y)\right|\leqslant 2\varepsilon 2^{-n}.$$

现在, 线性映射

$$\xi=f_{ik}^n(x,y),\quad \eta=g_{ik}^n(x,y)\tag{34}$$

把正方形 R_{ik}^n 变成顶点为

$$\begin{gathered}(f,g),\quad\left(f+2^{-n}f_x,g+2^{-n}g_x\right),\quad\left(f+2^{-n}f_y,g+2^{-n}g_y\right),\\\left(f+2^{-n}f_x+2^{-n}f_y,g+2^{-n}g_x+2^{-n}g_y\right)\end{gathered}$$

的平行四边形 π_{ik}^n, 其中 f,g,f_x,f_y,g_x,g_y 在点 (x_i,y_k) 取值. 这个平行四边形的面积为行列式

$$\begin{vmatrix}2^{-n}f_x & 2^{-n}f_y\\2^{-n}g_x & 2^{-n}g_y\end{vmatrix}=2^{-2n}\Delta$$

的绝对值 (见第 167 页) $T\left(R_{ik}^n\right)$ 内任意点的坐标, 与用线性变换所得到的 π_{ik}^n 中的点的对应坐标的差不超过 $2\varepsilon 2^{-n}$. 因此 $T\left(R_{ik}^n\right)$ 的每一点, 或者在 π_{ik}^n 内, 或者与 π_{ik}^n 的一条边的距离不超过 $2^{3/2}\varepsilon 2^{-n}\cdot\pi_{ik}^n$ 的每条边的长度不超过 $\sqrt{2}2^{-n}\mu$. 与一条边的距离不超过 $2^{3/2}\varepsilon 2^{-n}$ 的点的集合, 面积不超过

$$\left(4\sqrt{2}2^{-n}\varepsilon\right)\left(\sqrt{2}2^{-n}\mu\right)+\pi\left(2\sqrt{2}2^{-n}\varepsilon\right)^2=8\varepsilon(\pi\varepsilon+\mu)2^{-2n}.$$

由于 π_{ik}^n 的面积不超过 $M2^{-2n}$, 我们发现, $T\left(R_{ik}^n\right)$ 包含在一个面积不超过

$$\left(M+32\pi\varepsilon^2+32\pi\mu\varepsilon\right)2^{-2n}\tag{35}$$

的集合内.

现在取第 N 次分划中包含在 Ω 内的任意正方形 R_{jr}^N. 在闭集 R_{jr}^N 中, 量 $|f_x|,|f_y|,|g_x|,|g_y|$ 有公共的上界 μ. 由于 f_x,f_y,g_x,g_y 在 R_{jr}^N 一致连续, 我们可以把它细分为正方形 R_{ik}^n, 使得这些函数在每一个正方形 $R_{ik}^n\subset R_{jr}^N$ 上的变化小于 ε. 如果用 M_{ik}^n 表示 $|\Delta|$ 在 R_{ik}^n 的上确界, 从 (35) 我们就发现, $T\left(R_{jr}^N\right)$ 被一个总面积不超过

$$\sum_{R_{ik}^n\subset R_{jr}^N}\left(M_{ik}^n+32\pi\varepsilon^2+32\mu\varepsilon\right)2^{-2n}=F_n^++\left(32\pi\varepsilon^2+32\mu\varepsilon\right)2^{-2N}$$

的集合所覆盖, 其中 F_n^+ 是积分

$$\iint\limits_{R_{jr}^N}|\Delta|dxdy$$

对应于第 n 次分划的上和. 当 $n\to\infty$ 时, 上和 F_n^+ 趋向于积分值, 这是因为函数 $|\Delta|$ 在 R_{jr}^N 是连续的, 从而是可积的. 由于 ε 是任意的正数, 我们发现正方形 R_{jr}^N 的像的外面积满足不等式

$$A^+\left[T\left(R_{jr}^N\right)\right]\leqslant\iint\limits_{R_{jr}^N}|\Delta|dxdy,\tag{36}$$

它是我们计算像集合面积的第一步.

现在取任意若尔当可测集 S, 它和它的边界 ∂S 同时包含在一个开集 Ω 中. 我们可以找到一个闭集 $S'\subset\Omega$ 和一个 N, 使得当 $n>N$ 时, 任何边长为 2^{-n} 且与 S 有公共点的正方形都完全包含在 S' 内[1), 对 $n>N$, 用 S_n 表示同 S 有公共点的正方形 R_{ik}^n 的并集. S_n 的像就被这些正方形的像所覆盖. 因此, 从 (36) 就推出 $T(S)$ 的外面积的估计

$$\begin{aligned}A^+[T(S)]\leqslant A^+\left[T\left(S_n\right)\right]&\leqslant\sum_{R_{ik}^n\subset S_n}A^+\left[T\left(R_{ik}^n\right)\right]\\&\leqslant\sum_{R_{ik}^n\subset S_n}\iint\limits_{R_{ik}^n}|\Delta|dxdy=\iint\limits_{S_n}|\Delta|dxdy.\end{aligned}$$

当 $n\to\infty$ 时, $|\Delta|$ 在 S_n 上的积分趋向于在 S 上的积分, 这是因为 $|\Delta|$ 在 S' 有界. 对若尔当可测集 S 来说, 同 S 有公共点但不完全包含在 S 内的 R_{ik}^n 的总面积趋向于 0. 这样, 我们就证明了

1) 我们只要选择 S' 为所有与 S 有公共点的 R_{jr}^N 的并集即可, 其中取 N 充分大.

$$A^+[T(S)] \leqslant \iint_S |\Delta| dxdy \tag{37}$$

对任意闭包包含在 Ω 内的若尔当可测集成立.

在 S 的相同假设下, 我们也可以把 (37) 应用到 S 的边界 ∂S 上, 它是 Ω 的面积为 0 的闭子集. 因此, 由 (37),

$$A^+[T(\partial S)] \leqslant \iint_{\partial S} |\Delta| dxdy \leqslant \left(\max_{\partial S} |\Delta|\right) A(\partial S) = 0.$$

从而 $T(\partial S)$ 面积为 0. 设 (ξ, η) 是 $T(S)$ 的边界点, 考虑 $T(S)$ 内极限为 (ξ, η) 的一串点列 $(\xi_n, \eta_n) \cdot (\xi_n, \eta_n)$ 是 S 中点 (x_n, y_n) 的像. (x_n, y_n) 有一子序列收敛到点 (x, y), 它在 S 的闭包内, 从而在 Ω 内. 映射 T 的连续性保证了 (ξ, η) 是 (x, y) 的像. 这里, (x, y) 不能是 S 的内点, 因为否则 (ξ, η) 就一定是 $T(S)$ 的内点而不是边界点了. 可见, (x, y) 是 S 的边界点. 这样一来, $T(S)$ 的边界包含在 S 的边界点的像内, 因而是我们已经证明了面积为 0 的集合 $T(\partial S)$ 的子集. 于是, $T(S)$ 边界的面积也为 0, 从而我们证明了, $T(S)$ 是若尔当可测的. 这样, 我们就可以在 (37) 中用 $A[T(S)]$ 来代替 $A^+[T(S)]$, 并得到 $A[T(S)]$ 存在, 且对任意的闭包包含在 Ω 内的若尔当可测集 S, 有

$$A[T(S)] \leqslant \iint_S |\Delta| dxdy = \iint_S \left| \frac{d(\xi, \eta)}{d(x, y)} \right| dxdy \tag{38}$$

成立.

我们看到, $T(S)$ 的边界包含在 $T(\partial S)$ 内, 从而包含在 ω 内. 因此, $T(S)$ 是闭包包含在 $\omega = T(\Omega)$ 内的若尔当可测集. 由于 T 和 T^{-1} 具有相同的性质, 我们可以把公式 (38) 应用到逆变换去, 从而也有

$$A(S) \leqslant \iint_{T(S)} \left| \frac{d(x, y)}{d(\xi, \eta)} \right| d\xi d\eta = \iint_{T(S)} \left| \frac{1}{\Delta} \right| d\xi d\eta. \tag{39}$$

如果我们把最后这个公式用到包含在 Ω 内的正方形 R_{ik}^n, 我们就发现

$$2^{-2n} = A\left(R_{ik}^n\right) \leqslant \iint_{T\left(R_{ik}^n\right)} \left| \frac{1}{\Delta} \right| d\xi d\eta \leqslant \frac{1}{m_{ik}^n} A\left[T\left(R_{ik}^n\right)\right],$$

其中 m_{ik}^n 是 $|\Delta|$ 在 R_{ik}^n 的下确界. 因此

$$A\left[T\left(R_{ik}^n\right)\right] \geqslant m_{ik}^n 2^{-2n}.$$

对于任意闭包包含在 Ω 内的若尔当可测集 S, 用 S_n 表示 $R_{ik}^n(\subset S)$ 的并集. 那么

$$A[T(S)] \geqslant A\left[T\left(S_n\right)\right]=\sum_{R_{ik}^n \subset S} A\left[T\left(R_{ik}^n\right)\right] \geqslant \sum_{R_{ik}^n \subset S} m_{ik}^n 2^{-2n}=F_n^-,$$

其中 F_n^- 是 $|\Delta|$ 在 S 上的积分的下和. 当 $n \rightarrow \infty$ 时, 我们就得到

$$A[T(S)] \geqslant \iint_S |\Delta| dx dy.$$

结合 (38), 我们就证明了下面的基本事实:

设 S 是闭包包含在变换 T 的定义域 Ω 内的若尔当可测集, 那么像 $T(S)$ 也有面积, 并且这个面积由下面的公式给出:

$$A[T(S)]=\iint_{T(S)} d\xi d\eta=\iint_S\left|\frac{d(\xi, \eta)}{d(x, y)}\right| dx dy. \tag{40}$$

b. 重积分的变换

很容易从表示面积变换规律的公式 (40), 转到更一般的积分变换公式. 对映射 T, 我们作同上面一样的假设. 现在设 S 是包含在 Ω 内的闭的若尔当可测集, $F(x, y)$ 是对 S 内的 (x, y) 有定义且连续的函数. 由于逆映射 $x=\alpha(\xi, \eta), y=\beta(\xi, \eta)$ 在 ω 内连续, 函数 $F(\alpha(\xi, \eta), \beta(\xi, \eta))$ 在集合 $T(S)$ 有定义且连续. 我们仍用字母 F 表示这个 ξ 与 η 的函数, 积分变换规律就可以写成

$$\iint_{T(S)} F d\xi d\eta=\iint_S F\left|\frac{d(\xi, \eta)}{d(x, y)}\right| dx dy. \tag{41}$$

为了证明, 我们用广义黎曼和 (见第 461 页) 来表示连续函数的积分. 我们考虑 S 的一个一般的分划

$$S=\bigcup_{i=1}^n S_i,$$

其中 S_i 是 S 的互不重叠的闭的若尔当可测子集. 像集 $T\left(S_i\right)$ 为集合 $T(S)$ 提供了一个相应的分划. 由于变换 T 在闭集 S 上一致连续, 当 S_i 的直径趋向于 0 时, 像集 $T\left(S_i\right)$ 的直径也趋向于 0. 取划分如此之细, 使得 f 在每个 S_i 上的变化小于 ε. 设 $\left(x_i, y_i\right)$ 是 S_i 的一点, 则 $F\left(x_i, y_i\right)$ 也就是 $F(\alpha(\xi, \eta), \beta(\xi, \eta))$ 在集合 $T\left(S_i\right)$ 上所取的值之一. 我们构造对应于 (41) 左边积分的黎曼和:

$$\sum_i F\left(x_i, y_i\right) A\left[T\left(S_i\right)\right]=\sum_i \iint_{S_i} F\left(x_i, y_i\right)|\Delta(x, y)| dx dy$$

$$
\begin{aligned}
&= \sum_{i} \iint\limits_{S_i} F(x,y)|\Delta(x,y)|dxdy + r \\
&= \iint\limits_{S} F(x,y)|\Delta(x,y)|dxdy + r,
\end{aligned}
$$

其中

$$
\begin{aligned}
|r| &= \left| \sum_{i} \iint\limits_{S_i} \left[F\left(x_i, y_i\right) - F(x,y) \right] |\Delta(x,y)|dxdy \right| \\
&\leqslant \varepsilon \sum_{i} \iint\limits_{S_i} |\Delta(x,y)|dxdy = \varepsilon A[T(S)].
\end{aligned}
$$

当分划变细时, 黎曼和趋向于 F 在集合 $T(S)$ 上的积分. 令 $\varepsilon \to 0$ 我们便得到等式 (41).

A.4 关于曲面面积定义的附注

在第 4.8 节 (第 367 页) 中, 我们用多少有点不同于第一卷定义弧长的方法, 定义了曲面的面积. 在弧长定义中, 我们从内接多边形出发, 而在面积的定义中, 我们却用切平面代替内接多面体.

为了看一看为什么不能用内接多面体, 我们考虑 x, y, z 空间中, 由方程 $x^2 + y^2 = 1$ 给出的圆柱, 在平面 $z = 0$ 与 $z = 1$ 之间的那一部分. 这个圆柱的面积是 2π. 现在, 在这个柱面内作一个内接多面体, 它的所有的面是全等三角形. 作法如下: 首先把单位圆周分成 n 等份, 然后在柱面上考虑 m 个等距的水平圆 $z = 0, z = h, z = 2h, \cdots, z = (m-1)h$, 其中 $h = \dfrac{1}{m}$. 我们划分每一个这样的圆周为 n 等份, 使得每一个圆的分点就是前一个的弧的中心. 我们现在考虑内接于圆柱的多面体, 它的棱包括各个圆的弦, 以及相邻圆周上的相邻分点的连线. 这个多面体的面是全等的等腰三角形, 而如果 n 和 m 取得充分大, 这个多面体将接近柱面到任意我们需要的程度. 如果让 n 固定, 我们就可以取 m 这样大, 使得三角形的每一个与 $x-y$ 平面近似平行到任意需要的程度, 因而它和柱面成任意陡的角. 这样我们不能再指望三角形面积的和近似于柱面面积. 事实上, 每个三角形的底长为 $2\sin\dfrac{\pi}{n}$, 由毕达哥拉斯定理, 它的高为

$$
\sqrt{\frac{1}{m^2} + \left(1 - \cos\frac{\pi}{n}\right)^2} = \sqrt{\frac{1}{m^2} + 4\sin^4\frac{\pi}{2n}}.
$$

由于三角形的数目显然为 $2mn$, 多面体的面积为

$$F_{n,m} = 2mn\sin\frac{\pi}{n}\sqrt{\frac{1}{m^2} + 4\sin^4\frac{\pi}{2n}}$$
$$= 2n\sin\frac{\pi}{n}\sqrt{1 + 4m^2\sin^4\frac{\pi}{2n}}.$$

这个表示式的极限并非与 m, n 趋向于无穷的方式无关. 例如, 固定 n 而让 $m \to \infty$, 表示式无界递增. 然而, 如果取 m, n 趋向于无穷同时满足 $m = n$, 则表示式趋向 2π. 如果取 $m = n^2$, 我们就得到极限

$$2\pi\sqrt{1 + \pi^2/4},$$

等等. 从上述多面体面积的表示式看出, 数集 $F_{n,m}$ 的下极限 (最小聚点) 是 2π, 其中 m 以任意方式随同 n 趋向无穷[1]. 这一点可以立刻从 $F_{n,m} \geqslant 2n\sin\frac{\pi}{n}$ 与 $\lim\limits_{n\to\infty} 2n\sin\frac{\pi}{n} = 2\pi$ 推出.

最后, 我们不加证明地指出一个理论上很有意义的事实, 它的一个特殊情形, 就是刚刚举过的例子. 如果我们有任意一个趋向于曲面的多面体序列, 我们已经看到, 多面体的面积并不一定趋向曲面的面积. 但是, 多面体面积的极限 (如果它存在), 或者更一般些, 这些面积值的任何极限点, 永远大于, 或至少等于曲面的面积. 如果对每一个这样的多面体序列, 我们找到面积的下极限, 那么这些数组成一个和曲面面积有关的确定的数集. 曲面的面积可以定义为这个数集的下确界[2].

---

1) 有界序列 F_n 的下极限 L (用 $L = \lim\limits_{n\to\infty}\inf F_n$ 来记), 可以用几种等价的方法定义:

(a) L 是 F_n 的所有收敛子序列的极限的下确界.

(b) 从 F_n 中忽略前 N 项所构成的集合 L 是这个集合的下确界当 $N \to \infty$ 时的极限.

(c) L 是 F_n 的最小极限点 (见第一卷第 78 页), 即 L 是具有这样性质的数中的最小数, 它的每一个邻域都包含无限多个 F_n.

(d) 对每个正数 ε, $F_n < L - \varepsilon$ 至多对有限个 n 成立, 而 $F_n < L + \varepsilon$ 对无限个 n 成立.

序列 F_n 的上极限 $M = \lim\limits_{n\to\infty}\sup F_n$ 可类似定义. 序列收敛当且仅当 $L = M$.

2) 面积这个值得注意的性质称为半连续性, 或者说得更精确些, 称为下半连续性.

第五章　曲面积分和体积分之间的关系

前章讨论的重积分不是积分概念从一元到多元的唯一可能的推广: 由于多维区域可以包括较低维的流形, 而我们可以考虑这些流形上的积分, 故还可以有其他的推广. 因此, 在两个自变量的情形, 我们不只考虑了二维区域上的积分, 而且考虑了沿着曲线 (它们是一维流形) 的积分. 在三个自变量的情形, 除了在三维区域和曲线上积分以外, 我们还遇到曲面上的积分. 在本章, 我们将介绍曲面积分并讨论在各种不同维数流形[1]上的积分之间的相互关系.

5.1　线积分和平面上的重积分之间的联系 (高斯、斯托克斯和格林的积分定理)

对于一元函数, 表示微分法和积分法之间关系的基本公式 (参看卷一第 162 页) 是

$$\int_{x_0}^{x_1} f'(x)dx = f(x_1) - f(x_0). \tag{1}$$

在二维的情形, 一个类似的公式——高斯定理, 也叫散度定理——成立. 这里也是将一些函数的导数的积分

$$\iint\limits_R f_x(x,y)dxdy \quad \text{或} \quad \iint\limits_R g_y(x,y)dxdy$$

变成一个依赖于这些函数本身在边界上的值的表达式. 我们在这里把集合 R 的边界 C 看成一条定向曲线 $+C$, 它的正向这样选择: 当我们沿 C 走时, 区域 R 总在 "左" 侧[2]. 于是, 高斯定理可叙述成

$$\iint\limits_R [f_x(x,y) + g_y(x,y)]\, dxdy = \int_{+C} [f(x,y)dy - g(x,y)dx]. \tag{2}$$

---

1) 我们使用术语流形但没给它严格定义而是把它作为一个不指定维数的集合的通用名称. 在本书中我们仅仅讨论那些是某个欧氏空间的子集合的流形, 诸如曲线、二维曲面、超曲面和四维欧氏空间中的四维区域等. 更一般地可以脱离周围的欧氏空间来定义流形. 这样的流形局部地类似于欧氏空间的变了形的部分, 而它们的整体结构比欧氏空间要更复杂.

2) 假定 x, y 坐标系是右手系.

我们前面讲过的用 R 的边界 C 上的线积分表示 R 的面积 A 的公式是这个定理的一个特殊情形. 我们令 $f(x,y)=x, g(x,y)=0$ 立即可得

$$A=\iint_R dxdy=\int_{+C} xdy.$$

用同样的方法, 对于 $f(x,y)=0$ 和 $g(x,y)=y$, 可得

$$A=\iint_R dxdy=-\int_{+C} ydx.$$

正像在第 263 页至第 280 页中阐明的那样, 在微分形式的演算记号中, 散度定理特别富有启发性. 在 (2) 中, 线积分有被积表达式

$$L=f(x,y)dy-g(x,y)dx,$$

这是一个一阶微分形式. 如果我们令 $f=b, g=-a$, 则 L 确实能等于一个最一般的一阶微分形式 $a(x,y)dx+b(x,y)dy$. 由第 268 页上的定义, 这种微分形式的微分是

$$\begin{aligned}dL&=dfdy-dgdx\\&=(f_xdx+f_ydy)\,dy-(g_xdx+g_ydy)\,dx\\&=f_xdxdy-g_ydydx=(f_x+g_y)\,dxdy,\end{aligned}$$

这正好是 (2) 中重积分的被积表达式. 因此公式 (2) 具有形式[1)]

$$\iint_R dL=\int_{+C} L. \tag{2a}$$

在证明中我们限制 R 是一个开集, 它的边界 C 是一条由有限个光滑弧组成的简单闭曲线, 而且每条平行于一根坐标轴的直线与 C 至多交于两点[2)]. 我们还要求 f 和 g 在 R 的闭包 (包括 R 和 R 的边界 C) 上连续且有连续的一阶导数.

我们首先假定函数 g 恒等于 0, 于是 f_x 在 R 上的重积分存在且能写成累次

---

1) 形成一个集合 R 的边界的过程与微分过程呈现出外形式上的相似. 由于这个原因人们常常用记号 ∂R 表示 R 的边界 $+C$ 而把 (2a) 写成

$$\iint_R dL=\int_{\partial R} L, \tag{2b}$$

这公式实际上更广泛地应用于在 n 维空间中的流形上进行积分的微分形式.

2) 在附录中假定 R 是由一条处处光滑的简单闭曲线围成的开集合的闭包, 在这种假定下证明了这个定理 (及其在高维情形的推广).

积分[1)]

$$\iint_R f_x(x,y)dxdy = \int dy \int f_x(x,y)dx. \tag{3}$$

在每一条与 x 轴平行的直线上, 变量 y 是常量. 与 R 相交的那些 x 轴的平行线对应于一些 y 值, 这些 y 值构成一个开区间 $\eta_0 < y < \eta_1$, 此即 R 在 y 轴上的投影[2)]. 与该区间中的每个 y 对应的平行于 x 轴的直线从 R 上截下一个区间 $x_0(y) < x < x_1(y)$, 其端点是平行线与 C 的两个交点的横坐标 (见图 5.1). 公式 (3) 更明确地断言

$$\iint_R f_x dxdy = \int_{\eta_0}^{\eta_1} h(y)dy,$$

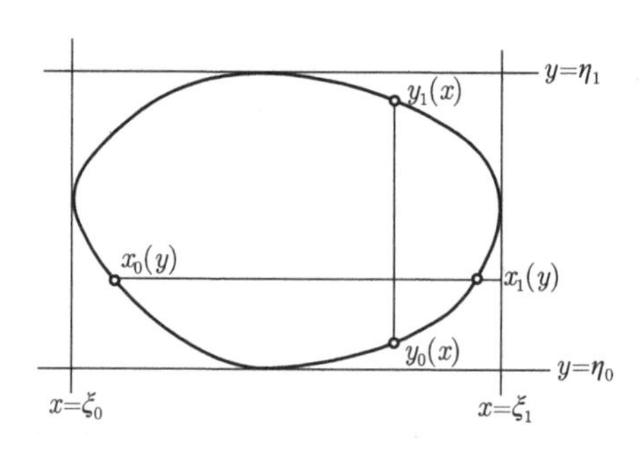

图 5.1

其中

$$h(y) = \int_{x_0(y)}^{x_1(y)} f_x(x,y)dx = f(x_1(y),y) - f(x_0(y),y).$$

因此

$$\iint_R f_x dxdy = \int_{\eta_0}^{\eta_1} f(x_1(y),y)\,dy - \int_{\eta_0}^{\eta_1} f(x_0(y),y)\,dy. \tag{4}$$

我们来引进两个简单的有向弧 $+C_1, +C_0$, 它们分别由下列参数方程给出

$$+C_1 \colon x = x_1(t), \quad y = t, \quad \text{当 } \eta_0 \leqslant t \leqslant \eta_1 \text{ 时},$$

---

1) 集合 R 是由有限条光滑弧的并集所围成, 因此 (第 453 页) 是若尔当可测的. 于是连续函数 f_x 在 R 上的积分是存在的, 而且被定义为 $\phi_R f_x$ 在全平面的积分, 其中 ϕ_R 是集合 R 的特征函数 (即在 R 的点上 ϕ_R 等于 1, 在其他点上 ϕ_R 等于 0). 因为函数 $\phi_R f_x$ 在每条 x 轴的平行线上可积, 故重积分化成累次积分是允许的 (第 462 页); 确实, 每条 x 轴的平行线或与 R 交于一个开区间或不相交, 因此, $\phi_R f_x$ 在一条平行于 x 轴的直线上积分或者是连续函数 f_x 在一个开区间上的积分或者是 0.

2) 因 R 是开集, 且其边界是一个简单闭曲线因而也是连通的, 因此, R 的投影是一个开区间.

$$+C_0\colon x=x_0(t),\quad y=t,\quad \text{当 } \eta_0\leqslant t\leqslant\eta_1 \text{ 时}.$$

这里在每一情形中 t 增加的方向都与弧的定向相对应. 于是公式 (4) 能写成

$$\iint\limits_R f_x dxdy=\int_{+C_1} fdy-\int_{+C_0} fdy.$$

现在 C_1 和 C_0 分别表示 C 的右边部分和左边部分. 其中 C_1 与 C 有相同的定向而 C_0 则与 C 有相反的定向. 用 $-C_0$ 表示将 C_0 的定向反过来得到的弧, 我们便得到

$$\iint\limits_R f_x dxdy=\int_{+C_1} fdy+\int_{-C_0} fdy=\int_{+C} fdy.$$

类似地, 我们可将 $+C$ 分解为一个 "上" 弧

$$+\Gamma_1\colon x=t,\quad y=y_1(t),\quad \xi_0\leqslant t\leqslant\xi_1$$

和一个 "下" 弧

$$+\Gamma_0\colon x=t,\quad y=y_0(t),\quad \xi_0\leqslant t\leqslant\xi_1.$$

其定向按照 t 增加的方向来确定. 这里区间 $\xi_0<x<\xi_1$ 表示 R 在 x 轴上的投影. 因为 Γ_0 与 C 定向相同, 而 Γ_1 与 C 定向相反, 于是有

$$\begin{aligned}\iint\limits_R g_y dxdy&=\int_{\xi_0}^{\xi_1}dx\int_{y_0(x)}^{y_1(x)}g_y dy\\&=\int_{\xi_0}^{\xi_1}g\left(x,y_1(x)\right)dx-\int_{\xi_0}^{\xi_1}g\left(x,y_0(x)\right)dx\\&=\int_{+\Gamma_1}gdx-\int_{+\Gamma_0}gdx\\&=-\int_{-\Gamma_1}gdx-\int_{+\Gamma_0}gdx=-\int_{+C}gdx.\end{aligned}$$

将上面得到的两个等式相加, 我们便得到一般公式 (2).

我们现在可以把我们的公式推广到更一般的开集 R 上, R 的边界是一条简单闭曲线 C, 假设 C 能分解成有限个简单弧 $C_1,\cdots,C_n$, 它们中的每一个弧与平行于坐标轴的任一直线至多交于一点[1), 为了证明这时也有

1) 这假定不是总能满足的. 假如, 边界曲线 C 可能包含曲线 $y=x^2\sin\dfrac{1}{x}$ 作为一部分, 它与 x 轴相交于无穷多个点并且不能分解成有限个弧, 其中每个弧与 x 轴只交于一点.

$$\iint\limits_{R} f_x dx dy = \int_{+C} f dy. \tag{5}$$

我们通过所有简单弧 C_i 的端点作平行于 y 轴的直线 (见图 5.2). 用此种方法将 R 分成有限个集合 $R_1, \cdots, R_N$, 它们中的每一个, 在两侧被平行于 y 轴的直线段所围, 在上下被弧 C_i 的两个简单子弧所围. 由于每个 R_i 的边界 Γ_i 与平行于 x 轴的直线至多交于两个点, 故我们能对 R_i 用公式

$$\iint\limits_{R_i} f_x dx dy = \int_{+\Gamma_i} f dy.$$

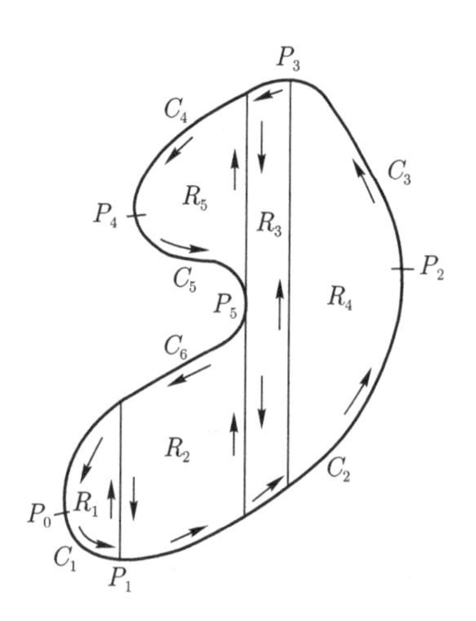

图 5.2

这里边界曲线 Γ_i 的定向, 在非铅直的部分与 $+C$ 一致, 而在右边边界上与 y 增加的方向一致, 在左边边界上则与 y 减少的方向一致. 对于 $i = 1, \cdots, N$ 将 R_i 上的重积分公式加起来就得到 R 上的重积分. 在 Γ_i 上的线积分中, 分布在铅垂的辅助线段上的那部分抵消了, 因为每个区间被走过两次: 一次向上, 一次向下. 因此在曲线 $+\Gamma_i$ 上的线积分加起来就是在整个曲线 $+C$ 上的线积分, 于是得到公式 (5). 用同样的方法可以证明

$$\iint\limits_{R} g_y dx dy = -\int_{+C} g dx,$$

只要用通过所有弧 C_i 端点的平行于 x 轴的直线将 R 分成若干部分即可.

同样的论证也可证明可以去掉关于 R 的边界只包含一个闭曲线 C 的假定. 当 C 包含若干个闭曲线时散度定理照样能用, 只要 C 能分解成有限个简单弧, 每个简单弧与平行于坐标轴的直线至多交于一点. 在 $+C$ 上积分时, 我们必须给出

使 R 总在左边的 C 的每个封闭部分的定向, 于是用平行于 y 轴的直线去分解 R 仍然得到边界与 x 轴的平行线交于至多两点的区域 (见图 5.3).

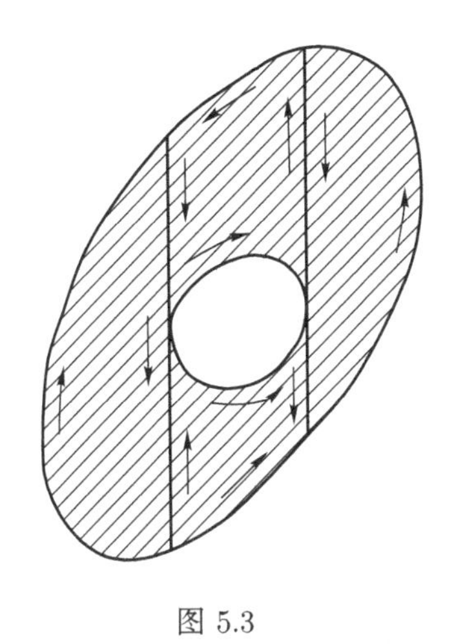

图 5.3

就这样通过把 R 分解为一些区域 (对它们定理已被证明过了) 我们对更一般的区域 R 证明了散度定理. 我们也常常不用这种方法, 而可以把 R 变换成一个区域 (对它已经知道散度定理) 来证明散度定理. 将散度定理写成

$$\iint_R dL = \int_{+C} L,$$

我们注意到, 微分形式 dL 和 L 的定义不依赖于坐标, 令

$$x = x(u,v), \quad y = y(u,v)$$

是一个连续可微的 1-1 的变换, 有正的雅可比行列式, 它把 R 变为一个 u,v 平面上的集合 R^*, 其边界为 C^*, 于是

$$\begin{aligned} L &= fdy - gdx = f\left(y_u du + y_v dv\right) - g\left(x_u du + x_v dv\right) \\ &= \left(fy_u - gx_u\right) du + \left(fy_v - gx_v\right) dv = Adu + Bdv, \end{aligned}$$

其中

$$A = fy_u - gx_u, \quad B = fy_v - gx_v.$$

不论是用 x,y 计算还是用 u,v 计算, L 的微分均可由下式给出

$$\begin{aligned} dL &= dfdy - dgdx = \left(f_x + g_y\right) dxdy \\ &= dAdu + dBdv = \left(B_u - A_v\right) dudv, \end{aligned}$$

于是有 (也可直接验证)

$$(f_x + g_y)\frac{d(x,y)}{d(u,v)} = B_u - A_v.$$

设 C 由参数方程

$$x = x(t), y = y(t), \quad a \leqslant t \leqslant b$$

给出, 其中 $+C$ 的定向对应于 t 增加的方向. 对于 $+C^*$ 上的对应点也用同一参数值 t, 则 L 在 C 上和 C^* 上的线积分有相同的值

$$\begin{aligned}\int L = \int \frac{L}{dt}dt &= \int_{+C}\left(f\frac{dy}{dt} - g\frac{dx}{dt}\right)dt \\ &= \int_{+C^*}\left(A\frac{du}{dt} + B\frac{dv}{dt}\right)dt.\end{aligned}$$

类似地, 在两个平面上的面积积分也有相同的值

$$\begin{aligned}\iint dL &= \iint\limits_R (f_x + g_x)\,dxdy \\ &= \iint\limits_{R^*} (f_x + g_y)\frac{d(x,y)}{d(u,v)}dudv \\ &= \iint\limits_{R^*} (B_u - A_v)\,dudv.\end{aligned}$$

因此 R 上的散度定理

$$\iint\limits_R (f_x + g_y)\,dxdy = \int_C (fdy - gdx)$$

可以从 R^* 上的相应的公式

$$\iint\limits_{R^*} (B_u - A_v)\,dudv = \int_{C^*} (Adu + Bdv)$$

推出.

只要一个区域 R 可以变换成一个区域, 其边界由简单弧组成, 每个简单弧与平行于坐标轴的直线交于至多一点, 则在 R 上, 散度定理就是正确的. 例如, 若边界 C 或区域 R 是一个多角形, 我们可以将图形旋转使这多角形没有一边与一个坐标轴平行, 于是散度定理便能用了.

5.2 散度定理的向量形式. 斯托克斯定理

如果我们使用向量分析的符号, 那么高斯定理能用特别简单的方法叙述出来. 为此, 我们把 $f(x,y)$ 和 $g(x,y)$ 这两个函数看成一个平面向量场 $\mathbf{A}$ 的两个分量. 将公式 (2) 中重积分的被积表达式用 $\operatorname{div}\mathbf{A}$ 表示:

$$\operatorname{div}\mathbf{A} = f_x(x,y) + g_y(x,y),$$

并且称其为向量 $\mathbf{A}$ 的散度 (参看 179 页). 为了得到散度定理右端的线积分的向量表示式, 我们引进定向边界曲线 $+C$ 的弧长 s (见第一卷, 304 页). 这里 s 增加的方向与曲线 $+C$ 的定向对应[1], 于是等式 (2) 的右边变成

$$\int_C [f(x,y)\dot{y} - g(x,y)\dot{x}]ds,$$

其中我们令 $dx/ds = \dot{x}, dy/ds = \dot{y}$.

我们还记得以 $\dot{x}$ 和 $\dot{y}$ 为分量的平面向量 $\mathbf{t}$ 是一个单位向量, 它与曲线 C 相切, 且指向 s 增加的方向, 因此它指向曲线 C 的正向. 以 $\xi = \dot{y}$ 和 $\eta = -\dot{x}$ 为分量的向量 $\mathbf{n}$ 也是单位向量, 它垂直于切向量, 而且它相对于向量 $\mathbf{t}$ 的位置就和正 x 轴相对于正 y 轴的位置一样[2]: 如果, 像通常那样, 顺时针旋转 $90°$ 能使正 y 轴转向正 x 轴, 那么, 通过一个 $90°$ 的顺时针旋转便可从切向量 $\mathbf{t}$ 得到向量 $\mathbf{n}$. 因此, $\mathbf{n}$ 是曲线 C 的法向量, 它指向定向曲线 C 的右侧 (卷一第 293 页). 因为在我们这里 C 的定向是使区域 R 落在 $+C$ 的左边, 所以 $\mathbf{n}$ 是 C 的单位外法向 (见图 5.4). 如果 $\mathbf{n}$ 和正 x 轴成 θ 角. 则单位向量 $\mathbf{n}$ 的分量 ξ, η 是外法向的方向余弦:

$$\xi = \cos\theta, \quad \eta = \sin\theta.$$

注意下列事实是有用的: $\mathbf{n}$ 的分量也可以写成 x 和 y 在 $\mathbf{n}$ 方向的方向导数

$$\xi = \dot{y} = \frac{dx}{dn}, \quad \eta = -\dot{x} = \frac{dy}{dn},$$

---

1) 实际上, 关于 s 的这个约定使得形如

$$I = \int_C h ds$$

的线积分的值不依赖于 C 的定向, 只要被积函数 h 不依赖于 C 的定向. 若 C 用参数表示成 $x = x(t), y = y(t)$, 其中 $a \leqslant t \leqslant b$, 而 t 增加的方向与 C 的特定的定向相对应, 则

$$I = \int_C h ds = \int_a^b h\frac{ds}{dt}dt,$$

其中 $\dfrac{ds}{dt} > 0$. 特别地, 当 h 沿曲线为正时 $I > 0$.

2) 考虑到连续性我们能看出这点: 我们可以假定曲线的切向量被作成与 y 轴一致且使 $\mathbf{t}$ 指向 y 增加的方向, 于是 $x = 0, y = 1$, 因此分量为 $\xi = 1, \eta = 0$ 的向量具有正 x 轴的方向.

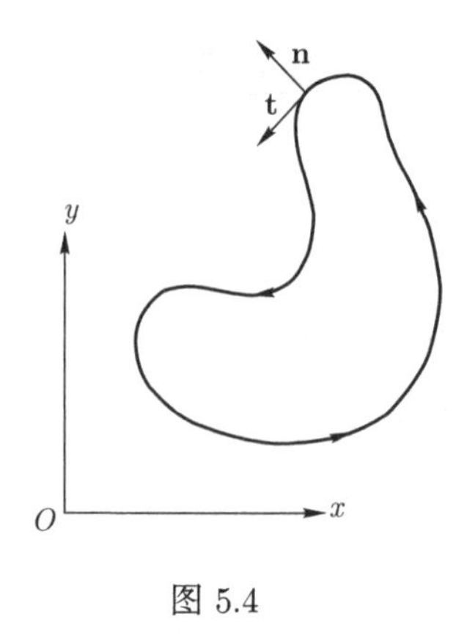

图 5.4

这是因为对任一数量函数 $h(x,y)$ 来讲, h 的沿 $\mathbf{n}$ 的方向导数是

$$\frac{dh}{dn} = h_x \cos\theta + h_y \sin\theta = \xi h_x + \eta h_y$$

(见 38 页).

因此, 高斯定理可写成下列形式

$$\iint\limits_R \operatorname{div} \mathbf{A} dxdy = \int_C \left(f\frac{dx}{dn} + g\frac{dy}{dn} \right) ds, \tag{6}$$

这里右边的被积函数是以 f, g 为分量的向量 $\mathbf{A}$ 和以 $\frac{dx}{dn}, \frac{dy}{dn}$ 为分量的向量 $\mathbf{n}$ 的数量积 $\mathbf{A}\cdot\mathbf{n}$. 因为向量 $\mathbf{n}$ 的长度为 1 , 故数量积 $\mathbf{A}\cdot\mathbf{n}$ 表示向量 $\mathbf{A}$ 在 $\mathbf{n}$ 方向的分量 A_n. 因此散度定理具有下列形式

$$\iint\limits_R \operatorname{div} \mathbf{A} dxdy = \int_C \mathbf{A}\cdot\mathbf{n} ds = \int_C A_n ds. \tag{7}$$

用话说, 就是平面向量场的散度在集合 R 上的重积分等于这向量场在 R 的边界 C 的外法向上的分量沿 C 的线积分.

为了得到平面高斯定理的一种完全不同的向量解释, 我们令

$$a(x,y) = -g(x,y), \quad b(x,y) = f(x,y),$$

于是由 (2) 可得

$$\iint\limits_R (b_x - a_y)\, dxdy = \int_C (a\dot{x} + b\dot{y}) ds = \int_{+C} adx + bdy. \tag{8}$$

若再将函数 a 和 b 看成一个向量场 $\mathbf{B}$ 的分量 (其中, 在每点, $\mathbf{B}$ 是通过将 $\mathbf{A}$ 沿逆时针方向转 90° 而得到的), 我们便可看出 $a\dot{x} + b\dot{y}$ 是 $\mathbf{B}$ 和单位切向量 $\mathbf{t}$ 的数

量积:

$$a\dot{x} + b\dot{y} = \mathbf{B} \cdot \mathbf{t} = B_t,$$

其中 B_t 是向量 $\mathbf{B}$ 的切向分量. (8) 中重积分的被积表达式曾在 168 页作为一个空间向量的旋度的一个分量出现过. 在此为了应用旋度的概念我们设想平面向量场 $\mathbf{B}$ 以某种方式延拓成 x, y, z 空间中的向量场 $\mathbf{B}$ 使得在 x, y 平面上 $\mathbf{B}$ 的 x 分量和 y 分量分别等于 $a(x, y)$ 和 $b(x, y)$. 于是 $b_x - a_y$ 表示 $\mathbf{B}$ 的旋度的 z 分量 $(\operatorname{curl}\mathbf{B})_z$. 现在散度定理就有下列形式

$$\iint\limits_R (\operatorname{curl}\mathbf{B})_z dxdy = \int_C B_t ds. \tag{9}$$

总之, 我们可以把这个定理叙述如下:

空间向量场的旋度的 z 分量在 x, y 平面上的集合 R 上的积分等于它的切向分量在 R 的边界上的积分. 这个叙述就是平面上的斯托克斯定理.

若我们利用空间向量场的旋度的向量特性, 那么在斯托克斯定理中平面区域 R 可以不必限制在 x, y 平面内, 空间中任何平面在适当的坐标系中都可看作 x, y 平面. 因此我们得到斯托克斯定理的更一般的形式:

$$\iint\limits_R (\operatorname{curl}\mathbf{B})_n dS = \int_C B_t ds, \tag{10}$$

其中 R 是空间中任一由曲线 C 围成的平面区域, 而 $(\operatorname{curl}\mathbf{B})_n$ 是 $\operatorname{curl}\mathbf{B}$ 在 $\mathbf{n}$ 方向上的分量, $\mathbf{n}$ 是包含 R 的平面的法方向, 这里 C 用下面的方法确定定向: 当从 $\mathbf{n}$ 所指向的那一侧看时, 切向量 $\mathbf{t}$ 指向逆时针方向.

若 R 的整个边界由若干条封闭曲线组成, 这些曲线被适当地规定好定向, 使 R 总在它的左边, 如果我们把线积分拓展到每一条这样的曲线上去, 那么这些公式仍然正确.

下面的特殊情形是重要的, 即当函数 $a(x, y), b(x, y)$ 满足可积性条件

$$a_y = b_x \tag{11}$$

时, 亦即 $adx + bdy$ 是一个 '封闭' 形式时, 这时 R 上的重积分为 0, 而由 (8) 可得

$$\int_C adx + bdy = 0,$$

其中 C 表示区域 R 的整个边界, 而在 R 上 (11) 成立. 这又一次推出 (我们在第 83 页上已见过的), 在简单弧上的积分

$$\int adx + bdy$$

对具有相同端点而又可在不离开 R 的情况下互相变形的所有的弧, 都有相同的值.

练　习　5.2

1. 用平面散度定理计算线积分

$$\int_C Adu + Bdv,$$

函数和路径 (关于已知区域取逆时针方向) 如下:

(a) $A = au + bv, B = 0, u \geqslant 0, v \geqslant 0, \alpha^2 u + \beta^2 v \leqslant 1$;

(b) $A = u^2 - v^2, B = 2uv, |u| < 1, |v| < 1$;

(c) $A = v^n, B = u^n, u^2 + v^2 \leqslant r^2$.

2. 导出极坐标系中散度定理的公式

$$\int_{+C^*} f(r,\theta)dr + g(r,\theta)d\theta = \iint\limits_{R^*} \frac{1}{r}\left(\frac{\partial g}{\partial r} - \frac{\partial f}{\partial \theta}\right) dS.$$

3. 假定散度定理的条件成立. 导出在极坐标系中边界为 C 的区域 R 的面积公式

$$\frac{1}{2}\int_{+C^*} r^2 d\theta, \quad -\int_{+C^*} r\theta dr,$$

其中在第二个公式中我们假定 R 不包含原点.

4. 用 x, y 平面中的斯托克斯定理去证明

$$\iint\limits_{R^*} \frac{d(u,v)}{d(x,y)} dS = \int_{+C^*} u(\operatorname{grad} v)\cdot \mathbf{t} dS,$$

其中 $\mathbf{t}$ 是沿 C 的正方向的单位切向量.

5.3　二维分部积分公式. 格林定理. 散度定理

$$\iint\limits_R (f_x + g_y)\, dxdy = \int_C \left(f\frac{dx}{dn} + g\frac{dy}{dn}\right) ds \tag{12}$$

[见公式 (6)] 与乘积的微分法则结合起来立即可以得到分部积分公式, 它在偏微分

方程理论中是基本的公式.

设 $f(x,y)=a(x,y)u(x,y), g(x,y)=b(x,y)v(x,y)$, 其中函数 a,u,b,v 有连续的一阶导数. 因为

$$f_x+g_y=(au_x+bv_y)+(a_xu+b_yv),$$

故我们能将公式 (12) 写成

$$\iint_R (au_x+bv_y)\,dxdy=\int_C\left(au\frac{dx}{dn}+bv\frac{dy}{dn}\right)ds-\iint_R (a_xu+b_yv)\,dxdy. \tag{13}$$

为了得到格林第一定理, 我们把这个公式用于 $v=u$ 和 $a=\omega_x$ 与 $b=\omega_y$ 的情形 (我们假定在 R 的闭包上, u 有连续的一阶导数, ω 有连续的二阶导数). 我们得到

$$\iint_R (u_x\omega_x+u_y\omega_y)\,dxdy$$
$$=\int_C u\left(\omega_x\frac{dx}{dn}+\omega_y\frac{dy}{dn}\right)ds-\iint_R u(\omega_{xx}+\omega_{yy})\,dxdy.$$

对于拉普拉斯算子使用符号 Δ (181 页) 我们可记

$$\omega_{xx}+\omega_{yy}=\Delta\omega.$$

此外, dx/dn 和 dy/dn 是 R 的边界 C 的外法向的方向余弦 (见 479 页), 因此我们有

$$\omega_x\frac{dx}{dn}+\omega_y\frac{dy}{dn}=\frac{d\omega}{dn},$$

这是 ω 的沿 C 的外法向的方向导数[1]. 用这记号格林第一定理变成

$$\iint_R (u_x\omega_x+u_y\omega_y)\,dxdy=\int_C u\frac{\partial\omega}{\partial n}ds-\iint_R u\Delta\omega dxdy. \tag{14}$$

若再假定 u 有连续的二阶导数, 在 (14) 中将 u 和 w 交换一下位置又可得到

$$\iint_R (\omega_xu_x+\omega_yu_y)\,dxdy=\int_C \omega\frac{\partial u}{\partial n}ds-\iint_R \omega\Delta udxdy.$$

1) 通常, 为简单起见, 常称 $d\omega/dn$ 为 ω 的法向导数.

将这两个关系式相减便得一个关于 u 和 ω 对称的方程, 叫做格林第二定理:

$$\iint_R (u\Delta\omega - \omega\Delta u)dxdy = \int_C \left(u\frac{d\omega}{dn} - \omega\frac{du}{dn}\right)ds. \tag{15}$$

在研究偏微分方程 $u_{xx} + u_{yy} = 0$[1] (拉普拉斯方程) 时, 这两个格林定理是基本的定理.

5.4 散度定理应用于重积分的变量替换

a. 1-1 映射的情形

对重积分变量替换的基本法则 (见 349 页) 散度定理可给出一个新的证明. 对以 C 为边界的区域 R, 散度定理可叙述成下列形式

$$\iint_R dL = \int_{+C} L \tag{16}$$

[见 473 页公式 (2a)][2]. 这里, 取 $f = b, g = -a$,

$$L = a(x,y)dx + b(x,y)dy, \tag{17a}$$

$$dL = (b_x - a_y)\,dxdy. \tag{17b}$$

若曲线 C 有参数表达式

$$x = x(t), \quad y = y(t), \quad \alpha \leqslant t \leqslant \beta,$$

其中 t 增加的方向对应于 $+C$ 的定向, 我们可以把 (16) 中的线积分写成普通的积分

$$\int_{+C} L = \int_{+C} adx + bdy = \int_\alpha^\beta \frac{L}{dt}dt, \tag{17c}$$

其中被积函数为

$$\frac{L}{dt} = a\frac{dx}{dt} + b\frac{dy}{dt}$$

(见 263 页).

1) 参看位势理论那一节.

2) 这里以及后面, 我们常默认在散度定理证明中用到的假定都是满足的, 即 R 是一个开集, 其边界 C 由有限段光滑弧组成, 每条弧与平行于坐标轴的直线至多交于一点, 假定在 R 的闭包上线性形式 L 的系数有连续的一阶导数.

现在考虑一个由

$$u=u(x,y),\quad v=v(x,y) \tag{18a}$$

定义的映射. 我们假定这个映射在 $\overline{R}$ 上是 1-1 的且雅可比行列式 $d(u,v)/d(x,y)$ 处处都是正的. 设 R 被映到 u,v 平面中的集合 R' 上, 而 C 被映到 R' 的边界 C' 上. 而且 C' 也包含有限段光滑弧, 每条弧与任一平行于坐标轴的直线至多交于一点. 由于雅可比行列式是正的, 故保持定向; 即当 t 增加时, 由

$$u=u(x(t),y(t)),\quad v=v(x(t),y(t))$$

给出的点 (u,v) 描画出曲线 C', 使得 R' 总在我们的左边. 关于坐标 u,v 我们有

$$\begin{aligned}L&=Adu+Bdv\\&=A\left(u_x dx+u_y dy\right)+B\left(v_x dx+v_y dy\right)=adx+bdy,\end{aligned}$$

其中 u,v 坐标系中的系数 A,B 与 x,y 坐标系中的系数 a,b 是通过下列关系

$$a=Au_x+Bv_x,\quad b=Au_y+Bv_y$$

相联系的. 沿 L' 有

$$\frac{L}{dt}=a\frac{dx}{dt}+b\frac{dy}{dt}=A\frac{du}{dt}+B\frac{dv}{dt},$$

于是由 (17c) 得

$$\int_{+C}L=\int_\alpha^\beta\frac{L}{dt}dt=\int_\alpha^\beta Adu+Bdv=\int_{+C'}L. \tag{18b}$$

把散度定理 (16) 应用到 u,v 平面上的区域 R', 我们得到

$$\int_{C'}L=\iint_{R'}dL, \tag{18c}$$

这里, 与 (17b) 类似,

$$dL=\left(B_u-A_v\right)dudv.$$

人们立即可以验证[1)]

$$b_x-a_y=\left(Au_y+Bv_y\right)_x-\left(Au_x+Bv_x\right)_y$$

---

1) 可以不用任何代数计算就推出这公式, 假若我们用 427 页证明过的事实的话. 在前面我们证明过: 对于形式 L, 可以不用参考任何特殊坐标系就写出 dL, 因此由 265 页 (56c), 有

$$b_x-a_y=\frac{dL}{dxdy}=\frac{dL}{dudv}\frac{d(u,v)}{d(x,y)}=\left(B_u-A_v\right)\frac{d(u,v)}{d(x,y)}.$$

$$
\begin{aligned}
&= (A_u u_x + A_v v_x)\, u_y + (B_u u_x + B_v v_x)\, v_y \\
&\quad - (A_u u_y + A_v v_y)\, u_x - (B_u u_y + B_v v_y)\, v_x \\
&= (B_u - A_v)\,(u_x v_y - u_y v_x)\,.
\end{aligned}
$$

因此, 我们由 (18b, c) 和 (16) 可得结论

$$
\begin{aligned}
\iint_{R'} dL &= \iint_{R'} (B_u - A_v)\, dudv = \iint_{R'} dL \\
&= \iint_{R} (b_x - a_y)\, dxdy = \iint_{R} (B_u - A_v)\, \frac{d(u,v)}{d(x,y)} dxdy. \qquad (19)
\end{aligned}
$$

这个公式包含重积分变量替换的一般法则

$$
\iint_{R'} f(u,v) dudv = \iint_{R} f(u(x,y), v(x,y)) \frac{d(u,v)}{d(x,y)} dxdy \qquad (20)
$$

[见 (16b), 349 页], 只需在 (19) 中选择函数 A, B, 使 $A = 0, B_u = f(u,v)$ 即可. 这表示对固定的 v, 函数 B 将是 $f(u,v)$ 作为 u 的函数的不定积分:

$$
B(u,v) = \int_{g(v)}^{u} f(\omega, v) d\omega + h(v),
$$

其中 $h(v)$ 是任意的, 而 $g(v)$ 的选择须使点 $(g(v), v)$ 落在 R' 内. 对于特殊的函数 $f = 1$, 公式 (20) 给出一个用重积分表示的像区域的面积公式:

$$
\iint_{R'} dudv = \iint_{R} \frac{d(u,v)}{d(x,y)} dxdy. \qquad (20a)
$$

实质上公式 (20) 表明二阶微分形式 $\omega = f dudv$ 的重积分在自变量的变换下是不变的. 这个事实在这里是这样证的: 把 ω 看成一个一阶微分形式 L 的微分 dL, 用散度定理把重积分化成线积分, 并且用了线积分 $\int L$ 的不变性.

b. 积分的变量替换和映射度

当映射

$$
u = u(x,y), \quad v = v(x,y)
$$

不再是 1-1 的且当它的雅可比行列式不一定为正时, 去观察变量替换公式 (20) 会出现什么情况是有趣的. 首先, 我们来看映射是 1-1 的但雅可比行列式在整个 $\overline{R}$ 上都是负的情形. 在导出公式 (20) 的论证中唯一的差别是现在 $+C$ 和 $+C'$ 具有

相反的定向: 若在 C' 上当参数值 t 增加时 R' 在左边, 则在 C 上当 t 增加时 R 在右边. 在用散度定量 (16) 时, 我们假定二维区域的边界的定向是这样规定的: 使区域落在边界的正 (左) 侧. 这样公式 (20) 必须换成[1)]

$$\iint_{R'} f du dv = -\iint_{R} f \frac{d(u,v)}{d(x,y)} dx dy. \tag{20b}$$

当从 (x,y) 到 (u,v) 上的映射是 1-1 的且雅可比行列式有固定的符号时, 我们可以将公式 (20) 和 (20b) 统一成一个公式:

$$\iint f \varepsilon_R du dv = \iint_{R} f \frac{d(u,v)}{d(x,y)} dx dy, \tag{21}$$

在这里左边的积分展布在整个 u,v 平面上, 而函数 $\varepsilon_R = \varepsilon_R(u,v)$ 定义为

$$\varepsilon_R(u,v) = \begin{cases} 0, & \text{若 } (u,v) \text{ 不是 } R \text{ 中一点的像,} \\ \operatorname{sign} \dfrac{d(u,v)}{d(x,y)}, & \text{若 } (u,v) \text{ 是 } R \text{ 中一点的像.} \end{cases}$$

更一般地, 我们考虑 R 的映射不一定是 1-1 的情形. 假定 R 可以分成若干子集 R_i, 每个 R_i 被 1-1 地映过去且在每个子集中雅可比行列式有固定符号 ε_{R_i}, 于是有

$$\begin{aligned} \iint_{R} f \frac{d(u,v)}{d(x,y)} dx dy &= \sum_i \iint_{R_i} f \frac{d(u,v)}{d(x,y)} dx dy \\ &= \sum \iint f \varepsilon_{R_i} du dv = \iint f \chi_R du dv. \end{aligned}$$

这里最后一个积分展布在整个 u,v 平面上, 而函数 χ_R 代表

$$\chi_R(u,v) = \sum_i \varepsilon_{R_i}(u,v).$$

当 (u,v) 是 R_i 的一点的像时, 每一项 $\varepsilon_{R_i}(u,v)$ 等于在这点的雅可比行列式的符号. 因此, 函数 $\chi_R(u,v)$ 叫做在点 $(u,v)R$ 的映射度, 它是那些像点为 (u,v) 而

1) 若二维区域 R 和 R' 本身是定向的流形, 那么公式 (20) 就可不加修改地使用了, 因为在那个情形下, 当流形的定向反过来时, 流形上的积分的符号就改变了. 由映射的雅可比行列式是负的可推出 R 和 R' 具有相反的定向, 因此如果写成

$$\iint_{+R'} f du dv = \iint_{+R} f \frac{d(u,v)}{d(x,y)} dx dy,$$

公式 (20) 仍然是对的, 若不用区域的定向, 我们还可以在 349 页的公式 (16b) 中用雅可比行列式的绝对值来代替雅可比行列式.

$\dfrac{d(u,v)}{d(x,y)} > 0$ 的 R 中的点的数目减去像点为 (u,v) 而 $\dfrac{d(u,v)}{d(x,y)} < 0$ 的 R 中的点的数目的差. 有了这个 $\chi_R(u,v)$ 的定义, 积分变量替换公式就变成

$$\iint f(u,v)\chi_R(u,v)dudv = \iint\limits_R f(u(x,y),v(x,y))\frac{d(u,v)}{d(x,y)}dxdy. \tag{22}$$

取 f 为常数 1, 我们得到公式

$$\iint\limits_R \frac{d(u,v)}{d(x,y)}dxdy = \iint \chi_R(u,v)dudv, \tag{23}$$

它把公式 (20a) 推广到具有非零雅可比行列式, 但不一定是 1-1 的映射.

作为一个例子, 考虑映射

$$u = e^x\cos y, \quad v = e^x\sin y. \tag{24a}$$

对这映射, 对所有的 (x,y), 都有

$$\frac{d(u,v)}{d(x,y)} = e^{2x} > 0.$$

使用在 u,v 平面上由 $u = r\cos\theta, v = r\sin\theta$ 所定义的极坐标 r,θ, 我们看到点 (x,y) 的像点是具有极坐标 $r = e^x, \theta = y$ 的点. 现设 R 是矩形

$$0 < x < \log 2, \quad -\frac{3}{2}\pi < y < \frac{3}{2}\pi. \tag{24b}$$

则像点落在环形 $1 < r < 2$ 中 (见图 5.5). 环中满足 $u < 0$ 的点被 R 的像点覆盖两次$\left(\text{这些点可由在 } \frac{\pi}{2} \text{ 和 } \frac{3\pi}{2} \text{ 之间或 } -\frac{\pi}{2} \text{ 和 } -\frac{3\pi}{2} \text{ 之间的极角来确定}\right)$. 环中的其他点则只覆盖一次. 因此

$$x_R(u,v) = \begin{cases} 0, & \text{对于 } 0 \leqslant r \leqslant 1 \text{ 或 } r \geqslant 2, \\ 2, & \text{对于 } 1 < r < 2 \text{ 和 } u < 0, \\ 1, & \text{对于 } 1 < r < 2 \text{ 和 } u \geqslant 0. \end{cases}$$

这里, 由于环 $1 < r < 2$ 的每一半都有面积 $\dfrac{3\pi}{2}$, 故我们有

$$\iint \chi_R(u,v)dudv = 2\left(\frac{3}{2}\pi\right) + \frac{3}{2}\pi = \frac{9}{2}\pi.$$

换一种方法, 由直接计算也得

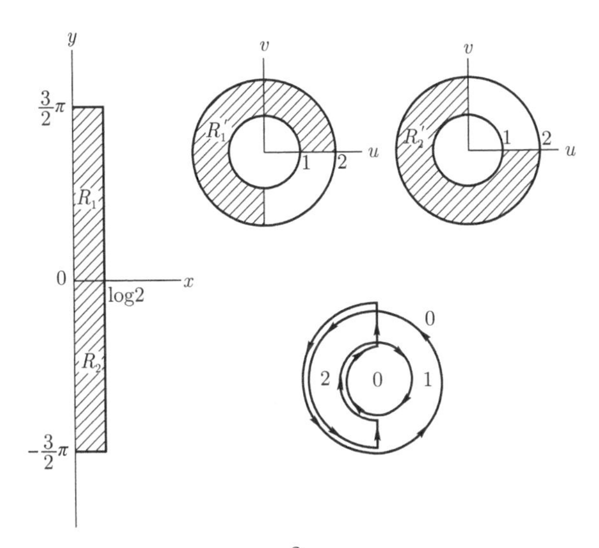

图 5.5 应用于矩形 $0<x<\log 2, |y|<\dfrac{3}{2}\pi$ 上的映射. $u=e^x\cos y, v=e^x\sin y$ 的度

$$\iint\limits_R \frac{d(u,v)}{d(x,y)}dxdy = -\int_{-\frac{3\pi}{2}}^{\frac{3\pi}{2}}dy\int_0^{\log 2}e^{2x}dx$$

$$= 3\pi\int_0^{\log 2}e^{2x}dx = \frac{9}{2}\pi.$$

在 R 的像 R' 覆盖点 (u,v) 的 (带符号的) 次数 $\chi_R(u,v)$ 和 C 的像 C' 围绕 (u,v) 绕的圈数 $\mu_C(u,v)$ 之间, 我们有值得注意的恒等式

$$\chi_R(u,v)=\mu_C(u,v), \tag{25a}$$

这里绕的圈数按照第一卷 348 页中给出的定义来确定. 假设 x,y 和 u,v 坐标系都是右手系, 我们规定 C 关于 R 的正向, 它对应于让 R 在我们的左边. 若在 C 的任何部分 γ 上这个正向是使某参数 t 增加, 我们也按 t 增加来规定 C' 的对应部分 γ' 的正向. 于是 C' 围绕一个不在 C' 上的点 (u_0,v_0) 绕的圈数就是 C' 按照给它指定的定向沿着 C' 从右到左穿过射线 $u=u_0, v>v_0$ 的次数与 C' 从左到右穿过这射线的次数之差——在这里这个差用 $\mu_C(u_0,v_0)$ 表示.

显然, 由定义知方程 (25a) 的两边都是可加的, 即将 R 分成有限个边界曲线为 C_i 的子区域 R_i 我们有

$$\chi_R(u,v)=\sum_i\chi_{R_i}(u,v),\quad \mu_C(u,v)=\sum_i\mu_{C_i}(u,v).$$

因此, 为证明 (25a) 只要证明

$$\chi_{R_i}(u,v)=\mu_{C_i}(u,v) \tag{25b}$$

对 R 的任何部分 R_i 均成立就够了. 其中 R_i 被 1-1 地映到 u, v 平面并且雅可比行列式 $d(u,v)/d(x,y)$ 有一个固定符号 ε_{R_i}. 设 R_i 的边界曲线为 C_i, 并设 R_i' 是 R_i 的像, C_i' 是 C_i 的像. 显然, 对任何不在 C_i 上的点 (u,v),

$$\chi_{R_i}(u,v)=\begin{cases}\varepsilon_{R_i}, & \text{对 } R_i \text{ 内的 } (u,v),\\ 0, & \text{对 } R_i \text{ 外的 } (u,v).\end{cases}$$

此外, C_i 是一个简单闭曲线, $\varepsilon_{R_i}>0$ 时它的正向是逆时针方向, $\varepsilon_{R_i}<0$ 时是顺时针方向 (见 3.3e 节, 223 页). 因此 C_i 围绕点 (u,v) 绕的圈数当 (u,v) 在 C_i 内部时也是 ε_{R_i} 而当 (u,v) 在 C_i 外部时是 0, 这就证明了 (25b).

在 488 页的例子中, 通过检验立即知道 $\chi_R(u,v)$ 和 $\mu_C(u,v)$ 是恒等的 (见图 5.5).

5.5 面积微分, 将 Δu 变到极坐标的变换

在 335 页我们定义了三重积分的空间微分的概念. 在二维的情形, 我们来讲述一个相应的重积分

$$M(R)=\iint_R \rho(x,y)dxdy \tag{26}$$

的面积微分的概念. 这里假定 $\rho(x,y)$ 是在 x,y 平面上开集 S 内定义的连续函数. 于是我们可以通过公式 (26) 把 S 的任一 (若尔当可测闭) 子集 R 与值 $M=M(R)$ 联系起来. 我们用 $A(R)$ 表示 R 的面积:

$$A(R)=\iint_R dxdy,$$

由中值定理 (第 345 页) 我们知道比值

$$\frac{M(R)}{A(R)}$$

介于 $\rho(x,y)$ 在 R 内的上确界和下确界之间, 由此推知在 S 的一点 (x_0,y_0) 处

$$\rho\left(x_0,y_0\right)=\lim_{n\to\infty}\frac{M\left(R_n\right)}{A\left(R_n\right)}, \tag{27}$$

其中 R_n 是 S 的任一子集序列, 它有面积 $A\left(R_n\right)$ 、包含点 (x_0,y_0) 且当 $n\to\infty$ 时其直径趋于 0, 这个极限类似于这一维情形中的微商, 我们称 ρ 为 M 关于 A 的面积导数.

在物理上, 我们 (至少对 $\rho > 0$ 的情况) 可以把微分形式 $\rho(x, y)dxdy$ 解释成平面上某个质量分布的质量元, 积分 $M(R)$ 表示包含在集合 R 中的总质量. 于是方程 (27) 表示 $\rho(x,y)$ 可以作为 R_n 的质量除以它们的面积当 R_n 收缩到点 (x,y) 时的极限而得到. 在称 $M(R_n)/A(R_n)$ 为集合 R_n 中质量分布的平均密度的同时, 我们就定义 $\rho(x,y)$ 为点 (x,y) 处的密度, 或定义为点 (x,y) 处单位面积中的质量. 在不限于 $\rho > 0$ 的另一物理解释中, 我们可以把 $\rho dxdy$ 设想为电荷元, 把 $M(R)$ 设想成 R 中的总电荷并设想 $\rho(x,y)$ 是电荷密度或单位面积上的电荷.

在一个从平面上点 (x,y) 到 $(\overline{x},\overline{y})$ 的映射

$$\overline{x} = \overline{x}(x,y), \quad \overline{y} = \overline{y}(x,y)$$

之下, 集合 R 的像 $\overline{R}$ 的面积由

$$A(\overline{R}) = \iint\limits_{\overline{R}} d\overline{x}d\overline{y} = \iint\limits_{R} \frac{d(\overline{x},\overline{y})}{d(x,y)} dxdy$$

给出 [见公式 (20)]. 这里雅可比行列式

$$\frac{d(\overline{x},\overline{y})}{d(x,y)} = \lim_{n\to\infty} \frac{A\left(\overline{R}_n\right)}{A\left(R_n\right)}$$

显然是像区域面积关于原区域面积的面积导数.

现设想平面被可变形的弹性材料所覆盖, 其中 (x,y) 是材料质点在某个时刻 t 的位置, 而 $(\overline{x},\overline{y})$ 是同一个质点在后一时刻 $\overline{t}$ 的位置. 令 $\rho(x,y)$ 表示这材料在时刻 t 在点 (x,y) 的密度而 $\overline{\rho}(\overline{x},\overline{y})$ 表示在时刻 $\overline{t}$ 在点 $(\overline{x},\overline{y})$ 处的密度. 若我们假定在时刻 t 充满集合 R 的质点的总质量和同一批质点在时刻 $\overline{t}$ 时当它们充满集合 $\overline{R}$ 时的质量相等, 则

$$M(\overline{R}) = \iint\limits_{\overline{R}} \overline{\rho} d\overline{x}d\overline{y} = M(R) = \iint\limits_{R} \rho dxdy,$$

由此推出

$$\begin{aligned}\overline{\rho} &= \lim_{n\to\infty} \frac{M\left(\overline{R}_n\right)}{A\left(\overline{R}_n\right)} = \lim_{n\to\infty} \frac{M\left(\overline{R}_n\right)}{A\left(R_n\right)} \cdot \frac{A\left(R_n\right)}{A\left(\overline{R}_n\right)} \\ &= \frac{\rho}{d(\overline{x},\overline{y})/d(x,y)}.\end{aligned}$$

因此, 在映射 $(\overline{x},\overline{y}) \to (x,y)$ 下, 质量密度按照下列规则

$$\rho = \overline{\rho}\frac{d(\overline{x},\overline{y})}{d(x,y)} \tag{28}$$

来改变. 这方程, 写成微分形式之间的关系 (见第 264 页), 正好表示质量元的守恒律:

$$\rho dxdy = \overline{\rho} d\overline{x} d\overline{y}. \tag{28a}$$

应用面积微分的概念使我们能把表示式 $\Delta u = u_{xx} + u_{yy}$ 变换到新的坐标系中去, 譬如变到极坐标系 (r, θ) 中去. 为此, 我们利用公式

$$\iint\limits_R \Delta u dxdy = \int_C \frac{du}{dn} ds,$$

在格林定理中令 $\omega = 1$ 就可得到这公式 (见 (15), 第 484 页). 若我们用一串边界为 C_n 的收缩到点 (x, y) 的集合 R_n 去求面积微商, 则得

$$\Delta u = \lim_{n \to \infty} \frac{1}{A(R_n)} \int_{C_n} \frac{du}{dn} ds. \tag{29}$$

为了把 Δu 变到其他坐标, 我们只需要将相应的变换用到简单的线积分 $\int \frac{du}{dn} ds$ 上去, 然后用面积去除, 并且取极限就行了. 这比直接计算的优越之处在于不需要进行那些相当复杂的 u 的二阶微商的计算, 因为线积分中只出现一阶微商.

作为一个重要的例子, 我们来算出将 Δu 变到极坐标 (r, θ) 的变换. 我们选极坐标网的一个小网格作 R_n[1], 它在圆周 r 和 $r + h$ 以及直线 θ 和 $\theta + k$ 之间, 我们知道, 它的面积等于

$$A(R_n) = kh\left(r + \frac{1}{2}h\right).$$

一阶导数按公式

$$u_r = \frac{\partial}{\partial r} u(r\cos\theta, r\sin\theta) = \frac{1}{r}(xu_x + yu_y),$$
$$u_\theta = \frac{\partial}{\partial \theta} u(r\cos\theta, r\sin\theta) = -yu_x + xu_y$$

来改变. 在圆周 $r =$ 常数上, 法向 (指向 r 增加的方向) 的方向余弦是 $x/r, y/r$, 因此 $du/dn = u_r$, 而 $ds = rd\theta$. 在射线 $\theta =$ 常数上. 法向 (指向 θ 增加的方向) 的方向余弦是 $-y/r, x/r$, 因此 $du/dn = u_\theta/r$ 而 $ds = dr$. 因此, 将 u (沿 R_n 的边界 C_n) 的外法向导数在 C_n 上积分, 我们得

$$\int_{C_n} \frac{du}{dn} ds = \int_\theta^{\theta+k} \left[(r+h)u_r(r+h, \theta) - ru_r(r, \theta)\right] d\theta$$

1) 这里假定当 $n \to \infty$ 时, h 和 k 趋于 0.

$$
\begin{aligned}
&+\int_{r}^{r+h} \frac{1}{r}\left[u_{\theta}(r, \theta+k)-u_{\theta}(r, \theta)\right] d r \\
=&\int_{\theta}^{\theta+k} d \theta \int_{r}^{r+h}\left[r u_{r}(r, \theta)\right]_{r} d r \\
&+\int_{r}^{r+h} d r \int_{\theta}^{\theta+k}\left[\frac{1}{r} u_{\theta}(r, \theta)\right]_{\theta} d \theta \\
=&\iint_{R_{n}}\left[\frac{1}{r}\left(r u_{r}\right)_{r}+\frac{1}{r}\left(\frac{1}{r} u_{\theta}\right)_{\theta}\right] r d r d \theta .
\end{aligned}
$$

由此根据极坐标下的面积公式

$$
A\left(R_{n}\right)=\iint_{R_{n}} r d r d \theta,
$$

我们从 (29) 求得

$$
\Delta u=\frac{1}{r}\left(r u_{r}\right)_{r}+\frac{1}{r}\left(\frac{1}{r} u_{\theta}\right)_{\theta}=u_{r r}+\frac{1}{r} u_{r}+\frac{1}{r^{2}} u_{\theta \theta}, \tag{30}
$$

这就是所要的变换公式.

这公式能提供拉普拉斯微分方程 $\Delta u=0$ 的一些重要的特解. 从 (30) 知这方程的仅仅依赖于 r——即具有形式 $u=f(r)$ 的解必满足条件

$$
\frac{1}{r}\left[r f^{\prime}(r)\right]_{r}=0,
$$

这导致 $r f^{\prime}(r)=$ 常数 $=a$ 或

$$
u=f(r)=a \log r+b=a \log \sqrt{x^{2}+y^{2}}+b, \tag{31a}
$$

其中 a 和 b 是常数, 类似地, 我们求得拉普拉斯方程的只依赖于 θ 的通解具有形式

$$
u=c \theta+d=c \arctan \frac{y}{x}+d, \tag{31b}
$$

其中 c 和 d 是常数.

5.6 用二维流动解释格林和斯托克斯公式

用在 x, y 平面内流动的流体的运动可以最自然地解释我们的积分定理. 在每个时刻的流体运动可用其速度场来描写[1]. 在时刻 t 占据位置 (x, y) 的质点具有速

1) 在 x, y 平面内的运动可以想象成在 x, y, z 空间中的运动的一部分, 在运动中任何一个质点的速度平行于 x, y 平面且与 z 坐标无关.

度向量 $\mathbf{v}=(v_1,v_2)$.

若流体的速度不依赖于 x,y,t, 则在时间区间 t 到 $t+dt$ 内通过一个线段 I 的流体在时刻 $t+dt$ 将充满一个面积为 $(\mathbf{v}\cdot\mathbf{n})sdt$ 的平行四边形, 其中 s 是 I 的长度而 $\mathbf{n}$ 是 I 的单位法向量 (指向流体流向的那一侧) (见图 5.6)[1]. 如果我们代替上述 $\mathbf{n}$ 任取 I 的两个单位法向量中的一个作 $\mathbf{n}$, 那么 $(\mathbf{v}\cdot\mathbf{n})sdt$ 是从 t 到 $t+dt$ 这段时间区间内通过 I 的流体所填满的区域的面积, 若流体通过 I 时指向 $\mathbf{n}$ 所指的那一侧, 则它是正的, 否则是负的. 若 ρ 是流体的密度, 则 $(\mathbf{v}\cdot\mathbf{n})\rho sdt$ 是通过 I 流向 $\mathbf{n}$ 所指的那一侧的流体的质量.

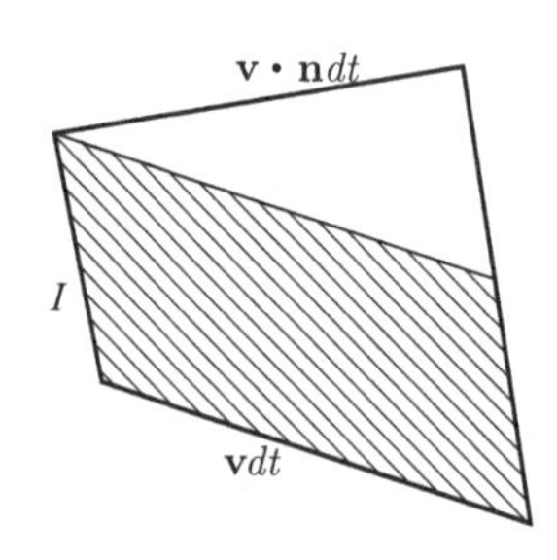

图 5.6 在时间 dt 内通过线段 I 的速度为 $\mathbf{v}$ 的均匀流体的总量

设 C 是 x,y 平面内的一条曲线. 沿 C 我们任意选定两个可能的单位法向量中的一个, 且用 $\mathbf{n}$ 表示它. 在速度和密度都依赖于 x,y,t 的流动中, 积分

$$\int_C(\mathbf{v}\cdot\mathbf{n})\rho ds \tag{32a}$$

表示在单位时间内通过 C 流向 $\mathbf{n}$ 所指的那一侧的流体的质量. 这结果通过用多边形逼近 C 和用常速度地流过多边形各边的流体来逼近这里的流体就可立即得到.

若 C 是区域 R 的边界而 $\mathbf{n}$ 是外法向, 则上述积分表示单位时间内流出 R 的流体的质量[2]. 应用散度定理, 我们能将穿过 C 的流量用重积分表示:

$$\int_C(\mathbf{v}\cdot\mathbf{n})\rho ds=\int_C(\rho\mathbf{v})\cdot\mathbf{n}ds=\iint\limits_R \operatorname{div}(\rho\mathbf{v})dxdy. \tag{32b}$$

我们可以把通过 C 流出 R 的质量与包含在 R 中的质量的改变量作一比较.

1) 这平行四边形由那些点 $(\overline{x},\overline{y})$ 组成, 以 $(\overline{x},\overline{y})$ 和

$$(x,y)=(\overline{x}-v_1dt,\overline{y}-v_2dt)$$

为端点的线段与 I 有公共点.

2) 若净流量是进入 R 的, 这将是一个负量.

在时刻 t 包含在 R 中的流体的总质量是[1)]

$$\iint_R \rho dxdy,$$

因此, 在单位时间内在 R 中质量的损失为

$$-\frac{d}{dt}\iint_R \rho(x,y,t)dxdy = -\iint \rho_t(x,y,t)dxdy.$$

若我们假定质量是守恒的, 则质量只能由于通过边界 C 流出 R 而损失. 因此, 由 (32b), 我们必有

$$\iint_R \operatorname{div}(\rho\mathbf{v})dxdy = -\iint_R \rho_t dxdy. \tag{32c}$$

这等式对任意区域 R 均成立. 用 R 的面积去除它一下, 并令 R 收缩到一点 (即求面积微商), 在极限情形下我们求得

$$\rho_t + \operatorname{div}(\rho\mathbf{v}) = 0 \tag{33}$$

(参看 4.6 节, 习题 15). 这个微分方程[2)] 和积分关系式 (32c) 表示流动中的质量守恒律. 利用速度向量的分量 v_1, v_2, 我们可以将 (33) 写成

$$\frac{\partial\rho}{\partial t} + v_1\frac{\partial\rho}{\partial x} + v_2\frac{\partial\rho}{\partial y} + \rho\left(\frac{\partial v_1}{\partial x} + \frac{\partial v_2}{\partial y}\right) = 0. \tag{33a}$$

当我们研究不可压缩均匀介质 (它的密度 ρ 为不依赖于位置和时间的常数) 时, 便提出了这方程的一个重要特殊情况, 在那情况下, 方程 (33) 或 (33a) 可化成一个只含速度向量的方程:

$$\operatorname{div}\mathbf{v} = \frac{\partial v_1}{\partial x} + \frac{\partial v_2}{\partial y} = 0. \tag{34}$$

从它和 (32b) 可推出在单位时间内通过封闭曲线 C 的不可压缩流体的总量是 0:

$$\int_C \mathbf{v}\cdot\mathbf{n}ds = 0. \tag{35}$$

应用于向量 $\mathbf{v}$ 的斯托克斯定理 (9) (481 页) 也可以用流体的流动来解释. 展布在封闭的定向曲线 C 上的积分

$$\int_C \mathbf{v}\cdot\mathbf{t}ds$$

---

1) 一般讲这是 t 的函数, 因为 $\rho = \rho(x,y,t)$ 是允许随 t 变化的. 区域 R 和它的边界 C 在现在的考虑中是保持固定的.

2) 在力学中常称其为连续性方程.

(其中 $\mathbf{t}$ 是与 C 的定向对应的单位切向量) 叫做流体绕 C 的环量. 由斯托克斯定理, 这环量等于在 C 所围成的区域 R 上的重积分

$$\iint\limits_R (\operatorname{curl}\mathbf{v})_z dxdy.$$

因此, 被称为运动的*旋度*的量

$$(\operatorname{curl}\mathbf{v})_z = \frac{\partial v_2}{\partial x} - \frac{\partial v_1}{\partial y} \tag{36}$$

在下列意义下能度量在点 (x, y) *环量的密度*, 即旋度在区域上的面积分给出绕边界的环量.

假若一个流动的旋度处处为 0, 即

$$\frac{\partial v_2}{\partial x} - \frac{\partial v_1}{\partial y} = 0, \tag{37}$$

那么称这流动为*无旋的*. 由斯托克斯定理知, 若闭曲线 C 是一个区域的边界, 在这区域中运动是无旋的, 则绕 C 的环量为 0. 因为 (37) 是 $v_1dx + v_2dy$ 成为全微分的条件 (见 90 页), 故在每个单连通区域上对无旋运动必存在一个函数 $\varphi = \varphi(x, y, t)$ 使

$$v_1 = -\varphi_x, \quad v_2 = -\varphi_y. \tag{38}$$

数量函数 φ(它在差一个常数的范围内被确定) 叫做*速度势*. 用向量记号, (38) 可被一个方程

$$\mathbf{v} = -\operatorname{grad}\varphi \tag{38a}$$

所代替.

不可压缩均匀流体的无旋运动同时满足方程 (37) 和 (34), 将从 (38) 得到的 v_1, v_2 的表达式代入 (34), 我们发现速度势是拉普拉斯方程

$$\Delta\varphi = \varphi_{xx} + \varphi_{yy} = 0$$

的一个解.

作为一个例子, 我们考虑与拉普拉斯方程的下列解.

$$\varphi = a\log r = a\log\sqrt{x^2 + y^2}$$

对应的流动 [参看 (31a), 第 493 页]. 由 (38) 知速度向量 $\mathbf{v}$ 有分量

$$v_1 = -\frac{ax}{r^2}, \quad v_2 = -\frac{ay}{r^2},$$

它在原点是奇异的 (见图 5.7(a)).

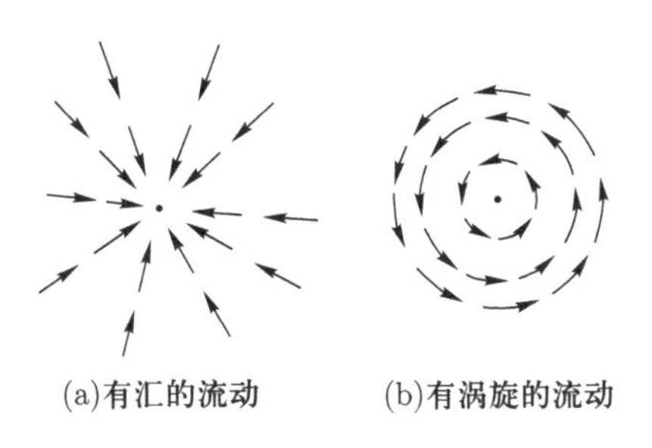

图 5.7

当 $a > 0$ 时所有的速度向量都指向原点, 而当 $a < 0$ 时则都离开原点. 在此例中, 虽然在不同点有不同的速度, 但流体在已知点的速度不随时间变化, 我们称这种流动为稳定流动. 因为

$$\int_C \mathbf{v} \cdot \mathbf{t} ds = \int_C v_1 dx + v_2 dy = -\int_C d\varphi = 0,$$

故绕任一不经过原点的闭曲线 C 的环量为 0, 另一方面, 在单位时间内穿过封闭曲线 C 向外流的流体的总量是

$$\begin{aligned}\rho \int_C \mathbf{v} \cdot \mathbf{n} ds &= \rho \int_C \left(v_1 \frac{dx}{dn} + v_2 \frac{dy}{dn}\right) ds = \rho \int_C v_1 dy - v_2 dx \\ &= -a\rho \int_C \frac{xdy - ydx}{x^2 + y^2} = -a\rho \int_C d\theta,\end{aligned}$$

其中 θ 是从原点引出的极角. 因为

$$\frac{1}{2\pi} \int_C d\theta$$

是一个整数, 它能度量 C 围绕原点绕的圈数. 我们知道, 若闭曲线 C 是简单的, 不穿过原点, 且按逆时针方向定向, 那么

$$\rho \int_C \mathbf{v} \cdot \mathbf{n} ds = \begin{cases} 0, & \text{若 } C \text{ 不围绕原点}, \\ -2\pi a\rho, & \text{若 } C \text{ 围绕原点}. \end{cases}$$

因此, 在单位时间内, 穿过每个围绕原点的简单闭曲线 C, 有同样多的总质量流过. 当 $\mathbf{a} > 0$ 时, 原点是一个汇, 这时质量以每单位时间 $2\pi a\rho$ 个单位的速率消失. 当 $\mathbf{a} < 0$ 时, 在原点有一个质量源.

若我们考虑具有速度势

$$\varphi = c\theta = c \arctan \frac{y}{x}$$

的稳定流, 则会遇到相反的情况, 这里 φ 本身是一个多值函数, 而相应的速度场有单值分量

$$v_1 = \frac{cy}{r^2}, \quad v_2 = -\frac{cx}{r^2}.$$

向量 $\mathbf{v}$ 垂直于从原点引出的向径 (图 5.7(b)). 这速度场在原点也是奇异的.

绕闭曲线 C 的环量等于

$$\int_C v_1 dx + v_2 dy = -\int_C d\varphi = -c\int_C d\theta.$$

因此, 对于不包围原点的简单闭曲线这环量是 0, 对于沿逆时针方向绕过原点的简单闭曲线这环量是 $-2\pi c$, 这相当于一个集中在原点的强度为 $-2\pi c$ 的涡旋. 另一方面, 在单位时间内穿过任何一条不经过原点的闭曲线 C 的质量流为 0, 因为在此有

$$\begin{aligned}\rho\int_C \mathbf{v}\cdot\mathbf{n}ds &= \rho\int_C v_1 dy - v_2 dx \\ &= c\rho\int_C \frac{xdx+ydy}{x^2+y^2} \\ &= c\rho\int_C \frac{dr}{r} = 0.\end{aligned}$$

由此可见, 原点不是质量的源或汇.

5.7　曲面的定向

三个自变量的积分理论不只包括前面已讨论过的三重积分和线积分, 而且还包括*曲面积分*的概念. 为了说明曲面积分的概念, 我们从考虑一个一般的性质开始, 它同时有助于完善前面讲到的关于重积分的概念. 在处理一条平面曲线或空间曲线 C 上微分 (形式) 和积分时 (79 页), 我们发现不只要把 C 考虑成一个空间点集, 而且要给它规定某种方向或*定向*. 当我们考虑三维或更高维空间中曲面上的微分形式的积分时, 上述事实同样成立. 类似地, 在三维流形上给三阶微分形式的积分下定义就需要定义这些流形的定向. 在讨论定向这一拓扑概念时, 我们将限于讨论最简单的曲线、曲面, 以及位于任意维欧氏空间中, 且在任一点的充分小的邻域内均具有光滑的参数表示式的那些曲线和曲面.

a. 三维空间中二维曲面的定向

在 3.4 节中, 我们曾用参数表示式描写三维空间中的曲面, 在下面我们使用一个比较完善的曲面概念, 即把曲面看成空间中的一个点集, 它的存在不依赖于任

何特殊的参数表示式, 但对它的完整的描写甚至可能需要几个参数系. 我们把二维曲面 S 定义为 x, y, z 空间中的一个点集, 它有用两个参数表示的正则局部表示式. 亦即, 在 S 的任一点 P_0 的邻域中, S 上点 P 的定位向量 $\mathbf{X} = \overrightarrow{OP} = (x, y, z)$ 可以表示成下列形式

$$\mathbf{X} = \mathbf{X}(u, v), \tag{39a}$$

其中参数 u, v 在 u, v 平面内的一个开集 γ 上变化, 且不同的 (u, v) 对应于 S 上不同的点. 此外, 我们还要求表示式 (39a) 在下述意义下是正则的, 即向量 $\mathbf{X}(u, v)$ 在 γ 内有对 u, v 的导数 $\mathbf{X}_u = (x_u, y_u, z_u)$ 和 $\mathbf{X}_v = (x_v, y_v, z_v)$, 它们是连续的且是线性无关的[1]. 向量 $\mathbf{X}_u$ 和 $\mathbf{X}_v$ 的无关性在代数上用条件 [见 (40d), 第 239 页]

$$\mathbf{X}_u \times \mathbf{X}_v \neq 0 \tag{39b}$$

或者用

$$\Gamma\left(\mathbf{X}_u, \mathbf{X}_v\right) = \begin{vmatrix} \mathbf{X}_u \cdot \mathbf{X}_u & \mathbf{X}_u \cdot \mathbf{X}_v \\ \mathbf{X}_v \cdot \mathbf{X}_u & \mathbf{X}_v \cdot \mathbf{X}_v \end{vmatrix} = \left|\mathbf{X}_u \times \mathbf{X}_v\right|^2 > 0 \tag{39c}$$

表示, 其中 Γ 表示向量 $\mathbf{X}_u, \mathbf{X}_v$ 的格拉姆行列式.

在 S 上一点 $P = \mathbf{X}(u, v)$ 处参数为 u, v 的向量 $\mathbf{X}_u(u, v)$ 和 $\mathbf{X}_v(u, v)$ 在点 P 与 S 相切且在 P 点 '张成' S 的切平面 $\pi(P)$, 即切平面上的每一点有下列形式的定位向量

$$\mathbf{X}(u, v) + \lambda \mathbf{X}_u(u, v) + \mu \mathbf{X}_v(u, v),$$

其中 λ, μ 为适当的常数 (见第 122 页). 我们通过在连续的方式下给 S 的每个切平面确定定向来规定 S 的定向. 下面我们将给这个说法以确切的意义. 在平面 $\pi(P)$ 上指定无关向量 $\boldsymbol{\xi}(P)$ 和 $\boldsymbol{\eta}(P)$ 的一个有序对就可得到一个有向的切平面 $\pi^*(P)$. π^* 的定向就是有序对 $\boldsymbol{\xi}, \boldsymbol{\eta}$ 的定向, 或者, 用符号表示[2]

$$\Omega\left(\pi^*(P)\right) = \Omega(\boldsymbol{\xi}(P), \boldsymbol{\eta}(P)). \tag{40a}$$

若在 P 点的任何其他无关切向量的有序对 $\boldsymbol{\xi}', \boldsymbol{\eta}'$ 满足

---

1) 甚至对于像球面那样简单的曲面, 我们也不能希望对整个曲面找到一个单一的正则参数表示式. 由于这原因, 我们只要求对 S 存在一个局部的表示式, 附带还排除那些有棱有角的曲面, 它们不可能有正则局部表示式 (例如立方体). 更一般地, n 维 $(x_1, \cdots, x_n)$ 空间中一个 (简单的) m 维曲面定义为一个点集, 它具有下列形式的局部表示式

$$\mathbf{X} = \mathbf{X}\left(u_1, \cdots, u_m\right),$$

其中向量 $\mathbf{X}$ 对于变量 u_k 的一阶导数是连续的且线性无关.

2) 我们可以按照在平面 $\pi(P)$ 内旋转的方向把 $\Omega\left(\pi^*(P)\right)$ 画出来, 也就是说可按照转一个小于 180° 的角使 $\boldsymbol{\xi}$ 方向变成 $\boldsymbol{\eta}$ 方向的方向画出 $\Omega\left(\pi^*(P)\right)$ 来.

$$[\boldsymbol{\xi},\boldsymbol{\eta};\boldsymbol{\xi}',\boldsymbol{\eta}'] = \begin{vmatrix} \boldsymbol{\xi}\cdot\boldsymbol{\xi}' & \boldsymbol{\xi}\cdot\boldsymbol{\eta}' \\ \boldsymbol{\eta}\cdot\boldsymbol{\xi}' & \boldsymbol{\eta}\cdot\boldsymbol{\eta}' \end{vmatrix} > 0, \tag{40b}$$

则 $\boldsymbol{\xi}',\boldsymbol{\eta}'$ 与 $\boldsymbol{\xi},\boldsymbol{\eta}$ 确定相同的定向. 更一般地,

$$\Omega(\boldsymbol{\xi},\boldsymbol{\eta}) = \operatorname{sgn}[\boldsymbol{\xi},\boldsymbol{\eta};\boldsymbol{\xi}',\boldsymbol{\eta}']\,\Omega(\boldsymbol{\xi}',\boldsymbol{\eta}'). \tag{40c}$$

借助于单位向量 (见图 5.8)

$$\boldsymbol{\zeta} = \frac{\boldsymbol{\xi}\times\boldsymbol{\eta}}{|\boldsymbol{\xi}\times\boldsymbol{\eta}|} \tag{40d}$$

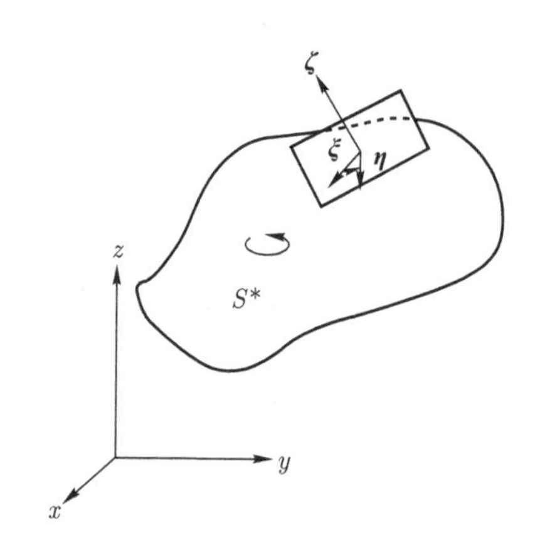

图 5.8

可以更容易地描写定向 $\Omega(\pi^*)$. 这向量 $\boldsymbol{\zeta}$, 垂直于 $\boldsymbol{\xi}$ 和 $\boldsymbol{\eta}$, 因而也垂直于切平面 $\pi(P)$. 它不依赖于个别的切向量的有序对 $\boldsymbol{\xi},\boldsymbol{\eta}$, 只依赖于由这些切向量所决定的定向. 从向量积的一般的恒等式[1)]

$$(\boldsymbol{\xi}\times\boldsymbol{\eta})\cdot(\boldsymbol{\xi}'\times\boldsymbol{\eta}') = \begin{vmatrix} \boldsymbol{\xi}\cdot\boldsymbol{\xi}' & \boldsymbol{\xi}\cdot\boldsymbol{\eta}' \\ \boldsymbol{\eta}\cdot\boldsymbol{\xi}' & \boldsymbol{\eta}\cdot\boldsymbol{\eta}' \end{vmatrix} = [\boldsymbol{\xi},\boldsymbol{\eta};\boldsymbol{\xi}',\boldsymbol{\eta}'] \tag{40e}$$

可以推知这点. 若这里切向量的有序对 $\boldsymbol{\xi},\boldsymbol{\eta}$ 和 $\boldsymbol{\xi}',\boldsymbol{\eta}'$ 给出 π 的同一个定向, 那么由 (40b) 知相应的单位法向量 $\boldsymbol{\zeta}$ 和 $\boldsymbol{\zeta}'$ 必满足

$$\boldsymbol{\zeta}\cdot\boldsymbol{\zeta}' = \frac{[\boldsymbol{\xi},\boldsymbol{\eta};\boldsymbol{\xi}',\boldsymbol{\eta}']}{|\boldsymbol{\xi}\times\boldsymbol{\eta}|\,|\boldsymbol{\xi}'\times\boldsymbol{\eta}'|} > 0. \tag{40f}$$

又因只有 $\boldsymbol{\zeta}$ 和 $-\boldsymbol{\zeta}$ 是可能的单位法向量, 故由 (40f) 知 $\boldsymbol{\zeta}' = \boldsymbol{\zeta}$.

现在, 如果由 (40d) 给出的单位法向量 $\boldsymbol{\zeta}$ 连续依赖于 P, 我们就说由 (40a) 用

1) 这恒等式可以通过用 (包含于其中的) 向量的分量来表示而直接验证, 也可以参看 174 页练习 2.4, 习题 6. 公式 (39c) 是 $\boldsymbol{\xi}=\boldsymbol{\xi}'=\mathbf{X}_u, \boldsymbol{\eta}=\boldsymbol{\eta}'=\mathbf{X}_v$ 的特殊情形.

切向量对 $\boldsymbol{\xi}(P), \boldsymbol{\eta}(P)$ 决定的定向 $\Omega(\pi^*(P))$ 随 P 连续变化. 我们把具有连续定向切平面 $\pi^*(P)$ 的曲面 S 定义为定向曲面 S^*. 如果 π^* 的定向由 (40a) 给出, 那么我们可用符号表示:

$$\Omega(S^*) = \Omega(\pi^*) = \Omega(\boldsymbol{\xi}, \boldsymbol{\eta}). \tag{40g}$$

在 S 上点 P 处的任一单位法向量 $\boldsymbol{\zeta}$ 决定切平面 $\pi(P)$ 的一个定向, 即由 $\Omega(\boldsymbol{\xi}, \boldsymbol{\eta})$ 给出的那一个定向, 其中 $\boldsymbol{\xi}, \boldsymbol{\eta}$ 是任意两个切向量, 对它们, $\boldsymbol{\xi} \times \boldsymbol{\eta}$ 与 $\boldsymbol{\zeta}$ 同方向. 由 156 页的公式 (71c),

$$\det(\boldsymbol{\xi}, \boldsymbol{\eta}, \boldsymbol{\zeta}) = \boldsymbol{\zeta} \cdot (\boldsymbol{\xi} \times \boldsymbol{\eta}) = |\boldsymbol{\xi} \times \boldsymbol{\eta}| > 0, \tag{40h}$$

因此 (见 160 页) $\boldsymbol{\zeta}$ 是 S 在点 P 的那个单位法向量, 对于 $\boldsymbol{\zeta}$, 三个向量 $\boldsymbol{\zeta}, \boldsymbol{\xi}, \boldsymbol{\eta}$ 关于坐标轴是正定向的, 即

$$\Omega(\boldsymbol{\zeta}, \boldsymbol{\xi}, \boldsymbol{\eta}) = \Omega(x, y, z). \tag{40i}$$ [1]

于是 S 的一个定向就在于以连续的方式在 S 的所有点上选择一个单位法向量 $\boldsymbol{\zeta}$, 这里 $\boldsymbol{\zeta}$ 由 (40d) 给出, 而对定向曲面 S^* 来讲总有 $\Omega(S^*) = \Omega(\boldsymbol{\xi}, \boldsymbol{\eta})$. 我们说 $\boldsymbol{\zeta}$ 是指向定向曲面 S^* 的正的一侧的那个单位法向量, 或者说, 是 S^* 的正单位法向量[2].

设 S 是一个连通曲面, 即有这样性质的曲面: S 的任何两点均能被完全落在 S 上的曲线所连接. 于是, 容易看出, 或者 S 根本不能定向, 或者恰好有两种不同的给 S 定向的方法[3]. S 的两种不同的定向对应于 S 上单位法向量 $\boldsymbol{\zeta}(P)$ 和 $\boldsymbol{\zeta}'(P)$ 的两种选法. 这里, 必然有 $\boldsymbol{\zeta}' = \varepsilon\boldsymbol{\zeta}$, 其中 $\varepsilon = \varepsilon(P)$ 取 $+1$ 或 -1 两个值中的一个. 因为, 由假定, 向量 $\boldsymbol{\zeta}$ 和 $\boldsymbol{\zeta}'$ 随 P 连续变化, 故同样的事实对数量函数 $\varepsilon(P) = \boldsymbol{\zeta} \cdot \boldsymbol{\zeta}'$ 也成立. 因此, ε 是 S 上的一个假定只取 $+1$ 或 -1 的连续函数. 若对 S 上任意两点 $P, Q, \varepsilon(P) \neq \varepsilon(Q)$, 由中间值定理将推出在 S 上连接 P 和 Q 的一条曲线上某处有 $\varepsilon = 0$, 这和 ε 的定义矛盾. 由此推出, 在 S 的所有点上 ε 有同样的值. 因此, S 的任一定向或者是用法向量 $\boldsymbol{\zeta}(P)$ 描写的那一个, 或者是用 $-\boldsymbol{\zeta}(P)$ 描写的那一个. 若 S^* 是带有正法向 $\boldsymbol{\zeta}$ 的定向曲面, 我们就用 $-S^*$ 记具有 S 的另一定向的那个曲面, 因而有

$$\Omega(-S^*) = -\Omega(S^*). \tag{40j}$$

---

1) 公式 (40i) 表明 $\Omega(\boldsymbol{\xi}, \boldsymbol{\eta})$ 与对应的平面 π 的旋转方向联系在一起, 当从 $\boldsymbol{\zeta}$ 所指的 π 的那一侧观看时表现出逆时针方向, 只要 x, y, z 坐标系是右手系的话. 须注意在 $\Omega(\boldsymbol{\xi}, \boldsymbol{\eta})$ 和 $\boldsymbol{\zeta}$ 的方向之间的联系依赖于所用坐标系的定向, 因为向量积 $\boldsymbol{\xi} \times \boldsymbol{\eta}$ 依赖于坐标系的定向.

2) 更一般地, 对任何起点在 P 的非切向量 $\boldsymbol{\zeta}$, 若 (40i) 成立, 就说它指向 S^* 的正侧. 对于一个 '物质的' 定向曲面, 例如一个薄金属板, 曲面的两侧可以涂上不同的颜色. 在正的一侧的颜料层只充满那样一些点, 当从曲面上一点 P 开始并在曲面的正法线方向上移动一个短距离时就能达到这些点.

3) S 是连通的这一假定是本质的, 因若一个曲面包含若干不相交的连通部分, 则每个部分可以独立于其他部分而确定定向. 在 505 页将要指出根本不能确定定向的曲面是存在的.

显然, 对于连通曲面, 在一个点 P 的正法向 $\boldsymbol{\zeta}$ 的指向唯一地决定了 S 上任何其他点 Q 的正法向, 因而决定了 S 的定向. 我们只需要用 S 上的一条曲线 C 连接 Q 和 P 并沿 C 规定一个 S 的单位法向量使其在 P 点与 $\boldsymbol{\zeta}$ 一致, 并且沿 C 连续地变化, 那么这法向量在 Q 也就与正法向一致.

要决定空间中一个三维区域 R 的边界构成的曲面 S 的定向是特别简单的 (这里 S 不必是连通的, 如在球壳 R 的情形中那样), 在 S 的每一点 P, 我们能区分一个内法向 (指向 R 内) 和一个外法向 (指向离开 R 的方向), 它们都随 P 连续变化. 取外法向作正法向, 就给 S 定义了一个定向. 这时, 我们说对应的定向曲面 S^* 关于 R 定向为正[1)].

例如, 若 R 是球壳

$$a \leqslant |\mathbf{X}| \leqslant b, \tag{40k}$$

则 R 的定向为正的边界 S^* 具有正单位法向量

$$\boldsymbol{\zeta} = -\mathbf{X}/a \text{ 对于} |\mathbf{X}| = a, \quad \boldsymbol{\zeta} = \mathbf{X}/b \text{ 对于} |\mathbf{X}| = b. \tag{40l}$$

设定向曲面 S^* 的一部分具有正则参数表示式 $\mathbf{X} = \mathbf{X}(u, v)$, 其中 u, v 在 u, v 平面上的一个开集 γ 中变化, 于是, 对 γ 中的 (u, v),

$$\mathbf{Z} = \frac{\mathbf{X}_u \times \mathbf{X}_v}{|\mathbf{X}_u \times \mathbf{X}_v|} \tag{40m}$$

确定了一个单位法向量. 若 $\boldsymbol{\zeta}$ 是 S^* 的正单位法向量, 我们便有

$$\boldsymbol{\zeta} = \varepsilon \mathbf{Z}, \tag{40n}$$

其中 $\varepsilon = \varepsilon(u, v) = \pm 1$, 因为 $\boldsymbol{\zeta}$ 和 $\mathbf{Z}$ 都是连续的, 故 ε 也是连续的, 因此 ε 在 γ 的任何连通部分都是常数. 对 $\varepsilon = 1$, 亦即, 对于

$$\Omega\left(S^*\right) = \Omega\left(\mathbf{X}_u, \mathbf{X}_v\right), \tag{40o}$$

我们说 S^* 是关于参数 u, v 定向为正的, 且记作

$$\Omega\left(S^*\right) = \Omega(u, v). \tag{40p}$$

若 S^* 的同一部分有第二个参数表示式, 它是用在区域 γ' 上变化的参数 u', v' 表

---

1) 如这里所定义的, 区域 R 的边界 S 的正定向依赖于 x, y, z 坐标系的定向, 或依赖于由这坐标系所决定的三维空间的定向. 常常更方便的是去设想 R 也有个定向, 并且明确地去定义在三维空间中定向连通区域 R^* 的定向边界 S^*. 这里 R^* 的定向包含 x, y, z 坐标系的特殊选择, 这坐标系按定义:

$$\Omega\left(R^*\right) = \Omega(x, y, z)$$

是关于 R 定向为正的. 我们用 $\Omega(\boldsymbol{\zeta}, \boldsymbol{\xi}, \boldsymbol{\eta}) = \Omega\left(R^*\right)$ 来定义 R^* 的定向为正的边界面 S^* (常用 ∂R^* 表示), 其中 $\boldsymbol{\xi}, \boldsymbol{\eta}$ 总是 S 上点 P 处的切向量, 满足 $\Omega\left(S^*\right) = \Omega(\boldsymbol{\xi}, \boldsymbol{\eta})$, 而 $\boldsymbol{\zeta}$ 是 P 点的单位外法向.

示的. 那么由公式 (42), 我们有

$$\begin{aligned}\mathbf{X}_u\times\mathbf{X}_v&=\left(\frac{d(y,z)}{d(u,v)},\frac{d(z,x)}{d(u,v)},\frac{d(x,y)}{d(u,v)}\right)\\&=\frac{d\left(u',v'\right)}{d(u,v)}\left(\mathbf{X}'_{u'}\times\mathbf{X}'_{v'}\right),\end{aligned}\tag{40q}$$

因此, 对应于两个参数表示式的单位法向量 $\mathbf{Z}$ 和 $\mathbf{Z}'$ 之间有下面的关系

$$\mathbf{Z}=\operatorname{sgn}\frac{d\left(u',v'\right)}{d(u,v)}\mathbf{Z}'.\tag{40r}$$

因此, 如果 S^* 关于参数 u,v 定向为正, 则只要

$$\frac{d\left(u',v'\right)}{d(u,v)}>0,\tag{40s}$$

S^* 关于参数 u',v' 定向亦为正.

作为例子, 我们考虑球心在原点的关于它的内部定向为正的单位球面 S^*, 对 $z\neq 0$ 用 $u=x,v=y$ 作参数, 我们有

$$\mathbf{X}=\left(u,v,\varepsilon\sqrt{1-u^2-v^2}\right),\tag{40t}$$

其中 $\varepsilon=\operatorname{sgn}z$. 由 (40m) 定义的相应的法向量在此是

$$\mathbf{Z}=(\varepsilon x,\varepsilon y,\varepsilon z)=\varepsilon\boldsymbol{\zeta},$$

其中 $\boldsymbol{\zeta}$ 是单位外法向. 因此 S^* 当 $z>0$ 时关于 x,y 定向为正, 而当 $z<0$ 时关于 x,y 定向为负 (见图 5.9).

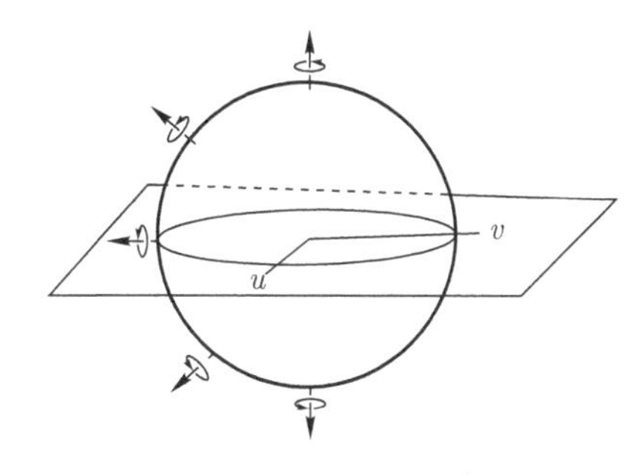

图 5.9

在三维空间中, 一个各侧之间没有区别的曲面, 或者沿它不能选出一个连续变化的单位法向量的曲面, 是不能确定定向的. 这种类型的 ‘单侧’ 曲面的最简单的例子, 如图 5.10(a) 所示, 叫做默比乌斯带 (按其发现者的名字命名). 我们很容易做这样一个曲面, 只要用一个矩形纸条, 将其一端旋转 180° 之后将其两端扣

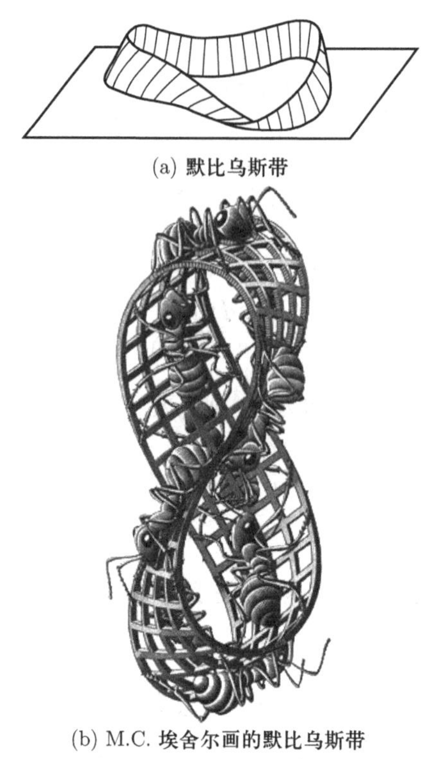

(a) 默比乌斯带

(b) M.C. 埃舍尔画的默比乌斯带

图 5.10

紧在一起即可. 如果我们从 u, v 平面上的矩形 $0 < u < 2\pi, -a < v < a$ (其中 $0 < a < 1$) 开始, 将每个线段 $u =$ 常数作刚体移动, 使它的中心移动到 x, y 平面上单位圆周上的点 $(\cos u, \sin u, 0)$, 且使它变得垂直于那个圆周, 并且与正 z 轴的夹角为 $u/2$ (假设 $a < 1$ 使曲面不会自交), 那么我们就可以得到一个默比乌斯带. 这带子具有参数表示式

$$\mathbf{X} = \left(\left(1 + v\sin\frac{u}{2}\right)\cos u, \left(1 + v\sin\frac{u}{2}\right)\sin u, v\cos\frac{u}{2}\right), \tag{40u}$$

其中 v 在区间 $-a < u < a$ 中, u, v 平面上的点 $(u, v), (u + 4\pi, v), (u + 2\pi, -v)$ 都对应于曲面上同一个点. 如果对 S 上任一点 P_0, 我们选定一组可能的参数 u_0, v_0, 那么公式 (40u) 就给出 S 的一个正则的局部参数表示式, 其中 u, v 限制在由

$$u_0 - \pi < u < u_0 + \pi, \quad -a < v < a$$

给出的矩形中. 沿曲面的中心线 $v = 0$, 方程 (40m) 定义一个单位法向量

$$\mathbf{Z} = \left(\cos u\cos\frac{u}{2}, \sin u\cos\frac{u}{2}, -\sin\frac{u}{2}\right),$$

它随 u 连续变化. 从在 S 上与 $u=0$ 对应的点 $(1,0,0)$ 处的单位法向量 $\mathbf{Z}=(1,0,0)$ 开始, 让 u 从 0 增加到 2π, 我们沿曲面的中心线就画出一个完整的回路而回到点 $(1,0,0)$, 但具有相反的单位法向量 $\mathbf{Z}=(-1,0,0)$. 类似地, 我们发现, 在 $\mathbf{Z}$ 的运动中, $\mathbf{Z}$ 带着一个小的定向切线一起运动, 当它又回到同一点时具有相反的定向. 因此, 不可能用前后一致的方法选出一个连续变化的单位法向量, 或选出 S 的一侧, 或在 S 上选择一种旋转方向, 默比乌斯带的单侧性在 M.C. 埃舍尔画的虫子沿带子爬的图中表现得很明显. 这张图复制在图 5.10(b) 中. 至此, 我们看到, 一个曲面不是自动地具有可定向这一性质的.

我们已通过在连续的方式下给曲面的切平面定向来给曲面定向. 切平面 $\pi^*(P)$ 的定向是通过无关切向量的有序对 $\boldsymbol{\xi}(P),\boldsymbol{\eta}(P)$ 来描述的. 当到了定义 $\Omega(\pi^*)=\Omega(\boldsymbol{\xi},\boldsymbol{\eta})$ 的 ‘连续性” 的时候, 我们用了按 (40d) 构成的法向量 $\boldsymbol{\zeta}$ 而且要求 $\boldsymbol{\zeta}$ 是连续的. 最好是不依靠法向量或矢量积来定义定向 $\Omega(\boldsymbol{\xi}(P),\boldsymbol{\eta}(P))$ 的连续性. 当到了定义高维空间中流形的定向时, 比方说, 在四维欧氏空间中定义二维曲面的定向时, 这一点显得特别重要. 这里每个切平面的定向仍然可以用独立切向量 $\boldsymbol{\xi},\boldsymbol{\eta}$ 的有序偶来描写, 但是没有与 S 对应的 S 的唯一的单位法向量或 S 的 ‘侧”. 我们也不能要求描述 $\Omega(\pi^*)$ 的切向量 $\boldsymbol{\xi}(P),\boldsymbol{\eta}(P)$ 有定义且在 S 上所有的点 P 处均连续[1]. 下面我们简短地讨论一下三维空间中曲面定向的两个定义, 它们与上面给出的定义等价, 但 (定义中) 不包含法向量, 因此能够推广到高维的情形.

在三维空间中, 曲面 S 的一部分的任一正则参数表示式 $\mathbf{X}=\mathbf{X}(u,v)$ 在该部分都能通过公式 (40m) 决定一个连续变化的单位法向量. 设对 S 的不同部分给了若干个正则参数表示式. 只要在 S 的任一点附近至少有一个参数表示式是有效的, 且从任何两个在点 P 有效的参数表示式得到的单位法向量 $\mathbf{Z}$ 是同一个, 那么这些正则参数表示式就在整个 S 上定义一个连续变化的单位法向量, 因此定义了 S 的一个定向. 由 (40r) 知只要具有参数 u,v 和 u',v' 的两个正则参数表达式满足

$$\frac{d(u',v')}{d(u,v)}>0 \tag{41a}$$

就能知道从任何两个在点 P 有效的参数表示式得到的单位法向量 Z 是同一个法向量, 于是这曲面关于每一个已给的参数表示式定向是正的.

例如, 单位球面 S 的各部分有正则参数表示式

$$\mathbf{X}=(\sin u\cos v,\sin u\sin v,\cos u),\quad 对于\ 0<u<\pi, v_0-\pi<v<v_0+\pi, \tag{41b}$$

$$\mathbf{X}=\left(u',v',\sqrt{1-u'^2-v'^2}\right),\quad 对于\ u'^2+v'^2<1, \tag{41c}$$

---

1) 甚至对于像三维空间中的球面那样简单的曲面, 也不能找到在曲面所有点上连续的非零切向量 $\boldsymbol{\xi}(P)$, 然而, 我们总可以选向量 $\boldsymbol{\xi}(P),\boldsymbol{\eta}(P)$, 使其在一个给定点的邻域中连续变化.

$$\mathbf{X}=\left(v'', u'', -\sqrt{1-u''^2-v''^2}\right), \quad 对于\ u''^2+v''^2<1. \tag{41d}$$

容易看出, 这些表示式的全体确定了 S 的一个定向. 例如, 将 (41b) 和 (41d) 用于半球 $z<0$ 上, 从而在 $z<0$ 上有

$$\frac{d\left(u'', v''\right)}{d(u, v)}=\frac{d(\sin u \sin v, \sin u \cos v)}{d(u, v)}=-\sin u \cos u>0.$$

从所有这些参数表示式得到的单位法向量 $\mathbf{Z}$ 都是外法向, 而且 S 的定向是关于内部为正的那一个定向.

要讲到的第二种方法是直接用向量 $\boldsymbol{\xi}, \boldsymbol{\eta}$ 来表示 $\Omega(\boldsymbol{\xi}(P), \boldsymbol{\eta}(P))$ 的连续性的条件. 设 $\boldsymbol{\zeta}(P)$ 是通过 (40d) 与 $\boldsymbol{\xi}, \boldsymbol{\eta}$ 联系在一起的单位法向量. 在 S 的给定点 P_0 的邻域中, 正则参数表示式 $\mathbf{X}=\mathbf{X}(u, v)$ 成立, 它通过 (40m) 定义了一个连续变化的法向量 $\mathbf{Z}$. 那么关于某个 $\varepsilon(P)=\pm 1$ 有 $\boldsymbol{\zeta}(P)=\varepsilon(P) \mathbf{Z}(P)$. 在 P_0 处向量 $\boldsymbol{\zeta}(P)$ 的连续性显然等价于条件 $\varepsilon(P)=$ 常数 (在 P_0 附近) 或条件

$$\boldsymbol{\zeta}(P) \cdot \boldsymbol{\zeta}\left(P_0\right)=\varepsilon(P) \varepsilon\left(P_0\right) \mathbf{Z}(P) \cdot \mathbf{Z}\left(P_0\right)>0$$

对所有充分靠近 P_0 的 P 成立. 现在, 用恒等式 (40e), 我们发现

$$\boldsymbol{\zeta}(P) \cdot \boldsymbol{\zeta}\left(P_0\right)=\frac{\left[\boldsymbol{\xi}(P), \boldsymbol{\eta}(P) ; \boldsymbol{\xi}\left(P_0\right), \boldsymbol{\eta}\left(P_0\right)\right]}{|\boldsymbol{\xi}(P) \times \boldsymbol{\eta}(P)|\left|\boldsymbol{\xi}\left(P_0\right) \times \boldsymbol{\eta}\left(P_0\right)\right|}.$$

由此推出, 假如对 S 上每个点 P_0,

$$\left[\boldsymbol{\xi}(P), \boldsymbol{\eta}(P) ; \boldsymbol{\xi}\left(P_0\right), \boldsymbol{\eta}\left(P_0\right)\right]>0 \tag{41e}$$ [1)]

对所有 S 上充分靠近 P_0 的点 P 成立, 那么定向 $\Omega(\boldsymbol{\xi}, \boldsymbol{\eta})$ 是连续变化的且定义了曲面 S 的一个定向.

例如, 设 S 是单位球面 $x^2+y^2+z^2=1$. 对 S 上任一不是极点 $(0,0, \pm 1)$ 的点 (x, y, z), 向量

$$\boldsymbol{\xi}=\left(x z, y z, z^2-1\right), \quad \boldsymbol{\eta}=(-y, x, 0)$$

是独立的切向量, 因为它们垂直于定位向量 (x, y, z). 在极点 $(0,0, \varepsilon)$, 其中 $\varepsilon=\pm 1$, 补充选择 $\boldsymbol{\xi}=(1,0,0), \boldsymbol{\eta}=(0, \varepsilon, 0)$. 则定向 $\Omega(\boldsymbol{\xi}, \boldsymbol{\eta})$ 在 S 的每一点 P_0 均连续变化. 当 P_0 不是极点时, 这是显然的, 因为这时 $\boldsymbol{\xi}, \boldsymbol{\eta}$ 本身是连续函数且不是零向量, 因此我们只要在 P_0 是极点时验证条件 (41e). 例如对于 ‘北极’ $P_0=(0,0,1)$

---

1) 人们可以直接从 171 页的公式 (85c) 推出 (41e) 仅是 $\Omega\left(\pi^*(P)\right)$ 和 $\Omega\left(\pi^*\left(P_0\right)\right)$ 之间的一个关系而不依赖于用来表示这些切平面的定向的特殊向量 $\boldsymbol{\xi}(P), \boldsymbol{\eta}(P), \boldsymbol{\xi}\left(P_0\right), \boldsymbol{\eta}\left(P_0\right)$.

和 "北半球" 的任一点 $P=(x,y,z)$, 除了 $P=P_0$ 以外, 均有

$$[\boldsymbol{\xi}(P),\boldsymbol{\eta}(P);\boldsymbol{\xi}(P_0),\boldsymbol{\eta}(P_0)]=\begin{vmatrix}\boldsymbol{\xi}(P)\cdot\boldsymbol{\xi}(P_0) & \boldsymbol{\xi}(P)\cdot\boldsymbol{\eta}(P_0)\\ \boldsymbol{\eta}(P)\cdot\boldsymbol{\xi}(P_0) & \boldsymbol{\eta}(P)\cdot\boldsymbol{\eta}(P_0)\end{vmatrix}$$

$$=\begin{vmatrix}xz & yz\\ -y & x\end{vmatrix}=\left(x^2+y^2\right)z>0.$$

但对 $P=P_0$ 当然也有

$$[\boldsymbol{\xi}(P_0),\boldsymbol{\eta}(P_0);\boldsymbol{\xi}(P_0),\boldsymbol{\eta}(P_0)]=\begin{vmatrix}1 & 0\\ 0 & 1\end{vmatrix}=1>0.$$

b. 在定向曲面上曲线的定向

我们已经看到在一个有某种定向坐标系的空间中的一个定向曲面 S^* 是可能区分其正侧和负侧的. 用同样的方法, 我们可以定义一条落在一个定向曲面 S^* 上的定向曲线 C^* 的正侧和负侧. 设 $\boldsymbol{\xi}$ 是一个向量, 它与曲线在点 P 相切, 并且指向由 C^* 的定向决定的方向[1]:

$$\Omega(\boldsymbol{\xi})=\Omega\left(C^*\right). \tag{41f}$$

设 $\boldsymbol{\eta}$ 是一个向量, 它与曲面在点 P 相切, 并且与 $\boldsymbol{\xi}$ 线性无关, 若

$$\Omega(\boldsymbol{\eta},\boldsymbol{\xi})=\Omega\left(S^*\right), \tag{41g}$$

我们便说 $\boldsymbol{\eta}$ 指向 C^* 的正侧. 反过来, 我们可以通过要求一个不与 C (C 是一条落在定向曲面 S^* 上的曲线) 相切的已知向量 $\boldsymbol{\eta}$ 指向 C 的正侧[2] 来规定曲线 C 的定向.

当 C 是一个区域 σ (它落在一个定向曲面 S^* 上) 的边界的一部分时, 有一种自然的方法来规定 C 的定向即要求 σ 落在定向曲线 C^* 的负侧, 更确切地说, 如果一个在 C^* 上点 P 处与 S^* 相切且指向远离 σ 的方向的向量 $\boldsymbol{\eta}$ 指向 C^* 的正侧, 则我们称 C^* 关于 σ 是正定向的. 反过来, 我们可以通过在 S^* 上取一个区域 σ 且标上它的边界曲线的正定向来用图形表示曲面 S^* 的定向 (见图 5.11)[3].

---

1) 若 $\mathbf{X}=\mathbf{X}(t)$ 是 C^* 的一个参数表示式而 $\Omega\left(C^*\right)$ 与 t 增加对应, 则向量 $\boldsymbol{\xi}$ 必与 $\dfrac{d\mathbf{X}}{dt}$ 同向.

2) 为了与高维情形有更多的一致性, 一条曲线的正和负侧的表示法已经与在卷一 (293 页) 中用过的那一种有所不同. 考虑特殊情形, 其中 S^* 是平面, 当从某一侧观看时, 具有通常的逆时针定向. 若 C^* 是一个定向弧, 具有切向量 $\boldsymbol{\xi}$, 它指向曲线 C^* 的定向所给出的方向, 则由 (41g) 知, 若沿逆时针旋转一个小于 180° 的角, 能将向量 $\boldsymbol{\eta}$ 变为 $\boldsymbol{\xi}$, 则 $\boldsymbol{\eta}$ 指向 C^* 的正侧, 即若我们向 $\boldsymbol{\xi}$ 所指的方向看去, $\boldsymbol{\eta}$ 指向 C^* 的右侧.

3) 像这样通过曲面 S^* 上一条曲线 C^* 的定向来表示曲面 S^* 的定向时, 我们必须明确地指出集合 σ (C^* 关于这 σ 是正定向的). 通常, C^* 是一个 "小" 的简单闭曲线, 它将 S 分成两部分, 其中一部分恰好也是小的而且就取它作 σ.

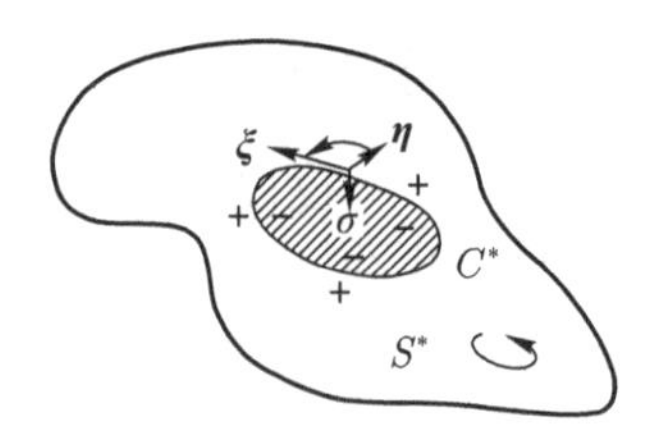

图 5.11 在定向曲面 S^* 上的定向曲线 C^*

若一个定向曲面 S^* 被分成若干部分 $S_1, S_2, \cdots, S_n$, 那么任一个隔开 S_i 与 S_k 的弧 C 如果关于 S_i 和 S_k 都是正定向的, 则它从 S_i 和 S_k 得到相反的定向. 这立即可从下列事实推出: 任意一个在 C 上的点 P 处与 S 相切且指向 S_i 内部的向量 $\boldsymbol{\eta}$, 指向远离 S_k 的方向 (见图 5.12).

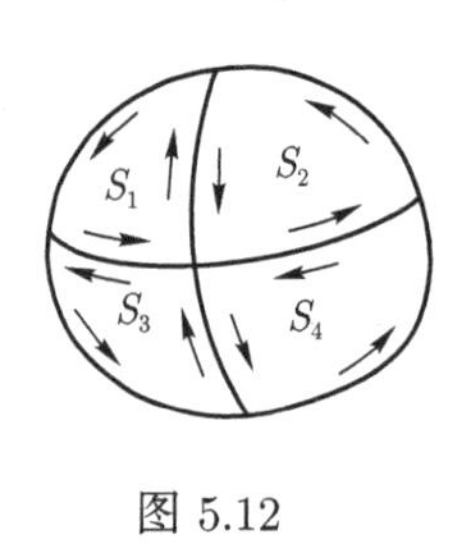

图 5.12

练 习 5.7

1. 设 S 是四维空间中的二维曲面 ("二个圆的乘积"), 它由

$$\mathbf{X} = (\cos u, \sin u, \cos v, \sin v)$$

给出. 证明向量

$$\boldsymbol{\xi} = (-x_2, x_1, -x_4, x_3)\,,$$

$$\boldsymbol{\eta} = (-x_2, x_1, x_4, -x_3)$$

在 S 上决定一个定向.

2. 设 S^* 是具有在第 3 章 (246 页) 中给出的参数表示式的环面, 且关于参数 θ, φ 是正定向的, 试证明 S^* 关于它的内部是正定向的.

3. 设 S 是默比乌斯带, 它用像 (40u) 那样的参数式表出.

(a) 证明线 $v = a/2$ 将 S 分成一个可定向的和一个不可定向的集合.

(b) 证明线 $v = 0$ 不能分割 S, 也就是说, 从 S 上去掉所有满足 $v = 0$ 的点, 得到的点集 S_1 仍是连通的.

(c) 证明 S_1 是可定向的.

4. 设 $\boldsymbol{\xi},\boldsymbol{\eta}$ 是平面 π 中的独立向量. 令 $a=|\boldsymbol{\xi}|^2, b=\boldsymbol{\xi}\cdot\boldsymbol{\eta}, c=|\boldsymbol{\eta}|^2$, 并对任意 t 构造向量

$$\mathbf{R}(t)=\left(\cos t-\frac{b}{\sqrt{ac-b^2}}\sin t\right)\boldsymbol{\xi}+\frac{a\sin t}{\sqrt{ac-b^2}}\boldsymbol{\eta}.$$

证明 $\mathbf{R}(t)$ 是由在 π 内将向量 $\boldsymbol{\xi}$ 按由定向 $\Omega(\boldsymbol{\xi},\boldsymbol{\eta})$ 给出的方向旋转角 t 而得到的.

5.8 曲面上微分形式和数量函数的积分

a. 定向平面区域上的重积分

在单重和多重积分原先的定义中, 比如说作为黎曼和的极限, 定向是不起作用的. 函数 f 的积分是建立在初等图形的长度、面积、体积等量的应用的基础上的, 而用正数来表示这种量当然是足够的了. 但是, 如果我们想得到积分的简单运算法则, 那么使用带有符号的量, 相当于引入定向, 立刻就会收到效果[1]. 当 $a<b$ 时, 定积分

$$\int_a^b f(x)dx$$

定义为黎曼和的极限. 如果我们要求加法法则

$$\int_a^b f(x)dx+\int_b^c f(x)dx=\int_a^c f(x)dx$$

不管 a,b,c 的相对位置怎样都成立的话, 就必须用公式

$$\int_a^b f(x)dx=-\int_b^a f(x)dx \tag{42a}$$

来定义 $a\geqslant b$ 时的积分

$$\int_a^b fdx$$

(见卷一 117 页). 几何上, 有序数对 a,b 决定了 x 轴上 '始' 点 a 和 '终' 点 b 的一个定向区间 I^*. 当 I^* 的定向对应于 x 增加的方向, 即 $a<b$ 时, 积分

1) 一般来说, 如果我们只能利用正的量, 例如用正距离来代替带有符号的距离, 数学就将变得难以忍受的笨拙. 在简单定理的叙述和证明中就需要去区别数不清的情形. 在数学对象间不等式关系的构成中, 正性是一个本质的要素, 但却使大多数等式的构成复杂了, 这些等式通常是根据量不受限制的代数运算建立起来的.

$$\int_a^b f dx = \int_{I^*} f dx \tag{42b}$$

的值由黎曼和的极限给出 (对于正的 f 积分值是正值). 对 $a > b$, 积分值是这个极限值的负值. 交换 I^* 的端点把 I^* 变成与 I^* 的定向相反的区间 $-I^*$, 于是公式 (42a) 也可写作

$$\int_{-I^*} f dx = -\int_{I^*} f dx. \tag{42c}$$

对于 x, y 平面上定向 (若尔当) 可测集 R^*[1] 上的积分也有类似的情形. 当 R^* 关于 x, y 坐标定向为正时, $\Omega(R^*) = \Omega(x, y)$, 重积分

$$\iint_{R^*} f(x, y) dx dy$$

按第四章定义的意义来理解. 即积分就是把平面分割成面积为 2^{-2n} 的正方形上所得到的和数的极限. 对于非负的 f, 积分值为非负. 在 $\Omega(R^*) = -\Omega(x, y) = \Omega(y, x)$ 的情形里, 我们用

$$\iint_{R^*} f dx dy = -\iint_{R^*} f dy dx$$

来定义 f 在 R^* 上的积分, 其中

$$\int_{R^*} f dy dx$$

具有作为和数的极限的普通的意义. 因此, 我们有规则

$$\iint_{-R^*} f dx dy = -\iint_{R^*} f dx dy, \tag{43}$$

其中 $-R^*$ 是通过改变 R^* 的定向得到的. 按照这种约定, 只要雅可比行列式 $\dfrac{d(x,y)}{d(u,v)}$ 在 T^* 上或者处处为正或者处处为负, 那么对于从 T^* 到 R^* 上的 1-1 光滑映射

$$x = \phi(u, v), \quad y = \psi(u, v),$$

在形式上变量替换法则

$$\iint_{R^*} f(x, y) dx dy$$

1) 这里 R^* 定向的定义和曲面定向的一般定义一致. 这是由 R^* 的每一个点处的定向决定的 (例如, 由一对向量描述的定向), 定向逐点连续地变化. 对连通集来说, 只可能有两个不同的定向.

$$= \iint_{T^*} f(\phi(u,v),\psi(u,v))\frac{d(x,y)}{d(u,v)}dudv \tag{43a}$$

成立. 这里, T^* 的定向必须是 R^* 的定向在上述映射下所对应的定向[1]. 例如, 如果 $\Omega(R^*) = -\Omega(x,y)$ 又若 $\dfrac{d(x,y)}{d(u,v)} < 0$, 则 $\Omega(T^*) = \Omega(u,v)$. 我们可以说 R^* 的定向给予微分形式 $dxdy$ 一个确定的符号: 如果 x,y 坐标系具有 R^* 的定向, 则是正号, 否则取负号. 由 T^* 的定向而得到的微分形式 $dudv$ 的符号是和关系式

$$dxdy = \frac{d(x,y)}{d(u,v)}dudv$$

相一致的符号.

用同样的方法我们可以在 x,y,z 空间中的定向集合上定义三重积分

$$\iiint_{R^*} f(x,y,z)dxdydz,$$

而且可以类似地在高维空间中定义定向集合上的多重积分.

b. 二阶微分形式的曲面积分

现在我们可以给出任何二阶微分形式 ω 在空间中定向曲面 S^* 上的积分的一般定义. 设 ω 由表达式

$$\omega = a(x,y,z)dydz + b(x,y,z)dzdx + c(x,y,z)dxdy \tag{44}$$

给出. 首先假定所考虑的整个曲面 S^* 能表为参数形式

$$x = x(u,v),\quad y = y(u,v),\quad z = z(u,v), \tag{45}$$

(u,v) 在 u-v 平面上的一个集合 R^* 上变化. 这里 R^* 有一个由 S^* 的定向所确定的某个定向 (见 502 页)[2].

---

1) 为了求得那个定向, 按照 (40o, p) 我们构造向量

$$\mathbf{X}_u = (x_u, y_u),\quad \mathbf{X}_v = (x_v, y_v)$$

且令

$$\Omega(R^*) = \varepsilon\Omega(\mathbf{X}_u, \mathbf{X}_v) = \varepsilon\left(\operatorname{sgn}\begin{vmatrix} x_u & x_v \\ y_u & y_v \end{vmatrix}\right)\Omega(x,y),$$

其中 $\varepsilon = \pm 1$, 由

$$\Omega(R^*) = \Omega(T^*) = \varepsilon\Omega(u,v)$$

决定.

2) 给 R^* 定向的规则如下: 如果 $\Omega(S^*) = \varepsilon\Omega(\mathbf{X}_u, \mathbf{X}_v)$, 则 $\Omega(R^*) = \varepsilon\Omega(u,v), \varepsilon = \pm 1$, 其中 $\mathbf{X} = (x,y,z)$ 是定位向量.

我们可以把 ω 写成形式

$$\omega = K du dv,$$

其中

$$K = \frac{\omega}{du dv} = a\frac{d(y,z)}{d(u,v)} + b\frac{d(z,x)}{d(u,v)} + c\frac{d(x,y)}{d(u,v)}, \tag{46}$$

并且定义

$$\begin{aligned}\iint_{S^*} \omega &= \iint_{R^*} K du dv \\ &= \iint_{R^*} \left(a\frac{d(y,z)}{d(u,v)} + b\frac{d(z,x)}{d(u,v)} + c\frac{d(x,y)}{d(u,v)} \right) du dv,\end{aligned} \tag{46a}$$

这样得到的在定向曲面 S^* 上的 ω 的积分值和 S^* 的特殊参数表示无关. 如果曲面还可以用参数 u', v' 表示出来, 我们有 (见 264 页)

$$\omega = K' du' dv',$$

其中

$$K' = K\frac{d(u,v)}{d(u',v')},$$

则在 u', v' 平面中积分区域 R'^* 的定向使得替换法则 (43a) 是适用的, 并且

$$\iint_{R^*} K du dv = \iint_{R'^*} K\frac{d(u,v)}{d(u',v')} du' dv' = \iint_{R'^*} K' du' dv'.$$

例如, 设 S^* 可以非参数地表为形式 $z = f(x,y), x, y$ 在 S^* 到 x, y 平面的垂直投影 R^* 上变化. S^* 的定向决定 R^* 的一个定向. 当空间的定向是 x, y, z 坐标系的定向时, 可以用规定 S^* 的指向正侧的法向来描述 S^* 的定向. 当法向和 z 轴正向构成一个锐角时, R^* 的定向就是 x, y 坐标系的定向, 否则就是 y, x 坐标系的定向[1]. 在随便哪种情形, 我们有

$$\begin{aligned}\iint_{S^*} \omega &= \iint_{S^*} (a dy dz + b dz dx + c dx dy) \\ &= \iint_{R^*} (c - a f_x - b f_y)\, dx dy.\end{aligned}$$

现在就容易去掉要求整个曲面都有一个单一的参数表示这个特殊的假设了.

1) 在第一种情形, S^* 与参数 x, y 有关, 正法向 $\boldsymbol{\zeta}$ 具有向量 $(-f_x, -f_y, 1)$ 的方向, 因此, $\det(\boldsymbol{\zeta}, \mathbf{X}_u, \mathbf{X}_v) > 0$.

我们假定定向曲面 S^* 可以剖分成有限个定向部分 $S_1^*, S_2^*, \cdots, S_N^*$, 使得每一个部分具有前面讨论过的类型的参数表示. 根据前述定义我们构成每一部分上形式 ω 的曲面积分, 而且把 S_i^* 上积分的和定义为 S^* 上的积分. 当然必须证明这样定义的 S^* 上的积分不依赖于 S^* 剖分成 S_i^* 的特殊的分法. 为使得这一事实是真的, 所需要的确切的假定以及证明见本章附录.

c. 定向曲面上微分形式的积分和非定向曲面上数量函数的积分之间的关系

在第四章 368 页中我们引进了空间曲面 S 的面积, 而丝毫未牵涉到曲面的定向. 如果 S 有参数表示

$$x = x(u,v), \quad y = y(u,v), \quad z = z(u,v),$$

又如果 ξ, η, ζ 表示法向量的分量

$$\xi = \frac{d(y,z)}{d(u,v)}, \quad \eta = \frac{d(z,x)}{d(u,v)}, \quad \zeta = \frac{d(x,y)}{d(u,v)}, \tag{46b}$$

则 S 的面积由

$$A = \iint\limits_R \sqrt{\xi^2+\eta^2+\zeta^2}\,dudv$$

给出, 这里积分是展布在与 S 对应的 u, v 平面上的集合 R 上的. 积分理解为原来意义的重积分, 在其中曲面元素

$$dS = \sqrt{\xi^2+\eta^2+\zeta^2}\,dudv$$

是作为正量来处理的, 或者等价地, 在重积分中 R 是关于 u, v 坐标系的正定向给出的[1]. 对于 A 的定义而言, S 的可定向性是非本质的. 例如, 读者容易用一个积分来表示由 504 页给出的参数表示的不可定向的曲面默比乌斯带的总面积.

更一般地, 对定义在曲面 S 上的函数 $f(x,y,z)$, 我们可以建立 f 在该曲面上的积分

$$\iint\limits_S f dS = \iint\limits_R f\sqrt{\xi^2+\eta^2+\zeta^2}\,dudv. \tag{47a}$$

1) 如果我们引进定位向量 $\mathbf{X} = (x,y,z)$, 量 $\sqrt{\xi^2+\eta^2+\zeta^2}$ 表示向量 $\mathbf{X}_u$ 和 $\mathbf{X}_v$ 的向量积的长度. 由 371 页 (30b) 它也可写作

$$\begin{aligned}\sqrt{EG-F^2} &= \sqrt{(\mathbf{X}_u\cdot\mathbf{X}_u)(\mathbf{X}_v\cdot\mathbf{X}_v)-(\mathbf{X}_u\cdot\mathbf{X}_v)^2}\\ &= \sqrt{[\mathbf{X}_u,\mathbf{X}_v;\mathbf{X}_u,\mathbf{X}_v]}.\end{aligned}$$

作为一个二阶替换微分形式, 在正雅可比行列式的参数替换下的微分 dS 具有同样的不变性质, 但在负雅可比行列式的替换下 (微分 dS) 改变符号.

积分值不依赖于 S 所采用的特定的参数表示, 而且也不包含曲面 S 的任何定向. 对于正的 f 积分值是正的.

为了把在定向曲面 S^* 上二阶微分形式

$$\omega = a(x,y,z)dydz + b(x,y,z)dzdx + c(x,y,z)dxdy$$

的积分和刚才定义过的在非定向曲面 S 上函数的积分联系起来, 我们引进 S^* 的正法向的方向余弦

$$\cos\alpha = \frac{\varepsilon\xi}{\sqrt{\xi^2+\eta^2+\zeta^2}},$$
$$\cos\beta = \frac{\varepsilon\eta}{\sqrt{\xi^2+\eta^2+\zeta^2}},$$
$$\cos\gamma = \frac{\varepsilon\zeta}{\sqrt{\xi^2+\eta^2+\zeta^2}},$$

其中 ξ,η,ζ 由 (46b) 给出, 而 $\varepsilon=\pm1, \Omega(S^*)=\varepsilon\Omega(\mathbf{X}_u,\mathbf{X}_v)$. 于是, 由 (46),

$$K = \frac{\omega}{dudv} = \varepsilon(a\cos\alpha + b\cos\beta + c\cos\gamma)\times\sqrt{\xi^2+\eta^2+\zeta^2}.$$

现在, 由 (46a),

$$\iint_{S^*}\omega = \iint_{R^*}Kdudv = \varepsilon\iint_R Kdudv,$$

因此, 由 (47a) 得到等式

$$\begin{aligned}\iint_{S^*}\omega &= \iint_{S^*}adydz + bdzdx + cdxdy\\ &= \int_S(a\cos\alpha + b\cos\beta + c\cos\gamma)dS\\ &= \iint_R(a\cos\alpha + b\cos\beta + c\cos\gamma)\times\sqrt{\xi^2+\eta^2+\zeta^2}dudv,\end{aligned}\tag{47b}$$

这把定向曲面 S^* 上微分形式 ω 的积分表示为非定向曲面 S 或者参数平面上非定向区域 R 上的积分. 然而在这里被积函数依赖于 S^* 的定向, 因为 $\cos\alpha, \cos\beta, \cos\gamma$ 是 S^* 的指向 S^* 的正侧的法向 $\mathbf{n}$ 的方向余弦 (利用了关于 x,y,z 坐标系的正的空间定向).

如果定向曲面是由几个部分曲面 S_K^* 组成, 允许每一个部分 S_K^* 有一个形为 (45) 的参数表示, 我们把恒等式 (47b) 用到每一部分上去, 并且把各个部分上的积分加起来, 就得到在整个曲面 S^* 上 ω 的积分的同样的恒等式.

可以把指向 S^* 正侧的法向 $\mathbf{n}$ 的方向余弦与 x, y, z 在 $\mathbf{n}$ 方向上的导数等同起来:

$$\cos\alpha = \frac{dx}{dn},$$
$$\cos\beta = \frac{dy}{dn},$$
$$\cos\gamma = \frac{dz}{dn}.$$

因此

$$\iint_{S^*} \omega = \iint_{S} \left(a\frac{dx}{dn} + b\frac{dy}{dn} + c\frac{dz}{dn}\right) ds. \tag{47c}$$

用向量的记号, 公式简化为

$$\iint_{S^*} \omega = \iint_{S} \mathbf{V}\cdot\mathbf{n}ds, \tag{47d}$$

其中 $\mathbf{n} = (\cos\alpha, \cos\beta, \cos\gamma)$ 是位于 S^* 正侧的单位法向量, 而 $\mathbf{V}$ 是分量为 a, b, c 的向量.

可以直观地用不可压缩流体的流动 (这次是三维空间中的流动) 来解释曲面积分的概念, 流体的密度取作 1. 设向量 $\mathbf{V} = (a, b, c)$ 是这种流动的速度向量. 那么在曲面 S^* 的每一点上积 $\mathbf{V}\cdot\mathbf{n}$ 给出了在曲面法向 $\mathbf{n}$ 上的流体流动速度的分量. 所以, 可以把表达式

$$\mathbf{V}\cdot\mathbf{n}dS = (a\cos\alpha + b\cos\beta + c\cos\gamma)dS$$

与在单位时间内从 S^* 的负侧通过曲面元素 dS 流向正侧的流量 (当然这个量可以是负的)[1] 等同起来. 所以, 曲面积分

$$\iint_{S^*} (adydz + bdzdx + cdxdy) = \iint_{S} \mathbf{V}\cdot\mathbf{n}dS \tag{48}$$

表示在单位时间内通过曲面 S^* 从负侧流向正侧的总流量. 这里我们注意到在流体运动的数学描述中曲面的正侧和负侧的区别, 也就是引入定向, 起了重要的作用.

在另一种物理应用中, 向量 $\mathbf{V}$ 表示作用在点 (x, y, z) 处的力场引起的力. 于是向量 $\mathbf{V}$ 的方向就给出了力的作用线的方向, 而 $\mathbf{V}$ 的大小就给出了力的大小. 在

1) 参看 543 页上类似的二维解释. 这里我们考虑在一点的邻域曲面用一个面积为 ΔS 的平片来逼近, 而用一个常向量来代替速度向量 $\mathbf{V}$. 取适当的极限就得到通过 S^* 的流量的积分表示.

这样解释时, 积分

$$\iint\limits_{S^*}(adydz+bdzdx+cdxdy)$$

被称为从负侧到正侧通过曲面的总力流.

5.9 空间情形的高斯定理和格林定理

a. 高斯定理

曲面积分的概念能把我们在 473 页对二维情形证明过的高斯定理推广为三维高斯定理. 在二维定理的陈述中, 本质之点在于: 把平面区域上的积分化为围绕着区域边界的一个线积分. 现在我们考虑在 x, y, z 空间中由曲面 S 包围的一个闭界三维区域, 每条和坐标轴平行的直线最多和曲面 S 交于两个点. 最后这个假定以后可以去掉.

设三个函数 $a(x,y,z), b(x,y,z), c(x,y,z)$ 及其一阶偏导数在 R 中连续. 我们考虑关于 x, y, z 坐标系定向为正的区域 R 上的积分

$$\iiint\limits_R \frac{\partial_c(x,y,z)}{\partial z}dxdydz,$$

区域 R 可以用不等式

$$z_0(x,y)\leqslant z\leqslant z_1(x,y)$$

来描述, 其中 (x,y) 在 R 的 x, y 平面上的投影 B 上变化, 我们假定 B 有面积以及 $z_0(x,y)$ 和 $z_1(x,y)$ 在 B 中连续且有连续的一阶导数. 我们可以借助于公式 (见 462 页)

$$\iiint\limits_R fdxdydz=\iint\limits_B dxdy\int_{z_0}^{z_1}fdz$$

来变换 R 上的体积分. 因为在这里 $f=\dfrac{\partial c}{\partial z}$, 关于 z 的积分可以积出来, 得到

$$\int_{z_0}^{z_1}\frac{\partial c}{\partial z}dz=c\left(x,y,z_1\right)-c\left(x,y,z_0\right)=c_1-c_0,$$

所以

$$\iiint\limits_R\frac{\partial c(x,y,z)}{\partial z}dxdydz=\iint\limits_B c_1dxdy-\iint\limits_B c_0dxdy.$$

如果我们假定边界 S 关于区域 R 是定向为正的, 那么由定向边界曲面 S^* 中 $z=z_0(x,y)$ 上的点所组成的那部分曲面, 当投影在 x,y 平面上时关于 x,y 坐标是定向为负的[1], 而由曲面的其余的点组成的 $z=z_1(x,y)$ 的部分具有正的定向. 因此把最后两个积分结合起来就构成在整个曲面 S^* 上的积分:

$$\iint\limits_{S^*} c(x,y,z)dxdy,$$

因此我们得到公式

$$\iiint\limits_{R} \frac{\partial c(x,y,z)}{\partial z} dxdydz = \iint\limits_{S^*} c(x,y,z)dxdy.$$

如果 S^* 包含垂直于 x,y 平面的柱面, 那么公式仍然成立, 因为柱面对于积分没有贡献. 例如, 如果 S^* 的柱面部分 S'^* 具有表达式 $y=f(x)$, 我们就有 S'^* 的参数表示

$$x=u, \quad y=\phi(u), \quad z=v,$$

因此确实有

$$\iint\limits_{S^*} cdxdy = \iint c\frac{d(x,y)}{d(u,v)}dudv = \iint c\begin{vmatrix} 1 & 0 \\ \phi' & 0 \end{vmatrix} dudv = 0.$$

如果我们对分量 a 和 b 推导相应的公式并把三个公式加起来, 我们就得到一般的公式

$$\begin{aligned}&\iiint\limits_{R} \left[\frac{\partial a(x,y,z)}{\partial x} + \frac{\partial b(x,y,z)}{\partial y} + \frac{\partial c(x,y,z)}{\partial z}\right] dxdydz \\ =& \iint\limits_{S^*} [a(x,y,z)dydz + b(x,y,z)dzdx + c(x,y,z)dxdy], \qquad (49)\end{aligned}$$

这就叫做高斯定理. 利用 514 页的公式 (47b), 我们也可把这个公式写成

$$\begin{aligned}\iiint\limits_{R} (a_x+b_y+c_z)\,dxdydz &= \iint\limits_{S} (a\cos\alpha + b\cos\beta + c\cos\gamma)dS \\ &= \iint\limits_{S} \left(a\frac{dx}{dn} + b\frac{dy}{dn} + c\frac{dz}{dn}\right) dS. \qquad (50)\end{aligned}$$

这里, 相应于 S^* 关于 R 的正定向, 我们有外法向 $\mathbf{n}$ 和坐标轴正向的夹角 α,β,γ.

---

1) 见 512 页, 在 $z=z_0(x,y)$ 上正法向 (指向外边的法向) 是往下的.

容易把这个公式推广到更一般的区域. 我们只要求区域 R 可以剖分成由有限个具有连续转动的切平面的子区域 R_i, 而每个 R_i 具有上面假定的性质 (特别是构成 R 的边界的曲面块或者和平行于坐标轴的直线最多交于两点或者是一个母线平行于某个坐标轴的柱面的一部分). 对每个区域 R_i 高斯定理成立. 把它们加起来, 在左端得到整个区域上的三重积分; 在右端, 某些曲面积分组合起来构成定向曲面 S^* 上的积分, 而其余的曲面积分 (也就是把 R 分割开来的那些曲面上的积分), 就像我们在平面情形中已经看到的那样 (476 页) 互相抵消了[1].

作为高斯定理的一种特殊情形, 我们得到由关于 R 定向为正的曲面 S^* 包围的区域 R 的体积公式. 例如, 我们在 (49) 中令 $a=0, b=0, c=z$, 我们立即得到体积的表达式

$$V=\iiint_R dxdydz=\iint_{S^*} zdxdy.$$

用同样方法, 我们求得[2]

$$v=\iint_{S^*} xdydz=\iint_{S^*} ydzdx.$$

如果 $\mathbf{A}$ 是分量为 a,b,c 的向量, $\mathbf{A}$ 的散度为 $a_x+b_y+c_z$, 而向量 $\mathbf{A}$ 和 $\mathbf{n}$ 的数积为

$$a\frac{dx}{dn}+b\frac{dy}{dn}+c\frac{dz}{dn}, \tag{51}$$

也就是向量 $\mathbf{A}$ 的法向分量. 因此, 用向量的记号, 高斯定理就变成[3]

$$\iiint_R \operatorname{div}\mathbf{A}dxdydz=\iint_S \mathbf{A}\cdot\mathbf{n}ds=\iint_S A_n dS. \tag{52}$$

---

1) 我们在这里对于一般区域 R 给出的证明中利用了闭曲面 S 上积分的定义, 实际上并没有证明积分不依赖于那种把 S 剖分成具有简单的参数表示的小曲面的特殊方法. 对于光滑的 S, 在附录 549 页中将证明 S 上的积分不依赖于剖分. 但是把高斯定理推广到上述更一般的区域 R 上时, 我们必须利用有棱而且不都是光滑的曲面 S_i 界住的子区域. 因此, 利用一种完全不同的证明技巧更方便, 这种技巧不是把 R 分解成不相交的子集合 R_i, R_i 不可能有光滑的边界. 单位分解方法就是这样一种方法, 事实上, 在单位分解方法中, R 表示成具有光滑边界的互相搭接的区域 R_i 的并集, 而对每个 R 可以直接利用定理. 见本章附录, 第 552 页至 555 页.

2) 值得指出, 在 V 的表达式中循环交换 x,y,z 不改变符号, 与由一根定向曲线 C^* 包围的二维区域相应的面积公式

$$A=\int_{C^*} xdy=-\int_{C^*} ydx$$

大不相同.

这是因为在二维的情形把 x 正向和 y 正向互换后改变了平面的定向: $\Omega(x,y)=-\Omega(y,x)$, 而在三维空间中坐标的循环互换保持空间的定向

$$\Omega(x,y,z)=\Omega(y,z,x)=\Omega(z,x,y).$$

3) 注意在曲面积分中赋予 S 的定向只影响到被积函数.

用外微分形式构成高斯定理 (49) 更加引起人们的兴趣. 二阶微分形式

$$\omega = a(x,y,z)dydz + b(x,y,z)dzdx + c(x,y,z)dxdy$$

的导数 [见 (58c), 269 页] 正好是三阶形式

$$d\omega = (a_x + b_y + c_z)\,dxdydz.$$

用 S^* 来记关于 R 定向为正的 R 的边界, 我们简单地有

$$\iiint_R \partial\omega = \iint_{S^*} \omega. \tag{53}$$

到现在为止, 我们假定三维区域 R 关于 x,y,z 坐标是定向为正的. 注意到 (53) 中的 ω 表示一个任意的二阶微分形式而且 ω 和 $d\omega$ 间的关系和所采用的坐标无关, 我们就能去掉这个假定. 用 R^* 来表示空间的一个定向区域而用 ∂R^* 来记关于 R^* 定向为正的边界. 我们总能选一个使 R^* 是定向为正的 x,y,z 坐标系, 所以 (53) 成立, 其中 $S^* = \partial R^*$ (见 510 页). 根据这个约定, 对于 R^* 的任何定向, 我们有

$$\iiint_{R^*} d\omega = \iint_{\partial R^*} \omega. \tag{53a}$$

我们将看到, 实际上, 对于更一般的任意维数的集合说来类似的公式是成立的[1].

练　习　5.9a

1. 计算半个椭球面 $\left(\frac{x}{a}\right)^2 + \left(\frac{y}{b}\right)^2 + \left(\frac{z}{c}\right)^2 = 1, z > 0$ 上的曲面积分

$$\iint \frac{z}{p} dS,$$

其中 $\frac{1}{p} = \frac{lx}{a^2} + \frac{my}{b^2} + \frac{nz}{c^2}, l,m,n$ 是外法向的方向余弦.

---

1) 一般地, 对于 n 或更高维欧氏空间中一个 n 维定向集合, 记号 ∂R^* 表示关于 R^* 定向为正的 R^* 的边界; 即, ∂R^* 这样定向, 使得

$$\Omega\left(R^*\right) = \Omega\left(\mathbf{B}, \mathbf{A}^1, \cdots, \mathbf{A}^{n-1}\right),$$

其中 $\mathbf{A}^1, \cdots, \mathbf{A}^{n-1}$ 是 ∂R^* 的边界上某点处的切向量, 使得

$$\Omega(\partial R) = \Omega\left(\mathbf{A}^1, \mathbf{A}^2, \cdots, \mathbf{A}^{n-1}\right),$$

其中 $\mathbf{B}$ 是一个向量, 切于该点且指向 R^* 的外部.

2. 计算中心在原点、半径为 1 的球面上的曲面积分

$$\iint H dS,$$

其中 $H = a_1x^4 + a_2y^4 + a_3z^4 + 3a_4x^2y^2 + 3a_5y^2z^2 + 3a_6x^2z^2$.

b. 高斯定理在流体流动中的应用

和平面情形一样, 把向量 $\mathbf{A} = (a, b, c)$ 看作密度为 ρ 的流体流动中的动量向量, 其速度向量是 $\mathbf{V} = (u, v, w)$, 我们可以得到空间中高斯定理的一个物理解释. 这里 ρ 和速度分量 u, v, w 依赖于 (x, y, z) 和所考虑的时间 t. (单位体积内的) 动量向量由 $\mathbf{A} = \rho\mathbf{V}$ 确定. 如果 R 是空间中由曲面 S 包围的一个固定的区域, 则在单位时间内通过面积为 ΔS 的 S 的微元 (小曲面) 从 R 的内部流向外部的流体总质量由表达式 $\rho V_n \Delta S$ 近似地给出, 其中 V_n 是速度向量 $\mathbf{V}$ 在微元某一点上的外法向 $\mathbf{n}$ 上的分量. 因此, 单位时间内通过 R 的边界 S 由内到外所流过的流体总量由在整个边界 S 上的积分

$$\iint_S \rho V_n dS = \iint_S A_n dS$$

给出. 由高斯恒等式 (52) 在单位时间内 R 中通过 R 的边界流出的流量为

$$\iiint_R \operatorname{div} \mathbf{A} dxdydz = \iiint_R \operatorname{div}(\rho\mathbf{V}) dxdydz. \tag{54}$$

另一方面, 任何时刻 R 中的流体的总质量由三重积分

$$\iiint_R \rho(x, y, z, t) dxdydz$$

给出, 并且单位时间内 R 中流体质量的减少为

$$-\frac{d}{dt}\iiint_R \rho(x, y, zt) dxdydz = -\iiint_R \rho_t(x, y, z, t) dxdydz.$$

如果质量守恒定律成立, 又若在 R 中没有质量的源和汇, 那么从曲面 S 流出的 R 流体总量一定正好等于 R 中流体质量的减少. 于是, 任何时刻任何区域 R 上一定有

$$\iiint_R \operatorname{div}(\rho\mathbf{V}) dxdydz = -\iiint_R \rho_t dxdydz.$$

等式两端除以 R 的体积并且让 R 收缩到一点 (也就是说, 应用空间微商), 我们得到三维连续性方程

$$\operatorname{div}(\rho \mathbf{V}) = -\rho_t$$

或

$$\frac{\partial \rho}{\partial t} + \frac{\partial(\rho u)}{\partial x} + \frac{\partial(\rho v)}{\partial y} + \frac{\partial(\rho w)}{\partial z} = 0, \tag{55}$$

这是用微分方程的形式来表示的流体运动的质量守恒定律.

如果质量守恒定律不成立, 表达式

$$\rho_t + \operatorname{div}(\rho \mathbf{V})$$

是单位时间单位体积内所产生 (或者当这个量为负的时候, 减少) 的总质量.

均匀不可压缩流体特别令人感兴趣, 对这种流体, 在每个空间位置上密度 ρ 的值相同并且不随时间变化. 由于 ρ 是常数, 如果质量是守恒的, 从 (55) 推得

$$\operatorname{div} \mathbf{V} = \frac{\partial u}{\partial x} + \frac{\partial v}{\partial y} + \frac{\partial w}{\partial z} = 0. \tag{56}$$

每当曲面 S 包围区域 R 时, 从 (52) 得到

$$\iint_S \mathbf{V} \cdot \mathbf{n} dS = 0. \tag{57}$$

特别地, 考虑由空间中同一根定向曲线 c^* 界住的两个曲面 S_1 和 S_2, 它们合在一起构成了三维区域 R 的边界. 从 (57), 我们发现

$$0 = \iint_S \mathbf{V} \cdot \mathbf{n} dS = \iint_{S_1} \mathbf{V} \cdot \mathbf{n} dS + \iint_{S_2} \mathbf{V} \cdot \mathbf{n} dS, \tag{58}$$

其中在 S_1 和 S_2 上, $\mathbf{n}$ 都表示指向 R 外侧的法向量. 我们可以用如下方法使 S_1 和 S_2 成为定向曲面 S_1^* 和 S_2^*, 使得关于 S_1^* 和 S_2^*, c^* 的定向都是正的. 在这两个曲面上, 令 $\mathbf{n}^*$ 是指向正侧的单位法向量 (对于空间右手系定向来说, 这就意味着 $\mathbf{n}^*$ 指向使 c^* 的定向为逆时针的 S 的那一侧). 那么在曲面 S_1, S_2 中的一个上, 必须有 $\mathbf{n}^* = \mathbf{n}$, 而在另一曲面上有 $\mathbf{n}^* = -\mathbf{n}$[1]. 从 (58) 得到

$$\iint_{S_1} \mathbf{V} \cdot \mathbf{n}^* dS = \iint_{S_2} \mathbf{V} \cdot \mathbf{n}^* dS. \tag{59}$$

---

1) 如果我们要求, 例如说, $\mathbf{n}$ 指向 S 的正侧, 那么法向量 $\mathbf{n}$ 在整个曲面 S 上决定一个定向. 关于 $\mathbf{n}$ 给 S_1, S_2 定了向, 如果我们要求曲线 C 关于 S_1 或 S_2 定向为正的, 那么曲线 C 就得到相反的方向 (见 508 页). 但是, 由于 C^* 关于 S_1 和 S_2 都具有正方向, 由此推出由 $\mathbf{n}^*$ 和 $\mathbf{n}$ 给出的定向只可能在两个曲面 S_1 和 S_2 中的一个上一致.

总之, 如果流体是均匀不可压缩的而且质量是守恒的, 那么流过具有相同边界曲线 c^* 的两个曲面 S_1, S_2 的流体的流量是相同的, 其中 S_1 和 S_2 合起来就包围空间中的一个三维区域. 流量不依赖于曲面的确切形式, 边界曲线 c^* 单独地决定流量这一点看来是似是而非的[1]. 我们要问只通过曲线 c^* 怎么表示流体的总量. 在下节第 530-531 页通过斯托克斯定理来回答这个问题.

c. 高斯定理在空间力和曲面力上的应用

作用在连续体上的力既可以看作是空间力 (例如万有引力、电力) 也可以看作是曲面力 (例如压力、牛引力). 高斯定理给出了这两种看法之间的关系.

我们只考虑密度为 $\rho = \rho(x, y, z)$ 的流体中这样一种特殊类型的力, 在这种流体中存在压力 $p(x, y, z)$, 一般说 p 依赖于点 (x, y, z). 这就意味着由流体的一部分 R 的其余部分作用在 R 上的力可以看作是作用在 R 的表面 S 每一点的力, 力的方向沿内法线方向, 而单位表面面积上的大小为 p. 用 $\dfrac{dx}{dn}, \dfrac{dy}{dn}, \dfrac{dz}{dn}$ 表示 R 的表面 S 的点上外法向的方向余弦, 单位面积上力的分量由

$$-p\frac{dx}{dn}, \quad -p\frac{dy}{dn}, \quad -p\frac{dz}{dn}$$

给出. 因此作用在 R 上的表面力的合力是分量为

$$X = -\iint_S p\frac{dx}{dn}dS, \quad Y = -\iint_S p\frac{dy}{dn}dS, \quad Z = -\iint_S p\frac{dz}{dn}dS$$

的力.

由 517 页的高斯定理 (50), 我们可以把 X, Y, Z 写成体积分

$$X = -\iiint_R p_x dxdydz, \quad Y = -\iiint_R p_y dxdydz, \quad Z = -\iiint_R p_z dxdydz,$$

用向量记号, 合力 $\mathbf{F}$ 由

$$\mathbf{F} = -\iiint_R \operatorname{grad} p dxdydz, \tag{60}$$

给出.

我们可以把这个结果表示如下. 由于压力 p 引起的流体中的力一方面可以看作是密度为 $p(x, y, z)$ 通过点 (x, y, z) 垂直作用于每个曲面微元上的表面力 (压力), 另一方面可以看作是体力, 也就是体密度为 $-\operatorname{grad} p$ 作用在每个体元上的力.

如果在由于压力引起的力和万有引力的作用下流体处于平衡中, 向量 $\mathbf{F}$ 必须

1) 如果我们进一步假定流动是稳定的, 即速度向量 $\mathbf{V}$ 与时间无关, 则在单位时间内通过由闭曲线 C^* 界住的曲面的流量与时间无关.

和作用在 R 内的全部引力 $\mathbf{G}$ 相平衡:

$$\mathbf{F}+\mathbf{G}=\mathbf{O}.$$

如果作用在点 (x,y,z) 处的单位质量上的引力用向量 $\mathbf{\Gamma}(x,y,z)$ 给出, 则我们有

$$G=\iiint\limits_{R}\mathbf{\Gamma}\rho dxdydz.$$

从对于流体的任何部分都成立的关系式, 通过空间微商, 我们推出对于被积函数相应的关系式也成立, 也就是在流体的每一点处, 方程

$$-\operatorname{grad}p+\rho\mathbf{\Gamma}=\mathbf{O} \tag{61}$$

成立. 因为数量函数的梯度垂直于该数量函数的等位面, 我们得出结论: 对于在压力和重力作用下处于平衡的流体来说, 作用在压力为常数的曲面 (等压面) 每一点上的引力垂直于该曲面. 如果我们作出通常的假定, 在地球表面附近, 作用在单位质量上的重力由向量 $\mathbf{\Gamma}=(0,0,-g)$ 给出, 其中 g 是重力加速度, 我们从 (61) 得到[1)]

$$p_x=0,\quad p_y=0,\quad p_z=-g\rho. \tag{62}$$

特别地, 考虑一个由压力为 0 的自由表面包围的密度 ρ 为常数的均匀液体. 沿着自由表面, 根据 (62), 我们有

$$0=dp=p_xdx+p_ydy+p_zdz=-g\rho dz.$$

因此, $dz=0$, 这就是说自由表面一定是一张平面 $z=$ 常数 $=z_0$. 对于液体中的任何一点 (x,y,z), 压力值为

$$p(x,y,z)=-\int_z^{z_0}p_z(x,y,\zeta)d\zeta=g\rho\left(z_0-z\right).$$

因此在深度 $z_0-z=h$ 处压力值为 $g\rho h$. 对于一个部分或全部浸没在液体中的固体, 令 R 表示固体的位于自由表面以下的那部分. 为了确定作用在固体上的总压力[2)], 我们把公式 (60) 用到区域 R 上去. 从 (60) 和 (62) 我们得到, 作用在固体上的压力的合力等于分量为

$$X=0,\quad Y=0,\quad Z=\iiint\limits_{R}g\rho dxdydz$$

的一个力 [浮力 (buoyancy)], 这个力是垂直向上的而且其大小等于被排开的同体

1) 这个公式是在卷一 195 页中, 在说明大气中的压力变化时推导出来的.

2) R 的位于平面 $z=z_0$ 中的边界的任何部分不作出贡献, 因为根据假定, 在那里 $p=0$.

积的液体的重量 (阿基米德原理).

d. 分部积分和三维空间中的格林定理

正如两个自变量的情形 (483 页) 一样, 把 517 页的高斯定理 (50) 用到积 au, bv, cw 上去就导出了一个分部积分公式:

$$\begin{aligned}&\iiint\limits_R (au_x + bv_y + cw_z)\,dxdydz\\&= \iint\limits_S \left(au\frac{dx}{dn} + bv\frac{dy}{dn} + cw\frac{dz}{dn}\right)dS\\&\quad - \iiint\limits_R (a_x u + b_y v + c_z w)\,dxdydz. \qquad (63)\end{aligned}$$

如果这里 $u = v = w = U$, 又若 a, b, c 的形式是 $a = V_x, b = V_y, c = V_z$, 其中 V 是某个数量函数, 则我们得到第一格林定理

$$\begin{aligned}&\iiint\limits_R (U_xV_x + U_yV_y + U_zV_z)\,dxdydz\\&= \iint\limits_S U\frac{dV}{dn}dS - \iiint\limits_R U\Delta V\,dxdydz. \qquad (64)\end{aligned}$$

这里我们用到了由

$$\Delta V = V_{xx} + V_{yy} + V_{zz}$$

定义的熟悉的拉普拉斯算子的符号 Δ, 并且用 $\dfrac{dV}{dn}$ 来表示 V 的外法向导数

$$\frac{dV}{dn} = V_x\frac{dx}{dn} + V_y\frac{dy}{dn} + V_z\frac{dz}{dn}.$$

在公式 (64) 中交换 U 和 V, 并与 (64) 相减, 得到第二格林定理

$$\begin{aligned}&\iiint\limits_R (U\Delta V - V\Delta U)dxdydz\\&= \iint\limits_S \left(U\frac{dV}{dn} - V\frac{dU}{dn}\right)dS. \qquad (65)\end{aligned}$$

e. 应用格林定理把 ΔU 变换成球坐标的形式

如果我们在格林定理 (65) 中令 $V = 1$, 得到

$$\iiint\limits_R \Delta U dxdydz = \iint\limits_S \frac{dU}{dn} dS = \iint\limits_S (\operatorname{grad} U) \cdot n dS. \tag{66}$$

正如平面情形那样, 我们可以利用这个公式把 ΔU 变换到另一个坐标系中去, 特别是变换到由

$$x = r\cos\phi\sin\theta, \quad y = r\sin\phi\sin\theta, \quad z = r\cos\theta$$

定义的球坐标 r, ϕ, θ 中去, 我们把公式 (66) 应用到由形为

$$r_1 < r < r_2, \quad \phi_1 < \phi < \phi_2, \quad \theta_1 < \theta < \theta_2 \tag{67}$$

的不等式表示的楔形区域 R 上去. R 的边界 S 由六个面组成, 在每一个面上坐标 r, ϕ, θ 中的一个等于常数. 应用三重积分的变换公式把方程 (66) 的左端写成形式

$$\begin{aligned} \iiint\limits_R \Delta U dxdydz &= \iiint \Delta U \frac{d(x,y,z)}{d(r,\theta,\phi)} drd\theta d\phi \\ &= \iiint \Delta U r^2 \sin\theta drd\theta d\phi, \end{aligned} \tag{68}$$

其中在 r, θ, ϕ 空间中的积分展布在区域 (67) 上. 为了变换 (66) 中的曲面积分, 我们引进定位向量

$$\mathbf{X} = (x, y, z) = (r\cos\phi\sin\theta, r\sin\phi\sin\theta, r\cos\theta),$$

并注意到它的一阶导数满足关系

$$\mathbf{X}_r \cdot \mathbf{X}_\theta = 0, \quad \mathbf{X}_\theta \cdot \mathbf{X}_\phi = 0, \quad \mathbf{X}_\phi \cdot \mathbf{X}_r = 0 \tag{68a}$$

$$\mathbf{X}_r \cdot \mathbf{X}_r = 1, \quad \mathbf{X}_\theta \cdot \mathbf{X}_\theta = r^2, \quad \mathbf{X}_\phi \cdot \mathbf{X}_\phi = r^2\sin^2\theta. \tag{68b}$$

从这些关系得出, 在每一点处向量 $\mathbf{X}_r$ 是垂直于通过该点的坐标曲画 $r =$ 常数的, 向量 $\mathbf{X}_\theta$ 垂直于曲面 $\theta =$ 常数, 而向量 $\boldsymbol{r}_\phi$ 垂直于曲面 $\phi =$ 常数, 更确切地说, 在曲面 $r =$ 常数 $= r_i$ (其中 i 的取值或为 1 或为 2) 中的一个曲画上的单位外法线向量 $\mathbf{n}$ 就是 $(-1)^i\mathbf{X}_r$, 因此, 在这些面上

$$(\operatorname{grad} U) \cdot \mathbf{n} = (-1)^i (\operatorname{grad} U) \cdot \mathbf{X}_r = (-1)^i \frac{\partial U}{\partial r}.$$

而且, 沿曲面 $r = r_i$ 利用 θ 和 ϕ 作为参数, 我们有面积元的表达式 [见 371 页 (30e)]

$$\begin{aligned} dS &= \sqrt{EG - F^2} d\theta d\phi \\ &= \sqrt{(\mathbf{X}_\theta \cdot \mathbf{X}_\theta)(\mathbf{X}_\phi \cdot \mathbf{X}_\phi) - (\mathbf{X}_\theta \cdot \mathbf{X}_\phi)^2} d\theta d\phi \end{aligned}$$

$$= r^2 \sin\theta d\theta d\phi,$$

由此得到两个面 $r = r_1$ 和 $r = r_2$ 对 $\dfrac{dU}{dn}$ 在 S 上的积分的贡献是用表达式

$$\iint\limits_{r=r_2} r^2 \sin\theta \frac{\partial U}{\partial r} d\theta d\phi - \iint\limits_{r=r_1} r^2 \sin\theta \frac{\partial U}{\partial r} d\theta d\phi$$

表示出来的, 其中积分是在矩形

$$\theta_1 < \theta < \theta_2, \quad \phi_1 < \phi < \phi_2$$

上求积的. 我们可以把这两个积分的差写成展布在区域 (67) 上的三重积分

$$\iiint \frac{\partial}{\partial r}\left(r^2 \sin\theta \frac{\partial U}{\partial r}\right) dr d\theta d\phi.$$

类似地, 我们在面 $\theta =$ 常数 $= \theta_i$ 上求得

$$\mathbf{n} = (-1)^i \frac{1}{r} \mathbf{X}_\theta, \quad dS = r \sin\theta d\phi dr,$$

$$\frac{dU}{dn} = \frac{(-1)^i}{r} \frac{\partial U}{\partial \theta},$$

而在面 $\phi =$ 常数 $= \phi_i$ 上

$$\mathbf{n} = (-1)^i \frac{1}{r\sin\theta} \mathbf{X}_\phi, \quad dS = r dr d\theta,$$

$$\frac{dU}{dn} = \frac{(-1)^i}{r\sin\theta} \frac{\partial U}{\partial \phi}.$$

这里也把对面的 $\theta =$ 常数或 $\phi =$ 常数的面上的贡献结合进去, 我们求得整个曲面积分的表达式

$$\iint\limits_S \frac{dU}{dn} dS = \iiint \left[\frac{\partial}{\partial r}\left(r^2 \sin\theta \frac{\partial U}{\partial r}\right) + \frac{\partial}{\partial \theta}\left(\sin\theta \frac{\partial U}{\partial \theta}\right) + \frac{\partial}{\partial \phi}\left(\frac{1}{\sin\theta} \frac{\partial U}{\partial \phi}\right)\right] dr d\theta d\phi.$$

与 (68) 式相比较, 除以楔 R 的体积, 并令 R 收缩到一点, 就导致我们所要的球坐标形式的拉普拉斯算子

$$\Delta U = \frac{1}{r^2 \sin\theta}\left\{\frac{\partial}{\partial r}\left(r^2 \sin\theta \frac{\partial U}{\partial r}\right) + \frac{\partial}{\partial \theta}\left(\sin\theta \frac{\partial U}{\partial \theta}\right) + \frac{\partial}{\partial \phi}\left(\frac{1}{\sin\theta} \frac{\partial U}{\partial \phi}\right)\right\}. \tag{69}$$

练　习　5.9e

1. 设方程

$$x_i = x_i(p_1, p_2, p_3) \quad (i = 1, 2, 3)$$

确定一个任意的正交坐标系 p_1, p_2, p_3; 即, 如果我们令

$$a_{ik} = \frac{\partial x_i}{\partial p_k},$$

则方程

$$a_{11}a_{21} + a_{12}a_{22} + a_{13}a_{23} = 0,$$

$$a_{11}a_{31} + a_{12}a_{32} + a_{13}a_{33} = 0,$$

$$a_{11}a_{31} + a_{12}a_{32} + a_{13}a_{33} = 0$$

都成立.

(a) 证明

$$\frac{\partial(x_1, x_2, x_3)}{\partial(p_1, p_2, p_3)} = \sqrt{e_1 e_2 e_3},$$

其中

$$e_i = a_{1i}^2 + a_{2i}^2 + a_{3i}^2.$$

(b) 证明

$$\frac{\partial p_i}{\partial x_k} = \frac{1}{e_i}\frac{\partial x_k}{\partial p_i} = \frac{1}{e_i}a_{ki}.$$

(c) 利用高斯定理, 用 p_1, p_2, p_3 将

$$\Delta u = u_{x_1x_1} + u_{x_2x_2} + u_{x_3x_3}$$

表示出来.

(d) 把 Δu 用 220 页 3.3d 节练习题 9 中定义的焦点 (focal) 坐标 t_1, t_2, t_3 表示出来.

5.10 空间斯托克斯定理

a. 定理的叙述和证明

我们早就知道二维的斯托克斯定理 (481 页). 三维中类似的定理把一个向量的旋度的法向分量在曲面上的积分和这个向量的切向分量在这个曲面的边界曲线上的积分联系起来. 在二维情形中, 通过改变表示方法, 高斯定理和格林定理互相转化, 但在三维情形这是两个本质上不同的定理.

设 S 是三维空间中的一个由闭曲线界住的可定向曲面. 选择 S 的一个定向把 S 变成一个定向曲面 S^*. 设 C^* 是 S^* 的关于 S^* 正定向的边界曲线. 假定空间关于 x, y, z 坐标系是正定向的, 令 $\mathbf{n}$ 表示在 S^* 上每一点处指向 S^* 正侧的单位法向量[1], 设 $\mathbf{t}$ 是 C^* 上的指向与 C^* 的定向相对应的切向量. 设 $\mathbf{A} = (a, b, c)$ 是一个定义在 S 附近的向量, 斯托克斯定理断言[2]

$$\iint_S (\operatorname{curl} \mathbf{A}) \cdot \mathbf{n} dS = \int_C \mathbf{A} \cdot \mathbf{t} dS. \tag{70}$$

用 $\dfrac{dx}{dn}, \dfrac{dy}{dn}, \dfrac{dz}{dn}$ 来记向量 $\mathbf{n}$ 的分量, 而用 $\dfrac{dx}{dS}, \dfrac{dy}{dS}, \dfrac{dz}{dS}$ 来记 $\mathbf{t}$ 的分量, 我们把斯托克斯定理写成形式[3]

$$\begin{aligned}&\iint_S \left[(c_y - b_z) \frac{dx}{dn} + (a_z - c_x) \frac{dy}{dn} + (b_x - a_y) \frac{dz}{dn}\right] dS \\ &= \int_C \left(a\frac{dx}{dS} + b\frac{dy}{dS} + c\frac{dz}{dS}\right) dS.\end{aligned} \tag{71}$$

利用公式 (47c) (第 515 页), 等价地, 我们有公式

$$\begin{aligned}&\iint\limits_{S^*} (c_y - b_z)\, dydz + (a_z - c_x)\, dzdx + (b_x - a_y)\, dxdy \\ &= \int_{C^*} adx + bdy + cdz.\end{aligned} \tag{72}$$

引进一阶微分形式

$$L = adx + bdy + cdz \tag{73a}$$

和

1) 事实上这就意味着, 当我们把 S^* 上的一个点这样地——使得 $\mathbf{n}$ 和正 z 轴重合——移动到原点的时候, S 上的旋转方向将是取正 x 轴到正 y 轴的 $90°$ 旋转的方向.

2) 对 $S, C, \mathbf{A}$ 确切的正则性假定——在这种假定下能够证明该定理——在本章附录中给出.

3) 见第 180 页 (94c) 向量的旋度的定义.

$$\omega = (c_y - b_z)\,dydz + (a_z - c_x)\,dzdx + (b_x - a_y)\,dxdy, \tag{73b}$$

我们注意到 (见 252 页) ω 正好是 L 的导数:

$$\omega = dL. \tag{73c}$$

如果 ∂S^* 是 S^* 的正定向边界[1], 斯托克斯定理简单地变为

$$\iint_{S^*} dL = \int_{\partial S^*} L. \tag{74}$$

这种形式完全类似于 519 页写成公式 (53) 的高斯定理.

从平曲面的情形的斯托克斯定理早就得到证明这一事实, 马上可以作出结论: 斯托克斯定理的正确性似乎是没有问题的了. 因此, 如果 S 是由平面多角形组成的多面角曲面, 使得边界曲线是一个多角形, 我们可以把斯托克斯定理应用到每个平面部分, 并把相应的公式加起来. 在这过程中, 沿多面体内棱上的线积分消去了, 我们立即得到对于多面角曲面的斯托克斯定理. 为了得到斯托克斯定理的一般陈述, 对于由任意曲线 C 界住的任意曲面 S, 通过做一个近似的多面角曲面, 只要取极限就行了.

但是这种取极限的严格的证明将是麻烦的, 所以, 在做了这些启发性的注解后, 我们这样来完成证明, 通过把整个曲面变换到一张平曲面上去并且指出在这种变换下定理还对.

我们假定 S 有一个参数表示[2]

$$x = \phi(u,v), \quad y = \psi(u,v), \quad z = \chi(u,v),$$

其中 ϕ, ψ, χ 是有连续的一阶导数的函数. 对于 ϕ, ψ, χ, 分量为

$$\xi = \frac{d(y,z)}{d(u,v)}, \quad \eta = \frac{d(z,x)}{d(u,v)}, \quad \zeta = \frac{d(x,y)}{d(u,v)} \tag{75}$$

的向量不等于零向量. 假定 u, v 平面上存在一个由一根闭有向曲线 Γ^* 界住的有向集合 Σ^*, 使得 Σ^* 被双方单值地映射到曲面 S^* 上, 并且 Γ^* 被映射到 C^* 上[3].

于是 L 决定了 du 和 dv 的一个微分形式:

$$\begin{aligned} L &= a\,(x_u du + x_v dv) + b\,(y_u du + y_v dv) + c\,(z_u du + z_v dv) \\ &= (a x_u + b y_u + c z_u)\,du + (a x_v + b y_v + c z_v)\,dv, \end{aligned}$$

---

1) 对于 $n = 2$ 的情形, 这和第 507 页脚注的一般定义一致.

2) 在本章的附录里将对更一般的 S 证明这个定理, 那里 S 可以由几块具有所提到的类型的参数表示的曲面拼接而成.

3) 若 (ξ, η, ζ) 具有 $-\mathbf{n}$ 的方向, 则我们有 $\Omega(\Sigma^*) = \Omega(u,v)$; 若 (ξ, η, ζ) 具有 $\mathbf{n}$ 的方向, 则我们有 $\Omega(\Sigma^*) = -\Omega(u,v)$. 在任何一种情形下曲线 Γ^* 关于 Σ^* 都是正定向的见第 508 页.

并且

$$\int_{C^*} L = \int_{\Gamma^*} L.$$

其中右边的 L 取作由 du 和 dv 表示出来的形式. 类似地, ω 产生了一个用 du 和 dv 表示的二阶形式,

$$\begin{aligned}\omega &= \frac{\omega}{dudv}dudv \\ &= [(c_y - b_z)\,\xi + (a_z - c_z)\,\eta + (b_x - a_y)\,\zeta]\,dudv,\end{aligned}$$

并且再一次有

$$\iint_{S_*} \omega = \iint_{\Sigma_*} \omega,$$

而且, 如同我们在 277 页所证明的那样, 关系式 $\omega = dL$ 不依赖于自变量 x, y, z 或 u, v 的选取[1]. 因此, 恒等式 (74) 的证明已被化为包含 du 和 dv 的一阶微分形式 L 和一个在 u, v 平面上边界为 Γ^* 的区域 Σ^* 的情形. 既然已经知道在 u, v 平面上, 斯托克斯定理是成立的, 那就推得对于曲面 S 也成立.

斯托克斯定理回答了早先提出的问题, 对于一个给定的 $\operatorname{div}\mathbf{V} = 0$ 的向量场 $\mathbf{V}(x, y, z)$, 我们已经知道在具有单位法向量 $\mathbf{n}$ 的曲面 S 上的积分

$$\iint_S \mathbf{V}\cdot\mathbf{n}dS$$

只依赖于 S 的边界曲线 C 而不依赖于 S 的特殊的性质. 另一方面, 在 270 页我们发现散度为 0 的向量场 $\mathbf{V}$ 可以表为一个向量 $\mathbf{A} = (a, b, c)$ 的旋量——至少, 如果我们只限于定义在棱边平行于坐标轴的平行六面体上的向量, 情形是这样的. 现在, 斯托克斯定理使我们可以把

$$\iint_S \mathbf{V}\cdot\mathbf{n}dS = \iint_S (\operatorname{curl}\mathbf{A})\cdot\mathbf{n}dS$$

表成形式

$$\int_C \mathbf{A}\cdot\mathbf{t}dS,$$

1) 这也可以通过证明恒等式

$$\begin{aligned}&(c_y - b_z)\,\xi + (a_z - c_x)\,\eta + (b_x - a_y)\,\zeta \\ =\ &(ax_v + by_v + cz_v)_u - (ax_u + by_u + cz_u)_v\end{aligned}$$

直接得到验证, 其中 ξ, η, ζ 由 (75) 定义.

这个积分只涉及 S 的边界曲线.

练 习 5.10a

1. 设

$$I=\iint_{S^*} zdxdy-xdydz,$$

其中 S^* 是球盖 $x^2+y^2+z^2=1, x>\dfrac{1}{2}$ 关于指向无穷的法向是正定向的.

(a) 利用 y, z 作为 S^* 的参数直接计算 I.

(b) 从 529 页的斯托克斯公式 (74), 并观察到

$$zdxdy-xdydz=dL,$$

其中

$$L=-yzdx-xydz,$$

来计算 I.

b. 斯托克斯定理的物理解释

三维斯托克斯定理的物理解释和已经给出的二维斯托克斯定理的物理解释 510 页相似. 我们再次把向量场 $\mathbf{V}=(v_1, v_2, v_3)$ 解释为流体流场的速度. 我们把定向闭曲线 C^* 上的积分

$$\int_C \mathbf{V}\cdot\mathbf{t}dS=\int_{C^*} v_1dx+v_2dy+v_3dz$$

称为沿这条曲线的环量. 斯托克斯定理说: 沿 C^* 的环量等于积分

$$\iint_S (\operatorname{curl}\mathbf{V})\cdot\mathbf{n}dS,$$

其中 S 是任何一张由 C 界住的可定向曲面, 而 $\mathbf{n}$ 是 S 上的单位法向量, 这样选 $\mathbf{n}$ 使得由 $\mathbf{n}$ 和 C^* 的旋转方向决定的螺旋方向和 x, y, z 坐标系的方向 (右手系或左手系) 相同. 假定我们用 C 所界住的曲面 S 的面积去除沿 C 的环量, 并且令 C 在曲面上收缩到一点时取极限. 对于 $\operatorname{curl}\mathbf{V}$ 的法向分量除以面积的极限, 这个空间微分的过程给出了在极限点处 $(\operatorname{curl}\mathbf{V})\cdot\mathbf{n}$ 的值. 所以我们看到可以把 $\operatorname{curl}\mathbf{V}$

在曲面法向 $\mathbf{n}$ 上的分量看作是曲面上相应点处流体的*特殊的环量或环流密度*[1].

向量 $\mathbf{V}$ 称为流体运动的旋度. 于是, 沿 C 的环量等于旋度的法向分量在由 C 界住的曲面上的积分. 如果在流体的每一点上旋度向量等于 0, 也就是速度向量满足关系式

$$\frac{\partial v_3}{\partial y}-\frac{\partial v_2}{\partial z}=0, \quad \frac{\partial v_1}{\partial z}-\frac{\partial v_3}{\partial x}=0, \quad \frac{\partial v_2}{\partial x}-\frac{\partial v_1}{\partial y}=0,$$

那么流体的运动就叫做*无旋的*. 作为斯托克斯定理的一个推论, 无旋运动的环量沿任何曲线都等于 0, 该曲线 C 界住一个在流体区域中的曲面.

如果我们把向量 $\mathbf{V}$ 解释成为场或电力场, 那么线积分

$$\int_{C^*} \mathbf{V}\cdot\mathbf{t}ds$$

表示当质点沿曲线 C^* 的定向所指的方向走过 C^* 时场所做的功. 根据斯托克斯定理这个功的表达式可以变换成一个由 C 界住的曲面 S 上的积分, 被积函数是力场旋度的法向分量. 如果力场的旋度等于 0, 则力场对从一点出发又回到该点的质点所做的功等于 0, 这种场叫做*保守场*.

从斯托克斯定理我们得到空间线积分的主要定理 (90 页) 的一个新证明. 主要问题是: 如果积分

$$\int \mathbf{A}\cdot\mathbf{t}dS=\int adx+bdy+cdz$$

绕任何闭曲线均等于 0, 那么如何描述向量场 $\mathbf{A}=(a,b,c)$ 的性质. 只要 C 是 $\mathbf{A}$ 有定义的区域中的曲面 S 的边界, 斯托克斯定理给出了如下事实的一个新证明, 即若 $\operatorname{curl}\mathbf{A}=0$, 则线积分一定等于 0. 所以, $\operatorname{curl}\mathbf{A}$ 等于 0 ——或, 我们将要说的, $\mathbf{A}$ 的*无旋性*——是绕任何界住位于 $\mathbf{A}$ 的定义域中的曲面 S 的闭曲线上 $\mathbf{A}$ 的切向分量的曲线积分为 0 的一个充分条件. 我们早就知道这个条件是必要的. 如果条件 $\operatorname{curl}\mathbf{A}=0$ 满足, 我们就能把 $\mathbf{A}$ 表为一个函数 $f(x,y,z)$ 的梯度:

$$\mathbf{A}=\operatorname{grad}f.$$

如果我们把 $\mathbf{A}$ 取作流体流动的速度向量 $\mathbf{V}$, 在一个单连通区域中流体的无旋性, 即方程 $\operatorname{curl}\mathbf{V}=0$, 蕴涵着存在一个*速度势* $f(x,y,z)$, 使得

$$\mathbf{V}=\operatorname{grad}f.$$

此外, 如果流体是均匀并且不可压的, 我们有 (第 521 页) 关系

1) 这种考虑也说明向量的旋度不依赖于坐标系, 从而只要坐标系的定向 (因此向量 $\mathbf{n}$) 不改变, 则向量的旋度的本身就是一个向量.

$$\operatorname{div}\mathbf{V}=0.$$

在这种情况就得到速度势 f 满足方程

$$0=\operatorname{div}\operatorname{grad}f=\Delta f=f_{xx}+f_{yy}+f_{zz}.$$

这就是以前早就碰到过的拉普拉斯方程.

练 习 5.10b

1. 设 φ, a 和 b 是参数 t 的连续可微函数, $0\leqslant t\leqslant 2\pi, a(2\pi)=a(0), b(2\pi)=b(0), \varphi(2\pi)=\varphi(0)+2n\pi$ (n 是有理整数), 又设 x, y 是常数, 把方程

$$\xi=x\cos\varphi-y\sin\varphi+a,\quad \eta=x\sin\varphi+y\cos\varphi+b$$

解释为平面闭曲线 Γ (关于参数 t) 的参数方程, 试证明

$$\frac{1}{2}\int_{\Gamma}(\xi d\eta-\eta d\xi)=A\left(x^{2}+y^{2}\right)+Bx+Cy+D,$$

其中

$$\begin{aligned}
&A=\frac{1}{2}\int d\varphi,\quad B=\int_{\Gamma}(a\cos\varphi+b\sin\varphi)d\varphi,\\
&C=\int_{\Gamma}(-a\sin\varphi+b\cos\varphi)d\varphi,\\
&D=\frac{1}{2}\int_{\Gamma}(adb-bda).
\end{aligned}$$

2. 设一张刚性的平面 P 相对于和它重合的一张固定平面 π 作一个封闭的运动, P 上每一点 M 将画出 π 上的一条闭曲线, 该闭曲线所围面积的代数值为 $S(M)$, $2n\pi$ (n 是有理整数) 表示 P 关于 π 的总旋转次数. 试证明下列结论:

(a) 如果 $n\neq 0$, 则在 P 中有一点 C, 使得对于 P 的一切其他的点 M, 有

$$S(M)=\pi n\overline{CM}^{2}+S(C);$$

(b) 如果 $n=0$, 则可能出现两种情形: 第一种情形, P 中有一条定向线 Δ, 使得对于 P 的一切点 M,

$$S(M)=\lambda d(M),$$

其中 $d(M)$ 是 Δ 到 M 的距离而 λ 是一个正常数因子; 或第二种情形, 对于平面 P 上所有的点 $M, S(M)$ 的值相同 (斯坦纳 (Steiner) 定理).

3. 刚性线段 AB 在平面 π 上作一个封闭的连杆运动: B 作一个中心在 C 的闭逆时针圆周运动, 而 A 在过 C 的直线上作一个 (闭的) 直线运动. 应用上述例子的结果, 决定由刚性地连在 AB 上的点 M 在 π 上描出的闭曲线所包围的面积.

4. 刚性线段 AB 的端点 A 和 B 在一条闭凸曲线 Γ 上作一个完全的旋转. AB 上有一点 M, 那里 $AM = a, Mb = b$, 作为这个旋转的结果画出一条闭曲线 Γ'. 证明曲线 Γ 和 Γ' 之间的面积等于 πab (Holditch 定理).

5. 试证明: 如果我们对一根被扭弯的、闭的刚性曲线的每一个微元, 在主法线向量 (第二章, 183 页) 的方向上作用一个大小为 $\dfrac{dS}{\rho}$ 的力, 则曲线 Γ 保持平衡; $\dfrac{1}{\rho}$ 是 Γ 在 dS 的曲率, 且假定它在 Γ 的每一点有限且连续. (由刚体的静力学原理, 我们必须证明

$$\int_\Gamma \frac{\mathbf{n}}{\boldsymbol{\rho}} dS = 0, \quad \int_\Gamma \frac{\mathbf{X}\times\mathbf{n}}{\rho} dS = 0.$$

其中 $\mathbf{n}$ 表示 Γ 在 dS 的单位主法线向量, 而 $\mathbf{X}$ 是 dS 的定位向量.)

6. 试证明: 在封闭的刚性曲面 Σ 的表面的所有微元上的向内的均匀压力的作用下, Σ 保持平衡. (如果我们用 $\mathbf{n}'$ 表示曲面微元 $d\sigma$ 的指向内部的单位法向量, 而用 $\mathbf{x}$ 表示 $d\sigma$ 的定位向量, 则本命题的陈述等价于向量方程

$$\iint_\Sigma \mathbf{n}' d\sigma = 0, \quad \iint_\Sigma \mathbf{X}\cdot\mathbf{n}' d\sigma = 0.)$$

7. 由曲面 Σ 包围的体积为 V 的刚体完全浸没在比重为 1 的流体中. 试证明作用在该刚体上流体压力的静力效应和作用在体积 V 的形心 C 上垂直向上的大小为 V 的单个的力所引起的效应是一样的.

8. 设 p 表示从椭球面 Σ:

$$\frac{x^2}{a^2}+\frac{y^2}{b^2}+\frac{z^2}{c^2}=1$$

的中心到点 $P(x,y,z)$ 处的切平面的距离而 dS 表示 P 点处的面积元素. 试证明关系式

(i)

$$\iint_\Sigma p dS = 4\pi abc;$$

(ii)

$$\iint\limits_{\Sigma} \frac{1}{p} dS = \frac{4\pi}{3abc}\left(b^2c^2 + c^2a^2 + a^2b^2\right)$$

成立.

9. 普通的平面角是用它的两条边截圆心在角的顶点的单位圆的弧长来度量的. 对于由顶点在 A 的圆锥面所界住的主体角来说可以把这种思想推广如下: 根据定义, 立体角的大小等于它在以 A 为心的单位球面上所截取的面积. 因此区域 $x \geqslant 0, y \geqslant 0, z \geqslant 0$ 的立体角是 $4\pi/8 = \dfrac{\pi}{2}$, 现在设 Γ 是一条闭曲线, Σ 是由 Γ 界住的曲面, 而 A 是在 Γ 和 Σ 外边的一个固定点. 在 Σ 的点 M 处的面积元素 dS 定义了一个顶点在 A 的基本锥, 而且通过一个初等的论证容易求得该锥的立体角是

$$\frac{\cos\theta}{r^2} dS,$$

其中 $r = AM$ 而 θ 是向量 $\overrightarrow{AM}$ 和 Σ 在 M 点的法向之间的夹角. 按照 θ 是钝角还是锐角来决定这个基本立体角是正还是负. 试把曲面积分

$$\varOmega = \iint\limits_{\Sigma} \frac{\cos\theta}{r^2} dS$$

从几何上解释为一个立体角并证明

$$\varOmega = \iint\limits_{\Sigma} \frac{(a-x)dydz + (b-y)dzdx + (c-z)dxdy}{\left[(a-x)^2 + (b-y)^2 + (c-z)^2\right]^{3/2}},$$

其中 (a,b,c) 和 (x,y,z) 分别是 A 和 M 的笛卡儿坐标.

10. 首先, 试直接证明然后利用把积分解释为一个立体角来证明

$$\int_{-\infty}^{\infty}\int_{-\infty}^{\infty} \frac{dxdy}{\left(x^2 + y^2 + 1\right)^{3/2}} = 2\pi.$$

11. 试证明整个单叶双曲面 $(x^2/a^2) + (y^2/b^2) - (z^2/c^2) = 1$ 对向它的中心 $(0,0,0)$ 的立体角是

$$8c\int_0^{\pi/2} \sqrt{\frac{b^2\cos^2\varphi + a^2\sin^2\varphi}{a^2b^2 + b^2c^2\cos^2\varphi + a^2c^2\sin^2\varphi}} d\varphi.$$

12. 试证明: 只要曲面 Σ 的边界 Γ 保持固定, 则积分

$$\varOmega = \iint\limits_{\Sigma} \frac{(a-x)dydz + (b-y)dzdx + (c-z)dxdy}{\left[(a-x)^2 + (b-y)^2 + (c-z)^2\right]^{3/2}}$$

的值不依赖于 Σ 的选取. 通过在曲面外边的积分, 从这个结果证明, 如果 Σ 是闭曲面, 则按照 $A(a,b,c)$ 在由 Σ 所围的体积的里面或在该体积的外面, $\Omega=4\pi$ 或 0.

13. 设曲面 Σ 由闭曲线 Γ 界住并把积分

$$\Omega(a,b,c)=\iint\limits_{\Sigma}\frac{(a-x)dydz+(b-y)dzdx+(c-z)dxdy}{r^3},$$

$$r^2=(a-x)^2+(b-y)^2+(c-z)^2$$

看作 a,b,c 的函数. 试证明 Ω 的梯度的分量可以表成下列线积分:

$$\frac{\partial\Omega}{\partial a}=\int_\Gamma\frac{(z-c)dy-(y-b)dz}{r^3},$$

$$\frac{\partial\Omega}{\partial b}=\int_\Gamma\frac{(x-a)dz-(z-c)dx}{r^3},$$

$$\frac{\partial\Omega}{\partial c}=\int_\Gamma\frac{(y-b)dx-(x-a)dy}{r^3}.$$

在电磁学中, 可以把这些有重要解释的公式表示为下面的向量方程

$$\operatorname{grad}\Omega=-\int_\Gamma\frac{\mathbf{X}\times d\mathbf{X}}{|\mathbf{X}|^3},$$

其中 $\mathbf{X}$ 是分量为 $(x-a),(y-b),(z-c)$ 的向量.

14. 验证表达式

$$\frac{-4xydx+2\left(x^2-y^2-1\right)dy}{\left(x^2+y^2-1\right)^2+4y^2}$$

是线段 $-1\leqslant x\leqslant 1, y=0$ 对向点 (x,y) 的角度的全微分. 利用这个事实, 通过一个几何论证, 证明下列结果: 设 Γ 是 x,y 平面上不通过 $(-1,0)$ 和 $(1,0)$ 的一条定向闭曲线. 设 p 是从上半平面 $y>0$ 到下半平面 $y<0$ 穿过线段 $-1<x<1, y=0$ 的次数, 而 $\mathbf{n}$ 表示从 $y<0$ 到 $y>0$ 穿过该线段的次数. 则

$$\theta=\int_\Gamma\frac{-4xydx+\left(x^2-y^2-1\right)dy}{\left(x^2+y^2-1\right)+4y^2}=2\pi(p-n).$$

因此, 如果在极坐标系中 Γ 是曲线 $r=2\cos 2\theta(0\leqslant\theta\leqslant 2\pi)$, 则 $\theta=0$.

15. 考虑 x,y 平面上的单位圆周

$$x'=\cos\varphi,\quad y'=\sin\varphi,\quad z'=0\quad(0\leqslant\varphi\leqslant 2\pi),$$

用 Ω 来记圆盘 $x^2+y^2\leqslant 1, z=0$ 对向点 $p=(x,y,z)$ 所张的立体角. 现在令 P 画出一条不与圆周 C 相交的定向闭曲线 Γ. 设 p 是从上半平面 $z>0$ 到下半平面

$z<0$ Γ 穿过圆盘 $x^2+y^2<1, z=0$ 的次数, 而 n 是从 $z<0$ 到 $z>0$ Γ 穿过该盘的次数. 如果 P 从 Γ 上 $\Omega=\Omega_0$ 的 P_0 点出发, 则描画 Γ (而 Ω 随 P 点连续变化) 的 P 点将回到 P_0 点, 这时 $\Omega=\Omega_1$. 试用几何的论证证明

$$\Omega_1-\Omega_0=\int_\Gamma d\Omega=4\pi(p-n).$$

利用上面找到的向量方程

$$\operatorname{grad}\Omega=-\int_\sigma \frac{\overrightarrow{PP'}\times\overrightarrow{dP'}}{\left|\overrightarrow{PP'}\right|^3}\quad(\text{习题 }13)$$

证明

$$\int_C\int_\Gamma \frac{1}{|PP'|^3}\begin{vmatrix} x'-x & dx & dx' \\ y'-y & dy & dy' \\ z'-z & dz & dz' \end{vmatrix}$$

$$\begin{aligned}&=\int_\Gamma\int_C\Big\{\big[(x'-x)(dydz'-dzdy')+(y'-y)(dzdx-dxdz')\\&\quad+(z'-z)(dxdy'-dydz')\big]/\big[(x'-x)^2+(y'-y)^2+(z'-z)^2\big]^{3/2}\Big\}\\&=4\pi(p-n).\end{aligned}$$

[属于高斯的这个双重线积分给出了 Γ 被 C 围绕的圈数. 应注意, 如果两条曲线 Γ 和 C (设想为两根弦) 是分离的. 则这个双重线积分等于零是曲线 Γ 和 C 分离的必要条件, 但不是充分条件, 就像图 5.13 所示的例子, 在那里 $p=n=1$, 但是 Γ 和 C 不能分离.]

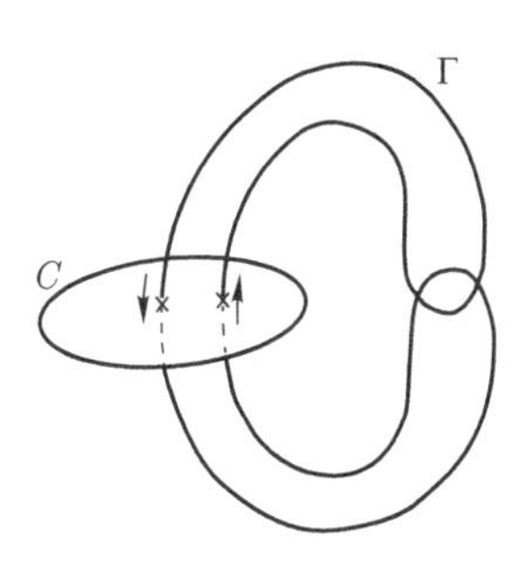

图 5.13

16. 设 Γ 是一条空间闭曲线, 在它上面规定了曲线作法的一个确定的定向. 试证明存在一个向量 $\mathbf{a}$ 具有下列特性: 对于任何单位向量 $\mathbf{n}$, 数积 $\mathbf{a}\cdot\mathbf{n}$ 等于 Γ 在垂直于 $\mathbf{n}$ 的平面 π 上的正交投影所围的面积的代数值. (注意 $\mathbf{n}$ 给出了 π 的定向而

Γ 给出了 Γ 在 π 上的投影的定向.) 特别地, Γ 在任何平行于 $\mathbf{a}$ 的投影的代数面积为 0 (可以把向量 $\mathbf{a}$ 叫做 Γ 的*面积向量*).

17. 设 $f(x,y)$ 是具有一阶和二阶连续导数的连续函数. 试证明: 如果

$$f_{xx}f_{yy}-f_{xy}^2\neq 0,$$

则变换

$$u=f_x(x,y),\quad v=f_y(x,y),\quad \omega=-z+xf_x(x,y)+yf_y(x,y)$$

有唯一的逆变换, 其形式为

$$x=g_u(u,v),\quad y=g_v(u,v),$$
$$z=-w+ug_u(u,v)+vg_v(u,v).$$

18. 把引力向量场

$$X=\frac{x}{\sqrt{(x^2+y^2+z^2)^3}},$$
$$Y=\frac{y}{\sqrt{(x^2+y^2+z^2)^3}},$$
$$Z=\frac{z}{\sqrt{(x^2+y^2+z^2)^3}}$$

表为一个旋度.

5.11 高维积分恒等式

前节讨论过的高斯公式和斯托克斯公式都可以被看作是*微积分基本定理*

$$\int_a^b f'(x)dx=f(b)-f(a) \tag{76}$$

在高维情形的推广. 该定理表示单变量函数的导数在一个区间上的积分可以通过函数在区间的边界点的函数值表示出来. 用类似的方法, 高斯定理

$$\iiint\limits_R (f_x+g_y+h_z)\,dxdydz$$
$$=\iint\limits_S \left(f\frac{dx}{dn}+g\frac{dy}{dn}+h\frac{dz}{dn}\right)dS \tag{77}$$

($\mathbf{n}$ = 外法向) 表示集合 R 上的积分用在 R 的边界上所取的量表示. 写成向量形式, 用 $\mathbf{A} = (f, g, h)$, 散度定理变成

$$\iiint\limits_R \operatorname{div} \mathbf{A} dxdydz = \iint\limits_S \mathbf{A} \cdot \mathbf{n} dS.$$

显然, 表达式 $\operatorname{div} \mathbf{A}$ 起着在简单公式 (76) 中导数 f' 的作用.

另外, 在三维的情形我们得到通过边界积分来表示曲线和曲面上的微分表示式的积分的公式. 所考虑的曲线积分的形式为

$$\int_C \mathbf{A} \cdot \mathbf{t} dS, \tag{78}$$

($\mathbf{t}$ = 曲线 C 的单位切向量) 而曲面积分的形式为

$$\iint\limits_S \mathbf{A} \cdot \mathbf{n} dS,$$

($\mathbf{n}$ = 曲面 S 的单位法向量). 如果这些类型的积分可表为只包含 C 或 S 的边界点的形式, 则对向量 $\mathbf{A}$ 必须加上限制. 理由是三维空间中可以有许多有共同的边界的曲线和曲面. 用只在边界上的函数的积分来表示一个恒等式蕴涵着积分不依赖于所选取的特殊的曲线和曲面, 因而这只能是特殊类型的向量 $\mathbf{V}$ 的情形.

因此, 我们就发现, 如果 $\mathbf{A} \cdot \mathbf{t}$ 在曲线 C 上的线积分只依赖于 C 的端点 P 和 Q, 则向量场 $\mathbf{A}(x, y, z)$ 必须是无旋的, 即 $\operatorname{curl} \mathbf{A} = 0$. 如果这个条件在包含 C 的一条单连通集上得到满足, 我们可以求得一个数量函数 $U = U(x, y, z)$ 使得 $\mathbf{A} = \operatorname{grad} U = (U_x, U_y, U_z)$; 在这种情况下, 我们确实有一个我们想要的类型的不等式

$$\int_c \mathbf{A} \cdot \mathbf{t} dS = \int_C dU = U(Q) - U(P).$$

类似地, 若要曲面积分

$$\iint\limits_C \mathbf{A} \cdot \mathbf{n} dS$$

只依赖于 S 的边界曲线 C, 向量 $\mathbf{A}$ 必须满足必要条件[1] $\operatorname{div} \mathbf{A} = 0$. 如果条件 $\operatorname{div} \mathbf{A} = 0$ 得到满足, 我们就能把 $\mathbf{A}$ 表成形式 $\mathbf{A} = \operatorname{curl} \mathbf{B}$ (见 270 页) 而且通过

1) 假定在任意曲面上 $\mathbf{A} \cdot \mathbf{n}$ 的重积分只依赖于 S 的边界 C, 那么对于任何两个具有共同边界的曲面而言, 积分是相同的, 如果我们相容地定义在两个曲面上 $\mathbf{n}$ 的方向的话 (即, 使得当一个曲面光滑地变到另一个曲面), 则法向量 $\mathbf{n}$ 变到另一个曲面上相应的法向量. 在两个曲面一起构成空间中集合 R 的边界 σ 的情形, 如果 $\mathbf{N}$ 表示 σ 的指向 R 外边的单位法向量, 则在 σ 上 $\mathbf{A} \cdot \mathbf{N}$ 的积分是 0. 由散度定理就得到在 R 上 $\operatorname{div} \mathbf{A}$ 的积分等于 0. 因为 R 是任意的, 通过空间微商我们发现 $\operatorname{div} \mathbf{A} = 0$.

斯托克斯定理用 C 上的一个积分来表示曲面 S 上 $\mathbf{A}\cdot\mathbf{n}$ 的积分

$$\iint_S \mathbf{A}\cdot\mathbf{n}dS=\iint_S(\operatorname{curl}\mathbf{B})\cdot\mathbf{n}dS=\int_C\mathbf{B}\cdot\mathbf{t}dS. \tag{79}$$

从这些例子人们期望存在更一般的公式, 这些公式把 M 维欧氏空间中 m 维集合上的函数的导数的适当的组合的积分表为函数在该集合的 $(m-1)$ 维边界上的积分. 当 $m=M$ 时, 高斯定理 (77) 提供了一个明显的推广:

$$\begin{aligned}&\iint_R\cdots\int\left(f_{x_1}^1+f_{x_2}^2+\cdots+f_{x_M}^M\right)dx_1\cdots dx_M\\&=\int_S\cdots\int\left(f^1\frac{dx_1}{dn}+\cdots+f^M\frac{dx_M}{dn}\right)dS.\end{aligned}$$

这里 R 是 M 维空间中由带有向外指的法向量 $\mathbf{n}$ 的 $(M-1)$ 维超曲面 S 界住的一个集合, 而 $f^1,f^2,\cdots,f^M$ 是 $x_1,\cdots,x_M$ 的函数. 另一方面, 形为 (79) 的斯托克斯公式没有这种类似的推广. 但是外微分形式或叫做交替的微分形式的微积分直接把人们导致以下猜测, 即对任意 $(m-1)$ 阶微分形式和任意带有适当定向的 $(m-1)$ 维边界 ∂S^* 的 m 维定向曲面 S^* 有一般的斯托克斯公式

$$\int_{S^*}\cdots\int d\omega=\int_{\partial S^*}\cdots\int\omega. \tag{80}$$

在本章的附录中, 我们将不利用任何超出在严格证明特殊情形的 (77) 和 (79) 时已经提出的那些概念之外的新概念来证明一般的公式 (80).

附录　曲面和曲面积分的一般理论

对高斯定理和斯托克斯定理以及它们在高维情形的推广的严格证明需要对曲面、曲面的定向以及在曲面上的积分这些概念进行更为仔细的分析. 这就是本附录提供的内容.

A.1　三维空间中的曲面和曲面积分

a. 基本曲面

基本曲面本质上是由第一卷 287 页所定义的简单弧的类似物. 它们构成了构造结构更复杂的曲面的建筑块.

x,y,z 空间中的一个基本曲面 σ 是由三个函数

$$x = f(u, v), \quad y = g(u, v), \quad z = h(u, v) \tag{1a}$$

参数表示的点 $P = (x, y, z)$ 的集合, 其中

(1) 函数的定义域 U 是 u, v 平面上的一个有界开集;

(2) f, g, h 在 U 中连续且具有连续的一阶导数;

(3) 对 U 的一切点满足不等式

$$\begin{aligned} W &= \sqrt{\begin{vmatrix} f_u & f_v \\ g_u & g_v \end{vmatrix}^2 + \begin{vmatrix} g_u & g_v \\ h_u & h_v \end{vmatrix}^2 + \begin{vmatrix} h_u & h_v \\ f_u & f_v \end{vmatrix}^2} \\ &= \sqrt{(f_u g_v - f_v g_u)^2 + (g_u h_v - g_v h_u)^2 + (h_u f_v - h_v f_u)^2} \\ &> 0; \end{aligned} \tag{1b}$$

(4) 从 u, v 平面上的集合 U 到 x, y, z 空间的集合 σ 上的映射是 1-1 的, 并且从 σ 到 U 上的逆映射也是连续的.

量 W 代表分量为

$$A = g_u h_v - g_v h_u, \quad B = h_u f_v - h_v f_u, \quad C = f_u g_v - f_v g_u \tag{2}$$

的向量的长度, 它是两个向量

$$(f_u, g_u, h_u) \quad 和 \quad (f_v, g_v, h_v) \tag{3}$$

的向量积. (3) 中的两个向量是与曲面相切的, 而向量 (A, B, C) 是垂直于这两个向量的, 因此垂直于曲面. 方程 (1b) 保证了只有两个方向垂直于曲面, 它们就是向量 (A, B, C) 及其反向量 $(-A, -B, -C)$.

在 σ 的每一个点, 三个量 A, B, C 中至少有一个不为零. 例如说, 如果相应于 U 中参数点 (u_0, v_0) 在点 $P_0 = (x_0, y_0, z_0)$ 处 $C \neq 0$, 对于充分小的正数 ε, 我们可以求得一数 $\delta > 0$, 使得每一对满足

$$\sqrt{(x - x_0)^2 + (y - y_0)^2} < \delta \tag{4}$$

的 (x, y) 可以唯一地表成形式

$$x = f(u, v), \quad y = g(u, v), \tag{5}$$

其中

$$\sqrt{(u - u_0)^2 + (v - v_0)^2} < \varepsilon. \tag{6}$$

由 x, y 决定的 u, v 的值是函数

$$u = \phi(x, y), \quad v = \psi(x, y), \tag{7}$$

这些函数对于满足 (4) 的 x, y 是连续的且有连续一阶导数. 按照 (u, v) 对 P 的连续依赖性的假定, 我们知道充分靠近 P_0 的曲面 σ 上的每一点 P 有满足 (6) 式的参数 (u, v). 而且, 如果 P 到 P_0 的距离 $< \delta$, 则 P 的坐标将满足 (4). 因此, 对 σ 上所有充分靠近 P_0 的 P, 我们可通过 (7) 由 x, y 来表示参数值 u, v. 把这些值代入方程 $z = h(u, v)$, 我们就得到一个*非参数表示*

$$z = h(\phi(x, y), \psi(x, y)) = H(x, y). \tag{8}$$

把它可应用于曲面 σ 的所有充分靠近 P_0 的点上去. 如果量 B 不为 0, 则我们类似地得到一个形为 $y = G(x, y)$ 的局部表示, 而在 $A \neq 0$ 的情形得到一个形为 $x = F(x, y)$ 的表示式.

同一个基本曲面 σ 有许多不同的参数表示, 然而, 所有这些表示都以一种简单的方式联系着. 设

$$\overline{x} = \overline{f}(\overline{u}, \overline{v}), \quad \overline{y} = \overline{g}(\overline{u}, \overline{v}), \quad \overline{z} = \overline{h}(\overline{u}, \overline{v}), \quad \text{对 } \overline{U} \text{ 中的 } (\overline{u}, \overline{v}) \tag{9}$$

是 σ 的第二个满足我们所有四个条件的参数表示. 那么在 U 和 σ 之间以及 $\overline{U}$ 和 σ 之间的双向唯一且双向连续的对应建立了集合 $\overline{U}$. 到集合 U 上的一个 1-1 的具有连续的逆映射的连续映射:

$$u = \alpha(\overline{u}, \overline{v}), \quad v = \beta(\overline{u}, \overline{v}), \quad \text{对 } \overline{U} \text{ 中的 } (\overline{u}, \overline{v}), \tag{10}$$

这里, 如果与 $\overline{U}$ 中某点 $(\overline{u}_0, \overline{v}_0)$ 相应的值 (u_0, v_0) 使得量 $C(u_0, v_0)$ 不等于 0, 则表示式 (7) 应用到靠近 (u_0, v_0) 的所有 (u, v) 上去, 我们从 (9) 便得到

$$u = \alpha(\overline{u}, \overline{v}) = \phi(\overline{f}(\overline{u}, \overline{v}), \overline{g}(\overline{u}, \overline{v})),$$

$$v = \beta(\overline{u}, \overline{v}) = \psi(\overline{f}(\overline{u}, \overline{v}), \overline{g}(\overline{u}, \overline{v}))$$

对所有充分靠近 $(\overline{u}_0, \overline{v}_0)$ 的 $(\overline{u}, \overline{v})$ 成立. 因为 ϕ, ψ, f, g 都是具有连续一阶导数的函数, 由此推出描述参数变化 (10) 的 α, β 不仅是连续的而且同样有连续的一阶导数.

令

$$\Delta = \frac{d(u, v)}{d(\overline{u}, \overline{v})} = \frac{\partial \alpha}{\partial \overline{u}} \frac{\partial \beta}{\partial \overline{v}} - \frac{\partial \alpha}{\partial \overline{v}} \frac{\partial \beta}{\partial \overline{u}}, \tag{11}$$

从两个映射乘积的雅可比行列式的法则, 我们求得

$$\overline{C}=\frac{d(x,y)}{d(\overline{u},\overline{v})}=\frac{d(x,y)}{d(u,\overline{v})}\cdot\frac{d(u,v)}{d(\overline{u},\overline{v})}=C\Delta. \tag{12a}$$

类似地, 求得

$$\overline{B}=B\Delta,\quad \overline{A}=A\Delta. \tag{12b}$$

特别地, 我们发现在两个参数区域间的映射 (10) 的雅可比行列式不等于 0, 因为由 (12a, b)

$$\begin{aligned}\overline{W}&=\sqrt{\overline{A}^2+\overline{B}^2+\overline{C}^2}=\sqrt{\Delta^2\left(A^2+B^2+C^2\right)}\\&=|\Delta|W,\end{aligned} \tag{13}$$

又根据假定, 故 $\overline{W}\neq 0$.

当然对于 $\overline{u},\overline{v}$ 用 u,v 来表示的同样的陈述也是正确的. 重要的事实是同一个基本曲面的两个参数系统间的关系式满足我们在证明面积和积分的变换法则时所加的一切假定.

b. 函数在基本曲面上的积分

在一个基本曲面 σ 的点 P 上定义的连续函数 F 的概念是不会有什么困难的. 我们正是要求对每个 $p\in\sigma$ 以下列方式对应一个值 $F=F(P)$, 使得对于收敛到 σ 的点 P 的 σ 上的点列 P_n, 我们有

$$\lim_{n\to\infty}F\left(P_n\right)=F(P)$$

在任何特殊的参数表示 (1a) 中, F 变成在定义域 U 中的 u,v 的函数, 而 F 在 σ 上的连续性等价[1] 于 F 作为 u,v 的函数的连续性.

这里我们只限于讨论在 σ 的某个紧 (即闭且有界的) 子集 S 外为 0 的 σ 上的连续函数, 那么, 对应的参数点 (u,v) 构成 U 的一个紧 [2] 子集 S. 然后我们由公式

$$\iint\limits_{\sigma}FdA=\iint FW\,dudv \tag{14}$$

来定义 F 在初等曲面 σ 上的积分, 其中 W 是由 (1b) 给出的表达式. 这里 FW 是 u,v 的连续函数, 对于 S 外边的 (u,v), 我们定义 FW 为 0. 因此, FW 是可积的. 还必须证明由 (14) 定义的 F 在 σ 上的曲面积分不依赖于特殊的参数表示 (1a). 这可以从 W 的变换法则以及在 u,v 到 $\overline{u},\overline{v}$ 的变量替换下的二重积分替换

---

1) 这里我们利用了 σ 和 U 之间的关系式的双向连续的性质.

2) 对于 $(u_n,v_n)\in S$ 和 $(u_n,v_n)\to(u,v)$, σ 的对应点 P_n 位于 S. S 的紧致性蕴涵着 P_n 的一个子序列收敛到 S 的一个点 P. 由连续性, P_n 收敛到 P 蕴涵着 (u_n,v_n) 收敛到在 S 中对应的参数点. 因此, $(u,v)\in S$, 这就证明了 S 是闭的. 作为有界集 U 的子集 S 是有界的.

的一般公式立即推得. 确实

$$\iint FW dudv = \iint FW \left| \frac{d(u,v)}{d(\overline{u},\overline{v})} \right| d\overline{u}d\overline{v}$$

$$= \iint FW|\Delta| d\overline{u}d\overline{v} = \iint F\overline{W} d\overline{u}d\overline{v}.$$

FW 的积分不依赖于特殊的参数表示意味着微分形式 $Wdudv = dA$ 是不变的; 可以把它看成和面积元素一样.

容易把基本曲面上积分的概念推广到更一般的函数上去. 尽管我们在后面没有这样做. 这包括把若尔当可测性的概念推广到其闭包包含在初等曲面 σ 中的集合 S 上去, 我们只要求在参数平面上点 (u,v) 的相应的集合 S 是一个其闭包位于 U 中的若尔当可测集. 从不同参数表示之间的关系式立即可看出 S 的若尔当可测性不依赖于特殊的参数表示[1]. 对于 S 的面积同样的结论成立, 我们可以把 S 的面积定义为

$$A(S) = \iint_S dA = \iint_S W dudv.$$

特别重要的是其闭包位于 σ 上而面积为 0 的集合 S. 它们相应于 u,v 平面上面积为 0 的集合 S; 这就意味着可以用有限块包含在 U 中其总面积可任意小的正方形来盖住 S.

c. 定向基本曲面

基本曲面 σ 的一个特殊的参数表示 (1a) 叫做定义了 σ 的一个特殊的定向 (关于 u,v 坐标系是正的那个定向). 如果雅可比行列式

$$\frac{d(\overline{u},\overline{v})}{d(u,v)}$$

在整个参数定义域上是正的, 就说同一个基本曲面 σ 的两组参数集合给出了 σ 的相同的定向, 如果雅可比行列式在整个参数定义域上是负的, 就说它们给出了相反的定向. 把基本曲面 σ 和一个特殊的定向结合起来就叫做一个定向基本曲面 σ^*.

根据我们的假定, 雅可比行列式不能为 0. 因为它也是参数的一个连续函数, 我们可以确信当参数定义域是一单连通集时它是定号的. 这时一个基本曲面 σ 只有两个可能的定向, 可以把它们区别为 σ^* 和 $-\sigma^*$. 但是, 显然对于非连通集可能有的定向数目就更大了, 在那里与 U 的不同部分相对应的 σ 的部分的定向可以被彼此无关地改变.

基本曲面的定向与 σ 上的法方向的选取或 σ 的 '侧的区分' 密切相关. σ 的

1) 见第四章附录 A.3.

一个特殊的参数表示通过公式 (2) 在每个点 P 定义了量 A, B, C, 它可以看作是在 P 点垂直于 σ 的一个向量的分量. 这个向量和分量为

$$\xi = \frac{A}{W}, \quad \eta = \frac{B}{W}, \quad \zeta = \frac{C}{W} \tag{15}$$

的单位向量具有相同的方向. 当我们从 u, v 到 $\overline{u}, \overline{v}$ 改变参数时, 量 A, B, C 也变化着, 而且根据定律 (11) 和 (12a) 由成比例的量 $\overline{A}, \overline{B}, \overline{C}$ 所代替, 这里比例因子正好是量

$$\Delta = \frac{d(u, v)}{d(\overline{u}, \overline{v})}.$$

因此, 单位法向量 (ξ, η, ζ) 对于 σ 的相同的定向是相同的, 而对于相反的定向则是相反的. 意义上与此相当的是, σ^* 的定向在每一点选出了 σ 的确定的一侧, 即, 法向量 (ξ, η, ζ) 所指的一侧[1)].

σ^* 的定向还可以赋予位于 σ 上的每条简单闭曲线以一个确定的方向, 其方法是把与 C 对应的位于 u, v 平面中的闭曲线 γ 关于由 γ 围起来的有限区域的正方向取作 C 的方向.

当我们用微分形式

$$\omega = adydz + bdzdx + cdxdy \tag{16}$$

的积分, 其中 a, b, c 是 σ 上的连续函数且在一个有界闭子集外等于 0, 来代替形为 $\iint FdA$ 的积分时 (其中 F 是一个数量函数), 必须有一个对基本曲面的定向的详细说明. 这里, 由替换公式提出的这个积分的自然的解释当然是

$$\begin{aligned}
\iint\limits_{W} &= \iint \left[a\frac{d(y, z)}{d(u, v)} + b\frac{d(z, x)}{d(u, v)} + c\frac{d(x, y)}{d(u, v)} \right] dudv \\
&= \iint (aA + bB + cC) dudv \\
&= \iint (a\xi + b\eta + c\zeta) W dudv \\
&= \iint (a\xi + b\eta + c\zeta) dA,
\end{aligned}$$

其中我们已经用了关系式 (15) 和 (14). 这里, ξ, η, ζ 是通过选择参数 u, v 而决定的法向量的方向余弦; 它们的符号依赖于我们的曲面 σ 的定向. 因此, 我们首先来定义在由 σ 引起的定向曲面中的一个定向曲面上 ω 的积分. 我们令

1) 这是 σ^* 的正侧, 它依赖于 x, y, z 坐标系的定向, 见第 5 章, 按照 (40p) 所采用的记号, 我们有 $\Omega(\sigma^*) = \Omega(u, v)$.

$$\iint_{\sigma^*} \omega = \iint \left[a\frac{d(y,z)}{d(u,v)} + b\frac{d(z,x)}{d(u,v)} + c\frac{d(x,y)}{d(u,v)} \right] dudv$$
$$= \iint (a\xi + b\eta + c\zeta) dA, \tag{17}$$

其中 u, v 必须是用来定义 σ^* 的定向的参数系中的一个或者是通过一个雅可比行列式为正的代换与这样一个参数系有关系的一个参数系, 而且这里的 ξ, η, ζ 是由 σ^* 的定向导出的法方向. 如果 $-\sigma^*$ 是具有相反定向的基本曲面, 我们有

$$\iint_{-\sigma^*} \omega = -\iint_{\sigma^*} \omega. \tag{18}$$

d. 简单曲面

设 σ 是一个带有参数表示 (1a) 的基本曲面, 其中参数点 (u, v) 在开集 U 上变化. 如果 U' 是 U 的一个开子集. 限制在 U' 上参数为 (u, v) 的 σ 上的点显然构成一个包含在 σ 中的基本曲面 σ'. 实际上, 利用同样的参数 u, v, 我们的全部四个条件马上可以用到 σ' 上去. 作为例子, 我们注意到给定点 (x_0, y_0, z_0) 的距离 $< \varepsilon$ 的 σ 的点再次构成一个基本曲面 (如果不空的话), 因为那些是参数值 u, v 满足

$$[f(u,v) - x_0]^2 + [g(u,v) - y_0]^2 + [h(u,v) - z_0]^2 < \varepsilon^2 \tag{19}$$

的点, 又因为 f, g, h 是 U 中的连续函数, 所以这种点构成的集合 U' 是开集.

包含在基本曲面 σ 中的最一般的基本曲面 σ' 可以通过把 σ 的参数定义域限制在一个适当的开集上得到这个事实不是那么显然的.

为了证明这个事实, 设对于 $(u, v) \in U$, 基本曲面 σ 具有参数表示 (1a). 设 σ' 是 $(\overline{u}, \overline{v})$ 在集合 $\overline{U}$ 上变化的带有参数表示 (9) 的一个基本曲面. 设 σ' 是 σ 的一个子集. 则每一个 $(\overline{u}, \overline{v}) \in \overline{U}$ 决定一点 $P \in \sigma$, 而 P 又决定一点 $(u, v) \in \overline{U}$, 它的坐标是 $\overline{u}, \overline{v}$ 的函数

$$u = \alpha(\overline{u}, \overline{v}), \quad v = \beta(\overline{u}, \overline{v}), \quad 对于\ (\overline{u}, \overline{v}) \in \overline{U}. \tag{20}$$

(20) 把集合 $\overline{U}$ 映到 U 的子集 U' 上, 那么通过把参数点 (u, v) 限制在 U 的子集 U' 上, 显然从 σ 产生集合 σ'. 余下来只要证明 U' 是开的. 设 $P_0 = (x_0, y_0, z_0)$ 是 σ' 中分别与 $\overline{U}$ 中的参数点 $(\overline{u}_0, \overline{v}_0)$ 和 U' 中的参数点 (u_0, v_0) 相对应的点. 设 C 和 $\overline{C}$ 在该点都异于 0[1]. 于是

$$x = \overline{f}(\overline{u}, \overline{v}), \quad y = \overline{g}(\overline{u}, \overline{v})$$

---

1) 如果必要的话, 对 x, y, z 空间作一个适当的旋转, 我们可以假定所有三个量 $\overline{A}, \overline{B}, \overline{C}$ 在 P_0 都 $\neq 0$. 至少量 A, B, C 中的一个量在 P_0 不为 0; 设它就是 C.

把 $(\overline{u}_0, \overline{v}_0)$ 的一个邻域映到 x, y 平面的一个集合上, 该集合盖住 (x_0, y_0) 点的一个邻域. 那么从 (7) 得到的对应点 (u, v) 盖住了 (u_0, v_0) 的一个邻域, 由此可见 U' 是一个开集.

此外, 我们看到在 P_0 的一个充分小的邻域中两个曲面 σ 和 σ' 是一致的, 因为充分靠近 P_0 的 σ 上的每个 P 具有任意靠近 (u_0, v_0) 的参数值. 因此, 对于充分靠近 P_0 的 P, 我们有 $(u, v) \in U'$, 因为 (u_0, v_0) 是 U' 的一个内点, 因此我们看到 $P \in \sigma'$. 我们已经证明了:

如果基本曲面 σ' 包含在基本曲面 σ 中, 又如果 P_0 是 σ' 的一点, 则我们可以找到 P_0 点的一个充分小的邻域, 在这邻域中 σ 和 σ' 是一致的.

加在基本曲面 σ 上的任何定向立即在任何包含在 σ 中的基本曲面 σ' 上决定一个唯一的定向. 我们只要把 σ' 归诸于定义 σ 的定向的同一个参数系, 并取这个参数系来决定 σ' 的定向.

现在我们能给出简单曲面——作为由基本曲面 "拼补在一起" 而成的一个物体——的更一般概念的确切的意义.

x, y, z 空间中的一个集合 τ 被称为一张简单曲面, 如果对于 τ 上的每一点 P_0, 存在 $\varepsilon > 0$, 使得 τ 的与 P_0 距离小于 ε 的点构成一个基本曲面.

因此, 对于每个 $P_0 \in \tau$, 存在一个基本曲面 σ, 它在 P_0 附近和 τ 一致, 而且包含在 τ 中. 我们可以证明包含在简单曲面 τ 中的两个基本曲面的交还是一个基本曲面 (如果不空的话), 因为如果 P_0 是 σ' 和 σ'' 的一个公共点, 我们可以求得 P_0 的一个 ε - 邻域 N_ε, 使得 $\sigma = N_\varepsilon \cap \tau$ 是一个基本曲面. 这里, σ 包含两个基本曲面 $N_\varepsilon \cap \sigma'$ 和 $N_\varepsilon \cap \sigma''$. 因此在所有充分靠近 P_0 的点处, σ' 和 σ'' 与 σ 一致, 因而 σ' 和 σ'' 一致. 如果 σ' 是关于参数 (u, v) 的 (基本曲面), 而且 u_0, v_0 对应于 P_0, 则充分靠近 (u_0, v_0) 的所有 (u, v) 将对应到位于 σ'' 的 σ' 的点. 因此, 对应到 $\sigma' \cap \sigma''$ 中点 (x, y, z) 的参数点 (u, v) 构成一个开集, 因此, $\sigma' \cap \sigma''$ 是一个基本曲面.

类似地, 我们定义一个定向简单曲面:

如果简单曲面 τ 表为一些基本曲面的并集, 它们中的每一个都已赋予定向, 只要在这些基本曲面中任意两个的交中其定向是一致的话, 就说简单曲面 τ 被定了向. τ 的两个定向被认为是一样的, 如果对于在定义 τ 的定向时采用的定向基本曲面中的任意两个曲面的公共点处, τ 的这两个定向导致相同的定向. 等价地, 两个定向是一样的, 如果它们导致在 τ 的每个点处的法方向的同样的选取的话.

当简单曲面 τ 是 x, y, z 空间中集合 R 的边界时出现了一种特别重要的情形. 这里, 我们假定 R 是一个有界开集的闭包[1]. 这时, 我们可以对 τ 指定一个

1) 这意味着 R 是闭且有界的, 并且 R 的每个边界点是内点的极限.

定向, 对此定向由 τ 的每个法向的定向指定的正方向是 '指向 R 外部" 的那个方向或者是 '外法向" 的那个方向. 实际上, 对于 τ 上的每一点 $P_0=(x_0,y_0,z_0)$, 我们可以找到一个邻域, 在此邻域里 τ 和一个基本曲面一致. 我们甚至可以选一个如此小的邻域, 使得 τ 可以在那个邻域中非参数地表示出来, 比如说, 用对于 $(x-x_0)^2+(y-y_0)^2<\varepsilon^2$ 成立的方程

$$z=F(x,y) \tag{21}$$

表示出来. 如果空间中两点 P 和 P' 可以用一条不包含 R 的边界 τ 的点的弧连起来的话, 那么或者两点都在 R 中或者两点都不在 R 中, 对于满足

$$F(x,y)<z<F(x,y)+\delta, \quad (x-x_0)^2+(y-y_0)^2<\varepsilon^2 \tag{22a}$$

或者满足

$$F(x,y)-\delta<z<F(x,y), \quad (x-x_0)^2+(y-y_0)^2<\varepsilon^2 \tag{22b}$$

的任何两点, 只要 δ 是充分小的正数, 显然, 就是这种情况. 因此, 集合 (22a) 和 (22b) 中的每一个, 或者完全包含在 R 中, 或者和 R 没有公共点. 它们不可能都包括在 R 中, 因为如果是那样的话, 由于 R 是闭的, 所以集合 (21) 也应属于 R; 但 P_0 不是 R 的边界点. 又因为 P_0 不可能是 R 的内点的极限, 所以两个集合都不可能在 R 的外面. 因此, 集合 (22a) 和 (22b) 中恰好有一个是包含在 R 中的. 如果 (22b) 是包含在 R 中的集合, 我们选取参数 $u=x, v\doteq y$ 来指定基本曲面 (21) 的一个定向, 记

$$x=u, \quad y=v, \quad z=F(u,v),$$

相应的法方向有方向余弦 [见 (2) 和 (15)]

$$\xi=-\frac{Fu}{W}, \quad \eta=-\frac{Fv}{W}, \quad \zeta=\frac{1}{W}.$$

因为 $\zeta>0$, 曲面上任何点处的法向在如下意义下指向 R 的外边, 这个意义是指曲面 (21) 一点的法向量上的任何充分靠近该曲面的点将位于集合 (22a) 中, 因此在 R 的外边. 类似地, 如果集合 (22a) 属于 R, 我们用参数表示

$$x=v, \quad y=u, \quad z=F(u,v)$$

来定义 (21) 的定向, 这导致 $\zeta=-1/W<0$, 从而再次选出指向 R 外的法向量.

因此我们已经把 τ 表为定向简单曲面的并, 这里由于与集合 R 有关的定向的几何意义, 在相搭接的简单曲面中定向是一致的. 我们称 τ 关于 R 是正定向的[1].

1) 这里我们假定 R 具有 x,y,z 坐标系的定向.

e. 单位分解以及在简单曲面上的积分

给定一个简单曲面 τ, 我们希望对满足如下假设的 F 来定义

$$\iint_{\tau} F dA,$$

这个假设是: F 是 τ 上的连续函数而且在 τ 的某个闭有界子集 s 外为 0 (在整个曲面 τ 是闭有界的情形, 这个定义将给出 τ 上任意连续函数在 τ 上的积分). 我们利用一个叫做单位分解的方法, 把我们的积分化为早先已讨论过的基本曲面上的紧子集上的积分.

一个单位分解由有限个在集合 s 的点 P 上有定义且连续的函数 $\chi_1(P)$, $\chi_2(P), \cdots, \chi_N(P)$ 组成, 它们具有下列性质:

1. 对所有的 $P \in s$ 和 $i = 1, \cdots, N, x_i(P) \geqslant 0$;

2. 对所有的 $P \in s, \chi_1(P) + \chi_2(P) + \cdots + \chi_N(P) = 1$;

3. 对于每个 $i = 1, \cdots, N$, 有一个包含在 τ 中的基本曲面 σ_i, 使得在 σ_i 的某个紧子集外边但在 s 中的点 P, 有 $\chi_i(P) = 0$ (当然性质 2 是取名单位分解的原因).

假定我们有 s 的这种单位分解. 对于 $P \in s$, 我们可以写作

$$F(P) = F(P)\chi_1(P) + F(P)\chi_2(P) + \cdots + F(P)\chi_N(P), \tag{23a}$$

这里, 对于 s 中的 P, 每一项都有定义. 但是, 因为假定 $F(P)$ 在整个 τ 上有定义且连续, 并且在集合 s 的外边为 0, 只要把不在 s 中的 τ 的点上的 $F\chi_i$ 的值定义为 0, 我们可以把每一项 $F(P)\chi_i(P)$ 延拓为在整个 τ 上的连续函数.

然后我们用公式

$$\iint_{\tau} F dA = \sum_{i=1}^{N} \iint_{\sigma_i} F\chi_i dA \tag{23b}$$

来定义 F 在 τ 上的积分, 这里, 因为 $F\chi_i$ 在基本曲面 σ_i 上连续并且在 σ_i 的一个紧子集外等于 0, 所以上式右边的积分有意义.

为了完成定义, 我们必须证明 F 在 τ 上的积分的表示式 (23b) 不依赖于所用到的特殊的单位分解. 假定我们有第二个由函数 $(\chi_1'(P), \chi_2'(P), \cdots, \chi_m'(P))$ 组成的分解, 它们分别在基本曲面 $\sigma_1', \cdots, \sigma_m'$ 的紧子集外等于 0. 对于每个 $i = 1, \cdots, N$ 和 $k = 1, \cdots, m$, 集合

$$\sigma_i \cap \sigma_k'$$

还是一个基本曲面 (如果不空的话), 因为 σ_i 和 σ_k' 都位于 τ 上. 而且, 函数 $F\chi_i\chi_k'$

在该曲面的一个紧子集外边等于 0. 因此从公式 (23b) 得出

$$\begin{aligned}\iint\limits_{\tau} F dA &= \sum_i \iint\limits_{\sigma_i} F\chi_i dA \\ &= \sum_{i,k} \iint\limits_{\sigma_i} F\chi_i\chi_k' dA = \sum_{i,k} \iint\limits_{\sigma_i\cap\sigma_k'} F\chi_i\chi_k' dA \\ &= \sum_{i,k} \iint\limits_{\sigma_k'} F\chi_i\chi_k' dA = \sum_{k} \iint\limits_{\sigma_{k'}} F\chi_k' dA,\end{aligned}$$

这表明不同的分解导致相同的积分值.

还需要展示一个具体的单位分解. 根据定义, 对于简单曲面 τ 上的每个点 Q, 我们有一数 $\varepsilon_Q > 0$, 使得到 Q 的距离不超过 ε_Q 的 τ 上的点构成一个基本曲面 σ_Q. 与 Q 相应, 由

$$\psi_Q(P) = \begin{cases} \varepsilon_Q - 2\overline{PQ}, & \text{对于 } \overline{PQ} < \dfrac{1}{2}\varepsilon_Q, \\ 0, & \text{对于 } \overline{PQ} \geqslant \dfrac{1}{2}\varepsilon_Q \end{cases}$$

定义一个 P 的函数, 其中 $\overline{PQ}$ 表示两点 P 和 Q 之间的距离. 对于空间中所有的 P, 函数 $\psi_Q(P)$ 有定义且连续, 因而特别在 σ_Q 上连续. 数 ε_Q 可以取得如此小, 使得 σ_Q 上 P 点, $\overline{PQ} \leqslant \dfrac{1}{2}\varepsilon_Q$ 的集合是闭的[1]. 那么这些点构成一个 σ_Q 的紧子集, 在它的外边函数 $\psi_Q(P)$ 等于 0.

现在对 τ 上的每个 Q 我们取一个半径为 $\dfrac{1}{2}\varepsilon_Q$ 的开球, 在此开球中函数 ψ_Q 是正的. 由海涅–博雷尔定理, 有限个这样的球, 比如说中心在 $Q_1, \cdots, Q_N$ 的那些球, 已经盖住了闭有界集 s. 那么对于 $i = 1, \cdots, N$, 我们通过

$$\chi_i(P) = \frac{\psi_{Q_i}(P)}{\psi_{Q_1}(P) + \cdots + \psi_{Q_N}(P)} \tag{24b}$$

定义分解函数 $\chi_i(P)$, 这里对 s 中每个 P, 分母异于 0, 所以 $\chi_i(P)$ 在 s 中有定义且是连续的. 显然在 s 中 $\chi_i(P)$ 非负且和为 1. 而且, 在基本曲面 σ_{Q_i} 的一个紧子

---

1) 理由如下, 充分靠近 σ 的给定点 Q 的一个基本曲面的闭包中的所有的点 P 一定属于集合 σ 本身: 设 σ 相应于参数平面上的开集 U, 使 Q 对应于一点 q. 设 p_n 是在 U 中的像为 p_n 的 σ 上的点列, 且令 $p_n \to p$. 对于充分接近 Q 的 p_n, p_n 位于包含在 U 中的环绕 q 的闭的圆盘中. p_n 的一个子序列 p_n 收敛到 U 的一点 p. σ 上与 p 对应的点正好是 p. 现在根据 τ 的定义, 存在正数 δ_Q, 使得 τ 的使 $\overline{PQ} \leqslant \varepsilon_Q$ 的点 P 构成一个基本曲面 σ. 那么存在正数 $\varepsilon_Q \leqslant \delta_Q$ (依赖于 δ_Q 的选取), 使得 σ 在闭包中使 $\overline{PQ} \leqslant \dfrac{1}{2}\varepsilon_Q$ 的点 P 属于 σ. 设 $\sigma_Q c \sigma$ 表示使 $\overline{PQ} < \varepsilon_Q$ 的 τ 中的点 P 构成的集合. 那么使 $\overline{PQ} \leqslant \dfrac{1}{2}\varepsilon_Q$ 的 σ_Q 的点 P 构成的集合的闭包包含在 σ 中, 因此, 由于 $\dfrac{1}{2}\varepsilon_Q < \varepsilon_Q$, 也包含在 σ_Q 中.

集的外边 $\chi_i(P)=0$. 因此, $\chi_i(P)$ 构成一个单位分解.

在简单曲面上定义了函数 F 的积分后, 我们就能立即得到微分形式

$$\omega = adydz + bdzdx + cdxdy. \tag{25a}$$

在一个定向简单曲面 τ^* 上的积分, 假定系数 a,b,c 在 τ^* 的紧子集外等于 0, 我们简单地取

$$\iint_{\tau^*} \omega = \iint_{\tau} (a\xi + b\eta + c\zeta)dA, \tag{25b}$$

其中 τ 是非定向曲面, 而 ξ,η,ζ 是通过 τ^* 关于坐标轴的定向选出的法向量的方向余弦.

A.2 散度定理

a. 定理的叙述及其不变性

在多变量的情形, 高斯散度定理起到了联系微分和积分运算的微积分基本定理所起的作用. 在适当的假定下, 对于 x,y,z 空间中边界为 τ 的集合, 高斯散度定理的形式为

$$\iiint_R (a_x + b_y + c_z)\, dxdydz = \iint_{\tau} (a\xi + b\eta + c\zeta)dA, \tag{26}$$

其中 ξ,η,ζ 表示 τ 中点的外法向 (即指向 R 外边的法向) 的方向余弦.

这里我们将在如下假定下来证明这个定理, 即假定 R 是 x,y,z 空间中一个开有界集的闭包, 并且 R 的边界是一个简单曲面. 函数 $a(x,y,z),b(x,y,z),c(x,y,z)$ 在 R 中连续且在 R 的内点有连续有界的一阶导数.

公式 (26) 的一个重要特征是在空间的刚体运动下的不变性. 如果采用下标而不用不同的字母来区别变量的话, 这个事实就更容易证明了. 我们用 x_1,x_2,x_3 来代替 x,y,z, 用 a_1,a_2,a_3 来代替 a,b,c, 而用 ξ_1,ξ_2,ξ_3 来代替 ξ,η,ζ. 公式 (26) 变成

$$\iiint_k \sum_i \frac{\partial a_i}{\partial x_i} dx_1dx_2dx_3 = \iint_{\tau} \sum_i a_i\xi_i dA, \tag{27a}$$

其中 $i=1,2,3$. 当然, 在 n 维的情形, 对 i 从 1 变到 n 的类似的公式成立.

一个刚体运动是由一个从 x 到 y 变量的形

$$x_i = \sum_k c_{ik} y_k + d_i \tag{27b}$$

的线性变换给出的, 其中 c_{ik} 和 d_i 是常数而 c_{ik} 满足正交性条件 [见 133 页 (47)]

$$\sum_i c_{ij} c_{ik} = \begin{cases} 0, & \text{对 } j \neq k, \\ 1, & \text{对 } j = k. \end{cases} \tag{27c}$$

同样的变换规律适用于向量, 但没有 '非齐次' 项 d_i, 因为这些向量的分量正好是它们端点坐标的差. 因此, 我们把 a_i 和同一个向量在新坐标系里由

$$a_i = \sum_k c_{ik} b_k$$

所确定的分量 b_k 联系起来了. 这个变换规律也适用于边界上法向量的方向余弦, 它们正好是外单位法向量的分量. 新的方向余弦 η_k 与 ξ_i 的关系是由

$$\xi_i = \sum_k c_{ik} \eta_k$$

给出的.

那么, 显然

$$\sum_i \frac{\partial a_i}{\partial x_i} = \sum_{i,k} c_{ik} \frac{\partial b_k}{\partial x_i} = \sum_{i,k} \frac{\partial x_i}{\partial y_k} \frac{\partial b_k}{\partial x_i} = \sum_k \frac{\partial b_k}{\partial y_k},$$

这里我们已经用了微商的链式法则 (见 179 至 180 页). 类似地, 利用 (27c)

$$\sum_i a_i \xi_i = \sum_{i,j,k} c_{ik} b_k c_{ij} \eta_j = \sum_k b_k \eta_k.$$

因此, (27a) 蕴涵

$$\iiint \sum_k \frac{\partial b_k}{\partial y_k} dy_1 dy_2 dy_3 = \iint \sum_k b_k \eta_k dA,$$

从而就表示这是一个在空间的刚体运动下不变的关系[1].

b. 定理的证明

利用单位分解再一次大大简化了一般公式 (26) 的证明. 对于一个给定的边界为 τ 的区域 R, 这种方法使我们可以把一般的 a, b, c 的公式化为除了在一点的邻域外都等于 0 的 a, b, c 的情形. 我们将证明下列结论.

---

1) 因为变换 (27b) 的雅可比行列式, 即 c_{ik} 的行列式的值为 ± 1 (见 150 页), 所以推得体积元素的不变性, 而通过变换 W 的表示式 (1b) 就推得曲面元素 $dA = W du dv$ 的不变性.

如果 R 中每一点有一半径为 ε_Q 的邻域, 使得 (26) 对所有在该邻域外等于零的 a,b,c 成立[1], 则该公式对于一般的 a,b,c 成立.

为了证明这个论断, 我们利用由

$$\psi_Q(P)=\begin{cases}\left(\varepsilon_Q^2-4\overline{PQ^2}\right)^2, & \text{对于 } \overline{PQ}<\dfrac{1}{2}\varepsilon_Q,\\ 0, & \text{对于 } \overline{PQ}\geqslant\dfrac{1}{2}\varepsilon_Q\end{cases}$$

定义的辅助函数 $\psi_Q(P)$, 它对于一切 P 是连续的且有连续的一阶导数. 因为 R 是有界闭的, 我们可以挑选有限个点 Q, 比如说 Q_1, $Q_2,\cdots$, Q 使得相应的球 $\overline{PQ}_i<\dfrac{1}{2}\varepsilon_{Q_i}$ 盖住 R 所有的点. 我们再次引进函数

$$\chi_i=\frac{\psi_{Q_i}(P)}{\psi_{Q_1}(P)+\cdots+\psi_{Q_N}(P)},$$

它是在 R 的所有点上有定义且有连续的一阶导数, 而且除此以外还满足单位分解的条件.

(a) $\chi_i(P)\geqslant 0$, 在 R 中;

(b) $\displaystyle\sum_i\chi_i(P)=1$;

(c) $\chi_i(P)=0$, 对于 $\overline{P_{Q_i}}>\dfrac{1}{2}\varepsilon_{Q_i}$.

于是, 函数 a 可以被分解为

$$a=\sum_i a\chi_i,$$

其中单个的项 $a\chi_i$ 还是在 R 中连续且在 R 的内点有连续的一阶导数. 类似地, b 和 c 可以被分解. 于是, 因为公式 (26) 适用于单个的项, 所以显然适用于整个表达式.

因此, 我们只需对在点 Q 的一个任意的子邻域外为 0 的函数 a,b,c 证明 (26). 我们分别对 Q 是 R 的内点和 Q 是边界曲面 τ 上的点这两种情形来讨论.

对于 R 内部的一点 Q, 我们选 ε_Q 如此小使得中心在 Q、半径为 $2\varepsilon_0$ 的球位于 R 中. 对于在半径为 ε_Q 的球的外部 a,b,c 等于 0 的情形, 曲面积分等于 0, 从而我们只要证明

$$\iiint(a_x+b_y+c_z)\,dxdydz=0. \tag{28}$$

这里, 如果我们在 R 外令 $a=b=c=0$ 的话, 在整个空间 a,b,c 有定义且有

1) 我们只考虑满足所述假设的函数 a,b,c : 它们在 R 中连续, 且在 R 的内点处有连续导数.

连续导数. a, b, c 的一阶导数在每条与坐标轴平行的直线上是可积的. 应用 462 页化三重积分为单重积分的公式 (29), 我们求得, 例如

$$\iiint c_z dxdydz = \iint h(x,y)dxdy,$$

其中

$$h(x,y) = \int c_z(x,y,z)dz = 0.$$

这样就证实了 (28).

现在考虑 Q 是 R 的边界点的情形. 我们可以假定曲面 τ 在 Q 的法向与三个坐标平面中的任何一个都不平行; 通过一个空间的适当的刚体运动, 它不改变要证的公式, 总可以做到这点. 在 Q 的半径 ε_Q 充分小的邻域中没有平行于坐标平面的法向; 即, 方向余弦 ξ, η, ζ 中的任何一个都不为零. 如果这邻域充分小, 则包含在这邻域中的 τ 的那部分可以通过把三个坐标 x, y, z 中的任何一坐标表为另两个坐标的函数非参数地表示出来. 例如, 我们可以用方程

$$z = F(x,y)$$

来表示 τ. 在该邻域中的集合 R 将被 $z \leqslant F(x,y)$ 或 $z \geqslant F(x,y)$ 所刻画 (见 547 页). 不失一般性, 我们假定 R 局部地由 $z \leqslant F(x,y)$ 所刻画, 那么 τ 的外法向具有方向余弦 ξ, η, ζ, 其中 $\zeta > 0$. 对于在这邻域外等于 0 的 a, b, c, 利用 $u = x$ 和 $v = y$ 作为曲面参数, 我们有

$$\iint_{\tau} c\zeta dA = \iint cdxdy, \tag{29}$$

与我们的定向一致. 另一方面, 把 c 没有定义的地方[1] 延拓为 0,

$$\begin{aligned}\iiint_R c_z dxdydz &= \iiint_{z \leqslant F(x,y)} c_z dxdydz \\ &= \iint h(x,y)dxdy,\end{aligned}$$

其中

$$h(x,y) = \int_{-\infty}^{F(x,y)} c_z(x,y,z)dz = c(x,y,F(x,y)).$$

---

1) 那么, 除去 Q 附近使 $z = F(x,y)$ 的点 (x,y,z) 构成的集合外, 相应的函数 c_z 是有界连续的. 这个集合的若尔当测度为 0. 因此 $c_z(x,y,z)$ 作为 x, y, z 的函数以及固定 x, y 只作为 z 的函数是黎曼可积的. (见 353 页的脚注 1) 因此 462 页的公式 (29) 是适用的.

只有 Q 近旁的点对积分有贡献, 所以函数 $F(x,y)$ 也必须只在 Q 点近旁的 (x,y,z) 有定义. 与 (29) 相比较就证明了.

$$\iint\limits_{\tau} c\zeta dA = \iiint\limits_{R} c_z dxdydz.$$

类似地, 以 x,y,z 或 x,z 作为参数, 也得到

$$\iint a\xi dA = \iiint\limits_{R} a_x dxdydz, \quad \int_{\tau} b\eta dA = \iiint\limits_{R} b_y dxdydz.$$

这就完成了散度定理 (26) 的证明.

A.3 斯托克斯定理

我们考虑不一定是闭的简单曲面. 给定 τ 的一个子集 σ, 我们把 τ 的具有下列性质的点 P 构成的集合——即在 P 点某个适当的邻域里 τ 的所有的点属于 σ——定义为 σ 的相对内部 (就是"相对"于曲面 τ 而言的). 类似地, σ 的相对边界由 τ 的那样一些点组成, 它们中的每一个都包含 τ 的属于 σ 的点也包含不属于 σ 的点. 如果每一个 σ 的点是一个相对内点, 则集合 σ 是相对开的.

现在我们考虑一个 τ 的有界闭子集 s, 它由一个相对开集 σ 和它的相对边界组成. 这个相对边界将是一个简单闭曲线 C, 它以形式

$$x=\alpha(t), \quad y=\beta(t), \quad z=\gamma(t) \tag{30}$$

参数地给出, 其中 α,β,γ 是周期为 p 的具有连续一阶导数的函数, 对所有的 $t, \alpha'^2+\beta'^2+\gamma'^2>0$. 我们假定曲面 τ 已定向, 并且 ξ,η,ζ 是定向曲面 τ^* 上的正法向的方向余弦. 于是我们可以对曲线 C 指定一个定向, 它由 τ 的定向以及 σ 所在 C 的一 "侧" 决定, 因此使 C 成为一条定向曲线 C^*. C 关于 τ^* 的这个 "正" 定向可以用两种方法来定义. 在 x,y,z 空间中与 t 的增加方向相对应的切向量指向由向量 $(\alpha'(t),\beta'(t),\gamma'(t))$ 给出的方向. 这个切向量和曲面法向量 (ξ,η,ζ) 的外积是分量为

$$\beta'\zeta-\gamma'\eta, \quad \gamma'\xi-\alpha'\zeta, \quad \alpha'\eta-\beta'\xi \tag{31}$$

的向量. 它的垂直于 C 的切线且与曲面相切的那个方向给出了一个 C 的相对于曲面的正规法方向. 如果向量 (31) 指向 S 的外边, 则对于 C 所指定的方向是 t 增加的方向, 如果指向 S 的里边, 则是 t 减少的方向.

得出同样定向的一个不同的方法是利用了在点 P 的邻域中 τ 的参数表达式

$$x = f(u, v), \quad y = g(u, v), \quad z = h(u, v), \tag{32}$$

这里我们假定参数 u, v 是定义 P 附近 τ 的定向的那些参数, 即由第 541 页 (2) 定义的向量指向 τ 的正规法向 (distinguished normal)[1). P 附近的曲线将被映射到 u, v 平面中的一条弧 γ 上去, 靠近 P 的集合 S 映到 u, v 平面的集合 ρ 中. 根据定向所赋予的意义, 我们可以把 C 的定向定义为与 γ 关于集合 ρ 的正定向相应的那个定向. 如果分量为 $\dfrac{dv}{dt}$ 和 $-\dfrac{du}{dt}$ 的向量是指向 ρ 外的, 我们还可以说 γ 的定向是 t 增加的方向.

现在给定三个函数 $a(x, y, z), b(x, y, z), c(x, y, z)$, 它们在集合 S 的一个邻域中都是有定义的且有连续的一阶导数, 则斯托克斯定理表为公式

$$\begin{aligned}&\iint\limits_{S} [(c_y - b_z)\,\xi + (a_z - c_x)\,\eta + (b_x - a_y)\,\zeta]\,dA \\ &= \int_{C^*} (adx + bdy + cdz).\end{aligned} \tag{33}$$

这个定理的证明遵循着此刻读者已经熟悉的一个范式. 通过应用适当的单位分解, 我们可以只限于函数 a, b, c 在 S 的点 Q 的一个任意小邻域外等于 0 的情形. 在这点的附近, 曲面 S 有一个形为 (32) 的参数表示式, 对此表示式由在以前给出的分量为 A, B, C 的法向量具有由 τ^* 的定向所决定的方向. 我们可以写作

$$\begin{aligned}&\iint\limits_{S^*} [(c_y - b_z)\,\xi + (a_z - c_x)\,\eta + (b_x - a_y)\,\zeta]\,dA \\ &= \iint\limits_{\rho} [(c_y - b_z)\,A + (a_z - c_x)\,B + (b_x - a_y)\,c]\,dudv \\ &= \iint\limits_{\rho} (\lambda_u + \mu_v)\,dudv,\end{aligned}$$

其中 $\lambda = ax_v + by_v + cz_v$, $-\mu = ax_u + by_u + cz_u$. 因为通过代入 541 页对 A, B, C 的表达式 (2) 以及利用微商的链式法则

$$a_u = a_x f_u + a_y g_u + a_z h_u$$

等等[2), 从代数上这是容易验证的.

如果现在 Q 是 S 的相对内部的一个点, 则在 ρ 的边界 γ 附近, 函数 $\lambda(u, v)$

---

1) τ 的参数表示 (32) 仅仅是局部的 (即在 P 点附近有效).

2) 第三章的公式 (63b) 是这种恒等式的另一种变型, 其中 $L = adx + bdy + cdz, \lambda = L/dv, \mu = L/du$.

和 $\mu(u,v)$ 等于 0, 又根据二维散度定理我们发现

$$\iint_{\rho} (\lambda_u + \mu_v)\, dudv = 0.$$

另一方面, 如果 Q 在 S 的相对边界上, 则在 u, v 平面上的对应点位于 γ 上, 而 λ, μ 在该点的一个小邻域外等于 0. 这时, 二维散度定理再次得出

$$\iint_{\rho} (\lambda_u + \mu_v)\, dudv = \int_{\gamma} (\lambda p + \mu q) d\gamma,$$

其中 $d\gamma$ 是长度微元, 而 p, q 是曲线 γ 上指向 ρ 外的法向的方向余弦. 在关于 ρ 的正方向上画出 γ, 我们有

$$\begin{aligned}
\int_{\gamma} (\lambda p + \mu q) d\gamma &= \int_{\gamma^*} (\lambda dv - \mu du) \\
&= \int_{\gamma^*} (ax_u + by_u + cz_u)\, du + (ax_v + by_v + cz_v)\, dv \\
&= \int_{C^*} (adx + bdy + cdz),
\end{aligned}$$

这是要证明的结论.

A.4 在高维欧氏空间中的曲面和曲面积分

a. 基本曲面

设 E_u 是与笛卡儿坐标 $x_1, \cdots, x_M$ 有关的 M 维欧氏空间, 首先我们在 E_M 中把可以借助 m 个参数 '很好' 地表示出来的点集定义为 m 维 '基本曲面'. 我们说 E_M 中的一个集合 S 是一个 m 维基本曲面, 如果可以求得 M 个定义在 u_1, $u_2, \cdots, u_m$ 空间一个开集 U 上的 M 个函数 $f^1(u_1, \cdots, u_m), f^2(u_1, \cdots, u_m), \cdots, f^M(u_1, \cdots, u_m)$, 它们具有下列性质.

1. 方程

$$x_1 = f^1(u_1, \cdots, u_m), \cdots, x_M = f^M(u_1, \cdots, u_m)$$

定义了 U 到 S 上的连续映射, 其逆映射也是连续的.

2. 函数 $f^\lambda(u_1, \cdots, u_m)$ 在 U 中有连续的一阶导数.

3. 对于 U 中任意点 $(u_1, \cdots, u_m)$ 和 $i = 1, \cdots, m$, 设 $\mathbf{A}^i = \mathbf{A}^i(u_1, \cdots, u_m)$ 被定义为 E_m 中分量为 $\left(f^1_{u_i}, f^2_{u_i}, \cdots, f^M_{u_i}\right)$ 的向量. 我们要求 m 个向量 $\mathbf{A}^i$ 是无

关的, 即

$$W=\sqrt{\Gamma\left(\mathbf{A}^{1},\mathbf{A}^{2},\cdots,\mathbf{A}^{m}\right)}>0, \tag{34}$$

其中 Γ 是由第 167 页 (81a) 定义的格拉姆行列式.

像在第 543 页那样, 证明了, 若我们以同样的方式借助某些其他的参数 $v_1,\cdots,v_m$ 来表示 S, 则在相应的参数点 $(u_1,\cdots,u_m)$ 和 $(v_1,\cdots,v_m)$ 之间存在一个 1-1 的连续可微关系, 这个关系的雅可比行列式不等于 0:

$$\frac{d\left(u_{1},\cdots,u_{m}\right)}{d\left(v_{1},\cdots,v_{m}\right)}\neq 0. \tag{35}$$

如果 $F\left(x_1,\cdots,x_m\right)$ 是一个在基本曲面上有定义且连续的函数, 它在 S 上有紧支集 (即 F 在 S 的一个闭有界子集外等于 0), 我们用

$$\iint_{S}\cdots\int F dS=\iint\cdots\int_{U} F W du_{1}\cdots du_{m} \tag{36}$$

来定义[1] F 在 S 上的积分. 用这种方式定义的积分不依赖[2] 于 S 所采用的特殊的参数表示.

在 S 的一点 P_0 处, 我们构成相应的向量 $\mathbf{A}^i$, 它们的起点为 P_0, 而用 P_i 来表示它们的终点, 所以 $\mathbf{A}^i=\overrightarrow{P_0P_i}$. $m+1$ 个点 $P_0,P_1,\cdots,P_m$ 位于一个 m 维平面 p_0——S 在 P_0 处的切平面上. 如果给 p_0 赋以一个定向 (见第 171 页), 把 P_0 转化为定向切平面 p_0^*, 我们有

$$\Omega\left(p_{0}^{*}\right)=\varepsilon\left(p_{0}\right)\Omega\left(\mathbf{A}^{1},\cdots,\mathbf{A}^{m}\right), \tag{37a}$$

其中 $\varepsilon\left(p_0\right)$ 或取 $+1$ 或取 -1. 我们称曲面 S 定向了, 如果我们给切平面 $p^*(P)$ 以定向, 使得定向连续地依赖于 P; 即, 对于带有 p^* 中适当的向量 $\mathbf{B}^1,\cdots,\mathbf{B}^M$ 的

$$\Omega\left(p^{*}\right)=\Omega\left(\mathbf{B}^{1},\cdots,\mathbf{B}^{M}\right),$$

我们要求[3] 对于所有 S 上充分靠近 P_0 的点 P, 有

$$\left[\mathbf{B}^{1}(P),\cdots,\mathbf{B}^{m}(P);\mathbf{B}^{1}\left(P_{0}\right),\cdots,\mathbf{B}^{m}\left(P_{0}\right)\right]>0,$$

---

1) 在 $u_1,\cdots,u_m$ 空间中边长为 h 平行于坐标轴的立方体被映射到 $x_1,\cdots,x_m$ 空间中由向量 $h\mathbf{A}^1,\cdots,h\mathbf{A}^m$ 张成的平行多面体 (差更高阶的项), 因此 m 维体积为

$$\sqrt{\Gamma\left(h\mathbf{A}^{1},\cdots,h\mathbf{A}^{M}\right)}=h^{m}W,$$

这使得如下结论似乎是合理的, 即 dS 应等于 $u_1,\cdots,u_m$ 空间中的体积元素乘以因子 W.

2) 为证明这点, 我们注意到在参数变换下, W 被乘以参数变换的雅可比行列式的绝对值, 因为这样一种变换导致向量 $\mathbf{A}^i$ 的一个线性代换, 它改变由这些向量张起来的平行多面体的体积只差一个数值上等于这个代换的行列式的因子 (见第 173 页).

3) 括号中的符号表示由第 170 页 (85a) 定义的行列式.

因为向量 $\mathbf{A}^i$ 随切点 P 连续变化, 所以如果由 (37a) 定义的因子 $\varepsilon(P)$ 随 S 上的 P 连续变化, 则 p^* 的定向随切点 P 连续变化. 因为 ε 只能取值 $+1$ 或 -1, 由此推出, 像在第 502 页那样, 对于一个连通的基本曲面只存在两个可能的定向. 在任何情形下, 定向曲面 S^* 在参数空间 $u_1, \cdots, u_m$ 中决定集合 U 的一个定向, 即由

$$\Omega(U) = \varepsilon(P)\Omega(u_1, \cdots, u_m) \tag{37b}$$

给出的那个定向 [见第 502 和 503 页 (40n, o, p)]. 这里, 在从 $u_1, \cdots, u_m$ 到 $v_1, \cdots, v_m$ 的参数变换下, 量 ε 正好乘以雅可比行列式 (35) 的符号.

b. 微分形式在定向基本曲面上的积分

有了这些预备知识后, 我们就准备来定义一个 m 次微分形式 ω 在一个 m 维定向基本曲面 S^* 上的积分. 形式 ω 是微分 $dx_1, \cdots, dx_M$ 中的 m 个微分的有序乘积的某个线性组合, 比如

$$\omega = adx_1dx_2\cdots dx_m + bdx_2dx_3\cdots dx_{m+1} + cdx_1dx_3\cdots dx_{m+1}\cdots,$$

这里假定系数 $a(x_1, \cdots, x_M), b(x_1, \cdots, x_M), \cdots$ 是连续的且在 S^* 上有紧支集[1]. 设 S^* 可以借助于在与 S^* 的定向一致的集合 U^* 上变化的参数 $u_1, \cdots, u_m$ 参数地表示出来. 于是, 我们定义

$$\begin{aligned}\int_{S^*}\cdots\int\omega &= \int_{U^*}\cdots\int\frac{\omega}{du_1\cdots du_m}du_1\cdots du_m\\ &= \int_{U^*}\cdots\int\left[a\frac{d(x_1, x_2, \cdots, x_m)}{d(u_1, u_2, \cdots, u_m)}\right.\\ &\qquad\left.+b\frac{d(x_2, x_3, \cdots, x_{m+1})}{d(u_1, u_2, \cdots, u_m)}+\cdots\right]du_1\cdots du_m.\end{aligned}$$

我们的记号[2] 已经按如下方式安排, 即积分值不依赖于对 S^* 所用的特殊的参数表示.

---

1) 即 a, b, c 在 S^* 的某个有界闭子集外等于 0.

2) 这里, 对一个连续的被积函数 $F(u_1, \cdots, u_m)$, F 在定向集合 U^*, 其定向为

$$\Omega(U^*) = \varepsilon\Omega(u_1, \cdots, u_m)$$

($\varepsilon = \pm 1$ 而且 Ω 连续) 上的积分由

$$\iint\limits_{U^*}\cdots\int Fdu_1\cdots du_m = \iint\limits_{u}\cdots\int F_\varepsilon du_1\cdots du_m$$

定义, 其中右端的积分具有通常的意义, 它对正的被积函数给出正值.

c. 简单 m 维曲面

把基本曲面 '拼补起来' 就像在三维空间中所做的那样我们可以得到简单曲面. M 维欧氏空间中一个集合 τ 叫做 m 维简单曲面, 如果 τ 的每一点 P_0 有一邻域, 它与 τ 的交为一 m 维基本曲面. 如果在表征简单曲面时出现的每一个基本曲面已定向, 又如果每当两个这样的基本曲面彼此搭接时它们的定向一致的话, 我们就说这个简单曲面已经定向.

在 m 维定向简单曲面的每一点, 我们可以选 m 个向量 $\mathbf{A}^1(P), \cdots, \mathbf{A}^m(P)$ 使得

$$\Omega\left(\tau^*\right)=\Omega\left[\mathbf{A}^1(P), \cdots, \mathbf{A}^m(P)\right],$$

且对充分靠近 P 的 Q,

$$\left[\mathbf{A}^1(P), \cdots, \mathbf{A}^m(P) ; \mathbf{A}^1(Q), \cdots, \mathbf{A}^m(Q)\right]>0.$$

对于 m 维简单曲面 τ 的子集合 S, 我们可以定义 S 的相对边界[1], 即, S 相对于曲面 τ 的边界. S 的相对边界是由 S 的这样一些点组成的, 对这些点每个邻域都含有 S 的点和不属于 S 的 τ 的点. S 的相对闭包[2] 由 S 及相对边界组成. 如果 S 和它的相对边界没有公共点, 则 S 叫相对开的, 如果 S 包含它的相对边界, 则 S 叫做相对闭的.

特别有趣的是, S 是 m 维简单曲面 τ 的子集的情形, S 的相对边界本身是一个 $(m-1)$ 维简单曲面 ∂S. 我们进一步假定 S 是一个相对开集的相对闭包. 在 ∂S 的点 P 的邻域中我们总可以把 ∂S 和 τ '非参数' 地表示出来; 即, 我们可以利用空间中的某些笛卡儿坐标 $x_1, \cdots, x_m$ 作为自变量; 在对坐标的一个适当的重新排列之后, 在 P 点附近 τ 就有参数表示

$$x_i=f_i\left(x_1, \cdots, x_m\right) \quad(i=m+1, \cdots, M),$$

而在 ∂S 上我们有附加的条件

$$x_1=g\left(x_2, \cdots, x_m\right),$$

其中 f_i 和 g 都是连续可微的函数. 而且在 P 附近 S 的点是由不等式

$$g\left(x_2, \cdots, x_m\right) \leqslant x_1$$

或

1) 当我们要讨论, 譬如说, 维数 $M>2$ 的空间中二维曲面的边界曲线时就需要这个概念. 关于整个空间所取的曲面 S 的 ('绝对') 边界总是包含整个曲面 S.

2) S 的相对闭包也是 τ 上所有那样一些点构成的集合, 这些点是 S 上的点所构成的点列的极限.

$$g(x_2, \cdots, x_m) \geqslant x_1$$

表征出来.

如果我们处理一个定向集合 S^*, 对于相对边界 ∂S 我们可以指定一个唯一的定向. 设在 ∂S 的一点 P 处给了 $m-1$ 个与 ∂S 相切的独立的向量 $\mathbf{A}^2, \cdots, \mathbf{A}^m$, 以及一个向量 $\mathbf{A}^1$, 它与 τ 相切但不在 P 点与 ∂S 相切而且指向离开 S^* 的方向. 那么我们有

$$\Omega(S^*) = \varepsilon \Omega\left(\mathbf{A}^1, \cdots, \mathbf{A}^{m-1}, \mathbf{A}^m\right), \tag{38}$$

其中 ε 或取值 $+1$ 或取值 -1. 于是, 如果

$$\Omega(\partial S^*) = \varepsilon \Omega\left(\mathbf{A}^2, \cdots, \mathbf{A}^m\right), \tag{39}$$

则 ∂S^* 就被称为关于 S^* 正定向的.

特别地, 令 $m = M$ 且令 τ 是整个 M 维空间, 设 S 是一开[1)]集的闭包且设 S 的边界是一个 $(m-1)$ 维简单曲面 ∂S. 假定在 P 点的一个邻域中曲面 ∂S 有非参数表示

$$x_1 = g(x_2, \cdots, x_m),$$

我们可以定义一个量 $\delta = \pm 1$, 使得对于 P 近旁的点 $(x_1, \cdots, x_m)$,

$$[x_1 - g(x_2, \cdots, x_m)]\,\delta \leqslant 0. \tag{40a}$$

我们选与 ∂S 相切的向量

$$\mathbf{A}^2 = (g_{x_2}, 1, 0, \cdots, 0), \cdots, \mathbf{A}^m = (g_{x_m}, 0, \cdots, 0, 1)$$

作为 $\mathbf{A}^2, \cdots, \mathbf{A}^m$, 而选指向离 $\mp 1S$ 的向量

$$\mathbf{A}^1 = (\delta, 0, \cdots, 0)$$

作为 $\mathbf{A}^1$. 那么在 $x_1, \cdots, x_m$ 坐标下

$$\det\left(\mathbf{A}^1, \cdots, \mathbf{A}^{m-1}, \mathbf{A}^m\right) = \delta,$$

所以 [见 169 页 (83a, b)]

$$\Omega\left(\mathbf{A}^1, \cdots, \mathbf{A}^{m-1}, \mathbf{A}^m\right) = \delta \Omega(x_1, \cdots, x_m),$$

对于定向集合 S^*, 设 $\varepsilon = \pm 1$ 是在 P 附近由 (38) 定义的. 于是

$$\Omega(S^*) = \varepsilon \delta \Omega(x_1, \cdots, x_m). \tag{40b}$$

---

1) 这里我们可以把相对这个词略去.

而对关于 S^* 定向为正的边界 ∂S, 关系式 (39) 成立. 因此, 如果把 $x_2, \cdots, x_m$ 看作曲面 ∂S^* 在 P 附近的参数, 则由 ∂S^* 决定的 $x_2, \cdots, x_m$ 的定向是

$$\varepsilon\Omega(x_2, \cdots, x_m) \tag{40c}$$

[见 559 页 (37b)]. 因此, 对关于 $x_1, \cdots, x_m$ 坐标 $(\varepsilon\delta = 1)$ 定向为正的集合 S^*, 定向为正的边界在 S 位于边界的"下面"的地方具有 $x_2, \cdots, x_m$ 坐标系的定向, 而在 S 位于边界的"上面"的地方具有相反的定向 (与 548 页比较).

A.5 高维空间中简单曲面上的积分、高斯散度定理和一般的斯托克斯公式

正如 549 页所做的那样我们依靠单位分解来定义在简单曲面上的积分. 特别地, 如果 τ^* 是一个 m 维定向简单曲面而 ω 是一个 m 阶微分形式, 只要 ω 的系数都连续并且在 τ^* 的一个有界闭子集[1] 外等于零, 则积分

$$\int_{t^*} \cdots \int \omega$$

有定义.

现在设 τ 是 M 维空间中一个 m 维简单曲面, 而 S^* 是 τ 的一个定向有界闭子集. 我们假定 S^* 是一个相对开集的闭包, 而关于 S^* 定向为正的 S^* 的相对边界是一个 $(m-1)$ 维定向简单曲面 ∂S^*. 设 ω 是一个 $m-1$ 阶微分形式, 其系数具有一阶连续导数. 斯托克斯的一般定理断言

$$\int_{\partial S^*} \cdots \int \omega = \int_{S^*} \cdots \int d\omega. \tag{41}$$

首先, 我们来处理 $m = M$ 的特殊情形, 这是 m 维情形的高斯散度定理. 这时, 我们把 τ 取作全空间, 把 S^* 取为一个定向集合, 它是由关于 S^* 定向为正的一个 $(m-1)$ 维简单曲面 ∂S^* 界住的一个开集的闭包. $m-1$ 次形式可以写作

$$a_1 dx_2 \cdots dx_m + a_2 dx_3 dx_4 \cdots dx_m dx_1 + \cdots + a_m dx_1 dx_2 \cdots dx_{m-1},$$

其中 a_i 是 $x_1, \cdots, x_m$ 的函数. 则

$$\begin{aligned} d\omega = & da_1 dx_2 dx_3 \cdots dx_m + da_2 dx_3 dx_4 \cdots dx_m dx_1 + \cdots \\ & + da_m dx_1 dx_2 \cdots dx_{m-1} \end{aligned}$$

1) 不仅仅是相对闭.

$$
\begin{aligned}
&= \frac{\partial a_1}{\partial x_1} dx_1 dx_2 \cdots dx_m + \frac{\partial a_2}{\partial x_2} dx_2 dx_3 \cdots dx_m dx_1 + \cdots \\
&\quad + \frac{\partial a_m}{\partial x_m} dx_m dx_1 \cdots dx_{m-1} \\
&= K dx_1 \cdots dx_m,
\end{aligned} \tag{42a}
$$

其中

$$
\begin{aligned}
K = &\frac{\partial a_1}{\partial x_1} + (-1)^{m-1} \frac{\partial a_2}{\partial x_2} + \frac{\partial a_3}{\partial x_3} \\
&+ (-1)^{m-1} \frac{\partial a_4}{\partial x_4} + \cdots + (-1)^{m-1} \frac{\partial a_m}{\partial x_m}.
\end{aligned} \tag{42b}
$$

对于这种情形, 公式 (41) 的证明完全可以像在 552 至 555 页对待特殊情形 $m=3$ 所讨论的那样去做, 重新叙述那里做过的那些单个的步骤是毫无意义的. 唯一要验证的一点是最终的公式中的符号. 最终化为对如下情形的证明, 即 $a_2, \cdots, a_m$ 恒等于零而 a_1 在曲面 σ^* 上一点 P 的一个邻域外等于零的情形. 这里 P 的附近曲面是由方程

$$
x_1 = g(x_2, \cdots, x_m)
$$

给出的, 而 S^* 是由不等式

$$
[x_1 - g(x_2, \cdots, x_m)]\,\delta \leqslant 0
$$

给出的, 其中 $\delta = \pm 1$. 设数 $\varepsilon = \pm 1$ 在 P 点由

$$
\Omega(S^*) = \varepsilon \delta \Omega(x_1, \cdots, x_m)
$$

来定义 [见 (40b)]. 则根据 (42a, b),

$$
\begin{aligned}
\int_{S^*} \cdots \int d\omega &= \varepsilon \delta \int \cdots \int \frac{\partial a_1}{\partial x_1} dx_1 \cdots dx_m \\
&= \varepsilon \int \cdots \int_{x_1 = g} a_1 dx_2 \cdots dx_m.
\end{aligned}
$$

另一方面 [见 (40b) 和 (40c)], 我们还有

$$
\int_{\partial S^*} \cdots \int \omega = \varepsilon \int_{x_1 = g} \cdots \int a_1 dx_2 \cdots dx_m.
$$

这就完成了散度定理的证明.

对于任意的 $m < M$, 一般的斯托克斯公式是一个直接的推论. 利用单位分解, 只要对简单曲面 τ 的点 P 的一个邻域的外边等于零的微分形式验证这个公

式成立就够了. 在那个邻域中 τ 等同于一个基本曲面. 为了描述 τ 引进局部参数 $u_1, \cdots, u_m$, 等式 (41) 变成 M 维参数空间中相应的等式, 于是在那里一切都化为上面已经讨论过的高斯散度定理. 这样就证明了一般的斯托克斯定理.

这类论证使以下事实变得非常清楚, 即把我们的 m 维曲面 τ 嵌入到一个 M 维欧氏空间中去 (对于证明前面的结论说来) 多多少少有点离题. 所有的那些考虑都是把 τ 映射到 m 维欧氏空间的一个集合上去的局部参数表示. 这就启示, 在每点附近都可用参数描述的更一般的 m 维抽象流形上类似的公式成立. 然而, 为了避免超出本书范围的拓扑学上的考虑, 我们只限于讨论欧氏空间中的简单曲面.

第六章 微分方程

在第一卷第九章中, 我们已经讨论过特殊形状的微分方程. 在本书的范围内, 虽然不可能试图详细地展开它的一般理论, 但是, 在这一章中, 我们从力学中的进一步的例子出发, 运用多元函数微积分, 至少也能给出微分方程这个课题某些原理的一个梗概.

6.1 空间质点运动的微分方程

a. 运动方程

在第一卷 (第四章第 342-362 页) 中, 我们讨论了限定在 x, y 平面内移动的质点的运动. 现在我们去掉这一限制, 考虑一集中于坐标为 (x, y, z) 的点上的质量 m. 从原点到该质点的定位向量具有分量 x, y, z, 我们记之为 $\mathbf{R}$. 如果能把 (x, y, z) 或 $\mathbf{R}$ 表成时间 t 的函数, 那么, 质点的运动就在数学上得到了表示. 同以前一样, 如果用圆点标记关于时间 t 的微商, 那么长度为[1)]

$$v = \sqrt{\dot{x}^2 + \dot{y}^2 + \dot{z}^2} \tag{1}$$

的向量 $\dot{\mathbf{R}} = (\dot{x}, \dot{y}, \dot{z})$ 表示速度, 向量 $\ddot{\mathbf{R}} = (\ddot{x}, \ddot{y}, \ddot{z})$ 表示质点的加速度.

确定运动的基本工具是牛顿第二定律[2)], 即加速度向量 $\ddot{\mathbf{R}}$ 与质量 m 的乘积等于作用在质点上的力 $\mathbf{F} = (X, Y, Z)$:

$$m\ddot{\mathbf{R}} = \mathbf{F} \tag{2a}$$

或用分量式

$$m\ddot{x} = X, \quad m\ddot{y} = Y, \quad m\ddot{z} = Z. \tag{2b}$$

只要给出关于力 $\mathbf{F}$ 的充分信息, 这些关系式[3)]就能用来决定运动.

一个例子是地球表面附近的表示重力的恒力场. 如果取重力作用方向为 z 轴的负方向, 则重力可表为向量

---

1) 'Mutationem motuo proportionalem esse vi mofrici impressae, et fieri secundum lineam rectam qua vis illa imprimitur" (即, 运动之变化与作用力成比例, 且发生在沿力的作用直线的方向上).

2) 向量 $m\dot{\mathbf{R}}$ 称为动量, 所以牛顿定律说的是 "力等于动量的变化率".

$$\mathbf{F} = (0, 0, -mg) = -mg(\operatorname{grad} z), \tag{3}$$

其中 g 是重力加速度常数.

另一个例子是, 集中于坐标系原点上的质量 μ 按照牛顿万有引力定律产生的吸引力场. 如果

$$r = \sqrt{x^2 + y^2 + z^2} = |\mathbf{R}|$$

是质量为 m 的质点 (x, y, z) 与原点的距离, 则力场可表示成

$$\mathbf{F} = \mu m \gamma \left(\operatorname{grad} \frac{1}{r} \right), \tag{4a}$$

其中 γ 是万有引力常数. 在这种情况下, 牛顿运动定律 (2a) 表为

$$\ddot{\mathbf{R}} = \mu\gamma \operatorname{grad} \frac{1}{r} \tag{4b}$$

或用分量式

$$\ddot{x} = -\mu\gamma \frac{x}{r^3}, \quad \ddot{y} = -\mu\gamma \frac{y}{r^3}, \quad \ddot{z} = -\mu\gamma \frac{z}{r^3}.$$

一般说来, 如果 $\mathbf{F}$ 是分量为位置的已知函数 $X(x, y, z), Y(x, y, z)$, $Z(x, y, z)$ 的力场, 则运动方程

$$m\ddot{x} = X(x, y, z), \quad m\ddot{y} = Y(x, y, z), \quad m\ddot{z} = Z(x, y, z) \tag{5}$$

构成关于三个未知函数 $x(t), y(t), z(t)$ 的三个微分方程的系统. 质点力学的基本问题是: 当运动开始时 (比如说, 在时间 $t = 0$), 已知质点的位置 (即坐标 $x_0 = x(0), y_0 = y(0), z_0 = z(0)$) 和初速度 (即量 $\dot{x}_0 = \dot{x}(0), \dot{y}_0 = \dot{y}(0), \dot{z}_0 = \dot{z}(0)$), 从微分方程去确定质点的轨道. 寻求既满足这些初条件, 又对所有 t 值满足三个微分方程的三个函数的问题就是通常所谓的微分方程组的求解或积分[1)] 问题.

b. 能量守恒原理

速度向量 $\dot{\mathbf{R}}$ 与质点运动方程 (2a) 作数量积

$$m\dot{\mathbf{R}} \cdot \ddot{\mathbf{R}} = \mathbf{F} \cdot \dot{\mathbf{R}} = X\dot{x} + Y\dot{y} + Z\dot{z} \tag{6a}$$

可得出一个重要结果. 上式左端可写成

$$\frac{d}{dt}\left(\frac{1}{2}m\dot{\mathbf{R}} \cdot \dot{\mathbf{R}}\right) = \frac{d}{dt}\frac{1}{2}mv^2, \tag{6b}$$

1) 由于解微分方程可认为是通常积分过程的一般化, 因而在这里用积分一词.

即质点的动能 (运动能) $\frac{1}{2}mv^2$ 对时间的导数. 关于 t 从 t_0 到 t_1 积分方程 (6a), 我们得到在 t_0 到 t_1 时间间隔内质点动能的改变量是

$$\begin{aligned}\frac{1}{2}mv_1^2 - \frac{1}{2}mv_0^2 &= \int_{t_0}^{t_1} \left(X\frac{dx}{dt} + Y\frac{dy}{dt} + Z\frac{dz}{dt} \right) dt \\ &= \int (Xdx + Ydy + Zdz), \end{aligned} \tag{6c}$$

其中线积分展布于质点从 t_0 到 t_1 经过的路径上. 有向弧上的积分

$$\int Xdx + Ydy + Zdz$$

称为沿该弧运动时力 $\mathbf{F} = (X, Y, Z)$ 所做的功[1]. 因此, (6c) 称为能量方程: 动能的增加等于在运动中外力所做的功.

如果力场能表成某函数的梯度, 即

$$\mathbf{F} = \operatorname{grad} \phi, \tag{7a}$$

在这种重要情形下, 微分形式

$$Xdx + Ydy + Zdz = d\phi$$

的积分不依赖于路径, 仅依赖于路径的起点和终点 (见第 83 页). 按照 Helmholfz (亥姆霍兹) 的说法, (7a) 类型的力场称为保守场[2]. 对保守场, 用 $U = -\phi$ 引入势能 (位能) U, 则运动方程的形状是:

$$m\ddot{\mathbf{R}} = -\operatorname{grad} U$$

或用分量式

$$m\ddot{x} = -U_x, \quad m\ddot{y} = -U_y, \quad m\ddot{z} = -U_z. \tag{7b}$$

势能作为位置 (x, y, z) 的函数, 在相差一个任意常数的范围内, 是由力场所确定的. 我们得到保守力在运动中所做的功为

$$\int Xdx + Ydy + Zdz = -\int dU = U_0 - U_1,$$

其中 U_0 和 U_1 分别是质点在时刻 t_0 和 t_1 的位置上的势能的值. 与 (6c) 比较, 得

---

1) 见第一卷第 365 页. 引入弧长 s 作参数, 线积分有形式

$$\int \mathbf{F} \cdot \frac{d\mathbf{R}}{ds} ds,$$

因而, 它等于力沿运动方向的分量与距离乘积的和的极限.

2) “保守” 一词源出于我们马上将要推出的能量守恒定理.

到

$$\frac{1}{2}mv_1^2 + U_1 = \frac{1}{2}mv_0^2 + U_0.$$

因此, 在运动中量 $\frac{1}{2}mv^2 + U$ 在任何时刻 t_0 和 t_1 有相同的值. 无须作这些概念的物理解释, 我们已经得到了保守力场中质点的能量守恒定律的一种形式:

总能量——即, 动能 $\frac{1}{2}mv^2$ 与势能 U 之和——在运动中保持常数.

在下节的例题里, 我们演示这个定理怎样用于运动方程的实际求解.

由方程 (3) 和 (4a) 定义的两个力场都是保守场. 在均匀重力场 (3) 中, 运动方程化简为

$$\ddot{x} = 0, \quad \ddot{y} = 0, \quad \ddot{z} = -g. \tag{8a}$$

很简单, 它们的通解是

$$x = a_1 t + a_2, \quad y = b_1 t + b_2, \quad z = -\frac{1}{2}gt^2 + c_1 t + c_2. \tag{8b}$$

显然, 这里常数 (a_2, b_2, c_2) 给出质点在时间 $t = 0$ 的初位置, 常数 (a_1, b_1, c_1) 给出初速度. 由方程 (8b) 以时间 t 作为参数给出的质点轨迹, 是其轴平行于 z 轴的一条抛物线. 由于力场是 $-mg \operatorname{grad} z$, 势能应是 $U = mgz +$ 常数. U 的变化与高度 z 的变化成比例. 因而, 能量守恒定律的形式为

$$\begin{aligned}\frac{1}{2}mv^2 + mgz = \text{常数} &= \frac{1}{2}mv_0^2 + mgz_0 \\ &= \frac{1}{2}m\left(a_1^2 + b_1^2 + c_1^2\right) + mgc_2.\end{aligned} \tag{8c}$$

所以, 在轨道的最高点处速度 v 最小.

代替质点的自由降落, 我们考虑在重力场 $\mathbf{F} = -mg \operatorname{grad} z$ 的影响下, 约束于曲面 $z = f(x, y)$ 之上, 且反作用力垂直于该曲面[1)]的质点的运动. 由于反作用力在运动方向上没有分力, 因而不做功, 在运动中所做的功是保守重力场做的功. 因此, 可得出与自由落体一样的能量方程

$$\frac{1}{2}mv^2 + mgz = \text{常数}, \tag{9}$$

区别仅在于现在 $z = f(x, y)$ 是坐标 x, y 的一个给定的函数.

c. 平衡. 稳定性

保守力场中质点的运动方程

1) 球面摆提供了一个例子, 在那里, 一个质点被约束在一球面上运动. 试与第一卷讨论过的曲线上的运动进行比较.

$$m\ddot{\mathbf{R}} = -\operatorname{grad} U \tag{10a}$$

能用于讨论平衡位置附近的运动. 如果质点保持静止, 我们称它在力场的影响下平衡. 为使质点平衡, 在考虑的整个时间间隔里它的速度和加速度必须都是 0. 因此, 运动方程 (10a) 引出

$$\operatorname{grad} U = 0 \tag{10b}$$

或

$$U_x = U_y = U_z = 0 \tag{10c}$$

是平衡的必要条件. 从而, *一个平衡位置* (x_0, y_0, z_0) *必是势能 U 的一个临界点*. 反之, 因为常数向量

$$\mathbf{R} = (x_0, y_0, z_0)$$

显然满足 (10a), 所以, U 的每一临界点 (x_0, y_0, z_0) 都是静止的一个可能的位置.

特别重要的是平衡的*稳定性*概念. *稳定性*是指: 如果给平衡状态以轻微的扰动, 由此产生的整个运动与静止状态仅有微小的区别[1]. 更确切地说就是, 设 r_1 和 v_1 是任意正数, 我们能找到与 r_1 和 v_1 对应的如此之小的两个正数 r_0, v_0, 使得只要质点离开平衡位置移动的距离不大于 r_0, 且出发时的速度不大于 v_0, 那么在它整个后继的运动中它与平衡点的距离永远不能大于 r_1 及速度永远不能大于 v_1.

特别有趣的是, *在势能取严格相对最小值*[2] (相对最小值即极小值——译者注) *的点上, 平衡是稳定的*. 值得注意的是, 我们无须实际解出运动方程就能证明关于稳定性的这个命题. 为简单起见, 假设考虑的平衡位置是原点 (借助变换总是能做到的), 此外, 因为势能允许加上一个任意常数, 故我们可假定 $U(0,0,0) = 0$. 由于 U 在原点是严格相对最小值, 我们能找到正数 $r < r_1$, 使得关于原点的半径为 r 的球面及其内部除原点外处处有 $U > 0$. 因此, U 在球面上的最小值是一正数 a. 因为 U 连续, 我们可求得 $r_0 < r$, 使得在关于原点的半径为 r_0 的球体内

$$U(x,y,z) < \frac{a}{2} \quad \text{和} \quad U(x,y,z) < \frac{1}{4}mv_1^2.$$

此外, 设正数 v_0 小到使 $\frac{1}{2}mv_0^2 < \frac{a}{2}$ 和 $\frac{1}{2}mv_0^2 < \frac{1}{4}mv_1^2$ 都成立. 那么, 当

1) 用约束于曲面 $z = f(x,y)$ 上, 在重力作用下的质点的类似的二维运动问题能够很好地解释这个概念. 因平衡位置是势能 $mgz = mgf(x,y)$ 的临界点, 在此, 就是曲面 $z = f(x,y)$ 的最高点或最低点或鞍点. 在重力作用下, 处在向下凸的球形碗的最低点的静止质点的平衡是稳定的. 相反, 在向上凸的球形碗的最高点静止的质点处于不稳定平衡; 即使最轻微的扰动都会引起位置的巨大变化. 由于总可以假设质点受到小扰动, 所以, 不稳定平衡是不能保持的, 并且未必能观察得到.

2) 在*严格* (相对) 最小点上, U 的值小于它的一个充分小邻域内的所有其余点上的值. 定义见第 280-281 页.

质点的初位置与原点距离小于 r_0, 初速度小于 v_0 时, 质点的初始总能量就满足不等式

$$\frac{1}{2}mv^2 + U(x,y,z) \leqslant \frac{1}{2}mv_0^2 + \frac{1}{2}a < a, \tag{11a}$$

$$\frac{1}{2}mv^2 + U(x,y,z) < \frac{1}{4}mv_1^2 + \frac{1}{4}mv_1^2 = \frac{1}{2}mv_1^2. \tag{11b}$$

由于能量在整个运动中是常数, 从 (11a) 看出, 在后来的任何时刻

$$\frac{1}{2}mv^2 + U(x,y,z) < a,$$

从而

$$U(x,y,z) < a.$$

由于质点最初处于半径为 r 的球的内部, 又由于在球面上 $U \geqslant a$, 因此, 质点永远不能到达此球的表面. 这就证明了质点与原点的距离永远不能超过 $r < r_1$. 又因在半径为 r 的球内部 $U \geqslant 0$, 从 (11b) 可得

$$\frac{1}{2}mv^2 < \frac{1}{2}mv_1^2,$$

因此, 质点的速度永远不能超过值 v_1, 证毕.

d. 在平衡位置附近的小振动

在对应于势能最小值的稳定平衡位置附近的质点运动能用简单方法去近似. 为简单起见, 限于讨论在 x, y 平面上的运动, 并假设没有作用于 z 轴方向上的力. 我们还假设势能 $U(x,y)$ 在原点取最小值, $U(0,0) = 0$. 此外, 在这个最小值点上 $U_x = U_y = 0$. 按泰勒 (Taylor) 定理展开 U 得到

$$U = \frac{1}{2}\left(ax^2 + 2bxy + cy^2\right) + \cdots.$$

如果二次型

$$Q(x,y) = \frac{1}{2}\left(ax^2 + 2bxy + cy^2\right) \tag{12a}$$

正定[1], 也就是

$$a > 0, \quad ac - b^2 > 0, \tag{12b}$$

1) 见第 382 页, Q 的正定性质是严格相对最小值的充分条件, 但并非必要的. 但是, Q 既非正定又非负定是必要的.

则函数 U 在原点有严格相对最小值. 假设满足条件 (12b), 则在平衡位置原点的充分小的邻域内能够用二次型 Q 足够准确地代替势能 U[1], 在此假设下, 运动方程形为

$$m\ddot{\mathbf{R}} = -\operatorname{grad} Q$$

或

$$m\ddot{x} = -ax - by, \quad m\ddot{y} = -bx - cy.^{2)} \tag{12c}$$

如果先将 x, y 轴旋转一个适当选择的角度 ϕ, 使新坐标轴与椭圆 $Q=$ 常数的主轴重合, 那么方程 (12c) 能够完全积分. 作正交变换

$$x = \xi\cos\phi - \eta\sin\phi, \quad y = \xi\sin\phi + \eta\cos\phi,$$

此处 ϕ 根据下式确定

$$Q = \frac{1}{2}\left(ax^2 + 2bxy + cy^2\right) = \frac{1}{2}\left(\alpha\xi^2 + \gamma\eta^2\right),$$

1) 我们不试图在此严格检验这一 '似乎有理' 的假设是合理的.

2) 我们可再来解释这些方程近似于被约束于曲面 $z = f(x, y)$ 之上并在曲面最小值点附近运动的质点在重力作用下的运动方程. 考虑到质点受重力 $(0, 0, -mg)$ 和与曲面垂直的反作用力 $(-\lambda f_x, -\lambda f_y, \lambda)$ (λ 是未定乘子) 的作用, 这里确切的运动方程是

$$\ddot{x} = -\lambda f_x, \quad \ddot{y} = -\lambda f_y, \quad \ddot{z} = -g + \lambda.$$

注意到

$$\ddot{z} = \frac{d^2 f}{dx^2} = f_x\ddot{x} + f_y\ddot{y} + f_{xx}\dot{x}^2 + 2f_{xy}\dot{x}\dot{y} + f_{yy}\dot{y}^2,$$

我们可消去 λ, 而且得到关于两个未知函数的方程

$$\ddot{x} = -\lambda f_x, \quad \ddot{y} = -\lambda f_y,$$

其中

$$\lambda = \frac{g + f_{xx}\dot{x}^2 + 2f_{xy}\dot{x}\dot{y} + f_{yy}\dot{y}^2}{1 + f_x^2 + f_y^2}.$$

如果 f 在原点取最小值, 并由二次型

$$f = \frac{1}{2}\left(\alpha x^2 + 2\beta xy + \gamma y^2\right) \tag{13a}$$

作近似. 则在原点附近, 忽略全部非线性项后, 得到形如 (12c) 的微分方程

$$\ddot{x} = -g(\alpha x + \beta y), \quad \ddot{y} = -g(\beta x + \gamma y). \tag{13b}$$

例如, 如果曲面是球面

$$z = L - \sqrt{L^2 - x^2 - y^2}$$

('长度为 L 的球面摆'), 我们得出

$$\ddot{x} = -\frac{g}{L}x, \quad \ddot{y} = -\frac{g}{L}y. \tag{13c}$$

其中 α,γ 是适当的正数[1]. 在新的直角坐标系 ξ,η 中, 运动方程 (12c) 变成

$$m\ddot{\xi}=-\alpha\xi,\quad m\ddot{\eta}=-\gamma\eta. \tag{14a}$$

与第一卷 (第 356 页) 一样, 这两个方程都能完全积分. 我们得到

$$\xi=A_1\sin\sqrt{\frac{\alpha}{m}}\,(t-c_1)\,,\quad \eta=A_2\sin\sqrt{\frac{\gamma}{m}}\,(t-c_2)\,, \tag{14b}$$

此处 c_1,c_2,A_1,A_2 是积分常数, 它们能使运动满足任何指定的初条件[2].

解的形式说明, 在稳定平衡位置附近的运动是由 ξ 和 η 两个主方向上的简谐振动叠加而成的, 振动的频率是 $\sqrt{\dfrac{\alpha}{m}}$ 和 $\sqrt{\dfrac{\gamma}{m}}$[3]. 这类振动的一般讨论证明, 复合运动可以取多种形式, 但在这里我们将不作这样的讨论.

举几个这类复合振动的例子. 我们首先考虑由方程

$$\xi=\sin(t+c),\quad \eta=\sin(t-c)$$

表示的运动. 消去时间 t, 得到方程

$$(\xi+\eta)^2\sin^2 c+(\xi-\eta)^2\cos^2 c=4\sin^2 c\cos^2 c,$$

它表示一个椭圆. 振动的两个分量有相同的频率 1 和相同的振幅 1, 但是位相差为 $2c$. 如果位相差连续取 0 到 $\dfrac{\pi}{2}$ 间的全体值, 对应的椭圆就从退化直线 $\xi-\eta=0$ 变到圆 $\xi^2+\eta^2=1$, 而振动从所谓线性振动变到圆振动 (参看图 6.1—图 6.3).

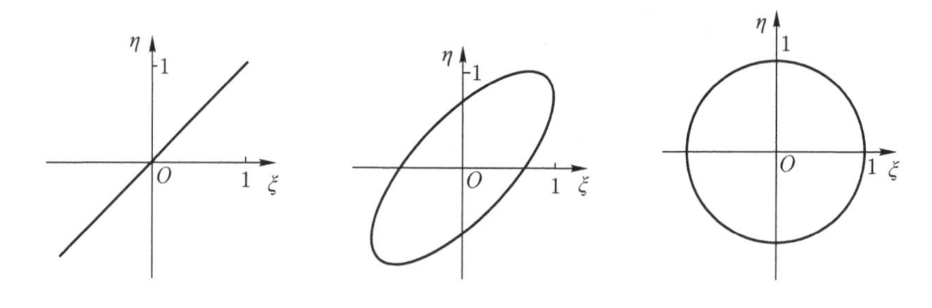

图 6.1—图 6.3 振动的简图

第二例, 如果考虑由方程

1) 我们立即看到, ϕ 是由方程

$$\tan 2\phi=\frac{2b}{a-c}$$

决定的. 由 Q 的正定性推出 α,γ 为正.

2) 有趣的是, 在不稳定平衡的情况下, 常数 α,γ 至少一个是负的, (14b) 中的三角函数要用双曲函数代替, 坐标 ξ,η 不能同时保持对所有的 t 有界.

3) 在球面摆 (13c) 的情形下, 两频率有相同的值 $\sqrt{\dfrac{g}{L}}$.

$$\xi = \sin t, \quad \eta = \sin 2(t-c)$$

表示的运动, 其中频率不再相等, 我们得到显然更复杂的振动图像. 图 6.4—图 6.6 分别给出位相差为 $c=0, c=\dfrac{\pi}{8}$ 和 $c=\dfrac{\pi}{4}$ 的曲线. 在前两种情况下, 质点在一条封闭曲线上连续运动, 但在最后一种情况下, 它在抛物线 $\eta = 2\xi^2 - 1$ 的弧上往复摆动. 两相交成直角的方向上的不同简谐振动叠加得到的曲线通常称为 Lissajous 图形.

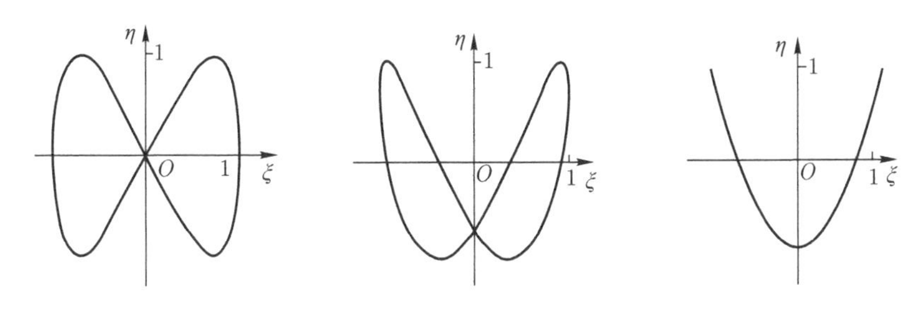

图 6.4—图 6.6 振动的简图

e. 行星运动[1]

在上面讨论的例题中, 运动微分方程能够直接 (或经简单的变换后) 被写成每一坐标仅出现在一个微分方程当中, 因而能用初等积分法来定解. 现在, 我们来考虑一种最重要的运动情况, 这时运动方程已不再能够分离成上述简单形式, 以至于在积分它们时多少包含着更复杂的计算. 所讨论的问题是从牛顿引力定律推导开普勒 (Kepler) 行星运动定律. 假设在坐标系的原点有一质量为 μ 的物体 (例如, 太阳), 每单位质量受它的万有引力是向量

$$\gamma\mu \operatorname{grad}\frac{1}{r}.$$

质量为 m 的质点 (一个行星) 在这个力场影响下怎样运动呢? 运动方程是 (见第 566 页)

$$\begin{aligned} \ddot{x} &= -\gamma\mu\frac{x}{r^3}, \\ \ddot{y} &= -\gamma\mu\frac{y}{r^3}, \\ \ddot{z} &= -\gamma\mu\frac{z}{r^3}. \end{aligned} \tag{15}$$

为了积分它们, 我们首先把能量守恒定律 (见第 568 页) 写成

1) 圆运动的特殊情形已在第一卷中讨论过.

$$\frac{1}{2}m\left(\dot{x}^2+\dot{y}^2+\dot{z}^2\right)-\frac{\gamma\mu m}{r}=C,$$

其中 C 在整个运动中是由初条件决定的常数.

从 (15) 能推出仅包含速度分量, 而不包含加速度分量的方程. 如果用 y 乘第一个运动方程, 用 x 乘第二个运动方程, 然后相减, 就得到

$$\ddot{x}y-y\ddot{x}=0 \quad 或 \quad \frac{d}{dt}(\dot{x}y-\dot{y}x)=0,$$

积分得

$$x\dot{y}-\dot{y}x=c_1,$$

类似地, 从其余运动方程得到[1)]

$$y\dot{z}-z\dot{y}=c_2, \quad z\dot{x}-x\dot{z}=c_3.$$

这些方程能够用从直觉的观点来看似乎很有道理的方法来极大地简化我们的问题. 不失一般性, 我们可选坐标系使运动开始时 (即 $t=0$ 时), 质点位于 x,y 平面上, 它的速度向量同时也在这平面上, 于是 $z(0)=0, \dot{z}(0)=0$, 将它们代入上面方程, 注意右端是常数, 可得

$$x\dot{y}-y\dot{x}=c_1=h, \tag{16a}$$

$$y\dot{z}-z\dot{y}=0, \tag{16b}$$

$$z\dot{x}-x\dot{z}=0. \tag{16c}$$

首先, 从这些方程可断言整个运动处于平面 $z=0$ 上. 由于, 自然要排除太阳和行星最初相碰的可能性, 应设三个坐标 (x,y,z) 最初不同时为 0, 从而在 $t=0$ 时, 由 $z(0)=0$ 我们有, 比如说, $x(0)\neq 0$. 现在, 从 (16c) 推知

$$\frac{d}{dt}\left(\frac{z}{x}\right)=-\frac{z\dot{x}-\dot{z}x}{x^2}=0,$$

因而, $z=ax, a$ 是常数. 如果在此取 $t=0$, 则由方程 $z(0)=0$ 和 $x(0)\neq 0$ 推知 $a=0$, 这样一来 z 永远是 0.

---

1) 应用向量概念也能得到这三个方程. 如果用定位向量 $\mathbf{R}$ 对运动方程两端作向量叉积, 由于力向量与定位向量同向, 于是右端得 0, 左端的表达式 $\mathbf{R}\times\ddot{\mathbf{R}}$ 是向量 $\mathbf{R}\times\dot{\mathbf{R}}$ 关于时间 t 的导数, 所以, 推出向量 $\mathbf{R}\times\mathbf{R}=\mathbf{C}$ 对时间有常数值; 这正与上面坐标方程所说明的一样.

正如我们见到的, 这个方程不依赖于我们特殊的问题, 而一般地适用于力与定位向量同向的每一运动.

向量 $\mathbf{R}\times\dot{\mathbf{R}}$ 称为*速度矩*, 而向量 $m\mathbf{R}\times\dot{\mathbf{R}}$ 称为运动的*动量矩*. 从向量叉积的几何意义容易得到刚才给出的关系式的下述直观解释 (参看正文中后面的讨论). 如果把运动质点投影到坐标平面上, 在第一坐标平面上考虑从原点到点的投影的向径在时间 t 内扫过的面积, 那么该面积与时间成比例 (*面积定理*).

因此, 问题化简为积分下列两个微分方程

$$\frac{1}{2}m\left(\dot{x}^2+\dot{y}^2\right)-\frac{\gamma\mu m}{r}=C, \tag{17a}$$

$$x\dot{y}-y\dot{x}=h. \tag{17b}$$

用 $x=r\cos\theta, y=r\sin\theta$ 把直角坐标 (x,y) 变到极坐标 (r,θ), 其中 r,θ 现在都是 t 的待定函数. 由

$$\dot{x}^2+\dot{y}^2=\dot{r}^2+r^2\dot{\theta}^2, \quad x\dot{y}-y\dot{x}=r^2\dot{\theta}$$

得到关于极坐标 r,θ 的两个微分方程

$$\frac{1}{2}m\left(\dot{r}^2+r^2\dot{\theta}^2\right)-\frac{\gamma\mu m}{r}=C, \tag{17c}$$

$$r^2\dot{\theta}=h. \tag{17d}$$

前一方程是能量守恒定理, 而后一方程表示了开普勒面积定律. 事实上表达式 $\frac{1}{2}r^2\dot{\theta}$ 是原点到质点的向径在时间 t 内扫过的面积关于时间的导数. 我们发现它是常数, 或者, 按照开普勒的说法, 向径在相等时间内扫过相等的面积.

如果面积常数 h 是 0, 则 $\dot{\theta}$ 必为 0, 即 θ 保持常数, 这样一来运动必然处于通过原点的一条直线上, 我们排除这种特殊情况, 特意假设 $h\neq 0$.

为求得轨道的几何形状, 我们将不再用时间作为参数来描述它[1], 而把角 θ 考虑成 r 的函数, 或把 r 作为 θ 的函数, 从上面两个方程, 我们来计算导数 $\frac{dr}{d\theta}$ 成为 r 的函数.

从面积方程得 $\dot{\theta}=h/r^2$, 代入能量方程, 并注意

$$\dot{r}=\frac{dr}{dt}=\frac{dr}{d\theta}\dot{\theta},$$

立即就有形如

$$\frac{m}{2}\left[\frac{h^2}{r^4}\left(\frac{dr}{d\theta}\right)^2+\frac{h^2}{r^2}\right]-\frac{\gamma\mu m}{r}=C$$

或

$$\left(\frac{dr}{d\theta}\right)^2=r^4\left(\frac{2C}{mh^2}+\frac{2\gamma\mu}{h^2}\cdot\frac{1}{r}-\frac{1}{r^2}\right) \tag{17e}$$

---

1) 运动过程作为时间的函数, 以后可用方程

$$\int_{\theta_0}^{\theta}r^2d\theta=h(t-t_0)$$

来确定, 其中设 r 是 θ 的已知函数 (参阅第 587 页).

的轨道微分方程.

为了简化以后的计算, 作变换

$$r=\frac{1}{u},$$

并引入以下的简写记号

$$\frac{1}{p}=\frac{\gamma\mu}{h^2},\quad \varepsilon^2=1+\frac{2Ch^2}{m\gamma^2\mu^2},$$

微分方程 (17e) 于是变成

$$\left(\frac{du}{d\theta}\right)^2=\frac{\varepsilon^2}{p^2}-\left(\dot{u}-\frac{1}{p}\right)^2,$$

而这可以直接积分, 得到

$$\theta-\theta_0=\int\frac{du}{\sqrt{\frac{\varepsilon^2}{p^2}-\left(u-\frac{1}{p}\right)^2}},$$

或, 如果这时引入新变量 $v=u-\dfrac{1}{p}$, 则

$$\theta-\theta_0=\int\frac{dv}{\sqrt{\left(\frac{\varepsilon}{p}\right)^2-v^2}},$$

我们 [按第一卷第 234 页公式 (24)] 得到积分的值是 $\arcsin(pv/\varepsilon)$, 故轨道方程形如

$$\frac{1}{r}-\frac{1}{p}=v=\frac{\varepsilon}{p}\sin(\theta-\theta_0).$$

由于从哪条固定直线开始计算角度 θ 是无关紧要的, 所以角 θ_0 可任意选取. 如果取 $\theta_0=\dfrac{\pi}{2}$——即, 如果取 $v=0$ 与 $\theta=\dfrac{\pi}{2}$ 相对应——我们最终得到形如

$$r=\frac{p}{1-\varepsilon\cos\theta}$$

的轨道方程, 这就是熟知的以原点为一个焦点的圆锥曲线的极坐标方程[1)].

因此, 得到开普勒定律:

1) 把方程变到直角坐标得

$$(x-\varepsilon a)^2+\frac{y^2}{1-\varepsilon^2}=a^2\left(a=\frac{p}{1-\varepsilon^2}\right)$$

就容易看出这一点.

行星沿以太阳为一焦点的圆锥曲线运动.

积分常数

$$p = \frac{h^2}{r\mu}, \quad \varepsilon^2 = 1 + \frac{2Ch^2}{m\gamma^2\mu^2}$$

与初始运动的关系是有趣的. 量 p 以圆锥曲线的半正焦弦或参数而闻名; 在椭圆和双曲线的情形, 它与半轴 a 和 b 以简单的关系式

$$p = \frac{b^2}{a}$$

相联系; 而离心率的平方 ε^2 决定了圆锥曲线的特征; 它是椭圆、抛物线或双曲线取决于 ε^2 小于、等于或大于 1.

从关系式

$$\varepsilon^2 = 1 + \frac{2Ch^2}{m\gamma^2\mu^2}$$

立刻看出三种不同的可能性也能用能量常数 C 来叙述: 轨道是椭圆、抛物线或双曲线, 视 C 小于、等于或大于 0 而定.

如果设 $t = 0$ 时, 质点在力场中的点 $\mathbf{R}_0$ 处, 并以初速度 $\dot{\mathbf{R}}_0$ 运动, 则关系式

$$C = \frac{1}{2}mv_0^2 - \frac{\gamma\mu m}{r_0}$$

给出令人惊奇的事实: 轨道的特征 —— 椭圆、抛物线, 或双曲线 —— 全然不依赖于初速度的方向, 而仅仅依赖于其绝对值 v_0 的大小.

开普勒第三定律是其他两个定律的简单推论:

沿椭圆轨道运行的行星, 其周期的平方与长半轴立方的比值为常数, 比值仅依赖于力场, 而不依赖于具体的行星.

如果以 T 表示周期, 以 a 表示长半轴, 则有

$$\frac{T^2}{a^3} = \text{常数},$$

式中右端的常数与具体问题无关, 仅依赖于吸引质量的大小和引力常数.

为证明这个结论, 要用面积定律 (17d) 的积分形式

$$\int_{\theta_0}^{\theta} r^2 d\theta = h\,(t - t_0)\,,$$

它把运动定义成时间的函数. 如果在从 0 到 2π 的区间上求积分, 我们在左端得到轨道椭圆的面积的两倍, 用以前的结果, 就是 $2\pi ab$; 在右端, 时间差 $t - t_0$ 应该用周期 T 代替. 于是

$$2\pi ab = hT \quad \text{或} \quad 4\pi^2a^2b^2 = h^2T^2.$$

我们已知 h^2 与轨道的 a, b 间有关系 $h^2/\gamma\mu = p = b^2/a$. 如果在上述方程中用 $(b^2/a)\gamma\mu$ 代替 h^2, 立即推得

$$\frac{T^2}{a^3} = \frac{4\pi^2}{\gamma\mu},$$

它正表达了开普勒第三定律.

练　习　6.1e

1. 详细讨论一个天体在直线轨道上的运动 [在方程 (17d) 中 $h = 0$].

2. 证明: 如果轨道是抛物线, 则在 $t \to +\infty$ 时行星速度趋向 0; 如果轨道是双曲线, 则在 $t \to +\infty$ 时行星速度趋向正的极限.

3. 证明: 受到指向中心 O 处的大小为 mr 的吸引力的物体沿以 O 为中心的椭圆运动.

4. 证明: 在极坐标 (r, θ) 中, 受到从中心 O 处的大小为 $f(r)$ 的排斥力的物体的轨道是

$$\theta = \int^r \frac{dr}{r^2\sqrt{2c/h^2 + 2\int^r f(r)dr/h^2 - 1/r^2}},$$

其中 f 是给定的函数.

5. 证明: 受从中心 O 处的一排斥力 $\dfrac{\mu}{r^3}$ 的物体的运行轨道方程是

$$\frac{1}{r} = \begin{cases} \dfrac{2c}{h^2k}\cos(k\theta + \varepsilon), & \text{当 } \mu < h^2, \\ \dfrac{2c}{h^2k}\cosh(k\theta + \varepsilon), & \text{当 } \mu > h^2, \end{cases}$$

设

$$k = \sqrt{\left|1 - \frac{\mu}{h^2}\right|},$$

而 ε 是积分常数.

6. 一行星在椭圆轨道上运动. $\omega = \omega(t)$ 表示角 $P'MP_s$, 其中 P' 是行星在时刻 t 的位置 P 在辅助圆的对应点, P_s 是与太阳 S 最接近的时刻 t_s 的位置; M 是椭圆中心. 证明 ω 与 t 满足开普勒方程

$$h\,(t - t_s) = ab(\omega - \varepsilon\sin\omega).$$

7. 证明: 在有心引力场中每单位质量受到的吸引力是

$$p = \frac{h^2}{q^3}\frac{dq}{dr},$$

其中 q 是从极点到轨道的切线的距离, h 是面积常数 (第 548 页). 由此证明, 极点对单位质量的吸引力等于 μr^{-4} 时, 运动轨道是心脏线 $r = a(1+\cos\theta)$.

8. 一单位质量的质点在两个力作用下运动. 一个力永远指向原点而大小等于从原点到质点距离的 λ^2 倍. 另一个力永远与质点的路径正交而大小等于速度的 2μ 倍. 证明: 如果质点从原点沿 x 轴以速度 u 出发, 则在以后任意时刻 t, 它的坐标是

$$x = \frac{u}{\sqrt{\lambda^2+\mu^2}}\sin\left(\sqrt{\lambda^2+\mu^2}t\right)\cos\mu t,$$

$$y = \frac{u}{\sqrt{\lambda^2+\mu^2}}\sin\left(\sqrt{\lambda^2+\mu^2}t\right)\sin\mu t.$$

9. 设平面上有 n 个固定的质点, 它们都产生大小为 $\dfrac{1}{r}$ 的有心吸引力. 证明: 一个质点在该力场中的平衡位置不多于 $n-1$ 个.

计算坐标为 $(a,b),(a,-b),(-a,b),(-a,-b)$ 四个吸引质点情况下的平衡位置, 其中 $a>b>0$.

f. 边值问题. 有载荷的缆与有载荷的梁

在前面讨论过的力学问题和其他例子中, 我们是在满足微分方程的整个函数族中按照所谓*初条件*去选出特殊的一个; 即, 我们适当选择积分常数使得解, 有时还有它的某些导数, 在一个固定点上取预先指定的值. 在很多应用问题中, 我们既不是寻求通解, 也不是解一定的初值问题, 而是要解所谓*边值问题*了. 在边值问题中要寻求在几个点上满足指定条件并在这些点间的区间上满足微分方程的解. 这里我们不进入边值问题的一般理论, 仅讨论几个典型的例子.

例 1. *有载荷的缆的微分方程.*

在直立的 x,y 平面上——其 y 轴是直立的——假设缆被水平分量为 S (常数) 的张力拉紧在原点和 $x=a, y=b$ 之间 (参看图 6.7). 缆受到的载荷在水平投影的单位长度上的密度是分段连续函数 $p(x)$. 于是, 微分方程

$$y'' = g(x), \quad g(x) = \frac{p}{S} \tag{18}$$

给出了缆的垂度 $y(x)$, 即 y 坐标. 因此, 缆的形状由这个方程的满足条件 $y(0)=0, y(a)=b$ 的那个解所给出. 由于线性函数 c_0+c_1x 是齐次方程 $y''=0$ 的通解,

而积分 $\int_0^x g(\xi)(x-\xi)d\xi$ 是非齐次方程在原点处连同一阶导数为 0 的解 [见第 68 页 (42)], 所以, 可立即写出这个边值问题的解: 在通解

$$y(x)=c_0+c_1x+\int_0^x g(\xi)(x-\xi)d\xi$$

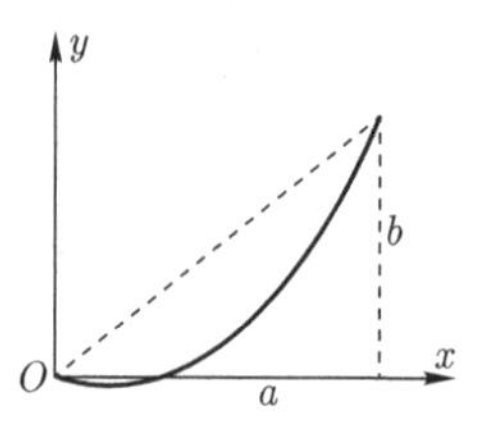

图 6.7 有载荷的缆

中, 由条件 $y(0)=0$ 立即得 $c_0=0$, 此外, 根据条件 $y(a)=b$, 通过方程

$$b=c_1a+\int_0^a g(\xi)(a-\xi)d\xi$$

就定出了 c_1.

实际上, 经常必须处理形式更复杂的这类边值问题, 那时缆不仅承受连续分布的载荷, 而且还受集中载荷的作用, 即载荷集中在缆的一个固定点上, 例如, 在点 $x=x_0$ 上. 这种集中载荷被考虑作为载荷 $p(x)$ 当 $\varepsilon\to 0$ 的一种理想的极限情形, 这里 $p(x)$ 仅作用在区间 $x_0-\varepsilon$ 到 $x_0+\varepsilon$ 上, 且总载荷

$$\int_{x_0-\varepsilon}^{x_0+\varepsilon} p(x)dx=P$$

在 $\varepsilon\to 0$ 的过程中保持是常数; 量 P 称为作用于 x_0 点的集中载荷[1]. 在取 $\varepsilon\to 0$ 的极限之前, 在从 $x_0-\varepsilon$ 到 $x_0+\varepsilon$ 的区间上去积分微分方程 $y''=p(x)/S$ 的两端, 易见

$$y'(x_0+\varepsilon)-y'(x_0-\varepsilon)=P/S$$

成立. 如果现在取极限 $\varepsilon\to 0$, 我们得到结论: 作用于点 x_0 的集中载荷对应着导

1) 通常把集中载荷纯形式地写成载荷分布

$$p(x)=P\delta(x-x_0),$$

其中 $\delta(x)$ 是广义函数 (所谓狄拉克 (Dirac) 函数):

$$\text{当 } x\neq 0 \text{ 时 } \delta(x)=0, \text{且} \int_{-\infty}^{+\infty}\delta(x)dx=1.$$

$\delta(0)$ 无定义. 显然, 任何 $\delta(0)$ 的有限值都与所提的其他条件不相容.

数 $y'(x)$ 在点 x_0 的一个大小为 P/S 的跳跃.

下面的例子说明集中载荷的出现怎样改变了边值问题. 设缆张拉在 $x=0,y=0$ 与 $x=1,y=1$ 两点之间, 仅在中点 $x=\dfrac{1}{2}$ 上受到大小为 P 的集中载荷. 这个物理问题对应于下述数学问题: 寻求一连续函数 $y(x)$, 它在区间 $0\leqslant x\leqslant 1$ 上除 $x_0=\dfrac{1}{2}$ 点外处处满足微分方程 $y''=0$; 它取边值 $y(0)=0,y(1)=1$; 并且它的导数在 x_0 有跳跃 P/S. 为求此解, 我们把它表示为

$$y(x)=ax+b\quad\left(0\leqslant x\leqslant\frac{1}{2}\right)$$

和

$$y(x)=c(1-x)+d\quad\left(\frac{1}{2}\leqslant x\leqslant 1\right),$$

条件 $y(0)=0,y(1)=1$ 给出 $b=0,d=1$. 从函数的两段在 $x=\dfrac{1}{2}$ 点应有同一值的条件, 得到

$$\frac{1}{2}a=\frac{1}{2}c+1.$$

最后, 由于要求 y 的导数在通过 $x=\dfrac{1}{2}$ 时增加 P/S, 给出条件

$$-c-a=P/S.$$

从这些条件得到

$$a=1-\frac{P}{2S},\quad b=0,\quad c=-1-\frac{P}{2S},\quad d=1,$$

并且找出了问题的解. 此外, 不存在具有相同性质的其他解.

例 2. 有载荷的梁[1].

有载荷的梁的处理是非常类似的 (参看图 6.8). 设梁的静止位置与横坐标 $x=0,x=a$ 之间的 x 轴重合. 则四阶线性微分方程

$$y''''=\varphi(x)\tag{19a}$$

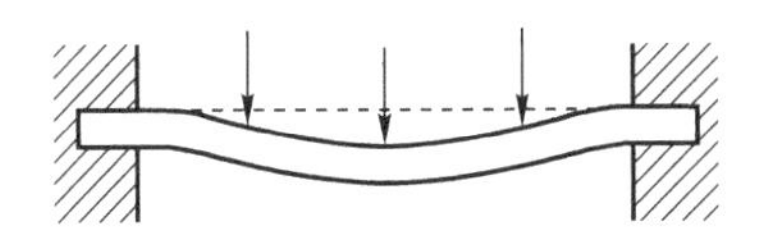

图 6.8 有载荷的梁

1) 关于有载荷的梁的理论, 参阅 Karman 和 Biot 的《工程中的数学方法》.

给出受沿 y 方向垂直作用才所产生的垂度 (垂直位移) $y(x)$, 其中右端 $\varphi(x)$ 是 $p(x)/EI$,$p(x)$ 是载荷密度, E 是梁材的弹性模量 (E 等于应力除以伸长率),I 是梁的横截面关于通过横截面质心的水平线的惯性矩.

可立即写出这个微分方程的通解 [见第 68 页 (42)]

$$y(x) = c_0 + c_1 x + c_2 x^2 + c_3 x^3 + \int_0^x \varphi(\xi) \frac{(x-\xi)^3}{3!} d\xi,$$

其中 c_0, c_1, c_2, c_3 是任意积分常数. 但是实际问题不是求通解, 而是求特解, 即决定积分常数使得 $y(x)$ 满足某些确定的边条件. 例如, 如果梁的端点被夹紧, 边条件就是

$$y(0) = 0, \quad y(a) = 0, \quad y'(0) = 0, \quad y'(a) = 0.$$

于是, 立刻得到 $c_0 = c_1 = 0$, 常数 c_2, c_3 可从方程组

$$c_2 a^2 + c_3 a^3 + \int_0^a \varphi(\xi) \frac{(a-\xi)^3}{3!} d\xi = 0.$$

$$2c_2 a + 3c_3 a^2 + \int_0^a \varphi(\xi) \frac{(a-\xi)^2}{2!} d\xi = 0$$

确定.

同样, 梁的集中载荷问题是重要的. 仍然把作用于点 $x = x_0$ 的集中载荷考虑成: 由在 $x_0 - \varepsilon$ 到 $x_0 + \varepsilon$ 的区间上连续分布的, 并使得

$$\int_{x_0-\varepsilon}^{x_0+\varepsilon} p(\xi) d\xi = P$$

在 $\varepsilon \to 0$ 的过程中始终保持常数值的载荷 $p(x)$ 当 ε 趋向于 0 时所产生的载荷. 那么, P 就是在 $x = x_0$ 的集中载荷的值. 完全同上例一样, 我们在从 $x_0 - \varepsilon$ 到 $x_0 + \varepsilon$ 的区间上去积分微分方程 (19a) 的两端, 然后让 $\varepsilon \to 0$. 可以看到: 解 $y(x)$ 的三阶导数在点 $x = x_0$ 必有跳跃:

$$y'''(x_0 + 0) - y'''(x_0 - 0) = \frac{P}{EI}, \tag{19b}$$

这里 $y(x_0 + 0)$ 表示 $y(x_0 + h)$ 当 h 通过正值趋向 0 的极限, $y(x_0 - 0)$ 是从左边的对应极限.

这样, 就提出了如下的数学问题: 我们要求 $y'''' = 0$ 的一个解, 使得它连同其一、二阶导数连续, 且

$$y(0) = y(1) = y'(0) = y'(1) = 0,$$

它的三阶导数除在 $x = x_0$ 有大小为 P/EI 的跳跃外也是到处连续的.

如果梁在点 $x = x_0$ 被固定 (参看图 6.9), 即, 如果在这点上垂度取预先指定的固定值 $y = 0$, 则我们能够认为这一约束是由作用在这点的一集中载荷来达到的. 根据作用与反作用相等的力学原理, 这个集中载荷的值等于被固定的梁受到的支持力. 所以, 这个力的大小 P 立刻由公式 [见 (19b)]

$$P = EI\left[y'''\left(x_0 + 0\right) - y'''\left(x_0 - 0\right)\right]$$

给出, 其中 $y(x)$ 在区间 $0 \leqslant x \leqslant 1$ 上除点 $x = x_0$ 外到处满足微分方程 $y'''' = P/EI$, 而且也满足条件

$$y(0) = y(1) = y'(0) = y'(1) = 0, \quad y\left(x_0\right) = 0,$$

还有 y, y', y'' 也在 $x = x_0$ 连续.

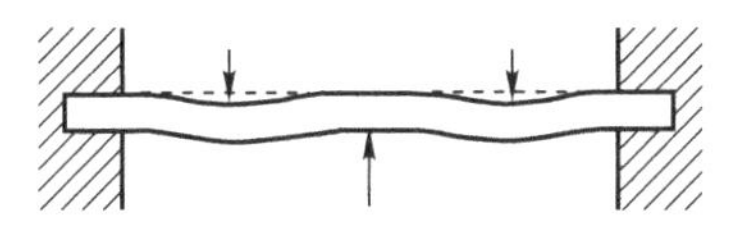

图 6.9　中点被支承的梁的垂度

为了说明这些想法, 考虑从点 $x = 0$ 伸展到 $x = 1$ 的梁, 端点 $x = 0$ 与 $x = 1$ 被夹紧, 承受密度为 $p(x) = 1$ 的均匀载荷, 并且在点 $x = \dfrac{1}{2}$ 处被支承 (参看图 6.9). 为简单起见, 假设 $EI = 1$, 于是, 除在 $x = \dfrac{1}{2}$ 外, 梁到处满足微分方程

$$y'''' = 1.$$

如公式所示, 这个微分方程的通解是 x 的四次多项式, x^4 的系数是 $1/4!$. 在两半区间的每一个上, 解都被表成这种类型的多项式. 在左半区间上我们把多项式写成

$$y = b_0 + b_1 x + b_2 x^2 + b_3 x^3 + \frac{1}{4!} x^4,$$

在右半区间上, 写成

$$y = c_0 + c_1(x-1) + c_2(x-1)^2 + c_3(x-1)^3 + \frac{1}{4!}(x-1)^4.$$

因为梁在两端 $x = 0$ 与 $x = 1$ 被夹紧, 所以推得

$$y(0) = y(1) = y'(0) = y'(1) = 0,$$

由此得到 $b_0 = b_1 = c_0 = c_1 = 0$. 此外, $y(x), y'(x), y''(x)$ 必须在 $x = \dfrac{1}{2}$ 连续, 即从两个多项式算出的 $y\left(\dfrac{1}{2}\right), y'\left(\dfrac{1}{2}\right), y''\left(\dfrac{1}{2}\right)$ 的值必须相同, 且 $y\left(\dfrac{1}{2}\right)$ 的

值必须是 0, 这给出

$$\frac{1}{4}b_2+\frac{1}{8}b_3+\frac{1}{384}=\frac{1}{4}c_2-\frac{1}{8}c_3+\frac{1}{384}=0,$$

$$b_2+\frac{3}{4}b_3+\frac{1}{48}=-c_2+\frac{3}{4}c_3-\frac{1}{48},$$

$$2b_2+3b_3=2c_2-3c_3.$$

由此可得 b_2,b_3,c_2,c_3 的值如下:

$$b_2=c_2=\frac{1}{96},\quad b_3=-c_3=-\frac{1}{24}.$$

为了在 $x=\frac{1}{2}$ 点不出现垂度, 在这点上必须作用于梁的力是

$$y'''\left(\frac{1}{2}+0\right)-y'''\left(\frac{1}{2}-0\right)$$

$$=\left(6c_3-\frac{1}{2}\right)-\left(6b_3+\frac{1}{2}\right)=-\frac{1}{2}.$$

6.2　一般的一阶线性微分方程

a. 分离变量法

称微分方程为一阶的, 如果它的两端包含 x 与 $y(x)$、函数 $y(x)$ 的一阶导数, 但不包含更高阶的导数. 这类方程最一般的形式是

$$F\left(x,y,y'\right)=0, \tag{20a}$$

其中 F 是它的三个变元 x,y,y' 的给定函数. 我们可以假设在 x,y 平面的某一区域内, 微分方程 (20a) 能唯一地解出 y', 从而可表成

$$y'=f(x,y). \tag{20b}$$

只能在特殊情况下求得微分方程 (20b) 的通解的显式公式[1]. 当 $f(x,y)$ 是 x 的函数与 y 的函数的商时, 即微分方程形如

$$y'=\frac{\alpha(x)}{\beta(y)} \tag{21a}$$

时是最简单的情况. 在这种情况下, 我们能够将变量 x,y "分离", 形式地把方程写成

1) 但是, 我们将要在第 604 页讨论, 在 f 有连续的一阶导数的情况下能够给出方程 (20b) 的解的通用的近似方法.

$$\beta(y)dy = \alpha(x)dx. \tag{21b}$$

引入普通求积法得到的两个不定积分

$$A(x) = \int \alpha(x)dx, \quad B(y) = \int \beta(y)dy, \tag{21c}$$

根据 (21a) 就有

$$\frac{dB(y)}{dx} = \frac{dB(y)}{dy} \cdot \frac{dy}{dx} = \beta(y) \cdot y' = \alpha(x) = \frac{dA(x)}{dx}.$$

由此推知对于 (21a) 的每一个解都有

$$B(y) - A(x) = c, \tag{21d}$$

其中 c 是常数 (依赖于解)[1]. 任给定 c 值, 可对 y 解出方程 (21d), 这样用求积法就得到了 (21a) 的需求的解.

实际上, 在引进微分方程的各种问题中 (见第一卷第 352 页, 第二卷第 575 页) 我们已经用过这种分离变量法了. 另一类可化为 (21a) 形式的微分方程是所谓齐次方程

$$y' = f\left(\frac{y}{x}\right). \tag{21e}$$

引进新未知函数 $z = \frac{y}{x}$, 就得到微分方程

$$z' = \frac{xy' - y}{x^2} = \frac{f(z) - z}{x},$$

它是变量分离的, 于是, 从关系式

$$\int \frac{dz}{f(z) - z} = \int \frac{dx}{x} + c = c + \log|x| \tag{21f}$$

可得通解, 其中 c 是常数. 我们用这个方程把 z 表成 x 的函数, 再令 $y = xz$ 就得要求之解.

以方程

$$y' = \frac{y^2}{x^2}$$

为例, 相应的 $f(z) = z^2$. 关系式 (21f) 此时变成

1) 在 (21d) 的求导中不用链式法则, 而且 (21b, c) 也可证明

$$d(B - A) = dB - dA = \beta dy - \alpha dx = 0,$$

因此, $B - A$ 是常数.

$$\int \frac{dz}{z^2 - z} = \log \frac{z-1}{z} = c + \log |x|.$$

因此

$$y = \frac{x}{1 - kx},$$

其中 $k = \pm e^c$ 是常数.

b. 一阶线性方程

称微分方程为线性的, 如果它能表成未知函数 y 及其导数的, 以 x 的给定函数为系数的线性关系式. 所以, 一般的一阶线性微分方程的形式为

$$y' + a(x)y = b(x), \tag{22a}$$

其中 $a(x)$ 与 $b(x)$ 为给定.

先设 $b = 0$, 则方程是变量分离的, 而且可写成

$$\frac{dy}{y} = -a(x)dx.$$

因此

$$\log |y| = -\int a(x)dx + 常数.$$

用 $A(x)$ 表示 $a(x)$ 的任一不定积分, 即任一以 $a(x)$ 为导数的函数, 我们就得到

$$y = ce^{-A(x)}, \tag{22b}$$

其中 c 是任意积分常数. 甚至当 $c = 0$ 时, 这个公式也给出一解, 即, $y = 0$.

如果 $b(x)$ 不恒为 0, 我们来寻求形如

$$y = u(x)e^{-A(x)} \tag{22c}$$

的解, 其中 A 的定义如前, $u(x)$ 必须适当地加以确定[1]. 代入 (22a) 得

$$y' + ay = u'e^{-A} - uA'e^{-A} + aue^{-A} = u'e^{-A} = b.$$

因此, 未知函数 u 必有导数

$$u' = b(x)e^{A(x)}.$$

于是

$$u = c + \int b(x)e^{A(x)}dx,$$

1) 用变量 u 代替 (22b) 中常数 c 的方法称为常数变易法 (参数变易法).

其中 c 是常数. 我们得到 (22a) 的解的表达式

$$y=e^{-A(x)}\left(c+\int b(x)e^{A(x)}dx\right), \tag{22d}$$

其中 c 是任意常数, 而

$$A(x)=\int a(x)dx. \tag{22e}$$

由于每一函数 y 都能写成带一适当函数 u 的 (22c) 的形式, 可见公式 (22d) 表示了 (222) 的最一般的解. 这样一来, 通解是由已知函数仅仅通过求幂和普通的积分过程得到的. 由于在 $A(x)$ 里或 (22d) 中不定积分里的常数的任何不同的选择都能用适当改变 c 来补偿, 所以, 实际上解仅含有一个任意常数.

例如, 对微分方程

$$y'+xy=-x$$

有

$$A(x)=\int xdx=\frac{1}{2}x^2,$$

$$\int b(x)e^{A(x)}dx=-\int xe^{\frac{x^2}{2}}dx=-e^{\frac{x^2}{2}},$$

于是, 得到通解

$$y=e^{-\frac{x^2}{2}}\left(c-e^{\frac{x^2}{2}}\right)=-1+ce^{-\frac{x^2}{2}}.$$

练　习　6.2

1. 用分离变量法积分下列方程:

(a) $(1+y^2)\,xdx+(1+x^2)\,dy=0$;

(b) $ye^{2x}dx-(1+e^{2x})\,dy=0$.

2. 解下列齐次方程:

(a) $y^2dx+x(x-y)dy=0$;

(b) $xydx+(x^2+y^2)\,dy=0$;

(c) $x^2-y^2+2xyy'=0$;

(d) $(x+y)dx+(y-x)dy=0$;

(e) $(x^2+xy)\,y'=x\sqrt{x^2-y^2}+xy+y^2$.

3. 证明: 形如

$$y' = \phi\left[\frac{ax+by+c}{a_1x+b_1y+c_1}\right] \quad (a, a_1, b, b_1, c, c_1 \text{ 为常数})$$

的微分方程可用下列方法化为齐次方程: 如果 $ab_1 - a_1b \neq 0$, 取新未知函数及新自变量为

$$\eta = ax+by+c, \quad \xi = a_1x+b_1y+c_1,$$

如果 $ab_1 - a_1b = 0$, 仅需把未知函数变作

$$\eta = ax+by$$

就能将方程化为变量分离的新方程.

4. 用上题的方法解:

(a) $(2x+4y+3)y' = 2y+x+1$;

(b) $(3y-7x+3)y' = 3y-7x+7$.

5. 积分下列一阶线性微分方程:

(a) $y' + y\cos x = \cos x \sin x$;

(b) $y' - \dfrac{ny}{x+1} = e^x(x+1)^n$;

(c) $x(x-1)y' + (1-2x)y + x^2 = 0$;

(d) $y' - \dfrac{2}{x}y = x^4$;

(e) $(1+x^2)\,y' + xy = \dfrac{1}{1+x^2}$.

6. 积分下面方程

$$y' + y^2 = \frac{1}{x^2}.$$

7. 伯努利 (Bernoulli) 方程形如

$$y' + f(x)y = g(x)y^n.$$

证明: 作变换

$$y = v\exp\left\{-\int f(x)dx\right\} = vF(x)$$

可将它变成分离变量的形式.

8. 积分下面方程

$$xy' + y(1-xy) = 0.$$

9. 用任一可行的方法解

$$y' + y\sin x + y^n \sin 2x = 0.$$

6.3 高阶线性微分方程

a. 叠加原理. 通解

前面讨论的很多例题都属于线性微分方程的类型. 未知函数 $u(x)$ 的微分方程称为 n 阶线性的, 如果它的形状为

$$u^{(n)}(x)+a_1u^{(n-1)}(x)+\cdots+a_nu(x)=\phi(x), \tag{23}$$

其中 $a_1, a_2, a_3, \cdots, a_n$ 与右端项 $\phi(x)$ 都是自变量 x 的给定函数. 我们把左端的表达式记成 $L[u]$ (L 是 '线性微分算子").

如果在考虑的区间内 $\phi(x)$ 恒为 0, 我们称方程是齐次的; 反之, 称它为非齐次的. 立即看出 (同第一卷第 570 页讨论的二阶常系数线性微分方程的特殊情况一样), 下面的叠加原理成立:

如果 u_1, u_2 是齐次方程的任意两个解, 则它们的每一线性组合 $u=c_1u_1+c_2u_2$, 其中系数 c_1, c_2 是常数, 也是一个解.

如果知道了非齐次方程 $L[u]=\phi(x)$ 的一个特解 $v(x)$, 则我们由 $v(x)$ 加上齐次方程的任意解可得全部其他的解.

对于 $n=2$ 和常系数 a_1, a_2, 在第一卷 (第 568 页) 我们已经证明: 齐次方程的每一解可通过适当选择的两个解 u_1, u_2 表成 $c_1u_1+c_2u_2$ 的形式. 对具有任意连续系数的任何齐次微分方程类似的定理成立.

首先, 我们根据下述定义来阐明所谓函数的线性相关和线性无关性: n 个函数 $\phi_1(x), \phi_2(x), \cdots, \phi_n(x)$ 是线性相关的, 如果存在不全为 0 的 n 个常数 $c_1, c_2, \cdots, c_n$, 使得方程

$$c_1\phi_1(x)+c_2\phi_2(x)+\cdots+c_n\phi_n(x)=0$$

恒成立, 即对考虑的区间内 x 的所有值成立. 如果, 例如, $c_n\neq 0$, 则 $\phi_n(x)$ 可表成

$$\phi_n(x)=a_1\phi_1(x)+\cdots+a_{n-1}\phi_{n-1}(x),$$

$\phi_n(x)$ 称为线性地依赖于其他函数. 如果形如

$$c_1\phi_1(x)+c_2\phi_2(x)+\cdots+c_n\phi_n(x)=0$$

的线性关系式不成立, 则 n 个函数 $\phi_i(x)$ 称为线性无关的[1).

1) 函数 $\phi(x)$ 的线性相关与向量的线性相关的定义是完全一样的 (见第 116 页). 事实上, 把定义在 x 轴的区间 l 上的函数 $\phi(x)$ 想象成 '有无穷多个分量的向量 ϕ" 常常是很方便的, 这里 l 中每一 x 对应的值 $\phi(x)$ 就是一个分量.

例 1. 函数 $1, x, x^2, \cdots, x^{n-1}$ 是线性无关的. 否则, 应存在常数 $c_0, c_1, \cdots, c_{n-1}$ 使得多项式

$$c_0 + c_1 x + \cdots + c_{n-1} x^{n-1}$$

对某区间内的所有 x 都为 0, 但是, 这是不可能的, 除非多项式的所有系数都是 0.

例 2. 设 $a_1 < a_2 < \cdots < a_n$, 则函数 $e^{a_i x}$ 为线性无关.

证: 假设对 $(n-1)$ 个这样的指数函数, 这命题已经证明为真. 于是, 如果

$$c_1 e^{a_1 x} + c_2 e^{a_2 x} + \cdots + c_n e^{a_n x} = 0$$

是 x 的恒等式, 我们用 $e^{a_n x}$ 除之, 并令 $a_i - a_n = b_i$, 便得到

$$c_1 e^{b_1 x} + c_2 e^{b_2 x} + \cdots + c_{n-1} e^{b_{n-1} x} + c_n = 0.$$

如果对 x 微商此方程, 则常数 c_n 就消失了, 并且得到一个表明 $(n-1)$ 个函数 $e^{b_1 x}, e^{b_2 x}, \cdots, e^{b_{n-1} x}$ 线性相关的方程, 从此推出 $e^{a_1 x}, e^{a_2 x}, \cdots, e^{a_{n-1} x}$ 也是线性相关的, 与原假设矛盾. 所以, n 个原来的函数之间不能有线性关系式.

例 3. 函数 $\sin x, \sin 2x, \sin 3x, \cdots, \sin nx$ 在区间 $0 \leqslant x \leqslant \pi$ 上为线性无关. 我们把证明留给读者 (第 594 页第 1 题); 要利用事实

$$\int_{-\pi}^{\pi} \sin mx \sin nx dx = \begin{cases} 0, & \text{当 } m \neq n \text{ 时}, \\ \pi, & \text{当 } m = n \text{ 时} \end{cases}$$

(参看第一卷).

如果我们假设函数 $\phi_i(x)$ 有直到 n 阶的连续导数, 则下述定理成立:

函数组 $\phi_i(x)$ 线性相关的必要且充分条件是方程

$$W = \begin{vmatrix} \phi_1(x) & \phi_2(x) & \cdots & \phi_n(x) \\ \phi_1'(x) & \phi_2'(x) & \cdots & \phi_n'(x) \\ \vdots & \vdots & & \vdots \\ \phi_1^{(n-1)}(x) & \phi_2^{(n-1)}(x) & \cdots & \phi_n^{(n-1)}(x) \end{vmatrix} = 0 \tag{24}$$

是 x 的恒等式. 函数 W 称为函数组的朗斯基 (Wronsky) 行列式[1].

如果假设

$$\sum c_i \phi_i(x) = 0,$$

1) 在这个和以后一个证明中, 假定读者了解行列式理论的初步知识, 注意朗斯基行列式的每一列是由函数 ϕ 及其 $1, 2, \cdots, n-1$ 阶导数构成的向量, 所以, 函数组的朗斯基行列式等于 0 表示对应的向量组为线性相关 (见第 150 页).

逐次求微商得出另外的方程

$$\sum c_i\phi_i'(x)=0,\cdots,$$
$$\sum c_i\phi_i^{(n-1)}(x)=0.$$

然而, 它们组成 n 个系数 $c_1,\cdots,c_n$ 满足的 n 个方程的齐次方程组. 因此, 方程组的行列式 W 必须是 0, 这就直接得到了条件的必要性.

条件的充分性, 即, 如果 $W=0$, 则函数组是线性相关的, 可证明如下: 从 W 为零可推知方程组

$$c_1\phi_1+\cdots+c_n\phi_n=0,$$
$$c_1\phi_1'+\cdots+c_n\phi_n'=0,$$
$$\cdots\cdots$$
$$c_1\phi_1^{(n-1)}+\cdots+c_n\phi_n^{(n-1)}=0$$

有非平凡解 $c_1,c_2,\cdots,c_n$ (见第 127 页), 其中 c_i 还可能是 x 的函数. 不失一般性, 可设 $c_n=1$. 进一步, 我们假设 $(n-1)$ 个函数 $\phi_1,\phi_2,\cdots,\phi_{n-1}$ 的朗斯基行列式 V 不是 0, 因为我们可设定理对 $(n-1)$ 个函数已得证明. 这样一来, 当 $V=0$ 时便知在 $\phi_1,\phi_2,\cdots,\phi_{n-1}$ 之间, 因而, 在 $\phi_1,\phi_2,\phi_3,\cdots,\phi_n$ 之间存在着线性关系式. 第一个方程关于 x 求微商[1] 并与第二式结合, 得到

$$c_1'\phi_1+c_2'\phi_2+\cdots+c_{n-1}'\phi_{n-1}=0;$$

类似地, 第二个方程求微商并与第三式结合, 得到

$$c_1'\phi_1'+c_2'\phi_2'+\cdots+c_{n-1}'\phi_{n-1}'=0,$$

等等, 直到

$$c_1'\phi_1^{(n-2)}+c_2'\phi_2^{(n-2)}+\cdots+c_{n-1}'\phi_{n-1}^{(n-2)}=0.$$

因为, 已假设这个方程组的行列式 V 不是零, 由此推知 $c_1',c_2',\cdots,c_{n-1}'$ 是零, 即 $c_1,c_2,\cdots,c_{n-1}$ 是常数. 因此, 方程

$$\sum_{i=1}^{n}c_i\phi_i(x)=0$$

同断言的一样, 表示一个线性关系式.

1) 容易看出系数 c_i 是 x 的连续可微函数, 因为如果行列式 V 不是零, 则它们能表成函数 ϕ_i 及其导数的有理式.

现在我们叙述线性微分方程的基本定理:

每一齐次线性微分方程

$$L[u]=a_0(x)u^{(n)}(x)+a_1(x)u^{(n-1)}(x)+\cdots+a_n(x)u(x)=0 \tag{25}$$

具有 n 个线性无关的解 $u_1,u_2,\cdots,u_n$. 每一其他的解 u 均可表示为这些基本解的叠加, 即表成[1] *带常系数 $c_1,c_2,\cdots,c_n$ 的线性表达式:*

$$u=\sum_{i=1}^{n}c_iu_i.$$

特别地, 用下述条件能够确定一基本解组. 在一指定点, 比如说 $x=\xi,u_1$ 的值是 1, 而 u_1 的直到第 $(n-1)$ 阶导数都是 0; $u_i(i>1)$ 和 u_i 的直到第 $(n-1)$ 阶导数, 除第 i 阶之外, 都是 0, 而第 i 阶导数的值是 1.

基本解组的存在性将从下面第 604 页证明的存在定理得到. 从刚刚证明的朗斯基条件 (24) 知任一解 u 与 $u_1,u_2,\cdots,u_n$ 间必存在线性关系, 这是因为从方程

$$\sum_{l=0}^{n}a_lu^{(n-l)}=0,$$

$$\sum_{l=0}^{n}a_lu_i^{(n-l)}=0\quad(i=1,2,\cdots,n)$$

能得出 $(n+1)$ 个函数 $u,u_1,u_2,\cdots,u_n$ 的朗斯基行列式必然是 0, 所以 $u,u_1,u_2,\cdots,u_n$ 线性相关. 由于 $u_1,u_2,\cdots,u_n$ 线性无关, 于是, u 线性依赖于 $u_1,\cdots,u_n$.

b. 二阶齐次微分方程

由于二阶微分方程有重要用处, 所以我们将更详细地来考察它.

设微分方程是

$$L[u]=au''+bu'+cu=0. \tag{26}$$

如果 $u_1(x),u_2(x)$ 构成基本解组, 于是 $W=u_1u_2'-u_2u_1'$ 是朗斯基行列式, 且 $W'=u_1u_2''-u_2u_1'$. 由于

$$L[u_1]=0\quad 和\quad L[u_2]=0,$$

1) 两个不同的基本解组 $u_1,\cdots,u_n;v_1,\cdots,v_n$ 能够借助线性变换

$$v_i=\sum_{k=1}^{n}c_{ik}u_k$$

互变, 其中系数 c_{ik} 是常数, 它们构成一行列式不为零的矩阵.

便有

$$u_1 L[u_2] - u_2 L[u_1] = aW' + bW = 0.$$

这是关于 W 的一阶线性方程. 按第 586 页公式 (22b), 它的通解是

$$W = ce^{-\int [b/a] dx}, \tag{27}$$

其中 c 是常数. 这个公式在进一步发展二阶微分方程的理论中用得很多.

值得提出的另一性质是二阶线性齐次微分方程总可变成一阶方程, 即所谓里卡蒂 (Riccati) 方程. 里卡蒂方程的形式为

$$v' + pv^2 + qv + r = 0,$$

其中 v 是 x 的函数. 令 $u' = uz$, 从而 $u'' = u'z + uz' = uz^2 + u'z$, 线性方程 (26) 就变成里卡蒂方程

$$az' + az^2 + bz + c = 0.$$

第三点注意: 如果我们知道二阶线性齐次微分方程的一个解 $v(x)$, 问题就简化为解一个一阶微分方程, 并且能用积分法解出. 特别地, 如果假设 $L[v] = 0$ 并令 $u = zv$, 其中 $z(x)$ 是待求的新函数, 我们得到 z 的微分方程

$$az''v + 2az'v' + bz'v' + zL[v] = avz'' + (2av' + bv) z' = 0.$$

但是, 这是关于未知函数 $z' = w$ 的线性齐次微分方程; 第 598 页公式 (22d) 给出它的解. 于是, 再积分一次就能从 w 得到因子 z, 因而, 也得到解 u[1].

例如, 二阶线性方程

$$y'' - 2\frac{y'}{x} + 2\frac{y}{x^2} = 0$$

等价于里卡蒂方程

$$z' + z^2 - \frac{2}{x}z + \frac{2}{x^2} = 0,$$

其中 $z = y'/y$. 原方程有 $y = x$ 为一特解. 因此, 它可化归一阶方程

$$v''x = 0,$$

其中 $v = y/x$. 这就有 $v = ax + b$. 所以, 原方程的通积分是

$$y = ax^2 + bx.$$

---

1) 观察由 v 和另一解 u 组成的朗斯基行列式 W 的公式 (27) 可得相同结果, 因为 W 和 v 已知, 方程 $W = vu' - v'u$ 表示 u 的一阶线性方程, 它能用积分法求解.

应当指出同样的方法完全能够用于把 n 阶线性微分方程化归为一个 $(n-1)$ 阶的方程, 如果前一方程的一个解是已知的话.

练 习 6.3b

1. 证明: 函数组 $\sin x, \sin 2x, \sin 3x, \cdots$ 在区间 $0 \leqslant x \leqslant \pi$ 上线性无关. 提示: 这些函数中的任何两个在区间上正交; 即如果 $m \neq n$, 则

$$\int_0^\pi \sin mx \sin nx dx = 0$$

(参看第一卷第 237 页).

2. 证明: 如果 $a_1, \cdots, a_k$ 是不相等的数, $P_1(x), \cdots, P_k(x)$ 是任意多项式 (不恒等于 0), 则函数组

$$\phi_1(x) = P_1(x)e^{a_1 x}, \cdots, \phi_k(x) = P_k(x)e^{a_k x}$$

线性无关.

3. 证明利用新未知函数 $z=y^{1-n}$ 可把所谓伯努利方程 (参看练习 6.2 第 7 题)

$$y' + a(x)y = b(x)y^n \quad (n \neq 1)$$

化归为线性微分方程. 用此法求解方程

(a) $xy' + y = y^2 \log x$;

(b) $xy^2(xy' + y) = a^2$;

(c) $(1 - x^2)y' - xy = axy^2$.

4. 证明里卡蒂方程

$$y' + P(x)y^2 + Q(x)y + R(x) = 0$$

能变成线性微分方程, 如果已知一特解 $y_1 = y_1(x)$. [引入新未知函数 $u = 1/(y - y_1)$.] 用此法解方程

$$y' - x^2y^2 + x^4 - 1 = 0,$$

它有特解 $y_1 = x$.

5. 求下列两个微分方程的公共积分

(a) $y' = y^2 + 2x - x^4$;

(b) $y' = -y^2 - y + 2x + x^2 + x^4$.

6. 利用第 5 题求得的特解, 用定积分求解方程

$$y' = y^2 + 2x - x^4.$$

在 x, y 平面上画出积分曲线和草图.

7. 设 y_1, y_2, y_3, y_4 是里卡蒂方程 (参看第 4 题) 的四个解. 证明表达式

$$\frac{\dfrac{y_1-y_3}{y_1-y_4}}{\dfrac{y_2-y_3}{y_2-y_4}}$$

是常数.

8. 证明: 如果已知里卡蒂方程的两个解 $y_1(x)$ 和 $y_2(x)$, 则通解是

$$y-y_1=c\,(y-y_2)\exp\left[\int P\,(y_2-y_1)\,dx\right],$$

其中 c 是任意常数.

方程

$$y'-y\,\mathrm{tg}\,x=y^2\cos x-\frac{1}{\cos x}$$

有形如 $a\cos^n x$ 的解, 从而求它的通解.

9. 证明: 方程

(a) $(1-x)y''+xy'-y=0$;

(b) $2x(2x-1)y''-(4x^2+1)\,y'+y(2x+1)=0$

有公共解. 把它求出来, 并因此完全解出两个方程.

10. 曲线在 P 点的切线与 y 轴交于原点 O 之下的点 T, 并且 $OP=n\cdot OT$. 证明: 曲线的极坐标方程形式为

$$r=a\frac{(1+\sin\theta)^n}{\cos^{n+1}\theta}.$$

c. 非齐次微分方程. 参数变易法

要解非齐次微分方程

$$L[u]=a_0u^{(n)}+\cdots+a_nu=\phi(x), \tag{28a}$$

一般说来, 在第 569 页讲过, 只要求得一个特解就够了. 这可进行如下: 首先, 适当选择常数 $c_1, c_2, \cdots, c_n$, 从而确定齐次方程 $L[u]=0$ 的满足条件

$$u(\xi)=0, u'(\xi)=0, \cdots, u^{(n-2)}(\xi)=0, u^{(n-1)}(\xi)=1 \tag{28b}$$

的一个解, 它依赖于参数 ξ, 记为 $u(x,\xi)$. 函数 $u(x,\xi)$ 与它对 x 的前 n 阶导数, 对于固定的 x 是 ξ 的连续函数. 例如, 微分方程 $u''+k^2u=0$ 满足条件 (28b) 的解 $u(x,\xi)$ 形为 $[\sin k(x-\xi)]/k$.

现在, 我们断言公式

$$v(x) = \int_0^x \phi(\xi)u(x,\xi)d\xi \tag{28c}$$

给出 $L[v] = \phi$ 的一个解, 它同其前 $(n-1)$ 阶导数在 $x = 0$ 点为零. 为了证实这个说法[1], 我们用积分对参数的微商法则 [参看第 68 页 (41)] 逐次求函数 $v(x)$ 对 x 的微商, 并回忆从 (28b) 得到的下述关系式:

$$u(x,x) = 0, \quad u'(x,x) = 0, \quad \cdots, \quad u^{(n-2)}(x,x) = 0, \quad u^{(n-1)}(x,x) = 1,$$

其中, 例如 $u'(x,x)$ 是 $\partial u(x,\xi)/\partial x$ 在 $\xi = x$ 的值.

这样一来, 我们得到

$$\begin{aligned}
v'(x) &= \phi(\xi)u(x,\xi)\big|_{\xi=x} + \int_0^x \phi(\xi)u'(x,\xi)d\xi \\
&= \int_0^x \phi(\xi)u'(x,\xi)d\xi, \\
v''(x) &= \phi(\xi)u'(x,\xi)\big|_{\xi=x} + \int_0^x \phi(\xi)u''(x,\xi)d\xi \\
&= \int_0^x \phi(\xi)u''(x,\xi)d\xi, \\
&\cdots\cdots \\
v^{(n-1)}(x) &= \phi(\xi)u^{(n-2)}(x,\xi)\big|_{\xi=x} + \int_0^x \phi(\xi)u^{(n-1)}(x,\xi)d\xi \\
&= \int_0^x \phi(\xi)u^{(n-1)}(x,\xi)d\xi, \\
v^{(n)}(x) &= \phi(\xi)u^{(n-1)}(x,\xi)\big|_{\xi=x} + \int_0^x \phi(\xi)u^{(n)}(x,\xi)d\xi \\
&= \phi(x) + \int_0^x \phi(\xi)u^{(n)}(x,\xi)d\xi.
\end{aligned}$$

因为 $L[u(x,\xi)] = 0$, 这就证实了方程 $L[v] = \phi(x)$ 和初条件 $v(0) = 0$, $v'(0) = 0, \cdots, v^{(n-1)}(0) = 0$ 成立.

用下述显然不同的方法——它推广了第 587 页对一阶方程用过的程序——可得到相同的解. 我们用齐次方程的线性无关解 u_i 的线性组合形式来寻找非齐次方程的解 u, 即

---

1) 可给这种方法以物理解释. 如果 $x = t$ 表示时间, u 表示受力 $\phi(x)$ 作用的沿直线运动的点的坐标, 该力的效应可认为是由小脉冲的小效应叠加而产生. 于是, 上面的解 $u(x,\xi)$ 对应于时刻 ξ 的大小为 1 的一个脉冲, 而我们的解给出了大小为 $\phi(\xi)$ 的脉冲在时间 0 到 x 之间的效应.

$$u = \sum \gamma_i(x) u_i(x), \tag{28d}$$

现在我们允许其中的系数 γ_i 是 x 的函数. 在这些函数上我们附加上下列条件:

$$\gamma_1' u_1 + \gamma_2' u_2 + \cdots + \gamma_n' u_n = 0$$

$$\gamma_1' u_1' + \gamma_2' u_2' + \cdots + \gamma_n' u_n' = 0$$

$$\cdots\cdots$$

$$\gamma_1' u_1^{(n-2)} + \gamma_2' u_2^{(n-2)} + \cdots + \gamma_n' u_n^{(n-2)} = 0.$$

由此得到 u 的导数有下列公式:

$$u' = \sum \gamma_i u_i'$$

$$u'' = \sum \gamma_i u_i''$$

$$\cdots\cdots$$

$$u^{(n-1)} = \sum \gamma_i u_i^{(n-1)}$$

$$u^{(n)} = \sum \gamma_i' u_i^{(n-1)} + \sum \gamma_i u_i^{(n)}.$$

把这些表达式代入微分方程并注意 $L[u] = \phi$, 便有

$$\sum \gamma_i' u_i^{(n-1)} = \phi(x).$$

对于系数 γ_i' 我们得到了一个方程组, 它的行列式就是基本解组 u_i 的朗斯基行列式 W, 因而不为 0. 这样一来, 就确定了系数 γ_i'. 所以, 用求积法也就确定了系数 γ_i. 把整个论述倒回去, 方程的一个解就确实被找到了, 但是, 由于在系数 γ_i 中隐含有积分常数, 所以, 事实上这就是通解.

我们让读者来证明: 如果把上面定义的齐次方程的解 $u(x,\xi)$ 表成

$$u(x,\xi) = \sum a_i(\xi) u_i(x),$$

则两种方法实际上是完全一样的.

后一种方法通称*参数变易法*, 因为, 这时解表为变系数的函数的线性组合, 而在齐次方程的情况下, 这些系数都是常数.

例 1. 考察方程

$$u'' - 2\frac{u'}{x} + 2\frac{u}{x^2} = xe^x.$$

在第 604 页上已给出对应的齐次方程

$$u'' - 2\frac{u'}{x} + 2\frac{u}{x^2} = 0$$

的一个独立解组是 $u_1 = x, u_2 = x^2$. 因而, 如果寻求形如

$$u = \gamma_1 x + \gamma_2 x^2$$

的解, 我们得到关于 γ_1 和 γ_2 的条件

$$\gamma_1' x + \gamma_2' x^2 = 0,$$

$$\gamma_1' + 2\gamma_2' x = xe^x.$$

即,

$$\gamma_1' = -xe^x, \quad \gamma_2' = e^x.$$

因此, 原非齐次方程的通解是

$$u = xe^x + c_1 x + c_2 x^2.$$

例 2. 作为应用我们给出处理强迫振动的一种方法, 这时微分方程的右端不必是第一卷第九章第 570 页考察的周期函数, 而可以用任意连续函数 $f(t)$ 来代替. 为了简单起见, 我们限于无摩擦的情况并取 $m = 1$ (或, 它与除以 m 是一回事). 通常, 微分方程写成

$$\ddot{x}(t) + k^2 x(t) = \phi(t), \tag{28e}$$

其中量 k^2 和 ϕ 以前称为 k 和 f.

按 (28c), 函数

$$F(t) = \frac{1}{k}\int_0^t \phi(\lambda)\sin k(t-\lambda)d\lambda$$

是微分方程 (28e) 的适合初条件

$$F(0) = 0, \quad F'(0) = 0$$

的解. 这样一来, 同前面一样, 我们得到微分方程的通解

$$x(t) = \frac{1}{k}\int_0^t \phi(\lambda)\sin k(t-\lambda)d\lambda + c_1 \sin kt + c_2 \cos kt,$$

其中 c_1 和 c_2 是任意积分常数.

特别地, 如果微分方程的右端函数是形为 $\sin\omega t$ 或 $\cos\omega t$ 的周期函数, 经过简单计算就能重新得到第一卷第九章第 572 页的结果.

练　习　6.3c

1. 积分下列方程:

(a) $y''' - y = 0$;

(b) $y''' - 4y'' + 5y' - 2y = 0$;

(c) $y''' - 3y'' + 3y' - y = 0$;

(d) $y''' - 3y'' + 2y = 0$;

(e) $x^2y'' + xy' - y = 0$.

2. 证明: 常系数线性齐次方程

$$L(y) = y^{(n)} + c_1 y^{(n-1)} + \cdots + c_{n-1}y' + c_n y = 0$$

有形为 $x^\mu e^{a_k x}$ 的基本解组, 其中 a_k 是多项式

$$f(z) = z^n + c_1 z^{n-1} + \cdots + c_n$$

的根.

3. 设

$$a_0 y + a_1 y' + \cdots + a_n y^{(n)} = P(x)$$

是 n 阶常系数线性非齐次微分方程, $P(x)$ 是多项式. 设 $a_0 \neq 0$ 并考虑形式恒等式

$$\frac{1}{a_0 + a_1 t + \cdots + a_n t^n} = b_0 + b_1 t + b_2 t^2 + \cdots .$$

证明

$$y = b_0 P(x) + b_1 P'(x) + b_2 P''(x) + \cdots$$

是微分方程的一个特解.

如果 $a_0 = 0$, 但 $a_1 \neq 0$, 则可有展开式

$$\frac{1}{a_1 t + a_2 t^2 + \cdots + a_n t^n} = bt^{-1} + b_0 + b_1 t + b_2 t^2 + \cdots$$

证明. 这时

$$y = b\int P(x)dx + b_0 P(x) + b_1 P'(x) + b_2 P''(x) + \cdots$$

是微分方程的一个特殊积分.

4. 用第 3 题的方法求特殊积分:

(a) $y'' + y = 3x^2 - 5x$;

(b) $y'' + y' = (1+x)^2$.

5. 设方程

$$a_0 y + a_1 y' + \cdots + a_n y^{(n)} = e^{kx} P(x)$$

中 $k, a_0, a_1, \cdots$ 是实常数, $P(x)$ 是多项式. 引进由

$$y = z e^{kx}$$

给出的新未知函数 $z = z(x)$, 并把第 3 题的方法用于 z 的方程, 就能求得原方程的一个特殊积分.

试用这种方法求下列方程的特殊积分:

(a) $y'' + 4y' + 3y = 3e^x$;

(b) $y'' - 2y' + y = xe^x$.

6. 完全解出方程

$$y'' - 5y' + 6y = e^x \left(x^2 - 3\right).$$

7. (a) 如果 u, v 是方程

$$f(x) y''' - f'(x) y'' + \phi(x) y' + \lambda(x) y = 0$$

的两个无关的解, 证明完全解是 $Au + Bv + Cw$, 其中

$$w = u \int \frac{v f(x) dx}{\left(uv' - u'v\right)^2} - v \int \frac{u f(x) dx}{\left(uv' - u'v\right)^2}$$

和 A, B, C 是任意常数.

(b) 解方程

$$x^2 \left(x^2 + 5\right) y''' - x \left(7x^2 + 25\right) y'' + \left(22x^2 + 40\right) y' - 30xy = 0,$$

已知它有形为 x^n 的解.

6.4 一般的一阶微分方程

a. 几何解释

我们开始考察一阶微分方程

$$F\left(x, y, y'\right) = 0, \tag{29}$$

假设函数 F 是它三个变元 x,y,y' 的连续可微函数. 从几何上来看, 这个方程乃是任何穿过平面上直角坐标为 (x,y) 的点, 且满足微分方程的曲线 $y(x)$ 在该点的切线方向的一个条件. 假设在平面上某区域 R 内, 比如说在一个矩形内, 微分方程 $F(x,y,y')=0$ 能唯一地解出 y', 则 y' 能表成形式

$$y'=f(x,y), \tag{30}$$

其中 $f(x,y)$ 是 x,y 的连续可微函数. 于是, 对于 R 的每一点 (x,y) 方程 (30) 指定了一个前进的方向. 所以从几何上来看, 微分方程由一方向场所表示, 而解微分方程就是寻求属于这个方向场的曲线, 即它在每一点的切线方向由方程 $y'=f(x,y)$ 所规定. 这种曲线称为*微分方程的积分曲线*.

通过 R 的每一点 (x,y) 有微分方程 $y'=f(x,y)$ 唯一的积分曲线, 这在直观上是似乎有理的. 在下述的基本存在定理中更确切地叙述了这个事实:

如果在微分方程 $y'=f(x,y)$ 中, 函数 f 在区域 R 内是连续的且有关于 y 的连续导数, 则通过 R 的每一点 (x_0,y_0) 有一条, 且仅有一条积分曲线; 即在 x_0 的一个邻域内微分方程有一个且仅有一个满足 $y(x_0)=y_0$ 的解 $y(x)$.

在第 604 页我们将回过来证明这个定理, 在此我们限于考察一些例题.

对于微分方程

$$y'=-x/y, \tag{31a}$$

比如说, 我们在区域 $y<0$ 内来考察它, 容易看出, 场在点 (x,y) 的方向与从原点到点 (x,y) 的向量垂直. 由此我们从几何上推知以原点为中心的圆弧必然是这个方程的积分曲线. 这个结果从分析上也非常容易得到证实, 用分离变量法 (第 597 页), 得

$$x^2+y^2=\text{常数}=c,$$

这说明这些圆弧是微分方程的解.

微分方程

$$y'=y/x \tag{31b}$$

的方向场在每点的方向显然与从原点到该点连线的方向一致. 这样一来, 过原点的直线属于这个方向场, 因而, 它们同样是积分曲线. 事实上, 我们立即看出 $y=cx$ 对任意常数 c 均满足微分方程[1].

用同样的方法, 我们能够用分析方法证实双曲线族

$$y^2=c+x^2,$$

1) 在原点上方向场不再唯一确定. 这与下述事实有关: 有无数条积分曲线通过微分方程的这个奇点.

$$y = c/x$$

分别满足微分方程

$$y' = \frac{x}{y} \quad (y \neq 0)$$

和

$$y' = -\frac{y}{x} \quad (x \neq 0),$$

其中 c 是用以指定族中特定曲线的参数.

基本定理说明, 一般说来, 一个单参数的函数族满足一阶微分方程. 在这样的族中 x 的函数不仅依赖于 x, 而且还依赖于一个参数 c, 例如, 依赖于 $c = y_0 = y(0)$; 如我们所说, 这些解依赖于一个任意的积分常数. 函数 $f(x)$ 的普通积分仅仅是在 $f(x,y)$ 中不包含 y 的微分方程解的特例. 因此, 方向场在一点的方向被 x 坐标单独决定, 我们立即看出把一条积分曲线沿 y 轴方向平移可得其他的积分曲线. 从分析上来看, 这对应于熟知的事实: y 的不定积分, 即微分方程 $y' = f(x)$ 的解包含一个任意加上的常数.

从微分方程的几何解释得出了一种积分曲线的近似图形的构造方法, 它与 x 的函数的不定积分的特殊情况是大致一样的 (第一卷第 422 页). 我们只需设想用一条折线来代替积分曲线, 折线每边的方向就是方向场在它的起点 (或它的任一别的点) 所规定的方向. 这样的折线可从 R 的任意点开始作起. 把折线的边长取得越小, 则折线的边将不仅只在它们的起点上, 而且在它们的整个长度上以更高的精确度符合微分方程的方向场. 在此, 我们不加证明地叙述一个事实: 当边长逐渐缩小时, 这样构作的折线可确实越来越好地逼近通过起始点的积分曲线.

b. 曲线族的微分方程. 奇解. 正交轨线

存在定理说明每一微分方程有一积分曲线族. 这启示我们问相反的问题. 是否对每一单参数曲线族 $\phi(x,y,c) = 0$ 或 $y = g(c,x)$ 必有对应的微分方程

$$F(x, y, y') = 0$$

使得族中全体曲线都满足它呢? 如果是这样, 又怎样求得这个微分方程呢? 这里, 本质的一点是曲线族的参数 c 不能在微分方程中出现, 所以, 微分方程在某种意义上就是曲线族的不包含参数的表示式. 事实上, 容易求得这样的微分方程. 在

$$\phi(x,y,c) = 0 \tag{32a}$$

中, 对 x 求微商, 我们得到

$$\phi_x + \phi_y \cdot y' = 0. \tag{32b}$$

如果从这个方程和方程 $\phi = 0$ 消去参数 c, 结果就是所求的微分方程. 在方程 $\phi = 0$ 能将参数 c 通过 x 和 y 解出的平面区域上, 总是能够消去 c 的, 我们只要把这样得到的表达式 $c = c(x, y)$ 代入 ϕ_x 和 ϕ_y 的表达式, 就得到了曲线族的微分方程.

作为第一个例子, 考察同心圆族 $x^2 + y^2 - c^2 = 0$, 对 x 微商此式, 得到微分方程

$$x + yy' = 0. \tag{32c}$$

这与第 601 页 (31a) 一样.

另一例是中心在 x 轴上的单位圆族 $(x - c)^2 + y^2 = 1$, 对 x 微商此式, 我们得到

$$(x - c) + yy' = 0,$$

再消去 c, 可得微分方程

$$y^2\left(1 + y'^2\right) = 1.$$

切于 x 轴的抛物线族 $y = (x - c)^2$ 通过方程 $y' = 2(x - c)$ 同样引导到所求的微分方程

$$y'^2 = 4y.$$

在后两例中, 我们看到不仅族中的曲线, 而且, 前者还有直线 $y = 1$ 和 $y = -1$, 后者还有 x 轴 $y = 0$ 都满足对应的微分方程. 这个能够立即从分析上证实的事实, 也可无须计算而从微分方程的几何意义得出. 这些线都是对应曲线族的包络, 由于包络在每点上与族中一条曲线相切, 所以, 它们在该点必然有方向场指定的方向. 这样一来, 积分曲线的每一包络本身也必须满足微分方程. 由单参数积分曲线族的包络构成的微分方程的解称为奇解.

设 R 是单参数曲线族 $\Phi(x, y) = c =$ 常数所覆盖的区域. 如果对于 R 的每一点 P, 规定的方向是通过 P 的曲线的切线方向, 我们就得到由微分方程 $y' = -\Phi_x/\Phi_y$ 所确定的方向场 [见 (32b)]. 另一方面, 如果对每一点 P 规定的方向是通过它的曲线的法线方向, 得到的方向场就由微分方程

$$y' = \Phi_y/\Phi_x$$

所确定.

这个微分方程的解称为原曲线族 $\Phi(x, y) = c$ 的正交轨线. 曲线 $\Phi = c$ (函数

Φ 的等值线) 与它的正交轨线处处相交成直角. 因此, 如果用微分方程 $y' = f(x,y)$ 给出一个曲线族, 我们无须求积给定的微分方程, 就能求得正交轨线族的微分方程是

$$y' = -\frac{1}{f(x,y)}.$$

在上面讨论的例 (31a) 中, 由圆族 $x^2+y^2=c^2$ 满足的微分方程, 我们求得正交轨线的微分方程是 $y'=y/x$. 因而, 正交轨线是通过原点的直线族 [见 (31b)].

如果 $p>0$, 共焦抛物线族 (参看第三章第 201 页) $y^2-2p\left(x+\dfrac{p}{2}\right)=0$ 满足微分方程

$$y' = \frac{1}{y}\left(-x+\sqrt{x^2+y^2}\right),$$

因此, 该曲线族的正交轨线的微分方程是

$$y' = \frac{-1}{\left(-x+\sqrt{x^2+y^2}\right)/y} = \frac{1}{y}\left(-x-\sqrt{x^2+y^2}\right).$$

这个微分方程的解是抛物线族

$$y^2-2p\left(x+\frac{p}{2}\right)=0,$$

其中 $p<0$; 这些是相互共焦, 而且还与前一族曲线共焦的抛物线.

c. 解的存在唯一性定理

现在来证明在第 600 页说过的微分方程 $y'=f(x,y)$ 的解的存在唯一性定理. 不失一般性, 假设对于所考虑的解 $y(x)$, 初条件 $y(x_0)=y_0$ 简化为 $y(0)=0$, 因为引进 $y-y_0=\eta$ 与 $x-x_0=\xi$ 作为新变量, 则可得到满足所需条件的同一类型的新微分方程 $d\eta/d\xi = f(\xi+x_0,\eta+y_0)$.

在证明中, 我们可限于在点 $x=0$ 的一个充分小的邻域内讨论. 如果在包含点 $x=0$ 的这样一个区间内已经证明了解的存在唯一性, 那么也就能证明在它的端点的一个邻域中的存在唯一性, 等等.

因此, 考虑含于函数 $f(x,y)$ 的定义域中的一个矩形 $|x|\leqslant a$, $|y|\leqslant b$. 存在界 M, M_1, 使得对于 $|x|\leqslant a, |y|\leqslant b$ 有

$$|f_y(x,y)|\leqslant M, \quad |f(x,y)|\leqslant M_1. \tag{32d}$$

如果有必要的话, 用一个更小的正数代替 a, 我们总能作到

$$M_1 a < b, \quad Ma < 1. \tag{32e}$$

不等式 (32d) 在更小的矩形上当然成立. 对于 $y' = f(x, y)$ 带有初条件 $y(0) = 0$ 的任一解 $y(x)$, 当 $|x| \leqslant a$ 时便有估计 $|y(x)| < b$. 若不然, 则存在值 ξ, 对它有 $|\xi| \leqslant a$, 且 $|y(\xi)| = b$. 于是存在一个绝对值最小的这样的 ξ. 因此, 关系式

$$b = |y(\xi)| = \left|\int_0^\xi f(x, y(x))dx\right| \leqslant M_1|\xi| \leqslant M_1 a < b$$

导致矛盾.

首先来证明微分方程的满足初条件的解不多于一个. 如果存在两个解 $y_1(x)$ 和 $y_2(x)$, 则它们的差 $d(x) = y_1 - y_2$ 满足

$$d'(x) = f(x, y_1(x)) - f(x, y_2(x)).$$

用中值定理, 方程右端能表成 $(y_1 - y_2) f_y(x, \overline{y}) = d(x) f_y(x, \overline{y})$ 的形式, 其中 $\overline{y}$ 是 y_1 与 y_2 的中间值. 在原点的邻域 $|x| \leqslant a$ 内, y_1 和 y_2 是 x 的连续函数, 并且在 $x = 0$ 取零值. 这里 b 是两函数的绝对值在该邻域内的上界, 所以在 $|x| \leqslant a$ 内处处有 $|\overline{y}| \leqslant b$. 而且, M 是 $|f_y|$ 在区域 $|x| \leqslant a, |y| \leqslant b$ 内的界. 最后, 设 D 是 $|d(x)|$ 在区间 $|x| \leqslant a$ 上的最大值. 假设这个值在 $x = \xi$ 取到. 那么, 对于 $|x| \leqslant a$,

$$|d'(x)| = |d(x) f_y(x, \overline{y})| \leqslant DM,$$

因此,

$$D = |d(\xi)| = \left|\int_0^\xi d'(x)dx\right| \leqslant |\xi|DM \leqslant aDM.$$

可是由于 $aM < 1$, 这推得 $D = 0$. 即, 在这样的区间 $|x| \leqslant a$ 中我们有 $y_1(x) = y_2(x)$ [1].

用类似的积分估计可得解的存在性的证明. 我们用一种还有其他重要应用 (特别是对于微分方程的数值解和对于映射的反演) 的方法来构造解. 这就是迭代法或逐次逼近法. 在这里, 我们得到的解是近似解序列 $y_0(x), y_1(x), y_2(x), \cdots$ 的极限函数. 取 $y_0(x) = 0$ 作第一次近似 $y_0(x)$, 利用微分方程, 取

$$y_1(x) = \int_0^x f(\xi, 0)d\xi$$

作第二次近似: 从它又可得到下一次近似 $y_2(x)$,

$$y_2(x) = \int_0^x f(\xi, y_1(\xi))\, d\xi,$$

一般地, 第 $(n+1)$ 次近似是从第 n 次近似用方程

1) 这个证明的根本思想是: 有界可积函数的积分值, 当积分区间长趋于零时, 与积分区间长以相同的阶变零.

$$y_n(x)=\int_0^x f\left(\xi, y_{n-1}(\xi)\right) d\xi \tag{33a}$$

得到的. 如果在区间 $|x| \leqslant a$ 中这个近似解的函数列一致收敛于极限函数 $y(x)$, 我们可立即在积分号下取极限并且得到极限函数的方程

$$y(x)=\int_0^x f(\xi, y(\xi)) d\xi. \tag{33b}$$

由此求微商得 $y'=f(x,y)$, 所以 y 确定是所求的解.

我们用下面的估计来证明在充分小的区间 $|x| \leqslant a$ 中的收敛性. 取 $y_{n+1}(x)-y_n(x)=d_n(x), D_n$ 表示 $|d_n(x)|$ 在区间 $|x| \leqslant a$ 上的最大值.

对于方程

$$d_n'(x)=y_{n+1}'-y_n'=f\left(x, y_n\right)-f\left(x, y_{n-1}\right),$$

中值定理给出

$$d_n'(x)=d_{n-1}(x) f_y\left(x, \bar{y}_{n-1}(x)\right), \tag{33c}$$

其中 $\bar{y}_{n-1}$ 是 y_n 与 y_{n-1} 的一个中间值. 设不等式 $|f_y(x,y)| \leqslant M, |f(x,y)| \leqslant M_1$ 在矩形区域 $|x| \leqslant a, |y| \leqslant b$ 上成立. 如果我们假设对函数 y_n 关系式 $|y_n| \leqslant b$ 在区间 $|x| \leqslant a$ 上成立, 则根据 y_{n+1} 的定义, 我们有

$$\begin{aligned}
\left|y_{n+1}(x)\right| &= \left|\int_0^x f\left(\xi, y_n(\xi)\right) d\xi\right| \\
&\leqslant |x| M_1 \leqslant a M_1.
\end{aligned}$$

于是, 选取 x 的界 a 这样小, 使得 $aM_1 \leqslant b$. 那么, 在区间 $|x| \leqslant a$ 中, 必定有 $|y_{n+1}(x)| \leqslant b$. 由于对于 $y_0(x)=0$ 显然有 $|y_0| \leqslant b$, 所以在区间 $|x| \leqslant a$ 中可用归纳法推出 $|y_n(x)| \leqslant b$ 对每个 n 都成立. 因此, 在 (33c) 中我们可用估计 $|f_y| \leqslant M$ 并积分得

$$\begin{aligned}
\left|d_n(x)\right| &= \left|\int_0^x d_n'(\xi) d\xi\right| \\
&\leqslant \left|\int_0^x M\right| d_{n-1}(\xi) | d\xi|.
\end{aligned}$$

这样一来, $|d_n(x)|$ 在区间 $|x| \leqslant a$ 上的最大值 D_n 以

$$D_n \leqslant a M D_{n-1}$$

为界.

现取 a 这样的小, 使得 $aM \leqslant q<1$, 其中 q 是一固定的适当的分数, 比如说

$q = \dfrac{1}{4}$. 那么 $D_{n+1} \leqslant qD_n \leqslant q^n D_0$.

让我们现在来考察级数

$$d_0(x) + d_1(x) + d_2(x) + \cdots + d_{n-1}(x) + \cdots.$$

它的前 n 项部分和是 $y_n(x)$. 当 $|x| \leqslant a$ 时第 n 项的绝对值不大于数 $D_0 q^{n-1}$. 因此, 我们的级数被一个收敛的数项几何级数所控制. 因此 (参看第一卷第 471 页), 在区间 $|x| \leqslant a$ 内它一致收敛于极限函数 $y(x)$, 这样一来, 我们看到存在一个区间 $|x| \leqslant a$, 在其中微分方程有唯一解.

现在留下的全部事情是证明: 可以一步一步地把解延拓到 (有界闭) 区域 R 的边界, 这里假设 $f(x,y)$ 在 R 中有定义. 迄今为止, 前述的证明指出: 如果解已被延拓到某一点, 则它能继续向前延拓一长度为 a 的 x 区间, 但是, 这个 a 依赖于已经建立的那部分区间的端点的坐标. 可以设想在进行中 a 逐步地缩小得这样迅速, 以至于无论作多少步, 解都不能再延拓得比一个小量更多. 我们将要证明, 情况不是这样.

假设 R' 是在 R 内部的一有界闭区域. 那么, 可求得数 b 如此之小, 使得对 R' 中每一点 (x_0, y_0), 整个正方形 $x_0 - b \leqslant x \leqslant x_0 + b$, $y_0 - b \leqslant y \leqslant y_0 + b$ 都在 R 之内. 如果用 M 和 M_1 表示 $|f_y(x,y)|$ 和 $|f(x,y)|$ 在 R 内的上界, 我们就可发现: 若取 a, 比如说, 是数 $b, M/2$ 和 b/M_1 中的最小者, 则在前述证明中加给 a 的全部条件必定都是满足的. 这就不再依赖于 (x_0, y_0) 了. 因此, 每步我们都能够把解延拓一个不变的量 a. 这样, 我们能够一步一步地前进, 直到 R' 的边界. 由于 R' 可选为 R 中的任意闭区域, 可见解能延拓到 R 的边界[1)].

练 习 6.4

1. 设

$$f(x,y,c) = 0$$

是一平面曲线族. 从它与方程

$$\frac{\partial f}{\partial x} + \frac{\partial f}{\partial y} y' = 0$$

1) 在定理中, R 是有界闭域而不是, 比如说, 整个 x, y 平面, 这是本质的. 这可从微分方程

$$y' = 1 + y^2$$

得到证实, 其中 $f(x,y)$ 对于所有的 x, y 有定义和连续可微. 方程具有初条件 $x = 0$ 时 $y = 0$ 的唯一解是函数 $y = \tan x$ $\left(当\ |x| < \dfrac{\pi}{2}\ 时\right)$. 尽管 $f(x,y)$ 对一切 x 和 y 都是合乎要求的, 但解在 $x = \pm\dfrac{\pi}{2}$ 不再存在. 按照已经证明的一般定理, 解的图形在消失之前, 越出给定的 R 的任何有界闭子集, 例如, 任一矩形 $|x| \leqslant a, |y| \leqslant b$. 函数 $y = \tan x$ 或者在整个区间 $|x| \leqslant a$ 存在, 或者存在但在某一子区间上其绝对值变得大于 b.

之间消去常数 c, 得到曲线族的微分方程

$$F\left(x, y, y'\right)=0$$

(参看第 603 页). 又设 $\phi(p)$ 是 p 的给定函数; 满足微分方程

$$F\left(x, y, \phi\left(y'\right)\right)=0$$

的曲线 C 称为曲线族 $f(x, y, c)=0$ 的轨线. 第二和第三个方程指明

$$y'=\phi\left(Y'\right)$$

是 C 在任一给定点的斜率 Y' 与通过该点的曲线 $f(x, y, c)=0$ 的斜率 y' 之间的关系式. 最重要的情形是 $\phi(p)=-1/p$, 它引导出曲线族的正交轨线的微分方程 (参看第 604 页)

$$F\left(x, y,-\frac{1}{y'}\right)=0.$$

用此法求下列曲线族的正交轨线:

(a) $x^{2}+y^{2}+c y-1=0$;

(b) $y=c x^{2}$;

(c) $\dfrac{x^{2}}{a^{2}+c}+\dfrac{y^{2}}{b^{2}+c}=1\ (a>b>0,-b^{2}<c<\infty)$;

(d) $y=\cos x+c$;

(e) $(x-c)^{2}+y^{2}=a^{2}$.

在每种情形下画出两正交曲线族的图像.

2. 对于直线族 $y=c x$ 求两族轨线: (a) 轨线的斜率是直线斜率的二倍; (b) 轨线的斜率与直线斜率相等而反号.

3. 类型为

$$y=x p+\psi(p), \quad p=y'$$

的微分方程组首先由克莱罗 (Clairaut) 研究. 求微商得

$$\left[x+\psi'(p)\right] \frac{d p}{d x}=0,$$

它给出 $p=c=$ 常数, 所以

$$y=x c+\psi(c)$$

是微分方程的通积分; 它表示一直线族. 另一解是

$$x=-\psi'(p)$$

它与

$$y = -p\psi'(p) + \psi(p)$$

一起给出叫做奇积分的参数表达式. 注意, 由后两个方程给出的曲线是直线族的包络.

用此法求方程

(a) $y = xp - \dfrac{p^2}{4}$;

(b) $y = xp + e^p$

的奇解.

4. 求悬链线

$$y = a\cosh\frac{x}{a}$$

的切线的微分方程.

5. 拉格朗日研究了最一般的对 x 与 y 为线性的微分方程, 即

$$y = x\phi(p) + \psi(p).$$

求微商, 我们得

$$p = \phi(p) + [x\phi'(p) + \psi'(p)]\frac{dp}{dx},$$

只要 $\phi(p) - p \neq 0$ 和 p 不是常数, 它就与线性微分方程

$$\frac{dx}{dp} + \frac{\phi'(p)}{\phi(p) - p}x + \frac{\psi'(p)}{\phi(p) - p} = 0$$

等价. 求积分, 并用第一个方程, 可得通积分的参数表达式. 从第二个方程可见方程 $\phi(p) - p = 0, p =$ 常数引导出若干表示直线的奇解.

对这些解可作几何解释如下: 考察克莱罗方程

$$y = xp + \psi\left[\phi^{-1}(p)\right],$$

其中 $\phi^{-1}(p)$ 是 $\phi(p)$ 的反函数, 即 $\phi^{-1}(\phi(p)) \equiv p$. 由此可见微分方程的解是直线族

$$y = xc + \psi\left[\phi^{-1}(c)\right]$$

或

$$y = x\phi(c) + \psi(c) \quad (c = \text{常数})$$

的轨线族. 这样一来, 例如

$$y=-\frac{x}{p}+\psi(p)$$

就是代表克莱罗方程

$$y=xp+\psi\left(-\frac{1}{p}\right)$$

的奇积分的曲线的渐开线 (切线的正交轨线) 的微分方程.

利用此法积分下述方程

$$y=x(p+a)-\frac{1}{4}(p+a)^2.$$

6. 如果可能的话, 用初等函数表出下列微分方程的积分:

(a) $\left[\frac{dy}{dx}\right]^2=1-y^2$;　　(c) $\left[\frac{dy}{dx}\right]^2=\frac{2a-y}{y}$;

(b) $\left[\frac{dy}{dx}\right]^2=\frac{1}{1-y^2}$;　　(d) $\left[\frac{dy}{dx}\right]^2=\frac{1-y^2}{1+y^2}$.

在每一情况下画出积分曲线族的图形, 并从图中找出奇解来, 如果有的话.

7. 积分齐次方程

$$[xy'-y]^2=[x^2-y^2]\cdot\left[\arcsin\frac{y}{x}\right]^2$$

并求奇解.

8. 如同第 3 题指出, 一条曲线是它的切线族的包络, 因此, 它是切线族满足的克莱罗方程的奇积分. 由此, 查明何种曲线满足下列性质, 并求出对应的克莱罗方程:

(a) 切线与 x 轴和 y 轴的截距之和是常数;

(b) 切线被坐标轴截下的线段的长度是常数;

(c) 切线与坐标轴包围的面积是常数.

6.5　微分方程组和高阶微分方程

上面的论证能推广到 x 的未知函数的个数跟方程个数一样多的一阶微分方程组. 作为足够一般化的例子, 我们将考察两个函数 $y(x)$ 与 $z(x)$ 的两个微分方程的方程组

$$y'=f(x,y,z),$$

$$z'=g(x,y,z),$$

其中 f 和 g 都是其变元的连续可微函数. 这个微分方程组可解释成 x, y, z 空间中的一个方向场. 在空间点 (x, y, z) 处规定一个方向, 它的方向余弦满足比例式 $dx : dy : dz = 1 : f : g$. 微分方程组求积分的问题在几何上也相当于在空间求属于这个方向场的曲线. 与一个微分方程的情况一样, 我们也有基本定理: 对于已知函数 f 与 g 连续可微区域 R 中的每一点 (x_0, y_0, z_0) 有且仅有一条微分方程组的积分曲线通过[1]. 区域 R 被双参数空间曲线族所覆盖. 由此可得微分方程组的解是两个函数 $y(x)$ 和 $z(x)$, 它们不仅依赖于自变量 x, 也依赖于两个任意参数 c_1 与 c_2, 即积分常数.

因为高阶微分方程, 即, 出现有高于一阶导数的微分方程, 总能够化成一阶微分方程组, 所以后者特别重要.

例如, 二阶微分方程

$$y'' = h(x, y, y')$$

可写成两个一阶的微分方程组. 我们只需取 y 对 x 的一阶导数作新未知函数 z, 则可写成微分方程组

$$y' = z,$$
$$z' = h(x, y, z).$$

它与给定的二阶微分方程在这种意义下正好等价, 即, 一个问题的每一个解同时是另一个问题的解.

读者可以此为起点去讨论二阶线性微分方程, 从而证明在第 592 页用过的线性微分方程的基本存在定理.

练　习　6.5

1. 解下列微分方程:

(a) $y'y'' = x$;

(b) $2y'''y'' = 1$;

(c) $xy'' - y' = 2$;

(d) $2xy'''y'' = y''^2 - 2$.

---

1) 对于 $x_0 = y_0 = z_0 = 0$, 利用起着单个关系式 (33a) 的同样作用的递推公式

$$y_{n+1}(x) = \int_0^x f(\xi, y_n(\xi), z_n(\xi))\, d\xi,$$
$$z_{n+1}(x) = \int_0^x g(\xi, y_n(\xi), z_n(\xi))\, d\xi$$

和适当的迭代方案可重新给出证明.

2. 形为

$$f(y, y', y'') = 0$$

的微分方程 (注意 x 不以显式出现) 能用下列方法化归为一阶方程: 选取 y 作自变量, $p = y'$ 作未知函数. 于是

$$y' = p, \quad y'' = \frac{dp}{dx} = \frac{dp}{dy} \cdot \frac{dy}{dx} = p'p,$$

而微分方程变成 $f(y, p, pp') = 0$.

用此法解下列方程:

(a) $2yy'' + y'^2 = 0$;

(b) $yy'' + y'^2 - 1 = 0$;

(c) $y^3 y'' = 1$;

(d) $y'' - y'^2 + y^2 y' = 0$;

(e) $y'''' = (y''')^{\frac{1}{2}}$;

(f) $y'''' + y'' = 0$.

3. 用第 2 题的方法解下述问题: 在平面曲线 Γ 的动点 M 处作 Γ 的法线; 记法线与 x 轴的交点为 N, 并记 Γ 在点 M 的曲率中心为 C. 寻求曲线使得

$$MN \cdot MC = \text{常数} = k.$$

讨论 $k > 0$ 和 $k < 0$ 各种可能的情况, 并作图.

4. 求所有圆

$$x^2 + y^2 + 2ax + 2by + c = 0$$

满足的三阶微分方程.

6.6 用待定系数法求积分

最后, 我们还要讲述另一种经常能用于解微分方程的一般方法. 这就是利用幂级数求积分的方法. 设微分方程

$$y' = f(x, y)$$

中的函数 $f(x, y)$ 能展成变量 x 和 y 的幂级数, 从而具有关于 x 和 y 的任意阶的导数. 我们试图寻求微分方程的幂级数形式的解

$$y = c_0 + c_1 x + c_2 x^2 + \cdots,$$

并通过微分方程来确定这个幂级数的系数[1]. 为此, 我们从建立微商级数

$$y' = c_1 + 2c_2x + 3c_3x^2 + \cdots$$

着手, 并在 $f(x, y)$ 的幂级数中用 y 的幂级数表达式代替 y, 然后令左端与右端 x 的同次幂系数相等 (待定系数法). 于是, 如果任意给定值 $c_0 = c$, 我们就可期望相继地确定系数

$$c_1, c_2, c_3, c_4, \cdots .$$

不过, 下面的过程通常是比较简单和更为巧妙的. 假设我们要求方程满足 $y(0) = 0$ 的解, 即积分曲线通过原点的解. 于是 $c_0 = c = 0$. 如果我们想起泰勒定理, 幂级数的系数是用表达式

$$c_\nu = \frac{1}{\nu!} y^{(\nu)}(0)$$

给出的, 我们就能够容易地算出它们. 首先, $c_1 = y'(0) = f(0, 0)$. 为了得到第二个系数 c_2, 我们关于 x 微商方程式的两端, 得到

$$y'' = f_x + f_y \cdot y'.$$

如果这里代入 $x = 0$ 和已知值 $y(0) = 0$ 和 $y'(0) = f(0, 0)$, 我们得到值 $y''(0) = 2c_2$. 用同样的方法, 我们可以继续这个过程一个接一个地定出其他系数 $c_3, c_4, \cdots$.

如果 $f(x, y)$ 的幂级数在 $x = 0, y = 0$ 为中心的某圆内绝对收敛, 那么就可证明这个过程总可得出一个解. 这里, 我们将不予证明.

练　习　6.6

1. 试求下列微分方程通过指定点的解到指定项数的幂级数展开式:

(a) $y' = x + y, k$ 项, 过 $(0, a)$ 点;

(b) $y' = \sin(x + y)$, 四项, 过 $\left(0, \dfrac{\pi}{2}\right)$ 点;

(c) $y' = e^{xy}$, 四项, 过 $(0, 0)$ 点;

(d) $y' = \sqrt{x^2 + y^2}$, 四项, 过 $(0, 1)$ 点.

2. 用幂级数求解方程

$$y'' + \frac{1}{x} y' + y = 0,$$

且 $y(0) = 1, y'(0) = 0$. 证明: 这个函数与 4.12 节 (第 412 页) 第 7 题定义的贝塞尔函数 $J_0(x)$ 恒等.

1) 于是这幂级数的前若干项构成解的多项式逼近.

6.7 电荷引力的位势和拉普拉斯方程

我们在前面已经讨论过的一元函数的微分方程, 通常称为常微分方程, 以表示它仅仅包含 '普通的" 导数, 即一元函数的导数. 但是, 在分析学和它的应用的很多分支中, 多元函数的偏微分方程, 即, 未知函数的偏导数与变量间的方程, 起着重要的作用. 在这里我们将论及有关拉普拉斯微分方程的某些典型应用.

我们已经考察了质点依牛顿引力定律产生的力场, 并且把它表成位势 Φ 的梯度 (参看第四章第 380 页). 在本节中我们要稍微详细地研究位势[1].

a. 质量分布的位势

作为前面考察过的情况的推广, 我们现在取 m 为正的或负的质量或电荷. 在通常的牛顿引力定律中是不涉及负质量的, 但在电学理论中, 电荷代替了质量, 我们要区分正电荷与负电荷; 在这里, 电荷的库仑引力定律同质量的引力定律有相同的形式. 如果电荷 m 集中在空间的一点 (ξ,η,ζ), 我们称表达式 m/r, 其中

$$r=\sqrt{(x-\xi)^2+(y-\eta)^2+(z-\zeta)^2}$$

是这个质量在点 (x,y,z) 的位势[2]. 把若干不同的源或极点 (ξ_i,η_i,ζ_i) 的这种位势加起来, 跟过去一样 (参看第 380 页), 我们得到质点组或点电荷组的位势

$$\Phi=\sum_i\frac{m_i}{r_i}.$$

表达式 $\mathbf{f}=\gamma\,\mathrm{grad}\,\Phi$ 给出了对应的力场, 其中 γ 是不依赖于质量及其位置的常数.

对于不是集中在孤立点, 而是以密度 $\mu(\xi,\eta,\zeta)$ 连续地分布在 ξ,η,ζ 空间中一个确定区域 R 内的质量, 我们定义这一质量分布的位势为

$$\Phi=\iiint\frac{\mu}{r}d\xi d\eta d\zeta. \tag{34a}$$

如果质量是以面密度 μ 分布在曲面 S 之上, 这个曲面的位势是面积分

$$\iint\frac{\mu(u,v)}{r}d\sigma, \tag{34b}$$

积分取在曲面 S 上, $d\sigma$ 是面积元素.

对于沿曲线分布质量的位势, 我们照样得到形式为

1) 一大批文献是专门研究分析学的这一重要分支的 (例如, 见 O.D. Kellogg《位势理论基础》, Frederick Ungar Publ. Co.).

2) 我们可以称这是质量的一个位势. 它加上任一常数而得的函数同样也可称为质量的位势, 因为它将给出同一个力场.

$$\int \frac{\mu(s)}{r} ds \tag{34c}$$

的表达式, 其中 s 是这条曲线的弧长, $\mu(s)$ 是质量的线密度.

对于每种位势, 由 $\Phi =$ 常数定义的 Φ 的同值曲面表示等势面[1)].

线分布位势的一个例子是, 由线密度 μ 为常数, 分布在 z 轴上的线段 $-l \leqslant z \leqslant l$ 上的质量产生的位势. 在平面 $z=0$ 上我们考虑以 (x,y) 为坐标的点 P. 为简单起见, 我们引入 $\rho = \sqrt{x^2+y^2}$, 即原点到点 P 的距离. 于是在 P 的位势是

$$\Phi(x,y) = \mu \int_{-l}^{l} \frac{dz}{\sqrt{\rho^2+z^2}} + C.$$

这里我们对积分加了常数 C, 它不影响这个位势产生的力场. 右端的不定积分可按第一卷 [第 251 页] 算出, 我们得到

$$\int \frac{dz}{\sqrt{\rho^2+z^2}} = \operatorname{arcsinh} \frac{z}{\rho} = \log \frac{z+\sqrt{z^2+\rho^2}}{\rho},$$

所以 x,y 平面上的位势是

$$\Phi(x,y) = 2\mu \log \frac{l+\sqrt{l^2+\rho^2}}{\rho} + C.$$

为了得到沿两端方向无限延伸的线的位势, 我们对常数 C 赋值 $-2\mu\log 2l$[2)], 因此得到

$$\Phi(x,y) = 2\mu \log \frac{l+\sqrt{l^2+\rho^2}}{2l} - 2\mu \log \rho.$$

如果现在令长度 l 无限增大, 即, 如果令线的长度趋向无穷, 表达式 $\left\{l+\sqrt{l^2+\rho^2}\right\}/2l$ 趋向 1, 对于 $\Phi(x,y)$ 的极限值我们得到表达式

$$\Phi(x,y) = -2\mu \log \rho. \tag{35a}$$

所以我们看出, 除去因子 -2μ 外, 表达式

$$\log \rho = \log \sqrt{x^2+y^2} \tag{35b}$$

是质量均匀分布的垂直于 x,y 平面的直线的位势. 这里的等势曲面是圆柱面

$$\rho = \sqrt{x^2+y^2} = \text{常数}.$$

1) 每一点具有力向量的方向的曲线称为力线. 因为在这里力有 Φ 的梯度方向, 所以力线就是处处与等势面相交为直角的曲线. 于是, 我们看出由单个极点或有限个极点产生的位势所对应的力线族如像从源泉一样从这些极点发出. 例如, 在单个极点的情况, 力线是简单地通过该极点的直线.

2) 我们作此选择是为了使位势 Φ 在 $l \to \infty$ 的极限过程中保持有界.

在第 382 页上, 我们已经算过常密度 (即单位面积上的质量) 为 μ 的球面的位势. 我们发现中心在原点、半径为 a 的球面在点 $P=(x,y,z)$ 的位势是

$$\Phi=\frac{4\pi a^2}{r}\mu \quad (r>a), \tag{36a}$$

$$\Phi=4\pi a\mu \quad (r<a), \tag{36b}$$

其中

$$r=\sqrt{x^2+y^2+z^2} \tag{36c}$$

是原点到点 P 的距离. 密度为 μ 的球体的位势可利用把球分解为半径为 a, 面密度为 μda 的球面而得到. 因此, 半径为 A 的球体的位势可把公式 (36a, b) 关于 a 从 0 到 A 求积分得到. 我们发现 (参看第 383 页)

$$\Phi=\frac{4\pi A^3}{3r}\mu \quad (r>A), \tag{37a}$$

$$\Phi=\left(2\pi A^2-\frac{2}{3}\pi r^2\right)\mu \quad (r<A). \tag{37b}$$

球体对 P 点上单位质量产生的相应的引力

$$\mathbf{f}=\gamma\,\mathrm{grad}\,\Phi \tag{37c}$$

指向原点, 其大小为

$$\begin{aligned}&\frac{4\pi A^3}{3r^2}\gamma\mu, \quad \text{当 } r>A,\\ &\frac{4\pi r}{3}\gamma\mu, \quad \text{当 } r<A.\end{aligned} \tag{37d}$$

除了先前考察过的分布外, 位势理论也要处理所谓*双层位势*, 我们用下述方法来得到它: 我们假设点电荷 M 和 $-M$ 分别位于点 (ξ,η,ζ) 和 $(\xi+h,\eta,\zeta)$, 这一对电荷的位势由

$$\Phi=\frac{M}{\sqrt{(x-\xi)^2+(y-\eta)^2+(z-\zeta)^2}} -\frac{M}{\sqrt{(x-\xi-h)^2+(y-\eta)^2+(z-\zeta)^2}}$$

给出. 如果我们让两极点间的距离 h 趋向 0, 同时让电荷 M 无限增大, 而使 M 总是等于 $-\mu/h$, 其中 μ 是常数, 那么 Φ 趋向极限

$$\mu\frac{\partial}{\partial\xi}\left(\frac{1}{r}\right).$$

我们称这个表达式为以 ξ 方向为轴和以 μ 为"矩"的偶极子或对偶的位势. 在物理上, 它表示彼此非常接近的一对相等和反号的电荷的位势. 同样, 我们能把偶极子的位势表成

$$\mu\frac{\partial}{\partial\nu}\left(\frac{1}{r}\right)$$

的形式, 其中 $\partial/\partial\nu$ 表示沿任意的偶极子的轴向 ν 的方向微商.

如果我们设想偶极子以矩密度 μ 布满曲面 S, 且设在每点偶极子轴都是曲面的法方向, 则我们得到形如

$$\iint_S \mu(\xi,\eta,\zeta)\frac{\partial}{\partial\nu}\left(\frac{1}{r}\right)d\sigma$$

的表达式, 其中 $\partial/\partial\nu$ 表示沿曲面的法方向的微商 (跟过去一样, 我们可以选择该法线的随便哪一个方向), r 是从点 (x,y,z) 到曲面上的动点 (ξ,η,ζ) 的距离. 这一双层位势也可考虑成依下面方法产生: 在曲面的每一侧距离为 h 处我们构作曲面, 我们给其中一曲面的面密度为 $\mu/2h$, 而给另一曲面的面密度为 $-\mu/2h$. 这两层曲面一起在外点产生的位势, 当 $h\to 0$ 时就趋向上述表达式.

b. 位势的微分方程

我们将假设在所有表达式中, 所考虑的点 (x,y,z) 是空间中没有电荷的一个点, 所以被积函数和它关于 x,y,z 的导数是连续的. 根据这个假设我们得到所有上述的位势满足的一个关系式, 即, *拉普拉斯方程*

$$\Phi_{xx}+\Phi_{yy}+\Phi_{zz}=0, \tag{38a}$$

它可简写成

$$\Delta\Phi=0 \tag{38b}$$

用简单的计算容易证实 (第 52 页), 表达式 $1/r$ 满足这个方程. 因为我们能在积分号下求关于 x,y,z 的微商, 所以对于从 $1/r$ 用求和或求积分法构成的所有其他的表达式也满足这个方程[1]. 由于可交换微分次序[2], 我们发现单个偶极子的位势满

1) 注意积分号下求微商只当 $r\neq 0$, 即在没有电荷的区域中才合理. 否则拉普拉斯方程不再成立, 例如: 在球体内, 按 (37b), 它的位势满足方程

$$\Delta\Phi=\Delta\left(2\pi A^2-\frac{2}{3}\pi r^2\right)\mu=-4\pi\mu\neq 0.$$

2) 记住微分号 $\partial/\partial\nu$ 是对变量 (ξ,η,ζ) 而言的, 表达式 Δ 是对变量 (x,y,z) 而言的. 附带地, 当把函数 $1/r$ 考虑成六个变量 (x,y,z,ξ,η,ζ) 的函数时, 它对两组变量对称, 因此, 关于变量 (ξ,η,ζ) 也满足拉普拉斯方程

$$\Phi_{\xi\xi}+\Phi_{\eta\eta}+\Phi_{\zeta\zeta}=0.$$

足方程式

$$\Delta \frac{\partial}{\partial \nu}\left(\frac{1}{r}\right) = \frac{\partial}{\partial \nu}\Delta \frac{1}{r} = 0. \tag{38c}$$

因而, 双层位势也满足这个微分方程.

我们容易验证垂直线的位势 $\log \sqrt{x^2+y^2}$ 满足拉普拉斯方程 (也可参看第五章第 493 页). 因为这不再依赖变量 z, 所以它也满足更简单的二维拉普拉斯方程

$$\Phi_{xx} + \Phi_{yy} = 0. \tag{38d}$$

它们以及有关的偏微分方程的研究, 形成了分析学的最重要的分支之一. 我们指出: 位势理论并不总是主要针对寻找方程 $\Delta\Phi = 0$ 的通解, 而宁可说是针对存在性的问题和那些满足指定条件的解的研究. 所以, 位势理论的一个中心问题是边值问题, 在那里我们要找出 $\Delta\Phi = 0$ 的解 Φ, 使它及其直到二阶导数在区域 R 中连续, 并且它在 R 的边界上取指定的连续的值.

c. 均匀双层位势

我们在这里不可能详细地研究位势函数[1], 即满足拉普拉斯方程 $\Delta u = 0$ 的函数. 在这个课题中高斯定理和格林定理 (第 518, 524 页) 是主要使用的工具之一. 因此, 通过一些例子来指明怎样进行这类研究也就够了.

我们首先考察以常数 $\mu = 1$ 为矩密度的双层位势, 即, 形如

$$V = \iint_S \frac{\partial}{\partial \nu}\left(\frac{1}{r}\right) d\sigma \tag{39}$$

的一个积分. 它有简单的几何意义. 我们假设从坐标为 (x, y, z) 的 P 点能够 '看到" 双层曲面上的每一点, 意即它同 P 点能用与曲面不在别处相交的直线连接起来. 曲面 S 连同其边界点与 P 点相连接的射线族构成了空间的一个锥形区域 R. 现在, 我们可以说, 除了也许差一符号外, 均匀双层位势等于曲面 S 的边界与 P 点所对的立体角. 这个立体角, 我们理解为以 P 点为中心的单位球面上被从 P 点引向 S 边界的射线切下部分的面积. 当射线穿过曲面的方向与正的法线方向 ν 相同时, 我们给立体角以正号, 反之, 给它负号.

为了证此, 我们记住, 函数 $u = 1/r$, 当不仅考虑成 x, y, z 的函数, 而且也是 (ξ, η, ζ) 的函数时, 仍旧满足拉普拉斯方程

$$\Delta u = u_{\xi\xi} + u_{\eta\eta} + u_{\zeta\zeta} = 0.$$

---

1) 也称为调和函数.

我们把坐标为 (x, y, z) 的点 P 固定下来, 用 (ξ, η, ζ) 来标记锥形区域 R 中的直角坐标; 我们用半径为 ρ、中心为 P 的小球切掉 R 的顶点; 剩余的区域记为 R_ρ. 对于函数 $u = 1/r$ (在区域 R_ρ 中看成 (ξ, η, ζ) 的函数) 运用格林公式 (第五章第 524 页)

$$\iiint\limits_{R_\rho} \Delta u d\xi d\eta d\zeta = \iint\limits_{S'} \frac{\partial u}{\partial n} d\sigma.$$

这里 S' 是 R_ρ 的边界, 而 $\partial/\partial n$ 表示沿外法向的微商. 因为 $\Delta u = 0$, 左端是零[1). 如果我们选取 S 上的正法向 ν 与外法向 n 相重合, 右端的曲面积分由三部分组成: (1) 在曲面 S 上所取的曲面积分

$$\iint\limits_{S} \frac{\partial}{\partial n}\left(\frac{1}{r}\right) d\sigma = \iint\limits_{S} \frac{\partial}{\partial \nu}\left(\frac{1}{r}\right) d\sigma,$$

这就是 (39) 中考察的表达式 V; (2) 在射线构成的侧面上所取的积分; (3) 半径为 ρ 的小球表面的一部分 Γ_ρ 上所取的积分. 第二部分是零, 由于法方向 n 与径向垂直, 因此它与 $r =$ 常数的球面相切. 对于半径为 ρ 的球的内部符号 $\partial/\partial n$ 等于 $-\partial/\partial\rho$, 因为外法线方向指向 r 的值减小的方向. 于是, 我们得到方程

$$V - \iint\limits_{\Gamma_\rho} \frac{\partial}{\partial \rho}\left(\frac{1}{\rho}\right) d\sigma = 0$$

或

$$V = -\frac{1}{\rho^2} \iint\limits_{\Gamma_\rho} d\sigma,$$

这里右端的积分取在属于 R_ρ 的边界的小球面的那部分 Γ_ρ 上. 现在我们把半径为 ρ 的球面上的面积元素写成 $d\sigma = \rho^2 d\omega$ 的形式, 其中 $d\omega$ 是单位球面的面积元素, 于是得到

$$V = -\iint d\omega.$$

右端的积分取在射线构成的锥体内部的单位球面上的那部分上, 我们立即看到右端确有上述的几何意义; 它与视角的大小反号是因为 S 的法方向选成从锥形区域

1) 从格林定理的这个形式推知: 一般说来, 当函数 u 在闭曲面内处处满足拉普拉斯方程 $\Delta u = 0$ 时, 在此闭曲面上所取的曲面积分

$$\iint \frac{\partial u}{\partial n} d\sigma$$

永远是零.

R 指向外部[1]. 反之, 就取正号.

如果曲面 S 相对于 P 的位置不是上述的简单情形, 而是通过 P 的某些射线与它相交几次, 为了看出上面的说法也完全成立, 我们只要把曲面分成若干简单类型的部分即可. 因此, 有界曲面的均匀双层位势 (矩为 1), 除也许差一符号外, 等于从该点 (x, y, z) 去看曲面边界时所成"视角"的大小.

对于闭曲面, 把它分成两个有界的部分后, 我们看出: 如果 P 点在外部则表达式等于零, 如果 P 点在内部则表达式等于 -4π.

类似的推导证实: 在两个自变量的情形下, 沿曲线 C 的积分

$$\int_C \frac{\partial}{\partial \nu}(\log r) ds$$

除可能差符号外, 等于曲线相对于坐标为 (x, y) 的 P 点的张角.

与空间对应的结果一样, 这个结果又作如下几何解释. 设坐标为 (ξ, η) 的点 Q 位于曲线 C 上, 则 $\log r$ 在点 Q 沿曲线的法方向的导数为

$$\frac{\partial}{\partial \nu}(\log r) = \frac{\partial}{\partial r}(\log r) \cos(\nu, r) = \frac{1}{r} \cos(\nu, r),$$

其中符号 (ν, r) 表示法线与半径向量 r 的方向之间的夹角. 另一方面, 当写成极坐标 (r, θ) 时, 曲线的弧元素 ds 形如

$$ds = \sqrt{\dot{x}^2 + \dot{y}^2} d\theta = \frac{r\sqrt{\dot{x}^2 + \dot{y}^2}}{-\dot{y}x + \dot{x}y} r d\theta = \frac{r d\theta}{\cos(\nu, r)}$$

(参看第一卷第 308 页), 所以积分变成

$$\int \frac{\partial}{\partial \nu}(\log r) ds = \int \frac{1}{r} \cos(\nu, r) \frac{r d\theta}{\cos(\nu, r)} = \int d\theta.$$

右端最后一个积分就是该角的分析表达式.

d. 平均值定理

作为格林变换的第二个应用, 我们证明下面的位势函数的平均值性质:

设 u 在某区域 R 中满足微分方程 $\Delta u = 0$. 则位势函数在任何完全位于区域 R 内的半径为 r 的球的中心 P 上的值等于函数 u 在该球表面 S_r 上的平均值; 即,

$$u(x, y, z) = \frac{1}{4\pi r^2} \iint_{S_r} \overline{u} d\sigma, \tag{40a}$$

其中 $u(x, y, z)$ 是在中心 P 的值, 而 $\overline{u}$ 是在半径为 r 的球的表面 S_r 上的值.

1) 这里的负号可如此解释: 随着法线方向这样选择, 负电荷应放在曲面向着 P 点的那一侧.

对此, 我们进行如下证明: 设 S_ρ 是半径为 $0<\rho\leqslant r$, 与 S_r 同心, 且在其内部的球面, 由于 $\Delta u=0$ 在 S_ρ 内部处处成立, 按第 619 页脚注得到

$$\iint\limits_{S_\rho}\frac{\partial u}{\partial n}d\sigma=0,$$

其中 $\partial u/\partial n$ 是 u 沿 S_ρ 的外法线方向的导数. 如果 (ξ,η,ζ) 是流动坐标, 并引进以 (x,y,z) 为极点的球坐标

$$\xi-x=\rho\cos\phi\sin\theta,\quad \eta-y=\rho\sin\phi\sin\theta,\quad \zeta-z=\rho\cos\theta,$$

上面的方程变成

$$\iint\limits_{S_\rho}\frac{\partial u(\rho,\theta,\phi)}{\partial\rho}d\sigma=0.$$

由于球面 S_ρ 的面积元素 $d\sigma$ 等于 $\rho^2 d\overline{\sigma}$, 其中 $d\overline{\sigma}$ 是单位球面 S 的面积元素 [参看第 372 页 (30e)], 我们发现

$$\iint\limits_{S}\frac{\partial u}{\partial\rho}d\overline{\sigma}=0,$$

其中积分区域不再依赖于 ρ. 因此

$$\int_0^r d\rho\iint\limits_{S}\frac{\partial u}{\partial\rho}d\overline{\sigma}=0,$$

再交换积分次序并对 ρ 求积分, 我们有

$$\iint\limits_{S}\{u(r,\theta,\phi)-u(0,\theta,\phi)\}d\overline{\sigma}=0.$$

由于 $u(0,\theta,\phi)=u(x,y,z)$ 不依赖于 θ 和 ϕ, 于是

$$\iint\limits_{S}u(r,\theta,\phi)d\overline{\sigma}=u(x,y,z)\iint\limits_{S}d\overline{\sigma}=4\pi u(x,y,z).$$

因为

$$\iint\limits_{S}u(r,\theta,\phi)d\overline{\sigma}=\frac{1}{r^2}\iint\limits_{S_r}u(r,\theta,\phi)d\sigma,$$

其中右端的积分是取在曲面 S_r 上的, 所以 u 的平均值性质得证.

用完全同样的方法可证, 满足拉普拉斯方程 $u_{xx}+u_{yy}=0$ 的二元函数 u 有

由公式

$$2\pi r u(x,y)=\int_{S_r}\overline{u}ds \tag{40b}$$

表示的平均值性质, 其中 $\overline{u}$ 表示位势函数在中心为点 (x,y) 的圆 S_r 上的值, 而 ds 是该圆周的弧元素.

e. 圆的边值问题. 泊松积分

我们能够相当完满地处理的一个边值问题是两个自变量 x,y 的拉普拉斯方程在圆域的情形. 在圆域 $x^2+y^2\leqslant R^2$ 内引入极坐标 (r,θ). 我们希望求得一个函数 $u(x,y)$, 它在圆内和边界上连续, 在区域内部具有连续的一阶和二阶导数并满足拉普拉斯方程 $\Delta u=0$, 而且在边界上取指定值 $u(R,\theta)=f(\theta)$. 在此, 我们假设 $f(\theta)$ 是 θ 的连续周期函数, 并有分段连续的一阶导数.

这个问题的解, 在极坐标下是由所谓泊松 (Poisson) 积分

$$u=\frac{R^2-r^2}{2\pi}\int_0^{2\pi}\frac{f(\alpha)}{R^2-2Rr\cos(\theta-\alpha)+r^2}d\alpha \tag{41}$$

给出的.

为了证明这点, 我们从用下述方法建立拉普拉斯方程的特解开始. 我们把拉普拉斯方程变成极坐标形式, 得到

$$\Delta u=\frac{1}{r}\left(ru_r\right)_r+\frac{1}{r^2}u_{\theta\theta}=0,$$

并且寻找可表成 '变量分离" 形式的解 $u=\phi(r)\psi(\theta)$, 即, 表成一个 r 的函数与一个 θ 的函数的乘积形式的解. 如果我们用这个表达式代替拉普拉斯方程中的 u, 方程变成

$$r\frac{[r\phi'(r)]_r}{\phi(r)}=-\frac{\psi''(\theta)}{\psi(\theta)}.$$

由于左端不包含 θ 而右端不包含 r, 所以两端必然都不依赖这两个变量, 即, 必然等于同一常数 k. 因此, $\psi(\theta)$ 满足微分方程 $\psi''+k\psi=0$.

因为函数 u 是周期为 2π 的周期函数, 所以 $\psi(\theta)$ 必然也是, 且常数 k 应等于 n^2, 其中 n 是整数. 所以

$$\psi(\theta)=a\cos n\theta+b\sin n\theta,$$

其中 a 与 b 是任意常数.

$\phi(r)$ 的微分方程

$$r^2\phi''(r)+r\phi'(r)-n^2\phi(r)=0$$

是线性微分方程, 我们能够直接验证函数 r^n 与 r^{-n} 是线性无关的解. 因为第二个解在原点变成无穷, 而 u 在此点连续, 所以我们留下第一个解 $\phi = r^n$, 这样就得到拉普拉斯方程的变量分离形式的解

$$r^n(a\cos n\theta + b\sin n\theta).$$

现在我们可根据叠加原理 (参看第 589 页) 用这样的解的线性组合来产生其他的解

$$\frac{1}{2}a_0 + \sum r^n(a\cos n\theta + b\sin n\theta).$$

甚至这种形式的无穷级数也将是解, 只要级数在圆内一致收敛并可逐项微商两次.

预定的边值函数 $f(\theta)$ 的傅里叶展开式

$$f(\theta) = \frac{1}{2}a_0 + \sum_{n=1}^{\infty}(a_n\cos n\theta + b_n\sin n\theta)$$

作为 θ 的级数, 当然是绝对和一致收敛的 (参看第一卷). 所以, 不容置疑, 级数

$$u(r,\theta) = \frac{1}{2}a_0 + \sum_{n=1}^{\infty}\frac{r^n}{R^n}(a_n\cos n\theta + b_n\sin n\theta)$$

在圆内绝对和一致收敛. 如果假定 $r < R$, 因为逐项微商后的级数仍然是一致收敛的 (参看第一卷), 于是, 这个级数能逐项微商. 因此, 函数 $u(r,\theta)$ 是一个位势函数. 因为它在边界上取指定的值, 所以它是我们边值问题的解.

引进傅里叶系数的积分公式

$$a_n = \frac{1}{\pi}\int_0^{2\pi} f(\alpha)\cos n\alpha d\alpha, \quad b_n = \frac{1}{\pi}\int_0^{2\pi} f(\alpha)\sin n\alpha d\alpha,$$

我们就能把此解化到积分形式 (41). 因为一致收敛, 我们能够交换积分号与求和号, 得到

$$u(r,\theta) = \frac{1}{\pi}\int_0^{2\pi} f(\alpha)\left\{\frac{1}{2} + \sum_{n=1}^{\infty}\frac{r^n}{R^n}\cos n(\theta-\alpha)\right\}d\alpha.$$

如果我们能够建立关系式

$$\frac{1}{2} + \sum_{n=1}^{\infty}\frac{r^n}{R^n}\cos n\tau = \frac{1}{2}\cdot\frac{R^2 - r^2}{R^2 - 2Rr\cos\tau + r^2},$$

泊松积分公式就可得证. 但是, 根据第一卷 (第 471 页) 的方法, 以复数表达式

$$\cos n\tau = \frac{1}{2}\left(e^{in\tau} + e^{-in\tau}\right)$$

把上述关系式左端化归为几何级数, 就不难证明了. 我们把证明的细节留给读者.

练 习 6.7

1. 对泊松公式用反演法, 寻求在单位圆外部区域上有界并在边界上取给定值 $f(\theta)$ 的位势函数 (所谓外边值问题).

2. 对于具有常数线密度 μ 的线段 $x=y=0, -l \leqslant z \leqslant l$ 的位势, 试求 (a) 等势面和 (b) 力线.

3. 证明: 如果在闭曲面 S 上给定调和函数 $u(x,y,z)$ 及其法向导数 $\partial u/\partial n$ 的值, 则 u 在任一内点的值由表达式

$$u(x,y,z)=\frac{1}{4\pi}\iint\limits_{S}\left(\frac{1}{r}\frac{\partial u}{\partial n}-u\frac{\partial(1/r)}{\partial n}\right)d\sigma$$

给出, 其中 r 是点 (x,y,z) 到积分变动点的距离 (对函数 u 和 $\frac{1}{r}$ 应用格林公式).

6.8 来自数学物理的偏微分方程的其他例子

a. 一维波动方程

波的传播现象 (比如, 光或声) 遵从所谓*波动方程*. 我们从考察所谓一维波的简单的理想化情况开始. 这样的波涉及某种性质的量 u——例如, 压力、质点的位置或电场强度——它不仅依赖于位置的坐标 x (我们把传播方向取为 x 轴) 而且也依赖于时间 t.

于是波函数满足形为

$$u_{xx}=\frac{1}{a^2}u_{tt} \tag{42a}$$

的偏微分方程, 其中 a 是依赖于介质的物理性质的常数[1].

我们能够求得方程 (42a) 的形为

$$u=f(x-at)$$

的解, 其中 $f(\xi)$ 是 ξ 的任一函数, 我们仅需假设它有一阶与二阶的连续导数. 如果我们取 $\xi=x-at$, 我们立即看出, 因为

$$u_{xx}=f''(\xi), \quad u_{tt}=a^2 f''(\xi),$$

1) 例如, 对于弦的横振动, u 表示质点的横向位移, $a^2=T/\rho$, 其中 T 是张力, ρ 是单位长度的质量.

微分方程确实是满足的. 同样, 用任一函数 $g(\xi)$, 我们得到形为

$$u = g(x + at)$$

的解.

两个解都表示以速度 a 沿 x 轴传播的波动: 头一个表示波沿 x 轴的正方向前进, 第二个表示沿 x 轴的负方向前进. 设 $u = f(x - at)$ 在时间 t_1 时在任一点 $x = x_1$ 取值 $u(x_1, t_1)$; 则 u 在时刻 t 于点 $x = x_1 + a(t - t_1)$ 有同一值, 因为 $x - at = x_1 - at_1$, 所以 $f(x - at) = f(x_1 - at_1)$. 同样, 我们看出, 函数 $g(x + at)$ 表示一个沿 x 轴的负方向以速度 a 传播的波.

现在, 我们来解这个波动方程的下述初值问题. 从微分方程的全部可能的解中我们希望选出其初始状态 (在 $t = 0$) 由预定的函数 $u(x, 0) = \phi(x)$ 及 $u_t(x, 0) = \psi(x)$ 给出的解. 为了解决这个问题, 我们只要写出

$$u = f(x - at) + g(x + at), \tag{42b}$$

并从两个方程

$$\phi(x) = f(x) + g(x),$$
$$\frac{1}{a}\psi(x) = -f'(x) + g'(x)$$

定出函数 f 与 g 即可. 第二个方程给出

$$c + \frac{1}{a}\int_0^x \psi(\tau)d\tau = -f(x) + g(x),$$

其中 c 是任意积分常数. 由此, 我们容易得到所要求的解形为

$$u(x, t) = \frac{\phi(x + at) + \phi(x - at)}{2} + \frac{1}{2a}\int_{x-at}^{x+at} \psi(\tau)d\tau. \tag{42c}$$

引进新变量 $\xi = x - at, \eta = x + at$ 代替 x 和 t, 读者自己可证明, 波动方程除此以外没有其他的解存在了.

b. 三维空间的波动方程

在三维空间中波函数 u 依赖于四个自变量, 即三个空间坐标 x, y, z 及时间 t. 于是, 波动方程是

$$u_{xx} + u_{yy} + u_{zz} = \frac{1}{a^2}u_{tt}, \tag{43a}$$

或, 简写为

$$\Delta u = \frac{1}{a^2} u_{tt}. \tag{43b}$$

在此我们又容易求得表示物理上的平面波传播的解. 即, 任何二次连续可微函数 $f(\xi)$ 可产生微分方程的解, 只要我们取 ξ 为一形状是

$$\xi = \alpha x + \beta y + \gamma z \pm at$$

的线性表示式, 而其系数满足关系式

$$\alpha^2 + \beta^2 + \gamma^2 = 1.$$

因为

$$\Delta u = \left(\alpha^2 + \beta^2 + \gamma^2\right) f''(\xi) = f''(\xi)$$

和

$$u_{tt} = a^2 f''(\xi),$$

我们看到 $u = f(\alpha x + \beta y + \gamma z \pm at)$ 确实是方程 (43b) 的一个解.

如果 q 是从平面 $\alpha x + \beta y + \gamma z = 0$ 到点 (x, y, z) 的距离, 我们从解析几何 (参看第 115 页) 知道

$$q = \alpha x + \beta y + \gamma z,$$

所以, 首先, 我们从表达式

$$u = f(q + at)$$

看出, 在与平面 $\alpha x + \beta y + \gamma z = 0$ 平行且相距为 q 的平面的全部点上, 在给定的时刻传播的性质 (由 u 表示) 具有同一的数值. 性质在空间中是这样传播的: 平行于 $\alpha x + \beta y + \gamma z = 0$ 的平面永远是使该性质等于常数的曲面; 在垂直于该平面方向的传播速度是 a. 在理论物理中这一类传播现象称为*平面波*.

一种特别重要的情况是性质 u 关于时间是周期的. 如果振动的频率是 ω, 这类现象可表示为

$$\begin{aligned} u &= \exp[ik(\alpha x + \beta y + \gamma z + at)] \\ &= \exp[ik(\alpha x + \beta y + \gamma z)] \exp(i\omega t), \end{aligned}$$

其中 $k/2\pi$ 是波长 λ 的倒数: $k = 2\pi/\lambda = \omega/a$.

四个自变量的波动方程还有其他的解, 它表示从某一定点, 例如说从原点扩散开来的*球面波*. 球面波定义为: 在给定的瞬间, 在以原点为中心的球面上的每一点性质是相同的, 即, u 在球面的全部点上取相同的数值. 为找出满足这个条件的

解, 我们把 Δu 变到球坐标 (r,θ,ϕ), 然后假设 u 仅依赖于 r 及 t 而不依赖于 θ 和 ϕ. 如果我们相应地让 u 对 θ 和 ϕ 的导数等于零 (参看第 526 页), 微分方程 (43b) 变成

$$u_{rr}+\frac{2}{r}u_r=\frac{1}{a^2}u_{tt}$$

或

$$(ru)_{rr}=\frac{1}{a^2}(ru)_{tt}.$$

我们用 w 代替量 ru, 注意到 w 是我们已经讨论过的方程

$$w_{rr}=\frac{1}{a^2}w_{tt}$$

的解. 因此, w 必被表成

$$w=f(r-at)+g(r+at).$$

结果有

$$u=\frac{1}{r}[f(r-at)+g(r+at)]. \tag{43c}$$

现在读者可自己直接验证这类函数确为微分方程 (43b) 的解.

物理上, 函数 $u=f(r-at)/r$ 表示以速度 a 从中心向外传播到空间中的波.

c. 自由空间中的麦克斯韦方程组

作为最后的例子, 我们来讨论方程组——著名的麦克斯韦 (Maxwell) 方程组, 它构成了电动力学的基础. 但是, 我们将不试图从物理学的观点去探讨这个方程组, 而仅仅用它们来解释前面已经提出的种种数学概念.

自由空间中的电磁场由两个向量 (其分量是位置和时间的函数) 所确定, 一是分量为 E_1,E_2,E_3 的电向量 $\mathbf{E}$, 一是分量为 H_1,H_2,H_3 的磁向量 $\mathbf{H}$. 这些向量满足麦克斯韦方程组

$$\operatorname{curl}\mathbf{E}+\frac{1}{c}\frac{\partial\mathbf{H}}{\partial t}=0, \tag{44a}$$

$$\operatorname{curl}\mathbf{H}-\frac{1}{c}\frac{\partial\mathbf{E}}{\partial t}=0, \tag{44b}$$

其中 c 是在自由空间中的光速. 用向量的分量表达式, 方程组就是

$$\frac{\partial E_3}{\partial y}-\frac{\partial E_2}{\partial z}+\frac{1}{c}\frac{\partial H_1}{\partial t}=0,$$

$$\frac{\partial E_1}{\partial z}-\frac{\partial E_3}{\partial x}+\frac{1}{c}\frac{\partial H_2}{\partial t}=0,$$

$$\frac{\partial E_2}{\partial x} - \frac{\partial E_1}{\partial y} + \frac{1}{c}\frac{\partial H_3}{\partial t} = 0$$

和

$$\frac{\partial H_3}{\partial y} - \frac{\partial H_2}{\partial z} + \frac{1}{c}\frac{\partial E_1}{\partial t} = 0,$$
$$\frac{\partial H_1}{\partial z} - \frac{\partial H_3}{\partial x} - \frac{1}{c}\frac{\partial E_2}{\partial t} = 0,$$
$$\frac{\partial H_2}{\partial x} - \frac{\partial H_1}{\partial y} - \frac{1}{c}\frac{\partial E_3}{\partial t} = 0,$$

所以, 我们有了六个一阶偏微分方程的方程组, 一阶的含意是, 方程中包含各分量对空间坐标和对时间的一阶偏导数.

现在我们推演某些特殊的关于麦克斯韦方程组的结果. 如果我们求两方程组的散度, 并注意 $\operatorname{div}\operatorname{curl}\mathbf{A} = 0$ (参阅第 180 页) 以及对时间的微商和求散度的次序是可交换的, 我们从 (44a, b) 得到

$$\operatorname{div}\mathbf{E} = 常数, \tag{45a}$$

$$\operatorname{div}\mathbf{H} = 常数; \tag{45b}$$

即, 两个散度不依赖于时间. 特别地, 如果一开始 $\operatorname{div}\mathbf{E}$ 和 $\operatorname{div}\mathbf{H}$ 是零, 则它们在所有时刻保持为零.

现在我们考虑在场中的任一闭曲面 S, 在被它包围的整个区域上求体积分

$$\iiint \operatorname{div}\mathbf{E}d\tau$$

和

$$\iiint \operatorname{div}\mathbf{H}d\tau.$$

如果对这些积分应用高斯定理 (第 518 页), 它们就变成法向分量 E_n, H_n 在曲面 S 上的积分. 于是, 从方程

$$\operatorname{div}\mathbf{E} = 0, \quad \operatorname{div}\mathbf{H} = 0$$

给出

$$\iint_S E_n d\sigma = 0, \quad \iint_S H_n d\sigma = 0.$$

在电学理论中, 面积分

$$\iint_S E_n d\sigma \quad \text{或} \quad \iint_S H_n d\sigma$$

称为通过曲面 S 的电或磁通量, 因此, 我们的结论可叙述如下:

假定 $\operatorname{div}\mathbf{E}$ 和 $\operatorname{div}\mathbf{H}$ 的初条件为零, 则通过一闭曲面的电通量或磁通量必是零.

如果我们考察曲面 S 被曲线 Γ 界住的一部分, 就可从麦克斯韦方程组得到进一步的推论如下:

如果用下标 n 表示向量沿曲面 S 的法向分量, 从麦克斯韦方程组 (44a, b) 可直接得到

$$(\operatorname{curl}\mathbf{E})_n = -\frac{1}{c}\frac{\partial H_n}{\partial t},$$

$$(\operatorname{curl}\mathbf{H})_n = +\frac{1}{c}\frac{\partial E_n}{\partial t}.$$

如果在以 $d\sigma$ 为面积元素的曲面上积分这些方程, 用斯托克斯定理 (参看第 528 页) 就能把左端的积分变为沿边界 Γ 的线积分. 这样做了之后, 又在积分号外对 t 取微商, 我们得到方程组

$$\int_\Gamma E_s ds = -\frac{1}{c}\frac{d}{dt}\iint_S H_n d\sigma,$$

$$\int_\Gamma H_s ds = +\frac{1}{c}\frac{d}{dt}\iint_S E_n d\sigma,$$

这里左端积分号下的符号 E_s 和 H_s 是电或磁向量沿描述曲线 Γ 的弧长增加方向的切向分量, 并使弧长的增加方向与法线方向 n 构成右手螺旋.

这些方程表达的事实可用语言表述如下:

围绕一面元的电或磁力的线积分与通过该面元的电或磁通量的变化率成比例, 比例常数是 $-1/c$ 或 $1/c$.

最后, 我们将建立麦克斯韦方程组与波动方程之间的联系. 事实上, 我们发现, 向量 $\mathbf{E}$ 和 $\mathbf{H}$, 也就是说, 它们的每个分量, 都满足波动方程

$$\Delta u = \frac{1}{c^2}u_{tt}.$$

为了证实这一点, 我们从两个方程中, 比如说, 消去向量 $\mathbf{H}$: 将第二个方程关于时间 t 求微商, 并用第一个方程来替换 $\partial\mathbf{H}/\partial t$.

于是推知

$$c\operatorname{curl}(\operatorname{curl}\mathbf{E}) + \frac{1}{c}\frac{\partial^2\mathbf{E}}{\partial t^2} = 0.$$

现在如果用向量关系式[1)]

$$\operatorname{curl}(\operatorname{curl}\mathbf{A}) = -\Delta\mathbf{A} + \operatorname{grad}(\operatorname{div}\mathbf{A}), \tag{46}$$

并注意到

$$\operatorname{div}\mathbf{E} = 0,$$

我们立即得到

$$\Delta\mathbf{E} = \frac{1}{c^2}\frac{\partial^2\mathbf{E}}{\partial t^2}. \tag{47a}$$

同样, 我们能够证实向量 $\mathbf{H}$ 满足同样的方程:

$$\Delta\mathbf{H} = \frac{1}{c^2}\frac{\partial^2\mathbf{H}}{\partial t^2}. \tag{47b}$$

练 习 6.8

1. 积分下列偏微分方程:

(a) $u_{xy} = 0$;

(b) $u_{xyz} = 0$;

(c) $u_{xy} = a(x, y)$.

2. 求方程

$$u_{xy} = u$$

满足 $u(x,0) = u(0,y) = 1$ 的幂级数解.

3. 求双参数球面族

$$z^2 = 1 - (x-a)^2 - (y-b)^2$$

满足的偏微分方程.

4. 证明: 如果

$$z = u(x, y, a, b)$$

是一阶偏微分方程

$$F(x, y, z, z_x, z_y) = 0$$

的依赖于两个参数 a, b 的解, 则从 $z = u(x, y, a, b)$ 中抽出的每一单参数解族的包络仍然是解.

1) 从它们的坐标表达式可直接推得此向量关系式.

5. (a) 求方程

$$u_x^2+u_y^2=1$$

的形状是 $u=f(x)+g(y)$ 的特解.

(b) 求方程

$$u_xu_y=1$$

的形状是 $u=f(x)+g(y)$ 和 $u=f(x)\cdot g(y)$ 的特解.

(c) 如果在

$$u=ax+\frac{1}{a}y+b$$

中令 $b=ka$ (k 是常数), 试用第 4 题的结果求出本题中 (b) 的另外的解.

6. 把方程

$$u_{xx}+5u_{xy}+6u_{yy}=e^{x+y}$$

化为第 1 题 (c) 的形式, 并求解.

7. 证明: 如果 K 是 x,y,z 的齐次函数, 则方程

$$\frac{\partial}{\partial x}\left(K\frac{\partial u}{\partial x}\right)+\frac{\partial}{\partial y}\left(K\frac{\partial u}{\partial y}\right)+\frac{\partial}{\partial z}\left(K\frac{\partial u}{\partial z}\right)=0$$

有一个解是 $(x^2+y^2+z^2)$ 的方幂.

8. 确定满足方程

$$\frac{\partial^2 z}{\partial t^2}=a^2\frac{\partial^2 z}{\partial x^2}$$

及条件

$$\left(\frac{\partial z}{\partial t}\right)^2=a^2\left(\frac{\partial z}{\partial x}\right)^2$$

的解.

9. (a) 求波动方程

$$u_{xx}=\frac{1}{c^2}u_{tt}$$

满足边条件

$$u(0,t)=u(\pi,t)=0$$

的形为 $u(x,t)=\phi(x)\psi(t)$ 的特解.

(b) 把 (a) 中的解表成 $f(x+ct)+g(x-ct)$ 的形式.

(c) 受到弹拨的弦的振动问题: 在区间 $[0,\pi]$ 上把 $f(x)$ 展成傅里叶正弦级数 (对于 $0\leqslant x\leqslant\pi$, 它定义了 $f(-x)=-f(x)$) 求对于 $0\leqslant x\leqslant\pi$, 满足初条件

$$u(x,0)=f(x)$$

$$u_t(x,0)=0$$

的上述类型的解, 其中

(i) $f(x)=\begin{cases}x, & 0\leqslant x\leqslant\pi/2,\\ \pi-x, & \pi/2\leqslant x\leqslant\pi;\end{cases}$

(ii) $f(x)=\sum\limits_{n=1}^{\infty}\alpha_n\sin nx$.

10. 设 $u(x,t)$ 表示波动方程

$$u_{xx}=\frac{1}{a^2}u_{tt}\quad(a>0)$$

的解, 它是二次连续可微的. 又设 $\phi(t)$ 是二次连续可微的给定函数, 并且

$$\phi(0)=\phi'(0)=\phi''(0)=0.$$

试在 $x\geqslant 0$ 和 $t\geqslant 0$ 求解 u, 使它满足边条件

$$u(x,0)=u_t(x,0)=0\quad(x\geqslant 0),$$

$$u(0,t)=\phi(t)\quad(t\geqslant 0).$$

第七章 变 分 学

7.1 函数及其极值

在 n 元可微函数 $f(x_1, \cdots, x_n)$ 的通常极大值与极小值的理论中, f 在定义域中某一点达到极值的必要条件 (第 302 页) 是

$$df = 0 \quad 或 \quad \operatorname{grad} f = 0 \quad 或 \quad f_{x_i} = 0 \quad (i = 1, \cdots, n). \tag{1}$$

这些方程表明了函数 f 在该点的*逗留特性*. 至于这些逗留点是否确是极大或极小点, 就只能取决于进一步的研究. 极值的充分条件是取不等式的形式 (见第 302 页), 跟方程 (1) 大不一样.

变分学也是讨论极值 (*或逗留值*) 问题的, 然而是在完全新的情况下来讨论的. 现在, 那些我们求极值的函数不再依赖于在某区域内的一个自变量或有限个自变量了, 而是叫做*泛函*或函数的函数了. 明确地说, 为了确定它们, 我们需要知道一个或多个函数或曲线 (或曲面, 看情形而定), 即所谓*自变函数*.

约翰·伯努利在 1696 年对*最速降线问题*的陈述首先引起了对这类问题的普遍注意.

在垂直的 x, y 平面上, 点 $A = (x_0, y_0)$ 与点 $B = (x_1, y_1)$ (设 $x_1 > x_0, y_0 > y_1$) 用一条光滑曲线 $y = u(x)$ 如此连接起来, 使得质点在重力 (它的作用方向为正 y 轴方向) 作用下, 沿曲线无摩擦地从 A 滑行到 B 所用的时间是最短的.

问题的数学表达将依据如下的物理假设: 沿这样的曲线 $y = \phi(x)$, 速度 ds/dt (s 为曲线的弧长) 正比于 $\sqrt{2g(y - y_0)}$, 即下落高度的平方根. 因此质点下落所需的时间为

$$T = \int_{x_0}^{x_1} \frac{dt}{ds} \frac{ds}{dx} dx = \frac{1}{\sqrt{2g}} \int_{x_0}^{x_1} \frac{\sqrt{1 + y'^2}}{\sqrt{y - y_0}} dx$$

(参考第一卷, 第 354 页). 如果我们舍去不重要的因子 $\sqrt{2g}$, 并且取 $y_0 = 0$ (我们可以做到这一点而无损于一般性), 我们就得到下面的问题: 在所有的连续可微函数 $y = \phi(x)$ ($y \geqslant 0$ 且 $\phi(x_0) = 0, \phi(x_1) = y_1$) 中, 寻找一个函数, 使得积分

$$I\{\phi\} = \int_{x_0}^{x_1} \sqrt{\frac{1 + y'^2}{y}} dx \tag{2a}$$

有最小的可能值.

在第 643 页上, 我们将得到结果 (曾使伯努利的同代人感到震惊): 曲线 $y=\phi(x)$ 必定是旋轮线. 这里我们要强调, 伯努利问题跟初等的极大值和极小值问题是完全不同的. 表达式 $I\{\phi\}$ 依赖于函数 ϕ 的全过程. 由于 ϕ 不能用自变量的有限个值来描述, 因此 I 是一种新类型的函数. 我们用花括号来指出它的 '函数 $\phi(x)$ 的函数" 的特征.

下面是另一个性质类似的问题: 两点 $A=(x_0,y_0)$ 与 $B=(x_1,y_1)(x_1>x_0, y_0>0,y_1>0)$ 用一条位于 x 轴上的曲线 $y=u(x)$ 连接起来, 使得当这条曲线绕 x 轴转动时所成的旋转曲面的面积尽可能小.

利用在第 372 页上给出的旋转曲面的面积表达式, 并且舍去不重要的因子 2π, 我们有该问题如下的数学陈述: 在所有的连续可微函数 $y=\phi(x)(\phi(x_0)=y_0, \phi(x_1)=y_1,\phi(x)>0)$ 中, 寻找一个函数, 使得积分

$$I\{\phi\}=\int_{x_0}^{x_1} y\sqrt{1+y'^2}dx \quad [y=\phi(x)] \tag{2b}$$

有最小的可能值. 将会看到, 其解答是一条悬链线.

在平面上寻找连接两点 A 与 B 的最短曲线, 这个初等的几何问题属于相同的范畴. 这个问题在分析上是: 在一个区间 $t_0\leqslant t\leqslant t_1$ 上, 寻找参数 t 的两个函数 $x(t),y(t)$, 它们取预定的值 $x(t_0)=x_0$, $x(t_1)=x_1$ 与 $y(t_0)=y_0,y(t_1)=y_1$, 并且使积分

$$\int_{t_0}^{t_1} \sqrt{\dot{x}^2+\dot{y}^2}dt \quad \left(\dot{x}=\frac{dx}{dt},\dot{y}=\frac{dy}{dt}\right) \tag{2c}$$

有最小的可能值. 当然, 其解答是一条直线.

在一个已知曲面 $G(x,y,z)=0$ 上求测地线, 即在曲面上用最短的可能曲线连接曲面上以 (x_0,y_0,z_0) 与 (x_1,y_1,z_1) 为坐标的两点, 相应问题的解答就不是那样简单了. 用分析的话来说, 我们有下面的问题: 设参数 t 的三个为一组的函数 $x(t),y(t),z(t)$, 它们使方程

$$G(x,y,z)=0 \tag{3a}$$

成为 t 的恒等式, 而且 $x(t_0)=x_0,y(t_0)=y_0,z(t_0)=z_0$ 与 $x(t_1)=x_1,y(t_1)=y_1,z(t_1)=z_1$. 在所有这些函数组中寻找一组使积分

$$\int_{t_0}^{t_1} \sqrt{\dot{x}^2+\dot{y}^2+\dot{z}^2}dt \tag{3b}$$

有最小的可能值.

在第 317 页上已经讨论的等周问题——求一条给定长度的闭曲线使它包围最大的可能面积——也属于同一范畴. 我们在前面已经证明了它的解答是一圆周[1].

在这里遇到的这类问题的一般提法如下: 给定三元函数 $F(x,\phi,\phi')$, 它在定义域中是连续的, 并且有一阶和二阶的连续导数. 如果在这个函数 F 中我们用函数 $y=\phi(x)$ 代替 ϕ 以及用导数 $y'=\phi'(x)$ 代替 ϕ', 那么 F 变成 x 的函数, 而且形如

$$I\{\phi\}=\int_{x_0}^{x_1}F(x,y,y')\,dx \tag{4}$$

的积分变成一个依赖于函数 $y=\phi(x)$ 的确定数; 即, 它是一 "对于函数 $\phi(x)$ 计值的泛函".

变分学的基本问题如下:

在所有定义在区间 $x_0\leqslant x\leqslant x_1$ 上, 取预定的边值 $y_0=\phi(x_0)$ 与 $y_1=\phi_1(x)$, 连续且有连续的一阶与二阶导数的函数中, 寻找一个函数使得泛函 $I\{\phi\}$ 有最小的可能值 (或最大的可能值).

在讨论这个问题时, 本质的一点是加在函数 $\phi(x)$ 上的容许条件. 作出值 $I\{\phi\}$ 只需要 F 在用 $\phi(x)$ 代入后是 x 的分段连续函数, 而这只要导数 $\phi'(x)$ 分段连续就可得到保证. 但是我们对容许条件作了更严厉的要求: 函数 $\phi(x)$ 的一阶甚至二阶导数是连续的. 当然, 搜索极大值或极小值的邻域因此受到限制. 然而, 我们将会看到, 这个限制实际上不影响到解, 即在采用更大邻域时的那些最合适的函数总可以在比较局限的具有连续的一阶和二阶导数的函数邻域中找到.

这类问题在几何与物理中是很常见的, 这里我们仅举一例: 几何光学的基本原理. 我们考虑在 x,y 平面中的光束, 并且假定光的速度是点 (x,y) 和方向 y' 的已知函数 $v(x,y,y')$ [设 $y=\phi(x)$ 为光的轨线方程, $y'=\phi'(x)$ 为相应的导数], 则费马的最小时间原理可叙述成:

一光线在两个已知点 A,B 之间的实际轨线是使得光线通过它所用的时间小于光线通过任何其他从 A 到 B 的轨线所用的时间.

换言之, 如果 t 是时间, 而 s 为任一连接点 A 与 B 的曲线的弧长, 那么光线通过曲线在 A 与 B 之间的那部分所花的时间等于积分

$$I\{\phi\}=\int_{x_0}^{x_1}\frac{dt}{ds}\frac{ds}{dx}dx=\int_{x_0}^{x_1}\frac{\sqrt{1+y'^2}}{v(x,y,y')}dx. \tag{5}$$

---

1) 那里给出的证明只适用于凸的曲线; 然而, 下面的注解能使我们把结果直接推广到任何曲线: 我们考虑曲线 C 的凸壳 (即, 包含 C 的最小的凸集). 它的边界 K 由 C 的凸弧和那些跟 C 相切于两点并且在 C 的凹部上搭桥的 C 的切线段组成. 显然, 只要 C 不是凸的, K 内的面积就超过 C 内的面积, 而且另一方面, K 的周长要比 C 的短. 如果我们现在使 K 连续扩张使得它永远保持同类形状, 直到最后的曲线 K' 有预定的周长, 那么 K' 将是一条与 C 的周长相等然而包围的面积要大的曲线. 因此, 在等周问题中, 为了得到最大面积, 我们可以一开头就以凸曲线为限.

光的实际轨线是由那个使这积分取最小的可能值的函数 $y=\phi(x)$ 确定的.

我们看到, 寻找光线的轨线, 这个光学问题是前述一般问题的特例, 对应的

$$F=\frac{\sqrt{1+y'^2}}{v}.$$

在大多数光学的例子中, 光速 v 跟方向无关而只是位置的函数 $v(x,y)$.

7.2 泛函极值的必要条件

a. 第一变分等于零

我们的目的是求出函数 $y=\phi(x)$ 使由 (4) 规定的积分产生极大值或极小值的必要条件, 或用一般的述语, 极值的必要条件. 我们运用的方法十分类似于在求一元或多元函数极值的初等问题中所用的方法. 我们假定 $y=\phi=u(x)$ 是解. 然后我们需要说明一个事实: (对于极小值) 当 u 由别的容许函数 ϕ 取代时, I 必定增加. 而且, 由于我们仅仅关心获得必要条件, 我们可限于考虑那些与函数 u 接近的任一特殊类型的函数 ϕ, 即那些使得差 $\phi-u$ 的绝对值保持在预定界限之内的函数.

我们设想函数 u 是属于以 ε 为参数的单参数函数族, 其构造如下: 取在区间的边界上为零的任一函数 $\eta(x)$, 即对它有 $\eta(x_0)=0$, $\eta(x_1)=0$, 而且它在闭区间上处处有连续的一阶和二阶导数. 然后我们作函数族

$$\phi(x,\varepsilon)=u(x)+\varepsilon\eta(x).$$

表达式 $\varepsilon\eta(x)=\delta u$ 叫做函数 u 的变分. [因为 $\eta(x)=\partial\phi/\partial\varepsilon$, 所以符号 δ 表示当 ε 作为自变量而 x 作为参数时所得的微分] 如果我们把函数 u 与函数 η 一样看成是固定的, 那么泛函的值

$$I\{u+\varepsilon\eta\}=G(\varepsilon)=\int_{x_0}^{x_1}F\left(x,u+\varepsilon\eta,u'+\varepsilon\eta'\right)dx$$

就变成 ε 的函数; 而且, u 给出 $I\{\phi\}$ 的极小值, 这个假定蕴涵上述函数将在 $\varepsilon=0$ 处获得极小值. 由此作为必要条件我们得方程

$$G'(0)=0, \tag{6a}$$

并且还有不等式

$$G''(0)\geqslant 0. \tag{6b}$$

对于极大值相应的必要条件有相同的方程 $G'(0)=0$ 和相反的不等式 $G''(0)\leqslant$

0. 条件 $G'(0)=0$ 对一切函数 η 必定成立, 其中 η 除了满足前面的条件外是任意的.

撇开极大值与极小值之间的判别问题, 我们说: 如果函数 u 对所有的函数 η 都满足方程 $G'(0)=0$, 那么积分 I 对 $\phi=u$ 是*逗留的*. 假如像以前那样, 我们用符号 δ 表示对于 ε 的微分, 我们还说: 当方程

$$\delta I=\varepsilon G'(0)=0$$

由函数 $\phi=u$ 和任意的 η 所适合时, 它表达了 I 的逗留性质. 表达式

$$\varepsilon G'(0)=\varepsilon\left\{\frac{d}{d\varepsilon}\int_{x_0}^{x_1}F\left(x,u+\varepsilon\eta,u'+\varepsilon\eta'\right)dx\right\}_{\varepsilon=0} \tag{6c}$$

称为积分的变分, 或更确切地, *第一变分*[1]. 所以, *积分的逗留性质与第一变分等于零*完全意味着同一件事.

逗留性质对于极大值或极小值的出现是*必要的*, 但是, 正如通常极大值或极小值的情况一样, 它不是这两种可能性中的某一种出现的*充分条件*. 我们在这里将不研究充分性问题: 以下, 我们只考虑逗留性的问题.

我们的主要目标是按这样的方式变换积分的逗留性条件 $G'(0)=0$, 使得它成为只是 u 而不再含任意函数 η 的条件.

练 习 7.2a

1. 联系最速降线问题 (见第 633-634 页), 当点 A 与 B 用直线连接时, 计算降落时间.

2. 设球坐标 (r,θ,ϕ). 令在三维空间中运动的一质点的速度为 $v=1/f(r)$. 该质点要用多少时间扫描点 A 与 B 之间的由参数 σ 给出的曲线弧 [曲线上点的坐标为 $r(\sigma),\theta(\sigma),\phi(\sigma)$]?

b. 欧拉微分方程的推导

下面的定理构成变分学基本的判定标准:

积分

$$I\{\phi\}=\int_{x_0}^{x_1}F\left(x,\phi,\phi'\right)dx \tag{7a}$$

当 $\phi=u$ 时为逗留的必要和充分条件是: u 为容许函数, 且满足欧拉微分方程

1) 变分学一词的应用由来于此, 它指的意思是: 在这个课题中我们研究 '函数的函数' 在独立函数或自变函数由改变一参数 ε 而变动时的性态.

$$L[u]=F_u-\frac{d}{dx}F_{u'}=0 \tag{7b}$$

或

$$F_{u'u'}u''+F_{uu'}u'+F_{xu'}-F_u=0. \tag{7c}$$

为了证明这一点, 我们注意到表达式

$$G(\varepsilon)=\int_{x_0}^{x_1}F\left(x,u+\varepsilon\eta,u'+\varepsilon\eta'\right)dx$$

对 ε 求微分可以在积分号下进行 (参考第 65 页), 倘若微分所得的 x 的函数是连续的或至少是分段连续的. 此时, 令 $u+\varepsilon\eta=y$ 并且微分, 由于对 f,u 和 η 所作的假设, 我们在积分号下得到的表达式 $\eta F_y+\eta' F_{y'}$ 满足刚才所讲的条件. 因此, 我们立即得到

$$G'(0)=\int_{x_0}^{x_1}\left[\eta F_u\left(x,u,u'\right)+\eta' F_{u'}\left(x,u,u'\right)\right]dx. \tag{7d}$$

为了后面的用途, 我们指出: 在推导这个方程时, 除了函数 u 和 η 的连续性及其一阶导数的分段连续性以外, 我们什么也没有用到. 在这个方程中, 任意函数在积分号下以双重形式, 即 η 和 η' 出现. 然而, 用分部积分, 我们立即可去掉 η'; 由 $\eta\left(x_0\right)$ 和 $\eta\left(x_1\right)$ 等于零的假定, 我们有

$$\begin{aligned}\int_{x_0}^{x_1}\eta' F_{u'}dx&=\eta F_{u'}\Big|_{x_0}^{x_1}-\int_{x_0}^{x_1}\eta\left(\frac{d}{dx}F_{u'}\right)dx\\&=-\int_{x_0}^{x_1}\eta\left(\frac{d}{dx}F_{u'}\right)dx.\end{aligned}$$

在这个分部积分中我们应当假设表达式 $\frac{d}{dx}F_{u'}$ 有定义而且可积, 而由于我们假定了 F 二阶导数的连续性, 所以情况确实如此. 于是, 如果我们简写

$$L[u]=F_u-\frac{d}{dx}F_{u'}, \tag{7e}$$

那么有方程

$$\int_{x_0}^{x_1}\eta L[u]dx=0. \tag{7f}$$

对于每一个满足我们的条件, 而在其他方面则是任意的函数 η, 这个方程必须成立. 从这一点, 而且根据下面的引理得出结论:

$$L[u]=0. \tag{7g}$$

引理 I. 如果函数 $C(x)$ 在所考虑的区间内连续而且对任意函数 $\eta(x)$ (使得 $\eta(x_0)=\eta(x_1)=0$ 与 $\eta''(x)$ 为连续) 满足关系式

$$\int_{x_0}^{x_1}\eta(x)C(x)dx=0.$$

那么对区间内的一切 x 值有 $C(x)=0$. (这个引理的证明放到第 640 页.)

但是, 我们可以用不同的方法[1] 得到条件 (7g) : 由分部积分法可以在方程

$$\int_{x_0}^{x_1}(\eta F_u+\eta' F_{u'})\,dx=0$$

中消去 η, 因为如果在分部积分时我们为了简单起见写成 $F_{u'}=A$, $F_u=b=B'$, 并且记住 η 的边条件, 我们就得到

$$\int_{x_0}^{x_1}\eta F_u dx=\int_{x_0}^{x_1}\eta B' dx=-\int_{x_0}^{x_1}\eta' B dx.$$

如果我们置 $\zeta=\eta'$, 我们就有类似于 (7f) 的条件

$$\int_{x_0}^{x_1}\zeta(A-B)dx=0. \tag{7h}$$

在推导这个公式时我们不需要对 η 与 u 的二阶导数作任何假定. 相反, 只要假定 ϕ (或 u 和 η) 连续且有分段连续的一阶导数就足够了. 方程 (7h) 不是对任意的 (分段连续) 函数 ζ 必定成立, 而只是对那些在端点满足我们那些条件的函数 $\eta(x)$ 的导数 ζ 才成立. 然而, 若 $\zeta(x)$ 是任意给定的分段连续函数, 且满足关系

$$\int_{x_0}^{x_1}\zeta(x)dx=0, \tag{7i}$$

我们就可以使

$$\eta=\int_{x_0}^{x}\zeta(t)dt.$$

于是我们构造了一个可容许的 η, 这是因为 $\eta'=\zeta$ 和 $\eta(x_0)=\eta(x_1)=0$. 我们从而得到下面的结果:

积分为逗留的必要条件是

$$\int_{x_0}^{x_1}\zeta(A-B)dx=0, \tag{7j}$$

其中 ζ 是一个仅仅满足条件 (7i) 的任意的分段连续函数.

现在我们需要借助下述引理:

---

1) 第一个方法是拉格朗日的, 而第二个方法是雷蒙的.

引理 II. 如果分段连续函数 $S(x)$ 满足条件

$$\int_{x_0}^{x_1} \zeta S dx = 0, \tag{8a}$$

其中 $\zeta(x)$ 是在区间内分段连续而且满足

$$\int_{x_0}^{x_1} \zeta dx = 0 \tag{8b}$$

的任意函数, 那么 $S(x)$ 是一个常数.

这个引理也将在下面第 640 页得到证明. 如果在证明之前我们假定它是正确的, 那么由 (7h)——只要我们代以上面 A 和 B 的表达式——推出

$$\int_{x_0}^{x} F_u dx + c = F_{u'}.$$

由于 F_u 是分段连续的, 上式左端作为一不定积分可以对 x 微分而且其导数为 F_u; 所以同样对右端做也是正确的. 因此, 对于所设的解 u, 表达式 $(d/dx)F_{u'}$ 存在, 而且方程

$$F_u = \frac{d}{dx} F_{u'} \tag{9a}$$

在 u' 的所有连续点上成立.

于是, 当容许函数类 $\{\phi(x)\}$ 一开始就扩充成只要求 $\phi(x)$ 的一阶导数分段连续, 那么欧拉方程仍旧是极值的必要条件, 或积分为逗留的条件.

欧拉方程是二阶常微分方程, 它的解叫做极小值问题的极值曲线. 为了解决极小值问题, 我们须在所有的极值曲线之中找出一条满足预定边条件的曲线.

如果勒让德条件

$$F_{u'u'} \neq 0 \tag{9b}$$

对 $\phi = u(x)$ 成立, 那么该微分方程可以变成 '正规的' 形式 $u'' = f(x, u, u')$, 其中右边是含 x, u, u' 的已知表达式.

c. 基本引理的证明

现在我们来证明上面用过的两个引理. 为了证明引理 I, 我们假定在某一点, 比如说 $x = \xi, C(x)$ 不是零而且是正的. 于是, 由于 $C(x)$ 是连续的, 我们自然可以划出一个 (x_0, x_1) 的子区间

$$\xi - a \leqslant x \leqslant \xi + a, \tag{9c}$$

使得 $C(x)$ 在其中仍旧是正的. 我们现在选取一个二次可微的 η, 它在此子区间内

为正而在别处为零, 比如说, 对 (9c) 中的 x, 令

$$\eta(x)=(x-\xi+a)^4(x-\xi-a)^4=\left\{(x-\xi)^2-a^2\right\}^4.$$

这个函数确实满足所有的给定条件; $\eta(x)C(x)$ 在子区间的内部为正而在外部为零. 所以积分

$$\int_{x_0}^{x_1}\eta C dx$$

不可能是零[1]. 因为这与我们的假设矛盾, 所以 $C(\xi)$ 不可能是正的: 同理, $C(\xi)$ 也不可能是负的. 于是 $C(\xi)$ 如引理中所说的那样, 必定对区间内所有的 ξ 都等于零.

为了证明引理 II, 我们指出, 关于 $\zeta(x)$ 的假设 (8b) 直接导致关系式

$$\int_{x_0}^{x_1}\zeta(x)\{S(x)-c\}dx=0, \tag{10}$$

这里 c 是任意常数. 我们现在这样来选取 c, 使得 $S(x)-c$ 是一个容许函数 $\zeta(x)$; 即, 我们用方程

$$0=\int_{x_0}^{x_1}\zeta dx=\int_{x_0}^{x_1}\{S(x)-c\}dx=\int_{x_0}^{x_1}S(x)dx-c\left(x_1-x_0\right)$$

来确定 c. 把 c 的这一值代入方程 (10), 并且取 $\zeta=S(x)-c$, 我们马上得

$$\int_{x_0}^{x_1}\{S(x)-c\}^2dx=0.$$

因为被积函数根据假设是连续的, 或至少是分段连续的, 所以推得

$$S(x)-c=0$$

是 x 的恒等式, 正如引理所说的那样.

d. 一些特殊情形的欧拉微分方程的解. 例子

为了求极小值问题的解, 我们必须求欧拉微分方程在区间 $x_0\leqslant x\leqslant x_1$ 上的一个特解, 它在端点取预定的边值 y_0 与 y_1. 因为二阶的欧拉微分方程的完全积分包含两个积分常数, 所以我们期望使这两个常数适合边条件——积分常数必须满足的两个方程——来唯一确定一个解.

一般说来, 用初等函数或积分显式地解出欧拉微分方程是不可能的, 我们就只得满足于指明变分问题确实归结为一微分方程的问题. 另一方面, 对于一些重要的特例, 而且事实上对于大多数经典的例子, 微分方程可以用积分法解出.

1) 一个连续的非负函数的积分一定是正的, 除非被积函数到处等于零; 这直接可从积分的定义推出.

第一种情形是 F 不显含导数 $y' = \phi'$, 即 $F = F(\phi, x)$. 在这里欧拉微分方程仅仅是 $F_u(u, x) = 0$; 就是说, 它完全不再是一个微分方程了, 而只构成了解 $y = u(x)$ 的隐式定义. 这里自然不存在积分常数的问题或满足边条件的可能性问题.

第二种重要的特殊情形是 F 不显含函数 $y = \phi(x)$, 即 $F = F(y', x)$. 在这里欧拉微分方程是 $\dfrac{d}{dx}(F_{u'}) = 0$, 它立刻给出

$$F_{u'} = c,$$

其中 c 是一任意的积分常数. 我们可以用这个方程把 u' 表示成 x 与 c 的函数 $f(x, c)$, 于是我们有方程

$$u' = f(x, c),$$

由此用简单的积分得到

$$u = \int_0^x f(\xi, c) d\xi + a,$$

即, u 表达成 x 和 c 连同另外一个任意的积分常数 a 的函数. 所以在这种情况下, 欧拉微分方程可以用积分彻底解出.

第三种情况——对一些实例和应用是最重要的——是 F 不显含自变量 x, 即 $F = \dot{F}(y, y')$. 在这种情况, 我们有下面的重要定理:

如果自变量 x 在变分问题中不明显地出现, 那么

$$E = F(u, u') - u' F_{u'}(u, u') = c \tag{11}$$

是欧拉微分方程的一个积分, 即如果我们把关于 F 的欧拉微分方程的一个解 $u(x)$ 代入这表达式, 那么该表达式就变成一个与 x 无关的常数.

只要我们求导数 dE/dx, 就可立刻推断这个说法的正确性. 我们有

$$\frac{dE}{dx} = F_u u' + F_{u'} u'' - u'' F_{u'} - u'^2 F_{uu'} - u' u'' F_{u'u'},$$

或由 (7c),

$$\frac{dE}{dx} = u' L[u] = 0.$$

因此, 对于欧拉微分方程的每一个解 u, 我们有 $E = c$, 其中 c 是常数.

如果我们把 u' 想作由方程 $E = c$ 算出的, 比如说 $u' = f(u, c)$, 那么对方程

$$\frac{dx}{du} = \frac{1}{f(u, c)}$$

应用简单的积分就得到 $x = g(u, c) + a$ (这里 a 是另一积分常数); 即, x 表达成 u, c 和 a 的函数. 只要解出 u, 我们就得到函数 $u(x, c, a)$. 因此, 欧拉微分方程依赖于两个任意积分常数的一般解可以用积分法得到.

现在我们将用这些方法来讨论若干个例子.

一般注解

有一类一般的例子, 其中 F 的形式为

$$F = g(y)\sqrt{1 + y'^2},$$

这里 $g(y)$ 只是一个明显地依赖于 y 的函数. 对于极值曲线 $y = u$, 我们最后的那个法则立刻给出

$$g(u)\sqrt{1 + u'^2} - \frac{g(u)u'^2}{\sqrt{1 + u'^2}} = c$$

或

$$\frac{g(u)}{\sqrt{1 + u'^2}} = c.$$

于是

$$\frac{dx}{du} = \frac{1}{\sqrt{(\{g(u)\}^2/c^2) - 1}},$$

再进行积分, 我们得到方程

$$x - b = \int \frac{du}{\sqrt{(\{g(u)\}^2/c^2) - 1}}, \tag{12}$$

其中 b 是另一积分常数. 算出右边的积分, 并且对 u 求解方程, 我们得到 u 为 x 和两个积分常数 c 与 b 的函数[1].

最小面积的旋转曲面

在这个情形, 由第 634 页的 (2b), 我们有 $g = y$. 那积分 (11) 变成

$$x - b = \int \frac{du}{\sqrt{(u^2/c^2) - 1}} = c \operatorname{arccosh} \frac{u}{c};$$

因此, 结果是

$$y = u = c \cosh \frac{x - b}{c},$$

即, 求一条曲线, 使它在转动时给出一个有逗留面积的旋转曲面, 这个问题的解是一条悬链线 (见第一卷, 第 329 页).

1) 当然, 我们不见得能用初等函数解出 u, 但是对于所有实用的目的来说, 这些步骤足以完全确定 u 了.

这样的逗留曲线出现的必要条件是: 两个给定的点 A 和 B 可以用一条 $y>0$ 的悬链线连接起来. 至于这悬链线是否真的表达了极小值, 这个问题将不在这里讨论了.

最速降线

另一个例子是由取 $g=1/\sqrt{y}$ 而得的. 根据第 633 页的 (2a), 这就是最速降线的问题. 利用替换 $1/c^2=k^2, u=k\tau, \tau=\sin^2(\theta/2)$, 则积分 (12)

$$\int \frac{du}{\sqrt{1/(uc)^2-1}}$$

立即变到

$$x-b=k\int\sqrt{\frac{\tau}{1-\tau}}d\tau=\frac{k}{2}\int(1-\cos\theta)d\theta,$$

由此

$$x-b=\frac{k}{2}(\theta-\sin\theta),$$
$$y=u=\frac{k}{2}(1-\cos\theta).$$

最速降线从而是一条尖点在 x 轴上的普通旋轮线 (参考第一卷, 第 289 页).

练 习 7.2d

1. 对于下列的被积函数, 求极值曲线:

(a) $F=\sqrt{y\left(1+y'^2\right)}$;

(b) $F=\sqrt{1+y'^2}/y$;

(c) $F=y\sqrt{1-y'^2}$.

2. 对于被积函数 $F=x^n y'^2$, 求极值曲线, 并且证明: 若 $n\geqslant 1$, 则位于 y 轴两侧的两个点不能用一条极值曲线连接起来.

3. 对于被积函数 $y^n y'^m$ (这里 n 和 m 为偶整数), 求极值曲线.

4. 对于被积函数 $F=ay'^2+2byy'+cy^2$ (这里 a,b,c 是 x 的连续可微的给定函数), 求极值曲线. 试证欧拉微分方程是二阶的常微分方程. 为什么当 b 是常数时, 这个常数就完全不进入微分方程?

5. 对于被积函数 $F=e^x\sqrt{1+y'^2}$, 证明极值曲线由方程 $\sin(y-b)=e^{-(x-a)}$ 和 $y=b$ (这里 a,b 是常数) 给出. 讨论这些曲线的形状, 并且考察, 如果两点 A 和 B 可用形如 $y=f(x)$ 的极值曲线弧连接起来, 那么 A 和 B 的位置应该是怎样的?

6. 对于 F 不含导数 y' 的情形, 用初等方法推导出欧拉条件 $F_y=0$.

7. 求一函数, 使它给出带边条件 (a) $y(0)=y(1)=0$ 或 (b) $y(0)=0, y(1)=1$ 的积分

$$I\{y\}=\int_0^1 y'^2 dx$$

的绝对极小值.

8. 求 $\int \sqrt{r^2+r'^2}d\theta$ 的极值曲线, 即在极坐标下的最短路径.

e. 欧拉表达式恒等于零的情形

在第 637 页对于 $F(x,y,y')$ 的欧拉微分方程 (7c) 可能退化为一个无意义的恒等式, 即每个容许函数 $y=\phi(x)$ 都适合的关系式. 换句话说, 对应的那个积分可能对任何容许函数 $y=\phi(x)$ 都是逗留的. 如果碰到这个退化的情形, 那么不管用什么函数 $y=\phi(x)$ 代入欧拉表达式

$$F_y-F_{xy'}-F_{yy'}y'-F_{y'y'}y'',$$

它在区间内的每一点 x 都必须等于零. 然而, 我们总可以找到一条曲线, 使得对于 x 的预定值, $y=\phi, y'=\phi'$ 与 $y''=\phi''$ 取任意的预定值. 所以, 对于任何四个为一组的数 x,y,y',y'', 欧拉表达式必须等于零. 我们断定 y'' 的系数 (即 $F_{y'y'}$) 必须为零. 于是 F 必定是 y' 的线性函数, 比如说, $F=ay'+b$, 这里 a 与 b 仅是 x 和 y 的函数. 如果我们把这个 F 代入微分方程的其余部分,

$$F_{yy'}y'+F_{xy'}-F_y=0,$$

那么立即推出

$$0=a_yy'+a_x-a_yy'-b_y$$

或

$$a_x-b_y$$

必须对 x 与 y 恒等于零. 换句说话, 欧拉表达式恒等于零当且仅当积分的形式为

$$I=\int\{a(x,y)y'+b(x,y)\}dx=\int ady+bdx,$$

其中 a 与 b 满足我们在第 84 页已经碰到过的可积性条件, 即这里的 $ady+bdx$ 是一个全微分.

7.3 推　广

a. 具有多于一个自变函数的积分

求积分的极值 (逗留值) 的问题可以推广到这个积分不是依赖于一个自变函数而是依赖于若干个这种函数 $\phi_1(x), \phi_2(x), \cdots, \phi_n(x)$ 的情形.

这种类型的标准问题可以叙述如下:

令 $F(x, \phi_1, \cdots, \phi_n, \phi_1', \cdots, \phi_n')$ 是 $(2n+1)$ 个变元 $x, \phi_1, \cdots, \phi_n'$ 的函数, 它是连续的, 并且在所考虑的区域内有直到二阶的连续导数. 如果我们用具有连续的一阶和二阶导数的 x 的函数代替 $y_i = \phi_i$, 而用其导数代替 ϕ_i', 那么 F 变为 x 的单元函数, 并且在区间 $x_0 \leqslant x \leqslant x_1$ 上的积分

$$I\{\phi_1, \cdots, \phi_n\} = \int_{x_0}^{x_1} F(x, \phi_1, \cdots, \phi_n, \phi_n', \cdots, \phi_n')\, dx \tag{13}$$

由这些函数的选取而有一个确定值.

与极值相对照, 我们把那些满足上述连续性条件以及它们的边值 $\phi_i(x_0)$ 和 $\phi_i(x_1)$ 取预定值的所有函数组 $\phi_i(x)$ 看作是容许的. 换句话说, 我们在以 y_1, $y_2, \cdots, y_n, x$ 为坐标的 $(n+1)$ 维空间中考虑那些连接两点 A 和 B 的曲线 $y_i = \phi_i(x)$. 现在, 变分问题要求我们在所有这些函数组 $\phi_i(x)$ 中寻找一组

$$[y_i = \phi_i(x) = u_i(x)],$$

使得积分 (13) 取得极值 (极大值或极小值).

我们又将不讨论极值的真实性质, 而只限于探究对于什么自变函数组 $\phi_i(x) = u_i(x)$, 积分是逗留的.

我们完全用第 636 页所用的同样方法来定义逗留值的概念. 我们按照下面的方法把函数组 $u_i(x)$ 嵌入到依赖于参数 ε 的函数组的单参数族: 令 $\eta_1(x), \cdots, \eta_n(x)$ 是 n 个任意选取的函数, 它们在 $x = x_0$ 和 $x = x_1$ 的值等于零, 而在区间上连续, 且有连续的一阶和二阶导数. 我们把 $u_i(x)$ 嵌入到函数族

$$y_i = \phi_i(x) = u_i(x) + \varepsilon\eta_i(x)$$

之中.

项 $\varepsilon\eta_i(x) = \delta u_i$ 叫做函数 u_i 的变分. 如果我们把 ϕ_i 的表达式代入 $I\{\phi_1, \cdots, \phi_n\}$, 那么这个积分就变为参数 ε 的函数

$$G(\varepsilon) = \int_{x_0}^{x_1} F(x, u_1 + \varepsilon\eta_1, \cdots, u_n + \varepsilon\eta_n, u_1' + \varepsilon\eta_1', \cdots, u_n' + \varepsilon\eta_n')\, dx.$$

当 $\phi_i = u_i$ (即, 当 $\varepsilon = 0$) 时可能存在极值的必要条件是

$$G'(0) = 0.$$

正如一个自变函数的情形一样, 如果不管怎样选取具有上述附加条件的函数组 η_i 都有 $G'(0) = 0$ 成立, 或

$$\delta I = \varepsilon G'(0) = 0$$

成立, 那么我们说积分 I 对于 $\phi_i = u_i$ 有逗留值. 换句话说, 积分对于一固定函数组 $u_i(x)$ 的逗留性质跟第一变分 δI 等于零意味着一回事.

问题仍旧是对于积分的逗留性质确立起不包含任意变分组 η_i 的条件. 这不需要新的概念. 我们着手进行如下: 首先我们取 $\eta_2, \eta_3, \cdots, \eta_n$ 恒为零 (即, 我们不让函数 $u_2, \cdots, u_n$ 变动). 于是我们只考虑第一个函数 $\phi_1(x)$ 作为变元, 从而由第 638 页, 条件 $G'(0) = 0$ 等价于欧拉微分方程

$$F_{u_1} - \frac{d}{dx} F_{u_1'} = 0.$$

因为我们可同样挑选函数组 $u_i(x)$ 中的任何一个, 所以我们得到下面的结果:

积分 (13) 为逗留的充要条件是这 n 个函数 $u_i(x)$ 满足欧拉方程组

$$F_{u_i} - \frac{d}{dx} F_{u_i'} = 0 \quad (i = 1, \cdots, n). \tag{13a}$$

这是对于 n 个函数 $u_i(x)$ 的二阶的 n 个微分方程的系统. 这个微分方程组的所有的解都叫做变分问题的*极值曲线*. 因而, 寻找积分的逗留值问题归结为求解这些微分方程并从其通解中选出满足边条件的解的问题[1)].

b. 例子

给出欧拉微分方程组通解的可能性甚至比 7.2 节的情形更为渺茫了. 仅仅在很特殊的情形我们能够明确地找到所有的极值曲线. 这里与第 642 页公式 (11) 的特殊情形类似, 下面的定理是经常用到的:

如果函数 F 不显含自变量 x, 即

$$F = F\left(\phi_1, \cdots, \phi_n, \phi_1', \cdots, \phi_n'\right),$$

1) 利用引理 II (第 640 页, 7.2 节), 我们可以在一般的假设——容许函数只有分段连续的一阶导数——下, 证明这些微分方程必定成立. 然而, 如果我们要想集中注意在主题的建立上, 那么在函数组 $\phi_i(x)$ 的可容性条件中包括二阶导数的连续性是更为方便的. 这样, 我们就能把表达式 $d/dxF_{u_i'}$ 写成形式

$$\sum_{k=1}^{n} Fu_k' u_i' u_k'' + \sum_{k=1}^{n} Fu_k u_i' u_k' + Fxu_i'. \tag{13b}$$

那么表达式 $E = F(u_1, \cdots, u_n, u_1', \cdots, u_n') - \sum_{i=1}^{n} u_i' F_{u_i'}$ 是欧拉微分方程组的一个积分. 即, 如果我们考虑欧拉方程 (13a) 的任一组解 $u_i(x)$, 我们就有

$$E = F - \sum u_i' F_{u_i'} = \text{常数 } c, \tag{13c}$$

在这里, 这个常数值当然依赖于所代入的那一组解.

证明可仿照第 642 页的相同格式; 我们对表达式的左边关于 x 进行微分, 并且利用 (13b), 就可验证所得的结果等于零.

一个通俗的例子是在三维空间中求两点之间最短距离的问题. 这里我们需要确定两个函数 $y = y(x), z = z(x)$, 使得积分

$$\int_{x_0}^{x_1} \sqrt{1 + y'^2 + z'^2} dx$$

有最小的可能值, 而 $y(x)$ 和 $z(x)$ 在区间端点的值是预定的. 欧拉微分方程 (13a) 给出

$$\frac{d}{dx} \frac{y'}{\sqrt{1 + y'^2 + z'^2}} = \frac{d}{dx} \frac{z'}{\sqrt{1 + y'^2 + z'^2}} = 0,$$

由此立即推出导数 $y'(x)$ 和 $z'(x)$ 是常数. 因此, 极值曲线必定是直线.

在三维空间的最速降线问题就有点不简单了. (重力的作用方向又取作沿正 y 轴的方向.) 这里我们需要这样确定 $y = y(x)$,$z = z(x)$, 使得积分

$$\int_{x_0}^{x_1} \sqrt{\frac{1 + y'^2 + z'^2}{y}} dx = \int_{x_0}^{x_1} F(y, y', z')\, dx$$

是逗留的. 在欧拉微分方程组中有一个方程给出

$$\frac{z'}{\sqrt{y}} \frac{1}{\sqrt{1 + y'^2 + z'^2}} = a.$$

另外, 我们由 (13c) 得

$$F - y'F_{y'} - z'F_{z'} = \frac{1}{\sqrt{y}} \frac{1}{\sqrt{1 + y'^2 + z'^2}} = b,$$

其中 a 与 b 是常数. 相除后, 即得 $z' = a/b = k$ 同样是常数. 所以使积分为逗留的曲线必定在平面 $z = kx + h$ 内. 从另一方程

$$\frac{1}{\sqrt{y}} \cdot \frac{1}{\sqrt{1 + k^2 + y'^2}} = b$$

如第 621 页那样显然, 可以推出这曲线必定又是旋轮线.

练　习　7.3b

1. 假设在三维空间中 (采用球坐标 r, θ, ϕ) 光速是 r 的函数 (参考第 637 页第 2 题), 写出光线的轨线微分方程. 证明光线是平面曲线.

2. 证明在球面上的测地线 (连接两点的长度为最短的曲线) 是大圆.

3. 在直立圆锥面上求测地线.

4. 证明在两个不相交的光滑闭曲线之间距离为极小的路径是它们的公共法线.

5. 证明从一给定点到一给定曲线降落时间为最少的轨线是一条与该曲线正交的旋轮线.

6. $\int F(x,y)\sqrt{1+y'^2}dx$ 的端点在两条曲线上自由移动的极值曲线跟哪两条曲线正交?

c. 哈密顿原理. 拉格朗日方程

欧拉微分方程组跟许多应用数学的分支, 尤其是动力学, 有很重要的联系. 特别地, 由有限个质点组成的力学系统的运动可以用某一表达式——叫做哈密顿积分——的逗留条件表达出来. 这里我们将简要地说明这种关系.

一个力学系统如果它的位置可由 n 个独立的坐标 $q_1, q_2, \cdots, q_n$ 确定的话, 则它有 n 阶的自由度. 例如, 设系统由一个质点组成, 则我们有 $n=3$, 这是因为我们可以取 q_1, q_2, q_3 为三个直角坐标或三个球坐标. 又设系统由两个质点用刚性——假设没有质量——连接起来且保持单位的距离, 则 $n=5$, 这是因为对坐标 q_i, 我们可以取其中一个质点的三个直角坐标和决定这两个质点连线方向的另两个坐标.

用两个函数——动能和势能——足以一般地描述一动力系统. 如果系统在运动, 那么坐标 q_i 将是 t 的函数 $q_i(t)$, 而速度的分量 $\dot{q}_i = dq_i/dt$. 相应于动力系统的动能是如下形式的函数

$$T(q_1, \cdots, q_n, \dot{q}_1, \cdots, \dot{q}_n) = \sum_{i,k=1}^{n} a_{ik}\dot{q}_i\dot{q}_k \quad (a_{ik} = a_{ki}), \tag{14a}$$

所以动能是速度分量的齐次二次式, 系数 a_{ik} 为只依赖坐标 $q_1, \cdots, q_n$ 本身而不显含 t 的函数[1].

1) 为了得到动能 T 的这个表达式, 我们想象系统的质点, 其各自的直角坐标表成坐标 $q_1, \cdots, q_n$ 的函数, 则各个质点速度的直角分量可以表成 $\dot{q}_i$ 的线性齐次函数. 因此, 我们再作动能的初等表达式, 即各自的质量与相应速度平方的乘积之和的一半.

假设动力系统由动能和另一个只依赖于位置坐标 q_i 而不依赖速度或时间[1]的势能函数 $v(q_1, \cdots, q_n)$ 来描述.

哈密顿原理是: 一动力系统在时间区间 $t_0 \leqslant t \leqslant t_1$ 内从一个给定的初始位置到一个给定的最后位置的运动是这样的运动, 它使积分

$$H\{q_1, \cdots, q_n\} = \int_{t_0}^{t_1} (T - U) dt \tag{14b}$$

在所有二阶连续可微且对 $t = t_0$ 和 $t = t_1$ 取预定的边值的函数类中是逗留的.

这个哈密顿原理是动力学的基本原理, 它以简练的形式包含了动力学的一些定律. 当应用哈密顿原理时, 欧拉方程 (13a) 给出拉格朗日方程

$$\frac{d}{dt}\frac{\partial T}{\partial \dot{q}_i} - \frac{\partial T}{\partial q_i} = -\frac{\partial U}{\partial q_i} \quad (i = 1, 2, \cdots, n), \tag{14c}$$

它们是理论动力学的基本方程组.

这里我们将只作一个值得注意的推导, 即能量守恒律.

因为哈密顿积分的被积函数不明显地依赖于自变量 t, 所以对于动力微分方程的解 $q_i(t)$, 表达式

$$T - U - \sum \dot{q}_i \frac{\partial(T - U)}{\partial \dot{q}_i}$$

必定是常数 [见 (13c)]. 由于 U 不依赖于 $\dot{q}_i$, 且 T 是 $\dot{q}_i$ 的齐次二次函数 (见第二卷第 102 页), 所以

$$\sum \dot{q}_i \frac{\partial(T - U)}{\partial \dot{q}_i} = \sum \dot{q}_i \frac{\partial T}{\partial \dot{q}_i} = 2T.$$

因此

$$T + U = \text{常数},$$

即, 在运动过程中动能与势能之和不随时间变化.

d. 含高阶导数的积分

类似的方法可以用来解决下面的积分极值问题: 在被积函数 F 中不仅包含所求的函数 $y = \phi$ 和它的导数, 而且还包含高阶导数. 例如, 假设我们欲求形式为

$$I\{\phi\} = \int_{x_0}^{x_1} F(x, \phi, \phi', \phi'') dx \tag{15a}$$

---

1) 我们在这里限于讨论作用力与时间无关且是保守的力学系统. 如在力学教科书中所证明的那样, 势能确定了作用于系统的外力. 系统在一个位置转移到另一个位置时, 做了机械功; 这个功等于相应的 U 值之间的差, 而不依赖于从这个位置到另一位置的特殊的运动.

的积分极值, 这里的极值相对于那些可容许的函数 $y=\phi(x)$ 而言, 即 $\phi(x)$ 连同其一阶导数在区间的端点取预定的值, 而且 $\phi(x)$ 有直到四阶的连续导数.

为了找到极值的必要条件, 我们又假设 $y=u(x)$ 是所求的函数. 我们把 $u(x)$ 嵌入到一函数族 $y=\phi(x)=u(x)+\varepsilon\eta(x)$, 其中 ε 为一任意参数和 $\eta(x)$ 为一任意选取的四阶连续可微的函数, 并且 $\eta(x)$ 连同 $\eta'(x)$ 在端点都等于零. 从而, 积分变成形式 $G(\varepsilon)$, 而且对于一切选取的函数 $\eta(x)$, 必要条件

$$G'(0)=0 \tag{15b}$$

必须成立. 仿照与第 638 页相同的方法, 我们在积分号下求微商, 因而得到上述条件的形式为

$$\int_{x_0}^{x_1}(\eta F_u+\eta' F_{u'}+\eta'' F_{u''})\,dx=0, \tag{15c}$$

只要用 u 代替 $\phi(x)$. 分部积分一次, 我们就把含 $\eta'(x)$ 的项化成一个含 η 的项, 而分部积分两次, 我们又把含 $\eta''(x)$ 的项化成一个含 η 的项, 再把边条件考虑在内, 我们容易得到

$$\int_{x_0}^{x_1}\eta\left(F_u-\frac{d}{dx}F_{u'}+\frac{d^2}{dx^2}F_{u''}\right)dx=0. \tag{15d}$$

因此, 极值的必要条件 (即, 积分为逗留的条件) 是欧拉微分方程

$$L[u]=F_u-\frac{d}{dx}F_{u'}+\frac{d^2}{dx^2}F_{u''}=0, \tag{15e}$$

读者可自己验证, 这是一个四阶的微分方程[1].

e. 多自变量

求极值必要条件的一般方法可照样应用于积分不再是单重积分而是多重积分的情形. 令 D 为 x,y 平面上由曲线 Γ 围成的已知区域. 我们假设 D 和 Γ 是足够规则的, 使得允许应用分部积分公式 (第 483 页). 令 $F(x,y,\phi,\phi_x,\phi_y)$ 是它的五个变元的二次连续可微的函数. 设在 F 中我们用一个函数 $\phi(x,y)$ 替代 ϕ, 而 $\phi(x,y)$ 在 Γ 上取预定的边值和在 D 内有直到二阶的连续导数, 又设用 ϕ 的偏导数替代 ϕ_x 和 ϕ_y, 那么 F 变成 x 和 y 的一个函数, 而且积分

$$I\{\phi\}=\iint_D F(x,y,\phi,\phi_x,\phi_y)\,dxdy \tag{16a}$$

1) 从 (15d) 推导 (15e) 时, 我们需要在引理 1 (第 639 页) 中限制函数 η 属于 C^4 类, 而且 η 和 η' 在端点等于零. 从第 640 页引理的证明中明显可见, 这个结论在这些比较局限的条件下也成立.

有一个与 ϕ 的选取有关的值. 问题在于寻求一个函数 $\phi = u(x,y)$, 使得这个值是一极值.

为了找到必要条件, 我们又采用老方法. 选取一个在边界 Γ 上等于零的函数 $\eta(x,y)$; 它有直到二阶的连续导数; 而除此以外, 它是任意的. 我们假设 u 是所求的函数, 而 ε 是任意参数, 然后把 $\phi = u + \varepsilon\eta$ 代入积分. 这积分又变为 ε 的函数 $G(\varepsilon)$, 而且极值的必要条件是

$$G'(0) = 0.$$

像以前一样, 这个条件取下面的形式

$$\iint_D \left(\eta F_u + \eta_x F_{u_x} + \eta_y F_{u_y}\right) dxdy = 0. \tag{16b}$$

为了消除在积分号下的 η_x 和 η_y 的项, 我们把其中一项对 x 进行分部积分, 而把另一项对 y 进行分部积分. 因为 η 在 Γ 上等于零, 所以在 Γ 上的边值不出现了, 而我们有

$$\iint \eta \left[F_u - \frac{\partial}{\partial x}F_{u_x} - \frac{\partial}{\partial y}F_{u_y}\right] dxdy = 0. \tag{16c}$$

引理 I (第 639 页) 可以立刻推广到高维情形, 而且我们立即得到二阶的欧拉偏微分方程

$$F_u - \frac{\partial}{\partial x}F_{u_x} - \frac{\partial}{\partial y}F_{u_y} = 0. \tag{16d}$$

例子

1. $F = \phi_x^2 + \phi_y^2$. 如果我们略去因子 2 , 那么欧拉微分方程变成

$$\Delta u = u_{xx} + u_{yy} = 0.$$

即, 从一变分问题得到了拉普拉斯方程.

2. 极小曲面. 柏拉梯奥问题是这样的: 在一个区域 D 上, 求一曲面 $z = f(x,y)$, 它通过一预定的其投影为 Γ 的空间曲线, 并且它的面积

$$\iint_D \sqrt{1 + \phi_x^2 + \phi_y^2}dxdy$$

为极小.

这里的欧拉微分方程是

$$\frac{\partial}{\partial x}\frac{u_x}{\sqrt{1 + u_x^2 + u_y^2}} + \frac{\partial}{\partial y}\frac{u_y}{\sqrt{1 + u_x^2 + u_y^2}} = 0,$$

或以展开的形式,

$$u_{xx}\left(1+u_y^2\right)-2u_{xy}u_xu_y+u_{yy}\left(1+u_x^2\right)=0.$$

这是著名的极小曲面的微分方程, 我们已在别处对它进行了广泛的研究[1].

7.4 含附带条件的问题. 拉格朗日乘子

在第 3 章 (第 286 页) 对多元函数通常的极值讨论中, 我们考虑了对那些变元加某些附带条件的情形. 在这种情形, 不定乘子法对函数可能有逗留值的条件导出了一个特别清楚的表达式. 类似的方法在变分学中甚至更为重要. 在这里我们将仅仅简要地讨论一些最简单的情形.

a. 通常的附带条件

一个典型的例子是: 在三维空间中, 求一条表成参数 t 的曲线 $x=x(t), y=y(t), z=z(t)\,(t_0\leqslant t\leqslant t_1)$, 它服从附带条件——曲线位于给定的曲面 $G(x,y,z)=0$ 上, 并且通过该曲面上两个给定的点 A 和 B. 于是, 问题是从那些服从附带条件 $G(x,y,z)=0$ 和通常的边界条件以及连续性条件的函数组 $x(t), y(t), z(t)$ 中进行适当的选取, 使得形式为

$$\int_{t_0}^{t_1}F(x,y,z,\dot{x},\dot{y},\dot{z})dt \tag{17}$$

的积分是逗留的. 这个问题可直接归结为在第 646 页已讨论过的情形. 我们假设 $x(t), y(t), z(t)$ 为所求的函数. 再设所求曲线所在的那部分曲面可以表示成形式 $z=g(x,y)$; 只要 G_z 在曲面的这部分上异于零, 这一点确是可能的. 如果我们假设在所讨论的曲面上三个方程 $G_x=0, G_y=0, G_z=0$ 不同时成立, 并且如果我们限于考虑曲面的充分小的一块, 那么可以不失一般性设 $G_z\neq 0$. 把 $z=g(x,y)$ 和 $\dot{z}=g_x\dot{x}+g_y\dot{y}$ 代入积分内, 我们得到一个以 $x(t)$ 和 $y(t)$ 为彼此独立函数的问题. 从而, 我们可以直接应用第 649 页的结论, 而且对被积函数

$$F\left(x,y,g(x,y),\dot{x},\dot{y},\dot{x}g_x+\dot{y}g_y\right)=H(x,y,\dot{x},\dot{y})$$

应用方程 (13a), 写出积分 I 可能是逗留的条件. 我们因而有两个方程

$$\frac{d}{dt}H_{\dot{x}}-H_x=\frac{d}{dt}F_{\dot{x}}-F_x+\frac{d}{dt}\left(F_{\dot{z}}g_x\right)-F_zg_x-F_{\dot{z}}\frac{\partial\dot{z}}{\partial x}=0,$$

1) Courant R. Dirichlet's Principle, Conformal Mapping and Minimal Surfaces. New York: Interscience, 1950.

$$\frac{d}{dt}H_{\dot{y}} - H_y = \frac{d}{dt}F_{\dot{y}} - F_y + \frac{d}{dt}(F_{\dot{z}}g_y) - F_z g_y - F_{\dot{z}}\frac{\partial \dot{z}}{\partial y} = 0.$$

但是, 我们在微分时立刻看出

$$\frac{d}{dt}g_x = \frac{\partial \dot{z}}{\partial x}, \quad \frac{d}{dt}g_y = \frac{\partial \dot{z}}{\partial y}.$$

因此

$$\frac{d}{dt}F_{\dot{x}} - F_x + g_x\left(\frac{d}{dt}F_{\dot{z}} - F_z\right) = 0,$$

$$\frac{d}{dt}F_{\dot{y}} - F_y + g_y\left(\frac{d}{dt}F_{\dot{z}} - F_z\right) = 0.$$

为了简单起见, 如果我们以一适当的乘子 $\lambda(t)$ 写出

$$\frac{d}{dt}F_{\dot{z}} - F_z = \lambda G_z, \tag{18a}$$

并且利用关系式 (第 196 页) $g_x = -G_x/G_z, g_y = -G_y/G_z$, 那么我们得到另外两个方程

$$\frac{d}{dt}F_{\dot{x}} - F_x = \lambda G_x, \tag{18b}$$

$$\frac{d}{dt}F_{\dot{y}} - F_y = \lambda G_y. \tag{18c}$$

于是我们有以下的积分可能为逗留的条件: 如果我们设 G_x, G_y, G_z 在曲面 $G = 0$ 上不同时为零, 那么极值的必要条件是存在一个乘子 $\lambda(t)$, 使得三个方程 (18a, b, c) 在附带条件 $G(x, y, z) = 0$ 下同时得到满足; 即, 我们有决定函数 $x(t), y(t), z(t)$ 和乘子 $\lambda(t)$ 的四个对称的方程.

最重要的特例是在给定的曲面 $G = 0$ 上 (设 G 的梯度不为零) 求连接两点 A 和 B 的最短曲线的问题, 这里有

$$F = \sqrt{\dot{x}^2 + \dot{y}^2 + \dot{z}^2},$$

而欧拉微分方程为

$$\frac{d}{dt}\frac{\dot{x}}{\sqrt{\dot{x}^2 + \dot{y}^2 + \dot{z}^2}} = \lambda G_x,$$

$$\frac{d}{dt}\frac{\dot{y}}{\sqrt{\dot{x}^2 + \dot{y}^2 + \dot{z}^2}} = \lambda G_y,$$

$$\frac{d}{dt}\frac{\dot{z}}{\sqrt{\dot{x}^2 + \dot{y}^2 + \dot{z}^2}} = \lambda G_z.$$

这些方程关于新参数 t 的引进是不变的. 即, 读者可自己容易验证, 如果 t 换成任何别的参数 $\tau=\tau(t)$, 只要这个变换是一一的、可逆的和连续可微的, 那么这些方程保持相同的形式. 如果我们取弧长为新的参数, 因此 $\dot{x}^2+\dot{y}^2+\dot{z}^2=1$, 我们的微分方程有形式

$$\frac{d^2x}{ds^2}=\lambda G_x, \quad \frac{d^2y}{ds^2}=\lambda G_y, \quad \frac{d^2z}{ds^2}=\lambda G_z. \tag{19}$$

这些微分方程的几何意义是, 我们问题的极值曲线的主法向量[1] 正交于曲面 $G=0$. 我们称这些曲线为曲面的测地线. 因而, 在曲面上两点之间的最短距离必定由一测地线弧给出.

练 习 7.4a

1. 证明一个不受外力的、约束在一给定的曲面 $G=0$ 上运动的质点的轨线也同样是测地线. 在这个情形中, 势能 U 等于零, 并且读者可应用哈密顿原理 (第 649 页).

2. 令 C 为一给定曲面 $G(x,y,z)=0$ 上的曲线. 在 C 的每一点上取一段定长的而且相对于 C 是定向的垂直测地线. 测地线的自由端画出一条曲线 C'. 证明 C' 也垂直于那些测地线段.

b. 其他类型的附带条件

在上面讨论的问题中, 我们能够消去附带条件, 是由于解出了确定附带条件的方程, 从而把问题直接归结为以前讨论过的类型. 然而, 对于经常出现的其他种类的附带条件是不可能做到这一点的. 这种类型的最重要的情形是等周的附带条件. 下面是一个典型的例子: 在前面的边条件和连续性条件下, 要使积分

$$I\{\phi\}=\int_{x_0}^{x_1} F\left(x,\phi,\phi'\right)dx \tag{20a}$$

是逗留的, 这里的自变函数服从另外的附带条件

$$H\{\phi\}=\int_{x_0}^{x_1} G\left(x,\phi,\phi'\right)dx=\text{给定的常数 } c. \tag{20b}$$

特别地, $F=\phi, G=\sqrt{1+\phi'^2}$ 是经典的等周问题.

这类问题不能只靠我们以前用一个在边界上等于零的任意函数来构造 '变动的" 函数 $\phi=u+\varepsilon\eta$ 的方法予以解决, 因为一般而言, 这些函数 (除去 $\varepsilon=0$) 在 $\varepsilon=0$ 的邻域内不满足附带条件. 然而, 用一个类似在问题中最早所用的那种方法,

1) 即, 向量 $(\ddot{x},\ddot{y},\ddot{z})$; 见第 183 页.

不是引进一个函数和一个参数, 而是两个在边界上等于零的函数 $\eta_1(x)$ 和 $\eta_2(x)$, 以及两个参数 ε_1 和 ε_2, 我们可以得到所需的结果. 假设 $\phi = u$ 为所求的函数, 我们因此构造变动的函数

$$\phi = u + \varepsilon_1\eta_1 + \varepsilon_2\eta_2.$$

如果我们把这个函数代入那两个积分, 我们就把问题归结为: 在附带条件

$$\begin{aligned} H &= \int_{x_0}^{x_1} G\left(x, u + \varepsilon_1\eta_1 + \varepsilon_2\eta_2, u' + \varepsilon_1\eta_1' + \varepsilon_2\eta_2'\right) dx \\ &= M\left(\varepsilon_1, \varepsilon_2\right) = c \end{aligned}$$

下, 推导积分

$$I = \int_{x_0}^{x_1} F\left(x, u + \varepsilon_1\eta_1 + \varepsilon_2\eta_2, \mu' + \varepsilon_1\eta_1' + \varepsilon_2\eta_2'\right) dx = K\left(\varepsilon_1, \varepsilon_2\right)$$

的逗留性的必要条件; 即, 函数 $K\left(\varepsilon_1\varepsilon_2\right)$ 对 $\varepsilon_1 = 0, \varepsilon_2 = 0$ 是逗留的, 这里 $\varepsilon_1, \varepsilon_2$ 满足附带条件

$$M\left(\varepsilon_1, \varepsilon_2\right) = c.$$

根据以前有附带条件的通常极值的结果, 以及在第 637 页给出的类似的其他缘由, 作一简单的讨论就可导出这一结果:

积分的逗留性质等价于存在一个常数乘子 λ, 使得方程 $H = c$ 和欧拉微分方程

$$\frac{d}{dx}\left(F_{u'} + \lambda G_{u'}\right) - \left(F_u + \lambda G_u\right) = 0$$

成立. 这结论的一个例外情形只可能出现在函数 u 满足方程

$$\frac{d}{dx} G_{u'} - G_u = 0$$

的时候.

证明的细节留给读者, 可参考这个课题的有关文献[1].

练 习 7.4b

1. 证明圆柱面上的测地线是螺旋线.

---

1) 例如, 见 Hestenes M R. Calculus of Variations and Optimal Control Theory. New York: John Wiley and Sons, 1966. Courant R, Hilbert D. Methods of Mathematical Physics. New York: Interscience Publishers, 1953, Vol. 1, Chapter IV.

2. 求下列例子的欧拉方程:

(a) $F=\sqrt{1+y'^2}+yg(x)$;

(b) $F=y''^2/\left(1+y'^2\right)^3+yg(x)$;

(c) $F=y''2-y'^2+y^2$;

(d) $F=\sqrt[4]{1+y'^2}$.

3. 设有两个自变量, 求以下例子的欧拉方程:

(a) $F=a\phi_x^2+2b\phi_x\phi_y+c\phi_y^2+\phi^2 d$;

(b) $F=\left(\phi_{xx}+\phi_{yy}\right)^2=(\Delta\phi)^2$;

(c) $F=(\Delta\phi)^2+\left(\phi_{xx}\phi_{yy}-\phi_{xy}^2\right)$.

4. 求下面等周问题的欧拉方程: 在条件

$$\int_{x_0}^{x_1} u^2 dx=1$$

下, 积分

$$\int_{x_0}^{x_1}\left(au'^2+2buu'+cu^2\right)dx$$

是逗留的.

5. 令 $f(x)$ 为一给定的函数. 在积分条件

$$H(\phi)=\int_0^1 \phi^2 dx=K^2 \quad (\text{这里 } K \text{ 是给定的常数})$$

下, 要使积分

$$I(\phi)=\int_0^1 f(x)\phi(x)dx$$

是极大的. (a) 从欧拉方程求解 $u(x)$. (b) 应用柯西不等式证明在 (a) 中找到的解给出 I 的绝对极大值.

6. 利用拉格朗日乘子法, 证明经典等周问题的解是一个圆.

7. 一根密度均匀和给定长度的细线吊在两点 A 和 B 之间. 如果重力作用于负 y 轴的方向, 细线的平衡位置是使重心有最低的可能位置. 于是这是一个使形式为 $\int_{x_0}^{x_1 y}\sqrt{1+y'^2}dx$ 的积分在

$$\int_{x_0}^{x_1}\sqrt{1+y'^2}dx$$

等于给定的常数值的这种附带条件下的极小值问题. 证明细线将挂成一条悬链线.

8. 设 $y=u(x)$ 在所有具有预定边值 $y\left(x_0\right)=y_0, y\left(x_1\right)=y_1$ 的连续可微

函数族 $y(x)$ 中使积分 $\int_{x_0}^{x_1} F(x, y, y')\,dx$ 产生最小的值. 证明 $u(x)$, 对于区间 $x_0 \leqslant x \leqslant x_1$ 内的所有 x, 满足不等式

$$F_{y'y'}(x, u(x), u'(x)) \geqslant 0 \quad (\text{勒让德条件})$$

9. 令 (x_0, y_0) 和 (x_1, y_1) 是位于 x 轴上方的两点. 求通过这两点的函数的图形下面积的极值曲线, 附加的条件为两点之间的轨线有固定的长度.

第八章　单复变函数

在第一卷 7.7 节中, 我们已经提到单复变函数论, 并且看到, 这个理论有助于弄清楚一个实变数的函数的结构. 这一章, 我们将就这个理论的基本原理给出一个简要的、更加系统的叙述.

8.1　幂级数表示的复函数

a. 极限. 复数项的无穷级数

我们从虚数单位 i 与任何两个实数 x, y 形成的复数 $z = x + iy$ 的基本概念开始 (见第一卷第 85 页). 我们对复数的运算如同对实数的运算一样, 只要附加法则: i^2 总可以用 -1 来代替. 我们用 x, y 平面上或复平面 z 上的直角坐标表示 z 的实部 x 和虚部 y. 复数 $\overline{z} = x - iy$ 称为 z 的共轭复数. 我们由关系式 $x = r\cos\theta$, $y = r\sin\theta$ 引进极坐标 (r, θ), 并且称 θ 为复数的辐角, 称

$$r = \sqrt{x^2 + y^2} = \sqrt{z\overline{z}} = |z|$$

为它的绝对值 (或模). 我们有

$$|z_1 z_2| = |z_1|\,|z_2|\,.$$

我们能够直接建立复数 z_1, z_2 和 $z_1 + z_2$ 满足的所谓"三角不等式"

$$|z_1 + z_2| \leqslant |z_1| + |z_2|\,.$$

如果设 $z_1 = u_1 - u_2, z_2 = u_2$, 我们立即得到另一个不等式

$$|u_1| - |u_2| \leqslant |u_1 - u_2|\,.$$

如果用 x, y 平面上分量为 x_1, y_1 和 x_2, y_2 的向量分别表示复数 z_1, z_2, 三角不等式可以得到几何上的解释: 表示和数 $z_1 + z_2$ 的向量正是由前面两个向量相加而得到, 由这个加法所得到的三角形的边长是 $|z_1|, |z_2|, |z_1 + z_2|$ (见图 8.1). 于是, 三角不等式表示三角形的任意一边小于另外两边的和.

现在我们考虑复数序列的极限概念, 这个概念本质上是新的. 我们叙述下面的定义: 复数序列 z_n 趋于极限 z, 如果 $|z_n - z|$ 趋于零. 当然这就意味着 $z_n - z$

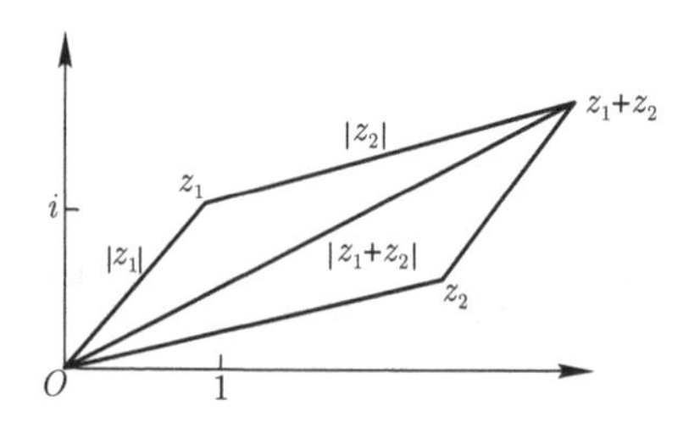

图 8.1 复数的三角不等式

的实部和虚部都趋于零. 从柯西准则推出, 序列 z_n 的极限 z 存在的充分必要条件是

$$\lim_{\substack{n\to\infty \\ m\to\infty}} |z_n - z_m| = 0.$$

一类特别重要的极限是由复数项无穷级数所引出的极限. 我们说复数项无穷级数

$$\sum_{\nu=0}^{\infty} c_\nu$$

是收敛的, 并且有和 S, 如果部分和序列

$$S_n = \sum_{\nu=0}^{n} c_\nu$$

趋于极限 S. 如果实的非负项级数

$$\sum_{\nu=0}^{\infty} |c_\nu|$$

收敛, 如同在第一卷第七章所知, 推出原来的复数项级数也收敛. 这种级数我们就说它是绝对收敛的.

如果级数的项 c_ν 不是常数, 而是依赖于区域 R 内变化的点的坐标 (x, y), 那么一致收敛的概念就有意义. 我们说这个级数在区域 R 内是一致收敛的, 如果对于任意给定的正数 ε, 能够找到仅仅依赖于 ε 的固定的 N, 使得对于每个 $n \geqslant N$ 和区域 R 内的一切点 $z = x + iy$, 关系式 $|S_n - S| < \varepsilon$ 成立. 当然, 对于依赖于 R 的点的复函数序列 $S_n(z)$, 一致收敛完全一样定义. 所有这些关系、定义以及有关证明完全和我们已经熟知的实变数函数的理论相对应.

收敛级数的最简单例子是几何级数

$$1 + z + z^2 + z^3 + \cdots.$$

和实变数的情形一样, 这个级数的部分和是

$$S_n = \frac{1 - z^{n+1}}{1 - z},$$

并且, 当 $|z| < 1$ 时, 有

$$1 + z + z^2 + \cdots = \frac{1}{1 - z}. \tag{1}$$

我们看到, 这个几何级数当 $|z| < 1$ 时绝对收敛, 而当 $|z| \leqslant q$ 时一致收敛, 这里 q 是任意介于 0,1 之间的固定正数. 换句话说, 几何级数对于单位圆内的一切 z 的值绝对收敛, 在每个与单位圆同心、半径小于 1 的闭圆上一致收敛.

对于收敛性的研究, 比较判别法仍然是适用的: 如果 $|c_\nu| \leqslant p_\nu, p_\nu$ 是实的、非负的, 且无穷级数

$$\sum_{\nu=0}^{\infty} p_\nu$$

收敛, 那么复级数 $\sum\limits_{\nu=0}^{\infty} c_\nu$ 绝对收敛.

如果 p_ν 是常数, 而 c_ν 依赖于在 R 内变化的点 z, 那么 $\sum c_\nu$ 在 R 内一致收敛, 其证明和实变数的相应证明完全一样 (见第一卷第七章第 471 页), 这里不必重复.

由第一卷中所知, 如果 M 是任意一个正常数, q 是介于 0,1 之间的正数, 那么以 $p_\nu = Mq^\nu$ 或 $M\nu q^{\nu-1}$ 或 $\dfrac{M}{\nu+1} q^{\nu+1}$ 为正项的无穷级数也收敛. 我们将直接利用这些级数来作比较.

b. 幂级数

最重要的复数项级数是幂级数: $c_\nu = a_\nu z^\nu$, 即幂级数可以表示为以下形式

$$P(z) = \sum_{\nu=0}^{\infty} a_\nu z^\nu$$

或者稍为更一般的形式

$$\sum_{\nu=0}^{\infty} a_\nu \left(z - z_0\right)^\nu,$$

其中 z_0 是一个固定点. 但是由于这种形式总可以通过替换 $z' = z - z_0$ 归结为前一种形式, 所以我们只需考虑 $z_0 = 0$ 的情形.

有关幂级数的主要定理可以逐句照搬第一卷第七章 (第 474 页) 中有关实的幂级数的相应定理:

如果幂级数当 $z=\xi$ 时收敛, 那么对于使得 $|z|<|\xi|$ 的每个 z 的值, 级数绝对收敛, 而且, 如果 q 是小于 1 的正数, 级数在圆 $|z|\leqslant q|\xi|$ 上一致收敛.

我们能够立即继续讲下面进一步的定理:

两个级数

$$D(z)=\sum_{\nu=1}^{\infty}\nu a_\nu z^{\nu+1},$$

$$I(z)=\sum_{\nu=0}^{\infty}\frac{a_\nu}{\nu+1}z^{\nu+1}$$

也绝对收敛, 并且对于 $|z|\leqslant q|\xi|$ 一致收敛.

证明和以前完全一样. 由于级数 $P(z)$ 当 $z=\xi$ 时收敛, 因此第 n 项 $a_n\xi^n$ 当 n 增大时趋于零, 所以存在正常数 M, 使得对一切 n, 不等式 $|a_n\xi^n|<M$ 成立. 现在, 如果 $|z|=q|\xi|, 0<q<1$, 我们有

$$|a_n z^n|<Mq^n,\quad \left|na_n z^{n-1}\right|<\frac{M}{|\xi|}nq^{n-1},$$

$$\left|\frac{a_n}{n+1}z^{n+1}\right|<\frac{M|\xi|}{n+1}q^{n+1}.$$

于是我们得到已知的比较级数 (第 660 页), 所以级数收敛, 定理证毕.

在幂级数的情形, 有两种可能性: 或者它对一切 z 的值收敛, 或者有值 $z=\eta$ 使级数发散. 由上面的定理, 对于 $|z|>|\eta|$ 的一切 z, 级数一定发散 (见第一卷第 474 页), 并且如同实的幂级数一样, 有收敛半径 ρ, 使得当 $|z|<\rho$ 时级数收敛, 当 $|z|>\rho$ 时级数发散. 将此应用到 $D(z)$ 和 $I(z)$ 上, 它们的 ρ 和原来的幂级数相同. 圆 $|z|=\rho$ 称为幂级数的收敛圆. 对于收敛圆的圆周本身, 即对于 $|z|=\rho$ 上的点, 不能作出有关级数的收敛和发散的一般命题.

c. 幂级数的微分法和积分法

一个收敛的幂级数

$$P(z)=\sum_{\nu=0}^{\infty}a_\nu z^\nu$$

在它的收敛圆内确定一个复变数 z 的函数. 在这个区域内, 它是多项式

$$P_n(z)=\sum_{\nu=0}^{n}a_\nu z^\nu$$

当 n 趋于无穷时的极限.

和实变数的情形一样, 一个多项式 $f(z)$ 可以对自变量 z 求微分. 首先, 我们注意到代数恒等式

$$\frac{z_1^n - z^n}{z_1 - z} = z_1^{n-1} + z_1^{n-2} z + \cdots + z^{n-1}$$

成立. 如果现在我们让 z_1 趋于 z[1], 我们立即有

$$\frac{d}{dz} z^n = \lim_{z_1 \to z} \frac{z_1^n - z^n}{z_1 - z} = n z^{n-1}.$$

同样, 我们立即有

$$\begin{aligned} P_n'(z) &= \frac{d}{dz} P_n(z) = \lim_{z_1 \to z} \frac{P_n(z_1) - P_n(z)}{z_1 - z} \\ &= \sum_{\nu=1}^{n} \nu a_\nu z^{\nu-1} = D_n(z). \end{aligned}$$

自然, 我们称表达式 $P_n'(z)$ 为复多项式 $P_n(z)$ 的微商.

现在我们有下面的定理, 它在幂级数理论中是基本的:

一个收敛的幂级数

$$P(z) = \sum_{\nu=0}^{\infty} a_\nu z^\nu \tag{2a}$$

可以在它的收敛圆内部逐项微商, 即极限

$$P'(z) = \lim_{z_1 \to z} \frac{P(z_1) - P(z)}{z_1 - z} \tag{2b}$$

存在, 并且

$$P'(z) = \sum_{\nu=1}^{\infty} \nu a_\nu z^{\nu-1} = \lim_{n \to \infty} P_n'(z) = \lim_{n \to \infty} D_n(z) = D(z). \tag{2c}$$

从这个定理显然有, 幂级数

$$I(z) = \sum_{\nu=0}^{\infty} \frac{a_\nu}{\nu+1} z^{\nu+1}$$

可以作为第一个幂级数的不定积分, 即 $I'(z) = P(z)$.

幂级数的逐项可微性证明如下:

从第 662 页我们知道关系式

$$D(z) = \lim_{n \to \infty} D_n(z)$$

1) 一个连续复变数 $(z_1 \to z)$ 的极限概念可以和实变数的情形完全一样引进.

在收敛圆内成立. 我们应当证明: 当 z_1 在收敛圆内充分接近 z 时, 差商

$$\frac{P(z_1)-P(z)}{z_1-z}$$

与 $D(z)$ 的差的绝对值小于预先指定的正数 ε. 为此, 我们把差商写成

$$D(z_1,z)=\frac{P(z_1)-P(z)}{z_1-z}=\frac{P_n(z_1)-P_n(z)}{z_1-z}+\sum_{\nu=n+1}^{\infty}a_\nu\lambda_\nu,$$

其中

$$\lambda_\nu=\frac{z_1^\nu-z^\nu}{z_1-z}=z_1^{\nu-1}+z_1^{\nu-2}z+\cdots+z^{\nu-1}.$$

如果保持第 662 页上的记号, 并且如果 $|z|<q|\xi|,|z_1|<q|\xi|$, 那么

$$|\lambda_\nu|\leqslant\nu q^{\nu-1}|\xi|^{\nu-1}.$$

因此

$$\begin{aligned}|R_n|=\left|\sum_{\nu=n+1}^{\infty}a_\nu\lambda_\nu\right|&\leqslant\sum_{\nu=n+1}^{\infty}|a_\nu|\,\nu q^{\nu-1}|\xi|^{\nu-1}\\&\leqslant\frac{M}{|\xi|}\sum_{\nu=n+1}^{\infty}\nu q^{\nu-1}.\end{aligned}$$

由于正项级数 $\sum\nu q^{\nu-1}$ 收敛, 所以当 n 充分大, $|R_n|$ 可以任意小. 我们选取 n, 使得 $|R_n|<\dfrac{\varepsilon}{3}$, 并且如果必要的话可增大 n, 使得同时还有

$$|D(z)-D_n(z)|<\varepsilon/3.$$

现在我们选取如此接近于 z 的 z_1, 使得

$$\frac{P_n(z_1)-P_n(z)}{z_1-z}$$

与 $D_n(z)$ 的差也小于 $\varepsilon/3$. 于是

$$\begin{aligned}|D(z_1,z)-D(z)|\leqslant&\left|\frac{P_n(z_1)-P_n(z)}{z_1-z}-D_n(z)\right|\\&+|D_n(z)-D(z)|+|R_n|\\<&\frac{\varepsilon}{3}+\frac{\varepsilon}{3}+\frac{\varepsilon}{3}=\varepsilon.\end{aligned}$$

这个不等式就是所要证明的.

由于函数的微商仍然是具有相同收敛半径的幂级数, 我们能够再次求微商, 并

且可不断地重复这个过程, 即幂级数可以在它的收敛圆内部任意次地求微商.

幂级数是它所表示的函数的泰勒级数, 即系数 a_ν 可由以下公式表示

$$a_\nu = \frac{1}{\nu!}P^{(\nu)}(0). \tag{3}$$

证明和实变数的情形完全一样 (见第一卷第 479 页).

d. 幂级数的例子

我们在第一卷第七章 (第 486 页) 中提到过, 初等函数的幂级数能够直接推广到复变数的情形. 换句话说, 我们能够将初等函数的幂级数看作复的幂级数, 并由此把这些函数的定义推广到复的邻域. 例如, 级数

$$\sum_{\nu=0}^{\infty}\frac{z^\nu}{\nu!},\quad \sum_{\nu=0}^{\infty}(-1)^\nu\frac{z^{2\nu}}{(2\nu)!},\quad \sum_{\nu=0}^{\infty}\frac{(-1)^\nu z^{2\nu+1}}{(2\nu+1)!},$$
$$\sum_{\nu=0}^{\infty}\frac{z^{2\nu}}{(2\nu)!},\quad \sum_{\nu=0}^{\infty}\frac{z^{2\nu+1}}{(2\nu+1)!}$$

对一切 z 收敛 (这可以由比较判别法立即推出). 这些幂级数所表示的函数, 如同在实的情形一样, 仍然分别采用符号 $e^z, \cos z, \sin z, \cosh z$, $\sinh z$. 关系式

$$\cos z + i\sin z = e^{iz}, \tag{4a}$$

$$\cosh z = \cos iz, \quad i\sinh z = \sin iz \tag{4b}$$

现在可以立即从幂级数推出. 此外, 由逐项微商, 我们得到关系式

$$\frac{d}{dz}e^z = e^z. \tag{4c}$$

作为异于几何级数的、具有有穷收敛半径的幂级数例子, 我们考虑级数

$$\log(1+z) = \sum_{\nu=1}^{\infty}(-1)^{\nu+1}\frac{z^\nu}{\nu}, \tag{4d}$$

$$\begin{aligned}\arctan z &= \sum_{\nu=0}^{\infty}(-)^\nu\frac{z^{2\nu+1}}{2\nu+1}\\ &= \frac{1}{2i}[\log(1+iz)-\log(1-iz)].\end{aligned}$$

这两个级数的和, 我们仍用 log 和 arctan 表示. 这里, 收敛半径等于 1. 由逐项微商, 我们得到几何级数, 并且

$$\frac{d\log(1+z)}{dz} = \frac{1}{1+z},\quad \frac{d}{dz}(\arctan z) = \frac{1}{1+z^2}.$$

8.2　单复变函数一般理论的基础

a. 可微性条件

上面我们已经看到, 由幂级数表示的函数具有微商和不定积分. 这个事实可以作为单复变函数一般理论的出发点. 这个理论的目的在于把微积分学推广到单复变函数上去, 特别地, 重要的是把函数概念推广到复变数的函数, 使其包含任何在一个复区域内可微的函数.

当然, 我们可以一开始就限于考虑由幂级数表示的函数, 于是它满足可微性条件. 但是这样做有两个缺点. 首先, 我们不能预先知道是否复变数函数的可微性条件一定蕴涵函数能够展开幂为级数 (在实变数的情形, 我们知道, 确实存在具有任意阶微商而不能展开为幂级数的函数, 见第一卷第 401 页). 其次, 我们从仅在单位圆内收敛, 它的幂级数是几何级数的简单函数 $\dfrac{1}{1-z}$ 知道, 即使对于简单的函数表达式, 它的幂级数并不是处处代表这个函数. 在这个特别情形, 我们已经用别的方法知道这个函数.

这些困难能够通过魏尔斯特拉斯方法加以避免, 并且单复变函数论能够在幂级数的理论基础上展开. 但是值得强调的是另一种观点, 即柯西和黎曼的观点. 他们的方法不是用明显的表达式而是用简单性质来表征函数. 更确切地说, 是用函数在定义域内的可微性而不是用幂级数来表征.

我们从复变数 z 的复函数 $\zeta=f(z)$ 的一般概念开始. 如果 R 是 z 平面上的一个区域, R 内的每个点 $z=x+iy$ 借助某种关系联系着一个复数 $\zeta=u+iv$, 则称 ζ 是 R 内的一个复函数. 这个定义只表示使得点 (x,y) 位于 R 内的实数偶 x,y 有相应的实数偶 u,v, 即 u,v 是定义在 R 内的两个实变数 x,y 的两个实函数 $u(x,y)$ 和 $v(x,y)$.

对于复的微积分来说, 函数概念的要求是非常强的. 首先, 我们限于 $u(x,y)$, $v(x,y)$ 在 R 内有连续一阶偏微商 u_x,u_y,v_x,v_y. 我们称 $u+iv=\zeta=f(z)$ 在 R 内关于自变量 z 是可微的, 意思就是, 极限

$$\lim_{z_1\to z}\frac{f(z_1)-f(z)}{z_1-z}=\lim_{h\to 0}\frac{f(z+h)-f(z)}{h}=f'(z)$$

对于 R 内的一切 z 的值存在. 称这个极限为 $f(z)$ 的微商.

要使 $f(z)$ 是可微的, 仅仅 u,v 具有关于 x,y 的连续偏微商是不够的. 可微性条件比实函数的可微性条件要强得多. 因为如果函数可微, 当 $h=r+is$ 经实数 $(s=0)$ 和经纯虚值 $(r=0)$ 或任何别的方式趋于零时, 必须有相同的极限值 $f'(z)$.

例如, 如果我们设 $u=x, v=0$, 即 $f(x)=f(x+iy)=x$, $u(x,y), v(x,y)$ 是连续可微的. 但是对于 f 关于 z 的微商, 如果设 $h=r$, 我们得到

$$\lim_{r\to 0}\frac{f(z+r)-f(z)}{r}=\lim_{r\to 0}\frac{x+r-x}{r}=1,$$

如果设 $h=is$, 则有

$$\lim_{s\to 0}\frac{f(z+is)-f(z)}{is}=\lim_{s\to 0}\frac{0}{is}=0;$$

即, 我们得到完全不同的极限值. 类似地, 对于 $f(z)=u+iv=x+2iy$, 当 h 以不同方式趋于零时, 我们得到差商的不同极限值.

所以, 为确保 $f(z)$ 对于 z 的可微性, 必需加上别的限制. 复变函数论中的这个基本事实可表达为下面的定理:

如果 $\zeta=u(x,y)+iv(x,y)=f(z)=f(x+iy)$, 其中 $u(x,y), v(x,y)$ 是连续可微的, 则函数 $f(z)$ 在复区域内可微的必要条件是所谓柯西–黎曼微分方程

$$u_x=v_y,\quad u_y=-v_x \tag{5a}$$

成立.

在每个使 u, v 连续可微且满足柯西–黎曼微分方程的开集 R 内, $f(z)$ 称为复变数 z 的解析函数[1], *并且 $f(z)$ 的微商为*

$$f'(z)=u_x+iv_x=v_y-iu_y=\frac{1}{i}\left(u_y+iv_y\right). \tag{5b}$$

我们首先证明柯西–黎曼微分方程是必要条件. 设 $f'(z)$ 存在, 因此取 h 等于实值 r, 我们一定得到极限值 $f'(z)$, 即

$$\begin{aligned}f'(z)&=\lim_{r\to 0}\left(\frac{u(x+r,y)-u(x,y)}{r}+i\frac{v(x+r,y)-v(x,y)}{r}\right)\\&=u_x+iv_x.\end{aligned}$$

同样地, 如果取 h 为纯虚值 is, 我们一定得到 $f'(z)$, 即

$$\begin{aligned}f'(z)&=\lim_{s\to 0}\left(\frac{u(x,y+s)-u(x,y)}{is}+i\frac{v(x,y+s)-v(x,y)}{is}\right)\\&=\frac{1}{i}\left(u_y+iv_y\right).\end{aligned}$$

所以

1) 也称为全纯. 这里不予以证明的一个较为深刻的定理是: 对于在一个区域内可微的函数 f 而言, u, v 的偏微商不仅存在而且一定是连续的. 因此, f 的可微性实际上蕴涵连续可微性. 但是在今后我们并不利用这个定理, 而总是假定我们所考虑的可微函数 f 有连续可微的实部和虚部, 即 $f'(z)$ 是 z 的连续函数.

$$u_x + iv_x = \frac{1}{i}(u_y + iv_y).$$

取实部和虚部, 我们立即得到柯西–黎曼方程.

但是这两个方程也是函数 $f(z)$ 可微性的充分条件. 为了证明这一点, 我们作差商 [见第二卷第一分册第 35 页公式 (13)]

$$\begin{aligned}
&\frac{f(z+h)-f(z)}{h}\\
=&\frac{u(x+r,y+s)-u(x,y)+i\{v(x+r,y+s)-v(x,y)\}}{r+is}\\
=&\frac{ru_x+su_y+irv_x+isv_y+\varepsilon_1|h|+i\varepsilon_2|h|}{r+is},
\end{aligned}$$

其中 ε_1 和 ε_2 是两个实的, 随 $|h|=\sqrt{r^2+s^2}$ 一起趋于零的量. 现在如果柯西–黎曼方程成立, 上面的表达式立即变成

$$u_x + iv_x + \varepsilon_1\frac{|h|}{r+is} + i\varepsilon_2\frac{|h|}{r+is}.$$

我们立即看出当 $h\to 0$ 时, 这个表达式趋于极限值 u_x+iv_x, 而不依赖于 $h\to 0$ 所取的方式.

现在我们利用柯西–黎曼方程, 或与此等价的可微性作为解析函数的定义, 并以此作为推导解析函数一切性质的基础.

b. 微分学的最简单运算

一切多项式和一切在收敛圆内部的幂级数是解析函数 (见第 664 页). 我们立即看出, 导致微分学基本法则的运算, 如同在实变数的情形一样, 能够以完全相同方式进行 (见第一卷第 174-177 页, 第 187-190 页). 特别地, 以下法则成立: 解析函数的和、差、乘积以及商 (只要分母不为零) 能够按照微积分的基本法则求微商, 从而仍然是解析函数. 此外, 一个解析函数的解析函数能够按照链式法则求微商, 所以它本身也是解析函数.

我们也注意到下面的定理:

如果解析函数 $\zeta=f(z)$ 的微商在区域 R 内处处为零, 则 $f(z)$ 是常数.

证明. 由 (5a), (5b), $v_y - iu_y = 0$ 在 R 内处处成立. 因此 $v_y=0, u_y=0$. 根据柯西–黎曼方程, $v_x=0, u_x=0$, 即 u 和 v 是常数, 因此, ζ 是一常数.

对于指数函数的应用

我们利用这个定理, 推导出指数函数的某些基本性质. 对一切复数 z, 指数函数由如下的幂级数来定义:

$$e^z = \sum_{k=0}^{\infty} \frac{z^k}{k!} = 1 + \frac{z}{1!} + \frac{z^2}{2!} + \cdots.$$

由于我们可以微商这个级数, 我们得到

$$\frac{d}{dz} e^z = 1 + z + \frac{z^2}{2!} + \cdots = e^z. \tag{6}$$

于是, 指数函数 $f(z) = e^z$ 是微分方程

$$f'(z) = f(z)$$

的解 (对一切 z). 由微分法的链式法则, 对于任意固定的复数 ζ, 有

$$\begin{aligned} \frac{d}{dz} e^{z+\zeta} e^{-z} &= \frac{d}{dz} f(z+\zeta) f(-z) \\ &= f'(z+\zeta) f(-z) - f(z+\zeta) f'(-z) \\ &= f(z+\zeta) f(-z) - f(z+\zeta) f(-z) = 0. \end{aligned}$$

利用上面的定理,

$$e^{z+\zeta} e^{-z}$$

是一个不依赖 z 的常数. 令 $z = 0$, 并且由于 $e^0 = 1$, 我们可求出这个常数, 并得到

$$e^{z+\zeta} e^{-z} = e^{\zeta} \tag{6a}$$

对于一切 z 和 ζ 成立. 对于 $\zeta = 0$, 有

$$e^z e^{-z} = 1. \tag{6b}$$

因此, 对于一切复数 z, 指数函数不等于零, 而且 e^z 的倒数是 e^{-z}. 用 e^z 乘 (6a) 的两边, 我们得到指数函数的函数方程

$$e^{z+\zeta} = e^z e^{\zeta}, \tag{6c}$$

这个方程直接从幂级数表示式推导出来不是如此容易.

如果 $f(z)$ 是微分方程

$$f'(z) = f(z) \tag{7a}$$

的任意解, 则我们有

$$\frac{d}{dz} f(z) e^{-z} = f'(z) e^{-z} - f(z) e^{-z} = 0.$$

因此

$$f(z)e^{-z} = c\ (\text{常数}).$$

于是, 微分方程 (7a) 的一般解有以下形式

$$f(z) = ce^z, \tag{7b}$$

其中 c 是一个常数.

在第 678 页, 我们已经看到

$$e^{iz} = \cos z + i\sin z, \tag{8a}$$

其中 $\cos z, \sin z$ 是由它们的幂级数定义的. 用 $-z$ 代替 z, 由于 $\sin(-z) = -\sin z$, 我们发现

$$e^{-iz} = \cos z - i\sin z.$$

这两个关系式相乘, 得到

$$e^{iz}e^{-iz} = \cos^2 z + \sin^2 z.$$

由于 $e^{iz}e^{-iz} = e^{iz-iz} = 1$, 所以我们证明了恒等式

$$\cos^2 z + \sin^2 z = 1 \tag{8b}$$

对一切复数 z 成立.

由 (6c) 和 (8a), 有

$$e^{x+iy} = e^x(\cos y + i\sin y). \tag{8c}$$

如果 x, y 是实的, 我们求得 $e^z = e^{x+iy}$ 的绝对值为

$$\begin{aligned}|e^z| &= \left|e^{x+iy}\right| = |e^x\cos y + ie^x\sin y| \\ &= \sqrt{(e^x\cos y)^2 + (e^x\sin y)^2} = \sqrt{e^{2x}\left(\cos^2 y + \sin^2 y\right)} \\ &= e^x.\end{aligned} \tag{8d}$$

如果令 $z = 2\pi$, 我们就得到联系指数函数和三角函数的关系式 (8a) 的另一个重要结论:

$$e^{2\pi i} = \cos(2\pi) + i\sin(2\pi) = 1. \tag{9a}$$

更一般地, 在 (6c) 中令 $\zeta = 2\pi i$, 我们有

$$e^{z+2\pi i} = e^z. \tag{9b}$$

于是, 复变数的指数函数是周期函数, 周期是 $2\pi i$.

公式 (8a) 表明, 对于任意整数 n,

$$e^{2n\pi i}=\cos(2n\pi)+i\sin(2n\pi)=1. \tag{9c}$$

容易看出, 仅当 $z=2n\pi i(n=$ 整数) 时,

$$e^{z}=1.$$

因为如果 $z=x+iy, x, y$ 是实数, 由 $e^{z}=1$ 及 (8d) 知道 $e^{x}=1$, 所以 $x=0$, 于是由

$$1=e^{iy}=\cos y+i\sin y$$

得到

$$\cos y=1, \quad \sin y=0.$$

所以, y 必是 2π 的倍数.

我们推知方程

$$e^{z}=e^{\zeta} \tag{9d}$$

成立, 当且仅当

$$z=\zeta+2n\pi i,$$

其中 n 是整数, 因为用 $e^{-\zeta}$ 乘 (9d), 得到

$$e^{z-\zeta}=e^{z}e^{-\zeta}=1.$$

c. 保角变换. 反函数

通过函数 $u(x,y)$ 和 $v(x,y)$ 建立了 z 平面或 x,y 平面的点到 ζ 平面或 u,v 平面的点的对应. 于是, 我们得到一个由 $\zeta=f(z)=u+iv$ 确定的, 从 x,y 平面上的区域到 u,v 平面上的区域的变换或映照. 由第 667 页上的 (5a), (5b), 这变换的雅可比行列式是

$$D=\frac{d(u,v)}{d(x,y)}=u_{x}v_{y}-u_{y}v_{x}=u_{x}^{2}+v_{x}^{2}=\left|f'(z)\right|^{2}.$$

所以, 只要 $f'(z)\neq 0$ 时, 雅可比行列式不等于零, 并且是正的. 如果假定 $f'(z)\neq 0$, 我们前面的结果 (第二卷第 224 页) 表明, 在 z 平面上点 z_0 的充分小的邻域被一一对应地、连续地映照到一个区域, 这个区域在 ζ 平面上点 $\zeta_0=f(z_0)$ 的邻域内. 这个映照是保角的 (即它保持角度不变), 因为如同我们在第三章 (第二卷第 248

页) 已经看到的那样, 柯西–黎曼方程是变换不仅保持角度大小, 而且保持方向的充分必要条件. 于是我们有以下结果:

除去那些使得 $f'(z_0)=0$ 的点 z_0 外, 由 $u(x,y)$ 和 $v(x,y)$ 给定的变换的保角性与函数 $f(z)=u+iv$ 的解析性恰恰意味着同一件事情.

读者应当研究在第三章 (第二卷第 209—210 页) 中讨论过的那些保角表示的例子, 并且证明所有这些变换能够表示为简单形式的解析函数.

因为 z_0 的邻域到 ζ_0 的邻域的一一对应的保角表示, 其反变换也是保角的, 所以 $z=x+iy$ 也可以看作是 $\zeta=u+iv$ 的解析函数 $\phi(\zeta)$, 这个函数称为 $\zeta=f(z)$ 的反函数.

不用这个几何论证, 如同在第二卷第 216 页上 (24d) 所做的那样, 通过计算 $x(u,v),y(u,v)$ 的偏微商, 我们能够直接建立反函数的分析特征. 我们有

$$x_u=\frac{v_y}{D},\quad x_v=-\frac{u_y}{D},\quad y_u=-\frac{v_x}{D},\quad y_v=\frac{u_x}{D}, \tag{10a}$$

由此可见反函数满足柯西–黎曼方程 $x_u=y_v,x_v=-y_u$. 我们能够立即验证, 函数 $\zeta=f(z)$ 的反函数 $z=\phi(\zeta)$ 的微商由下面的公式给出:

$$\frac{dz}{d\zeta}\cdot\frac{d\zeta}{dz}=1. \tag{10b}$$

8.3 解析函数的积分

a. 积分的定义

实变数函数的微积分学的主要定理, 是一个函数的不定积分 (变上限的积分) 可以看作是这个函数的原函数或反微商. 相应的关系构成单复变函数论的核心.

我们从给出已知函数 $f(z)$ 的积分定义开始. 这里, 用 $t=r+is$ 而不用自变量 z 表示积分变量是方便的. 设 $f(t)$ 在区域 R 内解析, $t=t_0,t=z$ 是这个区域 R 内的两个点. 用一条完全位于 R 内的分段光滑的 (见第一章第 77 页) 有向曲线连接这两点 (图 8.2), 然后借助于分点 $t_0,t_1,\cdots,t_n=z$ 将曲线 C 细分为 n 部分, 作和数

$$S_n=\sum_{\nu=1}^{n}f\left(t'_\nu\right)\left(t_\nu-t_{\nu-1}\right), \tag{11a}$$

其中 t'_ν 是 C 上位于 $t_{\nu-1}$ 和 t_ν 之间的任意一点. 如果现在分割越来越细: 无限地增加分点, 使得长度 $|t_\nu-t_{\nu-1}|$ 的最大值趋于零, 这时 S_n 趋于极限, 并且这个极限和特殊的中间点 t'_ν 及分点 t_ν 的选取无关.

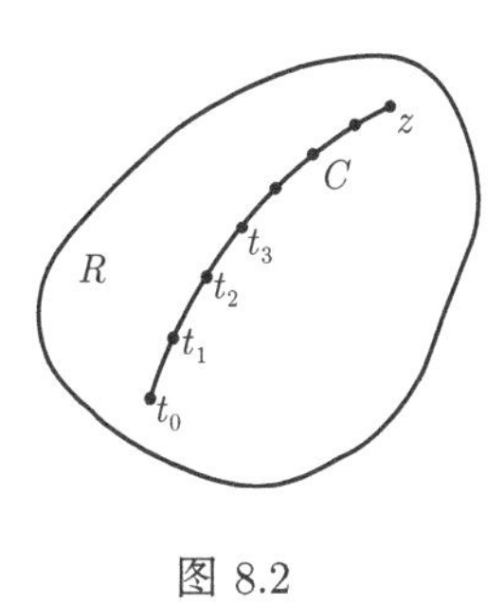

图 8.2

采用与证明实变数的定积分存在定理相类似的方法, 我们可以直接证明这一点. 但是, 化为关于实的曲线积分 (见第一章第 78 页) 的定理就更方便: 设

$$f(t) = u(r,s) + iv(r,s), \quad t_\nu = r_\nu + is_\nu,$$

$$\Delta t_\nu = t_\nu - t_{\nu-1} = \Delta r_\nu + i\Delta s_\nu,$$

则有

$$S_n = \sum_{\nu=1}^{n} u\left(r'_\nu, s'_\nu\right)\Delta r_\nu - v\left(r'_\nu, s'_\nu\right)\Delta s_\nu + i\left\{\sum_{\nu=1}^{n} v\left(r'_\nu, s'_\nu\right)\Delta r_\nu + u\left(r'_\nu, s'_\nu\right)\Delta s_\nu\right\}.$$

当 n 增大时, 右边的和数分别趋于实的线积分

$$\int_C udx - vdy \quad 和 \quad i\int_C vdx + udy,$$

所以, 我们断言 S_n 趋于一极限. 我们把这个极限值称为函数 $f(t)$ 沿曲线 c 从 t_0 到 z 的定积分, 记为

$$\int_{t_0}^{z} f(t)dt \quad 或 \quad \int_C f(t)dt.$$

于是, 有

$$\int_C f(t)dt = \int_C (udx - vdy) + i\int_C (vdx + udy). \tag{11b}$$

从这个定积分的定义立即给出一个重要估计: 如果在积分路径上, $|f(t)| \leqslant M$, 其中 M 是一个常数, L 是积分路径的长度, 那么

$$\left|\int_C f(t)dt\right| \leqslant ML, \tag{11c}$$

因为由 (11a) 和第一卷,

$$|S_n| \leqslant M \sum_{\nu} |t_\nu - t_{\nu-1}| \leqslant ML.$$

此外, 我们指出, 复积分 (特别地, 不同积分路径的组合) 的运算满足第一章 (第二卷第 80—82 页) 中所述曲线积分的一切法则.

b. 柯西定理

单复变函数最重要的性质是从 t_0 到 z 的积分大多和积分路径 C 的选取无关. 事实上, 我们有柯西定理:

如果函数 $f(t)$ 在单连通域 R 内解析, 则积分

$$\int_{t_0}^{z} f(t)dt = \int_C f(t)dt$$

不依赖于 R 内连接 t_0 和 z 的积分路径 C 的特殊选取; 这个积分是一个解析函数 $F(z)$, 并且

$$\frac{d}{dz}F(z) = \frac{d}{dz}\left[\int_{t_0}^{z} f(t)dt\right] = f(z).$$

因此, $F(z)$ 是 $f(z)$ 的一个原函数或不定积分.

柯西定理也可以表述如下:

如果 $f(t)$ 在单连通域内解析, 则 $f(t)$ 沿位于这个区域内的闭曲线的积分等于零.

可从 (11b) 和曲线积分的主要定理 (第二卷第 88 页) 推出积分和路径无关; 因为由柯西–黎曼方程知, 被积表达式的实部 $udx - vdy$ 和虚部 $vdx + udy$, 满足可积性条件, 于是这个积分是 x, y 或 $x + iy = z$ 的函数 $F(z) = U(x, y) + iV(x, y)$, 并且由曲线积分的已知结果有以下关系:

$$U_x = u, \quad U_y = -v, \quad V_x = v, \quad V_y = u,$$

即 (见第 667 页 (5b))

$$U_x = V_y, \quad U_y = -V_x, \quad U_x + iV_x = u + iv.$$

这就表明, $F(z)$ 确实在 R 内是解析的, 且导数 $F'(z) = f(z)$.

单连通区域的假定对于确保柯西定理成立是不可缺少的. 例如, 考虑函数 $1/t$, 它在 t 平面上除去原点外处处解析. 我们不能从柯西定理推断 $1/t$ 沿环绕原点的闭曲线的积分等于零, 因为这条曲线不能范围一个单连通域, 使得 $1/t$ 在这个区域内解析. 区域的单连通性在例外点 $t = 0$ 受到破坏. 例如, 如果我们沿圆 $K : |t| = r$

或 $t = re^{i\theta}$ 方向为正向取积分, θ 为积分变量 $(dt = rie^{i\theta}d\theta)$, 就有

$$\int_K \frac{dt}{t} = \int_0^{2\pi} \frac{rie^{i\theta}}{re^{i\theta}} d\theta = 2\pi i, \tag{12a}$$

即积分的值不是零而是 $2\pi i$.

但是, 我们能够推广柯西定理到多连通域:

如果多连通域 R 由有限多个分段光滑的闭曲线 $C_1, C_2, \cdots$ 所围成, $f(z)$ 在这个区域内和它的边界上解析[1], 则函数沿一切边界曲线的积分为零, 只要一切边界的取向对于区域 R 的内部是相同的, 即当沿边界曲线移动时, 区域总在它的同一边, 比如说总是在左边.

其证明可从曲线积分相应的证明方法立即得到: 我们分割区域 R 为有限个单连通域 (见图 8.3 和图 8.4), 应用柯西定理于这些区域, 并把这些结果加起来. 我们能够用稍为不同的方式来表述这个定理:

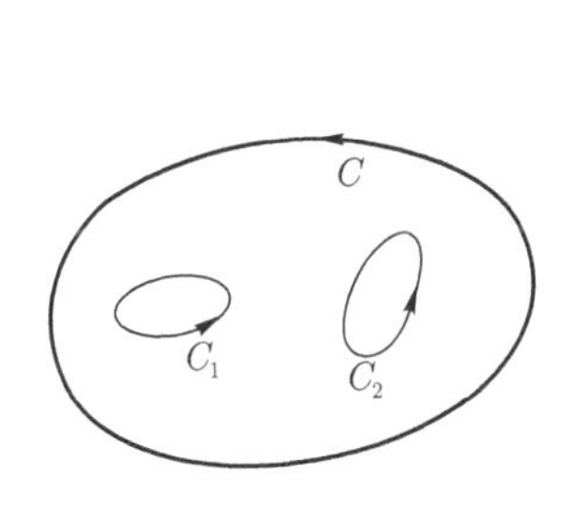

图 8.3  $\int_C = \int_{C_1} + \int_{C_2}$

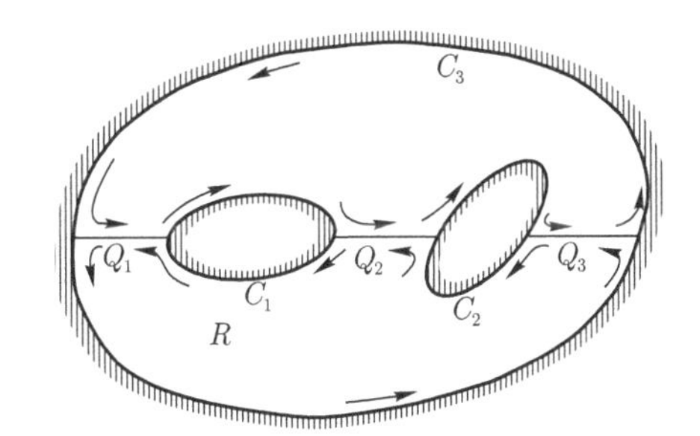

图 8.4 用线段 $Q_1, Q_2, \cdots$ 分多连通域为单连通域

如果区域 R 由闭曲线 C 的内部除去 $C_1, C_2, \cdots$ 的内部所组成, 则

$$\int_C f(t)dt = \sum_\nu \int_{C_\nu} f(t)dt, \tag{12b}$$

其中积分是沿外边界 C 和内边界的相同方向取的.

c. 应用. 对数函数、指数函数及一般幂函数

现在, 我们能够利用柯西定理作为对数函数、指数函数, 从而也是其他初等函数的理论基础, 只要仿效类似于对实变数采取过的做法.

我们从定义函数 $1/t$ 的积分作为对数函数开始. 首先我们限定积分路径使它位于沿负实轴作割痕而得到的解析性单连通域内, 即不允许积分路径跨过负实轴. 更精确地说, 如果 $t = |t|(\cos\theta + i\sin\theta)$, 我们限定 $-\pi < \theta \leqslant \pi$. 在作了这条割痕

1) 称一个函数在一条曲线上是解析的, 如果它在这条曲线的一个 (不管多么小) 邻域内是解析的.

后的 t 平面内, 我们用任意曲线 C 连接点 $t=1$ 和任意点 z, 于是我们能够利用柯西定理于这两点间的函数 $1/t$ 的积分, 这个积分和路径无关. 它对于 $z\neq 0$ 唯一确定一个解析函数. 我们称它为 z 的对数 $\log z$:

$$\zeta=\log z=\int_1^z \frac{dt}{t}=f(z). \tag{12c}$$

对数有性质

$$\frac{d}{dz}(\log z)=\frac{1}{z}. \tag{12d}$$

对数函数的逆与指数函数一致. 按照对数函数的定义, 在沿负实轴割开的平面内, 我们考虑函数 $e^{\log z}, z\neq 0$. 利用微商的链式法则, 从 (12d) 和 (6), 对于 $z\neq 0$, 有

$$\frac{d}{dz}\frac{1}{z}e^{\log z}=-\frac{1}{z^2}e^{\log z}+\frac{1}{z^2}e^{\log z}=0.$$

因此

$$\frac{1}{z}e^{\log z}=c\ (\text{常数}).$$

如果取 $z=1$, 有

$$c=e^{\log 1}=e^0=1.$$

于是, 对于一切 $z\neq 0$[1], 有

$$e^{\log z}=z. \tag{13a}$$

方程 (13a) 表示, 方程

$$e^w=z \tag{13b}$$

对于每一个 $z\neq 0$ 至少有一个解 w, 即

$$w=\log z. \tag{13c}$$

所以, 指数函数取到除 0 以外的一切复数.

---

1) 人们试图从

$$\frac{d}{dz}\log(e^z)=\frac{1}{e^z}e^z=1$$

类似地推断

$$g(z)=\log(e^z)-z=\text{常数}$$

但是, 这是不对的, 因为 $g(0)=0, g(2\pi i)=-2\pi i$. 这个推理的谬误之处留给读者去找出.

但是, 这个解不是唯一的. 从第 671 页我们知道, 如果 w 是 (13b) 的任意一个特解, 则一般解为

$$w+2n\pi i,$$

其中 n 是整数. 因此有: 对于任意 $z\neq 0$, 方程

$$e^w=z \tag{13d}$$

等价于

$$w=\log z+2n\pi i, \tag{13e}$$

其中 n 是整数.

作为一个应用, 我们推导出对数的加法定理. 对于任意两个都不为零的复数 z,ζ, 由 (13a), 我们有

$$z\zeta=e^{\log z}e^{\log\zeta}=e^{\log z+\log\zeta}.$$

另一方面,

$$z\zeta=e^{\log(z\zeta)}.$$

所以

$$\log(z\zeta)=\log z+\log\zeta+2n\pi i, \tag{14}$$

其中 n 是整数. 这里, 对于正实值 z,ζ, 我们总可以取 $n=0$. 但是如同下面的例子所表明的那样, 对于其他情形这是不行的.

通过取连接 $t=1$ 和 $t=|z|$ 的直线段与圆弧 $|t|=|z|$ 作为积分路径, 积分

$$\log z=\int_1^z\frac{dt}{t}$$

容易明显地计算出来. 在圆上, 设 $t=|z|e^{i\zeta}$, 我们有

$$\log z=\int_1^{|z|}\frac{dt}{t}+\int_0^{\theta}id\zeta=\log|z|+i\theta, \tag{15}$$

其中 θ 是复数 z 的辐角 (图 8.5), 例如

$$\log 1=0,\quad \log i=\frac{\pi i}{2},\quad \log(-1)=\pi i.$$

我们注意到

$$\log[(-1)(-1)]=\log 1=0=\log(-1)+\log(-1)-2\pi i.$$

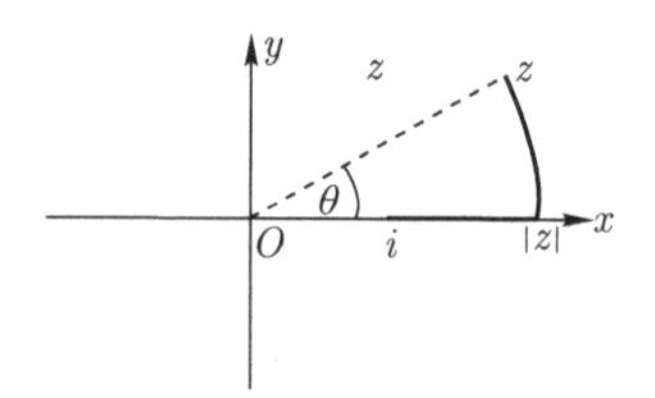

图 8.5 $\log z = \log|z| + i\theta$

于是, 在公式 (14) 中, 当 $z = \zeta = -1$ 时, 我们不能取 $n = 0$.

对于辐角位于区间 $-\pi < \theta \leqslant \pi$ 内的任意复数 z, 用这个方法得到的对数值常称为对数的主值. 这个术语是基于这样的事实: 对数的其他值可以由去掉不准跨越负实轴这个条件而得到. 这样, 我们能够取连接点 1 和点 z 的, 并环绕原点 $t = 0$ 的路径. 在这条曲线上, t 的辐角增加到某一个值, 这个值比原先 z 的辐角大了或小了 2π. 所以, 我们得到积分的值为

$$\log z = \log|z| + i\theta \pm 2\pi i$$

(图 8.6). 同样地, 如果取曲线围绕原点从正方向或反方向绕行 n 次, 我们得到值

$$\log z = \log|z| + i\theta + 2n\pi i. \tag{16}$$

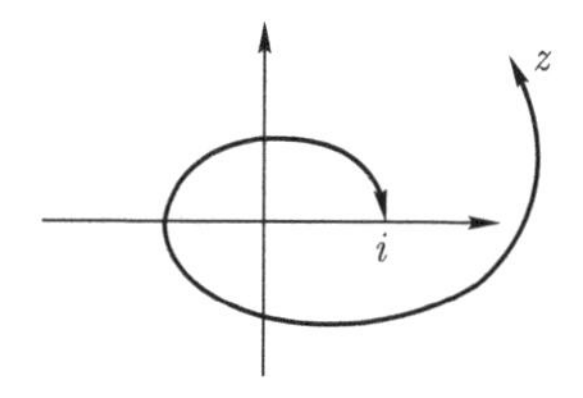

图 8.6 $\log z = \log|z| + i\theta + 2\pi i$

这表示出对数的多值性[1]. 公式 (16) 表示方程 $e^{\log z} = z$ 的一般解.

引进了对数和指数函数, 现在我们容易定义 a^z 和一般幂函数 z^α, 其中 α 和 a 是常数 (见第一卷第 128 页对于实变数的相应的讨论). 我们通过关系

$$a^z = e^{z \log a} \quad (a \neq 0), \tag{16a}$$

定义 a^z, 其中 $\log a$ 取主值. 同样可通过关系

$$z^\alpha = e^{\alpha \log z} \quad (z \neq 0) \tag{16b}$$

定义 z^α.

1) 当然, 多值性对数不是对每个数 z 的复对数在单值意义下的函数, 而主值是这种意义下的函数.

如果利用 $\log a$ 主值的定义, 函数 a^z 是唯一确定的, 而函数 z^α 的多值性则更深入一步. 注意到 $\log z$ 的多值性, 我们看出, 由 z^α 的任一个值, 乘以 $e^{2n\pi i\alpha}$ 可得到其他的一切值, 这里 n 是任意的正整数或负整数. 如果 α 是有理数, 比如 $\alpha=p/q, p, q$ 是互素的, 则这些乘数仅取有限个不同的值 (其 q 次幂必为 1). 但是, 如果 α 是无理数, 我们就得到无穷多个不同的乘数. 函数 z^α 的多值性将在第 691 页详细地讨论.

从链式法则看出, 这些函数满足微商公式

$$\frac{d\left(a^z\right)}{dz}=a^z\log a, \quad \frac{d\left(z^\alpha\right)}{dz}=\alpha z^{\alpha-1}. \tag{16c}$$

8.4 柯西公式及其应用

a. 柯西公式

对于复连通域的柯西定理引出一个仍属于柯西的基本公式: 一个在整个闭区域解析的函数, 在其内部任意一点 $z=a$ 处的值可以用这个函数在边界 C 上的值表示出来.

设函数 $f(z)$ 在单连通域 R 和它的边界 C 上解析, 则函数

$$g(z)=\frac{f(z)}{z-a}$$

除去点 $z=a$ 外, 在 R 内以及边界 C 上处处解析. 在域 R 内去掉一个以 $z=a$ 为中心、ρ 为半径, 且整个位于 R 内的小圆 (图 8.7), 然后应用柯西定理 (第 674 页) 于函数 $g(z)$. 如果 K 表示这个方向为正向的小圆周, 且 R 的边界 C 也是正向, 由柯西定理 [见第 675 页 (12b)]

$$\int_C g(z)dz=\int_K g(z)dz.$$

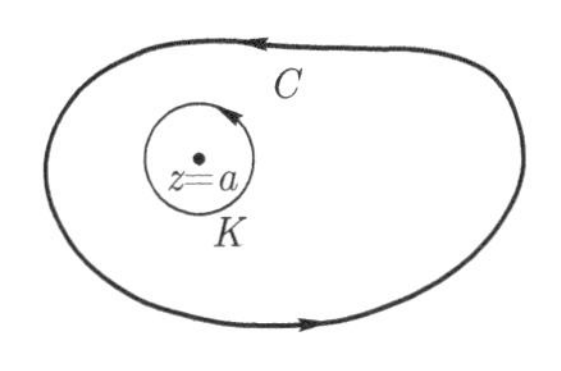

图 8.7

在圆 K 上, 有 $z-a=\rho e^{i\theta}$. 这里 θ 决定圆周上点的位置, 所以在这个圆上, $dz=\rho ie^{i\theta}d\theta$, 因此

$$\int_K g(z)dz = i\int_0^{2\pi} f\left(a+\rho e^{i\theta}\right)d\theta.$$

由于 $f(z)$ 在点 a 是连续的, 所以只要 ρ 充分小, 我们就有

$$f\left(a+\rho e^{i\theta}\right) = f(a)+\eta,$$

其中 $|\eta|$ 小于任意指定的正数 ε.

因此

$$\left|\int_0^{2\pi} f\left(a+\rho e^{i\theta}\right)d\theta - \int_0^{2\pi} f(a)d\theta\right| = \left|\int_0^{2\pi}\eta d\theta\right| \leqslant 2\pi\varepsilon,$$

所以

$$\int_0^{2\pi} f\left(a+\rho e^{i\theta}\right)d\theta = 2\pi f(a)+\kappa,$$

其中 $|\kappa| \leqslant 2\pi\varepsilon$. 于是, 如果 ρ 充分小,

$$\int_C g(z)dz = 2\pi i f(a)+\kappa i,$$

其中 $|\kappa i| \leqslant 2\pi\varepsilon$.

如果使 ε 趋于零 (当 ρ 趋于零时), 上边等式的右边趋于 $2\pi i f(a)$, 而左边, 即

$$\int_C g(z)dz$$

不变, 于是我们得到柯西基本积分公式

$$f(a) = \frac{1}{2\pi i}\int_C \frac{f(z)}{z-a}dz. \tag{17a}$$

如果我们现在回到用 t 表示积分变量, 然后用 z 代替 a, 这个公式有以下形式

$$f(z) = \frac{1}{2\pi i}\int_C \frac{f(t)}{t-z}dt. \tag{17b}$$

这个公式表明, 一个在闭区域内解析的函数, 其内部的值可以用这个函数在边界上的值表示出来.

特别地, 如果 C 是以 z 为中心的圆 $t = z+re^{i\theta}$, 即如果 $dt = ire^{i\theta}d\theta$, 则

$$f(z) = \frac{1}{2\pi}\int_0^{2\pi} f\left(z+re^{i\theta}\right)d\theta.$$

用文字来表达就是: 一个函数在圆盘中心的值等于圆周上的平均值, 只要这个圆及其内部包含在 $f(z)$ 是解析的区域内.

b. 解析函数的幂级数展式

柯西公式有许多重要的推论, 其中主要的是, 每个解析函数能够展为幂级数, 这就把当前的理论和 8.1 节的理论联系起来了. 更明确地说, 我们有以下定理:

如果函数 $f(z)$ 在圆 $|z-z_0| \leqslant R$ 的内部和边界上解析, 则这个函数能够展为在这个圆内收敛的 $z-z_0$ 的幂级数.

不失证明的一般性, 我们取 $z_0=0$ (否则只要由变换 $z-z_0=z'$ 引进新的自变量 z'). 现在应用柯西积分公式 (17b) 于圆 $C, |t|=R$, 并把被积函数写成 (利用几何级数) 以下形式:

$$\begin{aligned}\frac{f(t)}{t-z} &= \frac{f(t)}{t}\frac{1}{1-z/t}\\ &= \frac{f(t)}{t}\left(1+\frac{z}{t}+\cdots+\frac{z^n}{t^n}\right)+\frac{f(t)}{t}\left(\frac{z}{t}\right)^{n+1}\frac{1}{1-z/t}.\end{aligned}$$

由于 z 是圆内的点, 所以 $|z/t|=q$ 是小于 1 的正数, 我们估计几何级数的余项

$$r_n = \frac{1}{t}\cdot\frac{z^{n+1}}{t^{n+1}}\cdot\frac{1}{1-z/t}$$

为

$$|r_n| \leqslant \frac{1}{R}q^{n+1}\frac{1}{1-q}.$$

将这个表达式代入柯西公式, 并逐项积分, 得到

$$f(z)=c_0+c_1z+\cdots+c_nz^n+R_n,$$

其中

$$\begin{aligned}c_\nu &= \frac{1}{2\pi i}\int_C \frac{f(t)}{t^{\nu+1}}dt,\\ R_n &= \frac{1}{2\pi i}\int_C f(t)r_n dt.\end{aligned}$$

如果 M 是 $|f(t)|$ 在圆周上的上界, 由复积分的估计式 (11c), 对余项立即有

$$|R_n| \leqslant \frac{1}{2\pi R}\frac{q^{n+1}}{1-q}2\pi RM = \frac{q^{n+1}}{1-q}M.$$

由于 $q<1$, 这个余项当 n 增加时趋于零, 我们得到 $f(z)$ 的幂级数表达式

$$f(z)=\sum_{\nu=0}^{\infty}c_\nu z^\nu,$$

$$c_\nu = \frac{1}{2\pi i}\int_C \frac{f(t)}{t^{\nu+1}}dt. \tag{18a}$$

于是我们的断言得到了证明.

这个定理有重要的推论. 首先, 我们从第 664 页知道, 每个幂级数在它的收敛圆内部可以任意次微商, 而每个解析函数可以表示为幂级数, 由此推出, *一个函数在其解析区域之内, 它的微商仍然是可微的 (即仍是解析函数)*. 换句话说, *解析函数类的微商运算是自封的*. 如同我们已知的那样, 对于积分运算也是如此, 所以*解析函数的微商和积分能够无任何限制地进行*, 这是一件很适意的事情, 这在实函数的情形是没有的.

因为如同在 8.1 节 (第 664 页) 已经看到的那样, 每个幂级数是它所表示的函数的泰勒级数, 现在我们推出, 每个解析函数在它解析的区域 R 内的点 $z=z_0$ 的邻域内能够展开为泰勒级数

$$f(z) = f(z_0) + \sum_{\nu=1}^{\infty} \frac{f^{(\nu)}(z_0)}{\nu!}(z-z_0)^\nu. \tag{18b}$$

因此 (18a) 中的系数 c_ν 由公式

$$\frac{f^{(\nu)}(z_0)}{\nu!} = \frac{1}{2\pi i}\int_C \frac{f(z_0+t)}{t^{\nu+1}}dt \tag{18c}$$

给出.

从这个结果我们也可以推出关于幂级数收敛半径的一个重要事实. *函数 $f(z)$ 在点 $z=z_0$ 邻域内的泰勒级数, 在其内部整个地位于函数有定义并且解析的区域内的最大圆内收敛.*

借助于我们现在已经建立的对于复变数也成立的关于微分和积分的定理, 展开为泰勒级数的一切基本实变数函数, 对于复变数函数也有相同的泰勒级数. 我们已经看到对于这些函数的大多数, 这是对的.

例如, 这里我们指出, 如果 $|z|<1, \alpha$ 是任意复指数, 二项式级数 (见第一卷第 328 页)

$$(1+z)^\alpha = \sum_{\nu=0}^{\infty}\binom{\alpha}{\nu}z^\nu \tag{19}$$

对于复变数也成立, 只要

$$(1+z)^\alpha = e^{\alpha\log(1+z)}$$

是由 $\log(1+z)$ 的*主值*构成的.

这个幂级数的收敛半径等于 1, 这是从我们刚才说过的, 以及函数 $(1+z)^\alpha$ 在

$z=-1$ 不再解析推出. 因为如果在 $z=-1$ 函数解析, 那么在这点就该有它的各阶微商, 而这是不对的. 所以半径为 1、中心在 $z=0$ 的圆是这个函数在其中解析的最大圆.

这个例子说明, 借助于刚才我们证明过的关于收敛半径的事实, 实分析中玄奥的幂级数的收敛性就变得完全明了了.

例如, 表示 $1/\left(1+z^2\right)$ 的几何级数在单位圆上不收敛, 是这个函数在 $z=i$ 和 $z=-i$ 不再解析的一个简单推论. 我们现在也知道, 确定伯努利数的幂级数 (见第一卷第 461 页)

$$\frac{z}{e^z-1}=\sum\frac{B_\nu^* z^\nu}{\nu!}, \tag{20}$$

一定以圆 $|z|=2\pi$ 作为它的收敛圆. 因为这个函数的分母在 $z=2\pi i$ 为零, 但在圆 $|z|\leqslant 2\pi$ 内部没有使分母为零的点 (除原点 $z=0$ 外).

c. 函数论与位势理论

因为解析函数任意次可微, 由此推出, 函数 $u(x,y)$ 和 $v(x,y)$ 有任意阶连续微商. 所以可以微商柯西–黎曼方程, 如果对 x 微商第一个方程, 对 y 微商第二个方程, 并把它们加起来, 就得到

$$\Delta u=u_{xx}+u_{yy}=0;$$

同样, 虚部 v 满足相同的方程

$$\Delta v=v_{xx}+v_{yy}=0.$$

换句话说, *一个解析函数的实部和虚部是位势函数.*

如果两个位势函数 u,v 满足柯西–黎曼方程, 则称 v 对 u 是*共轭*的, 并且 $-u$ 对 v 共轭.

这就表示, 单复变函数论与二维的位势理论本质上是彼此等价的.

d. 柯西定理的逆定理

柯西定理的逆定理成立 (莫勒拉定理):

如果连续函数 $\zeta=u+iv=f(z)$ 沿位于定义域 R 内的每一条闭曲线 C 的积分为零, 则 $f(z)$ 在 R 内解析.

为了证明这个定理, 我们注意到, 沿连接固定点 z_0 与变动点 z 的任意路径的积分

$$F(z)=\int_{z_0}^{z} f(t)dt$$

与路径无关, 于是由第 673 页 (11c) 有

$$\frac{F(z+h)-F(z)}{h}-f(z)=\frac{1}{h}\int_{z}^{z+h}[f(t)-f(z)]dt\rightarrow 0 \quad (h\rightarrow 0).$$

因此, $F(z)$ 有微商, $F'(z)=f(z)$. 所以 $F(z)$ 解析, 由前面的结果, 它的微商 $f(z)$ 也解析.

柯西定理的逆定理表明, 可微性条件可以为可积性条件 (即线积分与路径无关) 所代替. 这两个条件的等价性是单复变函数论很特殊的性质.

e. 解析函数的零点, 极点和留数

如果函数 $f(z)$ 在 $z=z_0$ 为零, 那么 $f(z)$ 关于 $z-z_0$ 的泰勒级数的常数项消失, 并且这个级数的其他项也可能消失, 于是可以提出因子 $(z-z_0)^n$, 写成

$$f(z)=(z-z_0)^n g(z),$$

其中 $g(z_0)\neq 0$. 点 z_0 称为是*函数 $f(z)$ 的 n 阶零点*.

上面我们已经看到, 一个解析函数的倒数 $1/f(z)=g(z)$, 除去使 $f(z)$ 为零的那些点外, 也是解析的, 如果 z_0 是 $f(z)$ 的一个 n 阶零点, 在点 z_0 的邻域内, 函数 $g(t)$ 可表成

$$q(z)=\frac{1}{(z-z_0)^n}\frac{1}{g(t)}=\frac{1}{(z-z_0)^n}h(z),$$

其中 $h(z)$ 在 $z=z_0$ 邻域内解析. 在点 $z=z_0$, 函数 $q(z)$ 不再是解析的, 我们称这种点为*奇点*. 在现在这种特殊情形, 这个奇点称为*函数 $q(z)$ 的一个 n 阶极点*. 如果 $h(z)$ 展为 $(z-z_0)$ 的幂级数, 并且用 $(z-z_0)^n$ 除各项, 我们得到在极点邻域内以下形式的展式

$$q(z)=c_{-n}(z-z_0)^{-n}+\cdots+c_{-1}(z-z_0)^{-1}$$
$$+c_0+c_1(z-z_0)+\cdots,$$

其中 $(z-z_0)$ 的幂的系数表示为 $c_{-n},\cdots,c_{-1},c_0,c_1,\cdots$.

如果我们讨论一阶极点 (即, 如果 $n=1$), 我们从关系式

$$c_{-1}=\lim_{z\rightarrow z_0}(z-z_0)\,q(z)$$

立即得到系数 c_{-1}, 由于

$$\frac{1}{q(z)(z-z_0)}=\frac{f(z)}{z-z_0}=\frac{f(z)-f(z_0)}{z-z_0},$$

在 $q(z)$ 展式中 $1/(z-z_0)$ 的系数

$$c_{-1}=\frac{1}{f'(z_0)}. \tag{21a}$$

同样, 如果 $q(z)=r(z)/\phi(z)$, 其中 $\phi(z)$ 在 $z=z_0$ 有一阶零点, 且 $r(z_0)\neq 0$, 则在 $q(z)$ 的展式中

$$c_{-1}=\frac{r(z_0)}{\phi'(z_0)}. \tag{21b}$$

如果一个函数在 z_0 的邻域内有定义, 并且除了这点本身外是解析的, 那么沿环绕点 z_0 的圆的积分, 一般是不等于零的. 但是, 由柯西定理, 这个积分与圆的半径无关, 并且对于一切闭曲线 C 有相同的值, 而 C 是包含 z_0 的充分小区域的边界. 以正方向绕这点取的积分值称为在这点的*留数*.

如果奇点是 n 阶极点, 我们积分函数的展式, 具有正幂次的级数的积分等于零, 因为这个幂级数在 z_0 仍解析.

项 $c_{-1}(z-z_0)^{-1}$ 的积分等于 $2\pi ic_{-1}$, 而更高的负幂次的积分为零. 因为当 $\nu>1$ 时, $(z-z_0)^{-\nu}$ 的不定积分和实的情形一样, 是 $(z-z_0)^{-\nu+1}/1-\nu$. 于是沿闭曲线的积分为零.

所以, 一个函数在极点的留数是 $2\pi ic_{-1}$.

在下一节我们将熟悉这个概念的用处. 这个概念表述为下面的定理:

留数定理. *除去有限个内部的极点外, 如果函数 $f(z)$ 在区域 R 内和边界 C 上解析, 则此函数沿 C 的正向的积分等于边界 C 所包围的函数极点的留数和.*

证明立即从上面的叙述推出.

8.5 留数定理对复积分 (围道积分) 的应用

我们可以应用柯西定理和留数来计算实的定积分. 为此, 需把所要计算的积分看作复平面上沿实轴上的积分, 然后取适当的积分路径[1)], 通过简洁的论证而得到. 用这个方法, 我们有时可以极巧妙地计算出复杂的定积分, 而不必先求相应的不定积分. 我们将讨论某些典型例子.

a. 证明公式

$$\int_0^\infty \frac{\sin x}{x}dx=\frac{\pi}{2}. \tag{22}$$

这里给出这个重要公式的一个富有启发性的证明. 这个公式我们已经用别的

1) 总是把所考虑的积分归结为沿复平面上某一闭路径的积分.

方法讨论过 (第二卷第 408 页).

我们对函数 e^{iz}/z 在 z 平面沿图 8.8 所示的路径 C 求积分. 路径 C 是由以原点为中心, 以 R 和 r 为半径的半圆 H_R 和 H_r, 以及实轴上的两个对称区间 I_1 和 I_2 所组成. 由于函数 e^{iz}/z 在由这些边界所围成的圆环内正则, 这个围道积分值等于零. 合并沿 I_1 和 I_2 的积分, 我们有

$$\int_{H_R}\frac{e^{iz}}{z}dz+\int_{H_r}\frac{e^{iz}}{z}dz+2i\int_r^R\frac{\sin x}{x}dx=0.$$

现在令 R 趋于无穷, 那么沿半圆 H_R 的积分趋于零, 这是因为对于半圆上的点, $z=R(\cos\theta+i\sin\theta)=Re^{i\theta}$, 我们有

$$e^{iz}=e^{iR\cos\theta}e^{-R\sin\theta},$$

积分变成

$$i\int_0^{2\pi}e^{iR\cos\theta}e^{R\sin\theta}d\theta.$$

因子 $e^{iR\cos\theta}$ 的绝对值为 1 , 而因子 $e^{-R\sin\theta}$ 的绝对值小于 1 , 并且在每个区间 $\varepsilon\leqslant\theta<\pi-\varepsilon$ 内, 当 R 趋于无穷时, 一致地趋于零, 因此立即推出, 当 $R\to\infty$ 时, 沿 H_R 的积分趋于零. 读者自己容易证明, 当 $r\to 0$ 时, 沿 H_r 的积分趋于 $-\pi i$. 当 $R\to\infty, r\to 0$ 时, 沿实轴上的两个对称区间 I_1, I_2 的积分趋于

$$2i\int_0^{\infty}\frac{\sin x}{x}dx.$$

综上所述, 我们立即得到关系式 (22).

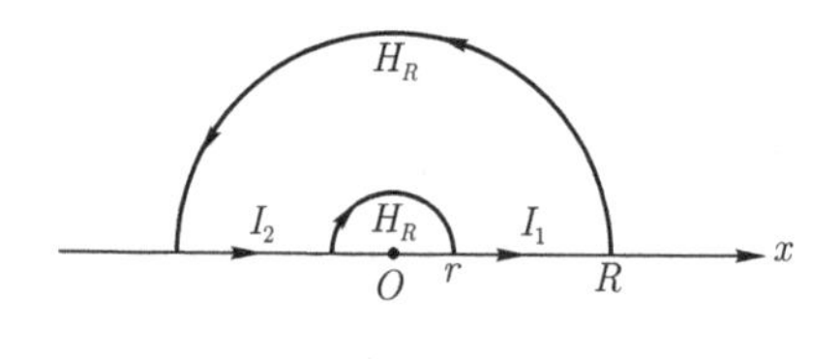

图 8.8

b. 证明公式

$$\int_0^{\infty}(\cos ax)e^{-x^2}dx=\frac{\sqrt{\pi}}{2}e^{-a^2/4} \tag{23}$$

(比较第二卷第二分册第 413 页练习 4.12 第 9 题 (a)).

我们对 e^{-z^2} 沿矩形 $ABB'A'$ (图 8.9) 求积分, 矩形的垂直边 AA', BB' 的长

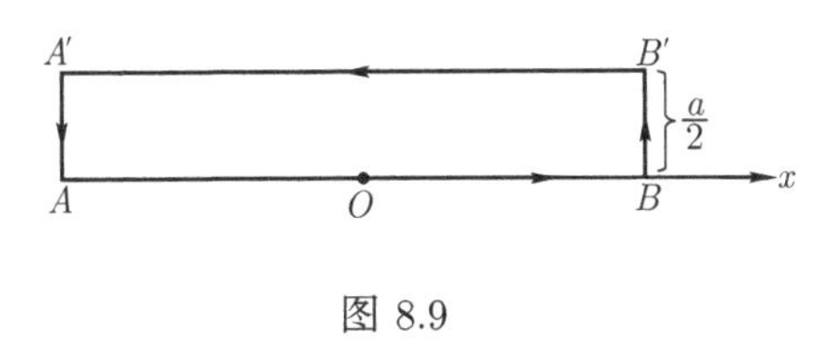

图 8.9

度为 $a/2$, 水平边 $AB, A'B'$ 的长度为 $2R$. 由柯西定理, 这个围道积分值等于零. 在垂直边上, 有

$$\left|e^{-z^2}\right| = \left|e^{-\left(x^2-y^2\right)}e^{-2ixy}\right| = e^{-R^2}e^{y^2} < e^{-R^2}e^{a^2/4},$$

当 R 趋于无穷时, 它一致地趋于零, 于是, 如果令 $R \to \infty$, 那么在垂直边上的那部分积分趋于零. 又注意到在 AB' 上, $dz = d\left(x + \dfrac{1}{2}ia\right) = dx$, 我们可把柯西定理的结果表达如下:

$$\int_{-\infty}^{\infty} e^{-\left(x+i^{a/2}\right)^2}dx = \int_{-\infty}^{\infty} e^{-x^2}dx.$$

即, 无穷积分的积分路径能够用和它平行的路径所代替. 由前面的结果 (见第二卷第二分册第 360 页), 右边的积分等于 $\sqrt{\pi}$. 因为 $\sin ax$ 是奇函数, $\cos ax$ 是偶函数, 左边的积分可直接写成

$$e^{a^2/4}\int_{-\infty}^{\infty} e^{-x^2}(\cos ax - i\sin ax)dx = 2e^{a^2/4}\int_0^{\infty} \cos ax e^{-x^2}dx.$$

这就证明了公式 (23).

c. 留数定理对于有理函数的积分的应用

对于有理函数

$$Q(z) = \frac{a_0 + a_1 z + \cdots + a_m z^m}{b_0 + b_1 z + \cdots + b_n z^n},$$

如果分母没有实的零点, 且它的次数比分子的次数至少大 2 次, 则积分

$$I = \int_{-\infty}^{\infty} Q(x)dx$$

能够用下面的方法计算: 我们先取沿半径为 R 的半圆周 H (在此半圆上, $z = Re^{i\theta}, 0 \leqslant \theta \leqslant \pi$) 和实轴上从 $-R$ 到 R 的线段所组成的围道积分. 半径 R 取得充分大, 使得分母的全部零点都位于这个圆内, 因此 $Q(z)$ 的全部极点都在这个圆的内部. 一方面, 这个积分等于 $Q(z)$ 在这个半圆内的留数和, 而另一方面, 它等于积分

$$I_R = \int_{-R}^{R} Q(x) dx$$

加上沿半圆周 H 的积分. 由假设, 存在固定正数 M, 使得对于充分大的 R, 有[1)]

$$|Q(z)| < \frac{M}{R^2}.$$

半圆弧的长度等于 πR. 由第 673 页的公式 (11c), 沿半圆弧的积分, 其绝对值小于

$$\pi R \frac{M}{R^2} = \frac{\pi M}{R}.$$

因此, 当 $R \to \infty$ 时, 它趋于零. 这就意味着, 积分

$$I = \int_{-\infty}^{\infty} Q(x) dx$$

等于 $Q(x)$ 在上半平面的留数和.

现在我们应用这个原理于若干有趣的特别情形, 我们首先取

$$Q(z) = \frac{1}{az^2 + bz + c} = \frac{1}{f(z)},$$

其中系数 a, b, c 是实数, 且满足条件 $a > 0, b^2 - 4ac < 0$. 函数 $Q(z)$ 在上半平面有一个一阶极点

$$z_1 = \frac{1}{2a}\left\{-b + i\sqrt{4ac - b^2}\right\},$$

其中平方根取正号. 所以由一般法则 (21a), 留数等于 $2\pi i / f'(z_1)$. 由于

$$f'(z_1) = 2az_1 + b = i\sqrt{4ac - b^2},$$

我们有

$$\int_{-\infty}^{\infty} \frac{dx}{ax^2 + bx + c} = \frac{2\pi}{\sqrt{4ac - b^2}}. \tag{24a}$$

作为第二个例子, 我们将证明公式

$$\int_{-\infty}^{\infty} \frac{dx}{1 + x^4} = \frac{\pi}{2}\sqrt{2}. \tag{24b}$$

这里, 能够再次直接应用我们的一般原理. 在上半平面上, 函数 $1/(1 + z^4) = 1/f(z)$ 有两个极点 $z_1 = \varepsilon = e^{\pi i/4}, z_2 = -\varepsilon^{-1}$ (两个 -1 的四次方根, 它们有正虚

---

1) 这从以下事实直接推出: $Q(z) = \left(\frac{1}{z^2}\right) R(z)$, 当 $z \to \infty$ 时, $R(z)$ 趋于零 (如果 $n > m + 2$), 或趋于 a_m/b_n (如果 $n = m + 2$).

部). 留数和等于

$$2\pi i\left\{\frac{1}{f'(z_1)}+\frac{1}{f'(z_2)}\right\}=2\pi i\frac{1}{4}\left(\frac{1}{z_1^3}+\frac{1}{z_2^3}\right)=\frac{\pi i}{2}\left(\varepsilon^{-3}-\varepsilon^3\right)$$

$$=-\pi i\cdot i\sin\frac{3\pi}{4}=\pi\sin\frac{\pi}{4}=\frac{1}{2}\pi\sqrt{2}.$$

这就是所要证明的.

公式

$$\int_{-\infty}^{\infty}\frac{dx}{(1+x^2)^{n+1}}=\frac{\pi}{4^n}\frac{(2n)!}{(n!)^2} \tag{24c}$$

的以下证明例示了应当计算高阶极点的留数的情形.

如果我们用 z 代替 x, 被积函数的分母为 $(z+i)^{n+1}(z-i)^{n+1}$ 的形式. 因此, 被积函数在 $z=i$ 有 $(n+1)$ 阶极点. 为了求出在这点的留数, 我们把它写成

$$\frac{1}{(z^2+1)^{n+1}}=\frac{1}{f(z)}=\frac{1}{(z-i)^{n+1}}\frac{1}{(2i+z-i)^{n+1}}$$

$$=\frac{1}{(z-i)^{n+1}}\frac{1}{(2i)^{n+1}}\left(1+\frac{z-i}{2i}\right)^{-n-1}.$$

如果由二项式定理展开最后一个因子, $(z-i)^n$ 的系数为

$$\frac{1}{(2i)^n}\binom{-n-1}{n}=\frac{1}{(2i)^n}(-1)^n\frac{(n+1)\cdots 2n}{1\cdot 2\cdot\cdots\cdot n}$$

$$=\frac{i^n}{2^n}\frac{(2n)!}{(n!)^2}.$$

所以, 被积函数在点 $z=i$ 的邻域内展开为幂级数的系数 c_{-1} 等于

$$\frac{1}{2^{2n+1}}\frac{1}{i}\frac{(2n)!}{(n!)^2}.$$

所以留数 $2\pi ic_{-1}$ 等于

$$\frac{\pi}{2^n}\frac{(2n)!}{(n!)^2},$$

这就证明了公式.

作为进一步的练习, 读者自己可以由留数理论证明

$$\int_0^{\infty}\frac{x\sin x}{x^2+c^2}dx=\frac{1}{2}\pi e^{-|C|} \tag{24d}$$

(用 e^{ix} 代替 $\sin x$).

d. 留数定理与常系数微分方程

设

$$a_0 + a_1 z + a_2 z^2 + \cdots + a_n z^n = P(z)$$

是 n 次多项式, t 是实参变数. 我们把沿 z 平面上不通过 $P(z)$ 的零点的闭曲线 C 的积分

$$u(t) = \int_C \frac{e^{tz} f(z)}{P(z)} dz \tag{25}$$

作为参变数 t 的函数 $u(t)$. 设 $f(z)$ 是一个常数或次数小于 n 的任意一个多项式. 由于积分号下求微商的法则对于复平面仍然成立, 我们能够求 $u(t)$ 的关于 t 的一阶或高阶微商. 积分号下对 t 求微商按情况它就等价于在被积函数上乘以 $z, z^2, \cdots$. 如果我们现在作微分表达式 $L[u] = a_0 u + a_1 u' + \cdots + a_n u^{(n)}$ 或用符号 $P(D)u$ 表示, 其中 D 表示微分符号 $D = d/dt$. 我们有

$$P(D)u = L[u] = \int_C e^{tz} f(z) dz.$$

由柯西定理, 右边的复积分值为零, 即函数 $u(t)$ 是微分方程 $L[u] = 0$ 的解. 如果 $f(z)$ 是 $(n-1)$ 次的任意多项式, 这个解包含 n 个任意常数. 因此我们可以期望用这个方法得到常系数线性微分方程 $L[u] = 0$ 的一般解.

事实上, 假设曲线 C 包含分母 $P(z) = a_n (z - z_1)(z - z_2) \cdots (z - z_n)$ 的全部零点 $z_1, z_2, \cdots, z_n$, 由留数定理计算积分, 可以得到我们已知的解的形式 (见第六章第 598 页). 如果首先假定全部零点是简单零点, 它们是被积函数的简单极点, 由公式 (21b), 在点 z_ν 的留数等于

$$2\pi i \frac{f(z_\nu)}{P'(z_\nu)} e^{t z_\nu}.$$

适当选取多项式 $f(z)$, 可使 $f(z_\nu)/P'(z_\nu)$ 为任意常数. 因此, 我们得到解的形式为

$$u(t) = \sum_{\nu=1}^{n} c_\nu e^{z_\nu t}, \tag{26}$$

这与我们前面的结果一致.

如果多项式 $P(z)$ 的零点是多重的, 比如说是 r 重的, 被积函数的相应极点是 r 阶的. 在 z_ν 的留数必须由分子 $e^{tz} f(z) = e^{t z_\nu} e^{t(z - z_\nu)} f(z)$ 展为 $(z - z_\nu)$ 的幂级数来决定. 我们留给读者去证明, 在 z_ν 的留数给出解 $t e^{t z_\nu}, \cdots, t^{r-1} e^{t z_\nu}$ 以及 $e^{t z_\nu}$.

8.6 多值函数与解析开拓

迄今为止, 不论定义实变数函数还是复变数函数, 我们总是采取这样的观点: 对于每个自变量的值, 函数的值必须是唯一的. 例如, 柯西定理也是基于假定函数在所考虑的区域内是唯一确定的. 虽然如此, 在函数的实际构造中, 常常必然出现多值性 (例如找出如 n 次幂那样的单值函数的反函数). 在实变数的情形, 我们在求反函数的过程中可以分出不同的单值分支, 比如 $\sqrt{z}$ 或 $\sqrt[n]{z}$. 但是, 我们将看到, 在复变数的情形, 这样做不再是合理的, 因为现在不同的单值分支是相互连接的, 以至于它们的任意分离都是颇为勉强的.

这里, 我们只好限于对典型例子作些很简单的讨论.

例如, 我们考虑函数 $z=\zeta^2$ 的反函数 $\zeta=\sqrt{z}$. 对于每个非零值 z, 对应着方程 $z=\zeta^2$ 的两个解 ζ 和 $-\zeta$, 这个函数的两个分支以下面的方式连接起来: 设 $z=re^{i\theta}$, 如果我们令 $\zeta=\sqrt{r}e^{i\theta/2}=f(z)$, $\zeta=f(z)$ 一定在除去原点 (在这点 $f(z)$ 不再是可微的) 外的每一个单连通区域 R 内解析, 在这样的区域内, 由前述可知, ζ 是唯一确定的. 但是, 如果我们让点 z 沿以原点为中心的圆 K 按正向绕一周, $\zeta=\sqrt{r}e^{i\theta/2}$ 将连续变化, 但是角 θ 将不再回到原来的值, 而是增加了 2π. 因此, 在这个连续开拓中, 当我们回到点 z 时, 函数不再回到原来的值 $\zeta=\sqrt{r}e^{i\theta/2}$, 而是 $\sqrt{r}e^{i\theta/2}e^{2\pi i/2}=-\zeta$. 我们说, 当函数 $f(z)$ 在闭曲线 K 上被连续开拓时, 它不是单值的.

函数 $\sqrt[n]{z}$ (n 是整数) 也有同样的性质. 这里, z 绕原点一周, 函数值就乘以 n 次单位根, 即 $\varepsilon=e^{2\pi i/n}$, 绕 n 周后, 函数才回到它原来的值.

在函数 $\log z$ 的情形, 我们看到 (第 678 页) 有类似的多值性, z 以正方向绕原点一周, $\log z$ 的值就增加 $2\pi i$.

还有, 每当 z 绕一周, 函数 z^α 就乘以 $e^{2\pi i\alpha}$.

我们发现, 尽管一开始时这些函数在区域 R 内都是唯一确定的, 但当我们连续地 (作为解析函数) 开拓它们, 并经过某一闭曲线回到出发点时, 所有这些函数就都是多值的了. 这种多值现象和与之相联系的解析开拓理论, 在本书的范围内不能作详细的讨论, 我们仅仅指出, 是能够在理论上确保函数值的唯一性的, 只要在 z 平面上划某一条线, 使得 z 的路径不允许超过这条线, 或者说沿某一条线作割痕, 使得平面上的闭路径不再可能导致函数的多值性.

例如, 函数 $\log z$ 可由于沿负实轴割开 z 平面而单值. 对 $\sqrt{z}$ 同样也是如此. 如果沿实轴在 -1 和 $+1$ 之间作割痕, 函数 $\sqrt{1-z^2}$ 就变成单值的了.

一旦用这种方法割开平面后, 柯西定理就能应用于这些函数. 我们给出下面的简单例子: 证明公式

$$I=\int_{-1}^{1}\frac{1}{(x-k)\sqrt{1-x^2}}dx=\frac{2\pi}{\sqrt{k^2-1}},\tag{27}$$

其中 k 是一个不介于实轴上 -1 和 $+1$ 之间的常数.

我们首先注意到函数

$$\frac{1}{(z-k)\sqrt{1-z^2}}$$

在 z 平面是单值的, 只要沿实轴从 -1 到 $+1$ 作割痕, 如果在 z 平面, 我们先从上方然后从下方接近这条割痕 S, 我们得到平方根 $\sqrt{1-z^2}$ 相等而反号的值, 比如说, 从上方是正的, 从下方是负的. 现在沿图 8.10 所示的路径 C 取复积分

$$\int_C\frac{dz}{(z-k)\sqrt{1-z^2}}.$$

由柯西定理, 我们可以使这条路径围绕割痕收缩, 不改变积分值. 所以积分等于收缩后所得到的极限值. 这显然等于 $2I$. 另一方面, 如果我们取同样的被积函数的积分, 积分路径是以 R 为半径、以原点为中心的圆周 K, 由前面的研究, 这个积分当 R 增大时趋于零[1]. 但是, 由留数定理, 沿 C 和 K 的积分的和等于被积函数在 C,K 所范围的极点 $z=k$ 处的留数. 因此, $2I$ 等于这个留数. 这个留数是

$$2\pi i\lim_{z\to k}(z-k)\frac{1}{\sqrt{1-z^2}}\cdot\frac{1}{\sqrt{z-k}}=\frac{2\pi}{\sqrt{k^2-1}}.$$

公式得证.

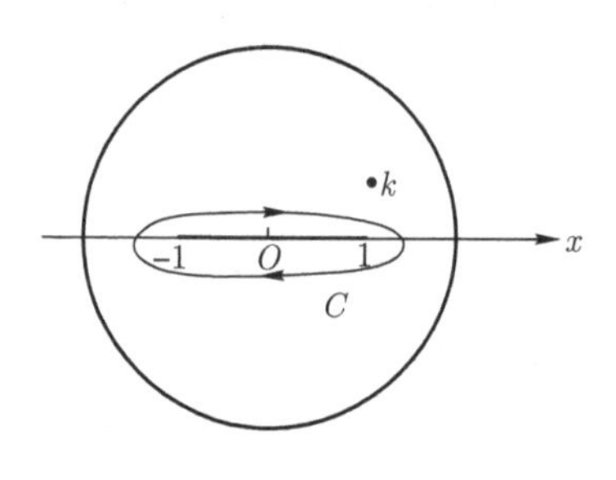

图 8.10

解析开拓的例子: 伽马函数.

最后, 我们还要给出一个例子, 表明如何将一个原来定义在平面一部分的解析函数开拓到原定义域之外去, 我们要把对于 $x>0$, 由方程

$$\Gamma(z)=\int_0^{\infty}t^{z-1}e^{-t}dt\tag{28}$$

1) 事实上, 它的值是零, 因为由柯西定理, 它和 R 无关, 只要这个圆包含极点 $z=k$.

定义的伽马函数, 解析地开拓到 $x \leqslant 0$ 去. 这可借助于函数方程

$$\Gamma(z) = \frac{1}{z}\Gamma(z+1)$$

来实现, 当 $\Gamma(z)$ 已知, 就可用这个方程来定义 $\Gamma(z-1)$. 利用这个方程, 我们能够设想, $\Gamma(z)$ 首先被开拓到带域 $-1 < x \leqslant 0$, 其次再被开拓到下一个带域 $-2 < x \leqslant -1$, 如此等等.

对于伽马函数的开拓, 我们也可采取更有理论兴趣的另一种方法. 我们考虑 t 平面上如图 8.11 所示的路径 C, 它环绕 t 平面的正实轴, 并在两边渐近地接近这条轴. 由柯西定理容易看出, 回路积分[1)]

$$\int_C t^{z-1}e^{-t}dt$$

的值, 当回路收敛到 x 轴时是不变的. 当 t 从上方和下方接近 x 轴时, 被积函数趋于不同的值. 它们相差一个因子 $e^{2\pi iz}$.

图 8.11　伽马函数的回路积分

于是, 对于 $x > 0$, 我们得到公式

$$\left(1-e^{2\pi iz}\right)\Gamma(z) = \int_C t^{z-1}e^{-t}dt.$$

这个公式是在 z 的实部为正的假定下推导出来的. 但是, 现在我们看到这个回路积分对于一切复数 z 有意义, 因为这个积分避开了原点 $t=0$. 所以, 这个回路积分代表一个定义在整个 z 平面上的函数. 然后我们规定这个函数在整个 z 平面上等于 $(1-e^{2\pi iz})\Gamma(z)$. 于是伽马函数解析开拓到了整个平面, 除去 $x \leqslant 0$ 而使因子 $(1-e^{2\pi iz})$ 等于零的点, 即除去 $z=0, z=-1, z=-2$, 等等.

更详细而广泛的研究, 读者可以参考函数论的有关文献[2)].

练　　习

8.1 节

1. (a) 证明: 复数取共轭的运算对于有理代数运算遵循分配律, 例如

1) 这又是一个无穷积分. 它是作为沿 C 的有穷部分的积分的极限. 读者自己可以由前面使用过的类似方法证明这个极限是存在的.

2) 例如, 可参见 L.V. 阿尔福斯 (Ahlfors) 著的《复分析》.

$$\overline{\alpha\beta} = \overline{\alpha}\overline{\beta}.$$

(b) 证明: 如果 $f(z)$ 是实系数的幂级数所确定的函数, 则

$$\overline{f(z)} = f(\overline{z}).$$

2. (a) 证明: 对于实系数的多项式 $P(z), \alpha$ 是它的根, 当且仅当 α 的共轭复数是它的根.

(b) 证明: 在上题假定下, 如果 $P(\alpha) = 0, \alpha$ 不是实的, $\alpha = a + ib$, $b \neq 0$, 则 $P(z)$ 有实的二次因子.

$$(z-\alpha)(z-\overline{\alpha}) = z^2 - 2az + a^2 + b^2.$$

3. (a) 证明: 当 λ 是不等于 1 的实数时, $|z-\alpha| = \lambda|z-\beta|$ 是圆的方程. 确定这个圆的中心 z_0 和半径 r. 如果 $\lambda = 1$, 这个方程的轨迹是什么?

(b) 证明: 一般线性变换

$$z' = \frac{\alpha z + \beta}{\gamma z + \delta},$$

其中 $\alpha\delta - \beta\gamma \neq 0$, 把圆和直线变为圆和直线.

4. 哪些点 $z = x + iy$ 满足条件

$$\left|\frac{z-1}{z+1}\right| \leqslant 1?$$

5. 证明: 如果 $\sum a_n z^n$ 当 $z = \zeta$ 绝对收敛, 则这个级数在 $|z| \leqslant |\zeta|$ 一致收敛.

6. 利用 $\cos z$ 和 $\sin z$ 的幂级数, 证明

$$\cos^2 z + \sin^2 z = 1.$$

7. 对于哪些 z 的值, 级数

$$\sum_{\nu=1}^{\infty} \frac{z^\nu}{1-z^\nu}$$

收敛?

8.2 节

1. 不用可微性的定义, 而用柯西–黎曼方程证明: 解析函数的积、商仍然是解析函数.

2. 证明: 如果 $|f(z)|$ 在区域 R 内是常数, 则 $f(z)$ 是常数.

3. 下列函数在何处连续? 在何处可微?

(a) $\overline{z}$;　　(b) $|z|$;　　(c) $\dfrac{z+\overline{z}}{1+|z|}$;　　(d) $\dfrac{z^2+\overline{z}^2}{|z|^2}$.

4. 证明: 变换 $\zeta=\dfrac{1}{2}\left(z+\dfrac{1}{z}\right)$ 将 z 平面上的、以原点为中心的圆和过原点的直线分别变为 ζ 平面上的共焦椭圆和共焦双曲线.

5. 一般的线性变换

$$\zeta=\frac{az+b}{cz+d}\quad(ad-bc\neq 0)$$

可能有两个不动点 (就是使得 $\zeta=z$ 的值 z). 证明: 如果变换有两个不动点, 则过这两个不动点的圆族和与此圆族正交的圆族变为它们自身 (为此, 过这两个不动点的直线和这两个不动点连线的中垂线应分别作为族中的圆).

6. 叙述解析函数 $f(z)=1/z$ 在单位圆内的反演, 并导出在本卷第一分册第 219 页练习 3.3d 第 4 题中所述反演的基本性质.

7. 证明: 形如

$$\zeta=\frac{\alpha z+\overline{\beta}}{\beta z+\overline{\alpha}}$$

的变换, 其中 α,β 是满足关系

$$\alpha\overline{\alpha}-\beta\overline{\beta}=1$$

的任意复数, 变单位圆周为它自身, 圆的内部为它自身. 如果

$$\beta\overline{\beta}-\alpha\overline{\alpha}=1,$$

则圆的内部变为圆的外部.

8. 证明: 任何一个圆可以通过形如 $\zeta=\dfrac{\alpha z+\beta}{\gamma z+\delta}$ 的变换变为由实轴所界的上半平面 (利用第 694 页上的第 4 题).

9. 证明: 变换 $\zeta=\dfrac{\alpha z+\beta}{\gamma z+\delta}$, 其中 $\alpha\delta-\beta\gamma\neq 0$, 保持四点 z_1,z_2,z_3,z_4 的交比

$$\frac{(z_1-z_3)/(z_2-z_3)}{(z_1-z_4)/(z_2-z_4)}$$

不变.

8.3 节

1. 考虑 $\displaystyle\int\frac{2z-1}{z^2-1}dz$.

(a) 分别沿以 1 和 -1 为中心的反时针方向的小圆, 这个积分值是多少?

(b) 试描出同时环绕 1 和 -1 的一个闭路径, 使积分为零.

2. 研究从实的到复的指数法则的推广:

$$a^s a^t = a^{s+t}, \quad s^a t^a = (st)^a, \quad (a^s)^t = a^{st},$$

并讨论由定义 $z^\alpha = \exp[\alpha(\log z + 2n\pi i)]$ 中的多值性所引起的复杂性, 这里 $\log z$ 是对数的主值.

3. (a) 证明 i^i 的一切值是实的.

(b) 要使 $z^\zeta(z \neq 0)$ 的一切值都是实数, 关于复数 z 和 ζ 的一般条件是什么?

(c) 能否选取实数 x 和 ζ, 使得 x^ζ 的一切值是实的?

4. 伽马函数: 证明积分

$$\Gamma(z) = \int_0^\infty t^{z-1} e^{-t} dt$$

是参变数 $z = x + iy, x > 0$ 的解析函数, 其中 t^{z-1} 对积分变量 t 的一切实值取主值. 直接证明 $\Gamma(z)$ 能对 z 求微商. 证明复变数的伽马函数满足函数方程 $\Gamma(z+1) = z\Gamma(z)$.

5. 黎曼 Zeta 函数: 取 n^z 的主值, 作无穷级数

$$\sum_{n=1}^\infty \frac{1}{n^z} = \zeta(z) \quad (z = x + iy).$$

证明这个级数当 $x > 1$ 时收敛, 并表示一个可微函数 ($\zeta(z)$ 称为黎曼 Zeta 函数) 其证明可以采用类似于幂级数那样的方法 (见第一卷第 461 页).

6. (a) 应用柯西定理于积分

$$\int \left(z + \frac{1}{z}\right)^m z^{n-1} dz \quad (n > m > 0),$$

积分路径由下列曲线组成: 第一象限内单位圆周 $|z| = 1$ 和以原点为中心的小圆周, 以及轴上位于这两个圆弧之间的直线段. 由此推出

$$\int_0^{\pi/2} \cos^m \theta \cos n\theta d\theta = \frac{\sin\left[\frac{(n-m)\pi}{2}\right]}{2^{n+1}} \frac{\Gamma(m+1)\Gamma\left(\frac{n-m}{2}\right)}{\Gamma\left(\frac{m+n}{2}+1\right)}.$$

(b) 证明: 如果 $n = m$, 后面这个积分值为 $\pi/2^{n+1}$ (复积分中的被积函数在正半实轴上取实数值).

8.4 节

1. 不直接利用幂级数的理论, 而通过在柯西公式中积分号下逐次微商并验证其合理性, 从而证明解析函数的微商是可微的.

2. 证明函数

$$f(z)-\frac{1}{2\pi i}\int\frac{f(\zeta)}{\zeta-z}\frac{z^n}{\zeta^n}d\zeta$$

是 $(n-1)$ 次多项式 $g(z)$, 且

$$g^{(m)}(0)=f^{(m)}(0)\quad(m=0,1,2,\cdots,n-1),$$

其中积分是沿包含点 $\zeta=0$ 及 $\zeta=z$ 的简单围道.

3. 证明: 只要区域是单连通的, 则对于每个位势函数 u, 就能够构造一个共轭函数 v, 并且除去相差一个常数外, v 是唯一确定的.

4. 函数 $f(z)=(2z-1)/(z^2-1)$ 在它的极点的留数是多少?

5. 如果 $f(z)$ 在整个复平面是有界的, $|f(z)|<M$, 证明: 当积分路径为充分大的圆时, 积分

$$f(z)-f(0)=\frac{1}{2\pi i}\int f(\zeta)\left[\frac{1}{\zeta-z}-\frac{1}{\zeta}\right]d\zeta$$

可以任意小, 因此, $f(z)=f(0)$, 即 $f(z)$ 是常数.

6. 设 $f(z)$ 在 $|z|\leqslant\rho$ 解析, 如果 M 是 $|f(z)|$ 在圆 $|z|=\rho$ 上的最大值, 则 $f(z)$ 的幂级数

$$f(z)=\sum_{\nu=0}^{\infty}a_\nu z^\nu$$

的系数满足不等式

$$|a_\nu|\leqslant\frac{M}{\rho^\nu}.$$

注意: 第 5 题的结论也可以从这个结果推出.

7. 设 $P(z)=\alpha_n z^n+\alpha_{n-1}z^{n-1}+\cdots+\alpha_0$ 是正 n 次多项式. 证明: $P(z)$ 没有根蕴涵 $f(z)=1/P(z)$ 是有界的, 因此是常数. 于是由第 5 题和第 6 题, $f(z)$ 恒等于零. 这就证明了*代数基本定理*: 每个正次的复系数的多项式至少有一个复根.

8. 设可能除去有限个点外, $f(z)$ 在简单闭曲线 C 内, 以及在 C 上解析, 考虑沿 C 的正向的积分

$$I=\frac{1}{2\pi i}\int_C\frac{f'(z)}{f(z)}dz.$$

(a) 证明: 如果 f 在 α 有 n 阶零点, 在 C 内和 C 上没有其他的极点和零点, 则 $I=n$.

(b) 证明: 如果 f 在 α 有 m 阶极点, 在 C 内或 C 上没有任何别的极点或零点, 则 $I=-m$.

(c) 证明: 如果在 C 内有有限多个零点和极点, 在 C 上没有零点和极点, 则 I 等于零点数减去极点数. 零点和极点按重数计算, 即如果零点的重数是 $n_1, n_2, \cdots, n_j$, 极点的重数是 $m_1, m_2, \cdots, m_k$, 则

$$I=n_1+n_2+\cdots+n_j-m_1-m_2-\cdots-m_k.$$

9. (a) 两个多项式 $P(z)$ 和 $Q(z)$ 在闭围道 C 上的每一点有

$$|Q(z)|<|P(z)|.$$

证明: 方程 $P(z)=0$ 和 $P(z)+Q(z)=0$ 在 C 内有相同数目的根 (考虑函数族 $P(z)+\theta Q(z)$, 其中参数 θ 从 0 变到 1).

(b) 证明: 如果 $|a|<r^4-\dfrac{1}{r}$, 则方程

$$z^5+az+1=0$$

的一切根位于圆 $|z|=r$ 内.

10. 利用第 8 题 (b), 证明 n 次多项式 $P(z)$ 按重数计算有 n 个根.

11. (a) 如果 $f(z)$ 在 C 内只有一个简单根 α, 证明这个根

$$\alpha=\frac{1}{2\pi i}\int_C z\frac{f'(z)}{f(z)}dz.$$

(b) 当 $f(z)$ 在 C 内有有限多个零点和极点, 而在 C 上没有零点和极点时, 说明 (a) 中积分的意义.

12. 证明: 对于任意 z, e^z 恒不为零.

8.5 节

1. (a) 设 $f(z)$ 解析, $g(z)$ 有 n 阶极点 $z=\alpha$, 求 $f(z)g(z)$ 在 $z=\alpha$ 的留数.

(b) 特别地, 如果 $g(z)=(z-\alpha)^{-n}$, 证明: 留数等于

$$\frac{2\pi i}{(n-1)!}f^{(n-1)}(\alpha).$$

2. 如果 α 是 $f(z)$ 的二阶零点, 证明 $1/f(z)$ 在 α 的留数等于

$$-\frac{4\pi i}{3}\frac{f'''(\alpha)}{f''(\alpha)^2}.$$

3. 对于非负整数 $n, m, n > m$, 求下列积分:

(a) $\int_{-\infty}^{\infty} \frac{x^2}{1+x^4} dx$;

(b) $\int_{-\infty}^{\infty} \frac{1}{(1+x^4)^2} dx$;

(c) $\int_{-\infty}^{\infty} \frac{x^{2m}}{1+x^{2n}} dx$.

4. 设 $f(z)$ 是以 $\alpha_1, \alpha_2, \cdots, \alpha_n$ 为简单根的 n 次多项式, 证明

$$\sum_{\nu=1}^{n} \frac{\alpha_\nu^k}{f'(\alpha_\nu)} = 0 \quad (k = 0, 1, 2, \cdots, n-2)$$

$\left(\text{考虑沿环绕一切 } a_\nu \text{ 的闭曲线的积分 } \int \frac{z^k}{f(z)dz}\right)$.

5. 推导 (24d) 的结果, 即

$$\int_{-\infty}^{\infty} \frac{x \sin x}{x^2 + c^2} dx = \frac{1}{2} \pi e^{-|c|}.$$

杂题

1. 写出三点 z_1, z_2, z_3 位于一条直线上的条件.

2. 证明: 复平面上三个不同点 α, β, γ 能作成以 γ 为顶点的等腰三角形, 当且仅当, 存在一正实数 k, 使得

$$\frac{\gamma - \alpha}{\beta - \alpha} \frac{\gamma - \alpha}{\alpha - \beta} = k.$$

3. 写出四点 z_1, z_2, z_3, z_4 位于一个圆周上的条件.

4. 设 A, B, C, D 是 z 平面上依次位于圆周上的四个点, 其坐标为 z_1, z_2, z_3, z_4, 利用这些复坐标, 证明 $AB \cdot CD + BC \cdot AD = AC \cdot BD$.

5. 证明: 对一切 c 的值, 方程 $\cos z = c$ 有解.

6. 对于哪些 c 的值, 方程 $\tan z = c$ 无解?

7. 对于哪些 z 的值 (a) $\cos z$, (b) $\sin z$ 是实的?

8. 求幂级数 $\sum a_n z^n$ 的收敛半径, 其中

(a) $a_n = \frac{1}{n^s}$, s 是实部为正的复数;

(b) $a_n = n^n$;

(c) $a_n = \log n$.

9. 用复积分计算以下积分:

(a) $\int_0^{\infty} \frac{\cos x}{1+x^4} dx$;

(b) $\int_0^\infty \frac{x^2 \cos x}{1+x^4} dx$;

(c) $\int_0^\infty \frac{\cos x}{q^2+x^2} dx \quad (q \neq 0)$;

(d) $\int_0^\infty \frac{x^{\alpha-1}}{(x+1)(x+2)} dx, \quad 1 < \alpha < 2.$

10. 求函数

$$\frac{1}{\sin z}, \quad \frac{1}{\cos z}, \quad \Gamma(z), \quad \cot z = \frac{\cos z}{\sin z}$$

的极点及其留数.

11. 证明: 如果 x, y 是实数, 则

$$|\sinh(x+iy)| \geqslant A(x),$$

其中 $A(x)$ 与 y 无关, 且当 $x \to \pm\infty$ 时, 趋于 ∞.

沿适当的围道序列求 $\frac{1}{(z-w)\sinh z}$ 的积分, 从而证明

$$\frac{1}{\sinh w} = \frac{1}{w} + 2w \sum_1^\infty \frac{(-1)^n}{w^2+\pi^2 n^2}.$$

12. 求出当 $n \to \infty$ 时, 积分

$$\int_{C_n} \frac{\cot \pi t}{t-z} dt$$

的极限值, 其中积分路径是正方形 C_n, 它的边平行于坐标轴, 且与原点的距离等于 $n \pm \frac{1}{2}$. 利用留数定理, 从而得到 $\cot \pi z$ 的部分分式表达式.

13. 利用方程

$$\log(1+z) = \int_0^z \frac{dt}{1+t},$$

证明: $\log(1+z)$ 的幂级数在单位圆 $|z| = 1$ 上除去点 $z = -1$ 外处处收敛. 由幂级数的虚部等于 $\log\left(1+e^{i\theta}\right)$ 的虚部, 得到傅里叶级数

$$\frac{1}{2}\theta = \sin\theta - \frac{1}{2}\sin 2\theta + \frac{1}{3}\sin 3\theta - \cdots \quad (-\pi < \theta < \pi)$$

(见第一卷第 523 页).

14. 证明: 如果 f 是解析的, 则 $\frac{d^u}{dx^n} f(\sqrt{x})$ 等于表达式

$$2\frac{\partial^n}{\partial y^n} \frac{y f(y)}{(y+a)^{n+1}}$$

中令 y 和 a 等于 $\sqrt{x}$ 时的值.

15. (a) 证明级数

$$f(z)=f(x+iy)=\sum_{\nu=1}^{\infty}\frac{(-1)^{\nu+1}}{\nu^{z}}$$

当 $x>0$ 收敛.

(b) 借助于对于 $x>1$ 成立的公式

$$f(z)=\left(1-2^{1-z}\right)\zeta(z).$$

证明: 表示 $f(z)$ 的级数给出 Zeta 函数 (其定义见第 694 页上的第 5 题) 到带形 $0<x\leqslant 1$ 的开拓.

(c) 证明: Zeta 函数在 $z=1$ 有一极点, 其留数为 1.

解　答

第　一　章

练习 1.1

1. (a) 用极坐标形式写出 $z = r(\cos\theta + i\sin\theta)$, $0 < \theta < 2\pi$. 则根据棣莫弗定理有

$$z^n = r^n(\cos n\theta + i\sin n\theta).$$

对于 $r < 1$, 我们有 $\lim\limits_{n\to\infty} r^n = 0$; 因此, $\lim\limits_{n\to\infty} z^n = 0$. 对于 $r > 1$, 我们有 $\lim\limits_{n\to\infty} r^n = \infty$; 因此, z^n 到原点, 从而到任何给定点的距离都能变得任意大, 于是这个序列发散. 对于 $r = 1$, 有两种情况: $z = 1$ $(\theta = 0)$, 对此有 $\lim\limits_{n\to\infty} z^n = 1$ 及 $z = \cos\theta + i\sin\theta$. 在后一种情况, 对于该序列的相继两点之间距离我们有

$$|z^{n+1} - z^n| = |z^n|\cdot|z-1| = |z-1| = \sqrt{2-2\cos\theta},$$

这是一个固定的正值; 于是根据柯西准则, 这个序列一定要发散.

(b) 复数 z 的 n 次方根是用极坐标形式这样来给定的

$$z^{1/n} = r^{1/n}\left(\cos\frac{\theta}{n} + i\sin\frac{\theta}{n}\right).$$

如果 $z = 0$, 我们有 $\lim\limits_{n\to 0} z^{1/n} = 0$. 否则, 令 $z^{1/n} = x_n + iy_n$, 便有

$$\begin{aligned}\lim_{n\to\infty} z^{1/n} &= \lim_{n\to\infty} x_n + i\lim_{n\to\infty} y_n \\ &= \lim_{n\to\infty} r^{1/n}\cos\frac{\theta}{n} + i\lim_{n\to\infty} r^{1/n}\sin\frac{\theta}{n} = 1.\end{aligned}$$

2. 将第一卷中所有的极限定理分别应用到 P_n 的分量上.

3. 对于满足 $a^2 + b^2 < 1$ 的一个点 (a, b), 令

$$\alpha = \sqrt{a^2 + b^2}.$$

则 (a, b) 的邻域 $(x-a)^2 + (y-b)^2 < (1-\alpha)^2$ 含于单位圆内.

对于满足 $a^2 + b^2 = 1$ 的一个点 (a, b), 每个邻域都包含着不在单位圆内的点.

4. 设 (a,b) 是 S 的任一点, 令 $\gamma = b - a^2 > 0$. 考察 (a,b) 的一个 ε 邻域,

$$(x-a)^2 + (y-b)^2 < \varepsilon^2.$$

对该邻域内的一切点, 我们有 $|x-a| < \varepsilon, |y-b| < \varepsilon$. 利用

$$a^2 = x^2 - 2(x-a)\cdot a - (x-a)^2,$$

我们得到

$$\begin{aligned} y > b - \varepsilon &= a^2 + \gamma - \varepsilon \\ &= x^2 - 2(x-a)a - (x-a)^2 + \gamma - \varepsilon \\ &> x^2 + \gamma - 2\varepsilon|a| - \varepsilon^2 - \varepsilon > x^2, \end{aligned}$$

只要 ε 取为 1 和 $\gamma/(2|a|+2)$ 中较小者. 这样这个 ε 邻域就在 S 内.

5. 线段 (如果端点不作为该线段的点, 就把它们同此线段一起作答案).

问题 1.1

1. 按定义, 每一个边界点 P 的邻域都包含 S 的点. 在 S 内取 P_1 使得 $\overline{P_1P} < 1/2$. 因为 P 不在 S 内, 就有 $P_1 \neq P$, 因此, $\overline{P_1P} > 0$. 现在用数学归纳法继续进行: 给定 P_n 在 S 内, 就取 P_{n+1} 使得

$$\overline{P_{n+1}P} < \frac{1}{2}\overline{P_nP}.$$

显然, P_n 是不相重的并且 $\overline{P_nP} < 1/2^n$.

2. 设给定的集合为 S, S 的闭包为 S_c, 以及 S_c 的闭包为 S_{cc}. 每个属于 S_{cc} 的点不在 S_c 内就在 S_c 的边界上. 如果 P 在 S_c 的边界上, 那么 P 的每一个邻域至少包含 S_c 内的一个点 Q 和不在 S_c 内的一个点 R. 因为 R 不在 S_c 内, 所以就不在 S 内. 又因为每一个邻域都是开集, 所以 P 的邻域包含着必有 S 的点含在其中的 Q 的一个邻域. 于是 P 在 S_c 内.

3. 设 X 是 S 在 $\overline{PQ}$ 上的任一点, 因为 $\overline{PX} \leqslant \overline{PQ}$, $\overline{PX}$ 值的集合是有界的. 记它的最小上界为 $\operatorname{lub}\overline{PX}$. 设 R 是在 $\overline{PQ}$ 上与 P 距离等于 $\operatorname{lub}\overline{PX}$ 的点, 则 R 的任何邻域包含 $\overline{PQ}$ 上属于 S 的点, 又包含不属于 S 的点.

4. G 的一切点都是内点.

练习 1.2

1. (a) $\dfrac{27}{8}$;　(c) $\dfrac{1}{(\log \pi)^e}$;　(e) 5.

2. 定义域是点 (x,y) 的集合, 而值域是 u 值的集合, 这里

(a) $y \geqslant -x, u \geqslant 0$;　(c) $y > -x, u > 0$;

(e) $y > -\frac{x}{5}, u$ 实数;　(g) $x^2 + y^2 + z^2 \leqslant a^2, 0 \leqslant w \leqslant a$;

(h) $y \neq -x, u$ 实数;　(i) $x^2 + 2y^2 \leqslant 3, 0 \leqslant u \leqslant \sqrt{3}$;

(j) $x = y = 0, u = 0$;　(k) $|y| < |x|, u$ 实数;

(l) $(x, y) \neq (0, 0), 0 \leqslant u \leqslant \frac{\pi}{4}$;　(m) $y \neq -x, -\frac{\pi}{2} < u < \frac{\pi}{2}$;

(n) $x \neq 0, 0 < u \leqslant 1$;　(o) $\frac{1}{e} < x + y < e, 0 \leqslant u \leqslant \pi$;

(p) $2n\pi - \frac{\pi}{2} \leqslant x \leqslant 2n\pi + \frac{\pi}{2}$ 并且 $y \geqslant 0$, 或 $2n\pi + \frac{\pi}{2} \leqslant x \leqslant 2n\pi + \frac{3\pi}{2}$ 并且 $y \leqslant 0, u \geqslant 0$.

3. 对于 k 个变量是

$$\frac{1}{k!}(n+1)(n+2)\cdots(n+k)$$

(参看第一卷第一章, 第 100 页, 练习第 11 题).

练习 1.3

2. 在 $x = y = 0$ 不连续.

3. (a) 设 $x = \rho\cos\theta, y = \rho\sin\theta$, 则

$$|f(x, y)| = \rho^3 |\cos^3\theta - 3\cos\theta\sin^2\theta| < 4\rho^3.$$

取 $\delta(\varepsilon) = \sqrt[3]{\varepsilon/4}$, 则 $f(x, y)$ 至少有 ρ^3 的阶.

4. 同一元实变量函数理论一样, 连续函数的和与积以及连续函数的连续函数都是连续的.

(a) 连续.

(b) 不连续性只可能出现在 $(0, 0)$. 注意到如果引入

$$x = \rho\cos\theta, \quad y = \rho\sin\theta,$$

则根据 $|\sin\alpha| < |\alpha|$ 便有

$$\left|\frac{\sin xy}{\sqrt{x^2 + y^2}}\right| < \rho;$$

因此, 在点 $(0, 0)$ 极限存在并且是 0.

5. 对于 $z \geqslant 0, z + h > 0$ 用微分中值定理得到

$$|\sqrt{1 + (z + h)} - \sqrt{1 + z}| = \frac{|h|}{2\sqrt{1 + (z + \theta h)}} \leqslant \frac{|h|}{2};$$

因此, 在 z 适当选取的各种情况下, 要求 $|h| < 2\varepsilon$ 就足够了. 令 $\Delta x = \rho\cos\theta, \Delta y = \rho\sin\theta$, 这里 $\rho < \delta\ (\varepsilon, x, y)$.

(a) 在 $z = x^2 + 2y^2$ 且 $h = \Delta z$ 的情况下, 注意

$$|\Delta z| = \rho|2x\cos\theta + 4y\sin\theta + \rho(\cos^2\theta + 2\sin^2\theta)|$$
$$\leqslant \rho(2|x| + 4|y| + 3\rho) \leqslant \rho(2|x| + 4|y| + 3),$$

这里我们利用了 $\delta < 1$. 为了 $|\Delta z| < 2\varepsilon$, 如下要求就足够了

$$\delta < \min\left(\frac{2\varepsilon}{2|x| + 4|y| + 3}, 1\right).$$

6. 在直线 $y = \pm x$ 上.

7. 在直线 $x = n + \dfrac{1}{2}, y = n + \dfrac{1}{2}$ 上.

8. 对于一切值 (按定义, 一个函数在它的定义域外部总是连续的).

9. 设 $z = 1/u$, 这里 $u = 1 - x^2 - y^2$. 我们有 $|\Delta z| = |\Delta u|/(u + \theta\Delta u)^2$. 对于 $u > 0$, 选取 $|\Delta u| < u/2$, 则 $u + \theta\Delta u > u/2$ 并且

$$|\Delta z| < \frac{4|\Delta u|}{u^2}.$$

现在, 用 $\Delta x = \rho\cos\theta, \Delta y = \rho\sin\theta, \rho < \delta \leqslant 1$ 并且 $|x|, |y| < 1$, 我们有

$$|\Delta u| = |\rho(2x\cos\theta + 2y\sin\theta) + \rho^2|$$
$$< \rho(2|x| + 2|y| + 1) < 5\delta.$$

因此, 为了保证 $|\Delta z| < \varepsilon$, 取

$$\delta = \min\left[\frac{\varepsilon}{20}(1 - x^2 - y^2)^2, 1\right].$$

10. 用 $x = \rho\cos\theta, y = \rho\sin\theta$, 我们有

$$P = \rho^2(a\cos^2\theta + 2b\sin\theta\cos\theta + c\sin^2\theta) = \rho^2 f(\theta).$$

对于 θ 的任何值表达式 $f(\theta)$ 必定不等于 0, 从而我们应当有

$$ac - b^2 > 0.$$

11. 全不连续, (a) 在直线 $x = 0$ 上,(c) 在直线 $y = -x$ 上.

12. 对于沿一条直线趋近, 可设 $x = \rho\cos\theta, y = \rho\sin\theta, \theta$ 为一固定值. 为了指出 $f(x, y)$ 的间断性, 使趋近沿抛物线 $x = ay^2$, a 任意; 为了指出 $g(x, y)$ 的间断

性, 使趋近沿着圆周

$$\left(x-\frac{1}{2}\right)^2+y^2=\frac{1}{4}.$$

13. (e) 和 (g) 极限存在. 对 (h) 令 $y=e^{-a/|x|}$, a 是任意正数, 并指出由于

$$f(x,y)=\frac{y^{|x|}\sqrt{x^2+y^2}}{\sqrt{x^2+y^2}+\left|\dfrac{y}{x}\right|},$$

所以 $\lim\limits_{x\to 0}f(x,e^{-a/|x|})=e^{-a}$.

14. 对于练习第 13 题 (e),

$$\delta(\varepsilon)=-\frac{1}{\sqrt{2}\log\varepsilon}.$$

对于练习第 13 题 (g),

$$\delta=\min\left(-\frac{\log 2}{\log\varepsilon},\frac{1}{2}\right).$$

15. 首先令 $x=y=0$, 然后令 $z=0$.

16. 成立, 因为 $R(x,y)$ 在原点没有定义并且原点是 R 的定义域的一个边界点.

17. (a) 1;　(b) 0;　(c) 0.

18. 令 $y=mx$, 则 $\lim\limits_{x\to 0}z=3(1-m)/(1+m)$.

19. 参看练习第 13 题.

20. 沿着不同于 $x=0$ 的任何直线趋近, 都产生极限值 0; 而沿着曲线 $y=a/\log x$ 趋近, 则产生任意的极限值 a.

21. 映射 ϕ 把它的定义域的交在围绕原点半径充分小的圆内的那部分映射到中心在 O 点、半径为 C_ρ 的区间, 这里常数 C 可以取得与 ρ 无关.

问题 1.3

1. 设 S 是 f 的定义域, S^* 是 f^* 的定义域. 如果 Q 是 S 的一个内点, 那么存在 Q 的一个邻域整个地落在 S 内, 因而对 f^* 的连续性等同于对 f 的连续性. 如果 Q 在 S^* 内又是 S 的一个边界点, 那么无论 Q 是否在 S 内, 都存在 Q 的一个 δ 邻域, 在其中

$$|\delta(P)-f^*(Q)|<\varepsilon/2.$$

对 S^* 中任一点 $\hat{Q}$, 如果它在 Q 的 δ 邻域内但不在 S 内, 那么存在 S 中的点 P 使得 $f(P)$ 任意接近 $f^*(\hat{Q})$, 也就是说

$$|f(P)-f^*(\hat{Q})|<\varepsilon/2.$$

于是有 $|f^*(\hat{Q}) - f^*(Q)| < \varepsilon$.

2. 如果 $\lim\limits_{(x,y)\to(\xi,\eta)} f(x,y) = L$ 并且 $\lim\limits_{n\to\infty}(x_n, y_n) = (\xi, \eta)$, 则对任一正数 ε, 存在 δ 使得 $|f(x,y) - L| < \varepsilon$ 对一切落在 (ξ,η) 的 δ 邻域内的点 (x,y) 成立. 进一步, 存在 N 使得 (x_n, y_n) 对一切 $n > N$ 落在 (ξ,η) 的 δ 邻域内. 因此, 对于 $n > N$ 有 $|f(x_n, y_n) - L| < \varepsilon$.

反之, 假定对于每一个来自 f 定义域并以 (ξ,η) 为极限的点列 (x_n, y_n) 都有 $\lim\limits_{n\to\infty} f(x_n, y_n) = L$. 假若 f 在 (ξ,η) 不以 L 为极限, 那么对某一个 $\varepsilon > 0$ 和一切 $\delta > 0$, 都存在一个点 (x,y) 属于 (ξ,η) 的 δ 邻域, 但 $(x,y) \neq (\xi,\eta)$, 使得

$$|f(x,y) - L| \geqslant \varepsilon.$$

令 $\delta_1 = 1$ 并取 (x_1, y_1) 属于 (ξ,η) 的 δ_1 邻域使得

$$|f(x_1, y_1) - L| \geqslant \varepsilon.$$

接着按顺序定义

$$\delta_n = \frac{1}{2}\sqrt{(x_{n-1} - \xi)^2 + (y_{n-1} - \eta)^2}$$

并取 (x_n, y_n) 使得 $\sqrt{(x_n - \xi)^2 + (y_n - \eta)^2} < \delta_n$ 但

$$|f(x_n, y_n) - L| \geqslant \varepsilon.$$

用这个方法构造出来的 (x_n, y_n) 与前提矛盾, 于是 f 在 (ξ,η) 有极限 L.

练习 1.4a

1. (a) $\dfrac{\partial z}{\partial x} = nax^{n-1}, \dfrac{\partial z}{\partial y} = mby^{m-1}$;

(c) $\dfrac{\partial z}{\partial x} = \dfrac{\partial x^2 - 3y^2}{x^2 y}, \dfrac{\partial z}{\partial y} = \dfrac{3y^2 - 2x^2}{xy^2}$;

(e) $\dfrac{\partial z}{\partial x} = 2xy^{3/2}, \dfrac{\partial z}{\partial y} = \dfrac{3}{2}x^2 y^{\frac{1}{2}}$;

(g) $\dfrac{\partial z}{\partial x} = y^{3/4}/2x^{1/2}, \dfrac{\partial z}{\partial y} = \dfrac{3x^{1/2}}{4y^{1/4}}$;

(j) $\dfrac{\partial z}{\partial x} = -2x\sin(x^2 + y), \dfrac{\partial z}{\partial y} = -\sin(z^2 + y)$;

(l) $\dfrac{\partial z}{\partial x} = -\dfrac{\sin x}{\sin y}, \dfrac{\partial z}{\partial y} = -\dfrac{\cos x \cos y}{\sin^2 y}$;

(n) $\dfrac{\partial z}{\partial x} = \dfrac{2x^2 + y^2}{\sqrt{x^2 + y^2}}, \dfrac{\partial z}{\partial y} = \dfrac{xy}{\sqrt{x^2 + y^2}}$.

2. (a) $\dfrac{\partial f}{\partial x}=\dfrac{2x}{3(x^2+y^2)^{2/3}}, \dfrac{\partial f}{\partial y}=\dfrac{2y}{3(x^2+y^2)^{2/3}}$;

(c) $\dfrac{\partial f}{\partial x}=e^{x-y}, \dfrac{\partial f}{\partial y}=-e^{x-y}$;

(e) $\dfrac{\partial f}{\partial x}=yz\cos xz, \dfrac{\partial f}{\partial y}=\sin xz, \dfrac{\partial f}{\partial z}=xy\cos xz$;

3. (a) $\dfrac{\partial f}{\partial x}=y, \dfrac{\partial f}{\partial y}=x, \dfrac{\partial^2 f}{\partial x^2}=\dfrac{\partial^2 f}{\partial y^2}=0, \dfrac{\partial^2 f}{\partial x\partial y}=1$;

(c) 用 $f(x,y)=\dfrac{x+y}{1-xy}$,

$$\begin{aligned}&\frac{\partial f}{\partial x}=\frac{1+y^2}{(1-xy)^2}, \frac{\partial f}{\partial y}=\frac{1+x^2}{(1-xy)^2},\\&\frac{\partial^2 f}{\partial x^2}=\frac{2(y+y^3)}{(1-xy)^3}, \frac{\partial^2 f}{\partial x\partial y}=\frac{2(x+y)}{(1-xy)^3},\\&\frac{\partial^2 f}{\partial y^2}=\frac{2(x+x^3)}{(1-xy)^3};\end{aligned}$$

(e)

$$\begin{aligned}&\frac{\partial f}{\partial x}=yx^{y-1}e^{(x^y)}, \frac{\partial f}{\partial y}=x^y e^{(x^y)}\log x,\\&\frac{\partial^2 f}{\partial x^2}=yx^{y-2}e^{(x^y)}(y-1+yx^y),\\&\frac{\partial^2 f}{\partial x\partial y}=x^{y-1}e^{(x^y)}(1+y\log x+yx^y\log x),\\&\frac{\partial^2 f}{\partial y^2}=x^y(\log x)^2e^{(x^y)}(1+x^y).\end{aligned}$$

4. $f_x=0, f_y=0, f_z=-3$.

5. 1.

8. $(2/r)$.

9. $a=-3$.

问题 1.4a

1. $\begin{pmatrix}n+k\\k\end{pmatrix}$ (参看练习 1.2 第 3 题).

2. 考察形如 $f(x,y)=\alpha(x)\beta(y)$ 的函数, 其中 α 是可微的而 β 不是.

3. 对于一切 x 和 y, 关于 x 和 y 求微商得到

$$\phi'(x^2+y^2)=\frac{\psi'(x)}{2x}\psi(y)=\frac{\psi'(y)}{2y}\psi(x);$$

从而 $\psi'(x)/2x\psi(x)$ 是常数, $f(x,y)=ce^{a(x^2+y^2)}$.

练习 1.4c

2. (a) 注意观察一阶偏微商

$$\frac{\partial f}{\partial x}=\begin{cases}\dfrac{2x}{(x^2+y^2)^2}\exp[-1/(x^2+y^2)], & x,y\neq 0,\\ 0, & x=y=0,\end{cases}$$

$$\frac{\partial f}{\partial y}=\begin{cases}\dfrac{2y}{(x^2+y^2)^2}\exp[-1/(x^2+y^2)], & x,y\neq 0,\\ 0, & x=y=0,\end{cases}$$

二者都是有界的.

(b) 只有原点是有问题的. 考虑

$$\frac{\partial f}{\partial x}=\begin{cases}2x\dfrac{x^4+y^4}{x^2+y^2}+4x^3\log(x^2+y^2), & x,y\neq 0,\\ 0, & x=y=0.\end{cases}$$

在邻域 $x^2+y^2<\delta^2$ 内, 对于 $\delta<1$, 有

$$\frac{\partial f}{\partial x}<2\delta^3+8\delta^2|\delta\log\delta|<10\delta^2,$$

这里我们已经用了当 $\delta<1$ 时, $|\delta\log\delta|<1$.

练习 1.4d

1. (a) $2ab$;　(c) $abf''(ax+by)$;　(e) $-\dfrac{1}{(x+y)^2}$.

2. (b) $f_x=y\sinh xy, f_y=x\sinh xy, f_{xx}=y^2\cosh xy,$
$f_{xy}=xy\cosh xy+\sinh xy, f_{yy}=x^2\cosh xy,$
$f_{xxx}=y^3\sinh xy, f_{xxy}=xy^2\sinh xy+2y\cosh xy,$
$f_{xyy}=x^2y\sinh xy+2x\cosh xy, f_{yyy}=x^3\sinh xy.$

(d) $f_x=1/y-y/x^2, f_y=1/x-x/y^2, f_{xx}=2y/x^3,$
$f_{xy}=(-1/x^2)-1/y^2, f_{yy}=2x/y^3, f_{xxx}=-6y/x^4,$
$f_{xxy}=2/x^3, f_{xyy}=2/y^3, f_{yyy}=-6x/y^4.$

问题 1.4d

1. (b) 令 $z=\log u$. 则 $z_{xy}=0$. 这样 z_x 就不依赖于 y. 令 $z_x=\alpha(x)$, 则

$$z=\int \alpha(x)dx+\psi(y)=\phi(x)+\psi(y);$$

从而

$$u=e^z=e^{\phi(x)}\cdot e^{\psi(y)}.$$

练习 1.5a

1. (a), (b) $f_x(0,0)$ 不存在.

(c) 令 $h=\rho\cos\theta, k=\rho\sin\theta$. 对于可微性下式成立是必要的

$$f(h,k)-f(0,0)=\rho\sin 2\theta=f_x(0,0)h+f_y(0,0)k+o(\rho),$$

然而 $f_x(0,0)=f_y(0,0)=0$ 却意味着上式不成立.

2. 对于 x 与 $x+\delta_1$ 之间的 s, y 与 $y+\delta_2$ 之间的 t, 我们有

$$|g(s)-g(x)|<\varepsilon_1(\delta_1), |h(t)-h(y)|<\varepsilon_2(\delta_2),$$

其中 $\lim\limits_{\delta_1\to 0}\varepsilon_1(\delta_1)=\lim\limits_{\delta_2\to 0}\varepsilon_2(\delta_2)=0$.

因此, 用微积分学中的积分中值定理, 我们有

$$\int_{x_0}^{x+\delta_1} g(s)ds=\int_{x_0}^{x} g(s)ds+\delta_1 g(\xi),$$

其中 $|g(\xi)-g(x)|<\varepsilon_1(\delta_1)$; 类似的结果对 $h(t)$ 也成立. 于是推知

$$\begin{aligned}f(x+\delta_1,y+\delta_2)&=\left[\int_{x_0}^{x} g(s)ds+\delta_1 g(x)+o(\delta_1)\right]\left[\int_{y_0}^{y} h(t)dt+\delta_2 h(y)+o(\delta_2)\right]\\&=f(x,y)+\delta_1 g(x)+\delta_2 h(y)+o\left(\sqrt{\delta_1^2+\delta_2^2}\right).\end{aligned}$$

问题 1.5a

1. 令 $\rho=\sqrt{h^2+k^2}$. 则

$$|f(x,y)-f(a,b)|\leqslant\rho(|f_x(a,b)|+|f_y(a,b)|+\varepsilon),$$

其中 $\lim\limits_{\rho\to 0}\varepsilon=0$. 于是, f 不仅是连续的, 而且是利普希茨连续: 对于 $P=(x,y), A=(a,b)$, 在 A 的某个邻域我们有

$$|f(P)-f(A)|\leqslant M|P-A|,$$

其中 M 是常数.

练习 1.5b

1. 曲面 $z = f(x,y)$ 与平面 $\arctan[(y-y_0)/(x-x_0)] = \alpha$ 的交线的斜率, 也就是在 $z\rho$ 平面上看, 曲线

$$z = \phi(\rho) = f(x_0 + \rho\cos\alpha, y_0 + \rho\sin\alpha)$$

的斜率.

2. (a) $a, \dfrac{a\sqrt{3}+b}{2}, \dfrac{a+b\sqrt{3}}{2}, b$;

(c) $2, \sqrt{3}-2, 1-2\sqrt{3}, -4$;

(e) $-1, -\dfrac{\sqrt{3}}{2}, -\dfrac{1}{2}, 0$;

(g) $0, 0, 0, 0$.

3. (a) $-8/5$;

(b) -1;

(c) $-2/\sqrt{3}$.

4. $f(x,y) = xy/(x^2+y^2)$.

6. $\partial^2 f/\partial r^2 = \sin 2\theta$.

练习 1.5c

1. (a) $z = 8y - 4$;

(c) $3x + 3y - 4z + 5 - 3\log 2 = 0$;

(e) $z = [\exp(1/\sqrt{2})/\sqrt{2}](x - y + \sqrt{2} + \pi/4)$;

(g) $z = 2e^{-2}\left(x + y + \dfrac{1}{2}e^2\displaystyle\int_0^2 e^{-t^2}dt - 2\right)$.

2. 公共点是原点.

3. 通过三个点的平面方程能写成如下形式:

$$\begin{aligned} z - z_0 = &\{(x-x_0)[k_1(z_2-z_0) - k_2(z_1-z_0)] + (y-y_0) \\ &\times [h_2(z_1-z_0) - h_1(z_2-z_0)]\}/\{h_2k_1 - h_1k_2\}, \end{aligned}$$

其中 $h_i = x_i - x_0, k_i = y_i - y_0, i = 1,2$. 令 $h_i = \rho_i\cos\alpha_i, k_i = \rho_i\sin\alpha_i$, 则 $z_i - z_0 = \rho_i[(\cos\alpha_i)(\partial z/\partial x) + (\sin\alpha_i)(\partial z/\partial y)] + o(\rho_i)$. 将这些代入平面方程, 则由于 $\sin(\alpha_1 - \alpha_2) \neq 0$, 并且 (x,y) 固定, 便得到需要的结果

$$z - z_0 = (x-x_0)\frac{\partial z}{\partial x} + (y-y_0)\frac{\partial z}{\partial y} + \frac{o(\rho_2)}{\rho_2} + \frac{o(\rho_1)}{\rho_1}.$$

4. 我们可以假定系数不全为 0, 比如说 $c \neq 0$. 则 (x_0, y_0, z_0) 落在如下两个曲

面之一上

$$z=\pm\sqrt{\frac{1-ax^2-by^2}{c}}.$$

切平面的方程是

$$z-z_0=(x-x_0)z_x(x_0,y_0)+(y-y_0)z_y(x_0,y_0).$$

对二次曲面的方程求微分, 得到

$$2ax_0+2cz_0\frac{\partial z}{\partial x}=0,$$
$$2by_0+2cz_0\frac{\partial z}{\partial y}=0;$$

而把由此求得 $\frac{\partial z}{\partial x}$ 和 $\frac{\partial z}{\partial y}$ 的值代入切平面方程便得到 (若 $z_0\neq 0$)

$$z-z_0=-\frac{ax_0}{cz_0}(x-x_0)-\frac{by_0}{cz_0}(y-y_0).$$

从而

$$ax_0x+by_0y+cz_0z=ax_0^2+by_0^2+cz_0^2=1.$$

练习 1.5d

1. (a) $(2xy^2+3y^3)dx+(2x^2y+9xy^2-8y^3)dy$;

(c) $4x^3dx-3y^2dy/(x^4-y^4)$;

(e) $-(dx+y^{-1}dy)\sin(x+\log y)$;

(g) $dy+dy/(1+(x+y)^2)$;

(i) $(dx+dy-dz)\sinh(x+y-z)$.

2. $(-2/10)+(7\sqrt[3]{5}/25)$.

3. $e^{x^2+y^2}[(8x^3+12x)dx^3+(8x^2y+4y)dx^2dy+(8xy^2+4x)dxdy^2+(8y^3+12y)dy^3]$.

练习 1.5e

1. 变量 z 由 -3 变到 -3.5.

2. $-\frac{1}{600}$.

3. $1/2(y|h|+x|k|)$.

4. 由 $dz=ydx+xdy$ 有 $dz/z=dx/x+dy/y$.

5. 由 $dg = 2dx/t^2 - 4xdt/t^3$ 知 g 的相对误差是

$$dg/g = dx/x - 2dt/t.$$

于是在测量 t 时所产生的一定的相对误差将有在测量 x 时所产生的同一相对误差效果的两倍.

练习 1.6a

1. (a) $z_x = -2x\log(1+y), \quad z_y = -\dfrac{x^2}{1+y},$

$$z_{xx} = -2\log(1+y), \quad z_{xy} = -\frac{2x}{(1+y)}, \quad z_{yy} = \frac{x^2}{(1+y)^2}.$$

(e) 令 $u = x, v = \arctan y$. 则 $z_x = v\sec^2(uv)$, $z_y = [\sec^2(uv)]/(1+y^2)$, $z_{xx} = 2v^2\sec^2(uv)\tan(uv)$, $z_{xy} = [\sec^2(uv)/(1+y^2)] \times [1+2v\tan(uv)]$, $z_{yy} = x\sec^2(uv)/(1+y^2)^2[x\tan(uv) - 2y]$.

2. (a) $w_x = \dfrac{-x-y\cos z}{(x^2+y^2+2xy\cos z)^{3/2}},$

$$w_y = \frac{-y-x\cos z}{(x^2+y^2+2xy\cos z)^{3/2}},$$

$$w_z = \frac{xy\sin z}{(x^2+y^2+2xy\cos z)^{3/2}};$$

(b) $w_x = \dfrac{1}{\sqrt{z^2+2zy^2+y^4-x^2}},$

$$w_y = \frac{-2xy}{(z+y^2)\sqrt{z^2+2zy^2+y^4-x^2}},$$

$$w_z = \frac{-x}{(z+y^2)\sqrt{z^2+2zy^2+y^4-x^2}};$$

(c) $w_x = 2x + \dfrac{2xy}{1+x^2+y^2+z^2},$

$$w_y = \log(1+x^2+y^2+z^2) + \frac{2yz}{1+x^2+y^2+z^2},$$

$$w_z = \frac{2yz}{1+x^2+y^2+z^2};$$

(d) $w_x = \dfrac{1}{2(1+x+yz)\sqrt{x+yz}},$

$$w_y = \frac{z}{2(1+x+yz)\sqrt{x+yz}},$$

$$w_z = \frac{y}{2(1+x+yz)\sqrt{x+yz}}.$$

3. (a) 考察 $z=u^v$ 的微商, 其中 u 和 v 是 x 的函数

$$\frac{dz}{dx}=vu^{v-1}\frac{du}{dx}+u^v\log u\cdot\frac{dv}{dx}.$$

对 $u=x, v=x$ 使用这个公式便得到

$$\frac{d}{dx}(x^x)=x^x(1+\log x).$$

今再对 $u=x, v=x^x$ 使用这个公式就得到

$$\frac{d}{dx}(x^{(x^x)})=x^{(x^x)}x^x\left[\frac{1}{x}+\log x+(\log x)^2\right].$$

(b) 令 $y=1/x$, 则

$$\frac{dz}{dx}=-\frac{1}{x^2}\frac{dz}{dy}.$$

用 $z=(y^y)^y=u^v$, 其中 $u=y, v=y^2$, 得到

$$\frac{dz}{dy}=y^{(y^2+1)}(1+2\log y)=yz(1+2\log y);$$

从而得到

$$\frac{dz}{dx}=\frac{2\log x-1}{x^{3+1/x^2}}.$$

4. 参看问题 1.6a 第 1 题.

5. 在各种情形中, 利用对不同变量的对称性进行计算:

(a) $f_{xx}=\dfrac{y^2-x^2}{(x^2+y^2)^2}$,

(b) $g_{xx}=\dfrac{2x^2-y^2-z^2}{(x^2+y^2)^2}$,

(c) $h_{xx}=\dfrac{6x^2-2y^2-2z^2-2w^2}{(x^2+y^2)^3}$.

问题 1.6a

1. 在下式中用柯西–黎曼方程:

$$\begin{aligned}\phi_{xx}+\phi_{yy}=&(u_x^2+u_y^2)f_{uu}+2(u_xv_x+u_yv_y)f_{uv}\\&+(v_x^2+v_y^2)f_{uv}+(u_{xx}+u_{yy})f_u+(v_{xx}+v_{yy})f_v,\end{aligned}$$

并且注意 u, v 也是拉普拉斯方程的解.

2. 设圆锥的顶点在原点 (这是不失普遍性的, 因为轴的平移不会影响 f 的微商). 如果点 (x,y,z) 在圆锥上, 那么对一切实数 λ, 点 $(\lambda x,\lambda y,\lambda z)$ 也在圆锥上. 因此, 我们有

$$\frac{z}{x}=f\left(\frac{x}{x},\frac{y}{x}\right)=f\left(1,\frac{y}{x}\right)=\phi\left(\frac{y}{x}\right);$$

这样, 圆锥的方程便能写成一个实变量的函数 ϕ:

$$z=x\cdot\phi\left(\frac{y}{x}\right).$$

两边取微分便得结果.

3. (a) $g_{rr}+\dfrac{2}{r}g_r$;

(b) 从 $g_{rr}/g_r=-2/r$, 得到 $\log g_r=-2\log r+$ 常数, 等等.

4. (a) $g_{rr}+\dfrac{n-1}{r}g_r$;

(b) 若 $n=1, ar+b$;

若 $n=2, a\log r+b$;

若 $n>2, a/r^{n-2}+b$ (参看第 3 题).

练习 1.6c

1. $\sqrt{u_r^2+(1/r^2)u_\theta^2}$.

2. 令 $u=f(x,y)$ 并引进新变量 $\xi=x\cos\theta+y\sin\theta, \eta=y\cos\theta-x\sin\theta$, 便得到

$$u_{xx}=\cos^2\theta u_{\xi\xi}-2\cos\theta\sin\theta u_{\xi\eta}+\sin^2\theta u_{\eta\eta},$$

$$u_{yy}=\sin^2\theta u_{\xi\xi}+2\cos\theta\sin\theta u_{\xi\eta}+\cos^2\theta u_{\eta\eta}.$$

4. $z_x=3, z_y=1, z_r=z_x\cos\theta+z_y\sin\theta, z_\theta=-z_xr\sin\theta+z_yr\cos\theta$.

5. 注意微商不依赖于 a 和 b、变换实质上是 x 轴和 y 轴的旋转和平移, 参看第 2,3 题. 利用

$$u_{xx}=\alpha^2U_{\xi\xi}-2\alpha\beta U_{\xi\eta}+\beta^2U_{\eta\eta},$$

$$u_{xy}=\alpha\beta U_{\xi\xi}+(\alpha^2-\beta^2)U_{\xi\eta}-\alpha\beta U_{\eta\eta},$$

$$u_{yy}=\beta^2U_{\xi\xi}+2\alpha\beta U_{\xi\eta}+\alpha^2U_{\eta\eta}.$$

其几何意义见问题 1.6a 第 2 题.

6. $\dfrac{z^3}{\partial x^2}T_z+T_{xx}+\dfrac{z}{x}T_{xz}+\dfrac{z^2}{x^2}T_{zz}$.

问题 1.6c

1. $\dfrac{1}{r^2}\dfrac{\partial}{\partial r}\left(r^2\dfrac{\partial u}{\partial r}\right)+\dfrac{1}{\sin\theta}\dfrac{\partial^2 u}{\partial\phi^2}+\dfrac{\partial}{\partial u}\left(\sin\theta\dfrac{\partial u}{\partial\theta}\right)$.
与问题 1.6a 第 3 题比较, 令 u 关于 θ 和 ϕ 的微商等于零.

2. 在给定的变换下, 方程

$$Af_{xx}+2Bf_{xy}+Cf_{yy}=0$$

被变换成

$$A^*f_{\xi\xi}+2B^*f_{\xi\eta}+C^*f_{\eta\eta}=0,$$

其中

$$A^*=a^2A+2abB+b^2C,$$

$$B^*=aCA+(ad+bc)B+bdC,$$

$$C^*=c^2A+2cdB+d^2C$$

(参看练习 1.6c 第 3 题). 注意到

$$B^{*2}-A^*C^*=(ad-bc)^2(B^2-AC),$$

即可见 $B^{*2}-A^*C^*$ 的符号是不随线性变换改变的. 由此推知, 下面两种情况是不存在这样线性变换的: 对于 (a), 如果

$$B^2-AC\geqslant 0;$$

对于 (b), 如果 $B^2-AC<0$.

(a) 假设 $B^2-AC<0$, 并设上述 $A^*=1, B^*=0, C^*=0$. 从 $AC>B^2\geqslant 0$ 可见 A 和 C 有相同的非零符号, 不妨假设它是正的. 若 $B=0$, 取 $b=c=0, a=1/\sqrt{A}, d=1/\sqrt{C}$. 如果 $B\neq 0$, 可先化为 $B=0$ 的情形, 例如, 通过取

$$b=0,\quad a=\frac{1}{\sqrt{A}},\quad C=\frac{B}{\sqrt{A(AC-B^2)}},\quad d=\frac{-A}{\sqrt{A(AC-B^2)}}.$$

(b) 假设 $B^2-AC>0$ 并设上述 $A^*=C^*=0, B^*=1$. 如果 $B=0$, 则 A 和 C 有相反的符号. 在这样情形下满足方程

$$\frac{a}{b}=\sqrt{-\frac{C}{A}},\quad \frac{d}{c}=\sqrt{-\frac{C}{A}},\quad bc\sqrt{-AC}=1;$$

例如, 取

$$a=1,\quad b=\sqrt{-\frac{A}{C}},\quad C=\frac{1}{2},\quad d=\frac{1}{2}\sqrt{-\frac{c}{A}}.$$

如果 $B\neq 0$ 并且 A 和 C 中至少有一个不为 0, 比如说 $A>0$, 可先化为 $B=0$ 的情形, 例如通过取

$$A^*=A,\quad C^*=-\frac{1}{A},\quad b=0,$$

则

$$a=1,\quad d=\frac{1}{\sqrt{B^2-AC}},\quad C=-\frac{B}{\sqrt{A(B^2-AC)}}.$$

练习 1.7a

1. (a) $(k+h)\cos(x+h+y+k)$;

(b) $-\dfrac{h(y+k)}{(x+h)^2}+\dfrac{k}{x+h}$.

2. (a) $-\dfrac{1}{8}$;

(b) $\dfrac{5}{8}e^{5/16}$;

(c) $\dfrac{\pi}{8}$.

练习 1.7b

1. 通过点 (x,y) 的铅直平面 $h(\eta-y)-k(\xi-x)=0$ 与曲面 $z=f(x,y)$ 相交, 定义了一条曲线, 在这条曲线的任一段弧上, 存在一个内点, 该点的切线平行于连接两端点的弦.

2. (a) $\dfrac{1}{2}$;

(b) $\dfrac{8}{3\pi}\arcsin\dfrac{8-4\sqrt{2-\sqrt{2}}}{3\pi}$.

3. 取 $x=0, y=-\dfrac{1}{2}, h=k=\dfrac{1}{2}$.

5. (a) $\dfrac{3}{7}$;

(b) $\dfrac{23}{54}$.

问题 1.7b

1. 只需证明, 对于任何两点, 只要它们能用落在定义域内的线段连接, f 就有同一数值.

练习 1.7c

1. xy.

2. 注意到微分 df 在点 $(2,3)$ 处对于 $h=0.1, k=-0.1$ 等于零, 即可见, 近似地有

$$f(2.1,2.9)=f(2,3)+\frac{1}{2}d^2f(2,3)=79.9.$$

3. 这个近似是精确的, 一切阶的误差都是 0.

4. (a) $x^3-2x^2y+y^2-h(3x^2-4xy)+k(2y-2x^2)+h^2(3x-2y)-kh4x+k^2+6h^3-2h^2k$;

(b) $\sum_{n=1}^{\infty}(-1)^n(h+2k)^{2n-1}/(2n-1)!$;

(c) 必须分两种情形 $x+h>0$ 与 $x+h<0$, 这两种情形产生不同的 h 的一阶项:

$$\begin{aligned}&x^4y-2y^2x-\sqrt{3}|x|+h(4x^3y-2y^2-\sqrt{3}\,\mathrm{sgn}(x+h))\\&+k(x^4-4yx)+h^26x^2y+4hkx^3-k^22x+h^34xy\\&+h^2k6x^2-2k^2h+h^4y+4h^3k+h^4k.\end{aligned}$$

5. $x+x(y-1)-2x(z+1)-2x(y-1)(z+1)+2x(z+1)^2+x(y-1)(z+1)^2$.

6. (a) $y-x^2-\frac{y^3}{3}+x^4y-x^2y^3+\frac{y^5}{5}+\cdots$;

(b) $y+\frac{x^2y}{2}+\frac{y^3}{6}+\frac{x^2y^3}{12}+\frac{x^4y}{24}+\frac{x^5}{120}+\cdots$;

(c) $1+y+\frac{y^2}{2}-\frac{x^4}{6}-\frac{x^3y}{3}+\frac{xy^3}{6}+\frac{y^4}{24}+\cdots$;

(d) $1+x+\frac{x^2}{2}-\frac{y^2}{2}+\frac{x^3}{6}-\frac{xy^2}{2}+\cdots$;

(e) $x-\frac{x^3}{6}+\frac{xy^2}{2}+\frac{x^5}{120}-\frac{x^3y^2}{12}+\frac{5xy^4}{24}+\cdots$;

(f) $xy+\frac{x^2y}{2}+\frac{xy^2}{2}+\frac{x^3y}{3}+\frac{x^2y^2}{4}+\frac{xy^3}{3}+\cdots$;

(g) $1+x^2-y^2+\frac{x^4}{2}-x^2y^2+\frac{y^4}{2}+\cdots$;

(h) $1-\frac{3}{2}x^2-xy-\frac{y^2}{2}+\cdots$;

(i) $1-\frac{x^2}{2}-\frac{x^2y^2}{2}+\frac{x^4}{24}-\frac{x^6}{120}-\frac{x^4y^2}{12}+\frac{x^2y^4}{3}+\cdots$;

(j) $x^2+y^2-\frac{x^6}{6}-\frac{x^4y^2}{2}-\frac{x^2y^4}{2}-\frac{y^6}{6}+\cdots$.

7. 注意误差是 4 阶的, 展开到四阶有

$$\frac{\cos x}{\cos y}=1-\frac{x^2-y^2}{2}+\frac{x^4-6x^2y^2+5y^4}{24}+\cdots;$$

对于这 4 阶项, 我们有

$$\frac{x^4-6x^2y^2+5y^4}{24}=\frac{(y^2-x^2)(5y^2-x^2)}{24}.$$

对于 $|x|\leqslant\pi/6, |y|\leqslant\pi/6$, 这两个因子在 $x=y=\dfrac{\pi}{6}$ 时达到它们的极大值. 于是, 我们估计到误差大约是

$$\frac{5}{24}\left(\frac{\pi}{6}\right)^4\approx 0.016.$$

问题 1.7c

1. (a) $$\sum_{n=0}^{\infty}\sum_{r=0}^{n}\binom{n}{r}x^r y^{n-r}=\sum_{n=0}^{\infty}\sum_{m=0}^{\infty}\binom{m+n}{n}x^m y^n,$$

在带形域 $|x+y|<1$ 内收敛.

(b) $$\sum_{n=0}^{\infty}\sum_{r=1}^{n}\frac{x^r}{r!}\frac{y^{n-r}}{(n-r)!}=\sum_{n=0}^{\infty}\sum_{m=0}^{\infty}\frac{x^m}{m!}\cdot\frac{y^n}{n!},$$

对 x 和 y 的一切值收敛.

2. 展开球面公式的两边直到 x, y 和 z 的二阶.

3. 在 $(h, e^{-1/h})$ 的邻域内展开 $f(2h, e^{-1/2h})$ 与 $f(0,0)$ 到二阶; 求和并除以 h^2.

4. 收敛性可从单变量指数函数展开式的收敛性直接推得. 对 x 求微商得到

$$2yf(x,y)=\sum_{n=0}^{\infty}\frac{H_n'(x)y^n}{n!}=\sum_{n=1}^{\infty}\frac{2H_{n-1}(x)y^n}{(n-1)!};$$

从而令相应系数相等即得 (b). 从 (b) 和 $H_0(x)=1$ 可用数学归纳法得到 (a). 为了得到 (c), 对 y 求微商并且让相应系数相等. 为了得到 (d), 用 (b), 在 (c) 中用 H_n' 代替 $2nH_{n-1}$, 然后求微商得到

$$H_{n+1}'-2xH_n'+2H_n'+H_n''=0.$$

最后, 在这些结果中用 (b) 把 H_{n+1}' 换成 $2(n+1)H_n$.

练习 1.8b

1. 在闭区间 $a\leqslant x\leqslant b$ 上用 $\beta_k(x,k)$ 对 x 的一致连续性并限制 k 在区间 $k_0<k<k_1$ 内部的任一闭区间上.

2. (a) 对于 $\varepsilon = k^{-2/3}$ 与 $1-\varepsilon < x < 1$, 当 k 很大时我们有

$$k\log x = k(x-1) + O(k^{-1/3}),$$
$$\frac{x-1}{\log x} = 1 + O(k^{-2/3}),$$

因此

$$\frac{x^k(x-1)}{\log x} = e^{k(x-1)}(1+O(k^{-1/3}));$$

而对于 $0 < x < 1-\varepsilon$, 我们有

$$\frac{x^k(x-1)}{\log x} = O\left(\frac{x-1}{\log x}e^{-k^{1/3}}\right).$$

由此推知

$$F(k) = \int_{1-\varepsilon}^{1} + \int_{0}^{1-\varepsilon} = \frac{1}{k} + O(k^{-4/3}).$$

(b) 按照练习第 1 题有

$$F'(k) = \int_0^1 x^k(x-1)dx = \frac{1}{k+2} - \frac{1}{k+1}.$$

因此

$$F(k) = \log\frac{2+k}{1+k} + c,$$

而根据 (a), 这里常数 (c) 原来是 0.

练习 1.9b

(a) $\displaystyle\int_0^{2\pi}(-t\sin t + \cos^2 t + \sin t)dt = 3\pi.$

(b) $\displaystyle\int_{-1}^{+1}(-2t^2x_0 - 2tx_0y_0(1-t^2) + y_0(1-t^2))dt = -\frac{4}{3}(x_0-y_0).$

第 二 章

练习 2.1

1. 如果 $X = (x, y, z)$ 是直线上任意一点, 那么

$$\overrightarrow{PX} = \lambda\mathbf{A},$$

其中 λ 可以是任何实数. 于是

$$(x+2, y, z-4) = \lambda(2,1,3)$$

或

$$\frac{x+2}{2} = y = \frac{z-4}{3}.$$

2. 设 $\overrightarrow{PQ} = \mathbf{A}$. 直线上任何一点 X 满足 $\overrightarrow{PX} = \lambda\mathbf{A}$. 设 $\mathbf{B}, \mathbf{C}$ 和 $\mathbf{V}$ 分别是 P, Q 和 X 的位置向量, 则

$$\overrightarrow{PX} = \mathbf{V} - \mathbf{B} = \lambda\mathbf{A} = \lambda(\mathbf{C} - \mathbf{B})$$

或

$$\mathbf{V} = (1-\lambda)\mathbf{B} + \lambda\mathbf{C}.$$

特别是, 若 $P = (3,-2,2)$ 和 $Q = (6,-5,4)$, 如在 (a) 中所给定的,

$$(x, y, z) = \lambda(3,-3,2)$$

或

$$\frac{x}{3} = -\frac{y}{3} = \frac{z}{2}.$$

3. 如果 $\mathbf{V}$ 是连接 P 到 Q 的线段上任何一点 X 的位置向量, 那么根据练习第 2 题的解答, 对于某实数 λ 有

$$\mathbf{V} = (1-\lambda)\mathbf{A} + \lambda\mathbf{B}.$$

于是

$$(1-\lambda)(\mathbf{V} - \mathbf{A}) = \lambda(\mathbf{B} - \mathbf{V}) = (1-\lambda)\lambda(\mathbf{B} - \mathbf{A}).$$

如果 $0 < \lambda < 1$, 则有 $\mathbf{V} - \mathbf{A}, \mathbf{B} - \mathbf{V}$ 与 $\mathbf{B} - \mathbf{A}$ 方向相同并且

$$|\mathbf{V} - \mathbf{A}|/|\mathbf{B} - \mathbf{V}| = \lambda/(1-\lambda).$$

4. 将位置向量写成如下形式

$$\mathbf{V} = \mathbf{A} + \lambda(\mathbf{B} - \mathbf{A}),$$

其中 $\mathbf{B} - \mathbf{A}$ 是由 $\overrightarrow{PQ}$ 表示的, 可见 $\lambda > 0$.

5. 设 $\mathbf{A}, \mathbf{B}, \mathbf{C}, \mathbf{D}, \mathbf{E}$ 分别是点 P, Q, R, S, M 的位置向量. 按 $1/3$ 的比例分 MS 于 O 点, 并取 O 点为原点. 于是

$$\mathbf{D} = -3\mathbf{E}.$$

因为

$$\mathbf{E} = 1/3(\mathbf{A}+\mathbf{B}+\mathbf{C}),$$

所以

$$\frac{1}{4}(\mathbf{A}+\mathbf{B}+\mathbf{C}+\mathbf{D}) = \mathbf{O}.$$

因此, 按一般定义, O 是质量中心, 因而它的位置显然与顶点的顺序无关.

6. 设这两条边是 PQ 和 RS; 用前题解答的符号, 它们的中点分别具有位置向量

$$\frac{1}{2}(\mathbf{A}+\mathbf{B}) \quad 和 \quad \frac{1}{2}(\mathbf{C}+\mathbf{D}).$$

从练习第 5 题的解答知道

$$\frac{1}{2}(\mathbf{A}+\mathbf{B}) = -\frac{1}{2}(\mathbf{C}+\mathbf{D}).$$

因此, 两个中点与质心 O 共线并且到 O 等距.

7. 如果 $P_k = (x_k, y_k, z_k), k = 1, 2, \cdots n$, 则

$$G = (x_0, y_0, z_0) = \left(\frac{\sum m_k x_k}{\sum m_k}, \frac{\sum m_K y_k}{\sum m_k}, \frac{\sum m_k z_k}{\sum m_k}\right),$$

$$\sum m_k A_K = \left(\sum m_K(x_K - x_0), \sum m_K(y_K - y_0), \sum m_K(z_K - z_0)\right) = (0, 0, 0).$$

8. 零向量是实数 1. '向量' a 与数 λ 的 '乘法' 意味着将 a 升 λ 次幂. 于是, 如果向量 '加法' 用 $\oplus$ 表示, 数乘用 $\odot$ 表示, 则

$$\lambda \odot (a \oplus b) = (ab)^\lambda = a^\lambda \cdot b^\lambda = (\lambda \odot a) \oplus (\lambda \odot b).$$

9. 复数 $a + ib$ 对应到向量 (a, b).

10. 取原点为球的中心并设 $\mathbf{A}, \mathbf{B}, \mathbf{R}$ 分别是 P, Q, R 的位置向量. 如果球的半径为 ρ, 则

$$|\mathbf{A}|^2 = |\mathbf{B}|^2 = |\mathbf{R}|^2 = \rho^2$$

并且 $\mathbf{B} = -\mathbf{A}$. 由此, 根据 (15c), 就得到

$$(\mathbf{R}-\mathbf{A}) \cdot (\mathbf{R}-\mathbf{B}) = (\mathbf{R}-\mathbf{A}) \cdot (\mathbf{R}+\mathbf{A}) = |\mathbf{R}|^2 - |\mathbf{A}|^2 = 0.$$

11. (a) 根据 $(\mathbf{X}-\mathbf{P}) \cdot \mathbf{A} = 0$, 平面的方程是

$$x + 2y - 2z = -1.$$

由于单位法向量 $\mathbf{B} = (-1/3, -2/3, 2/3)$, 故得法线方程

$$-\frac{1}{3}x-\frac{2}{3}y+\frac{2}{3}z=\frac{1}{3}.$$

(b) 2/3.

(c) 一样.

12. (a) 令 $P=(y_1,y_2,\cdots,y_n)$ 并设 $\mathbf{B}$ 是 P 的位置向量. 若 $Q=(x_1,x_2,\cdots,x_n)$ 是垂足, 它的位置向量为 $\mathbf{X}$, 则

$$\mathbf{A}\cdot\mathbf{X}=c\quad\text{和}\quad\mathbf{B}-\mathbf{X}=\lambda\mathbf{A}.$$

于是, $\mathbf{A}\cdot(\mathbf{B}-\lambda\mathbf{A})=c$, 因此, $\lambda=(\mathbf{A}\cdot\mathbf{B}-c)/|\mathbf{A}|^2$, 而且

$$\mathbf{X}=\mathbf{B}+\mathbf{A}(c-\mathbf{A}\cdot\mathbf{B})/|\mathbf{A}|^2.$$

(b) 分别是 $(-1/9,2/9,2/9)$ 和 $(7/9,-13/9,-5/9)$.

13. 首先注意 $\mathbf{C}\neq\mathbf{O}$; 因为否则就会有

$$\mathbf{A}=\frac{\mathbf{A}\cdot\mathbf{B}}{|\mathbf{B}|^2}\mathbf{B},$$

这与 $\mathbf{A}$ 与 $\mathbf{B}$ 不相平行的条件矛盾. 于是有 $\mathbf{B}\cdot\mathbf{C}=0$.

14. 直线与平面的夹角是直线与平面法线的夹角的余角, 所以

$$\sin\phi=\frac{\alpha A+\beta B+\gamma C}{\sqrt{\alpha^2+\beta^2+\gamma^2}\sqrt{A^2+B^2+C^2}}.$$

练习 2.2

1. (a) 直线 $x=-1+4\lambda, y=2, z=1+3\lambda$;

(b) 平面 $x=2+3\mu+\nu, y=1-2\mu,\ z=-4+\mu-\nu$; 或 $x+2y+z=0$;

(c) 满足 $x+2y+z=0$ 与 $2y+2z+W=-4$ 的点 (x,y,z,w) 所形成的二维线性空间.

2. (a) $\mathbf{A}_1=\sqrt{2}\mathbf{E}_1+2\mathbf{E}_3$.

3. 对于 $\mathbf{E}_1$, 只有 $\mathbf{E}_1=\mathbf{A}_1/|\mathbf{A}_1|$ 是可能的. 假设这样的向量一直到指标 $k-1$ 已经被找到了. 取 $\mathbf{E}_k=\mathbf{V}_k/|\mathbf{V}_K|$, 其中

$$\mathbf{V}_k=\mathbf{A}_k-\sum_{\mu=1}^{k-1}(\mathbf{A}_\mu\cdot\mathbf{E}_\mu)\mathbf{E}_\mu.$$

注意, 如果 $\mathbf{E}_\mu$ 依赖于 $\mathbf{A}_1,\mathbf{A}_2,\cdots,\mathbf{A}_\mu(\mu=1,2,\cdots,k-1)$, 则 $\mathbf{E}_k$ 依赖于 $\mathbf{A}_1$, $\mathbf{A}_2,\cdots,\mathbf{A}_k$.

4. 设 $\mathbf{A}_k(k=1,2,\cdots,n+1)$ 是任意 $n+1$ 个向量的集合, 如果 $\mathbf{A}_1,\mathbf{A}_2,\cdots,\mathbf{A}_n$

是相关的, 则 $n+1$ 个向量的一个集合也是相关的; 如果不是这样, 就根据练习第 3 题知道, 向量 $\mathbf{E}_1, \cdots, \mathbf{E}_n$ 依赖于 $\mathbf{A}_1, \mathbf{A}_2, \cdots, \mathbf{A}_n$, 因为 $\mathbf{E}_k(k=1,2,\cdots,n)$ 可以取作坐标向量, 所以 $\mathbf{A}_{n+1}$ 依赖于 $\mathbf{E}_1, \mathbf{E}_2, \cdots, \mathbf{E}_n$; 因此, 进一步它依赖于 $\mathbf{A}_1, \mathbf{A}_2, \cdots, \mathbf{A}_n$.

5. 用向量形式写出直线方程

$$\mathbf{Z} = \mathbf{A}\tau + \mathbf{B},$$

其中 $\mathbf{B} = (b, d, f), \mathbf{A} = (a, c, e)$. 设 Q 是从 P 到该直线的垂足并且 $\mathbf{X}_0 = (x_0, y_0, z_0)$, $\mathbf{X}_1 = (x_1, y_1, z_1)$ 分别是 P, Q 的位置向量. 因为 Q 在直线上, 对于某个数 τ 有 $\mathbf{X}_1 = \mathbf{A}\tau + \mathbf{B}$. 此外, 从 $(\mathbf{X}_1 - \mathbf{X}_0) \cdot \mathbf{A} = 0$ 可知所求的距离 d 由下式给定

$$\begin{aligned} d^2 = |\mathbf{X}_1 - \mathbf{X}_0|^2 &= (\mathbf{X}_1 - \mathbf{X}_0) \cdot (\mathbf{A}\tau + \mathbf{B} - \mathbf{X}_0) = (\mathbf{X}_1 - \mathbf{X}_0) \cdot (\mathbf{B} - \mathbf{X}_0) \\ &= (x_1 - x_0)(b - x_0) + (y_1 - y_0)(d - y_0) + (z_1 - z_0)(f - z_0), \end{aligned}$$

其中

$$\begin{aligned} (x_1, y_1, z_1) &= (a\tau + b, c\tau + d, e\tau + f), \\ \tau &= \frac{(\mathbf{X}_0 - \mathbf{B}) \cdot \mathbf{A}}{|\mathbf{A}|^2} \\ &= \frac{a(x_0 + b) + c(y_0 + d) + e(z_0 - f)}{a^2 + c^2 + e^2}. \end{aligned}$$

6. 不是. 为了证明这个结论, 只要证明系数向量 $(1,2,3), (2,3,1), (3,1,2)$ 是线性无关的. 例如, 可用练习第 3 题解答的方法, 构造一向量集合, 它由依赖于系数向量而且互相垂直的向量组成.

7. 这等价于在练习第 6 题中解线性方程组, 在右边以常数 a_1, a_2, a_3 代替 $0, 0, 0$.

$$\begin{aligned} x_1 &= \frac{1}{18}(-5a_1 + a_2 + 7a_3), \\ x_2 &= \frac{1}{18}(a_1 + 7a_2 - 5a_3), \\ x_3 &= \frac{1}{18}(7a_1 - 5a_2 + a_3). \end{aligned}$$

8. 根据练习第 7 题的解便得到

$$\frac{1}{18}\begin{pmatrix} -5 & 1 & 7 \\ 1 & 7 & -5 \\ 7 & -5 & 1 \end{pmatrix}.$$

9. 若 $\mathbf{a}$ 是奇异的, 则列向量 $\mathbf{A}_1, \mathbf{A}_2, \cdots, \mathbf{A}_n$ 是相关的. 如果解 $\mathbf{X}=(x_1, x_2, \cdots, x_n)$ 对每个 $\mathbf{Y}$ 存在, 那么每个 $\mathbf{Y}$ 都会有表达式

$$\mathbf{Y} = x_1\mathbf{A}_1 + x_2\mathbf{A}_2 + \cdots + x_n\mathbf{A}_n,$$

但是 $\mathbf{A}_K$ 不张成整个空间.

10. $\mathbf{ab} = \begin{pmatrix} -2, & 3, & 4 \\ 1 & 0 & 1 \\ -4 & 3 & 2 \end{pmatrix}, \mathbf{ba} = \begin{pmatrix} -2 & -4 & 1 \\ -4 & -2 & 1 \\ 3 & 3 & 0 \end{pmatrix}$.

11. $\Delta = ad - bc \neq 0$,

$$\frac{1}{\Delta}\begin{pmatrix} d & -b \\ -c & a \end{pmatrix}.$$

12. 设 $\mathbf{ae} = \mathbf{ea} = \mathbf{a}$ 并且 $\mathbf{a'e} = \mathbf{e'a} = \mathbf{a}$, 对一切方阵 $\mathbf{a}$ 成立, 那么

$$\mathbf{e'e} = \mathbf{ee'} = \mathbf{e} = \mathbf{e'}.$$

13. $\mathbf{b}^{-1}\mathbf{a}^{-1}$.

14. 根据我们的定义, 一个矩阵是奇异的, 当且仅当列向量是相关的. 于是至少有一个列向量可以表示为其余列向量的线性组合. 由此推知, 映像中的任何一个像向量都能表示成不超过 $n-1$ 个给定向量的线性组合. 反之, 如果象空间的维数小于 n, 则矩阵的列向量定是线性相关的; 因为假使它们线性无关, 它们的线性组合就会张成 n 维空间.

15. 把 $\mathbf{X}$ 表示成 $(\gamma\cos\theta, \gamma\sin\theta)$ 这个形式, 则对于

$$\mathbf{a} = \begin{pmatrix} \cos\gamma & -\sin\gamma \\ \sin\gamma & \cos\gamma \end{pmatrix}$$

有

$$a\mathbf{X} = (\gamma\cos(\theta+\gamma), \gamma\sin(\theta+\gamma)).$$

因此, $\mathbf{a}$ 可以解释为向量经过角度 γ 的旋转或坐标轴经过角度 $-\gamma$ 的旋转. 对于

$$b = \begin{pmatrix} \cos\gamma & \sin\gamma \\ \sin\gamma & -\cos\gamma \end{pmatrix}$$

有

$$bx = (\gamma\cos(\gamma-\theta), \gamma\sin(\gamma-\theta));$$

这可看作向量对与 x 轴倾角为 $(1/2)\gamma$ 的直线的反射, 或先颠倒 y 轴方向接着整

个坐标轴经过角度 $-\gamma$ 的旋转.

16. 根据 (49a), 对于正交性这个条件是必要的. 同时它也是充分的. 因为如果 $\mathbf{A}_k$ 是 $\mathbf{a}$ 的第 k 个列向量, 则它就是 $\mathbf{a}^{\mathrm{T}}$ 的第 k 个行向量. 按照矩阵乘法的定义, $\mathbf{a}\mathbf{a}^{\mathrm{T}}=e$ 意味着

$$\mathbf{A}_j\cdot\mathbf{A}_k=\begin{cases}0, & \text{当 } j\neq k,\\ 1, & \text{当 } j=k.\end{cases}$$

17. 令 $\mathbf{c}=\mathbf{ab}$, 若 $\mathbf{c}=(c_{ij})$, 则 $\mathbf{c}^{\mathrm{T}}=(c_{ij}^{\mathrm{T}})$, 其中

$$c_{ij}^{\mathrm{T}}=c_{ji}=\sum_{k=1}^{n}a_{jk}b_{ki}=\sum_{k=1}^{n}b_{ik}^{\mathrm{T}}a_{kj}^{\mathrm{T}}=(\mathbf{b}^{\mathrm{T}}\mathbf{a}^{\mathrm{T}})_{ij}.$$

18. 根据练习第 13, 16 和 17 题, 如果 $\mathbf{a}$ 与 $\mathbf{b}$ 是正交的, 则

$$(\mathbf{ab})^{\mathrm{T}}=\mathbf{b}^{\mathrm{T}}\mathbf{a}^{\mathrm{T}}=\mathbf{b}^{-1}\mathbf{a}^{-1}=(\mathbf{ab})^{-1}.$$

对于 $\mathbf{ab}$ 的正交性上述等式也是一个充分条件.

19. 若 $\mathbf{X}=(x_1,x_2,\cdots,x_n)$ 和 $\mathbf{Y}=(y_1,y_2,\cdots,y_n)$, 则根据 (47) 有

$$\begin{aligned}(\mathbf{aX})\cdot(\mathbf{aY})&=(x_1\mathbf{A}_1+x_2\mathbf{A}_2+\cdots+x_n\mathbf{A}_n)\cdot(y_1\mathbf{A}_1+y_2\mathbf{A}_2+\cdots+y_n\mathbf{A}_n)\\&=x_1y_1+x_2y_2+\cdots+x_ny_n.\end{aligned}$$

20. 一个保长的矩阵 $\mathbf{a}$ 必定也是保数量积的; 因为

$$\begin{aligned}|\mathbf{aX}+\mathbf{aY}|^2&=|\mathbf{aX}|^2+|\mathbf{aY}|^2+2(\mathbf{aX})\cdot(\mathbf{aY})\\&=|\mathbf{X}|^2+|\mathbf{Y}|^2+2(\mathbf{ax})\cdot(\mathbf{aY})\\&=|\mathbf{a}(\mathbf{X}+\mathbf{Y})|^2=|\mathbf{X}+\mathbf{Y}|^2\\&=|\mathbf{X}|^2+|\mathbf{Y}|^2+2|\mathbf{X}||\mathbf{Y}|\end{aligned}$$

(参看练习第 18 题答案). 由此得条件 (47), 因为每个坐标向量 $\mathbf{E}_k$ 被映像到 $\mathbf{a}$ 的列向量 $\mathbf{A}_k$.

21. 设这些质点是 $\mathbf{X}_1,\mathbf{X}_2,\cdots,\mathbf{X}_k$, 它们的质量分别是 $m_1,m_2,\cdots,m_k$, 假定进行仿射变换 $\mathbf{X}'=\mathbf{aX}+\mathbf{A}$. 假设质心在变换前后分别是

$$\mathbf{X}_0=\left(\sum_{j=1}^{k}m_j\mathbf{X}_j\right)\Big/\sum_{j=1}^{k}m_j,\quad \mathbf{Y}_0=\left(\sum_{j=1}^{k}m_j\mathbf{X}_j'\right)\Big/\sum_{j=1}^{m}m_j,$$

注意 $\mathbf{X}_0'=\mathbf{aX}_0+\mathbf{A}=\mathbf{Y}_0$.

练习 2.3

1. (a) 0;

(b) 2;

(c) 12;

(d) $(x-y)(y-z)(z-x)(x+y+z)$.

2. $a+c=2b$.

3. (a) 应用 $\det(\mathbf{ea})=\det(\mathbf{a})$;

(b) 应用 $\det(\mathbf{e})=\det(\mathbf{aa}^{-1})$.

4. (a) -1;

(b) 1;

(c) -1;

(d) 1.

5. 如果行列式的所有元素都等于 0, 则结果立即可得. 否则, 我们可以假定 $a_{11}\neq 0$; 因为如果 $a_{ij}\neq 0$, 我们可以调换第一行与第 i 行以及第 1 列与第 j 列, 使 a_{ij} 位于第 1 行与第 1 列, 这样做也许会改变行列式的符号. 从第 j 列中减去用 a_{1j}/a_{11} 乘了以后的第 1 列, 使得第 j 列的每一个元素等于 0, 可用类似的方法使任何一行的每一个元素等于 0. 通过这种运算并且如果必要的话用 -1 乘第 1 行, 就可把行列式转变成如下形式

$$\begin{vmatrix} \alpha & 0 & 0 \\ 0 & b_{11} & b_{12} \\ 0 & b_{21} & b_{22} \end{vmatrix}.$$

这个过程同样适用于子行列式

$$\begin{vmatrix} b_{11} & b_{12} \\ b_{21} & b_{22} \end{vmatrix},$$

把它转变成

$$\begin{vmatrix} \beta & 0 \\ 0 & \gamma \end{vmatrix}$$

这个形式. 因为在子行列式上进行的运算能够扩张到初始行列式的行和列而不影响第 1 行与第 1 列的零元素, 这样就得到了所求的形式.

6. 在 (66a) 中仅可能有的非零项出现在 $j_1=1, j_2=2, \cdots, j_n=n$.

7. 在 $a_{j_1 1}a_{j_2 2}\cdots a_{j_n n}$ 中, 设 k 是使 $j_k\neq k$ 的一切指标中的最小者. 如果 $j_k<k$, 则乘积等于 0. 如果 $j_k>k$, 则对于某一个因子 a_{km} (其中 $k<m$), k 必定

作为一个行指标出现. 因此, 该乘积又等于 0, 于是, $a_{11}a_{22}\cdots a_{nn}$ 是 (66a) 中仅可能有的非零项.

8. (a) $(x-y)(y-z)(z-x)$;

(b) -12;

(c) $(2!)^2(3!)^2(4!)$.

9. $x=3, y=2, z=1$.

10. 应用 $\det(\mathbf{a})\cdot\det(\mathbf{b})=\det(\mathbf{a}^{\mathrm{T}}\mathbf{b})$.

11. 用 $D=(A+2B)(A-B)^2=[(x+y+z)(x^2+y^2+z^2-xy-yz-xz)]^2$.

12. 因为这个行列式在列向量上是交错形式的, 直接可以得到 $\Delta=A+Bx$. 对于 $x=-a$, 矩阵是下三角形的; 对于 $x=-b$, 矩阵是上三角形的. 因此, 根据练习第 7 题有

$$A+Ba=f(a) \quad 且 \quad A+Bb=f(b).$$

13. 根据 (57a), 在 $\mathbf{c}=(c_{jk})$ 的情形有

$$\begin{aligned} f(\mathbf{A},\mathbf{B}) &= \sum_{j,k=1}^{n} c_{jk}a_j b_k = \sum_{j=1}^{n} a_j \sum_{k=1}^{n} c_{jk}b_k = \mathbf{A}\cdot(\mathbf{CB}) \\ &= \sum_{k=1}^{n} b_k \sum_{j=1}^{n} c_{jk}a_j = \mathbf{B}\cdot(\mathbf{C}^{\mathrm{T}}\mathbf{A}). \end{aligned}$$

14. 令 $\mathbf{X}=(x,y,z), \mathbf{A}=(g,h,i)$, 并且

$$\mathbf{a}=\begin{pmatrix} a & \frac{1}{2}d, & \frac{1}{2}e \\ \frac{1}{2}d & b & \frac{1}{2}f \\ \frac{1}{2}e & \frac{1}{2}f & c \end{pmatrix},$$

再把二次方程改写成如下形式

$$\mathbf{X}\cdot(\mathbf{aX})+\mathbf{A}\cdot\mathbf{X}+\mathbf{j}=0.$$

如果仿射变换给定成这样的形式

$$\mathbf{X}'=\mathbf{bX}+\mathbf{B},$$

它的逆变换就是

$$\mathbf{X}=\mathbf{CX}'+\mathbf{C},$$

这里 $\mathbf{c}=\mathbf{b}^{-1},\mathbf{C}=-b^{-1}\mathbf{B}$. 于是, 该二次方程在新坐标系下是

$$\mathbf{CX}'\cdot(\mathbf{acX}')+\mathbf{C}(\mathbf{acX}')+\mathbf{CX}'\cdot(\mathbf{aB})+\mathbf{A}\cdot\mathbf{CX}'+\mathbf{C}\cdot(\mathbf{ac})+\mathbf{A}\cdot\mathbf{B}+\mathbf{j}=0.$$

应用前一练习题的结果便可把这表示成如下形式

$$X'\cdot(\mathbf{a}'\mathbf{X}')+\mathbf{A}'\cdot\mathbf{X}'+\mathbf{j}'=0,$$

其中

$$\begin{aligned}\mathbf{a}'&=\mathbf{c}^{\mathrm{T}}\mathbf{ac},\\ \mathbf{A}'&=\mathbf{c}^{\mathrm{T}}(\mathbf{a}^{\mathrm{T}}\mathbf{c}+\mathbf{aB}+\mathbf{A}),\\ \mathbf{j}'&=\mathbf{C}\cdot\mathbf{ac}+\mathbf{A}\cdot\mathbf{B}+\mathbf{j}.\end{aligned}$$

15. 比较齐次线性方程组

$$\begin{cases}a_1x+a_2y+dz=0,\\ b_1x+b_2y+ez=0,\\ c_1x+c_2y+fz=0.\end{cases}$$

如果这个方程组在 $z=-1$ 时有解, 因而是一个非平凡解, 于是, 行列式 $\mathbf{D}$ 必定等于零. 反过来, 如果行列式等于零, 列向量便是相关的. 于是, 存在常数 x,y,z 不全为 0, 使得

$$x\mathbf{A}_1+y\mathbf{A}_2+z\mathbf{B}=\mathbf{O},$$

其中 $\mathbf{A}_i=(a_i,b_i,c_i)$, $\mathbf{B}=(d,e,f)$. 不可能 $z=0$, 因为否则 $\mathbf{A}_1$ 与 $\mathbf{A}_2$ 就会是相关的, 因而所有三个 2×2 行列式都会等于 $\mathbf{O}$. 因此, 我们可以用 $-z$ 去除两边使得 $\mathbf{B}$ 的系数为 -1. 可见所要求的解是存在的.

16. 直线可以写成向量形式

$$\mathbf{X}=\mathbf{A}t+\mathbf{B},\quad \mathbf{X}=\mathbf{C}t+\mathbf{D}.$$

当且仅当 $\mathbf{A}$ 与 $\mathbf{C}$ 相平行时, 这两条直线相平行 (这包括两条直线重合的情形). 当且仅当存在两个数 t_1,t_2 使得

$$\mathbf{A}t_1+\mathbf{B}=\mathbf{C}t_2+\mathbf{D}$$

时, 该两直线相交. 于是, 按照前一题的解答, 所求条件是, 以

$$\mathbf{A},\mathbf{C},\mathbf{B}-\mathbf{D}$$

为列向量的矩阵具有等于零的行列式, 也就是

$$\begin{vmatrix} a_1 & c_1 & b_1-d_1 \\ a_2 & c_2 & b_2-d_2 \\ a_3 & c_3 & b_3-d_3 \end{vmatrix}=0.$$

17. 把 $j_1, j_2, \cdots, j_n$ 排列成 $1, 2, \cdots, n$ 的一组对调也把 $1, 2, \cdots, n$ 排列成 $k_1, k_2, \cdots, k_n$. 因此, $j_1, j_2, \cdots, j_n$ 与 $k_1, k_2, \cdots, k_n$ 或者都是奇的, 或者都是偶的.

18. 这在向量形式下说的是, 向量方程

$$\mathbf{aX}=\lambda\mathbf{X}$$

必定至少有一个非零解. 试把该方程重新改写成齐次方程的形式:

$$(\mathbf{a}-\lambda\mathbf{e})\mathbf{X}=\mathbf{O},$$

其中 $\mathbf{e}$ 是单位方阵. 这个方程有非平凡解, 当且仅当

$$\det(\mathbf{a}-\lambda\mathbf{e})=0.$$

在 n 维空间中, 这是 λ 的 n 次多项式方程, 具有首项 $(-1)^n\lambda^n$. 因此, 当 n 是奇数时, 解总是存在的.

练习 2.4

1. 设 $\mathbf{X}_0$ 是点 P 的位置向量, 并且把直线 l 表示成向量形式 $\mathbf{X}=\mathbf{A}t+\mathbf{B}$. 从 P 到 l 的距离 r 是 $|\mathbf{X}_0-\mathbf{B}|\sin\theta$, 其中 θ 是 $\mathbf{P}-\mathbf{B}$ 与 $\mathbf{A}$ 之间的夹角. 因此

$$r=|(\mathbf{X}_0-\mathbf{B})\times\mathbf{A}|/|\mathbf{A}|.$$

2. 速度是 $r\omega$, 这里 r 是点到转轴的距离. 根据前一题的解答, 若以 $\mathbf{B}$ 表示原点 $\mathbf{X}_0=(x,y,z)$ 并且 $\mathbf{A}=(\alpha,\beta,\gamma)$, 则

$$r\omega=\omega[(y\gamma-z\beta)^2+(z\alpha-x\gamma)^2+(x\beta-y\alpha)^2]^{1/2}.$$

3. 把这三个点的位置向量分别叫做 $\mathbf{X}_1, \mathbf{X}_2, \mathbf{X}_3$. 如果 $\mathbf{X}=(x,y,z)$ 表示平面上任意一个点, 这三个向量 $\mathbf{X}_1-\mathbf{X}, \mathbf{X}_2-\mathbf{X}, \mathbf{X}_3-\mathbf{X}$ 就落在一个二维空间上, 因而是相关的. 所以

$$\det(\mathbf{X}_1-\mathbf{X}, \mathbf{X}_2-\mathbf{X}, \mathbf{X}_3-\mathbf{X})=0.$$

4. 设该二直线的方程给成了向量形式如 $l:\mathbf{X}=\mathbf{A}t+\mathbf{B}$ 和 $l':\mathbf{X}'=\mathbf{A}'t'+\mathbf{B}'$. 在每条直线上, 各有一个端点的最短线段 $\overline{PP'}$ 必然垂直于这两条直线. 因为, 比如说 $\overline{PP'}$ 不是在 P' 点垂直于 l'; 那么从 P 到 l' 的垂线就会比 $\overline{PP'}$ 短. 如果 $\mathbf{X}$ 和

$\mathbf{X}'$ 分别是 P 和 P' 的位置向量, 则

$$\mathbf{X}-\mathbf{X}'=\mathbf{A}t+\mathbf{B}-\mathbf{A}'t'-\mathbf{B}'=k(\mathbf{A}\times\mathbf{A}').$$

为了决定 k, 对这个方程用 $(\mathbf{A}\times\mathbf{A}')$ 做点乘, 就得出

$$k=\frac{(\mathbf{B}-\mathbf{B}')\cdot(\mathbf{A}\times\mathbf{A}')}{|\mathbf{A}\times\mathbf{A}'|^2},$$

这就给出所要求的距离 d:

$$d^2=|\mathbf{X}-\mathbf{X}'|^2=k^2|\mathbf{A}\times\mathbf{A}'|^2$$

或

$$d=\frac{|(\mathbf{B}-\mathbf{B}')\cdot(\mathbf{A}\times\mathbf{A}')|}{|\mathbf{A}\times\mathbf{A}'|}.$$

5. 这个和并不依赖于原点的选择, 因为选择一个不同的原点 (a,b) 相当于把每个行列式

$$\Delta_k=\begin{vmatrix}x_k & x_{k+1}\\ y_k & y_{k+1}\end{vmatrix}\quad 用\quad \Delta k'=\begin{vmatrix}x_k-a & x_{k+1}-a\\ y_k-b & y_{k+1}-b\end{vmatrix}$$

代替. 而因

$$\Delta k'=\Delta k-\begin{vmatrix}x_k & a\\ y_k & b\end{vmatrix}+\begin{vmatrix}x_{k+1} & a\\ y_{k+1} & b\end{vmatrix},$$

每个相加的行列式在总和中出现两次而且具有相反的符号. 于是, 我们可以选择原点在多边形的内部. 多边形面积是这些三角形 OP_kP_{k+1} 面积的总和, 其中 $k=1,2,\cdots,n$ $(P_{n+1}=P_1)$, 然而 OP_kP_{k+1} 的面积恰好是

$$\frac{1}{2}\begin{vmatrix}x_k & x_{k+1}\\ y_k & y_{k+1}\end{vmatrix}.$$

6. 从头两行中减去第三行, 即可见该行列式等于

$$\frac{1}{2}|\mathbf{X}_1\times\mathbf{X}_2|,$$

其中

$$\mathbf{X}_1=(x_1-x_3,y_1-y_3),\quad \mathbf{X}_2=(x_2-x_3,y_2-y_3).$$

7. 如果顶点的坐标是有理数, 则用行列式定义的三角形的面积显然是有理数. 但是, 对于具有边长 s 的等边三角形的面积是 $\dfrac{1}{4}s^2\sqrt{3}$, 其中

$$s^2 = (x_i - x_j)^2 + (y_i - y_j)^2 \quad (i \neq j)$$

显然是有理数.

8. (a) 用向量写法, 这说的是

$$\mathbf{A} \cdot (\mathbf{A}' \times \mathbf{A}'') \leqslant |\mathbf{A}| \cdot |\mathbf{A}'| \cdot |\mathbf{A}''|,$$

这显然是正确的, 因为

$$|\mathbf{A}' \times \mathbf{A}''| \leqslant |\mathbf{A}'| \cdot |\mathbf{A}''|,$$

并且

$$|\mathbf{D}| = |\mathbf{A} \cdot (\mathbf{A}' \times \mathbf{A}'')| \leqslant |\mathbf{A}| \cdot |\mathbf{A}' \times \mathbf{A}''|.$$

(b) 等号仅当前面两个不等式的等号都成立时才能成立. 因此, $\mathbf{A}, \mathbf{A}'$ 和 $\mathbf{A}''$ 必定是互相垂直的.

9. (a) 如果 $\mathbf{B}$ 与 $\mathbf{C}$ 是相关的, 譬如说 $\mathbf{C} = \lambda \mathbf{B}$, 这时恒等式显然成立. 否则, 设 $\mathbf{B}, \mathbf{B} \times \mathbf{C}, \mathbf{B} \times (\mathbf{B} \times \mathbf{C})$ 三个方向上的单位向量分别是 $\mathbf{E}_1, \mathbf{E}_2, \mathbf{E}_3$, 则它们形成一组正交基. 通过这组基写出 $\mathbf{A}, \mathbf{B}, \mathbf{C}$:

$$\mathbf{A} = a_1\mathbf{E}_1 + a_2\mathbf{E}_2 + a_3\mathbf{E}_3,$$

$$\mathbf{B} = b\mathbf{E}_1, \quad \mathbf{C} = \mathbf{c}_1\mathbf{E}_1 + \mathbf{c}_3\mathbf{E}_3$$

便得到 $\mathbf{B} \times \mathbf{C} = -bc_3\mathbf{E}_2$. 因而

$$\mathbf{A} \times (\mathbf{B} \times \mathbf{C}) = bc_3(a_3\mathbf{E}_1 - a_1\mathbf{E}_3).$$

利用 $\mathbf{E}_1 = (1/b)\mathbf{B}$ 与 $\mathbf{E}_3 = 1/c_3[\mathbf{C} - (c_1/b)\mathbf{B}]$ 便得到

$$\mathbf{A} \times (\mathbf{B} \times \mathbf{C}) = (a_1c_1 + a_3c_3)\mathbf{B} - (a_1b)\mathbf{C}.$$

(b) 注意

$$z = (\mathbf{X} \times \mathbf{Y}) \cdot (\mathbf{X}' \times \mathbf{Y}') = \det(\mathbf{X}, \mathbf{Y}, \mathbf{X}' \times \mathbf{Y}')$$

$$= \det(\mathbf{Y}, \mathbf{X}' \times \mathbf{Y}', \mathbf{X}) = [\mathbf{Y} \times (\mathbf{X}' \times \mathbf{Y}')] \cdot \mathbf{X}.$$

应用练习第 9 题 (a) 便得到

$$z = [(\mathbf{Y} \cdot \mathbf{Y}')\mathbf{X}' - (\mathbf{Y} \cdot \mathbf{X}')\mathbf{Y}'] \cdot \mathbf{X}.$$

(c) 应用练习第 9 题 (a) 改写左边表达式为

$$\mathbf{U} = [(\mathbf{X} \cdot \mathbf{Z})\mathbf{Y} - (\mathbf{X} \cdot \mathbf{Y})\mathbf{Z}] \cdot \mathbf{V},$$

其中

$$\begin{aligned}\mathbf{V}&=[(\mathbf{Y}\cdot\mathbf{X})\mathbf{Z}-(\mathbf{Y}\cdot\mathbf{Z})\mathbf{X}]\times[(\mathbf{Z}\cdot\mathbf{Y})\mathbf{X}-(\mathbf{Z}\cdot\mathbf{X})\mathbf{Y}]\\&=(\mathbf{Y}\cdot\mathbf{X})(\mathbf{Y}\cdot\mathbf{Z})(\mathbf{Z}\times\mathbf{X})+(\mathbf{X}\cdot\mathbf{Y})(\mathbf{X}\cdot\mathbf{Z})(\mathbf{Y}\times\mathbf{Z})\\&\quad+(\mathbf{Z}\cdot\mathbf{Y})(\mathbf{Z}\cdot\mathbf{X})(\mathbf{X}\times\mathbf{Y}).\end{aligned}$$

于是

$$\begin{aligned}\mathbf{U}&=(\mathbf{X}\cdot\mathbf{Z})(\mathbf{Y}\cdot\mathbf{X})(\mathbf{Y}\cdot\mathbf{Z})[\mathbf{Y}\cdot(\mathbf{Z}\times\mathbf{X})]\\&\quad-(\mathbf{X}\cdot\mathbf{Y})(\mathbf{Z}\cdot\mathbf{Y})(\mathbf{Z}\cdot\mathbf{X})[\mathbf{Z}\cdot(\mathbf{X}\times\mathbf{Y})]\\&=0.\end{aligned}$$

10. 设 $\mathbf{E}$ 是方向 $(-1,0,1)$ 上的单位向量, 于是

$$\mathbf{E}=\left(-\frac{\sqrt{2}}{2},0,\frac{\sqrt{2}}{2}\right).$$

设 $\mathbf{X}=(x,y,z)$ 是任一点的位置向量, 并设从该点到转轴的垂足的位置向量是

$$\mathbf{A}=(\mathbf{X}\cdot\mathbf{E})\mathbf{E}=\left(\frac{1}{2}(x-z),0,\frac{1}{2}(z-x)\right).$$

注意 $\mathbf{X}-\mathbf{A}$ 是垂直于 $\mathbf{A}$ 的, 并且引进与这两个向量都互相垂直的向量 $\mathbf{E}\times(\mathbf{X}-\mathbf{A})$. 如果 $\mathbf{X}'$ 是 (x,y,z) 旋转所得的像, 则 $\mathbf{X}'-\mathbf{A}$ 也是垂直于 $\mathbf{A}$ 并由所给定的条件给出

$$(\mathbf{X}-\mathbf{A})\times(\mathbf{X}'-\mathbf{A})=r^2\sin\phi\mathbf{E},$$

其中 $r=|\mathbf{X}-\mathbf{A}|=|\mathbf{X}'-\mathbf{A}|$ 是 $\mathbf{X}$ 到轴的距离. 令

$$\mathbf{X}'=\lambda\mathbf{A}+\mu(\mathbf{X}-\mathbf{A})+\nu[\mathbf{E}\times(\mathbf{X}-\mathbf{A})],$$

这是我们可以作的, 因为这个线性组合中所出现的向量都是互相垂直的. 从 $(\mathbf{X}'-\mathbf{A})\cdot\mathbf{A}=0$ 得 $\lambda=1$; 从

$$(\mathbf{X}'-\mathbf{A})\cdot(\mathbf{X}-\mathbf{A})=r^2\cos\varphi$$

我们有 $\mu=\cos\varphi$. 最后, 根据练习第 9 题 (a),

$$\begin{aligned}r^2\sin\varphi\mathbf{E}&=(\mathbf{X}-\mathbf{A})\times(\mathbf{X}'-\mathbf{A})\\&=V(\mathbf{X}-\mathbf{A})\times[\mathbf{E}\times(\mathbf{X}-\mathbf{A})]\\&=Ur^2\mathbf{E},\end{aligned}$$

所以 $r=\sin\varphi$. 由于

$$\mathbf{X}-\mathbf{A}=\left(\frac{1}{2}(x+z),y,\frac{1}{2}(x+z)\right),$$

$$\mathbf{E}\times(\mathbf{X}-\mathbf{A})=\mathbf{E}\times\mathbf{X}=\frac{1}{2}\sqrt{2}(-y,x+z,-y),$$

便得到 $\mathbf{X}'=\mathbf{a}\mathbf{X}$, 其中

$$\mathbf{a}=\begin{pmatrix}\frac{1}{2}(\cos\phi+1) & -\frac{1}{2}\sqrt{2}\sin\varphi & \frac{1}{2}(\cos\varphi+1)\\ \frac{1}{2}\sqrt{2}\sin\varphi & \cos\varphi & \frac{\sqrt{2}}{2}\sin\varphi\\ \frac{1}{2}(\cos\phi-1) & -\frac{\sqrt{2}}{2}\sin\varphi & \frac{1}{2}(\cos\varphi+1)\end{pmatrix}.$$

11. 根据练习第 9(a) 题,

$$\begin{aligned}\mathbf{X}&=[(\mathbf{A}\times\mathbf{B})\cdot\mathbf{D}]\mathbf{C}-[(\mathbf{A}\times\mathbf{B})\cdot\mathbf{C}]\mathbf{D}\\&=[(\mathbf{C}\times\mathbf{D})\cdot\mathbf{A}]\mathbf{B}-[(\mathbf{C}\times\mathbf{D})\cdot\mathbf{B}]\mathbf{A}.\end{aligned}$$

因为 $\mathbf{A},\mathbf{B},\mathbf{C}$ 是无关的, $(\mathbf{A}\times\mathbf{B})\cdot\mathbf{C}\neq0$, 所以我们可以对 $\mathbf{D}$ 求解.

12. 设 $\mathbf{E}_1',\mathbf{E}_2',\mathbf{E}_3'$ 是新坐标系中的单位坐标向量. 我们有

$$\mathbf{E}_3\cdot\mathbf{E}_3'=\cos\theta,$$

$$\mathbf{E}_1\times(\mathbf{E}_3\times\mathbf{E}_3')=\sin\theta\sin\varphi\mathbf{E}_3,$$

$$\mathbf{E}_1'\times(\mathbf{E}_3\times\mathbf{E}_3')=-\sin\theta\sin\psi\mathbf{E}_3'.$$

还有 $\mathbf{E}_1\cdot(\mathbf{E}_3\times\mathbf{E}_3')=\sin\theta\cos\phi$ 并且 $\mathbf{E}_1'\cdot(\mathbf{E}_3\times\mathbf{E}_3')=\sin\theta\cos\psi$. 于是, 从练习第 9(a) 题, 有

$$(\mathbf{E}_1\cdot\mathbf{E}_3')=\sin\theta\sin\phi,\quad \mathbf{E}_1'\cdot\mathbf{E}_3=\sin\theta\sin\psi.$$

现在, 令

$$\mathbf{E}_i=\sum_{j=1}^{3}a_{ij}\mathbf{E}_j',$$

其中

$$(a_{ij})=(\mathbf{E}_i\cdot\mathbf{E}_j')$$

是我们要寻求的方阵. 从我们已经知道的条件便得出

$$a_{13}=\sin\theta\sin\varphi,\quad a_{31}=\sin\theta\sin\psi,\quad a_{33}=\cos\theta,$$

根据 $\mathbf{E}_3\times\mathbf{E}_3'=\sin\theta\sin\psi\mathbf{E}_2'+a_{32}\mathbf{E}_1'$ 并用 $\mathbf{E}'$ 对其两边取数量积便得到

$$\mathbf{E}_1'\cdot(\mathbf{E}_3\times\mathbf{E}_3')=\sin\theta\cos\psi=a_{32}.$$

于是

$$\mathbf{E}_3=-\sin\theta\sin\psi\mathbf{E}_1'+\sin\theta\cos\psi\mathbf{E}_2'+\cos\theta\mathbf{E}_3'.$$

运用这个对于 $\mathbf{E}_3$ 的展开式并在如下方程组中对 a_{11} 和 a_{12} 求解

$$\mathbf{E}_1\cdot\mathbf{E}_3=0,\quad |\mathbf{E}_1|^2=1,$$

便得到

$$a_{11}=-\cos\theta\sin\phi\sin\psi\pm\cos\phi\cos\psi,$$

$$a_{12}=-\cos\theta\sin\phi\cos\psi\pm\cos\phi\sin\psi.$$

在关于 a_{11},a_{12} 的这些表达式中未确定的符号是通过这一条件

$$\mathbf{E}_1\cdot(\mathbf{E}_3\times\mathbf{E}_3')=\sin\theta\cos\phi$$

来确定的, 它使得在 a_{11} 表达式中取正号, 而在 a_{12} 表达式中取负号. 令 $\mathbf{E}_2=\mathbf{E}_3\times\mathbf{E}_1$, 终于得到

$$(a_{ij})=\begin{pmatrix}-\cos\theta\sin\phi\sin\psi+\cos\phi\cos\psi & -\cos\theta\sin\varphi\cos\psi-\cos\varphi\sin\psi & \sin\theta\sin\phi\\ \cos\theta\cos\phi\cos\psi+\sin\phi\cos\psi & \cos\theta\cos\phi\cos\psi-\sin\phi\sin\psi & -\sin\theta\cos\phi\\ \sin\theta\sin\psi & \sin\theta\cos\psi & \cos\theta\end{pmatrix}.$$

注意这个结果对于 $\theta=0$ 或 π 也成立, 这是在 ϕ 和 ψ 成为不确定的时候, 而这分别在 $\phi+\psi=xOx'$ 或 $\phi-\psi=xOx'$ 时发生.

角 ϕ,ψ,θ 也称为欧拉角. 我们的结果表明, 具有行列式值为 $+1$ 的最一般的正交方阵能够通过三个变量 φ,ψ,θ 表示成 ‘参量形式”, 这些参量受下列不等式限制:

$$0\leqslant\theta\leqslant\pi,\quad 0\leqslant\phi<2\pi,\quad 0\leqslant\psi<2\pi.$$

13. 设 $\mathbf{A}=a_1\mathbf{E}_1+a_2\mathbf{E}_2+\cdots+a_m\mathbf{E}_m$ 是 π 上的一个非零向量, 它垂直于 π' 上的一切向量, 比如说具有 $a_1\neq0$. 因

$$\mathbf{E}_1=1/a_1(\mathbf{A}-a_2\mathbf{E}_2-\cdots-a_m\mathbf{E}_m),$$

根据 (85a) 我们得到

$$\begin{aligned}\mu &= \frac{1}{a_1}[\mathbf{A} - a_2\mathbf{E}_2 - \cdots - a_m\mathbf{E}_m, \mathbf{E}_2, \cdots, \mathbf{E}_m; \mathbf{E}'_1, \mathbf{E}'_2, \cdots \mathbf{E}'_m] \\ &= \frac{1}{a_1}[\mathbf{A}, \mathbf{E}_2, \cdots, \mathbf{E}_m; \mathbf{E}'_1, \mathbf{E}'_2, \cdots, \mathbf{E}'_m] = 0.\end{aligned}$$

反之, 若 $\mu = 0$, 则在 μ 的行列式表示 (85a) 中的列向量是线性相关的; 对于某一组不全为零的系数有

$$\lambda_1\mathbf{E}_k \cdot \mathbf{E}'_1 + \lambda_2\mathbf{E}_k \cdot \mathbf{E}'_2 + \cdots + \lambda_m\mathbf{E}_k \cdot \mathbf{E}'_m = 0 \quad (k = 1, 2, \cdots, m),$$

于是

$$\mathbf{E}_k \cdot (\lambda_1\mathbf{E}'_1 + \lambda_2\mathbf{E}'_2 + \cdots + \lambda_m\mathbf{E}'_m) = 0,$$

因而我们在 π' 中有一个向量正交于每一个基向量, 从而垂直于 π 中的每个向量.

练习 2.5

1. 设 P 的坐标是 (x'_1, x'_2, x'_3), Q 的坐标是 (x''_1, x''_2, x''_3). 于是 $\overrightarrow{PQ}$ 代表向量 $\mathbf{U}$, 其中 $u_i = x''_i - x'_i$. P 与 Q 在新坐标系中的坐标由 (89a) 给出 (带有适当的撇 '′'), 因而 $\overrightarrow{PQ}$ 所代表的向量具有分量

$$v_i = y''_i - y'_i,$$

它们显然满足 (89a).

5. 设曲线由向量 $\mathbf{X}(t)$ 表示, 并设参量的三个值由 t, t_1, t_2 给定. 于是相应的点表示为 $\mathbf{X} = \mathbf{X}(t), \mathbf{X}_1 = \mathbf{X}(t_1), \mathbf{X}_2 = \mathbf{X}(t_2)$. 通过这三个点的平面的法线平行于

$$(\mathbf{X}_1 - \mathbf{X}) \times (\mathbf{X}_2 - \mathbf{X}).$$

假设 $t_1 - t = h_1, t_2 - t = h_2$, 并且应用泰勒定理, 便得到

$$\mathbf{X}_i = \mathbf{X} + \frac{d\mathbf{X}}{dt}h_i + \frac{1}{2}\frac{d^2\mathbf{X}}{dt^2}h_i^2 + \cdots.$$

于是, 保留低阶项便得到

$$(\mathbf{X}_1 - \mathbf{X}) \times (\mathbf{X}_2 - \mathbf{X}) = \frac{1}{2}\frac{d\mathbf{X}}{dt} \times \frac{d^2\mathbf{X}}{dt^2}(hk^2 - kh^2).$$

在 h 与 k 趋向于 0 的极限情形下, t 趋向于 t_0, 密切平面在

$$\mathbf{X}_0 = \mathbf{X}(t_0)$$

的法线取

$$\frac{d\mathbf{X}}{dt} \times \frac{d^2\mathbf{X}}{dt^2}$$

的方向. 于是, 密切平面上的每一点的位置向量 $\mathbf{Y}$ 满足

$$(\mathbf{Y} - \mathbf{X}_0) \cdot \left(\frac{d\mathbf{X}}{dt} \times \frac{d^2\mathbf{X}}{dt^2} \right) = 0.$$

6. 根据前一练习题的结果, 我们必须证明 $\dfrac{d\mathbf{X}}{ds}$ 与 $\dfrac{d^2\mathbf{X}}{ds^2}$ 都垂直于 $\dfrac{d\mathbf{X}}{dt} \times \dfrac{d^2\mathbf{X}}{dt^2}$. 这是直接根据

$$\frac{d\mathbf{X}}{ds} = \frac{d\mathbf{X}}{dt}\frac{dt}{ds} \quad 和 \quad \frac{d^2\mathbf{X}}{ds^2} = \frac{d\mathbf{X}}{dt}\frac{d^2t}{ds^2} + \frac{d^2\mathbf{X}}{dt^2}\left(\frac{dt}{ds}\right)^2.$$

7. 设曲线由 $\mathbf{X}(s)$ 给定, 其中 s 是弧长. 用泰勒定理展开 $\mathbf{X}$:

$$\mathbf{X}(s) = \mathbf{X}(s_0) + \mathbf{X}'(s_0)l + \mathbf{Y}O(l^2),$$

其中 $l = s - s_0$, 而 $\mathbf{Y}$ 是有界的. 于是, 因为 $|\mathbf{X}'(s_0)| = 1$, 我们有

$$\begin{aligned} d - l &= |\mathbf{X}(s) - \mathbf{X}(s_0)| - l \\ &= |\mathbf{X}'(s_0)l - \mathbf{Y}O(l^2)| - l \\ &\leqslant |\mathbf{X}'(s_0)|l + O(l^2) - l; \end{aligned}$$

这意味着 $d - l = O(l^2) = o(l)$.

8. 根据上面第 6 题的解答, 有

$$k = \left| \frac{d^2\mathbf{X}}{ds^2} \right| = \left| \mathbf{X}'\frac{d^2t}{ds^2} + \mathbf{X}''\left(\frac{dt}{ds}\right)^2 \right|.$$

注意到

$$\frac{dt}{ds} = \frac{1}{|\mathbf{X}'|},$$

即有

$$\frac{d^2t}{ds^2} = -\frac{\mathbf{X}' \cdot \mathbf{X}''}{|\mathbf{X}'|^4};$$

于是

$$k^2 = \frac{|\mathbf{X}'|^2|\mathbf{X}''|^2 - (\mathbf{X}' \cdot \mathbf{X}'')^2}{|\mathbf{X}'|^6}.$$

9. 根据练习第 6 题的解答, $\dfrac{d^2\mathbf{X}}{dt^2}$ 是 $\dfrac{d\mathbf{X}}{ds}$ 与 $\dfrac{d^2\mathbf{X}}{ds^2}$ 的线性组合.

10. 设 C 用 $\mathbf{X}(t)$ 表示, 并假设 $\mathbf{B}$ 的位置向量 $\mathbf{X}(t_0)$ 不是 C 的端点. 设 $\mathbf{Y}$ 是 A 的位置向量. $|\mathbf{Y}-\mathbf{X}(t_0)|$ 是极小, 条件是

$$\frac{d}{dt}\left|\mathbf{Y}-\mathbf{X}(t)\right|^2_{t=t_0}=0;$$

这也就是

$$[\mathbf{Y}-\mathbf{X}(t_0)]\cdot\mathbf{X}'(t_0)=0.$$

11. 设曲线由含参量的向量 $\mathbf{X}(\theta)$ 给定, 其中 $x=a\cos\theta, y=a\sin\theta$. 切平面只与 x 和 y 有关而与 z 无关, 并且它与 y 轴的夹角为 θ. 曲线的切向量 $\mathbf{X}'$ 的 z 分量满足

$$\frac{z'}{\sqrt{x'^2+y'^2+z'^2}}=\cos\theta$$

或

$$\frac{z'}{\sqrt{a^2+z'^2}}=\cot\theta.$$

于是

$$z'=\pm a\cot\theta,$$

从而

$$z=c\pm a\log\sin\theta.$$

关于该曲线的曲率参看练习第 8 题.

12. 根据 $d\mathbf{X}/d\theta=(-\sin\theta,\cos\theta,\sinh A\theta)$, 我们有

$$\frac{d^2\mathbf{X}}{d\theta^2}=(-\cos\theta,-\sin\theta,A\cosh A\theta),$$

解答给出对于密切平面上任何一点 $\mathbf{Y}$ 的方程

$$0=(\mathbf{Y}-\mathbf{X})\cdot\left(\frac{d\mathbf{X}}{d\theta}\times\frac{d^2\mathbf{X}}{d\theta^2}\right),$$

其中法向量给定如下

$$\frac{d\mathbf{X}}{d\theta}\times\frac{d^2\mathbf{X}}{d\theta^2}=(N_1,N_2,N_3),$$

$$N_1=A\cos\theta\cosh A\theta+\sin\theta\sinh A\theta,$$

$$N_2 = A\sin\theta\cosh A\theta - \cos\theta\sinh A\theta,$$

$$N_3 = 1.$$

原点到平面的距离是 $|\mathbf{X}\cdot\mathbf{N}|/|\mathbf{N}|$, 而由于 $\mathbf{X}\cdot\mathbf{N} = (A+1/A)\cosh A\theta$ 且 $|\mathbf{N}|^2 = (A^2+1)\cosh^2 A\theta$, 便立即得到结果.

13. (a) 设 $\mathbf{X}(t)$ 是曲线的参量表达式, 并令 $\mathbf{X}_i = \mathbf{X}(t_i)$. 根据 2.4 节练习第 3 题, 通过这三个点的平面是

$$(\mathbf{X}_1 - \mathbf{X})\cdot[(\mathbf{X}_2 - \mathbf{X})\times(\mathbf{X}_3 - \mathbf{X})] = 0$$

或

$$\mathbf{X}\cdot[\mathbf{X}_1\times\mathbf{X}_2 + \mathbf{X}_2\times\mathbf{X}_3 + \mathbf{X}_3\times\mathbf{X}_1] = \mathbf{X}_1\cdot(\mathbf{X}_2\times\mathbf{X}_3),$$

因此结果成立.

(b) 该三个密切平面有方程

$$(\mathbf{X} - \mathbf{X}_i)\cdot(\mathbf{X}_i'\times\mathbf{X}_i'') = 0$$

(根据练习第 6 题), 或借助坐标写出如下

$$\frac{3x}{a} - \frac{6t_i}{b}y + \frac{3t_i^2}{c}z - t_i^3 = 0.$$

于是, 如果 (x, y, z) 是三个密切平面的一个公共点, 则 t_1, t_2, t_3 是上述方程的三个根, 该方程的系数是

$$t_1 + t_2 + t_3 = \frac{3z}{c},$$

$$t_1t_2 + t_2t_3 + t_3t_1 = \frac{6y}{b},$$

$$t_1t_2t_3 = \frac{3x}{a}.$$

14. 因为一个球面决定于不共面的任意四个点, 我们可以附加四个条件在密切球上; 球面与曲线的密切接触是 3 阶的. 设 $\mathbf{X}(s)$ 是曲线用弧长作参量的表达式, 而 A 是球的重心. 要求 $(\mathbf{X}-\mathbf{A})$ 是 3 阶地趋于 0. 于是, 从 $|\dot{\mathbf{X}}|^2 = 1$ 与 $\dot{\mathbf{X}}\cdot\ddot{\mathbf{X}} = 0$,

$$(\mathbf{X}-\mathbf{A})\cdot\dot{\mathbf{X}} = 0,$$

$$(\mathbf{X}-\mathbf{A})\cdot\ddot{\mathbf{X}} + 1 = 0,$$

$$(\mathbf{X}-\mathbf{A})\cdot\dddot{\mathbf{X}} = 0.$$

从这三个方程的头一个和最后一个得到

$$\mathbf{X}-\mathbf{A}=\lambda(\dot{\mathbf{X}}\times\dddot{\mathbf{X}}),$$

其中 λ 是通过第二个方程给定的. 因此

$$\mathbf{A}=\mathbf{X}+\frac{\dot{\mathbf{X}}\times\dddot{\mathbf{X}}}{\ddot{\mathbf{X}}\cdot[\dot{\mathbf{X}}\times\dddot{\mathbf{X}}]}.$$

15. 在上题的解答中令 $|\mathbf{X}-\mathbf{A}|=1$.

16. 根据练习第 6 题, 因为 ξ_3 是切平面的法线, 所以 $\frac{1}{\tau}=|\xi_3|$. 其次, 因为 $\dot{\xi}_i$ 与 ξ_i 是互相垂直的,

$$\dot{\xi}_2=a\xi_1+b\xi_3,$$

$$\dot{\xi}_3=c\xi_1+d\xi_2.$$

微商 $\xi_1=\xi_2\times\xi_3$, 得到

$$\frac{1}{\rho}\xi_2=(\xi_2\times\dot{\xi}_3)+(\dot{\xi}_2\times\xi_3)=-a\dot{\xi}_2-c\xi_3,$$

因此 $a=-1/\rho, C=0$. 根据 $\dot{\xi}_3=d\xi_2$ 有 $d=\pm1/\tau$, 取负号. 为了确定 b, 微商 $\xi_3=(\xi_1\times\xi_2)$:

$$\dot{\xi}_3=-\frac{1}{\tau}\xi_2=(\xi_1\times\dot{\xi}_2)-(\xi_2\times\dot{\xi}_1)=-b\xi_2,$$

因此 $b=1/\tau$.

17. (a) 微分 $\ddot{\mathbf{X}}=\dot{\boldsymbol{\xi}}_1=k\boldsymbol{\xi}_2$, 得到

(a) $\dddot{\mathbf{X}}=\dot{K}\boldsymbol{\xi}_2+K\dot{\boldsymbol{\xi}}_2=-k^2\boldsymbol{\xi}_1+\dot{k}\boldsymbol{\xi}_2+\frac{k}{2}\boldsymbol{\xi}_3$.

(b) 根据练习第 14 题的结果, 得到

$$\frac{\boldsymbol{\xi}_2}{\tau}+\frac{\dot{k}}{k^2\tau}\boldsymbol{\xi}_3.$$

18. 因为 $1/\tau=|\dot{\boldsymbol{\xi}}_3|=0$, 所以 $\dot{\boldsymbol{\xi}}_3=\mathbf{O}$ 并因此 $\boldsymbol{\xi}_3$ 必然是一个常向量. 于是, 由 $0=\boldsymbol{\xi}_1\cdot\boldsymbol{\xi}_3=\dot{\mathbf{X}}\cdot\boldsymbol{\xi}_3=\frac{d}{ds}(\mathbf{X}\cdot\boldsymbol{\xi}_3)$ 可以推知 $\mathbf{X}\cdot\boldsymbol{\xi}_3=$ 常数.

19. 设 $\mathbf{A}$ 与 $\mathbf{P}$ 分别是 A 与 P 的位置向量. 令 $\mathbf{X}=\mathbf{A}-\mathbf{P}$, 因而 $\dot{\mathbf{X}}=-\dot{\mathbf{P}}$. 这个等式给出

$$\frac{d}{dt}|\mathbf{X}|=-\mathbf{a}\cdot\dot{\mathbf{P}},$$

因为直接从微分公式得出

$$\frac{d}{dt}|\mathbf{X}| = \frac{d}{dt}\sqrt{\mathbf{X}\cdot\mathbf{X}} = \frac{\mathbf{X}\cdot\dot{\mathbf{X}}}{|\mathbf{X}|},$$

只需令 $\mathbf{a} = \mathbf{X}/|\mathbf{X}|$.

20. (a) 像上题的解答中那样令 $\mathbf{X} = \mathbf{A} - \mathbf{P}$. 根据上题的解答有

$$-\dot{\mathbf{P}} = \dot{\mathbf{X}} = \frac{d}{dt}(|\mathbf{X}|\mathbf{a}) = -(\mathbf{a}\cdot\dot{\mathbf{P}})\mathbf{a} + |\mathbf{X}|\dot{\mathbf{a}},$$

从而直接得出所要的结果.

(b) 在下式中引进 $\dot{\mathbf{a}}$ 的表达式以及 $\dot{\mathbf{b}}$ 的类似的表达式:

$$\ddot{\mathbf{P}} = u\dot{\mathbf{a}} + v\dot{\mathbf{b}} + w\dot{\mathbf{c}} + \dot{u}\mathbf{a} + \dot{v}\mathbf{b} + \dot{w}\mathbf{c}.$$

21. (a) 设曲线通过 $\mathbf{X}(t)$ 给定, 则曲面有参量方程

$$\mathbf{Y} = \mathbf{X}(t) + \lambda\dot{\mathbf{X}}(t).$$

向量 $\dfrac{\partial\mathbf{Y}}{\partial\lambda}\times\dfrac{\partial\mathbf{Y}}{\partial t}$ 是曲面的法线, 但是

$$\frac{\partial\mathbf{Y}}{\partial\lambda}\times\frac{\partial\mathbf{Y}}{\partial t} = \dot{\mathbf{X}}(t)\times[\dot{\mathbf{X}}(t) + \lambda\ddot{\mathbf{X}}(t)] = \lambda\dot{\mathbf{X}}(t)\times\ddot{\mathbf{X}}(t)$$

也是密切平面的法线.

(b) 令 $\mathbf{Y} = (x, y, z), \mathbf{X}(t) = (\alpha(t), \beta(t), \gamma(t))$, 于是, x 与 y 是 t 与 λ 的函数并且满足

$$x = \alpha(t) + \lambda\dot{\alpha}(t),$$

$$y = \beta(t) + \lambda\dot{\beta}(t).$$

用

$$u(x, y) = \gamma(t) + \lambda\dot{\gamma}(t)$$

通过对 t 与 λ 的微商来计算 u_{xx}, u_{yy}, u_{xy}. 对 x 微商

$$\mathbf{Y} = \mathbf{X}(t) + \lambda\dot{\mathbf{X}}(t)$$

得到 $(\lambda = s)$

$$\mathbf{Y}_x = (1, 0, u_x) = (\dot{\mathbf{X}} + \lambda\ddot{\mathbf{X}})t_x + \dot{\mathbf{X}}_{sx}.$$

写出 $\dot{\mathbf{X}}\times\mathbf{Y}_x$ 并在 x 与 z 方向上让分量相等便得到

$$\dot{\beta}u_x = st_x(\beta, \gamma), \quad \dot{\beta} = -st_x(\alpha, \beta),$$

其中 (u,v) 是如下定义的

$$(u,v)=\dot{u}\ddot{v}-\dot{v}\ddot{u}.$$

于是

$$u_x=-\frac{(\beta,\gamma)}{(\alpha,\beta)},\quad t_x=-\frac{\dot{\beta}}{s(\alpha,\beta)}.$$

类似地, 从 $\dot{\mathbf{X}}\times\mathbf{Y}_y$ 得到

$$u_y=-\frac{(\gamma,\alpha)}{(\alpha,\beta)},\quad t_y=\frac{\dot{\alpha}}{s(\alpha,\beta)}.$$

注意 u_x 与 u_y 不依赖于 λ, 便由此得出

$$\begin{aligned}
u_{xx}&=t_x\frac{d}{dt}u_x=\frac{\dot{\beta}}{s(\alpha,\beta)}\frac{d}{dt}\frac{(\beta,\gamma)}{(\alpha,\beta)},\\
u_{yy}&=t_y\frac{d}{dt}u_y=\frac{\dot{\alpha}}{s(\alpha,\beta)}\frac{d}{dt}\frac{(\alpha,\gamma)}{(\alpha,\beta)},\\
u_{xy}&=t_y\frac{d}{dt}u_x=-\frac{\dot{\alpha}}{s(\alpha,\beta)}\frac{d}{dt}\frac{(\beta,\gamma)}{(\alpha,\beta)}\\
&=t_x\frac{d}{dt}u_y=-\frac{\dot{\beta}}{s(\alpha,\beta)}\frac{d}{dt}\frac{(\alpha,\gamma)}{(\alpha,\beta)}.
\end{aligned}$$

由此直接得出结果.

第 三 章

练习 3.1a

1. 令 $y_{n+1}=Y_n+Cf(a,y_n)$, 其中 C 是常数. 然后用第一卷 6.3 节的 c 与 d, 取 $\varphi(y)=Y+Cf(a,y)$. 为了保证收敛, 我们要求 $|\varphi'(y)|\leqslant q<1$ 在某个包含 b 的区间上, 并取足够小的 q. 因此, 我们试图固定 C 使得 $\varphi'(y)$ 接近于 0, 或

$$C\approx-\frac{1}{f_y(a,b)}.$$

因此我们先假设 $f_y(a,b)\neq 0$.

实际上, 我们取 $C=-1/f_y(a,y_0)$, 其中 y_0 接近于要寻找的解 b. 于是, 收敛的条件成为

$$|\varphi'(y)|=\left|\frac{f_y(a,y_0)-f_y(a,y)}{f_y(a,y_0)}\right|\leqslant q<1,$$

对 b 的某个邻域内的一切 y 成立. 假设 f_y 满足利普希茨条件, 即不等式

$$|f_y(a,\eta_2)-f_y(a,\eta_1)|<k|\eta_2-\eta_1|$$

在 b 的某个邻域成立. 在这个邻域内, 设 ε 是某个也许小一些的邻域的半径, 在其中 $\partial f/\partial y$ 离开 0 有一个距离, 即

$$f_y(a,y)>m>0;$$

这样的邻域确是存在的, 这是由于利普希茨条件以及

$$f_y(a,b)\neq 0,$$

无论初始选择怎样的 y_0 只要满足

$$|y_0-b|<\max\left\{\varepsilon,\frac{qm}{2K}\right\},$$

就有迭代过程收敛到 b, 这是因为

$$|Y_n-b|\leqslant\frac{1}{2}q^n|Y_0-b|.$$

练习 3.1b

1. (a) 切平面是水平的. 曲面交切平面于一对直线 $y=x$ 与 $y=-x$. 因此, 在 (x_0,y_0) 邻域内, y 不可能表示成 x 的函数.

(b) 曲面是母线平行于向量 $\mathbf{i}-\mathbf{j}$ 的柱面, 于是直线

$$y=1-x,\quad z=0$$

落在曲面上并且给出所需要的解 $y=1-x$.

(c) 曲面是母线平行于 $\mathbf{i}-\mathbf{j}$ 的柱面, 解是 $y=1/2-x$.

(d) 切平面 $y+z=0$ 不是水平的. 因此曲线 $f(x,y)=0$ 在原点与直线 $y=0$ 相切.

练习 3.1c

1. 从两边减去右边的常数, 便可将每个方程表示成

$$F(x,y)=0$$

的形式. 定理的条件是满足的. 特别是, 每个满足 $F(x_0,y_0)=0$ 的给定点是初始解. 而且 $F_y(x_0,y_0)$ 有非零值, 即 (a) 4; (b) -1; (c) 2; (d) 6.

2. (a) $-\dfrac{2x+y}{x+2y}; -\dfrac{5}{4}$.

(b) 显式, $y=\pi/2x$; 因此 $y'=-\pi/2x^3$.

隐式 $y'=\dfrac{\cot xy - xy}{x^2}; -\dfrac{\pi}{2}$.

(c) 显式 $y=1/x$; 因此 $y'=-1/x^2$.

隐式 $y'=-y/x; -1$.

(d) $y'=-\dfrac{y+5x^4}{x+5y^4}; -1$.

3. (a) $y''=\dfrac{-6(x^2+xy+y^2)}{(x+2y)^3}=\dfrac{-42}{(x+2y)^3}; -\dfrac{21}{32}$.

(b) $y''=\dfrac{\pi}{x^3}; \pi$.

(c) $y''=\dfrac{2y}{x^2}=\dfrac{2}{x^3}; 2$.

(d) $y''=\dfrac{-[150x^3y^3(10-xy)+20(x^6+y^6)+8xy-30]}{(x+5y^4)^3}; -\dfrac{19}{3}$.

4. 根据它的二阶微商的正号, (b) 与 (c).

5. 假设在每一个取极值的邻域里, 所给方程确定 y 作为 x 的一个可微函数, 则在极值点有 $F_x(x,y)=0$. 极大值 $y=b$; 极小值 $y=-b$.

6. 令 $F(x,y)=y-y_0-\displaystyle\int_{x_0}^{x} f_y(\xi,y)d\xi$ 并注意

$$F_y(x,y)=1-\int_{x_0}^{x} f_y(\xi,y)d\xi>0$$

对于足够接近 x_0 的 x 成立.

练习 3.1d

1. 在 $(0,0)$ 附近 $f(x,y)=y^3+x$.

2. 就给出与练习第 1 题相同的函数.

3. 因为 $F_y(x,y)=(3y^2-2y+1)+x^2$ 是关于 y 的二次恒正表达式与一个平方的和, 故有 $F_y(x,y)>0$, 对一切 x,y 成立. 所以对每一个 $x, F(x,y)$ 是对 y 严格增加的, 从而 $F(x,y)=0$ 对于每一个固定的 x, 不可能有多于一个的解. 这样的解必定存在, 因为, 对于每一个 $x, y^3-y^2+(1+x^2)y=G(x,y)$ 可取正、负两种符号的任意大的值, 只要 y 取适当的值. 根据中值定理, 可见 $G(x,y)$ 取遍一切实数值. 特别是, 可找到 y 的某个值使得 $G(x,y)=\phi(x)$. 因此, 对每一个 x 和这个 y 值, 我们有

$$F(x,y)=G(x,y)-\phi(x)=0.$$

练习 3.1e

1. 令 $F(x,y,z)=x+y+z-\sin xyz$, 经计算知

$$F_z(0,0,0)=1\neq 0,$$

$$\frac{\partial z}{\partial x}=\frac{yz\cos xyz-1}{1-xy\cos xyz},\quad \frac{\partial z}{\partial y}=\frac{xz\cos xyz-1}{1-xy\cos xyz}.$$

2. 因为每一个方程都能表达成形如 $F(z,x,y,\cdots)=0$, 其中 F 是经过有理运算并应用单变量连续可微函数形成的, 所以只需检验在该点处的微商 F_z 不为 0.

(a) $F_z=1$,

(b) $F_z=-6$,

(c) 对于

$$F(x,y,z)=1+x+y-\cosh(x+z)-\sinh(y+z),$$

$$F_z=1.$$

3. 对于

$$f(x,y,z)=x+y+z+xyz^3,\quad f_z(0,0,0)=1\neq 0,$$

第二阶到第四阶项全等于 0; $z=-x-y+\cdots$.

练习 3.2a

1. (a) 方程只在点 $(0,0)$ 被满足; 切线和法线都不存在.

(b) $(\xi-x)[e^x\sin y-e^y\sin x]+(\eta-y)[e^x\cos y+e^y\cos x]=0$;

$(\eta-x)[e^x\cos y+e^y\cos x]-(\eta-y)[e^x\sin y-e^y\sin x]=0$.

(c) 方程只在点 $(-1,\pi/2+2k\pi)$ 被满足; 切线和法线都不存在.

(d) $(\xi-x)(2x+\cos x)+(\eta-y)(2y-1)=0$;

$(\xi-x)(2y-1)-(\eta-y)(2x+\cos x)=0$.

(e) $(\xi-x)(3x^2)+(\eta-y)(4y^3-\sinh y)=0$;

$(\xi-x)(4y^3-\sinh y)-(\eta-y)(3x^2)=0$.

(f) 方程只在正 x 轴和正 y 轴被满足. 对于 $x=0,y>0$ 切线是 $x=0$ 而法线是 $\eta=y$; 对于 $y=0,x>0$, 切线是 $y=0$ 而法线是 $\xi=x$.

2. -1.

3. 根据第一卷 (第 379 页) 4.1h 的问题 5,

$$\kappa=\frac{r^2+2r'^2-rr''}{(r^2+r'^2)^{3/2}},$$

其中撇“′”标志着对 θ 的微商. 在 κ 的公式中, 通过 f 的偏微商. 写入 r' 和 r'' 的表达式便得到

$$\kappa = \frac{r^2 f_r^3 + r(f_r^2 f_{\theta\theta} - 2f_\theta f_r f_{r\theta} + f_\theta^2 f_{rr}) + 2f_\theta^2 f_r}{(f_\theta^2 + r^2 f^2)^{3/2}}.$$

4. 注意 $F_{xx} = F_{yy} = 6(x+y-a) = 0$, 当 $x+y=a$ 应用 (13), 便得到

$$F_y^2 F_{xx} - 2F_x F_{xy} + F_x^2 F_{yy} = -54xyF_{xy} = 0,$$

因为在交线上有 $xy = 0$.

5. $a = \pm 1, b = -\dfrac{1}{2}$.

6. 圆周 K, K', K'' 可以用下列方程表示

$$K = x^2 + y^2 + ax + by + c = 0,$$
$$K' = x^2 + y^2 + a'x + b'y + c' = 0,$$
$$K'' = x^2 + y^2 + a''x + b''y + c'' = 0.$$

因此, 经过 A 和 B 的任一个圆周通过 $K' + \lambda K'' = 0$ 给定. 要圆周 K 正交于 K' 与 K'' 的条件是

$$aa' + bb' - 2(c + c') = 0,$$
$$aa'' + bb'' - 2(c + c'') = 0.$$

根据这些条件, 立即可得表达 K 与 $K' + \lambda K''$ 正交性的相应关系.

练习 3.2b

1. (a) 二重点;

(b) 两个分支切于 x 轴;

(c) 一个角点——对于 $x = 0^+$ 斜率是 0, 对于 $x = 0^-$ 斜率是 1;

(d) 尖点;

(e) 尖点.

2. 坐标轴.

3. $y = x^2(1 \pm x^{1/2})$. 曲线在原点形成一个尖点, 它的两个分支位于它们公切线的同一侧.

4. 曲线族是由曲线 $(x-b)^3 = cy^2$ 经过角度 α 的旋转得到的.

5. 对方程 $F = 0$ 关于 x 微商两次并应用 $F_y = 0$ 这个事实, 便得到

$$\varphi = \arctan \frac{2\sqrt{F_{xy}^2 - F_{xx}F_{yy}}}{F_{xx} + F_{yy}}.$$

于是有

(a) $\pi/2$; (b) $\pi/2$.

6. 注意在原点的切线是 $y=0$ 与 $ax+by=0$, 分别在两种情况下展开 y 到二阶:

$$y=\frac{1}{2}y_0''x^2+\cdots,$$

$$y=-\frac{a}{b}x+\frac{1}{2}y_0''x^2+\cdots.$$

将这些表达式写入原始方程里, 便得到 y_0''. 于是得到

$$k=\frac{2c}{a},\quad k=\frac{2(a^3g-a^2bf-ab^2e-b^3c)}{a(a^2+b^2)^{3/2}}.$$

练习 3.2c

1. (a) $5x+7y-21z+9=0$;

(b) $20x+13y+3z=36$;

(c) $x-y-z+\pi/6=0$;

(d) $x+2z-2=0$;

(e) 该曲面在原点没有切平面;

(f) $z=0$.

2. 每个方程都有这样一个形式: $F(x,y,z)=$ 常数. 垂直于各个曲面的向量 (F_x,F_y,F_z) 给出如下

$$\left(\frac{y}{z},\frac{x}{z},-\frac{xy}{z^2}\right),$$

$$\left(\frac{x}{\sqrt{x^2+z^2}},\frac{y}{\sqrt{y^2+z^2}},\frac{z}{\sqrt{x^2+z^2}}+\frac{z}{\sqrt{y^2+z^2}}\right),$$

$$\left(\frac{x}{\sqrt{x^2+z^2}},-\frac{y}{\sqrt{y^2+z^2}},\frac{z}{\sqrt{x^2+z^2}}-\frac{z}{\sqrt{y^2+z^2}}\right).$$

这些向量的任何两个的数量积都等于 0.

3. $x(y+z)=ay$.

4. 因为这是一个旋转曲面, 我们可以假定 $y=0$. 设 $(a,0,c)$ 是该曲面上的点, 因而 $a^2-c^2=1$. 在这点的切平面是

$$ax-cz=1.$$

交线是 $(z-c)c=(x-a)a=\pm acy$.

5. 根据欧拉关系, 切平面的方程

$$(\xi - x)F_x + (\eta - y)F_y + (\zeta - z)F_z = 0$$

能表成如下形式

$$\xi F_x + \eta F_y + \zeta F_z = xF_x + yF_y + zF_z = hF(x, y, z) = h.$$

6. $z_x = \dfrac{yz - x^2}{z^2 - xy}, z_y = \dfrac{xz - y^2}{z^2 - xy}$.

7. (a) 0;

(b) $\arccos 1/\sqrt{6}$;

(c) $\arccos 4/5$;

(d) $\pi/2$;

(e) 没有意义.

练习 3.3a

1. (a) 圆 $\xi^2 + \eta^2 = e^{2x}$, 通过原点的直线 $\xi \sin y - \eta \cos y = 0$;

(b) 抛物线弧, $\eta = \sqrt{x^2 - 2\xi x}, \eta = \sqrt{y^2 + 2\xi y}$;

(c) $\eta = \cos x(1 + 1/\xi^2), \eta = \cos y(1 + \xi^2)$;

(d) 抛物线

$$\xi = \eta^2 - 2\eta(1 + x^2) + x^4 + 3x + 1,$$

$$\eta = \xi^2 - 2\xi y + y^4 + y + 1;$$

(e) $\xi = x^{n^{1/x}}, \eta = y^{\xi^{1/y}}$;

(f) 直线 $\xi =$ 常数, $\eta =$ 常数 $(\eta \geqslant 1)$;

(g) 椭圆弧

$$\xi^2 - 2\xi\eta \sin 2x + \eta^2 = \cos^2 2x,$$

$$\xi^2 - 2\xi\eta \sin 2x + \eta^2 = \cos^2 2y;$$

(h) 线段 $\xi = e^{\cos x}(e^{-1} \leqslant \eta \leqslant e), \eta = e^{\cos y}(e^{-1} \leqslant \xi \leqslant e)$.

2. 这方程只允许在 $x = y = 0$ 取值. 所以区域是平面, 它的像是 $\xi\eta$ 平面中的开的第一象限.

3. 区域是由两个圆 $\xi^2 + \eta^2 = 8, \xi^2 + \eta^2 = 32$ 以及两条双曲线 $\xi^2 - \eta^2 = 2, \xi^2 - \eta^2 = 6$ 围成的.

4. 不是. 这里 $\xi\eta$ 平面的原点是任何一个点 $(0, y)$ 的像.

练习 3.3b

1. 为此, 只需证明, 在具有笛卡儿坐标 (a,b) 的点上, 曲线 $\xi=\alpha,\eta=\beta$ 有不同的方向, 其中

$$\alpha=(\sin b)/(a-1),\quad \beta=a\tan b.$$

对于 $\xi=\alpha$ 有

$$\frac{dx}{dy}=\frac{(a-1)\cos b}{\sin b};$$

对于 $\eta=\beta$ 有

$$\frac{dx}{dy}=\frac{-a}{\cos^2 b\sin b}.$$

于是, 除了满足 $\cos^3 b=a/(1-a)$ 的点外, 曲线坐标对一切点都有定义.

2. $(\xi-1)^{2/3}+\eta^2(\xi-1)^{-2/3}=1.$

3. 如在第 1 题的解答中那样, 这些点具有笛卡儿坐标 (a,b), 在这些点曲线 $\xi=\alpha$ 和 $\eta=\beta$ 有同一个方向, 在这种情况下, 这些点在 "45° 直线" $b=\pm a$ 上.

练习 3.3c

1. 用

$$\xi^2+\eta^2+\zeta^2=(x^2+y^2+z^2)^{-1}$$

就得到

$$x=\frac{\xi}{\xi^2+\eta^2+\zeta^2},\quad y=\frac{\eta}{\xi^2+\eta^2+\zeta^2},\quad z=\frac{\zeta}{\xi^2+\eta^2+\zeta^2}.$$

2.
$$r=\sqrt{x^2+y^2+z^2+w^2},$$

$$\phi=\arctan\frac{\sqrt{x^2+y^2+z^2}}{w},\quad \psi=\arctan\frac{\sqrt{y^2+z^2}}{x},$$

$$\theta=\arctan z/y.$$

这里 $r=$ 常数是三维球面, 其中心在原点半径为 r; $\phi=$ 常数是超锥面, 由经过 O 并与 w 轴成 ϕ 角的一切直线产生; $\psi=$ 常数的集合是通过 w 轴并与 x 轴交成 ψ 角的所有平面的和集; $\theta=$ 常数的集合是包含 x 轴、w 轴并与 y 轴夹 θ 角的所有三维空间的和集.

练习 3.3d

1. (a) $ad-bc$; (b) $1/\sqrt{x^2+y^2}$; (c) $4xy$;
(d) $1/(x^2+y^2)$; (e) $-3x^2y^2$; (f) $9x^2y^2+1$.

2. (a) 若 $ad-bc=0$, 所有点; 若 $ad-bc\neq 0$, 没有.
(b) 没有 (对于 $x=y=0$ 变换没有意义).
(c) 坐标轴.
(d) 没有; 可是, 因为所有点 $(x, y+2n\pi)$ 有同一的像所以没有整体的逆.
(e) 坐标轴.
(f) 没有.
3. (a) $D=e^{2x}$; $x_\xi=y_\eta=\xi/(\xi^2+\eta^2)$;

$$x_\eta=-y_\xi=\eta/(\xi^2+\eta^2);$$

$$x_{\xi\xi}=y_{\xi\eta}=-x_{\eta\eta}=(\xi^2-\eta^2)/(\xi^2+\eta^2)^2;$$

$$y_{\xi\xi}=-x_{\xi\eta}=-y_{\eta\eta}=-2\xi\eta/(\xi^2+\eta^2)^2.$$

(b) $D=4(x^2+y^2)$; 满足 $r=\sqrt{\xi^2+\eta^2}, 0=\arctan\eta/\xi$;

$$x_\xi=y_\eta=\frac{1}{2}\sqrt{r}\cos\frac{1}{2}\theta;$$

$$y_\xi=-x_\eta=-\frac{1}{2}\sqrt{r}\sin\frac{1}{2}\theta;$$

$$x_{\xi\xi}=y_{\xi\eta}=-x_{\eta\eta}=-\frac{1}{4}r^{3/2}\cos 3\theta/2;$$

$$y_{\xi\xi}=-x_{\xi\eta}=-y_{\eta\eta}=\frac{1}{4}r^{3/2}\sin 3\theta/2.$$

(c) $D=2\sin(x-y)/\cos^2(x+y)$; $x_\xi=y_\xi=1/2(1+\xi^2)$;

$$x_\eta=y_\eta=1/2\sqrt{1-\eta^2};\quad x_{\xi\xi}=y_{\xi\xi}=-\xi/(1+\xi^2)^2;$$

$$x_{\xi\eta}=y_{\xi\eta}=0;\quad x_{\eta\eta}=-y_{\eta\eta}=\eta/2(1-\eta^2)^{3/2}.$$

(d) $D=\cosh(x+y)$; $x_\xi=(\cosh y)/D$, $x_\eta=-(\sinh y)/D$,

$$y_\xi=(\sin\mathrm{h}x)/D,\quad y_\eta=(\cos\mathrm{h}x)/D;$$

$$x_{\xi\xi}=-[\cosh^2 y\sinh(x+y)+\sinh^2 x]/D^3,$$

$$x_{\xi\eta}=\frac{1}{2}[\sinh 2y\sinh(x+y)-\sinh 2x]/D^3,$$

$$x_{\eta\eta}=-[\sinh^2 y\sinh(x+y)+\cosh^2 x]/D^3,$$

$$y_{\xi\xi}=[\cosh^2 y-\sinh^2 x\sinh(x+y)]/D^3,$$

$$y_{\xi\eta}=-\frac{1}{2}[\sinh 2y+\sinh 2x\sinh(x+y)]/D^3,$$

$$y_{\eta\eta} = [\sinh^2 y - \cosh^2 x \sinh(x+y)]/D^3.$$

(e) $D = 6x^3y - 3y^4$; $x_\xi = 2x/3(2x^3 - y^3)$,

$$x_\eta = -y/(2x^3 - y^3), y_\xi = -y/3(2x^3 - y^3),$$

$$y_\eta = x^2/y(2x^3 - y^3);$$

$$x_{\xi\xi} = -\frac{2}{3}x(8x^3 + 5y^3)/(2x^3 - y^3)^3,$$

$$x_{\xi\eta} = 2y(7x^3 + y^3)/3(2x^3 - y^3)^3,$$

$$x_{\eta\eta} = -2x^2(x^3 + 4y^3)/y(2x^3 - y^3)^3,$$

$$y_{\xi\xi} = 2y(7x^3 + y^3)/3(2x^3 - y^3)^3,$$

$$y_{\xi\eta} = -2x^2(x^3 + 4y^3)/3y(2x^3 - y^3)^3,$$

$$y_{\eta\eta} = 2x(y^6 + 3x^3y^3 - x^6)/y^3(2x^3 - y^3)^3.$$

4. (a) 设 m_1 和 m_2 是 xy 平面上通过点 (a, b) 的两条曲线的斜率. 设 μ_1 和 μ_2 是 $\xi\eta$ 平面上对应点的对应斜率. 用

$$\mu = \frac{d\eta}{d\xi} = \frac{d\eta/dx}{d\xi/dx} = \frac{(\partial\eta/\partial x) + m(\partial\eta/\partial y)}{(\partial\xi/\partial x) + m(\partial\xi/\partial y)} = \frac{m(a^2 - b^2) - 2ab}{b^2 - a^2 - 2mab}$$

得

$$\frac{\mu_2 - \mu_1}{1 + \mu_1\mu_2} = \frac{m_1 - m_2}{1 + m_1m_2}.$$

因此, 两个曲线间的夹角数量上保持一致而转向相反.

(b) 注意 $\xi^2 + \eta^2 = 1/(x^2 + y^2)$. 将圆

$$(x-a)^2 + (y-b)^2 = r^2$$

表示为

$$x^2 + y^2 - 2ax - 2by = r^2 - a^2 - b^2.$$

由此变换为曲线

$$\frac{1}{\xi^2 + \eta^2} - \frac{2a\xi}{\xi^2 + \eta^2} - \frac{2by}{\xi^2 + \eta^2} = r^2 - a^2 - b^2$$

或

$$(\xi^2+\eta^2)(r^2-a^2-b^2)+2a\xi+2b\eta=1.$$

除非原来的圆通过原点, 这就表示 $\xi\eta$ 平面上的一个圆; 此外, 如果 $r^2-a^2-b^2=0$ 则像是一条直线.

(c) $-1/(x^2+y^2)^2$.

5. 根据练习 4(b) 的解, 反变换映 $p_1p_2p_3$ 为对应角相等的通常的三角形.

6. 设 m_1 和 m_2 是通过点 (a,b) 的曲线斜率, 而 μ_1,μ_2 是它们的像的对应斜率. 根据

$$\mu=\frac{dv/dx}{du/dx}=\frac{\psi_x+m\psi_y}{\phi_x+m\phi_y}=\frac{\psi_x+m\psi_y}{\psi_y-m\psi_x},$$

立即得出

$$\frac{\mu_2-\mu_1}{1+\mu_2\mu_1}=\frac{m_2-m_1}{1+m_1m_2}.$$

7. 法线是

$$\frac{\xi-x}{u_x}=\frac{\eta-y}{u_y}=u-z.$$

当且仅当 $xu_y-yu_x=0$ 时它通过 z 轴. 曲面是旋转曲面的充分必要条件是 $z=f(w)$, 其中 $w=x^2+y^2$. 因此, 曲线 $z=$ 常数和 $w=$ 常数是同样的, 并且映像 $(x,y)\to(w,z)$ 的雅可比行列式必须为 0, 也就是

$$\frac{d(w,z)}{d(x,y)}=2\begin{vmatrix}x & y\\ u_x & u_y\end{vmatrix}=0.$$

8. (a) 如果不是 $t<b$ (椭圆) 就是 $b<t<a$ (双曲线), 那么焦点是 $(0,\pm c)$, 其中 $c=\sqrt{a-b}$.

(b) 如果我们用 $F(x,y,t)$ 表示定义 t_1 和 t_2 的方程的左边, 则两条曲线 $t_1=$ 常数和 $t_2=$ 常数分别由隐函数方程

$$F(x,y,t_1)=1 \quad \text{和} \quad F(x,y,t_2)=1$$

给定. 因此, 它们正交的条件是

$$\begin{aligned}0&=F_x(x,y,t_1)F_x(x,y,t_2)+F_y(x,y,t_1)F_y(x,y,t_2)\\&=\frac{4x^2}{(a-t_1)(a-t_2)}+\frac{4y^2}{(b-t_1)(b-t_2)},\end{aligned}$$

但是这个关系是 $F(x,y,t_1)-F(x,y,t_2)=0$ 的直接结果.

(c) 用来定义 t_1 和 t_2 的二次方程的系数分别等于 t_1, t_2 和 (t_1+t_2). 于是我们得到两个关于 x^2 和 y^2 的线性方程, 从而

$$x = \pm\sqrt{\frac{(a-t_1)(a-t_2)}{a-b}}, \quad y = \pm\sqrt{\frac{(b-t_1)(b-t_2)}{b-a}}.$$

(d) $\dfrac{d(t_1,t_2)}{d(x,y)} = \dfrac{4xy(a-b)}{\sqrt{\{(a+b)^2-2(a-b)(x^2-y^2)+(x^2+y^2)^2\}}}.$

(e) $\dfrac{f_1'g_1'}{(a-t_1)(b-t_1)} = \dfrac{f_2'g_2'}{(a-t_2)(b-t_2)}.$

9. (a) 设定义 t 的方程的左边是 $F(t)$. F 是 t 的连续函数 $(-\infty < t < c)$, 并且 $F(-\infty)=0$, $F(c-0)=\infty$; 所以在这个区间内至少有一个点使得 $F=1$. 类似的结果也适用于别的区间.

(b) 参看练习第 8 题 (b).

(c) 参看练习第 8 题 (c),

$$x = \pm\sqrt{\frac{(a-t_1)(a-t_2)(a-t_3)}{(a-b)(a-c)}},$$

对于 y 和 z 有类似的公式.

10. (a) 应用练习第 6 题的结果.

(b) 设 $x = r\cos\theta$, $y = r\sin\theta$, 则直线 $\theta =$ 常数被变换到圆锥曲线 $t_1 = \dfrac{1}{2} - \cos^2\theta$, 圆周 $r =$ 常数被变换到圆锥曲线

$$t_2 = -\frac{1}{4}[r^2 + (1/r^2)].$$

11. (b) 用 (24d) 如下

$$x_{\xi\eta} = \frac{\partial}{\partial\xi}\left(\frac{-\xi_y}{D}\right) = x_{\eta\xi} = \frac{\partial}{\partial\eta}\left(\frac{\eta_y}{D}\right),$$

或者用 (a) 分题的结果.

练习 3.3e

1. (a) 1; (b) $4x^3$; (c) $\dfrac{\exp[2x/(x^2+y^2)]}{(x^2+y^2)^2}$.

2. (a), (c); 在 (b) 分题中, $u_0 = v_0 = 1$ 不在复合变换的变化范围内.

3. 应用 (31b).

4. 反变换

$$x = p(\xi,\eta), \quad y = q(\xi,\eta)$$

存在. 第一个结果这样获得: 通过与给定映像形成复合

$$z = f(p(\xi), \quad q(\eta)) = \alpha(\xi, \eta),$$

$$\eta = \eta = \beta(\xi, \eta),$$

从而

$$\frac{d(z,\eta)}{d(\xi,\eta)} = \frac{d(z,\eta)}{d(x,y)} \cdot \frac{d(x,y)}{d(\xi,\eta)} = \frac{d(z,\eta)/d(x,y)}{d(\xi,\eta)/d(x,y)};$$

但是

$$\frac{d(z,\eta)}{d(\xi,\eta)} = \begin{vmatrix} \frac{\partial z}{\partial \xi} & \frac{\partial z}{\partial \eta} \\ 0 & 1 \end{vmatrix} = \frac{\partial z}{\partial \xi}.$$

练习 3.3f

(a), (b). 在分题 (c) 中给定值不满足方程.

练习 3.3g

1. 在 $w = v - 1$ 情况下

$$x_2 = 1 + \frac{1}{2}(u + w) + \frac{1}{8}(u^2 - 2uw - w^2),$$

$$y_2 = 1 - \frac{1}{2}(u - w) + \frac{1}{8}(u^2 + 2uw - w^2).$$

2. 相同.

练习 3.3h

1. $\xi = x^2 + x|x|$, $\eta = y$.

2. 若函数是相关的, 则 $\partial(\xi,\eta)/\partial(x,y) = a\beta - b\alpha = 0$.

练习 3.3i

1. (a) $-e^{3x}\cos y$;

(b) 0;

(c) $-\left[\frac{y^z \log y \sinh x}{\cosh^2 y} - \frac{\cosh z}{y} - (\cosh z)y^{z-1}\sinh x\right]$;

(d) $-x^2 \sin z$;

(e)x.

2. 存在这样一个区域, 在其上 ξ, η, ζ 的某个函数恒等于零, 条件是 $\partial(\xi,\eta,\zeta)/\partial(x,y,z) = 0$.

3. 练习第 1 题 (b) 是相关的三元组:

$$(\eta^2+\rho^2)[(\eta+\rho-\xi)^2+\xi^2]=\alpha(\eta+\rho)^2.$$

4. $\dfrac{\partial(\xi,\eta,\zeta)}{\partial(x,y,z)}=\begin{vmatrix}1 & 1 & 1\\ 2x & 2y & 2z\\ y+z & x+z & y+x\end{vmatrix}\equiv 0;\xi^2-\eta-2\zeta=0.$

5. (a) 因为两个曲面之间的夹角是它们法线之间的夹角, 故我们只需证明任何两个方向之间的夹角是不变的. 设 s 是在 (x,y,z) 空间中的任何一条曲线的弧长, 又 $\mathbf{t}=(\dot{x},\dot{y},\dot{z})=\dot{\mathbf{X}}$ 是单位切向量, 这里打点表示对 s 的微商. 显然 t 的方向映像到 τ 的方向,

$$\boldsymbol{\tau}=\frac{(\dot{\xi},\dot{\eta},\dot{\zeta})}{(\dot{\xi}^2+\dot{\eta}^2+\dot{\zeta}^2)^{1/2}}=\dot{\mathbf{Y}}/|\dot{\mathbf{Y}}|,$$

像的方向 τ 通过 $\mathbf{t}$ 与 $\mathbf{X}$ 由下式给定

$$\boldsymbol{\tau}=\mathbf{t}-\frac{2(\mathbf{t}\cdot\mathbf{X})\mathbf{X}}{|\mathbf{X}|^2}.$$

由此容易得出, 在 $\mathbf{X}$ 相交的两条曲线之间的夹角的余弦由

$$\boldsymbol{\tau}_1\cdot\boldsymbol{\tau}_2=\mathbf{t}_1\cdot\mathbf{t}_2 \text{ 给定}.$$

(b) 仿效第 219 页练习第 4 题 (b) 的解答的做法.

(c) $-1/(x^2+y^2+z^2)^3$.

练习 3.4a

1. (a) $ds^2=\sin^2 v du^2+dv^2$;

(b) $ds^2=\cosh^2 v du^2+(1+2\sinh^2 v)dv^2$;

(c) $ds^2=(1+f'^2)dz^2+f^2d\theta^2$;

(d) $ds^2=\dfrac{(t_1-t_2)(t_1-t_3)}{4(a-t_1)(b-t_1)(c-t_1)}dt_1^2+\dfrac{(t_2-t_1)(t_2-t_3)}{4(a-t_2)(b-t_2)(c-t_2)}dt_2^2.$

2. $E=G=\cosh^2(t/a), F=0$.

3. $\mathbf{X}_u=(\cos V,\sin V,\alpha);\mathbf{X}_v=(u\sin V,u\cos V,0)$. 因此 $\mathbf{X}_u\cdot\mathbf{X}_v=0$.

4. $ds^2=(1+z_x^2)dx^2+2z_xz_ydxdy+(1+z_y)^2dy^2$.

5. $EG-F^2=\begin{vmatrix}y_u & z_u\\ y_v & z_v\end{vmatrix}^2+\begin{vmatrix}z_u & x_u\\ z_v & x_v\end{vmatrix}^2+\begin{vmatrix}x_u & y_u\\ x_v & y_v\end{vmatrix}^2$, 用雅可比变换公式.

6. 引进坐标 x,y,z 使得 P 成为原点, P 点的切平面成为 x_y 平面, t 成为 x 轴. 这样, S 的方程便取这样的形式 $z=f(x,y)$, 其中 $f(0,0)=f_x(0,0)=0$. 经过

t 的一个平面 Σ 便由方程 $z=\alpha y$ 给定. 现在我们引进 $r=\sqrt{y^2+z^2}$ 与 x 做为 Σ 上的坐标, 则 Σ 与 S 的交由隐式方程给出如下

$$\frac{r\alpha}{\sqrt{1+\alpha^2}}=f\left\{x,\frac{r}{\sqrt{1+\alpha^2}}\right\}.$$

因此, 交线在点 $x=0, r=0$ 的曲率由下式给定 (参看第 190 页):

$$k=f_{xx}\frac{\sqrt{1+\alpha^2}}{\alpha}.$$

于是, 这段的曲率中心的坐标是

$$x=0,\quad y=\frac{1}{k\sqrt{1+\alpha^2}}=\frac{\alpha}{f_{xx}(1+\alpha^2)},$$

$$z=\frac{\alpha}{k\sqrt{1+\alpha^2}}=\frac{\alpha^2}{f_{xx}(H\alpha^2)};$$

也就是, 它落在圆周 $f_{xx}(y^2+z^2)-z=0$ 上.

7. 取在 P 点的切平面作为 (x,y) 平面, 则 S 的方程可以取为 $z=f(x,y)$, 而法平面则由方程 $x=\alpha y$ 给定. 在这个平面上取 $r=\sqrt{x^2+y^2}$ 与 z 作为坐标, 便有

$$z=f\left\{\frac{\alpha r}{\sqrt{1+\alpha^2}},\frac{r}{\sqrt{1+\alpha^2}}\right\},$$

并且它在 $r=0$ 处的曲率是

$$k=f_{xx}(0,0)\frac{\alpha^2}{1+\alpha^2}+\alpha f_{xy}(0,0)\frac{\alpha}{1+\alpha^2}+f_{yy}(0,0)\frac{1}{1+\alpha^2};$$

长度为 $\frac{1}{\sqrt{k}}$ 的向量的末端沿着直线 t 移动, 于是有坐标

$$x=\frac{\alpha}{\sqrt{1+\alpha^2}}\frac{1}{\sqrt{k}},\quad y=\frac{1}{\sqrt{1+\alpha^2}}\frac{1}{\sqrt{k}},\quad z=0;$$

这就是说, 它落在如下二次曲线上

$$x^2f_{xx}+2xyf_{xy}+y^2f_{yy}=1.$$

8. (a) 将两个方程对曲线的参量 t 求微商, 我们得到

$$xx'+yy'+zz'=0,\quad axx'+byy'+czz'=0.$$

根据这些关系我们能找到比例 $x':y':z'$, 这也就是切线的方向. 若 (ξ,η,ζ) 是流

动坐标, 则切线方程是

$$(\xi-x):(\eta-y):(\zeta-z)=\frac{c-b}{x}:\frac{a-c}{y}:\frac{b-a}{z}.$$

(b) 借助曲线方程的第二次微商并应用 (a) 的结果, 我们得到

$$\begin{aligned}xx''+yy''+zz''&=-(x'^2+y'^2+z'^2)\\&=\lambda\left\{\frac{(c-b)^2}{x^2}+\frac{(a-c)^2}{y^2}+\frac{(b-a)^2}{z^2}\right\},\\ axx''+byy''+czz''&=\lambda\left\{\frac{a(c-b)^2}{x^2}+\frac{b(a-c)^2}{y^2}+\frac{c(b-a)^2}{z^2}\right\},\end{aligned}$$

这里 λ 是比例因子. 消去 λ, 我们有

$$\begin{aligned}&(xx''+yy''+zz'')\left\{\frac{a(c-b)^2}{x^2}+\frac{b(a-c)^2}{y^2}+\frac{c(b-a)^2}{z^2}\right\}\\&=(axx''+byy''+czz'')\left\{\frac{(c-b)^2}{x^2}+\frac{(a-c)^2}{y^2}+\frac{(b-a)^2}{z^2}\right\}.\end{aligned}$$

如果我们用 x',y',z' 代替 x'',y'',z'', 这个关于 x'',y'',z'' 的线性方程保持成立, 因此, 如果我们用某些线性组合

$$\lambda x'+\mu x'',\quad \lambda y'+\mu y'',\quad \lambda z'+\mu z''$$

分别代替 x'',y'',z'', 它们仍旧满足. 现在, 如果 (ξ,η,ζ) 在平面上, 则 $\xi-x,\eta-y,\zeta-z$ 正好是这样一个线性组合 (参看练习第 6 题, 第 184 页).

因此, 密切平面的方程是

$$\frac{ax^3}{c-b}(\xi-x)+\frac{by^3}{a-c}(\eta-y)+\frac{cz^3}{c-a}(\zeta-z)=0.$$

9. 对两条曲线取 θ 作为参量. 则可在 (48) 中, 取 $u=\theta,v=\varphi$ 并且 $du/dt=dv/d\tau=1,dv/dt=-1,dv/d\tau=1,E=a^2,G=a^2\sin^2\theta$. 曲线的切线便由坐标向量 $\mathbf{i},\mathbf{j},\mathbf{k}$ 给定如下

$$\begin{aligned}\dot{\mathbf{X}}&=\mathbf{X}_\theta\pm\mathbf{X}_\phi\\&=a(\cos\theta\cos\phi\pm\sin\theta\sin\phi)\mathbf{i}+a(\cos\theta\sin\varphi\mp\sin\theta\cos\phi)\mathbf{j}-a\sin\theta\mathbf{k},\end{aligned}$$

并且 $|\dot{\mathbf{X}}|^2=a^2(1+\sin^2\theta)$ 在这两种情况下都一样; 还有

$$\ddot{\mathbf{X}}=2a(\pm\cos\theta\sin\phi-\sin\theta\cos\phi)\mathbf{i}+2a(\mp\cos\theta\cos\phi-\sin\theta\sin\phi)\mathbf{j}-a\cos\theta\mathbf{k}.$$

应用 2.5 节练习第 8 题的公式便得结论.

练习 3.4b

1. 这映像除了在 $u=v=0$ 外到处是共形的, 因为柯西–黎曼方程被满足. 在原点, 所有一阶微商都等于 0. 在极坐标

$$u=r\cos\theta,\quad v=r\sin\theta$$

中, 这映像成为 $x=r^2\cos 2\theta$, $y=r^2\sin 2\theta$; 于是, 在原点所有辐角都是成倍的.

2. 无论何时它是有定义的; 这也就是除了直线 $u=0$ 以外到处都可以.

3. 以 $p=x\xi-y\eta, q=x\eta+y\xi$ 验证柯西–黎曼方程

$$\begin{aligned}\frac{\partial p}{\partial u}&=x\frac{\partial\xi}{\partial u}+\xi\frac{\partial x}{\partial u}-y\frac{\partial\eta}{\partial u}-\eta\frac{\partial y}{\partial u}\\&=x\frac{\partial\eta}{\partial v}+\xi\frac{\partial y}{\partial v}+y\frac{\partial\xi}{\partial v}+\eta\frac{\partial x}{\partial v}\\&=\frac{\partial q}{\partial v}.\end{aligned}$$

4. (a) 由 (40f) 推知

$$\mathbf{X}_u\cdot\mathbf{X}_u=\mathbf{X}_v\cdot\mathbf{X}_v=4r^4/(u^2+v^2+r^2)^2,$$

$$\mathbf{X}_u\cdot\mathbf{X}_v=0,$$

在 (48) 中令 $E=G$ 和 $F=0$ 便得到所要求的结果.

(b) 球面上的圆周是球面与平面 (比如说 P) 的交线. 如果平面 P 经过北极, 测地投影就把圆周映射到 P 与 xy 平面的交线. 更一般地, 如果 P 有方程 $ax+by+cz=d$, 则根据 (40f) 有

$$(c-d)(u^2+w^2)+2ar^2u+2br^2v=r^2(cr+d),$$

这在 $c=d$ 时是一个直线方程, 而在 $c\neq d$ 时是一个圆方程.

(c) 根据 (40f),

$$u=x\left(1-\frac{z}{r}\right);\quad v=y\left(1-\frac{z}{r}\right).$$

对赤道平面的反射产生变换 $(u,v)\to(\xi,\eta)$, 这里

$$\xi=\frac{x}{1+z/r},\quad \eta=\frac{y}{1+z/r}.$$

从 (40f) 中换掉 x, y 与 z, 我们得到

$$\xi = \frac{r^2 u}{u^2 + v^2}, \quad \eta = \frac{r^2 v}{u^2 + v^2}.$$

这是对半径为 r 的一个圆周的反演的方程组.

(d) 根据分题 (a) 的结果

$$ds^2 = \frac{4r^4}{(u^2 + v^2 + r^2)^2}(du^2 + dv^2).$$

5. 按照 (48) 给定的角度必须满足

$$\cos\omega = \frac{du/dt \cdot du/d\tau + dv/dt \cdot dv/d\tau}{\sqrt{[(du/dt)^2 + (dv/dt)^2][(du/d\tau)^2 + (dv/d\tau)^2]}}.$$

取正交向量对 $(du/dt, dv/dt) = (0, 1)$ 与 $(du/d\tau, dv/d\tau) = (1, 0)$ 给出 $F = 0$. 类似地, 正交对 $(1, 1), (1, -1)$ 给出 $E = G$. 若 E 和 G 不是 0, 则满足条件

$$E = G, \quad F = 0.$$

6. 根据练习第 5 题的解答, 我们要求

$$E = \sin^2\phi = \phi'^2 = G.$$

解方程 $\phi' = \sin\phi$, 我们得到

$$v = \log\tan\frac{\phi}{2} \quad 或 \quad \phi = 2\arctan e^v.$$

练习 3.5a

1. (a) 一族相似的椭圆, 这些椭圆中心在原点, 对称轴与坐标轴共线.

(b) 中心在 y 轴上并与 x 轴相切的圆族.

(c) 不是一族; c 的各个值产生同一条曲线, 即单位圆

$$x^2 + y^2 = 1.$$

2. 半径为 1, 中心在如下直线上的球面:

$$x = y - 1 = \frac{1}{2}(z + \sqrt{2}).$$

练习 3.5b

1. 没有. 例如, 可考虑一条直线或一个圆周的全部法线.

2. 一个包络, 它满足参量方程

$$x=-\psi'(c), \quad y=-c\psi'(c)+\psi(c).$$

如果 ψ' 有一个逆 ϕ, 我们可以令 $\phi(-x)=(\psi')^{-1}(-x)$ 并利用 $c=\phi(-x)$ 来得到非参量方程

$$y=x\phi(-x)+\psi(\phi(-x)).$$

据此

$$\begin{aligned} y' &= \phi(-x)-x'\phi'(-x)-\psi'(\phi(-x))\phi'(-x) \\ &= \phi(-x). \end{aligned}$$

在 y 的表达式中写入 $c=\phi(-x)=y'$, 就得到所要求的结果.

练习 3.5c

1. (a) 消去 t 得到

$$y=x\tan\alpha-\frac{g}{2v^2}x^2(1+\tan^2\alpha).$$

设 $c=\tan\alpha$ 是这个族的参量如下

$$y=cx-\frac{1+c^2}{2v^2}gx^2, \tag{α}$$

其包络具有方程

$$y=\frac{v^2}{2g}-\frac{gx^2}{2v^2}.$$

(b) 对一个固定的 x 有

$$dy/dc=x-cgx^2/v^2, \quad d^2y/dc^2=-gx^2/v^2<0.$$

因为在包络上, $dy/dc=0$, 我们由此得出结论: 对任何一个给定的 x, 包络上的点是所能到达的目标的最高点.

(c) 对于 y 低于最大值的点 (x,y), 二次方程 (α) 对于 c 有两个解.

2. (a) 抛物线 $y^2=4x$;

(b) 直线 $x=\pm 2y$;

(c) 双曲线 $xy=\pm\dfrac{1}{2}$;

(d) 直线 $y=\pm ax$.

3. 设曲线的方程通过参量形式 $x = \varphi(t), y = \psi(t)$ 给定. 圆族的包络满足

$$[x - \phi(t)]^2 + [y - \psi(t)]^2 = p^2,$$

$$[x - \phi(t)]\phi'(t) + [y - \psi(t)]\psi'(t) = 0.$$

这是使动点 (x, y) 落在法线方向上并与点 $(\phi(t), \psi(t))$ 距离为 p 的精确条件.

4. 在曲线上我们可以引进 t 作为参量, 使得该曲线通过

$$x = x(t), \quad y = y(t), \quad z = z(t)$$

给定, 而且使得在具有参量 t 的点处的切线落在对应于 t 的两个平面上; 这就给出这样两个关系

$$ax' + by' + cz' = 0, \quad dx' + ey' + fz' = 0.$$

通过对 t 微商这些直线方程, 就得到

$$a'x + b'y + c'z = 0, \quad d'x + e'y + f'z = 0.$$

又由关系

$$ax + by + cz = dx + ey + fz,$$

我们就有三个关于 x, y, z 的齐次方程而且系数行列式必须是 0.

5. (a) 以 t 为参量, C' 的参量方程组由如下方程组定义

$$\xi x + \eta y = 1, \quad \xi x' + \eta y' = 0.$$

在第一个方程中, 对 t 取通常微商, 再用到第二个方程, 我们就得到

$$\xi' x + \eta' y = 0.$$

这与第一个方程结合起来, 就确定了 C' 的极性逆, 它显然就是曲线 C.

(b) $\xi^2(1 - a^2) + \eta^2(1 - b^2) - 2ab\xi\eta + 2a\xi + 2b\eta = 1$.

(c) $a^2\xi^2 + b^2\eta^2 = 1$.

6. 母切线的方程是

$$x \sin\theta + y \cos\theta = a(\theta \sin\theta + \cos\theta - 1).$$

7. 若 $(x^2/a^2) \pm (y^2/b^2) = 1$ 是该圆锥曲线的方程, 则

$$(x^2 + y^2)^2 = 4(a^2x^2 + b^2y^2)$$

是包络的方程. 注意, 如果此圆锥曲线是矩形的双曲线, 则这个包络就是普通双纽

线 $(x^2+y^2)^2=4a^2(x^2-y^2)$.

8. (a) 若 Γ 被参量形式 $\mathbf{X}=\Phi(t)$ 给定, 则垂足曲线上的 $\mathbf{Y}$ 就由下列条件确定:

$$(\mathbf{Y}-\mathbf{X})\cdot\mathbf{Y}=0,\quad \mathbf{Y}\cdot\mathbf{X}'=0.$$

圆周上的点 $\mathbf{Z}$ 必须满足

$$\left(\mathbf{Z}-\frac{1}{2}\mathbf{X}\right)^2=\frac{1}{4}\mathbf{X}^2 \quad 或 \quad \mathbf{Z}^2-\mathbf{Z}\cdot\mathbf{X}=0.$$

于是为了在包络上 $\mathbf{Z}$ 必须满足 $\mathbf{Z}\cdot\mathbf{X}'=0$. 这就是 $\mathbf{Z}$ 在垂足曲线上的条件.

(b) 从垂足曲线的原始定义, 得一心脏线 $r=a(1+\cos\theta)$, 其中 a 是圆周的半径, θ 是相对于从 0 到圆心方向的方位角.

9. 如果该椭圆有方程 $(x^2/a^2)+(y^2/b^2)=1$, 则包络也是一个椭圆, 其方程是

$$\frac{u^2}{b^2(a^2+b^2)}+\frac{v^2}{b^2}=1.$$

练习 3.5d

1. 这是一族椭球 $(x^2/a^2)+(y^2/b^2)+(z^2/c^2)=1$, 满足

$$abc=k,$$

k 为一固定数. 其包络是

$$xyz=k^{2/3}\sqrt{27}.$$

2. 这是一族到原点具有单位距离的平面, 其包络是单位球

$$x^2+y^2+z^2=1.$$

3. (a) $\sqrt{x}+\sqrt{y}+\sqrt{z}=1$;

(b) $x^{2/3}+y^{2/3}+z^{2/3}=1$.

4. 对包络我们有两个方程

$$x\cos t+y\sin t+z=t,$$

$$-x\sin t+y\cos t=1.$$

这两个方程给出以 t 为参量的一族直线; 如果以这样的直线作为切线的曲线存在, 它也必须满足经过再一次微商而得到的方程.

(a) $r\sin[z+\sqrt{r^2-1}-\theta]+1=0$;

(b) 曲线给定由 $z=\theta-\pi/2, r=1$.

5. 设 $P(x,y,z)$ 是在管状曲面 Σ 上的一点, 又设 S 是与 Σ 相交于 P 的一族球面. 于是 S 与 Σ 在 P 点有相同的切平面, 这也就是说在这个点 x,y,z,z_x,z_y 有相同的值. 因此, 只需证明, 对于任何一个半径为 1 而中心在 xy 平面上的球面 (也就是对于 $u(x,y)=\sqrt{1-(x-a)^2-(y-b)^2}$), 这样的关系成立.

6. 利用反演. 因为 S_1,S_2,S_3 经过原点, 它们被变换成平面, 所以我们只需求得这样一些球面的包络, 这些球面与三个平面相切 (也就是某个圆锥), 我们再把该包络反演为

$$
\begin{aligned}
&(x^2+y^2+z^2)^2-2(x^2+y^2+z^2)(x+y+z)\\
&-3(x^2+y^2+z^2-2xy-2xz-2yz)=0.
\end{aligned}
$$

7. (a) 若 P 描成 Γ 的垂足曲线 Γ', 在垂直于 Γ 所在平面的平面上, 以 OP 为直径作一个圆, 则包络是通过这些变动的圆周所产生的曲面.

(b) 见分题 (a) 与第 3.5 节 c 的练习 8(b) 的解答.

8. 这是一族平面 $(x/a)+(y/b)+(z/c)=1$, 满足 $abc=K$. 包络则是通过这个方程连同下列两个方程来确定:

$$
-\frac{x}{a^2}+\frac{zK}{c^2a^2b}=0,\quad -\frac{y}{b^2}+\frac{zK}{c^2ab^2}=0.
$$

这结合第一个方程便给出

$$
x/a=y/b=z/c=\frac{1}{3},
$$

从而

$$
xyz=\frac{K}{27}.
$$

9. 这样一个平面必须包含第一条抛物线在点 $(a^2,2a,0)$ 处的切向量 $\mathbf{T}_1=(a,1,0)$, 还包含第二条抛物线在点 $(b^2,0,2b)$ 处的切向量 $\mathbf{T}_2=(b,0,1)$. 切线相交的条件给出 $b=+a$, 以及交点 $(-a^2,0,0)$. 用 $\mathbf{T}_1\times\mathbf{T}_2=(1,-a,-b)$ 作为平面的法线, 我们就得到它的方程 $x-a(y+z)+a^2=0$, 以 a 作为参量, 而以抛物柱面 $4x=(y+z)^2$ 作为包络.

练习 3.6a

1. (a) $-\sin v$;

   (b) $(a^3+b^3+c^3)(u-v)+3abcv$;

   (c) $4uv$.

练习 3.6b

1. (a) $-2xydxdy$;

(b) $(x^4-4x^2y^2+y^4)dxdy$;

(c) $(a^2+b^2)dxdydz$.

2. 因为 $\omega=Adx+Bdy+Cdz$, 我们有

$$\omega^2=A^2dxdx+B^2dydy+C^2dzdz+AB(dxdy+dydx)$$
$$+BC(dydz+dzdy)+CA(dzdx+dxdz),$$

而在 ω^2 中的每一项都等于零. 换句话说, 因为我们知道对于任何两个这样的型使得 $\omega_1\omega_2=-\omega_2\omega_1$ 的都有 $\omega^2=-\omega^2$. 所以 $\omega^2=0$.

3. 应用练习第 2 题的结果.

4. 改写左边成如下形式

$$[(\omega_1+\omega_3)+(\omega_2+\omega_4)][(\omega_1+\omega_3)-(\omega_2+\omega_4)],$$

再运用练习第 3 题的结果.

5. $$L_1(L_2L_3)=(A_1dx+B_1dy+C_1dz)\times\left\{\begin{vmatrix}B_2 & B_3\\ C_2 & C_3\end{vmatrix}dydz+\begin{vmatrix}C_2 & C_3\\ A_2 & A_3\end{vmatrix}dzdx+\begin{vmatrix}A_2 & A_3\\ B_2 & B_3\end{vmatrix}dxdy\right\}$$
$$=\left\{A_1\begin{vmatrix}B_2 & B_3\\ C_2 & C_3\end{vmatrix}+B_1\begin{vmatrix}C_2 & C_3\\ A_2 & A_3\end{vmatrix}+C_1\begin{vmatrix}A_2 & A_3\\ B_2 & B_3\end{vmatrix}\right\}dxdydz,$$

其中 $dxdydz$ 的系数是行列式

$$\begin{vmatrix}A_1 & B_1 & C_1\\ A_2 & B_2 & C_2\\ A_3 & B_3 & C_3\end{vmatrix}$$

按第一行的子式展开式.

练习 3.6c

1. (a) $-\dfrac{y}{x^2+y^2}dx+\dfrac{x}{x^2+y^2}dy$;

(b) $2dxdy$;

(c) 0;

(d) $x(\cos y-1)\sin z$;

(e) 0.

2. 因 $\omega_i = A_i dx + B_i dy + C_i dz (i=1,2)$, 我们有

$$
\begin{aligned}
d(\omega_1\omega_2) = &\left\{ \left(\frac{\partial B_1}{\partial x} C_2 + B_1 \frac{\partial C_2}{\partial x} - \frac{\partial C_1}{\partial x} B_2 - C_1 \frac{\partial B_2}{\partial x} \right) \right. \\
&+ \left(\frac{\partial C_1}{\partial y} A_2 + C_1 \frac{\partial A_2}{\partial y} - \frac{\partial A_1}{\partial y} C_2 - A_1 \frac{\partial C_2}{\partial y} \right) \\
&\left. + \left(\frac{\partial A_1}{\partial z} B_1 + A_1 \frac{\partial B_2}{\partial z} - \frac{\partial B_2}{\partial z} A_2 - B_1 \frac{\partial A_2}{\partial z} \right) \right\} dxdydz \\
= &\left\{ \left(\frac{\partial C_1}{\partial y} - \frac{\partial B_1}{\partial z} \right) A_2 + \left(\frac{\partial A_1}{\partial z} - \frac{\partial C_1}{\partial x} \right) B_2 \right. \\
&\left. + \left(\frac{\partial B_1}{\partial x} - \frac{\partial A_1}{\partial y} \right) C_2 \right\} dxdydz \\
&+ \left\{ A_1 \left(\frac{\partial B_2}{\partial z} - \frac{\partial C_2}{\partial y} \right) + B_1 \left(\frac{\partial C_2}{\partial x} - \frac{\partial A_1}{\partial z} \right) \right. \\
&\left. + C_1 \left(\frac{\partial A_2}{\partial y} - \frac{\partial B_2}{\partial x} \right) \right\} dxdydz \\
= &(d\omega_1)\omega_1 + \omega_1(d\omega_2).
\end{aligned}
$$

3. 根据练习第 2 题, 若 $d\omega_1 = d\omega_2 = 0$, 则 $d(\omega_1\omega_2) = 0$.

练习 3.6d

1. 考虑 $F(\mathbf{X}) = f(\rho, \phi, \theta) = g(x, y, z)$ 作为空间的点的函数, 根据微分的形式不变性我们知道

$$
\begin{aligned}
dF = dg &= \frac{\partial g}{\partial x} dx + \frac{\partial g}{\partial y} dy + \frac{\partial g}{\partial z} dz = \nabla F \cdot d\mathbf{X} \\
&= \frac{\partial f}{\partial \rho} d\rho + \frac{\partial f}{\partial \phi} d\phi + \frac{df}{d\theta} d\theta.
\end{aligned}
$$

因此

$$
\nabla F \cdot d\mathbf{X} = \left(\frac{\partial f}{\partial \rho} \mathbf{u} + \frac{1}{\rho} \frac{\partial f}{\partial \phi} \mathbf{v} + \frac{1}{\rho \sin \varphi} \frac{\partial f}{\partial \theta} \mathbf{w} \right) \cdot d\mathbf{X},
$$

从而

$$
\nabla F = \frac{\partial f}{\partial \rho} \mathbf{u} + \frac{1}{\rho} \frac{\partial f}{\partial \phi} \mathbf{v} + \frac{1}{\rho \sin \phi} \frac{\partial f}{\partial \theta} \mathbf{w}.
$$

练习 3.7b

1. (a) 鞍点在

$$
y = 0, \quad x = \pi/3 + 2n\pi;
$$

极小点在

$$y=0, \quad x=-\pi/3+2n\pi.$$

(b) 极大在 $x=\pi/4+2n\pi, y=\pi/4+2n\pi$ 和 $x=3\pi/4+2n\pi, y=3\pi/4+2n\pi$; 极小在 $x=\pi/4+2n\pi, y=3\pi/4+2n\pi$ 和 $x=3\pi/4+2n\pi, y=\pi/4+2n\pi$.

(c) 鞍点在 $x=0, y=1$.

(d) 没有稳定点.

(e) 鞍点在 $x=0, y=0$.

2. 极大在 $x=0, y=\pm 1$; 极小在 $x=y=0$.

3. 极小在 $x=1, y=4$; 鞍点在 $x=-1, y=2$.

4. $a/20, a/10, a/10$.

5. 在平面上非正常极小点

$$x=0, \quad y=1, \quad z=-\frac{1}{2}.$$

6. 极大化 $V=xy[100-2(x+y)]$. 当 $x=y=50/3$, $z=100/3$ 时, 体积达到极大, $V_{\max}=(25/27)\times 10^4$ 英寸$^3 \approx 5.4$ 英尺^3 (1 英寸 =0.0254 米, 1 英尺 =0.3048 米).

7. 令 $\mathbf{X}=(x,y,z)$ 并设 n 个点是 $(a_i,b_i,c_i)(i=1,2,\cdots,n)$. 为了极小化 $\sum[(x-a_i)^2+(y-b_i)^2+(z-c_i)^2]$, 令

$$2\sum(x-a_i)=2\sum(y-b_i)=2\sum(z-c_i)=0.$$

因此, $x=(1/n)\sum a_i$, $y=(1/n)\sum b_i$, $z=(1/n)\sum c_i$. 该和数在 n 个点的重心处达到极小.

练习 3.7c

1. 取 $F(x,y,z)=xyz+\lambda[2(x+y)+z-100]$.

由 $F_x=yz+2\lambda$, $F_y=zx+2\lambda$, $F_z=xy+\lambda$ 知极值出现时有

$$V=xyz=-2\lambda x=-2\lambda y=-\lambda z,$$

因而, $z=2x=2y$. 将此写入约束条件, 就得到

$$z=100/3, \quad x=y=50/3.$$

这与前面一样.

2. $x=y=\dfrac{1}{2}, z=\dfrac{1}{16}$.

3. $x=-y=1/\sqrt{2}, z=1$.

4. 取这 n 个点的重心为原点, 并设它们的坐标是 (a_i,b_i). 设 $\mathbf{X}=(x,y)$ 并设该直线由 $Ax+By=C$ 给定. 把拉格朗日乘数法运用到

$$\sum[(x-a_i)^2+(y-b_i)^2]+(C-Ax-By),$$

我们就得到

$$2nx-\lambda A=2ny-\lambda B=0,$$

从而

$$\lambda=\frac{2nC}{A^2+B^2}.$$

于是

$$x=\frac{AC}{A^2+B^2},\quad y=\frac{BC}{A^2+B^2};$$

这就是说, $\mathbf{X}$ 是在直线上到重心最近的点.

5. 设 S 表示曲线 $f(x,y)=C$, S' 表示曲线 $\phi(x,y)=C'$. S 与 S' 在 (a,b) 有接触点. 一般说来, 在某个邻域内 $f(x,y)-C$ 在 S 的一侧是正的, 而在 S 的另一侧是负的; 这对于 $\phi(x,y)-C'$ 与 S' 也是类似的. 例如, 如果 $f(a,b)$ 是 f 的极大值, 则在 S' 上 $f(x,y)-C\leqslant 0$, 即 S' 整个地在 S 的一边上, 于是 S 也在 S' 的一边上. 即, $\phi(x,y)-C'$ 在 S 上有不变的符号, 而当它在 (a,b) 等于 0 时, 它就在该点处有一个极大或一个极小.

练习 3.7e

1. 对于光滑的 f 与 ϕ, 极小值 C 象征着等量面 $f(x,y,z)=C$ 与曲面 $\phi(x,y,z)=0$ 相切.

2. 在两个柱面 $\varphi(x,y)=0,\psi(x,z)=0$ 的交线上寻找 $f(x,y,z)$ 的一个极值点. 假设 f 是光滑的而且交线是光滑曲线, 那么该点就出现在 f 的等量面与曲线相切处.

练习 3.7f

1. 对下式求极值

$$(x-a)^2+(y-b)^2+(z-c)^2+\lambda(D-Ax-By-Cz)$$

得到条件

$$2(x-a)-\lambda A=2(y-b)-\lambda B=2(z-C)-\lambda C=0,$$

从而

$$\lambda = \frac{2(D - aA - bB - cC)}{A^2 + B^2 + C^2}.$$

这给出

$$x = a + \frac{A(D - aA - bB - cC)}{A^2 + B^2 + C^2}, \quad \cdots,$$

因而最小距离 p 给定如下

$$p = \frac{|D - aA - bB - cC|}{\sqrt{A^2 + B^2 + C^2}}.$$

2. $(4 + \sqrt{5})/\sqrt{2}, (4 - \sqrt{5})/\sqrt{2}$.

3. 最大值同对于表达式 $ax^2 + 2bxy + cy^2$ 在辅助条件

$$ex^2 + 2fxy + gy^2 = 1$$

之下求极大值是相同的.

4. 参看练习第 3 题.

(a) $14/3 + 2\sqrt{67}/3$;

(b) 函数有一个非严格的极大值 (p.357) 等于 1.95, 当 $y/x = 0.64$ 时.

5. 椭圆显然与圆相切; 也就是说, 这两个方程必须对 x 给出两重根. 因此, 接触条件是

$$a^2(b^2 - 1) = b^4, \quad a = 3/\sqrt{2}, \quad b = \sqrt{3/2}.$$

6. $(-1/\sqrt{14}, -2/\sqrt{14}, -3/\sqrt{14})$. 这是在连接给定点与中心的直线上.

7. $A = a^2/x, B = b^2/y, C = c^2/z$, 以及如下辅助条件一起 $(x^2/a^2)+(y^2/b^2)+(z^2/c^2) = 1$.

(a) $x = \dfrac{a^{4/3}}{\sqrt{a^{2/3} + b^{2/3} + c^{2/3}}}, \cdots$;

(b) $x = \dfrac{a^{3/2}}{\sqrt{a + b + c}}, \cdots$.

8. 顶点给定于 $x = \pm a/\sqrt{3}$, $y = \pm b/\sqrt{3}$, $z = c/\sqrt{3}$.

9. 顶点给定于 $x = a^2/\sqrt{a^2 + b^2}$, $y = b^2/\sqrt{a^2 + b^2}$.

10. $x = 1, y = 1$.

11. 最长轴通过 $\sqrt{x^2 + y^2 + z^2}$ 的最大值给定, 其中辅助条件是 (x, y, z) 落在椭球上. 因此, 我们有这样三个方程

$$\frac{x}{\sqrt{x^2 + y^2 + z^2}} = \frac{x}{l} = \lambda(ax + dy + ez), \cdots$$

分别用 x, y, z 乘这些等式而后相加, 我们有

$$\lambda = \sqrt{x^2 + y^2 + z^2} = l.$$

另一方面, 我们可以把这些方程看作三个关于 x, y, z 的线性方程组, 它们的行列式必须等于零.

12. (a) 相当于对下式求极大

$$a \log x + b \log y + c \log z + \lambda(1 - x^k - y^k - z^k).$$

这给出

$$\lambda x^k = \frac{a}{k}, \quad \lambda y^k = \frac{b}{k}, \quad \lambda z^k = \frac{c}{k},$$

从而

$$\lambda = \frac{1}{k}(a + b + c).$$

当

$$x^k = \frac{a}{a+b+c}, \quad y^k = \frac{b}{a+b+c}, \quad z^k = \frac{c}{a+b+c},$$

最大值被达到而且等于

$$\sqrt[k]{\frac{a^a b^b c^c}{(a+b+c)^{a+b+c}}}.$$

(b) 设 $x^k = u/(u+v+w)$, $y^k = v/(u+v+w)$, $z^k = w/(u+v+w)$, 并代入

$$(x^a y^b z^c)^k \leqslant \frac{a^a b^b c^c}{(a+b+c)^{a+b+c}}.$$

13. 参看前面对三角形的类似的证明. 极小点 0 确实存在. 首先证明, 0 不是顶点之一, 于是它只能是对角线的交点. 用这样一个事实, 向量和为 $\mathbf{O}$ 的 4 个单位向量的末点形成一个矩形. 然后证明, 对角线交点与任何一个顶点相比, 它到顶点的距离之和是较小的.

14. 假设 a, b 这一对与 c, d 这一对是相邻的. 设 ϕ 是 a 与 b 之间的夹角, ψ 是 c 与 d 之间的夹角. 问题是要在条件

$$f(\varphi, \psi) = (a^2 + b^2 - 2ab\cos\varphi) - (c^2 + d^2 - 2cd\cos\psi) = 0$$

之下使

$$A(\varphi, \psi) = \frac{1}{2}(ab\sin\varphi + cd\sin\psi)$$

最大. 让各个微商 $(\partial/\partial\varphi)(A+\lambda f)$ 与 $(\partial/\partial\psi)(A+\lambda f)$ 等于 0, 我们得到

$$\lambda = -\frac{1}{4\tan\varphi} = \frac{1}{4\tan\psi},$$

从而 $\varphi+\psi=\pi$, 因此

$$A = \frac{1}{2}(ab+cd)\sin\varphi,$$

这里

$$\cos\varphi = \frac{1}{2}(a^2+b^2-c^2-d^2)/(ab+cd).$$

消去 ϕ, 我们得到最大面积

$$\begin{aligned} A &= \frac{1}{4}\sqrt{4(ab+cd)^2-(a^2+b^2-c^2-d^2)} \\ &= \frac{1}{4}\sqrt{8abcd-(a^2+b^2+c^2+d^2)^2}. \end{aligned}$$

它显然与我们关于边的顺序的假定无关.

最大值与边的顺序无关这个结论在几何上是显然的, 因为任何一对相邻边可以交换而不影响凸多边形的面积.

练习 A.1

1. (a) 极小在原点.

(b) 为简单起见, 引进新变量 $u=x+y, v=x-y$. 我们求下式的极值:

$$f(u,v) = \cos u + \sin v + \frac{1}{4}(u+v)^2.$$

条件 $f_u = f_v = 0$ 给出

$$\cos v = -\sin u = -\frac{1}{2}(u+v). \tag{i}$$

我们必须分下列两种可能情况:

(1) $\sin v = -\cos u$. 在这种情况下, $f'_{uv} - f_{uu}f_{vv} = \cos^2 u$ 只能找到鞍点.

(2) $\sin v = \cos u$. 在这种情况下, (i) 式给出

$$u+v = -\frac{\pi}{2},$$

我们可以有 $u=-\alpha$ 或 $u=\pi+\alpha$. 在前一种情况下,

$$f_{uv}^2 - f_{uu}f_{vv} = \cos u(1-\cos u)$$

是正的, 因而得到鞍点; 在后一种情况, 它是负的, 因而由于

$$f_{uu} = f_{uv} = \cos\alpha + \frac{1}{2},$$

我们得到一个极小.

(c) 无极值, 因为 $f_x > 0$ 处处成立.

2. $f(x)+f(y)+f(z) = 3f(a)+\{(x-a)+(y-a)+(z-a)\}f'(a)+\frac{1}{2}\rho^2\{f''(a)+\varepsilon\}$, 其中 $\rho^2 = (x-a)^2 + (y-a)^2 + (z-a)^2$. 另一方面, 辅助条件给出

$$\begin{aligned}(x-a)+(y-a)+(z-a) &= \rho^2\left(-\frac{\phi''(a)}{2\phi'(a)}+\varepsilon\right) - \frac{\phi'(a)}{\phi(a)}\{(x-a)(y-a) \\ &\quad + (x-a)(z-a)+(y-a)(z-a)\} \\ &= \left(-\frac{\phi''(a)}{2\phi'(a)}+\frac{\phi'(a)}{2\phi(a)}+\varepsilon\right)\rho^2,\end{aligned}$$

其中 $\lim\limits_{x,y,z\to a}\varepsilon = 0$.

3. 如果 $P_i = (x_i, y_i)$, $r_i = PP_i$, 则我们有

$$d^2f = \sum_1^3 d^2r_i = \sum_{i=1}^3 r_i^{-3}[(y-y_i)dx-(x-x_i)dy]^2,$$

它是正定的.

4. 在点 P_1 处. 注意函数 $f = r_1 + r_2 + r_3$ 在全平面上是连续的, 但在点 P_1, P_2, P_3 不可微而有锥形点 (如像函数 $z = \sqrt{(x-x_1)^2+(y-y_1)^2}$, 它在几何上表示一个圆锥). 在点 P_1 沿着围绕这点的各个方向上来研究函数 f 的微商.

5. (a) 如果我们表达

$$f = lx + my + nz, \quad \psi = x^p + y^p + z^p - c^p, \quad F = f - \lambda\phi,$$

则稳定值条件是

$$l = \lambda p x^{p-1}, \quad m = \lambda p y^{p-1}, \quad n = \lambda p z^{p-1}. \tag{$*$}$$

用 x, y, z 分别乘这些方程然后相加, 我们有

$$lx + my + nz = \lambda p c^p. \tag{$**$}$$

根据 $(*)$ 计算 x, y, z 并代入到 $\phi = 0$ 中去, 我们得到

$$\lambda p = (l^q + m^q + n^q)^{1/q} c^{1-p}.$$

将 λp 的这个表达式代入 $(**)$, 就给出稳定值.

(b) 参看练习第 6 题. 这里我们有

$$d^2F = -\lambda p(p-1)(x^{p-2}dx^2 + y^{p-2}dy^2 + z^{p-2}dz^2);$$

当 $p>0$ 时, 这个二次型是正定的还是负定的, 随 $p \gtrless 1$ 而定.

6. 该证明类似于在 $n=2$ 情形 (第 280 页). 一个正定二次型 $\sum a_{ik}x_ix_k$, 在行列式不等于零的情况下, 通过适当的变换

$$x_i = \sum_{k=1}^{n} c_{ik}y_k \quad (i=1,2,\cdots n)$$

能被简化成形状

$$\sum a_{ik}x_ix_k = y_1^2 + y_2^2 + \cdots + y_n^2 > m(x_1^2 + \cdots + x_n^2),$$

其中 m 是一个适当的正常数. 对于应用来说, 记住这样一个结论是重要的: 一个二次型 $\Phi = \sum a_{ik}x_ix_k$ 为正定的充分必要条件是, 它的如下所示的 $1,2,\cdots,n$ 阶各个主子式

$$\begin{vmatrix} a_{11} & a_{12} & a_{13} & \cdots & a_{1n} \\ a_{21} & a_{22} & a_{23} & \cdots & \vdots \\ a_{31} & a_{32} & a_{33} & & \vdots \\ a_{n1} & a_{n2} & a_{n3} & \cdots & a_{nn} \end{vmatrix}$$

都应当是正的; 而 Φ 是负定的, 如果 $-\Phi$ 是正定的.

7. 根据第一个法则, 我们应该从 (3) 计算 d^2f, 而由 (1) 代入 $dx_1,\cdots,dx_m$, $d^2x_1,\cdots,d^2x_m$. 注意 (1) 隐含着

$$d^2\phi_\mu = \sum \phi_{\mu x_i x_k} dx_i dx_k + \phi_{\mu x_i} d^2x_1 + \cdots + \phi_{\mu x_m} d^2x_m = 0 \quad (\mu = 1,2,\cdots,m).$$

如果该式乘以 $\lambda\mu$, 并对一切 μ 的值与 (3) 相加, 我们就有

$$d^2f = d^2F = \sum F_{x_1x_k} dx_i dx_k,$$

由于关系 (2), $d^2x_1,\cdots,d^2x_m$ 都消去了.

8. 对于 $F = f + \lambda\phi$ (省去一个正因子), 我们得到

$$d^2F = \sum_{i,k=1}^{n} dx_i dx_k \quad (d\phi = dx_1 + \cdots + dx_n = 0).$$

消去 dx_n, 我们需要证明的是, 二次型

$$\begin{aligned}-d^2F &= (dx_1+\cdots+dx_{n-1})^2-\sum_{i,k=1}^{n-1}dx_idx_k\\ &= \sum_{i=1}^{n-1}dx_i^2+\sum_{i,k=1}^{n-1}dx_idx_k\end{aligned}$$

是正定的.

9. 由 $dx=-dy-dz$ 有

$$d^2F=-2s[(s-z)dy^2+(s-x)dydz+(s-y)dz^2].$$

当 $x=y=z$ 时 d^2F 的判别式是正的, 而 d^2F 是负定的.

练习 A.2

1. (c) 用极坐标 $x=r\cos\theta$, $y=r\sin\theta$, 取

$$f(x,y)=r^{n+1}\sin(n+1)\theta,$$

对此有

$$\nabla f=(n+1)r^n(\sin n\theta,\cos n\theta).$$

3. 如果不存在不动点, 则在 R 中到处都有 $u^2+v^2\neq 0$. 因为凸区域 R 是单连通的, 可像第 310 页中那样推知, 曲线 C 相对于向量场的指数 I_C 是 0. 另一方面, 因为 R 被映射到自身, 所以对于 C 上的每一个点, 向量 (u,v) 指向到 R 内或切线方向. 这隐含着

$$I_C=1/2\pi\int_C d\theta=1,$$

如果 C 具有取决于坐标系的通常的定向值.

练习 A.3

1. (a) 结点在 $(0,0)$, 具有切线 $x=\pm y$.

(b) 方程

$$f_x=2x-6x^2+4xy^2=0,$$

$$f_y=2y-6y^2+4x^2y=0$$

有公共解

$$(0,0),\quad \left(\sqrt{\frac{1}{2}},0\right),\quad \left(0,\sqrt{\frac{1}{2}}\right),\quad \left(\frac{1}{2},\frac{1}{2}\right)\quad 和\quad (1,1),$$

其中只有第一个与最后一个是曲线上的点. 在 $(0,0)$, 奇点是一个孤立点; 在 $(1,1)$, $f_{xx}=f_{yy}=0$ 且 $f_{xy}=8$; 奇点是一个结点, 具有切线 $x=1$ 与 $y=1$.

(c) 在 $(0,0)$ 点有双重切线 $y=x$. 曲线有两个分支; 准确到二阶 $y=x\pm x^2$.

(d) 在 $(0,0)$ 点有双重切线. 曲线有一个尖点. 这就是练习 3.2b 第 3 题的同一条曲线.

练习 A.4

1. 如果该二次型是非退化的而且是确定的, 则它的奇点是一个孤立点; 如果是非退化但是不定的, 则切线在奇点处形成一个锥. 如果此二次型是退化与半定的, 则切线可以落在一个平面上, 在这个平面上两个分支互相相切, 如像平面 $z=0$ 对于曲面

$$z^{2/3}+(x^2+y^2)^{2/3}=a^{2/3}$$

在 $(a,0,0)$ (一个线型尖点), 如像

$$z^4=(x^2+y^2)^3$$

在 $(0,0,0)$ (两个相切的分支). 或者可以有这样类型的尖点, 在这样点上仅有一条切线存在, 如像直线 $x=y=0$ 对于前一个曲面在 $(0,0,a)$ 一样. 如果该二次型是退化的而且是不定的, 则切线落在两个平面上, 如像平面 $x=\pm y$ 在 $(0,0,0)$ 对于

$$x^2-y^2+z^2=0$$

那样.

练习 A.5

1. 这个流动是稳定的, 也就是说, 在空间的每一个点处流速对时间是常数.

2. 若 $\mathbf{U}=(u,v,w)$ 是这质点在时刻 t 经过点

$$\mathbf{X}=(x,y,z)$$

时的速度, 则它的加速度是

$$\begin{aligned}\frac{d^2\mathbf{X}}{dt^2}=\frac{d\mathbf{U}}{dt}&=\frac{d\mathbf{X}}{dt}\cdot\nabla\mathbf{U}+\frac{\partial\mathbf{U}}{\partial t}\\&=\mathbf{U}\cdot\nabla\mathbf{U}+\frac{\partial\mathbf{U}}{\partial t}.\end{aligned}$$

练习 A.6

1. (a) $x=-2-2\cos\alpha$, $y=-2\sin\alpha$ 或 $(x+2)^2+y^2=4$; $L=4\pi, A=4\pi$.

(b) $x=-\sin^3\alpha$, $y=-\cos^3\alpha$ 或 $x^{2/3}+y^{2/3}=1$; $L=\frac{3}{2}\int_0^{2\pi}|\sin 2\alpha|d\alpha=6\int_0^{2\pi}\sin 2\alpha d\alpha=6$, $A=-(3/8)\pi$, 这里负号来源于曲线的顺时针定向.

2. 是. 对于大的 c, 考虑直角三角形, 其顶点为 $(0,0),(0,c),(c^{-2},0)$.

3. 对于能够表示成它的切线包络的曲线, 它必须是分段光滑的.

第　四　章

练习 4.1

1. 在第 n 次分划中, 任何一个包含 S 的点的正方形必包含 T 的点, $A_n^+(S)\leqslant A_n^+(T)$, 当 $n\to\infty$ 取极限, 我们得到结果.

2. 在第 n 次分划中, 任何一个包含 $T-S$ 的点的正方形不可能是整个由 S 中的点组成的, 而两类正方形都包含 T 中的点. 所以,

$$A_n^+(T)\geqslant A_n^+(T-S)+A_n^-(S).$$

类似地

$$A_n^+(T)\leqslant A_n^-(T-S)+A_n^+(S).$$

综合这些结果, 由于 $A_n^-(T-S)\leqslant A_n^+(T-S)$, 我们发现

$$\begin{aligned}A_n^+(T)-A_n^+(S)&\leqslant A_n^-(T-S)\\&\leqslant A_n^+(T-S)\\&\leqslant A_n^+(T)-A_n^-(S),\end{aligned}$$

从此, 通过 $n\to\infty$ 取极限即得结果.

3. 为了证明 (a), 注意任何一个参加 $A_n^+(S)$ 或 $A_n^+(T)$ 的第 n 次分划的正方形, 可以只参加其中一个或两个都参加; 如果正方形只参加一个, 它就参加到 $A_n^+(S\cup T)$; 如果它两个都参加, 就参加到 $A_n^+(S\cup T)$; 但不需要参加到 $A_n^+(S\cap T)$, 因为正方形可以既包含 S 中的点又包含 T 中的点而不包含这两者的公共点,因此

$$A_n^+(S\cup T)+A_n^+(S\cap T)\leqslant A_n^+(S)+A_n^+(T),$$

从此, (a) 成立.

对于 (b), 我们注意任何一个这样的正方形, 它参加到一个和式而不参加另外一个, 比如说, 参加 $A_n^-(S)$ 而不参加 $A_n^-(T)$, 将参加 $A_n^-(S\cup T)$ 而不参加 $A_n^-(S\cap T)$, 而任何一个既参加 $A_n^-(S)$ 又参加 $A_n^-(T)$ 的正方形也既参加 $A_n^-(S\cap T)$ 又参加 $A_n^-(S\cup T)$. 于是

$$A_n^-(S)+A_n^-(T)\leqslant A_n^-(S\cap T)+A_n^-(S\cup T),$$

从此, (b) 成立.

注意, 由 $S\cup T$ 中的点组成的正方形, 不需要全部由 S 中的点组成或全部由 T 中的点组成, 因此, 不等号不能去掉.

4. 在第 n 次分划中, 考虑任一个完全由 $S\cup T$ 的点组成的正方形. 如果它包含 S 的任何一个点, 则正方形参加 $A_n^+(S)$, 但不能参加 $A_n^-(T)$, 因为它不能全部由 T 中的点组成. 如果正方形不包含 S 的点, 则它必须全部地由 T 中的点组成, 因此它参加 $A_n^-(T)$. 最后我们注意任何一个参加 $A_n^+(S)$ 而不整个地落在 $S\cup T$ 中的正方形必须包含 $S\cup T$ 的一个边界点, 因而参加 $A_n^+(\partial[S\cup T])$. 综合这些结果, 我们发现

$$A_n^-(S\cup T)\leqslant A_n^+(S)+A_n^-(T)\leqslant A_n^-(S\cup T)+A_n^+(\partial[S\cup T]).$$

因为 $\lim\limits_{n\to\infty}A_n^-(S\cup T)=A(S\cup T)$ 和 $\lim\limits_{n\to\infty}A_n^+(\partial[S\cup T])=0$, 从而推得所需要的结果.

5. (a) 设若尔当容度在原坐标系中用 A 表示, 而在变换了的坐标系中用 B 表示. 因为 $A(\partial S)=0$, $\lim\limits_{n\to\infty}A_n^+(\partial S)=0$. 设 p 是 ∂S 中的任何一个点, 注意在第 n 次分划中, 在包含 p 的正方形中任何一个点到 p 的最大距离是 $2^{-n}\sqrt{2}$. 现在, 在第 n 次分划中相对于新的坐标系, 设 R_B 是任何一个包含 p 的正方形, 用 R_B 中心, 5 个分划正方形在一边形成的一个大的正方形 R_B^*. 从 R_B 的任何一个点到 R_B^* 边界的最短距离是 $2\cdot 2^{-n}$. 于是 R_B^* 包含每个这样的正方形 R_A, 它们在相对于原来坐标系统的分划中包含 p. 我们得出结论, 对于每一个参加到 $A_n^*(\partial S)$ 的正方形不超过 25 个参加 $B_n^+(\partial S)$ 的正方形, 因为 $0\leqslant B_n^+(\partial S)\leqslant A_n^+(\partial S)$, 由此推出

$$\lim_{n\to\infty}B_n^+(\partial S)=0.$$

(b) 观察到在两个坐标系中的第 n 次分划, 任何一个参加到 $A_n^-(S)$ 的正方形为参加 $B_n^+(S)$ 的正方形所覆盖. 由此推出 $A_n^-(S)\leqslant B_n^+(S)$, 并且通过 $n\to\infty$ 取极限, $A(S)\leqslant B(S)$. 通过平行的论证得到 $B(S)\leqslant A(S)$. 因此, $A(S)=B(S)$.

上述的论证中默用了这样一个假设, 如果两个集合 U 和 V 是由各自网格的不相重叠的全等的正方形组成并且 $U\subset V$, 则在 U 中的正方形数小于或等于 V

中的正方形数, 用数学归纳法证明如下, 设 u 和 v 是两个从各自的网格中取出的不相重叠的边长为 a 的正方形的集合, 使得 u 的正方形的并集 U 包含在 v 的正方形的并集 v 内, 如果 p 是 u 的正方形的个数, 而 q 是 v 的正方形的个数, 则 $p \leqslant q$, 等号当且仅当 $u=v$ 时成立. 为了证明, 我们对 p 用数学归纳法.

若 $p=1$, 我们不能有 $q<p$, 因为, 那时 $q=0$, 从而 V 不能包含 U, 此外, 如果 $q=p=1$, 我们注意 u 的正方形的相对的顶点一定是 v 的正方形的相对的顶点, 因为在每一个正方形内, 任何两点的最大距离 $a\sqrt{2}$ 只能在相对的顶点上达到. 因此两正方形是重合的而且 $u=v$.

现在我们证明, 假定结论对 p 正确便能推出假定对 $p+1$ 正确: 设 u 是 $p+1$ 个正方形的集合而且设 u^* 是 p 个正方形的任一个子集合. 假设 $q<p+1$, 因为按照数学归纳法假设 $V \supset U \supset U^*, q \geqslant p$. 然而, $p \leqslant q<p+1$ 蕴涵着 $q=p$. 因而由数学归纳法假设, $v=u^*$. 但是, 由此 V 不能包含不属于 u^* 的 u 的正方形, 这与 $V \supset U$ 矛盾. 我们得出结论 $q \geqslant p+1$. 如果等式成立, $q=p+1$, 现在证明 $v=u$, 我们将指出集合 $U(=V)$ 在边界上应有一个角点, 这也就是, 至少有一个 u 的正方形 R 必须有这样的顶点, 它所在的两邻边在 U 的边界上. 如我们将要证明的, 这正方形 R 也必须属于 v. 按照归纳法假设, 从 u 和 v 通过删去 R 而得到的 u^*, v^* 应当是一样的, 因此 $u=v$.

为了证明 U 有一角点, 设 p 是 U 的任意一个到任意给定点 Q 有最大距离的点. 这个点 p 一定落在 U 的边界上, 否则它应该是一个内点, 因而它的在 U 内的邻域中包含到 θ 更远的点, 而且 p 一定是 u 中的一个正方形的顶点, 因为, 如果它是边上的内点, 那么该边上的两顶点中至少有一个到 Q 的距离比 p 更远, 因为, 若从 Q 引出一条垂直于这边所在直线的垂线, 则到这条直线的距离比 p 远些. 相交于 p 点的两条直线不可能成为一直线, 因为同样的论证证明了组成这两条边的线段端点之一到 Q 的距离一定比到 p 的距离远些, 故 p 和它的所在邻边可以只属于 u 的一个正方形 R (如下图形指出了, 在边界顶点邻域内的所有可能的图形). 完全一样的论证用到 v, 但是如所要求的 R 必须属于 v.

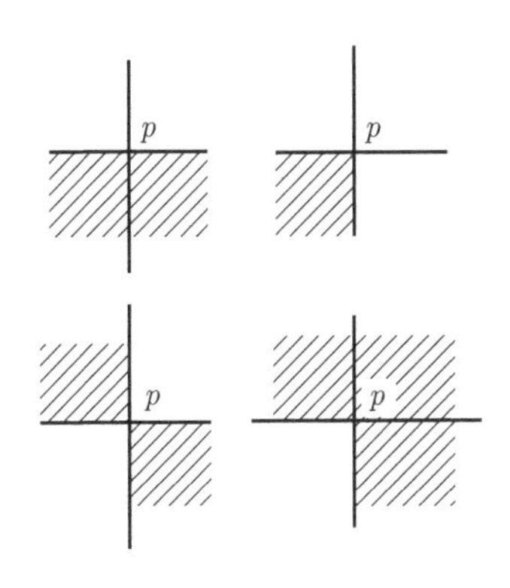

6. 如果 p 是 S 的边界点, 则它或是 S 的点而且受覆盖或是 S 的极限点使得每一个 p 的去掉 p 点的邻域包含无限多 S 的点, 于是 p 是 S 中互异点的收敛序列的极限. 因为覆盖集合是有限的, 至少其中有一个集合必须包含一个子序列, 而且因为这个集合是闭的, 它一定包含这个子序列的极限, p.

7. 集合面积是 0. 设 S_n 是这样一些点的集合, 对这些点, p 和 q 都比 n 大, 而 T_k 是这样一些点的集合, 对这些点不是 p 就是 q 等于 k.

$$S = S_n \cup T_1 \cup T_2 \cup \cdots \cup T_n.$$

注意 S_n 包含在正方形

$$\left\{(x, y) \middle| 0 \leqslant x < \frac{1}{n}, 0 \leqslant y < \frac{1}{n}\right\}.$$

因此

$$A_n^+(S^n) \leqslant \left(\frac{1}{n} + \frac{1}{2^n}\right)^2.$$

还注意到 T_k 包含 $2k-1$ 个点, 其中的每一个点可以落在第 n 次分划中的不多于 4 个的正方形. 因此

$$A_n^+(T_k) \leqslant \frac{4(2k-1)}{2^{2n}}.$$

综合之, 我们看到

$$\begin{aligned} A_n^+(S) &\leqslant A_n^+(S_n) + \sum_{k=1}^{n} A_n^+(T_k) \\ &\leqslant \left(\frac{1}{n} + \frac{1}{2^n}\right)^2 + \frac{4n^2}{2^{2n}}. \end{aligned}$$

因此

$$\lim_{n \to \infty} A_n^+(S) = 0.$$

练习 4.6

1. (a) $a^2 b^2 \left(a^2 - b^2\right) / 8$.

   (b) -4.

   (c) $\log 2$.

   (d) $-a + \left(e^{ab} - 1\right) / b$.

   (e) $\pi / 16$.

   (f) $4/3$.

2. $\pi/2$.

3. 0.

4. 2π.

5. 用极坐标:

(a) $\displaystyle\int_{-4/\pi}^{\pi/4}\int_0^{\sqrt{\cos 2\theta}}\frac{r}{(1+r^2)^2}drd\theta=\frac{\pi}{4}-\frac{1}{2}$.

(b) $\displaystyle\int_0^{\pi/3}\int_0^{\sqrt{3}/\cos(\theta-\pi/6)}\frac{r}{(1+r^2)^2}drd\theta=\frac{\sqrt{3}}{2}\arctan\frac{1}{2}$.

6. 用代换 $x=a\xi, y=b\eta, z=c\zeta$; 然后用极坐标和对称性得到

$$8a^2b^2c^2\int_0^{\pi/2}\int_0^{\pi/2}\int_0^1\rho^5\cos\phi\sin\phi\sin^3\theta\cos\theta d\rho d\varphi d\theta=\frac{a^2b^2c^2}{6}.$$

7. 用图形是对称的这样一个事实; 体积的 1/16 落在以 $(0,0),(1,0),(1,0)$ 为顶点的三角形的上方以及曲面 $x^2+z^2=1$ 的下方; 16/3.

8. $\pi(2r^3-3r^2h+h^3)$.

9. 0 .

10. 0, 在附加限制 $z\geqslant 0$ 之下; $\pi/8$.

11. 1/50400.

12. 用柱坐标和按顺序对 θ, r, z 积分. $\pi[\alpha-(3/2)\log 3]$.

13. 用球坐标, 取原点在 $\left(0,0,\frac{1}{2}\right)$. 具有 $\alpha=\cos^{-1}[\rho-(3/4\rho)]$. 当 $\frac{1}{2}\leqslant\rho\leqslant 3/2$.

$$\int_{1/2}^{3/2}\int_0^{\alpha}\int_0^{2\pi}+\int_0^{1/2}\int_0^{\pi}\int_0^{2\pi}\sin\theta d\varphi d\theta d\rho=\pi\left\{\alpha+\frac{3}{2}\log 3\right\}.$$

14. 用极坐标: $4\log(1+\sqrt{2})$.

15. 设 (a,b) 是定义域中任意一个点, 并取 (a,b) 在 D 内部的一个 δ 邻域 R_δ 足够小, 以至于 $|f(x,y)-f(a,b)|<\varepsilon$ 在此邻域内成立. 根据中值定理,

$$\int_{R_\delta}f(x,y)dxdy=\mu\delta^2,$$

其中 $|\mu-f(a,b)|<\varepsilon$. 因为这个积分是 0, 所以 $\mu=0$. 因此, $|f(a,b)|<\varepsilon$ 对于任意正数 ε 成立, 而因此, $f(a,b)=0$.

16. 用 $d(x,y)/d(u,v)=u/(1+v^2)$, 我们得到

$$\iint_R e^{-(x^2+y^2)}dxdy=\int_0^{\infty}\int_{-u/a}^{u/a}\frac{e^{-(u^2+v^2)}u}{1+v^2}dvdu$$

$$= 2e^{-a^2}\int_0^\infty ue^{-u^2}\arctan\frac{u}{a}du,$$

再通过分部积分得到结果.

17. 设 $\rho^2=\xi^2+\eta^2$. 从 $\xi_x=\eta^2-\xi^2, \xi_y=-2\xi\eta, \eta_x=-2\xi\eta, \eta_y=\xi^2-\eta^2$, 由此推出 $|d(x,y)/d(\xi,\eta)|=1/\rho^4$, 而且还有 $u_x^2+u_y^2=\rho^4(u_\xi^2+u_\eta^2)$.

18. 对于同一尺度的新笛卡儿坐标, 变换的雅可比行列式是 1, 由于 $r=(x^2+y^2+z^2)^{1/2}$, 选笛卡儿坐标 u,v,w, 对此 $u=(xz+y\eta+z\zeta)/r$ 这样积分成为在球 $u^2+v^2+w^2\leqslant 1$ 上的积分

$$I=\iiint \cos ru\,du\,dv\,dw,$$

在柱坐标 $u, v=\rho\cos\theta, w=\rho\sin\theta$ 下, 我们发现

$$I=\int_{-1}^1\int_0^{2\pi}\int_0^{\sqrt{1-u^2}}\rho\cos ru\,d\rho\,d\theta\,du=4\pi\left(\frac{\sin r}{r^3}-\frac{\cos r}{r^2}\right).$$

19. $-\int_1^2(4-y)\int_{4/y}^{(20-8y)/(4-y)}dxdy=16\log 2-12.$

练习 4.7

1. (a) $K=\lim\limits_{\varepsilon\to 0}\int_0^\beta\int_\varepsilon^a r\log r^2 drd\theta.$

   (b) $K=\left(\int_0^{a\cos\beta}\int_0^{x\tan\beta}+\int_{a\cos\beta}^a\int_0^{\sqrt{a^2-x^2}}\right)\log(x^2+y^2)\,dydx.$

2. (a) π. (b) π^2.

3. 对称性表明积分顺序的颠倒改变符号. 因为 I 不是 $0, I=\frac{1}{2}$, 结果成立. 另一方面 $0<a,b\leqslant 1$, 设

$$J=\int_b^1\int_a^1\frac{y-x}{(x+y)^3}dxdy=\frac{(1-a)(1-b)(b-a)}{2(1+a)(1+b)(a+b)}.$$

先对 x 后对 y 的积分等价于取

$$I=\lim_{b\to 0}\lim_{a\to 0}J=\frac{1}{2};$$

先对 y 后对 x 的积分等价于取

$$\lim_{a\to 0}\lim_{b\to 0}J=-\frac{1}{2}.$$

练习 4.8

1. 应用古鲁金定律; $2\pi^2 ab$.

2. $\dfrac{1}{2}\pi abh^2$.

3. 令 $x=a\xi, y=b\eta, z=c\zeta$. 设

$$d=p/\sqrt{a^2l^2+b^2m^2+c^2n^2},$$

则体积是 $\pi abc\left(2-3d+d^3\right)/3$.

4. (a) 以 θ 和 ϕ 为两曲面的参数, $\sqrt{EG-F^2}=a^2\sin\theta$.

(b) $a^2\displaystyle\int_0^{2\pi}\int_0^{f(\phi)} a^2\sin\theta d\phi d\theta=a^2\int_0^{2\pi}\{1-\cos f(\phi)\}d\phi$.

(c) 取 $f(\phi)=\pi/4; \pi a^2(2-\sqrt{2})$.

5. 设 a,b,c 分别是 A,B,C 的对边的长度而且 p 是从 C 引出的高, 应用古鲁金定律,

(a) $\dfrac{1}{3}\pi cp^2$;

(b) $\pi p(a+b)$.

6. $\dfrac{1}{3}\pi(n-m)\left(4n^2+4mn+4m^2-6n-6m+3\right)$.

7. 在 x,y 平面上取极坐标作为柱面 $x^2+z^2=a^2$ 的曲面参数, 于是 $x=r\cos\theta, y=r\sin\theta, z=\sqrt{a^2-r^2}$, 而且 $E=a^2/\left(a^2-r^2\right), F=0, G=r^2$. 则曲面的面积为

$$S=8\int_0^{\pi/4}\int_0^{b\sec\theta}\frac{ar}{\sqrt{a^2-r^2}}drd\theta=-8a\int_0^{\pi/4}\sqrt{a^2-r^2}\Big|_0^{b\sec\theta}d\theta$$

$$=2a^2\pi-8aI,$$

其中

$$I=\int_0^{\pi/4}\sqrt{a^2-b^2\sec^2\theta}d\theta.$$

令 $\theta=\arctan\left(\sqrt{\left(a^2-b^2\right)/b^2}\sin\omega\right)$ 得到

$$I=\int_0^{\lambda}\frac{\left(a^2-b^2\right)\cos^2\omega}{a^2\sin^2\omega+b^2\cos^2\omega}d\omega,$$

其中 $\tan\lambda=b/\sqrt{a^2-2b^2}$, 显式积分是

$$I=a\arctan\left(\frac{a}{b}\tan\omega\right)-b\omega\Big|_0^{\lambda}.$$

所以

$$S=8a^2\left[\frac{\pi}{4}-\arctan\frac{a}{\sqrt{a^2-2b^2}}\right]-8ab\arctan\frac{b}{\sqrt{a^2-2b^2}}.$$

8. $\Sigma=\iint\sqrt{EG-F^2}drd\theta=\int_{\theta_1}^{\theta_2}d\theta\int_0^{f'(\theta)}\sqrt{r^2+f'^2}dr$

$$=[\sqrt{2}+\log(1+\sqrt{2})]\int_{\theta_1}^{\theta_2}\frac{1}{2}f'^2d\theta$$

(参看卷一, 3.2, d), 它是投影面积

$$\theta_1\leqslant\theta\leqslant\theta_2,\quad 0\leqslant r\leqslant f'(\theta)$$

的 $[\sqrt{2}+\log(1+\sqrt{2})]$ 倍.

练习 4.9

1. (a) 用柱坐标. 在圆锥的轴线上, 从顶点到底面路径的 3/4.
   (b) 在圆锥的轴线上, 从顶点到底面路径的 2/3.
2. $x=2x_0/3$, 而 $y=z=0$.
3. 设 (ξ,η,ζ) 是形心:

$$\xi=\frac{1}{V}\int_0^a\int_0^{b\left(1-\frac{x}{a}\right)}\int_0^{c\left(1-\frac{x}{a}-\frac{y}{b}\right)}xdzdydx,$$

其中 V 是在上述三重积分中用 1 代替被积函数 x 而得到的四面体体积. 积分得到 $\xi=a^2bc/24V$, 其中 $V=abc/b$, 因此, 根据代数对称性, $\xi=a/4,\eta=b/4,\zeta=c/4$.

4. (a) 用球坐标 $z=3\left(b^4-a^4\right)/8\left(b^3-a^3\right),x=y=0$.
   (b) 在 (a) 分题的解答中, 从分子和分母中约去因子 $b-a$ 并取极限.
5. $m\left(b^2+c^2\right)/3$.
6. 如果 μ 是密度,
   (a) $\pi\cdot\mu h\left(R^2-R'^2\right)$;
   (b) $2\pi\mu h\left(R-R'\right)\left[\frac{1}{4}\left(R+R'\right)+\frac{1}{3}h^2\right]$.
7. 应用球坐标、质量, $\frac{1}{3}\pi a^3\left[\mu_0+3\mu_1\right]$, 惯性矩, $4\pi a^5\left[\mu_0+\ 5\mu_1\right]/45$.
8. 作代换 $x=a\xi,y=b\eta,z=c\zeta$. 用在正文中给出的惯性矩表示式和椭球的对称性:
   (a) $\frac{4}{15}\pi abc\left(a^2+b^2\right)$;
   (b) $\frac{4}{15}\pi abc\left\{\left(1-\alpha^2\right)a^2+\left(1-\beta^2\right)b^2+\left(1-\gamma^2\right)c^2\right\}$.

9. 例如, 在 $A=\int_R (y^2+z^2)\,dV, B=\int_R (z^2+x^2)\,dV$ 和 $C=\int_R (x^2+y^2)\,dV$ 的情况下,

$$A+B=\int_R (x^2+y^2+2z^2)\,dV = C+\int_R 2z^2 dV > C.$$

10. 设 (ξ,η,ζ) 是射线上的一个点, 它到 0 点的距离为 $1/\sqrt{I}$. 点 (x,y,z) 到直线的距离平方是

$$x^2+y^2+z^2-(\xi x+\eta y+\zeta z)^2/\left(\xi^2+\eta^2+\zeta^2\right).$$

因此,

$$\begin{aligned} I &= \iiint_R \left[x^2+y^2+z^2-\frac{(\xi x+\eta y+\zeta z)^2}{\xi^2+\eta^2+\zeta^2}\right] dxdydz \\ &= \frac{1}{\xi^2+\eta^2+\zeta^2}. \end{aligned}$$

用 $\xi^2+\eta^2+\zeta^2$ 乘方程的两边, 我们得到一个 (ξ,η,ζ) 的正定二次型. 因此, 这个方程是椭球的方程.

11. $$\begin{aligned} &a^2(x-\xi)^2+b^2(y-\eta)^2+c^2(z-\zeta)^2 \\ &=\left\{a^2+b^2+c^2+5\left(\xi^2+\eta^2+\zeta^2\right)\right\}\times\left\{(x-\xi)^2+(y-\eta)^2+(z-\zeta)^2\right\}. \end{aligned}$$

12. $\left(\dfrac{1}{3},0,0\right)$.

13. $x=\dfrac{5a\left(2a^2+b^2+c^2\right)}{16\left(a^2+b^2+c^2\right)}$.

14. $I=(I_1+m_1r_1^2)+(I_2+m_2r_2^2)$, 其中 r_1 和 r_2 是过两部分各自的质心的轴到过质点组质心的轴之间的距离. 用 $m_1r_1=m_2r_2$ 和 $r_1+r_2=d$.

15. 点 (x,y,z) 与平面 $ux+vy+wz=-1$ 的距离由下式

$$\frac{ux+vy+wz+1}{\sqrt{u^2+v^2+w^2}}$$

给出. 因此, 椭球相对这个平面的惯性矩由下式

$$\frac{Au^2+Bv^2+Cw^2+V}{u^2+v^2+w^2}$$

给出. 其中 A,B,C 表示相对于坐标平面的惯性矩而 V 是椭球的体积, 即 $B=4ab^3c/15, C=4abc^3/15$ 和 $V=4abc/3$. 现在我们必须求这些平面的包络, 这个表达式等于 h. 包络由下列方程给出 $(A-h)u=\lambda x, (B-h)v=\lambda y, (C-h)w=\lambda z$, 其中 λ 表示一个公共乘子, 根据惯性矩的表示式和平面的方程发现 $\lambda=V$, 通过

平方这三个方程我们得到包络方程, 也就是

$$\frac{x^2}{h-A}+\frac{y^2}{h-B}+\frac{z^2}{h-C}=\frac{1}{V}.$$

16.

$$\frac{2\pi a^2 b\mu}{\sqrt{b^2-a^2}}\log\left\{\frac{1}{a}\left(b+\sqrt{b^2-a^2}\right)\right\},$$

其中 μ 是常数密度.

17. $2\pi\mu\int_a^b\sqrt{z^2+\{f(z)\}^2}dz-\pi\mu\left|b^2\pm a^2\right|$, 这里, 若原点在物体内部, 则取 "−" 号, 否则取 "+" 号.

18. 设 $\mathbf{X}$ 是物体中的一个变点, $\mathbf{O}$ 是物体的质心, 而 $\mathbf{Y}$ 是要计算其位势的空间的变点, 则在 $\mathbf{Y}$ 的位势是

$$U(\mathbf{Y})=\iiint\limits_S\frac{\mu dV}{|\mathbf{Y}-\mathbf{X}|}.$$

设 a 是 $|\mathbf{X}|$ 在 S 中的最大值, 则 $|\mathbf{X}|\leqslant a$ 并假设 $|\mathbf{Y}|>a$, 则, 如果 M 是物体的质量, 便有

$$\begin{aligned}\left|U(\mathbf{Y})-\frac{M}{|\mathbf{Y}|}\right|&=\left|\iiint\limits_S\mu\left(\frac{1}{|\mathbf{Y}-\mathbf{X}|}-\frac{1}{|\mathbf{Y}|}\right)dV\right|\\&\leqslant\iiint\mu\left|\frac{1}{|\mathbf{Y}-\mathbf{X}|}-\frac{1}{|\mathbf{Y}|}\right|dV\\&\leqslant\iiint\mu\frac{\mathbf{X}}{|\mathbf{Y}|(|\mathbf{Y}|-|\mathbf{X}|)}dV\end{aligned}$$

(因为根据三角不等式 $||\mathbf{Y}|-|\mathbf{Y}-\mathbf{X}||\leqslant|\mathbf{X}|$)

$$\begin{aligned}&\leqslant\iiint\mu\frac{a}{|\mathbf{Y}|(|\mathbf{Y}|-a)}dV\\&\leqslant\frac{2a}{|\mathbf{Y}|^2}\iiint\mu dV\end{aligned}$$

(这里我们假定 $|\mathbf{Y}|\geqslant 2a$)

$$\leqslant\frac{2aM}{|\mathbf{Y}|^2}.$$

19. 因为 $A-BR^2=\frac{5}{2}, A-\frac{3}{5}BR^2=\frac{11}{2}$, 我们有 $A=10, B=\frac{15/2}{R^2}$. 在内点处的引力等于将半径为 r 的球内的点的总质量集中于球中心所产生的引力.

20. 应用柱或球坐标.

21. 通过平移我们可以保证三角形落在上半平面, 因此它的惯性矩等于

$$\phi\left(x_1y_1, x_2y_2\right)+\phi\left(x_2y_2, x_3y_3\right)+\phi\left(x_3y_3, x_1y_1\right),$$

其中 $\phi\left(x_1y_1, x_2y_2\right)$ 表示顶点为 $\left(x_1, 0\right),\left(x_1, y_1\right),\left(x_2, 0\right)$ 的四边形的惯性矩乘以 $\left(x_1-x_2\right)$ 的符号, 然后证明

$$\phi\left(x_1y_1, x_2y_2\right)=\frac{1}{12}\left(x_1-x_2\right)\left(y_1^3+y_1^2y_2+y_1y_2^2+y_2^3\right).$$

22. $I=\int_1^2(y-4)dy\int_{(8y-20)/(y-4)}^{4/y}dx=12-16\log 2.$

23. 设 $f(\rho)$ 是与单位点电荷相应的电位, 在中心位于原点并具有单位电荷密度的薄球壳内的一点 $(0,0,z)$ 处的电位是

$$U(z)=\int_0^{2\pi}\int_0^{\pi}f(\rho)a^2\sin\theta d\theta d\varphi,$$

其中, 在被积函数中, 若 a 是球的半径, 则 ρ 由

$$\rho=\sqrt{a^2+z^2-2az\cos\theta}$$

给定, 如果 g 是这样一个函数, 使得 $g'(\rho)=\rho f(\rho)/z$, 这里 z 保持常数, 则

$$U(z)=2\pi ag(\rho)|_{\theta=0}^{\pi}=2\pi a[g(a+z)-g(a-z)].$$

因为对于 $|z|<a$ 力为 0, 我们得到

$$U'(z)=2\pi a\left[g'(a+z)+g'(a-z)\right]=0,$$

因此,

$$(a+z)f(a+z)=(a-z)f(a-z).$$

这是一个对一切正数 a 和具有 $|z|<a$ 的 z 都成立的关系, 引进新的自变量 $\xi,\eta,\xi=a+z,\eta=a-z$. 我们得到

$$\xi f(\xi)=\eta f(\eta)$$

对一切正数 ξ,η 成立, 因此 $\rho f(\rho)=C$, 其中 C 是常数, 因此, 我们得到

$$f(\rho)=\frac{C}{\rho}\quad(C=\text{常数}),$$

这就是逆平方引力定律的电位.

练习 4.11

1. 作替换 $x_1 = a_1\xi_1, \cdots, x_n = a_n\xi_n$: $\dfrac{\sqrt{\pi^n}}{\Gamma\left(\dfrac{n+2}{2}\right)} a_1 a_2 \cdots a_n$.

2. $I = \int \cdots \int \dfrac{f(x_1) + f(-x_1)}{\sqrt{1 - x_2^2 - \cdots - x_n^2}} dx_2 \cdots dx_n$, 积分区域取在 $x_2 \cdots x_n$ 空间中的 $n-1$ 维单位球的内部, 引进极坐标我们得到

$$I = \int_0^1 dr \int_{S(r)} \frac{f\left(\sqrt{1-r^2}\right) + f\left(-\sqrt{1-r^2}\right)}{\sqrt{1-r^2}} \sigma,$$

其中 $S(r)$ 表示在 $x_2 \cdots x_n$ 空间中, 中心为 0, 半径为 r 的球. 由于积分只与 r 有关,

$$I = \omega_{n-1} \int_0^1 \frac{f\left(\sqrt{1-r^2}\right) + f\left(-\sqrt{1-r^2}\right)}{\sqrt{1-r^2}} - r^{n-2} dr.$$

令 $y = \sqrt{1-r^2}$, 我们有

$$I = \omega_{n-1} \int_{-1}^{+1} f(y) \left(1 - y^2\right)^{(n-3)/2} dy.$$

3. $a_1 a_2 \cdots a_n / n!$.

练习 4.12

1. 令 $I_n(a) = \int_0^\infty x^n e^{-ax^2} dx$; 则 $I_n(a) = -I''_{n-2}(a)$, 这里撇 “$'$” 表示对 a 微商, 另外通过分部积分.

当 n 为奇数时, $\dfrac{1}{2}\left(\dfrac{n-1}{2}\right)!$;

当 n 为偶数时, $\sqrt{\pi}\dfrac{1 \cdot 3 \cdot \cdots \cdot (n-1)}{2^{(n+2)/2}}$.

2. 通过分部积分, 对于 $y \leqslant 0$, 发散; 对于 $y > 0, F(y) = 0$.

3. 用关系式

$$\frac{1}{z}\left(f_x \cos\phi + f_y \sin\phi\right)$$

$$= f_{xx} \sin^2\varphi - 2f_{xy} \sin\phi \cos\phi + f_{yy} \cos^2\varphi + \frac{1}{z}\frac{d}{d\varphi}\left(f_x \sin\phi - f_y \cos\phi\right).$$

4. 对 u_{xx} 分部积分两次 (在 $p < 5/2$ 情况下, 需要特别小心).

5. 作变量代换 $\xi = \alpha x + \beta y, \eta = \gamma x + \delta y$, 这里选择 $\alpha, \beta, \gamma, \delta$ 使得 $\xi^2 + \eta^2 = ax^2 + 2bxy + cy^2$, 那么 $(\alpha\delta - \beta\gamma)^2 = ac - b^2$, 而且积分变为

$$\frac{1}{\sqrt{ac-b^2}}\int_{-\infty}^{+\infty}\int_{-\infty}^{+\infty}e^{-\left(\xi^2+\eta^2\right)}d\xi d\eta,$$

$$ac-b^2=\pi^2,\quad a>0.$$

6. 作与第 5 题同样的代换, 并计算所得到的积分. (a) 利用第 1 题的结果; (b) 引进极坐标.

(a) $\dfrac{\pi(aC+cA+2bB)}{\left(ac-b^2\right)^{3/2}}$.　　(b) $\dfrac{\pi}{\left(ac-b^2\right)^{1/2}}$.

7. 对 x 微商并分部积分得到

$$\begin{aligned}J_0' &= -\frac{1}{\pi}\int_{-1}^{1}\sin xt\frac{tdt}{\sqrt{1-t^2}}\\ &= -\frac{x}{\pi}\int_{-1}^{1}\sqrt{1-t^2}\cos xtdt.\end{aligned}$$

对此表示式的第一个对 x 微商得到

$$J_0''=-\frac{1}{\pi}\int_{-1}^{1}\frac{t^2}{\sqrt{1-t^2}}\cos xtdt.$$

现在合并在被积函数中具有余弦因子的积分表示式.

8. 将答案与第 7 题比较.

9. (a) 通过形成 $K'(a)$, 这里 "$'$" 表示对 a 微商, 并分部积分两次, (取 xe^{-ax^2} 作为一个因子), 我们有

$$K'(a)=-K(a)/2a+K(a)/4a^2,$$

即

$$K(a)=Ca^{-1/2}e^{-1/4a},$$

这里 C 由

$$C=\lim_{a\to\infty}\sqrt{a}K(a)=\lim_{a\to\infty}\int_0^{\infty}e^{-t^2}\cos\frac{t}{\sqrt{a}}dt=\frac{1}{2}\sqrt{\pi}$$

给出, 故

$$K(a)=\frac{1}{2}\sqrt{\frac{\pi}{a}}e^{-1/4a}.$$

(b) 将公式 $t/\left(1+t^2\right)=\displaystyle\int_0^{\infty}e^{-tx}\cos xdx$ 关于 t 从 a 到 b 积分

$$\frac{1}{2}\log\frac{1+a^2}{1+b^2}.$$

(c) 在 $I'(a)$ 的表示式中作变量替换 $x = \dfrac{1}{t}$, 证明 $I' = -2I$. 于是 $I = Ce^{-2a}$, 这里 $C = \lim\limits_{a\to 0} I = \int_0^\infty e^{-x^2}dx$.

$$\frac{1}{2}\sqrt{\pi}e^{-2a}.$$

(d) 代换 J_0 的积分表示式并改变积分次序, 用公式 $a\sin ax\cos bxt = \sin(a+bt)x + \sin(a-bt)x$; 参看第四章, 4.12 节的

$$\int_0^\infty \frac{\sin xy}{y}dy$$

的表示式.

当 $a > b, \pi/2$; 当 $a < b, \arcsin a/b$.

10. 令 $\sin^2 ax = (1-\cos 2ax)/2$. 与卷一 3.15 节练习第 8 题和第 9 题 (b) 相比较.

11. 存在某一个 $\varepsilon > 0$ 使得对每一个 A, 存在 $A' > A$ 使得

$$\left|\int_{A'}^\infty f(x,y)dy\right| \geqslant \varepsilon$$

对 x 的某一个值成立.

练习 4.13

1. (a) $iC\left(e^{-ia\tau}-1\right)/\sqrt{2\pi}\tau$.

(b) $1/\sqrt{2\pi}(a+i\tau)$.

(c) 根据练习 4.12 第 8 题, $J_n(x)/x^n$ 是函数

$$f(x) = \begin{cases} \dfrac{n!2^n}{\sqrt{2\pi(2n!)}}\left(1-t^2\right)^{n-1}, & |x| < 1, \\ 0, & |x| > 1 \end{cases}$$

的傅里叶变换, 因此, 按傅里叶积分定理 $f(-t) = f(t)$ 是 $J_n(x)$ 的傅里叶变换.

练习 4.14

1. 根据 (97b),

$$\Gamma\left(n+\frac{1}{2}\right) = \frac{2n(2n-1)(2n-2)\cdots 3\cdot 2\cdot 1\sqrt{\pi}}{2^n(2n)(2n-2)\cdots 2},$$

它直接给出所要的结果.

2. 根据 (97a)

$$\Gamma\left(n+\frac{1}{2}\right)\Gamma\left(\frac{1}{2}-n\right)=\frac{\pi}{\sin\pi\left(n+\dfrac{1}{2}\right)}=(-1)^n\pi,$$

再代入 (97b) 的结果得到

$$\Gamma\left(\frac{1}{2}-n\right)=\frac{(-2)^n\sqrt{\pi}}{1\cdot 3\cdot 5\cdots(2n-1)}.$$

3. 根据 (98d),

$$\begin{aligned}\mathrm{B}(x,x)&=2\int_0^{\pi/2}\frac{(\sin 2t)^{2x-1}}{2^{2x-1}}dt\\&=\int_0^{\pi}\frac{(\sin s)^{2x-1}}{2^{2x-1}}dx\quad(s=2t)\\&=2\int_0^{\pi/2}\frac{(\sin s)^{2x-1}}{2^{2x-1}}ds=2^{1-2x}\mathrm{B}\left(x,\frac{1}{2}\right).\end{aligned}$$

4. 在此积分中设 $s=t^x$, 得到

$$\begin{aligned}I&=\frac{1}{x}\int_0^1 s^{(1/x)-1}(1-s)^{-1/2}ds\\&=\frac{1}{x}\mathrm{B}\left(\frac{1}{x},\frac{1}{2}\right)=\frac{1}{x}\frac{\Gamma\left(\dfrac{1}{x}\right)\Gamma\left(\dfrac{1}{2}\right)}{\Gamma(1/x+1/2)}.\end{aligned}$$

5. 在积分

$$I=\int_0^1\frac{x^2}{\sqrt{1-x^2}}dx$$

中, 令 $t=x^2$, 得到

$$\begin{aligned}I&=\frac{1}{2}\int t^{(\alpha-1)/2}(1-t)^{-1/2}dt=\frac{1}{2}\mathrm{B}\left(\frac{\alpha+1}{2},\frac{1}{2}\right)\\&=2^{\alpha-1}\mathrm{B}\left(\frac{\alpha+1}{2},\frac{\alpha+1}{2}\right),\end{aligned}$$

这里最后一个等号用了第 3 题的结果.

(a) 对于 $\alpha=2n+1$, 这给出

$$I=2^{2n}\frac{\Gamma(n+1)\Gamma(n+1)}{\Gamma(2n+2)}=\frac{2^{2n}(n!)^2}{(2n+1)!}.$$

(b) 对于 $\alpha = 2n$, 借助第 1 题的结果, 我们得到

$$I = 2^{2n-1}\frac{\Gamma\left(n+\dfrac{1}{2}\right)\Gamma\left(n+\dfrac{1}{2}\right)}{\Gamma(2n+1)}$$

$$= 2^{2n-1}\left[\frac{(2^n)!\sqrt{\pi}}{n!4^n}\right]^2/(2n)!,$$

它直接给出所要的结果.

6. 令 $x^m = a^m h\xi/c, y^m = b^m h\eta/c, z = h\zeta$, 得到体积分

$$V = \frac{abh}{m^2}\left(\frac{h}{c}\right)^{2/m}\int_0^1\int_0^{1-\xi}\int_{\xi+\eta}^1 \xi^{(1/m)-1}\eta^{(1/m)-1}d\zeta d\eta d\xi.$$

然后对 ζ 和 η 积分立即得到

$$V = \frac{abh}{m}\left(\frac{h}{c}\right)^{2/m}\left[\mathrm{B}\left(\frac{1}{m},\frac{1}{m}+1\right)-\mathrm{B}\left(\frac{1}{m}+1,\frac{1}{m}+1\right)\right.$$

$$\left.-\frac{1}{m+1}\mathrm{B}\left(\frac{1}{m},\frac{1}{m}+2\right)\right]$$

$$= abh\left(\frac{h}{c}\right)^{2/m}\mathrm{B}\left(\frac{1}{m}+1,\frac{1}{m}+1\right).$$

7. 令 $x^2 = a^2\xi, y^2 = b^2\eta, z^2 = c^2\zeta$, 把积分化成

$$I = \frac{a^p b^q c^r}{8}\iiint f(\xi+\eta+\zeta)\xi^{(p/2)-1}\eta^{(q/2)-1}\zeta^{(r/2)-1}d\xi d\eta d\zeta.$$

积分区域是整个四面体, 这个四面体由坐标平面和平面 $\xi+\eta+\zeta=1$ 围成, 用满足 $\zeta = t-\xi-\eta$ 的新变量 t 代替 ζ, 得到

$$I = \frac{a^p b^q c^r}{8}\int_0^1\int_0^t\int_0^{t-\eta} f(t)\xi^{(p/2)-1}\eta^{(q/2)-1}(t-\xi-\eta)^{(r/2)-1}d\xi d\eta dt$$

$$= \frac{a^p b^q c^r}{8}\int_0^1\int_0^t f(t)\eta^{(q/2)-1}(t-\eta)^{(p/2)+(r/2)-1}$$

$$\times\int_0^1 u^{(p/2)-1}(1-u)^{(r/2)-1}du d\eta dt,$$

这里我们已经令 $\xi = (t-\eta)u$, 于是

$$I = \frac{a^p b^q c^r}{8}\mathrm{B}\left(\frac{p}{2},\frac{r}{2}\right)\int_0^1\int_0^t f(t)\eta^{(q/2)-1}(t-\eta)^{(p/2)+(r/2)-1}d\eta dt.$$

现在在此式中令 $\eta = tv$, 我们得到

$$I=\frac{a^pb^qc^r}{8}\mathrm{B}\left(\frac{p}{2},\frac{r}{2}\right)\mathrm{B}\left(\frac{q}{2},\frac{p+r}{2}-1\right)\int_0^1 f(t)t^{(p+q+r)/2-1}dt,$$

它直接给出所要的结果. 注意一般结果蕴涵于以前出现过的下式中

$$\begin{aligned}J&=\iiint f(\xi+\eta+\zeta)\xi^{\alpha-1}\eta^{\beta-1}\zeta^{\gamma-1}d\xi d\eta d\zeta\\&=\frac{\Gamma(\alpha)\Gamma(\beta)\Gamma(\gamma)}{\Gamma(\alpha+\beta+\gamma)}\int_0^1 f(t)t^{\alpha+\beta+\gamma-1}dt,\end{aligned}$$

这里三重积分取在被平面 $\xi+\eta+\zeta=1$ 所界的正卦限上, 许多积分能导致这个形式, 正如下面练习所看到的那样.

8. 令 $x=a\xi^n, y=b\eta^n, z=c\zeta^n$, 得到

$$\overline{x}=\frac{a\iiint \xi^{2n-1}\eta^{n-1}\zeta^{n-1}d\xi d\eta d\zeta}{\iiint \xi^{n-1}\eta^{n-1}\zeta^{n-1}d\xi d\eta d\zeta},$$

这里积分是取在被平面 $\xi+\eta+\zeta=1$ 所界的整个正卦限上, 而且具有在第 7 题解答中的积分 J 的形式, 因此,

$$\overline{x}=\frac{3a}{4}\frac{\Gamma(2n)\Gamma(3n)}{\Gamma(n)\Gamma(4n)}.$$

9. 令 $x=R\xi^{2/3}, y=R\eta^{3/2}$, 得到

$$I=4\iiint x^2dxdy=9R^4\iint \xi^{7/2}\eta^{1/2}d\xi d\eta,$$

这里后面的二重积分取在 ξ,η 平面上, 以直线 $\xi+\eta=1$ 为界的整个第一象限, 如在第 8 题中那样, 这给出

$$I=2R^4\mathrm{B}\left(\frac{11}{2},\frac{3}{2}\right)=\frac{21}{2^9}\pi R^4.$$

10. 如在第 7 题中那样, 通过 $x_0=t-x_1-\cdots-x_n$ 代替 x_0, 则

$$\begin{aligned}I=&\int_0^1\int_0^{1-x_0}\cdots\int_0^{1-x_0-\cdots-x_{k-1}}\cdots\\&\times\int_0^{1-x_0-\cdots-x_{n-1}} f\left(x_0+\cdots+x_n\right)x_0^{a_0-1}\cdots x_n^{a_n-1}\\&\times dx_n\cdots dx_k\cdots dx_1dx_0\\=&\int_0^1\int_0^t\cdots\int_0^{t-x_1-\cdots-x_{k-1}}\int_0^{t-x_1-\cdots-x_{n-2}} x_1^{a_1-1}\cdots x_{n-1}^{a_{n-1}-1}f(t)\end{aligned}$$

$$\times \int_0^{t-x_1-\cdots-x_{n-1}} x_n^{a_{n-1}} (t-x_1-\cdots-x_n)^{a_0-1}$$
$$\times dx_n dx_{n-1}\cdots dx_k \cdots dx_1 dt.$$

在对 x_n 的积分中, 令 $x_n=(t-x_1-\cdots-x_{n-1})\,u_n$, 它给出

$$\int_0^{t-x_1-\cdots-x_{n-1}} x_n^{a_n-1}(t-x_1-\cdots-x_n)^{a_0-1}dx_n$$
$$=(t-x_1-\cdots-x_{n-1})^{a_0+a_n-1}\int_0^1 u_n^{a_n-1}(1-u_n)^{a_0-1}du_n$$
$$=(t-x_1-\cdots-x_{n-1})^{a_0+a_n-1}\mathrm{B}(a_n,a_0).$$

对 $x_k=(t-x_1-\cdots-x_{k-1})\,u_k, k=2,\cdots,n$ 而 $x_1=tu_1$, 重复这个过程, 我们最后得到

$$I=\mathrm{B}(a_n,a_0)\,\mathrm{B}(a_n-1,a_n+a_0)\cdots\mathrm{B}(a_1,a_2+\cdots$$
$$+a_n+a_0)\int_0^1 f(t)t^{a_0+\cdots+a_n-1}dt,$$

它直接给出所要的结果.

11. 证明对于按照第四章, 公式 (86e) 右边极限号后面的表示式定义的 $G_n(x)$, 有

$$G_{2n}(2x)=\frac{1}{2}\cdot 2^{2x}G_n(x)G_n\left(x+\frac{1}{2}\right)\frac{(2n)!\sqrt{n}}{2^{2n}(n!)^2};$$

然后令 $n\to\infty$ 并应用沃利斯公式 (卷一, 第 243 页).

12. (a) 设 $u=\alpha-p, v=\beta-q$. 重复地对 $D^{-u}f(x)$ 进行分部积分, 我们得到

(i) $$D^{-u}f(x)=\frac{f(0)x^u}{\Gamma(u+1)}+\cdots+\frac{f^{(p-1)}(0)x^{u+p-1}}{\Gamma(u+p)}$$
$$+\frac{1}{\Gamma(u+p)}\int_0^x (x-t)^{u+p-1}f^{(p)}(t)dt.$$

注意在 0 点的导数为零并对 x 微商 p 次, 然后我们求得

(ii) $$g(x)=D^{\alpha}f(x)=\frac{d^p}{dx^p}\left[D^{-u}f(x)\right]=D^{-u}f^p(x)$$
$$=\frac{1}{\Gamma(u)}\int_0^x (x-t)^{u-1}f^{(p)}(t)dt.$$

进一步分部积分给出

$$g(x)=\frac{f^{(p)}(0)x^n}{\Gamma(u+1)}+\cdots+\frac{f^{(p+q+1)}(0)x^{u+q-1}}{\Gamma(u+q)}$$

$$+\frac{1}{\Gamma(u+1)}\int_0^x (x-t)^{u+q-1} f^{(p+q)}(t)dt.$$

因为 f 在原点的导数为 0, 所以我们求得

$$\begin{aligned}
D^{-v}D^{\alpha}f(x) =&D^{-v}g(x)\\
=&\int_0^x \frac{(x-t)^{v-1}}{\Gamma(v)}\int_0^t \frac{(t-s)^{u+q-1}f^{(p+q)}(s)}{\Gamma(u+q)}dsdt\\
=&\frac{1}{\Gamma(v)\Gamma(u+q)}\int_0^x f^{(p+q)}(s)\\
&\times\int_0^x (x-t)^{v-1}(t-s)^{u+q-1}dtds.
\end{aligned}$$

我们通过引进新的积分变量 $z=(t-s)/(x-s)$ 计算其内层积分, 得到

$$\begin{aligned}
D^{-v}D^{\alpha}f(x) &= \frac{\mathrm{B}(u+q,v)}{\Gamma(v)\Gamma(u+q)}\int_0^x (x-s)^{u+v+q-1}f^{(p+q)}(s)ds\\
&= \frac{1}{\Gamma(u+v+q)}\int_0^x (x-s)^{u+v+q-1}f^{(p+q)}(s)ds.
\end{aligned}$$

现在, 微商 q 次我们得到

(iii) $\quad D^{\beta}D^{\alpha}f(x) = D^{q}D^{-v}g(x)$

$$= \frac{1}{\Gamma(u+v)}\int_0^x (x-s)^{u+v-1}f^{(p+q)}(s)ds.$$

这最后结果对 u 和 v 是对称的, 因此它与所作用的运算 D^{α} 和 D^{β} 的顺序无关, 所以,

$$D^{\alpha}D^{\beta}f(x) = D^{\beta}D^{\alpha}f(x).$$

(b) 设 r 是比 $\alpha+\beta$ 大的最小整数, $w=\gamma-\alpha-\beta$, 则 (ii) 给出

$$D^{\alpha+\beta}f(x) = \frac{1}{\Gamma(w)}\int_0^x (x-t)^{w-1}f^{(r)}(t)dt,$$

若 $u+v\leqslant 1$, 则 $r=p+q, w=u+v$, 而且这个积分是与对于 $D^{\beta}D^{\alpha}f(x)$ 在 (iii) 中得到的积分是一样的, 然而, 若 $1<u+v\leqslant 2$, 则 $w=u+v-1$ 和 $r=p+q-1$, 现在我们只对表达式 (i) 求直到 $r-1$ 阶的导数, 即

$$D^{-w}f(x) = \frac{1}{\Gamma(w+r-1)}\int_0^x (x-t)^{w+r-2}f^{(r-1)}(t)dt,$$

并对 x 微商 $r-2$ 次得到

$$D^{r-2}D^{-w}f(x) = D^{\alpha+\beta-2}f(x)$$

$$
\begin{aligned}
&= \frac{1}{\Gamma(w+1)} \int_0^x (x-t)^w f^{(r-1)}(t)dt \\
&= \frac{1}{\Gamma(u+v)} \int_0^x (x-t)^{u+v-1} f^{(p+q)}(t)dt.
\end{aligned}
$$

于是, 在这种情况下, $D^\alpha D^\beta f(x) \neq D^{\alpha+\beta} f(x)$.

第 五 章

练习 5.2

1. (a) $-b/2\alpha^2\beta^2$.

(b) 0.

(c) 0.

4. 记 $d(u,v)/d(x,y) = (uv_y)_x - (uv_x)_y = \operatorname{curl}(u \operatorname{grad} v)$.

练习 5.7

1. 注意 $\boldsymbol{\xi} = \mathbf{X}_u + \mathbf{X}_v, \boldsymbol{\eta} = \mathbf{X}_u - \mathbf{X}_v$.

2. 将外法线方向 $\mathbf{X}_r$ 与由 $\mathbf{X}_\theta \times \mathbf{X}_\phi$ 所表示的法线方向进行比较.

3. (a) 直线 $V = a/2$ 划分 S 为一部分 S', 由 $a/2 < V < a$ 给定 (或者, 等价地由 $-a < V < -a/2$ 给定) 并且由 $\boldsymbol{\xi} = \mathbf{X}_u, \boldsymbol{\eta} = \mathbf{X}_v$ 定向, 以及另外一部分 S'' 由 $-a/2 < V < a/2$ 给定, 它刚好是另一条默比乌斯带.

(b) S_1 是可以用形式 (40a) 来表示的, 在 V 被限制在区间 $0 < V < a$ 的情况下, 显然地, 在 S_1 上任何两个点能被在 S_1 上的曲线连接, 这也就是在参数平面上连接对应点 (u,v) 的直线段的像.

(c) S_1 被 $\boldsymbol{\xi} = \mathbf{X}_u, \boldsymbol{\eta} = \mathbf{X}_v$ 定向的.

4. 我们容易验证 $\mathbf{R}(t)$ 有长度 $|\boldsymbol{\xi}|$ 而且线性依赖于 $\boldsymbol{\xi}, \boldsymbol{\eta}$ 从而落在 π 上, 此外 $\mathbf{R}(t) \cdot \boldsymbol{\xi}/|\boldsymbol{\xi}|^2 = \cos t$, 向量 $\mathbf{R}(t)$ 当 $t = 0$ 时与 $\boldsymbol{\xi}$ 一致, 而对于 0 到 180° 之间的某些 t, 即按如下关系确定的 t, 有 $\boldsymbol{\eta}$ 的方向.

$$
\cos t = b/\sqrt{ac}, \quad \sin t = \sqrt{1 - b^2/ac}.
$$

练习 5.9a

1. $\displaystyle\iint \frac{z}{\rho} ds = \left(\frac{1}{a^2} + \frac{1}{b^2} + \frac{2}{c^2}\right) \iiint z dx dy dz.$

这里体积分展布到整个椭球的上半部 (这上半椭球的底面对曲面积分没有贡献):

$$\frac{\pi}{4}\left(\frac{1}{a^2}+\frac{1}{b^2}+\frac{2}{c^2}\right)abc^2.$$

2. 因为 H 是四次调和函数, 我们有

$$\begin{aligned}4\iint Hds &= \iint (xH_x+yH_y+zH_z)\,ds\\&=\iint \frac{\partial H}{\partial n}ds=\iiint \Delta H dxdydz\\&=6\iiint \left[x^2(2a_1+a_4+a_6)+y^2(2a_2+a_4+a_5)\right.\\&\quad\left.+z^2(2a_1+a_2+a_6)\right]dxdydz\\&\quad\frac{4}{5}\pi(a_1+a_2+a_3+a_4+a_5+a_6).\end{aligned}$$

练习 5.9e

1. (a) 比较第 174 页练习 2.4 第 8 题.

(c) 设 R 是任意区域并且 v 是任意一个在 R 的边界上为 0 的函数, 则按照格林第一公式

$$\begin{aligned}&\iiint\limits_R (u_{x_1}v_{x_1}+u_{x_2}v_{x_2}+u_{x_3}v_{x_3})\,dx_1dx_2dx_3\\&=-\iiint\limits_R v\Delta u dx_1dx_2dx_3\\&=-\iiint\limits_R v\Delta u\sqrt{e_1e_2e_3}dp_1dp_2dp_3.\end{aligned}$$

现在

$$\begin{aligned}u_{x_1}&=u_{p_1}\frac{\partial p_1}{\partial x_i}+u_{p_2}\frac{\partial p_2}{\partial x_i}+u_{p_3}\frac{\partial p_3}{\partial x_i}\\&=u_{p_1}\frac{a_{i1}}{e_1}+u_{p_2}\frac{a_{i2}}{e_2}+u_{p_3}\frac{a_{i3}}{e_3},\end{aligned}$$

而

$$v_{x_i}=v_{p_1}\frac{a_{i1}}{e_1}+v_{p_2}\frac{a_{i2}}{e_2}+v_{p_3}\frac{a_{i3}}{e_3},$$

因此,

$$\iiint\limits_R (u_{x_1}v_{x_1}+u_{x_2}v_{x_2}+u_{x_3}v_{x_3})\,dx_1dx_2dx_3$$

$$= \iiint \left(\frac{1}{e_1} u_{p_1} v_{p_1} + \frac{1}{e_2} u_{p_2} v_{p_2} + \frac{1}{e_3} u_{p_3} v_{p_3} \right) dx_1 dx_2 dx_3$$
$$= \iiint \left(\sqrt{\frac{e_2 e_3}{e_1}} u_{p_1} v_{p_1} + \sqrt{\frac{e_3 e_1}{e_2}} u_{p_2} v_{p_2} + \sqrt{\frac{e_1 e_2}{e_3}} u_{p_3} v_{p_3} \right) dp_1 dp_2 dp_3,$$
$$= \iiint (u_1 v_{p_1} + u_2 v_{p_2} + u_3 v_{p_3}) \, dp_1 dp_2 dp_3.$$

这里我们记 $u_i = \dfrac{\sqrt{e_1 e_2 e_3}}{e_i} u_{p_i}$.

把高斯定理应用到向量 $(u_1 v, u_2 v, u_3 v)$ 上去, 我们得到

$$-\iiint \left(\frac{\partial u_1}{\partial p_1} + \frac{\partial u_2}{\partial p_2} + \frac{\partial u_3}{\partial p_3} \right) v dp_1 dp_2 dp_3,$$

于是对于任何一个在 R 的边界上为 0 的 v, 我们有

$$\iiint v \Delta u \sqrt{e_1 e_2 e_3} dp_1 dp_2 dp_3$$
$$= \iiint v \left(\frac{\partial u_1}{\partial p_1} + \frac{\partial u_2}{\partial p_2} + \frac{\partial u_3}{\partial p_3} \right) dp_1 dp_2 dp_3,$$

因而

$$\Delta u = \left(\frac{\partial u_1}{\partial p_1} + \frac{\partial u_2}{\partial p_2} + \frac{\partial u_3}{\partial p_3} \right) \frac{1}{\sqrt{e_1 e_2 e_3}}$$
$$= \frac{1}{\sqrt{e_1 e_2 e_3}} \left[\frac{\partial}{\partial p_1} \left(\sqrt{\frac{e_2 e_3}{e_1}} \frac{\partial u}{\partial p_1} \right) \right.$$
$$\left. + \frac{\partial}{\partial p_2} \left(\sqrt{\frac{e_3 e_1}{e_2}} \frac{\partial u}{\partial p_2} \right) + \frac{\partial}{\partial p_3} \left(\sqrt{\frac{e_1 e_2}{e_3}} \frac{\partial u}{\partial p_3} \right) \right].$$

(d) 用第三章的练习 3.3d 第 9 题 (c),

$$\frac{1}{4} (t_2 - t_1)(t_3 - t_1)(t_3 - t_2) \Delta u$$
$$= (t_3 - t_2) \sqrt{\phi(t_1)} \frac{\partial}{\partial t_1} \left(\sqrt{\phi(t_1)} \frac{\partial n}{\partial t_1} \right)$$
$$+ (t_3 - t_1) \sqrt{-\phi(t_2)} \frac{\partial}{\partial t_2} \left(\sqrt{-\phi(t_2)} \frac{\partial u}{\partial t_2} \right)$$
$$+ (t_2 - t_1) \sqrt{\phi(t_3)} \frac{\partial}{\partial t_3} \left(\sqrt{\phi(t_3)} \frac{\partial u}{\partial t_3} \right),$$

其中 $\phi(x) = (a - x)(b - x)(c - x)$.

练习 5.10a

1. (a)
$$I=-\iint\limits_{y^2+z^2<1/4}(zx_z+x)\,dydz,$$
其中
$$x=\sqrt{1-y^2-z^2}.$$

(b)
$$I=\int_{\partial S^*}L=-x\int_{\partial S^*}ydz=-\frac{1}{2}\int_0^{2\pi}\frac{3}{4}\cos^2\theta d\theta=-\frac{3}{8}\pi.$$

练习 5.10b

2. 如果 (ξ,η) 和 (x,y) 分别是 π 和 p 上的直角坐标, 则点 $M(x,y)$ 的运动可通过下列方程描写
$$\xi=x\cos\phi-y\sin\varphi+a,\quad \eta=x\sin\phi+y\cos\phi+b$$
(也就是通过旋转和平移), 因此,
$$S(M)=A\left(x^2+y^2\right)+Bx+Cy+D.$$

(α) 若 $A=n\pi\neq0$, 我们有 $S(M)=n\pi\left[(x-x_0)^2+(y-y_0)^2\right]+S(C)$, 这里 C 是点 $x=x_0=-B/2n\pi,y=y_0=-C/2n\pi$, 因此, A,B,C,D 取第 1 题中的值.

(β_1) 若 $A=n\pi=0$ 但 $B^2+C^2>0$, 则
$$S_M=\sqrt{B^2+C^2}\frac{Bx+Cy+D}{\sqrt{B^2+C^2}}=\lambda d(M),$$
其中 $\lambda=\sqrt{B^2+C^2}$, 这时 Δ 是直线 $Bx+Cy+D=0$.

(β_2) 若 $A=B=C=0$, 我们有 $S(M)=D=$ 常数.

3. 对于刚性地贴在连杆 AB 上的平面 P 的运动, 我们有 $n=0,S(A)=0,S(B)=\pi\overline{CB^2}=\pi r^2$. 因此, Δ 通过 A 而且根据对称性, Δ 在 A 点与 AB 垂直. 于是 $S(M)=\pi r^2e^{-1}d(M)$, 这里 $l=\overline{AB}$.

4. 对于刚性地贴在弦 AB 的平面 P 的运动, 我们有 $n=1$, $S(A)=S(B)=S=\Gamma$ 的面积, 因此, 斯坦纳定理的点 C 是与 A 和 B 等距的, 而且 $S(A)=\pi\overline{CA^2}+S(C)$, $S(M)=\pi\overline{CM^2}+S(C)$; 因此, $S(A)-S(M)=\Gamma$ 的面积 $-\Gamma'$ 的面积 $=\pi\left(\overline{CA^2}-\overline{CM}^2\right)=\pi ab$.

5. 若 l 是 Γ 的长度, 弗勒内公式 (185 页练习 2.5, 第 16 题) 给出:

$$\int \frac{\mathbf{n}}{\rho} ds = \int \frac{\xi_2}{\rho} ds = \int \boldsymbol{\xi}_1 ds = \int \frac{d^2\mathbf{x}}{ds^2} ds = \mathbf{0};$$

$$\int \frac{\mathbf{x} \times \mathbf{n}}{\rho} ds = \int \mathbf{x} \times \boldsymbol{\xi}_1 ds = \mathbf{x} \times \boldsymbol{\xi}_1 |_0^l - \int \mathbf{x} \times \boldsymbol{\xi}_1 ds$$

$$= -\int \boldsymbol{\xi}_1 \times \boldsymbol{\xi}_1 ds = \mathbf{0}.$$

6. 设 $\mathbf{n}' = (\alpha, \beta, \gamma), \mathbf{x} = (x, y, z)$, 如果在高斯公式

$$\iint (a\alpha + b\beta + c\gamma) d\sigma$$

$$= -\iiint \left(\frac{\partial a}{\partial x} + \frac{\partial b}{\partial y} + \frac{\partial c}{\partial z} \right) dxdydz$$

中, 我们代入 $a = 1, b = c = 0$, 以及 $a = 0, b = -z, c = y$, 我们分别得到 $\iint \alpha d\sigma = 0$ 和 $\iint (y\gamma - z\beta) d\sigma = 0$.

7. 取直角坐标 (x, y, z) 使得 $z = 0$ 是流体的自由水平表面, 并且 Oz 指向下. 在 $d\sigma$ 上的压力为 $\mathbf{n}zd\sigma$, 其中 z 是 $d\sigma$ 的深度. 通过反复应用三维高斯公式, 在函数 a, b, c 明显选择的情况下, 我们求得流体压力合力的分量

$$\iint \alpha z d\sigma = 0, \quad \iint \beta z d\sigma = 0,$$

$$\iint \gamma z d\sigma = -\iint dxdydz = -V.$$

再次用高斯公式我们求得关于原点的合力矩的分量.

$$\iint \left(yzr - z^2\beta \right) d\sigma = \iiint ydxdydz = Vy_0,$$

$$\iint \left(z^2\alpha - xz\gamma \right) d\sigma = -\iiint xdxdydz = -Vx_0,$$

$$\iint (xz\beta - yz\alpha) d\sigma = 0$$

((x_0, y_0, z_0) 是形心 C 的坐标). 现在我们注意到力 $\mathbf{f}$ 的分量是 $0, 0, -V$, 而且它们相对于原点的力矩的分量是 $V_{y_0}, -V_{x_0}, 0$.

8. 根据椭球面的参数方程

$$x = a \cos u \cos v, \quad y = b \sin u \cos v, \quad z = c \sin v$$

$$\left(0 \leqslant u < 2\pi, -\frac{\pi}{2} \leqslant v < \frac{\pi}{2} \right),$$

我们容易得到公式

$$pds = abc\cos v dudV, \quad \frac{ds}{p} = \frac{D^2 dudv}{abc\cos v},$$

其中 $D^2 = b^2c^2\cos^2 u\cos^2 v + a^2c^2\sin^2 u\cos^2 v + a^2b^2\sin^2 v\cos^2 v$.

10. 这个积分表示平面 $z=0$ 对着点 $M=(0,0,1)$ 所张的平面立体角. 为了直接地解析证明, 利用平面极坐标.

12. 验证恒等式

$$\frac{\partial}{\partial x}\left(\frac{a-x}{\gamma^3}\right) + \frac{\partial}{\partial y}\left(\frac{b-y}{\gamma^3}\right) + \frac{\partial}{\partial z}\left(\frac{c-z}{\gamma^3}\right) = 0,$$

$$r^2 = (x-a)^2 + (y-b)^2 + (z-c)^2,$$

对于一切异于 (a,b,c) 的点 (x,y,z) 成立. 根据三维高斯公式, 我们得出结论: (i) 如果 Σ 是闭曲面, $A=(a,b,c)$ 在由 Σ 所围的体积外边, 则 $\varOmega=0$; (ii) 如果 A 在 Σ 内部则积分值与 Σ 的形状无关, 将中心在 A 的球面取为 Σ, 我们容易证明 $\varOmega=4\pi$.

13. 对 γ 用 r 写出的积分,

$$\frac{\partial\varOmega}{\partial a} = \iint_{\Sigma} \frac{\partial}{\partial a}\left(\frac{a-x}{\gamma^3}\right)dydz + \frac{\partial}{\partial a}\left(\frac{b-x}{\gamma^3}\right)dzdx + \frac{\partial}{\partial a}\left(\frac{c-z}{\gamma^3}\right)dxdy$$

是与 Σ 无关的, 而且仅依赖于 Σ 的边界 Γ, 因为在第 12 题的答案中给出的恒等式蕴涵着

$$\frac{\partial}{\partial x}\left[\frac{\partial}{\partial a}\left(\frac{a-x}{\gamma^3}\right)\right] + \frac{\partial}{\partial y}\left[\frac{\partial}{\partial a}\left(\frac{b-y}{\gamma^3}\right)\right] + \frac{\partial}{\partial z}\left[\frac{\partial}{\partial a}\left(\frac{c-z}{\gamma^3}\right)\right] = 0.$$

根据斯托克斯定理 (第 5 章的讨论), $\dfrac{\partial\varOmega}{\partial a}$ 的曲面积分表示式可以表为沿着 Γ 的线积分 $\displaystyle\int udx + vdy + wdz$, 验证函数

$$u = 0, \quad v = \frac{z-c}{\gamma^3}, \quad w = -\frac{y-b}{\gamma^3},$$

满足恒等式

$$\frac{\partial w}{\partial y} - \frac{\partial w}{\partial z} = \frac{\partial}{\partial a}\left(\frac{a-x}{\gamma^3}\right), \quad \frac{\partial u}{\partial z} - \frac{\partial w}{\partial x} = \frac{\partial}{\partial a}\left(\frac{b-y}{\gamma^3}\right),$$

$$\frac{\partial v}{\partial x} - \frac{\partial u}{\partial y} = \frac{\partial}{\partial a}\left(\frac{c-z}{\gamma^3}\right).$$

14. 注意下列事实: (1) 如果 Γ 是这样变形的, 在它们变形期间, Γ 从不扫过 $(-1,0)$ 或 $(1,0)$ 中的任何一个, 则线积分 θ 的值保持不变; (2) 如果 Γ 是按逆时

针定向围绕 $(1,0)$ 的小圆周则 $\theta=2\pi$; (3) 如果 Γ 是按顺时针定向围绕 $(-1,0)$ 的小圆周, 则 $\theta=2\pi$.

15. 想象 C 是金属丝制成的坚硬的圆圈, 而 Γ 是细绳, 现在变形绳 Γ 到新位置 Γ',Γ' 整个地落在平面 $y=0$ 内. 在变形时, 数 p 和 n 是不改变的, 并当练习第 14 题被用到平面 $y=0$ 内的曲线 Γ' 上和这个平面中的直线段 $-1<x<1, y=0, z=0$ 上时, 第一个公式直接得出, 因子 4π (而不是 2π, 像前面例子那样) 起因于沿着 $p=1, n=0$ 闭路径立体角增加了 4π. 分析上实现上述从 Γ 到 Γ' 形变的方法之一是: 假设 Γ 不与 z 轴相交并设

$$x=\gamma(t)\cos\phi(t),\quad y=\gamma(t)\sin\phi(t),\quad z=z(t)\qquad(0\leqslant t\leqslant 2\pi)$$

是 Γ 的参数方程, 于是考虑依赖于参数 τ 的曲线族

$$\Gamma(\tau): x=\gamma(t)\cos[\tau\phi(t)],\quad y=\gamma(t)\sin[\tau\phi(\tau)],\quad z=z(t),$$

τ 从 1 减少到 0, 注意 $\Gamma(1)=\Gamma$ 和 $\Gamma'=\Gamma(0)$ 是落在平面 $y=0$ 上的闭曲线, 还注意 (对于固定的 z 值) $\Gamma(z)$ 上的每一点 p, 当 τ 变化时绕 z 轴旋转. 因此, C 在 p 点所对的立体角 Ω 不随着 τ 改变. 这蕴涵着 $\Omega_1-\Omega_0$ 对于 $\Gamma(0)$ 就像对于 $\Gamma(1)=\Gamma$ 一样, 将有同一个值, 为了证明第二个公式, 注意到

$$\begin{aligned}\Omega_1-\Omega_0&=\int_\Gamma d\Omega=\int_\Gamma \operatorname{grad}\Omega\cdot dP\\&=-\int_\Gamma dP\cdot\int_C\frac{\overline{PP'}\times dP'}{|PP'|^3}\\&=-\iint\limits_{\Gamma C}\frac{dP\cdot\left(\overline{PP'}\times dp'\right)}{\left|\overline{PP'}\right|^3}\\&=\iint\limits_{\Gamma C}\frac{\overline{PP'}\cdot(dP\times dP')}{\left|\overline{PP'}\right|^3}\end{aligned}$$

16. 取坐标系 Ox_1, Ox_2, Ox_3 而且用 $\mathbf{x}$ 表示 Γ 上的动点的定位向量, 则

$$\mathbf{a}=\frac{\mathbf{1}}{\mathbf{2}}\int\mathbf{x}\times\mathbf{dx}$$

具有所要求的特性, 因为

$$\mathbf{a}\cdot\mathbf{x}_3=\frac{1}{2}\int_\Gamma(x_1dx_2-x_2dx_1)$$

是 Γ 在平面 Ox_1x_2 上的投影的面积.

17. 因为 $\partial(u,v)/\partial(x,y)\neq 0$, 从两个方程 $u=f_x, v=f_y$ 可以解出 x 和 y. 设

$x=\sigma(u,v), y=\tau(u,v)$. 因为 $u_y=v_x$, (参看 224 页) 我们有 $x_v=y_u, \sigma_v=\tau_u$, 因此, 使得 $x=g_u(u,v), y=g_v(u,v)$ 的函数 g 存在.

18.

$$u=\frac{yz}{(x^2+y^2)\sqrt{x^2+y^2+z^2}}, \quad v=\frac{-xz}{(x^2+y^2)\sqrt{x^2+y^2+z^2}}, \quad w=0.$$

第　六　章

练习 6.1e

1. 由于 $\dot{\theta}=0$, 方程 (17c) 呈如下形式

(i) $$\dot{r}^2=c+\frac{b}{r},$$

其中 $c=2C/m$ 而且 $b=2r\mu$. 将此方程写成

$$\sqrt{\frac{r}{cr+b}}\cdot\frac{dr}{dt}=1,$$

并进行积分, 我们得到, 当 $c\neq 0$.

(iia) $$t=k+\frac{\sqrt{cr^2+br}}{c}-\frac{b}{2c}f(r),$$

其中

(iib) $$f(r)=\begin{cases}\dfrac{1}{\sqrt{c}}\operatorname{arcsinh}(1+2cr/b), & \text{对于 } c>0,\\ \dfrac{-1}{\sqrt{c}}\arcsin(1-2cr/b), & \text{对于 } c<0,\end{cases}$$

而当 $c=0$,

(iic) $$r=\left(\frac{3\sqrt{b}}{2}t+k\right)^{2/3}.$$

回到微分方程 (i), 我们通过

$$c=\dot{r}_0^2-\frac{b}{r_0}$$

决定积分常数 c. 当 $c<0$, 我们看到 r 是有界的, $r\leqslant -b/c$. 若 $\dot{r}_0>0$, 则 r 先增加到这个值, 而后当飞行体落向太阳时 r 减少. 当 $\dot{r}_0<0$, 这飞行体直接朝着太阳运动, 直到碰撞为止.

当 $c=0$, 我们注意在 (iic) 中的积分常数 k 是 $k=\pm r_0^{3/2}=b^{3/2}/\dot{r}_0^3$, 这里正号和负号取决于 $\dot{r}_0$ 是正还是负, 若 $\dot{r}_0$ 是负的, 我们又得到这样一个解, 在这个解中飞行体加速向太阳运动. 当 $\dot{r}_0$ 是正的, 这飞行体向无穷远逃逸, 但具有零极限速度.

当 $k>0$, 而 $\dot{r}_0<0$ 时与前面一样飞行体向太阳加速运动直到碰撞. 但是若 $\dot{r}_0>0$, 则飞行体逃逸并从 (i) 和 (iii) 能看出它有正的极限速度, 即

$$\dot{r}_{\infty}=c=\dot{r}_0^2-\frac{b}{r_0}.$$

2. 对于抛物线和双曲线, 飞行轨道都是非周期的而且 θ 是有界的, 因此, 根据 $\int_{\theta_0}^{\theta} r^2 d\theta = h(t-t_0)$, 当 t 趋近 ∞ 时, r 也必须趋近于 ∞. 由 (17d) 我们有当 $t\to\infty$ 时, $\dot{\theta}=0$. 因此在 (17c) 中, 由于

$$\lim_{t\to\infty} r^2\dot{\theta}^2=\left(\lim_{t\to\infty} r^2\dot{\theta}\right)\left(\lim_{t\to\infty}\dot{\theta}\right)=h\lim_{t\to\infty}\dot{\theta}=0,$$

我们得出结论 $\lim\limits_{t\to\infty}\dot{r}^2=2c/m$, 然而, 根据 ε 的定义, 对于抛物线 $(\varepsilon=1)c$ 的值为 0, 对于双曲线 $(\varepsilon>1)c$ 的值是正的.

3. 力是 $-m/2\,\mathrm{grad}\,\dot{r}^2$. 根据能量守恒,

$$\frac{1}{2}m\left(\dot{r}^2+r^2\dot{\theta}^2\right)+\frac{1}{2}mr^2=c,$$

又对于任何一个向心力, 动量矩方程给出

$$r^2\dot{\theta}=h.$$

我们从这些方程中消去 t, 就像我们对行星运动方程 (17c) 和 (17d) 所做的那样, 得到

$$\frac{dr}{d\theta}=\frac{r}{h}\sqrt{\frac{2cr^2}{m}-h^2-r^4}.$$

由此容易通过积分得到

$$r^2=\frac{a}{b+\sin 2\theta},$$

其中 $a=2h^2, b=\sqrt{1-h^2m^2/c^2}$. 在笛卡儿坐标中, 这就变成

$$b\left(x^2+y^2\right)+2xy=a,$$

这是圆锥截线方程.

4. 力是 $-\mathrm{grad}\,U$, 其中 $U=-\int f(r)dr$, 就行星运动而论, 我们可以应用能量守恒和动量矩方程 (17d), 也就是

$$\frac{1}{2}m\left(\dot{r}^2+r^2\dot{\theta}^2\right)-\int f(r)dr=c,$$

$$r^2\dot{\theta}=h.$$

现在我们可以用同样方法继续进行得到需要的结果.

5. 应用第 4 题结果.

6. 若 (ξ,η) 是相对于椭圆轴的坐标, 则

$$\xi = a\cos\omega = x + \varepsilon a,$$

$$\eta = b\sin\omega = y,$$

给出这个椭圆的方程而且根据面积定律

$$\begin{aligned} h\left(t-t_s\right) &= \int_0^\omega \left(x\frac{\partial y}{\partial\omega} - y\frac{\partial x}{\partial\omega}\right)d\omega \\ &= ab\int_0^\omega (1-\varepsilon\cos\omega)d\omega. \end{aligned}$$

7. 运动在平面上进行, 因为 p 是有心力 (对于 $p=1/r^2$, 这一情况在第 574 页证明过). 因此

$$\ddot{x} = -\frac{x}{r}p,$$

$$\ddot{y} = -\frac{y}{r}p.$$

于是有

$$x\dot{y} - \dot{x}y = \text{常数} = h$$

$$\ddot{x}\dot{x} + \ddot{y}\dot{y} = \frac{-x\dot{x} - y\dot{y}}{r}p = -\dot{r}p.$$

因此

$$\frac{1}{2}\frac{d}{dt}\left(\dot{x}^2 + \dot{y}^2\right) = -\dot{r}p.$$

切线到原点的距离是

$$q = \frac{|x\dot{y} - \dot{x}y|}{\sqrt{\dot{x}^2+\dot{y}^2}} = \frac{h}{\sqrt{\dot{x}^2+\dot{y}^2}}.$$

因此

$$\frac{1}{2}\frac{d}{dt}\frac{h^2}{q^2} = -p\frac{dr}{dt}$$

或

$$\frac{1}{2}\frac{d}{dr}\frac{h^2}{q^2} = -p,$$

这就证明了第一个论断. 对于心脏线我们有 $q = r^2/\sqrt{2ar}$.

8. 按照定义

$$
\text{(A)}\qquad \begin{aligned} \ddot{x} &= -\lambda^2 x - 2\mu\dot{y}, \\ \ddot{y} &= -\lambda^2 y + 2\mu\dot{x}. \end{aligned}
$$

对这两个方程微商两次并进行组合之后, 我们立即得到只包含 x 或只包含 y 的方程

$$
\ddot{x} + \left(2\lambda^2 + 4\mu^2\right)\ddot{x} + \lambda^4 x = 0,
$$

$$
\ddot{y} + \left(2\lambda^2 + 4\mu^2\right)\ddot{y} + \lambda^4 y = 0,
$$

于是, x 和 y 是 $\exp\left[\pm i\left(u \pm \sqrt{\lambda^2+\mu^2}\right)t\right]$ 的线性组合 (参看第 599 页练习第 2 题). 或是

$$
\cos\left(\mu + \sqrt{\lambda^2+\mu^2}\right)t, \quad \cos\left(\mu - \sqrt{\lambda^2+\mu^2}\right)t,
$$

$$
\sin\left(\mu + \sqrt{\lambda^2+\mu^2}\right)t, \quad \sin\left(\mu - \sqrt{\lambda^2+\mu^2}\right)t
$$

的线性组合, 具有常系数 a, b, c, d 和 a', b', c', d'. 根据 (A) 如下关系成立, $a' = -c, b' = -d, c' = a, d' = b$. 用初始条件 $x(0) = y(0) = \dot{y}(0) = 0, \dot{x}(0) = u$, 我们就可得到所给的结果.

9. 设 $(x_1, y_1), (x_2, y_2), \cdots, (x_n, y_n)$ 是产生引力的粒子, 则在点 (x, y) 的合力具有分量

$$
X = \sum_{\nu} \frac{x - x_\nu}{\sqrt{(x-x_\nu)^2 + (y-y_\nu)^2}},
$$

$$
Y = \sum_{\nu} \frac{y - y_\nu}{\sqrt{(x-x_\nu)^2 + (y-y_\nu)^2}}.
$$

如果我们引进复数 $z_1 = x_1 + iy_1, \cdots, z_n = x_n + iy_n, z = x + iy, Z = X + iY$, 则有

$$
Z = \sum_{\nu} \frac{1}{z - \overline{z}_\nu} = \frac{\overline{f'(z)}}{\overline{f(z)}},
$$

这里 $f(z)$ 表示多项式 $(z - z_1)\cdots(z - z_n)$ 而 $\overline{z}$ 表示 z 的共轭复数. 平衡位置对应 $Z = 0$, 这也就是多项式 $f'(z)$ 的零点, 其中至多有 $n - 1$ 个.

在这特殊情况下, 平衡位置为: $(0, 0), \left(\sqrt{a^2 - b^2}, 0\right), \left(-\sqrt{a^2 - b^2}, 0\right)$.

练习 6.2

1. (a) $y=\tan\log\left(c/\sqrt{1+x^2}\right)$.

(b) $y=c\sqrt{1+e^{2x}}$.

2. (a) $y=ce^{y/x}$.

(b) $y^2\left(2x^2+y^2\right)=c^2$.

(c) $x^2-2cx+y^2=0$. (圆周)

(d) $\arctan(y/x)+c=\log\sqrt{x^2+y^2}$ 或用极坐标 $r=e^{\phi+c}$. (对数螺线)

(e) $c+\log|x|=\arcsin(y/x)-\dfrac{1}{x}\sqrt{x^2-y^2}$.

3. 若 $ab_1-a_1b\neq 0$, 我们有

$$\frac{d\eta}{d\xi}=\frac{a+by'}{a_1+b_1y'}=\frac{a+b\phi(\eta/\xi)}{a_1+b_1\phi(\eta/\xi)}.$$

这是一个齐次方程.

若 $ab_1-a_1b=0$ 或 $a_1/a=b_1/b=k$, 则

$$\frac{d\eta}{dx}=a+b\frac{dy}{dx}=a+b\phi\left(\frac{\eta+c}{k\eta+c_1}\right),$$

其中变量是分离的.

4. (a) $4x+8y+5=ce^{4x-8y}$.

(b) $x=c-\dfrac{1}{4}(3y-7x)-\dfrac{3}{4}\log(3y-7x)$.

5. (a) $y=ce^{-\sin x}+\sin x-1$.

(b) $y=(x+1)^n\left(e^x+c\right)$.

(c) $y=cx(x-1)+x$.

(d) $y=\dfrac{1}{3}x^5+cx^2$.

(e) $y=\dfrac{c}{\sqrt{1+x^2}}-\dfrac{1}{\left(1+x^2\right)\left(x+\sqrt{1+x^2}\right)}$.

6. 引进 $1/y$ 作为新的未知函数; 方程便成为齐次的.

$$\frac{1}{x}\frac{1-cx^{\sqrt{5}}}{cx^{\sqrt{5}}\left(\frac{1}{2}-\frac{1}{2}\sqrt{5}\right)-\frac{1}{2}-\frac{1}{2}\sqrt{5}}.$$

7. 用这个变量代换, 方程成为

$$v'=v^ng(x)F(x)^{n-1}.$$

8. 参看第 7 题, 通过 $v=xy, y'=v'/x-v/x^2$ 消去 y 得到分离变量的方程.

$$y = \frac{1}{x(c - \log x)}.$$

9. 仿效第 7 题中变量代换的想法, 寻求一个函数 $f(x)$ 使得 $v = y \cdot f(x)$ 而且 $v' = (y' + y\sin x)\,f(x)$. 根据 $f' = y'f(x) + yf'(x)$ 我们有

$$f'(x) = f(x)\sin x.$$

从而

$$f(x) = ae^{-\cos x}.$$

为了我们的目的, 常数 a 是无关紧要的, 因此让 $a = 1$, 于是我们得到分离变量的方程

$$v' = -e^{(n-1)\cos x}\sin 2x,$$

它通过分离变量是容易积分的, 其最后结果是

$$y = \begin{cases} \sqrt[n-1]{2\left[\dfrac{1}{n-1} - \cos x\right] + ke^{-(n-1)\cos x}}, & n \neq 1, \\ ke^{\cos x + (\cos 2x)/2}, & n = 1. \end{cases}$$

练习 6.3b

1. 如果其中任何一个线性组合是 0, 也就是说

$$c_1 \sin n_1 x + c_2 \sin n_2 x + \cdots + c_k \sin n_k x = 0,$$

则通过乘 $\sin n_j(x), j = 1, 2, \cdots, k$, 并在 $[0, \pi]$ 上积分之后我们立即得到

$$c_j \int_0^x \sin^2 n_j x dx = 0.$$

从而对一切 $j, c_j = 0$.

2. 用数学归纳法. 假设线性关系

$$c_1\phi_1 + c_2\phi_2 + \cdots + c_k\phi_k = 0$$

成立, 如果 $P_k(x)$ 具有次数 n_k, 用 $e^{a_k x}$ 去除并微商 $(n_k + 1)$ 次, 其他 $e^{a_i x}$ 的系数的次数是不变的, 也就是它们保持不等于零.

3. 用 $(1 - n)y^{-n}$ 乘方程的两边.

(a) $y^{-1} = cx + \log x + 1$.

(b) $y^3 = cx^{-3} + \dfrac{3a^2}{2x}$.

(c) $(y^{-1}+a)^2 = c(x^2-1)$.

4. 如果我们表示 $y = y_1 + u^{-1}$, 方程就归结为线性方程 $u' - (2py_1 + Q)u = p$.

$$y = x - \frac{\exp[(1/2)x^4]}{c + \int_0^x x^2 \exp\left[(1/2)x^4\right] dx}.$$

5. 让两个方程的右边相等, 得到 $y = x^2$ 并直接验证这是两个方程的积分.

6. 注意这是第 5 题的方程 (a), 从而是具有一个已知解的里卡蒂方程, 然后应用第 4 题的结果.

$$y = x^2 - \frac{\exp[(2/3)x^3]}{c + \int_{-\infty}^x \exp\left[(2/3)x^3\right] dx}[= f(x,c)].$$

为了画出对应曲线族的图形, 首先区分曲线的两个分支

$$y^2 + 2x - x^4 = 0, \quad y = \pm\sqrt{(x^3-2)x},$$

它划分平面为两个区域, 其中一个区域 $y' < 0$, 另一个区域 $y' > 0$, 这两个无限的曲线分支是渐近于抛物线 $y = \pm x^2$ 的, 通过证明下列两个关系, 断定所有积分曲线都渐近于这两条抛物线.

$$f(x,c) = -x^2 + o(1), \quad \text{当 } r \to +\infty (-\infty < c < +\infty)$$

与

$$f(x,c) = x^2 + o(1), \quad \text{当 } x \to -\infty \quad (c \neq 0),$$

其中 $o(1)$ 表示趋近于零的函数.

7. 令 $y_1 - y_3 = a, y_1 - y_4 = b, y_2 - y_3 = c, y_2 - y_4 = d$, 则 $a + Pa(y_1+y_3) + Qa = 0$, 于是

$$P(y_1+y_3) = -Q - \frac{a'}{a},$$

$$P(y_1-y_3) = aP$$

或

$$2Py_1 = aP - Q - \frac{a'}{a}.$$

类似地

$$2Py_1 = bP - Q - \frac{b'}{b}.$$

因此,

$$\frac{d\log(a/b)}{dx}=P(a-b)=-P\left(y_3-y_4\right).$$

又类似地

$$\frac{d\log(c/d)}{dx}=-P\left(y_3-y_4\right);$$

通过相减得

$$\log\frac{a/b}{c/d}=\text{常数}.$$

8. 与前题证明中的关系式

$$\frac{d\log(a/b)}{dx}=p\left(y_4-y_3\right)$$

进行比较.

特殊的方程的特解是 $y_1=1/\cos x, y_2=-1/\cos x$;

$$y=\frac{1+ce^{2x}}{(1-ce^{2x})\cos x}.$$

9. (a) 和 (b) 的公共解 e^x 是通过从两个方程中消去 y'' 得到的.

(a) $c_1e^x+c_2x$.

(b) $c_1e^x+c_2\sqrt{x}$.

10. 曲线满足微分方程

$$n\left(x\frac{dx}{dy}-y\right)=r$$

或用极坐标 r,θ, 以 θ 作为自变量.

$$\frac{nr^2}{\cos\theta\dfrac{dr}{d\theta}-r\sin\theta}=r;$$

这也就是

$$\frac{d\log r}{d\theta}=\frac{n}{\cos\theta}+\tan\theta,$$

从而

$$r=a\frac{[\tan(\theta/2+\pi/4)]^n}{\cos\theta}=a\frac{(1+\sin\theta)^n}{\cos^{n+1}\theta}$$

(参看第一卷).

练习 6.3c

1. (a) $y=c_1e^x+c_2e^{-(1/2)x}\cos\dfrac{\sqrt{3}x}{2}+c_3e^{-(1/2)x}\sin\dfrac{\sqrt{3}}{2}x$.

(b) $y=c_1e^x+c_2xe^x+c_3e^{2x}$.

(c) $y=c_1e^x+c_2xe^x+c_3x^2e^x$.

(d) $y=c_1e^x+c_2e^{-x}+c_3e^{\sqrt{2}x}+c_4e^{-\sqrt{2}x}$.

(e) 作变换 $x=e^t$:

$$y=c_1x+c_2/x.$$

2. 根据代数学的基本定理, $f(z)$ 可以写成

$$f(z)=(z-a_1)^{\mu_1}(z-a_2)^{\mu_2}\cdots(z-a_k)^{\mu_k}$$

(参看第一卷第 248 页; 第二卷, 第 697 页), 其中 μ_ν 是正整数, 满足 $\mu_1+\mu_2+\cdots+\mu_k=n$, 而且

$$f(a_\nu)=f'(a_\nu)=\cdots=f^{(\mu_\nu-1)}(a_\nu)=0.$$

现在

$$L\left(e^{\lambda x}\right)=f(\lambda)e^{\lambda x}.$$

对此关系式微商 $(\mu_\nu-1)$ 次, 并在结果中代入 $\lambda=a_\nu$, 我们得到 (参看莱布尼茨法则).

$$L\left(e^{a_\nu x}\right)=f(a_\nu)e^{a_\nu x}=0,$$

$$L\left(xe^{a_\nu x}\right)=\left[f'(a_\nu)+xf(a_\nu)\right]e^{a_\nu x}=0,$$

$$L\left(x^2e^{a_\nu x}\right)=\left[f''(a_\nu)+2xf'(a_\nu)+x^2f(a_\nu)\right]e^{a_\nu x}=0$$

$$\cdots\cdots$$

$$L\left(x^{\mu_\nu-1}e^{a_\nu x}\right)=\left[\binom{\mu_\nu-1}{0}f^{(\mu_\nu-1)}(a_\nu)+\binom{\mu_\nu-1}{1}f^{(\mu_\nu-2)}(a_\nu)x+\cdots+\binom{\mu_{\nu-1}}{\mu_{\nu-1}}f(a_\nu)x^{\mu_\nu-1}\right]e^{a_\nu x}=0.$$

于是我们有 n 个特解

$$e^{a_1x},xe^{a_1x},\cdots,x^{\mu_1-1}e^{a_1x},$$

$$e^{a_2x},xe^{a_2x},\cdots,x^{\mu_2-1}e^{a_2x},$$

$$\cdots\cdots$$

$$e^{a_k x}, xe^{a_k x} \cdots, x^{\mu_k - 1} e^{a_k x},$$

根据第 594 页第 2 题, 它们是线性无关的.

3. 对微分方程进行变换之后, 我们立即得到

$$(a_0 b_0 - 1) P(x) + (a_0 b_1 + a_1 b_0) P'(x) + (a_0 b_2 + a_1 b_1 + a_2 b_0) P''(x) + \cdots = 0,$$

而且根据这个表达式, 当 $a_0 b_0 = 1, a_0 b_1 + a_1 b_0 = 0, \cdots$ 时, 这是一个恒等式. 如果我们将 y' 换为 y, 则第二种情况归结为第一种情况.

4. (a) $1/(1+t^2) = 1 - t^2 + t^4 - \cdots$. 因此

$$y = P(x) - P''(x) = 3x^2 - 5x - 6.$$

(b) $1/(t+t^2) = (1/t) - 1 + t - t^2 + \cdots$. 因此,

$$\begin{aligned} y &= \int P(x)dx - P(x) + P'(x) - P''(x) \\ &= -\frac{2}{3} + x + \frac{1}{3}x^3. \end{aligned}$$

5. (a) $y = \dfrac{3}{8}e^x$. (b) $y = \dfrac{1}{6}x^3 e^x$.

6. $y = e^x \left(\dfrac{x^2}{2} + \dfrac{3}{2}x + \dfrac{7}{4} \right) + c_1 e^{3x} + c_2 e^{2x}$.

7. (b) 如果我们用 x^3 去乘方程, 便出现在 (a) 中处理过的形式. 它有特解 $u = x^3$ 和 $y = x^5$. 因此, 根据 (a), 第三个解通过 $W = 1 + x^2$ 给定, 因此, 一般解是

$$A\left(1 + x^2\right) + Bx^3 + Cx^5.$$

练习 6.4

1. (a) $x^2 + y^2 + cx + 1 = 0 (-\infty < c < \infty)$ 和直线 $x = 0$.

(b) $x^2 + 2y^2 = c^2$.

(c) 共焦圆锥曲线族 (参看第 219 页) 的微分方程求出来是

$$y'^2 + \frac{x^2 - y^2 - a^2 + b^2}{xy} y' - 1 = 0,$$

当 y' 用 $-1/y'$ 代替时它是不变的; 椭圆族 $(-b^2 < c < \infty)$ 正交于双曲线族 $(-a^2 < c < -b^2)$.

(d) $y = \log|\tan(x/2)| + c$ 和垂直线 $x = k\pi$ (k 是整数).

(e) 曲线族 (曳物线)

$$x-c=\pm\left[\sqrt{a^2-y^2}-a\operatorname{arcosh}(a/y)\right]$$

和对 x 轴反射的同一个族.

2. (a) 抛物线族 $y=cx^2$.

(b) 双曲线族 $xy=c$.

3. (a) $y=x^2$.　(b) $y=-x+x\log(-x)$ $(0>x>-\infty)$.

4. $y=xp+a\sqrt{1+p^2}-ap\operatorname{arsinh}p$.

5. $x=ce^{-p/a}+\dfrac{1}{2}p$.

$y=c(p+a)e^{-p/a}+\dfrac{1}{2}p(p+a)-\dfrac{1}{4}(p+a)^2$.

注意当 $c=0$, 得到抛物线 $y=x^2-(a^2/4)$. 这个结果的几何意义是什么?

6. (a) $y=\sin(x+c)$, 奇异解 $y=\pm1$.

(b) $x=\pm\dfrac{1}{2}\left(\arcsin y+y\sqrt{1-y^2}\right)+c$.

(c) $x=\pm\left(\sqrt{(2a-y)y}-2a\arctan\sqrt{\dfrac{y}{2a-y}}\right)+c$.

它是旋轮线族, 并可用参数形式表示为 $x=c+a(\phi-\sin\phi), y=a(1-\cos\phi)$. 奇异解 $y=2a$.

(d) $x=\pm\displaystyle\int_0^y\sqrt{\frac{1+y^2}{1-y^2}}dy+c$ $(-1\leqslant y\leqslant 1)$;

奇异解 $y=\pm1$ (读者应该证明, 这些曲线不是正弦曲线, 对 x 的这个表达式, 可以表示为第二类椭圆积分, 参看第一卷第 352 页).

7. $y=x\sin ax$; 奇异解 $y=x$ 和 $y=-x$.

8. 在各种情况下, 让切线方程用形式 $\dfrac{x}{a}+\dfrac{y}{b}=1$ 来给出.

(a) 克莱罗方程, $y=xp+kp/(p-1)$, 其中 $k=a+b$. 奇异积分是抛物线 $x^2-2xy+y^2-2kx-2ky+k^2=0$, 它关于直线 $x=y$ 对称, 而且分别在点 $(k,0)$ 和 $(0,k)$ 与 x 轴和 y 轴相切.

(b) 设 $a=k\cos\theta$ 和 $b=k\sin\theta$, 其中 k 是在切线上所截取的长度, 并用 θ 作为参数, 则克莱罗方程是

$$y=xp\pm kp/\sqrt{1+p^2}.$$

这些曲线的参数方程是 $x=k\cos^3\theta, y=k\sin^3\theta$. 这是星形线 (第一卷, 第 377 页).

(c) 设 $|ab|=k$. 其克莱罗方程是 $y=xp+\sqrt{k|p|}$. 此曲线是两个直角抛物线族 $4xy=\pm k$ 的并.

练习 6.5

1. (a) 改写为 $\left(\frac{1}{2}y'^2\right)' = x$;

$$y = \frac{1}{2}x\sqrt{x^2+a} + \frac{1}{2}a\log\left(x+\sqrt{x^2+a}\right).$$

(b) 改写为 $(y''^2)' = 1$;

$$y = \frac{4}{15}(x+a)^{5/2} + bx + c.$$

(c) 改写为 $(xy')' = 2$;

$$y = 2x + a\log x + b.$$

(d) 改写为 $x\,(y''^2)' = y''^2 - 2$ 并且引进 y''^2 作为新变量.

$$y = \frac{4}{15a^2}(ax+2)^{5/2} + bx + c \quad (a \neq 0),$$

以及

$$y = \frac{\sqrt{2}}{2}x^2 + bx + c.$$

2. (a) $y = (ax+b)^{2/3}$.
(b) $y = \sqrt{a+(x+b)^2}$.
(c) $y = \sqrt{a(x+b)^2 + a^{-1}}$.
(d)

$$\int \frac{\partial y}{ae^y + y^2 + 2y + 2} = x + b,$$

以及 $y =$ 常数.
(e) 引进新变量 z 和 q, 其中 $z = y'', q = y'''$, 而且 $q(dq/dz) = y^{iv}$.

$$y = ax^2 + bx + c + \frac{2}{15}\left(\frac{x}{2}+d\right)^5.$$

(f) 同 (e) 小题方法:

$$y = ax + b + c\sin(x+d).$$

3. $MN = y + \sqrt{1+y'^2}, MC = -\left[\left(1+y'^2\right)^{3/2}/y''\right]$, 从而微分方程是

$$\left(1+y'^2\right)^2 y + ky'' = 0.$$

用通常方法容易由此导出

$$\left(\frac{dy}{dx}\right)^2=\frac{k+c-y^2}{y^2-c}\qquad (c\text{ 为任意常数}).$$

曲面微分几何学[1]中的各种重要情况列举如下:

(1) $k=\kappa^2(>0), c=-r^2\,(<0, r^2<x^2)$. 曲线是处处光滑和振动的, 交错地与直线 $y=\pm\sqrt{\kappa^2-r^2}$ 相切, 它像正弦曲线, 但不是一样的.

(2) $k=\kappa^2, c=0$. 曲线是圆周, 其半径为 κ, 中心在 x 轴上.

(3) $k=\kappa^2, c=r^2(>0)$. 曲线由一系列全等的弧组成, 这些弧通过落在直线 $y=r$ 上的尖点, 并与 $y=\sqrt{\kappa^2+r^2}$ 相切. 它像旋轮线, 但不是一样的.

(4) $k=-\kappa^2(<0), c=r^2>\kappa^2$. 曲线是由一系列颠倒的弧组成, 具有三个尖点在 $y=r$ 上并与 $y=\sqrt{r^2-\kappa^2}$ 相切.

(5) $k=-\kappa^2, c=r^2=\kappa^2$. 曲线是星形线.

(6) $k=-\kappa^2$. $c=r^2<\kappa^2$. 曲线有无穷多个尖点, 并交替地与直线 $y=r$ 或 $y=-r$ 垂直.

4. 连续对圆周方程微商三次并用所得的方程消去 a,b,c 得到

$$\left(1+y^2\right)y'''-3y'y''^2=0.$$

练习 6.6

1. (a) $c_0=a, c_1=a, c_\nu=\dfrac{a+1}{\nu!}(\nu\geqslant 2)$.

(b) $c_0=\dfrac{\pi}{2}, c_1=1, c_{2\nu}=0, c_{2\nu+1}=\dfrac{2(-1)^\nu}{2\nu+1}(\nu\geqslant 1)$.

(c) $c_0=0, c_1=1, c_2=0, c_3=\dfrac{1}{3}$.

(d) $1+x+\dfrac{x^2}{2}+\dfrac{x^3}{4}+\cdots$.

2. 如果 $y(x)=\sum c_\nu x^\nu$, 则

$$c_{\nu+2}=-\frac{c_\nu}{(\nu+2)^2}\quad\text{而且}\quad c_0=1, c_1=0;$$

$$y(x)=\sum_{\nu=0}^{\infty}\frac{(-1)^\nu}{2^{2\nu}\nu!^2}x^{2\nu}.$$

在第二卷第 412 页练习 4.12 第 7 题 $J_0(x)$ 的表达式中, 如果用幂级数去代替 $\cos xt$ 并更换和与积分的顺序 (这为什么是允许的?) 我们得到

---

1) 参看 Eisenhart L P. A Treatise on the Differential Geometry of Curves and Surfaces. reprinted by Dover (N.Y., 1960), pp. 270-274.

$$J_0(x) = \frac{1}{\pi}\sum_{\nu=0}^{\infty}\frac{x^{2\nu}}{(2\nu)!}(-1)^{\nu}\int_{-1}^{+1}\frac{t^{2\nu}}{\sqrt{1-t^2}}dt;$$

$$\int_{-1}^{+1}\frac{t^{2\nu}}{\sqrt{1-t^2}}dt \text{ 的值是 } \frac{(2\nu)!\pi}{\nu!2^{2\nu}}.$$

它可通过变换 $t = \sin\tau$ 求得 (见第一卷第 244 页). 由此可见 $y(x)$ 的幂级数和 $J_0(x)$ 恒等.

练习 6.7

1. 泊松公式给出具有边界值 $f(\theta)$ 的单位圆内部的位势函数 $u(r,\theta)$. 现在 $u(1/r,\theta)$ 也是具有同一边界值的位势函数 (见第 47 页第 4 题). 而且在单位圆外区域是有界的, 于是表达式

$$\frac{r^2-1}{2\pi}\int_0^{2\pi} f(\alpha)\frac{d\alpha}{1-2r\cos(\theta-\alpha)+r^2}$$

是问题的解.

2. 位势是

$$\mu\log\frac{z+l+\sqrt{(z+l)^2+x^2+y^2}}{z-l+\sqrt{(z-l)^2+x^2+y^2}}.$$

因为在椭球 $z = l\alpha\cos\phi, \sqrt{x^2+y^2} = l\sqrt{\alpha^2-1}\sin\phi$ 上, 位势是

$$\mu\log\frac{\alpha+1}{\alpha-1},$$

共焦椭球面

$$\frac{z^2}{l^2\alpha^2}+\frac{x^2+y^2}{l^2(\alpha^2-1)} = 1 \qquad (1 \leqslant \alpha \leqslant \infty)$$

是等位面. 力线是正交轨线的, 从而它是共焦双曲面 (参看第 608 页练习 6.4 第 1 题 (c)), 它们由同一个方程当 $0 \leqslant \alpha \leqslant 1$ 时给定, 并且 x 和 y 的比是常数.

3. 设 Σ 是半径为 ρ, 中心 (x,y,z) 落在 S 内的球, 因为 $\Delta\left(\frac{1}{r}\right) = 0$ 而且在由 Σ 和 S 所界的区域内 $\Delta u = 0$, 根据格林定理 (见第二卷第 524 页) 我们有

$$0 = \iint\limits_S \left(\frac{1}{r}\frac{\partial u}{\partial n} - u\frac{\partial(1/r)}{\partial n}\right)d\sigma$$

$$- \iint\limits_\Sigma \left(\frac{1}{r}\frac{\partial u}{\partial n} - u\frac{\partial(1/r)}{\partial n}\right)d\sigma,$$

其中, 在第一个积分中 n 是 S 的外法线, 而在第二个积分中 n 是 Σ 的外法线. 今在球面 Σ 上我们有

$$\frac{\partial(1/r)}{\partial n} = \frac{\partial(1/r)}{\partial r} = -\frac{1}{\rho^2}, \quad r = 常数 = \rho.$$

因此

$$\iint_{\Sigma} \frac{1}{r}\frac{\partial u}{\partial n} d\sigma = \frac{1}{\rho}\iint_{\Sigma} \frac{\partial u}{\partial n} d\sigma = 0,$$

因为 u 是调和函数 (参看第 618 页); 另外还有

$$-\frac{1}{4\pi}\iint_{\Sigma} u\frac{\partial(1/r)}{\partial n} d\sigma = \frac{1}{4\pi\rho^2}\iint_{\Sigma} u d\sigma,$$

而且, 当 $\rho \to 0$, 这个表达式显然趋向于 $u(x,y,z)$, 这是因为它是 u 在 Σ 上的平均值.

练习 6.8

1. (a) $u = f(x) + g(y)$; f 和 g 是任意函数.

(b) $u = f(x,y) + g(x,z) + h(y,z)$; f, g, h 是任意函数.

(c) 通解是由特解加上齐次方程 $u_{xy} = 0$ 的通解得到的.

$$u = \int_0^x d\xi \int_0^y a(\xi,\eta) d\eta + f(x) + g(y),$$

其中 f 和 g 是任意的函数.

2. 如果 $u(x,y) = \sum a_{\nu\mu} x^\nu y^\mu$, 则

$$\alpha_{\nu+1,\mu+1} = \frac{\alpha_{\nu\mu}}{(\nu+1)(\mu+1)};$$

另外

$$\alpha_{\nu 0} = \alpha_{0\nu} = 0$$

对一切 $\nu \geqslant 1$ 而且 $\alpha_{00} = 1$. 因此,

$$u(x,y) = \sum_{\nu=0}^{\infty} \frac{x^\nu y^\nu}{\nu!^2} = J_0(2i\sqrt{xy}),$$

其中 J_0 是贝塞尔函数. (参看第 613 页第 2 题)

3. $z^2\left(z_x^2 + z_y^2 + 1\right) = 1$.

4. 从两个参数的解族 $z = u(x,y,a,b)$, 用某种方式使 a 和 b 依赖于参数 t, 这

样得到单参数族:

$$a = f(t),$$
$$b = g(t),$$
$$z = u(x, y, f(t), g(t)).$$

这个单参数族的包络是这样得到的, 先通过如下方程求 t,

$$0 = z_t = u_a f' + u_b g',$$

然后在 $z = u(x, y, f(t), g(t))$ 中, 将 t 用上述求得的 t 的表达式代替, 其结果又是 $F(x, y, z, z_x, z_y) = 0$ 的解, 因为

$$z = u(x, y, a, b),$$
$$z_x = u_x + u_t \cdot t_x = u_x(x, y, a, b),$$
$$z_y = u_y + u_t \cdot t_y = u_y(x, y, a, b),$$

以及 $z = u(x, y, a, b)$ 满足方程 $F(x, y, z, z_x, z_y) = 0$.

5. (a) 根据微分方程我们得

$$[f'(x)]^2 + [g'(y)]^2 = 1$$

或

$$[f'(x)]^2 = 1 - [g'(y)]^2 .$$

因为左边不依赖于 y, 右边不依赖于 x, 所以两边都等于常数 (此常数应是正的或 0), 比如说 c^2; 也就是

$$[f'(x)]^2 = c^2, \quad 1 - [g'(y)]^2 = c^2.$$

因此

$$u = cx + \sqrt{1 - c^2}y + b$$

是一个解, 其中 c 和 b 是任意的, 只要 $c^2 \leqslant 1$.

(b) $u = f(x) + g(y)$ 给出

$$f(x) = \frac{1}{g'(y)} = \text{常数} = a,$$

于是

$$u = ax + \frac{1}{a}y + b$$

(其中 a 和 b 是常数). 如果 $u=f(x)g(y)$, 则

$$\frac{d}{dx}[f(x)]^2=4/\frac{d}{dy}[g(y)]^2=\text{常数}=2c.$$

于是, 在这种情况下,

$$u=\sqrt{(2cx+a)\left(\frac{2}{c}y+b\right)},$$

其中 a,b,c 是任意常数.

(c) $u=x\sqrt{\dfrac{y}{x+k}}+y\sqrt{\dfrac{x+k}{y}}+k\sqrt{\dfrac{y}{x+k}}.$

6. 应用线性变换

$$x=\xi+\eta,$$

$$y=3\xi+2\eta,$$

$$u=f(y-2x)+g(3x-y)+\frac{1}{12}e^{x+y}.$$

7. 令 $u=(x^2+y^2+z^2)^{n/2}$ 并设 K 具有次数 h, 则

$$\Delta u=u_{xx}+u_{yy}+u_{zz}=n(n+1)\left(x^2+y^2+z^2\right)^{(n-2)/2},$$

$$x\frac{\partial K}{\partial x}+y\frac{\partial K}{\partial y}+z\frac{\partial K}{\partial z}=hK.$$

因此, $u=(x^2+y^2+z^2)^{-(1+h)/z}$ 是一个解.

8. 依照第 603 页, 第一个方程的解具有如下形式,

$$z=f(x+at)+g(x-at).$$

在第二个方程中代入这个表达式以后, 我们有

$$f'g'=0;$$

这也就是, 不是 f 等于常数就是 g 等于常数. 因此, $z=f(x+at)$ 或 $z=f(x-at)$ 是两个方程的通解.

9. (a) 根据微分方程, 有

$$\frac{\phi_{xx}}{\phi}=\frac{1}{c^2}\frac{\psi_{tt}}{\psi}=\lambda,$$

是一个常数, 仅当 $\lambda=-n^2$ 时, 边界条件得到满足, 其中 n 是整数而且

$$\phi(x)=\alpha\sin nx,$$

从而

$$\psi(t)=a\sin nct+b\cos nct.$$

于是, 特殊类型的最一般特解是

$$u(x,t)=\sin nx(a\sin nct+b\cos nct).$$

(b) 用 $\sin A\sin B=\dfrac{1}{2}[\cos(A-B)-\cos(A+B)]$ 和 $\sin A\cos B=\dfrac{1}{2}[\sin(A+B)+\sin(A-B)]$, 我们得到

$$\begin{aligned}u(x,t)=&\frac{1}{2}[a\cos n(x-ct)+b\sin n(x-ct)]\\&-\frac{1}{2}[a\cos n(x+ct)-b\sin n(x+ct)].\end{aligned}$$

(c) 假设解是 (a) 小题中所得到的特解的和, 也就是

$$u(x,t)=\sum_{n=1}^{\infty}\sin nx\left(a_n\sin nct+b_n\cos nct\right).$$

在 (ii) 中为了满足初始条件, 我们应该有 $b_n=\alpha_n, a_n=0$.

对于 (i) 的解, 依照第一卷第 493 页 (17) 式, 也就是

$$\begin{aligned}\alpha_n&=\frac{1}{\pi}\left[\int_{-\pi}^{0}-f(-x)\sin nxdx+\int_0^{\pi}f(x)\sin nxdx\right]\\&=\frac{2}{\pi}\int_0^{\pi}f(x)\sin nxdx.\end{aligned}$$

对于 (i) 中的具体函数, 我们求得 $\alpha_{2\nu}=0$,

$$\alpha_{2\nu+1}=(-1)^{\nu}/\pi(2\nu+1)^2,$$

其中 $\nu=0,1,2,\cdots$.

从而

$$u(x,t)=\frac{1}{\pi}\left[\frac{\sin x\cos ct}{1^2}-\frac{\sin 3x\cos 3ct}{3^2}+\frac{\sin 5x\cos 5ct}{5^2}-\cdots\right].$$

10. $u(x,t)=f(x-at)+g(x+at)$. 因此, 对于 $x\geqslant 0$,

$$0=u(x,0)=f(x)+g(x),$$

$$0=u_t(x,0)=-af'(x)+ag'(x);$$

对第一个方程微商并将结果与第二个方程比较, 我们有

$$f'(x)=0, \quad g'(x)=0$$

或

$$f(x)=\text{常数}=c, \quad g(x)=-c \text{ 对于 } x \geqslant 0.$$

此外, 对于 $t \geqslant 0$,

$$\phi(t)=u(0,t)=f(-at)+g(at)=f(-at)-c;$$

这也就是, $f(\xi) = c+\phi(\xi/-a)$, 当 $\xi < 0$. 因为 $x+at \geqslant 0$ 总成立, 又因此 $g(x+at)=-c$, 这样, 如果 x 和 t 都是非负的, 则有

$$u(x,t)=\begin{cases} 0, & \text{对于 } x-at \geqslant 0, \\ \phi\left(\dfrac{x-at}{-a}\right), & \text{对于 } x-at \leqslant 0. \end{cases}$$

第 七 章

练习 7.2a

1. $\dfrac{2}{\sqrt{2}g}\sqrt{\dfrac{(x_1-x_0)^2+(y_1-y_0)^2}{y_1-y_0}}$.
2. $T=\displaystyle\int_{\sigma_0}^{\sigma_1} f(r)\sqrt{\dot{r}^2+r^2\dot{\theta}^2+r^2\sin^2\theta\dot{\phi}^2 d\sigma}$.

练习 7.2d

1. (a) 抛物线 $y=c^2+\dfrac{x^2}{4c^2}$.
   (b) 中心在 x 轴上的圆周.
   (c) $y=c\sin\dfrac{x-a}{c}$.
2. $y=\dfrac{a}{x^{n-1}}+b$, 当 $n>1$ 和 $y=a\log x+b$ 当 $n=1$.
3. $y=a(x-b)^{n(n+m)}$, 若 $n+m\neq 0$;
   $y=ae^{bx}$, 若 $n=-m$.
4. $ay''+a'y'+(b'-c)y=0$; 当 $b=$ 常数,

$$\int_{x_2}^{x_1} byy'dx=\frac{b}{2}\left(y_2^2-y_1^2\right)$$

只依赖于曲线 $y=y(x)$ 的端点.

5. $y_1 - y_0 < \dfrac{\pi}{2}$.

6. 在 x 固定情况下, 考虑 $F(x,y)$ 作为 y 的函数; 设此 y 的函数在 $y=\overline{y}$ 处有极小值. 则 $F(x,y) \geqslant F(x,\overline{y})$ 对于 $\overline{y}$ 的某个邻域成立并且 $F_y(x,\overline{y})=0$, 其中 $\overline{y}$ 将依赖于参数 x; [也就是, $\overline{y}=\overline{y}(x)$]. 因此, 对于邻域中的任一个函数 y, 我们有

$$\int_{x_0}^{x_1} F(x,y(x))dx \geqslant \int_{x_0}^{x_1} F(x,\overline{y}(x))dx,$$

其中 $\overline{y}(x)$ 满足方程 $F_y(x,\overline{y}(x))=0$.

7. (a) $y=0$.

(b) 用柯西不等式. 对一切允许的 x,

$$1 = y(1)-y(0) = \int_0^1 y' dx \leqslant \sqrt{\int_0^1 1^2 dx}\sqrt{\int_0^1 y'^2 dx} = \sqrt{I},$$

而且等号当 $y=x$ 时成立.

8. 在欧拉方程中, 引进 $1/r$ 作为新的因变量, 其通解是直线 $1/r = a\cos\theta + b\sin\theta$.

练习 7.3b

1. 如果 $v = 1/f(r)$, 则 T 由第 637 页练习第 2 题给定:

$$F = f(r)\sqrt{\dot{r}^2 + r^2\dot{\theta}^2 + r^2\sin^2\theta\dot{\phi}^2}.$$

沿着射线方向, ϕ 的欧拉方程是

$$F_{\dot{\phi}} = \frac{\dot{\phi}^2 f^2 r^2 \sin^2\phi}{F} = 常数 = C.$$

现在这样选择极坐标, 使平面 $\phi=0$ 通过初始点和端点, 因为在这两点 $\phi=0$, 所以根据中值定理, 对于某个中间点我们有 $\dot{\phi}=0$, 这就使 $C=0$; 但是, 另一方面, $\dot{\phi}=0$ 对整个射线是成立的, 即 $\phi\equiv 0$. 因此, 整个射线必须落在平面 $\phi=0$ 上.

2. 参看上面第 1 题, 用 ϕ 作参数, 我们要使 $r\displaystyle\int\sqrt{\dot{\theta}^2+\sin^2\theta}d\phi$ 取极小, 其中 $r=$ 常数. 在欧拉方程中引进 $\cot\dot{\theta}$ 作为新的因变量, 导出通解 $\cot\theta = a\cos\phi + b\sin\phi$, 这个解对应于球面与通过其中心的平面的交线.

3. 参看上面第 1 题, 这里用球坐标, 我们有 $\theta=$ 常数, 引进 r 作为因变量而 $\phi\sin\theta$ 作为自变量, 便得出与第 645 页练习 7.2d 第 8 题中同样一个求极小值的积分 (球坐标为 r,θ,ϕ 的锥面上的点被映为极坐标是 $r,\phi\sin\theta$ 的平面上的点, 并且这个映像保持弧长不变).

$$1/r = a\cos(\phi\sin\theta) + b\sin(\phi\sin\theta).$$

4. 此路径应该是直线. 因为对于给定的端点, 它应该有极小的长度. 我们只要求得约束在两条给定曲线上的两动点之间的最短距离. 这是一个多元函数在辅助条件下求极小的问题 (参看第三章, 第 291 页).

5. 参看下一个问题的解.

6. 设端点分别约束在曲线 $y = f(x)$ 和 $y = g(x)$ 上, 则极小曲线的端点是 $(a_0, f(a_0)), (b_0, g(b_0))$, 令其方程是 $y = u(x)$, 其中 $u(a_0) = f(a_0), u(b_0) = g(b_0)$. 因为 u 也是符合固定端点条件的极值曲线, 所以它满足欧拉方程. 考虑具有参数 ε 和端点 $(a, f(a)), (b, g(b))$ 的曲线族 $y = u(x) + \varepsilon\eta(x)$, 其中 $a = a(\varepsilon), b = b(\varepsilon)$ 是如下方程的解

$$f(a) = u(a) + \varepsilon\eta(a), \quad g(b) = u(b) + \varepsilon\eta(b).$$

其相应的积分是

$$G(\varepsilon) = \int_{a(\varepsilon)}^{b(\varepsilon)} F(x, u(x) + \varepsilon\eta(x))\sqrt{1 + [u'(x) + \varepsilon\eta'(x)]^2}dx.$$

对于极值曲线 u, 我们有条件 $0 = G'(0)$. 与第 637—638 页所进行的那样, 我们来计算 $G'(0)$. 用分部积分消去 $\eta'(x)$, 因为 u 满足欧拉方程, 所以有贡献的仅是这样两部分, 其一是对 G 的积分表达式中的上下限进行微商的结果, 其二是由边界项在分部积分中产生出的项. 注意, 对于 $\varepsilon = 0$,

$$[f'(a) - u'(a)]\frac{da}{d\varepsilon} = \eta(a), \quad [g'(b) - u'(b)] = \frac{db}{d\varepsilon} = \eta(b),$$

以及 $\eta(a), \eta(b)$ 是任意的, 我们可求得关系式

$$0 = 1 + u'(a_0) f'(a_0) = 1 + u'(b_0) g'(b_0),$$

此关系表示在端点的正交性.

练习 7.4a

1. 能量守恒定律给出

$$T + U = T = \frac{1}{2}\left(\frac{ds}{dt}\right)^2 = 常数 = \frac{1}{2}c^2.$$

因此, $ds/dt = 常数 = c = 初速度$.

又哈密顿原理断言如下积分的稳定特性.

$$\int_{t_0}^{t_1}(T - U)dt = \int_{t_0}^{t_1} T dt = \frac{1}{2}c^2\int_{t_0}^{t_1} dt = \frac{1}{2}c\int_{s_0}^{s_1} ds.$$

由此可见, 哈密顿积分的稳定性蕴涵着路径长度是稳定的.

2. 设 t 是沿着曲线 C 确定的参数, 在 C 上具有参数 t 的点处, 作垂直于 C 的测地线, 在这测地线上, 我们用弧长 s 作为参数, s 从 C 上的点算起, 则 $x=x(s,t), y=y(s,t), z=z(s,t)$ 将表示这样得到的一条曲线: 对每一个 t, 在 C 上具有参数 t 的点处, 作垂直于 C 的测地线, 沿着每条所作的测地线, 截取一段固定的测地距离 s, 因为 s 是弧长, 我们有

$$x_s^2+y_s^2+z_s^2=1;$$

此外, 根据第 655 页公式 (19), x_{ss}, y_{ss}, z_{ss} 与 G_x, G_y, G_z 成比例, 并且 $G(x,y,z)=0$ 对问题中的一切 s,t 成立. 在 C 上 (即对于 $s=0$), 按假设, 我们有 $x_s x_t+y_s y_t+z_s z_t=0$, 因此,

$$\begin{aligned}&\frac{d}{ds}\left(x_s x_t+y_s y_t+z_s z_t\right)\\ =&\lambda\left(G_x x_t+G_y y_t+G_z z_t\right)+x_s x_{st}+y_s y_{st}+z_s z_{st}\\ =&\lambda\frac{dG}{dt}+\frac{1}{2}\frac{d}{dt}\left(x^2+y_s^2+z_s^2\right)=0.\end{aligned}$$

因此, $x_s x_t+y_s y_t+z_s z_t=$ 常数 $=0$ 对一切 s 成立. 这样就证明了由 $s=$ 常数表达的曲线 C' 垂直于测地线.

练习 7.4b

1. 从测地线的微分方程 (第 655 页) 我们发现, 对于一个柱面 (也就是当 G 与 z 无关时) $\dfrac{dz}{dt}$ 是常数. 因此, 柱面上的测地线与 x,y 平面成一定角.

2. (a) $g(x)-\dfrac{y''}{\sqrt{\left(1+y'^2\right)^3}}=0.$

(b) $g(x)-\dfrac{6y''\left(y''2+4y'y'''\right)}{\left(1+y'^2\right)^4}+\dfrac{2y^{(4)}}{\left(1+y'^2\right)^3}+\dfrac{48y'^2y''^3}{\left(1+y'^2\right)^5}=0.$

(c) $y+y''+y^{(4)}=0.$

(d) $\left(2-y'^2\right)y''=0.$

3. (a) $\phi d=(ax+by)\phi_x+\left(b_x+c_y\right)\phi_y+a\phi_{xx}+2b\phi_{yy}+c\phi_{yy}.$

(b) $\Delta^2\phi=0.$

(c) $\Delta^2\phi=0.$

4. $\dfrac{au''+a'u'+u\left(b'-c\right)}{u}=\lambda=$ 常数.

5. (a) 欧拉方程给出

$$f+2\lambda u=0;$$

根据这个方程和 $\int_0^1 \phi^2 dx = K^2$, 我们有

$$\lambda = \pm\frac{\sqrt{\int_0^1 f^2 dx}}{2K}, \quad u = \pm\frac{Kf}{\sqrt{\int_0^1 f^2 dx}}.$$

(b) 对于任何一个连续的许可函数 ϕ, 我们有

$$I = \int f\phi dx \leqslant \sqrt{\int_0^1 f^2 dx} \cdot \sqrt{\int_0^1 \phi^2 dx} = K\sqrt{\int_0^1 f^2 dx},$$

其中等号当 $\phi = u$ 时成立.

8. 根据必要条件第 636 页 (6b), 我们求得

$$\int_{x_0}^{x_1} \left(F_{yy}\eta^2 + 2F_{yy'}\eta\eta' + F_{y'y'}\eta'^2\right) dx \geqslant 0$$

对于一切在 $x = x_0, x = x_1$ 为 0 的 $\eta(x)$ 成立. 取 h 和 ξ 使得 $x_0 < \xi - h < \xi < \xi + h < x_1$, 当 $|x - \xi| < h$ 时, 定义 $\eta(x)$ 是

$$\left[(x-\xi)^2 - h^2\right]^2 h^{-7/2},$$

而在其他地方是 0. 当 $h \to 0$ 时, 此积分趋近于 $cF_{y'y'}(\xi, u(\xi), u'(\xi))$, 其中 c 是正常数.

9. 这个问题实际上等同于标准的等周问题, 其解是圆弧, 但是在本题中, 因为解是 x 的函数, 所以允许长度有一上界, 即

$$\frac{2\left[(x_1 - x_0)^2 + (y_1 - y_0)^2\right]}{x_1 - x_0} \arctan \frac{x_1 - x_0}{|y_1 - y_0|}.$$

第 八 章

练习 8.1

1. (a) 设 $\alpha = a_1 + ia_2, \beta = b_1 + ib_2$. 以乘法为例

$$\overline{\alpha\beta} = (a_1b_1 - a_2b_2) - i(a_1b_2 + a_2b_1) = \overline{\alpha}\overline{\beta}.$$

(b) 根据 (a), 通过对部分和的实部和虚部取极限就可直接得出.

2. (a) 根据第 1 题, $\overline{P(\alpha)} = P(\overline{\alpha})$; 因此, $P(\alpha) = 0$ 蕴涵 $P(\overline{\alpha}) = 0$ 并且反之

亦然.

(b) 根据长除法, 将 $P(z)$ 表示为如下形式

$$P(z)=\left(z-2az+a^2+b^2\right)Q(z)+cz+d,$$

其中 $Q(z)$ 是具有实系数的多项式, 而且 c 和 d 是实数, 在此方程中令 $z=\alpha$, 得到 $c\alpha+d=0$, 从而,

$$ca+d=0 \quad 和 \quad icb=0.$$

因为 $b\neq 0$, 所以 $c=0$. 因此, $d=0$.

3. (a) 用如下形式的圆周方程

$$(z-z_0)(\overline{z}-\overline{z}_0)=r^2.$$

则

$$z_0=\frac{\alpha-\lambda^2\beta}{1-\lambda^2},\quad r=\frac{\lambda|\alpha-\beta|}{|1-\lambda^2|}.$$

若 $\lambda=1, z=x+iy$, 方程成为直线方程 $ax+by=c$, 其中 $a=2\operatorname{Re}(\alpha-\beta), b=2\operatorname{Im}(\alpha-\beta), c=|\alpha|^2-|\beta|^2$.

(b) 先将点变换反演求得

$$z=\frac{\beta-\delta z'}{\gamma z'-\alpha};$$

然后证明

$$|z-z_1|=\lambda|z-z_2|$$

变成

$$|z'-z_1'|=\lambda\left|\frac{\gamma z_1'-\alpha}{\gamma z_2'-\alpha}\right||z'-z_2'|.$$

4. 对于 $x\geqslant 0$.

5. 用比较判别法.

6. 对于 $n>0$, 在 $\cos^2 z+\sin^2 z$ 的展开式中 z^n 的系数是

$$(-1)^{n/2}\sum_{\nu=0}^{n}\frac{(-1)^\nu}{\nu!(n-\nu)!}=\frac{(-1)^{n/2}}{n!}\sum_{\nu=0}^{n}(-1)^\nu\binom{n}{\nu}=0$$

[参看第一卷第 92 页].

7. 此级数当且仅当 $|z|<1$ 时收敛. 因为若 $|z|=\theta<1$, 则

$$\left|\frac{z^{\nu}}{1-z^{\nu}}\right| \leqslant \frac{\theta^{\nu}}{1-\theta^{\nu}} \leqslant \frac{1}{1-\theta}\theta^{\nu},$$

因此我们可以与几何级数比较; 若 $|z|>1$ 则当 ν 无限增加时 $\dfrac{z^{\nu}}{1-z^{\nu}}$ 趋于 -1, 但是在收敛级数中一般项必须趋于 0, 若 $|z|=1$, 则级数每一项不是没有定义就是绝对值 $\geqslant \dfrac{1}{2}$, 因此这时级数不能收敛.

练习 8.2

1. 设 $f(z)=u+iv, g(z)=s+it$. 以取乘积为例, 对于

$$U(x,y)=\mathrm{Re}\{f(z)g(z)\}=us-vt,$$

$$V(x,y)=\mathrm{Im}\{f(z)g(z)\}=ut+vs.$$

我们得到

$$\begin{aligned} U_x &= u_x s + u s_x - (v_x t + v t_x) \\ &= v_y s + u t_y + u_y t + v s_y \\ &= u t_y + u_y t + v_y s + v s_y = V_y, \end{aligned}$$

等等.

2. 对于 $f(z)=u+iv$. 对 $u^2+v^2=$ 常数进行微商之后, 我们就得到一对方程

$$uu_x+vv_x=0, \quad uu_y+vv_y=0.$$

通过柯西–黎曼方程, 把第二个方程换成只含有关于 x 的微商, 我们得到只有以 $u_x=v_x=0$ 为解的方程组 (除非 $u^2=v^2=0$). 从而 $u_y=v_y=0$, 因此结果成立.

3. (a)—(c) 到处连续; 不可微.

(d) 对 $z\neq 0$ 连续; 不可微.

4. 若 $z=re^{i\phi}, \zeta=\xi+i\eta$, 则

$$\xi=\frac{1}{2}\left(r+\frac{1}{r}\right)\cos\phi,$$

$$\eta=\frac{1}{2}\left(r-\frac{1}{r}\right)\sin\phi.$$

若 $r=$ 常数 $=c$, 则

$$\frac{\xi^2}{\frac{1}{4}\left(c+\frac{1}{c}\right)^2}+\frac{\eta^2}{\frac{1}{4}\left(c-\frac{1}{c}\right)^2}=1;$$

若 $\phi=$ 常数 $=c$, 则

$$\frac{\xi^2}{\cos^2 c}+\frac{\eta^2}{\cos^2 c-1}=1$$

(参看第 219 页第 8 题).

5. 根据 8.1 节, 第 3 题 (b), 这变换将圆周映射到圆周. 因为两个点是不动的, 所以通过这两点的圆族在变换和它的反变换下都变换到同一圆族, 又因为映射是共形的, 所以圆族的正交族也变换为自身.

6. 设 $z=x+iy, \zeta=1/z=\xi+i\eta$. 于是

$$\xi=\frac{x}{x^2+y^2}, \quad \eta=\frac{-y}{x^2+y^2}.$$

我们将反演看作是复合映射 $gf(z)$, 其中 $f(z)=\dfrac{1}{z}; g(\zeta)=\overline{\zeta}$ 是关于 x 轴的反射. 因为反射保持角的大小, 仅符号改变, 所以是共形映射, 而 $1/z$ 是解析的, 角的大小与符号都保持不变, 故在乘积映射 $gf(z)$ 中, 角度不变而符号变了, 因此反演是共形映射. 反射把圆周映射到圆周, 而 $1/z$ 作为一般线性变换的特例 (参看第 5 题) 也同样把圆周映到圆周, 因此, 反演也是把圆周映射到圆周. 反演的雅可比行列式是反射的雅可比行列式和 $1/z$ 的雅可比行列式的乘积, 从而它的值是

$$-\left|f'(z)\right|^2=-\frac{1}{|z|^2}=\frac{-1}{\left(x^2+y^2\right)^2}.$$

7.
$$|\zeta|^2=\zeta\overline{\zeta}=\frac{\alpha\overline{\alpha}z\overline{z}+\beta\overline{\beta}+(\alpha\beta z+\overline{\alpha}\overline{\beta}\overline{z})}{\beta\overline{\beta}z\overline{z}+\alpha\overline{\alpha}+(\alpha\beta z+\overline{\alpha}\overline{\beta}\overline{z})}.$$

现在对于 $\alpha\overline{\alpha}-\beta\overline{\beta}=1$, 其分母和分子之差为

$$z\overline{z}-1;$$

也就是当 $|z|>1$ 时分母大于分子, 而 $|z|<1$ 时分母小于分子. 如果 $\beta\overline{\beta}-\alpha\overline{\alpha}=1$, 情形恰好相反.

8. 首先, 通过 $\zeta=az+b$ 变换到单位圆; 然后应用变换

$$\zeta'=i\frac{1+\zeta}{1-\zeta}.$$

9. 用 $\zeta_i-\zeta_j=\dfrac{(\alpha\delta-\beta\gamma)\left(z_i-z_j\right)}{\left(\gamma z_i+\delta\right)\left(\gamma z_j+\delta\right)}$.

练习 8.3

1. (a) 将被积函数写成这样形式

$$\frac{1}{2}\left(\frac{1}{z-1}+\frac{3}{z+1}\right),$$

括号中的第一项在 $z=-1$ 邻域内解析. 因此, 沿着中心在 -1 的小圆它的积分为 0, 类似地, 其中第二项沿着中心在 1 的小圆积分是 0, 为了计算围绕 1 的圆周上的积分, 设 $z=re^{i\theta}$, 得到 πi, 类似地, 对于围绕 -1 的小圆, 积分值为 $3\pi i$.

(b) 取一路径一方面环绕 1, 另一方面环绕 -1. 但环绕前者的次数是环绕后者次数的 3 倍. 如图 8.12 所示.

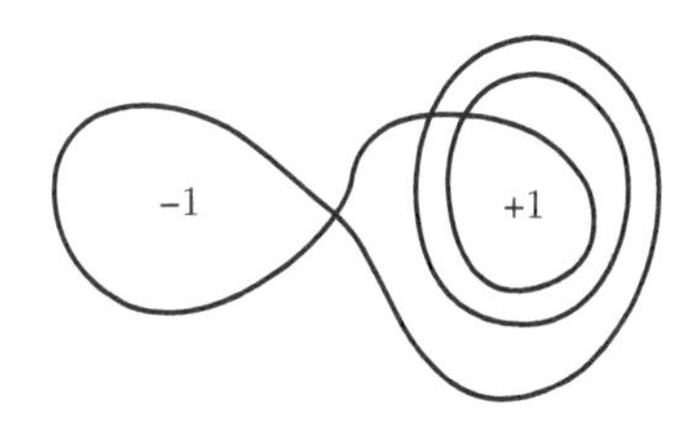

图 8.12

2. $\alpha^z\cdot\alpha^\zeta=\exp[z(\log\alpha+2\pi i)]\exp[\zeta(\log\alpha+2m\pi i)]$, 而 $\alpha^{z+\zeta}=\exp[(z+\zeta)(\log\alpha+2k\pi i)]$.

如果所用的对数始终是同一分支, 也就是 $n=m=k$, 这样指数的加法成立. 这是最理想的, 然而, 仅在很特殊的情况下, 我们才能做到. 原因在于如果加法定理成立, 则

$$k(z+\zeta)=nz+m\zeta+p,$$

其中 p 是某个整数. 若把 z 和 ζ 看作两个分量的向量时是线性无关的, 且 $n\neq m$, 则 $z=a+ib$ 和 $\zeta=\alpha+i\beta$ 的分量应受如下限制, 即

$$\frac{(m-n)(a\beta-ab)}{\beta+b}=p$$

是一整数. 而当 $n=m\neq k$ 时, 则要求 $\beta+b=0$. 这两个条件一般都不满足. 对于第二个法则,

$$\begin{aligned}z^a\zeta^a&=\exp[\alpha(\log z+2n\pi i)]\exp[\alpha(\log\zeta+2m\pi i)]\\&=\exp\{\alpha[\log z+\log\zeta+2(n+m)\pi i]\}\end{aligned}$$

而

$$(z\zeta)^a = \exp\{\alpha[\log(z\zeta) + 2k\pi i]\}.$$

在此, 即使 $k = n + m$ 等式也未必成立. 这是因为, 若 $z = re^{i\theta}$ 和 $\zeta = \rho e^{i\phi}$, 条件 $-\pi < \theta \leqslant \pi, -\pi < \varphi \leqslant \pi$ 不一定使 $\theta + \phi$ 满足此不等式.

对于第三法则,

$$\begin{aligned}(\alpha^z)^\zeta &= e^{\zeta \log \alpha^z} \\ &= \exp\{\zeta[z(\log \alpha + 2n\pi i) + 2m\pi i]\} \\ &= \exp\{z\zeta \log \alpha + 2z\zeta n\pi i + 2\zeta m\pi i\}.\end{aligned}$$

类似地

$$\left(\alpha^\zeta\right)^z = \exp(z\zeta \log \alpha + 2z\zeta p\pi i + 2zq\pi i)$$

和

$$\alpha^{z\zeta} = \exp(z\zeta \log \alpha + 2z\zeta r\pi i),$$

其中 m, n, p, q, r 是任意整数, 于是仅当 $m = q = 0$ 和 $n = p = r$ 时, 等式才有可能成立.

我们可以说理想情况是存在的: 挑选所涉及的多值函数的分支以使得指数法则成立, 但是我们必须谨慎地选择适当的分支.

3. (a) i^i 的值是 $\exp\left[\left(2n - \frac{1}{2}\right)\pi\right]$, 其中 n 为任意整数.

(b) 设 $\zeta = \xi + i\eta, z = re^{i\theta}, -\pi < \theta \leqslant \pi$ 和

$$a = \log r = \log |z|.$$

则

$$z^\zeta = \exp[a\xi - (\theta + 2k\pi)\eta] \exp\{i[a\eta + \xi(\theta + 2k\pi)]\}.$$

其条件是对于每一个整数 k 的选择, $a\eta + \xi(\theta + 2k\pi)$ 是 π 的整数倍, 取 $k = 0, 1$ 我们得到 $\xi = j/2$, 其中 j 是任意整数, 并因此, 对于 $a \neq 0 (r \neq 1)$

$$\eta = \left(l\pi - \frac{1}{2}j\theta\right) \Big/ a,$$

其中 l 可以是任何整数, 于是, 对于一切不在单位圆上的 z 及每一对整数 j 和 l, 存在一个指数 $\zeta(j, l)$ 使得 z^ζ 的一切值都是实数. 如果 $a = 0$, 则以上加在 η 上的条件, 由条件 $\xi\theta = p\pi$ 代替, 其中 p 是任意整数而 η 是任意的. 若 $p \neq 0$, 我们看到 $\theta = 2\pi p/j$ 必须是 2π 的有理数倍; 若 $p = 0, \xi$ 应为 0, 因此 θ 可以任意.

(c) 能. 设 $z = x + iy, \zeta = \xi + i\eta$, 其中 $y = \eta = 0$. 当 $x > 0$ 时, 由 (b) 的解给出 $\xi = j/2, j$ 是任意整数. 当 $x < 0$, (b) 的解仅给出整数值 $\xi = n$.

4. 对于 $z = x + iy$, 我们当然可以在积分号下对 x 和 y 进行微商, 因为所得的微商关于参数是连续的, 而且微商的积分在其下限 $t = 0$ 处的收敛性对于 $x > \varepsilon > 0$ 是一致的. 又由于被积函数满足柯西–黎曼方程, 因此积分之后还是满足的. 通过分部积分给出函数方程.

5. 应用第一卷第 463 页中的定理来判断此级数绝对收敛.

6. (a) 环绕小圆周积分的值, 当圆周逐渐变小时趋近于 0, 如果我们表示单位圆上的点为 $z = e^{i\theta}$ 以及分别表示坐标轴上的点为 $z = x$ 和 $z = iy$, 则由柯西定理得到

$$
\begin{aligned}
0 &= \int_0^1 \left(x + \frac{1}{x}\right)^m x^{n-1} dx + i\int_0^{\pi/2} \left(e^{i\theta} + e^{-i\theta}\right)^m e^{in\theta} d\theta \\
&\quad - i\int_0^1 \left(iy + \frac{1}{iy}\right)^m \cdot (iy)^{n-1} dy \\
&= \int_0^1 \left(x + \frac{1}{x}\right)^m x^{n-1} dx + i \cdot 2^m \int_0^{\pi/2} \cos^m \theta e^{in\theta} d\theta \\
&\quad - e^{i\pi(n-m)/2} \int_0^1 \left(-y + \frac{1}{y}\right)^m y^{n-1} dy;
\end{aligned}
$$

通过让方程的虚部相等, 我们得到

$$
\begin{aligned}
2^m \int_0^{\pi/2} \cos^m \theta \cos n\theta d\theta &= \sin \frac{\pi(n-m)}{2} \int_0^1 \left(-y + \frac{1}{y}\right)^m y^{n-1} dy \\
&= \frac{1}{2} \sin \frac{\pi(n-m)}{2} \int_0^1 (1-\eta)^m \eta^{(n-m-2)/2} d\eta \\
&= \frac{1}{2} \left(\sin \frac{\pi}{2}(n-m)\right) B\left(m+1, \frac{n-m}{2}\right)
\end{aligned}
$$

(参看第 442 页).

(b) 利用关系式

$$
\left(\sin \frac{(n-m)\pi}{2}\right) \Gamma\left(\frac{n-m}{2}\right) = \frac{\pi}{\Gamma\left(1 - \dfrac{n-m}{2}\right)}.
$$

(参看第 441 页).

练习 8.4

1. 被积函数有对 z 的连续微商, 因此可以在积分号下求微商. 参看 1.8b 节.

2. 容易看出

$$h(z)=\frac{1}{2\pi i}\int\frac{f(\zeta)z^n}{(\zeta-z)\zeta^n}d\zeta$$

是 z 的解析函数, 通过在积分号下求微商, 并应用莱布尼茨法则 (参看第一卷, 第 176 页), 我们求得 $h^{(\mu)}(z)$ 是

$$\frac{1}{2\pi i}\sum_{\nu=0}^{n}\binom{\mu}{\nu}\nu!n\cdot(n-1)\cdots(n-\mu+\nu+1)\int\frac{f(\zeta)}{(\zeta-z)^{\nu+1}}\frac{z^{n-\mu+\nu}}{\zeta^n}d\zeta$$

$$=\frac{\mu!}{2\pi i}\sum_{\nu=0}^{n}\binom{n}{\mu-\nu}\int\frac{f(\zeta)}{(\zeta-z)^{\nu+1}}\frac{z^{n-\mu+\nu}}{\zeta^n}d\zeta,$$

其中只有 $\mu-\nu\leqslant n$ 的项不为 0, 因为此外 $\binom{n}{\mu-\nu}$ 为 0. 另一方面, 当 $z=0$ 时, $\mu-\nu<n$ 的项为 0. 因此, 若 $\mu<n$, 则无非零项. 于是 $h^{(\mu)}(0)=0$. 若 $\mu\geqslant n$, 只保留 $\mu-\nu=n$ 的项. 于是

$$h^{(\mu)}(0)=\frac{\mu!}{2\pi i}\int\frac{f(\zeta)d\zeta}{\zeta^{\mu+1}}=f^{(\mu)}(0).$$

3. 根据柯西–黎曼方程, v 的偏微商 v_x 和 v_y 是给定的; 具有这些微商的函数 v 是存在的, 因为可积条件 $u_{xx}+u_{yy}=0$ 被满足 [参看第 90 页公式 (75a, b)]. 因此除了一个附加常数之外, v 被唯一地确定, 而且通过如下曲线积分给出

$$v(x,y)=\int_{(x_0,y_0)}^{(x,y)}(v_ydy+v_xdx)+c.$$

根据柯西–黎曼方程 v 也是位势函数.

4. 在 $z=1$ 为 πi; 在 $z=-1$ 为 $3\pi i$(8.3 节, 练习第 1 题).

5. 选取半径为 R, 中心在 O 点的圆周, $R=|\zeta|$ 如此之大, 使得 $R>2|z|$. 则

$$\left|\frac{1}{\zeta-z}-\frac{1}{\zeta}\right|=\frac{|z|}{|\zeta|^2|1-z/\zeta|}<\frac{2|z|}{R^2}.$$

由此得到积分的界

$$|f(z)-f(0)|\leqslant 2M|z|/R,$$

再通过 R 趋于 ∞ 取极限.

6. $$|a_\nu|=\left|\frac{1}{2\pi i}\int_C\frac{f(t)}{t^{\nu+1}}dt\right|\leqslant\frac{1}{2\pi}\frac{M}{\rho^{\nu+1}}\cdot 2\pi\rho,$$

其中 C 是半径为 ρ, 环绕原点的圆周.

7. 根据假设 $|\alpha_n|>0$, 因此,

$$\begin{aligned}|p(z)| &= |z|^n\left|\alpha_n+\frac{\alpha_n-1}{z}+\cdots+\frac{\alpha_0}{z^n}\right|\\ &> \frac{1}{2}|z|^n\,|\alpha_n|.\end{aligned}$$

只要我们取

$$|z|>\max\left\{1,2\frac{|\alpha_{n-1}|+\cdots+|\alpha_0|}{|\alpha_n|}\right\};$$

事实上, 这时,

$$\begin{aligned}\left|\alpha_n+\frac{\alpha_n-1}{z}+\cdots+\frac{\alpha_0}{z^n}\right| &\geqslant |\alpha_n|-\left\{\frac{|\alpha_n-1|}{|z|}+\cdots+\frac{|\alpha_0|}{|z^n|}\right\}\\ &\geqslant |\alpha_n|-\frac{|\alpha_n-1|+\cdots+|\alpha_0|}{|z|}>\frac{|\alpha_n|}{2}.\end{aligned}$$

现在, 因为 $P(z)$ 没有根, $f(z)$ 是在全平面有定义的, 又 $|z|>1$, 所以

$$|f(z)|<\frac{2}{|\alpha_n|\,|z|^n}<\frac{2}{|\alpha_n|}.$$

从而推出 $f(z)$ 是有界的, 因此 $f(z)$ 是常数. 根据上面不等式中的第一个, 我们有 $f(z)=0$, 这与 $f(z)\cdot p(z)=1$ 矛盾.

8. (a)—(b) f'/f 的留数在 α 点是 $2\pi i$. 设 $f(z)=(z-\alpha)^p\phi(z)$, 其中 ϕ 是解析的, $\phi(\alpha)\neq 0$ 而且 p 分别在 (a) 和 (b) 中表示零点的阶数 n 和极点阶数 $-m$. 则

$$\frac{f'(z)}{f(z)}=\frac{p\phi(z)+(z-\alpha)\phi'(z)}{(z-\alpha)\phi(z)}.$$

因此, 柯西积分公式表明当 $z=\alpha$ 时, I 取值为

$$\left[p\phi(z)+(z-\alpha)\phi'(z)\right]/\phi(z).$$

即 $I=p$.

(c) 应用留数定理 (第 685 页).

9. (a) 根据第 8 题, 方程 $P(z)+\theta Q(z)=0$ 的根的个数是

$$\frac{1}{2\pi i}\int_C\frac{P'(z)+\theta Q'(z)}{P(z)+\theta Q(z)}dz.$$

对于每一个 $\theta, 0\leqslant\theta\leqslant 1$, 在 C 上任何一点处分母不为 0, 因此整个积分是 θ 的

连续函数. 又因为它的值总是整数, 所以是常数, 因此对 $\theta = 0$ 和对 $\theta = 1$ 有同一个值.

(b) 若

$$|a| < r^4 - \frac{1}{r},$$

则 $r > 1$. 因此方程 $z^5 + 1 = 0$ 所有 5 个根都在圆周 $|z| = r$ 内部. 如果我们令 $P(z) = z^5 + 1, Q(z) = az$, 则在圆周 $|z| = r$ 上我们有

$$|Q(z)| = |a|r < r^5 - 1 < \left|z^5 + 1\right| = |P(z)|.$$

10. 根据第 7 题 (i) 式中 $|P(z)|$ 的下界估计, 可围绕原点作半径充分大的圆周, 使它在圆周上或圆外不能有根, 应用在第 7 题 (i) 式中所用的估计方法, 我们求得

$$\frac{f'(z)}{f(z)} = \frac{n}{z} + R(z),$$

其中余项 $R(z)$ 在半径 r 足够大的圆外满足 $|R(z)| < M/|z|^2$. 取 r 充分大使得 P 的一切根都落在 $|z| = r$ 内部, 应用第 8 题 (c) 的结果, 根的个数等于如下半径为 r 的圆上的积分

$$\frac{1}{2\pi i}\int \frac{f'(z)}{f(z)}dz = n + \frac{1}{2\pi i}\int R(z)dz.$$

又因为

$$\left|\frac{1}{2\pi i}\int R(z)dz\right| < \frac{M}{r},$$

所以当 $r \to \infty$ 时, 余项的积分趋向于 0 .

11. (a) 仿效第 8 题 (a) 的解法.

(b) 若根是 $\alpha_1, \alpha_2, \cdots, \alpha_j$, 又若极点位于 $\beta_1, \beta_2, \cdots, \beta_k$, 并且它们分别有重数 $n_1, n_2, \cdots, n_j$ 和 $m_1, m_2, \cdots, m_k$, 则积分值为

$$n_1\alpha_1 + n_2\alpha_2 + \cdots + n_j\alpha_j - m_1\beta_1 - m_2\beta_2 - \cdots - m_k\beta_k.$$

12. 因为 $f(z) = e^z$ 是到处解析的, $f'(z)/f(z) = 1$, 因此, 在任何一个半径无论多大的圆周上, 8(a) 中的积分必须是零, 从而 $f(z)$ 不可能有根.

练习 8.5

1. (a) 在 α 的邻域中将函数展开为

$$f(z) = a_0 + a_1(z - \alpha) + \cdots + a_{n-1}(z - \alpha)^{n-1} + \cdots$$

和

$$g(z) = (z-\alpha)^{-n}[c_{-n} + c_{-n+1}(z-\alpha) + \cdots + c_{-1}(z-\alpha)^{n-1} + \cdots],$$

我们得到留数

$$2\pi i \sum_{\nu=0}^{n-1} a_\nu c_{-\nu-1}.$$

(b) 在上述的解中, 利用 $c_k = 0$ 当 $k > -n$ 时成立, 且

$$a_{n-1} = f^{(n-1)}(\alpha)/(n-1)!.$$

2. 假设

$$\begin{aligned} f(z) &= (z-\alpha)^2\phi(z) \\ &= (y-\alpha)^2 \times \left[\frac{f''(\alpha)}{2} + \frac{f'''(\alpha)}{6}(z-\alpha) + \cdots\right], \end{aligned}$$

并确定 $1/\phi(z)$ 的展开式中的一阶项系数.

3. (a) $\pi/\sqrt{2}$.

(b) 对于在 $e^{i\pi/4}$ 和 $e^{i3\pi/4}$ 的留数应用第 2 题的结果得到 $3\pi/4\sqrt{2}$. 在此, 考虑到 $f(z) = (1+x^4)^2$, $f''(z) = 24x^2(1+x^4) + 32x^6$ 和 $f'''(z) = 48x(1+x^4) + 9\cdot 32x^5$.

(c) 点 $z_k = \omega^{2k-1}$ $(k = 1, 2, \cdots, 2n)$ 是被积函数的简单极点, 其中 $\omega = e^{i\pi/2n}$ 是 1 的 $4n$ 次主方根. 当 $k \leqslant n$ 时极点位于上半平面. 于是根据公式 (8.21b) 积分等于

$$I = 2\pi i \sum_{k=1}^{n} \frac{z_k^{2m}}{2n z_k^{2n-1}} = -\frac{\pi i}{n} \sum_{k=1}^{n} z_k^{2m+1},$$

其中我们应用了 $z_k^{2n} = -1$. 在这最后的和式中代入 z_k 的表达式, 我们得到 I 的几何级数形式, 然后求和得到结果.

$$\begin{aligned} I &= -\frac{\pi i}{n\omega^{2m+1}} \sum_{k=1}^{n} \left[\omega^{4m+2}\right]^k = -\frac{\pi i \omega^{2m+1}}{n} \frac{1-(\omega^{4m+2})^n}{1-\omega^{4m+2}} \\ &= \frac{\pi}{n} \frac{2i}{\omega^{2m+1} - \omega^{-(2m+1)}} = \frac{\pi}{n\sin[\pi(2m+1)/2n]}. \end{aligned}$$

4. 公式左边是函数 $z^k/f(z)$ 除以 $2\pi i$ 的留数之和, 因此等于

$$\frac{1}{2\pi i}\int\frac{z^k}{f(z)}dz,$$

其中积分路径是包围所有根 α_ν 在内的圆周. 但是, 这样的圆周当中心保持不动, 半径趋向无限大时, 积分值趋向于 0 .

5. 因为 $x\cos x$ 是奇的而 $x\sin x$ 是偶的, 所以积分等于

$$\frac{1}{2i}\int_{-\infty}^{\infty}\frac{xe^{ix}}{x^2+c^2}dx.$$

$ze^{iz}/2i\,(z^2+c^2)$ 在上半平面的留数是 $\dfrac{1}{2}\pi e^{-|c|}$. 取

$$z=r(\cos\theta+i\sin\theta),$$

并在整个闭轨道 C 上积分, 此处 C 由 $-r$ 到 r 间的实轴与以此线段为直径的上半圆所组成. 我们只需证明在半圆上的积分随 $r\to\infty$ 而趋于 0, 为此, 我们估计半圆 $(0\leqslant\theta\leqslant\pi)$ 上的积分,

$$J=\int_0^{\pi}\frac{r^2e^{i\theta}e^{-r\sin\theta}e^{ir\cos\theta}}{r^2e^{2i\theta}+c^2}d\theta.$$

选择 r 如此大使得 $\left|r^2e^{2i\theta}+c^2\right|>\dfrac{1}{2}r^2$: 例如选 $r^2>2c^2$. 由此得到

$$|J|<4\int_0^{\pi/2}e^{-r\sin\theta}d\theta<4\int_0^{\pi/2}e^{-2r\theta/\pi}d\theta<\frac{2\pi}{r}.$$

杂题

1. $(z_1-z_3)\,/\,(z_2-z_3)$ 必须是实的.

2. 设 $\arg z$ 是 $z=re^{i\theta}$ 的辐角; 也就是 $\arg z=\theta+2n\pi$. 线段 $\overline{\alpha\beta}$ 与线段 $\overline{\alpha\gamma}$ 之间的夹角是

$$\arg\frac{\gamma-\alpha}{\beta-\alpha}+2p\pi,$$

其中 p 是整数. 由给定方程得知

$$\arg\frac{\gamma-\alpha}{\beta-\alpha}=-\arg\frac{\gamma-\beta}{\alpha-\beta}+2n\pi.$$

于是, 如果取连接 α 和 β 的线段为三角形的底边, 我们看到底与两边的夹角大小相等符号相反. 反之, 底角的相等得出给定的方程.

3. $$\Delta=\frac{(z_1-z_3)\,/\,(z_2-z_3)}{(z_1-z_4)\,/\,(z_2-z_4)}$$

必须是实的, 这是因为如果 C 是过 z_1,z_2,z_3 三点的圆周, 我们可以通过线性变换

$\zeta=(\alpha z+\beta)/(\gamma z+\delta)$ 将 C 变到实轴 (参看 8.2 节练习第 8 题). 根据 8.2 节练习第 9 题, Δ 是不变的. 因此, z_4 的像与 z_1, z_2, z_3 的像落在同一圆周上的必要条件是它是实的, 而这等价于 Δ 是实的.

4. 要证明的等价性是

$$\sqrt{|z_1-z_2|\,|z_3-z_4|}+\sqrt{|z_2-z_3|\,|z_1-z_4|}=\sqrt{|z_1-z_3|\,|z_2-z_4|}$$

或

$$1+\sqrt{\left|\frac{(z_1-z_2)(z_3-z_4)}{(z_2-z_3)(z_1-z_4)}\right|}=\sqrt{\left|\frac{(z_1-z_3)(z_2-z_4)}{(z_2-z_3)(z_1-z_4)}\right|}.$$

现在平方根下的表达式在线性变换下是不变的 (参看 8.2 节练习第 8,9 题). 如果通过适当的线性变换将圆周变为实轴, 我们就只需证明关系

$$AB\cdot CD+BC\cdot AD=AC\cdot BD$$

对直线上的四个点成立, 而这是显然的.

5. $\zeta=e^{iz}$ 取遍除了 $\zeta=0$ 以外的一切值, 这从关系式 $e^{iz}=e^{-y}(\cos x+i\sin x)$ 容易看到. 现在我们应该选择 ζ 使得

$$c=\cos z=\frac{1}{2}\left(\zeta+\frac{1}{\zeta}\right);$$

这个二次方程总是有解

$$\zeta=c\pm\sqrt{c^2-1}.$$

并且这个解不等于零, 于是对应的 z 存在.

6. 参看第 5 题. 若 $\zeta=e^{iz}$, 则

$$\tan z=\frac{1}{i}\frac{\zeta-(1/\zeta)}{\zeta+(1/\zeta)}=c$$

或

$$\zeta=\sqrt{\frac{1+ic}{1-ic}};$$

仅当 $c\neq\pm i$ 时, 存在有限值 $\zeta\neq 0$. 因此, 当 c 既不等于 i 又不等于 $-i$ 时, $\tan z=c$ 有唯一解.

7. 若 $z=x+iy$, 当 $x=n\pi$ 或 $y=0$ 时 $\cos z$ 是实的, 而当 $x=n\pi+\dfrac{\pi}{2}$ 或 $y=0$ 时 $\sin z=0$ (其中 n 是整数).

8. (a) $r=1$(当 $|z|>1$ 时各项趋于 ∞; 当 $|z|<1$ 时与几何级数比较).

(b) $r = 0$.

(c) $r = 1$.

9. (a) 在上半圆上积分 $e^{iz}/(1+z^4)$:

$$\frac{\pi\sqrt{2}}{4}e^{-\sqrt{2}/2}\left(\sin\frac{\sqrt{2}}{2}+\cos\frac{\sqrt{2}}{2}\right).$$

(b) 在上半圆上积分 $z^2e^{iz}/(1+z^4)$:

$$\frac{\pi\sqrt{2}}{4}e^{-\sqrt{2}/2}\left(\cos\frac{\sqrt{2}}{2}-\sin\frac{\sqrt{2}}{2}\right).$$

(c) 在上半圆上积分 $e^{iz}/(q^2+z^2)$:

$$\frac{\pi}{2q}e^{-q}.$$

(d) 以原点为中心的大圆周和沿正实轴的割痕围成一个区域, 在此区域上积分

$$x^{a-1}/[(x+1)(x+2)]:\ \frac{\pi\left(2^{a-1}-1\right)}{\sin\pi a}.$$

10. (a) $+2\pi i$ 在 $z = 2n\pi, -2\pi i$ 在 $z = (2n+1)\pi$.

(b) $+2\pi i$ 在 $z = 2n\pi + 3\pi/2, -2\pi i$ 在 $z = 2n\pi + \pi/2$.

(c) 应用函数方程 $\Gamma(z) = \Gamma(z+\nu+1)/z(z+1)\cdots(z+\nu)$;

$$\frac{(-1)^n}{n!}2\pi i \text{ 在 } z=-n.$$

(d) $2\pi i$ 在 $z = n\pi i$.

11.

$$\begin{aligned}|\sinh(x+iy)|^2 &= \left(\frac{e^{x+iy}-e^{-x-iy}}{2}\right)\left(\frac{e^{x-iy}-e^{-x+iy}}{2}\right)\\ &= \frac{1}{2}(\cosh 2x-\cos 2y)\\ &\geqslant \frac{1}{2}(\cosh 2x-1).\end{aligned}$$

沿着以 $x = \pm\pi\left(n+\dfrac{1}{2}\right)$ 和 $y = \pm\left(n+\dfrac{1}{2}\right)$ 为边的矩形的边界积分, 其中 n 是整数, 当 $n\to\infty$ 时, 此积分趋向于 0. 因此, 留数的和趋向于零.

12. $\dfrac{\cos\pi t}{t-z} = \dfrac{\cot\pi t}{t} + \dfrac{z\cot\pi t}{t(t-z)}$.

$\cot\pi t$ 在矩形 c_n 上有界, 而 $(\cot\pi t)/t$ 在此矩形这一对边和另一对边上的积

分几乎抵消了. 因此,

$$\lim_{n\to\infty}\int_{C_n}\frac{\cot\pi t}{t-z}dt=\lim_{n\to\infty}\int_{C_n}\frac{z\cot\pi t}{t(t-z)}dt=0.$$

如果我们将大小相等符号相反的极点的留数放在一起, 则留数的和收敛, 从而我们得到

$$\cot\pi x=\frac{2x}{\pi}\left(\frac{1}{2x^2}+\frac{1}{x^2-1^2}+\frac{1}{x^2-2^2}+\cdots\right)$$

(参看第一卷, 第 531 页).

13. $\dfrac{1}{1+t}=1-t+t^2-\cdots\pm t^{n-1}+(-1)^n\dfrac{t^n}{1+t}$.

因此

$$\log(1+z)=z-\frac{z^2}{2}+\frac{z^3}{3}-\cdots\pm\frac{z^n}{n}+R_n,$$

其中

$$R_n=(-1)^n\int_0^z\frac{t^n}{1+t}dt.$$

如果我们令 $z=e^{i\theta}$ 并取从 0 到 $e^{i\theta}$ 的直线作为积分路径, 当 $e^{i\theta}\neq-1$ 时, 有

$$|R_n|=\left|\int_0^1\frac{t^n}{1+e^{i\theta t}}dt\right|\leqslant\frac{1}{m}\int_0^1 t^n dt=\frac{1}{m(n+1)},$$

其中 m 是 $|1+e^{i\theta}t|$ 在 $0\leqslant t\leqslant 1$ 的最小值. 因此, 如果 $z=e^{i\theta}\neq-1$, 则 R_n 趋近于 0 .

14. 若 $x\neq 0$ 和 C' 是包含 y 而不包含 0 的围道, 并且如果 f 在此围道所界的区域内是正则的, 依照第 682 页, 则有

$$\frac{d^n}{dy^n}\frac{yf(y)}{(y-a)^{n+1}}=\frac{n!}{2\pi i}\int_{C'}\frac{tf(t)}{(t+a)^{n+1}(t-y)^{n+1}}dt.$$

如果我们令 $a=y=\sqrt{x}$, 则后一个积分成为

$$\frac{n!}{2\pi i}\int_{C'}\frac{tf(t)}{(t^2-x)^{n+1}}dt.$$

因此, 如果我们作变换 $t^2=\tau$, 此积分便成为

$$\frac{n!}{2\pi i}\int_{C}\frac{f(\sqrt{\tau})}{(\tau-x)^{n+1}}d\tau,$$

其中 C 是包含 x 但不包含 0 的围道. 于是积分等于

$$\frac{1}{2}\frac{d^n}{dx^n}f(\sqrt{x}).$$

15. (a) $f(z)=\sum_{\nu=1}^{\infty}\left(\frac{1}{(2\nu-1)^z}-\frac{1}{(2\nu)^z}\right);$

现在

$$\begin{aligned}\frac{1}{(2\nu-1)^z}-\frac{1}{(2\nu)^z}&=z\int_{2\nu-1}^{2\nu}\frac{1}{y^{z+1}}dy\\&\leqslant\frac{|z|}{|(2\nu-1)^{z+1}|}=\frac{|z|}{(2\nu-1)^{1+x}}.\end{aligned}$$

而当 $x>0$, 级数 $\sum_{\nu}1/(2\nu-1)^{1+x}$ 是绝对收敛的.

(b)

$$\begin{aligned}\left(1-2^{1-z}\right)\zeta(z)&=1+\frac{1}{2^z}+\frac{1}{3^z}+\frac{1}{4^z}+\cdots-\frac{2}{2^z}-\frac{2}{4^z}-\frac{2}{6^z}-\cdots\\&=1-\frac{1}{2^z}+\frac{1}{3^z}-\frac{1}{4^z}+\cdots=f(z).\end{aligned}$$

(c)

$$\begin{aligned}\lim_{z\to1}(z-1)\zeta(z)&=f(1)\cdot\lim_{z\to1}\frac{z-1}{1-2^{1-z}}\\&=\frac{f(1)}{g'(1)}=1,\end{aligned}$$

其中

$$g(z)=1-2^{1-z}.$$